개정 AISC 설계기준(15판) 적용

강구조설계
STEEL DESIGN

6th EDITION

William T. Segui 저 / 백성용 규 역

씨아이알

Andover • Melbourne • Mexico City • Stamford, CT • Toronto • Hong Kong • New Delhi • Seoul • Singapore • Tokyo

***Steel Design*, 6th Edition**

William T. Segui

Steel Design, 6th Edition by William T. Segui
ISBN: 9781337094740

This edition is translated by license from Cengage Engineering, a part of Cengage Learning, for sale in Korea only.

ISBN-13: 979-11-5610-363-9

Cengage Learning Korea Ltd.
14F YTN Newsquare 76 Sangamsan-ro
Mapo-gu Seoul 03926 Korea
Tel: (82) 2 330 7000
Fax: (82) 2 330 7001

Printed in Korea
Print Number: 02 Print Year: 2021

저자의 글

강구조설계(Steel Design) 6판은 강구조설계의 기본적인 사항들을 다루고 있다. 이 책 후반부 몇 장에서 다루는 내용들은 학부/대학원 연계 교재로 사용이 가능하기는 하지만, 이 책은 토목(건설시스템) 및 건축공학 학부 3, 4학년 학생을 위하여 저술된 책이다. 강구조 분야 실무종사자들이 설계업무나 현행 AISC 설계기준(American Institute of Steel Construction Specifications) 및 강구조편람(Steel Construction Manual)을 다시 복습할 필요가 있는 경우 참고서로도 유용하게 사용할 수도 있다. 이 책으로 공부하는 학생은 사전에 재료역학과 정정구조해석에 대한 지식을 습득하고 있는 것이 바람직하지만, 부정정구조에 대한 지식은 이 책을 사용하는 데 있어서 미리 꼭 갖추어야 할 요건은 아니다.

구조설계는 여러 절차의 통합을 포함하는 복잡한 과정이라고 할 수 있다. 이 책은 구조물의 전체적인 설계보다는 구조설계를 구성하는 요소의 설계에 관한 사항들을 제공한다. 이 책은 완성된 구조물의 설계에 관해서보다는 개별 부재 및 연결부의 설계에 초점을 맞추고 있다.

하중저항계수설계 및 허용응력설계

2005년 이전에는 하중저항계수설계(LRFD)는 1999년 판 AISC 설계기준 및 LRFD 강구조편람 3판에 의하여 설계하였으며, 허용응력설계(ASD)는 1978년 판 AISC 설계기준 및 강구조편람 9판에 의해 수행하였다. 2005년에 두 설계법이 단일 설계기준 및 13판 강구조편람으로 통합되었다. 또한 상당히 많은 규정이 형식과 내용에 있어서 변경되었다. 이러한 통합설계법은 2016년 설계기준과 15판 설계편람에도 계속 적용되고 있다. 이 새로운 설계기준 및 설계편람에는 최근의 연구 및 기술 실무를 반영하기 위하여 약간 수정되기는 했지만 형태는 그대로 유지하고 있다.

LRFD와 ASD 공히 이 책에서 다루어지고 있으나, LRFD에 초점을 맞추고 있다. 대부분의 예제에서 LRFD와 ASD에 의한 정해가 주어져 있으며, LRFD에 의한 해를 먼저 기술하고 있다. 어떤 예제의 경우에는 ASD에 의한 해는 간략하기는 하지만 완벽하게 LRFD와는 구분하여 기술하였다. 이러한 내용이 약간의 중복을 피할 수는 없지만 ASD에만 관심을 가진 독자들에게는 필요하다고 생각된다. 중복이 심한 경우에는 LRFD 풀이를 참조하면 된다. 어떤 예제는 주로 책의 뒷부분에서는 LRFD에 의한 풀이만을 기술하였다. 이것은 여러 강사들이 선호하는 앞부분에서는 두 가지를 다 다루고 후반부로 갈수록 LRFD를 강조하는 것과 그 궤를 같이한다. 두 설계법의 차이는 개념적이며 실제 계산상에는 별다른 차이가 없다.

특이 사항

- 설계기준에서 사용된 모든 기호는 설계편람의 기호와 일치하며, AISC식 번호를 각 장별 일련번호식과 함께 사용하였다.
- SI(System International) 단위는 사용하지 않고 미국상용단위만을 사용하였다. AISC 설계기준에서는 현재 두 가지 단위계를 함께 병용하고 있지만, 강재산업분야에서는 미국상용단위에서 SI단위로 옮아가는 단계에 머물고 있다.
- 이론과 실무 사이의 균형을 맞추기 위하여 여러 가지 시도를 하였다. 학부학생이 이해할 수 있는 이론은 수록하고 판좌굴(plate buckling)과 같은 난해한 주제는 포함하지 않았다.
- 해석과 설계법은 강구조편람의 설계보조도구인 도표와 그래프 없이 먼저 설명하고 이어서 설계도구를 이용하는 법을 설명하였다. 강구조편람을 이용하는 방법에 친숙하도록 하기 위하여 이러한 설계도구들은 이 책에 수록하지 않았다. 따라서 학생들은 강구조편람 15판을 개인적으로 가지고 있는 것이 좋겠다.

6판에 새롭게 포함된 사항

2016 AISC 설계기준과 강구조편람 15판에 적용된 새로운 규정들을 반영하였다. 주된 수정사항들은 다음과 같다.

- 하중조합에 관한 사항은 편람에 더 이상 포함하지 않고 있기 때문에, 하중조합은 ASCE 7에서 발췌하여 2장에 포함하였다.
- 전단지연계수(shear lag factor)에 관한 자료는 수정하였다.
- 세장판요소(slender cross-section elements)에 대한 새로운 규정을 포함하였다.
- 설계편람의 기둥하중표에는 65 ksi와 70 ksi 강재를 포함하였다.
- 새롭게 추가된 설계편람 표 6-2(조합하중을 받는 부재의 설계)는 4장 및 5장에 소개하였으며, 6장에서는 독점적으로 사용하였다. 이 표는 이전에 p, b_x, b_y 상수를 사용하던 설계도구를 대체하였다.

부분합성보의 연성이 새로운 설계기준, 설계편람에 소개되었으며, 이 책에 그 내용을 소개하였다. 열간압연형강과 플레이트거더의 전단강도규정이 수정되었으며, 이 책에 그 내용을 반영하였다.

추가사항

이 책의 주된 목표는 교재용이므로 많은 연습문제를 각 장의 후미에 수록하였다. 문제를 선택하여 정답을 책 말미에 첨부하여 참고하도록 하였으며, 강사의 해석매뉴얼, 그림, 도표 그리고 책에 수록된 공식 및 예제의 강의용 슬라이드는 책 웹사이트에서 찾아볼 수 있도록 하였다. 추가적인 강의자료를 원하는 사람은 웹사이트 http://login.cengage.com을 방문하기 바란다.

구매선택 사항 및 Online course

Cengage는 다양한 학습도구를 제공하고 있으며 Online 교육 플랫폼(MindTap)이 구축되어 있으므로 필요에 따라서 다양하게 이용할 수 있다.

감사의 글

이 책의 발간을 위하여 수고한 Cengage Learing의 Global Engineering team에 감사드린다: Timothy Anderson, Product Director; Mona Zeftel, Senior Content Developer; D. Jean Buttorm, Content Project Manager; Kristine Stine, Marketing Manager; Elizabeth Brown and Brittany Burden, Learning Solution Specialists; Teresa Versaggi and Alexander Sham, Product Assitants; Rose Kernan of RPK Editorial Services, Inc. 그들은 이 책의 발간을 성위할 수 있도록 세밀한 부분까지 조언하고 도움을 주었다.

또한 미국강구조협회(American Institute of Steel Construction)는 설계기준과 강구조편람의 변경사항을 세밀하게 알려주어 도움을 주었다. 마지막으로 이 책 6판이 나오기까지 그녀의 소중한 제안, 인내 그리고 지원에 대하여 내 아내 Angela에게 감사한다.

그 어떤 사소한 오류도 없도록 노력했지만 불가피하게 오류가 있을 수 있을 것이다. 독자들이 발견한 어떠한 오류도 감사하게 받을 것이다. 이메일 wsegui@memphis.edu을 통하여 언제든지 직접 접촉할 수 있다.

William T. Segui

역자의 글

미국에서는 최근 2016년에 AISC 설계기준이 개정되었다. 2005년 AISC 설계기준 이전에는 하중저항계수설계(LRFD)는 1999년 AISC 설계기준 및 LRFD 강구조편람 3판에 의하여, 허용응력설계(ASD)는 1978년 AISC 설계기준 및 강구조편람 9판을 근거로 별도로 설계를 수행하였으나, 2005년 AISC 설계기준에서는 LRFD와 ASD를 통합하고, 규정의 형식 및 내용을 상당 부분 개정하였다. 최근에 개정된 2010년 AISC 설계기준에서는 볼트 부분과 합성기둥 부분 등에서 최근 연구결과를 반영하여 약간의 변화가 있었다. 이 책은 멤피스대학의 William T. Segui 교수가 2005년 AISC 설계기준을 근거로 하고, 최근에 개정된 2016년 AISC 설계기준 및 강구조편람의 개정된 내용을 반영하여 보완한 강구조설계(Steel Design) 6판을 번역한 것이다. 이 책은 강구조물의 하중저항계수설계법 및 허용응력설계법의 기본개념을 쉽게 이해가 되도록 명확하게 설명하고, 이론적인 배경 및 응용에 대한 제반 사항을 폭 넓게 기술하고 있으므로 공과대학의 토목, 건축 관련 학과 학부학생들의 교재로 적합하며, 대학원생 및 강구조 분야 설계실무 종사자들에게는 좋은 참고서가 될 수 있다.

강구조물에 대한 개요와 하중저항계수설계 및 허용응력설계 두 가지 강구조설계법의 개요와 기본 개념이 1, 2장에서 알기 쉽게 설명되어 있으며, 3장부터 10장에 걸쳐서 부재의 종류에 따라 구분하여 각 부재별로 구조적인 거동, 설계기준 및 설계방법과 절차에 대한 명확한 설명과 충분한 예제를 포함하고 있으며, 이를 적용하고 응용할 수 있는 능력을 극대화하기 위하여 새롭게 준비된 연습문제와 정해를 충실하게 제시하고 있다. 또한 부록에서는 우리나라에서는 적용하고 있지는 않지만 또 다른 설계법인 소성해석 및 설계법(plastic analysis and design)을 다루고 있으므로 필요한 사람에게 좋은 참고자료가 되리라고 판단된다. 따라서 이 책은 강구조공학 과목을 공부하고자 하는 학생들이 강구조설계에 대한 이론적인 배경을 이해하고 설계능력을 배양하는 데 소중한 길잡이가 될 것으로 판단된다.

우리나라의 경우 현재 공식석으로 SI(System International) 단위를 사용하고 있고, AISC는

FP(foot-pound) 단위와 SI 단위를 함께 사용하고 있으나, 원서에서는 실무를 중시하여 FP 단위를 사용하고 있으므로, 편의상 FP 단위를 사용하지 않을 수 없었음을 유감으로 밝혀둔다.

용어의 번역에 있어서 가능하면 토목 및 건축의 강구조분야 공용용어집에 제시된 용어를 원칙적으로 사용하고자 하였으며, 토목 및 건축 분야 사이에서 사용하는 용어가 서로 다른 경우 및 같은 용어의 의미가 두 개 이상인 경우에는 용어를 적재적소에 자유롭게 선택하여 사용할 수 있도록 찾아보기 및 기호 설명에 모두 수록하였다. 또한 번역에 의하여 원서의 의미 전달이 용이하지 않은 부분이나 주요용어에 대하여는 괄호 속에 원어를 병기하여 독자의 이해를 돕고자 하였다.

현재 우리나라 강구조 분야에서는 2009년에 강구조설계기준-하중저항계수설계법(국토해양부, 2009)이 제정된 이후 하중저항계수설계법을 토목 및 건축 강구조물의 설계에 적용하여 오고 있다. 그러나 하중저항계수법과 허용응력설계법은 계산상의 차이는 거의 없다. 이러한 현시점에서 두 가지 설계법을 함께 익힐 수 있도록 구성된 이 책은 강구조공학을 공부하는 학생이나 강구조 분야 관련자들에게 이러한 점에서 매우 유용할 것으로 판단되고, 강구조 분야의 발전 추세를 알 수 있도록 하기 위하여, 개정된 AISC 설계기준(2016)에 따라 변경된 내용을 모두 포함하는 최근에 발간된 강구조설계(Steel Design) 6판을 다시 번역하게 되었다. 아무쪼록 이 책이 강구조공학을 공부하는 모든 학생들의 학력 증진과 강구조 분야 실무 종사자들에게 실질적인 도움이 되었으면 하는 바람이다.

2018년 2월

역자 일동

차례

강구조설계 STEEL DESIGN

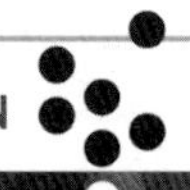

C·O·N·T·E·N·T·S

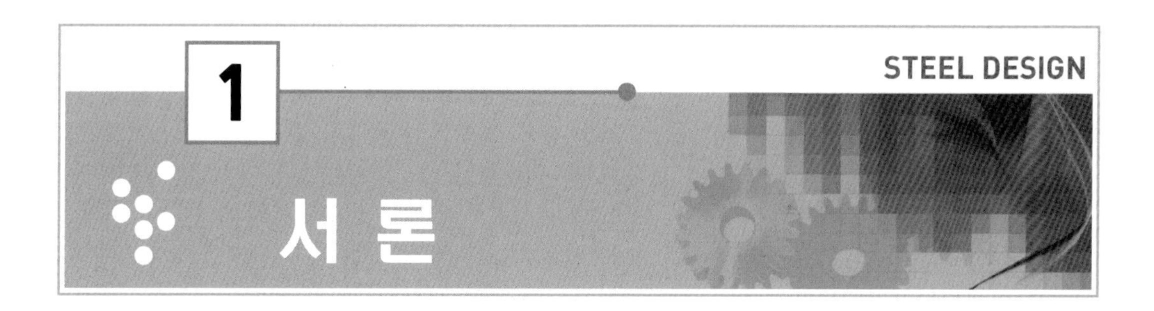

1.1 구조설계

건축물의 구조설계(structural design)는 강구조물이든 철근콘크리트구조물이든 간에 골조(frame work)의 전체적인 배치와 크기를 결정해야 하고 또 각 부재의 단면을 결정하여야 한다. 대부분의 경우 층수 및 평면 계획 등 기능설계(functional design)는 건축가(architect)가 수행하고, 설계자(designer) 또는 구조기술자(structural engineer)는 이러한 설계에 의해서 주어진 제한사항의 범위 내에서 단면 및 전체 구조설계 작업을 수행하게 된다. 이상적인 방법은 설계자와 건축가가 프로젝트(project)를 완수하기 위한 설계과정의 시작부터 완료까지 효과적인 방법으로 서로 협력하는 것이다. 그러나 실제의 설계는 다음과 같이 요약할 수 있다. 즉, 건축가가 건물의 외양을 결정하고 설계자는 그 건물이 무너지지 않도록 구조적인 설계를 하는 것이다. 비록 이러한 구분은 과장되게 표현되기는 했지만, 구조설계자(structural engineer)에게 있어서 최우선적으로 고려해야 할 사항은 안전성(safety)이며, 그 밖에 반드시 고려해야 할 중요한 사항은 구조물의 외양 및 처짐 등의 관점에서 구조물의 성능이 잘 유지되는 사용성(serviceability)과 경제성(economy)이다. 경제적인 구조물을 건설하기 위해서는 건설자재 및 노동인력의 효과적인 사용이 요구된다. 이러한 목표는 일반적으로 자재의 사용량을 최소화하는 설계에 의해서 결정되지만, 때로는 보다 구조물의 단순화와 용이한 공법의 적용을 통하여 건설된다면 자재의 양이 조금 많은 것이 오히려 공사비의 절감을 가져올 수도 있다. 실제로 일반적인 강구조물의 경우에 노무비 등과 비교하여 재료비가 차지하는 비중은 상대적으로 작다(Ruby and Matuska, 2009).

좋은 설계를 수행하기 위해서는 몇 개의 골조계획, 즉 다른 종류의 부재와 부재들의 접합형태 등을 평가해서 결정해야 한다. 다르게 표현하자면, 몇 개의 대안설계를 준비하여야 하고, 그 비용을 평가하여야 한다. 비교·검토하는 각각의 골조계획의 모든 부재를 설계하여야 한다. 이러한 부재의 설계를 위해서는 건물의 골조에 대한 구조해석과 각 부재의 단면력과 모멘트의 계산을 수행하여야 하며, 이 계산 결과에 의하여 부재의 단면을 결정하여야 한다. 그러나 구조해석을 하기 이전에 사용할 건설재료는 미리 결정하여야 한다. 철근콘크리트, 구조용 강재 또는 두 가지 모두 이상적인 방법으로는 각각의 재료에 대한 대안설계를 해두는 것이 바람직하다.

이 책에서는 주로 강구조 부재 및 접합부에 대한 단면설계에 주안점을 두고 있다. 설계자는 효율적이고 경제적인 설계를 수행하기 위하여 전체적인 구조시스템을 선정하고 평가해야 한다. 그러나 구조물을 구성하는 요소 부재(building blocks)의 설계를 완벽하게 이해하지 못하고는 그렇게 할 수 없다. 따라서 부재의 설계가 이 책의 초점이 된다.

구조용 강재(structural steel)를 논의하기 전에 다양한 형태의 구조부재에 대하여 알아볼 필요가 있다. 상현재(top chord)의 절점에 수직방향의 집중하중이 작용하고 있는 트러스의 예가 그림 1.1에 도시되어 있다. 힌지연결(hinged connections)과 절점에만 하중이 작용한다는 트러스 해석의 기본가정이 적용되는 한 각 부재는 압축 또는 인장력만을 받는 부재가 된다. 전형적인 하중을 받는 형태인 그림과 같은 단순트러스에서는 모든 상현재는 압축을 하현재(bottom chord)는 인장을 받게 된다. 웨브재(web member)는 부재가 놓여 있는 위치, 방향 및 하중의 재하위치에 따라서 인장 또는 압축을 받게 된다.

다른 종류의 부재는 그림 1.2(a)와 같은 강절골조(rigid frame)에서 그 예를 찾아 볼 수 있다. 이러한 골조의 부재는 용접(welding)에 의하여 강절연결(rigid connection)되어 연속구조(continuous structures)로 가정할 수 있다. 지점(supports)에서는 부재가 콘크리트기초에 볼트로 고정된 사각형 강판에 용접으로 연결된다. 이러한 골조 몇 개를 평행하게 배치하고 지붕재가 부착된 추가적인 부재와 벽체를 연결하면, 전형적인 건물구조가 된다. 다양한 주요 상세가 논의되지는 않았지만 소규모의 상업용 건물들은 주로 이러한 방법으로 건설된다. 골조시스템의 설계 및 해석은 먼저 그림 1.2(b)와 같이 골조를 2차원 평면구조로 이상화하는 데서 시작된다. 골조가 책의 면(page)에 평행하게 대칭면을 가지고 있기 때문에 골조를 2차원 평면구조로 취급할 수 있고, 구조부재를 부재의 중심선으로 나타낼 수 있다. (그림 1.1에 도시되어 있지는 않지만, 트러스도 동일한 방법으로 이상화할 수 있고, 부재는 부재의 중심선으로 표시된다.) 지점이 고정단(fixed supports)이 아니고 힌지지점(pins, hinges)으로 표시된 점은 주의를 요한다. 만약 기초가 약간의 회전변형을 일으킬 가능성이 있다거나 또는 접합부가 작은

그림 1.1

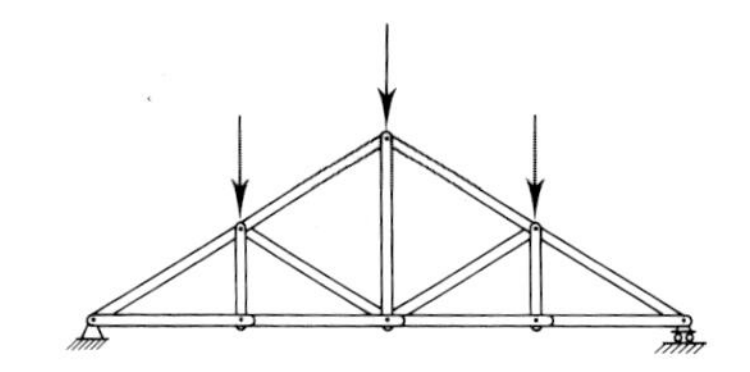

회전변형이 발생 가능하도록 유연하다면, 지점은 힌지지점으로 취급하는 것이 합리적이다. 여기서 기본가정은 보통의 구조해석에서 적용되는 변형이 충분히 작다는 것으로, 힌지지점으로 가정할 수 있는 작은 회전변형의 요구조건을 만족해야 한다는 것이다.

이상화된 골조의 기하 및 지점 조건이 설정되면, 다음에는 하중을 결정하여야 한다. 이러한 하중의 결정에는 각각의 골조에 분배되는 하중의 크기를 산정하는 것을 포함한다. 만약 구조물이 등분포지붕하중을 받는다고 가정하면, 한 개의 골조에 의해서 지지되는 하중은 그림 1.2(b)와 같이 단위길이당의 하중의 크기로 표시되는 등분포선하중이 된다. 선하중의 기본단위는 kips/ft(kilo pounds per foot)이다.

그림 1.2(b)와 같은 하중상태에서는 골조가 점선처럼 변형(과장된 스케일로 그린 그림)을 일으키게 된다. 골조의 각각의 부재는 이 변형된 형상으로 나타나는 거동의 형태에 따라서 분류된다. 수평부재 *AB*, *BC*는 주로 휨(굽힘)을 받게 되며, 보(beams)라고 부른다. 수직부재 *BD*는 양쪽 보로부터 전달되는 우력을 받게 되지만, 구조가 대칭이고 또 이들 우력의 크기가 같고 방향은 반대이기 때문에 서로 상쇄된다. 따라서 부재 *BD*는 수직하중에 의한 축압축(axial compression)만을 받게 된다. 건물에서 이와 같은 수직 압축부재는 기둥(columns)이라고 한다. 다른 2개의 부재 *AE*, *CF*는 수직하중에 의한 축 압축하중뿐만 아니라 현저한 크기의 휨을 받게 된다. 이러한 부재를 보-기둥(beam-columns)이라 부른다. 실제로 보나 기둥으로 분류된 부재를 포함한 거의 모든 부재는 휨과 축하중을 함께 받게 된다. 하지만 대부분의 경우에 휨과 축하중 가운데 한 가지 힘의 영향은 상대적으로 크게 미약하고 따라서 무시할 수 있다.

위에서 설명한 부재들 외에 이 책에서는 접합부와 합성보(composite beams), 합성기둥(composite columns) 및 플레이트거더(plate girders) 같은 특수부재의 설계를 다루게 된다.

그림 1.2

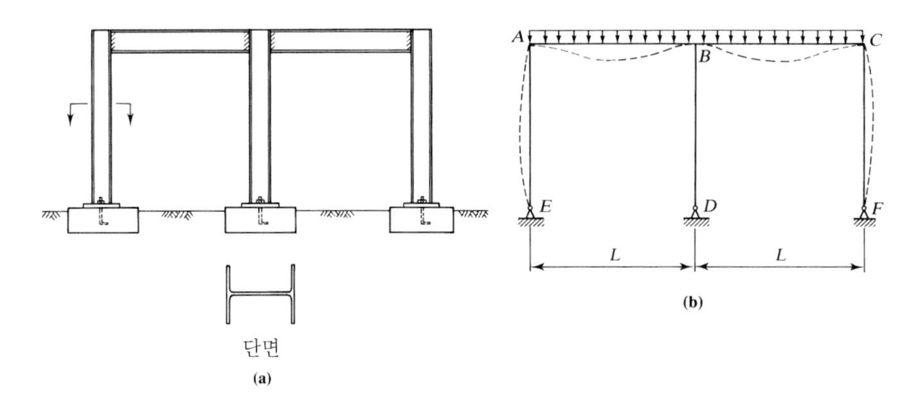

1.2 하 중

구조물에 작용하는 힘을 하중이라고 한다. 하중은 고정하중 또는 사하중(dead load) 및 활하중(live load) 두 종류로 크게 분류할 수 있다. 고정하중은 흔히 자중이라 부르는 구조물 자체의 무게를 포함하는 하중으로 영구적이다. 건물의 사하중은 자중 외에도 바닥재, 칸막이, 벽체 및 천장(전기, 장비 및 배관 등이 부착되어 있는) 등 비구조재(nonstructural components)의 무게를 포함한다. 이상에 언급된 모든 하중은 중력에 기인하고, 따라서 중력하중(gravity loads)이라고 부른다. 활하중 역시 중력하중인데 사하중처럼 영구적인 하중이 아닌 일시적으로 작용하는 하중을 말한다. 활하중은 일정한 기간 동안만 작용하기도 하고, 작용점(locations)도 고정되어 있지 않다. 활하중의 예는 가구(furniture), 장비(equipment) 및 거주자(occupants) 등이다. 일반적으로 활하중의 크기는 사하중처럼 명확하게 규명되어 있지 못하기 때문에, 항상 평가하여야 한다. 대부분의 경우 구조재는 잠재적인 파괴 조건이 간과되지 않도록 다양한 재하상태에 대하여 검토되어야 한다.

활하중이 천천히 작용하고 제거되지 않으며 또 상당한 횟수만큼 반복적으로 작용하게 되면, 구조물은 정하중 재하상태로 해석할 수 있다. 구조물이 움직이는 크레인을 지지하는 경우처럼 하중이 갑자기 작용하게 되면, 충격효과(effects of impact)를 고려하여야 한다. 내구연한(life of structures) 동안 하중의 재하 및 제거가 반복되면, 피로응력(fatigue stress)이 문제가 되므로 이의 영향을 고려하여야 한다. 충격하중은 상대적으로 소수의 건물, 특히 공장건물에서 발생하고, 피로 문제가 발생하기 이전에 수만 번의 반복하중이 가해져야 하는 피로하중은 아주 드문 경우이다. 이런 이유로 이 책에서 모든 하중은 정하중으로 취급하고, 피로하중은 고려하지 않는다.

바람(wind)은 건물의 외벽에 압축 또는 양압력을 가하게 된다. 바람은 일시적으로 작용하기 때문에 활하중의 범주로 분류된다. 그러나 풍하중을 결정하는 것은 대단히 복잡하기 때문에, 별도의 하중으로 분류하여 취급한다. 풍하중은 고층건물에는 아주 치명적이기 때문에 상대적으로 저층건물에는 별로 중요한 하중이 아니다. 그러나 경량지붕시스템에서 상향의 하중은 결정적인 하중이 된다. 비록 바람은 항상 존재하기는 하지만, 설계하중 크기의 바람은 자주 불어오는 것이 아니기 때문에, 피로하중으로 고려되지는 않는다.

지진(earthquake)하중은 또 다른 특수한 하중으로 지진의 발생 가능성이 있는 지역에서만 고려하여야 한다. 지진의 영향에 대한 구조해석은 지진에 의해서 유발되는 지반운동에 대한 구조물의 반응에 대한 해석이 된다. 흔히 사용되는 간단한 방법은 지진의 영향을 풍하중과 같이 각 층에 작용하는 수평하중 시스템으로 변환시키는 것이다.

적설하중(snow)은 별도로 분류되는 활하중의 하나이다. 이 하중은 불확실성 외에 대부분의 하중이 좁은 면적에 집중되게 만드는 표류(drift)의 복잡성이 문제가 된다.

그 밖에 다른 활하중은 수압, 토압과 같이 흔히 따로 분류한다. 그러나 여기서 열거한 하중은 강구조 건물이나 부재의 설계 시에 보통 적용되는 하중들이다.

1.3 건축규준

건축물은 건축물 규준의 규정에 의거하여 설계하고 건설하여야 한다. 시방서는 구조적인 안전성, 내화, 배관, 환기 및 장애자 편의시설 등과 같은 사항들에 대한 요구조건을 포함하는 합법적인 문서이다. 건물 규준은 법적인 효력을 가지고 있다. 규준은 설계순서에 대한 사항을 제공하지는 않지만, 설계요구조건과 지켜야 할 제한사항을 규정하고 있다. 구조 설계자에게 특히 중요한 사항 중의 하나는 건물의 최소활하중에 대한 규정이다. 비록 설계자가 실제의 하중상태를 조사하여 합리적인 하중을 결정하기는 하지만, 구조물은 규정최소하중은 지지할 수 있어야 한다.

비록 어떤 대도시는 그 도시만의 건물 규준을 따로 가지고 있지만, 대부분 도시의 관계기관은 모델건물규준(model building code)을 그들의 특수한 사정에 맞도록 수정하여 채택하고 있다. 모델규준은 정부단체가 쉽게 채택할 수 있는 형태로 비영리기관에 의해서 작성된다. 현재 세 개의 미국 모델 규준이 있다. Uniform Building Code (International Conference of Building Officials, 1999), Standard Building Code(Southern Building Code Congress International, 1999), 그리고 BOCA National Building Code(BOCA, 1999)(BOCA는 Building Officials and Code Administrators의 약자이다.) 이러한 규준들은 미국의 서로 다른 지역에서 사용되고 있다. Uniform Building Code는 주로 미시시피강의 서쪽 지역에서 유일하게 사용되는 규준이다. Standard Building Code는 미국 남동부 주에서 사용되며, BOCA National Building Code는 북동부 주에서 사용된다.

이 세 개의 국내 규준의 상이점을 배제할 목적으로, 통합건물코드인 International Building Code(International Code Council, 2015)가 개발되었다. 이것은 세 협회(ICBO, BOCA, SBCCI)의 공동노력의 결실이다. 이 세 단체는 International Code Council(ICC)로 흡수·통합되었으며, 새로운 규준이 이전의 세 규준을 대체하게 되었다.

건물규준은 아니지만 ASCE 7, Minimum Design Loads for Buildings and Other Structures(American Society of Civil Engineers, 2016)은 건물규준과 형식이 비슷하다. 이 규정은 건물규준의 일부로 채택하기에 적당한 형태로 하중에 대한 요구사항을 제공하고 있으며, International Building Code는 ASCE 7의 하중조항의 많은 부분을 포함하고 있다.

1.4 설계기준

건축물 규준에 반하여, 설계시방서는 구조부재 및 접합부의 설계에 더욱 확실한 지침이 된다. 시방서는 구조기술자가 건물규준에서 요구하는 목표를 얻을 수 있도록 지침과 범주를 제공해준다. 설계시방서는 최근의 연구결과를 토대로 좋은 설계가 되도록 하기 위해서 필요한 사항을 명백히 하며, 정기적으로 개정되거나 또는 보충자료를 발간함으로써 보완되거나 또는 완전히 새롭게 편집된다. 건축물 규준과 마찬가지로 시방서도 비영리단체에 의해서 합법적인 형태로 작성된다. 시방서는 시방서 자체의 합법적인 기준을 갖고 있지는 않지만 설계범위나 한계를 법적인 요구사항이나 금지사항의 형태로 제안하여, 건물규준의 일부인 참고조항으로 쉽게 채택이 된다.

강구조 설계자에게 가장 관심이 있는 설계기준은 다음 기관에서 발행된 것들이다.

1. **American Institute of Steel Constructions(AISC)**: 이 기관은 강구조물과 접합부의 설계에 관한 모든 사항을 제공해준다. 이 책의 주된 관심분야가 되고 자세하게 다룬다(AISC, 2016a).
2. **American Association of State Highway and Transfortation Officials (AASHTO)**: 이 기관은 도로교 및 관련 구조물의 설계를 다룬다. 도로교의 건설재료인 강재, 콘크리트 및 목재에 관한 사항을 제공한다(AASHTO, 2014).
3. **American Railway Engineering Maintenance-of-Way Association(AREMA)**: AREMA Manual of Railway Engineering은 철도교와 부속 구조물의 설계에 관한 사항을 규정하고 있다(AREMA, 2016). 이 기구는 이전에는 American Railway Engineering Association(AREA)이었다.
4. **American Iron and Steel Institute(AISI)**: 이 기관은 냉간성형강재(cold-formed steel)를 다루고 있으며, 이 책의 1.6절에서 논의한다(AISI, 2012).

1.5 구조용 강재

강재의 중요 성분인 철을 소도구로 사용하기 시작한 것은 기원전 4000(Murphy, 1957)년 정도이다. 이 재료는 석탄을 가열재로 하여 생산된 연철(wrought iron) 형태였다. 18세기 후반에서 19세기 초에 걸쳐서, 주철(cast iron)과 연철이 다양한 형태의 교량 건설에 사용되었다. 주로 철과 탄소의 합금으로, 주철보다 불순물과 탄소량이 적은 강철(steel)은 19세기에 처음으로 대형구조물의 건설에 사용되었다. 1885년 Bessemeer방법의 개발로, 강철(이하 강)이 건설 분야에서 주철과 연철을 대신하게 되었다. 미국에서 건설된

첫 번째 강교는 철도교로서 1874년 세인트루이스(미주리주)에 건설된 Eads교이다(Tall, 1964). 1884년에는 시카고에서 처음으로 강골조 건물이 건설되었다.

강구조 기술자에게 주된 관심사인 강의 성질은 인장시험(tensile test) 결과를 도시하여 명확히 할 수 있다. 시편(test specimens)이 그림 1.3(a)와 같이 축하중 P를 받는다면, 응력과 변형률은 다음과 같이 계산할 수 있다.

$$f = \frac{P}{A}, \qquad \epsilon = \frac{\Delta L}{L}$$

여기서

f = 축방향 인장응력

A = 단면적

ε = 축방향 변형률

L = 시편 길이

ΔL = 늘어난 길이

하중을 0인 상태에서 파괴점까지 단계별로 증가시키고 각 단계마다 응력과 변형률을 계산한다면, 그림 1.3(b)와 같은 응력-변형률 곡선을 그릴 수 있다. 이 곡선은 연강(ductile 또는 mild steel)의 전형적인 응력-변형률 곡선이다. 응력-변형률 관계는 비례한계(proportional limit)까지는 직선이며 후크의 법칙을 따른다. 그 점을 지나면 응력은

그림 1.3

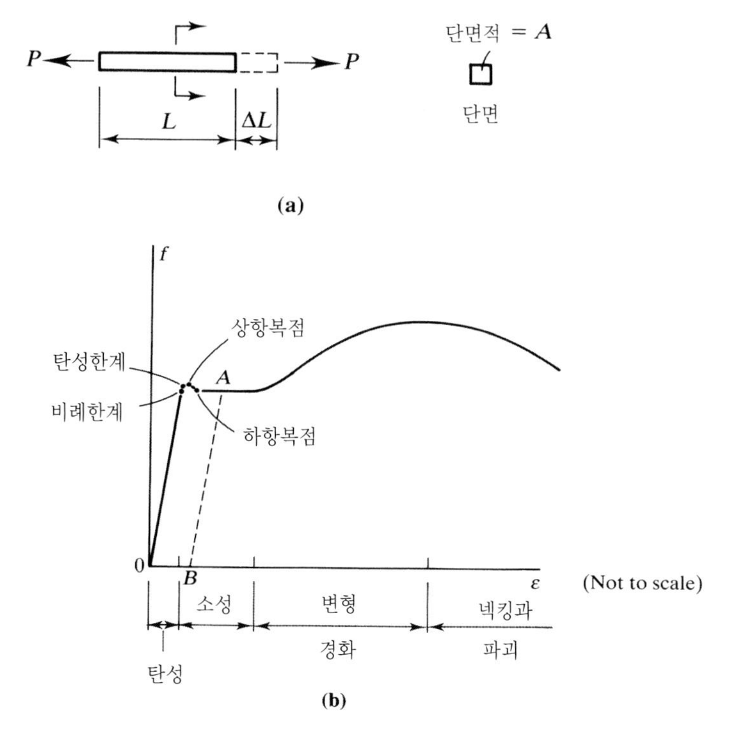

곧 최곳값인 상항복점에 이르게 되고, 다시 하항복점으로 낮아지게 된다. 그 다음엔 변형이 계속 증가하더라도 응력은 일정하게 유지된다. 이 상태에 이르면 하중을 더 이상 증가시킬 수는 없지만, 제거하지 않는 한 시편은 계속 늘어나게 된다. 이 응력이 일정한 부분을 항복대(yield plateau) 또는 소성영역(plastic range)이라고 한다. 변형률이 항복변형률의 약 12배에 도달하면, 변형경화(strain hardening)가 시작되는데, 추가적인 변형을 발생시키기 위해서는 하중을 증가시켜야만 한다. 최대응력에 도달하면 곧 바로 변형률이 증가하면서 응력이 감소하는 넥킹(neck down)현상이 시작되고 파괴에 도달하게 된다. 비록 하중이 작용하는 동안 단면적이 감소하지만(포와송 효과), 응력계산에는 초기단면적을 사용한다. 이러한 방법으로 계산된 응력을 공학적인 응력(engineering stress)이라고 하고, 원래의 길이를 사용하여 계산한 변형률을 공학적인 변형률(engineering strain)이라고 한다.

그림 1.3(b)와 같은 거동을 보이는 강은 파괴되기 전에 큰 변형이 발생하므로 연성이 크다고 한다. 연성(ductility)은 다음과 같이 정의되는 연신율(elongation)을 사용하여 측정할 수 있다.

$$e = \frac{L_f - L_0}{L_0} \times 100 \tag{1.1}$$

여기서

e = 연신율(%로 표시됨)

L_f = 파괴 시 길이

L_0 = 원 길이

재료의 탄성한계(elastic limit)는 비례한계와 상항복점 사이의 응력이 된다. 이 응력까지는 하중을 제거하면 영구변형(permanent strain)이 생기지 않으며, 하중제거 시 하중증가 시와 동일하게 응력은 직선구간을 따라서 감소하게 된다. 응력-변형률 곡선의 이 구간을 탄성영역(elastic range)이라고 부른다. 응력의 크기가 이 점을 지나게 되면, 하중제거 시 응력은 하중궤적의 초기 직선과 평행한 직선을 따라서 감소하게 되고, 영구변형이 남게 된다. 예를 들면, 그림 1.3(b)의 A점에서 하중이 제거되면 응력은 직선 AB를 따라 감소하게 되고, 영구변형 OB가 남게 된다.

이상적인 응력-변형률 곡선은 그림 1.4와 같이 나타낼 수 있다. 비례한계, 탄성한계, 상항복점 및 하항복점은 매우 근접해 있으므로 항복점(yield point)이라고 부르는 한 점으로 취급되며, 응력 F_y로 정의된다. 구조기술자가 관심을 갖는 또 다른 한 점은 극한인장강도(ultimate tensile strength) F_u라고 부르는 최대응력점이다. 이러한 곡선의 형태는 항복강도 및 극한강도로 서로 구별되는 모든 연강의 전형적인 응력-변형률 관계 곡선이 된다. E로 표기되고 영의 계수(Young's modulus) 또는 탄성계수(modulus of elasticity)라고 불리는 탄성범위 내에서의 응력 대 변형률 비는 모든

그림 1.4

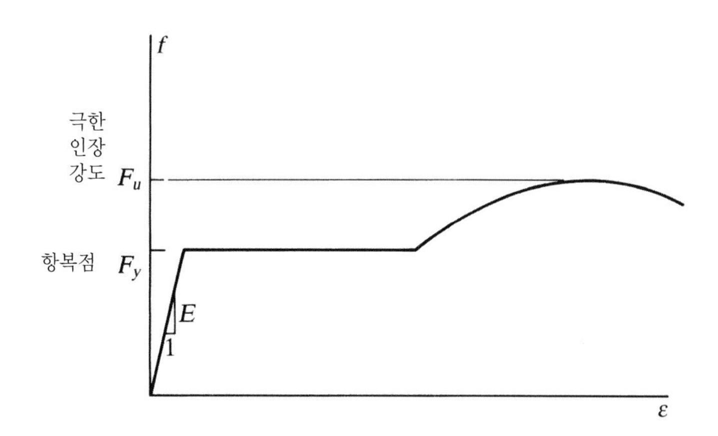

구조용 강재에 대하여 동일한 값 29,000,000 psi(pounds per square inch) 또는 29,000 ksi (kips per square inch)이다.

고강도강(high strength steel)의 전형적인 응력-변형률 곡선은 그림 1.5와 같으며, 지금까지 설명한 연강보다 연성이 작다. 비록 직선탄성구간과 인장강도는 확실하게 있지만 항복점이나 항복대는 명확하게 구별되지 않는다. 이러한 고강도강을 연강과 동일한 방법으로 사용하기 위해서는 모든 강재에 동일한 절차와 공식을 적용할 수 있도록 어떤 응력을 항복강도 F_y로 규정할 필요가 있다. 비록 항복점은 없지만 이를 적절히 규정하여야 한다. 이미 밝힌 바와 같이 응력이 탄성한계를 넘도록 하중을 가한 후 이를 제거하면, 그 궤적은 하중이 0인 상태에서 하중재하 시의 궤적과는 다르게 된다. 그 궤적은 하중재하 초기의 기울기, 즉 탄성계수 E와 같은 경사도와 평행한 직선을 따르게 된다. 따라서 하중을 완전히 제거한 후에도 잔류변형(residual strain) 또는 영구변형이 남게 된다. 그림 1.5와 같은 응력-변형률 곡선을 가진 강재의 항복응력을 항복강도라고 부르고, 영구변형량(permanent strain)이 어떤 정해진 값이 되도록 하는 응력으로 정의된다. 변형률 0.002를 흔히 선택하고, 이렇게 항복강도를 결정하는 방법을 0.2% 오프셋 방법(offset method)이라고 한다. 이미 기술한

그림 1.5

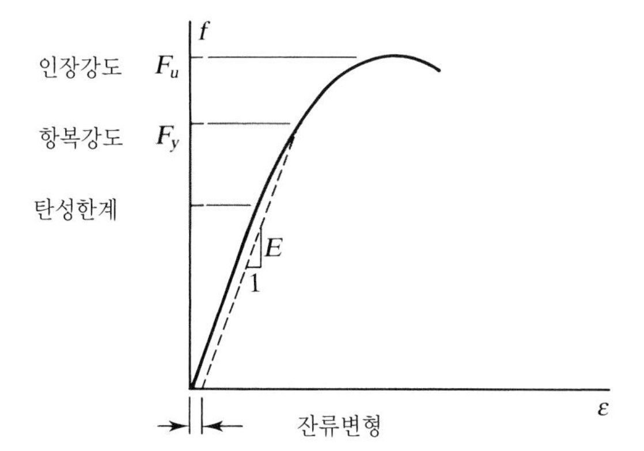

바와 같이, 응력-변형률 곡선의 형태에 상관없이, 또 어떤 방법으로 F_y를 구하든 간에 강구조 설계에 필요한 두 가지 특성은 F_y와 F_u이다. 이러한 이유로 항복점 또는 항복강도를 포괄적으로 의미하는 항복응력을 사용한다.

강도와 연성을 포함하는 구조용 강재의 다양한 특성은 화학적 성분에 의해서 결정된다. 강은 주원소가 철인 합금이다. 또 다른 성분은 극히 미소량이기는 하지만 강도를 증진시키고 연성을 감소시키는 탄소이다. 강재의 등급을 결정하는 또 다른 성분으로는 구리, 망간, 니켈, 크롬, 몰리브덴 및 실리콘 등이 있다. 구조용 강재는 구성 성분에 따라서 다음과 같이 분류된다.

1. **보통 탄소강(plain carbon steels)**: 철과 1% 이하의 탄소
2. **저합금강(low-alloy steels)**: 철과 탄소 이외에 5% 이하의 다른 원소. 추가원소는 주로 강도를 증가시키는 반면 연성을 감소시킨다.
3. **고합금강 또는 특수강(high-alloy or specialty steels)**: 저합금강과 비슷한 성분으로 구성되지만, 철과 탄소에 높은 퍼센트의 다른 원소를 추가한다. 보통 탄소강보다 강도가 크고 내식성과 같은 어떤 특성을 가지고 있다.

구조용 강재의 등급은 ASTM(American Society for Testing Materials)에 의해서 규정된 방법에 따라 결정된다. 이 기구는 재료의 성분, 특성 및 성능에 따라서 재료를 구분하고, 이 특성을 측정하기 위한 실험방법을 규정하고 있다(ASTM, 2016a). 현재 가장 흔히 사용되는 구조용 강재는 ASTM A36 또는 간단히 A36으로 호칭되는 연강이다. 이 연강은 그림 1.3(b) 및 1.4와 같은 응력-변형률 곡선을 가지며, 다음과 같은 인장 특성을 가지고 있다.

항복응력: $F_y = 36{,}000$ psi (36 ksi)

인장강도: $F_u = 58{,}000$ psi $-$ 80,000 psi (58 ksi $-$ 80 ksi)

A36 강종은 보통 탄소강으로 분류되고 다음과 같은 성분(철 제외)을 가지고 있다.

탄소: 0.26 % (최댓값)

인 : 0.04 % (최댓값)

황 : 0.05 % (최댓값)

이 백분율은 근삿값이며 정확한 값은 최종 생산제품에 달려 있다. A36 강종은 연강이며, 표점길이(undeformed original length) 8 in.를 기준으로 식 1.1에 의한 신장률이 20 %이다.

표 1.1

특성	A36	A572 등급 50	A992
최소항복점	36 ksi	50 ksi	50 ksi
최소인장강도	58~80 ksi	65 ksi	65 ksi
항복-인장비	–	–	0.85
최소연신율(표점거리 8 in.)	20%	18%	18%

A36 강종을 공급하는 철강 생산업자는 ASTM 규격을 만족시켜야 한다. 주어진 항복응력 및 인장강도는 최소규정치(minimum requirements)로 보통은 이 값보다 어느 정도 큰 값을 가지고 있어야 한다. 인장강도는 범위로 정해지는데 이는 항복응력처럼 정확한 값을 얻기가 쉽지 않기 때문이다.

또 다른 흔히 사용하는 강재는 ASTM A572 등급 50과 ASTM A992이다. 이 두 강재는 인장 특성과 0.23% 이상의 탄소로 구성된 화학성분이 거의 비슷하다. A36, A572 등급 50과 A992의 인장 특성을 표 1.1에서 비교하였다.

1.6 표준단면

앞에서 개략 설명한 설계과정에서 이 책에서 주로 강조하는 목표 중의 하나는 설계할 구조물의 각 부재에 대한 단면의 선택이다. 가장 흔히 이 선택은 특별한 크기와 특성을 가진 단면을 제작하는 대신에 폭 넓게 이용 가능한 표준형강을 가려 선택하는 것이다. 당장 손에 넣을 수 있는 품목을 선택하는 것이 자재가 조금 더 사용된다 하더라도 거의 모든 경우에 최고로 경제적인 선택이 될 수 있다. 가장 넓은 범주의 표준형강은 열간압연(hot-rolling)방식에 의해서 생산된 제품이다. 제철소에서 진행되는 제작공정에서, 용광로로부터 흘러나온 용융된 강을 응고되기는 하지만 완전히 냉각되지 않는 연속주조(continuous casting)시스템에 부어 넣는다. 이 가열된 뜨거운 강이 압연기(roller)를 통과하면서 원하는 형강의 형태가 만들어지게 된다. 가열된 상태로 강을 압연하면 냉간성형(cold-working)과는 달리 연성의 손실을 초래하지 않는다. 압연과정 동안에 형강의 길이가 증가하게 되고, 최대 65~75 ft의 표준길이로 자르게 된다. 이러한 생산제품은 강재제작소(fabricating shop)에서 특수한 구조물에 소요되는 필요한 길이로 다시 잘라서 사용하게 된다.

가장 많이 사용되는 압연형강 중에서 몇 가지는 그림 1.6에 나타나 있다. 표준형강의 제원과 호칭은 ASTM 규격(ASTM, 2016b)에 규정되어 있다. W형강(wide-flange shape, 우리나라 H형강)은 2개의 평행한 플랜지와 1개의 웨브로 구성되어 있다. 이 요소들은 2축대칭단면이 되도록 배치되어 있다. 전형적인 호칭은 "W 18 × 50"과 같은데, W는 형강의 형상을 나타내고, 18은 인치(in.)로 나타낸 웨브의 공칭깊이, 50은 단위

그림 1.6

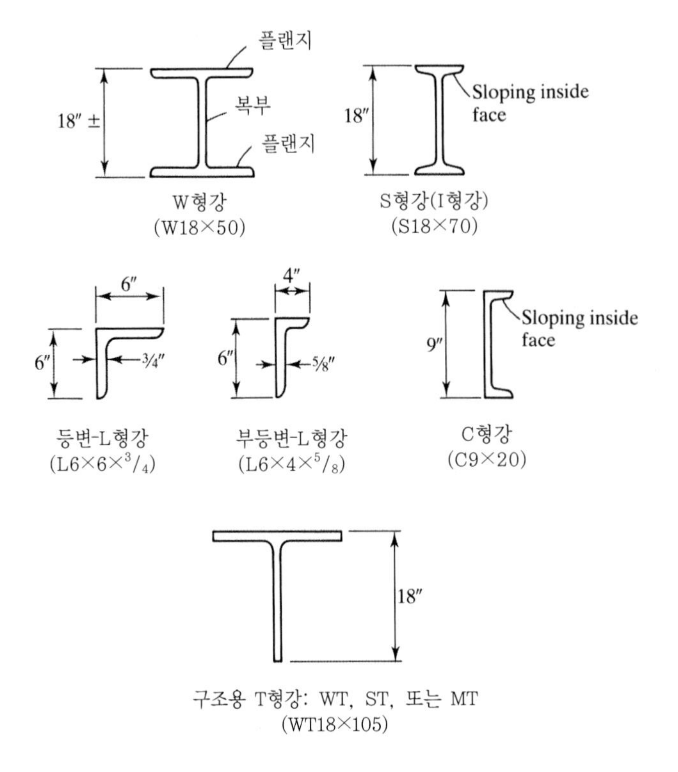

피트(ft)당의 파운드(lb) 무게를 나타낸다. 공칭깊이는 in.로 표시된 형강의 대략적인 깊이이다. 어떤 경량형강에 대해서는 공칭깊이는 in.로 나타낸 단면의 전체 깊이와 같지만 W형강에는 적용되지 않는다. 동일한 공칭 규격의 모든 W형강은 플랜지 사이의 순간격은 같고 플랜지의 두께는 다른 그룹으로 묶을 수 있다.

S형강(American Standard, 우리나라 I형강)은 2개의 플랜지와 1개의 웨브로 구성되고 그리고 2축 대칭인 점에서 W형강과 유사하다. 다른 점은 단면의 비율이다. 웨브에 대한 W형강의 플랜지가 S형강의 플랜지보다 더 넓다. 또 W형강 플랜지의 내외측면은 평행한데 반하여, S형강 플랜지의 내측면은 외측면에 대하여 경사져 있다. S형강 호칭의 예는 "S18 × 70"과 같으며, S는 단면의 형상을 나타내고 두 개의 숫자는 형강의 높이를 인치(in.)로, 피트단위 길이당의 파운드 무게(lb/ft)로 각각 나타낸다. 예전의 호칭은 I형강이었다.

앵글(angle) 또는 L형강(우리나라 ㄱ형강)은 등변과 부등변 ㄱ형강이 이용 가능하다. 전형적인 호칭은 "L 6 × 6 × $^{3}/_{4}$" 또는 "L 6 × 4 × $^{5}/_{8}$"와 같다. 3개의 숫자는 코너에서 앞굽(toe) 또는 뒷굽(heel)으로 잰 두 변의 길이와 두께이며, 두 변의 두께는 같다. 부등변의 경우에는 긴 변의 길이를 항상 먼저 표기한다. 이 호칭은 크기는 모두 제공하지만, 단위길이당의 무게는 제공하지 않는다.

C형강(American Standard Channel, 우리나라 ㄷ형강)은 2개의 플랜지와 1개의 웨브를

가지고 있으며 1축 대칭 단면이다. 표기는 “C 9 × 20”과 같다. 이러한 표기는 W 및 S형강과 같으며, 첫 번째 숫자는 웨브와 평행한 형강의 높이를, 두 번째 숫자는 단위 ft당의 lb로 나타낸 무게를 나타낸다. 그러나 C형강에서 높이는 공칭높이라기보다는 실제 높이이다. 내측면은 S형강처럼 경사져 있다. 기타 C형강인 MC형강은 표준 C형강과 비슷하다.

구조용 T형강은 I형강 단면의 중앙부를 잘라서 만든다. 이 형강은 분라-T(split-Tee)라고도 한다. 이 형강 호칭의 접두 문자는 어느 형강이 모체인가에 따라서 WT, MT 또는 ST가 된다. 예를 들면 WT 18 × 105는 공칭 높이는 18 in.이고, 무게는 105 lb/ft이며, W 36 × 210을 잘라서 만든 형강이다. 유사하게 ST 10 × 33은 S 20 × 66을, MT 5 × 4는 M 10 × 8을 각각 잘라서 만든 형강이다. M은 기타(miscellaneous)의 첫 글자 M이다. M형강은 2개의 플랜지와 1개의 웨브로 구성되어 있지만 W형강 및 S형강의 범주에 들지 않는 형강이다. 선단지지말뚝(bearing piles)으로 사용하는 HP형강은 평행한 플랜지 면을 갖고 있으며 폭과 깊이가 거의 같으며 플랜지와 웨브의 두께가 같다. HP형강의 호칭은 W형강의 호칭법과 유사하며, 예를 들면 HP 14 × 117과 같다.

흔히 사용되는 또 다른 형강의 단면형상이 그림 1.7에 나와 있다. 봉강(bars)의 단면형태로는 원형, 정방형 및 장방형이 있다. 장방형 바의 폭이 8 in. 이하인 경우에는 바로 분류하고 두께가 8 in.보다 큰 경우는 판재(plate)로 분류한다. 두 단면의 통상적인 호칭은 약자 PL에 in.로 나타낸 두께와 폭 그리고 ft와 in.로 나타낸 길이로 표시한다. 예를 들어보자면 $\mathrm{PL}\ {}^{3}/_{8} \times 5 \times 3' - 2^{1}/_{2}''$. 플레이트와 바는 ${}^{1}/_{16}$ in.단위로 사용이 가능하지만 ${}^{1}/_{8}$ in.단위로 구분하는 것이 일반적이다. 바와 플레이트는 열간압연방식으로 제작된다.

그림 1.7에 있는 강관(hollow shapes)은 판재를 굽혀서 이음매를 용접하여 제작하거나, 이음매가 없는 단면은 열간가공을 통하여 제작한다. 오늘날 미국에서 이용가능한 대부분의 강관은 냉간성형 또는 용접으로 제작하고 있다(Sherman, 1997). 이 형강은 강관(pipe), 원형 HSS(우리나라 원형강관), 정방형 및 장방형 HSS(우리나라 각형강관)로 분류된다. HSS는 속이 비어 있는 단면(hollow steel sections)을 나타낸다.

그림 1.7

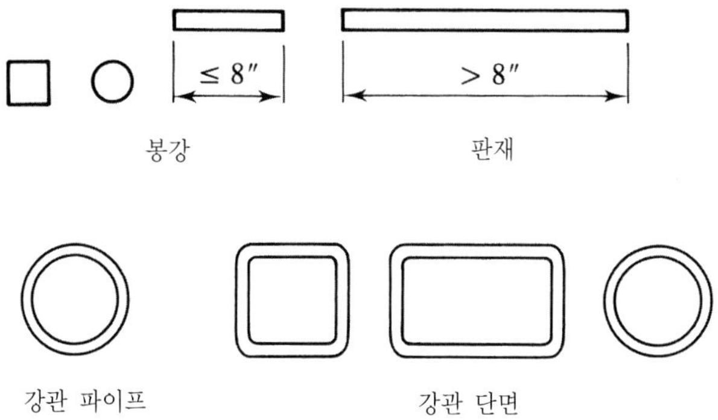

≤ 8″

> 8″

봉강

판재

강관 파이프

강관 단면

그림 1.8

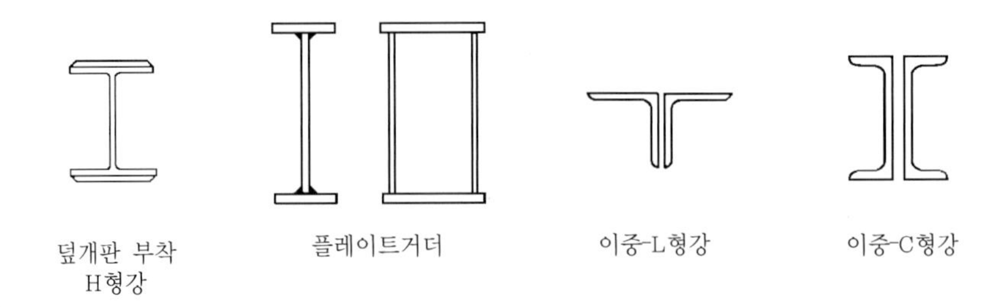

강관 파이프는 표준형(standard), 초고강도(extra-strong) 및 초초고강도(double-extra-strong)가 있으며, 호칭은 Pipe 5 Std., Pipe 5 x-strong, Pipe 5 xx-strong으로 표기하며, 여기서 5는 in.로 나타낸 공칭외경을 의미한다. 강도가 다른 것은 동일한 외경에 두께가 다른데 기인한다. 공칭외경이 12 in. 이상인 경우의 호칭은 외경과 두께를 인치단위로 소수 세 자리까지로 표기한다. 예를 들면 Pipe 5.563 × 0.500.

원형 강관(HSS)의 호칭은 외경과 두께를 in.단위로 소수 세 자리까지로 표기한다. 예를 들면 HSS8.625 × 0.250 정방형 및 장방형 강관(HSS)의 호칭은 공칭 외측제원과 벽 두께를 in.단위로 유리수로 표기한다. 예를 들면 HSS7 × 5 × $^{3}/_{8}$. 현재 미국에서 사용되는 대부분의 HSS는 냉간성형(cold-forming)이나 용접에 의해서 제작된다(Sherman, 1997).

다른 형강들이 더 있지만 여기서는 주로 흔히 사용하는 형강들만을 기술하였다. 대부분의 경우에 이러한 표준형강들 중의 하나는 설계요구사항을 만족시킬 것이다. 만약에 설계요구사항이 특별한 경우에는 그림 1.8에 나타나 있는 단면과 같은 조립형강(built-up sections)이 필요할지도 모른다. 때로는 W형강의 플랜지에 판재를 용접하는 것과 같은 방법으로 표준형강에 추가 요소를 부착하여 보강할 수도 있다. 단면을 조립하는 방법은 구조물을 복원하거나 처음의 설계용도와는 다른 용도로 전용하기 위하여 개수하고자 하는 기존의 구조물을 보강하는 데 아주 효과적인 방법이 될 수 있다. 때로는 크기가 충분한 표준형강이 없는 경우, 즉 형강의 단면적 또는 단면2차모멘트가 부족한 경우, 조립형강을 사용할 수도 있다. 그러한 경우에 플레이트거더(plate girders)를 사용할 수 있다. 2개의 플랜지와 1개의 웨브로 구성된 I형강 단면이나 두 개의 플랜지와 2개의 웨브로 구성된 상자형(box sections)도 플레이트거더의 한 형태이다. 구성요소는 함께 용접 접합할 수 있으며, 필요한 특성에 딱 맞도록 설계할 수도 있다. 조립형강은 2개 또는 그 이상의 표준압연형강들을 부착하여 제작할 수도 있다. 앵글(angle, ㄱ형강) 2개의 변을 서로 맞대고 적당한 간격으로 단속적으로 연결한 double angle(쌍ㄱ형강)도 흔히 사용하는 조립형강이다. 또 다른 조합은 double C(쌍ㄷ형강)이다. 다양한 형태의 조립형강이 있으며, 그중에서 몇 개의 형강은 이 책에 예시되어 있다.

표 1.2

형강	추천 강재(Preferred Steel)
앵글(ㄱ형강)	A36
플레이트(판재)	A36
S, M, C, MC형강	A36
HP형강	A572 등급 50
W형강	A992
파이프	A53 등급 B(다른 강재 불가)
HSS	A500 등급 C, $F_y = 46\ \mathrm{ksi}$(원형) A500 등급 C, $F_y = 50\ \mathrm{ksi}$(각형)

압연형강이나 판재로 가장 흔히 사용되는 강재는 A36, A572 A992이다. ASTM A36은 주로 ㄱ형강이나 플레이트, A36 또는 A572 Grade 50은 S형강, M형강 및 C형강으로 규정되고, HP형강은 A572 Grade 50, W형강은 A992로 보통 규정된다. (이 세 강재의 특성은 1.5장의 표 1.1에서 비교하였다.) 강재 파이프는 ASTM A Grade B만이 사용 가능하며, ASTM A500은 HSS 형강용으로 쓰인다. 이러한 추천 사항은 표 1.2에 요약되어 있다. 다른 강재도 사용 가능하기는 하지만 표 1.2에 나열된 경우가 가장 일반적이다(Anderson and Carter, 2015).

구조용으로 사용하는 철강 제품의 또 다른 한 종류는 냉간성형강재(cold-formed steel)이다. 이 종류의 형강은 얇은 판재를 가열하지 않은 상태에서 원하는 형상으로 굽혀서 만든다. 단면의 형상은 그림 1.9와 같다. 상당히 얇은 박판재만이 사용 가능하며, 생산된 단면은 단지 경량구조용으로만 적합하다. 이러한 제품의 장점은 거의 모든 형상의 단면 제작이 가능하기 때문에 용도가 다양하다는 점이다. 또한 냉간가공에 의해서 항복강도가 증진되고, 어떤 경우에는 이 점을 설계에 반영할 수도 있다(AISI, 2012). 그러나 연성은 반대로 감소한다. 단면 요소가 얇기 때문에 4, 5장에서 다룰 불안정(instability) 문제가 냉간성형형강 구조물의 설계에서는 중요한 설계인자가 된다.

그림 1.9

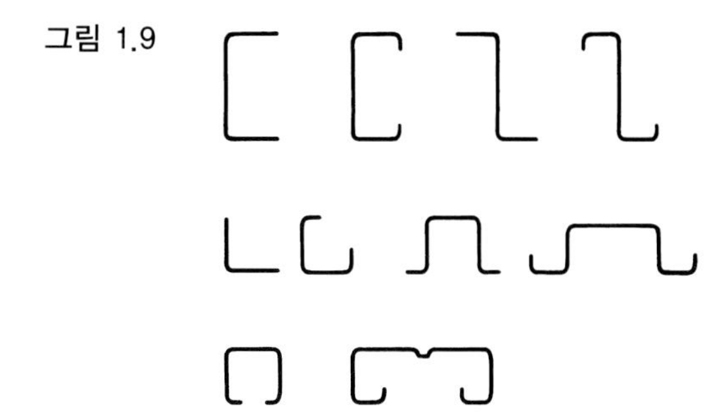

연습문제

주의사항 다음 문제들은 1.5절에서 다룬 응력과 변형률의 개념을 분명히 이해하도록 하기 위한 것으로, 문제에서 제시된 재료가 반드시 강재일 필요는 없다.

1.5-1 원형 시편에 대한 인장시험을 실시하였다. 직경은 0.550 in.로 측정되었다. 두 개의 표점 간격은 2.030 in.이며 이 간격을 표점거리라고 하고 모든 길이는 이 간격을 기준으로 측정한다. 시편은 파단될 때까지 인장하였다. 파단 하중은 28,500 lb이었다. 시편을 다시 조립하여 측정한 직경과 표점거리는 각각 0.430 in.와 2.300 in.이었다. 다음을 계산하라.

a. 최대인장력응력(ksi)

b. 최대변형률(%)

c. 단면 감소율(%)

1.5-2 직경 $^1/_2$ in. 원형 시편에 대한 인장시험을 실시하였다. 표점거리는 2.0 in.이다. 하중 13.5 kips에 상응하는 신장량은 4.66×10^{-3} in.이었다. 이 하중이 재료의 탄성범위 안에 있다고 가정하고 탄성계수를 산정하라.

1.5-3 직경 0.51 in.인 시편에 대한 인장시험을 수행하였다. 각 하중의 증가 시마다 변형률게이지(strain gage)를 사용하여 직접 변형률을 측정하였다. 그 결과는 표 1.5.1과 같다.

하중(lb)	변형률$\times 10^6$(in./in.)
0	0
250	37.1
500	70.3
1000	129.1
1500	230.1
2000	259.4
2500	372.4
3000	457.7
3500	586.5

표 1.5.1

a. 응력과 변형률 표를 만들어보라.

b. 이 데이터들을 도시하여 최적의 직선(응력-변형률 관계)을 찾아보라.

c. 이 직선의 기울기(slope)인 탄성계수를 산정하라.

1.5–4　　직경은 $0.5\ \text{in.}$이고 표점거리 $4\ \text{in.}$인 원형 시편에 대한 인장시험을 수행하여, 결과로부터 구한 하중과 변위 그래프로 나타냈다. 데이터에 대한 회귀선을 구하여 직선 부분의 기울기가 $P/\Delta l = 1392\ \text{kips/in.}$인 것을 알았다. 탄성계수는 얼마인가?

1.5–5　　인장시험의 결과가 표 1.5.2에 나타나 있다. 시편은 원형 금속이며 직경은 $3/8\ \text{in.}$, 표점거리는 $2\ \text{in.}$이다.

하중(lb)	신장량 $\times 10^6$(in.)
0	0
550	350
1100	700
1700	900
2200	1350
2800	1760
3300	2200
3900	2460
4400	2860
4900	3800
4970	5300
5025	7800

표 1.5.2

a. 응력–변형률 관계표를 표 1.5.2를 이용하여 구하라.
b. 응력–변형률 관계 그래프를 그리고 회귀선을 구하라.
c. 탄성계수를 구하라.
d. 항복응력을 계산해보라.

1.5-6 표 1.5.3에 있는 데이터는 단면적 0.2011 in.^2, 표점거리 2.0 in.인 사각형 금속시편에 대한 인장시험을 통하여 얻은 결과이다. 시편의 파괴 시까지 하중을 가하지는 않았다.

하중(kips)	신장량$\times 10^3$(in.)
0	0
1	0.160
2	0.352
3	0.706
4	1.012
5	1.434
6	1.712
7	1.986
8	2.286
9	2.612
10	2.938
11	3.274
12	3.632
13	3.976
14	4.386
15	4.640
16	4.988
17	5.432
18	5.862
19	6.362
20	7.304
21	8.072
22	9.044
23	11.310
24	14.120
25	20.044
26	29.106

표 1.5.3

a. 응력 및 변형률 표를 작성하라.

b. 응력-변형률 곡선을 구하기 위하여 이 값들을 도시하고 최상의 회귀직선을 구하라.

c. 회귀선의 직선부의 기울기를 이용하여 탄성계수를 구하라.

d. 직선비례한계를 구하라.

e. 0.2% 오프셋 방법을 적용하여 항복응력을 구하라.

STEEL DESIGN

2 강구조설계의 개념

2.1 설계원칙

앞에서 언급한 바와 같이, 구조부재의 설계는 작용하중에 대해 안전하고 경제적으로 저항하는 단면의 선택을 수반한다. 경제성은 보통 최소무게, 즉 최소량의 강재를 의미한다. 이 양은 단위 길이 당 최소무게, 즉 최소단면적을 갖는 단면에 해당된다. 시공의 난이도와 같은 사항 등도 궁극적으로는 부재 치수의 선택에 영향을 미치지만, 가장 가벼운 단면형상의 선택으로 설계는 시작된다. 이와 같은 목적을 설정한 후에, 기술자는 어떻게 하면 그 목적을 안전하게 수행할 수 있는지, 그리고 여러 가지 설계방법 중 어느 것을 채택할 것인지를 결정해야 한다. 구조설계의 기본원칙은 소요강도가 유효강도를 초과해서는 안 된다는 것이다. 즉,

$$\text{소요강도(required strength)} \leq \text{유용강도(available strength)}$$

허용강도설계법(allowable strength design, ASD)에서는 최대축력, 전단력 또는 전단력이 허용 값을 초과하지 않도록 충분히 큰 단면적이나 관성모멘트와 같은 단면값을 갖는 부재를 선택한다. 여기서 허용 값은 공칭, 또는 이론강도를 안전율로 나누어 구한다. 식으로 표현하면,

$$\text{소요강도(required strength)} \leq \text{허용강도(allowable strength)} \tag{2.1}$$

이고, 여기서

$$\text{허용강도(available strength)} = \frac{\text{공칭강도(nominal strength)}}{\text{안전율(safety factor)}}$$

이다. 여기서 강도는 축방향강도(인장강도와 압축강도), 전단강도 또는 휨강도(모멘트강도)이다. 하중이나 모멘트 대신 응력이 사용된다면 식 2.1은

$$\text{최대작용응력(maximum applied stress)} \leq \text{허용응력(allowable stress)} \tag{2.2}$$

이 된다. 이때는 허용응력설계법(allowable stress design)이라고 불린다. 허용응력은 탄성영역(그림 1.3) 안에 있고, 이 설계방법은 탄성설계법(elastic design) 또는 작용응력

설계법(working stress design)이라고도 불린다. 작용응력은 작용하중으로 인한 응력이고, 작용하중은 사용하중이라고도 알려져 있다.

소성설계법(plastic design)은 작용하중상태보다는 파괴상태를 고려하는 데 그 근거를 두고 있다. 작용하중보다는 크기가 훨씬 더 큰 하중하에서 구조물이 파괴될 것이라는 판단기준에 따라 부재가 선택된다. 여기서의 파괴는 붕괴 또는 극히 큰 변형을 의미한다. 파괴에 이르러서는 부재의 일부분이 소성 영역에 놓이게 될 만큼 매우 큰 변형상태에 놓이게 되므로, 용어 소성(plastic)이 사용되었다(그림 1.3(b)). 구조물의 여러 위치에서 단면 전체가 소성상태로 되면, 그 위치에서 "소성힌지"가 형성되고, 그 구조물은 붕괴기구(collapse mechanism)에 도달하게 된다. 실제의 하중은 하중계수(load factor)라고 불리는 안전계수에 의해 파괴하중보다 작아 이 방법으로 설계된 부재는 파괴를 상정하여 설계된 것임에도 불구하고 안전하다. 설계과정은 대체로 다음과 같다.

1. 파괴하중을 구하기 위해 작용하중(사용하중)에 하중계수를 곱한다.
2. 이 파괴하중에 저항하기 위해 필요한 단면 값을 결정한다(이와 같은 단면의 부재는 충분한 강도를 가지고 있고, 계수하중하에서 막 파괴되려고 하고 있다).
3. 이 단면 값을 갖는 가장 가벼운 단면을 선택한다.

소성이론에 의해 설계된 부재는 계수하중하에서는 파괴점에 도달하지만 실제의 작용하중하에서는 안전하다.

하중-저항계수설계법(load and resistance factor design)은 강도와 파괴조건을 고려한다는 점에서 소성설계법과 유사하다. 하중계수가 사용하중에 적용되고, 계수하중에 저항하는 데 충분한 강도를 갖는 부재가 선택된다. 또한, 부재의 이론적인 강도는 저항계수를 적용해서 감소시킨다. 부재를 선택하는 데 있어 다음과 같은 판단기준에 따라야 한다.

$$\text{계수하중(factored load)} \leq \text{계수강도(factored strength)} \tag{2.3}$$

이 식에서, 계수하중은 부재가 저항해야 할 모든 사용하중에 각각의 하중계수를 곱해서 더한 값이다. 예를 들어, 사하중은 활하중과는 다른 하중계수를 갖고 있다. 계수강도는 이론적인 강도에 저항계수를 곱한 것이다. 따라서 식 2.3은 다음과 같이 쓸 수 있다.

$$\Sigma(\text{하중} \times \text{하중계수}) \leq \text{저항} \times \text{저항계수} \tag{2.4}$$

계수하중은 전체 사용하중보다 더 큰 파괴하중이고, 따라서 하중계수는 보통 1보다 크다. 그러나 계수강도는 감소된 유효강도이고 저항계수는 보통 1보다 작다. 계수하중은 구조물이나 부재를 한계상태에 이르게 하는 하중이다. 안전도 면에서, 이 한계상태(limit state)는 파단, 항복 또는 좌굴 등이고 계수저항은 이론값에 저항계수를 곱해서 감소시킨 부재의 유효강도이다. 한계상태는 최대허용처짐과 같은 사용성에 관한 것이 될 수도 있다.

2.2 미국 강구조협회(AISC) 설계기준

이 책에서는 건물구조의 강재부재와 그들의 연결부에 대한 설계가 강조되기 때문에, AISC 설계기준은 여기서 가장 중요한 설계기준이다. 이것은 구조설계 실무자, 교육자, 그리고 강재의 생산자와 제작자 등으로 구성되는 AISC 위원회에 의해 작성되고 개정된다. 개정판은 주기적으로 출판되고, 중간개정이 필요할 때는 증보판이 간행된다. 1923년 AISC 설계기준 초판이 간행된 이후, 허용응력설계법은 강재 건물구조에 대한 주 설계방법이었고, 1963년에는 소성설계법에 대한 규정이 포함되었다. 1986년에 AISC는 강재 건물구조의 하중-저항계수설계법에 대한 첫 번째 설계기준과 강구조편람(Manual of Steel Construction)을 출간하였다. 이 두 책의 목적은 소성설계법이 그러했듯이 허용응력설계법에 대한 대안을 제공하는 것이었다. 현재의 설계기준(AISC, 2016a)에는 LRFD와 ASD 모두가 포함되어 있다.

LRFD 설계기준의 설계규정들은 1978년에 미국 토목학회지 구조공학 저널에 발표된 8편의 논문(Ravindra and Galambos; Yura, Galambos and Ravindra; Bjorhovde, Galambos and Ravindra: Cooper, Galambos and Ravindra: Hansell, et al.; Fisher at al.; Ravindra, Cornell and Galambos; Galambos and Ravindra, 1978)에 그 근거를 두고 있다.

하중-저항계수설계법은 비록 1986년까지 AISC 설계기준에 도입되지 않았지만, 새로운 개념이 아니다. 이것은 1974년부터 캐나다에서는 한계상태설계법(limit state design)이라는 이름으로 사용되어 왔고, 또한 대부분의 유럽 건물구조설계기준의 근간이다. 미국에서는, LRFD는 철근콘크리트의 설계방법으로 수 년 동안 채택되어 왔고, 미국 콘크리트협회 설계기준에서 인증한 주 설계방법이다. 여기서는 강도설계법(strength design)으로 알려져 있다(ACI, 2014). 현재의 도로교설계기준 역시 하중-저항계수설계법(AASHTO, 2014)을 사용한다.

AISC 설계기준은 단행본으로 출판되었으나 그 또한 강구조편람(Manual of Steel Construction)의 일부이고 이에 대해 다음 절에서 논하기로 한다. 별도의 설계기준(AISI, 2012)에서 다루는 냉간가공 강재와 같은 특수강을 제외하면, AISC 설계기준은 거의 모든 강재 건물구조의 설계와 시공에 있어 표준이다. 따라서 강구조설계를 공부하는 모든 학생은 이 서적을 가지고 있어야 한다. 이 설계기준의 상세한 내용은 다음 장에서 취급하고 여기서는 전체적인 구성만을 논하기로 한다.

설계기준은 본문, 부록, 해설의 세 부분으로 구성되어 있다. 본문은 알파벳순으로 A에서 M까지의 장으로 구성된다. 각각의 장은 알파벳과 제목이, 그 아래의 절은 알파벳과 연이은 숫자로 표시된다. 가장 아래 절은 숫자로만 구분된다. 예를 들어, 공인된 구조용 강의 종류는 “A장 일반 규정” 아래의 “A3절 재료” 그리고 그 아래의 “1절 구조용 강”에 나와 있다. 설계기준의 본문 뒤에는 부록 1~7이 나온다. 부록

뒤에는 해설이 있고, 여기에는 여러 설계기준 조항들에 대한 배경이론이 설명되어 있다. 해설의 구성은 본문의 구성과 같아서, 본문에 해당되는 부분을 찾아보기 쉽게 되어 있다.

설계기준에서는 미국 관습단위계(USCS)와 표준단위계(SI) 모두를 사용한다. 가능하면 항복응력이나 탄성계수와 같은 값들을 부호로 표시해서 단위를 주지 않음으로써, 방정식과 수식들을 단위 없는 무차원형태로 표시했다. 이것이 불가능하면 USCS로 표시하고 괄호 안에 SI 단위계가 주어져 있다. 비록 철강산업계에서는 미터법으로의 전환이 강력하게 이루어지고 있지만, 미국 내에서의 대부분의 구조설계는 아직도 USCS로 수행되고 있으며, 이 책에서는 USCS만 사용한다.

2.3 LRFD 하중계수, 저항계수 그리고 하중조합

식 2.4는 보다 엄밀하게 다음과 같이 적을 수 있다.

$$\Sigma \gamma_i Q_i \leq \phi R_n \tag{2.5}$$

여기서

Q_i = 하중효과(하중 또는 모멘트)

γ_i = 하중계수

R_n = 대상 부재의 공칭저항 또는 공칭강도

ϕ = 저항계수

계수저항 ϕR_n은 설계강도(design strength)라고 불린다. 식 2.5의 좌변 Σ는 전체 하중효과에 대한 합이고(사하중과 활하중을 포함하지만 여기에 그치지 않는다) 각각의 하중효과는 서로 다른 하중계수를 가질 수 있다. 각각의 하중계수는 서로 다른 하중계수를 가질 뿐만 아니라 특정한 하중효과에 대한 하중계수 값은 어느 하중조합을 고려하는가에 따라 달라진다. 식 2.5는 다음과 같이 표기할 수도 있다.

$$R_u \leq \phi R_n \tag{2.6}$$

여기서

R_u = 소요강도 = 계수하중의 합

AISC 설계기준의 B2절에는 하중계수와 하중조합으로 건축규준에 규정된 것을 사용하도록 하고, 만일 이 건축규준에 이것이 주어지지 않다면 ASCE 7(ASCE, 2016)의 조항을 사용하도록 되어 있다. 이 하중계수와 하중조합은 광범위한 통계연구에 그 근거를 두고 있다.

다음의 하중조합은 ASCE 7-16의 하중조합을 바탕으로 한다.

조합 1: $1.4D$

조합 2: $1.2D + 1.6L + 0.5(L_r$ 또는 S 또는 $R)$

조합 3: $1.2D + 1.6(L_r$ 또는 S 또는 $R) + (0.5L$ 또는 $0.5W)$

조합 4: $1.2D + 1.0W + 0.5(L_r$ 또는 S 또는 $R)$

조합 5: $0.9D + 1.0W$

여기서

$D =$ 사하중

$L =$ 점유물로 인한 활하중

$L_r =$ 지붕활하중

$S =$ 설하중

$R =$ 우(빗물)하중 또는 빙하중*

$W =$ 풍하중

이 목록에는 지진하중이 없는 것에 주의한다. 지진하중을 고려해야만 하는 경우에는 해당되는 건축규준 혹은 ASCE 7을 참조하라.

하중조합 3과 4에서 L이 평방피트당 100파운드보다 크거나 차고와 공중집회장소에 대한 값이라면, L에 대한 하중계수는 0.5에서 1.0으로 증가시켜야 한다.

풍하중이 포함된 하중조합에서는 가장 불리한 영향을 주는 쪽으로 풍하중 방향을 설정하여야 한다.

하중조합 5에서는 사하중과 풍하중이 서로에 대해서 반대방향으로 작용할 가능성을 고려하여야 한다. 예를 들면, 순수 하중효과는 $0.9D$와 $1.0W$의 차이가 될 수 있다.(풍하중은 구조물을 전도시키려 하지만, 사하중은 진정시키는 효과가 있다.)

앞서 언급했듯이 어느 특정한 하중효과에 대한 하중계수는 각각의 하중조합에서 서로 다르다. 예를 들어, 조합 2에서 활하중 L에 대한 하중계수는 1.6인데 반해 조합 3에서는 0.5이다. 그 이유는 조합 2에서는 활하중이 지배적이고 조합 3에서는 세 하중효과 L_r, S 또는 R 가운데 하나가 지배적이기 때문이다. 각각의 하중조합에서, 하중효과 가운데 어느 하나는 "사용기간 중의 최댓값"이고 나머지는 "사용기간 중 임의의 시점에서의 값"으로 간주된다.

각각 유형의 저항에 대한 저항계수 ϕ는 그 저항을 다루는 AISC 설계기준의 해당 장에 주어져 있다. 그러나 대부분 다음 두 값 가운데 어느 하나가 사용된다. 항복이나 압축좌굴 한계상태에서는 0.9이고 파단 한계상태에서는 0.75이다.

---

* 이 하중은 5장에서 논의될 물고임현상(ponding)은 포함하지 않는다.

2.4 ASD 안전율과 하중조합

허용강도설계법에서의 하중과 강도 사이의 관계(식 2.1)는 다음과 같이 표현된다.

$$R_a \leq \frac{R_n}{\Omega} \tag{2.7}$$

여기서,

R_a = 소요강도

R_n = 공칭강도(LRFD에서와 같음)

Ω = 안전율

R_n/Ω = 허용강도

소요강도 R_a는 사용하중 또는 사용하중효과의 합이다. LRFD에서와 마찬가지로 특정한 하중조합이 고려된다. ASD에서의 하중조합은 ASCE 7에 주어져 있다. 다음의 하중조합은 ASCE 7-16에 주어져 있다.

조합 1: D

조합 2: $D+L$

조합 3: $D+(L_r$ 또는 S 또는 $R)$

조합 4: $D+0.75L+0.75(L_r$ 또는 S 또는 $R)$

조합 5: $D+0.6W$

조합 6: $D+0.75L+0.75(0.6W)+0.75(L_r$ 또는 S 또는 $R)$

조합 7: $0.6D+0.6W$

이 조합들에서의 계수는 하중계수가 아니다. 몇몇 조합에서의 계수 0.75는 조합 안의 모든 하중이 동시에 사용기간 중 최댓값을 가질 가능성이 작다는 것을 설명한다.

LRFD에서 가장 흔히 나오는 두 개의 저항계수 값에 해당되는 것이 다음의 ASD에서의 안전율 Ω이다. 항복 또는 압축좌굴 한계상태에 대해서, $\Omega = 1.67$이다. 파단한계상태에 대해서는 $\Omega = 2.0$이다. 저항계수와 안전율 사이의 관계식은 다음과 같다.

$$\Omega = \frac{1.5}{\phi} \tag{2.8}$$

나중에 논의될 이유로 인해, 이 관계식은 동일한 하중조건 아래서 LRFD와 ASD에 대해 유사한 설계값을 가져다준다.

식 2.7의 양변을 단면적(축하중의 경우) 또는 단면계수(휨모멘트의 경우)로 나눈다면, 이 식은 다음과 같이 된다.

$$f \leq F$$

여기서,

f = 작용응력

F= 허용응력

이와 같은 정식화는 허용응력설계법으로 불린다.

예제 2.1 **건물의 상층에 있는 기둥(압축재)이 다음과 같은 하중을 받고 있다.**

사하중 : 109 kips **압축**

마루활하중 : 46 kips **압축**

지붕활하중 : 19 kips **압축**

설하중 : 20 kips **압축**

a. 지배적인 LRFD 하중조합과 그때의 계수하중을 구하라.

b. 저항계수 ϕ가 0.90이면, 필요한 공칭강도는 얼마인지 구하라.

c. 지배적인 ASD 하중조합과 그때의 사용하중을 구하라.

d. 안전율 Ω 가 1.67이면, 위의 사용하중에 대한 소요 공칭강도는 얼마인지 구하라.

풀 이 하중이 부재에 직접 작용하지 않더라도, 그 부재에 하중효과는 일으킬 것이다. 이 예제에서는 설하중과 지붕활하중이 그러하다. 이 건물은 풍하중도 받지만, 그에 의한 부재력은 이 기둥이 아닌 다른 부재가 저항한다.

a. 지배적인 하중조합은 가장 큰 계수하중을 일으키는 하중조합이다. 사하중 D, 거주자로 인한 활하중 L, 지붕활하중 L_r, 설하중 S를 포함하는 수식에서 그 값을 산출한다.

조합 1: $1.4D = 1.4(109) = 152.6$ kips

조합 2: $1.2D + 1.6L + 0.5(L_r,\ S$ 또는 $R)$, S가 L_r보다 크고 $R = 0$이기 때문에 이 하중조합은 S를 사용해서 한 번만 산출하면 된다.

$$1.2D + 1.6L + 0.5S = 1.2(109) + 1.6(46) + 0.5(20)$$
$$= 214.4 \text{ kips}$$

조합 3: $1.2D + 1.6(L_r,\ S$ 또는 $R) + (0.5L$ 또는 $0.8W)$. 이 하중조합에서는 L_r 대신에 S를 사용하고 R과 W는 0이다.

$$1.2D + 1.6S + 0.5L = 1.2(109) + 1.6(20) + 0.5(46)$$
$$= 185.8 \text{ kips}$$

조합 4: $1.2D + 1.3W + 0.5L + 0.5(L_r,\ S$ 또는 $R)$, 이 식은 $1.2D + 0.5L + 0.5S$가 되고 한눈에 조합 3보다 작음을 알 수 있다.

조합 5: 사하중과 상쇄되는 풍하중이 없기 때문에, 본 예제에서 이 조합은 적용되지 않는다.

해 답 지배적인 하중조합은 조합 2이고, 계수하중은 214 kips이다.

b. (a)에서 구한 계수하중을 LRFD 관계식 2.6에 대입하면 다음을 얻는다.

$$R_u \leq \phi R_n$$

$$214.4 \leq 0.90$$

$$R_n \geq 238 \text{ kips}$$

해 답 소요 공칭강도는 238 kips이다.

c. LRFD 하중조합에서와 마찬가지로 ASD에서 D, L, L_r 그리고 S를 포함하는 식에서 조합을 산출한다.

조합 1: $D = 109$ kips. (명백히 이 경우는 활하중이 있는 한 절대로 지배적인 하중조합이 될 수 없다)

조합 2: $D + L = 109 + 46 = 155$ kips

조합 3: $D+(L_r,\ S$ 또는 $R)$. S가 L_r보다 크고 $R = 0$이므로 이 조합은 $D + S = 109 + 20 = 129$ kips가 된다.

조합 4: $D + 0.75L + 0.75(L_r,\ S$ 또는 $R)$. 이 식은 $D + 0.75L + 0.75S = 109 + 0.75(46) + 0.75(20) = 158.5$ kips가 된다.

조합 5: $D + 0.6W$. W가 0이므로 이 식은 조합 1이 된다.

조합 6: $D + 0.75L + 0.75(0.6W) + 0.75(L_r,\ S$ 또는 $R)$. W가 0이므로 이 식은 조합 4가 된다.

조합 7: $0.6D + 0.6W$. 사하중과 상쇄되는 풍하중이 없기 때문에 본 예제에서 이 조합은 적용되지 않는다.

해 답 조합 4가 지배하고 사용하중의 크기는 158.5 kips이다.

d. ASD 관계식 2.7로부터,

$$R_a \leq \frac{R_n}{\Omega}$$

$$158.5 \leq \frac{R_n}{1.67}$$

$$R_n \geq 265 \text{ kips}$$

해 답 소요 공칭강도는 265 kips이다.

예제 2.1은 LRFD에서 지배적인 하중조합이 ASD에서는 그렇지 못하다는 것을 보여준다.

LRFD가 1986년 AISC 설계기준에 도입될 당시에는, 하중이 사하중과 그 사하중의 3배인 활하중으로 구성될 때 LRFD와 ASD는 같은 결과를 내도록 하중계수가 결정되었다. 식 2.8에서처럼 하중계수 ϕ와 안전율 Ω 사이의 관계는 다음과 같이

여기서

R_m =저항 R의 평균값

R_n =공칭 또는 이론저항

V_R = R의 분산계수

표 2.1 β의 목표값

요소의 종류	하중조건		
	$D+(L$ 또는 $S)$	$D+L+W$	$D+L+E^*$
부재	3.0	2.5	1.75
연결부	4.5	4.5	4.5

*E는 지진하중

2.6 강구조편람

미국에서 강구조설계에 종사하고 있는 사람은 누구나 AISC의 강구조편람(Manual of Steel Construction, AISC 2016a)을 가지고 있어야 한다. 이 출판물에는 가장 널리 사용되는 구조용 형강들에 대한 "목록"뿐만 아니라 AISC 설계기준과 도표와 그래프 형태의 여러 설계 보조자료들이 나와 있다.

강구조편람과 설계기준 9판까지는 ASD에 그 근거를 두고 있었다. 9판과 그 뒤의 세 판은 LRFD에 근거를 둔 매뉴얼이었다. 13판에서 처음으로 ASD와 LRFD가 함께 나와 있고 현재의 15판 역시 ASD와 LRFD 모두를 포함하고 있다.

이 책은 여러분이 항상 이 강구조편람을 옆에 두고 있다는 가정하에 쓰였다. 이 편람의 사용을 장려하기 위해, 본 책에는 강구조편람의 표와 그래프가 따로 복사되어 있지 않다. 강구조편람은 다음과 같은 17부로 나누어져 있다.

- **1부 단면크기와 단면성격.** 표준압연형강, 파이프, 그리고 구조용 튜브의 단면적이나 관성모멘트와 같은 모든 단면의 크기와 성격이 나와 있다.
- **2부 설계 고려사항 일반.** 여러 설계기준과 표준들에 대한 개략적인 설명(AISC 설계기준에 대해서는 자세한 논의)과 약간의 기본적인 설계와 제작원칙 그리고 적절한 강재의 선택에 대한 논의가 나와 있다.
- **3부 휨부재의 설계.** 합성보(강재 형강이 철근콘크리트 마루 또는 지붕슬래브와 함께 거동함)를 포함해서 보와 판형에 대한 설계기준 조항과 설계 보조자료가 나와 있다. 합성보는 본 교재의 9장 "합성구조"에 그리고 판형은 10장 "판형"에 나와 있다.

- **4부 압축재의 설계.** 압축재에 대한 설계기준 조항과 설계 보조자료가 나와 있다. 중공 단면 또는 파이프에 무근콘크리트가 채워진 합성기둥에 대한 설계 보조자료도 포함한다. 합성기둥은 본 교재의 9장에 나와 있다.
- **5부 인장재의 설계.** 인장재의 설계 보조자료와 인장재에 대한 설계기준 조항의 요약이 나와 있다.
- **6부 조합하중을 받는 부재의 설계.** 축인장력과 휨, 축압축력과 휨 그리고 비틀림, 휨, 전단과 축방향력을 함께 받는 부재가 포함된다. 특히, 축압축력과 휨을 동시에 받는 부재는 본 교재 6장, "보-기둥"의 주제이다.

7-15부는 연결을 포함한다.

- **7부 볼트에 대한 설계 고려사항.**
- **8부 용접에 대한 설계 고려사항.**
- **9부 연결요소의 설계.**
- **10부 단순 전단 연결의 설계.**
- **11부 모멘트 연성연결(Flexible Connection)의 설계.**
- **12부 모멘트 강성연결(Fully Restrained Connection)의 설계.**
- **13부 브레이싱과 트러스 연결부의 설계.**
- **14부 보의 지압판, 기둥의 저판, 정착봉, 그리고 기둥 이음부의 설계.**
- **15부 행거 연결부, 브래킷판, 그리고 크레인-레일 연결부의 설계.**
- **16부 설계기준.** 여기에는 AISC 설계기준과 해설, 고강도 볼트에 대한 시방(RCSC, 2014), 그리고 AISC 표준실무(AISC, 2016b)가 포함되어 있다.
- **17부 보조자료와 수학정보.** 여기에는 SI 단위계에서의 표준강재형강의 단면값, 단위변환계수, SI 단위계에 대한 여러 정보, 건축물 자재의 무게와 단면값, 수학공식, 그리고 기하형상의 특성 등이 나와 있다.

매뉴얼의 모든 설계 보조자료는 허용강도설계법(ASD)과 하중-저항계수설계법 모두에 대한 수치를 제공한다. 매뉴얼은 이들 수치에 대해 다음과 같은 유색인쇄를 사용한다. 즉, ASD 수치(R_n/Ω)는 배경에 검은 글자, LRFD 수치(ϕR_n)는 흰색 배경에 청색 글자로 나와 있다.

AISC 설계기준은 단지 편람의 일부일 뿐이다. 편람의 여러 부분에서 사용되는 많은 용어와 상수들은 설계과정의 편의를 위해 제공된 것이지 항상 설계기준의 일부가 되는 것은 아니다. 어떤 경우에는, 추천사항들이 단지 현업 실무에 근거를 둔 "관례"이지 설계기준의 요구사항은 아니다. 비록 그러한 정보들이 설계기준과 모순되지는 않지만, 어느 것이 시방조항(건물 설계기준에서 채택된 설계기준)이고 어느 것이 아닌지를 알아두는 것이 중요하다.

편람과 수반되는 기록물로서, 일단의 설계예제들이 AISC 웹 사이트(AISC, 2017b)에서 이용 가능하다. 이 예제들은 설계기준과 편람이 어떻게 적용되는가를 설명해준다. 완전한 건물 설계예제도 포함되어 있다. LRFD와 ASD 풀이가 나란히 나와 있다.

2.7 설계계산과 정밀도

공학 설계와 해석에서 필요한 계산은 컴퓨터나 탁상용 전자계산기에 의해 수행된다. 휴대용 계산기를 가지고 손으로 계산을 할 때에는, 기술자는 반드시 소요 정밀도에 대한 결정을 내려야 한다. 공학계산에서 유효자리 수를 얼마로 하는가는 간단한 문제가 아니다. 너무 많은 유효자리 숫자는 착오를 일으킬 수 있고 비현실적이다. 역으로 너무 적은 유효자리 숫자는 혼란과 무의미한 결과를 야기할 수 있다. 정밀도에 대한 문제는 계산자(slide rule)가 주요 수단이던 1970년대 초반 이전까지는 대부분이 학구적인 것이었다. 그 당시의 지침은 가능한 정확히 수를 읽고 기록하는 것이었고, 이것은 서너 유효자리 숫자를 의미한다.

구조물 설계는 재료의 성격과 하중의 변화 등 많은 내재된 부정확성과 불확실성을 내포하고 있다. 즉, 경험에 입각해서 하중을 어림잡는다. 단지 두 자리의 유효숫자를 갖는 10 ksi에 가장 가까운 값으로 주어진 항복응력의 경우, 12 유효자리를 가지고 계산을 수행해서 답을 내는 것은 거의 무의미하다. 또한, 강구조편람에 나오는 모든 자료는 유효자리 3자리까지 반올림되어 있다. 그러나 정밀도가 떨어지는 것을 방지하기 위해, 항복응력과 같은 계산 매개변수는 정확한 값으로 가정하고 그 이후 계산의 정밀도를 결정하는 것이 합리적이다.

전자계산기를 사용하는 경우에는 문제가 더 복잡해진다. 만일 어느 문제에 대한 모든 계산이 계산기에서 하나의 연속적인 연산에 의하여 수행된다면, 유효자리 숫자의 개수는 10이건 12이건 상관이 없다. 그러나 계산 중간에 값들을 반올림하여 기록하고 이 값을 그 이후의 계산에 사용한다면, 이것은 일관성 없는 유효자리 숫자를 사용한 것이 된다. 더구나 계산을 어떻게 묶느냐에 따라 최종 결과에 영향을 미치게 된다. 일반적으로 계산 결과는 기껏해야 계산 중에 사용된 가장 부정확한 수 정도의 정확성을 갖게 되고, 때로는 더 부정확해진다. 예를 들어, 12자리의 유효숫자를 갖는 계산기로 계산을 하고 네 자리로 기록한 수를 고려해보자. 만일 이 수에 마찬가지 방법으로 얻은 반올림한 수를 곱한다면, 그 결과는 계산기에 표시된 숫자 개수에 상관없이, 기껏해야 네 자리 유효숫자까지 정확할 것이다. 따라서 네 자리 이상의 유효자리까지 이 수를 기록하는 것은 불합리하다.

전 과정을 통해 일관성 있는 정밀도를 가지려면, 미리 결정된 유효숫자 자리까지만 모든 계산기의 곱셈 또는 나눗셈 결과를 기록하는 것 또한 불합리하다. 합리적인 방법은 편의대로 계산기에서의 연산을 수행하고 적절하다고 여겨지는 정밀도까지 중간 결과를 기록하는 것이다(중간 결과가 다음의 연산에 사용된다면 그것을 계산기에서 제거하지 말고). 그렇다면 최종 결과도 이 방법에서의 정밀도로 표시해야 한다. 보통은 반올림 오차 때문에 유효숫자가 중간 결과보다 한 자리만큼 작게 한다.

전형적인 강구조설계 문제에서 이 정밀도를 어디까지 두어야 하느냐를 결정하기란 어렵다. 대부분의 경우 서너 유효자리 숫자 이상의 정밀도는 비현실적이고 세 자리 미만에 근거한 결과는 너무 근사적이어서 의미를 갖기 어렵다. 이 책에서는 중간 결과를 주위 여건에 따라 세 또는 네 자리(보통은 넷)로 기록하고, 최종 결과는 세 자리로 기록한다. 곱셈과 나눗셈에서 중간계산에 사용하는 숫자는 네 유효자리를 사용하고, 결과도 네 자리로 기록한다. 덧셈과 뺄셈에서 숫자 기둥의 최우측 유효자리의 위치는 다음과 같이 결정한다. 포함된 모든 숫자의 최좌측 유효자리로부터, 원하는 유효자리 수만큼 좌측으로 이동한다. 예를 들어, 12.34와 2.234(둘 다 네 유효자리)를 더해 유효자리 네 자리로 반올림하는 경우,

$$\begin{array}{r} 12.34 \\ +2.234 \\ \hline 14.574 \end{array}$$

결과는 다섯 자리지만 14.57로 기록한다. 또 하나의 예로서, 다음의 네 유효자리를 갖는 수의 덧셈을 고려한다.

$$36{,}000 + 1.240 = 36{,}001.24$$

이 결과는 36,000(유효숫자 네 자리)으로 표시한다. 거의 같은 두 수의 뺄셈에서는 유효자리를 잃을 수 있다. 예를 들어, 다음의 연산에서

$$12{,}458.62 - 12{,}462.86 = -4.24$$

네 유효자리는 없어진다. 이와 같은 문제를 피하기 위해, 뺄셈의 경우 가능하면 유효자리를 추가해서 시작한다.

반올림할 때, 가장 끝의 5를 없애는 경우, 다음의 두 가지 방법이 가능하다. 첫 번째는 가장 뒷자리에 1을 더하는 방법이다. 또 하나는 "홀수-더하기" 법칙을 이용하는 것이다. 여기서는 가장 뒷자리가 짝수인 경우는 그대로 두고, 홀수인 경우에 1을 더해서 짝수로 만드는 것이다. 이 책에서는 첫 번째 방법을 사용한다. "홀수-더하기" 법칙은 통계처리에서와 같이 수많은 연산을 수행하는 경우 평균화하는 경향이 있지만, 대부분의 구조계산에서는 그렇지 않다. 또한, 대부분의 전자계산기, 표계산 프로그램, 그리고 여러 소프트웨어들이 첫 번째 방법을 사용하고 따라서 우리의 결과도 이러한 도구들의 결과와 일치할 것이다. 그러므로 우리는 가장 끝의 5는 없애서 반올림한다.

연습문제

주의사항 모든 주어진 하중은 사용하중이다.

2-1 건물의 기둥이 다음과 같은 하중을 받고 있다:

사하중으로 인한 9 kips의 압축
지붕활하중으로 인한 5 kips의 압축
설하중으로 인한 6 kips의 압축
우하중으로 인한 7 kips의 압축
풍하중으로 인한 8 kips의 압축

a. 하중-저항계수설계법을 사용하여, 기둥 설계에 사용하는 계수하중(소요강도)을 결정하라. 어느 AISC 하중조합이 지배하는가?
b. 기둥의 소요 설계강도는 얼마인지 구하라.
c. 저항계수 ϕ가 0.90이면, 기둥의 소요 공칭강도는 얼마인지 구하라.
d. 허용강도설계법을 사용해서, 기둥 설계에 사용하는 하중(소요강도)을 결정하라. 어느 AISC 하중조합이 지배하는가?
e. 안전율 Ω가 1.67이면, 기둥의 소요 공칭강도는 얼마인지 구하라.

2-2 우하중이 없는 경우에 대해서 문제 2-1을 반복하라.

2-3 사무실 건물의 바닥판 구조시스템의 일부로 보가 사용된다. 이 바닥판은 사하중과 활하중 모두를 받고 있다. 사용사하중으로 인한 최대휨모멘트는 45 ft-kips이고, 사용활하중으로 인한 최대휨모멘트는 63 ft-kips이다(이 모멘트들은 보의 같은 장소에서 발생하고 따라서 중첩이 가능하다).

a. LRFD를 사용하여 최대계수휨모멘트(소요모멘트강도)를 결정하라. 지배적인 AISC 하중조합은 무엇인가?
b. 저항계수 ϕ가 0.90이면, 소요 공칭모멘트강도는 얼마인가?
c. ASD를 사용하여 소요모멘트강도를 결정하라. 지배적인 AISC 하중조합은 무엇인가?
d. 안전율 Ω가 1.67이면, 소요 공칭모멘트강도는 얼마인가?

2-4 사용사하중 18 kips와 사용활하중 2 kips에 대해서 인장재를 설계하고자 한다.

a. LRFD를 사용하여 최대계수하중(소요강도)과 지배적인 AISC 하중조합을 결정하라.
b. ASD를 사용하여 최대하중(소요강도)과 지배적인 AISC 하중조합을 결정하라.

2–5 평탄한 지붕이 다음과 같은 등분포하중을 받고 있다: 사하중 21 psf, 지붕활하중 12 psf, 설하중 13.5 psf, 풍하중 22 psf 상향(풍하중은 수평방향이지만 지붕에는 상향으로 작용한다. 사하중, 활하중, 설하중은 중력하중이고 하향으로 작용한다).

a. 하중–저항계수설계법을 사용하여, 계수하중(소요강도)을 psf 단위로 결정하라. 어느 AISC 하중조합이 지배하는가?

b. 허용강도설계법을 사용하여, 소요강도를 psf 단위로 결정하라. 어느 AISC 하중조합이 지배하는가?

3.1 서 론

인장재는 축인장하중을 받는 구조요소라고 정의된다. 이것은 트러스 부재, 건물과 교량구조의 브레이싱, 현수 지붕구조의 케이블, 현수교와 사장교에서의 케이블 등 여러 유형의 구조물에서 사용된다. 모든 재료에 대해 단면적만으로 강도가 결정되므로, 어느 단면형상도 사용될 수 있다. 보통은 원형봉강과 압연앵글이 사용되지만, 단면력이 커지는 경우에는 판이나 압연형강들로 구성되거나 또는 압연형강과 판으로 구성되는 조립단면도 사용된다. 가장 흔히 사용되는 조립단면 형상은 아마도 그림 3.1의 전형적인 단면들 가운데 이중-L형강 단면일 것이다. 이 단면의 사용은 널리 보급되어 있으므로, 여러 가지 앵글의 조합으로 이루어진 단면의 특성들이 AISC 강구조편람에 포함되어 있다.

축방향력을 받는 인장재의 응력은 다음 식으로 주어진다.

$$f = \frac{P}{A}$$

여기서 P는 하중의 크기이고, A는 하중에 수직인 단면의 단면적이다. 대상 단면이 응력분포가 균일하지 않게 되는 하중작용점 부근이 아니라면, 위 식으로 주어진 응력은 정해이다.

만일 인장재의 단면적이 길이를 따라 변한다면, 응력은 특정 대상 단면의 함수이다. 부재 내에 볼트 구멍이 있으면 이것은 볼트 구멍을 지나는 단면에서의 응력에 영향을 미친다. 이 위치에서의 단면적은 볼트 구멍으로 인해 제거된 단면적만큼 감소되어야 한다. 인장재는 종종 그 끝에서 그림 3.2처럼 볼트로서 연결된다. 인장재는 바(bar) $8 \times {}^{1}/_{2}$이고, 하중을 부재로부터 지점이나 다른 부재로 전달시키기 위한 연결재인 연결판에 연결되어 있다. 단면 $a-a$에서 바의 단면적은 $({}^{1}/_{2})(8) = 4\text{ in.}^2$이지만, 단면 $b-b$에서의 단면적은 단지 $4-(2)({}^{1}/_{2})({}^{7}/_{8}) = 3.12\text{ in.}^2$이고 응력이 더 커질 것이다.

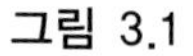

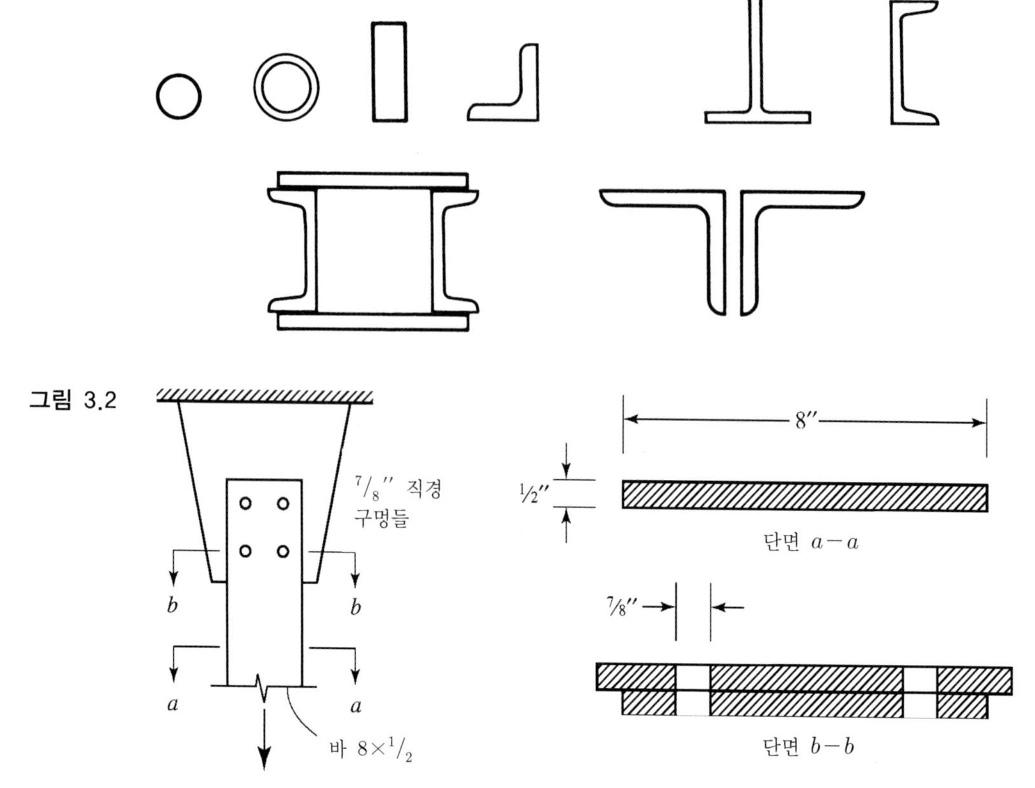

이 감소된 단면적을 순단면적(net area or net section)이라 부르고, 감소되지 않은 단면적은 전단면적(gross area)이라고 부른다.

전형적인 설계문제는 계수하중이 설계강도(저항계수를 곱한 공칭강도)보다 크지 않도록 충분한 단면적을 갖는 부재를 선택하는 것이다. 이와 관련된 문제는 주어진 부재에 대해 설계강도를 계산하고 그것을 계수하중과 비교해보는 해석 또는 검토 문제이다. 일반적으로 해석은 직접법이지만 설계는 반복법이고 몇 번의 시행착오를 요한다.

인장재는 설계기준의 D장에 나와 있다. 다른 유형의 부재들과 공통인 설계기준 조항들은 B장 "설계조항"에 나와 있다.

3.2 인장강도

인장재는 과도한 변형 또는 파단이라는 두 개의 한계상태 중 하나에 도달하면 파괴된다. 항복에 의해 시작되는 과도한 변형을 방지하려면, 전단면적에서의 응력이 항복응력 F_y보다 작아지도록 전단면적에 작용하는 하중이 충분히 작아야 한다. 파단을 방지하려면, 순단면적에서의 응력이 인장강도 F_u보다 작아야 한다. 각각의 경우, 응력 P/A는 한계응력 F보다 작아야 한다. 또는

$$\frac{P}{A} < F$$

이다. 따라서 하중 P는 FA보다 작아야 한다. 또는

$$P < FA$$

이다. 항복에 대한 공칭(nominal)강도는

$$P_n = F_y A_g$$

이고 파단에 대한 공칭강도는

$$P_n = F_u A_e$$

이다. 여기서 A_e는 유효(effective)순단면적이다. 이것은 순단면적과 같거나 약간 작다. 유효순단면적은 3.3절에서 다룬다.

순단면적에서 항복이 먼저 일어나지만, 연결부 내에서의 변형은 일반적으로 인장재의 다른 부위에서의 변형보다 작다. 그 이유는 순단면적은 상대적으로 작은 부재의 길이에 걸쳐 존재하고, 전체 늘어난 길이는 길이와 변형률(응력의 함수)의 곱이기 때문이다. 부재의 대부분은 단면 감소가 없고, 따라서 전단면적에서 항복응력에 도달하는 것이 더 큰 부재의 길이 변화를 초래한다. 첫 번째로 일어나는 항복이 아니라 바로 이 큰 변형이 한계상태이다.

LRFD: 하중-저항계수설계법에서는 계수인장하중이 설계강도와 비교된다. 설계강도는 저항계수와 공칭강도의 곱이다. 식 2.6

$$R_u \leq \phi R_n$$

은 인장재에 대해 다음과 같이 쓸 수 있다.

$$P_u \leq \phi_t P_n$$

여기서 P_u는 지배적인 계수하중의 조합이다. 저항계수 ϕ_t는 파단에 도달하는 것이 더 심각하다는 사실을 반영하기 위해, 항복에 대해 보다 파단에 대해 더 작다.

항복에 대해, $\phi_t = 0.90$

파단에 대해, $\phi_t = 0.75$

두 개의 한계상태가 존재하기 때문에 다음 두 조건이 모두 만족되어야 한다.

$$P_u \leq 0.90\, F_y A_g$$

$$P_u \leq 0.75\, F_u A_e$$

이들 중 작은 값이 부재의 설계강도이다.

ASD: 허용강도설계법에서는 전체 사용하중이 허용강도(허용하중)와 비교된다.

$$P_a \le \frac{P_n}{\Omega_t}$$

여기서 P_a는 소요강도(작용하중)이고 P_n/Ω_t는 허용강도이다. 하첨자 "a"는 소요강도가 "허용강도설계법(allowable의 a)"에서의 값이라는 것을 나타내지만 "작용(applied의 a)"하중을 의미한다고 보아도 무방하다.

전단면의 항복에 대해서 안전율 Ω_t는 1.67이고, 허용하중은

$$\frac{P_n}{\Omega_t} = \frac{F_y A_g}{1.67} = 0.6\,F_y A_g$$

이다(계수 0.6은 반올림한 값처럼 보이지만, 1.67도 반올림값이라는 것을 기억하라. 만일 $\Omega_t = {}^5/_3$이 사용된다면, 허용하중은 정확히 $0.6F_y A_g$가 된다).

순단면의 파단에 대해 안전율은 2.00이고, 허용하중은

$$\frac{P_n}{\Omega_t} = \frac{F_u A_e}{2.00} = 0.5\,F_u A_e$$

이다. 또한 사용하중으로 인한 응력을 허용응력과 비교할 수 있다. 이것은 다음 식으로 표현되고,

$$f_t \le F_t$$

여기서 f_t는 작용응력이고 F_t는 허용응력이다. 전단면의 항복에 대해,

$$f_t = \frac{P_a}{A_g} \quad \text{그리고} \quad F_t = \frac{P_n/\Omega_t}{A_g} = \frac{0.6F_y A_g}{A_g} = 0.6\,F_y$$

순단면의 파단에 대해,

$$f_t = \frac{P_a}{A_e} \quad \text{그리고} \quad F_t = \frac{P_n/\Omega_t}{A_e} = \frac{0.5F_u A_e}{A_e} = 0.5\,F_u$$

여러 가지 구조용 강의 F_y와 F_u값은 강구조편람 표 2-4에서 찾을 수 있다. 열연압연형강으로 만들 수 있는 것은 음영으로 표시되어 있다. 검은색 영역은 선호하는 강재를, 그리고 회색 영역은 가용한 다른 강재를 나타낸다. W형강의 제목 아래에는, A992가 W형강으로 선호되지만, 조금 비싼 값으로 다른 형강도 구할 수 있다. 어떤 강재는 여러 등급을 가질 수 있고, 각각의 등급에 대해 서로 다른 F_y와 F_u값을 가지고 있다. 이 경우 ASTM 기호와 함께 등급도 표시해야 한다(예를 들어 A572 등급 50처럼). 판과 봉의 F_y와 F_u값이 표 2-5에 그리고 볼트 등의 연결재에 대한 정보는 표 2-6에 나와 있다.

볼트 구멍의 직경 혹은 슬롯 구멍의 폭은 볼트의 직경보다 조금 더 크게 제작되어야 한다. 얼마나 더 큰가하는 것은 볼트 직경의 함수이다. 볼트의 직경이 1 in. 미만인 경우, 표준구멍(초과직경 구멍이 아님)의 직경은 $^1/_{16}$ in.만큼 더 크고, 볼트의 직경이 1 in. 이상인 경우 $^1/_8$ in. 더 크다. 표준구멍, 초과직경 구멍, 슬롯 구멍에 관련된 상세한 것은 AISC 설계기준 J장 "연결부의 설계"의 J3.2 "구멍의 크기와 사용"에서 찾을 수 있다. AISC 설계기준 B4.3에서는 구멍 주위가 거칠어지는 것을 고려하기 위해 추가적으로 $^1/_{16}$ in. 더 크게 구멍을 뚫는 것을 요구한다. 따라서 구멍의 유효직경은

$$d_{\text{hole}} = d_{\text{bolt}} + \frac{1}{16} + \frac{1}{16} = d_{\text{bolt}} + \frac{1}{8},\ d_b < 1\text{인 경우}$$

$$= d_{\text{bolt}} + \frac{1}{8} + \frac{1}{16} = d_{\text{bolt}} + \frac{3}{16},\ d_b \geq 1\text{인 경우}$$

이다.

예제 3.1 **A36강의 $5 \times {}^1/_2$바가 인장재로 사용된다. 이것은 그림 3.3처럼 4개의 $^5/_8$ in. 직경의 볼트에 의해 연결판에 연결되어 있다. 유효순단면적 A_e는 실제 순단면적 A_n과 같다고 가정한다(유효순단면적의 계산은 3.3절에서 다룬다).**

a. LRFD 설계강도는 얼마인가?

b. ASD 허용강도는 얼마인가?

그림 3.3

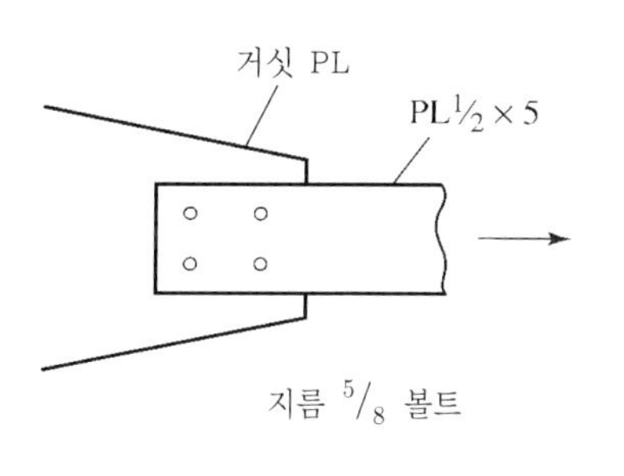

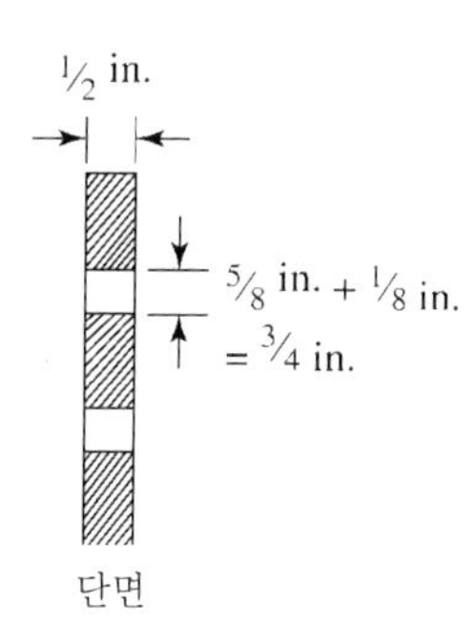

풀 이 전단면적의 항복에 대해,

$$A_g = 5(1/2) = 2.5\ \text{in.}^2$$

공칭강도는

$$P_n = F_y A_g = 36(2.5) = 90\ \text{kips}$$

순단면적의 파단에 대해,

$$A_n = A_g - A_{\text{holes}}$$

$$= 2.5 - ({}^1/_2)({}^3/_4) \times 2\ \text{holes}$$

$= 2.5 - 0.75 = 1.75 \text{ in.}^2$

$A_e = A_n = 1.75 \text{ in.}^2$ (A_e가 항상 A_n과 같은 것은 아님)

공칭강도는 다음과 같다.

$$P_n = F_u A_e = 58(1.75) = 101.5 \text{ kips}$$

a. 항복에 대한 설계강도는 다음과 같다.

$$\phi_t P_n = 0.90(90) = 81.0 \text{ kips}$$

파단에 대한 설계강도는 다음과 같다.

$$\phi_t P_n = 0.75(101.5) = 76.1 \text{ kips}$$

해 답 LRFD 설계강도는 더 작은 값인 $\phi_t P_n = 76.1 \text{ kips}$이다.

b. 항복에 대한 허용강도는 다음과 같다.

$$\frac{P_n}{\Omega_t} = \frac{90}{1.67} = 53.9 \text{ kips}$$

파단에 대한 허용강도는 다음과 같다.

$$\frac{P_n}{\Omega_t} = \frac{101.5}{2.00} = 50.8 \text{ kips}$$

해 답 허용사용하중은 더 작은 값인 50.8 kips이다.

허용응력을 사용한 별해:

항복에 대해,

$$F_t = 0.6F_y = 0.6(36) = 21.6 \text{ ksi}$$

허용하중은 다음과 같다.

$$F_t A_g = 21.6(2.5) = 54.0 \text{ kips}$$

(이 값과 허용강도에 근거해서 구한 값과의 근소한 차이는 허용강도법에서 Ω값 5/3을 1.67로 반올림했기 때문이다. 허용응력에 근거해서 구한 값이 더 정확한 값이다.)

파단에 대해,

$$F_t = 0.5F_u = 0.5(58) = 29.0 \text{ ksi}$$

허용하중은 다음과 같다.

$$F_t A_e = 29.0(1.75) = 50.8 \text{ kips}$$

해 답 허용사용하중은 더 작은 값인 50.8 kips이다.

2.8식에 따라, 허용강도는 항상 설계강도를 1.5로 나눈 값과 같다. 그러나 이 책에서는 설계강도가 구해져 있다고 하더라도 허용강도를 처음부터 계산한다.

구멍에서의 응력집중효과가 간과되었던 것 같다. 실제로는, 구멍에서의 응력은 순단면적에서의 평균응력보다 3배만큼 더 커질 수 있고 압연형강의 필렛부에서는 평균보다 2배만큼 더 커질 수 있다(McGuire, 1968). 구조용 강의 연성으로 인해 통상 설계실무에서는 그러한 국부 초과응력을 무시한다. 응력집중점에서 항복이 시작된 이후, 부가응력은 인근의 단면으로 전달된다. 이러한 응력 재분배가 구조용 강에 대해서는 면죄부를 제공한다. 연성으로 인해 나머지 단면의 응력이 계속 증가하면서 초기 항복 영역의 파단 없는 항복이 허용된다. 그러나 상황에 따라서는 강이 연성을 잃고 응력집중이 취성파단을 촉진하는 경우도 있다. 이러한 상황은 피로하중이나 극저온인 경우이다.

예제 3.2 **앵글 $L3^1/_2 \times 3^1/_2 \times {}^3/_8$의 인장재가 그림 3.4와 같이 $^7/_8$ in. 직경의 볼트를 사용해서 연결판에 연결되어 있다. A36강재가 사용되었다. 사용하중은 사하중 35 kips, 활하중 15 kips이다. 이 부재가 AISC 설계기준에 부합되는지 검토하라. 유효순단면적은 계산된 순단면적의 85%라고 가정한다.**

a. LRFD를 사용하라.

b. ASD를 사용하라.

그림 3.4

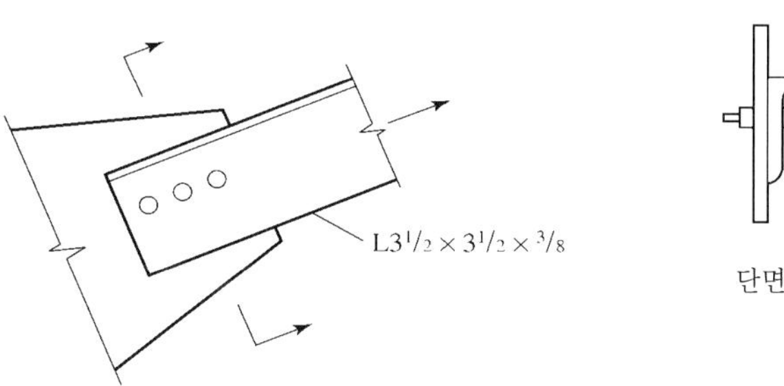

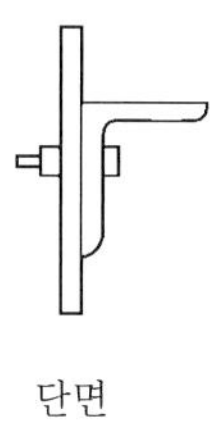

단면

풀 이 먼저, 공칭강도를 계산한다.

전단면적:

$A_g = 2.50 \text{ in.}^2$ (강구조편람의 1부에서)

$P_n = F_y A_g = (36)(2.50) = 90 \text{ kips}$

순단면적:

$A_n = 2.50 - 3/8(7/8 + 1/8) = 2.125 \text{ in.}^2$

$A_e = 0.85 A_n = 0.85(2.125) = 1.806 \text{ in.}^2$ (본 예제의 경우)

$P_n = F_u A_e = 58(1.806) = 104.7 \text{ kips}$

a. 항복에 근거한 설계강도는 다음과 같다.

$\phi_t P_n = 0.90(90) = 81 \text{ kips}$

파단에 근거한 설계강도는 다음과 같다.

$$\phi_t P_n = 0.75(104.7) = 78.5 \text{ kips}$$

설계강도는 더 작은 값이다: $\phi_t P_n = 78.5 \text{ kips}$

계수하중: 사하중과 활하중만 존재하는 경우, 지배할 가능성이 있는 하중조합은 조합 1과 조합 2뿐이다.

조합 1: $1.4D = 1.4(35) = 49 \text{ kips}$
조합 2: $1.2D + 1.6L = 1.2(35) + 1.6(15) = 66 \text{ kips}$
두 번째 하중조합이 지배한다; $P_u = 66 \text{ kips}$

(단지 사하중과 활하중만이 작용하는 경우, 사하중이 활하중의 8배보다 작다면 하중조합 2가 언제나 지배한다. 앞으로의 예제에서는, 명백히 지배하지 않는 경우 $1.4D$(하중조합 1)는 검토하지 않는다.)

해 답 $P_u < \phi_t P_n$ ($66 \text{ kips} < 78.5 \text{ kips}$)이므로, 이 부재는 만족스럽다.

b. 전단면적에 대해, 허용강도는 다음과 같다.

$$\frac{P_n}{\Omega_t} = \frac{90}{1.67} = 53.9 \text{ kips}$$

순단면적에 대해, 허용강도는 다음과 같다.

$$\frac{P_n}{\Omega_t} = \frac{104.7}{2.00} = 52.4 \text{ kips}$$

작은 값이 지배한다. 허용강도는 52.4 kips이다. 단지 사하중과 활하중만이 작용하는 경우 항상 ASD 하중조합 2가 지배한다.

$$P_a = D + L = 35 + 15 = 50 \text{ kips}$$

해 답 $50 \text{ kips} < 52.4 \text{ kips}$이므로, 이 부재는 만족스럽다.

허용응력을 사용한 별해
전단면적에 대해, 작용응력은 다음과 같다.

$$f_t = \frac{P_a}{A_g} = \frac{50}{2.50} = 20 \text{ ksi}$$

허용응력은 다음과 같다.

$$F_t = 0.6F_y = 0.6(36) = 21.6 \text{ ksi}$$

이 한계상태에 대해, $f_t < F_t$ (OK)
순단면적에 대해,

$$f_t = \frac{P_a}{A_e} = \frac{50}{1.806} = 27.7 \text{ ksi}$$

$$F_t = 0.5F_u = 0.5(58) = 29.0 \text{ ksi} > 27.7 \text{ ksi} \quad \text{(OK)}$$

해 답 두 한계상태에 대해 모두 $f_t < F_t$이므로, 이 부재는 만족스럽다.

두 설계방법에서 계산하는 수고에 있어서의 차이는 무엇일까? 사용하는 방법에 상관없이, 두 공칭강도는 계산해야만 한다(ASD에서 응력법이 사용된다면 같은 류의 계산이 행해진다). LRFD에서는 공칭강도에 저항계수를 곱한다. ASD에서는 공칭강도를 하중계수로 나눈다. 여기까지는 계산단계의 수는 같다. 두 방법 간에 계산 수고의 차이는 관계식들에서 하중의 처리에서 생긴다. LRFD에서는 하중들이 더해지기 전에 계수화된다. ASD에서는 대부분, 하중이 그냥 더해진다. 따라서 인장재에 대해서는 LRFD가 약간 더 계산이 필요하다.

예제 3.3 **이중-L형강이 그림 3.5에 나와 있다. 강재는 A36이고, 볼트 구멍은 $^1/_2$ in. 직경의 볼트를 위한 것이다. $A_e = 0.75A_n$으로 가정하라.**

a. LRFD 설계인장강도를 결정하라.

b. ASD 허용강도를 결정하라.

그림 3.5

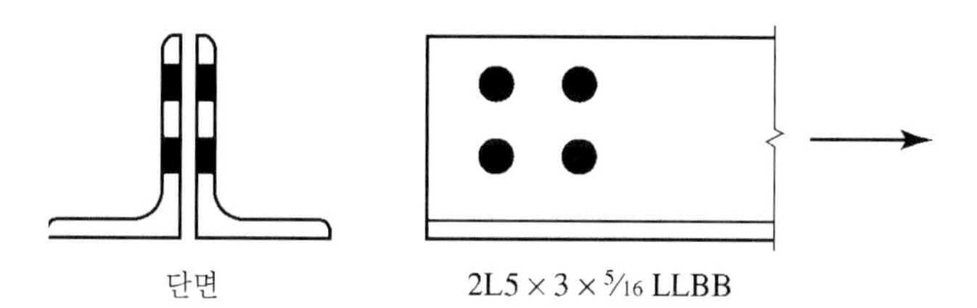

풀 이 그림 3.5에는 부등각 이중-L형강에 대한 표기법이 나와 있다. 표기 LLBB는 "긴 다리가 서로 맞닿은"을 의미하고 SLBB는 "짧은 다리가 서로 맞닿은"을 의미한다.

이중-L형강을 사용하는 경우, 두 가지 해석방법이 가능하다: (1) 단일-L형강으로 보고 모든 것을 2배로 하는 방법, 또는 (2) 처음부터 이중-L형강으로 보는 방법이다(이중-L형강의 특성은 강구조편람의 1부에 주어져 있다). 이 예제에서는 단일-L형강으로 계산하고 그 결과를 2배한다. 단일-L형강에 대해, 전단면적에 근거한 공칭강도는 다음과 같다.

$$P_n = F_y A_g = 36(2.41) = 86.76 \text{ kips}$$

각각의 앵글에는 두 개의 구멍이 있으므로, 하나의 앵글의 순단면적은 다음과 같다.

$$A_n = 2.41 - \left(\frac{5}{16}\right)\left(\frac{1}{2} + \frac{1}{8}\right) \times 2 = 2.019 \text{ in.}^2$$

유효순단면적은 다음과 같다.

$$A_e = 0.75(2.019) = 1.514 \text{ in.}^2$$

순단면적에 근거한 공칭강도는 다음과 같다.

$$P_n = F_u A_e = 58(1.514) = 87.81 \text{ kips}$$

a. 전단면적의 항복에 근거한 설계강도는 다음과 같다.

$$\phi_t P_n = 0.90(86.76) = 78.08 \text{ kips}$$

순단면적의 파단에 근거한 설계강도는 다음과 같다.

$$\phi_t P_n = 0.75(87.81) = 65.86 \text{ kips}$$

해 답 $65.86 \text{ kips} < 78.08 \text{ kips}$이므로 순단면의 파단이 지배하고, 이중-L형강에 대한 설계강도는 $2 \times 65.86 = 132 \text{ kips}$이다.

b. 허용응력법을 사용한다. 전단면에 대해,

$$F_t = 0.6F_y = 0.6(36) = 21.6 \text{ ksi}$$

그에 대한 허용하중은 다음과 같다.

$$F_t A_g = 21.6(2.41) = 52.06 \text{ kips}$$

순단면에 대해,

$$F_t = 0.5 = 0.5(58) = 29 \text{ ksi}$$

그에 대한 허용하중은 다음과 같다.

$$F_t A_e = 29(1.514) = 43.91 \text{ kips}$$

해 답 $43.91 \text{ kips} < 52.06 \text{ kips}$이므로, 순단면의 파단이 지배하고, 이중-L형강에 대한 허용강도는 $2 \times 43.91 = 87.8 \text{ kips}$이다.

3.3 유효단면적

인장재의 성능에 영향을 미치는 여러 인자들 가운데, 연결방법이 가장 중요하다. 연결은 거의 항상 부재를 약화시키고, 그 영향에 대한 측정도구는 절점효율(joint efficiency)로 불린다. 이 인자는 재료의 연성, 볼트간격, 구멍에서의 응력집중, 제작공정, 그리고 전단지연(shear lag)이라고 알려진 현상의 함수이다. 모든 인자들이 부재의 유효성 감소에 기여하지만, 전단지연이 가장 중요하다.

전단지연은 그림 3.6에서처럼 앵글의 한 다리만이 연결판에 볼트로 연결된 경우와 같이, 단면의 일부 요소만이 연결되었을 때 발생한다. 이와 같은 부분연결의 결과, 연결된 부위는 하중을 과중하게 부담하고 연결되지 않은 부위는 응력을 충분히 받지 못하게 된다. 연결되는 영역의 길이를 늘이면 이러한 영향을 줄일 수 있다. Munse와 Chesson(1963)에 의해 보고된 연구에 따르면, 전단지연은 감소된 유효순단면적으로 설명된다고 하였다. 전단지연은 볼트와 용접 연결부 모두에 영향을 미치므로, 유효순단면적의 개념은 양쪽에 모두 적용된다.

그림 3.6

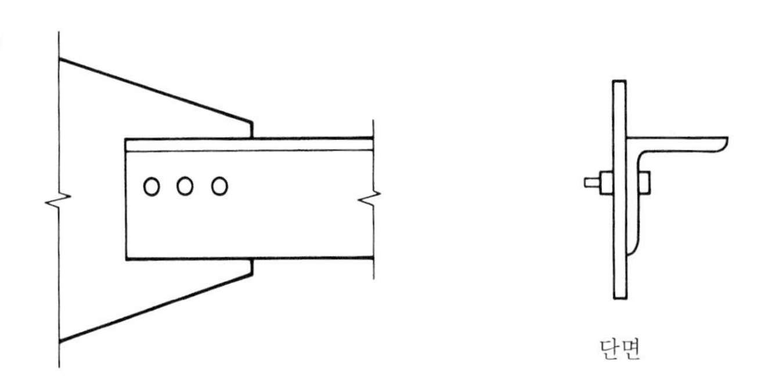

볼트연결부에 대한 유효순단면적은

$$A_e = A_n U \quad \text{(AISC 식 D3-1)}$$

용접연결부에 대해서는 이 감소된 단면적을 유효단면적(유효순단면적이 아니고)이라 부르고, 다음으로 주어진다.

$$A_e = A_g U$$

여기서 U는 감소계수이고 AISC D3.3 표 D3.1에 주어져 있다. 이 표에는 대부분의 경우에 대한 일반식과 특별한 경우에 대한 수치 값이 주어져 있다. 여기서는 U에 대한 정의를 설계기준과는 다른 형태로 나타낸다. U를 결정하는 규칙은 다음의 여섯 영역으로 나누어 정한다.

1. 판과 $\ell \geq 1.3D$(그림 3.7e)인 원형 HSS를 제외한 일반적인 인장재
2. 볼트로 연결된 판
3. 용접된 부재
4. $\ell \geq 1.3D$인 원형 HSS
5. 단일 L형강에 대한 대체값
6. W, M, S와 HP형강에 대한 대체값

1. 판과 $\ell \geq 1.3D$인 원형 HSS를 제외한 일반적인 인장재

$$U = 1 - \frac{\bar{x}}{\ell} \quad (3.1)$$

여기서

$\bar{x}$ = 연결부 면적의 도심점과 연결면 사이의 거리

ℓ = 연결부의 길이

$\bar{x}$의 정의는 Munse와 Chesson(1963)이 정식화했다. 만약 부재가 두 개의 대칭으로 위치하는 연결면을 가지고 있다면, $\bar{x}$는 가장 가까운 반면적의 도심으로부터 측정한다. 그림 3.7에서 여러 가지 단면에 대한 $\bar{x}$를 설명한다.

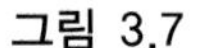

그림 3.7

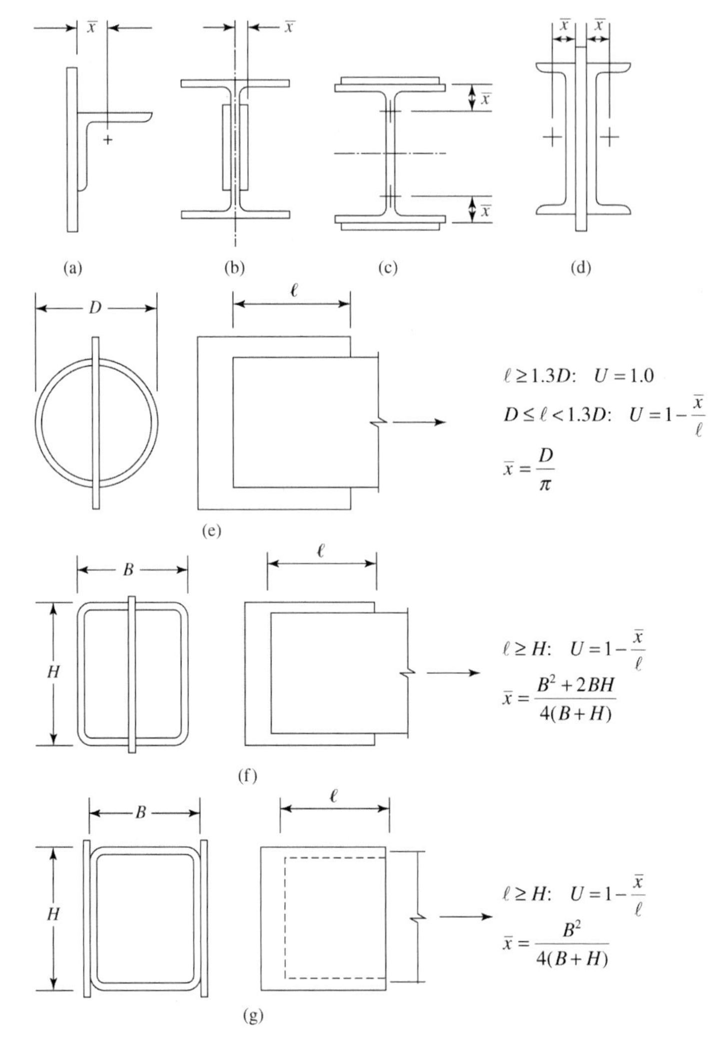

식 3.1에서의 길이 ℓ은 그림 3.8에서처럼, 하중방향 연결부의 길이이다. 볼트 연결부에 대해, 이것은 연결부의 한쪽 끝에 있는 볼트 중심에서 다른 쪽 끝 볼트 중심까지의 거리이다. 용접의 경우, 이것은 연결부의 한 단에서 타단까지의 거리이다. 만일 하중방향으로 서로 길이가 다른 여러 용접선이 존재한다면, 평균길이가 사용된다.

AISC 설계기준의 해설편에는 $\bar{x}$와 ℓ에 대한 설명이 더 나와 있다. 그림 C-D3.2는 웨브를 통하여 연결된 찬넬과 I형 부재에서의 몇몇 특별한 경우의 $\bar{x}$를 보여준다. 이 경우에 $\bar{x}$를 계산하기 위해서는 해설편에서는 그 절차를 설명하기 위해 소성중립축의 개념을 사용한다. 본 책의 5장 이전에는 이 개념이 포함되어 있지 않으므로 설계기준의 표 D3.1의 경우 2와 본 책의 그림 3.7(b)에 보인 바와 같이 C형강의 $\bar{x}$를 사용한다. 웨브를 통하여 연결된 I형 부재와 T형강에 대해서는 설계기준 표 D3.1의 경우 2와 경우 7을 사용한다.

그림 3.8

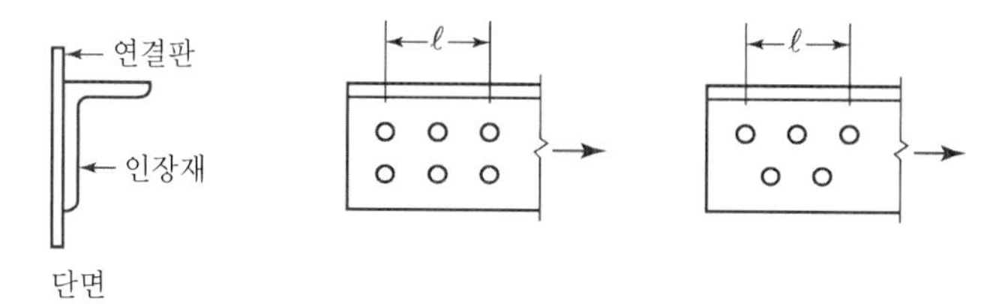

(a) 볼트연결

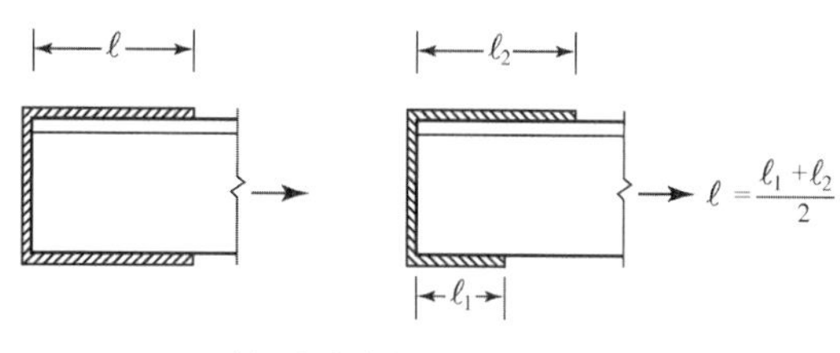

(b) 용접연결

2. **볼트로 연결된 판**

볼트로 연결된 판에 대해 $U = 1.0$이다. 이것은 당연하다. 왜냐하면, 판은 단지 한 개의 요소로 단면이 구성되어 있고, 그것이 연결되어 있기 때문이다. 그러나 용접된 판에 대해서는 몇 가지 예외가 있다.

3. **용접된 부재**

a. 횡방향 용접만으로 하중이 전달된다면(종방향 용접이 없음), $U = 1.0$이고, A_n =연결된 요소의 면적이다. 이 경우는 일반적이지 않고, 그림 3.9에 횡방향 용접과 종방향 용접의 차이가 설명되어 있다.

b. 종방향 용접만으로 하중이 전달된다면(횡방향 용접이 없음),

$$U = \left(\frac{3\ell^2}{3\ell^2 + w^2}\right)\left(1 - \frac{\bar{x}}{\ell}\right)$$

이고, 여기서 ℓ은 용접의 길이이고(길이가 다르다면 평균길이) w는 부재의 폭이다.

그림 3.9

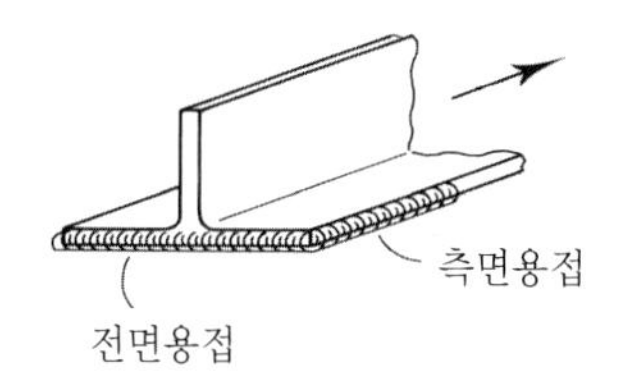

그림 3.10

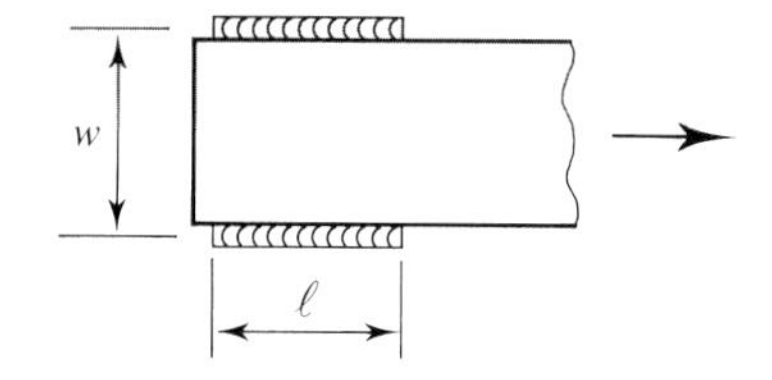

4. $\ell \geq 1.3D$인 원형 HSS(그림 3.7e):

$$U = 1.0$$

5. 단일 L-형강과 이중 L-형강에 대한 식 3.1의 대체값:

식 3.1 대신 다음의 값들이 사용된다.

- 하중방향으로 4개 이상의 볼트로 연결한 경우, $U = 0.80$
- 하중방향으로 2개 또는 3개의 볼트로 연결한 경우, $U = 0.60$

6. W, M, S, HP형강과 이 형강을 잘라서 만든 T형강에 대한 식 3.1의 대체값:

다음의 조건이 충족되면, 식 3.1 대신 다음의 값을 사용할 수 있다.

- 폭이 깊이의 $^2/_3$ 이상이고, 하중방향으로 3개 이상의 볼트를 사용해 랜지를 통해 연결된 경우: $U = 0.90$
- 폭이 깊이의 $^2/_3$ 이하이고, 하중방향으로 3개 이상의 볼트를 사용해 랜지를 통해 연결된 경우: $U = 0.85$

그림 3.11

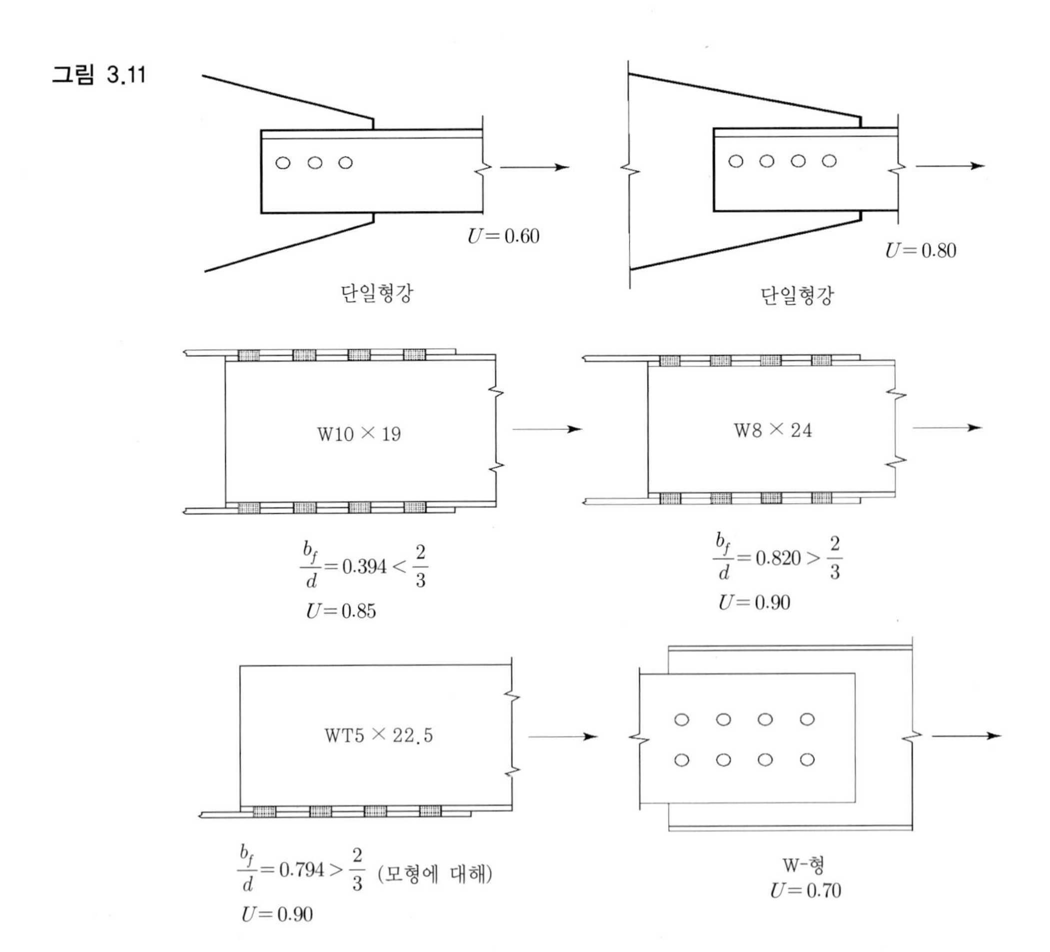

• 하중방향으로 4개 이상의 볼트를 사용해 부판을 통해 연결된 경우: $U = 0.70$

그림 3.11에서 여러 연결부에 대한 U의 대체값을 설명한다.

개단면(예를 들어, W, M, S, C, HP, WT, ST와 L-형강)에 대해서, U값이 연결요소의 전단면적 대 전체요소의 전단면에 대한 비율보다 작을 필요는 없다.

예제 3.4 **그림 3.12의 인장재에 대한 유효순단면적을 결정하라.**

풀 이

$$A_n = A_g - A_{\text{holes}}$$
$$= 5.77 - \frac{1}{2}\left(\frac{5}{8} + \frac{1}{8}\right)(2) = 5.02 \text{ in.}^2$$

그림 3.12

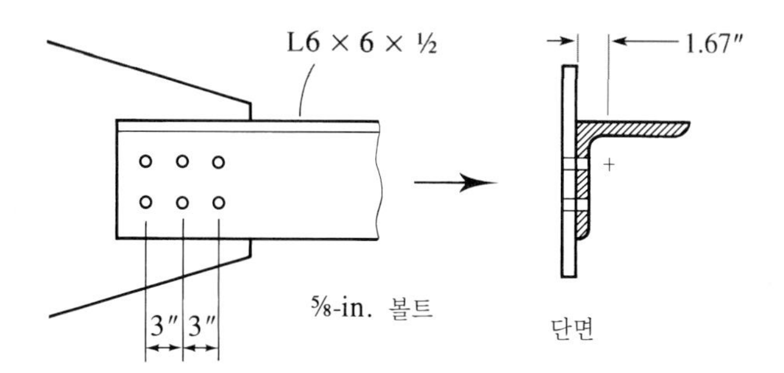

단면 하나의 요소(하나의 다리)만이 연결되어 있으므로, 순단면적은 감소되어야 한다. 강구조편람 1부의 특성표로부터, 도심에서 $L6 \times 6 \times {}^1/_2$ 다리의 바깥 면까지의 거리는 다음과 같다.

$$\bar{x} = 1.67 \text{ in.}$$

연결부의 길이는

$$\ell = 3 + 3 = 6 \text{ in.}$$

$$\therefore\ U = 1 - \left(\frac{\bar{x}}{\ell}\right) = 1 - \left(\frac{1.67}{6}\right) = 0.7217$$

$$A_e = A_n U = 5.02(0.7217) = 3.623 \text{ in.}^2$$

U에 대한 대체값을 사용할 수도 있다. 앵글의 다리에는 하중방향으로 3개의 볼트를 가지고 있으므로 감소계수 U로 0.60을 취할 수 있고

$$A_e = A_n U = 5.02(0.60) = 3.012 \text{ in.}^2$$

해 답 어느 쪽의 U값도 받아들일 수 있고, 설계기준에 의하면 더 큰 값을 사용하더라도 무방하다. 그러나 식 3.1로부터 구한 값이 더 정확하다. U의 대체값은 실제의 특성과 연결부 상세가 알려져 있지 않은 예비설계과정에서 유용하다.

예제 3.5 **예제 3.4의 인장재가 그림 3.13처럼 용접된 경우, 유효순단면적을 구하라.**

그림 3.13

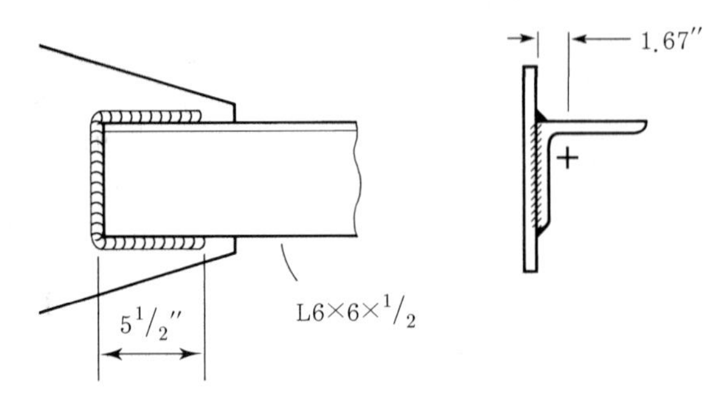

풀 이 예제 3.4에서와 같이 단면의 일부만이 연결되어 있으므로, 감소된 유효순단면적이 사용되어야 한다.

$$U = 1 - \left(\frac{\bar{x}}{\ell}\right) = 1 - \left(\frac{1.67}{5.5}\right) = 0.6964$$

해 답 $A_e = A_g U = 5.77(0.6964) = 4.02 \text{ in.}^2$

3.4 엇모배치볼트

인장재의 연결이 볼트로 이루어졌다면, 순단면적은 하나의 볼트선 안에 볼트가 위치했을 때 최대가 된다. 때로는, 그림 3.14(a)에서와 같이 길이 a의 공간적 제한 때문에, 하나 이상의 볼트선이 필요하게 된다. 그러한 경우, 단면적의 감소는 그림처럼 볼트가 엇모배치된 경우 최소가 된다. 때로는 그림 3.14(b)에서와 같이 연결부의 기하형상 때문에 엇모배치볼트가 요구되기도 한다. 어느 경우이든, 구멍을 통과하는 단면은 볼트가 엇모배치되지 않은 경우보다 작은 개수의 구멍을 통과하게 된다.

엇모된 양이 충분히 작다면, 근처의 단면에 이격된 구멍의 영향이 미칠 것이고, 그림 3.14(c)에서의 $abcd$와 같은 경사진 코스를 따라서 파단이 가능하다. 그러한 경우, 관계식 $f = P/A$는 성립되지 않고, 경사진 부분 $b-c$에서의 응력은 인장과 전단응력의 조합이다. 엇모배치 구멍의 영향을 설명하기 위해 여러 근사법이 제안되었다. Cochran(1992)은 엇모배치된 구멍에 따른 단면적의 감소를 계산할 때, 다음과 같은 감소된 직경을 사용했다.

그림 3.14

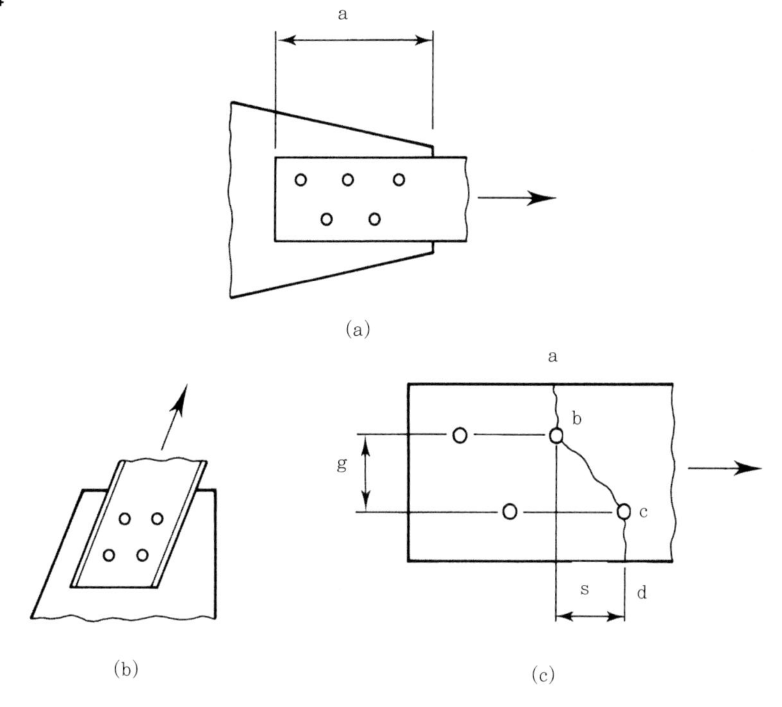

$$d' = d - \frac{s^2}{4g} \tag{3.2}$$

여기서, d는 볼트의 직경, s(핏치)는 하중과 나란한 방향으로 인접한 두 개의 구멍 사이의 간격이고, g(볼트 선간거리)는 횡방향 간격이다. 이것은 엇모된 구멍과 엇모되지 않은 구멍으로 구성되는 파괴 양상에 있어서, 가로선 끝의 구멍에 대해서는 d를 사용하고($s=0$), 경사선 끝의 구멍에 대해서는 d'를 사용하는 것을 의미한다.

AISC의 B4.3b에서는 같은 근사식을 사용하지만, 약간 다른 형태이다. 순단면적을 두께와 순폭의 곱으로 계산하고, 모든 구멍에 대해 식 3.2의 직경이 사용된다면(피치 $s=0$일 때는 $d'=d$), 엇모된 것과 엇모되지 않은 구멍으로 구성되는 파단선의 순폭은 다음과 같다.

$$\begin{aligned} w_n &= w_g - \Sigma d' \\ &= w_g - \Sigma\left(d - \frac{s^2}{4g}\right) \\ &= w_g - \Sigma d + \Sigma \frac{s^2}{4g} \end{aligned}$$

여기서 w_n은 순폭이고 w_g는 전폭이다. 두 번째 항은 모든 구멍 직경의 합이고, 세 번째 항은 파단 경사면상의 $s^2/4g$의 합이다.

하나 이상의 파괴 양상이 생각되어지면, 모든 가능성을 조사하고, 가장 작은 내하력을 갖는 것을 사용해야 한다. 이 방법은 작용하중과 나란한 방향의 파단선을 갖는 파괴 양상은 수용하지 않는 데 주목한다.

예제 3.6 **그림 3.15의 판에서 가장 작은 순단면적을 계산하라. 구멍은** 1 in. **직경 볼트에 대한 것이다.**

그림 3.15

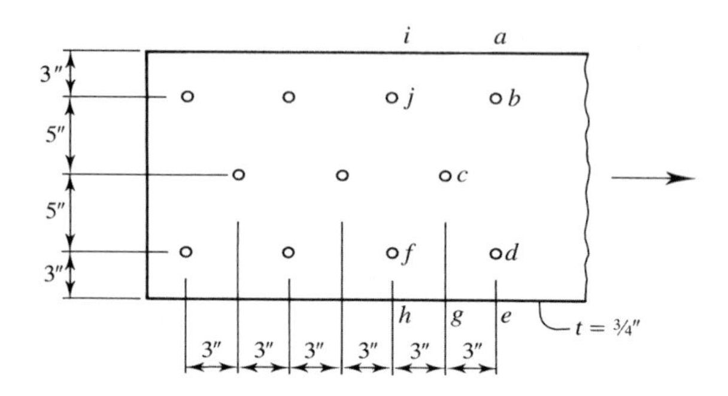

풀 이 유효 구멍 직경은 $1 + {}^{3}/_{16} = 1\,{}^{3}/_{16}$ in.이다. 파단선 *abde*에 대해,

$$w_n = 16 - 2(1.188) = 13.62 \text{ in.}$$

파단선 *abcde*에 대해,

$$w_n = 16 - 3(1.188) + \frac{2(3)^2}{4(5)} = 13.34 \text{ in.}$$

두 번째 조건이 가장 작은 순단면적이다.

해 답 $A_n = tw_n = 0.75(13.34) = 10.0 \text{ in.}^2$

엇모배치 구멍이 존재할 때 식 3.2를 바로 사용할 수도 있다. 예제 3.6에서 파단선 *abcde*에 대한 순단면적의 계산은 다음과 같다.

$$A_n = A_g - \Sigma\, t \times (d \text{ 또는 } d')$$

$$= 0.75(16) - 0.75(1.188) - 0.75\left[1.188 - \frac{(3)^2}{4(5)}\right] \times 2 = 10.0 \text{ in.}^2$$

각각의 볼트는 하중에 같은 몫으로 저항하므로(단순연결부 설계에서 사용하는 가정; 7장 참조), 서로 다른 잠재 파단면들은 서로 다른 하중을 받고 있다. 예를 들어, 그림 3.15에서의 파단면 *abcde*는 전 하중에 대해 저항하는 데 반해, *ijfh*는 작용하중의 ${}^{8}/_{11}$만 받는다. 그 이유는 하중의 ${}^{3}/_{11}$은 *ijfh*가 하중을 받기 전에 부재로부터 볼트로 전달되어 버렸기 때문이다.

그림 3.16

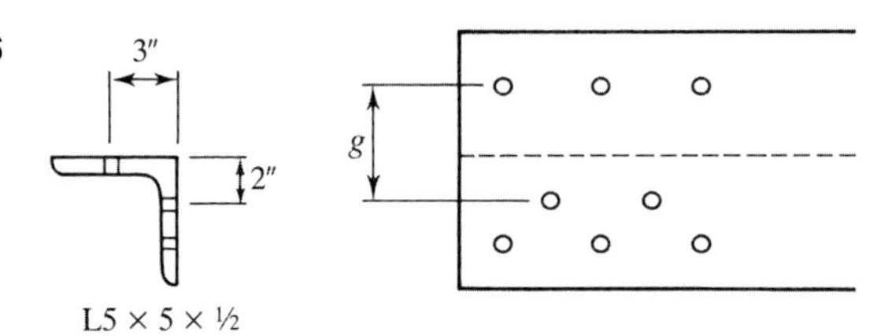

압연단면의 한 요소 이상에 여러 볼트선이 존재하고, 볼트들이 서로 엇모배치되어 있다면, AISC 설계기준의 순폭으로 구하는 방법보다 식 3.2를 사용해 단면적으로 구하는 방법이 더 좋다. 앵글의 경우, 피치와 볼트 선간거리를 보다 명백하게 하기 위해 다리를 펴서 판으로 형상화할 수 있다. AISC B2에는 앵글의 뒤꿈치를 가로지르는 볼트 선간거리는 앵글 두께를 빼고 구해야 한다고 규정되어 있다. 따라서 $s^2/4g$항에서 사용되는 그림 3.16에서의 거리 g는 $3+2-{}^1/_2 = 4{}^1/_2$ in.이다.

예제 3.7 **그림 3.17에 엇모배치볼트를 갖고 있는 앵글이 나와 있다. 강재는 A36이고, 볼트 직경은 ${}^7/_8$ in.이다.**

그림 3.17

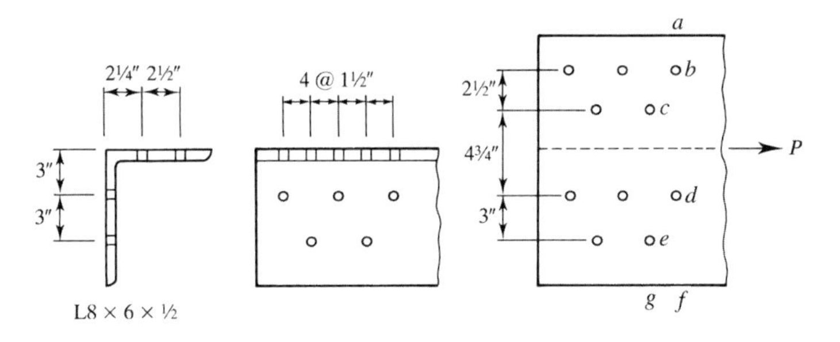

a. LRFD 설계강도를 구하라.

b. ASD 허용강도를 구하라.

풀 이 단면의 크기와 단면 성격에 대한 표로부터, 전단면적 $A_g = 6.75$ in.^{2}이다. 유효 구멍 직경은 ${}^7/_8 + {}^1/_8 = 1$ in.이다.

파단면 $abdf$에 대해, 순단면적은 다음과 같다.

$$A_n = A_g - \Sigma\, t_w \times (d \text{ 또는 } d')$$

$$= 6.80 - 0.5\,(1.0) \times 2 = 5.80 \text{ in.}^2$$

파단면 $abceg$에 대해,

$$A_n = 6.80 - 0.5\,(1.0) - 0.5\left[1.0 - \frac{1.5^2}{4\,(2.5)}\right] - 0.5\,(1.0) = 5.413 \text{ in.}^2$$

하중의 ${}^1/_{10}$은 부재에서 d의 볼트로 전달되었기 때문에, 이 잠재 파단면은 하중의 ${}^9/_{10}$를 저항해야 한다. 따라서 순단면적 5.413 in.^{2}.에,

전체 하중에 대해 저항하는 파단면과 비교되는 순단면적을 얻으려면, $^{10}/_9$을 곱해야 한다. $A_n = 5.413(10/9) = 6.014$ in.를 사용한다. 파단면 $abcdeg$에 대해,

$$g_{cd} = 3 + 2.25 - 0.5 = 4.75 \text{ in.}$$

$$A_n = 6.80 - 0.5(1.0)$$

$$-0.5\left[1.0 - \frac{(1.5)^2}{4(2.5)}\right] - 0.5\left[1.0 - \frac{(1.5)^2}{4(4.75)}\right] - 0.5\left[1.0 - \frac{(1.5)^2}{4(3)}\right]$$

$$= 5.065 \text{ in.}^2$$

마지막 경우가 지배한다.

$$A_n = 5.065 \text{ in.}^2$$

앵글의 두 다리 모두 연결되었으므로,

$$A_e = A_n = 5.065 \text{ in.}^2$$

파단에 근거한 공칭강도는 다음과 같다.

$$P_n = F_u A_e = 58(5.065) = 293.8 \text{ kips}$$

항복에 근거한 공칭강도는 다음과 같다.

$$P_n = F_y A_g = 36(6.80) = 244.8 \text{ kips}$$

a. 파단에 근거한 설계강도는 다음과 같다.

$$\phi_t P_n = 0.75(293.8) = 220 \text{ kips}$$

항복에 근거한 설계강도는 다음과 같다.

$$\phi_t P_n = 0.90(244.8) = 220 \text{ kips}$$

해 답 설계강도 = 220 kips

b. 파단한계상태에 대해서, 허용응력은 다음과 같다.

$$F_t = 0.5 F_u = 0.5(58) = 29.0 \text{ ksi}$$

따라서 허용강도는 다음과 같다.

$$F_t A_e = 29.0(5.065) = 147 \text{ kips}$$

항복에 대해서,

$$F_t = 0.6 F_y = 0.6(36) = 21.6 \text{ ksi}$$

$$F_t A_g = 21.6(6.80) = 147 \text{ kips}$$

해 답 허용강도 = 147 kips.

예제 3.8 그림 3.18의 미국 표준 채널에 대해 가장 작은 순단면적을 결정하라. 볼트 직경은 $^5/_8$ in.이다.

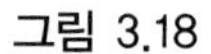

그림 3.18

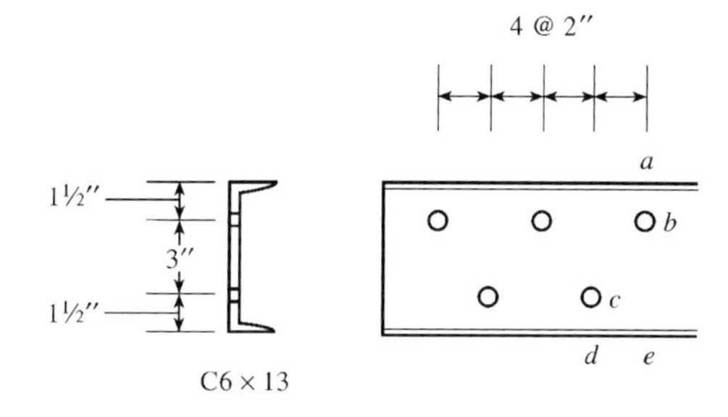

풀 이 $A_n = A_g - \sum t_w \times (d \text{ 또는 } d')$

$$d = \text{볼트직경} + \frac{1}{8} = \frac{5}{8} + \frac{1}{8} = \frac{3}{4}\text{ in.}$$

파단면 *abe*:

$$A_n = A_g - t_w d = 3.82 - 0.437\left(\frac{3}{4}\right) = 3.49\text{ in.}^2$$

파단면 *abcd*:

$$A_n = A_g - t_w(b\text{에서 구멍에 대한 } d) - t_w(c\text{에서 구멍에 대한 } d')$$

$$= 3.82 - 0.437\left(\frac{3}{4}\right) - 0.437\left[\frac{3}{4} - \frac{(2)^2}{4(3)}\right] = 3.31\text{ in.}^2$$

해 답 가장 작은 순단면적 $= 3.31\text{ in.}^2$

앵글 이외의 형강에 엇모배치볼트가 존재하고 그 구멍이 단면의 서로 다른 요소에 있는 경우, 이 형강은 I-형강이라도 펼쳐서 판으로 형상화할 수 있다. AISC 설계기준에는 서로 다른 두께를 갖는 서로 다른 요소의 접힌 부분을 가로지르는 볼트 선간거리

그림 3.19

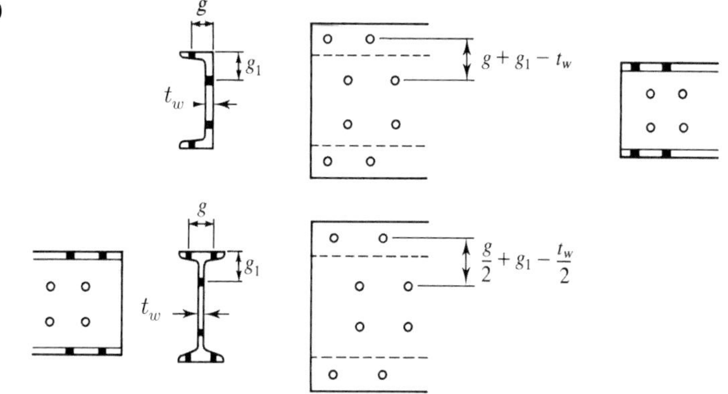

를 구하는 지침은 나와 있지 않다. 이러한 경우에 대한 취급방법이 그림 3.19에 설명되어 있다. 예제 3.8에서는 모든 구멍이 단면의 한 요소에만 존재했기 때문에, 이러한 어려움은 없었다. 예제 3.9에서 S-형강의 서로 다른 요소에 엇모배치볼트가 존재하는 경우에 대한 설명이 나와 있다.

예제 3.9 **그림 3.20의 S형강의 설계강도와 허용강도를 구하라. 강재는 A36이고 볼트직경은 $^3/_4$ in.이다.**

그림 3.20

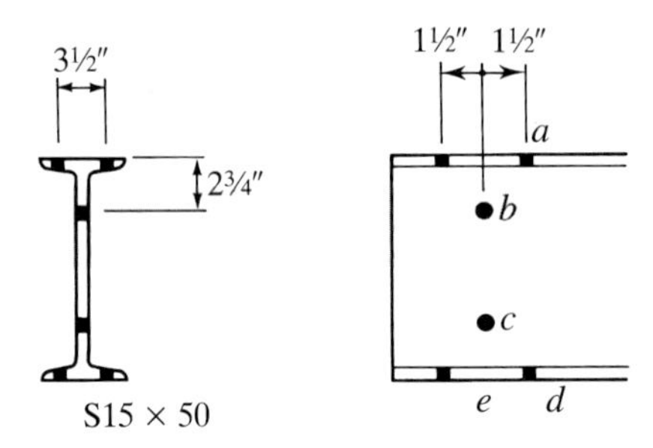

풀 이 순단면적 계산:

$$A_n = A_g - \sum t \times (d \text{ 또는 } d')$$

$$\text{유효 구멍 직경} = \frac{3}{4} + \frac{1}{8} = \frac{7}{8}$$

파단면 ad에 대해,

$$A_n = 14.7 - 4\left(\frac{7}{8}\right)(0.622) = 12.52 \text{ in.}^2$$

파단면 $abcd$에 대해, $s^2/4g$항에서 사용하는 볼트 선간거리는 다음과 같다.

$$\frac{g}{2} + g_1 - \frac{t_w}{2} = \frac{3.5}{2} + 2.75 - \frac{0.550}{2} = 4.225 \text{ in.}$$

a에서 시작하고, b와 d에서의 볼트는 엇모배치이므로,

$$A_n = A_g - \sum t \times (d \text{ 또는 } d')$$

$$= 14.7 - 2(0.622)\left(\frac{7}{8}\right) - (0.550)\left[\frac{7}{8} - \frac{(1.5)^2}{4(4.225)}\right]$$

$$- (0.550)\left(\frac{7}{8}\right) - 2(0.622)\left[\frac{7}{8} - \frac{(1.5)^2}{4(4.225)}\right] = 11.73 \text{ in.}^2$$

파단면 $abcd$가 지배한다. 단면의 모든 요소가 연결되었으므로,

$$A_e = A_n = 11.73 \text{ in.}^2$$

순단면적에 대해, 공칭강도는 다음과 같다.

$$P_n = F_u A_e = 58(11.73) = 680.3 \text{ kips}$$

전단면적에 대해,

$$P_n = F_y A_g = 36(14.7) = 529.2 \text{ kips}$$

LRFD 풀이 파단에 근거한 설계강도는 다음과 같다.

$$\phi_t P_n = 0.75(680.3) = 510 \text{ kips}$$

항복에 근거한 설계강도는 다음과 같다.

$$\phi_t P_n = 0.90(529.2) = 476 \text{ kips}$$

전단면의 항복이 지배한다.

해 답 설계강도 = 476 kips

ASD 풀이 파단에 근거한 허용응력은 다음과 같다.

$$F_t = 0.5 F_u = 0.5(58) = 29.0 \text{ ksi}$$

그에 따른 허용강도는 $F_t A_e = 29.0(11.73) = 340$ kips이다.

항복에 근거한 허용응력은 다음과 같다.

$$F_t = 0.6 F_y = 0.6(36) = 21.6 \text{ ksi}$$

그에 따른 허용강도는 $F_t A_g = 21.6(14.7) = 318$ kips이다.
전단면의 항복이 지배한다.

해 답 허용강도 = 318 kips.

3.5 블록전단

연결부의 형상에 따라, 부재의 끝에 있는 조각 또는 "블록"이 찢겨져나갈 수 있다. 예를 들어, 그림 3.21에서의 앵글 인장재의 연결부는 블록전단(block shear)이라고 불리는 이러한 현상이 일어나기 쉽다. 그림에서 음영이 넣어진 블록은 종단면 ab를 따라 일어나는 전단과 횡단면 bc를 따라 일어나는 인장에 의해 파괴되는 경향이 있다.

볼트의 배치에 따라, 블록전단은 연결판에서 일어나기도 한다. 그림 3.22에는 연결판에 연결된 판 인장재를 보여준다. 이 연결부에서 블록전단은 연결판에서

그림 3.21

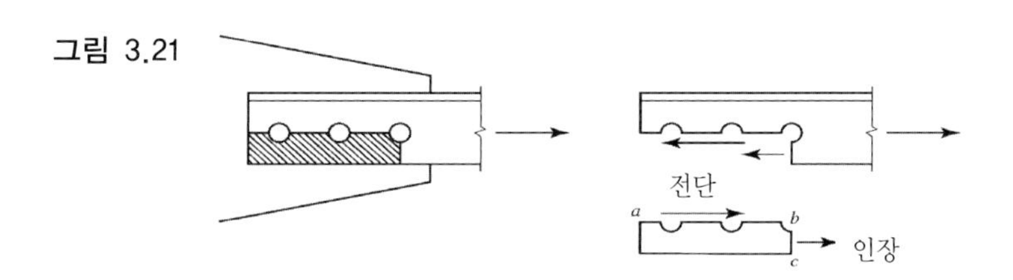

일어날 수도 있고 인장재에서 일어날 수도 있다. 연결판의 경우, 인장파괴는 횡단면 df를 따라, 전단파괴는 종단면 de와 fg를 따라 일어난다. 판 인장재는 ik에서 인장을 그리고 hi와 jk에서 전단을 받는다. 이 주제는 AISC의 D장("인장재의 설계")에는 분명하게 나와 있지 않지만, 서두의 노트를 보면 J장("연결부의 설계"), J4.3절, "블럭전단강도"에 나와 있음을 알 수 있다.

AISC 설계기준에서 사용한 모델은 인장역과 전단역에서의 파단으로 인해 파괴가 일어난다고 가정한다. 두 면 모두가 전체 강도에 기여하고, 블록전단에 대한 저항은 두 면에서의 강도의 합이다. 전단파단응력은 인장극한응력의 60%로 취하고, 따라서 전단공칭강도는 $0.6\,F_u\,A_{nv}$이고 인장공칭강도는 $F_u A_{nt}$이다.
여기서

A_{nv} = 전단이 일어나는 면의 순단면적

A_{nt} = 인장면의 순단면적

이것을 이용하면 공칭강도는 다음과 같이 주어진다.

$$R_n = 0.6F_u A_{nv} + F_u A_{nt} \tag{3.3}$$

AISC 설계기준에서는 앵글과 연결판에 대해 식 3.3을 이용하지만 상부 플랜지 일부를 잘라낸 보(coped beam)의 연결부(5장에서 취급)의 경우, 비균일 인장응력의 영향을 고려하기 위해 두 번째 항을 감소시킨다. 인장응력은 파괴가 일어나기 위해 블록이 약간 회전할 때 균일하지 못하다. 이 경우에 대해,

$$R_n = 0.6\,F_u\,A_{nv} + 0.5\,F_u\,A_{nt} \tag{3.4}$$

AISC 설계기준에서는 $0.6F_u\,A_{nv}$의 한계값으로 $0.6F_y\,A_{gv}$로 제한한다.
여기서

$0.6F_y$ = 전단항복응력

그림 3.22

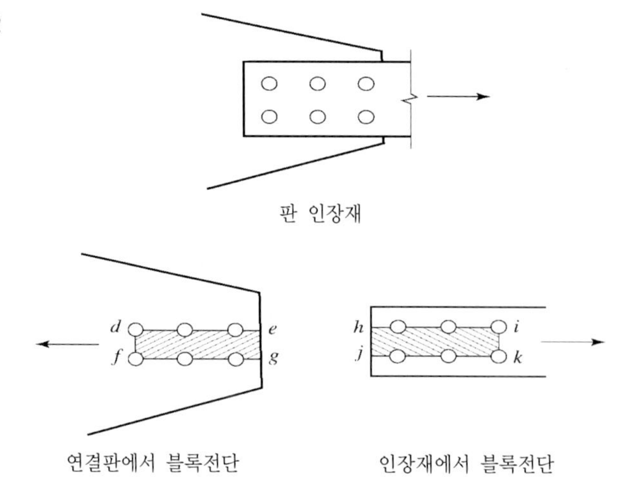

A_{gv} = 전단이 일어나는 면의 전단면적

따라서 모든 경우를 포함하는 하나의 식은 다음과 같다.

$$R_n = 0.6F_u A_{nv} + U_{bs} F_u A_{nt} \le 0.6F_y A_{gv} + U_{bs} F_u A_{nt} \qquad \text{(AISC 식 J4-5)}$$

여기서 인장응력이 균일하면 $U_{bs} = 1.0$(앵글, 연결판 그리고 대부분의 플랜지 일부를 잘라낸 보)이고, 인장응력이 균일하지 않으면 $U_{bs} = 0.5$이다. 비균일의 경우는 AISC 설계기준의 해설편에 설명되어 있다.

LRFD에 대해, 저항계수 ϕ는 0.75이고 ASD의 경우 안전율 Ω는 2.00이다. 이 값들은 파단한계상태에 대한 것을 기억하라. 블록전단은 파단한계상태이다.

비록 AISC 식 J4-5가 볼트연결부에 대한 식이지만, 블록전단은 연결판의 경우 용접연결부에서도 일어날 수 있다.

예제 3.10 **그림 3.23의 인장재에서 블록전단강도를 구하라. 강재는 A36이고, $^7/_8$ in. 볼트를 사용한다.**

a. LRFD를 사용하라.

b. ASD를 사용하라.

그림 3.23

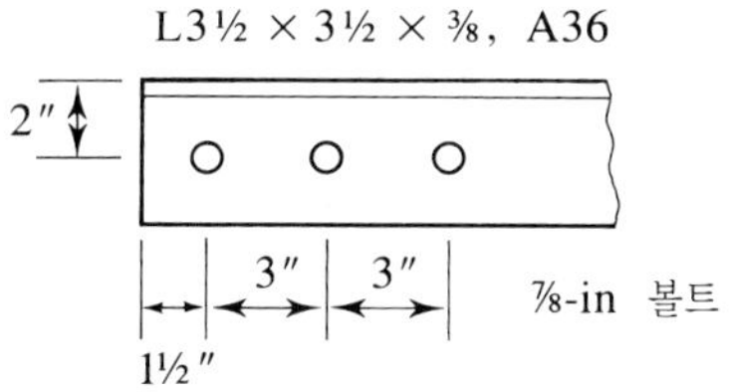

L3½ × 3½ × ⅜, A36

2″

3″ 3″

⅞-in 볼트

1½″

풀 이 전단에 대한 단면적은 다음과 같다.

$$A_{gv} = \frac{3}{8}(7.5) = 2.813 \text{ in.}^2$$

2.5개의 볼트 구멍이 있으므로,

$$A_{nv} = \frac{3}{8}\left[7.5 - 2.5\left(\frac{7}{8} + \frac{1}{8}\right)\right] = 1.875 \text{ in.}^2$$

인장면적은 다음과 같다.

$$A_{nt} = \frac{3}{8}\left[1.5 - 0.5\left(\frac{7}{8} + \frac{1}{8}\right)\right] = 0.3750 \text{ in.}^2$$

(인장면에 구멍 반 개가 있으므로 0.5를 사용)

앵글에서 블록전단이 일어나므로, $U_{bs} = 1.0$이고, AISC식 J4-5를 사용하면,

$$\begin{aligned} R_n &= 0.6F_u A_{nv} + U_{bs} F_u A_{nt} \\ &= 0.6(58)(1.875) + 1.0(58)(0.3750) = 87.00 \text{ kips} \end{aligned}$$

상한계값은

$$0.6F_yA_{gv} + U_{bs}F_uA_{nt} = 0.6(36)(2.813) + 1.0(58)(0.3750) = 82.51\text{kips}$$

따라서 공칭블록전단강도는 82.51 kips이다.

해 답 a. LRFD 설계강도는 $\phi R_n = 0.75(82.51) = 61.9$ kips

b. ASD 허용강도는 $\dfrac{R_n}{\Omega} = \dfrac{82.51}{2.00} = 41.3$ kips

3.6 인장부재의 설계

인장부재의 설계는 적절한 전단면적과 순단면적을 갖고 있는 부재를 찾아내는 것을 포함한다. 만약 부재가 볼트 연결부를 갖고 있다면, 적절한 단면을 선택하려면 볼트 구멍으로 인해서 감소되는 면적을 고려해야 한다. 직사각형 단면의 부재라면 계산이 비교적 명료하다. 그러나 압연부재가 사용된다면, 볼트 구멍이 위치하고 있는 곳에서의 부재 두께를 모르기 때문에 추정해야 할 단면적을 예견할 수 없다.

인장재의 설계에서 고려해야 할 두 번째 것은 세장성이다. 구조용 부재가 길이에 비해 단면적이 작으면 그 부재는 세장하다고 불린다. 더 정밀한 측정수단은 세장비, L/r이다. 여기서 L은 부재의 길이이고, r은 단면의 최소회전반경이다. 최소회전반경은 단면의 종축에 대한 것이다. 이 값은 강구조편람 1부 단면성격표에 모든 압연형강에 대해 나와 있다.

세장비는 압축재의 강도에 대해서는 매우 중요하지만, 인장재에 대해서는 그다지 중요하지 않다. 그러나 여러 경우에 있어서, 인장재의 세장비를 제한하는 것이 좋다. 만일 세장한 인장재에 작용하던 축하중이 제거되고, 약간의 횡하중이 작용한다면, 바람직하지 못한 진동과 처짐이 일어날 것이다. 이러한 상태는 예를 들어, 풍하중을 받는 지붕트러스의 처짐제한봉(slack bracing rod)에서 일어날 수 있다. 이러한 이유로, AISC의 D1은 최대세장비로서 300을 제안한다. 인장재에 대해 세장비는 아무 구조적 의미를 가지고 있지 않기 때문에 이 값은 단지 추천 값에 불과하고, 특별한 상황에서는 이 값을 초과할 수도 있다. 이 한계는 케이블에는 적용되지 않고 설계기준에도 이는 명백히 나와 있다.

인장재를 포함하는 모든 부재의 설계에서 핵심은, 소요강도(required strength)가 가용강도(available)를 초과하지 않도록 단면을 선택하는 것이다. LRFD에 의한 인장재의 설계에서, 이 요구조건은 다음과 같다.

$$P_u \le \phi_t P_n \text{ 또는 } \phi_t P_n \ge P_u$$

여기서 P_u는 계수하중의 합이다. 항복을 방지하기 위해서는,

$$0.90F_yA_g \geq P_u \text{ 또는 } A_g \geq \frac{P_u}{0.90F_y}$$

파단을 피하기 위해,

$$0.75F_uA_e \geq P_u \text{ 또는 } A_e \geq \frac{P_u}{0.75F_u}$$

허용강도설계에서, 허용응력을 사용한다면, 항복에 대한 식은 다음과 같다.

$$P_a \leq F_tA_g$$

그리고 소요 전단면적은 다음과 같다.

$$A_g \geq \frac{P_a}{F_t} \text{ 또는 } A_g \geq \frac{P_a}{0.6F_y}$$

파단한계상태에 대한, 소요 유효단면적은 다음과 같다.

$$A_e \geq \frac{P_a}{F_t} \text{ 또는 } A_e \geq \frac{P_a}{0.5F_u}$$

세장비 제한은 다음과 같이 하면 만족된다.

$$r \geq \frac{L}{300}$$

여기서 r은 단면의 최소회전반경이고 L은 부재의 길이이다.

예제 3.11 **길이** 5 ft 9 in.**의 인장부재가 사하중** 18 kips**와 활하중** 52 kips**를 받고 있다. 직사각형 단면을 갖는 부재를 선택하라. A36 강재와** $^7/_8$ in.**직경 볼트를 사용한다. 볼트선은 한 개이다.**

LRFD 풀이 $P_u = 1.2D + 1.6L = 1.2(18) + 1.6(52) = 104.8$ kips

$$\text{소요 } A_g = \frac{P_u}{\phi_tF_y} = \frac{P_u}{0.90F_y} = \frac{104.8}{0.90(36)} = 3.235 \text{ in.}^2$$

$$\text{소요 } A_e = \frac{P_u}{\phi_tF_u} = \frac{P_u}{0.75F_u} = \frac{104.8}{0.75(58)} = 2.409 \text{ in.}^2$$

$t = 1$ in.를 시도한다.

$$\text{소요 } w_g = \frac{\text{소요 } A_g}{t} = \frac{3.235}{1} = 3.235 \text{ in.}$$

$1 \times 3^1/_2$ 단면을 시도한다.

$$A_e = A_n = A_g - A_{hole}$$

$$= (1 \times 3.5) - \left(\frac{7}{8} + \frac{1}{8}\right)(1) = 2.5 \text{ in.}^2 > 2.409 \text{ in.}^2 \quad \text{(OK)}$$

세장비를 검토한다:

$$I_{min} = \frac{3.5(1)^3}{12} = 0.2917 \text{ in.}^4$$

$$A = 1(3.5) = 3.5 \text{ in.}^2$$

$I = Ar^2$이므로, 다음을 얻는다.

$$r_{min} = \sqrt{\frac{I_{min}}{A}} = \sqrt{\frac{0.2917}{3.5}} = 0.2887 \text{ in.}^2$$

$$\text{최대}\frac{L}{r} = \frac{5.75(12)}{0.2887} = 239 < 300 \quad \text{(OK)}$$

해 답 판 $1 \times 3^1/_2$을 사용한다.

ASD 풀이 $P_a = D + L = 18 + 52 = 70.0 \text{ kips}$

항복에 대해, $F_t = 0.6F_y = 0.6(36) = 21.6 \text{ ksi}$

$$\text{소요 } A_g = \frac{P_a}{F_t} = \frac{70}{21.6} = 3.24 \text{ in.}^2$$

파단에 대해, $F_t = 0.5F_u = 0.5(58) = 29.0 \text{ ksi}$

$$\text{소요 } A_e = \frac{P_a}{F_t} = \frac{70}{29.0} = 2.414 \text{ in.}^2$$

(나머지 설계과정은 LRFD에서와 같다. 수치 결과는 다를 수도 있다.)

$t = 1$ in.를 시도한다.

$$\text{소요 } w_g = \frac{\text{소요}A_g}{t} = \frac{3.241}{1} = 3.241 \text{ in.}$$

$1 \times 3^1/_2$단면을 시도한다.

$$A_e = A_n = A_g - A_{hole}$$

$$= (1 \times 3.5) - \left(\frac{7}{8} + \frac{1}{8}\right)(1) = 2.5 \text{ in.}^2 > 2.414 \text{ in.}^2 \quad \text{(OK)}$$

세장비를 검토한다:

$$I_{min} = \frac{3.5(1)^3}{12} = 0.2917 \text{ in.}^4$$

$$A = 1(3.5) = 3.5 \text{ in.}^2$$

$I = Ar^2$이므로, 다음을 얻는다.

$$r_{min} = \sqrt{\frac{I_{min}}{A}} = \sqrt{\frac{0.2917}{3.5}} = 0.2887 \text{ in.}$$

$$\text{최대}\frac{L}{r} = \frac{5.75(12)}{0.2887} = 239 < 300 \quad \text{(OK)}$$

해 답 판 $1 \times 3^1/_2$을 사용한다.

예제 3.11에서는 일단 소요 단면적이 결정되면, 나머지 설계과정은 LRFD와 ASD가 같다는 것을 보여준다. 또한 이 예제에서 소요 단면적이 LRFD와 ASD에 대해 실상 같다는 데 주목하라. 그 이유는 활하중과 사하중의 비율이 약 3이고, 이 경우 두 방법이 같은 결과를 가져오기 때문이다.

예제 3.11의 부재는 폭이 8 in.보다 작고 따라서 판이라기보다는 바로 분류된다. 바는 그 폭은 $^1/_4$ in.의 배수이고, 그 두께는 $^1/_8$ in.의 배수이다(정밀한 분류체계는 강구조편람 1부에 "판 생산품(Plate Products)"이라는 제목으로 나와 있다).

앵글이 인장재로 사용되고 연결이 볼트로 이루어진다면, 연결부에는 볼트를 위해 충분한 여유 공간이 있어야 한다. 공간이 문제가 되는 것은 하나의 다리에 두 개의 볼트선이 존재할 때이다. 통상적인 제작공정은 표준 위치에 펀치나 드릴로 구멍을 뚫는 것이다. 이 구멍 위치는 강구조편람 1부의 표 1-7A에 나와 있다. 이 표는 앵글의 특성에 대한 표의 끝부분에 위치한다. 선간거리 g는 볼트선이 하나일 때 적용되고, g_1과 g_2는 볼트선이 2개일 때, g_1, g_2와 g_3는 볼트선이 3개일 때 그리고 g_1, g_2, g_3와 g_4는 볼트선이 4개일 때 적용된다. 이 표로부터 앵글의 다리길이는 두 개의 볼트선을 수용하려면 5 in., 세 개의 볼트선에 대해서는 10 in., 네 개의 볼트선에 대해서는 12 in.이어야 함을 알 수 있다.

예제 3.12 **사하중 35 kips와 활하중 70 kips를 받는 15 ft 길이의 부등각 앵글로 된 인장재를 설계하라. A36강을 사용하고 연결부는 그림 3.24에 나와 있다.**

그림 3.24

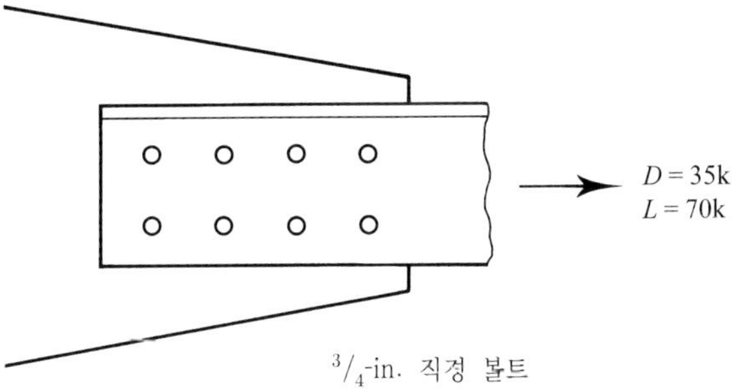

LRFD 풀이 계수하중은 다음과 같다.

$$P_u = 1.2D + 1.6L = 1.2(35) + 1.6(70) = 154 \text{ kips}$$

$$\text{소요 } A_g = \frac{P_u}{\phi_t F_y} = \frac{154}{0.90(36)} = 4.75 \text{ in.}^2$$

$$\text{소요 } A_e = \frac{P_u}{\phi_t F_u} = \frac{154}{0.75(58)} = 3.54 \text{ in.}^2$$

회전반경은 다음 값보다 커야 한다.

$$\frac{L}{300} = \frac{15(12)}{300} = 0.6 \text{ in.}$$

위의 판단기준을 만족하는 가장 가벼운 형강을 찾기 위해, 가장 작은 전단면적을 갖는 부등각 앵글을 특성표에서 탐색한다. 그리고 그에 대한 유효순단면적을 검토한다. 최소회전반경은 눈으로 확인할 수 있다. 볼트선이 두 개이고 따라서 다리길이는 5 in. 이상이어야 한다(AISC 표 1-7A 참조). 표의 끝에서 시작해서, 4.75 in.^2 이상의 단면적을 가지는 앵글 중에서 최소단면적의 앵글은 $L6 \times 4 \times {}^1/_2$이고 이것의 단면적은 4.75 in.^2이고, 최소회전반경은 0.864 in.임을 알 수 있다.

$L6 \times 4 \times {}^1/_2$을 시도한다.

$$A_n = A_g - A_{\text{holes}} = 4.75 - 2\left(\frac{3}{4} + \frac{1}{8}\right)\left(\frac{1}{2}\right) = 3.875 \text{ in.}^2$$

연결부의 길이를 모르므로, 전단지연 계수 U를 계산하기 위해 식 3.1을 사용할 수 없다. 하중방향으로 4개의 볼트가 있으므로, 대체값 $U = 0.8$을 사용한다.

$$A_e = UA_n = 3.875\,(0.80) = 3.10 \text{ in.}^2 < 3.54 \text{ in.}^2 \text{ (N.G.)}^*$$

특성표에서 다음으로 큰 단면적을 갖는 앵글을 선택한다.

$L5 \times 3^1/_2 \times {}^5/_8$를 시도한다($A_g = 4.92 \text{ in.}^2$이고, $r_{\min} = 0.746 \text{ in.}$).

$$A_n = A_g - A_{\text{holes}} = 4.92 - 2\left(\frac{3}{4} + \frac{1}{8}\right)\left(\frac{5}{8}\right) = 3.826 \text{ in.}^2$$

$$A_e = A_n U = 3.826\,(0.80) = 3.06 \text{ in.}^2 < 3.54 \text{ in.}^2 \quad \text{(N.G.)}$$

(비록 이 형강이 앞선 것보다 더 큰 전단면적을 갖고 있지만, 다리의 두께가 더 두껍기 때문에 더 많은 단면적이 볼트 구멍으로 인해 감해졌다) 더 무거운 다음 형강인,

$L8 \times 4 \times {}^1/_2$을 시도한다($A_g = 5.80 \text{in.}^2$이고, $r_{\min} = 0.863 \text{ in.}$).

$$A_n = A_g - A_{\text{holes}} = 5.80 - 2\left(\frac{3}{4} + \frac{1}{8}\right)\left(\frac{1}{2}\right) = 4.925 \text{in.}^2$$

$$A_e = A_n U = 4.925\,(0.80) = 3.94 \text{in.}^2 > 3.54 \text{in.}^2 \quad \text{(OK)}$$

해 답 이 형강은 모든 조건을 만족하므로, $L8 \times 4 \times {}^1/_2$을 사용한다.

ASD 풀이 전체 사용하중은 다음과 같다.

$$P_a = D + L = 35 + 70 = 105 kips$$

$$\text{소요 } A_g = \frac{P_a}{F_t} = \frac{P_a}{0.6F_y} = \frac{105}{0.6(36)} = 4.86 \text{in.}^2$$

* N.G.의 기호는 "No Good"을 의미한다.

$$소요\ A_e = \frac{P_a}{0.5F_u} = \frac{105}{0.5(58)} = 3.62\,\text{in.}^2$$

$$소요\ r_{\min} = \frac{L}{300} = \frac{15(12)}{300} = 0.6\ \text{in.}$$

$L\,8 \times 4 \times {}^1/_2$을 시도한다($A_g = 5.80\,\text{in.}^2$이고, $r_{\min} = 0.863\ \text{in.}$). 전단지연계수 $U = 0.80$을 사용한다.

$$A_n = A_g - A_{holes} = 5.80 - 2\left(\frac{3}{4} + \frac{1}{8}\right)\left(\frac{1}{2}\right) = 4.925\,\text{in.}^2$$

$$A_e = A_n U = 4.925(0.80) = 3.94\ \text{in.}^2 > 3.62\,\text{in.}^2 \quad \text{(OK)}$$

해 답 이 형강은 모든 조건을 만족하므로, $L\,8 \times 4 \times {}^1/_2$을 사용한다.

예제 3.12에서 ASD 풀이는 LRFD 풀이과정에서 논의된 바와 중복을 피하기 위해 다소 요약되어 있고, 단지 최종 시단면에 대한 것만 보여준다. 그러나 모든 필수 계산은 다 포함되어 있다.

인장재의 설계를 위한 표

강구조편람 5부에는 인장재의 설계를 위한 여러 종류의 형강에 대한 표들이 나와 있고, 그중 표 5-2는 앵글에 대한 것이다. 이들 표의 사용법을 다음 예제에 설명한다.

예제 3.13 **예제 3.12의 인장재를 강구조편람 5부의 표를 이용해서 설계하라.**

LRFD 풀이 예제 3.12로부터,

$$P_u = 154\ \text{kips}$$

$$r_{\min} \geq 0.600\ \text{in.}$$

인장재의 설계를 위한 표에는 $A_e = 0.75\,A_g$라는 가정하에, 여러 형강에 대한 A_g와 A_e의 값들이 주어져 있다. 또한 항복과 파단에 근거한 앵글의 강도도 주어져 있다. 앵글에 대한 모든 값들은 A36강에 대한 것들이다. 가장 가벼운 형강(더 작은 단면적을 갖는 것)에서 시작해서, 전단면적에 근거한 $\phi_t P_n = 154\ \text{kips}$이고 순단면적에 근거한 $\phi_t P_n = 155\ \text{kips}$인, $L\,6 \times 4 \times {}^1/_2$을 후보 단면으로 택한다. 강구조편람 1부 특성표로부터, $r_{\min} = 0.980\ \text{in.}$이다. 이 단면의 검토를 위해, 실제의 순단면적을 계산한다. $U = 0.80$으로 가정한다면,

$$A_n = A_g - A_{holes} = 4.75 - 2\left(\frac{3}{4} + \frac{1}{8}\right)\left(\frac{1}{2}\right) = 3.875\ \text{in.}^2$$

$$A_e = A_n U = 3.875(0.80) = 3.10\ \text{in.}^2$$

$$\phi_t P_n = \phi_t F_u A_e = 0.75(58)(3.10) = 135 \text{ kips} < 154 \text{ kips} \quad \text{(N.G.)}$$

이 형강은 정답이 아니다. 왜냐하면 실제의 유효순단면적과 전단면적의 비율이 0.75가 아니기 때문이다. 그 비율은,

$$\frac{3.10}{4.75} = 0.6526$$

이것은 소요 $\phi_t P_n$(파단에 근거)은 다음에 해당된다.

$$\frac{0.75}{\text{실제 비율}} \times P_u = \frac{0.75}{0.6526}(154) = 177 \text{ kips}$$

$\phi_t P_n = 188$ kips(항복에 근거)이고, $\phi_t P_n = 189$ kips(파단에 근거, 여기서 $A_e = 0.75A_g = 4.31$ in.^{2})인 $L8 \times 4 \times {}^1/_2$을 시도한다. 강구조편람 1부 특성표로부터, $r_{\min} = 0.863$ in.이다. 실제의 유효순단면적과 파단강도는 다음과 같이 계산된다.

$$A_n = A_g - A_{holes} = 5.80 - 2\left(\frac{3}{4} + \frac{1}{8}\right)\left(\frac{1}{2}\right) = 4.925 \text{ in.}^2$$

$$A_e = A_n U = 4.925(0.80) = 3.94 \text{ in.}^2$$

$$\phi_t P_n = \phi_t F_u A_e = 0.75(58)(3.94) = 171 > 154 \text{ kips} \quad \text{(OK)}$$

해 답 8 in.다리를 통해 연결된 $L8 \times 4 \times {}^1/_2$을 사용한다.

ASD 풀이 예제 3.12로부터,

$$P_a = 105 \text{ kips}$$

소요 $r_{\min} = 0.600$ in.

강구조편람의 표 5-2로부터, 전단면의 항복에 근거한 $P_n/\Omega_t = 106$ kips이고, 순단면의 파단에 근거한 $P_n/\Omega_t = 107$ kips인 $L5 \times 3^1/_2 \times {}^5/_8$를 시도한다. 강구조편람 1부 특성표로부터, $r_{\min} = 0.746$ in.이다. 전단지연계수 $U = 0.80$을 사용하면, 실제의 유효순단면적은 다음과 같이 계산된다.

$$A_n = A_g - A_{\text{holes}} = 4.93 - 2\left(\frac{3}{4} + \frac{1}{8}\right)\left(\frac{5}{8}\right) = 3.836 \text{ in.}^2$$

$$A_e = A_n U = 3.836(0.80) = 3.069 \text{ in.}^2$$

순단면의 파단에 근거한 허용강도는 다음과 같다.

$$\frac{P_n}{\Omega_t} = \frac{F_u A_e}{\Omega_t} = \frac{58(3.069)}{2.00} = 89.0 \text{ kips} < 105 \text{ kips} \quad \text{(N.G.)}$$

이 형강은 정답이 아니다. 왜냐하면 실제의 유효순단면적 A_e와 전단면적 A_g의 비율이 0.75가 아니기 때문이다. 그 비율은 다음과 같다.

$$\frac{3.069}{4.93} = 0.6225$$

표 5-2를 이용하기 위해, 여기에 부합하는 소요 P_n/Ω_t(파단에 근거)는 다음에 해당한다.

$$\frac{0.75}{0.6225}(105) = 127 \text{ kips}$$

이것에 도움을 받아, 전단면의 항복에 근거한 $P_n/\Omega_t = 126 \text{ kips}$이고, 순단면의 파단에 근거한 $P_n/\Omega_t = 127 \text{ kips}$인 $\text{L}6\times4\times{}^5/_8$를 시도한다. 강구조편람 1부 특성표로부터, $r_{\min} = 0.859 \text{ in.}$이다.

$$A_n = A_g - A_{\text{holes}} = 5.86 - 2\left(\frac{3}{4}+\frac{1}{8}\right)\left(\frac{5}{8}\right) = 4.766 \text{ in.}^2$$

$$A_e = A_n U = 4.766(0.80) = 3.81 \text{ in.}^2$$

$$\frac{P_n}{\Omega_t} = \frac{F_u A_e}{\Omega_t} = \frac{58(3.81)}{2.00} = 111 \text{ kips} > 105 \text{ kips} \quad \text{(OK)}$$

해 답 6 in. 다리를 통해 연결된 $\text{L}6\times4\times{}^5/_8$를 사용한다.

유효순단면적을 계산해야만 한다면, 표들이 크게 수고를 덜어주지는 않는다. 또한, 회전반경을 찾으려면 아직도 특성표를 이용해야만 한다. 그럼에도 불구하고 설계표들은 간결한 형태로 여러 정보들을 제공해주고, 단면 탐색이 좀 더 빠르게 진행되도록 해준다.

구조용 형강이나 판이 조립형강을 만들기 위해 연결된다면, 그들은 부재의 끝에서뿐만 아니라, 그 길이를 따라 중간 중간에서도 서로 연결되어야 한다. 연속해서 연결할 필요는 없다. 이런 유형의 연결을 스티칭(stitching)이라고 부르고, 그때 사용된 볼트는 스티치볼트라고 부른다. 통상적인 관행은 요소의 L/r이 조립재의 L/r보다 작아지도록 스티칭 장소를 위치시키는 것이다. AISC의 D4에서는, 각 요소가 중간의 채움재에 의해 격리되는 조립형강은 각 요소의 최대 L/r이 300을 초과하지 않도록 채움재 간격을 조절해서 연결되는 것을 추천한다. 판들로 또는 판과 형강의 조합으로 구성되는 조립형강은 AISC J장("연결부의 설계") J3.5절에 언급되어 있다. 일반적으로, 볼트 또는 용접의 간격은 얇은 쪽 판 두께의 24배 또는 12 in.를 초과해서는 안된다. 대기 중의 부식에 노출되어 있는 "내후성강"으로 만들어진 부재의 경우, 최대 간격은 두께의 14배 또는 7 in.이다.

3.7 나사봉과 케이블

세장비가 문제되지 않는다면, 원형단면의 봉과 케이블이 종종 인장재로 사용된다. 둘 사이의 차이점은 봉은 중실(solid)단면이고, 케이블은 로프(rope)처럼 개개의 스트랜드(strand)를 꼬아서 만든 것이라는 것이다. 봉과 케이블은 현수지붕구조와 교량의 행거나 현수재로서 자주 사용된다. 봉은 브레이싱으로도 사용된다. 외력이 제거되었을 때 처지는 것을 방지하기 위해 봉에 프리텐션(pretension)을 가하는 경우도 있다. 그림 3.25는 봉과 케이블의 전형적인 연결방법을 설명한다.

봉의 끝이 나사부인 경우, 종종 확대단부가 사용된다. 이것은 나사부가 깎여 나가므로 단면을 키운 것이다. 나사부는 단면을 감소시키고, 확대단부는 처음에는 총단면적을 키운다. 나사부가 있는 표준확대단부는 나사부의 순단면적이 몸체부의 그것보다 크다. 그러나 확대단부는 제작비용이 많이 들어서 보통은 불필요하다.

봉의 나사부의 유효단면적은 응력면적(stress area)이라 불리고 몸체부 직경과 단위 길이당 나사 수의 함수이다. 응력면적과 공칭면적의 비는 변하지만 하한은 약 0.75이다. 따라서 나사봉의 공칭인장강도는 다음과 같이 적을 수 있다.

$$P_n = A_s F_u = 0.75 A_b F_u \tag{3.5}$$

여기서

A_s = 응력면적

A_b = 공칭(몸체)면적

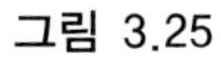
그림 3.25

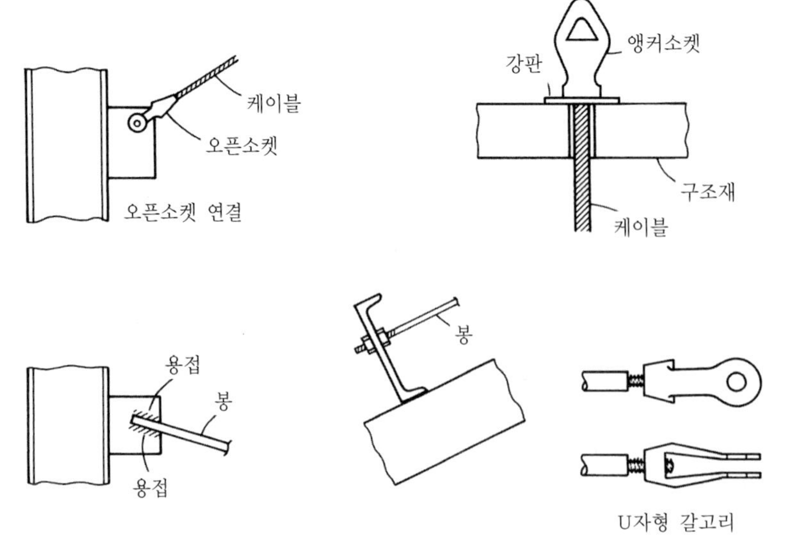

AISC 설계기준의 J장에서는 다소 다른 형태로 공칭강도를 나타낸다.

$$R_n = F_n A_b \qquad \text{(AISC 식 J3-1)}$$

여기서 R_n은 공칭강도이고, F_n은 표 J3.2에 $F_{nt} = 0.75F_u$로 주어져 있다. 이것은 단면적이라기보다는 오히려 극한인장응력의 0.75계수를 연상시키지만, 식 3.5의 값과 그 결과는 같다.

LRFD에 대해, 저항계수는 ϕ는 0.75이고, 따라서 강도관계식은 다음과 같다.

$$P_u \le \phi_t P_n \quad \text{또는} \quad P_u \le 0.75(0.75A_bF_u)$$

이고, 소요 단면적은 다음과 같다.

$$A_b = \frac{P_u}{0.75(0.75F_u)} \qquad (3.6)$$

ASD에 대해, 안전율 Ω는 2.00이고 다음의 조건식이 된다.

$$P_a \le \frac{P_n}{2.00} \quad \text{또는} \quad P_a \le 0.5P_n$$

식 3.5의 P_n을 사용하면, 다음을 얻는다.

$$P_a \le 0.5(0.75A_bF_u)$$

양변을 단면적 A_b로 나누면, 다음의 허용응력을 얻는다.

$$F_t = 0.5(0.75F_u) = 0.375F_u \qquad (3.7)$$

예제 3.14 **나사봉이 2 kips 사하중과 6 kips 활하중의 인장하중에 저항하는 브레이싱으로 사용된다. A36강을 사용한다면 봉의 크기는 얼마인가?**

LRFD 풀이 계수하중은 다음과 같다.

$$P_u = 1.2(2) + 1.6(6) = 12\text{ kips}$$

식 3.6으로부터,

$$\text{소요 단면적} = A_b = \frac{P_u}{0.75(0.75F_u)} = \frac{12}{0.75(0.75)(58)} = 0.3678\text{ in.}^2$$

$A_b = \dfrac{\pi d^2}{4}$ 로부터,

$$\text{소요 } d = \sqrt{\frac{4(0.3678)}{\pi}} = 0.684\text{ in.}$$

해 답 $^3/_4$ in. 직경의 나사봉을 사용한다($A_b = 0.442\text{ in.}^2$).

ASD 풀이 소요강도는 다음과 같다.

$$P_a = D + L = 2 + 6 = 8 \text{ kips}$$

식 3.7로부터, 허용인장응력은 아래와 같다.

$$F_t = 0.375 F_u = 0.375(58) = 21.75 \text{ ksi}$$

소요 단면적은 다음과 같다.

$$A_b = \frac{P_a}{F_t} = \frac{8}{21.75} = 0.3678 \text{ in.}^2$$

해 답 $^3/_4$ in. 직경의 나사봉을 사용한다($A_b = 0.442$ in.^{2}).

시공 중의 손상을 막기 위해 봉은 너무 세장하지 않도록 한다. 설계기준의 조항은 없지만, 최소직경으로 $^5/_8$ in.를 사용하는 것이 관례이다.

스트랜드(strand)나 와이어로프(wire rope) 형태의 유연한 케이블은 고강도가 요구되면서 강성은 중요하지 않은 경우에 사용된다. 이들은 현수지붕구조나 교량에서 사용되는 것 이외에도 호이스트(hoist)나 데릭(derrick)에서 탑의 지지로프로서 그리고 철골건물구조에서 종방향 브레이싱으로 사용된다. 그림 3.26에 스트랜드와 와이어로프의 차이점이 설명되어 있다. 스트랜드는 중심 핵 주위로 나선형으로 꼬인 와이어들로 구성되고, 와이어로프는 핵 주위로 나선형으로 놓인 스트랜드들로 만들어진다.

주어진 하중에 대해 적합한 케이블을 선택하려면 강도와 변형의 양쪽을 모두 고려해야 한다. 통상적인 탄성변형 이외에도 각각의 와이어를 꼬면서 생기는 초기 펼침변형이 있고, 이것은 결국 영구변형으로 된다. 이와 같은 이유로 케이블은 종종 프리스트레칭을 갖고 있다. 와이어로프나 스트랜드는 구조용 강보다 훨씬 고강도이고 AISC 설계기준에는 포함되어 있지 않다. 여러 가지 케이블의 파단강도와 가용한 연결설비의 상세는 제작회사들의 문헌에서 구할 수 있다.

그림 3.26

3.8 지붕트러스의 인장재

구조기술자가 설계하는 인장재 중 상당량이 트러스 부재이다. 이러한 이유로, 지붕트러스에 대해서 논하는 것이 순서에 맞다. Lothars(1972)에는 이 주제에 대한 보다 완벽한 취급이 나와 있다.

트러스는 건물에 사용되는 경우, 장경간이 요구되는 지붕시스템의 주부재 역할을 한다. 그들은 보가 경비와 자중 면에서 불감당일 때 사용된다(트러스는 복부의 대부분이 제거된 깊은 보로 생각할 수 있다). 지붕트러스는 뼈대구조에 대부분 그 자리를 양보했지만, 종종 산업용 또는 공장용 건물에 사용된다. 내하벽에 의해 지지된 트러스를 갖는 전형적인 지붕구조가 그림 3.27에 나와 있다. 이런 유형의 시공에서, 트러스와 벽체 연결부의 한 단은 핀으로 그리고 다른 단은 롤러 지지로 간주된다. 따라서 이 트러스는 외적으로 정정인 구조로 해석될 수 있다. 지지벽은 철근콘크리트, 콘크리트블록, 벽돌 또는 이들의 조합이 될 수 있다.

지붕트러스는 보통 건물의 길이를 따라 등간격으로 배치되고 중도리(purlin)라고 불리는 종방향 보 또는 x-브레이싱에 연결되어 있다. 중도리의 주요한 기능은 트러스 상현재의 하중을 전달하는 것이지만, 브레이싱의 일부로도 역할을 한다. 브레이싱은 보통 상현재면과 하현재면에 놓여 있지만 모든 베이(Bay)에서 그럴 필요는 없다. 왜냐하면 횡하중은 한 지지된 베이에서 다른 베이로 중도리를 통해 전달되기 때문이다.

외력이 단지 절점에만 작용하는 핀연결구조로 취급되도록 중도리는 트러스의 절점에 놓여 있는 경우가 이상적이다. 그러나 때때로 지붕상판이 걸쳐지기에는 절점 사이의

그림 3.27

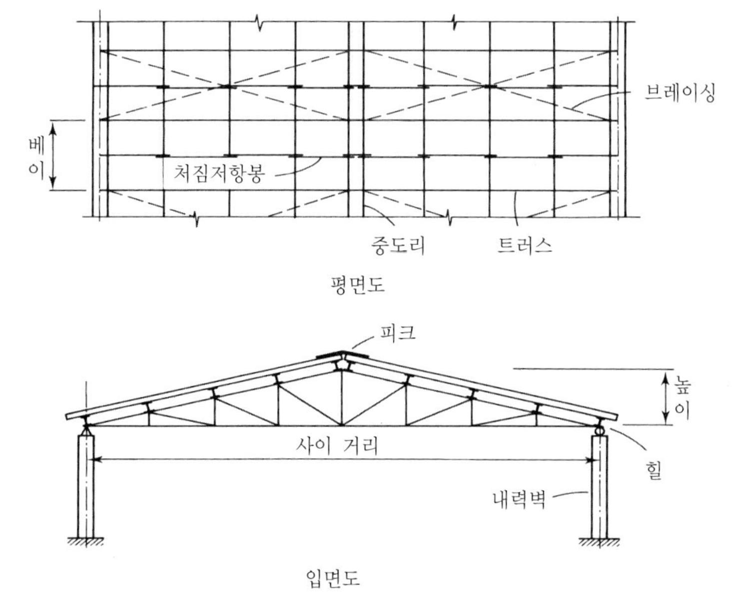

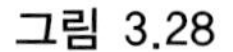

그림 3.28

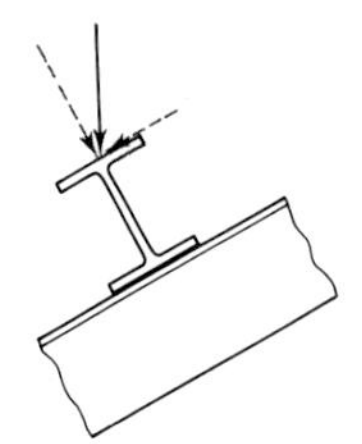

그림 3.29

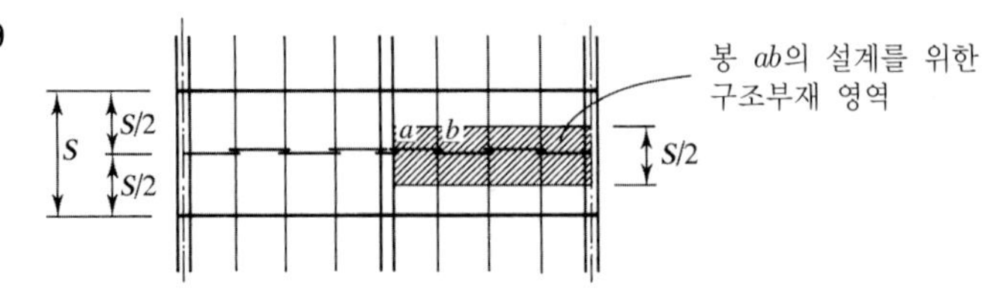

거리가 멀어서, 중간 중도리가 이용되기도 한다. 이 경우에 상현재는 축압축력뿐만 아니라 상당한 크기의 휨을 받게 되고 보-기둥으로 설계되어야 한다(6장).

처짐저항봉(sag rod)은 중도리를 횡지지하는 인장재이다. 중도리에 작용하는 하중의 대부분은 연직하중이고, 따라서 경사진 지붕방향의 하중 성분이 존재하고 이것이 그 방향으로 중도리를 휘게 만든다(그림 3.28).

처짐저항봉은 중도리의 중간, 3등분점에 설치되고, 또는 필요한 지점의 양에 따라 더 촘촘히 설치되기도 한다. 이것의 간격은 트러스 간격, 상현재의 기울기, 중도리의 휨강도(중도리로 사용되는 형강은 이 방향의 휨강도가 매우 약함), 그리고 지붕에 의한 지지 정도의 함수이다. 금속재 바닥이 사용된다면 이것은 보통 중도리에 강접되고, 처짐저항봉은 필요하지 않다. 그러나 가끔 중도리의 자중이 문제를 일으키고, 바닥이 설치되기 전의 시공과정에서 처짐저항봉은 지점을 제공한다.

처짐저항봉이 사용된다면, 이것은 지붕하중의 지붕에 나란한 성분을 지지하도록 설계된다. 중도리 사이의 각각의 봉이 그 봉 아래의 모든 것을 지지한다고 가정한다. 따라서 상현재는 그림 3.29에서와 같이, 트러스의 뒷굽에서 정상까지, 봉에 부속되는 지붕의 면적에 대해서 설계된다. 봉의 각각의 마디에 작용하는 하중이 다르지만, 모든 봉을 같은 크기로 설계하는 것이 관례이다. 문제시되는 재료의 낭비는 사소한 것이고, 각각의 봉 크기를 통일시키는 것이 시공 중에 생길 수 있는 혼동의 가능성을 제거시킨다.

트러스의 정상 또는 산마루에서는 그림 3.30(a)에서와 같은 처리가 가능하다. 정상에 있는 중도리 사이의 타이롯(tie rod)이 양측의 모든 처짐저항봉으로부터의 하중에 저항한다. 그림 3.30(b)에서와 같은, 한 개의 정상 중도리에 대한 자유물체도가 이러한 효과를 설명해준다.

그림 3.30

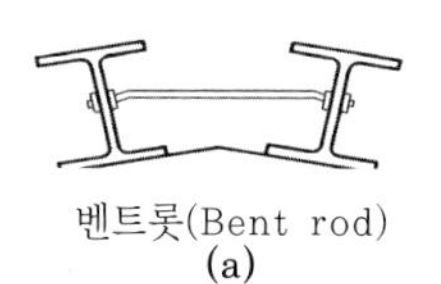

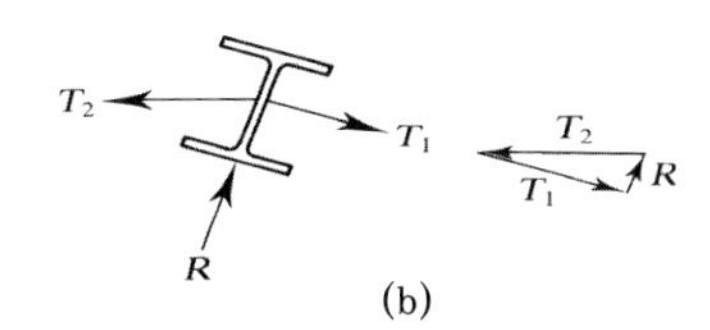

예제 3.15 **그림 3.31(a)에서와 같이, 20 ft중심간 간격의 핑크 트러스(Fink truss)가 W6 × 12 중도리를 지지한다. 중도리는 그 중간점에서 처짐저항봉에 의해 지지된다. A36강을 사용해서 다음과 같은 사용하중에 대해 처짐저항봉과 정상의 타이롯을 설계하라.**

금속 바닥	: 2 psf
조립 지붕	: 5 psf
눈	: 18 psf, 지붕면의 수평 투영면에 대해
중도리 자중	: 12 plf

풀 이 하중을 계산한다.

각각의 처짐저항봉에 속하는 폭 $= 20/2 = 10$ ft

바닥과 조립지붕의 봉에 속하는 면적 $= 10(46.6) = 466$ ft^2

사하중 (바닥과 지붕) $= (2+5)(466) = 3262$ lb

중도리 총 자중 $= 12(10)(9) = 1080$ lb

총 사하중 $= 3262 + 1080 = 4342$ lb

설하중을 받는 면적 $= 10(45) = 450$ ft^2

총 설하중 $= 18(450) = 8100$ lb

그림 3.31

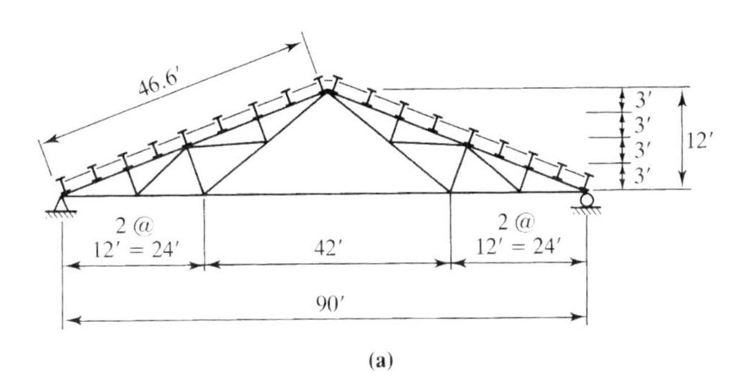

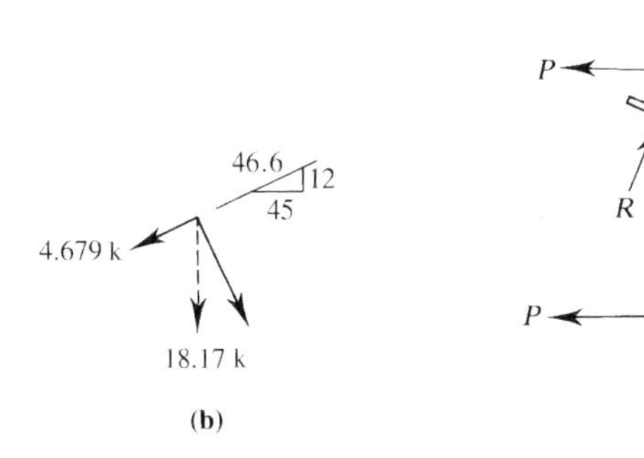

LRFD 풀이 하중조합 검토:

조합 2: $1.2D+0.5S=1.2(4342)+0.5(8100)=9{,}260\text{ lb}$

조합 3: $1.2D+1.6S=1.2(4342)+1.6(8100)=18{,}170\text{ lb}$

조합 3이 지배한다.(한눈에, 나머지 하중조합은 지배하지 않음을 알 수 있다.)

지붕에 나란한 하중성분에 대해(그림 3.31(b)),

$$T=(18.17)\frac{12}{46.6}=4.679\text{ kips}$$

$$\text{소요 } A_b=\frac{T}{\phi_t(0.75F_u)}=\frac{4.679}{0.75(0.75)(58)}=0.1434\text{ in.}^2$$

해 답 $^5/_8$ in. 직경의 나사봉을 사용한다($A_b=0.3068\text{ in.}^2$).

정상의 타이롯(그림 3.31(c)):

$$P=(4.679)\frac{46.6}{45}=4.845\text{ kips}$$

$$\text{소요 } A_b=\frac{4.845}{0.75(0.75)(58)}=0.1485\text{ in.}^2$$

해 답 $^5/_8$ in. 직경의 나사봉을 사용한다($A_b=0.3068\text{ in.}^2$).

ASD 풀이 한눈에 하중조합 3이 지배한다.

$$D+S=4342+8100=12{,}400\text{ lb}$$

지붕에 나란한 하중 성분은 다음과 같다.

$$T=12.44\left(\frac{12}{46.6}\right)=3.203\text{ kips}$$

허용인장응력은 $F_t=0.375\text{ ksi},\ F_u=0.375(58)=21.75\text{ ksi}$이다.

$$\text{소요 } A_b=\frac{T}{F_t}=\frac{3.203}{21.75}=0.1473\text{ in.}^2$$

해 답 처짐제한봉으로 $^5/_8$ in. 직경의 나사봉을 사용한다($A_b=0.3068\text{ in.}^2$).

정상의 타이롯:

$$P=3.203\left(\frac{46.6}{45}\right)=3.317\text{ kips}$$

$$\text{소요 } A_b=\frac{3.317}{21.75}=0.1525\text{ in.}^2$$

해 답 정상의 타이롯으로 $^5/_8$ in. 직경의 나사봉을 사용한다($A_b=0.3068\text{in.}^2$).

그림 3.32

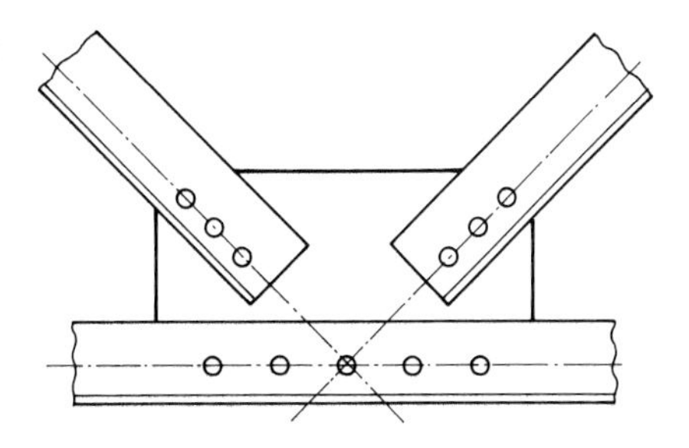

보통의 트러스 형상과 하중에 대해, 하현재는 인장을 받고, 상현재는 압축을 받는다. 복재는 인장을 받기도 하고 압축을 받기도 한다. 풍하중효과가 포함되어 서로 다른 바람의 방향이 고려되는 경우에는, 복재에는 인장과 압축이 번갈아 일어난다. 이 경우 대상 부재는 인장재와 압축재로서 각각의 기능에 대해 설계된다.

볼트연결 트러스에서는, 이중-L형강이 현재와 복재로서 자주 사용된다. 이것은 그림 3.32에서와 같이, 1개의 연결판을 사용해서 부재의 연결부에 대한 설계를 할 수 있어서 편리하다. 구조용 T형강이 용접트러스에서 상현재로 사용되면, 복재는 보통 T의 줄기에 용접된다. 복재의 하중이 작다면, 단일-L형강이 사용될 수도 있다. 이것은 트러스의 대칭면을 없애서, 복재가 편심하중을 받도록 만든다. 상현재는 보통 연속으로 제작이 되고 필요하면 이음부가 설치된다.

상현재가 연속으로 제작되고 절점이 볼트 또는 용접 연결부라고 하는 사실은 트러스가 핀-연결이라는 통상의 가정을 무효로 만드는 것처럼 보인다. 절점의 강결이 부재에 약간의 휨모멘트를 도입하지만, 이것은 작고 2차 효과로 간주된다. 통상 실무에서는 이것을 무시한다. 그러나 절점 사이의 부재 내에 작용하는 하중으로 인한 휨은 반드시 고려되어야 한다. 우리는 이러한 조건을 6장 "보-기둥"에서 고려한다.

적절하게 설계된 트러스에서 부재의 작용선은 각각 절점의 작용점에서 만난다. 볼트연결 트러스에서는 볼트선이 작용선이고, 용접 연결 트러스에서는 용접의 도심축이 작용선이다. 통상의 트러스 해석과정에서는 부재의 길이를 작용점에서 작용점까지의 길이로 가정한다.

예제 3.16 **그림 3.33의 와렌(Warren) 지붕트러스에서, 하현재에 대한 구조용 T형강을 선택하라. 이 트러스는 용접연결 트러스이고 트러스 간격은 20 ft이다. 하현재는 플랜지에서 9 in.길이의 측면 필렛용접으로 연결되었다고 가정한다. A992강과 다음과 같은 하중자료를 사용한다(이 예제에서는 풍하중은 고려하지 않는다).**

중도리　: M8 × 6.5

눈　: 20 psf, 수평 투영면에 대해

금속 바닥: 2 psf

지붕　: 4 psf

절연재　: 3 psf

그림 3.33

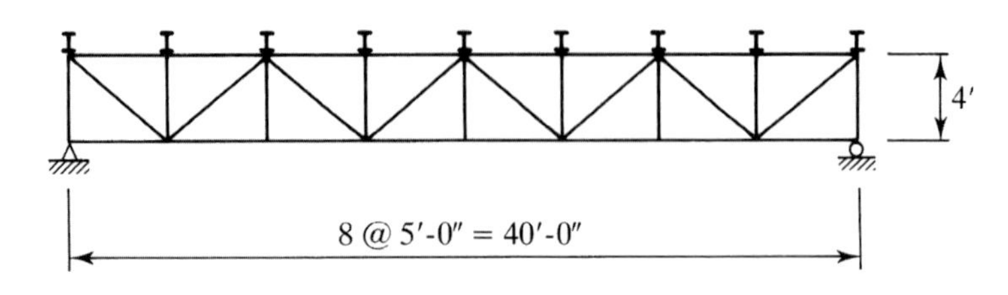

풀 이 하중을 계산한다.

눈 $= 20(40)(20) = 16{,}000$ lb

사하중(중도리 제외) =	바닥	2 psf
	지붕	4
	절연재	3
	총	9 psf

총 사하중 $= 9(40)(20) = 7200$ lb

총 중도리 자중 $= 6.5(20)(9) = 1170$ lb

트러스의 자중을 모든 다른 하중의 10%로 추정한다.

$0.10(16{,}000 + 7200 + 1170) = 2437$ lb

내측 절점에서의 하중은 다음과 같다.

$$D = \frac{7200}{8} + \frac{2437}{8} + 6.5(20) = 1335 \text{ lb}$$

$$S = \frac{16{,}000}{8} = 2000 \text{ lb}$$

외측 절점에 속하는 지붕 면적은 내측 그것의 반이다. 그에 따른 하중은

$$D = \frac{7200}{2(8)} + \frac{2437}{2(8)} + 6.5(20) = 732.3 \text{ lb}$$

$$S = \frac{16{,}000}{2(8)} = 1000 \text{ lb}$$

LRFD 풀이 하중조합 3이 지배한다.

$$P_u = 1.2D + 1.6S$$

내측 절점에서,

$$P_u = 1.2(1.335) + 1.6(2.0) = 4.802 \text{ kips}$$

그림 3.34

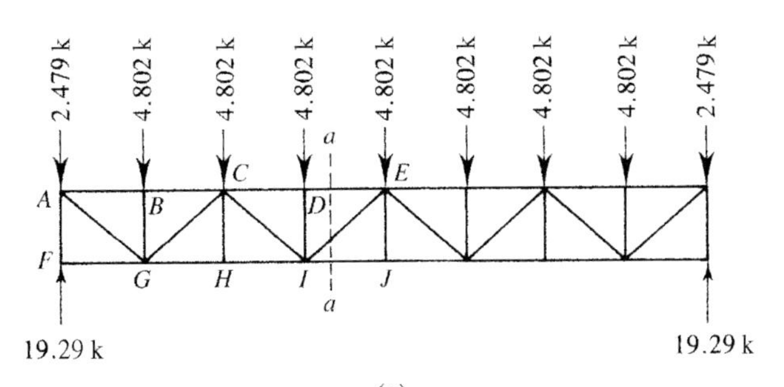

(a)

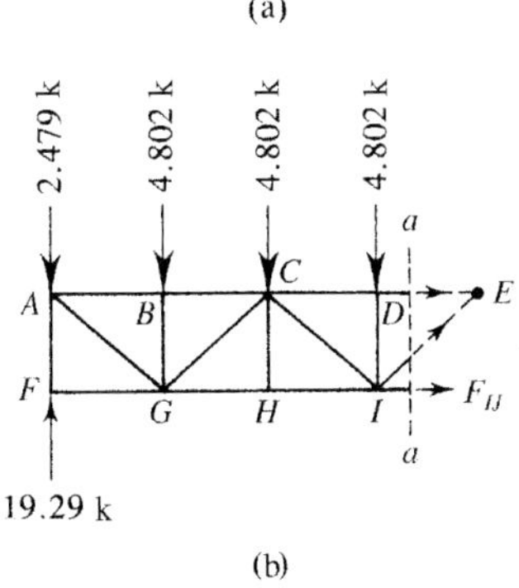

(b)

외측 절점에서,

$$P_u = 1.2(0.7323) + 1.6(1.0) = 2.479 \text{ kips}$$

트러스의 재하상태가 그림 3.34(a)에 나와 있다.

하현재는 부재력을 결정하고 가장 큰 부재력에 저항하는 단면을 선택해서 설계한다. 이 예제에서는 IJ부재의 부재력이 지배한다. 그림 3.34(b)의 단면 $a-a$의 왼편에 대한 자유물체도에서,

$$\sum M_E = 19.29(20) - 2.479(20) - 4.802(15 + 10 + 5) - 4F_{IJ} = 0$$

$$F_{IJ} = 48.04 \text{ kips}$$

전단면적에 대해,

$$\text{소요 } A_g = \frac{F_{IJ}}{0.90F_y} = \frac{48.04}{0.90(50)} = 1.07 \text{ in.}^2$$

순단면적에 대해,

$$\text{소요 } A_e = \frac{F_{IJ}}{0.75F_u} = \frac{48.04}{0.75(65)} = 0.985 \text{ in.}^2$$

MT5 × 3.75 단면 시도:

$A_g = 1.11 \text{ in.}^2 > 1.07 \text{ in.}^2$ (OK)

종방향 용접만의 연결부이므로 전단지연계수 U는,

$$U = \left(\frac{3l^2}{3l^2 + w^2}\right)\left(1 - \frac{\bar{x}}{l}\right)$$

(영역 3b, 용접된 부재, AISC 표 D3.1의 경우 4)

MT 5×3.75에 대해서,

$$w = \text{플랜지 폭} = b_f = 2.69 \text{ in.}$$

$$\bar{x} = 1.51 \text{ in.}$$

$$U = \left(\frac{3(9)^2}{3(9)^2 + (2.69)^2}\right)\left(1 - \frac{1.51}{9}\right) = 0.9711(0.8322) = 0.8081$$

$$A_e = A_g U = 1.11(0.8081) = 0.8970 \text{ in.}^2 < 0.985 \text{ in.}^2 \quad \text{(N.G.)}$$

MT 6×5 단면 시도:

$$A_g = 1.48 \text{ in.}^2 > 1.07 \text{ in.}^2 \quad \text{(OK)}$$

MT 6×5에 대해서,

$$w = b_f = 3.25 \text{ in.}$$

$$\bar{x} = 1.86 \text{ in.}$$

$$U = \left(\frac{3(9)^2}{3(9)^2 + (3.25)^2}\right)\left(1 - \frac{1.86}{9}\right) = 0.9583(0.7933) = 0.7602$$

$$A_e = A_g U = 1.48(0.7602) = 1.13 \text{ in.}^2 > 0.985 \text{ in.}^2 \quad \text{(OK)}$$

하현재가 절점에서 횡지지되어 있다고 가정하면,

$$\frac{L}{r} = \frac{5(12)}{0.594} = 101 < 300 \quad \text{(OK)}$$

해 답 MT 6×5를 사용한다.

ASD 풀이 하중조합 3이 지배한다. 내측 절점에서,

$$P_a = D + S = 1.335 + 2.0 = 3.335 \text{ kips}$$

외측 절점에서,

$$P_a = 0.7323 + 1.0 = 1.732 \text{ kips}$$

트러스의 재하상태는 그림 3.35(a)와 같다.

부재 IJ가 가장 큰 단면력을 갖는 하현재이다. 그림 3.36(b)의 자유물체도에서,

$$\Sigma M_E = 13.40(20) - 1.732(20) - 3.335(15 + 10 + 5) - 4F_{IJ} = 0$$

$$F_{IJ} = 33.33 \text{ kips}$$

전단면적에 대해서, $F_t = 0.6F_y = 0.6(36) = 21.6$ ksi

$$\text{소요 } A_g = \frac{F_{IJ}}{F_t} = \frac{33.33}{21.6} = 1.54 \text{ in.}^2$$

순단면적에 대해, $F_t = 0.5F_y = 0.5(58) = 29.0$ ksi

$$\text{소요 } A_g = \frac{F_{IJ}}{F_t} = \frac{33.33}{29.0} = 1.15 \text{ in.}^2$$

그림 3.35

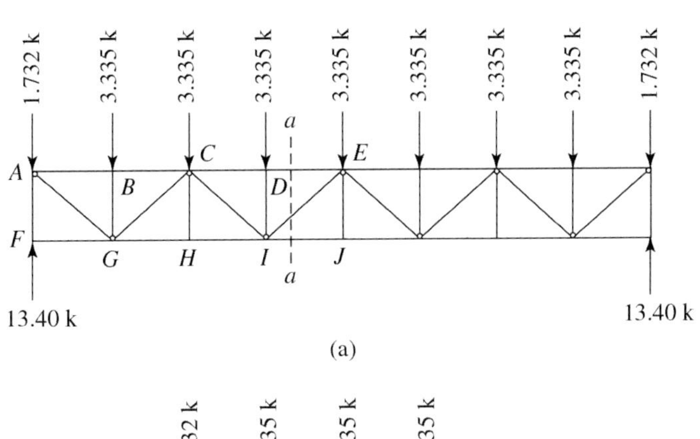

(a)

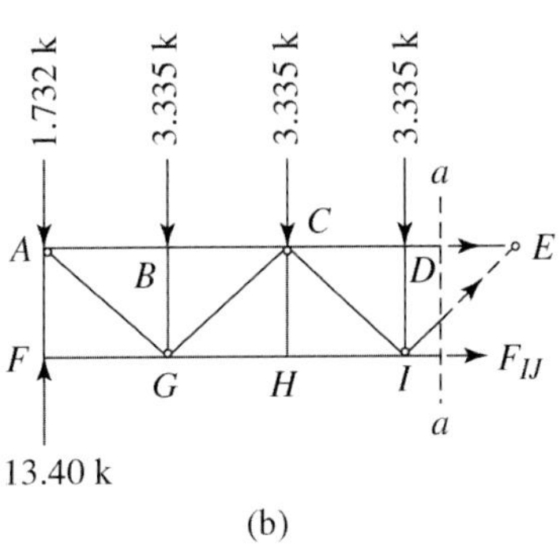

(b)

MT6 × 5.4 단면 시도:

$A_g = 1.59\ \text{in.}^2 > 1.54\ \text{in.}^2$ (OK)

종방향용접만의 연결부이므로 전단지연계수 U는,

$$U = \left(\frac{3l^2}{3l^2 + w^2}\right)\left(1 - \frac{\bar{x}}{l}\right)$$

(영역 3b, 용접된 부재, AISC 표 D3.1의 경우 4)

MT6 × 5.4에 대해서,

w = 플랜지 폭 $= b_f = 3.07\ \text{in.}$

$\bar{x} = 1.86\ \text{in.}$

$$U = \left(\frac{3(9)^2}{3(9)^2 + (3.07)^2}\right)\left(1 - \frac{1.86}{9}\right) = 0.9627(0.7933) = 0.7637$$

$A_e = A_g U = 1.59(0.7637) = 1.21\ \text{in.}^2 > 1.15\ \text{in}^2$ (OK)

하현재가 절점에서 횡지지되어 있다고 가정하면,

$\dfrac{L}{r} = \dfrac{5(12)}{0.566} = 106 < 300$ (OK)

해 답 MT6 × 5.4를 사용한다.

그림 3.36

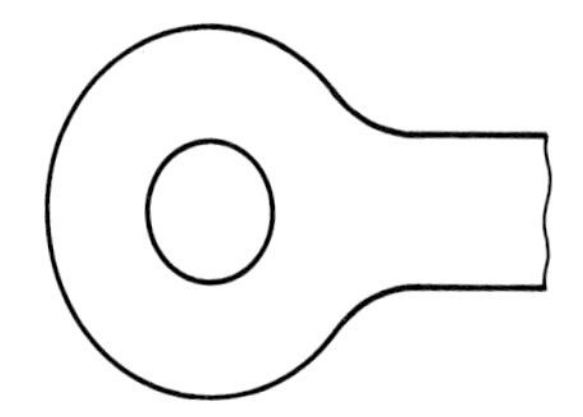

3.9 핀-연결부재

부재가 핀으로 연결될 때, 구멍은 부재와 연결판에 모두 뚫리고 핀이 구멍을 통해 위치한다. 이렇게 해서 모멘트 없는 연결부가 제작된다. 이러한 방법으로 연결된 인장재는 여러 유형의 파괴가 일어나고, 이것은 AISC D5와 D6에 나와 있고, 다음 단락에서 논의된다.

아이바는 특별한 유형의 핀-연결부재이고, 그림 3.36에서와 같이 핀 구멍을 포함하는 부재의 끝은 확대되어 있다. 설계강도는 전단면의 항복에 근거한다. 아이바의 단면구성에 대한 상세한 규칙은 AISC D6에 주어져 있고 여기서는 되풀이되지 않는다. 여기서의 조항들은 단조 아이바에 대한 경험과 실험에 그 근거를 두고 있으나 판에서 열로 절단한 아이바에서도(현재의 제작방법) 안전측으로 적용될 수 있다. 아이바는 과거에는 교량트러스의 단독 인장재로서 또는 현수교에서 체인의 링크형태로 많이 사용되었으나 최근에는 거의 사용되지 않는다.

핀-연결부재는 다음과 같은 한계상태에 대해 설계되어야 한다(그림 3.37 참조).

1. 유효순단면적에서의 **인장**(그림 3.38(a)):

$$\phi_t = 0.75,\ \Omega_t = 2.00,\ P_n = 2tb_eF_u \qquad \text{(AISC 식 D5-1)}$$

2. 유효단면적에서의 **전단**(그림 3.38(b)):

$$\phi_{sf} = 0.75,\ \Omega_{sf} = 2.00,\ P_n = 0.6F_uA_{sf} \qquad \text{(AISC 식 D5-2)}$$

3. **지압**: 이 조항은 J장("연결, 절점 그리고 볼트") J7절에 주어져 있다(그림 3.38(c)):

$$\phi = 0.75,\ \Omega = 2.00,\ P_n = 1.8F_yA_{pb} \qquad \text{(AISC 식 J7-1)}$$

그림 3.37

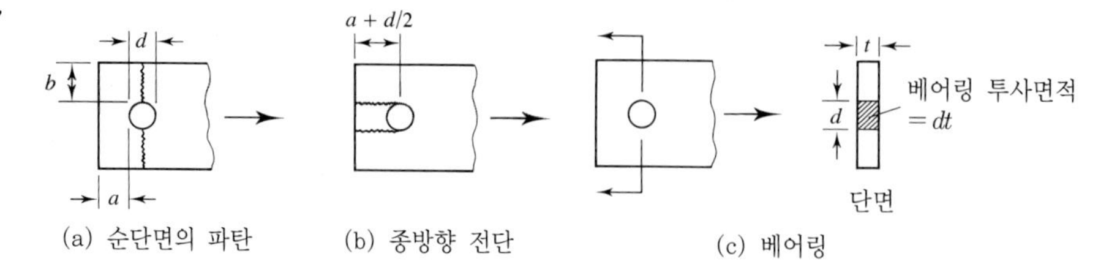

4. 전단면적에서의 **인장:**

$$\phi = 0.90,\ \Omega_t = 1.67,\ P_n = F_y A_g \qquad \text{(AISC 식 D2-1)}$$

여기서

t =피연결재의 두께

$b_e = 2t + 0.63 \le b$

b =핀 구멍 가장자리에서 부재 가장자리까지의 하중직각방향으로의 거리

$A_{sf} = 2t(a + d/2)$

a =핀 구멍 가장자리에서 부재 가장자리까지의 하중방향으로의 거리

d =핀 직경

A_{pb} =지압투사 면적 $= d\,t$

핀과 부재의 상대적인 배치에 대한 추가 조항은 AISC D5.2에 나와 있다.

연습문제

인장강도

3.2-1 그림 P3.2-1에서와 같이 PL $^3/_8 \times 7$ 인장재가 3개의 1 in. 직경의 볼트에 의해 연결되어 있다. A36 강재이다. $A_e = A_n$으로 가정한다. 다음을 계산하라.

a. LRFD 설계강도

b. ASD 허용강도

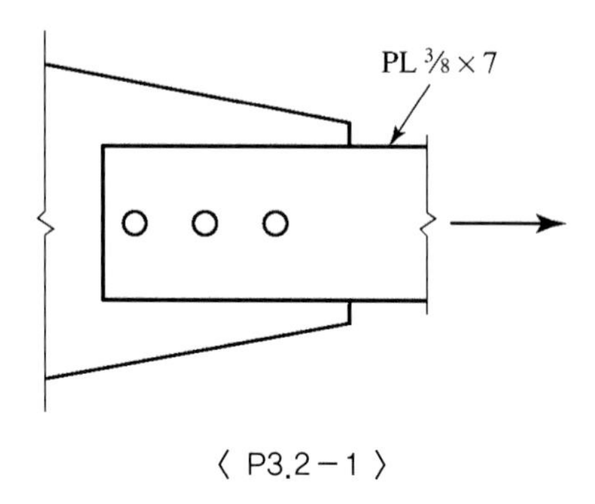

〈 P3.2－1 〉

3.2-2 그림 P3.2-2에서와 같이 PL $^3/_8 \times 6$ 인장재가 6개의 1 in. 직경의 볼트에 의해 연결되어 있다. 강의 항복응력 $F_y = 50$ ksi이고 극한응력 $F_u = 65$ ksi이다. $A_e = A_n$으로 가정하고 다음을 계산하라.

a. LRFD 설계강도

b. ASD 허용강도

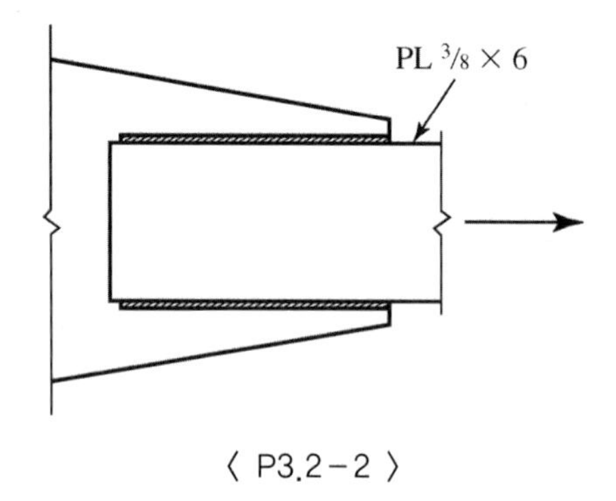

〈 P3.2－2 〉

3.2-3 그림 P3.2-3에서와 같이 C 8 × 11.5 부재가 $^7/_8$ in. 직경의 볼트에 의해 연결판에 연결되어 있다. 강종은 A572 등급 50이다. 이 부재에 사하중과 활하중만이 작용한다고 가정하고 활하중 대 사하중 비가 3인 경우 다음을 계산하라. $A_e = 0.85 A_n$으로 가정하라.

a. LRFD 설계강도를 사용하라.

b. ASD 허용강도를 사용하라.

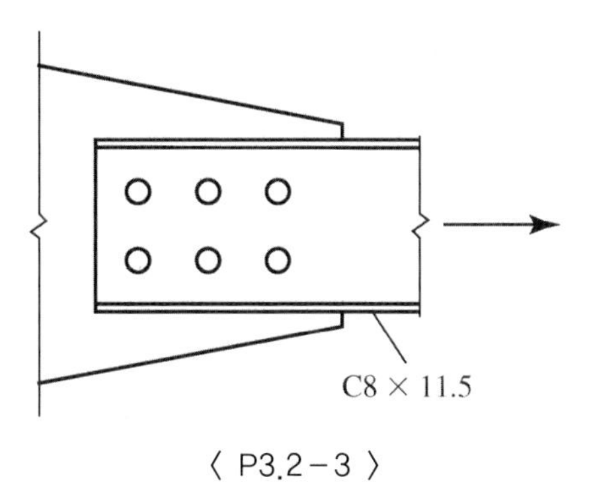

〈 P3.2-3 〉

3.2-4 그림 P3.2-4에서와 같이 PL $^1/_2$ × 8 인장재가 6개의 1 in. 직경의 볼트로 연결되어 있다. 강종은 ASTM A242이다. $A_e = A_n$으로 가정하고 다음을 계산하라.

a. LRFD 설계강도

b. ASD 허용강도

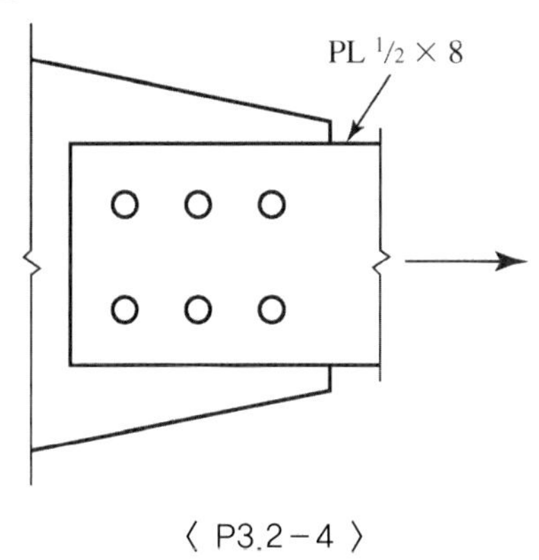

〈 P3.2-4 〉

3.2-5 그림 P3.2-5의 인장재는 25 kips의 사용사하중과 45 kips의 사용활하중에 저항하여야 한다. 이 부재는 충분한 강도를 가지고 있는가? 강종은 A588이고 볼트의 직경은 $1^1/_8$ in.이다. $A_e = A_n$으로 가정하라.

a. LRFD를 사용하라.

b. ASD를 사용하라.

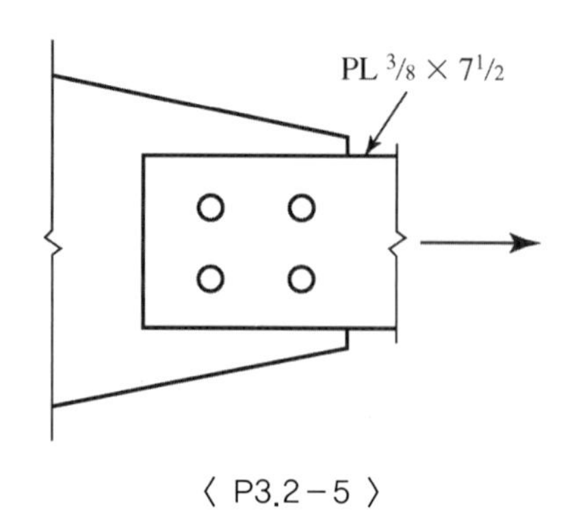

〈 P3.2-5 〉

3.2-6 A36강재로 만들어진 이중-L형강 인장재 2L $3 \times 2 \times {}^{1}/_{4}$ LLBB가 사하중 12 kips와 활하중 36 kips를 받고 있다. 긴 다리를 통해 1개의 볼트선으로 ${}^{3}/_{4}$ in. 직경의 볼트를 사용해서 연결판에 연결되어 있다. 이 부재는 충분한 강도를 갖고 있는가? $A_e = 0.85\ A_n$으로 가정한다.

a. LRFD를 사용하라.

b. ASD를 사용하라.

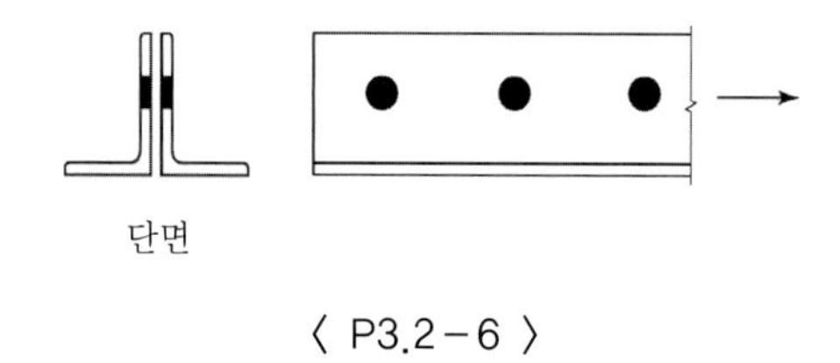

〈 P3.2-6 〉

유효순단면적

3.3-1 그림 P3.3-1의 각 경우에 대해, 유효단면적 A_e를 계산하라.

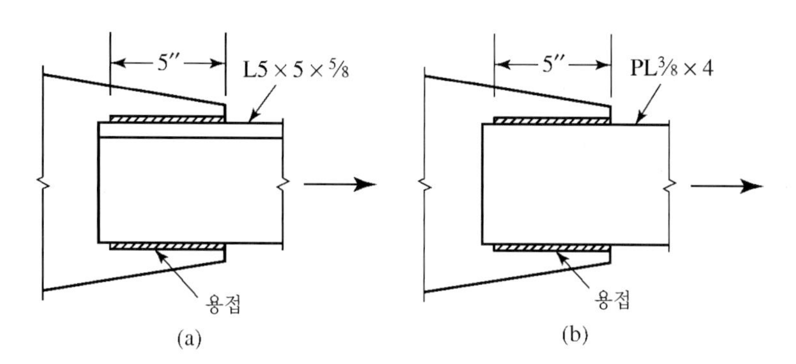

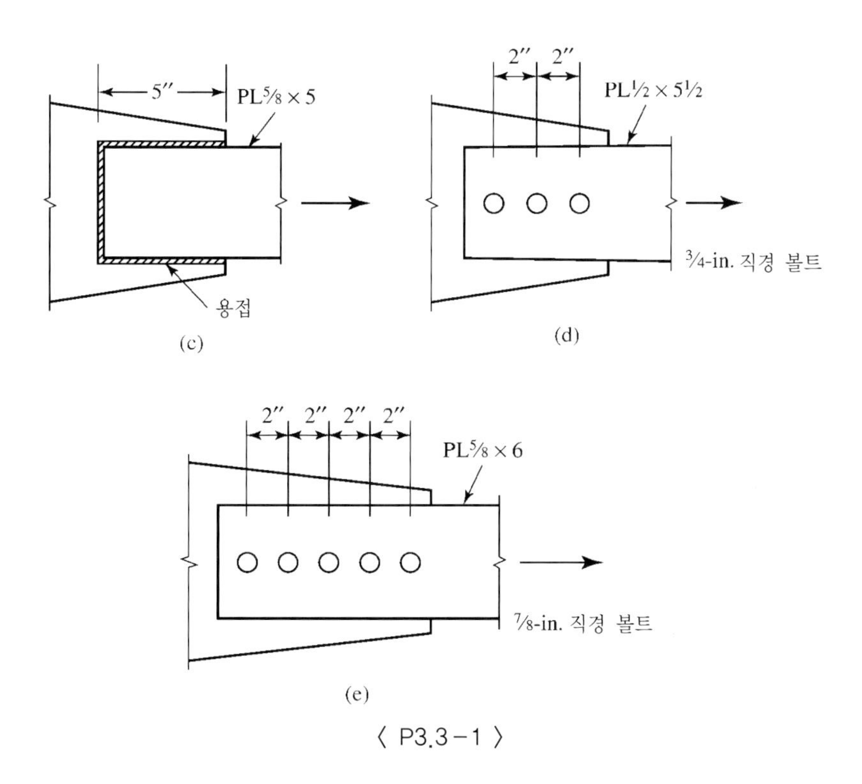

〈 P3.3-1 〉

3.3-2 그림 P3.3-2에서와 같이 L형강 인장재가 연결판에 연결되어 있다. 항복응력 $F_y = 50$ ksi이고 극한응력 $F_u = 70$ ksi이다. 볼트의 직경은 $^7/_8$ in.이다. 유효단면적에 근거한 공칭강도를 계산하라. U에 대해서는 식 3.1을 사용하라.

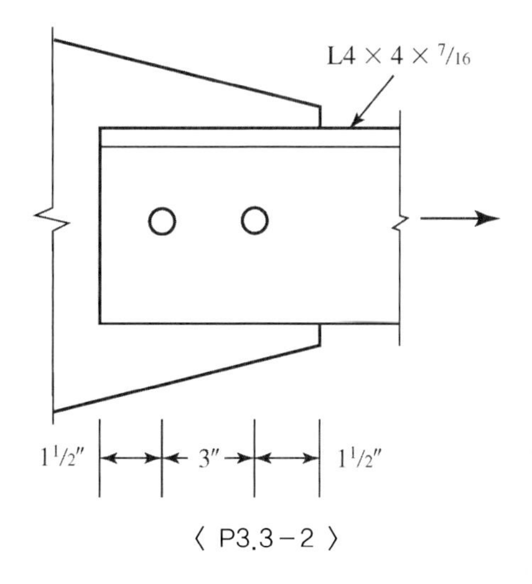

〈 P3.3-2 〉

3.3-3 그림 P3.3-3에서와 같이 L형강 인장재 $L4\times3\times{}^3/_8$가 연결판에 용접되어 있다. A36 강이 사용된다. 유효단면적에 근거한 공칭강도를 계산하라. U에 대해서는 식 3.1을 사용하라.

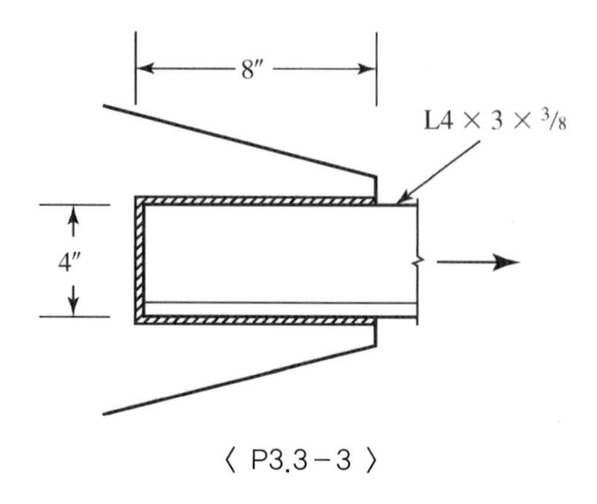

〈 P3.3-3 〉

3.3-4 그림 P3.3-4에서와 같이 A588강으로 만들어진 L형강 $5\times5\times{}^1/_2$ 인장재가 6개의 ${}^3/_4$ in. 직경의 볼트를 사용해서 연결판에 연결되어 있다. 이 부재는 사하중과 활하중만을 받고 있고 활하중 대 사하중의 비율이 2일 때 이 부재가 받을 수 있는 최대사용하중은 얼마인가? AISC 표 D3.1의 U에 대한 대체값을 사용하라.

a. LRFD를 사용하라.

b. ASD를 사용하라.

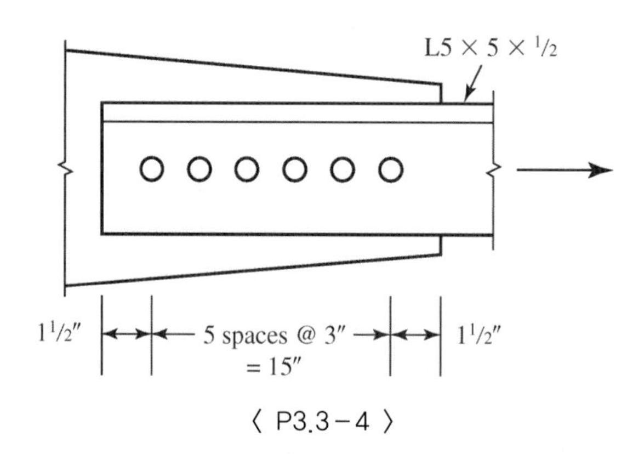

〈 P3.3-4 〉

3.3-5　그림 P3.3-5에서와 같이 A36강으로 만들어진 $L6 \times 4 \times {}^{5}/_{8}$ 인장재가 1 in. 직경의 볼트를 사용하여 연결판에 연결되어 있다. 이 부재는 다음과 같은 사용하중을 받고 있다: 사하중 = 50 kips, 활하중 = 100 kips, 풍하중 = 45 kips. U로서 식 3.1을 사용하여 이 부재가 적절한지 결정하라.

a. LRFD를 사용하라.

b. ASD를 사용하라.

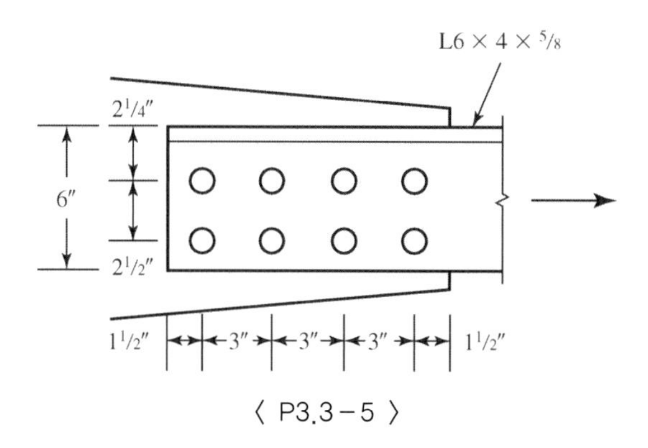

〈 P3.3-5 〉

3.3-6　$PL\,{}^{1}/_{4} \times 5$ 인장재가 가장자리를 따라 한 쌍의 종방향 용접으로 연결되어 있다. 용접의 길이는 7 in.이다. A36강이 사용된다.

a. LRFD 설계강도는 얼마인가?

b. ASD 허용강도는 얼마인가?

3.3-7　그림 P3.3-7에서와 같이, A992 강종인 $W\,12 \times 36$이 ${}^{7}/_{8}$ in. 직경의 볼트로 플랜지를 통하여 연결되어 있다. AISC 표 D3.1의 U에 대한 대체값을 사용하여 다음을 계산하라.

a. 설계인장강도

b. 허용인장강도

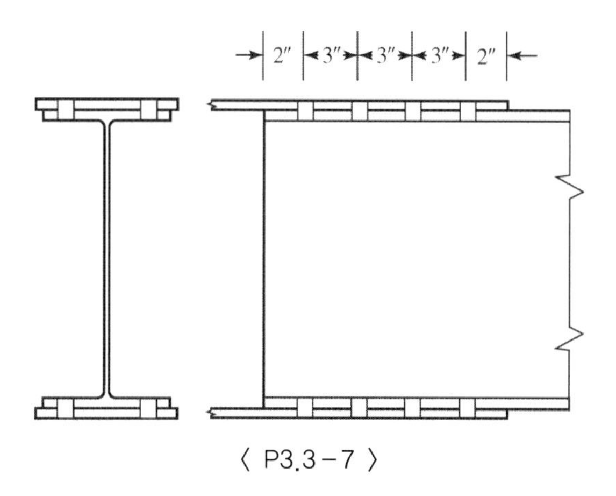

〈 P3.3-7 〉

3.3-8 그림 P3.3-8에서와 같이 WT6 × 17.5가 판에 용접되어 있다. $F_y = 50$ ksi이고 $F_u = 70$ ksi이다. 이 부재가 다음과 같은 사용하중을 받고 있다: $D = 75$ kips, $L_r = 40$ kips, $S = 50$ kips 그리고 $W = 70$ kips. 이 부재가 적절한지 결정하라.

a. LRFD를 사용하라.

b. ASD를 사용하라.

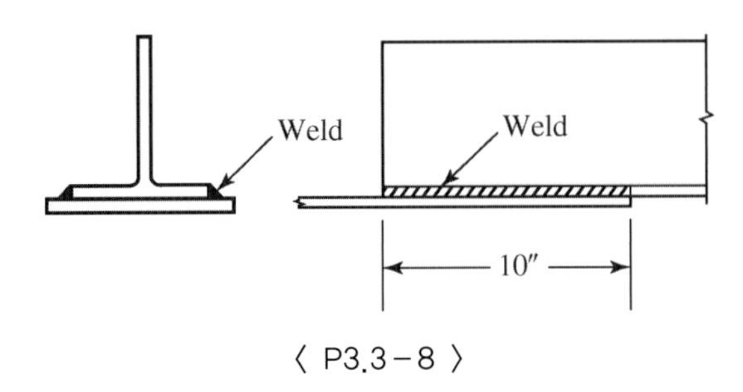

〈 P3.3-8 〉

엇모배치볼트

3.4-1 그림 P3.4-1의 인장재는 A36강으로 만들어진 판 $^1/_2 \times 10$이다. $^7/_8$ in. 직경의 볼트로 연결되었을 때 순단면적에 근거한 공칭강도를 계산하라.

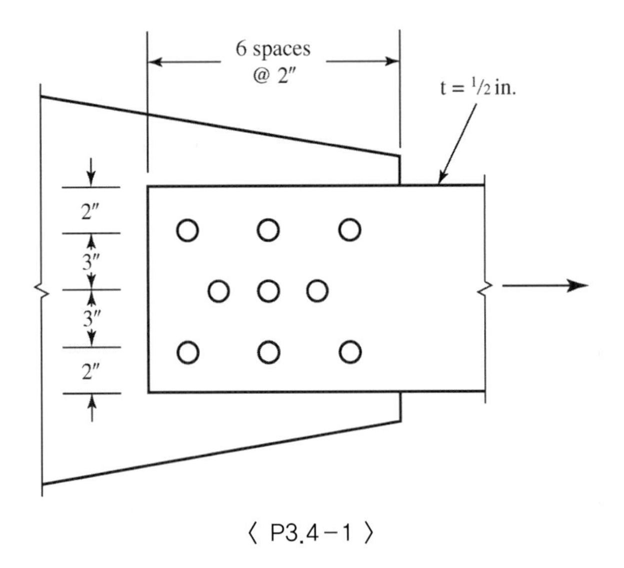

〈 P3.4-1 〉

3.4-2　그림의 인장재는 두 개의 판 $^1/_2 \times 10$으로 이루어져 있다. 그림 P3.4-2에서와 같이 이 두 개의 판 사이의 연결판을 통하여 이들은 연결되어 있다. A36강과 $^3/_4$ in. 직경의 볼트가 사용된다. 순단면적에 근거한 공칭강도를 결정하라.

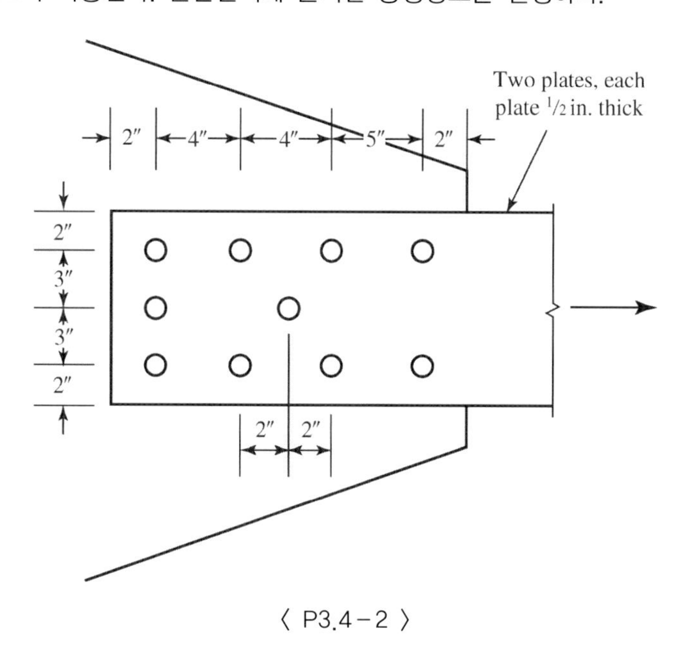

〈 P3.4-2 〉

3.4-3　그림 P3.4-3의 인장재는 PL $^3/_8 \times 8$이다. 볼트는 $^1/_2$ in. 직경이고 A36 강재가 사용된다.

a. 설계강도를 계산하라.

b. 허용강도를 계산하라.

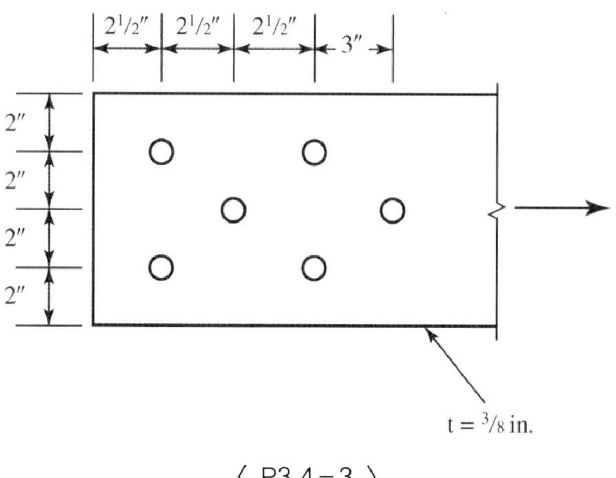

〈 P3.4-3 〉

3.4-4　　그림 P3.4-4에서와 같이 C9×20 인장재가 $1^1/_8$ in. 직경의 볼트로 연결되어 있다. $F_y = 50$ ksi이고 $F_u = 70$ ksi이다. 이 부재는 다음과 같은 사용하중을 받고 있다: 사하중= 36 kips 활하중= 110 kips. 이 부재의 강도가 충분한지 결정하라.

a. LRFD를 사용하라.

b. ASD를 사용하라.

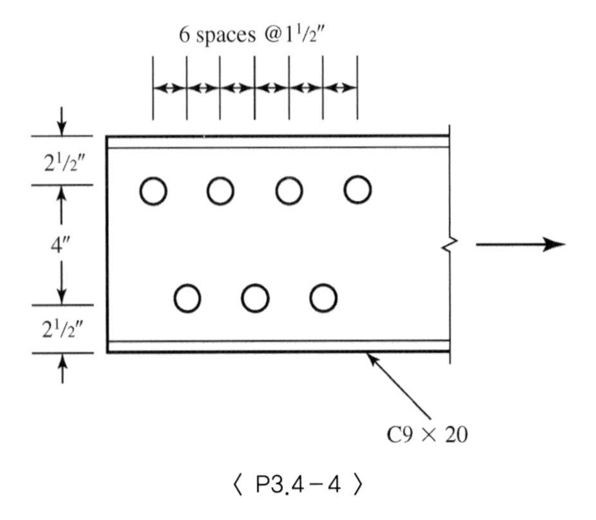

〈 P3.4-4 〉

3.4-5　　이중 L형강 2L 7×4×$^3/_8$이 인장재로 사용된다. 그림 P3.4-5에서와 같이 2개의 L형강이 7 in. 다리를 통하여 $^7/_8$ in. 직경의 볼트로 연결판에 연결되어 있다. A572 등급 50강을 사용한다.

a. 설계강도를 계산하라.

b. 허용강도를 계산하라.

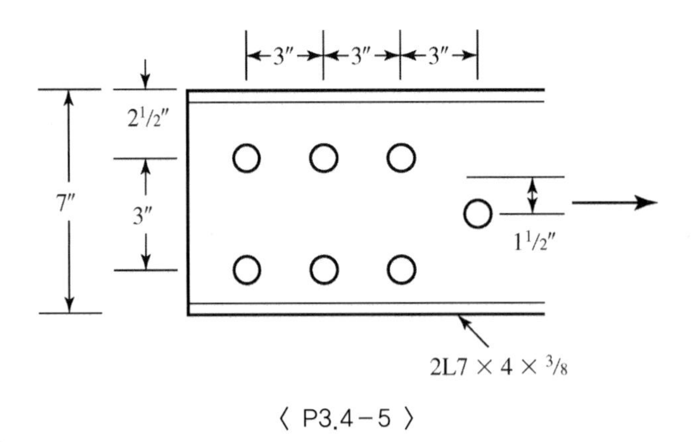

〈 P3.4-5 〉

3.4-6 그림 P3.4-6에서와 같이 $L\,4 \times 4 \times {}^{7}/_{16}$ 인장재가 ${}^{3}/_{4}$ in. 직경의 볼트로 연결된다. L형강의 두 다리 모두 연결된다. A36강을 사용한다.

a. 설계강도는 얼마인가?

b. 허용강도는 얼마인가?

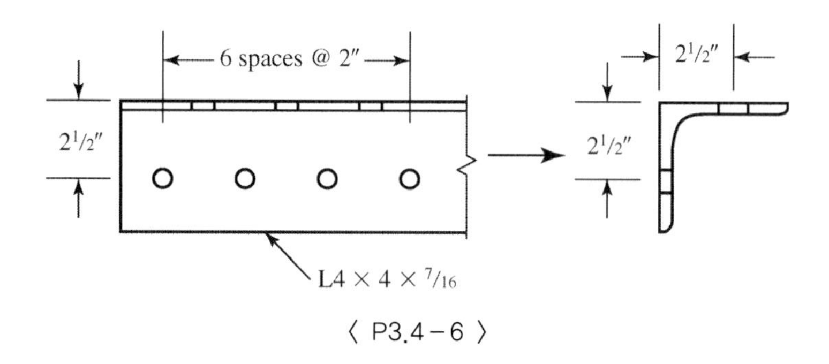

〈 P3.4-6 〉

블록전단

3.5-1 그림 P3.5-1에서와 같은 인장재의 공칭블록전단강도를 계산하라. ASTM A572 등급 50강을 사용한다. 볼트의 직경은 ${}^{7}/_{8}$ in.이다.

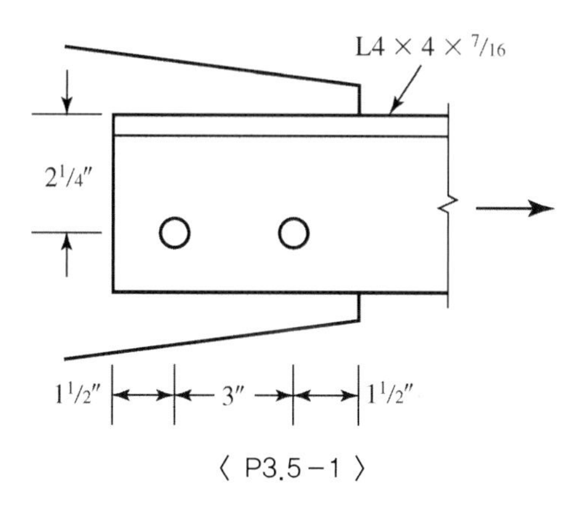

〈 P3.5-1 〉

3.5-2 그림 P3.5-2에서와 같은 인장재의 공칭블록전단강도를 계산하라. 볼트의 직경은 1 in.이다. A36강이 사용된다.

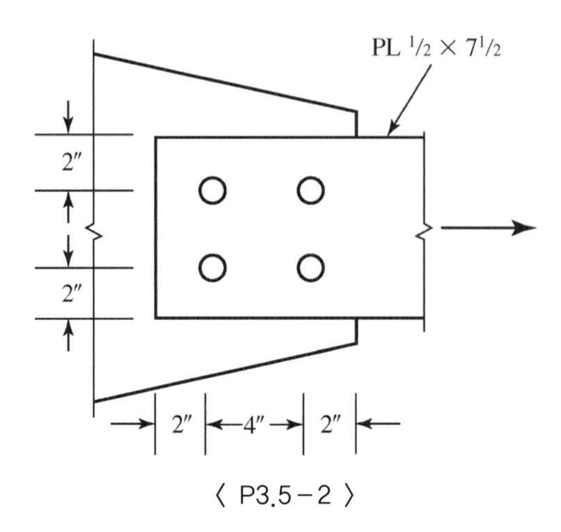

〈 P3.5-2 〉

3.5-3 그림 P3.5-3의 연결부에서, 볼트의 직경은 $^3/_4$ in.이고, 모든 구성 부재에 대해서 A36강이 사용된다. 인장재와 연결판 모두를 고려해서 다음을 계산하라.

a. 연결부의 설계블록전단강도

b. 연결부의 허용블록전단강도

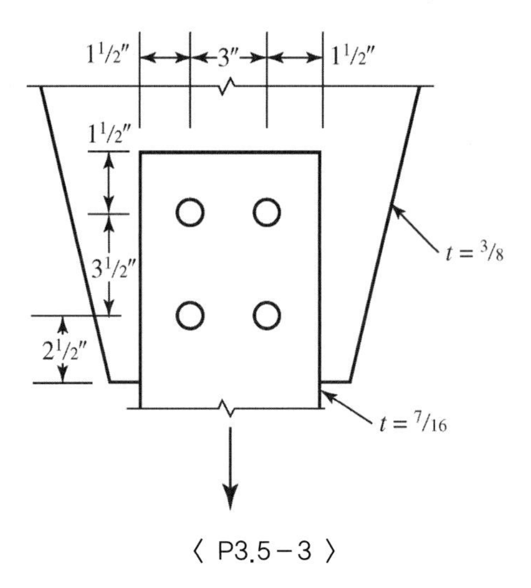

〈 P3.5-3 〉

3.5-4 그림 P3.5-3의 연결부에서, 인장재는 ASTM A572 등급 50 강재이고, 거셋판은 A36 강재이다. 그리고 볼트의 직경은 $^{3}/_{4}$ in.이다.

a. LRFD를 사용하여 최대계수하중을 구하여라. 모든 한계상태를 고려하라.

b. ASD를 사용하여 최대사용하중을 구하여라. 모든 한계상태를 고려하라.

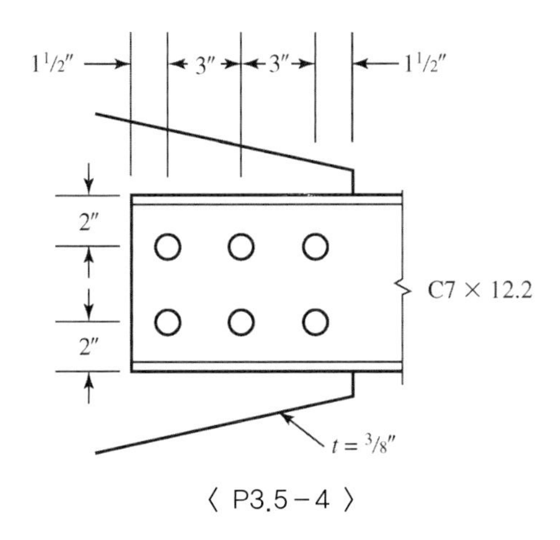

〈 P3.5-4 〉

인장재의 설계

3.6-1 사하중 28 kips와 활하중 84 kips에 저항하기 위한 A36 단일 L형강 인장재를 선택하라. 이 부재의 길이는 18 ft이고, 그림 P3.6-1에서처럼 1개의 볼트선으로 1 in. 직경의 볼트를 사용하여 연결된다. 볼트선에는 4개 이상의 볼트가 있다.

a. LRFD를 사용하라.

b. ASD를 사용하라.

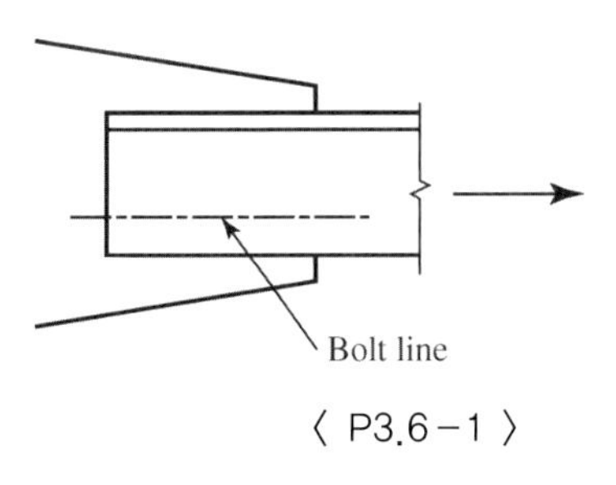

〈 P3.6-1 〉

3.6-2 A36강을 사용해, 사용사하중 100 kips와 사용활하중 50 kips에 저항하기 위한 가장 가벼운 C형강 인장재를 선택하라. 부재의 길이는 20 ft이고, 웨브를 통하여 2개의 볼트선으로 1 in. 직경의 볼트로 연결되어 있다. 연결부의 길이는 6 in.이다.

a. LRFD를 사용하라.

b. ASD를 사용하라.

3.6-3 사용사하중 30 kips와 사용활하중 90 kips에 저항하기 위한 인장재로 사용되는 이중 L형강을 선택하라. 이 부재는 적당한 간격으로 떨어져 있는 2개의 볼트선의 $^7/_8$ in. 직경의 볼트를 사용하여 연결된다(강구조편람 표 1-7A 참조). 각각의 볼트선에는 3개 이상의 볼트가 존재한다. 부재의 길이는 25 ft이고 $^3/_8$ in. 두께의 연결판에 연결된다. A572 등급 50강을 사용하라.

a. LRFD를 사용하라.

b. ASD를 사용하라.

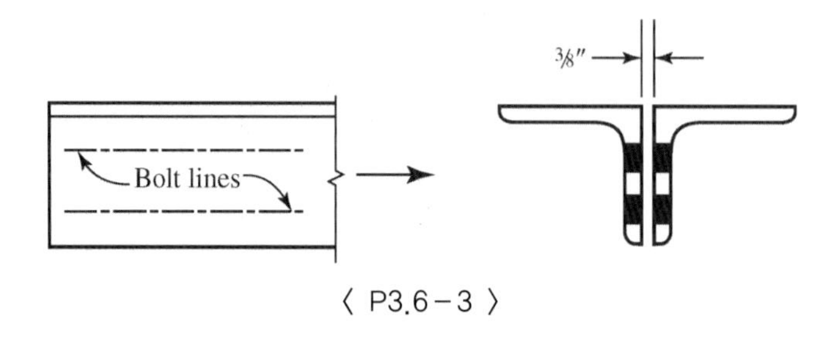

〈 P3.6-3 〉

3.6-4 다음과 같은 인장하중을 받는 미국 표준 C형강을 선택하라: 사하중 = 54 kips, 활하중 = 80 kips 그리고 풍하중 = 75 kips. 연결은 종방향용접으로 이루어져 있다. 추정 전단지연계수 $U=0.85$를 사용하라. (실 설계에 있어서는, 일단 부재가 선택되고 연결부가 설계되면, U값을 계산할 수 있고 필요하다면 부재설계는 개선될 수 있다.) 길이는 17.5 ft이다. $F_y = 50$ ksi이고, $F_u = 65$ ksi이다.

a. LRFD를 사용하라.

b. ASD를 사용하라.

3.6-5 LRFD를 사용하여 계수인장하중 180 kips를 받는 미국 표준 C형강을 선택하라. 길이는 15 ft이고, 그림 P3.6-5에서와 같이, 웨브의 2개의 볼트선으로 연결하고 볼트 직경은 $^7/_8$ in.이다. 추정 전단지연계수 $U=0.85$를 사용하라. (실 설계에 있어서는 일단 부재가 선택되고 볼트 배치가 완료되면, U값을 계산할 수 있고 필요하다면 부재설계는 개선될 수 있다.) A36강을 사용하라.

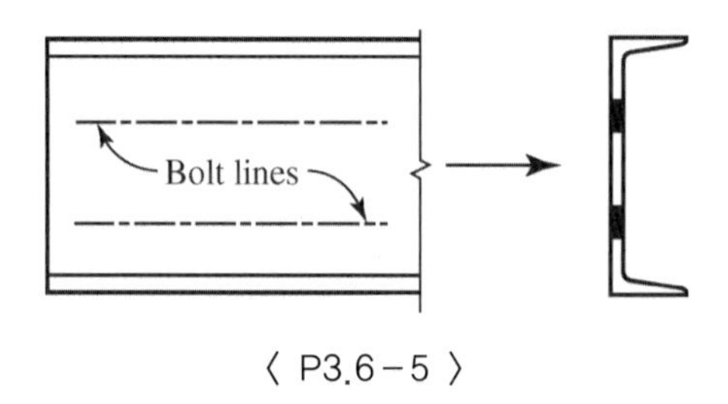

〈 P3.6-5 〉

3.6-6 LRFD를 사용하여 사하중 175 kips와 활하중 175 kips를 받는 공칭깊이 10 in.인 W형강(W10)을 선택하라. 연결은 그림 P3.6-6에서와 같이, 각각의 플랜지를 통하여 2개의 볼트선으로 이루어져 있다. 볼트의 직경은 $1^1/_4$ in.이고, 각각의 볼트선에는 2개 이상의 볼트가 포함되어 있다. 부재의 길이는 30 ft이다. A588강을 사용한다.

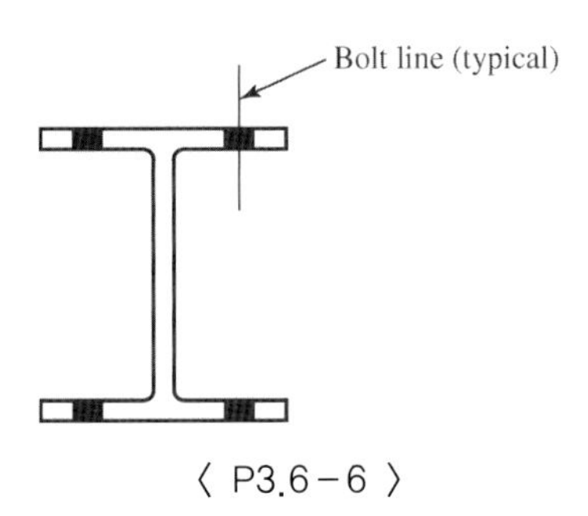

〈 P3.6-6 〉

나사봉과 케이블

3.7-1 사용사하중 45 kips와 사용활하중 5 kips에 저항하는 나사봉을 선택하라. A36 강재를 사용한다.

a. LRFD를 사용하라.

b. ASD를 사용하라.

3.7-2 그림 P3.7-2에서와 같이, W 14 × 48이 두 개의 인장봉 AB와 CD에 의해 지지되어 있다. 20 kips하중은 사용활하중이다. LRFD를 사용해서 다음과 같은 하중의 경우에 대해 A36 강재의 나사봉을 선택하라.

a. 20 kips하중은 그림의 위치에서 움직일 수 없다.

b. 20 kips하중은 두 봉 사이에서 임의의 위치에 놓일 수 있다.

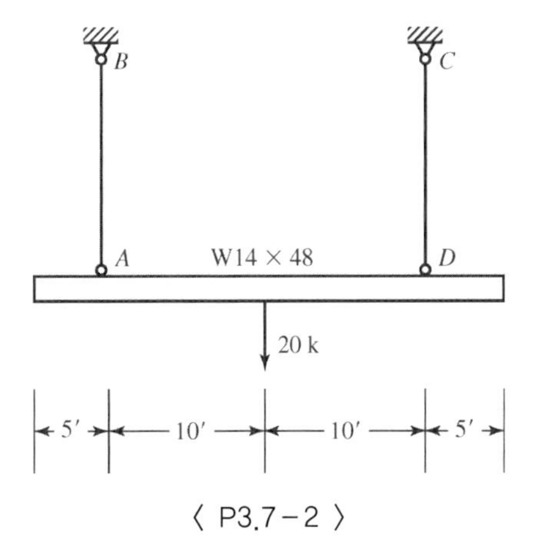

〈 P3.7-2 〉

3.7-3　　문제 3.7-2에서와 같으나, 허용응력설계법을 사용하라.

3.7-4　　그림 P3.7-4에서와 같이, 부재 AC와 BD가 수평풍하중 10 kips에 저항하기 위해 핀-연결구조물의 가새로 사용된다. 두 부재 모두 인장재로 가정하고 아무런 압축력도 받지 않는다. 그림의 하중방향에 대해서는, 부재 AC가 인장하중에 대해 저항하고, 부재 BD는 아무런 하중도 받지 않는다. LRFD를 사용해서 A36강으로 만들어진 나사봉을 선택하라.

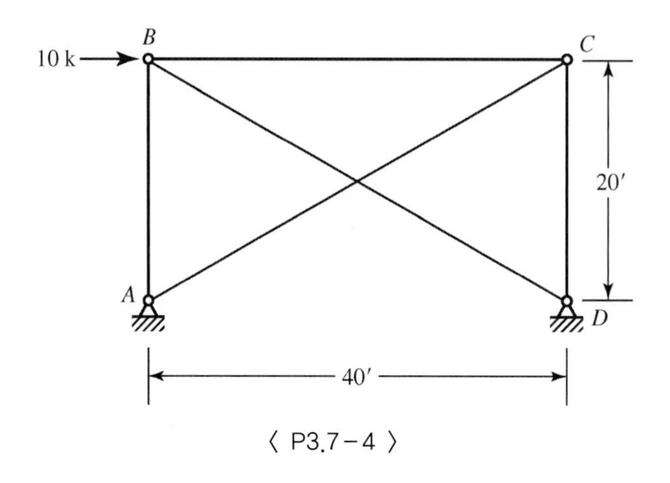

〈 P3.7-4 〉

3.7-5　　그림 P3.7-5에서 부재 AB로 필요한 A36강 나사봉의 크기는 얼마인가? 하중은 사용활하중이다(부재 CB의 무게는 무시한다).

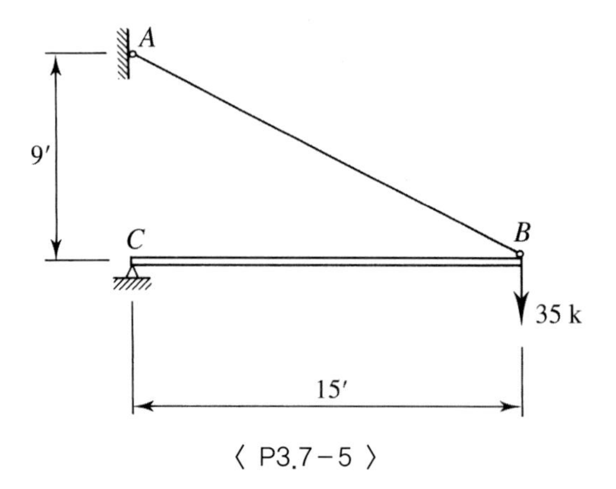

〈 P3.7-5 〉

3.7-6 그림 P3.7-6에서와 같이, 파이프가 10 ft 간격의 구부린 나사봉에 의해 지지되어 있다. 물이 가득 찬 10 in. 직경의 표준형 강 파이프가 사용된다면, 봉의 크기는 얼마여야 하는가? A36 강재를 사용한다.

a. LRFD를 사용하라.

b. ASD를 사용하라.

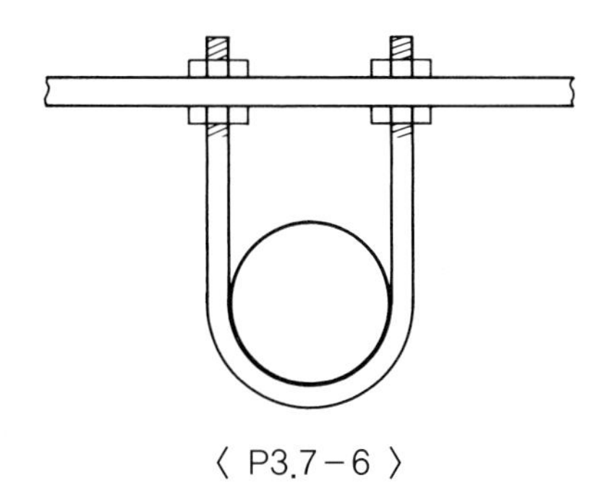

〈 P3.7-6 〉

지붕트러스의 인장재

3.8-1 그림 P3.8-1의 용접 지붕트러스의 상현재에 대해 A992 T형강을 선택하라. 모든 연결은 측면과 전면 용접으로 이루어져 있다. 연결부의 길이는 12 in.으로 가정하라. 지붕구조에서 트러스의 간격은 12 ft 6 in.이다. 다음의 하중에 대해 설계하라.

눈: 수평 투사면에 대해 20 psf

지붕의 자중: 12 psf

MC 8 × 8.5 중도리

트러스의 자중: 1000 lb(가정된 값)

a. LRFD를 사용하라.

b. ASD를 사용하라.

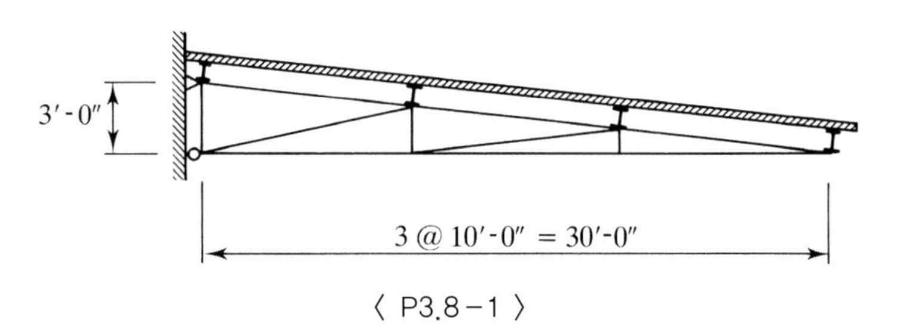

〈 P3.8-1 〉

3.8-2 LRFD를 사용해 그림 P3.8-2에서와 같은 하중을 받는 트러스의 웨브 인장재에 대해 단일-L형강을 선택하라. 하중은 계수하중이다. 모든 연결은 1개의 볼트선으로 각각의 볼트선당 적어도 4개의 $^{3}/_{4}$ in. 직경의 볼트를 사용한다. A572 등급 50 강재이다.

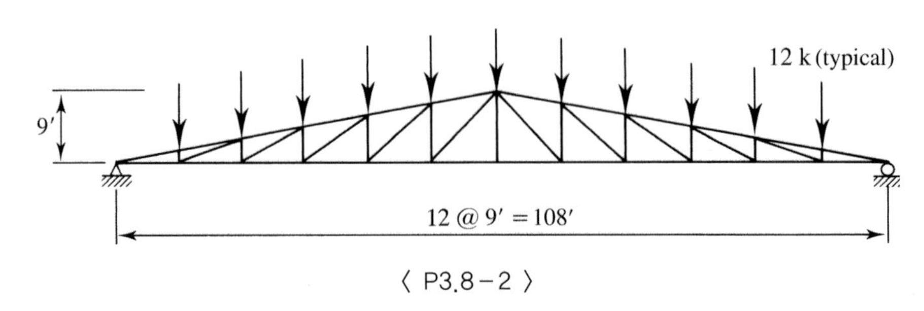

〈 P3.8-2 〉

3.8-3 다음과 같은 조건하에서 문제 3.8-2의 트러스에 대해 계수 절점하중을 계산하라.

트러스 간격: 15 ft

지붕의 자중: 12 psf

설하중: 수평 투사면에 대해서 18 psf

단지 절점에만 위치하는 W10 × 33 중도리

가정된 트러스 총 중량: 5000 lb

3.8-4 그림 P3.8-4의 지붕트러스의 인장재를 설계하라. 전부 이중-L형강을 사용하고 $^{3}/_{8}$ in. 두께의 연결판을 갖는 용접연결이라고 가정하라. 전단지연계수 $U = 0.80$이라고 가정한다. 트러스 간격은 25 ft이다. A572 등급 50 강재를 사용하고 다음과 같은 하중에 대해서 설계하라.

금속 바닥: 지붕면에 대해 4 psf

조립 지붕: 지붕면에 대해 12 psf

중도리: 지붕면에 대해 6 psf(가정된 값)

눈: 수평 투사면에 대해 18 psf

트러스 자중: 수평 투사면에 대해 5 psf(가정된 값)

a. LRFD를 사용하라.

b. ASD를 사용하라.

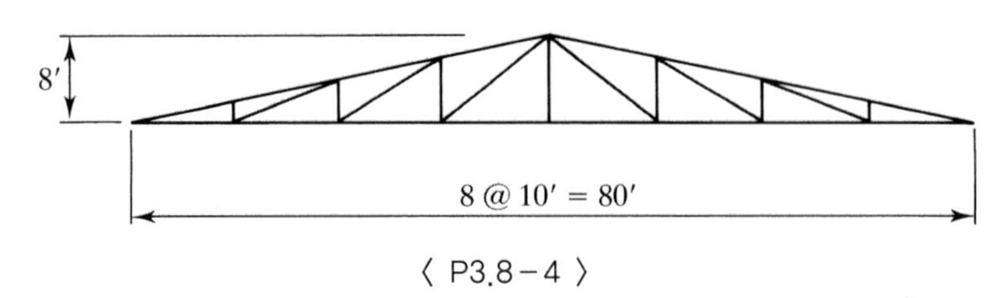

〈 P3.8-4 〉

3.8-5 A36강을 사용해서 문제 3.8-4의 트러스에 대해 처짐저항봉을 설계하라. 금속 바닥은 일단 설치되면, 중도리에 대해 횡지지를 제공한다고 가정하라. 따라서 처짐저항봉은 중도리 자중에 대해서만 설계하면 된다.

a. LRFD를 사용하라.

b. ASD를 사용하라.

4.1 서 론

압축재는 축방향 압축력만을 받는 구조용 부재이다. 즉, 하중은 부재단면의 도심을 통과하는 종축방향으로 작용한다. 그리고 응력은 $f_a = P/A$로 되고, 여기서 f_a는 단면적에 걸쳐서 일정한 것으로 간주된다. 그러나 위의 이상적인 상태는 현실에서 결코 이루어지지 않고 약간의 하중편심이 불가피하다. 그 결과 휨이 일어나지만 이것은 이론적인 하중상태가 현실과 유사하다면 부수적인 것으로 간주될 수 있고 무시된다. 우리가 나중에 알게 되듯이, 압축부재강도에 대한 AISC 설계기준의 방정식들은 이 우연한 편심을 고려한다.

건물과 교량에서 가장 흔히 일어나는 압축재는 기둥이고 이것은 연직하중을 지지하는 기능을 갖는 수직재이다. 많은 경우에 이 부재들은 휨에 대해서도 저항해야 하고 이 경우 이들은 보-기둥이다. 이 주제에 대해서는 6장에서 다룬다. 압축재는 또한 트러스와 가새 구조의 부재로도 사용된다. 기둥으로 분류되지 않는 작은 규모의 압축재는 가끔 지주(strut)라고 불리기도 한다.

많은 작은 규모의 구조물에서는, 기둥의 축방향력은 그들이 지지하는 보의 반력으로부터 쉽게 계산되거나 마루와 지붕하중으로부터 직접 계산된다. 이것은 부재 연결부가 모멘트를 전달하지 않는다면 가능하다; 다시 말하면, 기둥이 강절뼈대의 일부가 아니라면 가능하다. 강절뼈대의 기둥에 대해서는, 축방향력뿐 아니라 계산이 가능한 휨모멘트도 존재하고, 뼈대해석이 필요하게 된다. AISC 설계기준에서는 강절뼈대 부재의 축방향력과 휨모멘트를 구하기 위한 3가지 해석방법을 제공한다.

1. 직접해석법
2. 유효길이법
3. 1차해석법

아주 간단한 경우를 제외하고는, 해석을 위해서 컴퓨터 소프트웨어가 사용된다. 3가지 방법의 상세는 본 장의 범주를 벗어나고, 보다 자세한 내용은 6장 “보-기둥”에서 다룬다. 그러나 이 3가지 방법이 부재의 소요강도(축하중과 휨모멘트)를 결정하는 데 사용된다는 것을 기억하는 것이 중요하다. 유용한 강도들은 본 장 “압축재”, 5장 “보”, 그리고 6장 “보-기둥”의 방법들에 의해서 계산한다.

4.2 기둥이론

그림 4.1(a)의 가늘고 긴 압축재를 고려해보자. 축하중 P가 천천히 작용한다면, 결국 부재가 불안정해지는 시점에 도달하고 이때의 형상이 그림의 점선 모양이라고 가정한다. 이 부재는 좌굴이 일어났다고 하고, 그때의 하중은 임계좌굴하중이라 불린다. 만약 부재가 그림 4.1(b)처럼 굵고 짧다면, 이 부재가 불안정해지려면 보다 더 큰 하중이 필요하다. 극단적으로 굵고 짧은 부재의 경우는, 좌굴보다는 압축항복에 의해 파괴가 일어난다. 좌굴파괴이건 항복파괴이건 파괴가 일어나기 전에는, 압축응력 P/A가 부재의 전 길이를 통해서 단면의 어느 곳에서건 일정하다. 좌굴이 일어나는 하중의 크기는 세장비의 함수이고 가늘고 긴 부재에 대해서 이 하중은 아주 작다.

만약에 좌굴응력이 비례한계보다 작을 만큼 —즉, 이 부재가 탄성상태에 있을 만큼— 부재가 충분히 세장하다면(세장비에 대한 정의는 잠시 후에 내린다), 임계좌굴하중은 다음 식으로 주어진다.

$$P_{cr} = \frac{\pi^2 EI}{L^2} \tag{4.1}$$

여기서 E는 재료의 탄성계수, I는 약축에 대한 단면의 관성모멘트이고, L은 지점 사이의 부재길이이다. 식 4.1이 유효하려면, 부재는 탄성상태여야 하고 그 양단에서

그림 4.1

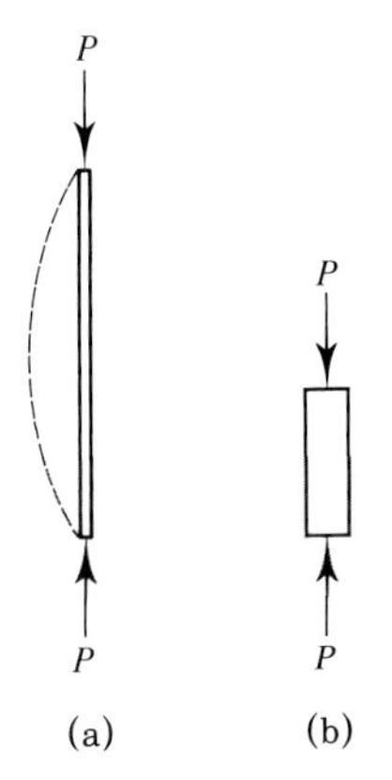

그림 4.2

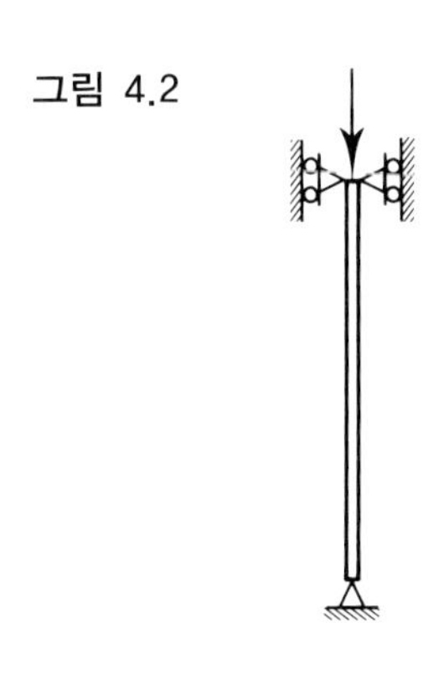

회전은 자유롭지만 횡방향 이동은 구속되어야 한다. 이러한 양단조건은 그림 4.2처럼 힌지나 핀에 의해 만족된다. 이 주목할 만한 관계식은 스위스 수학자 Leonhard Euler에 의해 정식화되었고, 1979년에 출판되었다. 임계하중은 종종 오일러 하중 혹은 오일러 임계하중으로 불린다. 식 4.1의 타당성은 여러 시험들에 의해 확인된 바 있다. 여기서는 이것의 유도과정을 양단 지지조건의 중요성을 설명하기 위해 다룬다.

편의상 부재의 종축방향은 그림 4.3에 주어진 좌표체계의 x축방향과 같다. 롤러 지점에서 부재의 상향 혹은 하향 이동이 구속되는 것으로 한다. 축방향 압축력이 점점 증가해 작용한다. 일시적인 횡방향 하중이 부재가 점선 모양으로 처지도록 작용한다면, 축방향 하중이 임계좌굴하중보다 작은 경우, 부재는 이 일시적인 하중이 제거되었을 때 원래의 모습으로 되돌아간다. 임계좌굴하중 P_{cr}은 이 일시적인 횡방향 하중이 제거되었을 때에도 처짐형상을 유지하도록 하는 정도의 크기를 갖는 하중으로 정의된다.

휨을 받는 탄성부재의 처짐형상에 대한 미분방정식은 다음과 같다.

$$\frac{d^2y}{dx^2} = -\frac{M}{EI} \tag{4.2}$$

여기서 x는 부재의 종축상 위치이고, y는 그 위치에서의 부재의 처짐이며 M은 그 위치에서의 휨모멘트이다. E와 I는 앞에서 정의되었지만, 여기서의 관성모멘트 I는 휨(좌굴)이 일어나는 축에 대한 것이다. 이 식은 Jacob Bernoulli가 유도한 것이지만, 그와는 별도로 Euler가 기둥좌굴 문제에 이 식을 적용했다(Timoshenko, 1953). 좌굴이 일어나는 시점에서 그림 4.3으로부터 휨모멘트는 $P_{cr}y$이다. 따라서 식 4.2는 다음과 같이 적을 수 있다.

$$y'' + \frac{P_{cr}}{EI}y = 0$$

여기서 프라임 부호는 x에 관한 미분을 의미한다. 이것은 상수계수를 갖는 2계, 선형, 상미분방정식이고 그 풀이는 다음과 같다.

그림 4.3

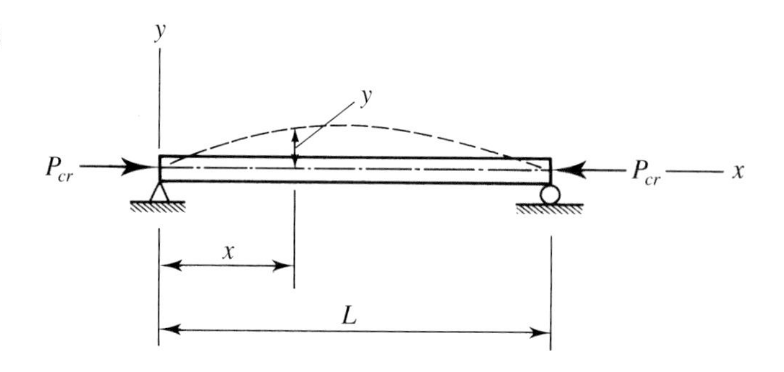

$$y = A\cos(cx) + B\sin(cx)$$

여기서

$$c = \sqrt{\frac{P_{cr}}{EI}}$$

이고 A와 B는 상수이다. 이 상수들은 다음과 같은 경계조건을 적용해 산출된다.

$$\text{At } x = 0,\ y = 0 : 0 = A\cos(0) + B\sin(0)\ \ A = 0$$

$$\text{At } x = L,\ y = 0 : 0 = B\sin(cL)$$

위의 마지막 조건식에서, B가 0($P=0$에 해당하는 사소한 해)이 아니기 위해서는 $\sin(cL)$이 0이어야 한다. $\sin(cL)=0$에 대해,

$$cL = 0,\ \pi,\ 2\pi,\ 3\pi \cdots = n\pi \quad n = 0,\ 1,\ 2,\ 3 \cdots \text{이고}$$

$c = \sqrt{\dfrac{P_{cr}}{EI}}$ 으로부터 다음을 얻는다.

$$cL = \left(\frac{\sqrt{P_{cr}}}{EI}\right)L = n\pi, \quad \frac{P_{cr}}{EI}L^2 = n^2\pi^2 \ \text{그리고}\ P_{cr} = \frac{n^2\pi^2 EI}{L^2}$$

여러 가지 n값은 각각의 좌굴모드에 상응한다. $n=1$은 1차 모드, $n=2$는 2차 모드 등을 나타낸다. 0은 하중이 없는 사소한 경우에 해당한다. 이러한 좌굴모드들이 그림 4.4에 설명되어 있다. 1보다 큰 n값은 압축재가 곡률의 반전이 일어나는 점에서 처짐구속이 되어 있는 경우에만 가능하다.

따라서 미분방정식의 해는 다음과 같다.

$$y = B\sin\left(\frac{n\pi x}{L}\right)$$

여기서 계수 B는 미정이다. 이 결과는 미분방정식을 정식화하는 과정에서 행한 가정들의 산물이다; 비선형현상을 선형현상으로 나타내었다.

그림 4.4

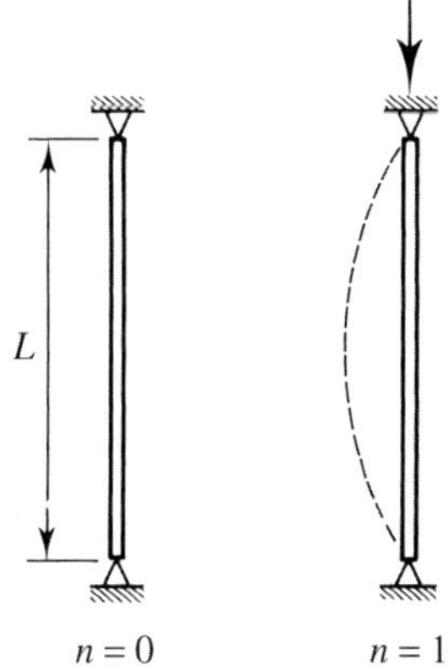

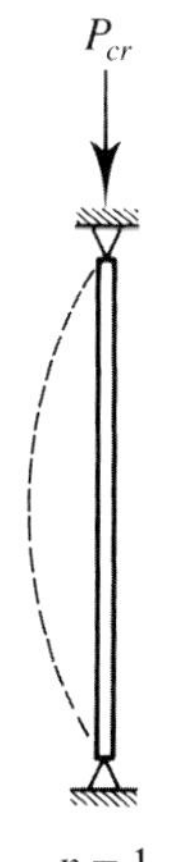

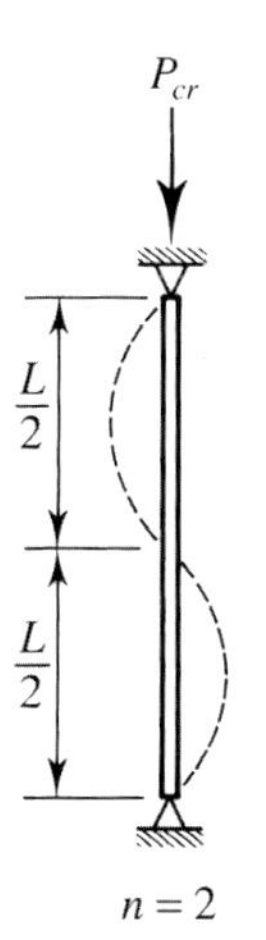

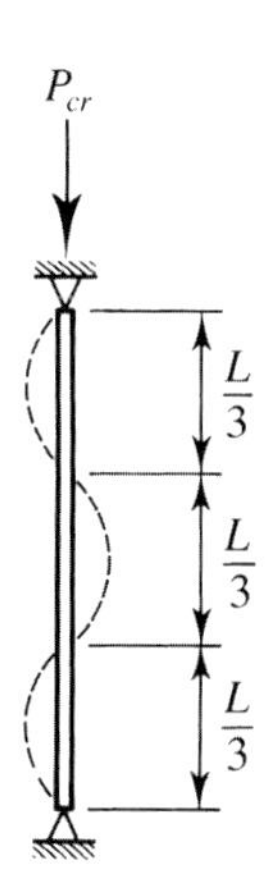

양단 사이에 지점이 없는 보통의 압축재인 경우에는 $n=1$이고 오일러식은 다음과 같다.

$$P_{cr} = \frac{\pi^2 EI}{L^2} \tag{4.3}$$

식 4.3은 다음과 같이 다시 쓰는 것이 편리하다.

$$P_{cr} = \frac{\pi^2 EI}{L^2} = \frac{\pi^2 EAr^2}{L^2} = \frac{\pi^2 EA}{(L/r)^2}$$

여기서 A는 단면적이고 r은 좌굴이 일어나는 축에 관한 회전반경이다. 비 L/r은 세장비이고 부재의 세장성을 측정하는 도구이다. 이 비가 클수록 부재는 세장하다. 임계하중을 단면적으로 나누면 임계좌굴응력이 구해진다.

$$F_{cr} = \frac{P_{cr}}{A} = \frac{\pi^2 E}{(L/r)^2} \tag{4.4}$$

이 압축응력하에서 r에 상응하는 축에 대해 좌굴이 일어난다. 하중이 식 4.3으로 주어진 하중에 도달하자마자 좌굴이 일어나고 기둥은 세장비가 가장 큰 주축에 대해 불안정해진다. 이 축은 보통 관성모멘트가 더 작은 축이다(우리는 나중에 이에 대한 예외적인 경우에 대해 검토하기로 한다). 따라서 식 4.3과 4.4에서 단면적의 최소 관성모멘트와 회전반경이 사용되어야 한다.

예제 4.1 **축방향 압축력 145 kips를 지지하기 위해 W12×50 형강이 사용된다. 길이는 20 ft이고 양단은 핀지점이다. 하중계수와 저항계수에 대한 고려 없이, 이 부재의 안정성을 검토하라(강종은 주어질 필요가 없다. 임계하중은 탄성계수의 함수이고 항복응력이나 극한인장강도의 함수가 아니다).**

풀 이 W12×50에 대해,

최소 $r = r_y = 1.96\text{ in.}$

최대 $\dfrac{L}{r} = \dfrac{20(12)}{1.96} = 122.4$

$$P_{cr} = \frac{\pi^2 EA}{(L/r)^2} = \frac{\pi^2 (29{,}000)(14.6)}{(122.4)^2} = 278.9\text{ kips}$$

해 답 작용하중 145 kips가 P_{cr}보다 작으므로, 이 기둥은 안정이고 좌굴에 대한 안전율은 $278.9/145 = 1.92$이다.

초기의 연구자들은 오일러식이 짧고 굵거나 덜 세장한 압축재는 신뢰할 수 없음을 곧 깨닫게 된다. 그 이유는 이렇게 작은 세장비를 갖는 부재에 대해서는 좌굴응력이

커지기 때문이다(식 4.4). 좌굴이 일어나는 응력이 재료의 비례한계보다 크다면, 응력과 변형률 사이의 관계는 선형이 아니고, 따라서 탄성계수 E는 더 이상 사용될 수 없다(예제 4.1에서, 좌굴응력은 $P_{cr}/A = 280.8/14.7 = 19.10$ ksi이고, 이 값은 여러 등급의 구조용 강의 비례한계보다 작은 값이다). 이 난제는 1989년에 Friedrich Engesser가 처음으로 해결했는데, 그는 식 4.3에서 변수인 접선계수 E_t의 사용을 제안했다. 그림 4.5에서와 같은 응력-변형률 곡선을 갖는 재료의 경우, 비례한계 F_{pl}보다 큰 응력에 대해서 E는 상수가 아니다. 접선계수 E_t는 F_{pl}과 F_y사이의 f값에 대하여 응력-변형률 곡선 접선의 기울기로 정의된다. 좌굴에서의 압축응력, P_{cr}/A이 이 영역에 속하면, 그 응력은 다음과 같음을 알 수 있다.

$$P_{cr} = \frac{\pi^2 E_t I}{L^2} \tag{4.5}$$

식 4.5는 E 대신에 E_t가 사용된 것 이외에는 오일러식과 같다.

그림 4.5에 보인 응력-변형률 곡선은 두드러진 비선형 영역을 갖고 있기 때문에 앞에서의(그림 1.3과 1.4) 연강에 대한 곡선과 다르다. 이 곡선은 인장시편에 대한 실험 결과라기보다는 그루터기 기둥으로 불리는 짧은 길이의 W형강에 대한 압축시험의 전형적인 결과이다. 열연형강은 압연된 후 냉각될 때에, 단면의 모든 요소가 같은 속도로 냉각되는 것은 아니다. 예를 들어, 플랜지의 끝은 플랜지와 복부판의 접합부보다 더 빨리 냉각된다. 이 고르지 못한 냉각이 영구 잔류응력을 초래한다. 용접이나 보에 곡률을 주기 위한 냉간성형 등 다른 요인들도 잔류응력에 기여하지만, 냉각과정이 가장 주요한 요인이다.

E_t가 E보다 작다는 데 주목하면, 같은 L/r에 대해 임계하중 P_{cr}이 작아진다. E_t가 변수이기 때문에 식 4.5를 사용해 비선형 영역에서 P_{cr}을 계산하기란 쉽지 않다. 일반적으로 시행착오법을 사용해야 하고, 시도되는 P_{cr}값에 대한 E_t를 결정하려

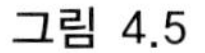
그림 4.5

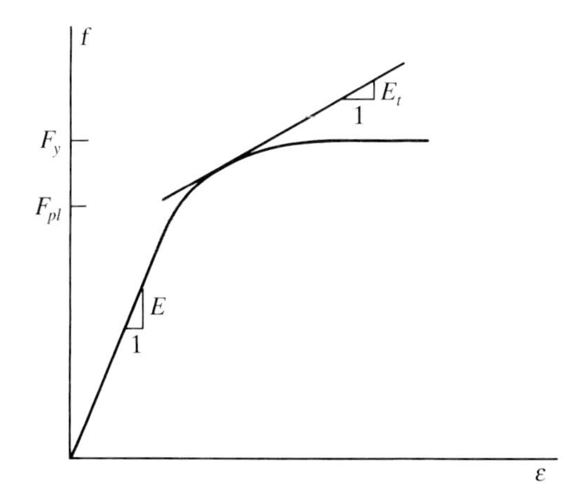

면 그림 4.5 곡선과 같은 압축응력-변형률 곡선을 사용해야 한다. 이러한 이유로, AISC 시방서를 포함하는 대부분의 설계시방서들은 비탄성 기둥에 대한 경험적 공식들을 포함하고 있다.

Engesser의 접선계수이론에 대해 몇 가지 모순된 점을 지적하는 비방자들이 있었다. Engesser는 그들의 의견에 동조해 1895년에 E와 E_t 사이의 감소된 계수를 사용하는 개선된 이론을 발표하였다. 그러나 실험 결과들은 항상 접선계수이론과 더 잘 일치했다. Shanley(1947)는 당초의 이론의 명백한 모순점을 해결함으로써, 오늘날 접선계수공식, 식 4.5는 비탄성좌굴에 대한 타당한 이론으로 받아들여지고 있다. 비록 이 식에 의해 예견된 하중이 임계하중의 정해 값의 하한이지만 그 차이는 작다(Bleich, 1952).

어느 재료에 대한 임계좌굴응력은 그림 4.6에서와 같이 세장비의 함수인 곡선으로 나타낼 수 있다. 접선계수곡선은 재료의 비례한계점에서 오일러곡선과 서로 접한다. 기둥강도곡선이라고 불리는 이 합성곡선이 주어진 재료를 갖는 임의의 기둥에 대한 안정성을 완벽하게 표현한다. 강도는 재료의 성격인 F_y, E와 E_t 이외에는 단지 세장비만의 함수이다.

유효길이

오일러공식과 접선계수공식은 모두 다음과 같은 가정에 근거를 두고 있다.

1. 기둥은 완전한 직선이고, 초기 굽힘은 없다.
2. 하중은 편심이 없는 축하중이다.
3. 기둥의 양단은 핀지점이다.

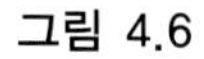

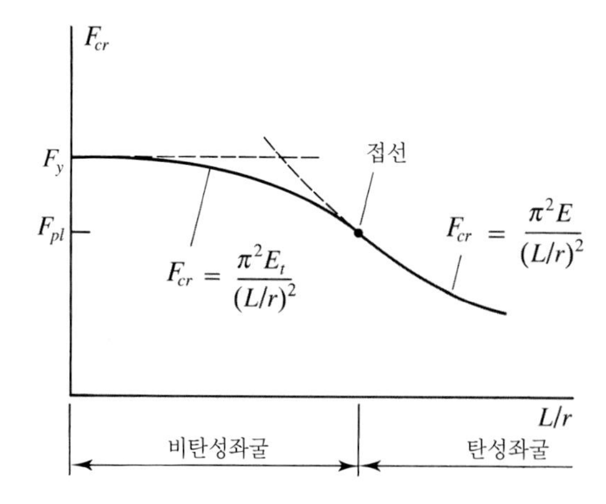

그림 4.6

앞의 두 가정은 좌굴이 일어나기 전에는 부재에 휨모멘트가 발생하지 않는다는 것을 의미한다. 앞에서 언급했듯이, 약간의 우발적인 모멘트가 존재할 수 있지만, 대부분의 경우 이것은 무시된다. 그러나 양단이 핀지점이라고 하는 가정은 심각한 제한사항이고, 다른 지점 조건에 대한 조항도 마련되어야 한다. 핀지점이기 위해서는 부재의 양단이 횡방향 이동으로부터는 구속되지만 회전에 대해서는 그렇지 않아야 한다. 마찰이 없는 핀연결로 시공하는 것은 거의 불가능하고 이 지점 조건은 기껏해야 근사적으로 만족된다. 명백히, 모든 기둥은 축방향으로 자유롭게 변형한다.

다른 양단조건은 식 4.3의 유도과정에서 밝혀진다. 일반적으로, 휨모멘트는 x의 함수이고 그 결과 비제차 미분방정식으로 된다. 경계조건은 당초의 유도과정에서의 그것과는 다르지만, 전반적인 절차는 마찬가지다. P_{cr}에 대한 결과 식의 형태 또한 같다. 예를 들어, 한 단은 핀지점이고 다른 단은 회전과 이동에 대해 고정인 그림 4.7에서와 같은 압축재를 고려해보자. 이 경우에 대한 오일러공식은 식 4.3에서와 마찬가지로 유도되고 다음과 같다.

$$P_{cr} = \frac{2.05\pi^2 EI}{L^2}$$

혹은

$$P_{cr} = \frac{2.05\pi^2 EA}{(L/r)^2} = \frac{\pi^2 EA}{(0.70L/r)^2}$$

따라서 이 압축재는 양단이 핀지점이고 길이가 주어진 기둥의 70%인 기둥과 그 내하력이 같다. 유사한 공식들이 다른 지점 조건의 경우에도 유도될 수 있다.

기둥-좌굴 문제는 식 4.2 대신 4계 미분방정식의 항으로 정식화될 수도 있다. 이것이 양단 핀지점 이외의 지점 조건에 대해서는 더 편리하다.

그림 4.7

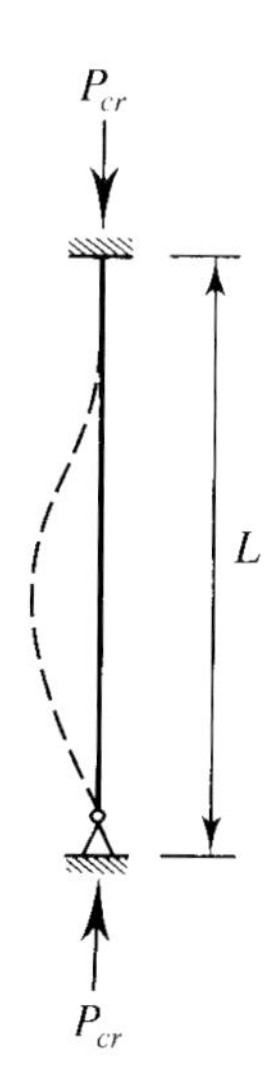

편의상, 임계좌굴하중에 대한 공식은 다음과 같이 적을 수 있다.

$$P_{cr} = \frac{\pi^2 EA}{(KL/r)^2} \text{ 또는 } P_{cr} = \frac{\pi^2 E_t A}{(KL/r)^2} \tag{4.6a/4.6b}$$

여기서 KL은 유효길이이고, K는 유효길이계수이다. 고정지점-핀지점 압축재에 대한 유효길이계수는 0.70이다. 양단이 회전과 이동에 대해 고정인 가장 바람직한 조건에 대해, $K = 0.5$이다. 여러 지점 조건에 대한 K값은 AISC 설계기준 부록 7의 해설편에 있는 표 C-A-7.1의 도움으로 결정된다. 지금까지 언급한 세 가지 조건뿐만 아니라 단부이동이 가능한 경우도 포함되어 있다. K값은 두 개가 주어져 있는데, 하나는 이론값이고 또 하나는 단 지지조건을 근사적으로 가정한 경우 사용하는 설계추천값이다. 따라서 "고정단"이 완전한 고정단이 아닌 경우, 안전측인 설계추천값을 사용해야 한다. 지극히 특수한 상황에서만 이론값의 사용이 정당화될 수 있다. 그러나 해설편 표 C-A-7.1에서 조건 (d)와 (f)에 대해서는 이론값과 추천값이 같음에 주목하라. 그 이유는 완전히 마찰이 없는 힌지나 핀에서 벗어나는 것은 회전구속을 도입하는 것이고 이것은 K를 줄이는 경향이 있기 때문이다. 따라서 이 두 경우에 이론값을 사용하는 것은 안전측이다.

실제의 길이 L 대신 유효길이 KL을 사용하더라도 지금까지 논의했던 관계식 중 그 어느 것도 바뀌지 않는다. 그림 4.6의 기둥강도곡선은 가로축을 KL/r로 바꾸는 것 이외에는 변하지 않는다. 주어진 길이가 실제길이이건 유효길이이건 간에 임계좌굴응력도 마찬가지이다.

4.3 AISC 조항

압축재에 대한 기본조항들은 AISC 시방서의 E장에 나와 있다. 공칭강도는

$$P_n = F_{cr} A_g \tag{AISC 식 E3-1}$$

LRFD인 경우,

$$P_u \le \phi_c P_n$$

여기서

P_u = 계수하중의 합

ϕ_c = 압축에 대한 저항계수 = 0.90

$\phi_c P_n$ = 설계압축강도

ASD인 경우,

$$P_a \le \frac{P_n}{\Omega_c}$$

여기서

P_a = 사용하중의 합

Ω_c = 압축에 대한 안전율 = 1.67

P_n/Ω_c = 허용압축강도

허용응력으로 정식화한다면,

$$f_a \le F_a$$

여기서

f_a = 계산된 축압축응력 = P_a/A_g

F_a = 허용 축압축응력

$$= \frac{F_{cr}}{\Omega_c} = \frac{F_{cr}}{1.67} = 0.6F_{cr} \quad (4.7)$$

임계응력 F_{cr}에 대한 AISC식을 표현하기 위해, 먼저 오일러하중을 다음으로 나타낸다.

$$P_e = \frac{\pi^2 EA}{(L_c/r)^2}$$

여기서 L_c는 유효길이이고, 대부분의 경우 KL과 같다. 그러나 유효길이를 계산하는 다른 방법들이 존재하기 때문에(이 방법들을 본 교재에서는 다루지 않는다), AISC에서는 보다 일반적인 용어인 L_c를 사용한다. 본 교재에서는 $L_c = KL$이다. 이 하중은 오일러 방정식에 따른 임계좌굴하중이다. 오일러응력은

$$F_e = \frac{P_e}{A} = \frac{\pi^2 E}{(L_c/r)^2} \quad \text{(AISC 식 E3-4)}$$

약간의 수정을 가하면, 이 식은 탄성영역에서의 임계응력으로 사용될 수 있다. 탄성기둥의 임계응력을 구하기 위해, 오일러응력은 초기 굽힘효과를 고려해서 다음과 같이 감소된다.

$$F_{cr} = 0.877F_e \quad (4.8)$$

비탄성 기둥에 대해, 접선계수 식, 식 4.6b는 다음의 지수 식으로 대체된다.

$$F_{cr} = \left(0.658^{\frac{F_y}{F_e}}\right)F_y \quad (4.9)$$

식 4.9를 사용하면, 접선계수 식이 원래부터 가지고 있던 시행착오방법을 사용하지 않아도 직접 비탄성 기둥의 값을 구할 수 있다. 비탄성과 탄성 기둥의 경계에서, 식 4.8과 4.9는 같은 F_{cr}값을 준다. 이 경우는 L_c/r이 근사적으로 다음 값일 때 일어난다.

$$4.71\sqrt{\frac{E}{F_y}}$$

요약하면,

$$\frac{L_c}{r} \le 4.71\sqrt{\frac{E}{F_y}} \text{ 이면, } F_{cr} = (0.658^{F_y/F_e})F_y \tag{4.10}$$

$$\frac{L_c}{r} > 4.71\sqrt{\frac{E}{F_y}} \text{ 이면, } F_{cr} = 0.877F_e \tag{4.11}$$

AISC 설계기준은 비탄성 및 탄성 거동에 대해 L_c/r에 근거를 둔 값(식 4.10과 4.11)과 F_y/F_e 비율을 별도로 제공한다. F_y/F_e의 한계값은 다음과 같이 유도된다.

AISC 식 E3-4로부터,

$$\frac{L_c}{r} = \sqrt{\frac{\pi^2 E}{F_e}}$$

$$\frac{L_c}{r} \le 4.71\sqrt{\frac{E}{F_y}} \text{ 이면,}$$

$$\sqrt{\frac{\pi^2 E}{F_e}} \le 4.71\sqrt{\frac{E}{F_y}}$$

$$\frac{F_y}{F_e} \le 2.25$$

압축강도에 대한 완전한 AISC 규정은 다음과 같다:

그림 4.8

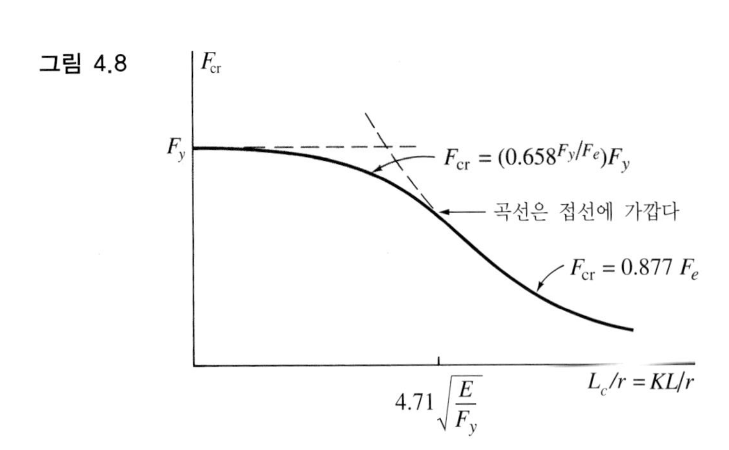

$$\frac{L_c}{r} \leq 4.71\sqrt{\frac{E}{F_y}} \text{ 또는 } \frac{F_y}{F_e} \leq 2.25 \text{이면}$$

$$F_{cr} = (0.658^{F_y/F_e})F_y \quad \text{(AISC 식 E3-2)}$$

$$\frac{L_c}{r} > 4.71\sqrt{\frac{E}{F_y}} \text{ 또는 } \frac{F_y}{F_e} > 2.25 \text{이면}$$

$$F_{cr} = 0.877F_e \quad \text{(AISC 식 E3-3)}$$

이 책에서는 식 4.10과 4.11에서와 같이 L_c/r의 한계값을 사용한다. 이 조항은 그림 4.8에 그래프로 나타나 있다.

AISC 식 E3-2와 E3-3은 다섯 개의 L_c/r 범주에 대한 다섯 개의 식에 대한 압축판이다(Galambos, 1988). 이 식들은 잔류응력과 L/1500의 초기 굽힘의 영향을 설명하는 이론적 그리고 실험적인 연구들에 그 근거를 두고 있다. 여기서 L은 부재의 길이이다. 이 식들에 대한 완벽한 유도과정은 Tide(2001)에 주어져 있다.

AISC에서는 세장비 L_c/r에 대한 최댓값을 요구하고 있지는 않지만, 최댓값 200을 추천한다(AISC E2 참조). 이보다 더 세장한 기둥은 강도가 거의 없고 비경제적이기 때문에 이것은 실용적인 상한이다.

예제 4.2 **길이 20 ft이고, A992강재로 만든 양단힌지인 W14 × 74 기둥의 LRFD 설계압축강도와 ASD 허용압축강도를 구하라.**

풀 이 유효길이

$$L_c = KL = 1.0(20) = 20 \text{ ft}$$

세장비 최댓값:

$$\frac{L_c}{r_y} = \frac{20 \times 12}{2.48} = 96.77 < 200 \quad \text{(OK)}$$

$$4.71\sqrt{\frac{E}{F_y}} = 4.71\sqrt{\frac{29{,}000}{50}} = 113$$

$96.77 < 113$이므로, AISC 식 E3-2를 사용한다.

$$F_e = \frac{\pi^2 E}{(L_c/r)^2} = \frac{\pi^2(29{,}000)}{(96.77)^2} = 30.56 \text{ ksi}$$

$$F_{cr} = (0.658^{F_y/F_e})F_y = 0.658^{(50/30.56)}(50) = 25.21 \text{ ksi}$$

공칭강도는

$$P_n = F_{cr}A_g = 25.21(21.8) = 549.6 \text{ kips}$$

LRFD 풀이 설계압축강도 $\phi_c P_n = 0.90(549.6) = 495 \text{ kips}$

ASD 풀이 식 4.7로부터, 허용응력은 $F_a = 0.6F_{cr} = 0.6(25.21) = 15.13$ kips
허용강도는 $F_a A_g = 15.13(21.8) = 330$ kips

해 답 설계압축강도 = 495 kips, 허용압축강도 = 330 kips.

예제 4.2에서 $r_y < r_x$이고, x-방향으로는 강도가 남는다. 정방형 구조용 튜브(HSS)는 $r_y = r_x$이고 양축에 대해 강도가 같기 때문에 압축재로서 효율적인 형강이다. 같은 이유로 중공 원형형강이 종종 압축재로 사용된다.
지금까지 고려한 파괴모드는 부재가 휨을 받아서 불안정해지므로 휨좌굴(flexural buckling)이라 불린다. 어떤 단면형상에 대해서는, 부재가 비틀림(torsional buckling)이나 비틀림과 휨의 조합(flexural-torsional buckling)에 의해서 파괴된다. 이와 같은 드문 경우에 대해서는 4.8절에서 고려한다.

4.4 국부안정성

부재의 요소가 너무 얇아 국부좌굴(local buckling)이 일어난다면, 전체좌굴모드에 상응하는 강도가 발현될 수 없다. 이런 유형의 불안정성은 제한된 위치에서의 국부좌굴 혹은 주름짐(wrinkling)이다. 만약 이것이 발생하면, 단면은 전체가 유효하지 못하고, 부재는 파괴된다. 얇은 플랜지나 복부판을 갖는 I형 단면은 이 현상이 일어나기 쉽고, 가능하면 그들의 사용은 제한되어야 한다. 그렇지 않다면, AISC 식 E3-2와 E3-3으로 주어진 압축강도는 감소되어야 한다. 이것이 일어날 가능성에 대한 측정수단은 각각의 단면요소에 대한 폭-두께비이다. 두 가지 유형의 단면요소가 고려되어야 한다. 이들은 하중과 나란한 방향으로 한 변만 지지되어 있는 비보강요소와 양변이 지지되어 있는 보강요소이다.

폭-두께비에 대한 한계값은 AISC B4.1, "국부좌굴에 따른 단면의 분류"에 주어져 있다. 압축재에 대해서, 형강은 세장판단면과 비세장판단면으로 구분된다. 만일 세장판단면이면, 그것의 강도한계상태는 국부좌굴이고, 그에 상응하는 감소된 강도를 계산하여야만 한다. 폭-두께비는 λ라는 속명으로 주어진다. I-형강에 대해, 대상 단면요소에 따라, λ는 b/t이기도 하고 h/t_w이기도 하는데, 이 둘은 곧 정의된다. 만일 λ가 특정 한계(λ_r로 표기)보다 크면, 이 단면은 세장판단면이다.

AISC 표 B4.1에는 여러 가지 단면 형상을 갖는 비세장판부재에 대한 상한계 λ_r이 나와 있다. 만일 $\lambda \le \lambda_r$이면, 이 단면은 비세장판단면고 그렇지 않다면, 세장판단면이다. 이 표는 두 부분으로 나뉜다. 비보강요소와 보강요소.(보에 대해서는 단면은 조밀, 비조밀, 그리고 세장판 단면일 수 있고 λ의 한계값은 AISC 표 B4.1b에 주어진다. 보에 대해서는 5장에서 다룬다.) I형에서, 돌출 플랜지는 비보강요소로 간주되고, 그것의 폭은 공칭 전폭의 반으로 취한다. AISC 부호를 사용하면 다음과 같다.

$$\lambda = \frac{b}{t} = \frac{b_f/2}{t_f} = \frac{b_f}{2t_f}$$

여기서 b_f와 t_f는 플랜지의 폭과 두께이다. 상한계는 다음과 같다.

$$\lambda_r = 0.56\sqrt{\frac{E}{F_y}}$$

I형과 H형의 복부판은 보강요소이고 보강폭은 플랜지 뿌리 사이의 거리이다. 폭-두께 매개변수는

$$\lambda = \frac{h}{t_w}$$

이고 여기서 h는 플랜지 뿌리 사이의 거리이고 t_w는 복부판의 두께이다. 상한계는 다음과 같다.

$$\lambda_r = 1.49\frac{E}{\sqrt{F_y}}$$

여러 가지 단면형상에 대한 보강 및 비보강 요소에 대한 설명이 그림 4.9에 나와 있다. AISC B4.1에는 압축재에 대한 적절한 한계 λ_r이 각각의 경우에 대해 주어져 있다.

그림 4.9

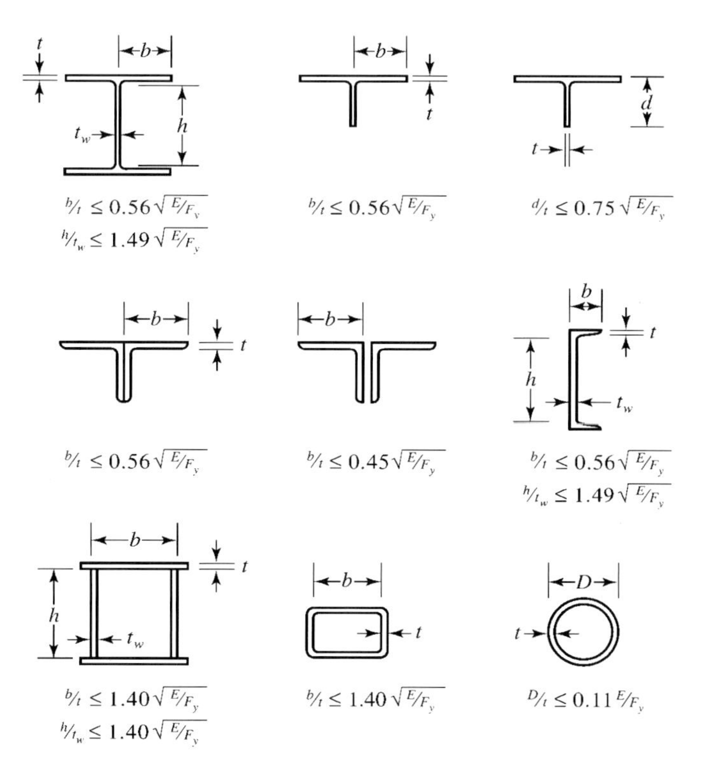

예제 4.3 **예제 4.2의 기둥에 대해 국부안정성을 검토하라.**

풀 이 W14×74에 대해 $b_f = 10.1$ in., $t_f = 0.785$ in.

$$\frac{b_f}{2t_f} = \frac{10.1}{2(0.785)} = 6.43$$

$$0.56\sqrt{\frac{E}{F_y}} = 0.56\sqrt{\frac{29,000}{50}} = 13.5 > 6.43 \quad \text{(OK)}$$

$$\frac{h}{t_w} = \frac{d - 2k_{des}}{t_w} = \frac{14.2 - 2(1.38)}{0.450} = 25.4$$

여기서 k_{des}는 k의 설계값(design value)이다[제조업자에 따라 서로 다른 k값을 갖는 형강을 제조한다. 설계값은 이 중 최솟값이다. 상세값(detailing value)은 이 중 최댓값이다].

$$1.49\sqrt{\frac{E}{F_y}} = 1.49\sqrt{\frac{29,000}{50}} = 35.9 > 25.4 \quad \text{(OK)}$$

해 답 국부안정성은 문제되지 않는다.

예제 4.3에서는 폭-두께비 $b_f/2t_f$와 h/t_w가 계산되었다. 그러나 단면 값에 대한 표에 이 비율이 나와 있으므로 이 계산은 불필요하다. 또한 압축에 대해서 세장한 단면요소를 갖고 있는 형강은 표시가 되어 있다(각주 c).

폭-두께에 대한 요구조건을 만족시키지 않는 단면을 갖는 형강을 사용할 수도 있으나, 이 경우는 요구조건을 만족시키는 부재만큼의 내하력은 허용되지 않는다. 다시 말하면, 설계강도가 국부좌굴로 인해 감소된다. 이러한 조사를 행하는 일반적인 절차는 AISC E7에 주어져 있고 다음과 같다.

국부좌굴 한계상태에 근거한 공칭강도는

$$P_n = F_{cr} A_e \qquad \text{(AISC 식 E7-1)}$$

여기서

F_{cr} = 휨좌굴응력

A_e = 감소된 유효단면적

각각의 세장한 요소의 감소된 단면적은 $b_e t$이고, 여기서

b_e = 요소의 감소된 유효폭

t = 요소의 설계두께*

* HSS의 설계두께는 공칭두께의 0.93배이다(AISC B4.2). 강도의 계산에서 설계두께를 사용하는 것이 제조과정에서의 오차를 극복하기 위한 안전측의 방법이다. 이러한 두께의 감소는 HSS로 가장 많이 사용되는 ASTM

감소된 유효단면적은 전단면적에서 감소 면적을 뺀 값이다. 각각의 세장요소의 감소된 면적은 AISC E7의 설계기준 사용자 노트에 다음으로 주어져 있다.

$$bt - b_e t = (b - b_e)t$$

따라서 유효순단면적은

$$A_e = A_g - \Sigma(b - b_e)t \text{이고}$$

여기서 합의 기호는 1개 이상의 세장요소가 존재하는 경우에 대한 것이다.

AISC 표 B4.1a에 대한 토론을 돌이켜 보면, 폭-두께비의 일반적인 형태는 기호 b/t이었다. b의 크기는 폭 혹은 깊이이다. 감소된 유효폭은 다음과 같이 구한다.

$\lambda \le \lambda_r \sqrt{\dfrac{F_y}{F_{cr}}}$ 이면

$$b = b_e \qquad \text{(AISC 식 E7-2)}$$

즉, 감소는 없다.

$\lambda > \lambda_r \sqrt{\dfrac{F_y}{F_{cr}}}$ 이면

$$b_e = b\left(1 - c_1\sqrt{\frac{F_{el}}{F_{cr}}}\right)\sqrt{\frac{F_{el}}{F_{cr}}} \qquad \text{(AISC 식 E7-3)}$$

여기서

c_1 = AISC 표 E7.1의 유효폭 결함조정계수

F_{el} = 탄성 국부좌굴응력 $= \left(c_2 \dfrac{\lambda_r}{\lambda}\right)^2 F_y$

$$c_2 = \frac{1 - \sqrt{1 - 4c_1}}{2c_1} \qquad \text{(AISC 식 E7-4)}$$

(계수 c_2 역시 AISC 표 7.1에 표로 정리되어 있다.)

기둥으로 사용되는 많은 형강들은 세장하지 않고, 단면의 감소는 필요하지 않다. 이것은 대부분의 W형강(모두는 아님)도 포함된다. 그러나 중공 구조용 형강(HSS), 이중 L형강, 그리고 T형강의 많은 수가 세상요소를 포함하고 있다.

A500과 A501 강종에 국한되고, HSS로 사용되는 또 다른 강종인 A1065와 A1085 강종은 적용되지 않는다. 본 교재에서는 A500과 A501 만을 사용한다.

예제 4.4 **유효길이가 $15\ \mathrm{ft}$인 $\mathrm{HSS}8\times4\times{}^{1}/_{8}$의 주축에 대한 축압축강도를 결정하라. $F_y = 46\ \mathrm{ksi}$를 사용한다.**

풀 이 휨좌굴길이를 계산한다.

$L_c = 15\ \mathrm{ft}$

최대세장비는

$$\frac{L_c}{r_y} = \frac{15 \times 12}{1.71} = 105.3 < 200 \qquad \text{(OK)}$$

$$4.71\sqrt{\frac{E}{F_y}} = 4.71\sqrt{\frac{29{,}000}{46}} = 118$$

105.3 < 118이므로, AISC 식 E3-2를 사용한다.

$$F_e = \frac{\pi^2 E}{(L_c/r)^2} = \frac{\pi^2 (29{,}000)}{(105.3)^2} = 25.81\ \mathrm{ksi}$$

$$F_{cr} = (0.658^{F_y/F_e})F_y = 0.658^{(46/25.81)}(46) = 21.82\ \mathrm{ksi}$$

공칭강도는

$$P_n = F_{cr}A_g = 21.82(2.70) = 58.91\ \mathrm{kips}$$

폭-두께비에 대한 검토: 강구조편람의 단면값 표로부터, 장변에 대한 폭-두께비는

$$\lambda = \frac{h}{t} = 66.0$$

단변에 대해서는,

$$\lambda = \frac{b}{t} = 31.5$$

AISC의 표 B4.1a에서 case 6(그림 4.9)로부터, 세장요소이지 않기 위한 상한계는

$$\lambda_r = 1.40\sqrt{\frac{E}{F_y}} = 1.40\sqrt{\frac{29{,}000}{46}} = 35.15$$

$h/t > 1.40\sqrt{E/F_y}$ 이므로($\lambda > \lambda_r$), 장변요소에 대하여는 세장이고 국부좌굴강도를 계산해야 한다.(폭-두께비에 대한 한계값이 표에는 b/t로 표시되어 있으나 h/t에도 마찬가지로 적용한다.)

$8\ \mathrm{in.}$ **변에 대한 b_e 결정:**

$$\lambda_r\sqrt{\frac{F_y}{F_{cr}}} = 35.15\sqrt{\frac{46}{21.82}} = 51.04$$

$\lambda = 66.0 > 51.04$이므로,

$$b_e = b\left(1 - c_1\sqrt{\frac{F_{el}}{F_{cr}}}\right)\sqrt{\frac{F_{el}}{F_{cr}}} \qquad \text{(AISC 식 E7-3)}$$

AISC 표 7.1 case b로부터,

$$c_1 = 0.20$$

$$c_2 = 1.38$$

탄성좌굴응력은,

$$F_{el} = \left(c_2\frac{\lambda_r}{\lambda}\right)^2 F_y$$

$$= \left[1.38\left(\frac{35.15}{66.0}\right)\right]^2(46) = 24.85 \text{ ksi} \qquad \text{(AISC 식 E7-5)}$$

AISC B4.1(b)와 강구조편람 Part 1에 대한 토론으로부터, 구석의 곡선부 사이의 8 in. 변의 감소되기 전의 길이는

$$b = 8 - 3t = 8 - 3(0.116) = 7.652 \text{ in.}$$

그리고 유효폭은

$$b_e = b\left(1 - c_1\sqrt{\frac{F_{el}}{F_{cr}}}\right)\sqrt{\frac{F_{el}}{F_{cr}}}$$

$$= 7.652\left(1 - 0.20\sqrt{\frac{24.85}{21.82}}\right)\sqrt{\frac{24.85}{21.82}} = 6.423 \text{ in.}$$

따라서 유효단면적은

$$A_e = A_g - \Sigma(b - b_e)t$$

$$= 2.70 - 2(7.652 - 6.423)0.116 = 2.415 \text{ in.}^2$$

AISC 식 E7-1로부터

$$P_n = F_{cr}A_e = 21.82(2.415) = 52.7 \text{ kips.}$$

이 값은 휨좌굴강도 58.91 kips보다 작으므로, 국부좌굴이 지배한다.

LRFD 풀이 설계강도 $= \phi_c P_n = 0.90(52.70) = 47.4 \text{ kips}$

해 답 설계강도 $= 47.4 \text{ kips}$

ASD 풀이 허용강도 $= \dfrac{P_n}{\Omega} = \dfrac{52.70}{1.67} = 31.6 \text{ kips}$

(허용응력 $= 0.6F_{cr} = 0.6(21.82) = 13.1 \text{ ksi}$)

해 답 허용강도 $= 31.6 \text{ kips}$

4.5 압축재에 대한 표

강구조편람에는 해석과 설계에 유익한 많은 표를 싣고 있다. 휨좌굴(국부좌굴이 아닌)에 의해 결정되는 강도를 갖는 압축재인 경우, 강구조편람의 제4부, "압축재의 설계" 편의 표 4-14가 사용될 수 있다. 이 표에는 여러 가지 F_y값에 대한 $\phi_c F_{cr}$값(LRFD)과 F_{cr}/Ω_c값(ASD)이 L_c/r의 함수로 주어져 있다. 이 표는 추천 상한값인 $L_c/r = 200$에서 멈춘다. 그러나 강도에 대한 표들이 가장 유용하다. "기둥강도표"라고 불리는 이 표들은 여러 가지 형강에 대해 유효길이 L_c값의 함수로 LRFD의 경우 $\phi_c P_n$과 ASD의 경우 P_n/Ω_c를 제공한다. 이 표들은 $L_c/r = 200$에 해당하는 L_c값까지 포함하고 있다.

여기에는 3종류의 표가 있는데, 표 4-1a에는 $F_y = 50$ ksi에 대한 압축강도가, 표 4-1b에는 $F_y = 65$ ksi에 대한 압축강도가, 표 4-1c에는 $F_y = 70$ ksi에 대한 압축강도가 주어져 있다.

이 표들의 사용법은 다음 예제에 설명되어 있다.

예제 4.5 **(a) 편람의 4부에 있는 표 4-14와 (b) 기둥강도표를 이용해 예제 4.2의 압축재에 대한 가용한 강도를 계산하라.**

LRFD 풀이 a. 예제 4.2로부터, $L_c/r = 96.77$이고, $F_y = 50$ ksi이다. 표 4-14에는 L_c/r의 정수값에 대한 $\phi_c F_{cr}$이 주어져 있다. 소수값 L_c/r에 대해서는 반올림하거나 선형 보간법을 사용해야 한다. 일관성을 위해서, 다른 지적이 없으면, 이 책에서는 모든 표에 대해 보간법을 사용한다. $L_c/r = 96.77$과 $F_y = 50$ ksi에 대해,

$$\phi_c F_{cr} = 22.67 \text{ ksi}$$

$$\phi_c P_n = \phi_c F_{cr} A_g = 22.67(21.8) = 494 \text{ kips}$$

b. 강구조편람 4부에 있는 기둥강도표는 W, HP, 앵글, WT, HSS, 파이프, 복앵글, 그리고 합성형에 대한 여러 가용한 강도를 제공한다(합성형에 대해서는 9장에서 다루기로 한다). 대칭인 형강(W, HP, HSS 그리고 파이프)에 대한 표 값들은 각 형강의 최소회전반경을 사용해서 계산되었다. 예제 4.2로부터, $K = 1.0$, 따라서

$$L_c = KL = 1.0(20) = 20 \text{ ft}$$

해 답 W14 × 74에 대한 표 4-1a($F_y = 50$ ksi)와 $L_c = 20$ ft로부터,

$$\phi_c P_n = 494 \text{ kips}$$

ASD 풀이 a. 예제 4.2로부터, $L_c/r = 96.77$이고, $F_y = 50$ ksi이다. 보간법에 의

해, $L_c/r = 96.77$과 $F_y = 50$ ksi로부터,

$$F_{cr}/\Omega_c = 15.07 \text{ ksi}$$

이것이 허용응력이라는 데 주목하면, $F_a = 0.6F_{cr}$. 따라서 허용강도는

$$\frac{P_n}{\Omega_c} = F_a A_g = 15.07(21.8) = 329 \text{ kips}$$

b. 예제 4.2로부터, $K = 1.0$, 따라서

$$L_c = KL = 1.0(20) = 20 \text{ ft}$$

해 답 W14 × 74에 대한 표 4-1a($F_y = 50$ ksi)와 $L_c = 20$ ft로부터,

$$\frac{P_n}{\Omega_c} = 329 \text{ kips}$$

표 4-14의 값은 휨좌굴과 AISC 식 E3-2와 E3-3에 근거를 두고 있다. 따라서 국부안정성을 만족해야 하고, 폭-두께비는 한계값을 초과하지 말아야 한다. 비록 기둥강도표에 있는 몇몇 형강이 이 한계값을 초과하지만(그들은 "c"라는 각주로 표기되어 있음), 표의 강도 값은 AISC E7절, "세장인 단면요소를 갖는 부재"에 따라서 계산된 값이고, 더 이상 이것을 감소시킬 필요는 없다.

현실적인 관점에서, 만일 해석하고자 하는 압축재가 기둥강도표에 있다면, 이 표를 이용해야 한다.

4.6 설 계

주어진 압축력에 저항하기 위한 경제적인 압연형강을 선택하는 것은 기둥강도표를 사용하면 간단하다. 유효길이를 가지고 표로 들어가서 소요 설계강도(혹은 약간 큰 값)를 발견할 때까지 수평방향으로 이동한다. 경우에 따라서는, 가장 가벼운 형강을 찾아냈다고 확신이 설 때까지 검색을 계속해야 한다. 보통은 진행하면서 형강(W, WT 등)의 범주가 결정된다. 때로는 건축한계 등의 제한사항으로 인해 전반적인 공칭치수를 알고 있는 경우도 있다. 앞에서 지적했듯이, 세장비 200 이하의 값에 대해 모든 표가 작성되었다. 비대칭형강은 -T형강과 앵글 그리고 복앵글- 특별한 고려가 필요하고 4.8절에서 다루기로 한다.

예제 4.6 **압축재가 165 kips의 사하중과 535 kips의 활하중을 받고 있다. 이 부재의 길이는 26 ft이고 양단은 핀지점이다. A913 등급 65 강재를 사용해서 W14 형강을 선택하라.**

LRFD 풀이 계수하중 계산:

$$P_u = 1.2D + 1.6L = 1.2(165) + 1.6(535) = 1{,}054 \text{ kips}$$

$$\therefore \text{ 소요 설계강도 } \phi_c P_n = 1{,}054 \text{ kips}$$

표 4-1b는 $F_y = 65$ ksi에 대한 기둥강도표이다. 이 표를 이용하면, $L_c = KL = 1.0(26) = 26$ ft에 대해서 W14×120가 $\phi_c P_n = 1070$ kips의 설계강도를 가지고 있음을 알 수 있다.

해 답 W14×120을 사용한다.

ASD 풀이 전체 작용하중을 계산한다:

$$P_a = D + L = 165 + 535 = 700 \text{ kips}$$

$$\therefore \text{ 소요 허용강도 } \frac{P_n}{\Omega_c} = 700 \text{ kips}$$

표 4-1b로부터 $L_c = KL = 1.0(26) = 26$ ft에 대해서 W14×120가 709 kips의 허용강도를 가지고 있음을 알 수 있다.

해 답 W14×120을 사용한다.

예제 4.7 **사용사하중 62.5 kips와 사용활하중 125 kips에 저항하는 가장 가벼운 W형강을 선택하라. 유효길이는 24 ft이다. ASTM A992 강재를 사용하라.**

풀 이 여기서의 적절한 전략은 기둥강도표에서 각각의 공칭깊이에 대해 가장 가벼운 형강을 선택하는 것이고, 그 다음 전체에서 가장 가벼운 것을 고르는 것이다.

LRFD 풀이 계수하중은

$$P_u = 1.2D + 1.6L = 1.2(62.5) + 1.6(125) = 275 \text{ kips}$$

기둥강도표($F_y = 50$ ksi에 대한 표 4-1b)로부터 선택된 형강들은 다음과 같다.

W8 : $\phi_c P_n \geq 275$ kips인 W8은 없다.
W10 : W10×54, $\phi_c P_n = 282$ kips
W12 : W12×58, $\phi_c P_n = 292$ kips
W14 : W14×61, $\phi_c P_n = 293$ kips

강도가 자중(이것은 단면적의 함수이다)에 비례하지 않는다는 데 주목한다.

해 답 W10×54를 사용한다.

ASD 풀이 전체 작용하중은 $P_a = D + L = 62.5 + 125 = 188\,\text{kips}$ 기둥강도표로부터 선택된 형강들은 다음과 같다.

W8 : $P_n/\Omega_c \geq 188\,\text{kips}$인 W8은 없다.

W10 : W10×54, $\dfrac{P_n}{\Omega_c} = 188\text{ kips}$

W12 : W12×58, $\dfrac{P_n}{\Omega_c} = 195\text{ kips}$

W14 : W14×61, $\dfrac{P_n}{\Omega_c} = 195\text{ kips}$

강도가 자중(이것은 단면적의 함수이다)에 비례하지 않는다는 데 주목한다.

해 답 W10×54를 사용한다.

압축재의 해석과 설계를 위한 강구조편람 표 6-2

강구조편람 표 4-1a(축압축강도 $F_y = 50\,\text{ksi}$)에 나와 있지 않은 W형강의 경우, 강구조편람 Part 6의 표 6-2를 이용한다. 강구조편람 Part 6(이 책의 6장에서 상세히 다룰 예정)는 휨모멘트와 축력의 상호작용을 포함하고 있으며, 부재의 휨강도와 축강도의 계산을 요구한다. 표 6-2에는 $F_y = 50\,\text{ksi}$인 강구조편람 내의 모든 형강의 축압축강도와 휨강도가 나와 있다.

표의 대부분의 분량은 3개의 W형강에 대한 것이다. ASD에 대해서는 P_n/Ω_c이고 LRFD에 대해서는 $\phi_c P_n$인 축압축강도가 이 표의 왼쪽 편에 주어져 있다. 같은 형강에 대한 휨강도는 오른 쪽에 주어져 있다(휨강도는 다음 장, 보에서 다룬다).

압축강도에 대해서, 강구조편람 Part 4의 기둥강도표에서와 같은 방법으로 이용한다. 유효길이 L_c를 가지고 표의 중간에 있는 열로 들어간다. ASD에 대해서는 P_n/Ω_c이고 LRFD에 대해서는 $\phi_c P_n$인 가용한 축압축강도가 대상 형강에 대한 표의 같은 행의 왼쪽 편에 주어져 있다. 기둥강도표에서와 마찬가지로, 유효길이는 최소회전반경 r_y에 대한 것이다.

예제 4.8 **사용사하중 100 kips와 사용활하중 300 kips에 저항하는 A992 강재로 만들어진 W18 형강을 선택하라. 유효좌굴길이는 26 ft이다.**

LRFD 풀이 $P_u = 1.2D + 1.6L = 1.2(100) + 1.6(300) = 600\ \text{kips}$

$L_c = 26$ ft를 가지고 표 6-2로 들어간다. 이 표로부터 W18×130이 다음의 설계강도를 가지고 있음을 알 수 있다.

$\phi_c P_n = 648\ \text{kips} > 600\ \text{kips}$ (OK)

해 답 W18×130을 사용한다.

ASD 풀이 $P_a = D + L = 100 + 300 = 400\ \text{kips}$

$L_c = 26$ ft를 가지고 표 6-2로 들어간다. 이 표로부터 W18×130이 다음의 허용강도를 가지고 있음을 알 수 있다.

$\dfrac{P_a}{\Omega_c} = 431\ \text{kips} > 400\ \text{kips}$ (OK)

해 답 W18×130을 사용한다.

알다시피, 대부분의 W형강 압축재에 대해서는 설계 보조자료가 주어져 있다. 그러나 약간의 예외가 있다. 예를 들어, W형강에 대해서는 표 4-1을 사용할 수 없다. 게다가 이 형강의 항복응력이 50 ksi가 아니라면 표 6-2를 사용할 수 없다. 이 경우 시행착오법을 사용한다.

일반적인 절차는 먼저 형강을 가정하고, 그것의 강도를 계산하는 것이다. 강도가 너무 작거나(불안전) 너무 크면(비경제), 또 하나의 시단면을 선택한다. 시단면을 선택하는 체계적인 방법은 다음과 같다.

1. 임계좌굴응력 F_{cr}을 가정한다. AISC 식 E3-2와 E3-3을 검토하면 F_{cr}의 이론적인 최댓값은 항복응력 F_y임을 알 수 있다.
2. 소요 단면적을 결정한다.

   LRFD인 경우,

$$\phi_c A_g F_{cr} \geq P_u$$

$$A_g \geq \frac{P_u}{\phi_c F_{cr}}$$

ASD인 경우,

$$0.6F_{cr} \geq \frac{P_a}{A_g}$$

$$A_g \geq \frac{P_u}{0.6F_{cr}}$$

3. 위의 단면적 조건을 만족하는 형강을 선택한다.
4. 시단면에 대한 F_{cr}과 강도를 계산한다.
5. 필요하다면 개선된 형강을 다시 선택한다. 얻어진 강도가 소요강도와 매우 가깝다면 표의 다음 값으로 시도할 수 있다. 그렇지 않다면 전 과정을 반복한다. 단계 1에서 처음에 가정했던 값과 단계 4에서 유도된 값 사이의 F_{cr} 값을 사용한다.
6. 국부안정성(폭-두께비에 대한 검토)을 검토한다. 필요하다면, 형강을 개선한다.

예제 4.9 **사용사하중** 100 kips**와 사용활하중** 300 kips**에 저항하는** $F_y = 70$ ksi**인** W18 **형강을 선택하라. 유효좌굴길이** L_c**는** 26 ft**이다.**

LRFD 풀이 $P_u = 1.2D + 1.6L = 1.2(100) + 1.6(300) = 600$ kips

$F_{cr} = 47$ kips(F_y의 $^2/_3$)로 시도한다:

$$\text{소요 } A_g = \frac{P_u}{\phi_c F_{cr}} = \frac{600}{0.90(47)} = 14.2 \text{ in.}^2$$

W18×50으로 시도:

$$A_g = 14.7 \text{ in.}^2 > 14.2 \text{ in.}^2 \quad \text{(OK)}$$

$$\frac{L_c}{r_{\min}} = \frac{26 \times 12}{1.65} = 189.1$$

$$F_e = \frac{\pi^2 E}{(L_c/r)^2} = \frac{\pi^2(29{,}000)}{(189.1)^2} = 8.004 \text{ ksi}$$

$$4.71\sqrt{\frac{E}{F_y}} = 4.71\sqrt{\frac{29{,}000}{70}} = 95.87$$

$\frac{L_c}{r} > 4.71\sqrt{\frac{E}{F_y}}$ 이므로, AISC 식 E3-3을 적용한다.

$$F_{cr} = 0.877F_e = 0.877(8.004) = 7.020 \text{ ksi}$$

$$\phi_c P_n = \phi_c F_{cr} A_g = 0.90(7.020)(14.7) = 92.9 \text{ kips} < 600 \text{ kips} \quad \text{(N.G.)}$$

(주의: 이 형강은 압축에 대해서 세장단면이지만, 이 형강을 사용할 것이 아니므로, 감소된 강도를 계산할 필요는 없다.)

초기 가정값 F_{cr}이 너무 차이가 나므로, 훨씬 작은 값으로 가정한다. 유도된 값인 7.020 ksi를 초기 가정값과 7.020 ksi의 차이의 $^1/_3$ 만큼 증가시킨다.

$F_{cr} = 7.020 + \frac{1}{3}(47 - 7.020) = 20.3$ ksi로 시도한다:

$$\text{소요 } A_g = \frac{P_u}{\phi_c F_{cr}} = \frac{600}{0.90(20.3)} = 32.8 \text{ in.}^2$$

W18×119로 시도:

$A_g = 35.1 \text{ in.}^2 > 32.8 \text{ in.}^2$ (OK)

$$\frac{L_c}{r_{\min}} = \frac{26 \times 12}{2.69} = 116.0$$

$$F_e = \frac{\pi^2 E}{(L_c/r)^2} = \frac{\pi^2(29{,}000)}{(116.0)^2} = 21.27 \text{ ksi}$$

$\frac{L_c}{r} > 4.71\sqrt{\frac{E}{F_y}} = 95.87$이므로, AISC 식 E3-3을 적용한다.

$$F_{cr} = 0.877F_e = 0.877(21.27) = 18.65 \text{ ksi}$$

$$\phi_c P_n = \phi_c F_{cr} A_g = 0.90(18.65)(35.1) = 589 \text{ kips} < 600 \text{ kips} \quad \text{(N.G.)}$$

이것은 매우 근접하므로, 다음으로 큰 단면을 시도한다.

W18×130으로 시도:

$A_g = 38.3 \text{ in.}^2$

$$\frac{L_c}{r_{\min}} = \frac{26 \times 12}{2.70} = 115.6 < 200 \quad \text{(OK)}$$

$$F_e = \frac{\pi^2 E}{(L_c/r)^2} = \frac{\pi^2(29{,}000)}{(115.6)^2} = 21.42 \text{ ksi}$$

$\frac{L_c}{r} > 4.71\sqrt{\frac{E}{F_y}} = 95.87$이므로, AISC 식 E3-3을 적용한다.

$$F_{cr} = 0.877F_e = 0.877(21.42) = 18.79 \text{ ksi}$$

$$\phi_c P_n = \phi_c F_{cr} A_g = 0.90(18.79)(38.3) = 648 \text{ kips} > 600 \text{ kips} \quad \text{(OK)}$$

이 형강은 세장인 단면요소를 갖고 있지 않다(단면값 표에 이것을 지적하는 각주가 없다). 따라서 국부좌굴은 조사할 필요가 없다.

해 답 W18×130을 사용한다.

ASD 풀이 ASD 풀이과정은 LRFD와 근본적으로 같고, 따라서 같은 F_{cr}로 시도한다.

$$P_a = D + L = 100 + 300 = 400 \text{ kips}$$

$F_{cr} = 47$ ksi(F_y의 $^2/_3$)로 시도한다:

$$소요\ A_g = \frac{P_a}{0.6F_{cr}} = \frac{400}{0.6(47)} = 14.2\ \text{in.}^2$$

W18×50으로 시도:

$$A_g = 14.7\ \text{in.}^2 > A_g = 14.2\ \text{in.}^2 \quad \text{(OK)}$$

$$\frac{L_c}{r_{\min}} = \frac{26 \times 12}{1.65} = 189.1$$

$$F_e = \frac{\pi^2 E}{(L_c/r)^2} = \frac{\pi^2(29{,}000)}{(189.1)^2} = 8.004\ \text{ksi}$$

$$4.71\sqrt{\frac{E}{F_y}} = 4.71\sqrt{\frac{29{,}000}{70}} = 95.87$$

$\dfrac{L_c}{r} > 4.71\sqrt{\dfrac{E}{F_y}}$ 이므로, AISC 식 E3-3을 적용한다.

$$F_{cr} = 0.877F_e = 0.877(8.004) = 7.020\ \text{ksi}$$

$$\frac{P_n}{\Omega_n} = 0.6F_{cr}A_g = 0.6(7.020)(14.7) = 61.9\ \text{kips} < 400\ \text{kips} \quad \text{(N.G.)}$$

(주의: 이 형강은 압축에 대해서 세장단면이지만, 이 형강을 사용할 것이 아니므로, 감소된 강도를 계산할 필요는 없다.)

초기 가정값 F_{cr}이 너무 차이가 나므로, 훨씬 작은 값으로 가정한다. 유도된 값인 7.020 ksi를 초기 가정값과 7.020 ksi의 차이의 $^1/_3$ 만큼 증가시킨다.

$F_{cr} = 7.020 + \dfrac{1}{3}(47 - 7.020) = 20.3\ \text{ksi}$로 시도한다:

$$소요\ A_g = \frac{P_a}{0.6F_{cr}} = \frac{400}{0.60(20.3)} = 32.8\ \text{in.}^2$$

W18×119로 시도:

$$A_g = 35.1\ \text{in.}^2 > 32.8\ \text{in.}^2 \quad \text{(OK)}$$

$$\frac{L_c}{r_{\min}} = \frac{26 \times 12}{2.69} = 116.0$$

$$F_e = \frac{\pi^2 E}{(L_c/r)^2} = \frac{\pi^2(29{,}000)}{(116.0)^2} = 21.27\ \text{ksi}$$

$\dfrac{L_c}{r} > 4.71\sqrt{\dfrac{E}{F_y}} = 95.87$이므로, AISC 식 E3-3을 적용한다.

$$F_{cr} = 0.877F_e = 0.877(21.27) = 18.65\ \text{ksi}$$

$$\frac{P_n}{\Omega} = 0.6F_{cr}A_g = 0.6(18.65)(35.1) = 393\ \text{kips} < 400\ \text{kips} \quad \text{(N.G.)}$$

이것은 매우 근접하므로, 다음으로 큰 단면을 시도한다.

W18×130으로 시도:

$$A_g = 38.3 \text{ in.}^2$$

$$\frac{L_c}{r_{\min}} = \frac{26 \times 12}{2.70} = 115.6 < 200 \quad \text{(OK)}$$

$$F_e = \frac{\pi^2 E}{(L_c/r)^2} = \frac{\pi^2(29{,}000)}{(115.6)^2} = 21.42 \text{ ksi}$$

$\dfrac{L_c}{r} > 4.71\sqrt{\dfrac{E}{F_y}} = 95.87$이므로, AISC 식 E3-3을 적용한다.

$$F_{cr} = 0.877F_e = 0.877(21.42) = 18.79 \text{ ksi}$$

$$0.6F_{cr}A_g = 0.6(18.79)(38.3) = 432 \text{ kips} > 400 \text{ kips} \quad \text{(OK)}$$

이 형강은 세장인 단면요소를 갖고 있지 않다(단면값 표에 이것을 지적하는 각주가 없다). 따라서 국부좌굴은 조사할 필요가 없다.

해 답 W18×130을 사용한다.

4.7 유효길이에 대한 추가설명

4.2절, "기둥이론"에서 유효길이의 개념을 도입했다. 모든 압축재는 실제의 단 지지조건과 상관없이 핀 지지로 취급하고 실제의 길이와는 다른 유효길이 L_c을 도입했다. 이렇게 수정을 가하면, 압축재의 내하력은 단지 세장비와 탄성계수만의 함수이다. 재료가 주어져 있다면, 내하력은 세장비만의 함수이다.

만일 압축재가 각각의 주축에 대해서 서로 다르게 지지되어 있다면, 유효길이는 두 방향에 대해 서로 다르다. 그림 4.10에서, 기둥으로 사용된 W형강은 상부에서 수평부재에 의해 두 수직방향으로 지지되어 있다. 이 부재들이 기둥의 모든 방향의 이동을 방지한다. 그러나 연결부는, 상세는 나와 있지 않지만, 작은 회전은 허용한다. 이런 조건이라면, 이 부재는 상단에서 핀-연결된 것으로 취급될 수 있다. 같은 이유로, 하단에서의 지점에 대한 연결도 핀연결로 취급한다. 일반적으로 말해서, 강절 혹은 고정지지조건은, 특별한 고려가 있지 않으면, 얻기가 매우 힘들고, 보통의 연결부는 힌지 또는 핀연결부로 근사된다. 기둥 높이의 중간점에서, 단지 한 방향으로만 지지되어 있다.

또한, 이 연결부는 이동은 방지하지만 회전에 대한 구속은 제공하지 않다. 이 브레이싱은 약축의 수직방향으로는 이동을 구속하지만, 강축의 수직방향으로는

그림 4.10

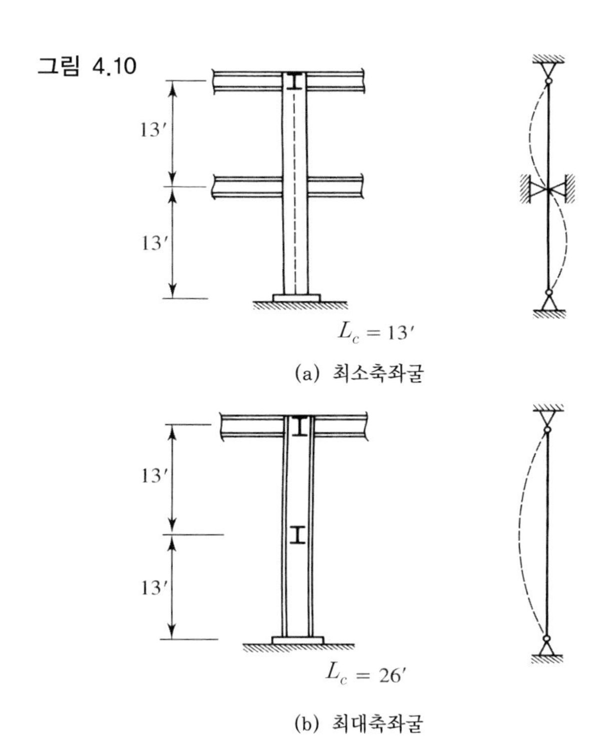

(a) 최소축좌굴

(b) 최대축좌굴

구속이 없다. 그림 4.10에 체계적으로 나타나 있듯이, 이 부재가 강축에 대해서 좌굴한다면 유효길이는 26 ft이고, 약축에 대한 좌굴은 2차 좌굴모드를 갖고 유효길이는 13 ft이다. 기둥의 강도는 L_c/r이 증가함에 따라 감소하므로, 기둥은 가장 큰 세장비를 갖는 방향으로 좌굴한다. 따라서 L_{cx}/r_x가 L_{cy}/r_y와 비교되어야 한다. 그림 4.10에서, $26(12)/r_x$가 $13(12)/r_y$와 비교되어야 하고(여기서 r_x와 r_y는 in. 단위이다), 더 큰 값이 축압축강도의 계산에 사용된다.

예제 4.10 **그림 4.11에서와 같이, 24 ft 길이이고, 양단이 핀연결된 W12×58 기둥이 약축방향으로 3등분점에서 지지되어 있다. A992강재가 사용될 때, 압축강도를 구하라.**

그림 4.11

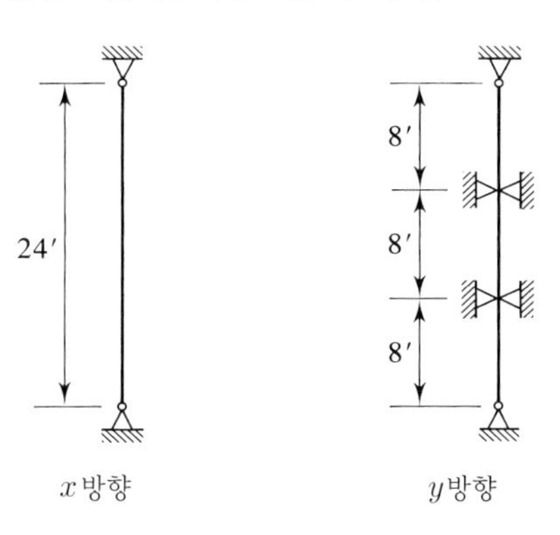

풀 이

$$\frac{L_{cx}}{r_x}=\frac{24(12)}{5.28}=54.55$$

$$\frac{L_{cy}}{r_y}=\frac{8(12)}{2.51}=38.25$$

L_{cx}/r_x가 더 크고 지배한다.

LRFD 풀이 강구조편람 Part 4의 표 4-14로부터 $\frac{L_c}{r}=54.55$에 대해

$$\phi_c F_{cr}=36.24 \text{ ksi}$$

$$\phi_c P_n=A_g(\phi_c F_{cr})=36.24(17.0)=616 \text{ kips}$$

해 답 설계강도는 616 kips이다.

ASD 풀이 표 4-14로부터 $\frac{L_c}{r}=54.55$에 대해

$$\frac{F_{cr}}{\Omega_c}=24.09 \text{ kips}$$

$$\frac{P_n}{\Omega_c}=\frac{F_{cr}}{\Omega_c}A_g=24.09(17.0)=410 \text{ kips}$$

해 답 허용강도는 410 kips이다.

기둥강도표에 나오는 설계강도는 y축에 대한 유효길이에 근거를 두고 있다. 그러나 어떻게 이 표 값들이 구해졌는가를 검토하면, L_{cx}를 가지고 이 표를 사용하는 방법이 개발될 수 있다. L_c값을 가지고 시작해서, 다음과 같은 절차에 의해 강도가 구해진다.

- L_c/r_y를 구하기 위해 L_c을 r_y로 나눈다.
- F_{cr}을 계산한다.
- LRFD 설계강도 $\phi_c P_n$과 ASD 허용강도 P_n/Ω_c가 계산된다.

따라서 표의 강도는 L_{cy}인 L_c값에 근거를 두고 있다. x축 좌굴에 대한 강도를 구하고자 한다면, 표에는 다음 값을 가지고 들어간다.

$$L_c=\frac{L_{cx}}{r_x/r_y}$$

그러면 표의 값은 다음을 근거로 하게 된다.

$$\frac{L_c}{r_y}=\frac{L_{cx}/(r_x/r_y)}{r_y}=\frac{L_{cx}}{r_x}$$

비 r_x/r_y는 기둥강도표에 각 형강에 대해 주어져 있다.

같은 방법이 표 6-2에도 적용될 수 있다.

예제 4.11 **그림 4.12의 압축재는 양단이 핀지지이고 중간 높이에서 약축방향으로 지지되어 있다. 사하중과 활하중의 크기가 같고 합이** 400 kips **이다.** $F_y = 50$ ksi **일 때 가장 가벼운 W-형강을 선택하라.**

그림 4.12

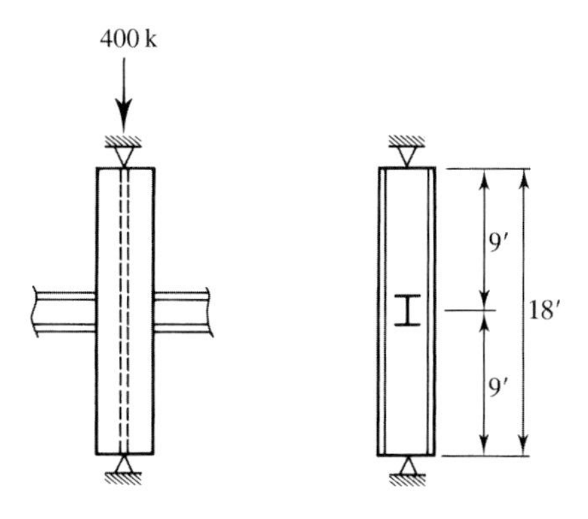

LRFD 풀이 계수하중 $P_u = 1.2(200) + 1.6(200) = 560$ kips

약축방향이 지배한다고 가정하고 $L_c = 9$ ft로서 기둥강도표(표 4-1a, $F_y = 50$ ksi)에 들어간다. 가장 작은 형강에서 시작하여, 처음 만나는 유효한 단면은 W8×58이고 그것의 설계강도는 634 kips이다.

강축을 검토한다:

$$\frac{L_{cx}}{r_x/r_y} = \frac{18}{1.74} = 10.34 \text{ ft} > 9 \text{ ft}$$

∴ 이 형강에 대해서는 L_{cx}가 지배한다.

$L_c = 10.34$ ft로서 표에 들어간다. 보간법을 이용해서 구한 W8×58의 강도는

$\phi_c P_n = 596 \text{ kips} > 560 \text{ kips}$ (OK)

다음으로, W10 형강을 검토한다. 설계강도가 568 kips인 W10×49로 시도한다.

강축을 검토한다:

$$\frac{L_{cx}}{r_x/r_y} = \frac{18}{1.71} = 10.53 \text{ ft} > 9 \text{ ft}$$

∴ 이 형강에 대해서는 L_{cx}이 지배한다.

$L_c = 10.53$ ft로서 표에 들어간다. W10×54가 가장 가벼운 W10이다. 보간법을 이용해서 구한 설계강도는 594 kips이다.

탐색을 계속해서 W12×53을 검토한다($L_c = 9$ ft에 대하여 $\phi_c P_n =$ 611 kips):

$$\frac{L_{cx}}{r_x/r_y} = \frac{18}{2.11} = 8.53 \text{ ft} < 9 \text{ ft}$$

$\therefore$ 이 형강에 대해서는 L_{cy}이 지배하고, $\phi_c P_n = 611$ kips

가장 가벼운 W14를 결정한다. 답이 될 수 있는 가능성이 있는 가장 가벼운 것은 W14×61이다. 이것은 지금까지 찾아낸 가장 가벼운 것보다 더 무겁다. 따라서 이것은 고려하지 않는다.

해 답 W12×53을 사용한다.

ASD 풀이 소요 내하력은 $P = 400$ kips이다. 약축이 지배한다고 가정하고 $L_c = 9$ ft를 가지고 기둥강도표에 들어간다. 가장 작은 단면에서 시작해서, 처음으로 만나게 되는 유효한 단면은 허용강도가 422 kips인 W8×58이다.

강축을 검토한다:

$$\frac{L_{cx}}{r_x/r_y} = \frac{18}{1.74} = 10.34 \text{ ft} > 9 \text{ ft}$$

$\therefore$ 이 형강에 대해서는 L_{cx}가 지배한다.

$L_c = 10.34$ ft로서 표에 들어간다. 보간법을 이용해서 구한 W8×58의 강도는

$$\frac{P_n}{\Omega_c} = 397 \text{ kips} > 400 \text{ kips} \qquad \text{(N.G.)}$$

유효한 형강 가운데 그 다음으로 가벼운 것은 W8×67이다.

$$\frac{L_{cx}}{r_x/r_y} = \frac{18}{1.75} = 10.29 \text{ ft} > 9 \text{ ft}$$

보간법으로 구한 허용강도는

$$\frac{P_n}{\Omega_c} = 460 \text{ kips} > 400 \text{ kips} \qquad \text{(OK)}$$

다음으로, W10 형강을 검토한다. W10×60로 시도한다.

$$\frac{L_{cx}}{r_x/r_y} = \frac{18}{1.71} = 10.53 \text{ ft} > 9 \text{ ft}$$

보간법으로 구한 강도는

$$\frac{P_n}{\Omega_c} = 444 \text{ kips} > 400 \text{ kips} \qquad \text{(OK)}$$

W12 형강을 검토: W12×53($L_c = 9$ ft에 대해서 $P_n/\Omega_c = 407$ kips)

$$\frac{L_{cx}}{r_x/r_y} = \frac{18}{2.11} = 8.53 \text{ ft} < 9 \text{ ft}$$

$\therefore$ 이 형강에 대해서는 L_{cy}이 지배하고, $P_n/\Omega_c = 407$ kips

가장 가벼운 W14를 결정한다. 답이 될 수 있는 가능성이 있는 가장 가벼운 것은 W14×61이다. 이것은 지금까지 찾아낸 가장 가벼운 것보다 더 무겁다. 따라서 이것은 고려하지 않는다.

해　답	W12×53을 사용한다.

가능하면, 설계자는 기둥의 약축방향으로 여분의 지점을 설치하도록 한다. 그렇지 않다면, 이 부재는 강축방향으로 과도한 강도를 가지고 있어 비효율적이다. L_{cx}와 L_{cy}가 다를 때, r_x/r_y가 L_{cx}/L_{cy}보다 작지 않다면 L_{cy}가 지배한다. 이 두 비가 같다면, 기둥은 양방향으로 강도가 같다. 기둥강도표에 있는 대부분의 W-형강에 대해, r_x/r_y는 1.6에서 1.8 사이의 값을 갖고 있지만, 어떤 형강에 대해서는 3.1과 같은 큰 값을 가진 경우도 있다.

예제 4.12 **그림 4.13의 기둥이 사용사하중 140 kips와 사용활하중 420 kips를 받고 있다. A992 강재를 사용해서 W-형강을 선택하라.**

그림 4.13

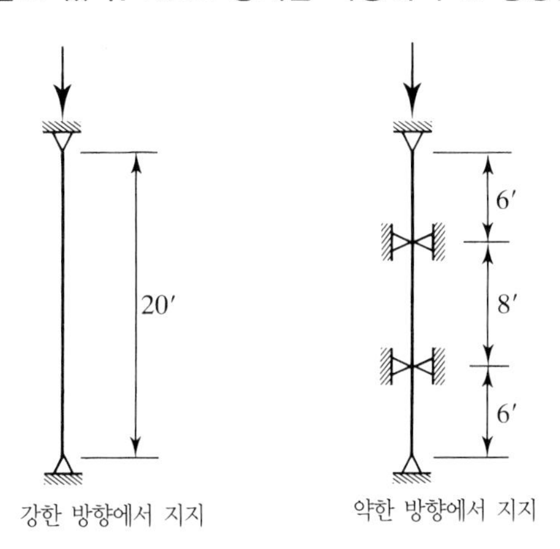

풀　이 $L_{cx}=20$ ft이고, 최대 $L_{cy}=8$ ft이다. 다음 경우에는 언제나 L_{cx}가 지배한다.

$$\frac{L_{cx}}{r_x/r_y} > L_{cy}$$

혹은

$$r_x/r_y < \frac{L_{cx}}{L_{cy}}$$

본 예제의 경우,

$$\frac{L_{cx}}{L_{cy}}=\frac{20}{8}=2.5$$

따라서 $r_x/r_y<2.5$이면 L_{cx}가 지배한다. 기둥강도표에 있는 대부분의 형강이 그러하고 본 예제의 경우도 L_{cx}가 지배할 것이다.

$r_x/r_y = 1.7$로 가정:

$$\frac{L_{cx}}{r_x/r_y} = \frac{20}{1.7} = 11.76 > L_{cy}$$

LRFD 풀이 $P_u = 1.2D + 1.6L = 1.2(140) + 1.6(420) = 840 \text{ kips}$

$L_c = 12$ ft로 기둥강도표로 들어간다. 충분한 내하력을 가지고 있는 W8 형강은 없다.

W10×88($\phi_c P_n = 940$ kips)로 시도:

$$\text{실제의 } \frac{L_{cx}}{r_x/r_y} = \frac{20}{1.73} = 11.56 \text{ ft} < 12 \text{ ft}$$

$$\therefore \ \phi_c P_n > \text{소요 } 840 \text{ kips}$$

(보간법에 의해, $\phi_c P_n = 955$ kips).

W12×79를 검토한다:

$$\frac{L_{cx}}{(r_x/r_y)} = \frac{20}{1.75} = 11.43 \text{ ft}$$

$$\phi_c P_n = 900 \text{ kips} > 840 \text{ kips} \qquad \text{(OK)}$$

W14형강을 조사한다. $r_x/r_y = 2.44$(가장 가능성이 큰 근삿값)에 대해,

$$\frac{L_{cx}}{(r_x/r_y)} = \frac{20}{2.44} = 8.197 \text{ ft} > L_{cy} = 8 \text{ ft}$$

$L_c = 9$ ft에 대해, 강도가 854 kips인 W14×74가 가장 가벼운 W14이다. 9 ft는 실제의 유효길이보다 안전측의 근삿값이므로, 이 형강은 만족스러운 선택이다.

해 답 W14×74(3개의 대안 가운데 가장 가벼운 것)를 사용한다.

ASD 풀이 $P_a = D + L = 140 + 420 = 560 \text{ kips}$

$L_c = 12$ ft로 기둥강도표로 들어간다. 충분한 내하력을 가진 W8 형강은 없다.

W10×88($L_c = 12$ ft에 대해 $P_n/\Omega_c = 625$ kips) 시도:

$$\text{실제의 } \frac{L_{cx}}{r_x/r_y} = \frac{20}{1.73} = 11.56 \text{ ft} < 12 \text{ ft}$$

$$\therefore \ \frac{P_n}{\Omega_c} > \text{소요 } 560 \text{ kips}$$(보간법에 의해, $P_n/\Omega_c = 635$ kips)

W12×79를 검토한다:

$$\frac{L_{cx}}{r_x/r_y} = \frac{20}{1.75} = 11.43 \text{ ft} \quad < L_{cy} = 8 \text{ ft}$$

$$\frac{P_n}{\Omega_c} = 599 \text{ kips} > 560 \text{ kips} \qquad \text{(OK)}$$

W14형강을 검토한다. W14×74로 시도:

$$\frac{L_{cx}}{r_x/r_y} = \frac{20}{2.44} = 8.20 > L_{cy} = 8 \text{ ft}$$

$L_c = 8.20$ ft에 대해,

$$\frac{P_n}{\Omega_c} = 582 \text{ kips} > 560 \text{ kips} \qquad \text{(OK)}$$

해 답 W14×74를 사용한다.

연속뼈대의 일부가 아닌 독립기둥의 경우 시방서 해설편의 표 C-A-7.1로 충분하다. 그러나 그림 4.14의 강절뼈대(rigid frame)를 고려해보자. 이 뼈대의 기둥은 독립된

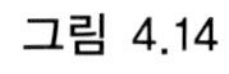

그림 4.14

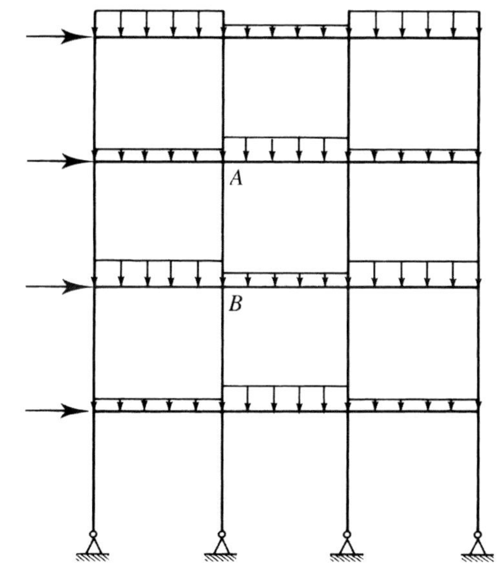

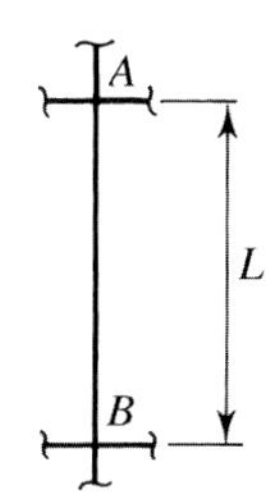

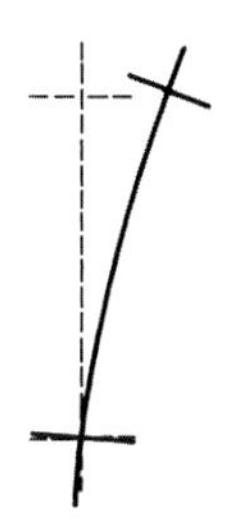

부재가 아니고 연속 구조물의 일부이다. 하층의 기둥을 제외하면, 보나 다른 기둥과의 연결에 의해 양단에서 구속되어 있다. 이 뼈대는 또한 브레이싱을 갖고 있지 않다. 이것의 뼈대의 수평변위가 가능하다는 의미이고 모든 기둥은 가로흔들이(sidesway)가 일어난다. 이 뼈대에 대해 표 C-A-7.1을 사용하면, 하층의 기둥은 조건 (f)로 근사시킬 수 있고 이 경우 $K=2$가 사용된다. AB와 같은 기둥은 조건 (c)에 해당하는 $K=1.2$가 사용될 수 있다. 그러나 보다 합리적인 방법은 연결된 부재가 제공하는 구속의 정도를 고려하는 방법이다.

기둥의 양단에서 보나 거더가 제공하는 회전구속은 절점에서 만나는 부재들의 회전강성도의 함수이다. 부재의 회전 강성도는 EI/L에 비례하고, 여기서 I는 단면의 휨 축에 대한 관성모멘트이다. Gaylord, Gaylord와 Stallmeyer(1992)는 유효길이계수 K가 부재의 각 단에서 기둥의 강성도과 거더의 강성도비의 함수임을 보였고 이것은 다음 식과 같다.

$$G=\frac{\Sigma E_{col}I_{col}/L_{col}}{\Sigma E_g I_g/L_g}=\frac{\Sigma I_{col}/L_{col}}{\Sigma I_g/L_g} \tag{4.12}$$

여기서

$\Sigma E_{col}I_{col}/L_{col}$ = 대상기둥의 단부에서 모든 기둥의 강성도의 합

$\Sigma E_g I_g/L_g$ = 대상기둥의 단부에서 모든 거더의 강성도의 합

$E_{col}=E_g=E$, 구조용 강의 탄성계수

매우 세장한 기둥이 큰 단면의 거더에 연결된 경우, 거더는 효과적으로 기둥의 회전을 구속할 것이다. 기둥의 단부는 거의 고정단이고 K는 비교적 작은 값이다. 이 조건은 식 4.7에서 작은 G값에 해당한다. 그러나 유연한 보에 연결된 단단한 기둥의 단부는 좀 더 자유롭게 회전할 것이고, 핀조건에 가깝고 비교적 큰 G와 K값을 갖는다.

G와 K의 관계는 Jackson-Mooreland의 유효길이 도표(alignment charts)에 따라 정량화되었고, 시방서 해설편의 그림 C-C2.3과 C-C2.4에 다시 나와 있다. 둘 중 하나의 도표로부터 K값을 얻으려면, 먼저 기둥의 각 단부에서 G값을 계산해 각각을 GA와 GB로 놓는다. GA와 GB를 직선으로 연결해서 가운데 자(scale)와 만나는 점을 읽는다. 이 방법으로 구한 유효길이계수는 휨이 일어나는 축, 즉 뼈대가 이루는 평면에 수직인 축에 대한 것이다. 다른 축에 대한 좌굴에 대해서는 독립된 해석이 이루어져야 한다. 보통, 이 방향의 보-기둥 연결부는 모멘트를 전달하지 못하고, 브레이싱에 의해 가로흔들이(sidesway)가 방지되므로, K로 1.0을 취한다.

예제 4.13 그림 4.15의 강절뼈대는 횡지지되어 있지 않다. 모든 부재는 복부가 뼈대평면에 놓이도록 방향을 잡고 있다. 기둥 AB와 BC에 대한 유효길이계수 K_x를 결정하라.

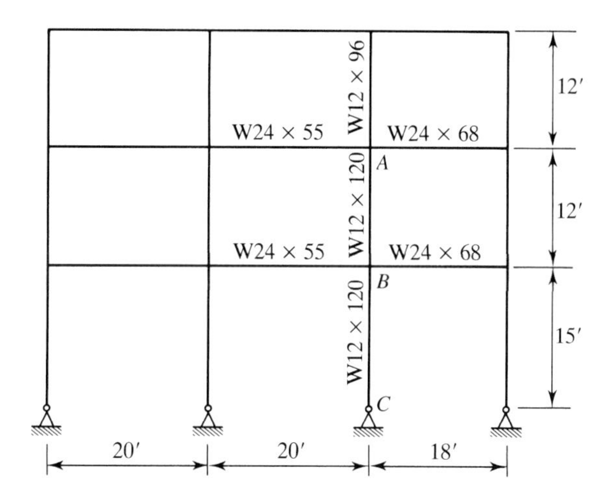

그림 4.15

풀 이 기둥 AB:

절점 A에 대해,

$$G = \frac{\Sigma I_{col}/L_{col}}{\Sigma I_g/L_g} = \frac{833/12 + 1070/12}{1350/20 + 1830/18} = \frac{158.6}{169.2} = 0.94$$

절점 B에 대해,

$$G = \frac{\Sigma I_{col}/L_{col}}{\Sigma I_g/L_g} = \frac{1070/12 + 1070/15}{169.2} = \frac{160.5}{169.2} = 0.95$$

해 답 가로흔들이가 일어나는 경우에 대한 유효길이 도표(AISC 그림 C-A-7.2)로부터, 기둥 AB에 대해 $G_A = 0.94$와 $G_B = 0.95$인 경우 $K_x = 1.3$이다.

기둥 BC:

절점 B에 대해, 앞에서와 마찬가지로,

$G = 0.95$

절점 C에 대해, 핀연결부는 상황이 매우 단단한 기둥에 무한히 유연한 거더, 즉 강성도가 0인 거더가 부착된 경우와 비슷하다. 따라서 기둥 강성도와 거더 강성도의 비는 완전히 마찰이 없는 힌지에 대해서 무한대일 것이다. 이러한 단부조건은 실무에서 단지 근사될 뿐이고 따라서 유효길이 도표에 수반된 토론에서는 G값으로 10.0을 추천한다.

해 답 $G_A = 0.95$와 $G_B = 10.0$인 경우 유효길이 도표로부터, 기둥 BC에 대한 $K_x = 1.85$이다.

예제 4.13에서 지적했듯이, 핀지점에 대한 G는 10.0으로, 고정지점에 대한 G는 1.0으로 취해야 한다. 후자의 지지조건은 무한히 강한 거더와 유연한 기둥에 해당하고, 상응하는 이론적인 값은 0이다. 시방서 해설편의 유효길이 도표에 수반되는 토론에서는, 진실한 고정은 좀처럼 얻기 힘들기 때문에 G의 값 = 1.0을 추천한다.

횡지지되지 않은 뼈대도 그들의 모멘트-저항절점으로 인해 수평하중을 지지할 수 있다. 종종 뼈대에는 여러 종류의 브레이싱구조가 더해진다; 그러한 뼈대를 횡지지된 뼈대(braced frame)라고 부른다. 수평하중에 대한 추가 저항은 그림 4.16에서와 같이 대경구(diagonal bracing) 또는 강체 전단벽의 형태를 취할 수도 있다. 어느 경우건, 기둥이 수평이동하려는 경향은 기둥 전 높이에 대해 주어진 패널(panel) 혹은 베이(bay) 내에서 제한할 수 있다. 이것은 수평하중에 저항하는 캔틸레버구조를 이루고 또한 다른 베이에 대한 지점 역할을 한다. 구조물의 크기에 따라, 한 개 이상의 베이가 브레이싱될 때도 있다.

뼈대는 수평하중에 대해 가로흔들이가 방지되어야 하고, 수직하중에 대해서 좌굴하지 말아야 한다. 수직하중에 대해서 구조물을 안정시키는 브레이싱을 안정 브레이싱(stability bracing)이라고 부른다. AISC 시방서 부록 6, "기둥과 보에 대한 안정 브레이싱"에서 이런 유형의 브레이싱을 설명한다. 두 가지 종류가 나와 있다: 상대적(relative) 브레이싱과 절점(joint) 브레이싱이 그것이다. 상대적 브레이싱을 통해 한 지지점은 옆 지지점에 구속된다. 상대적 브레이싱은 대경구에서처럼 지지해야 할 부재뿐 아니라 다른 부재에도 연결되어 있다. 이 브레이싱으로 인해 브레이싱과 다른 부재가 지지부재를 안정되게 만든다. 절점 브레이싱은 부재의 특정 위치에서

그림 4.16

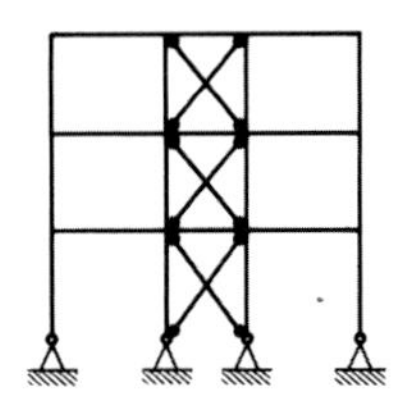
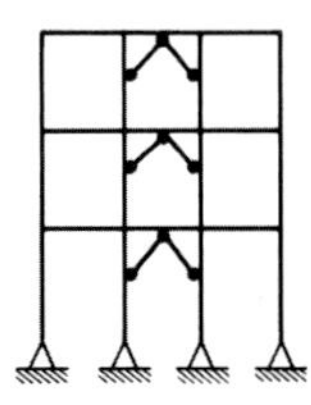

(a) 대경구

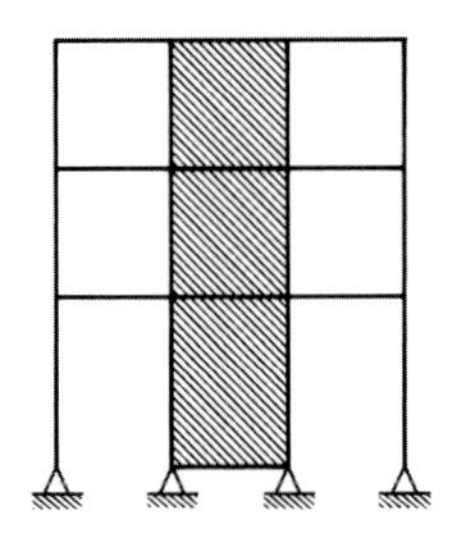

(b) 전단벽
(벽돌, 철근콘크리트 또는 강판)

독립된 지지를 제공하고 다른 지지점이나 다른 부재에 대해 상대적이지 않다. AISC 부록 6의 조항에는 안정 브레이싱의 강도와 강성도(변형에 대한 저항)에 대한 관계식들이 나와 있다. 기둥에 대한 이 조항들은 안정설계기준(Galambos, 1998)으로부터 나온 것이다. 안정을 위해 필요한 강도와 강성도가 수평력에 저항하기 위해 필요한 브레이싱 강도와 강성도에 직접 더해진다. 안정 브레이싱은 추후에 5장, "보"와 6장, "보-기둥"에서 더 논하기로 한다.

횡지지된 뼈대의 부재인 기둥은 가로흔들이가 방지되고 단부에서 약간의 회전구속을 갖고 있다. 따라서 이들은 해설편의 표 C-A-7.1에서 경우 (a)와 경우 (d) 사이의 어딘가의 범주에 놓이게 되고, K는 0.5와 1.0 사이이다. 따라서 값 1.0은 횡지지된 뼈대의 부재에 대해 항상 안전 측의 값이고, 상세해석이 수행되지 않는 한 AISC 부록 7.2.3(a)에 의해 규정된 값이다. 이러한 해석은 횡지지된 뼈대에 대한 유효길이 도표를 가지고 수행할 수 있다. 이 도표를 사용하면, 유효길이계수가 1.0보다 약간 작아지게 되고 따라서 약간의 절약이 실현된다.*

어느 설계 보조도구에서와 마찬가지로, 유효길이 도표도 그것이 유도되었던 조건하에서만 사용해야 한다. 이러한 조건들이 시방서 해설편 7.2절에 논의되어 있고, 여기서는 열거하지 않겠다. 대부분의 조건들은 근사적으로만 만족된다; 그렇지 않다면, 편차를 안전 측으로 두게 된다. 보통은 만족되지 않는 하나의 조건은 모든 거동이 탄성이라는 조항이다. 세장비 $L_c/r = KL/r$가 $4.71\sqrt{E/F_y}$보다 작다면, 이 기둥은 비탄성으로 좌굴하고 유효길이 도표를 사용해서 구한 유효길이계수는 너무 안전 측으로 치우친 값이다. 많은 기둥들이 이 범주에 속한다. 비탄성 기둥의 K를 결정하기 위한 편리한 방법은 유효길이 도표가 사용되도록 허용하는 방법이다 (Geschwindner, 2010). 이 과정을 보여주기 위해, 식 4.6b로 주어지는 비탄성 기둥에 대한 임계좌굴하중에서 시작한다. 이것을 단면적으로 나누면 좌굴응력이 얻어진다:

$$F_{cr} = \frac{\pi^2 E_t}{(KL/r)^2}$$

이 상태에서의 기둥의 회전강성도는 $E_t I_c / L_c$에 비례하고, 유효길이 도표에서 사용하기 위한 G의 적절한 값은,

$$G_{\text{inelastic}} = \frac{\sum E_t I_c / L_c}{\sum E I_g / L_g} = \frac{E_t}{E} G_{\text{elastic}}$$

E_t는 E보다 작기 때문에 $G_{\text{inelastic}}$은 G_{elastic}보다 작고, 따라서 유효길이계수 K는 감소되고 더 경제적인 설계로 된다. 강성도 감소계수(stiffness reduction factor, τ_b로

* 만약 지지된 뼈대로 가로흔들이가 방지되면, 기둥 연결은 모멘트저항이 필요 없어지고, 지지시스템은 모든 가로흔들이 경향을 저항하는 설계가 될 수 있다. 그러나 만약 이 연결이 모멘트저항이 아니면 기둥과 거더 사이에는 연속성이 없고 유효길이 도표가 필요 없어지게 된다. 이런 지지된 뼈대의 경우 K_x는 1.0을 가져야 한다.

표기)라고 불리는 E_t/E를 산출하기 위해, 핀-단부를 갖는 기둥에 대한 다음의 관계식을 고려한다.

$$\frac{F_{cr\,(inelastic)}}{F_{cr\,(elastic)}} = \frac{\pi^2 E_t/(L/r)^2}{\pi^2 E/(L/r)^2} = \frac{E_t}{E} = \tau_b$$

Galambos(1998)에 의하면, $F_{cr\,(inelastic)}$과 $F_{cr\,(elastic)}$은 다음으로 표현된다.

$$F_{cr\,(inlastic)} = \left(1 - \frac{\lambda^2}{4}\right) F_y \qquad (4.13)$$

$$F_{cr\,(elastic)} = \frac{F_y}{\lambda^2}$$

여기서

$$\lambda = \frac{KL}{r}\frac{1}{\pi}\sqrt{\frac{F_y}{E}} \text{ 이고}$$

$$\tau_b = \frac{F_{cr\,(inelastic)}}{F_{cr\,(elastic)}} \text{ 이므로}$$

$$F_{cr\,(inelastic)} = \tau_b F_{cr\,(elastic)} = \tau_b\left(\frac{F_y}{\lambda^2}\right)$$

$$\lambda^2 = \frac{\tau_b F_y}{F_{cr\,(inelastic)}}$$

식 4.13으로부터,

$$F_{cr\,(inelastic)} = \left(1 - \frac{\lambda^2}{4}\right) F_y = \left(1 - \frac{\tau_b F_y}{4F_{cr\,(inelastic)}}\right) F_y$$

$F_{cr} = F_{cr\,(inelastic)}$으로 표기하고, τ_b에 대해서 풀면,

$$\tau_b = 4\left(\frac{F_{cr}}{F_y}\right)\left(1 - \frac{F_{cr}}{F_y}\right)$$

이것은 하중의 항으로 다음과 같이 적을 수 있다:

$$\tau_b = 4\left(\frac{F_{cr}}{F_y}\frac{A}{A}\right)\left(1 - \frac{F_{cr}}{F_y}\frac{A}{A}\right)$$

$$= 4\left(\frac{P_n}{P_{ns}}\right)\left(1 - \frac{P_n}{P_{ns}}\right)$$

여기서

P_n = 공칭압축강도 $= F_{cr}A_g = F_{cr\,(inclastic)}A$

P_{ns} = 탄성하중 혹은 squash 하중 $= F_y A_g$

A = 비세장단면 요소에 대해서, 전단면적 A_g

= 세장단면 요소에 대해서, 감소된 유효단면적 A_e. AISC E7에 따라 계산된 값(4.4절 "국부안정성"에서 다루었음)

소요강도 αP_r를 공칭강도 P_n에 대입하면

$$\tau_b = 4\left(\frac{\alpha P_r}{P_{ns}}\right)\left(1 - \frac{\alpha P_r}{P_{ns}}\right)$$

여기서 LRFD인 경우 α = 1.0이고 ASD인 경우 1.6이다. (소요강도는 계수하중 수준으로 계산하고, 계수 1.6은 ASD 사용하중 수준을 계수하중 수준으로 조정하기 위해서 사용한다.)

AISC는 $\dfrac{\alpha P_r}{P_{ns}}$가 작을 때, 강성의 감소를 무시하는 것을 허락하고, 위 식은 다음과 같이 변한다.

$\dfrac{\alpha P_r}{P_{ns}} \le 0.5$일 때,

$$\tau_b = 1.0 \qquad \text{(AISC 식 C2-2a)}$$

$\dfrac{\alpha P_r}{P_{ns}} > 0.5$일 때,

$$\tau_b = 4\left(\frac{\alpha P_r}{P_{ns}}\right)\left(1 - \frac{\alpha P_r}{P_{ns}}\right) \qquad \text{(AISC 식 C2-2b)}$$

강성도 감소계수 τ_b는 뼈대해석에서 부재강도를 조정하기 위해서도 사용한다. 이것은 6장 "보-기둥"에서 논의한다.

예제 4.14 **A992강 W10×54가 기둥으로 사용된다. 이것은 사용사하중 100 kips와 사용활하중 200 kips를 받고 있다. 강성도 감소계수 τ_b는 얼마인가?**

풀 이 W10×54는 비세장단면이다(단면성격표에 각주가 없다).

$$A = A_g = 15.8 \text{ in.}^2$$

$$P_{ns} = F_y A = 50(15.8) = 790 \text{ kips}$$

LRFD 풀이 $P_r = P_u = 1.2D + 1.6L = 1.2(100) + 1.6(200) = 440 \text{ kips}$

$$\frac{\alpha P_r}{P_{ns}} = \frac{1.0(440)}{790} = 0.5570 > 0.5$$

AISC 식 C2-2b로부터,

$$\tau_b = 4\left(\frac{\alpha P_r}{P_{ns}}\right)\left(1 - \frac{\alpha P_r}{P_{ns}}\right) = 4\left(\frac{1.0(440)}{790}\right)\left(1 - \frac{1.0(440)}{790}\right) = 0.987$$

해 답 $\tau_b = 0.987$

ASD 풀이 $P_r = P_a = D + L = 100 + 200 = 300\ \text{kips}$

$$\frac{\alpha P_r}{P_{ns}} = \frac{1.6(300)}{790} = 0.6076 > 0.5$$

AISC 식 C2-2b로부터,

$$\tau_b = 4\left(\frac{\alpha P_r}{P_{ns}}\right)\left(1 - \frac{\alpha P_r}{P_{ns}}\right) = 4(0.6076)(1-0.6076) = 0.954$$

해　답 $\tau_b = 0.954$

기둥의 단부가 고정지점($G = 1.0$)이거나 핀지점($G = 10.0$)이면, 그곳에서의 G값에 강성도 감소계수를 곱하면 안 된다. 강구조편람 4부의 표 4-13에는 강성도 감소계수 τ_b의 값이 P_u/A_g와 P_a/A_g의 함수로 주어져 있다.

예제 4.15 **횡지지되지 않은 강절뼈대가 그림 4.17에 나와 있다. 모든 부재들은 휨이 강축에 대해서 일어나는 방향으로 놓여 있다. 뼈대에 수직한 방향으로는 모든 절점에서 단순연결 브레이싱으로 횡지지되어 있다. 부재 AB에서 각 축에 대한 유효길이계수를 결정하라. 사용사하중은 35.5 kips이고 사용활하중은 142 kips이다. A992강이 사용된다.**

그림 4.17

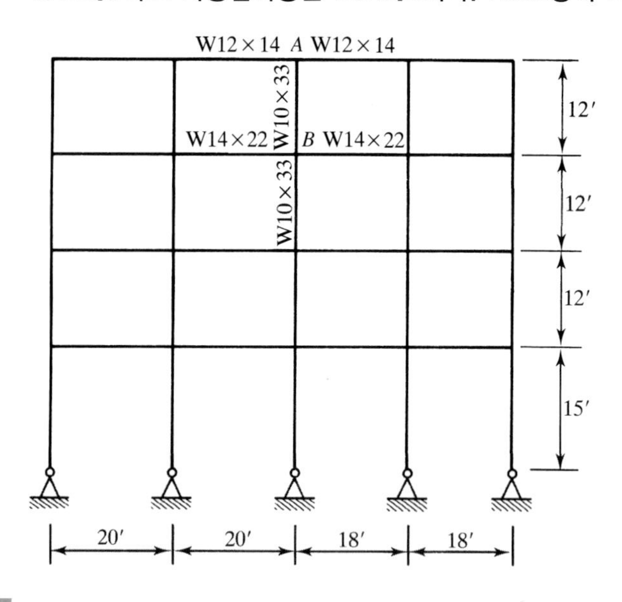

풀　이 탄성 G계수 계산:

절점 A에 대해서,

$$\frac{\Sigma(I_{col}/L_{col})}{\Sigma(I_g/L_g)} = \frac{170/12}{88.6/20 + 88.6/18} = \frac{14.17}{9.35} = 1.52$$

절점 B에 대해서,

$$\frac{\Sigma(I_{col}/L_{col})}{\Sigma(I_g/L_g)}=\frac{2(170/12)}{199/20+199/18}=\frac{28.5}{21.01}=1.36$$

횡지지되지 않은 뼈대에 대한 유효길이 도표에서의 $K_x=1.45$은 탄성거동에 기초한다.

$$\frac{L_{cx}}{r_x}=\frac{K_xL}{r_x}=\frac{1.45(12\times12)}{4.19}=49.83$$

$$4.71\sqrt{\frac{E}{F_y}}=4.71\sqrt{\frac{29,000}{50}}=113$$

$\frac{L_{cx}}{r_x}<4.71\sqrt{\frac{E}{F_y}}$ 이므로 비탄성거동이고, 비탄성 K계수가 사용되어야 한다.

LRFD 풀이 계수하중은

$$P_u=1.2D+1.6L=1.2(35.5)+1.6(142)=269.8\text{ kips}$$

W10×33은 비세장단면이고,

$\therefore\ A=A_g=9.71\text{ in.}^2$, 따라서 다음 값을 가지고 강구조편람 Part 4의 표 4-13으로 들어간다.

$$\frac{P_u}{A_g}=\frac{269.8}{9.71}=27.79\text{ ksi}$$

보간법을 이용해, 강성도 감소계수 $\tau_b=0.9877$을 얻는다.

절점 A에 대해,

$$G_{\text{inelastic}}=\tau_b\times G_{\text{elastic}}=0.9877(1.52)=1.50$$

절점 B에 대해,

$$G_{\text{inelastic}}=0.9877(1.36)=1.34$$

해 답 유효길이 도표로부터, $K_x=1.43$이다. 뼈대에 수직한 방향의 지지조건으로부터 K_y는 1.0으로 취할 수 있다.

ASD 풀이 작용하중은

$$P_a=D+L=35.5+142=177.5\text{ kips}$$

다음 값을 가지고 강구조편람 Part 4의 표 4-13으로 들어간다.

$$\frac{P_a}{A_g}=\frac{177.5}{9.71}=18.28\text{ ksi}$$

보간법을 이용해서, 강성도 감소계수 $\tau_a=0.9703$을 얻는다.

절점 A에 대해,

$$G_{\text{inelastic}}=\tau_b\times G_{\text{elastic}}=0.9703(1.52)=1.47$$

절점 B에 대해,

$$G_{\text{inelastic}} = 0.9703(1.36) = 1.32$$

해 답 유효길이 도표로부터, $K_x = 1.43$이다. 뼈대에 수직한 방향의 지지조건으로부터 K_y는 1.0으로 취할 수 있다.

AISC 설계기준 부록 7에 의하면, 유효길이계수 K는 "가로흔들이 좌굴해석"에 의해서 결정되어야만 한다. 그러나 유효길이 도표는 적용될 수 있다(Nair, 2005).

4.8 비틀림과 휨-비틀림좌굴

축하중을 받는 압축재가 전체적으로 불안정해진다면(즉, 국부적인 불안정이 아닌), 그림 4.18에 나와 있는 세 가지 방법 가운데 하나로 좌굴한다.

1. **휨좌굴:** 우리는 지금까지 이 좌굴을 고려했다. 이것은 최대세장비를 갖는 축에 대한 휨에 의해 생기는 처짐이다(그림 4.18(a)). 이 축은 보통 종축(minor principal axis) – 최소회전반경을 갖는 축이다. 모든 형상을 갖는 압축재는 이렇게 파괴될 수 있다.
2. **비틀림좌굴:** 이런 유형의 파괴는 부재의 종방향 축(longitudinal axis)에 대한 비틀림에 의해 야기된다. 이것은 박판 단면요소를 갖는 2축 대칭단면에서 일어난다(그림 4.18(b)). 비틀림좌굴은 표준열연형강에서는 일어나지 않지만, 박판요소로 이루어진 조립재에서는 일어날 수 있고, 반드시 조사되어야 한다. 그림의 십자형강은 특히 이 좌굴이 일어나기 쉽다. 이 형강은 그림에서와 같이 판으로 제작되기도 하고, 등을 맞댄 4개의 L형강으로 조립되기도 한다.
3. **휨-비틀림좌굴:** 이런 유형의 파괴는 휨좌굴과 비틀림좌굴의 조합에 의해 일어난다. 이 부재에는 휨과 비틀림이 동시에 일어난다(그림 4.18(c)). 이런 유형의 파괴는 C형강, T형강, 이중-L형강 그리고 등각단일-L형강 등의 1개의 대칭축만을 가진 단면과 부등각 단일-L형강과 같은 대칭축이 없는 단면에서 일어난다.

AISC 시방서는 적절하다고 판단된 경우 비틀림과 휨-비틀림좌굴에 대한 해석을 요구한다. 시방서의 E4(a)절은 이중-L형강과 T형강을 다루고, E4(b)절은 비대칭단면에 대해 사용하는 보다 일반적인 방법을 제공한다. 먼저 일반적인 방법을 논한다. 이것은 먼저 오일러 좌굴응력과 유사한 F_e값을 결정하는 데 기초한다. 이 응력은 휨좌굴공식,

AISC 식 E3-2와 AISC 식 E3-3에 사용된다. 이 응력 F_e는 휨좌굴과 비틀림좌굴과 휨-비틀림좌굴 중에서 지배하는 파괴모드에 상응하는 탄성좌굴응력으로 정의된다.

AISC E4에 주어진 F_e에 대한 식은 탄성안정론(Timoshenko와 Gere, 1961)에서 잘 정립된 이론에 근거를 두고 있다. 부호에서의 약간의 변화만 제외하면, 그들은 단순화시킨 것 없이 같은 식이다. 2축 대칭형강에 대해(비틀림좌굴),

$$F_e = \left[\frac{\pi^2 EC_w}{(L_{cz})^2} + GJ\right]\frac{1}{I_x + I_y} \qquad \text{(AISC 식 E4-2)}$$

1개의 대칭축을 갖는 형강에 대해(휨-비틀림좌굴),

$$F_e = \frac{F_{ey} + F_{ez}}{2H}\left[1 - \sqrt{1 - \frac{4F_{ey}F_{ez}H}{(F_{ey} + F_{ez})^2}}\right] \qquad \text{(AISC 식 E4-3)}$$

여기서 y는 대칭축이다.
대칭축을 갖고 있지 않는 형강에 대해(휨-비틀림좌굴),

$$(F_e - F_{ex})(F_e - F_{ey})(F_e - F_{ez}) - F_e^2(F_e - F_{ey})\left(\frac{x_0}{\bar{r}_0}\right)^2$$

$$- F_e^2(F_e - F_{ex})\left(\frac{y_0}{\bar{r}_0}\right)^2 = 0 \qquad \text{(AISC 식 E4-4)}$$

마지막 식은 3차 방정식이고 F_e는 최소 근이다.

위 식에서 z축은 종방향축이다. 이 세 식에서 사용된 용어 가운데 앞에서 정의되지 않은 것은 다음과 같이 정의된다.

C_w = 뒤틀림상수(in.^{6})

그림 4.18

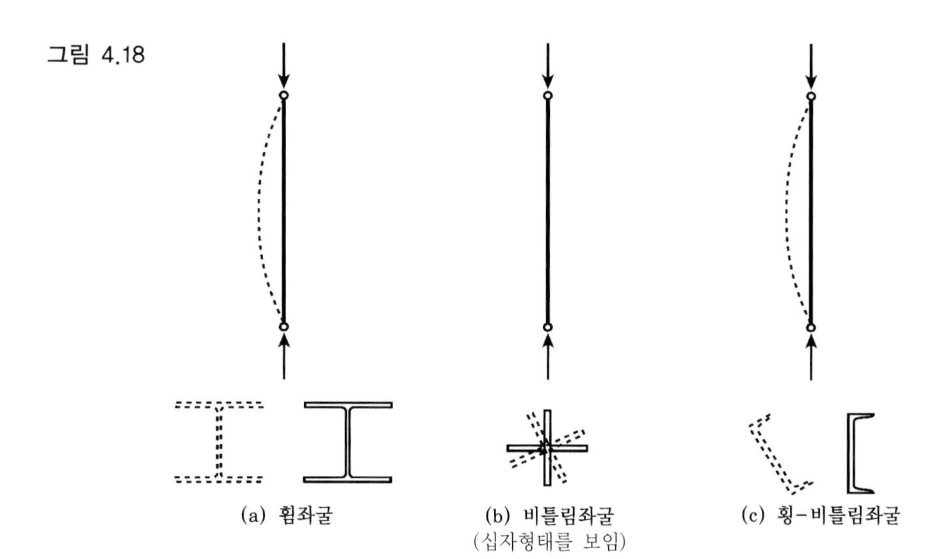

$L_{cz} = K_z L$ = 비틀림좌굴에 대한 유효길이, 종방향축에 대한 비틀림의 단부구속 정도에 근거해서 구한 것

G = 전단계수(ksi) = 구조용 강에 대해서는 11,200 ksi

J = 비틀림상수(원형단면에 대해서만 극관성모멘트와 같다)(in.^{4})

$$F_{ex} = \frac{\pi^2 E}{(L_{cx}/r_x)^2} \qquad \text{(AISC 식 E4-5)}$$

$$F_{ey} = \frac{\pi^2 E}{(L_{cy}/r_y)^2} \qquad \text{(AISC 식 E4-6)}$$

여기서 y는 1개의 대칭축을 갖는 형강에서의 대칭축이다.

$$F_{ez} = \left[\frac{\pi^2 E C_w}{(L_{cz})^2} + GJ\right]\frac{1}{A_g \bar{r}_0^2} \qquad \text{(AISC 식 E4-7)}$$

$$H = 1 - \left[\frac{x_0^2 + y_0^2}{\bar{r}_0^2}\right] \qquad \text{(AISC 식 E4-8)}$$

여기서 z는 종방향 축이고, x_0와 y_0는 단면의 도심에 대한 전단중심의 좌표(in. 단위)이다. 전단중심이란 보가 비틀림 없이 휘기 위해, 보에 작용하는 수직하중이 지나야 할 단면상의 점이다.

$$\bar{r}_0^2 = x_0^2 + y_0^2 + \frac{I_x + I_y}{A_g} \qquad \text{(AISC 식 E4-9)}$$

F_e에 대한 3개의 식에서 사용된 상수 값은 강구조편람 1부의 단면값 표들에 나와 있다. 표 4.1에는 각각의 형강들에 대해서 어떤 상수가 주어져 있는가를 보여준다. 표 4.1을 보면 강구조편람에는 T형강에 대한 상수 $\bar{r}_0$와 H가 주어져 있지 않음을 알 수 있다. 그것들은 AISC 형강 데이터베이스(AISC, 2016c)에 나와 있다.

그러나 그 값들은 x_0와 y_0를 안다면 쉽게 계산된다. x_0와 y_0는 단면의 도심점에 대한 전단중심의 좌표이므로, 전단중심의 위치는 반드시 알아야 한다. 그것은 T형강의 경우에 플랜지와 웹의 중심선의 교점에 위치하고 있다. 예제 4.16은 $\bar{r}_0$와 H의 계산을 보여준다.

2개의 대칭축을 갖는 형강에 대한 비틀림좌굴해석을 수행할 필요는 거의 없다. 마찬가지로, 대칭축이 없는 형강은 좀처럼 압축재로 사용되지 않고 이러한 형강에 대한 휨-비틀림좌굴해석을 수행할 필요는 있다고 하더라도 드물다. 이와 같은 이유 때문에 앞으로는 1개의 대칭축을 갖는 형강에 대한 휨-비틀림좌굴의 경우만 고려한다. 그리고 가장 많이 사용되는 이중-L형강은 조립재이고 이것은 4.9절에서 고려한다.

1개의 대칭축을 갖는 형강에 대한 휨-비틀림좌굴 응력 F_e는 AISC 식 E4-5로부터

표 4.1

형태	상수
W, M, S, HP, WT, MT, ST	J, C_w(AISC 형강 데이터베이스(AISC, 2016c)에 WT, MT, 그리고 ST 형강에 대한 $\bar{r}_0$, H값이 추가되어 있음)
C	J, C_w, $\bar{r}_0$, H
MC, Angles	J, C_w, $\bar{r}_0$(AISC 형강 데이터베이스(AISC, 2016c)에 MC와 이중 ㄱ형강에 대한 H값이 추가되어 있음)
Double Angles	$\bar{r}_0$, H(J와 C_w는 ㄱ형강 값의 2배이다.)

구한다. 이 식에서 y는 대칭축으로 정의되고(부재의 방향에 상관없이), 휨-비틀림좌굴은 이 축에 대해서만 일어난다(이 축에 대한 휨좌굴은 일어나지 않는다). x축에 대해서는 휨좌굴만 일어난다. 따라서 1개의 대칭축을 갖는 형강은, 강도에 대해 두 가지 가능성을 갖고 있다: 하나는 y축(대칭축)에 대한 휨-비틀림좌굴이고 다른 하나는 x축에 대한 휨좌굴이다(Timoshenko와 Gere, 1961 그리고 Zahn과 Iwankiw, 1989). 어느 것이 지배하는지 결정하려면 축에 상응하는 강도를 구해 작은 값을 사용한다.

AISC E4(c)의 사용자 노트에서는 이중-L형강과 T형강에 대한 F_{ez}을 계산할 때, AISC 식 E4-7의 C_w항을 제거하고 x_0를 0으로 놓을 것을 추천한다. C_w항을 제거하면, 다음을 얻는다.

$$F_{ez} = \frac{GJ}{A_g \bar{r}_0^2} \tag{4.14}$$

$\bar{r}_0^2 = x_0^2 + y_0^2 + \dfrac{I_x + I_y}{A_g}$이고 이중-L형강과 T-형강에 대해서는 x_0는 이미 0이기 때문에, 더 이상의 단순화는 필요 없다.

그러면 공칭강도는 다음과 같다.

$$P_n = F_{cr} A_g \qquad \text{(AISC 식 E4-1)}$$

여기서 F_{cr}은 AISC 식 E3-2 혹은 E3-3을 이용하여 계산한다(휨좌굴 식).

예제 4.16 **A992강이 사용된 WT12×81의 압축강도를 계산하라. x축에 대한 유효길이는 25 ft 6 in.이고 y축에 대한 유효길이는 20 ft이며, z축에 대한 유효길이는 20 ft이다.**

풀 이 먼저, x축에 대한 휨좌굴강도를 계산한다(비대칭축).

$$\frac{L_{cx}}{r_x} = \frac{25.5 \times 12}{3.50} = 87.43$$

$$F_e = \frac{\pi^2 E}{(L_c/r)^2} = \frac{\pi^2 (29{,}000)}{(87.43)^2} = 37.44 \text{ ksi}$$

$$4.71\sqrt{\frac{E}{F_y}} = 4.71\sqrt{\frac{29{,}000}{50}} = 113$$

$\frac{L_c}{r_x} < 4.71\sqrt{\frac{E}{F_y}}$ 이므로, AISC 식 E3-2가 적용된다.

$$F_{cr} = 0.658^{(F_y/F_e)}F_y = 0.658^{50/37.44}(50) = 28.59 \text{ ksi}$$

공칭강도는

$$P_n = F_{cr}A_g = 28.59(23.9) = 683.3 \text{ kips}$$

y축(대칭축)에 대한 휨-비틀림좌굴강도의 계산:

$$\frac{L_{cy}}{r_y} = \frac{20 \times 12}{3.05} = 78.69$$

$$F_{ey} = \frac{\pi^2 E}{(L_{cy}/r_y)^2} = \frac{\pi^2(29{,}000)}{(78.69)^2} = 46.22 \text{ ksi}$$

식 4.14로부터,

$$F_{ez} = \frac{GJ}{A_g \bar{r}_0^2}$$

T형강의 전단중심은 플랜지와 웹의 중심선의 교점에 위치하므로,

$$x_0 = 0$$

$$y_0 = \bar{y} - \frac{t_f}{2} = 2.70 - \frac{1.22}{2} = 2.090 \text{ in.}$$

$$\bar{r}_0^2 = x_0^2 + y_0^2 + \frac{I_x + I_y}{A_g} = 0 + (2.090)^2 + \frac{293 + 221}{23.9} = 25.87 \text{ in.}^2$$

$$H = 1 - \frac{x_0^2 + y_0^2}{\bar{r}_0^2} = 1 - \frac{0 + (2.090)^2}{25.87} = 0.8312$$

$$F_{ez} = \frac{GJ}{A_g \bar{r}_0^2} = \frac{11{,}200(9.22)}{23.9(25.87)} = 167.0 \text{ ksi}$$

$$F_{ey} + F_{ez} = 31.79 + 167.0 = 198.8 \text{ ksi}$$

$$F_e = \left(\frac{F_{ey} + F_{ez}}{2H}\right)\left[1 - \sqrt{1 - \frac{4F_{ey}F_{ez}H}{(F_{ey} + F_{ez})^2}}\right]$$

$$= \frac{198.8}{2(0.8312)}\left[1 - \sqrt{1 - \frac{4(31.79)(167.0)(0.8312)}{(198.8^2)}}\right] = 30.63 \text{ ksi}$$

$$\frac{F_y}{F_e} = \frac{50}{30.63} = 1.632$$

$1.632 < 2.25$ 이므로, AISC 식 E3-2를 이용한다:

$$F_{cr} = 0.658^{F_y/F_e}F_y = 0.658^{1.632}(50) = 25.25 \text{ ksi}$$

$$P_n = F_{cr} A_g = 25.25(23.9) = 603.5 \text{ kips}$$

휨좌굴강도가 지배하고, 공칭강도는 603.5 kips이다.

해 답 LRFD의 경우, 설계강도는 $\phi_c P_n = 0.90(603.5) = 543 \text{ kips}$
ASD의 경우, 허용응력은 $F_a = 0.6F_{cr} = 0.6(25.25) = 15.15 \text{ ksi}$이고 허용강도는 $F_a A_g = 15.15(23.9) = 362 \text{ kips}$이다.

예제 4.17 **A36강으로 만들어진 $C15 \times 50$의 압축강도를 계산하라. x, y와 z축에 대한 유효길이는 각각 13 ft이다.**

풀 이 y축에 대한 휨좌굴강도를 검토한다(C-형강에 대해서 이 축은 대칭축이 아니다).

$$\frac{L_{cy}}{r_y} = \frac{13 \times 12}{0.865} = 180.3$$

$$F_e = \frac{\pi^2 E}{(L_c/r)^2} = \frac{\pi^2(29{,}000)}{(180.3)^2} = 8.805 \text{ ksi}$$

$$4.71\sqrt{\frac{E}{F_y}} = 4.71\sqrt{\frac{29{,}000}{36}} = 133.7$$

$\frac{L_c}{r} > 4.71\sqrt{\frac{E}{F_y}}$ 이므로, AISC 식 E3-2가 적용된다.

$$F_{cr} = 0.877\,F_e = 0.877(8.805) = 7.722 \text{ ksi}$$

공칭강도는,

$$P_n = F_{cr} A_g = 7.722(14.7) = 113.5 \text{ kips}$$

대칭축에 대한 휨-비틀림좌굴강도를 계산한다. 강구조편람의 단면성격 표에서 알 수 있듯이, C-형강의 경우 대칭축은 x축이다. 그러나 AISC 식 E4-3에서는, 대칭축을 y축으로 부른다. 따라서 x와 y첨자가 바뀌어야 한다. AISC E4(b)의 사용자 노트를 참조하라.

$$\frac{L_{cx}}{r_x} = \frac{13 \times 12}{5.24} = 29.77$$

$$F_{ey} = \frac{\pi^2 E}{(L_c/r)^2} = \frac{\pi^2(29{,}000)}{(29.77)^2} = 323.0 \text{ ksi}$$

$$F_{ez} = \left[\frac{\pi^2 E C_w}{(L_{cz})^2} GJ\right] \frac{1}{A_g \bar{r}_0^2}$$

$$= \left[\frac{\pi^2(29{,}000)(492)}{(13 \times 12)^2} + 11{,}200(2.65)\right] \frac{1}{14.7(5.49)^2} = 80.06 \text{ ksi}$$

($\bar{r}_0$는 표에서 찾는다)

$$F_{ey}+F_{ez}=323.0+80.06=403.1 \text{ ksi}$$

$$F_e=\left(\frac{F_{ey}+F_{ez}}{2H}\right)\left[1-\sqrt{1-\frac{4F_{ey}F_{ez}H}{(F_{ey}+F_{ez})^2}}\right]$$

$$=\frac{403.1}{2(0.937)}\left[1-\sqrt{1-\frac{4(323.0)(80.06)(0.937)}{(403.1^2)}}\right]=78.46 \text{ ksi}$$

(H는 표에서 찾는다)

$$\frac{L_{cx}}{r_x}>4.71\sqrt{\frac{E}{F_y}}=133.7 \text{ 이므로}$$

AISC 식 E3-2를 이용한다:

$$F_{cr}=0.658^{(F_y/F_e)}F_y=0.658^{36/78.46}(36)=29.71 \text{ ksi}$$

공칭강도는

$$P_n=F_{cr}A_g=29.71(14.7)=436.7 \text{ kips}$$

휨좌굴강도가 지배하고, 공칭강도는 113.5 kips이다.

해 답 LRFD의 경우, 설계강도는 $\phi_c P_n=0.90(113.5)=102$ kips
ASD의 경우, 허용응력은 $F_a=0.6F_{cr}=0.6(7.722)=4.633$ ksi이고,
허용강도는 $F_a A_g=4.633(14.7)=68.1$ kips이다.

실무에서는, 대부분의 이중-L형강과 T형강의 강도는 기둥강도표에서 찾을 수 있다. 이 표에는 x축에 대한 휨좌굴에 근거한 강도와 y축에 대한 휨-비틀림좌굴에 근거한 강도의 두 값이 주어져 있다.

압축재 앵글에 대한 표도 제공되어 있다. 이 표에 주어진 설계강도는 AISC E5의 조항들에 근거를 둔 것이다.

비대칭 형강에 대해 기둥강도표를 사용할 때에는, 세장판 단면요소에 대해서는 이미 고려가 되어 있기 때문에 더 이상 고려할 필요가 없다. 기둥강도표에 나와 있지 않은 부재에 대해서 해석하는 경우에는, 단면요소에 대한 세장성을 반드시 고려해야 한다.

4.9 조립부재

만일 조립압축재의 단면 값을 알고 있다면, 그것의 해석은 단면의 구성요소가 적절히 연결된 경우, 다른 압축재에 대한 해석과 같다. AISC E6에는 둘 이상의 압연형강과 여러 개의 판 혹은 판과 형강의 조합으로 구성되는 조립재들의 연결상세가 나와 있다. 연결 문제를 고려하기에 앞서, 조립형강의 단면 값에 대한 계산을 복습한다.

조립압축재의 설계강도는 세장비 L_c/r의 함수이다. 따라서 주축과 그에 대한 회전반경이 결정되어야 한다. 같은 재료로 이루어진 단면에 대해, 주축은 도심축과 같다. 그 절차가 예제 4.18에 설명되어 있다. 단면의 구성요소들은 적절히 연결되어 있다고 가정한다.

예제 4.18 **그림 4.19의 기둥은 $^3/_8 \times 4$ in.의 덮개판을 W14×35의 플랜지에 용접하여 제작되었다. 두 구성요소에 대해 $F_y = 50$ ksi인 강이 사용되었다. 양축에 대한 유효길이는 15 ft이다. 단면요소들은 부재단면 전체가 유효단면이 되도록 연결되어 있다고 가정하고 휨좌굴에 근거한 설계강도를 계산하라.**

그림 4.19

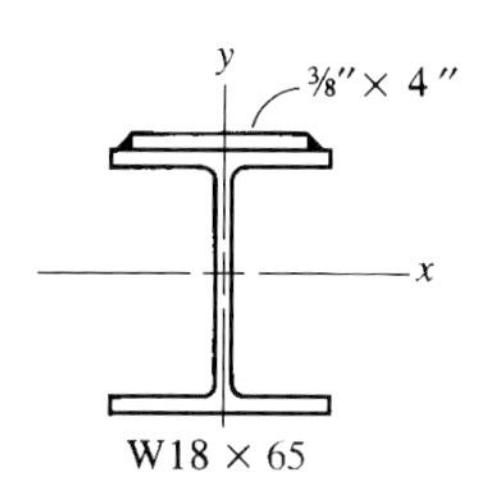

풀 이 덮개판의 추가로 인해, 이 형강은 약간 비대칭으로 되었지만, 휨-비틀림효과는 무시할 만하다.

수직 대칭축은 주축의 하나지만, 그 위치는 계산할 필요가 없다. 수평 주축은 모멘트원리(principle of moment)를 적용해서 찾는다. 단면요소들의 임의의 축(이 예제에서는 판의 상단을 지나는 수평축이 사용된다)에 대한 모멘트의 합은 전체 단면의 모멘트와 같다. 계산과정을 밝히기 위해 표 4.2를 이용한다.

$$\bar{y} = \frac{\Sigma A_y}{\Sigma A} = \frac{183.2}{20.60} = 8.893 \text{ in.}$$

표 4.2

요소	A	y	Ay
판	1.500	0.1875	0.2813
W	19.10	9.575	182.9
Σ	20.60		183.2

수평 도심축의 위치를 알게 되었으므로, 이 축에 대한 관성모멘트는 평행축정리(parallel axis theorem)를 이용해서 구한다.

$$I = \bar{I} + Ad^2$$

여기서

$\bar{I}$ = 단면요소의 도심축에 대한 관성모멘트
A = 단면요소의 단면적

I = 단면요소의 도심축과 평행인 축에 대한 관성모멘트

d = 두 축 사이의 거리

각 단면요소들로부터 기여되는 양이 전체 단면의 관성모멘트를 구하기 위해 계산되고 합해진다. 표 4.3은 표 4.2의 확대판이고 이들 계산을 포함한다. x축에 대한 관성모멘트는

$$I_x = 1193\ \text{in.}^4$$

표 4.3

단면요소	A	y	Ay	$\bar{I}$	d	$\bar{I} + Ad^2$
판	1.500	0.1875	0.2812	0.01758	8.706	113.7
W	19.10	9.575	182.9	1070	0.6820	1079
Σ	20.60		183.2			1193

수직축에 대해,

$$I_y = \frac{1}{12}\left(\frac{3}{8}\right)(4)^3 + 54.8 = 56.80\ \text{in.}^4$$

$I_y < I_x$이므로, y축이 지배한다.

$$r_{\min} = r_y = \sqrt{\frac{I_y}{A}} = \sqrt{\frac{56.80}{20.60}} = 1.661\text{in}$$

$$\frac{L_c}{r_{\min}} = \frac{15 \times 12}{1.661} = 108.4$$

$$F_e = \frac{\pi^2 E}{(L_c/r)^2} = \frac{\pi^2(29{,}000)}{(108.4)^2} = 24.36\ \text{ksi}$$

$$4.71\sqrt{\frac{E}{F_y}} = 4.71\sqrt{\frac{29{,}000}{50}} = 113$$

$\frac{L_c}{r} < 4.71\sqrt{\frac{E}{F_y}}$ 이므로, AISC 식 E3-2를 이용한다.

$$F_{cr} = 0.658^{(F_y/F_e)}F_y = 0.658^{(50/24.36)}(50) = 21.18\ \text{ksi}$$

공칭강도는

$$P_n = F_{cr}A_g = 21.18(20.60) = 436.3\ \text{kips}$$

LRFD 풀이 설계강도는 $\phi_c P_n = 0.90(436.3) = 393\ \text{kips}$

ASD 풀이 식 4-7로부터, 허용응력은

$$F_a = 0.6F_{cr} = 0.6(21.18) = 12.71\ \text{kips}$$

허용강도는 $F_a A_g = 12.71(20.60) = 262\ \text{kips}$

해 답 설계압축강도는 393 kips이고, 허용압축강도는 262 kips이다.

압연형강으로 구성된 조립재의 연결부에 대한 설계기준의 조항

가장 흔한 조립형강은 압연형강으로 구성된 것, 즉 이중-L형강이다. 이 부재를 이용해서, 이 범주의 조립재에 대한 요구사항들을 설명한다. 그림 4.20은 양단에서 연결판에 연결된 트러스 압축재를 보여준다. L형강이 전 길이에 걸쳐 등과 등이 서로 닿지 않도록 하기 위해, 연결판과 같은 두께의 채움재(filler) 혹은 간격재(spacer)가 L형강 사이에 일정한 간격으로 놓여 있다. 이 간격은 부재가 하나로 작용하도록 충분히 작아야 한다. 만일 부재가 x축에 대해 좌굴한다면(휨좌굴), 연결재는 아무런 하중도 부담하지 않고, 연결문제는 단지 두 요소가 제 위치를 유지하도록 하는 문제가 된다. 조립재가 일체로 작용하도록 하기 위해, AISC E6.2는 각각의 구성요소의 세장비는 조립재의 세장비의 3/4 이하일 것을 요구한다. 즉,

$$\frac{a}{r_i} \leq \frac{3}{4}\frac{L_c}{r} \tag{4.15}$$

여기서

a = 연결재 간격

r_i = 구성요소의 최소회전반경

L_c/r = 조립재의 최대세장비

만일 부재가 대칭축에 대해 좌굴한다면, −즉 y축에 대한 휨-비틀림좌굴이 일어난다면− 연결재는 전단력을 받게 된다. 이러한 조건은 그림 4.21에서와 같이, 보로 사용된 두 개의 널빤지를 고려하면 가시화된다. 만일 널빤지가 연결되어 있지 않다면, 하중을 받았을 때 접촉면을 따라 미끄러지게 되고, 두 개의 분리된 보로 작용한다. 두 개의 널빤지는 볼트(혹은 못)로 연결되었을 때, 하나로 거동하고, 미끄러짐에 대한 저항은 볼트의 전단력에 의해 제공된다. 이러한 거동은 이중-L형강이 y축에 대해 휘어질 때 일어난다. 널빤지의 방향이 보가 b축에 대해 휨이 일어나도록 향한 경우에는, 두 개의 널빤지가 정확히 함께 휘게 되고, 따라서 미끄러짐은 일어나지

그림 4.20

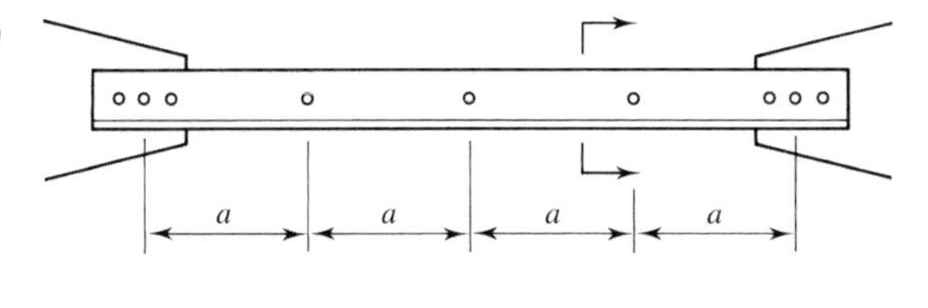

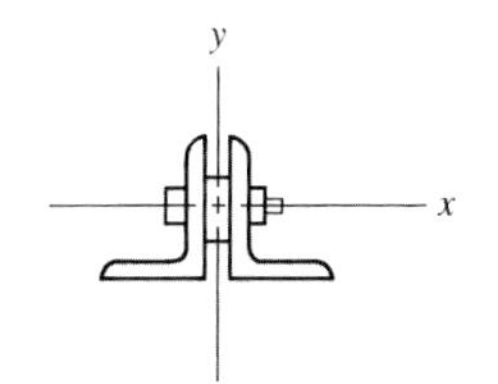

그림 4.21

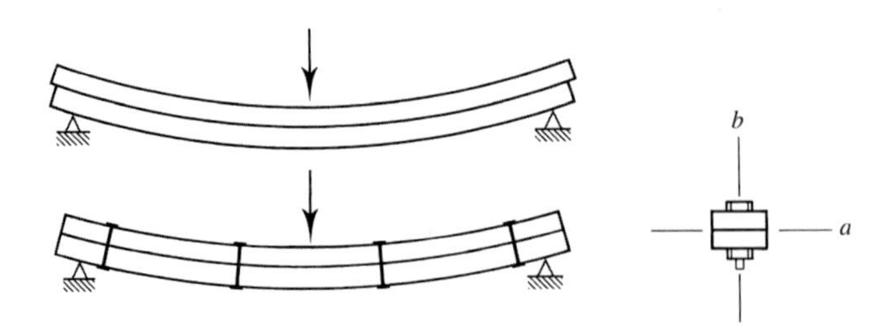

않고 전단도 없게 된다. 이러한 거동은 이중-L형강의 x축에 대한 휨에 대해서도 유사하다. 볼트가 전단을 받을 때는, 실제 값보다 큰, 수정된 세장비가 요구된다.

AISC E6는 두 개의 범주의 연결재를 고려한다. (1) 지압볼트 그리고 (2) 용접 혹은 마찰볼트. 이러한 연결방법은 7장 "단순연결"에서 자세히 다루기로 한다.

연결재가 지압연결 볼트인 경우, 수정된 세장비는

$$\left(\frac{L_c}{r}\right)_m = \sqrt{\left(\frac{L_c}{r}\right)_0^2 + \left(\frac{a}{r_i}\right)^2} \qquad \text{(AISC 식 E6-1)}$$

여기서

$(L_c/r)_0$ = 원래의 수정되지 않은 세장비

연결재가 마찰연결 볼트이거나 용접인 경우 수정된 세장비는 a/r_i의 값의 함수이다. $a/r_i \le 40$인 경우, 세장비는 수정되지 않는다. 즉,

$$\left(\frac{L_c}{r}\right)_m = \left(\frac{L_c}{r}\right)_0 \qquad \text{(AISC 식 E6-2a)}$$

$a/r_i > 40$인 경우,

$$\left(\frac{L_c}{r}\right)_m = \sqrt{\left(\frac{L_c}{r}\right)_0^2 + \left(\frac{K_i a}{r_i}\right)^2} \qquad \text{(AISC 식 E6-2b)}$$

여기서,

$K_i = 0.5$ 등과 등을 맞댄 L형강의 경우

$= 0.75$ 등과 등을 맞댄 C형강의 경우

$= 0.86$ 모든 다른 경우

이중-L형강에 대한 기둥강도표는 용접이나 마찰연결 볼트인 경우이고, 주어진 y축 휨-비틀림좌굴강도에 대해 필요한 중간연결재의 개수가 나와 있다. x축 휨좌굴강도에 대해 필요한 연결재의 개수는 연결재 사이의 단일-L형강의 세장비가 이중-L형강 전체 세장비의 3/4 이하가 되어야 한다는 식 4.15를 따라서 결정해야 한다.

예제 4.19 그림 4.22에 주어진 압축재의 강도를 계산하라. 2개의 L형강, $5 \times 3 \times {}^1/_2$은 긴 다리가 등을 맞댄 방향이고($2L\,5 \times 3 \times {}^1/_2$ LLBB), ${}^3/_8$ in.만큼 떨어져 있다. 유효길이 L_c은 16 ft이고 3개의 마찰 중간 연결재가 있다. A36 강재를 사용하라.

그림 4.22

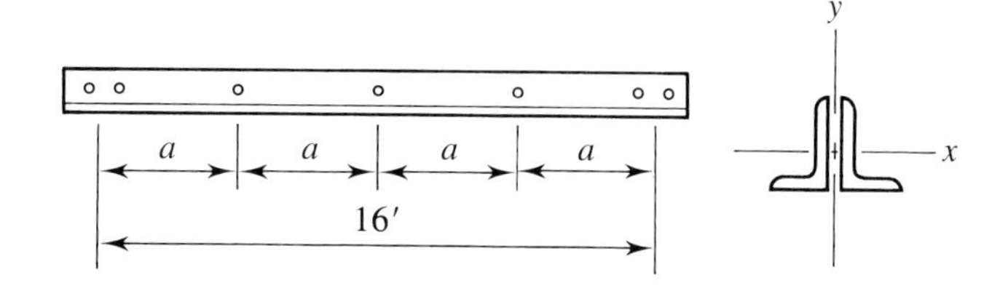

풀 이 x축에 대한 휨좌굴강도를 계산한다.

$$\frac{L_{cx}}{r_x} = \frac{16(12)}{1.58} = 121.5$$

$$F_e = \frac{\pi^2 E}{(L_c/r)^2} = \frac{\pi^2(29{,}000)}{(121.5)^2} = 19.39 \text{ ksi}$$

$$4.71\sqrt{\frac{E}{F_y}} = 4.71\sqrt{\frac{29{,}000}{36}} = 134$$

$L_c/r < 4.71\sqrt{\dfrac{E}{F_y}}$ 이므로, AISC E3-2를 적용:

$$F_{cr} = 0.658^{(F_y/F_e)} F_y = 0.658^{(36/19.39)}(36) = 16.55 \text{ ksi}$$

공칭강도는

$$P_n = F_{cr} A_g = 16.55(2 \times 3.75) = 124.1 \text{ kips}$$

y축에 대한 휨-비틀림좌굴강도를 결정하기 위해, 연결재의 간격에 기초를 둔, 수정된 세장비를 사용한다. 수정 전 세장비는,

$$\left(\frac{L_c}{r}\right)_0 = \frac{L_c}{r_y} = \frac{16(12)}{1.24} = 154.8$$

연결재의 간격은,

$$a = \frac{16(12)}{4 \text{ spaces}} = 48 \text{ in.}$$

그러면, 식 4.15로부터,

$$\frac{a}{r_i} = \frac{a}{r_z} = \frac{48}{0.642} = 74.77 < 0.75(154.8) = 116.1 \qquad \text{(OK)}$$

수정된 세장비 $(L_c/r)_m$를 계산한다:

$$\frac{a}{r_i} = \frac{48}{0.642} = 74.77 > 40 \quad \therefore \text{ AISC E6-2b를 사용한다.}$$

$$\frac{K_i a}{r_i} = \frac{0.5(48)}{0.642} = 37.38$$

$$\left(\frac{L_c}{r}\right)_m = \sqrt{\left(\frac{L_c}{r}\right)_0^2 + \left(\frac{K_i a}{r_i}\right)^2} = \sqrt{(154.8)^2 + (37.38)^2} = 159.2$$

이 값이 F_{ey}의 계산에서 L_c/r_y 대신 사용되어야 한다:

$$F_{ey} = \frac{\pi^2 E}{(L_c/r)^2} = \frac{\pi^2(29{,}000)}{(159.2)^2} = 11.29 \text{ ksi}$$

식 4-14로부터,

$$F_{ez} = \frac{GJ}{A_g \bar{r}_0^2} = \frac{11{,}200(2 \times 0.322)}{7.50(2.51)^2} = 152.6 \text{ ksi}$$

$$F_{ey} + F_{ez} = 11.29 + 152.6 = 163.9 \text{ ksi}$$

$$F_e = \left(\frac{F_{ey} + F_{ez}}{2H}\right)\left[1 - \sqrt{1 - \frac{4F_{ey}F_{ez}H}{(F_{ey} + F_{ez})^2}}\right]$$

$$= \frac{163.9}{2(0.646)}\left[1 - \sqrt{1 - \frac{4(11.29)(152.6)(0.646)}{(163.9)^2}}\right]$$

$$= 10.99 \text{ ksi}$$

$$\frac{F_y}{F_e} = \frac{36}{10.99} = 3.276$$

$3.276 > 2.25$이므로, AISC 식 E3-3을 이용한다:

$$F_{cr} = 0.877F_e = 0.877(10.99) = 9.638 \text{ ksi}$$

공칭강도는

$$P_n = F_{cr}A_g = 9.638(7.50) = 72.29 \text{ kips}$$

따라서 휨-비틀림좌굴강도가 지배한다.

LRFD 풀이 설계강도는 $\phi_c P_n = 0.90(72.99) = 65.1 \text{ kips}$

ASD 풀이 식 4.7로부터, 허용응력은

$$F_a = 0.6F_{cr} = 0.6(9.638) = 5.783 \text{ ksi}$$

허용강도는

$$F_a A_g = 5.783(7.50) = 43.47 \text{ kips}$$

해 답 설계압축강도는 65.1 kips이고, 허용압축강도는 43.4 kips이다.

예제 4.20 **사용사하중 12 kips와 사용활하중 23 kips에 저항하는 14 ft 길이의 압축재를 설계하라. 짧은 다리가 등을 맞대고 간격이 $^3/_8$ in.인 이중-L 형강을 사용하라. 이 부재는 x축(긴 다리에 평행인 축)에 대한 좌굴에 대비해 길이 중간에서 지지된다. 중간 연결재의 필요한 개수를 정하라(길이 중간의 지지는 이러한 연결재에 의해 제공된다). A36 강재를 사용하라.**

LRFD 풀이 계수하중은

$$P_a = 1.2D + 1.6L = 1.2(12) + 1.6(23) = 51.2 \text{ kips}$$

기둥강도표(짧은 다리를 서로 맞댄 이중 L형강에 대한 표 4-10)로부터, 2L $3^1/_2 \times 3 \times {}^1/_4$ SLBB를 선택한다. 무게는 10.8 lb/ft이다. 이 형강의 강도는 유효길이 14 ft이고 y축에 대한 좌굴인 경우, 53.2 kips이다(x측에 대한 휨좌굴강도는 유효길이 $^{14}/_2 = 7$ ft에 기초하여, 63.1 kips이다). 이 형강은 세장인 요소를 가지고 있고, 이것은 표의 값에 반영되어 있음에 주목한다.

y축에 대한 휨은 연결재에 전단을 일으키고, 따라서 이러한 거동에 저항하기 위해 충분한 개수의 연결재가 제공되어야 한다. 이 표에는 3개의 연결재가 필요하다고 나와 있다. (이것은 또한 식 4.15를 만족한다.)

해 답 14 ft 길이 안에 3개의 중간 연결재를 갖는 2L$3^1/_2 \times 3 \times {}^1/_4$ SLBB를 사용한다.

ASD 풀이 총 하중은

$$P_a = D + L = 12 + 23 = 35 \text{ kips}$$

기둥강도표로부터, 2L$3^1/_2 \times 3 \times {}^1/_4$ SLBB를 선택한다. 무게는 10.8 lb/ft이다. 이 형강의 강도는 유효길이 14 ft이고 y축에 대한 좌굴인 경우, 35.4 kips이다(x축에 대한 휨좌굴강도는 유효길이 $^{14}/_2 = 7$ ft에 기초해서, 42.0 kips이다). 이 형강은 세장인 요소를 가지고 있고, 이것은 표의 값에 반영되어 있음을 주목한다.

y축에 대한 휨은 연결재에 전단을 일으키고, 따라서 이러한 거동에 저항하기 위해 충분한 개수의 연결재가 제공되어야 한다. 이 표에는 3개의 연결재가 필요하다고 나와 있다. (이것은 또한 식 4.15를 만족한다.)

해 답 14 ft 길이 안에 3개의 중간 연결재를 갖는 2L$3^1/_2 \times 3 \times {}^1/_4$ SLBB를 사용한다.

판 혹은 판과 형강으로 구성된 조립재에 대한 설계기준의 조항

조립재가 상당히 떨어진 2개 이상의 압연형강으로 구성될 때는, 형강을 연결하기 위해 판이 사용되어야 한다. AISC E6는 연결부의 요구사항과 판의 배치에 대한 상세한 내용을 포함하고 있다. 판 혹은 판과 형강으로 구성되는 조립 압축재에 대한 연결부 추가 조항들이 나와 있다.

연습문제

AISC 조항

4.3-1 AISC 식 E3-2 혹은 E3-3을 사용해서 다음의 경우에 대한 공칭압축강도를 결정하라.

a. $L = 10$ ft

b. $L = 30$ ft

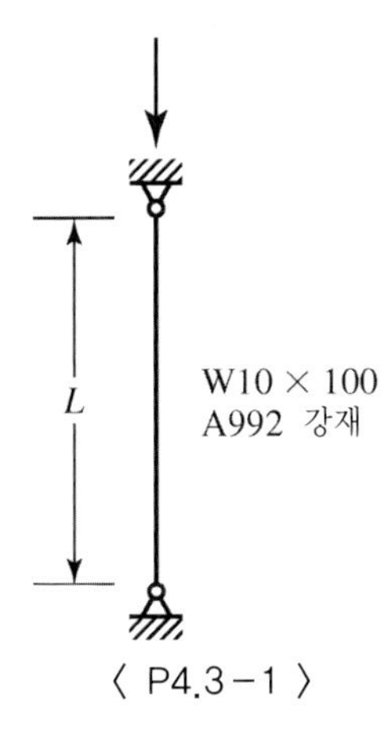

〈 P4.3-1 〉

4.3-2 AISC 식 E3-2 혹은 E3-3을 사용해서 그림 P4.3-2의 압축재의 공칭압축강도를 결정하라.

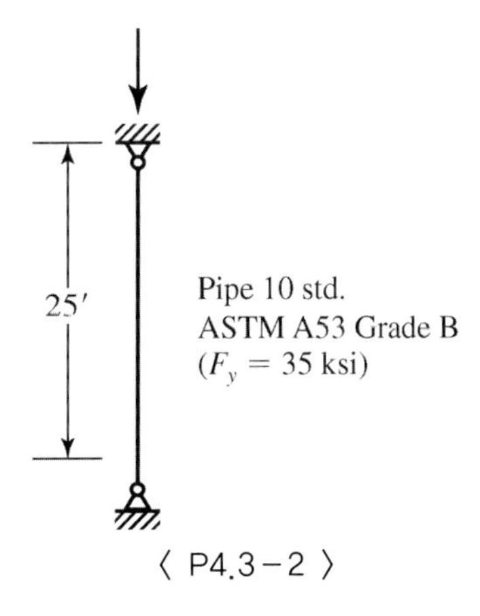

〈 P4.3-2 〉

4.3-3 AISC 식 E3-2 혹은 E3-3을 사용해서 그림 P4.3-3의 압축재의 공칭압축강도를 계산하라.

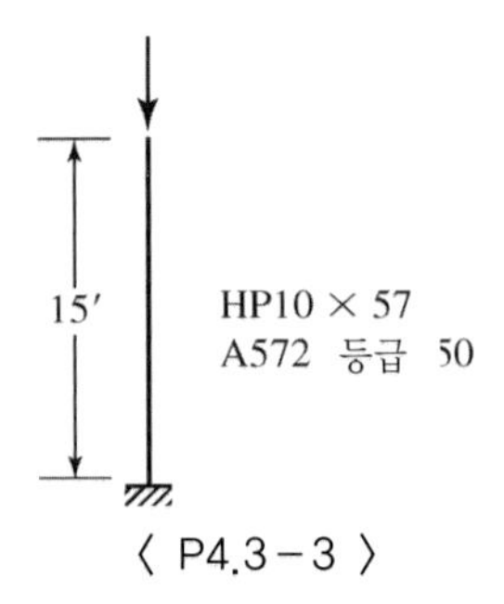

〈 P4.3-3 〉

4.3-4 그림 P4.3-4의 압축재의 강도를 다음의 방법을 이용해서 결정하라.

a. AISC 식 E3-2 혹은 E3-3을 사용해 LRFD 설계강도와 ASD 허용강도를 계산하라.

b. 강구조편람 4부의 표 4-14를 사용해 LRFD 설계강도와 ASD 허용강도를 계산하라.

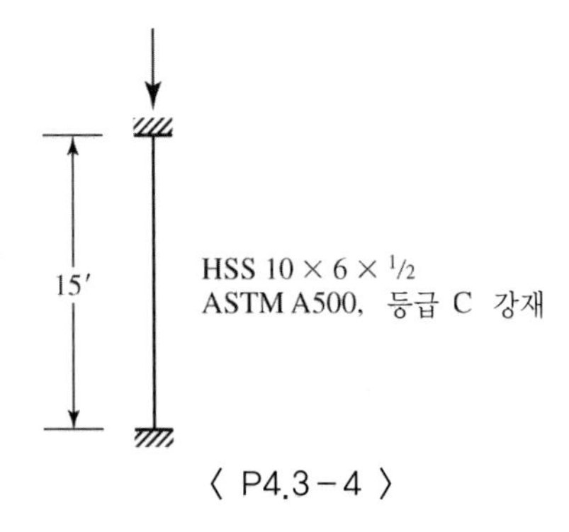

〈 P4.3-4 〉

4.3-5 압축재의 강도를 다음의 방법을 이용해서 결정하라.

a. AISC 식 E3-2 혹은 E3-3을 사용해 LRFD 설계강도와 ASD 허용강도를 계산하라.

b. 강구조편람 4부의 표 4-14를 사용해 LRFD 설계강도와 ASD 허용강도를 계산하라.

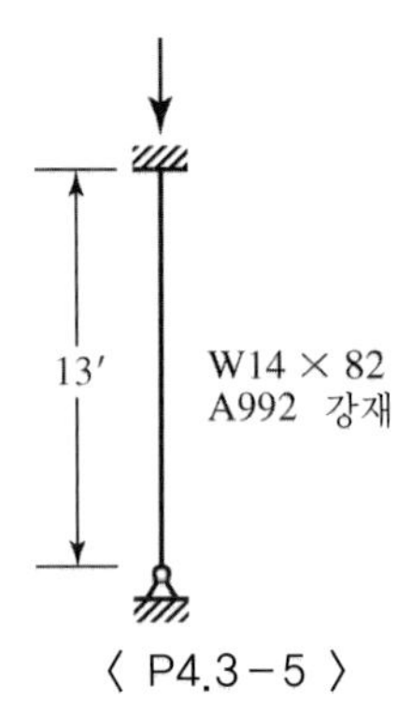

〈 P4.3-5 〉

4.3-6 일단은 고정이고, 타단은 힌지인 W18×119 압축재의 길이는 12 ft이다. A992강재가 사용된다면 압축강도는 얼마인지 계산하라.

a. AISC 식 E3-2 혹은 E3-3을 사용해 LRFD 설계강도와 ASD 허용강도를 계산하라.

b. 강구조편람 4부의 표 4-14를 사용해 LRFD 설계강도와 ASD 허용강도를 계산하라.

4.3-7 활하중이 사하중의 2배일 때, 압축재가 지지할 수 있는 최대축압축 사용하중을 결정하라. AISC 식 E3-2 혹은 E3-3을 사용하라.

a. LRFD를 사용하라.

b. ASD를 사용하라.

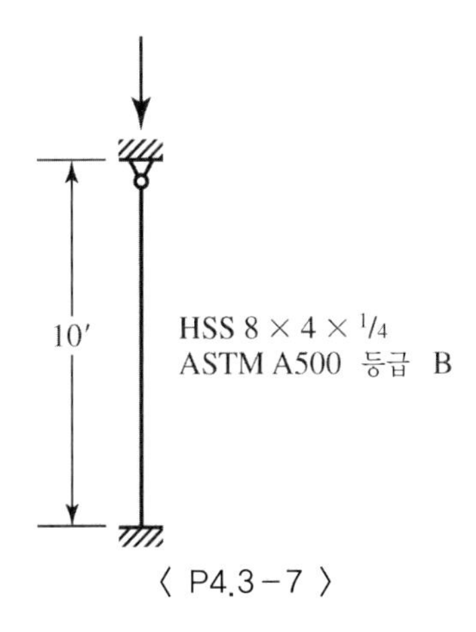

〈 P4.3-7 〉

4.3-8 그림 P4.3-8의 압축재는 주어진 사용하중을 지지하기 위하여 적절한가를 결정하라.

a. LRFD를 사용하라.

b. ASD를 사용하라.

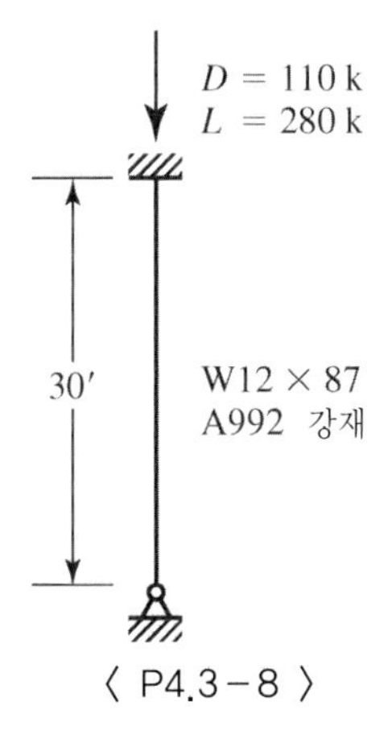

〈 P4.3-8 〉

국부안정성

4.4-1 HSS $10 \times 8 \times {}^{3}/_{16}$가 일단은 힌지이고 타단은 회전구속 이동자유인 압축재로 사용된다. 길이는 12 ft이다. A500 등급 B인 강($F_y = 46$ ksi)에 대한 공칭압축강도를 계산하라. (이것은 세장판-요소 압축재이고 AISC E7절의 식들이 사용되어야 한다.)

4.4-2 W21 × 101가 일단은 고정이고 타단은 자유인 압축재로 사용된다. 길이는 12 ft이다. $F_y = 50$ ksi이면 공칭압축강도는 얼마인가? (이것은 세장판-요소 압축재이고 AISC E7절의 식들이 사용되어야 한다.)

설계

4.6-1 a. 기둥강도표를 사용하여 A992 강재인 W14를 선택하라.
   1. LRFD를 사용하라.
   2. ASD를 사용하라.

b. 4.6절의 시행착오법을 사용하여 A572 등급 60 강재인 W16을 선택하라.
   1. LRFD를 사용하라.
   2. ASD를 사용하라.

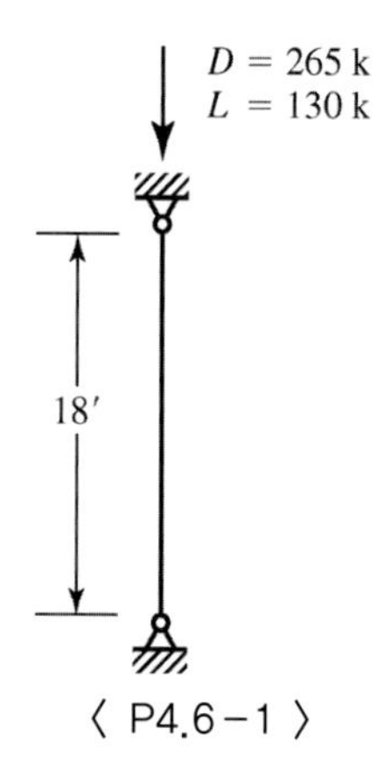

〈 P4.6-1 〉

4.6-2 하단이 힌지지점이고 상단이 회전구속, 이동자유인 20 ft 길이의 기둥이 110 kips의 사용사하중과 110 kips의 사용활하중을 받고 있다.

a. 기둥강도표를 사용하여 A992 강재인 W12를 선택하라.
   1. LRFD를 사용하라.
   2. ASD를 사용하라.

b. 4.6절의 시행착오법을 사용하여 A529 등급 55 강재인 W18을 선택하라.

1. LRFD를 사용하라.
2. ASD를 사용하라.

4.6-3 A500 등급 C 강재인 직사각형(정사각형이 아님) HSS를 선택하라.

a. LRFD를 사용하라.

b. ASD를 사용하라.

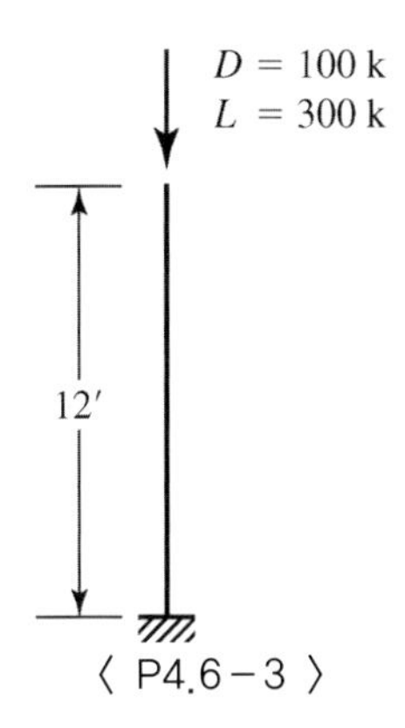

〈 P4.6－3 〉

4.6-4 A53 등급 B 강관을 선택하라. 당신의 선택이 표준(Standard)강도, 초강도(Extra-Strong), 극초강도(Double-Extra Strong)인지를 규정하라.

a. LRFD를 사용하라.

b. ASD를 사용하라.

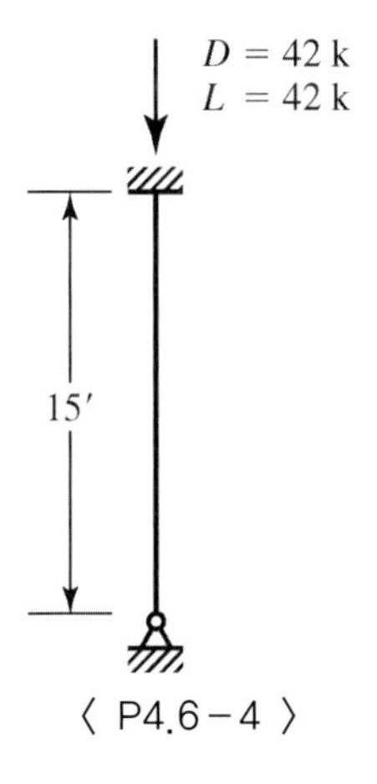

〈 P4.6－4 〉

4.6-5 문제 4.6-3의 조건으로 HP형강을 선택하라($F_y = 50\text{ ksi}$).

a. LRFD를 사용하라.

b. ASD를 사용하라.

4.6-6 문제 4.6-4의 조건으로 직사각형(정사각형이 아님) HSS 형강을 선택하라.

a. LRFD를 사용하라.

b. ASD를 사용하라.

4.6-7 그림 P4.6-7의 기둥을 LRFD를 사용하여

a. A992 강재의 W16을 선택하라.

b. 강관을 선택하라.

c. 정사각형 HSS를 선택하라.

d. 직사각형 HSS를 선택하라.

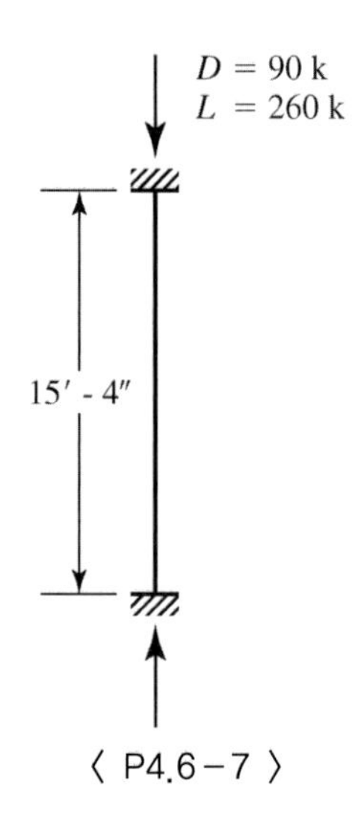

〈 P4.6-7 〉

4.6-8 문제 4.6-7과 같으나 ASD를 사용하라.

4.6-9 그림 P4.6-7의 조건으로 A992 강재로 만들어진 공칭깊이가 21 in.인 W형강을 선택하라.

a. LRFD를 사용하라.

b. ASD를 사용하라.

유효길이

4.7-1 길이가 13 ft이고, $F_y = 60$ ksi인 W16×100이 압축재로 사용된다. $K_x = 2.1$이고 $K_y = 1.0$일 때, 공칭강도를 계산하라.

4.7-2 길이가 15 ft이고, $F_y = 46$ ksi인 HSS $10 \times 6 \times {}^5/_{16}$이 기둥으로 사용된다. 양단은 핀지지이고, 상단으로부터 6 ft 지점에 약축방향 좌굴에 대한 지지점이 있다. 다음을 결정하라.

a. LRFD 설계강도

b. ASD 허용응력

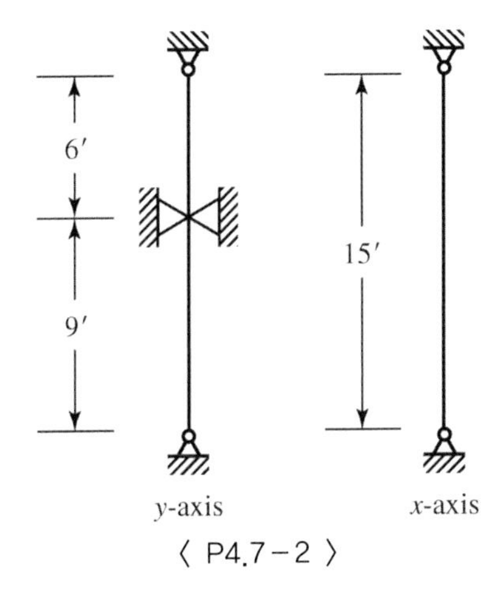

〈 P4.7-2 〉

4.7-3 길이가 28 ft이고 A572 등급 60 강재의 W12×79가 압축재로 사용된다. 양단은 핀지지이고, 상단으로부터 12 ft 지점에 약축방향으로 추가 지지점이 있다. 이 부재가 사용사하중 180 kips와 사용활하중 320 kips에 저항할 수 있겠는가?

a. LRFD를 사용하라.

b. ASD를 사용하라.

4.7-4 A992강을 사용해서 다음 조항들을 충족시키는 W14형강의 압축기둥을 선택하라. 길이는 22 ft이다. 양단은 핀지지이고, 상단으로부터 10 ft 지점에 약축방향으로 횡지지되어 있다. 사용사하중은 142 kips이고 사용활하중은 356 kips이다.

a. LRFD를 사용하라.

b. ASD를 사용하라.

4.7–5 A992 강재를 사용해서 W 형강을 선택하라.

a. LRFD를 사용하라.

b. ASD를 사용하라.

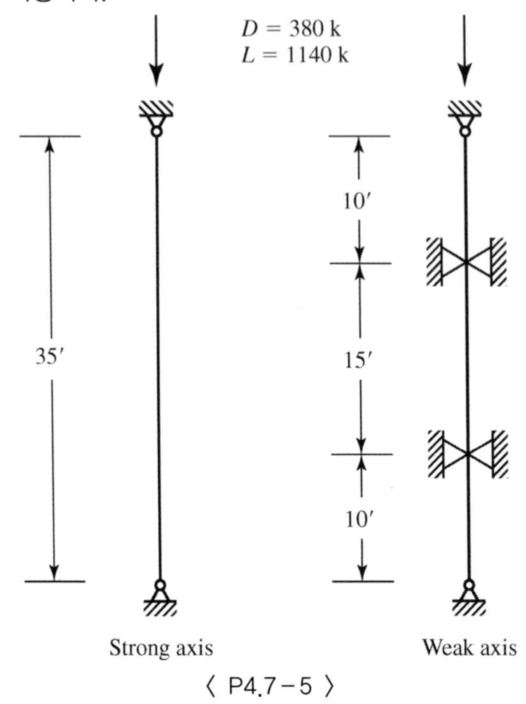

〈 P4.7 – 5 〉

4.7–6 사용사하중 $35\ \mathrm{kips}$와 사용활하중 $80\ \mathrm{kips}$에 저항해야 하고, 길이가 $15\ \mathrm{ft}$인 압축재로 직사각형(정사각형이 아님) HSS를 선택하라. 이 부재는 양단이 핀지지이고 중간 높이에서 약축방향으로 추가로 지지되어 있다. A500 등급 C를 사용하라.

a. LRFD를 사용하라.

b. ASD를 사용하라.

4.7–7 사용사하중 $33\ \mathrm{kips}$와 사용활하중 82 kips를 받고, 길이가 $27\ \mathrm{ft}$인 기둥으로 가장 적절한 직사각형(정사각형이 아님) HSS를 선택하라. 이 부재는 양단이 핀지지이고 상단에서 $12\ \mathrm{ft}$인 지점에 약축방향으로 추가 지지점이 있다. $F_y = 46\ \mathrm{ksi}$이다.

a. LRFD를 사용하라.

b. ASD를 사용하라.

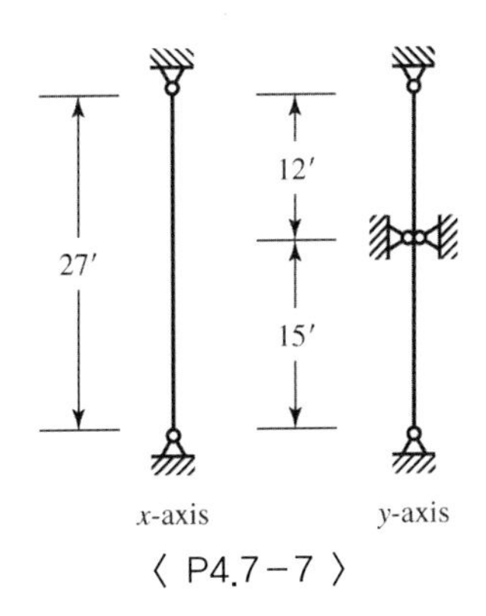

〈 P4.7-7 〉

4.7-8 그림 P4.7-8의 뼈대는 횡지지되어 있지 않고, 휨은 부재의 강축방향으로 일어난다. 모든 보는 W18×35이고, 모든 기둥은 W10×54이다.

a. 기둥 *AB*의 유효길이계수 K_x를 결정하라. 강성도 감소계수는 고려하지 않는다.

b. 기둥 *BC*의 유효길이계수 K_x를 결정하라. 강성도 감소계수는 고려하지 않는다.

c. $F_y = 50\ \mathrm{ksi}$이라면, 이 기둥들에 적용되는 강성도 감소계수는 얼마인가?

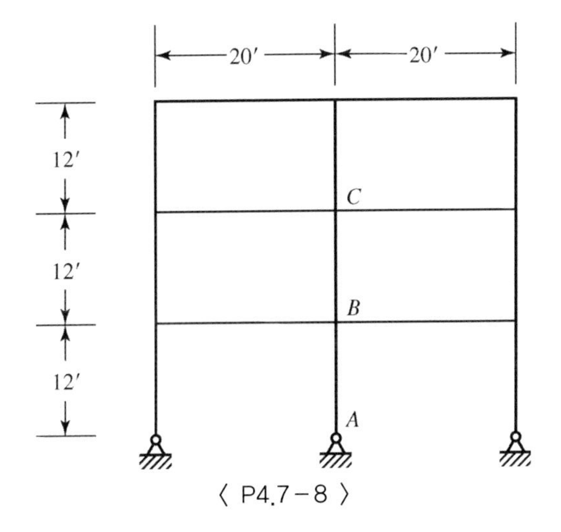

〈 P4.7-8 〉

4.7-9 주어진 뼈대는 횡지지되어 있지 않고, 휨은 부재의 강축방향으로 일어난다. 기둥 *AB*가 지지해야 하는 축방향 사하중은 204 kips이고 활하중은 408 kips이다. $F_y = 50$ ksi일 때, 부재 *AB*의 K_x를 결정하라. 가능하면 강성도 감소계수를 사용하라.

a. LRFD를 사용하라.

b. ASD를 사용하라.

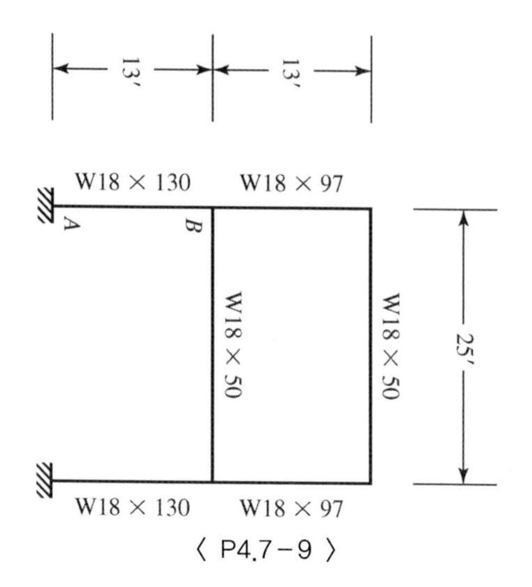

〈 P4.7-9 〉

4.7-10 그림 P4.7-10의 강절뼈대는 횡지지되어 있지 않다. 부재는 휨이 강축방향으로 일어나도록 향해 있다. 뼈대면에 수직한 방향으로 $K_y = 1.0$이 되도록 지지되어 있다. 보는 W18×50이고, 기둥은 W12×72이다. A992강이 사용된다. 축 압축사하중은 50 kips이고, 활하중은 150 kips이다.

a. 기둥 AB의 축 압축설계강도를 결정하라. 적용가능하면, 강성도 감소계수를 사용하라.

b. 기둥 AB의 축 압축허용강도를 결정하라. 적용가능하면, 강성도 감소계수를 사용하라.

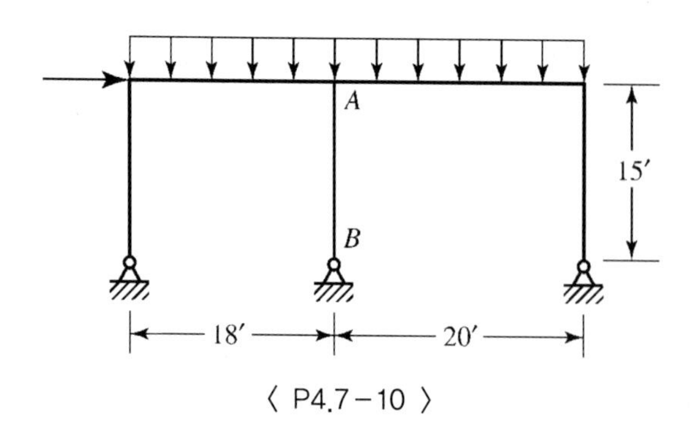

〈 P4.7-10 〉

4.7-11 그림 P4.7-11의 뼈대는 가로흔들이에 대해 횡지지되어 있지 않다. 부재들의 상대적인 관성모멘트는 예비설계 목적으로 가정되었다. 유효길이 도표를 사용해서 부재 AB, BC, DE 그리고 EF의 K_x를 결정하라.

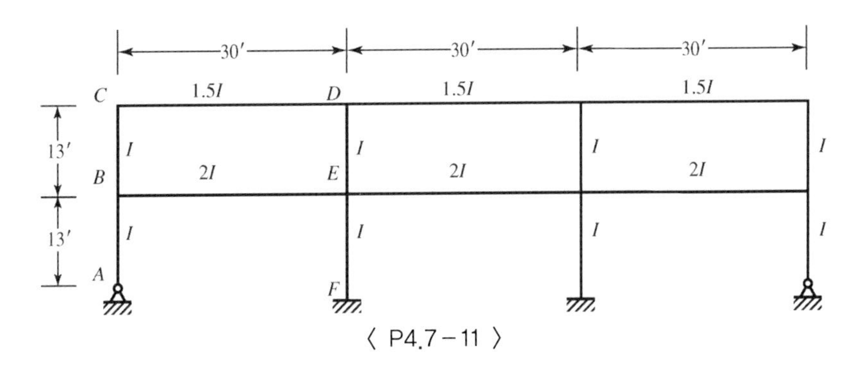

〈 P4.7-11 〉

4.7-12 그림 P4.7-12의 뼈대는 가로흔들이에 대해 횡지지되어 있지 않다. 모든 기둥은 W14×61이고 모든 거더는 W18×76으로 가정하라. 모든 부재에 대해서 ASTM A992강재가 사용된다. 부재의 방향은 강축으로 휨이 일어나는 방향이다. $K_y = 1.0$으로 가정하라.

a. 유효길이 도표를 사용해서 부재 GF의 K_x를 결정하라. 적용가능하면, 강성도 감소계수를 사용하라. 부재 GF에 대해서 사용사하중은 $80\ \mathrm{kips}$이고 사용활하중은 $159\ \mathrm{kips}$이다.
b. 부재 GF의 공칭압축강도를 계산하라.
c. 주석(Commentary)에 있는 표 C-C2.2로부터 K_x를 산출하여 (a)의 결과와 비교하라.

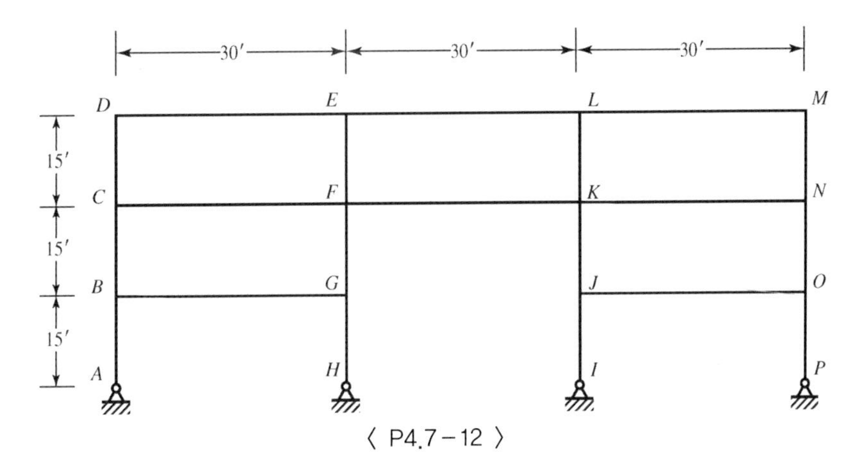

〈 P4.7-12 〉

4.7-13 그림 P4.7-13의 강절 뼈대는 가로흔들이에 대해 횡지지되어 있지 않다. 기둥은 HSS 6×6×5/8이고 보는 W 12 × 22이다. 기둥에 대해서는 ASTM A500 등급 B 강재 ($F_y = 46$ ksi)가 사용되고, 보에 대해서는 $F_y = 50$ ksi이다. 보의 방향은 강축으로 휨이 일어나는 방향이다. $K_y = 1.0$으로 가정하라.

a. 유효길이 도표를 사용해서 기둥 AB의 K_x를 결정하라. 적용 가능하면, 강성도 감소계수를 사용하라. 기둥 AB에 대해 사용사하중은 17 kips, 사용활하중은 50 kips이다.

b. 기둥 AB의 공칭압축강도를 계산하라.

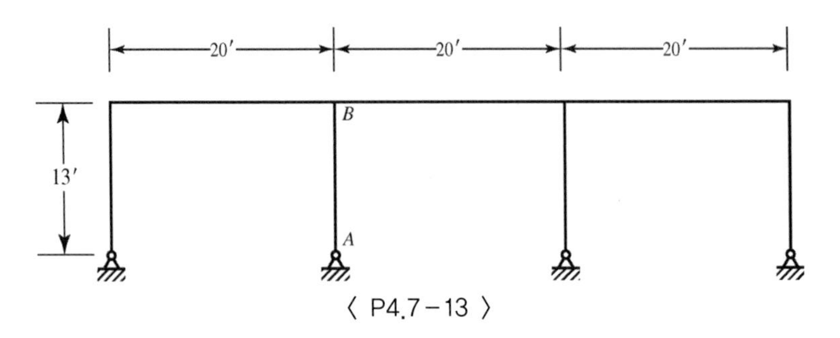

〈 P4.7-13 〉

4.7-14 그림 P4.7-14의 강절 뼈대는 가로흔들이에 대해 횡지지되어 있지 않다. 뼈대에 수직한 방향으로는 절점에서 횡지지되어 있다. 이 브레이싱점에서의 연결은 단순연결(모멘트가 0)이다. 지붕의 거더는 W14×30이고, 마루의 거더는 W16×36이다. 부재 BC는 W10×45이다. A992강을 사용해서 AB에 대한 W형강을 선택하라. 지배하중조합은 AB에 모멘트를 일으키지 않는다고 가정하라. 사용사중은 25 kips이고 사용활하중은 75 kips이다.

a. LRFD를 사용하라.

b. ASD를 사용하라.

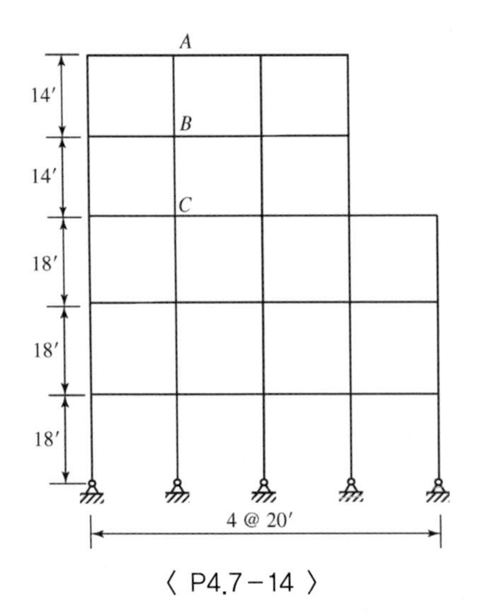

〈 P4.7-14 〉

비틀림좌굴과 휨-비틀림좌굴

4.8-1 A992 강재를 사용하는, 각각의 축에 대한 유효길이가 18 ft인 WT 10.5×91에 대한 공칭압축강도를 계산하라. A992 강재가 사용되고 AISC E4의 식들을 사용하라(기둥강도표는 사용하지 말 것).

4.8-2 A572 등급 50 강재를 사용해서 그림 P4.8-2의 기둥의 공칭강도를 계산하라. 부재의 양단은 모든 방향(x, y, z)에 대해 고정이다.

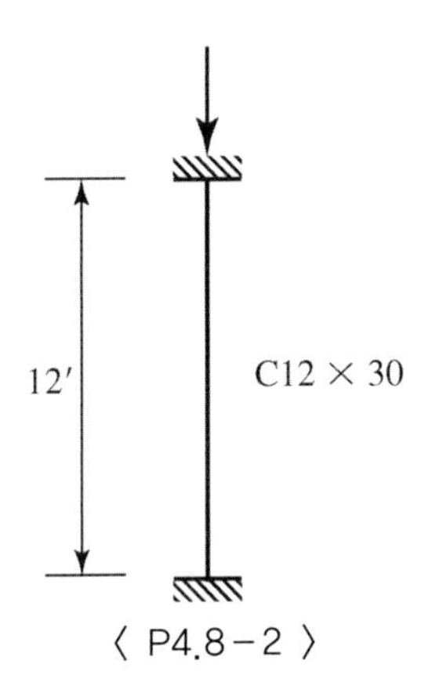

〈 P4.8-2 〉

4.8-3 그림 P4.8-3의 압축재에 대한 WT형강을 선택하라. 그림의 하중은 사용하중이고 활하중 대 사하중 비율은 2.5 : 1이다. $F_y = 50$ ksi이다.

a. LRFD를 사용하라.

b. ASD를 사용하라.

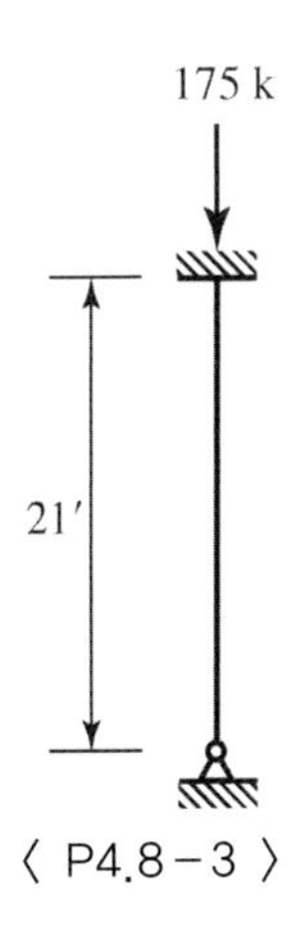

〈 P4.8-3 〉

4.8-4 그림 P4.8-4의 압축재에 대해 C형강을 선택하라. A36 강재를 사용하라. 부재의 양단은 모든 방향(x, y, z)에 대해 고정이다.

a. LRFD를 사용하라.

b. ASD를 사용하라.

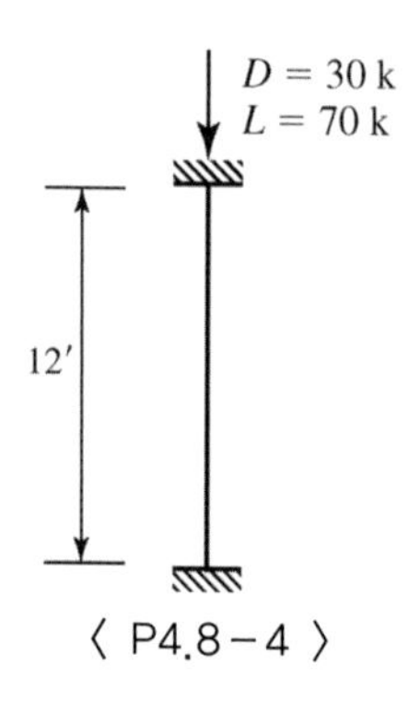

〈 P4.8-4 〉

조립재

4.9-1 이중-L형강 $2L\,5\times3^1/_2\times{}^1/_2$LLBB에 대한, 강구조편람 1부의 단면값 표에 주어진 r_y 값을 입증하라. L형강은 $^3/_8$ in. 두께의 연결판에 연결된다.

4.9-2 W12×26과 상부의 C10×15.3으로 구성되는 조립단면에 대한, 강구조편람 1부의 단면 값 표에 주어진 y_2, r_x와 r_y값을 입증하라.

4.9-3 그림 P4.9-3과 같이 4개의 $6\times6\times{}^5/_8$ L형강으로 기둥이 조립되어 있다. 판은 연속배치가 아니고 앵글의 격리를 유지하기 위해 기둥의 길이를 따라 일정한 간격으로 배치되어 있다. 이 판은 단면 값에 포함되지 않는다. r_x와 r_y를 계산하라.

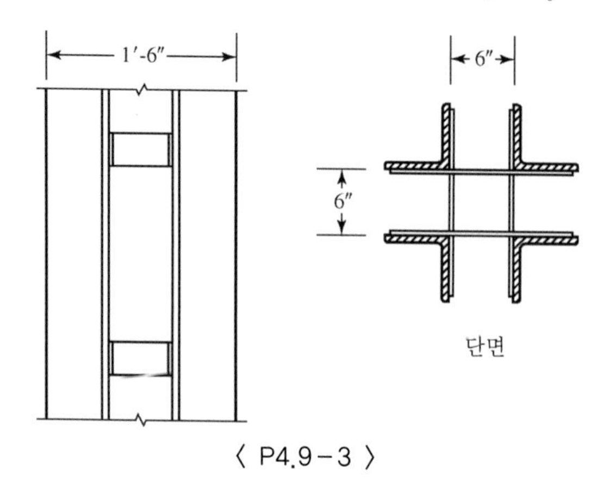

〈 P4.9-3 〉

4.9-4　비대칭 압축재가 $^1/_2 \times 12$의 상부 플랜지, $^1/_2 \times 7$의 하부 플랜지, 그리고 $^3/_8 \times 16$의 복부판으로 구성되어 있다(복부판 깊이와 나란한 방향의 축에 대해서는 대칭). 각각의 주축에 대한 회전반경을 계산하라.

4.9-5　고층건물의 기둥이 그림 P4.9-5에서와 같이 ASTM A588 강재로 제작되어 있다. 휨좌굴에 기초한 공칭압축강도를 계산하라(비틀림좌굴은 고려하지 않음). 단면요소들은 전단면이 유효하도록 연결되어 있다고 가정하라.

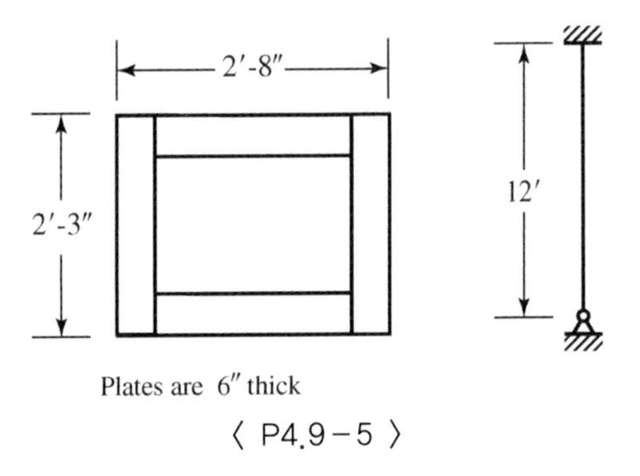

〈 P4.9-5 〉

4.9-6　그림 P4.9-6의 조립형강에 대해서 휨좌굴에 기초한 공칭압축강도를 계산하라(비틀림좌굴은 고려하지 않음). 단면요소들은 전단면이 유효하도록 연결되어 있다고 가정하라. ASTM A242 강재가 사용된다.

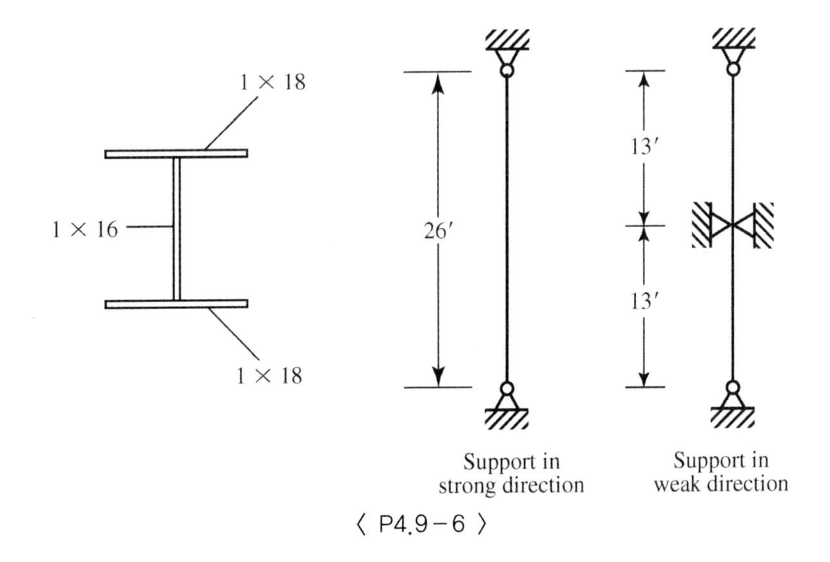

〈 P4.9-6 〉

4.9-7 그림 P4.9-7에서와 같이, 조립형강을 형성하기 위하여 2개의 판 $^9/_{19} \times 10$이 $\mathrm{W}\,10 \times 49$에 용접되어 있다. 단면요소들은 전단면이 유효하도록 연결되어 있다고 가정하라. $F_y = 50\ \mathrm{ksi}$이고, $K_xL = K_yL = 25\ \mathrm{ft}$.이다.

a. 휨좌굴에 기초한 공칭압축강도를 계산하라(비틀림좌굴은 고려하지 않음).

b. 판으로 보강되지 않은 $\mathrm{W}\,10 \times 49$에 비해서 강도 증가율은 얼마인가?

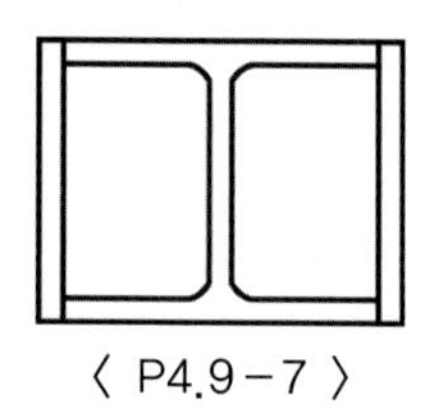

〈 P4.9-7 〉

4.9-8 구조용 T형강을 그림 P4.9-8에서와 같이, $\mathrm{HP}\,14 \times 117$을 쪼개어 제작하였다. 휨좌굴에 기초한 공칭압축강도를 계산하라(휨-비틀림좌굴은 고려하지 않음). 웹과 플랜지 접합부의 필렛 면적을 고려하라. A572 등급 50 강재가 사용된다. 양축에 대한 유효길이는 $10\ \mathrm{ft}$이다.

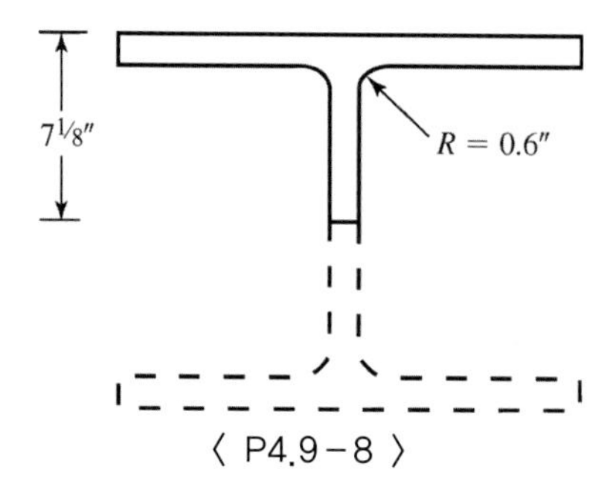

〈 P4.9-8 〉

4.9-9 기둥의 단면이 그림 P4.9-9에서와 같이, 4개의 $\mathrm{L}\,5 \times 5 \times {}^3/_4$으로 조립되었다. 앵글들은 그 주 기능이 앵글들을 제 위치에 잡아두는 역할을 하는 것인 레이싱 바(lacing bar)에 의하여 고정시켰다. 이 레이싱 바는 단면적으로 합산시키지 않는다. 이 이유로 그림에서 점선으로 표시한다. AISC E6절에 레이싱의 설계가 포함되어 있다. 양축에 대한 유효길이는 $30\ \mathrm{ft}$.이고, A572 등급 50 강재가 사용된다. 휨좌굴(비틀림좌굴이 아님)만을 검토하여 다음을 계산하라.

a. LRFD 설계강도

b. ASD 허용강도

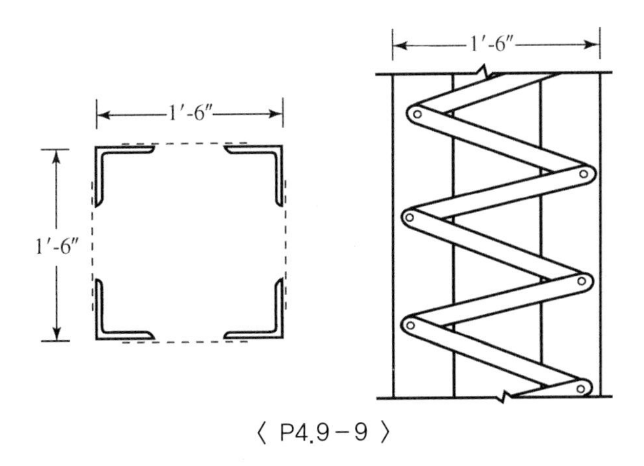

〈 P4.9－9 〉

4.9－10　다음과 같은 이중-L형강에 대한 LRFD 설계강도와 ASD 허용강도를 계산하라: $2L\,6\times4\times{}^5/_8$, 긴 다리가 ${}^3/_8$ in. 간격으로 등을 맞댐, $F_y = 50$ ksi. 모든 축에 대한 유효길이 L_c은 18 ft이고, 중간에는 2개의 연결 볼트가 있다. AISC E4의 방법(기둥강도표가 아님)을 사용하라. 휨좌굴강도와 휨-비틀림좌굴강도를 비교하라.

4.9－11　그림 P4.9－11에서와 같은 조건에 대해, 이중-L형강을 선택하라(${}^3/_8$ in. 연결판으로 연결). A36 강재를 사용하라. 중간연결재의 개수를 밝혀라.

a. LRFD를 사용하라.

b. ASD를 사용하라.

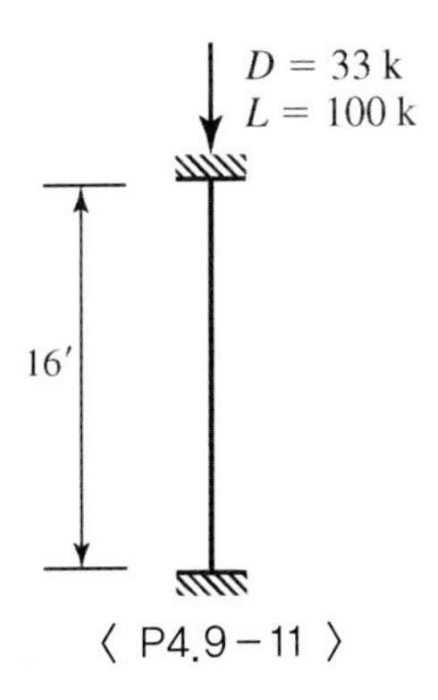

〈 P4.9－11 〉

4.9－12　LRFD를 사용해서 문제 3.8-2의 트러스의 상현재에 대한 이중-L형강을 선택하라. $K_x = K_y = 1.0$을 사용한다. ${}^3/_8$ in. 연결판으로 가정하고 A36 강재를 사용하라.

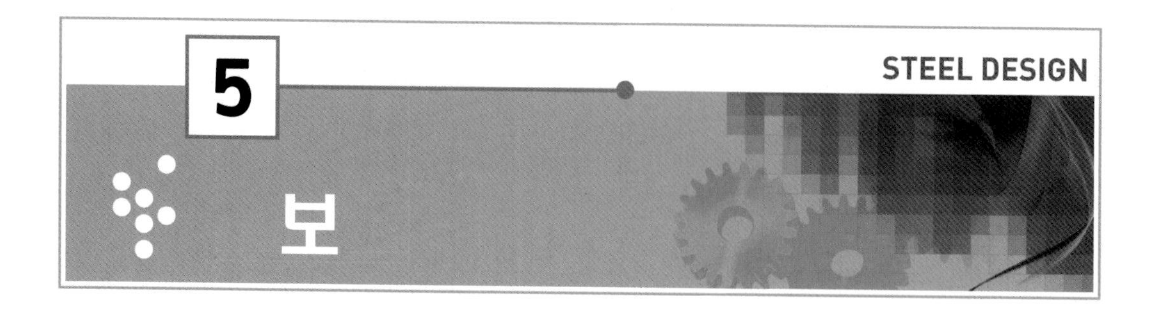

5 보

5.1 개 요

보(beams)는 일반적으로 횡하중(transverse load)을 받아서 휨이 발생하는 구조용 부재이다. 무시하지 못할 정도의 축력이 횡하중과 함께 작용하는 부재는 보-기둥(beam-column) 부재라고 하며 6장에서 다루게 된다. 보통 구조부재(structural member)에는 작은 크기의 축력이 함께 작용하게 되기도 하지만, 실제적으로 대부분의 경우 이러한 축력의 효과는 무시할 정도이고 따라서 보로 취급할 수 있다. 보는 흔히 수평으로 놓여 져서 수직하중을 받는 것으로 간주하지만, 반드시 그런 경우가 아니라 하더라도 하중이 휨 변형을 일으키게 작용되는 경우는 보로 간주한다.

일반적으로 널리 사용되는 형강의 종류는 W형강(우리나라 H형강), S형강(우리나라 I형강) 그 밖에 M형강(우리나라에서는 생산되지 않음)이다. C형강(우리나라 ㄷ형강)이나 I, H 및 상자형(box)의 조립단면(built-up sections)도 보부재로 사용된다. 차후에 논의하겠지만, W, S, M형강과 같은 2축대칭단면이 보부재로는 가장 유리한 단면이다.

AISC 설계기준에서는 두 장에 걸쳐서 휨부재를 다루고 있다. F장, “부재의 휨 설계(Design of Members for Flexure)”와 G장, “부재의 전단 설계(Design of Members for Shear)
가 그것이다. AISC 설계기준에서는 몇 개의 범주에 속하는 휨부재를 취급하고 있다; 이 책에서는 본 장에서 가장 흔히 사용되는 보를 다루며, 특수한 경우인 플레이트거더는 10장에서 다룬다.

그림 5.1에 압연 2축대칭 I형강과 용접 2축대칭 I형강의 두 가지 보 단면을 도시하였

그림 5.1

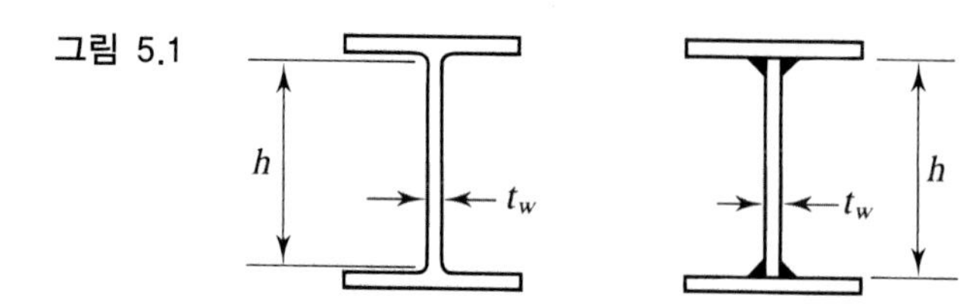

다. 압연 I형강은 보 부재로 가장 흔히 사용되는 형강이다. 용접형강은 플레이트거더로 분류되는 범주에 속한다.

휨에 대하여(전단은 뒤에 고려한다) 소요 및 유용강도는 휨모멘트이다. 하중저항계수설계(LRFD)에 대하여 식 2.6은 다음과 같이 나타낼 수 있다.

$$M_u \le \phi_b M_n \tag{5.1}$$

여기서

M_u = 소요모멘트강도 = ASCE 7 지배하중조합에 의한 극한모멘트

ϕ_b = 휨저항계수 = 0.90

M_n = 공칭모멘트강도

식 5.1의 우측 항은 설계강도 또는 설계모멘트라고 칭한다.

허용응력설계법(ASD)에 대하여 식 2.7은 다음과 같다.

$$M_a \le \frac{M_n}{\Omega_b} \tag{5.2}$$

여기서

M_a = 소요모멘트강도 = ASCE 7 지배하중조합에 의한 최대모멘트

Ω_b = 휨에 대한 안전계수 = 1.67

식 5.2는 아래와 같이 나타낼 수도 있다.

$$M_a \le \frac{M_n}{1.67} = 0.6\,M_n$$

양변을 탄성단면계수 S(다음 절에서 검토한다)로 나누면 허용응력설계식을 얻을 수 있다:

$$\frac{M_a}{S} \le \frac{0.6M_n}{S}$$

또는

$$f_b \le F_b$$

여기서

f_b = 최대휨응력

F_b = 허용휨응력

5.2 휨응력과 소성모멘트

공칭모멘트강도 M_n을 결정하기 위하여 매우 작은 하중으로부터 단계적으로 파괴하중이 재하될 때까지 보의 거동을 살펴볼 필요가 있다. 그림 5.2(a)와 같이 주응력축(I형강의 경우는 $x-x$축)에 대하여 휨이 발생하도록 보가 놓여 있는 경우를 살펴보자. 선형탄성재료이며 미소변형이 발생한 경우의 응력 분포는 그림 5.2(b)와 같으며 횡방향으로는 응력의 크기가 일정하다고 가정한다. (전단은 5.8절에서 별도로 다루어진다.) 재료역학에서 이미 배운 바와 같이 각 점에서의 응력의 크기는 다음의 휨 공식(flexure formula)에 따라서 결정된다.

$$f_b = \frac{My}{I_x} \tag{5.3}$$

여기서 M은 구하고자 하는 점의 휨모멘트, y는 중립축으로부터의 수직거리 그리고 I_x는 중립축에 대한 단면이차모멘트이다. 재료가 균질하다면 중립축과 도심축은 일치할 것이다. 식 5.3은 응력이 하연(bottom fiber)으로부터 상연(top fiber)까지 선형적으로 변한다는, 바꾸어 말하면 휨변형이 일어나기 전에 평면인 단면은 변형 후에도 여전히 평면을 유지한다는 가정하에서 유도된 식이다. 추가적인 가정은 단면이 수직축에 대하여 대칭이어야 하고, 하중은 이 대칭축을 포함하는 평면에 재하되어야 한다는 것이다. 이러한 범주를 벗어나는 경우는 5.15절에서 다루고 있다. 최대응력은 y가 최대가 되는 연단에서 발생한다. 따라서 두 개의 최댓값이 존재하게 되는데

그림 5.2

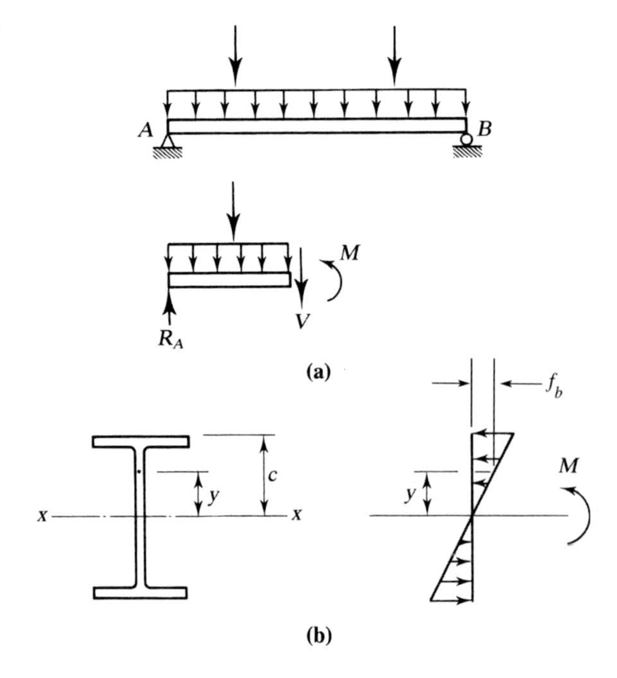

최대압축응력은 상연에서 최대인장응력은 하연에서 발생한다. 중립축이 대칭축이 되면, 이 응력은 크기가 같아지게 된다. 최대응력을 식 5.3을 이용하여 나타내면 다음 식 5.4와 같게 된다.

$$f_{\max} = \frac{Mc}{I_x} = \frac{M}{I_x/c} = \frac{M}{S_x} \tag{5.4}$$

여기서 c는 중립축으로부터 연단까지의 수직거리이며, S_x는 단면의 탄성단면계수이다. 모든 단면에 대하여 탄성단면계수는 상수이며, 비대칭단면에 대하여는 압축측과 인장 측 두 개의 단면계수가 존재하게 된다. 표준압연형강의 S_x값은 강구조편람의 단면제원 및 특성표에 수록되어 있다.

식 5.3과 5.4는 하중의 크기가 작아서 재료가 탄성범위 내에 있는 한 적용이 가능하다. 이것은 구조용 강재의 경우 최대응력 $f_{\max}$가 항복응력 F_y를 초과하지 않으며 또 모멘트가 다음 식으로 표시되는 항복모멘트를 초과하지 않는다는 것을 의미한다.

$$M_y = F_y S_x$$

여기서 M_y는 보가 항복을 시작하는 모멘트이다.

그림 5.3

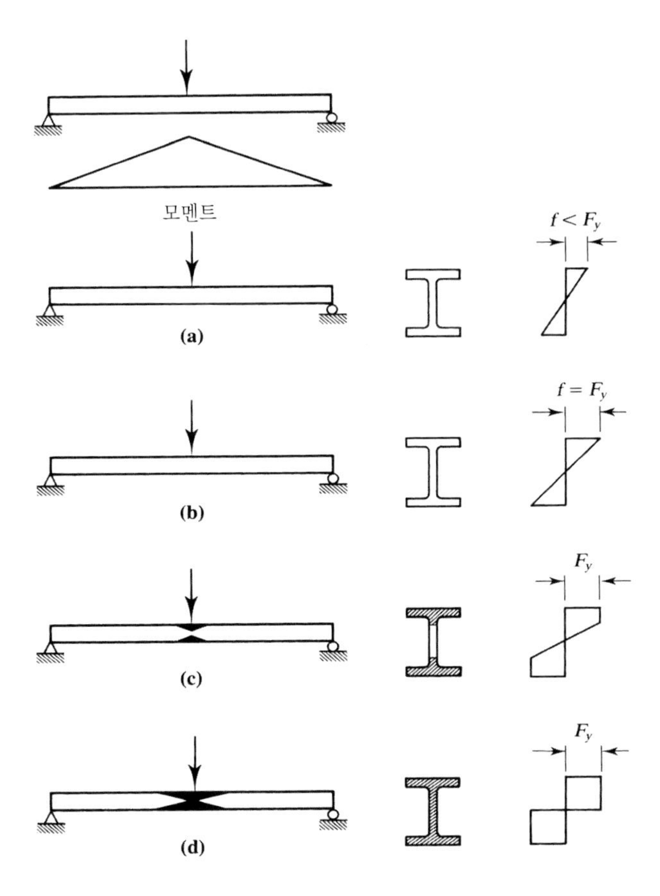

그림 5.4

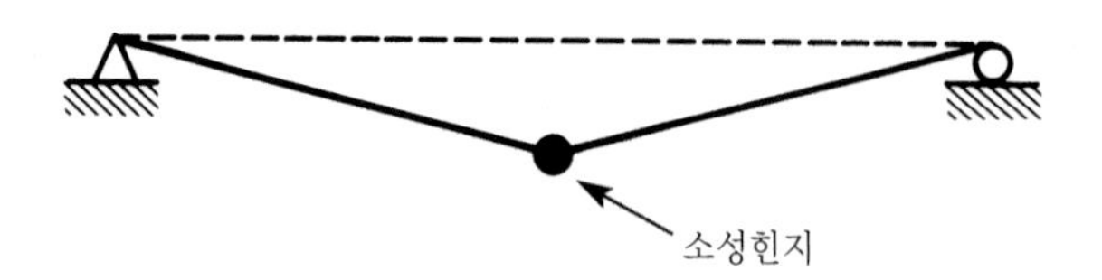

그림 5.3은 보의 중앙점에 집중하중이 작용하고 있는 단순보의 하중단계별 응력분포를 나타내고 있다. 일단 항복이 시작되면 응력의 분포는 더 이상 선형이 아니며 항복하는 부분이 연단으로부터 중립축으로 점차 확장되어 간다. 동시에 항복영역이 보의 중앙부로부터 휨모멘트가 항복모멘트에 도달하는 지점으로 점차 확대되게 된다. 이러한 항복영역은 그림 5.3(c)와 (d)에 빗금 친 부분으로 표시되어 있다. 그림 5.3(b)에서 항복이 시작되고, 그림 5.3(c)에서 항복영역이 웨브로 확대되며, 5.3(d)에서 전단면이 항복한다. W형강의 경우 b단계에서 d단계로 옮아가는 데 추가로 필요한 모멘트는 항복모멘트, M_y의 약 12%에 이른다. d단계에 이르면 단면의 모든 부분이 응력-변형률 곡선의 항복구간에 이르게 되고 소성흐름(plastic flow)이 시작되기 때문에, 하중의 증가는 단면의 파괴를 초래하게 된다. 소성힌지(plastic hinge)가 보의 중앙점에 생성되면 양단의 실제 힌지와 함께 불안정한 구조를 만들게 된다. 소성붕괴기구(plastic failure mechanism)는 그림 5.4에 잘 나타나 있으며, 소성붕괴기구를 고려한 구조해석을 소성해석(plastic analysis)이라고 한다. 소성해석 및 설계는 부록에 기술되어 있다.

소성힌지를 생성하는 소성모멘트는 적절한 응력분포를 가정함으로써 쉽게 계산해 낼 수 있다. 그림 5.5에는 압축 및 인장응력의 분포 및 합력이 함께 나타나 있다. 여기서 A_c는 압축응력이 발생한 단면적, A_t는 인장단면적을 나타낸다. 이 면적은 탄성중립축과 반드시 일치하지는 않는 소성중립축의 상하 면적을 의미한다. 힘의 평형을 적용하면 다음과 같은 식이 성립된다.

$$C = T$$
$$A_c F_y = A_t F_y$$
$$A_c = A_t$$

따라서 소성중립축은 단면을 같은 크기의 두 개의 면적으로 양분하게 된다. 휨축에 대하여 대칭인 단면은 탄성 및 소성중립축이 일치하게 된다. 소성모멘트 M_p는 크기가 같고 방향이 반대인 두 개의 힘에 의해 발생되는 우력인데 다음 식으로

그림 5.5

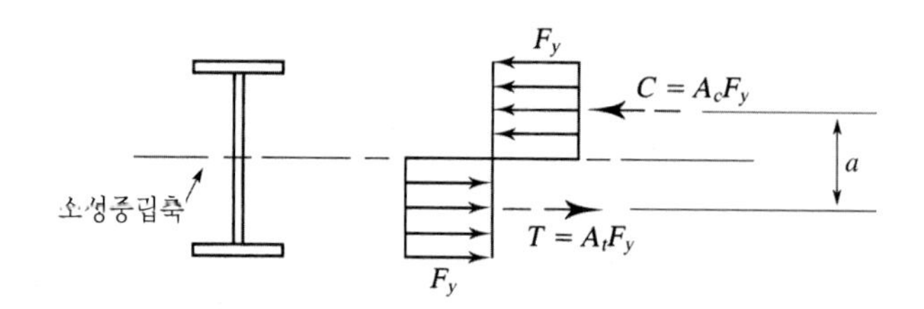

표현된다.

$$M_p = F_y(A_c)a = F_y(A_t)a = F_y\left(\frac{A}{2}\right)a = F_y Z$$

여기서

A = 총단면적(또는 전단면적)

a = 인장력과 압축력 사이의 거리

$Z = \left(\frac{A}{2}\right)a$ = 소성단면계수

예제 5.1 **그림 5.6과 같은 조립단면이 있을 때 (a) 탄성단면계수 S 및 항복모멘트 M_y와 (b) 소성단면계수 Z 및 소성모멘트 M_p를 결정하라. 휨은 x축에 대하여 발생하고 강종은 A572 등급 50이다.**

그림 5.6

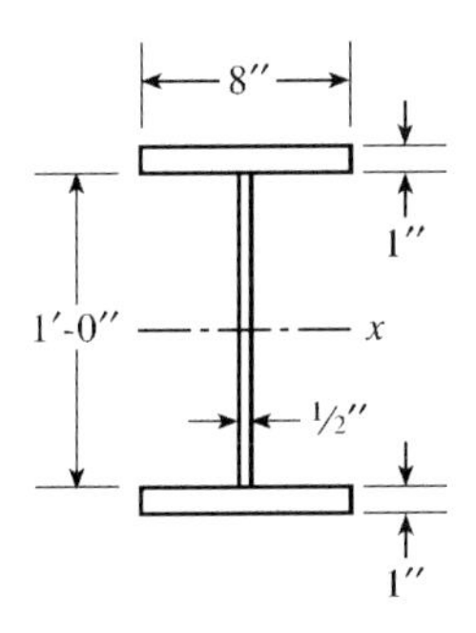

풀 이 a. 대칭단면이므로 탄성중립축(x축)은 단면의 중앙에 있게 된다. 단면 이차모멘트는 평행축정리(parallel axis theorem)를 이용하여 구할 수 있으며 계산 결과는 표 5.1에 정리하였다.

표 5.1

구성요소	$\bar{I}$	A	d	$\bar{I} + Ad^2$
상부 플랜지	0.6667	8	6.5	338.7
하부 플랜지	0.6667	8	6.5	338.7
웨브	72.0	-	-	72.0
합계				749.4

탄성단면계수는 다음과 같다.

$$S = \frac{I}{c} = \frac{749.4}{1+(12/2)} = \frac{749.4}{7} = 107 \text{ in.}^3$$

그리고 항복모멘트는 다음과 같이 구할 수 있다.

$$M_y = F_y S = 50(107) = 5350 \text{ in.-kips} = 446 \text{ ft-kips}$$

해 답 $S = 107 \text{ in.}^3$, $M_y = 446$ ft-kips

b. 단면이 x축에 대하여 대칭이므로 이 축은 소성중립축이 되고 단면을 두 개의 같은 크기의 면적으로 양분하게 된다. 상반단면(top half-area)의 중심은 모멘트원리를 이용하여 구할 수 있다. 중립축에 대한 전단면의 모멘트를 취하여(그림 5.6 참조) 계산결과를 표 5.2에 정리하였다. 중심거리 $\bar{y}$는 다음과 같이 구한다.

$$\bar{y} = \frac{\Sigma Ay}{\Sigma A} = \frac{61}{11} = 5.545 \text{ in.}$$

표 5.2

성분	A	y	Ay
플랜지	8	6.5	52
복부판	3	3	9
합계	11		61

그림 5.7

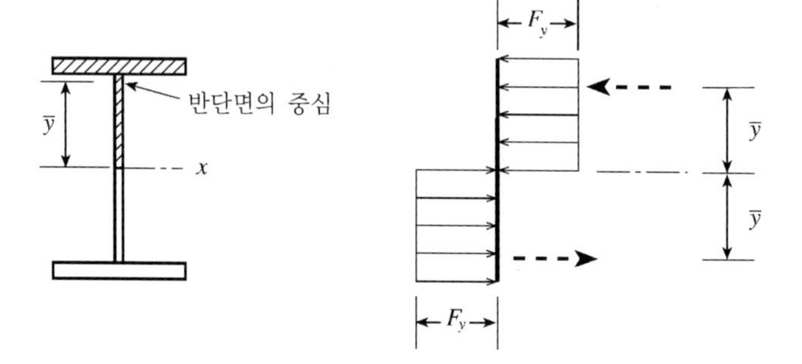

그림 5.7과 같이 내부저항우력의 팔길이와 소성단면계수는 다음과 같이 구해진다.

$$a = 2\bar{y} = 2(5.545) = 11.09 \text{ in.}$$

$$\left(\frac{A}{2}\right)a = 11(11.09) = 122 \text{ in.}^3$$

소성모멘트는 다음과 같다.

$$M_p = F_y Z = 50(122) = 6100 \text{ in.-kips} = 508 \text{ ft-kips}$$

해 답 $Z = 122 \text{ in.}^3$, $M_p = 508$ ft-kips

예제 5.2 **강종 A992인** W 10 × 60 **단면의 소성모멘트** M_p**를 계산하라.**

풀 이 강구조편람 제1편 단면의 제원과 특성표에서,

$$A = 17.7 \text{ in.}^2$$

$$\frac{A}{2} = \frac{17.7}{2} = 8.85 \text{ in.}^2$$

반단면의 도심은 W형강의 웨브를 잘라서 만든 WT형강 표에서 구

할 수 있다. 해당되는 단면은 WT×30이며, 그림 5.8과 같이 플랜지 연단에서 도심까지의 거리는 0.884 in.이다.

그림 5.8

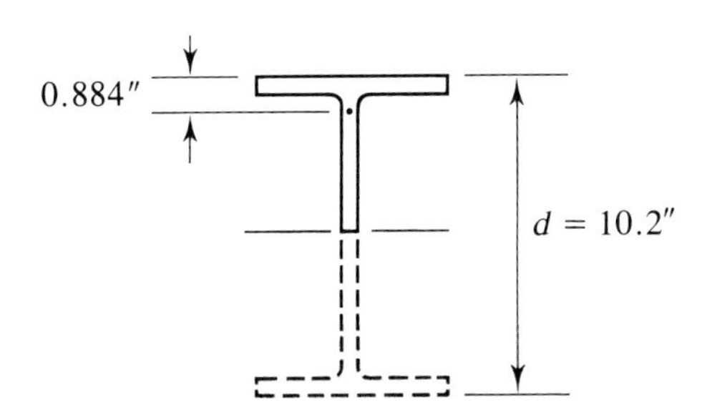

$$a = d - 2(0.884) = 10.2 - 2(0.884) = 8.432 \text{ in.}$$

$$Z = \left(\frac{A}{2}\right)a = 8.85(8.432) = 74.62 \text{ in.}^3$$

이 계산 결과를 세 자리 숫자로 반올림하면 단면의 강구조편람의 제원 및 특성표의 값(74.6)과 같은 값임을 알 수 있다(두 값의 차이는 계산상의 반올림에 기인한다).

해 답 $M_p = F_y Z = 50(74.62) = 3731$ in.-kips $= 311$ ft-kips

5.3 안정(Stability)

보가 완전소성상태에 이르기까지 안정한 상태를 유지한다면 공칭휨강도는 소성모멘트강도로 간주할 수 있다. 즉,

$$M_n = M_p$$

만약 그렇지 않은 경우에는 공칭휨강도 M_n은 소성모멘트 M_p보다 작을 것이다.

압축부재와 마찬가지로 안정은 전체 또는 국부적인 좌굴문제를 의미한다. 전체좌굴은 그림 5.9(a)에 예시되어 있다. 보가 휨 변형을 받게 되면 압축부(중립축 상부)는 압축부재와 같은 양상으로 부재가 세장한 정도에 따라 좌굴이 발생하게 된다. 그러나 압축부재와는 달리 압축부는 인장부에 의해서 구속을 받게 되어 횡방향 변형(휨좌굴)은 비틀림변형을 수반하게 된다. 이러한 형태의 불안정을 횡-비틀림좌굴(lateral-torsional buckling, LTB)이라 한다. 횡-비틀림좌굴은 비틀림에 대하여 충분히 촘촘한 간격으로 보에 가새(bracing)를 부착하여 방지할 수 있다. 이러한 역할은 두 종류의 안정용 가새(stability bracing)를 이용하여 확보할 수 있다. 그림 5.9(b)에 도시된 횡가새(lateral bracing)와 그림 5.9(c)에 도시된 비틀림가새(torsional bracing)가 그것이다. 횡변위(laterla translation)를 구속하기 위한 횡가새는 가능한 한 압축플랜지에 가까운 위치에

그림 5.9

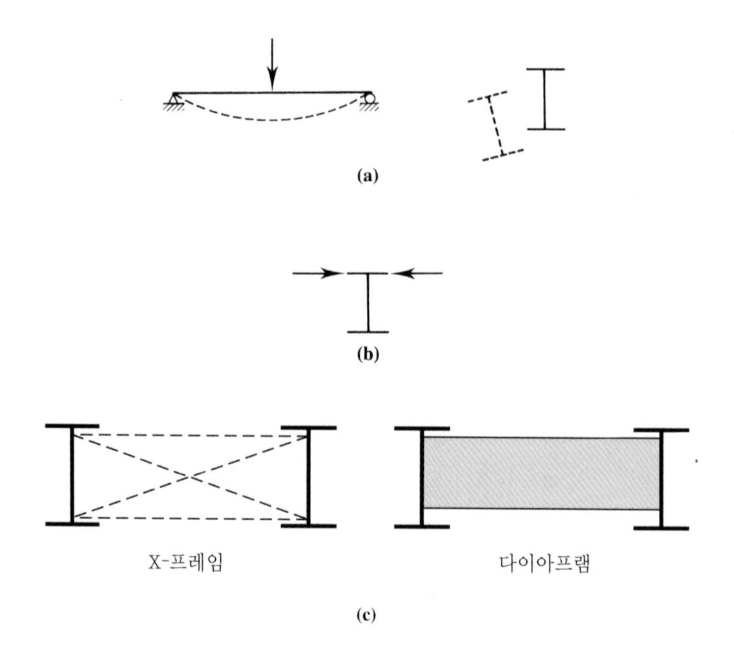

부착되어야 한다. 비틀림가새는 비틀림 변형을 직접 구속한다; 연속적 또는 절점구속 형식으로 구속하며, X형가새(cross frame)나 다이아프램(diaphragm) 형태가 선택될 수 있다. 절점구속과 상대구속 범주는 4장 '압축부재'에서 정의하였다. AISC 설계기준 부록6에서 보에 부착되는 가새의 소요강도 및 강성을 규정하고 있다. 이러한 규정은 Yura(2001)의 연구에 근거를 두고 있다. 뒤에서 배우게 되는 바와 같이 휨강도는 횡지지점 간의 거리인 비지지길이(unbraced length)에 따라서 상당 부분 결정된다.

보가 완전소성상태에 도달하는 모멘트에 저항할 수 있는지는 횡단면의 형상 보전(integrity) 여부에 달려 있다. 횡단면의 형상 보전은 단면의 한 압축요소가 좌굴하게 되면 불가능해진다. 이러한 형태의 좌굴은 압축플랜지가 좌굴하는 플랜지 국부좌굴(flange local buckling, FLB) 또는 웨브의 압축부위가 좌굴하는 웨브 국부좌굴(web local buckling, WLB)이 될 수 있다. 4장 압축부재에서 논의된 바와 같이 어떤 형태의 국부좌굴이 발생하는 가는 단면을 구성하는 압축요소의 판폭두께비(width-thickness ratio)에 달려 있다.

그림 5.10은 국부좌굴 및 횡-비틀림좌굴의 영향을 보여주고 있다. 다섯 개의 독립된 보를 하중과 중앙부 처짐의 관계곡선으로 나타내 보았다. 곡선 1은 어떤 형태로든지 불안정해지는 보의 하중-변위 관계로서 그림 5.3(b)와 같이 초기항복상태에 도달하기 전에 하중지지 능력을 상실하게 된다. 곡선 2와 3은 초기항복을 일으키는 하중보다는 큰 하중에 견디지만 소성힌지가 발생하여 소성파괴를 일으키는 단계에는 이르지 못하는 보를 나타낸다. 소성파괴상태에 도달할 수 있는 보는 곡선 4 또는

그림 5.10

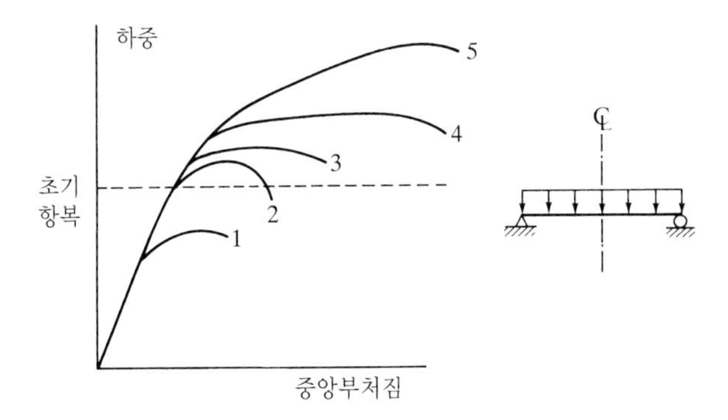

5를 나타내게 된다. 곡선 4는 보의 전 길이에 걸쳐서 균등모멘트가 발생한 경우이며, 곡선 5는 보가 불균등한 모멘트(모멘트 경사)를 받는 경우이다. 어떤 경우에도 안전한 설계가 가능하지만, 곡선 1과 2의 경우는 비효율적인 재료의 사용을 초래하게 된다.

5.4 단면의 분류

AISC는 단면의 판폭두께비(width-thickness ratio)에 따라서 조밀단면(compact section), 비조밀단면(noncompact section), 세장판단면(slender section)으로 분류하고 있다. I형강 단면의 경우는 플랜지(비보강요소)의 판폭두께비는 $b_f/2t_f$, 웨브(보강요소)의 판폭두께비는 h/t_w이다. 단면의 분류는 AISC 설계기준의 B4 국부좌굴편 표 B4.1에 기술되어 있으며 요약하면 다음과 같다.

λ = 판폭두께비

λ_p = 조밀단면의 판폭두께비 제한값

λ_r = 비조밀단면의 판폭두께비 제한값

이라고 하면

조밀단면 : $\lambda \le \lambda_p$이며 플랜지와 웨브가 연속적으로 연결된 단면

비조밀단면 : $\lambda_p < \lambda \le \lambda_r$

세장판단면 : $\lambda > \lambda_r$

단면의 분류는 단면 구성요소 중에서 열악한 쪽의 판폭두께비를 기준으로 분류하고 있다. 예를 들면 웨브가 조밀이고 플랜지가 비조밀이면 그 단면은 비조밀단면으로 분류한다. 표 5.3은 AISC 표 B4.1에서 발췌한 내용으로 압연 I형강 단면의 판폭두께비에 적용된다.

표 5.3은 플랜지 λ값을 b_f/t_f로 계산하여 C형강에도 적용된다.

표 5.3 판폭두께비 상수값*

요소	λ	λ_p	λ_r
플랜지	$\frac{b_f}{2t_f}$	$0.38\sqrt{\frac{E}{F_y}}$	$1.0\sqrt{\frac{E}{F_y}}$
복부	$\frac{h}{t_w}$	$3.76\sqrt{\frac{E}{F_y}}$	$5.70\sqrt{\frac{E}{F_y}}$

* 휨을 받는 열간압연 I형강 단면

5.5 조밀단면의 휨강도

보는 소성모멘트 M_p에 도달하여 완전소성상태가 되어 파괴되던지 또는 다음에 의하여 파괴될 수 있다.

1. 탄성 또는 비탄성 횡-비틀림좌굴(LTB)
2. 탄성 또는 비탄성 플랜지 국부좌굴(FLB)
3. 탄성 또는 비탄성 웨브 국부좌굴(WLB)

좌굴이 발생할 때의 최대휨응력이 응력-변형률 곡선상의 직선비례한도보다 작은 경우의 파괴거동은 탄성이 되고, 그렇지 않은 경우는 비탄성이 된다(4.2절 '기둥이론'의 관련부분 참조.).

편의상 우선 보를 조밀단면, 비조밀단면 또는 세장판단면으로 먼저 분류하고 횡지지 조건의 정도에 따라서 휨저항을 결정한다. 이 절에서는 다음의 두 종류의 보에 대해서 설명한다. (1) 약축 방향의 하중을 받아서 강축에 대하여 휨변형이 발생하는 압연 I형강 단면 (2) 전단중심에 작용하는 하중을 받든가 또는 비틀림이 구속된 강축에 대한 휨변형을 받는 C형강. (전단중심이란 횡하중이 이 점을 통하여 재하되는 경우 단면의 비틀림이 발생하지 않고 휨변형만이 발생하는 점이다.) 보부재로 흔히 사용되는 I형강 단면에 초점을 맞추게 된다. C형강의 경우는 플랜지의 판폭두께비가 $b_f/2t_f$ 대신 b_f/t_f라는 점에서만 차이가 있다.

먼저 조밀단면은 플랜지가 웨브에 연속적으로 접합되어 있고, 플랜지와 웨브의 판폭두께비가 다음 규정을 만족하는 단면이다.

$$\frac{b_f}{2t_f} \le 0.38\sqrt{\frac{E}{F_y}} \quad \text{와} \quad \frac{h}{t_w} \le 3.76\sqrt{\frac{E}{F_y}}$$

$F_y \le 65\,\mathrm{ksi}$를 만족하는 강구조편람에 열거된 표준 I형강 및 C형강 단면들은 웨브규정을 만족시킨다. 그러므로 대부분의 경우 플랜지조건만 검토하면 된다(조립 I형강 단면은 비조밀 또는 세장판웨브로 구성되기도 한다는 점을 유의하라). 대부분의 형강들은 플랜지조건을 만족시키므로 조밀단면으로 분류된다. 비조밀단면은 제원 및 특성표의

각주에 표시되어 있다(각주 f). 압축부재는 휨부재와는 규정이 다르기 때문에 휨에 대하여 조밀단면이 압축에 대하여는 비조밀단면이 될 수도 있음에 유의하라. 4장에서 이미 설명했듯이 세장판웨브를 가진 단면은 각주에 표기되어 있다(각주 c). 만약에 보가 조밀단면이고, 연속적으로 횡지지되어 있거나 또는 비지지 길이가 충분히 짧을 경우 보의 공칭휨강도 M_n는 단면의 소성모멘트 M_p가 된다. 불충분하게 횡지지되어 있는 경우 휨저항은 탄성 또는 비탄성 횡-비틀림좌굴강도에 따라서 결정된다.

첫 번째 범주인 횡지지된 조밀단면 보가 가장 흔하고 단순한 경우이다. AISC F2.1에 따르면 공칭강도는 다음 식과 같다.

$$M_n = M_p \qquad \text{(AISC 식 F2-1)}$$

여기서

$$M_p = F_y Z_x$$

예제 5.3 **그림 5.11의 보는 A992 강재 $W16 \times 31$ 형강이다. 철근콘크리트 슬래브에 의해서 압축플랜지는 연속적으로 횡지지되어 있다. 고정하중은 $450\ \text{lb/ft}$이며, 이것은 상재하중으로 보의 자중은 포함하지 않은 하중이다. 활하중은 $550\ \text{lb/ft}$이다. 이 보의 휨강도는 충분한지를 검토하시오.**

그림 5.11

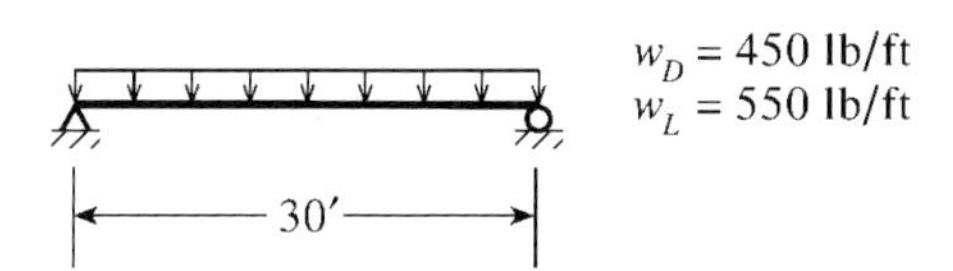

풀 이 먼저 공칭휨강도를 결정한다. 조밀단면 여부를 검토한다.

$$\frac{b_f}{2t_f} = 6.28 \text{ (강구조편람 1편)}$$

$$0.38\sqrt{\frac{E}{F_y}} = 0.38\sqrt{\frac{29{,}000}{50}} = 9.15 > 6.28 \quad \therefore \text{ 플랜지는 조밀하다.}$$

$$\frac{h}{t_w} < 3.76\sqrt{\frac{E}{F_y}} \quad \therefore \text{ 웨브는 조밀하다.}$$

(강구조편람에 열거된 $F_y \le 65\ \text{ksi}$인 모든 형강의 웨브는 조밀조건 만족)

또한 이 제원 및 특성표에 각주가 표기되어 있지 않으므로 조밀단면인 것을 알 수 있다. 보는 조밀단면이며 횡지지되어 있으므로 공칭휨강도는 다음과 같다.

$$M_n = M_p = F_y Z_x = 50(54.0) = 2700 \text{ in.-kips} = 225.0 \text{ ft-kips}$$

최대휨모멘트를 계산한다. 보의 자중을 포함한 총고정하중은 다음과 같다.

$$w_D = 450 + 31 = 481 \text{ lb/ft}$$

등분포하중을 받는 단순보의 최대모멘트는 보의 중앙에서 발생하며, 다음 식과 같다.

$$M_{\max} = \frac{1}{8} w L^2$$

여기서 w는 등분포선하중이며, L은 보의 지간이다. 따라서 모멘트는 다음과 같다.

$$M_D = \frac{1}{8} w_D L^2 = \frac{0.481(30)^2}{8} = 54.11 \text{ ft-kips}$$

$$M_L = \frac{1}{8} w_L L^2 = \frac{0.550(30)^2}{8} = 61.88 \text{ ft-kips}$$

LRFD 풀이 고정하중이 활하중의 8배보다 작으므로 하중조합은 2의 경우가 지배한다.

$$M_u = 1.2M_D + 1.6M_L = 1.2(54.11) + 1.6(61.88) = 164 \text{ ft-kips}$$

다른 방법으로는 하중계수를 먼저 곱하여 계수하중을 구할 수도 있다.

$$w_u = 1.2w_D + 1.6w_L = 1.2(0.481) + 1.6(0.550) = 1.457 \text{ kips/ft}$$

$$M_u = \frac{1}{8} w_u L^2 = \frac{1.457(30)^2}{8} = 164 \text{ ft-kips}$$

설계강도는 다음과 같다.

$$\phi_b M_n = 0.90(225.0) = 203 \text{ ft-kips} > 164 \text{ ft-kips} \quad \text{(OK)}$$

해 답 설계강도가 극한모멘트(계수하중모멘트)보다 크므로 W16x31단면은 적합한 단면이다.

ASD 풀이 허용응력설계 하중조합 2의 경우가 지배한다.

$$M_a = M_D + M_L = 54.11 + 61.88 = 116.0 \text{ ft-kips}$$

다른 방법으로 모멘트를 계산하기 전에 하중을 더할 수도 있다.

$$w_a = w_D + w_L = 0.481 + 0.550 = 1.031 \text{ kips/ft}$$

$$M_a = \frac{1}{8} w_a L^2 = \frac{1}{8}(1.031)(30)^2 = 116.0 \text{ ft-kips}$$

허용모멘트는 다음과 같다.

$$\frac{M_n}{\Omega_b} = \frac{M_n}{1.67} = 0.6M_n = 0.6(225.0) = 135 \text{ ft-kips} > 116 \text{ ft-kips} \quad \text{(OK)}$$

허용응력 풀이

작용응력은 다음과 같다.

$$f_b = \frac{M_a}{S_x} = \frac{116.0(12)}{47.2} = 29.5 \text{ ksi}$$

허용응력은 다음과 같다.

$$F_b = \frac{0.6M_n}{S_x} = \frac{0.6(225.0)(12)}{47.2} = 34.3 \text{ ksi}$$

$f_b < F_b$이므로 이 보는 충분한 강도를 가진다.

해 답 W16 × 31 단면은 적합한 단면이다.

허용응력은 약간의 근사치(approximation)를 사용하여 단순화할 수 있다. 허용응력은 다음과 같이 나타낼 수 있다.

$$F_b = \frac{0.6M_n}{S_x} = \frac{0.6F_yZ_x}{S_x}$$

만약 보수적인 평균값 $Z_x/S_x = 1.1$을 사용하면

$$F_b = 0.6F_y(1.1) = 0.66F_y$$

예제 5.3에 이 값을 적용하면

$$F_b = 0.66(50) = 33.0 \text{ ksi}$$

이 값은 약 4% 보수적이다. 따라서 횡지지된 조밀단면의 허용응력은 보수적으로 $0.66F_y$로 취할 수 있다. (이것은 1963년 이래로 AISC 허용응력설계기준에서 채택해오고 있다.)

탄성단면계수 대신 소성단면계수를 사용한다면 근사치를 사용하지 않고 허용응력법을 정식화할 수 있다.

$$\frac{M_n}{\Omega_b} \geq M_a \text{로부터}$$

$$\frac{M_n}{\Omega_b} = \frac{F_yZ_x}{1.67} = 0.6F_yZ_x$$

소요 소성단면계수는 다음과 같다.

$$Z_x \geq \frac{M_a}{0.6F_y}$$

따라서 만약 휨응력이 소성단면계수에 근거한다면,

$$f_b = \frac{M_a}{Z_x}, \quad F_b = 0.6F_y$$

이 방법은 횡지지된 조밀단면의 설계 시 대단히 유용하다.

조밀단면의 휨강도는 횡지지점 또는 가새 간의 간격으로 결정되는 비지지길이 L_b의 함수이다. 이 책에서는 횡지지점을 그림 5.12와 같이 “×”로 표시한다. 공칭휨강도 M_n과 비지지길이의 관계는 그림 5.13과 같다. 비지지길이가 L_p보다 크지 않다면 보는 충분히 횡지지되어 있다고 간주되므로 $M_n = M_p$이다. L_b가 L_p보다 크고 L_r보다

그림 5.12

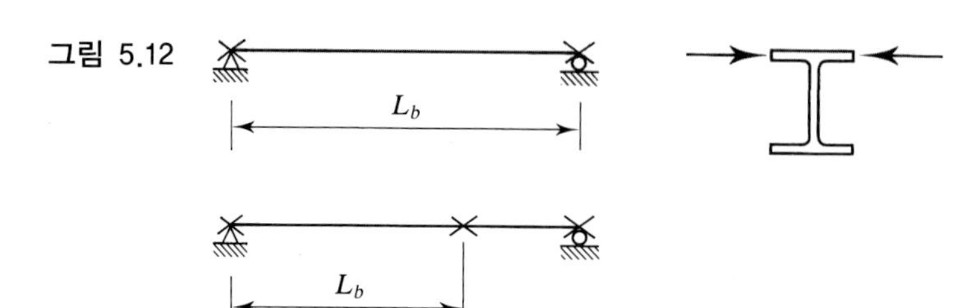

크지는 않다면 강도는 비탄성 횡-비틀림좌굴(LTB)에 의해 결정되고, L_b가 L_r보다 큰 경우의 강도는 탄성 횡-비틀림좌굴에 의해 결정된다.

이론적인 탄성 횡-비틀림좌굴강도식은 탄성안정론(Theory of Elastic Stability, Timoshenko and Gere, 1961)에서 찾아볼 수 있다. 기호를 적절히 바꾸면 공칭모멘트강도는 다음과 같다.

$$M_n = F_{cr}S_x$$

여기서 F_{cr}은 탄성좌굴응력이며

$$F_{cr} = \frac{\pi}{L_b S_x}\sqrt{EI_y GJ + \left(\frac{\pi E}{L_b}\right)^2 I_y C_w}, \text{ ksi} \tag{5.5}$$

여기서

L_b = 비지지길이(in.)

I_y = 단면의 약축에 대한 단면2차모멘트(in.^{4})

G = 강재의 전단탄성계수 = 11,2000 ksi

J = 순수비틀림상수(in.^{4})

C_w = 뒤틀림상수(in.^{6})

(상수 G, J, C_w는 4장 기둥의 비틀림 및 횡-비틀림을 설명할 때 정의하였다.)

횡방향 비지지길이 내에서 휨모멘트가 균일하다면 식 5.5는 항상 적용된다(불균일할 경우 뒤에서 설명할 수정계수 C_b를 사용하여 고려할 수 있다). AISC 설계기준에는 등가의 약간 다른 형식의 탄성좌굴응력이 규정되어 있다. AISC 설계기준의 모멘트 강도는 다음과 같다.

$$M_n = F_{cr}S_x \le M_p \qquad \text{(AISC 식 F2-3)}$$

여기서

$$F_{cr} = \frac{C_b \pi^2 E}{(L_b/r_{ts})^2}\sqrt{1 + 0.078\frac{Jc}{S_x h_0}\left(\frac{L_b}{r_{ts}}\right)^2} \qquad \text{(AISC 식 F2-4)}$$

C_b = 비지지길이 L_b구간 내에서 모멘트가 불균일한 것을 고려하기 위한 계수

$$r_{ts}^2 = \frac{\sqrt{I_y C_w}}{S_x} \qquad \text{(AISC 식 F2-7)}$$

$$c = 1.0 \ \text{(2축대칭 I-형 단면)} \qquad \text{(AISC 식 F2-8a)}$$

$$= \frac{h_0}{2}\sqrt{\frac{I_y}{C_w}} \ \text{(C형강)} \qquad \text{(AISC 식 F2-8b)}$$

$$h_0 = \text{플랜지 도심간 거리} = d - t_f$$

횡-비틀림좌굴 발생 시의 모멘트가 최초 항복 시의 모멘트보다 크다면 강도는 비탄성 거동에 의하여 결정된다. 최초 항복 시의 모멘트는 다음 식과 같다.

$$M_r = 0.7F_yS_x$$

여기서 항복응력은 잔류응력을 고려하여 30% 감소시켰다. 그림 5.13에서와 같이 탄성과 비탄성 거동의 경계는 비지지길이 L_r이 되는데, 이것은 AISC 식 F2-4에서 $C_b = 1.0$을 적용하고 F_{cr}을 $0.7F_y$로 놓았을 때의 L_b값이다.

$$L_r = 1.95\,r_{ts}\frac{E}{0.7F_y}\sqrt{\frac{Jc}{S_xh_0}+\sqrt{\left(\frac{Jc}{S_xh_0}\right)^2+6.76\left(\frac{0.7F_y}{E}\right)^2}} \qquad \text{(AISC 식 F2-6)}$$

기둥과 같이 보의 비탄성 거동은 탄성 거동보다 더욱 복잡하기 때문에 실험식이 흔히 사용된다. AISC는 다음 식을 사용한다.

$$M_n = C_b\left[M_p-(M_p-0.7F_yS_x)\left(\frac{L_b-L_p}{L_r-L_p}\right)\right] \le M_p \qquad \text{(AISC 식 F2-2)}$$

여기서 $0.7F_yS_x$항은 잔류응력을 고려한 항복응력이다. 그리고

$$L_p = 1.76r_y\sqrt{\frac{E}{F_y}} \qquad \text{(AISC 식 F2-5)}$$

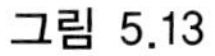
그림 5.13

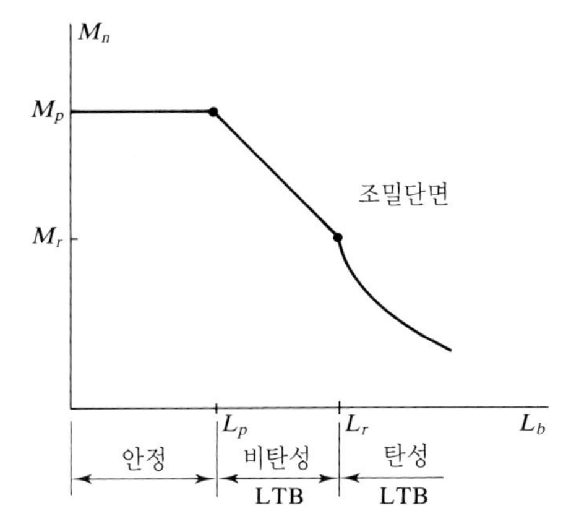

공칭휨강도 요약

I형강 및 C형강 조밀단면의 공칭휨강도는 다음과 같이 요약할 수 있다.

$L_b \leq L_p$이면,

$$M_n = M_p \quad \text{(AISC 식 F2-1)}$$

$L_p < L_b \leq L_r$이면,

$$M_n = C_b\left[M_p - (M_p - 0.7F_yS_x)\left(\frac{L_b - L_p}{L_r - L_p}\right)\right] \leq M_p \quad \text{(AISC 식 F2-2)}$$

$L_r < L_b$이면,

$$M_n = F_{cr}S_x \leq M_p \quad \text{(AISC 식 F2-3)}$$

여기서

$$F_{cr} = \frac{C_b\pi^2E}{(L_b/r_{ts})^2}\sqrt{1 + 0.078\frac{Jc}{S_xh_0}\left(\frac{L_b}{r_{ts}}\right)^2} \quad \text{(AISC 식 F2-4)}$$

예제 5.4 **A572 등급 50 강재로 제작된** W 14 × 68**단면의 공칭강도를 다음의 각각의 경우에 대하여 구하시오.**

a. **연속횡지지**

b. **비지지길이** 20 ft, $C_b = 1.0$

c. **비지지길이** 30 ft, $C_b = 1.0$

풀 이 A572 등급 50 강재로 제작된 W 14 × 68의 항복강도를 알아보기 위하여 강구조편람 2편 표 2-4를 참조한다. 강종의 명칭이 의미하듯이 항복응력 F_y는 50 ksi이다. 단면을 조밀, 비조밀 또는 세장판단면인지를 검토하면:

$$\frac{b_f}{2t_f} = 6.97 \text{ (강구조편람 1편)}$$

$$0.38\sqrt{\frac{E}{F_y}} = 0.38\sqrt{\frac{29{,}000}{50}} = 9.15 > 6.97 \quad \therefore \text{ 플랜지는 조밀단면}$$

강구조편람에 열거된 $F_y \leq 65$ ksi인 모든 형강의 웨브는 조밀이다. 따라서 이 형강은 조밀단면이다. (제원 및 특성표에 조밀단면이 아니라는 각주가 없으므로 실제로 이 단면은 조밀단면이라는 사실을 쉽게 판단할 수 있다.)

a. 이 보는 조밀이며 연속적으로 횡지지되어 있으므로 공칭강도는

$$M_n = M_p = F_yZ_x = 50(115) = 5750 \text{ in.-kips} = 479.2 \text{ ft-kips}$$

LRFD 풀이 설계강도는 다음과 같다.

$$\phi_b M_n = 0.90(479.2) = 431 \text{ ft-kips}$$

ASD 풀이 허용모멘트강도는 다음과 같다.

$$\frac{M_n}{\Omega_b} = \frac{M_n}{1.67} = 0.6M_n = 0.6(479.2) = 288 \text{ ft-kips}$$

b. $L_b = 20$ ft이고 $C_b = 1.0$이다. 먼저 L_p와 L_r을 구하면:

$$L_p = 1.76r_y\sqrt{\frac{E}{F_y}} = 1.76(2.46)\sqrt{\frac{29,000}{50}} = 104.3 \text{ in.} = 8.692 \text{ ft}$$

L_r을 계산하기 위하여 다음 항이 필요하다.

$$r_{ts}^2 = \frac{\sqrt{I_y C_w}}{S_x} = \frac{\sqrt{121(5380)}}{103} = 7.833 \text{ in.}^2$$

$$r_{ts} = \sqrt{7.833} = 2.799 \text{ in.}$$

(r_{ts}는 제원 및 특성표에서 찾을 수도 있다. 표의 값은 2.80 in.이다.)

$$h_0 = d - t_f = 14.0 - 0.720 = 13.28 \text{ in.}$$

(h_0도 제원 및 특성표에서 찾을 수 있으며 값은 13.3이다.)

2축대칭 I형강의 $c = 1.0$이다. AISC 식 F2-6을 적용하면,

$$L_r = 1.95r_{st}\frac{E}{0.7F_y}\sqrt{\frac{Jc}{S_x h_0} + \sqrt{\left(\frac{Jc}{S_x h_0}\right)^2 + 6.76\left(\frac{0.7F_y}{E}\right)^2}}$$

$$\frac{Jc}{S_x h_0} = \frac{3.01(1.0)}{103(13.28)} = 0.002201$$

$$L_r = 1.95(2.799)\frac{29,000}{0.7(50)}\sqrt{0.002201 + \sqrt{(0.002201)^2 + 6.76\left(\frac{0.7(50)}{29,000}\right)^2}}$$

$$= 351.3 \text{ in.} = 29.28 \text{ ft}$$

$L_p < L_b < L_r$이므로

$$M_n = C_b\left[M_p - (M_p - 0.7F_y S_x)\left(\frac{L_b - L_p}{L_r - L_p}\right)\right] \le M_p$$

$$= 1.0\left[5,750 - (5,750 - 0.7 \times 50 \times 103)\left(\frac{20 - 8.692}{29.28 - 8.692}\right)\right]$$

$$= 4572 \text{ in.-kips} = 381.0 \text{ ft-kips} < M_p = 479.2 \text{ ft-kips}$$

LRFD 풀이 설계강도는 다음과 같다.

$$\phi_b M_n = 0.90(381.0) = 343 \text{ ft-kips}$$

ASD 풀이 허용모멘트강도는 다음과 같다.

$$\frac{M_n}{\Omega_b} = \frac{M_n}{1.67} = 0.6\,M_n = 0.6(381.0) = 229 \text{ ft-kips}$$

c. $L_b = 30$ ft이고 $C_b = 1.0$이다. $L_b > L_r = 29.28$ ft이므로 탄성 횡-비틀림좌굴이 지배한다.

AISC 식 F2-4에서

$$F_{cr} = \frac{C_b \pi^2 E}{(L_b/r_{ts})^2}\sqrt{1+0.078\frac{Jc}{S_x h_0}\left(\frac{L_b}{r_{ts}}\right)^2}$$

$$= \frac{1.0\pi^2 A(29{,}000)}{\left(\frac{30\times 12}{2.799}\right)^2}\sqrt{1+0.078\frac{3.01(1.0)}{103(13.28)}\left(\frac{30\times 12}{2.799}\right)^2}$$

$$= 33.90 \text{ ksi}$$

AISC 식 F2-3에서

$$M_n = F_{cr} S_x = 33.90(103) = 3492 \text{ in.-kip}$$

$$s = 291.0 \text{ ft-kips} \le M_p = 479.2 \text{ ft-kips}$$

LRFD 풀이 $\phi_b M_n = 0.90(291.0) = 262$ ft-kips

ASD 풀이 $M_n/\Omega_b = 0.6\,M_n = 0.6(291.0) = 175$ ft-kips

비지지길이 L_b에 균등한 모멘트가 적용된다면, 모멘트경사는 없으며 $C_b = 1.0$이다. 모멘트경사가 있는 경우에는 계수 C_b는 다음과 같이 주어진다.

$$C_b = \frac{12.5 M_{\max}}{2.5 M_{\max} + 3M_A + 4M_B + 3M_c} \qquad \text{(AISC 식 F1-1)}$$

여기서

$M_{\max}$ = 양단을 포함한 비지지길이 내의 최대모멘트의 절댓값

M_A = 비지지길이 $\frac{1}{4}$점 모멘트의 절댓값

M_B = 비지지길이 중앙점 모멘트의 절댓값

M_C = 비지지길이 $\frac{3}{4}$점 모멘트의 절댓값

AISC 식 F1-1은 2축대칭단면과 1축대칭단면이 단곡률 변형이 발생한 경우에 적용된다.

모든 점의 휨모멘트의 크기가 같다면 C_b값은 다음과 같이 된다.

$$C_b - \frac{12.5M}{2.5M + 3M + 4M + 3M} = 1.0$$

예제 5.5 양단에서만 횡지지된 W형강 보에 등분포하중이 작용할 때 C_b를 계산하시오.

풀 이 대칭조건을 이용하면 최대모멘트는 보의 중앙에서 발생한다.

$$M_{max} = M_B = \frac{1}{8}wL^2$$

대칭이므로 $\frac{1}{4}$점과 $\frac{3}{4}$점 모멘트는 같다. 그림 5.14로부터,

$$M_A = M_C = \frac{wL}{2}\left(\frac{L}{4}\right) - \frac{wL}{4}\left(\frac{L}{8}\right) = \frac{wL^2}{8} - \frac{wL^2}{32} = \frac{3}{32}wL^2$$

그림 5.14

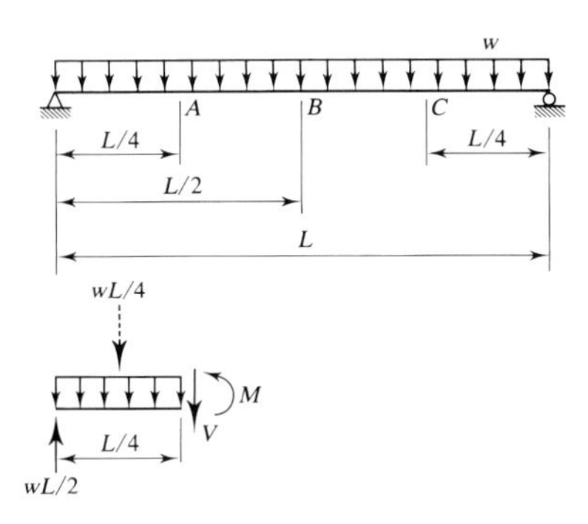

단순지지된 W형강이므로, AISC 식 F1-1에서,

$$C_b = \frac{12.5M_{max}}{2.5M_{max} + 3M_A + 4M_B + 3M_C}$$

$$= \frac{12.5\left(\frac{1}{8}\right)}{2.5\left(\frac{1}{8}\right) + 3\left(\frac{3}{32}\right) + 4\left(\frac{1}{8}\right) + 3\left(\frac{3}{32}\right)} = 1.14$$

해 답 $C_b = 1.14$

그림 5.15에는 몇 가지 일반적인 하중상태와 횡지지 조건에 따른 C_b값을 도시하였다. 다른 경우의 C_b값은 강구조편람 3편 '휨부재의 설계'편에서 찾을 수 있다.

횡방향으로 지지되지 않은 캔틸레버 보의 경우 지점에서 휨-비틀림(warping)이 없다면 AISC에서는 C_b값을 1.0으로 규정하고 있다. 1.0이라는 값은 보의 형태나 하중에 상관없이 항상 보수적인 값이 된다. 그러나 어떤 경우에는 너무 안전측이 되는 경우가 있다.

휨강도에 미치는 C_b값의 영향은 그림 5.16에 예시되어 있다. 비록 강도는 C_b값에 직접 비례하기는 하지만, M_n을 어떤 식을 사용하여 구하더라도 상한 값은 M_p를 초과할 수 없다는 사실을 그래프에서 명확하게 알 수 있다.

그림 5.15

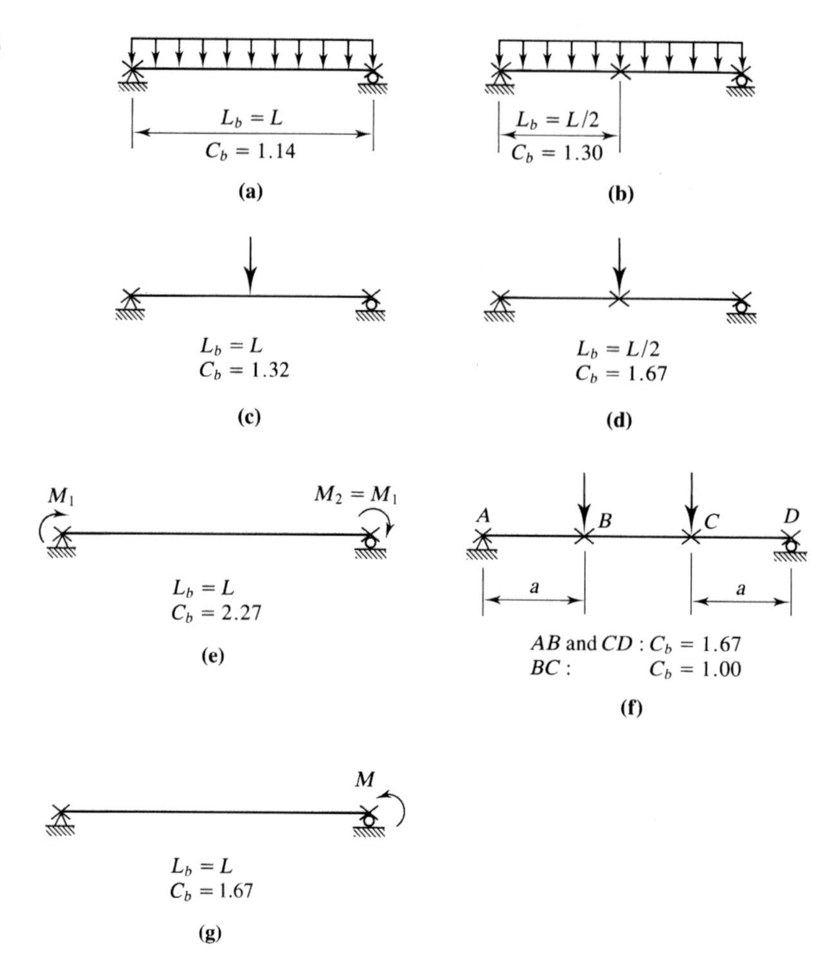

강구조편람 3편 "휨부재의 설계"에서는 보의 해석과 설계에 유용한 표와 도표들이 포함되어 있다. 예를 들면 표 3-2 "W형강, Z_x에 의한 선택" (이후에는 Z_x-표라 칭한다)에는 일반적으로 보로 사용되는 형강들이 휨강도($\phi_b M_{px}$와 M_{px}/Ω_b) 순으로 정리되어 있다. 이 표에는 다른 유용한 상수, 특히 계산하기 성가신 L_p와 L_r이 포함되어 있다.

그림 5.16

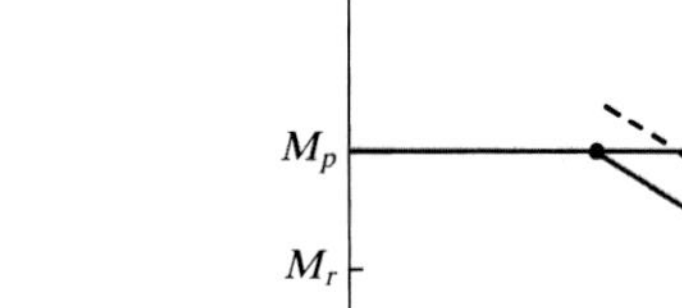
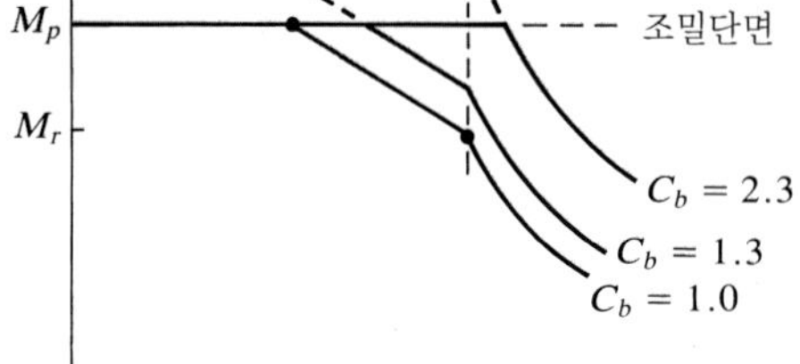

이 두 상수는 편람 3편의 다른 표에서도 찾아볼 수 있다. 이 장의 다른 절에서 추가적인 설계 보조자료들을 다루고자 한다.

5.6 비조밀단면의 휨강도

앞에서 이미 기술한 바와 같이 대부분의 표준 W, M, S 및 C형강은 조밀단면이다. 소수의 형강은 플랜지의 판폭두께비 때문에 비조밀단면이지만 세장판단면은 없다.

일반적으로 보는 횡-비틀림좌굴, 플랜지 국부좌굴 또는 웨브 국부좌굴에 의해서 파괴된다. 어떠한 형태의 파괴도 탄성 또는 비탄성범위 내에서 발생할 가능성이 있다. 이 세 가지 한계상태에 상응하는 각각의 강도를 계산하여 하며, 그중 가장 작은 값이 지배하게 된다. 편람에 등재된 모든 형강의 웨브는 조밀하기 때문에, 비조밀단면은 단지 횡-비틀림과 플랜지 국부좌굴 한계상태만을 보여주게 된다. 두종류의 한계상태에 해당되는 강도가 계산되어야 하고 그중에서 작은 값이 지배하게 된다.

AISC F3에 따르면, 플랜지 국부좌굴의 경우 $\lambda_p < \lambda \le \lambda_r$ 이면 플랜지는 비조밀단면이므로, 비탄성좌굴이 일어날 가능성이 있고, 공칭모멘트는 다음 식에 의하여 결정된다.

$$M_n = M_p - (M_p - 0.7F_yS_x)\left(\frac{\lambda - \lambda_p}{\lambda_r - \lambda_p}\right) \qquad \text{(AISC 식 F3-1)}$$

여기서,

$$\lambda = \frac{b_f}{2t_f}$$

$$\lambda_p = 0.38\sqrt{\frac{E}{F_y}}$$

$$\lambda_r = 1.0\sqrt{\frac{E}{F_y}}$$

편람에 열거된 모든 열간압연형강의 웨브는 조밀이므로, 비조밀단면에는 횡-비틀림좌굴 및 플랜지 국부좌굴 한계상태만이 존재한다. 그러나 용접조립단면은 플랜지와 마찬가지로 웨브도 비조밀 또는 박판의 범주에 속할 수가 있다. 이러한 경우는 AISC F4 및 F5에서 다룬다. 플레이트거더를 포함한 조립단면은 이 책의 10장에서 다룬다.

예제 5.6 **스팬 길이가 45 ft이고, 양단에서 횡지지된 단순보가 아래의 사용 하중을 받고 있다:**

고정하중 $= 400\ \mathrm{lb/ft}$ **(보의 자중을 포함)**

활하중 $= 1000\ \mathrm{lb/ft}$

만약 $F_y = 50\ \mathrm{ksi}$**인 경우,** $\mathrm{W}\,14 \times 90$ **형강은 적절한가를 검토하시오.**

풀 이 형강의 조밀, 비조밀 또는 박판인지 여부를 판단한다.

$$\lambda = \frac{b_f}{2t_f} = 10.2$$

$$\lambda_p = 0.38\sqrt{\frac{E}{F_y}} = 0.38\sqrt{\frac{29{,}000}{50}} = 9.15$$

$$\lambda_r = 1.0\sqrt{\frac{E}{F_y}} = 1.0\sqrt{\frac{29{,}000}{50}} = 24.1$$

$\lambda_p < \lambda < \lambda_r$이므로 비조밀단면이고, 따라서 플랜지 국부좌굴(FLB) 한계상태에 대해서 검토해야 한다.

$$M_p = F_y Z_x = 50(157) = 7850\ \text{in.-kips}$$

$$M_n = M_p - (M_p - 0.7F_y S_x)\left(\frac{\lambda - \lambda_p}{\lambda_r - \lambda_p}\right)$$

$$= 7850 - (7850 - 0.7 \times 50 \times 143)\left(\frac{10.2 - 9.15}{24.1 - 9.15}\right)$$

$$= 7650\ \text{in.-kips} = 637.5\ \text{ft-kips}$$

다음으로 횡-비틀림좌굴(LTB) 한계상태에 대해서 검토한다. Z_x표에서

$L_p = 15.1\ \mathrm{ft}$, $L_r = 42.5\ \mathrm{ft}$

$L_b = 45\ \mathrm{ft} > L_r$ $\quad\therefore$ 탄성 횡-비틀림좌굴(LTB)에 의해서 파괴된다.

강구조설계편람 1편에서,

$I_y = 362\ \mathrm{in.}^4$

$r_{ts} = 4.11\ \mathrm{in.}$

$h_0 = 13.3\ \mathrm{in.}$

$J = 4.06\ \mathrm{in.}^4$

$C_w = 16{,}000\ \mathrm{in.}^6$

양단에서 횡지지된 등분포하중이 작용하는 단순보의 경우,

$C_b = 1.14$ (그림 5.15(a))

2축대칭 I형강 단면의 경우 $C = 1.0$. AISC 식 F2-4에 의하여

$$F_{cr} = \frac{C_b \pi^2 E}{(L_b/r_{ts})^2}\sqrt{1+0.078\frac{Jc}{S_x h_0}\left(\frac{L_b}{r_{ts}}\right)^2}$$

$$= \frac{1.14\pi^2(29{,}000)}{(45\times 12/4.11)^2}\sqrt{1+0.078\frac{4.06(1.0)}{143(13.3)}\left(\frac{45\times 12}{4.11}\right)^2}$$

$$= 37.20 \text{ ksi}$$

AISC 식 F2-3에 의하여,

$$M_n = F_{cr}S_x = 37.20(143) = 5320 \text{ in.-kips} < M_p = 7850 \text{ in.-kips}$$

이 값은 플랜지 국부좌굴에 근거한 공칭강도보다 작으므로, 횡-비틀림좌굴이 지배한다.

LRFD 풀이 설계강도는 다음과 같다.

$$\phi_b M_n = 0.90(5320) = 4788 \text{ in.-kips} = 399 \text{ ft-kips}$$

계수하중 및 모멘트는

$$w_u = 1.2w_D 1.6w_L = 1.2(0.400) + 1.6(1.000) = 2.080 \text{ ft-kips}$$

$$M_u = \frac{1}{8}w_u L^2 = \frac{2.080(45)^2}{8} = 527.0 \text{ ft-kips} > 399 \text{ ft-kips} \quad \text{(N.G.)}$$

해 답 $M_u > \phi_b M_n$이므로, 이 보는 적합한 모멘트강도를 보유하고 있지 못하다.

ASD 풀이 허용응력은 다음과 같다.

$$F_b = 0.6F_{cr} = 0.6(37.20) = 22.3 \text{ ksi}$$

작용휨모멘트는

$$M_a = \frac{1}{8}w_a L^2 = \frac{1}{8}(0.400+1.000)(45)^2 = 354.4 \text{ ft-kips}$$

작용응력은

$$f_b = \frac{M_a}{S_x} = \frac{354.4(12)}{143} = 29.7 > 22.3 \text{ ksi} \quad \text{(N.G.)}$$

해 답 $f_b > F_b$이므로, 이 보는 적합한 모멘트강도를 보유하고 있지 못하다.

비조밀단면의 경우에 각주 "f"로 표기하여 놓은 Z_x표를 이용하면 쉽게 비조밀단면임을 알 수 있다(똑같은 인식표시를 제원 및 특성표에서도 적용하고 있다). 비조밀단면은 Z_x표에서 다음과 같이 다르게 다루고 있다. 표의 L_p값은 비탄성 횡-비틀림좌굴에 기초한 강도와 플랜지 국부좌굴에 기초한 강도가 같아지는 비지지길이이다. 즉, 웨브 국부좌굴에 기초한 강도를 공칭강도로 취할 수 있는 최대비지지길이이다(조밀단면의 L_p값은 소성휨강도를 공칭강도로 취할 수 있는 최대비지지길이임을 상기해보자). 예제 5.6의 형강에 대해서, FLB에 기초한 공칭강도를 $C_b = 1.0$으로 간주한 비탄성 LTB에 기초한 공칭강도(AISC 식 F2-2)와 비교해보자.

$$M_n = M_p - (M_p - 0.7F_yS_x)\left(\frac{L_b - L_p}{L_r - L_p}\right) \tag{5.6}$$

L_r값은 예제 5.6에서 이미 계산된 값과 같다. 그러나 L_p값은 AISC 식 F2-5에 따라서 다시 계산하여야 한다:

$$L_p = 1.76r_y\sqrt{\frac{E}{F_y}} = 1.76(3.70)\sqrt{\frac{29{,}000}{50}} = 156.8 \text{ in.} = 13.07 \text{ ft}$$

식 5.6으로 돌아가서 L_b를 구할 수 있다.

$$7650 = 7850 - (7850 - 0.7 \times 50 \times 143)\left(\frac{L_b - 13.07}{42.6 - 13.07}\right)$$

$$L_b = 15.2 \text{ ft}$$

이 값이 $F_y = 50$ ksi인 W 14 × 90의 표에 L_p값으로 주어진 값이다. 그러나

$$L_p = 1.76r_y\sqrt{\frac{E}{F_y}}$$

식은 비조밀단면에 대하여 사용이 가능하다는 사실에 유의하라. L_b값이 아주 크지 않은 경우에 L_p를 직접 사용하는 것은 결과적으로 비탄성 횡-비틀림좌굴(LTB)을 적용하는 것이 되기는 하지만, 어떻든 FLB에 기초한 강도가 지배하게 된다.

Z_x표에서 비조밀단면의 경우 L_p의 의미가 다른 것 외에 적용 가능한 강도 $\phi_b M_{px}$와 M_p/Ω_b는 단면의 소성모멘트가 아니라 플랜지 국부좌굴에 근거하고 있다.

5.7 휨강도 요약

강축 휨을 받는 I형강 및 C형강 단면의 공칭휨강도를 계산하는 순서를 요약해 보고자 한다. 모든 용어는 이미 설명하였고, AISC 식 번호는 생략한다. 이 요약설명은 세장판단면이 아닌 조밀 및 비조밀단면(플랜지 비조밀)에 대한 것이다(세장판단면은 여기서 제외한다).

1. 단면이 조밀단면인지를 검사한다.
2. 조밀단면이라면 횡-비틀림좌굴(LTB)에 대하여 다음과 같이 검토한다.

   $L_b < L_p$인 경우, LTB 발생치 않음

   $L_p < L_b \le L_r$인 경우, 비탄성 LTB 발생

$$M_n = C_b\left[M_p - (M_p - 0.7F_yS_x)\left(\frac{L_b - L_p}{L_r - L_p}\right)\right] \le M_p$$

$L_b > L_r$인 경우, 탄성 LTB 발생

$$M_n = F_{cr} S_x \leq M_p$$

여기서

$$F_{cr} = \frac{C_b \pi^2 E}{(L_b / r_{ts})^2} \sqrt{1 + 0.078 \frac{Jc}{S_x h_0} \left(\frac{L_b}{r_{ts}} \right)^2}$$

3. 플랜지 때문에 비조밀단면이 되는 경우의 공칭강도는 플랜지 국부좌굴과 횡-비틀림좌굴에 상응하는 강도 중에서 최솟값이 된다.

a. 플랜지 국부좌굴(FLB):

$\lambda_b \leq \lambda_p$이면, FLB 발생치 않음

$\lambda_p < \lambda_b \leq \lambda_r$이면, 플랜지 비조밀

$$M_n = M_p - (M_p - 0.7 F_y S_x) \left(\frac{\lambda_b - \lambda_p}{\lambda_r - \lambda_p} \right) \leq M_p$$

b. 횡-비틀림좌굴(LTB):

$L_b \leq L_p$이면, LTB 발생치 않음

$L_p < L_b \leq L_r$이면, 비탄성 LTB 발생

$$M_n = C_b \left[M_p - (M_p - 0.7 F_y S_x) \left(\frac{L_b - L_p}{L_r - L_p} \right) \right] \leq M_p$$

$L_b > L_r$이면, 탄성 LTB 발생

$$M_n = F_{cr} S_x \leq M_p$$

여기서

$$F_{cr} = \frac{C_b \pi^2 E}{(L_b / r_{ts})^2} \sqrt{1 + 0.078 \frac{Jc}{S_x h_0} \left(\frac{L_b}{r_{ts}} \right)^2}$$

5.8 전단강도

보의 전단강도는 AISC 설계기준 G편 “부재의 전단 설계”에서 취급하고 있다. 열간압연형강과 조립형강 모두를 다루고 있다. 이 장에서는 압연형강만을 다루고 10장 “플레이트거더”에서 조립단면을 다룬다. 압연형강에 대한 AISC 규정은 G2.1절에서 다루고 있다.

전단에 대한 AISC 규정을 다루기 전에 재료역학에서 다뤘던 기본개념을 복습해보기 위하여 그림 5.17과 같은 단순보를 생각해보자. 좌측 단부로부터 x만큼 떨어져

있는 점의 중립축의 응력은 그림 5.17(d)와 같다. 이 점은 중립축에 위치해 있기 때문에 휨응력은 받지 않는다. 재료역학으로부터 전단응력은 다음과 같이 구할 수 있다.

$$f_v = \frac{VQ}{Ib} \tag{5.7}$$

여기서

f_v = 구하고자 하는 점의 수직 및 수평전단응력

V = 고려하는 단면의 수직전단력

Q = 응력을 구하고자 하는 점과 연단 사이 단면적의 중립축에 대한 단면1차모멘트

I = 중립축에 대한 단면2차모멘트(관성모멘트)

b = 응력을 구하고자 하는 점의 단면 폭

식 5.7은 단면 폭 b에 걸쳐서 응력의 크기가 일정하다는 기본가정하에 유도된 식이고, 따라서 이 식은 b값이 작은 경우에 한하여 정확한 값을 산출할 수 있다. 높이가 d이고 폭이 b인 사각형 단면의 경우, $d/b=2$일 때의 오차는 약 3% 정도이다. $d/b=1$인 경우 오차는 12%, $d/b={}^1/_4$인 경우는 100%에 이른다(Higdon, Ohlsen and Stiles, 1960). 이러한 이유로 식 5.7은 W형강의 웨브에 적용하는 방법과 같은 방법으로 플랜지에 적용해서는 안 된다.

W형강에 대한 전단력의 분포는 그림 5.18과 같다. 실제 응력분포도 위에 겹쳐서 나타낸 선은 웨브의 평균전단응력, V/A_w인데, 실제응력의 최대전단응력과 크게

그림 5.17

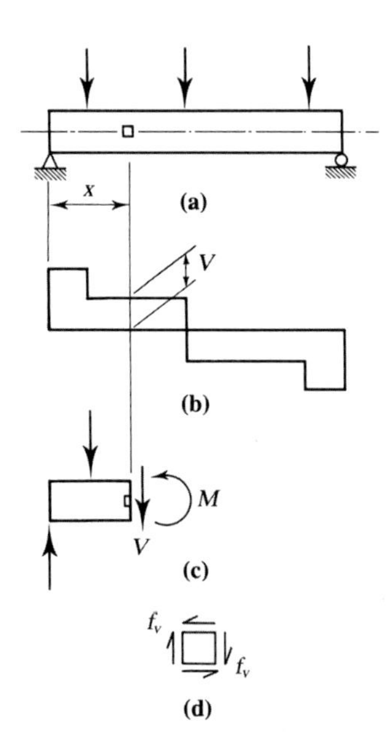

그림 5.18

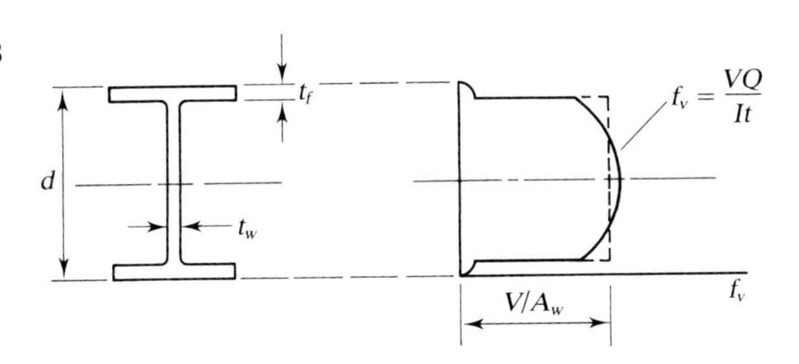

다르지 않다. 웨브는 플랜지가 항복하기 훨씬 이전에 먼저 항복하므로, 웨브의 항복이 전단한계상태를 의미한다. 전단항복응력을 인장항복응력의 60%로 취하면 파괴 시의 웨브 응력은 다음과 같이 쓸 수 있다.

$$f_v = \frac{V_n}{A_w} = 0.6F_y$$

여기서 A_w는 웨브단면적이다. 그러므로 이 한계상태에 대응되는 공칭강도는 웨브의 전단좌굴이 일어나지 않는다는 가정하에 다음 식으로 나타낼 수 있다.

$$V_n = 0.6F_yA_w \tag{5.8}$$

전단좌굴이 일어나는가의 여부는 웨브의 판폭두께비 h/t_w에 달려 있다. 이 판폭두께비가 너무 크다면, 즉 웨브가 너무 얇다면, 웨브에는 탄성 또는 비탄성 전단좌굴이 발생한다.

AISC 설계기준 전단에 관한 규정

LRFD의 경우 소요 및 유용강도의 관계식은 다음과 같다.

$$V_u \le \phi_v V_n$$

여기서

V_u = 지배 계수하중조합에 의한 최대전단력

ϕ_v = 전단저항계수

ASD의 경우 관계식은,

$$V_a \le \frac{V_n}{\Omega_v}$$

여기서

V_a = 지배 사용하중조합에 의한 최대전단력

Ω_v = 전단에 대한 안전계수

후에 알게 되지만, 저항계수 및 안전계수는 웨브의 판폭두께비에 달려 있다.

AISC 설계기준 G2.1절에서는 보강 및 비보강 웨브를 가진 보를 다루고 있다. 대부분의 경우에 열간압연형강은 보강재가 없으며, 보강 웨브에 대해서는 10장까지 미루고자 한다. 기본적인 강도식은 다음과 같다.

$$V_n = 0.6F_yA_wC_{v1} \qquad \text{(AISC 식 G2-1)}$$

여기서

A_w = 웨브 단면적 $\approx dt_w$

d = 보의 깊이

C_{v1} =전단좌굴응력-전단항복응력 비*

C_{v1} 값은 한계상태가 웨브의 항복인지 또는 웨브의 좌굴인지에 달려 있다.

경우 1: 웨브의 판폭두께비가 다음 조건을 만족하는 압연 I형강

$$\frac{h}{t_w} \leq 2.24\sqrt{\frac{E}{F_y}}$$

한계상태는 항복이며

$$C_{v1} = 1.0 \qquad \text{(AISC 식 G2-2)}$$

$$\phi_v = 1.00$$

$$\Omega_v = 1.50$$

이다. 항복응력 $F_y \leq 50$ ksi인 대부분의 W형강은 이 범주에 속한다(AISC G2.1[a] 사용자 유의사항 참조).

경우 2: 다른 모든 I형강 및 C형강

$$\phi_v = 0.90$$

$$\Omega_v = 1.67$$

이며 C_{v1}은 다음과 같다:

$\dfrac{h}{t_w} \leq 1.10\sqrt{\dfrac{k_vE}{F_y}}$ 인 경우, 웨브좌굴은 발생치 않으며

$$C_{v1} = 1.0 \qquad \text{(AISC 식 G2-3)}$$

(이것은 식 5.8 전단 항복과 상응한다.)

---

* 여기서 사용된 변수 C_{v1}과 대비하여, 변수 C_{v2}는 이 책의 10장 플레이트거더에서 인장역작용을 고려한 웨브의 전단강도식에 사용된다.

$1.10\sqrt{\frac{K_v E}{F_y}} < \frac{h}{t_w}$ 인 경우, 웨브좌굴이 발생하며

$$C_{v1} = \frac{1.10\sqrt{\frac{k_v E}{F_y}}}{h/t_w} \qquad \text{(AISC 식 G2-4)}$$

여기서

$$k_v = 5.34$$

이 k_v 값은 비보강웨브(unstiffened web)에 적용하는 값이다. 보강웨브(stiffened web)는 이 책의 10장 플레이트거더에서 다룬다.

AISC 식 G2-3은 웨브의 전단항복한계상태에 근거를 두고 있다. AISC 식 G2-4는 웨브좌굴 및 후좌굴강도를 고려하고 있다. 웨브의 좌굴강도는 웨브의 전단좌굴을 발생시키는 강도이며, 웨브의 후좌굴강도는 웨브의 좌굴이 발생한 후에 유용한 추가적인 강도이다. 전단강도와 웨브의 판폭두께비 관계(C_{v1}의 함수)는 그림 5.19에 예시되어 있다. 평평한 직선 부분은 전단항복에 해당하며, 곡선 부분은 웨브의 좌굴 및 후좌굴강도에 해당한다.

그림 5.19

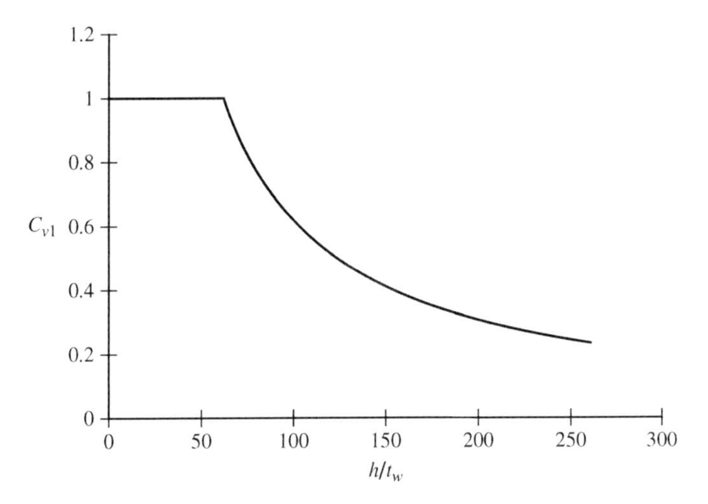

허용응력 정식화

허용강도는

$$V_a \le \frac{V_n}{\Omega_v}$$

이며, 다음과 같이 응력항으로 나타낼 수 있다.

$$f_v \le F_v$$

여기서

$$f_v = \frac{V_a}{A_w} = \text{작용 전단응력}$$

$$F_v = \frac{V_n/\Omega_v}{A_w} = \frac{0.6F_yA_wC_{v1}/\Omega_v}{A_w} = \text{허용전단응력}$$

$h/t_w \le 2.24\sqrt{E/F_y}$ 인 대부분의 I형강 압연단면의 경우

$$F_v = \frac{0.6F_yA_w(1.0)/1.5}{A_w} = 0.4F_y$$

압연 강재 보에서는 전단은 별로 문제가 되지 않는다. 일반적인 실제 설계는 휨에 대하여 설계하고 전단에 대하여 검토하는 것이다.

예제 5.7 **예제 5.6의 보의 전단에 대한 검토를 하시오.**

풀 이 강구조편람 1편 단면의 제원과 특성표로부터, $W14 \times 90$의 판폭두께비는 다음과 같다.

$$\frac{h}{t_w} = 25.9$$

웨브면적은 $A_w = dt_w = 14.0(0.440) = 6.160\ \text{in.}^2$이다.

$$2.24\sqrt{\frac{E}{F_y}} = 2.24\sqrt{\frac{29{,}000}{50}} = 54.0$$

$$\frac{h}{t_w} < 2.24\sqrt{\frac{E}{F_y}} \text{ 이므로}$$

강도는 웨브 항복에 의해 결정되며 $C_{v1} = 1.0$이다(설계기준 사용자 유의사항에서 지적하듯이, $F_y \le 50\ \text{ksi}$인 대부분의 W형강이 이 경우에 속한다). 공칭전단강도는 다음과 같다.

$$V_n = 0.6F_yA_wC_v = 0.6(50)(6.160)(1.0) = 184.8\ \text{kips}$$

LRFD 풀이 저항계수 ϕ_v를 결정한다.

$$\frac{h}{t_w} < 2.24\sqrt{\frac{E}{F_y}} \text{ 이므로,}$$

$$\phi_v = 1.00$$

설계전단강도는 다음과 같다.

$$\phi_vV_n = 1.00(184.8) = 185\ \text{kips}$$

예제 5.6으로부터, $w_u = 2.080\ \text{kips/ft}$이고 $L = 45\ \text{ft}$이다. 등분포하중이 재하된 단순보의 최대전단력은 지점부에서 발생하고 반력과 같은 크기이다.

$$V_u = \frac{w_u L}{2} = \frac{2.080(45)}{2} = 46.8 \text{ kips} < 185 \text{ kips} \quad \text{(OK)}$$

ASD 풀이 안전계수 Ω_v를 결정한다.

$$\frac{h}{t_w} < 2.24\sqrt{\frac{E}{F_y}}$$ 이므로,

$$\Omega_v = 1.50$$

허용전단응력은 다음과 같다.

$$\frac{V_n}{\Omega_v} = \frac{184.8}{1.50} = 123 \text{ kips}$$

예제 5.6으로부터 총 사용하중은 다음과 같다.

$$w_a = w_D + w_L = 0.400 + 1.000 = 1.4 \text{ kips/ft}$$

최대전단력은 다음과 같다.

$$V_n = \frac{w_a L}{2} = \frac{1.4(4.5)}{2} = 31.5 \text{ kips} < 123 \text{ kips} \quad \text{(OK)}$$

또 다른 방법인 응력항으로 풀이가 가능하다. 전단항복이 지배하므로($C_{v1} = 1.0$) $\Omega_v = 1.50$이므로 허용응력은 다음과 같다.

$$F_v = 0.4F_y = 0.4(50) = 20 \text{ ksi}$$

소요전단강도(응력)는 다음과 같다.

$$f_a = \frac{V_a}{A_w} = \frac{31.5}{6.160} = 5.11 \text{ ksi} < 20 \text{ ksi} \quad \text{(OK)}$$

해 답 소요전단강도가 유효전단강도보다 작으므로 보는 적합하다.

$\phi_v V_n$과 V_n/Ω_v값은 강구조편람 3편에 Z_x표를 포함한 몇 개의 표에 주어져 있으므로 열간압연형강의 전단강도계산은 불필요하다.

블록전단

인장부재의 접합부와 관련하여 이미 고려되었던 블록전단 문제는 보의 접합부의 형태에 따라서 발생할 수도 있다. 보를 다른 보와 연결하고자 할 때 상부 플랜지의 높이를 쉽게 맞추기 위하여 한 개의 보의 상부 플랜지의 일부를 곡선으로 잘라내는(coped) 경우가 있다. 이러한 상부 플랜지의 일부가 절단된 보(이하 곡선절단보, coped beam)를 그림 5.20과 같이 볼트로 연결하면, ABC 부분이 잘려서 떨어져 나가는 경향이 있을 수도 있다. 이러한 경우에 작용하중이 보의 수직반력인 경우는 AB를 따라서 전단력이 발생되고, BC를 따라서는 인장력이 발생한다. 따라서 블록전단강도에 따라서 반력의 한계값이 결정될 수도 있다.

그림 5.20

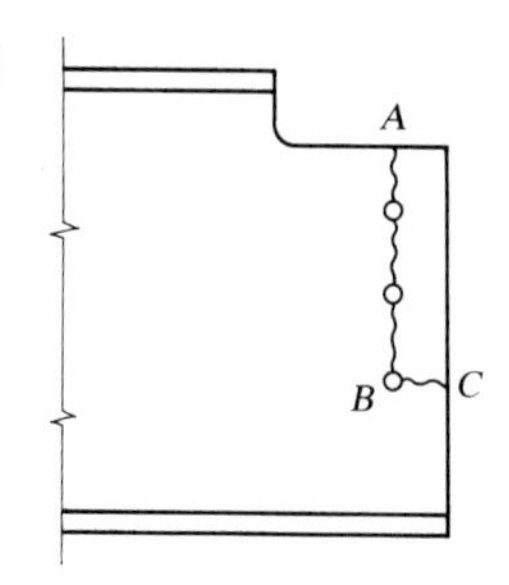

3장에서 블록전단강도의 산정법을 다루었지만, 여기서도 간단히 살펴보고자 한다. 파단은 전단면의 파괴(상한값 제한을 받음)와 인장면의 파괴에 의하여 발생한다고 가정한다. AISC J4.3 "블록전단파괴강도(Block Shear Rupture Strength)"에 블록전단에 대한 식이 규정되어 있다.

$$R_n = 0.6F_u A_{nv} + U_{bs} F_u A_{nt} \le 0.6F_y A_{gv} + U_{bs} F_u A_{nt} \qquad \text{(AISC 식 J4-5)}$$

여기서,

A_{gv} = 전단이 작용하는 총단면적(그림 5.20에서 길이 $AB \times$ 웨브두께)

A_{nv} = 전단이 작용하는 순단면적

A_{nt} = 인장면의 순단면적(그림 5.20에서 BC면 상)

U_{bs} = 1.0 : 인장응력이 균일한 경우(대부분의 곡선절단보)

= 0.5 : 인장응력이 불균일한 경우(볼트선이 두 개인 경우 또는 보의 연단거리가 비표준인 경우의 곡선절단보) (Ricles and Yura, 1983)

설계법에 따른 감소계수 및 안전계수는 다음과 같다.

LRFD : $\phi = 0.75$

ASD : $\Omega = 2.0$

예제 5.8 **블록전단을 고려하여 그림 5.21과 같은 보가 지지할 수 있는 최대 반력을 구하시오.**

그림 5.21

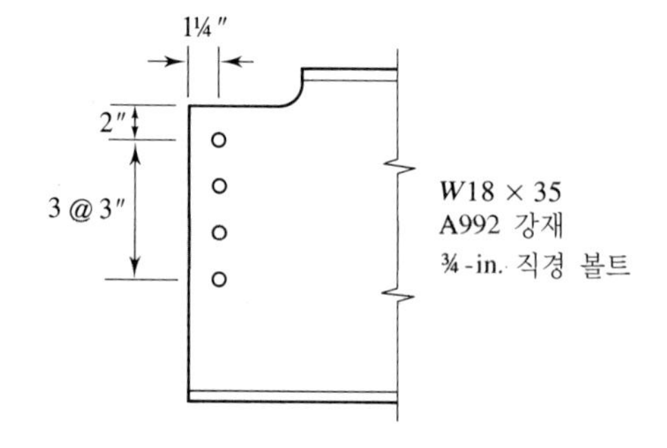

풀 이 볼트 구멍의 유효직경은 $\frac{3}{4} + \frac{1}{8} = \frac{7}{8}$ in.이며, 전단면적은 다음과 같다.

$$A_{gv} = t_w(2+3+3+3) = 0.300(11) = 3.300 \text{ in.}^2$$

$$A_{nv} = (0.300)\left[11 - 3.5\left(\frac{7}{8}\right)\right] = 2.381 \text{ in.}^2$$

순인장면적은 다음과 같다.

$$A_{nt} = 0.300\left[1.25 - \frac{1}{2}\left(\frac{7}{8}\right)\right] = 0.2438 \text{ in.}^2$$

표준연단거리의 곡선절단보는 블록전단이 발생 가능하며, $U_{bs} = 1.0$. AISC 식 J4-5에서,

$$R_n = 0.6F_uA_{nv} + U_{bs}F_uA_{nt} = 0.6(65)(2.381) + 1.0(65)(0.2438)$$
$$= 108.7 \text{ kips}$$

상한값은

$$0.6F_yA_{gv} + U_{bs}F_uA_{nt} = 0.6(65)(3.300) + 1.0(65)(0.2438)$$
$$= 144.5 \text{ kips}$$

그러므로 공칭블록전단강도는 108.7 kips이다.

LRFD 풀이 최대계수하중반력은 설계강도이다. $\phi R_n = 0.75(108.7) = 81.5$ kips

해 답 설계강도 81.5 kips

ASD 풀이 최대사용하중반력은 허용강도이다: $\frac{R_n}{\Omega} = \frac{108.7}{2.00} = 54.4$ kips

해 답 허용강도 54.4 kips

5.9 처 짐

구조물은 안전하여야 하며 또한 사용이 가능하여야 한다. 사용 가능한 구조물은 거주자나 사용자에게 불쾌감이나 불안감을 주지 않고 기능을 제대로 발휘하여야 한다. 보에서 사용 가능성이라 함은 변형, 주로 수직 처짐의 한계를 정하는 것을 의미한다. 과도한 처짐은 보가 너무 유연하다는 것을 의미하고, 흔히 진동 문제를 초래하는 수가 있다. 보에 부착된 요소 부재들이 작은 변형에도 뒤틀린다면 처짐 자체가 문제가 되기도 한다. 또한 사용자들이 과도한 처짐에 대하여 부정적이고 구조물이 불안전하다고 판단하게 된다.

그림 5.22와 같은 보편적인 경우인 등분포하중이 재하된 단순보의 최대처짐은 다음 식으로 주어진다.

그림 5.22

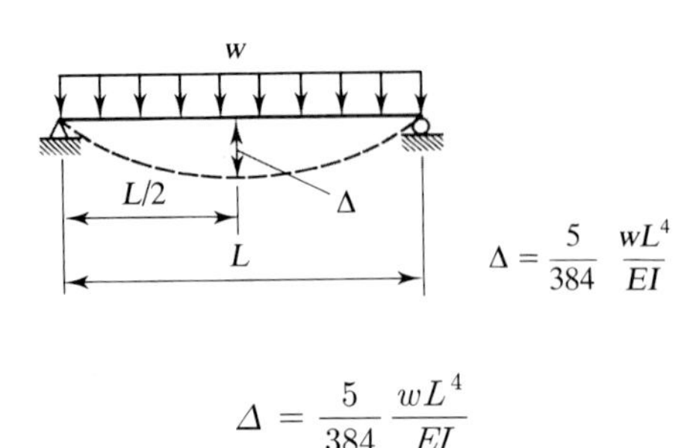

$$\Delta = \frac{5}{384}\frac{wL^4}{EI}$$

$$\Delta = \frac{5}{384}\frac{wL^4}{EI}$$

다양한 형태의 보와 하중조건에 대한 처짐공식은 강구조편람 3편 "휨부재의 설계"에 규정되어 있다. 좀 보편적이지 않은 경우에는 가상일의 원리와 같은 표준 해석적인 방법을 사용하여 처짐을 구하여야 한다. 처짐은 강도한계상태가 아니라 사용성 한계상태이므로, 처짐은 사용하중하에서 계산하여야 한다.

보의 최대처짐에 대한 적절한 규정은 보의 기능과 처짐에 기인한 손상의 가능성 정도에 따라서 정해진다. AISC 설계기준은 L장 "사용성 설계"에서 과도한 처짐의 발생을 허락하지 않는 규정 외에 약간의 지침을 제공하고 있다. $L/360$과 같이 지간길이 L의 분수 형태로 주어지는 적절한 처짐제한 규정은 현재 적용되고 있는 건물설계기준 등에서 쉽게 찾아볼 수 있다. 때로는 1 in.와 같은 수치한계가 적절하다. 국제건물규격(International Building Code[ICC], 20015)의 규정이 전형적이며, 표 5.4에 몇 가지 처짐한계를 정리하여 보았다.

고정하중에 의한 처짐은 보통 솟음을 주는 등의 방법으로 보정하기 때문에 표 5.4의 고정하중 더하기 활하중에 의한 처짐한계는 강재 보에는 적용해서는 되지 않는다. 솟음은 고정하중에 의한 처짐과는 반대 방향의 곡률이며, 가열 또는 가열하지 않고 보를 구부려서 제작한다. 솟음을 두어 제작된 보에 고정하중이 작용하면 곡률이 제거되어 보는 수평을 유지하게 된다. 그러므로 완성후의 구조물은 활하중에 의한 처짐만이 관심의 대상이다. 바닥판 두께의 변화가 보의 처짐의 결과를 반영하도록 하면, 고정하중 처짐은 상면이 수평을 유지하도록 바닥판 두께를 다르게 타설하여 보정할 수도 있다(이러한 처짐은 콘크리트 물고임(ponding)이라 칭한다). 고정하중의 조절에 관한 상세한 내용은 AISC 세미나 시리즈(AISC, 1997a)와 논문들(Ruddy, 1986; Ricker, 1989; Larson과 Huzzard, 1990)에서 찾아볼 수 있다.

표 5.4
처짐한계

부재 종류	최대활하중 처짐	최대고정하중+ 활하중 처짐	최대설하중 또는 풍하중 처짐
지붕 보:			
회반죽 천장 지지	$L/360$	$L/240$	$L/360$
비회반죽 천장 지지	$L/240$	$L/180$	$L/240$
천장 비지지	$L/180$	$L/120$	$L/180$
바닥 보	$L/360$	$L/240$	-

예제 5.9 그림 5.23과 같은 보의 고정하중과 활하중 처짐을 계산하라. 최대 허용활하중처짐이 $L/360$이라면, 이 보는 적합한가?

그림 5.23

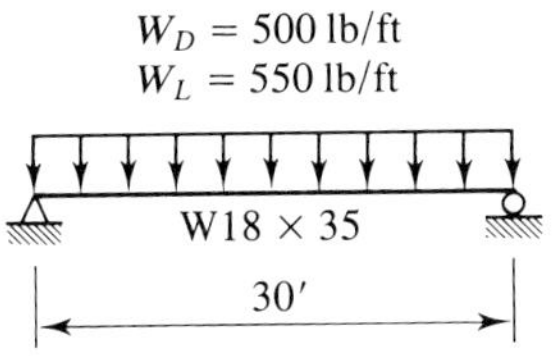

W_D = 500 lb/ft
W_L = 550 lb/ft
W18 × 35
30′

풀 이 처짐은 in. 단위로 나타내는 것이 ft 단위로 나타내는 것보다 편리하다. 따라서 처짐 공식은 in. 단위가 사용한다. 최대고정하중처짐은 다음과 같다.

$$\Delta_D = \frac{5}{384}\frac{w_D L^4}{EI} = \frac{5}{384}\frac{(0.500/12)(30\times 12)^4}{29{,}000(510)} = 0.616 \text{ in.}$$

최대활하중처짐은 다음과 같다.

$$\Delta_L = \frac{5}{384}\frac{w_L L^4}{EI} = \frac{5}{384}\frac{(0.550/12)(30\times 12)^4}{29{,}000(510)} = 0.678 \text{ in.}$$

최대허용활하중처짐은 다음과 같다.

$$\frac{L}{360} = \frac{30(12)}{360} = 1.0 \text{ in.} > 0.678 \text{ in.} \qquad \text{(OK)}$$

해 답 이 보는 처짐조건을 만족한다.

물고임(ponding)은 구조물의 안전에 영향을 주는 처짐문제의 한 요인이 된다. 빗물이 고이기 쉬운 평지붕시스템은 이러한 위해의 가능성이 있다. 폭풍이 부는 경우 배수구가 막힌다던가 하면, 물의 무게가 처짐을 유발하게 되고 따라서 더 많은 양의 물이 고이게 된다. 이러한 과정이 더욱 심하게 진행되면, 파괴가 일어날 수도 있다. AISC 설계기준은 지붕시스템이 물고임에 대한 충분한 강도를 갖도록 요구하고 있으며, 부록 2 “물고임에 대한 설계”에 강도 매개변수에 대한 제한사항을 규정하고 있다.

5.10 설 계

보의 설계는 충분한 강도와 사용성 요구조건을 만족하는 단면의 선택을 수반한다. 강도에 관한 한 휨이 항상 전단보다 결정적인 요소가 되기 때문에, 휨에 대한 설계와 전단에 대한 검토가 통상적인 설계업무가 된다. 설계순서는 다음과 같다.

1. 소요모멘트강도를 구한다(LRFD는 계수하중모멘트 M_u, ASD는 사용하중모멘트 M_a). 이것은 소요설계강도 $\phi_b M_n$와 같아야 한다. 현 단계에서 고정하중의 일부가 되는 보의 자중이 결정되지 않았기 때문에, 적당한 값을 가정하고 단면선택 후에 검토하던지 또는 무시하고 계산하고 단면 선택 후에 검토할 수도 있다. 보의 자중은 고정하중의 작은 일부분이므로 설계초기에 무시하더라도 모멘트를 다시 계산해보면 선택된 단면은 보통 만족한다. 이 책에서는 후자의 방법을 사용한다.
2. 처짐 한계를 만족하는 단면2차모멘트를 계산한다. 이 경우에 사용하중을 적용한다.
3. 소요강도를 만족하는 단면을 선택한다. 단면2차모멘트를 검토하여 필요하면 새로운 단면을 선택한다.
4. 실제의 보 자중을 고려하여 소요모멘트강도와 단면2차모멘트를 계산한다. 필요하면 새로운 단면을 선택한다.
5. 전단강도를 검토한다.

예제 5.10에서 조밀단면이라고 가정하고 후에 가정을 검증하였다. 그러나 단면선택 작업이 단면계수 대신에 유용강도($\phi_b M_p$ 또는 M_p/Ω_b)를 기준으로 한다면 단면이 조밀이냐 비조밀이냐는 상관이 없다. 이것은 비조밀단면의 경우 표로 정리된 $\phi_b M_p$와 M_p/Ω_b값은 소성모멘트가 아니라 플랜지 국부좌굴에 근거하고 있기 때문이다(5.6절을 보라). 이것은 Z_x표는 단면의 조밀, 비조밀 여부와는 상관없이 설계에 사용할 수 있다는 것을 의미한다.

예제 5.10 **그림 5.24와 같은 보에 대하여 적합한 A992 열간압연형강 단면을 선택하라. 연속적으로 횡지지되어 있고, 4.5 kips/ft의 등분포사용 활하중을 지지하여야 하며, 최대허용활하중처짐은 $L/240$이다.**

그림 5.24

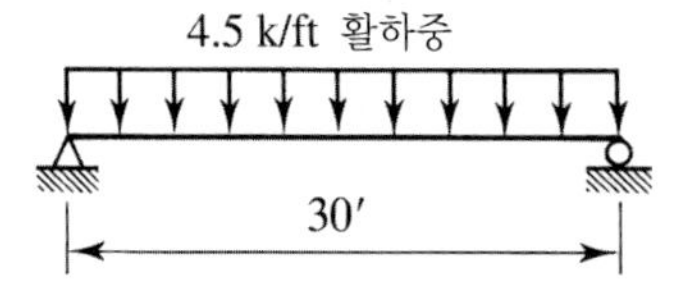

LRFD 해석 자중을 무시하고 단면 선택 후에 자중의 영향을 검토하자.

$$w_u = 1.2w_D + 1.6w_L = 1.2(0) + 1.6(4.5) = 7.2 \text{ kips/ft}$$

$$\text{소요모멘트강도 } M_u = \frac{1}{8}w_u L^2 = \frac{1}{8}(7.2)(30)^2 = 810.0 \text{ ft-kips}$$

$$= \text{소요 } \phi_b M_n$$

최대허용활하중처짐은

$$\frac{L}{240} = \frac{30(12)}{240} = 1.5\ \text{in.}$$

$\Delta \leq \dfrac{5}{384}\dfrac{wL^4}{EI}$ 로부터 소요단면2차모멘트는

$$I \geq \frac{5}{384}\frac{wL^4}{E\Delta} = \frac{5}{384}\frac{(4.5/12)(30 \times 12)^4}{29{,}000(1.5)} = 1890\ \text{in.}^4$$

조밀단면이라고 가정하면, 횡지지된 경우,

$$M_n = M_p = F_y Z_x$$

$\phi_b M_n \geq M_u$에서,

$$\phi_b F_y Z_x \geq M_u$$

$$Z_x \geq \frac{M_u}{\phi_b F_y} = \frac{810.0(12)}{0.90(50)} = 216\ \text{in.}^3$$

Z_x표에는 보로 사용되는 압연형강이 소성단면계수의 내림차순으로 나열되어 있다. 더구나 소요단면계수를 만족시키는 단면을 그룹지어 놓고, 최상단에 최고 경량형강(bolt 형식)을 적어 놓았다. 이번 예제의 경우에는 소요단면계수에 가장 근사치를 갖는 단면은 $\text{W}21 \times 93(Z_x = 221\ \text{in.}^3)$이나, 가장 경량인 형강은 $\text{W}24 \times 84(Z_x = 224\ \text{in.}^3)$이다. 단면계수는 단면적에만 비례하는 것이 아니기 때문에 단면적이 작은 단면이라도 더 큰 단면계수를 가질 수 있고 또 경량일 수도 있다.

$\text{W}24 \times 84$ 선택: 이 단면은 가정한대로 조밀단면이므로(비조밀단면은 Z_x표에 표시되어 있다) $M_n = M_p$이다. 단면제원과 특성표(Dimensions and Properties Table)에서 휨축에 대한 단면2차모멘트는

$$I_x = 2370\ \text{in.}^4 > 1890\ \text{in.}^4 \qquad \text{(OK)}$$

자중을 고려하면:

$$w_u = 1.2w_D + 1.6w_L = 1.2(0.084) + 1.6(4.5) = 7.301\ \text{kips/ft}$$

소요모멘트강도 $M_u = \dfrac{1}{8}w_u L^2 = \dfrac{1}{8}(7.301)(30)^2 = 821.4\ \text{ft-kips}$

소요단면계수는 다음과 같다.

$$Z_x = \frac{M_u}{\phi_b F_y} = \frac{821.4(12)}{0.90(50)} = 219\ \text{in.}^3 < 224\ \text{in.}^3 \qquad \text{(OK)}$$

설계강도 $\phi_b M_p$는 단면계수에 Z_x에 직접비례하고 또 표로 제공되어 있기 때문에, 소요단면계수를 기준으로 찾는 대신에 $\phi_b M_p$를 직접 이용할 수도 있다. 처짐은 활하중에 대한 것이기 때문에 소요단면2차모멘트는 변하지 않는다. 다음으로 전단을 검토한다.

$$V_u = \frac{w_u L}{2} = \frac{7.301(30)}{2} = 110\ \text{kips}$$

Z_x표에서,

$$\phi_v V_n = 340 \text{ kips} > 110 \text{ kips} \qquad \text{(OK)}$$

해 답 W 24×84 단면을 사용한다.

ASD 해석 자중을 무시하고 단면 선택 후에 자중의 영향을 검토하자.

$$w_a = w_D + w_L = 0 + 4.5 = 4.5 \text{ kips/ft}$$

$$\text{소요모멘트강도 } M_a = \frac{1}{8} w_a L^2 = \frac{1}{8}(4.5)(30)^2 = 506.3 \text{ ft-kips}$$

$$= \text{소요 } \frac{M_n}{\Omega_b}$$

최대허용활하중처짐은

$$\frac{L}{240} = \frac{30(12)}{240} = 1.5 \text{ in.}$$

$\Delta \leq \frac{5}{384}\frac{wL^4}{EI}$ 로부터 소요단면2차모멘트는

$$I \geq \frac{5}{384}\frac{wL^4}{E\Delta} = \frac{5}{384}\frac{(4.5/12)(30 \times 12)^4}{29{,}000(1.5)} = 1890 \text{ in.}^4$$

조밀단면이라고 가정한다. 횡지지된 경우에 대해,

$$M_n = M_p = F_y Z_x$$

$\frac{M_p}{\Omega_b} \geq M_a$에서,

$$\frac{F_y Z_x}{\Omega_b} \geq M_a$$

$$Z_x \geq \frac{\Omega_b M_a}{F_y} = \frac{1.67(506.3)(12)}{50} = 203 \text{ in.}^3$$

Z_x표에는 보로 사용되는 압연형강이 소성단면계수의 내림차순으로 나열되어 있다. 더구나 소요단면계수를 만족시키는 단면을 그룹지어 놓고, 최상단에 최고 경량형강(bolt 형식)을 적어 놓았다. 이 예제의 경우에는 203 in.^3에 가장 가까운 단면계수를 가진 단면은 W 18×97이나, 충분한 단면계수를 가지며 가장 경량인 형강은 W 24×84($Z_x = 224 \text{ in.}^3$)이다.

W 24×84 **선택:** 이 단면은 조밀단면이므로(비조밀단면은 Z_x표에 표시되어 있다). 가정한 대로 $M_n = M_p$이다. 단면제원과 특성표(Dimensions and Properties Table)에서 휨축에 대한 단면2차모멘트는

$$I_x = 2370 \text{ in.}^4 > 1890 \text{ in.}^4 \qquad \text{(OK)}$$

자중을 고려한다:

$$w_a = w_D + w_L = 0.084 + 4.5 = 4.584 \text{ kips/ft}$$

$$M_a = \frac{1}{8}w_a L^2 = \frac{1}{8}(4.584)(30)^2 = 515.7 \text{ ft-kips}$$

소요소성단면계수는 다음과 같다.

$$Z_x = \frac{\Omega_b M_a}{F_y} = \frac{1.67(515.7 \times 12)}{50} = 207 \text{ in.}^3 < 224 \text{ in.}^3 \qquad \text{(OK)}$$

처짐은 활하중에 대한 것이기 때문에 소요단면2차모멘트는 변하지 않는다. 소요단면계수를 찾는 대신에 단면을 찾는 작업은 표로 정리되어 있는 소요 M_p/Ω_b를 기준으로 할 수도 있다. M_p/Ω_b는 Z_x에 비례하기 때문에, 결과는 동일하다.

또 다른 접근 방법은 횡지지된 조밀단면의 허용응력을 이용하는 것이다. 이 책의 5.5절에서 소성단면계수에 근거한 휨응력은,

$$F_b = 0.6F_y = 0.6(50) = 30.0 \text{ ksi}$$

소요단면계수(자중을 고려하기 전의)는 다음과 같다.

$$Z_x = \frac{M_a}{F_b} = \frac{506.3 \times 12}{30} = 203 \text{ in.}^3 < 224 \text{ in.}^3$$

다음으로 전단을 검토하면 다음과 같다.

$$V_a = \frac{w_a L}{2} = \frac{4.584(30)}{2} = 68.8 \text{ kips}$$

Z_x표에서 허용전단강도는 다음과 같다.

$$\frac{V_n}{\Omega_v} = 227 \text{ kips} > 68.8 \text{ kips} \qquad \text{(OK)}$$

해 답 W 24×84 단면을 사용한다.

보설계 도표

설계실무자들이 이용 가능한 다양한 그래프, 도표 및 표가 제공되어 설계과정을 단순화하고 있다. 효율성 때문에 설계회사에서는 이러한 도구들이 폭넓게 이용되고 있기는 하지만, 기본적인 이론을 잘 알고 주의하여 사용하여야 한다. 이 책에서는 모든 설계 보조자료들을 자세히 설명하지는 않지만, AISC 강구조편람 3편의 설계모멘트와 비지지길이 관계 곡선 등 몇 가지는 유의할 필요가 있다.

특수한 조밀단면의 공칭모멘트강도를 비지지길이 L_b의 함수의 그래프로 나타낸 그림 5.25를 참고로 설명하면, 이러한 그래프는 적절한 모멘트강도식을 이용하여 모든 형강의 특별히 정해진 F_y 및 C_b에 대하여 제작될 수 있다.

편람의 설계도표들은 그림 5.25와 비슷한 그래프 군으로 구성되어 있다. $F_y = 50$ ksi 인 W형강과 $F_y = 36$ ksi 인 C형강과 MC형강의 두 세트의 그래프가 이용 가능하다. 각 그래프는 표준압연형강의 휨강도를 제공한다. 그러나 공칭모멘트 M_n을

그림 5.25

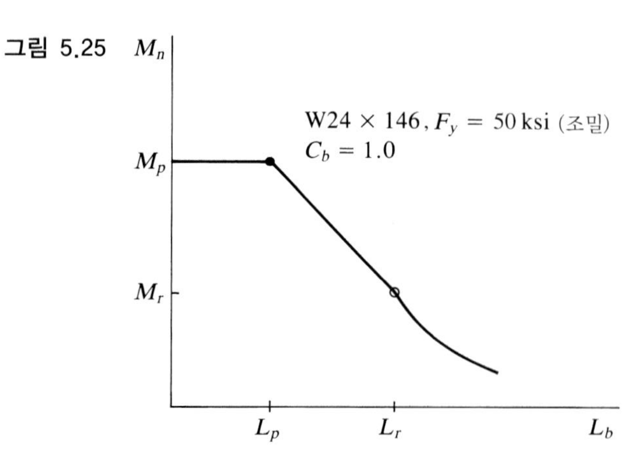

제공하는 대신에 허용모멘트강도 M_n/Ω_b와 설계모멘트강도 $\phi_b M_n$을 제공하고 있다. 종축에는 M_n/Ω_b와 $\phi_b M_n$ 두 종류의 눈금이 그려져 있다. 모든 곡선은 $C_b = 1.0$으로 가정하여 계산되어 있다. 다른 C_b값들에 대해서는 단순히 도표에 의한 모멘트를 C_b값으로 곱하여 구할 수 있다. 그러나 모멘트는 그래프의 왼쪽의 수평선으로 표시되는 값은 절대로 초과할 수 없다. 조밀단면의 경우 이것은 항복(소성모멘트 M_p)에 상응하는 강도를 나타낸다. 비조밀단면에 있어서는 수평선은 플랜지 국부좌굴강도를 나타낸다.

도표의 사용방법의 예로 그래프 2개가 그림 5.26에 예시되어 있다. 그래프 상의 어떤 점들, 즉 두 점선의 교점 같은 점은 유효모멘트강도와 비지지길이를 나타낸다. 만약 그 점의 모멘트가 필요한 모멘트성능이라면 그 점보다 위쪽에 있는 곡선들은 모멘트성능이 충분한 보에 상응한다. 오른쪽의 곡선은 비지지길이가 크더라도 똑같은 모멘트강도를 갖는 보가 된다. 그러므로 설계 문제에서, 비지지길이와 소요강도가 주어져 있으면 그 점보다 위쪽이나 오른쪽에 있는 곡선은 모두 사용 가능하다. 곡선의 점선 부분을 만나게 되면 경량형강의 곡선은 점선으로 표시된 곡선의 위나

그림 5.26

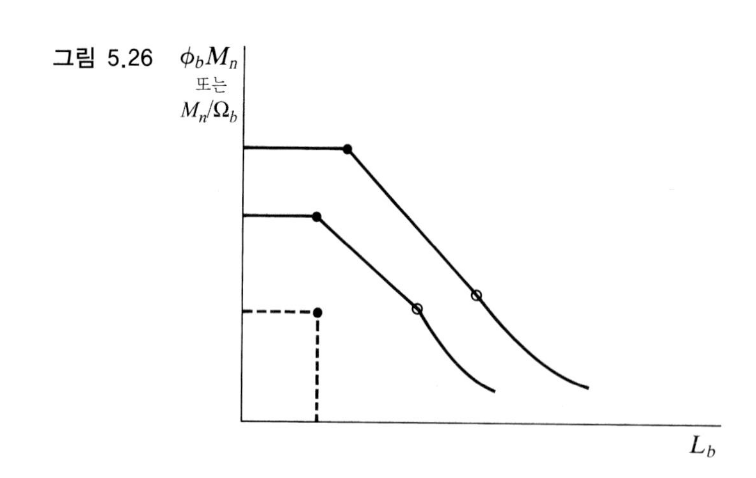

오른쪽에 있게 된다. 곡선상의 L_p에 대응되는 점들은 검정색 원(solid circle)으로 표시하였고, L_r에 대응되는 점들은 흰색 원(open circle)으로 표시하였다.

예제 5.10의 LRFD 풀이에서는 소요설계강도는 810 ft-kips이며 연속횡지지되어 있다. 연속횡지지된 경우 L_b는 0이다. 도표로부터 810 ft-kips 점 위에 있는 첫 번째 실선으로 된 곡선은 예제 5.10에서 선택한 것과 같은 W 24 × 84이다. 비록 $L_b = 0$은 이 도표에 없지만, 도표에 나타낸 모든 형강에 대한 최소 L_b값은 그 면에 나타낸 모든 형강의 L_p값보다 작다.

그림 5.25에 나타낸 보곡선은 조밀단면에 대한 도표이므로 충분히 작은 L_b에 대한 M_n은 M_p가 된다. 5.6절에서 논의된 것처럼, 단면이 비조밀이라면 최대 M_n은 플랜지 국부좌굴에 의하여 결정된다. 이러한 조건의 최대비지지길이는 AISC 식 F2-5를 이용하여 얻은 L_p와는 다를 것이다. 비조밀단면의 모멘트강도를 그림 5.27에 도시하였으며, 여기서 최대공칭강도는 M_p'으로 또 그에 상당하는 최대비지지길이는 L_p'로 표기하였다.

비록 조밀단면과 비조밀단면에 대한 도표가 외관상 비슷해 보이기는 하지만 M_p과

그림 5.27

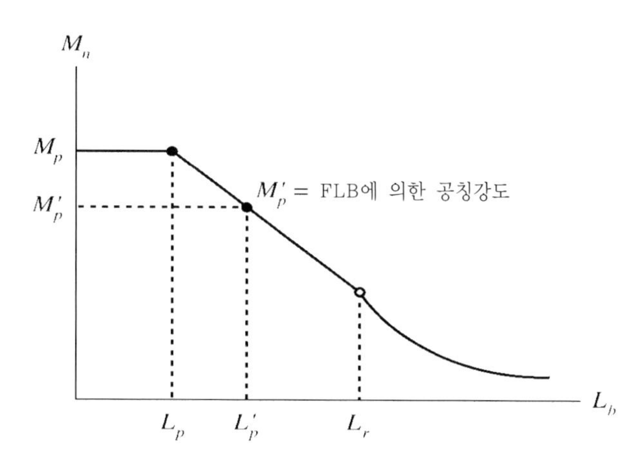

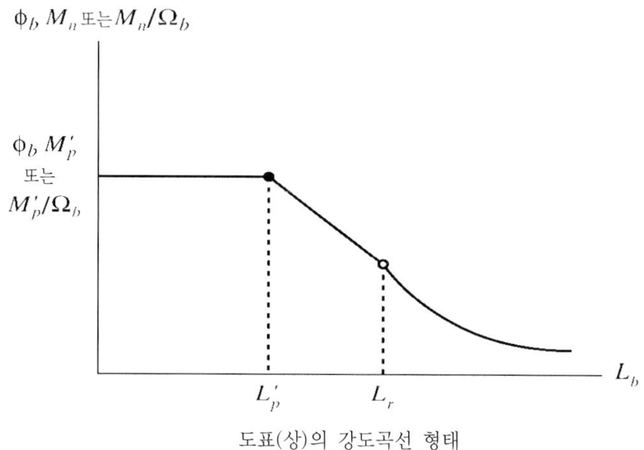

도표(상)의 강도곡선 형태

L_p는 조밀단면에 M_n'과 L_p'는 비조밀단면에 적용된다. (이 표식은 편람의 차트나 다른 보조자료에서 사용하지 않는다.) 단면이 조밀이든 비조밀이든 도표를 사용하는 데는 아무런 상관이 없다.

예제 5.11 **그림 5.28과 같이 보가 양쪽 1/4지점에 두 개의 집중 활하중** 20 kips **를 지지하여야 한다. 양단에서 횡지지되어 있고, 최대활하중처짐이** $L/240$**을 초과하지 못한다. A992 강재와 W형강을 선택하라.**

그림 5.28

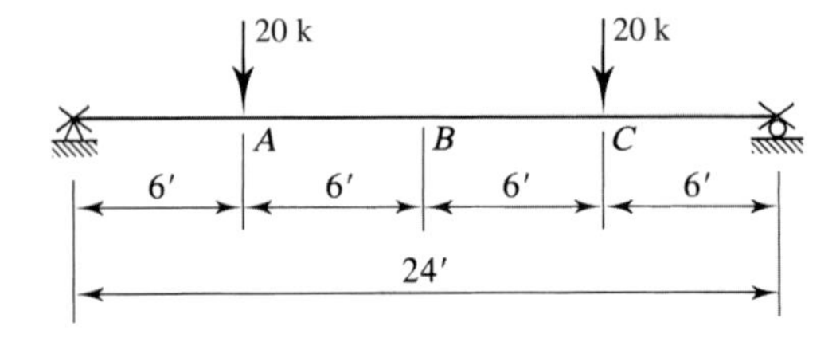

풀 이 보의 자중을 무시하면, 보의 중앙부 절반은 모멘트의 크기가 같게 된다.

$$M_A = M_B = M_C = M_{\max} \qquad \therefore\ C_b = 1.0$$

만약 보의 자중이 고려된다 하더라도 집중하중과 비교하여 무시할 만하며, C_b값은 여전히 1.0으로 취할 수 있고, 따라서 도표를 수정 없이 그대로 사용할 수 있다.

LRFD 풀이 잠정적으로 자중을 무시하면 계수하중모멘트는 다음과 같다.

$$M_u = 6(1.6 \times 20) = 192 \text{ ft-kips}$$

도표로부터 $L_b = 24$ ft인 **W 12 × 53으로 시도한다:**

$$\phi_b M_n = 209 \text{ ft-kips} > 192 \text{ ft-kips} \qquad \text{(OK)}$$

여기서 보의 무게를 고려하여 다시 계산한다.

$$M_u = 192 + \frac{1}{8}(1.2 \times 0.053)(24)^2 = 197 \text{ ft-kips} < 209 \text{ ft-kips} \ \ \text{(OK)}$$

전단력은 다음과 같다.

$$V_u = 1.6(20) + \frac{1.2(0.053)(24)}{2} = 32.8 \text{ kips}$$

Z_x표로부터(또는 등분포하중표)

$$\phi_v V_n = 125 \text{ kips} > 32.8 \text{ kips} \qquad \text{(OK)}$$

최대허용활하중처짐은 다음과 같다.

$$\frac{L}{240} = \frac{24(12)}{240} = 1.20 \text{ in.}$$

강구조편람 3편 표 3-23 "전단, 모멘트, 처짐"으로부터 두 개의 대칭 하중이 작용하는 경우 중앙점의 최대처짐은 다음과 같다.

$$\Delta = \frac{P_a}{24EI}(3L^2 - 4a^2)$$

여기서,

P = 집중하중의 크기

a = 지점으로부터 하중까지의 거리

L = 지간 길이

$$\Delta = \frac{20(6\times 12)}{24EI}[3(24\times 12)^2 - 4(6\times 12)^2] = \frac{13.69\times 10^6}{EI}$$

$$= \frac{13.69\times 10^6}{29{,}000(425)} = 1.11 \text{ in.} < 1.20 \text{ in.} \quad \text{(OK)}$$

해 답 W12 × 53을 사용한다.

ASD 풀이 소요휨강도(보 자중을 무시한)는 다음과 같다.

$$M_a = 6(20) = 120 \text{ ft-kips}$$

도표로부터 $L_b = 24$ ft인 **W12 × 53으로 시도한다:**

$$\frac{M_n}{\Omega_b} = 139 \text{ ft-kips} > 120 \text{ ft-kips} \quad \text{(OK)}$$

보의 무게를 고려하면

$$M_a = 6(20) + \frac{1}{8}(0.053)(24)^2 = 124 \text{ ft-kips} < 139 \text{ ft-kips} \quad \text{(OK)}$$

소요전단강도는 다음과 같다.

$$V_a = 20 + \frac{0.053(24)}{2} = 20.6 \text{ kips}$$

Z_x 표로부터(또는 등분포하중표),

$$\frac{V_n}{\Omega_v} = 83.2 \text{ kips} > 20.6 \text{ kips} \quad \text{(OK)}$$

처짐은 사용하중으로 계산하기 때문에 LRFD와 ASD의 결과가 같다.

$$\Delta = 1.11 \text{ in.} < 1.20 \text{ in.} \quad \text{(OK)}$$

해 답 W12 × 53을 사용한다.

비록 도표가 $C_b = 1.0$에 대하여 작성되어 있지만, C_b가 0이 아닌 다른 경우에도 쉽게 적용이 가능하다. 즉, 소요강도를 C_b값으로 나눈 다음에 도표를 이용하면 되는데, 예제 5.12에서 이 방법의 실례를 들고자 한다.

예제 5.12 그림 5.29와 같이 단순보가 양단과 중앙에서 횡지지되어 있다. 집중하중은 사용활하중이고, 등분포하중의 30%는 고정하중, 70%는 활하중일 때, A992 강종 W형강을 선택하라. 처짐제한은 없다.

그림 5.29

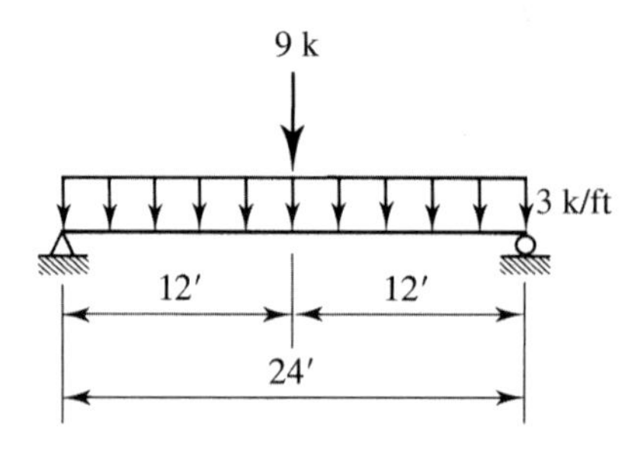

풀 이 보의 자중을 무시하고 뒤에 검토하라.

$$w_D = 0.30(3) = 0.9 \text{ kips/ft}$$

$$w_L = 0.70(3) = 2.1 \text{ kips/ft}$$

LRFD 풀이 $w_u = 1.2(0.9) + 1.6(2.1) = 4.44 \text{ kips/ft}$

$P_u = 1.6(9) = 14.4 \text{ kips}$

계수하중과 반력은 그림 5.30과 같다.

그림 5.30

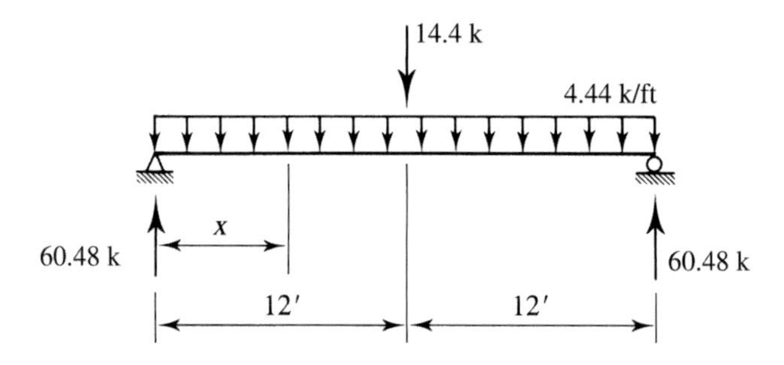

C_b를 계산하기 위한 모멘트를 결정하라. 좌단으로부터 x만큼 떨어져 있는 점의 휨모멘트는 다음과 같다.

$$M = 60.48x - 4.44x\left(\frac{x}{2}\right) = 60.48x - 2.22x^2 \quad (x \le 12 \text{ ft})$$

$$x = 3 \text{ ft}, \; M_A = 60.48(3) - 2.22(3)^2 = 161.5 \text{ ft-kips}$$

$$x = 6 \text{ ft}, \; M_B = 60.48(6) - 2.22(6)^2 = 283.0 \text{ ft-kips}$$

$$x = 9 \text{ ft}, \; M_C = 60.48(9) - 2.22(9)^2 = 364.5 \text{ ft-kips}$$

$$x = 12 \text{ ft}, \; M_{max} = M_u = 60.48(12) - 2.22(12)^2 = 406.1 \text{ ft-kips}$$

$$C_b = \frac{12.5\,M_{\max}}{2.5\,M_{\max} + 3\,M_A + 4\,M_B + 3\,M_C}$$

$$= \frac{12.5(406.1)}{2.5(406.1) + 3(161.5) + 4(283.0) + 3(364.5)} = 1.36$$

비지지길이 $L_b = 12$ ft와 아래의 휨모멘트에 해당하는 형강을 도표에서 선택한다.

$$\frac{M_u}{C_b} = \frac{406.1}{1.36} = 299 \text{ ft-kips}$$

$W21 \times 48$로 시도한다:

$\phi_b M_n = 311$ ft-kips ($C_b = 1$에 대해)

실제 $C_b = 1.36$이므로 실제 설계강도는 $\phi_b M_n = 1.36(311) = 423$ ft-kips이다. 그러나 설계강도는 $\phi_b M_p (= 389$ ft-kips)를 초과할 수는 없다. 따라서 실제 설계강도는 다음과 같다.

$$\phi_b M_n = \phi_b M_p = 389 \text{ ft-kips} < M_u = 406.1 \text{ ft-kips}$$

다른 형강을 선택하여야 한다. 도표에서 바로 다음 위의 실선 곡선으로 옮겨가서 **$W18 \times 55$를 선택한다.** $L_b = 12$ ft, $C_b = 1.0$에 대해서 설계강도는 335 ft-kips이다. $C_b = 1.36$에 대한 설계강도는 다음과 같다.

$$\phi_b M_n = 1.36(335) = 456 \text{ ft-kips} > \phi_b M_p = 420 \text{ ft-kips}$$

$$\therefore\ \phi_b M_n = \phi_b M_p = 420 \text{ ft-kips} > M_u = 406.1 \text{ ft-kips}$$

보의 자중을 검토한다.

$$M_u = 406.1 + \frac{1}{8}(1.2 \times 0.055)(24)^2$$

$$= 411 \text{ ft-kips} < 420 \text{ ft-kips} \qquad \text{(OK)}$$

최대전단력은 다음과 같다.

$$V_u = 60.48 + \frac{1.2(0.055)}{2}(24) = 61.3 \text{ kips}$$

Z_x표로부터,

$$\phi_v V_n = 212 \text{ kips} > 61.3 \text{ kips} \qquad \text{(OK)}$$

해 답 $W18 \times 55$를 사용한다.

ASD 풀이 작용하중은 다음과 같다.

$$w_u = 3 \text{ kips/ft} \quad 와 \quad P_a = 9 \text{ kips}$$

왼쪽 지점반력은 다음과 같다.

$$\frac{w_a L + P_a}{2} = \frac{3(24) + 9}{2} = 40.5 \text{ kips}$$

좌단으로부터 x만큼 떨어져 있는 점의 휨모멘트는 다음과 같다.

$$M = 40.5x - 3x\left(\frac{x}{2}\right) = 40.5x - 1.5x^2 \quad (x \le 12 \text{ ft})$$

계산을 위하여 모멘트를 산정하면

$x = 3$ ft, $M_A = 40.5(3) - 1.5(3)^2 = 108.0$ ft-kips

$x = 6$ ft, $M_B = 40.5(6) - 1.5(6)^2 = 189.0$ ft-kips

$x = 9$ ft, $M_C = 40.5(9) - 1.5(9)^2 = 243.0$ ft-kips

$x = 12$ ft, $M_{\max} = M_u = 40.5(12) - 1.5(12)^2 = 270.0$ ft-kips

$$C_b = \frac{12.5\,M_{\max}}{2.5\,M_{\max} + 3\,M_A + 4\,M_B + 3\,M_C}$$

$$= \frac{12.5(270)}{2.5(270) + 3(108) + 4(189) + 3(243)} = 1.36$$

비지지길이 $L_b = 12$ ft와 다음의 휨모멘트에 해당하는 형강을 도표에서 선택한다.

$$\frac{M_a}{C_b} = \frac{270}{1.36} = 199 \text{ ft-kips}$$

$W21 \times 48$을 **시도한다:** $C_b = 1$에 대해,

$$M_n/\Omega_b = 207 \text{ ft-kips}$$

$C_b = 1.36$에 대해, 실제 허용강도는 $1.36(207) = 282$ ft-kips이다. 그러나 허용강도는 M_p/Ω_b(= 265 ft-kips)를 초과할 수는 없다(도표에는 이 내용은 생략되어 있다). 따라서 실제 허용강도는 다음과 같다.

$$\frac{M_n}{\Omega_b} = \frac{M_p}{\Omega_b} = 265 \text{ ft-kips} < M_a = 270 \text{ ft-kips} \qquad \text{(N.G.)}$$

다른 형강을 선택하여야 한다. 도표에서 바로 다음 위의 실선인 곡선으로 옮겨가서 $W18 \times 55$를 **시도한다.** $L_b = 12$ ft, $C_b = 1.0$에 대해서 허용강도는 223 ft-kips이다. $C_b = 1.36$에 대한 허용강도는 다음과 같다.

$$\frac{M_n}{\Omega_b} = 1.36(223) = 303 \text{ ft-kips} > \frac{M_p}{\Omega_b} = 280 \text{ ft-kips}$$

$$\therefore \frac{M_n}{\Omega_b} = \frac{M_p}{\Omega_b} = 280 \text{ ft-kips} > M_a = 270 \text{ ft-kips} \qquad \text{(OK)}$$

보의 자중을 검토한다.

$$M_a = 270 + \frac{1}{8}(0.055)(24)^2 = 274 \text{ ft-kips} < 280 \text{ ft-kips} \qquad \text{(OK)}$$

최대전단력은 다음과 같다.

$$V_a = \frac{9 + 3.055(24)}{2} = 41.2 \text{ kips}$$

Z_x표로부터(또는 등분포하중표),

$$\frac{V_n}{\Omega_v} = 141 \text{ kips} > 41.2 \text{ kips} \qquad \text{(OK)}$$

해 답 W18×55를 사용한다.

예제 5.12에서 C_b값은 계수하중이나 사용하중에 대하여 동일하다(소수 세 자리까지). 실제로 이 값은 항상 같기 때문에 어떤 모멘트를 사용하여도 무방하다.

만약 처짐 요구조건이 설계를 지배하게 되면, 필요한 최소단면2차모멘트를 계산하고 그에 해당하는 경량형강을 선택하면 된다. 이러한 작업은 편람 3편의 단면2차모멘트 선택표(Moment of Inertia Selection Table)를 사용하면 아주 간단해진다. 예제 5.15에서 이 표의 사용법을 예시하고, 바닥과 지붕시스템을 구성하는 보의 설계과정을 설명하고자 한다.

보 해석과 설계를 위한 설계편람 표 6-2

설계편람 표 6-2는 압축강도와 관련하여 이 책의 4장에서 논의되었다. 항복강도 $F_y = 50$ ksi인 W형강의 경우 이 표는 휨강도 및 전단강도를 산정하는 데도 사용할 수 있다. 이 표에는 다른 표나 곡선에서 포함하고 있지 않은 형강을 포함한 모든 W형강을 포함하고 있기 때문에 다른 설계 보조물 대신에 적용이 가능하다 ($F_y = 50$ ksi의 경우).

표의 대부분은 세 가지 형강에 관한 것이다. 각 형강의 제목은 각 페이지의 좌, 우측에 두 가지로 표기되어 있다. 우측은 유용휨강도, M_{nx}/Ω_b 또는 $\phi_b M_{nx}$를 산정하는 데 이용된다. 강도를 구하기 위하여, 중간열에 비지지길이 L_b를 찾는다. 상응하는 열에 x축에 대한 휨모멘트강도가 형강 종류 아래에 나타나 있다. 모든 강도는 비조밀 단면의 국부좌굴을 고려한 값이다.

강도는 $C_b = 1$에 대한 값이다. 다른 C_b값에 대하여는 설계곡선에서와 같이 표의 값에 C_b를 곱하여 구할 수 있다. 이렇게 증가된 값이 M_{nx}/Ω_b나 $\phi_b M_{nx}$를 초과하지 않도록 $L_b = 0$에 해당하는 강도와 비교하여 보기 바란다. 이 값이 M_{nx}/Ω_b나 $\phi_b M_{nx}$이 되며, 증가된 값이 이 값을 초과하지 않아야 한다.

또 다른 긴요한 값들이 표의 아래에 나타나 있다. 좌측에 인장항복강도, 인장파단강도($A_e = 0.75A_g$에 근거한), 전단강도 그리고 y축에 대한 휨모멘트강도가 포함되어 있다. 우측에는 L_p, L_r, A_g, I_x, I_y 그리고 r_x가 포함되어 있다.

설계편람 표 6-2의 사용법은 예제 5.13과 5.14에 예시되어 있다.

예제 5.13 **A992 강재 W12×50 형강이 단순지지되어 있다. 지간 길이는 14 ft 이며, 양단과 중앙부에서 횡지지되어 있다. 보의 중앙에 집중활하중 40 kips가 작용하고 있으며, 고정하중은 자중 외에는 없다. 표 6-2를 사용하여 이 보는 적절한지를 검토하라.**

풀 이 C_b는 그림 5.15를 참조하라. 고정하중은 활하중보다 상당히 작기 때문에 그림 5.15(b)와 같다고 가정할 수 있다. 따라서 $C_b = 1.67$을 사용한다.

LRFD 풀이 $P_u = 1.6(40) = 64 \text{ kips}$, $w_u = 1.2(0.050) = 0.060 \text{ kips/ft}$

$$M_u = \frac{w_u L^2}{8} + \frac{P_u L}{4} = \frac{0.060(14)^2}{8} + \frac{64(14)}{4} = 226 \text{ ft-kips}$$

표 6-2에서, $L_b = 7$ ft에 대해

$$\phi_b M_{nx} = 269 \text{ ft-kips} > 226 \text{ ft-kips} \qquad \text{(OK)}$$

이 보는 $C_b = 1$일 때도 안전하기 때문에, $C_b = 1.67$(또는 어떤 값에 대해)일 경우 당연히 안전하다.

전단 검토: 표 6-2에서 유용전단강도는

$$\phi_v V_n = 135 \text{ kips}$$

소요전단강도는

$$V_u = \frac{P_u}{2} + \frac{w_u L}{2} = \frac{64}{2} + \frac{0.060(14)}{2} = 32.4 \text{ kips} < 135 \text{ kips} \qquad \text{(OK)}$$

해 답 이 보의 강도는 충분하다.

ASD 풀이 $P_a = 40 \text{ kips}$, $w_a = 0.050 \text{ kips/ft}$

$$M_a = \frac{w_a L^2}{8} + \frac{P_a L}{4} = \frac{0.050(14)^2}{8} + \frac{40(14)}{4} = 141 \text{ ft-kips}$$

표 6-2에서, $L_b = 7$ ft에 대해

$$M_{nx}/\Omega_b = 179 \text{ ft-kips} > 141 \text{ ft-kips} \qquad \text{(OK)}$$

이 보는 $C_b = 1$일 때도 안전하기 때문에, $C_b = 1.67$에 대해 당연히 안전하다.

전단 검토: 표 6-2에서 유용전단강도는

$$\frac{V_n}{\Omega_v} = 90.3 \text{ kips}$$

소요전단강도는

$$V_a = \frac{P_a}{2} + \frac{w_a L}{2} = \frac{40}{2} + \frac{0.050(14)}{2} = 30.3 \text{ kips} < 90.3 \text{ kips} \qquad \text{(OK)}$$

해 답 이 보의 강도는 충분하다.

예제 5.14 그림 5.31에 있는 보는 양단에서만 횡지지되어 있다. 등분포하중은 추가 고정하중이며 집중하중은 활하중이다. 적절한 A992 강종 W 형강을 선택하라. 활하중에 대한 처짐은 $L/360$을 초과할 수는 없다. LRFD를 적용하라.

그림 5.31

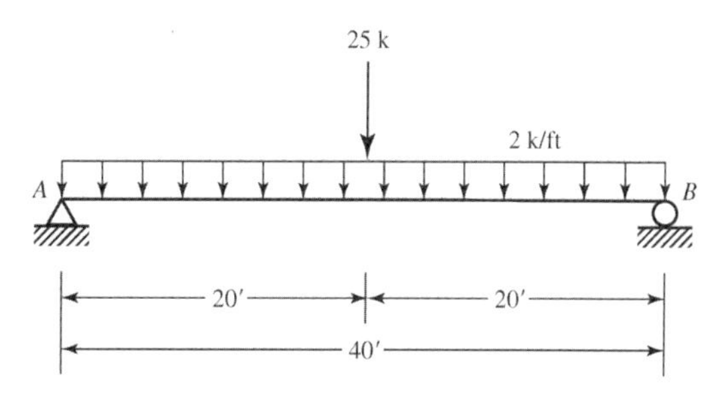

풀 이 $w_u = 1.2w_D + 1.6w_L = 1.2(2) = 2.4\ \text{kips/ft}$ (자중은 무시하고 뒤에서 검토한다)

$P_u = 1.2P_D + 1.6P_L = 1.6(25) = 40\ \text{kips}$

좌측 반력 $V_A = \dfrac{40 + 2.4(40)}{2} = 68.0\ \text{kips}$

$L_b = 40\ \text{ft}$에 대해 40 ft를 10단위로 분할하여 C_b를 계산한다. A, B, C점들은 좌측에서 각각 10, 20, 30 ft 떨어진 점이다.

$$M_A = M_C = 68(10) - 2.4(10)^2/2 = 560.0\ \text{ft-kips}$$

$$M_B = M_{\max} = 68(20) - 2.4(20)^2/2 = 880.0\ \text{ft-kips}$$

$$C_b = \frac{12.5M_{\max}}{2.5M_{\max} + 3M_A + 4M_B + 3M_C} = \frac{12.5(880)}{2.5(880) + 3(560) + 4(880) + 3(560)} = 1.211$$

표 6-2에서 $L_b = 40\ \text{ft}$에 상당하는 적어도 다음의 휨강도를 갖는 단면을 선택한다.

$$\frac{\phi_b M_{nx}}{C_b} = \frac{\phi_b M_{\max}}{C_b} = \frac{880}{1.211} = 727\ \text{ft-kips}$$

$W24 \times 146$을 시도한다. $\phi_b M_{nx}/C_b = 771\ \text{ft-kips}$

$C_b = 1.211$에 대하여

$$\phi_b M_{nx} = 1.211(771) = 934\ \text{ft-kips} > 880\ \text{ft-kips} \qquad \text{(OK)}$$

비지지길이가 0인 경우에 대해

$$\phi_b M_{nx} = \phi_b M_{px} = 1570\ \text{ft-kips} > 934\ \text{ft-kips} \qquad \text{(OK)}$$

보 자중 검토:

$$M_u = 880 + \frac{1}{8}(1.2 \times 0.146)(40)^2$$

$$= 915\ \text{ft-kips} < 1570\ \text{ft-kips} \qquad \text{(OK)}$$

처짐 검토:

$$\text{최대처짐 } \Delta_L = \frac{L}{360} = \frac{40(12)}{360} = 1.33\text{ in.}$$

표 6-2의 우측 하단에서, $I_x = 4580\text{ in.}^4$

$$\Delta_L = \frac{P_L L^3}{48EI} = \frac{25(40\times 12)^3}{48(29{,}000)(4580)} = 0.434\text{ in.} < 1.33\text{ in.} \qquad \text{(OK)}$$

전단 검토: 표 6-2의 좌측 하단에서, $\phi_v V_n = 482\text{ kips}$

$$V_u = \frac{40}{2} + \frac{1.2(2.4+0.146)(40)}{2} = 81.1\text{ kips} < 482\text{ kips} \qquad \text{(OK)}$$

해 답 W 24 × 146을 사용한다.

5.11 바닥 및 지붕 골조 시스템

분포하중이 건물의 바닥과 같은 면적에 작용하면, 그 하중의 적정한 부분은 바닥시스템의 다양한 구성요소에 의하여 지지된다. 실제 하중분배 산정은 어렵지만, 쉽게 개략적인 방법으로 산정될 수 있다. 기본적인 개념은 분담면적(tributary areas)이다. 지류가 강으로 흘러 강물을 더하는 것처럼, 구조물 표면의 어떤 면적에 분포하는 하중은 구조적인 요소로 흐른다. 분담면적의 기본개념은 3.8절에서 지붕트러스의 인장부재를 다루면서 처음 논의되었다.

그림 5.32에 다층 건물의 전형적인 바닥골조 평면계획이 도시되어 있다. 그림(a)부분은 건물을 구성하는 강절골조 중 하나가 도시되어 있고, (b)에는 한 층의 수평면을 잘라내고 위에서 내려다 본 단면이 도시되어 있다. 노출된 격자구조는 기둥단면(여기서는 W형강)과 기둥을 동서로 연결하는 거더(girders)와 거더 사이를 지간 EF처럼 연결하는 중간보(intermediate floor beam)로 구성되어 있다(또는 건축분야에서 거더와 중간보는 큰보와 작은보라 칭함). 거더는 간혹 일반적인 큰보에 적용하기는 하지만, 다른 보를 지지하는 보를 말한다. 기둥에 의해 만들어지는 평면을 채우는 가로보(floor beams) 가끔 채움보(filler beams)로 호칭으로 사용되기도 한다. 기둥과 동서를 연결하는 거더는 개개의 골조를 구성한다. 북-남쪽을 연결하는 보에 의해서 연결되는 골조는 건물의 골조를 완성하게 된다. 그림 5.31에 도시되지는 않았지만, 구조물의 안정을 위한 가새와 같은 2차부재도 있다.

그림 5.32(c)에 바닥골조시스템의 전형적인 구획(bay)이 도시되어 있다. 기둥이 장방형 격자에 위치하면, 4개 기둥 사이의 면적을 구획이라 한다. 30 ft × 40 ft 같은 구획크기가 건물의 기하구조의 단위가 된다. 그림 5.32(d)는 이러한 구획의 횡단면이며 철근콘크리트 바닥판을 지지하는 W형강 보가 나타나 있다.

그림 5.32

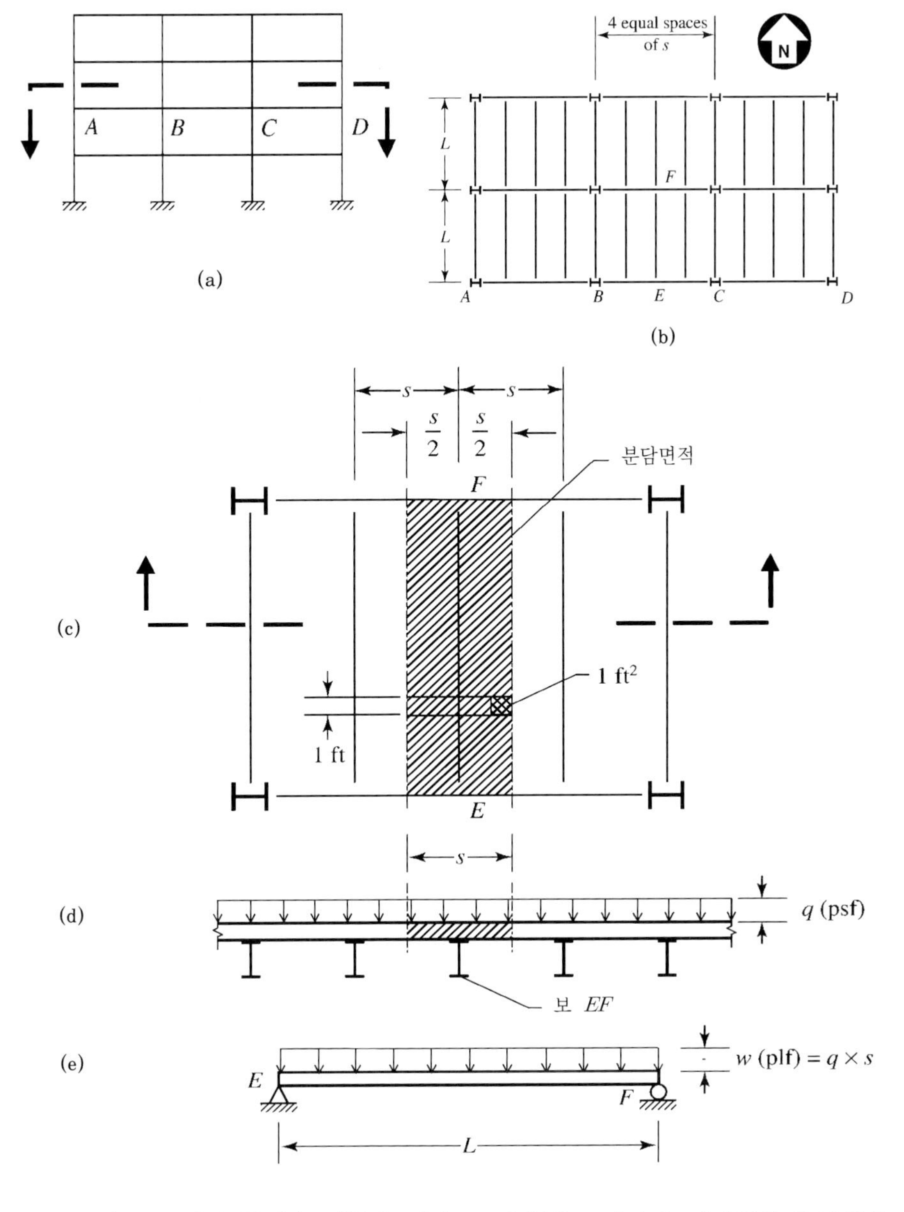

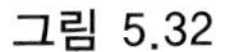

구조의 궁극적인 목적은 하중을 기초로 전달하는 것이다. 바닥하중에 관한한 하중전달은 다음과 같이 이루어진다.

1. 고정하중 및 활하중의 바닥 하중은 바닥판에 의해 지지된다.
2. 바닥판이 지지하는 하중과 함께 바닥판의 자중은 가로보에 의하여 지지된다.
3. 가로보는 자중과 하중을 거더로 전달한다.
4. 거더와 하중은 기둥에 의해 지지된다.
5. 기둥하중은 하층의 기둥에 의하여 지지된다. 기둥하중은 최상층으로부터 기초로 누적되게 된다.

(구조물의 한 부분에서 다른 부분으로 하중이 전달되는 과정을 간혹 하중경로(load path)라고 한다.) 이것은 현상을 상당히 정확하게 표현한 것이나, 정확하지는 않다. 예를 들면 거의 모든 하중이 가로보에 의하여 지지되기는 하지만, 바닥판의 일부와 그 하중은 거더에 의하여 직접 지지된다.

그림 5.32(c)에는 가로보 EF 주위에 빗금친 부분이 나타나 있다. 이것이 이 부재의 분담면적이며, 가로보 EF와 인접한 양쪽 가로보 사이 바닥판의 반을 차지한다. 따라서 지간이 같다면, 지지되는 바닥판의 폭은 지간 s가 된다. 바닥판에 등분포하중이 작용한다면, 보 EF에 작용하는 하중은 단위면적당 하중(예를 들면 lb/ft^2[psf])을 분담폭 s를 곱하여 단위길이 당의 하중(예를 들면 lb/ft[plf])으로 나타낼 수 있다. 그림 5.32(e)에는 최종적인 보모델이 도시되어 있다(보통 바닥골조 연결의 경우 보는 단순지지된 것으로 간주할 수 있다).

편의상 바닥판의 자중은 단위 ft당 lb무게로 나타낸다. 이렇게 하여 바닥판 무게는 비슷하게 나타내는 다른 하중과 조합할 수 있다. 만약 바닥판이 금속 데크와 콘크리트 채움으로 구성된다면 데크제조업자의 서류에서 조합된 무게를 쉽게 얻을 수 있다. 만약 바닥판의 두께가 균등하다면 무게는 다음과 같이 구할 수 있다. 보통콘크리트 단위중량은 145 lb/ft^{3}이다. 만약 철근을 고려하여 5 pcf가 추가된다면 총중량은 150 pcf가 된다. 바닥판 단위면적당의 부피는 1 ft^2 × 바닥판 두께 t가 된다. 두께가 인치로 표시된 경우 바닥판 무게는 $(t/12)(150)$ psf가 된다. 경량콘크리트의 경우는 더 명확한 값 대신에 단위중량 115 pcf를 사용해도 된다.

예제 5.15 **그림 5.33과 같은 바닥시스템이 있다. 보통콘크리트를 사용한 두께 4 in.의 R.C 바닥판이 7 ft 간격의 가로보에 의해 지지되어 있다. 이 가로보는 거더에 의해 지지되고, 거더는 기둥으로 지지되어 있다. 구조물의 자중 외에 등분포 활하중이 80 ft이고, 이동 가능한 칸막이 하중이 20 psf이다. 최대허용처짐은 $L/360$, 강종은 A992이며 콘크리트 슬래브에 의해 횡방향으로 충분히 지지되어 있다. 가로보를 설계하라.**

그림 5.33

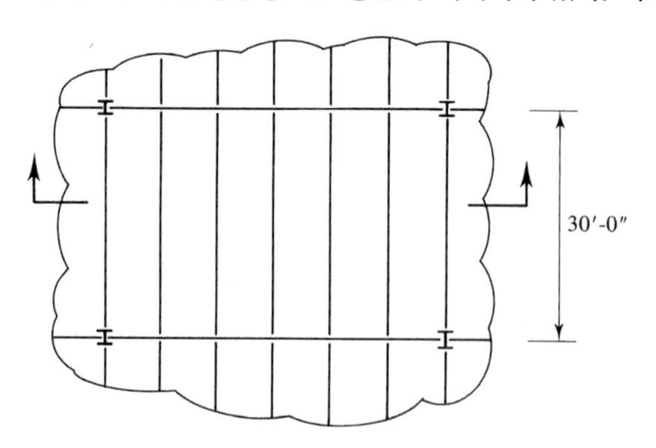

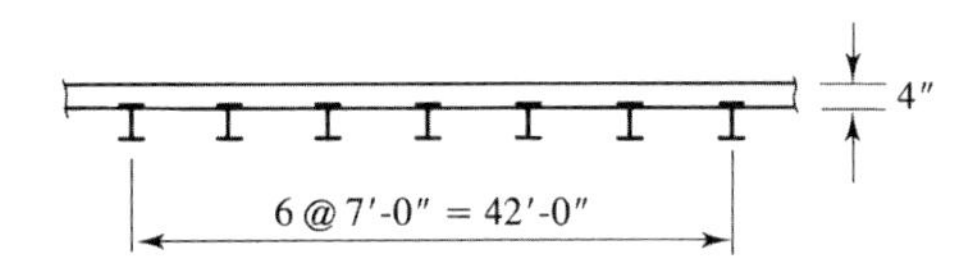

풀 이 슬래브 중량은 다음과 같다.

$$w_{\text{slab}} = \frac{t}{12}(150) = \frac{4}{12}(150) = 50 \text{ psf}$$

가로보가 7 ft폭의 바닥판(분담폭)을 지지한다고 본다.

슬래브　: $50(7) = 350 \text{ lb/ft}$

칸막이벽 : $20(7) = 140 \text{ lb/ft}$

활하중　: $80(7) = 560 \text{ lb/ft}$

보의 자중은 일단 시단면이 결정된 후에 고려한다.

칸막이 벽은 이동 가능하므로 활하중으로 간주한다. 이것은 국제건물규격(ICC, 2009)과 부합된다. 그러므로 고정하중 및 활하중은 다음과 같다.

$$w_D = 0.350 \text{ lb/ft}$$ (보 자중은 제외)

$$w_L = 0.560 + 0.140 = 0.700 \text{ lb/ft}$$

LRFD 풀이 총계수하중은 다음과 같다.

$$w_u = 1.2w_D + 1.6w_L = 1.2(0.350) + 1.6(0.700) = 1.54 \text{ kips/ft}$$

통상적인 가로보의 연결은 모멘트에 대한 저항이 없다고 가정하고 따라서 보는 단순지지되어 있다고 가정한다. 따라서

$$M_u = \frac{1}{8}w_u L^2 = \frac{1}{8}(1.540)(30)^2 = 173 \text{ ft-kips}$$

연속횡지지되어 있으므로 Z_x표를 사용한다.

W 14 × 30을 시도한다:

$$\phi_b M_n = 177 \text{ ft-kips} > 173 \text{ ft-kips} \qquad \text{(OK)}$$

자중을 검토한다:

$$M_u = 173 + \frac{1}{8}(1.2 \times 0.303)(30)^2 = 177 \text{ ft-kips} \qquad \text{(OK)}$$

최대전단력은 다음과 같다.

$$V_u \approx \frac{1.540(30)}{2} = 23.1 \text{ kips}$$

Z_x표에서,

$$\phi_v V_n = 112 \text{ kips} > 23.1 \text{ kips} \qquad \text{(OK)}$$

최대 허용활하중처짐은 다음과 같다.

$$\frac{L}{360} = \frac{30(12)}{360} = 1.0 \text{ in.}$$

$$\Delta_L = \frac{5}{384}\frac{w_L L^4}{EI} = \frac{5}{384}\frac{(0.700/12)(30 \times 12)^4}{29000(291)}$$

$$= 1.51 \text{ in.} > 1.0 \text{ in.} \qquad \text{(N.G.)}$$

소요단면2차모멘트는

$$I_{reqd} = \frac{5w_L L^4}{384E\Delta_{reqd}} = \frac{5(0.700/12)(30 \times 12)^4}{384(29{,}000)(1.0)} = 440 \text{ in.}^4$$

편람 3편에 I_x, I_y에 대한 선택표가 Z_z표와 같은 방법으로 잘 정리되어 있으므로 충분한 단면2차모멘트를 갖는 최경량 형강을 쉽게 선택할 수 있다. 소요단면2차모멘트를 갖는 최경량 형강을 쉽게 선택할 수 있다. I_x 표에서 W18×35를 시도한다.

$$I_x = 510 \text{ in.}^4 > 440 \text{ in.}^4 \qquad \text{(OK)}$$

$$\phi_b M_n = 249 \text{ ft-kips} > 177 \text{ ft-kips} \qquad \text{(OK)}$$

$$\phi_v V_n = 159 \text{ kips} > 23.1 \text{ kips} \qquad \text{(OK)}$$

해 답 W18×35를 사용한다.

ASD 풀이 단면을 선택한 후에 자중을 고려한다.

$$w_a = w_D + w_L = 0.350 + 0.700 = 1.05 \text{ kips/ft}$$

보는 단순지지되어 있다고 가정하면, 소요모멘트강도는 다음과 같다.

$$M_a = \frac{1}{8}w_a L^2 = \frac{1}{8}(1.05)(30)^2 = 118 \text{ ft-kips} = \text{소요 } \frac{M_n}{\Omega_b}$$

연속횡지지되어 있으므로 Z_x표를 사용한다.

W16×31을 시도한다:

$$\frac{M_n}{\Omega_b} = 135 \text{ ft-kips} > 118 \text{ ft-kips} \qquad \text{(OK)}$$

(W14×30의 허용모멘트강도는 정확하게 118 ft-kips이지만 아직 자중을 고려하지 않았다.)
자중을 검토한다.

$$M_a = 118 + \frac{1}{8}(0.031)(30)^2 = 122 \text{ ft-kips} < 135 \text{ ft-kips} \qquad \text{(OK)}$$

소요전단강도는 다음과 같다.

$$V_a = \frac{w_a L}{2} = \frac{(1.05 + 0.031)(30)}{2} = 16.2 \text{ kips}$$

Z_x표에서 유효전단강도는 아래와 같다.

$$\frac{V_n}{\Omega_v} = 87.3 \text{ kips} > 16.2 \text{ kips} \qquad \text{(OK)}$$

처짐을 검토한다. 최대허용활하중처짐은 다음과 같다.

$$\frac{L}{360} = \frac{30(12)}{360} = 1.0 \text{ in.}$$

$$\Delta_L = \frac{5}{384}\frac{w_L L^4}{EI_x} = \frac{5}{384}\frac{(0.700/12)(30\times 12)^4}{29{,}000(375)}$$

$$= 1.17 \text{ in.} > 1.0 \text{ in.} \qquad \text{(N.G.)}$$

소요단면2차모멘트를 구하기 위하여 처짐방정식을 풀면

$$I_{reqd} = \frac{5w_L L^4}{384E\Delta_{reqd}} = \frac{5(0.700/12)(30\times 12)^4}{384(29{,}000)(1.0)} = 440 \text{ in.}^4$$

편람 3편에 I_x, I_y에 대한 선택표가 Z_z표와 같은 방법으로 잘 정리되어 있으므로 충분한 단면2차모멘트를 갖는 최경량 형강을 쉽게 선택할 수 있다. I_x표에서 W 18 × 35를 선택하면

$$I_x = 510 \text{ in.}^4 > 440 \text{ in.}^4 \qquad \text{(OK)}$$

$$\frac{M_n}{\Omega_b} = 166 \text{ ft-kips} > 122 \text{ ft-kips} \qquad \text{(OK)}$$

$$\frac{V_n}{\Omega_v} = 106 \text{ kips} > 16.2 \text{ kips} \qquad \text{(OK)}$$

해 답 W 18 × 35를 사용한다.

예제 5.15에서 설계는 강도가 아니라 사용성에 의해서 결정되었다. 이것은 흔한 경우이다. 그러나 보설계의 순서는 모멘트에 대하여 단면을 선택하고 전단과 처짐에 대하여 검토하는 것을 추천한다. 이 예제에는 고정하중처짐에 대한 제한사항이 없었지만, 이 처짐은 보에 솟음이 있는 보에는 필요할 수도 있다.

$$\Delta_D = \frac{5}{384}\frac{w_{\text{slab+beam}} L^4}{EI} = \frac{5}{384}\frac{[(0.350+0.035)/12](30\times 12)^4}{29{,}000(510)} = 0.474 \text{ in.}$$

5.12 보의 구멍

보의 연결이 볼트접합에 의하여 만들어지면, 보의 웨브나 플랜지에 구멍이 생기게 된다. 또한 전기도관(electrical conduits), 환기닥트(ventilation ducts) 등을 위해서 보에 상당히 큰 구멍을 내는 경우가 종종 있다. 이때 가능하면 웨브의 구멍은 전단력이 작은 곳에, 플랜지의 구멍은 휨모멘트가 작은 곳에 배치하는 것이 이상적이다. 그러나 불가피하게 위의 원칙이 켜질 수 없는 경우 구멍의 효과를 고려하여야 한다.

그러나 볼트 구멍과 같이 작은 경우, 그 효과 특히 휨에 대한 영향은 다음의

두 가지 이유로 매우 작다. 첫째는 단면적의 감소는 매우 작고, 둘째로는 구멍 부근의 단면적은 감소되지 않았기 때문에, 단면적의 변화는 약한 연결(weak link)개념보다 불연속성의 문제가 덜 심각하다는 사실이다.

보 플랜지의 구멍은 압축플랜지의 구멍은 볼트를 통하여 하중을 전달하기 때문에 인장플랜지만이 관심의 대상이다. 이것은 순단면적이 고려되지 않는 압축부재도 그런 이유이다. 그런 이유로 AISC 설계기준에서는 플랜지의 공칭인장파괴강도가 공칭인장항복강도보다 작은 경우에 보 플랜지의 볼트 구멍을 고려하여야 한다고 규정하고 있다.

$$F_u A_{fn} < F_y A_{fg} \tag{5.9}$$

여기서

A_{fn} = 인장플랜지 순단면적

A_{fg} = 인장플랜지 전단면적

$F_y/F_u > 0.8$이면 설계기준에서 식 5.9의 오른편 항을 10% 증가시킬 것을 요구한다. 식 5.9는 더욱 일반적으로 다음과 같이 나타낼 수 있다:

$$F_u A_{fn} < Y_t F_y A_{fg} \tag{5.10}$$

여기서

$Y_t = 1.0$ ($F_y/F_u \le 0.8$에 대해)

$= 1.1$ ($F_y/F_u > 0.8$에 대해)

선호하는 A992 강재 W형강은 최대 $F_y/F_u = 0.85$이다. 이것은 더 이상의 정보가 없다면, $Y_t = 1.1$을 적용하는 것을 의미한다. 만약 식 5.10의 조건이 있다면, 즉,

$$F_u A_{fn} < Y_t F_y A_{fg}$$

라면, AISC F13.1에서 공칭휨강도는 휨파괴 조건에 의하여 제한 받도록 규정하고 있다. 휨응력에 상응하는 한계상태는 다음과 같다.

$$f_b = \frac{M_n}{S_x(A_{fn}/A_{fg})} = F_u \tag{5.11}$$

여기서 $S_x(A_{fn}/A_{fg})$는 순단면의 탄성단면계수로서 고려될 수 있다. 공칭휨강도에 상응하는 식 5.11의 관계식은 다음과 같다.

$$M_n = \frac{F_u A_{fn}}{A_{fg}} S_x$$

보의 구멍에 대한 AISC 요구사항은 다음과 같이 요약할 수 있다:

$F_u A_{fn} < Y_t F_y A_{fg}$이면,

공칭모멘트강도는 다음 값을 초과해서는 안 된다.

$$M_n = \frac{F_u A_{fn}}{A_{fg}} S_x \qquad \text{(AISC 식 F13-1)}$$

여기서

$$Y_t = 1.0 \ (F_y/F_u \le 0.8\text{에 대해})$$

$$= 1.1 \ (F_y/F_u > 0.8\text{에 대해})$$

A992 강종 또는 최대 F_y/F_u값을 모르는 경우 상수 Y_t는 1.1을 취한다.

예제 5.16 **그림 5.34에 도시한 형강은 W18×71이고 각각의 플랜지에 직경 1 in. 크기로 볼트 체결을 하기 위한 구멍이 뚫려 있다. 강종은 A992이다. $C_b = 1.0$을 적용하고, 비지지길이가 10 ft인 경우 공칭 휨강도를 구하라.**

그림 5.34

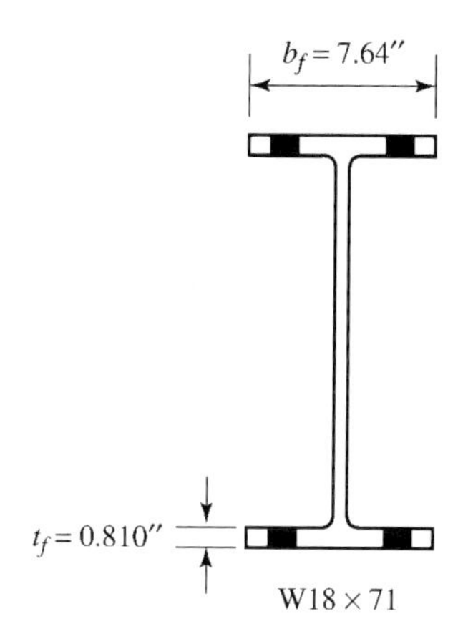

풀 이 공칭휨강도 M_n을 구하기 위하여 모든 적용 가능한 한계상태를 검토하여야 한다. Z_x표에서 W 18×71은 조밀단면이다(각주가 없다). 역시 Z_x 표에서 $L_p = 6.00$ ft, $L_r = 19.6$ ft이다. 비지지길이 $L_b = 10$ ft이므로,

$$L_p < L_b < L_r$$

따라서 보는 비탄성 휨-비틀림좌굴을 받게 된다. 이 한계상태에 대한 공칭강도는

$$M_n = C_b\left[M_p - (M_p - 0.7F_yS_x)\left(\frac{L_b - L_p}{L_r - L_p}\right)\right] \le M_p \quad \text{(AISC 식 F2-2)}$$

여기서

$$M_p = F_yZ_x = 50(146) = 7300 \text{ in.-kips}$$

$$M_n = 1.0\left[7300 - (7300 - 0.7 \times 50 \times 127)\left(\frac{10-6}{19.6-6}\right)\right] = 6460 \text{ in.-kips}$$

플랜지 구멍을 고려해야 하는지 검토한다. 플랜지 1개의 전단면적은 다음과 같다.

$$A_{fg} = b_f t_f = 7.64(0.810) = 6.188 \text{ in.}^2$$

직경 1 in. 볼트의 표준구멍 직경은 다음과 같다.

$$d_h = 1 + \frac{1}{8} = 1\frac{1}{8} \text{ in.}$$

유효 구멍 직경은

$$d_h + \frac{1}{16} = 1\frac{1}{8} + \frac{1}{16} = 1.188 \text{ in.}$$

순단면적은 다음과 같다.

$$A_{fn} = A_{fg} - t_f \Sigma d_h = 6.188 - 0.810(2 \times 1.188) = 4.263 \text{ in.}^2$$

$$F_u A_{fn} = 65(4.263) = 277.1 \text{ kips}$$

Y_t를 결정한다. A992 강재의 경우 최대 F_y/F_u 비는 0.85이다. 이 값은 0.8보다 크므로, $Y_t = 1.1$을 적용한다.

$$Y_t F_y A_{fg} = 1.1(50)(6.188) = 340.3 \text{ kips}$$

$F_u A_{fn} < Y_t F_y A_{fg}$이기 때문에 구멍을 고려하여야 한다. AISC 식 F 13-1로부터,

$$M_n = \frac{F_u A_{fn}}{A_{fg}} S_x = \frac{277.1}{6.188}(127) = 5687 \text{ in.-kips}$$

이 값은 LTB 값 6460 in.-kips보다 작으므로 지배한다.

해 답 $M_n = 5687 \text{ in.-kips} = 474 \text{ ft-kips}$

보의 웨브에 큰 구멍이 있는 경우는 특별한 방법으로 고려하여야 하고, 이 책의 범위를 넘는다. 이 문제에 대한 참고서적으로는 "Design of Steel and Composite Beams with Web Opening(Darwin, 1990)"이 있다.

5.13 개구-웨브 강재 장선

개구-웨브 강재 장선은 그림 5.35와 같은 형태의 트러스 형태로 제작된다. 규모가 작은 장선의 웨브재로는 흔히 원형강봉(circular bar)이 사용되고 봉-장선(bar joists)으로 불린다. 이들은 다양한 구조물의 바닥 및 지붕시스템에 사용된다. 주어진 지간에 대하여, 봉-장선은 압연형강보다 경량일 수가 있고, 개구를 통하여 전기닥트 등의 설치작업을 용이하게 수행할 수 있다. 선택의 결정에 도움이 되는 일반적인 지침은 없으나, 지간길이에 따라서 개구-웨브 장선이 압연형강보다 경제적일 수가 있다.

표준깊이 및 하중강도용 개구-웨브 장선은 여러 제조업체로부터 구입이 가능하다.

개구-웨브 장선은 바닥 또는 지붕재 장선용으로, 또는 장선으로부터 집중반력을 지지하는 거더용이 있다. AISC 설계기준은 개구-웨브 장선을 다루지는 않고, 다른 기구인 Steel Joint Institute(SJI)에서 다룬다. 설계 및 제작을 포함한 장선의 사용에 관련된 모든 사항들은 “Standard Specifications, Load Tables, and Weight Tables for Steel Joists and Joist Girders(SJI, 2010)”에 기술되어 있다.

개구-웨브 장선은 표준하중표(standard load tables, SJI 2010)의 보조자료를 이용하면 쉽게 선택할 수 있다. 이 표는 다양한 표준장선에 대하여 단위 ft당의 lb무게로 하중능력을 제공하고 있다. 표는 LRFD 및 ASD에 대하여 US 전통단위 및 미터법으로 제공된다. LRFD표 중의 하나를 그림 5.36에 복사하여 도시하였다. 지간과 장선의 조합에 대하여 한 쌍의 하중이 주어져 있다. 상단의 값은 단위 ft당의 lb로 표기된 총하중강도, 하단의 값은 처짐 1/360을 발생시키는 단위 ft당의 활하중이다. 검게 보이는 지간 길이들에 대하여는 특수한 브리징(장선의 연결)이 필요하다. 장선 호칭의 첫째 숫자는 in.로 표시된 공칭깊이이다. 표에는 단위 ft당의 lb로 표시된 대략의 무게도 나타나 있다. 개구-웨브 장선을 생산하는 강재 제작자는 10K1 길이 20 ft와 같은 주어진 명칭으로 표기된 제품이 표에 명기된 하중강도를 갖는 것을 증명하여야 한다. 다른 제작자들의 10K1은 횡단면은 다를 수 있지만, 공칭깊이는 10 in.를 만족하여야 하고, 지간길이 20 ft의 경우 적어도 계수하중강도는 361 lb/ft이상이어야 한다.

바닥 및 지붕 장선용(거더에 반하여)으로 사용하기 위한 개구-웨브 장선은 개구-웨브 장선(K-시리즈, 표준 및 KCS), 장지간용 장선(LH-시리즈) 그리고 깊은 장지간용 장선(DLH-시리즈)이 사용 가능하다. 이들 각 시리즈에 대한 표준하중표(Stand load tables)가 SJI에 의하여 제공되고 있다. 이 시리즈에서 위로 올라갈수록 장지간 및 큰 하중강도에 사용이 가능해진다. 8K1은 최저 지간길이 8 ft, 계수하중강도 825 lb/ft에 사용이 가능한 반면, 72DLH19는 144 ft지간에 745 lb/ft의 하중을 지지할 수 있다.

KCS 장선은 집중하중과 분포하중(불균등분포하중 포함)을 지지할 수 있도록 설계한다. KCS 장선을 선택하기 위하여, 기술자는 장선의 최대모멘트 및 전단력을 계산하여야 하고, 이 값을 가지고 KCS표에 들어가야 한다(KCS 장선은 균등모멘트 및 전단력을 지지하도록 설계되었다). 만약 LH나 LDH 장선이 집중하중을 지지해야 하는 경우, 특별한 구조해석을 제작자가 요구할 수도 있다.

그림 5.35

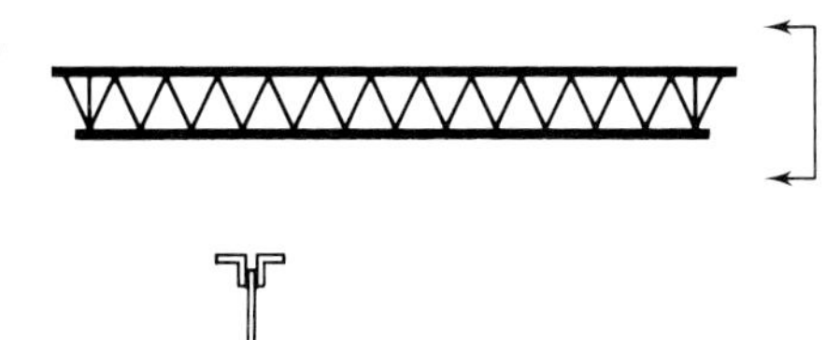

그림 5.36

LRFD

STANDARD LOAD TABLE FOR OPEN WEB STEEL JOISTS, K-SERIES
Based On A 50 ksi Maximum Yield Strength - Loads Shown In Pounds Per Linear Foot (plf)

Joist Designation	10K1	12K1	12K3	12K5	14K1	14K3	14K4	14K6	16K2	16K3	16K4	16K5	16K6	16K7	16K9
Depth (in.)	10	12	12	12	14	14	14	14	16	16	16	16	16	16	16
Approx. Wt (lbs./ft.)	5.0	5.0	5.7	7.1	5.2	6.0	6.7	7.7	5.5	6.3	7.0	7.5	8.1	8.6	10.0
Span (ft.) ↓															
10	825 550														
11	825 542														
12	825 455	825 550	825 550	825 550											
13	718 363	825 510	825 510	825 510											
14	618 289	750 425	825 463	825 463	825 550	825 550	825 550	825 550							
15	537 234	651 344	814 428	825 434	766 475	825 507	825 507	825 507							
16	469 192	570 282	714 351	825 396	672 390	825 467	825 467	825 467	825 550	825 550	825 550	825 550	825 550	825 550	825 550
17	415 159	504 234	630 291	825 366	592 324	742 404	825 443	825 443	768 488	825 526	825 526	825 526	825 526	825 526	825 526
18	369 134	448 197	561 245	760 317	528 272	661 339	795 397	825 408	684 409	762 456	825 490	825 490	825 490	825 490	825 490
19	331 113	402 167	502 207	681 269	472 230	592 287	712 336	825 383	612 347	682 386	820 452	825 455	825 455	825 455	825 455
20	298 97	361 142	453 177	613 230	426 197	534 246	642 287	787 347	552 297	615 330	739 386	825 426	825 426	825 426	825 426
21		327 123	409 153	555 198	385 170	483 212	582 248	712 299	499 255	556 285	670 333	754 373	822 405	825 406	825 406
22		298 106	373 132	505 172	351 147	439 184	529 215	648 259	454 222	505 247	609 289	687 323	747 351	825 385	825 385
23		271 93	340 116	462 150	321 128	402 160	483 188	592 226	415 194	462 216	556 252	627 282	682 307	760 339	825 363
24		249 81	312 101	423 132	294 113	367 141	442 165	543 199	381 170	424 189	510 221	576 248	627 269	697 298	825 346
25					270 100	339 124	408 145	501 175	351 150	390 167	469 195	529 219	576 238	642 263	771 311
26					249 88	313 110	376 129	462 156	324 133	360 148	433 173	489 194	532 211	592 233	711 276
27					231 79	289 98	349 115	427 139	300 119	334 132	402 155	453 173	493 188	549 208	658 246
28					214 70	270 88	324 103	397 124	279 106	310 118	373 138	421 155	459 168	510 186	612 220
29									259 95	289 106	348 124	391 139	427 151	475 167	570 198
30									241 86	270 96	324 112	366 126	399 137	444 151	532 178
31									226 78	252 87	304 101	342 114	373 124	415 137	498 161
32									213 71	237 79	285 92	321 103	349 112	388 124	466 147

※ 출처 : Standard Specifications, Load Tables, and Weight Tables for Steel Joists and Joist Girders. Myrtle Beach, S. C. : Steel Joint Institute, 2005. 양해하에 복사되었음.

K-시리즈 장선의 상하현재는 항복강도 50 ksi 강재로 제작하여야 하고, 웨브재는 50 ksi 또는 36 ksi 두 종류 강재의 사용이 허용된다. LH 및 LDH-시리즈 장선은 항복강도 36 ksi로부터 50 ksi까지의 강재의 사용이 가능하다. K-시리즈 장선의 하중강도는 제작자의 실험에 의하여 보증되어야 한다. LH 및 LDH-시리즈 장선은 이러한 실험 조항이 없다.

장선 거더는 개구-웨브 장선(K, LH 및 LDH-시리즈)을 지지하도록 설계된다. 주어진 장선에 대하여 기술자는 장선의 간격 수를 결정하여야 하고 장선거더 무게표에서

거더의 깊이를 선택하여야 한다. 설계자는 깊이, 장선 간격의 개수 및 하중이 작용하는 장선 거더 상현재의 하중 그리고 계수하중은 "F", 사용하중은 "K"로 표기하는 문자를 장선 거더에 표기하여야 한다. LRFD와 미국 전통 단위를 사용하여 예를 들면, 52G9N10.5F는 깊이 52 in., 장선 상현재의 9개의 등간격 그리고 각 장선의 위치에 10.5 kips의 계수하중이 작용하는 것을 의미한다. 장선 거더 자중표는 정해진 지간길이에 대하여 규정된 장선 거더의 무게가 주어진다.

예제 5.17 **그림 5.36의 하중표를 사용하여 다음과 같은 바닥시스템과 하중에 대한 개구-웨브 장선을 선택하라.**

장선 간격 = 3 ft

지간 길이 = 20 ft

하중은 다음과 같다.

3 in. **바닥판**

추가 고정하중: 20 psf

활하중: 50 psf

활하중처짐은 $L/360$**을 초과하지 않아야 한다.**

풀 이 고정하중에 대해

슬래브: $150\left(\dfrac{3}{12}\right) = 37.5$ psf

기타 고정하중: = 20 psf

장선 자중: = 3 psf(가정)

합 계: = 60.5 psf

$w_D = 60.5(3) = 181.5 \text{ lb/ft}$

활하중 50 psf에 대해,

$w_L = 50(3) = 150 \text{ lb/ft}$

계수하중은 다음과 같다.

$w_u = 1.2w_D + 1.6w_L = 1.2(181.5) + 1.6(150) = 458 \text{ lb/ft}$

이 하중을 소요되는 사용하중으로 전환하면 그림 5.36의 표에서 다음과 같은 장선 단면들이 하중조건을 만족시킨다. 12K5 자중 7.1 lb/ft; 14K3 자중 6.0 lb/ft; 16K2 자중 5.5 lb/ft. 깊이의 제한이 없으므로 위의 단면 중에서 최고 경량인 단면인 16K2를 선택한다.

활하중처짐을 $L/360$로 제한하기 위하여 활하중은 297lb/ft를 초과해서는 안 된다.

297 lb/ft > 150 lb/ft (OK)

해 답 16K2를 사용한다.

표준하중표에는 주어진 하중에 대하여 가장 가벼운 단면을 쉽게 찾을 수 있도록 K-시리즈 경제지표표(economy table)가 포함되어 있다.

5.14 보의 지압판 및 기둥의 기초판

기둥의 기초판 설계방법은 보의 지압판 설계와 비슷하므로, 함께 생각해보기로 한다. 기둥 기초판의 두께를 결정하기 위해서는 휨을 고려하여야 하므로 4장보다는 여기서 다루는 것이 보다 합리적이다. 두 가지의 구조형태에서, 판의 역할은 집중하중을 지지요소에 분산하여 전달하는 것이다.

두 종류의 지압판을 고려해보자. 하나는 보의 반력을 콘크리트벽 같은 기초에 전달하고 또 다른 하나는 하중을 보의 상부 플랜지에 전달한다. 그림 5.37과 같은 보의 지점을 먼저 생각해보자. 대부분의 보들은 기둥이나 다른 보에 연결되어 있는 반면에, 여기에서 다루는 형태의 지점은 흔히 사용되지 않는 특별히 교량의 교대와 같은 경우가 되겠다. 지압판의 설계는 다음과 같이 3단계로 구성된다.

1. 웨브의 항복 및 국부손상(crippling)이 발생되지 않도록 세로 길이 l_b을 결정한다.
2. 지점재료(보통 콘크리트)의 지압파괴가 발생하지 않도록 하기 위하여 충분한 면적 $B \times l_b$이 되도록 가로 폭 B를 결정한다.
3. 판이 충분한 휨강성을 갖도록 두께 t를 결정한다.

웨브의 항복과 웨브손상 및 콘크리트의 지압강도는 AISC J장, "연결설계"에 기술되어 있다.

웨브 항복

웨브항복은 웨브의 상부 또는 하부 플랜지에 직접 작용하는 압축하중에 의하여 보의 웨브가 압축파괴를 일으키는 것이다. 이러한 힘은 그림 5.37과 같은 지점으로부터의 반력이거나 기둥이나 다른 보에 의해서 상부플랜지에 전달되는 하중일 수도 있다. 항복은 웨브 수평단면에 발생하는 압축응력이 항복점에 도달할 때 발생하게

그림 5.37

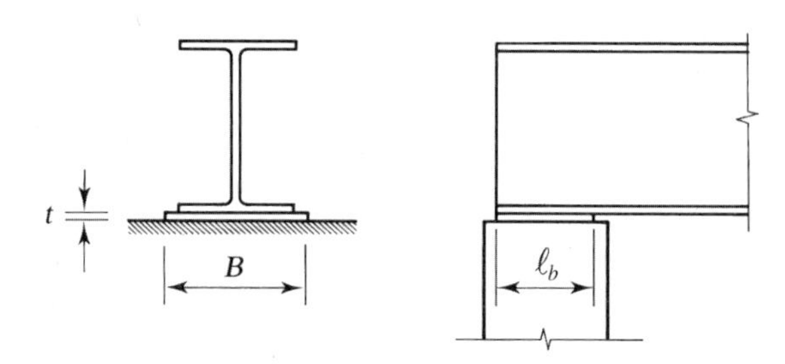

된다. 하중이 판을 통하여 전달될 때 웨브의 항복은 웨브의 두께 t_w가 되는 가장 가까운 단면에서 발생하는 것으로 가정한다. 압연형강의 경우 이 단면은 플랜지의 연단으로부터 k만큼 떨어진 필릿 용접부의 앞부리가 된다(이 치수는 강구조편람의 단면제원표에 정리되어 있다). 그림 5.38과 같이 하중이 1 : 2.5 경사로 분포된다고 가정하면, 항복이 발생하는 지점의 단면적은 $(2.5k+l_b) \times t_w$가 된다. 지점에서 웨브의 항복에 대한 공칭강도는 이 단면적에 항복응력을 곱한 값이 된다.

$$R_n = (2.5k+l_b)F_y t_w \qquad \text{(AISC 식 J10-3)}$$

지점에서 지압판의 세로길이 l_b은 k보다는 작아서는 안 된다.

보의 내부 하중작용점에서, 항복이 발생하는 단면의 세로길이는 다음과 같다.

$$2(2.5k) + l_b = 5k + l_b$$

공칭강도는 아래와 같으며

$$R_n = (5k + l_b)F_y t_w \qquad \text{(AISC 식 J10-2)}$$

LRFD에 대해, 설계강도는 ϕR_n이 된다, 여기서 $\phi = 1.0$이며,
ASD에 대해, 허용강도는 R_n/Ω가 된다, 여기서 $\Omega = 1.5$이다.

웨브의 국부손상

웨브의 국부손상은 플랜지를 통하여 전달되는 압축하중에 의한 웨브의 좌굴이다. 내부하중 작용점의 웨브의 국부손상에 대한 공칭강도는 다음과 같다.

$$R_n = 0.80t_w^2\left[1 + 3\left(\frac{l_b}{d}\right)\left(\frac{t_w}{t_f}\right)^{1.5}\right]\sqrt{\frac{EF_y t_f}{t_w}}\ Q_f \qquad \text{(AISC 식 J10-4)}$$

여기서

d = 보의 깊이

Q_f = 1.0(W형강)

= 표 K3.2의 값(강관(HSS)단면)

그림 5.38

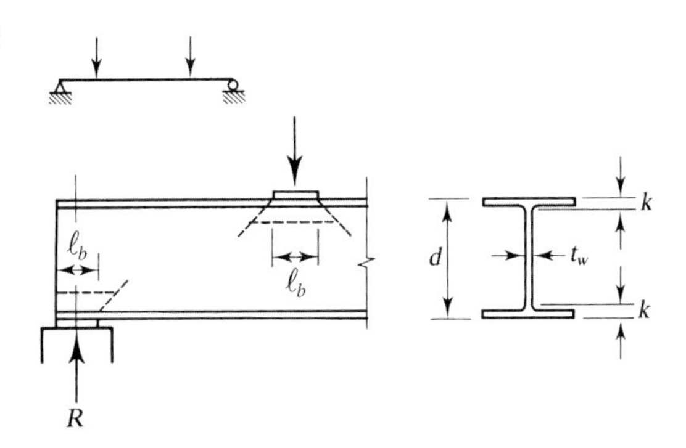

지점 또는 지점부근(보의 단부로부터 보 깊이의 반보다 가까운 점) 하중점의 공칭강도는 다음과 같다.

$$R_n = 0.40t_w^2\left[1 + 3\left(\frac{l_b}{d}\right)\left(\frac{t_w}{t_f}\right)^{1.5}\right]\sqrt{\frac{EF_y t_f}{t_w}}\,Q_f \quad \left(\frac{l_b}{d} \le 0.2\text{에 대해}\right)$$

(AISC 식 J10-5a)

또는

$$R_n = 0.40t_w^2\left[1 + \left(\frac{4l_b}{d} - 0.2\right)\left(\frac{t_w}{t_f}\right)^{1.5}\right]\sqrt{\frac{EF_y t_f}{t_w}}\,Q_f \quad \left(\frac{l_b}{d} > 0.2\text{에 대해}\right)$$

(AISC 식 J10-5b)

이 한계상태에 대한 저항계수는 $\phi = 0.75$이다. 안전계수는 $\Omega = 2.0$이다.

콘크리트 지압강도

보의 지점으로 사용되는 재료는 콘크리트, 벽돌 또는 다른 재료가 될 수 있지만 주로 콘크리트이다. 이 재료는 판으로부터 전달되는 지압에 대해서 견디어야 한다. AISC J8에 규정된 공칭지압강도는 미국 콘크리트협회의 건축규정(ACI, 2008)의 강도와 같으며, 다른 건물규격의 요구사항이 없으면 이 강도가 사용된다. 지압판이 지점의 전체 면적을 덮고 있는 경우의 강도는 다음과 같다.

$$P_p = 0.85f_c' A_1 \qquad \text{(AISC 식 J8-1)}$$

판이 지점의 일부를 덮고 있는 경우는,

$$P_p = 0.85f_c' A_1\sqrt{\frac{A_2}{A_1}} \le 1.7f_c' A_1 \qquad \text{(AISC 식 J8-2)}$$

여기서

f_c' = 콘크리트의 28일 압축강도

A_1 = 지압면적

A_2 = 지점의 전면적

만약 면적 A_2와 A_1의 중심이 일치하지 않으면, 그림 5.39와 같이, A_2는 기하학적으로 A_1과 비슷한 중심이 일치하는 최대면적으로 가정한다.

LRFD의 경우 설계지압강도는 $\phi_c P_p$이며, 여기서 $\phi_c = 0.65$. ASD의 경우 허용지압강도는 P_p/Ω이며, 여기서 $\Omega_c = 2.31$.

판의 두께

판의 길이와 폭이 결정되면, 평균지압응력은 그림 5.40과 같이 중앙폭 $2k$ 길이

그림 5.39

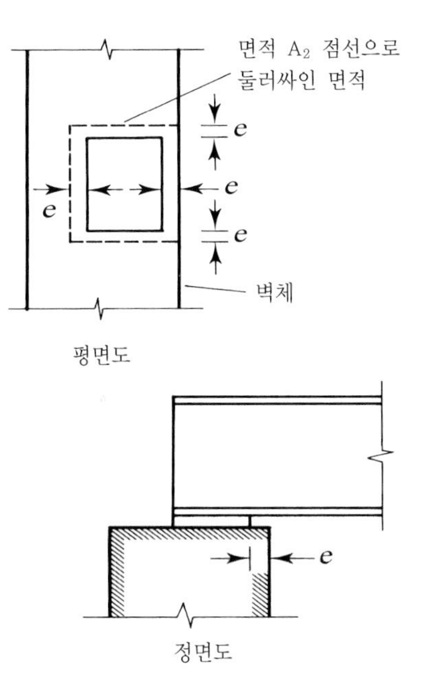

l_b인 상부 지점으로 지지되는 것으로 가정할 수 있는, 판 하부의 등분포하중으로 취급할 수 있다. 판은 보의 지간에 평행한 축에 대하여 휘는 것으로 생각할 수 있다. 그러면 판은 지간길이 $n = (B-2k)/2$, 폭 l_b인 캔틸레버로 취급된다. 편의상 단위 폭(1 in.)을 생각하면, lb/in.단위로 주어지는 등분포하중은 수치적으로 lb/in.^{2} 단위로 주어지는 지압응력과 크기가 같게 된다.

그림 5.40에서 판의 최대휨모멘트는

$$M = \frac{R}{Bl_b} \times n \times \frac{n}{2} = \frac{Rn^2}{2Bl_b}$$

그림 5.40

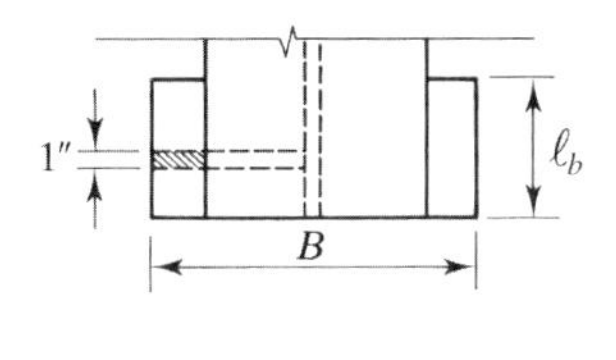

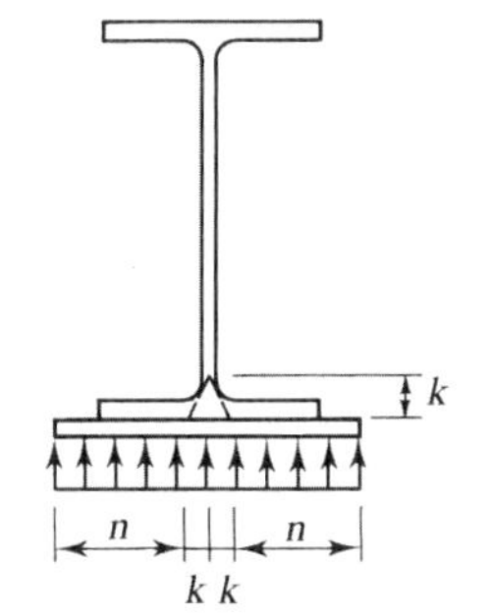

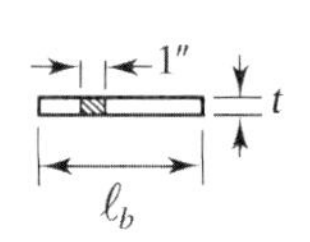

그림 5.41

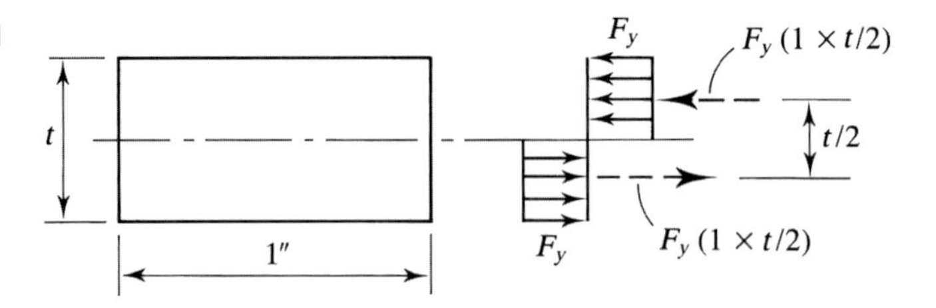

여기서 R은 보의 반력이며, $R/(Bl_b)$은 판과 콘크리트 사이의 평균지압응력이다. 약축에 대해서 휘는 사각형단면의 경우 공칭휨강도 M_n은 소성모멘트 M_p와 같다. 그림 5.41과 같이 단위 폭과 두께 t인 사각형 단면의 소성모멘트는

$$M_p = F_y\left(1 \times \frac{t}{2}\right)\left(\frac{t}{2}\right) = F_y\frac{t^2}{4}$$

LRFD에 대해: 설계강도 $\phi_b M_n$은 적어도 계수하중모멘트 M_u가 되어야 하므로

$$\phi_b M_p \geq M_u$$

$$0.9F_y\frac{t^2}{4} \geq \frac{R_u n^2}{2Bl_b}$$

$$t \geq \sqrt{\frac{2R_u n^2}{0.9Bl_bF_y}} \tag{5.12}$$

또는

$$t \geq \sqrt{\frac{2.2R_u n^2}{Bl_bF_y}} \tag{5.13}$$

여기서 R_u는 계수하중에 의한 보의 반력이다.

ASD에 대해: 허용휨강도는 적어도 작용모멘트와 같아야 한다.

$$\frac{M_p}{\Omega_b} \geq M_a$$

$$\frac{F_yt^2/4}{1.67} \geq \frac{R_a n^2}{2Bl_b}$$

$$t \geq \sqrt{\frac{3.34R_a n^2}{Bl_bF_y}} \tag{5.14}$$

여기서 R_a는 사용하중에 대한 보의 반력이다.

예제 5.18 **지점 중심간 지간길이가 $15\ \text{ft}\ \ 10\ \text{in.}$인 $\text{W}\,21 \times 68$의 반력을 분포시킬 지압판을 설계하라. 보의 자중을 포함한 하중은 $9\ \text{kips/ft}$이고, 고정하중과 활하중의 크기는 같다. 보는 강도 $f_c' = 3500\ \text{psi}$인 철근콘크리트 벽체 위에 놓여 있으며, 보의 항복응력 $F_y = 50\ \text{ksi}$, 판의 항복응력 $F_y = 36\ \text{ksi}$이다.**

LRFD 풀이 계수하중은 다음과 같다.

$$w_u = 1.2w_D + 1.6w_L = 1.2(4.5) + 1.6(4.5) = 12.60\ \text{kips/ft}$$

반력은 다음과 같다.

$$R_u = \frac{w_u L}{2} = \frac{12.60(15.83)}{2} = 99.73\ \text{kips}$$

웨브항복을 방지하기 위하여 필요한 지압길이 l_b은 AISC 식 J10-3으로부터 구할 수 있다. 이 한계상태에 대한 공칭강도는 다음과 같다.

$$R_n = (2.5k + l_b)F_y t_w$$

$\phi R_n \geq R_u$에 대해,

$$1.0[2.5(1.19) + l_b](50)(0.430) \geq 99.73$$

l_b에 대하여 정리하면

$$l_b \geq 1.66\ \text{in.}$$

(제원과 특성표에는 두 개의 k값이 있다는 사실에 유의하라. 설계제원이라 불리는 소수 값과 상세 제원이라 불리는 분수 값. 우리는 계산 시에는 항상 설계제원을 사용한다.)

AISC 식 J10-5를 이용하여 웨브의 손상을 방지하기 위한 l_b값을 구하고자 한다. $l_b/d > 0.2$로 가정하고 두 번째 식 J10-5(b)를 적용한다. $\phi R_n \geq R_u$에 대해,

$$\phi(0.40)t_w^2\left[1 + \left(\frac{4l_b}{d} - 0.2\right)\left(\frac{t_w}{t_f}\right)^{1.5}\right]\sqrt{\frac{EF_y t_f}{t_w}}\,Q_f \geq R_u$$

$$0.75(0.40)(0.430)^2\left[1 + \left(\frac{4l_b}{21.1} - 0.2\right)\left(\frac{0.430}{0.685}\right)^{1.5}\right]\sqrt{\frac{29{,}000(50)(0.685)}{0.430}} \times 1.0 \geq 99.73$$

이것은 다음의 요구사항을 얻는다.

$$l_b \geq 3.0\ \text{in.}$$

기본가정을 검토한다:

$$\frac{l_b}{d} = \frac{3.0}{21.1} = 0.14 < 0.2 \qquad \text{(N.G.)}$$

$l_b/d \le 0.2$에 대해,

$$\phi(0.40)t_w^2\left[1+3\left(\frac{l_b}{d}\right)\left(\frac{t_w}{t_f}\right)^{1.5}\right]\sqrt{\frac{EF_yt_f}{t_w}}\,Q_f \ge R_u$$

[AISC 식 J10-5(a)]

$$0.75(0.40)(0.430)^2\left[1+3\left(\frac{l_b}{21.1}\right)\left(\frac{0.430}{0.685}\right)^{1.5}\right]$$

$$\sqrt{\frac{29{,}000(50)(0.685)}{0.430}}\times 1.0 \ge 99.73$$

다음 요구사항에 이른다.

$$l_b \ge 2.59\,\text{in.}$$

그리고

$$\frac{l_b}{d} = \frac{2.59}{21.1} = 0.12 < 0.2 \qquad \text{(OK)}$$

$l_b = 6$ in.를 시도한다: 지압강도를 고려하여 폭 B를 결정한다. 폭에 대한 안전치의 가정인 지점의 전면적을 사용하는 것으로 가정하면, 필요한 판의 넓이 A_1은 다음과 같이 구할 수 있다.

$$\phi_c P_p \ge R_u$$

AISC 식 J8-1에서, $P_p = 0.85f_c' A_1$. 따라서

$$\phi_c(0.85)f_c' A_1 \ge R_u$$

$$0.65(0.85)(3.5)A_1 \ge 99.73$$

$$A_1 \ge 51.57\,\text{in.}^2$$

B의 최소치는 다음과 같다.

$$B = \frac{A_1}{l_b} = \frac{51.57}{6} = 8.60\,\text{in.}$$

W 21×68의 플랜지 폭이 8.27 in.이므로 판의 폭을 그보다 약간 크게 하는 것이 바람직하다. 근접한 in.로 올림하여 **$B = 10$ in.로 시도한다.**

판의 소요두께를 계산한다:

$$n = \frac{B-2k}{2} = \frac{10-2(1.19)}{2} = 3.810\,\text{in.}$$

식 5.13으로부터,

$$t = \sqrt{\frac{2.22R_un^2}{Bl_bF_y}} = \sqrt{\frac{2.22(99.73)(3.810)^2}{10(6)(36)}} = 1.22\,\text{in.}$$

해 답 PL $1^1/_4 \times 6 \times 10$을 사용한다.

ASD 풀이 $w_a = w_D + w_L = 4.5 + 4.5 = 9.0$ kips/ft

$$R_a = \frac{w_a L}{2} = \frac{9(15.83)}{2} = 71.24 \text{ kips}$$

웨브항복을 방지하기 위하여 필요한 지압길이 l_b는 AISC 식 J10-3으로부터 구할 수 있다. 공칭강도는 다음과 같다.

$$R_n = (2.5k + l_b)F_y t_w$$

$R_n/\Omega \geq R_a$에 대해,

$$\frac{[2.5(1.19) + l_b](50)(0.430)}{1.50} \geq 71.24$$

$$l_b \geq 2.0 \text{in.}$$

웨브의 손상을 방지하기 위한 l_b값을 구하고자 한다. $l_b/d \leq 0.2$로 가정하고 식 J10-5(a)를 사용한다:

$$\frac{R_n}{\Omega} = \frac{1}{\Omega}(0.40)t_w^2\left[1 + 3\left(\frac{l_b}{d}\right)\left(\frac{t_w}{t_f}\right)^{1.5}\right]\sqrt{\frac{EF_y t_f}{t_w}}\, Q_f \geq R_a$$

$$\frac{1}{2.00}(0.40)(0.430)^2\left[1 + 3\left(\frac{l_b}{21.1}\right)\left(\frac{0.430}{0.685}\right)^{1.5}\right]$$

$$\sqrt{\frac{29{,}000(50)(0.685)}{0.430}} \times 1.0 \geq 71.24$$

$$l_b \geq 3.78 \text{ in.}$$

$$\frac{l_b}{d} = \frac{3.78}{21.1} = 0.179 < 0.2 \qquad \text{(OK)}$$

$l_b = 6$ in.로 시도한다: 지압강도를 고려하여 폭 B를 결정한다. AISC 식 J8-1을 사용하여 다음과 같이 얻을 수 있다.

$$\frac{P_p}{\Omega_c} = \frac{0.85 f_c' A_1}{\Omega_c} \geq R_a$$

$$\frac{0.85(3.5)A_1}{2.50} \geq 71.24$$

$$A_1 \geq 55.32 \text{ in.}^2$$

B의 최소치는 다음과 같다.

$$B = \frac{A_1}{l_b} = \frac{55.32}{6} = 9.22 \text{ in.}$$

$B = 10$ in.로 시도한다:

$$n = \frac{B - 2k}{2} = \frac{10 - 2(1.19)}{2} = 3.810 \text{ in.}$$

식 5.14로부터,

$$t = \sqrt{\frac{3.34 R_a n^2}{B l_b F_y}} = \sqrt{\frac{3.34(71.24)(3.810)^2}{10(6)(36)}} = 1.27 \text{ in.}$$

해 답 PL $1^1/_2 \times 6 \times 10$을 사용한다.

보가 하중점에서 횡방향으로 지지되어 있지 않으면(하중이 작용하는 압축플랜지와 인장플랜지의 상대수평변위를 방지하기 위하여), AISC 설계기준에서는 웨브의 횡좌굴(web sidesway buckling)을 검토하도록 요구하고 있다(AISC J10.4). 양쪽 플랜지에 동시에 하중이 작용하는 경우 웨브압축좌굴(web compression buckling)을 검토하여야 한다 (AISC J10.5).

기둥 기초판

보의 지압판과 마찬가지로 기둥의 기초판의 설계는 지지재료의 지압응력과 판의 휨을 고려하여야 한다. 크게 다른 점 중의 하나는 보의 지압판이 일 방향 휨인데 반하여 기둥의 기초판은 두 방향의 휨을 받는다는 것이다. 웨브의 항복과 국부손상은 기둥 기초판의 설계에서는 설계인자가 아니다.

판두께에 관한 공식의 배경과 개발은 여기서 LRFD항으로 기술한다. 간단한 수정 후에 ASD공식도 기술할 것이다.

기둥의 기초판은 대형, 소형으로 분류할 수 있는데, 소형은 판의 크기가 기둥 단면과 거의 비슷한 경우를 말한다. 또한 소형 판의 경우 하중이 작은 경우 하중이 큰 경우와는 다른 거동을 보여준다.

대형 판의 두께는 기둥의 외곽선 바깥으로 연장된 부분의 휨을 고려하여 결정한다. 휨은 기둥 플랜지의 모서리 부근 판 두께의 중심축에 대하여 발생한다고 가정한다. 웨브와 평행한 두 축은 서로 $0.8b_f$만큼 떨어져 있고, 플랜지와 평행한 두 축은 $0.95d$만큼 떨어져 있다. 판 두께를 구하기 위하여, 그림 5.42에서 m, n으로 표기된 1 in. 인 폭 캔틸레버 스트립(strip) 중에서 큰 값을 식 5.12의 n으로 사용하거나, 또는

$$t \geq \sqrt{\frac{2P_u \ell^2}{0.90BNF_y}}$$

또는

$$t \geq \ell \sqrt{\frac{2P_u}{0.90BNF_y}} \tag{5.15}$$

여기서 ℓ은 m과 n 중 큰 값이다. 이 방법을 캔틸레버법(cantilever method)이라고 한다.

하중의 크기가 작은 소형 판의 경우는 Murry-Stockwell 방법(Murry, 1983)을 이용하여 설계한다. 이 방법에서는 기둥경계(즉, 면적 $b_f d$) 내부에 재하되는 하중은 그림 5.42의 H형강 모양의 면적에 등분포한다고 가정한다. 따라서 지압은 기둥의 외곽선 부근에 집중된다. 판의 두께는 단위 폭과 길이 c인 캔틸레버 스트립의 휨해석을

그림 5.42

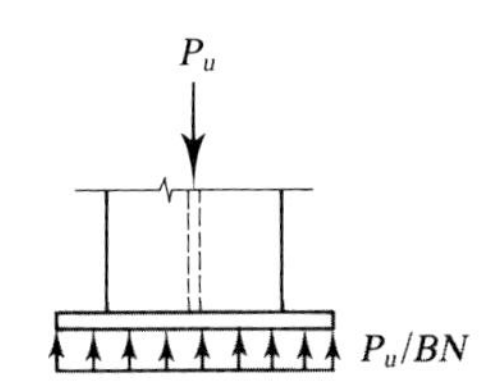

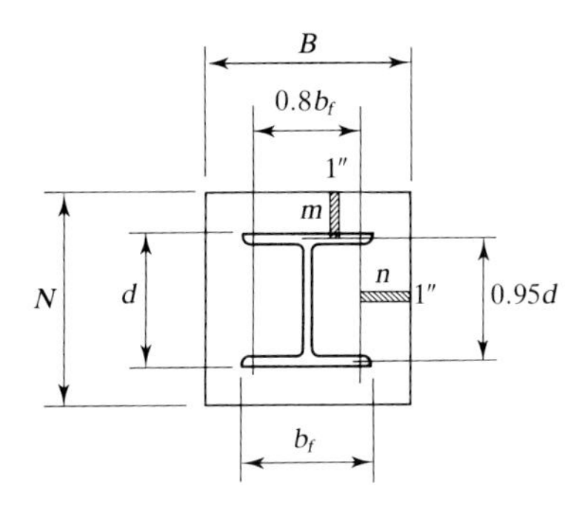

통하여 결정된다. 이 방법은 결과적으로 다음 식으로 표현된다.

$$t \geq c\sqrt{\frac{2P_o}{0.9A_HF_y}} \tag{5.16}$$

여기서

$$P_o = \frac{P_u}{BN} \times b_f d$$

= 면적 b_fd의 내부 하중

= H형태 면적상의 하중

A_H = H형태의 면적

c = 응력 $\frac{P_o}{A_H}$를 지점 재료의 설계지압응력과 같도록 하는 크기

식 5.16은 5.15와 P_u/BN를 P_o/A_H로 대치한 것 외에는 정확하게 같다.

제법 큰 하중이 재하된 기초판에 대하여, (큰 하중과 작은 하중의 구분은 불분명하다), Thornton(1990a)이 플랜지와 웨브 사이의 판 면적의 두 방향 휨에 근거한 해석방법을

그림 5.43

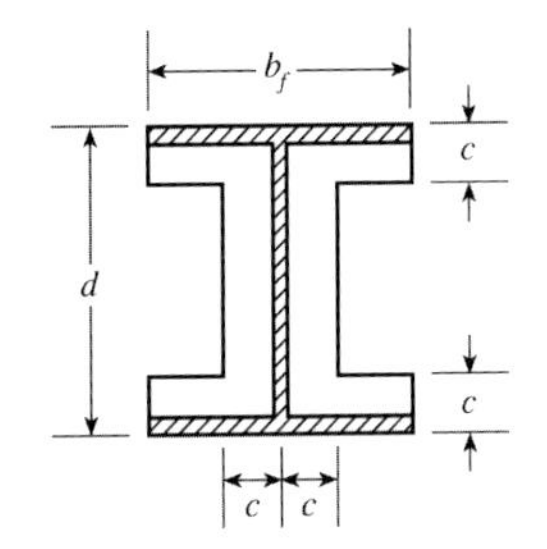

제안하였다. 그림 5.44와 같이 이 판 조각은 웨브에서는 고정단으로, 플랜지에서는 단순지지로 그리고 다른 모서리는 자유단으로 가정한다. 소요 두께는 다음과 같게 된다.

$$t \geq n' \sqrt{\frac{2P_u}{0.9BNF_y}}$$

여기서

$$n' = \frac{1}{4}\sqrt{db_f} \tag{5.17}$$

이 세 가지 접근방법은 Thornton(1990b)에 의해서 조합되었으며, 통합법은 아래와 같다. 소요 두께는 다음과 같다.

$$t \geq \ell \sqrt{\frac{2P_u}{0.9BNF_y}} \tag{5.18}$$

여기서

$$\ell = \max(m, n, \lambda n')$$

$$m = \frac{N - 0.95d}{2}$$

$$n = \frac{B - 0.8b_f}{2}$$

$$\lambda = \frac{2\sqrt{X}}{1 + \sqrt{1-X}} \leq 1$$

$$X = \left(\frac{4db_f}{(d+b_f)^2}\right)\frac{P_u}{\phi_c P_p}$$

$$n' = \frac{1}{4}\sqrt{db_f}$$

$$\phi_c = 0.65$$

P_p = AISC 식 J8-1 또는 J8-2에 의한 공칭지압강도

계산을 위하여 판의 크기나 하중의 크기를 결정할 필요는 없다. 계산을 단순화하기 위하여 λ는 안전치인 1.0으로 취한다(Thornton, 1990b).

이 방법은 강구조편람 14편 “Design of Beam Bearing Plates, Column Base Plates, Anchor Rods, and Column Splices”와 같다.

ASD에 대해, P_u 대신에 P_a, ϕ 대신 $1/\Omega$을 대치하여 식 5.18을 다시 나타낸다.

$$t \geq \ell \sqrt{\frac{2P_a}{(1/\Omega)BNF_y}}$$

또는

그림 5.44

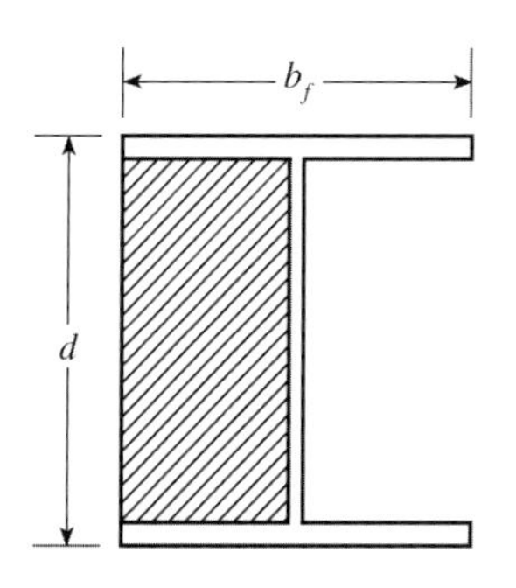

(a) Area of Plate Considered

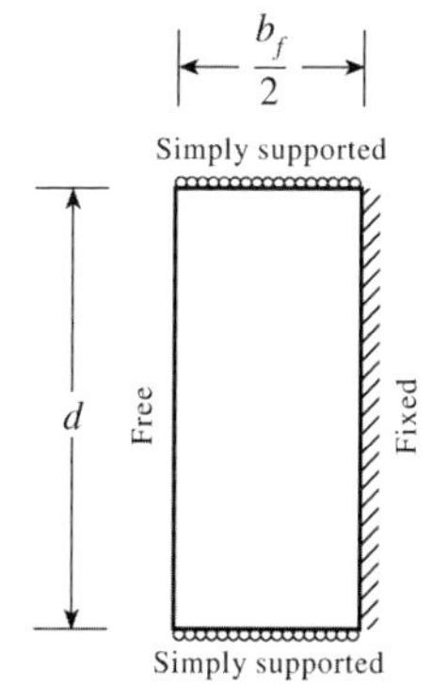

(b) Approximated Size and Edge Conditions

$$t \geq \ell \sqrt{\frac{2P_a}{BNF_y/1.67}} \tag{5.19}$$

X에 관한 식에서, 마찬가지로 P_u 대신에 P_a, ϕ대신 $1/\Omega$을 대치한다.

$$X = \left(\frac{4db_f}{(d+b_f)^2}\right)\frac{P_a}{P_p/\Omega_c} \tag{5.20}$$

여기서 $\Omega_c = 2.31$.

ℓ, m, n, λ 및 n'에 관한 식들은 LRFD와 같다.

예제 5.19 **그림 5.45와 같이 $W10 \times 49$기둥이 콘크리트 교각 위에 놓여 있다. 교각 윗면의 크기는 $18 \text{ in.} \times 18 \text{ in.}$이다. 고정하중이 98 kips, 활하중이 145 kips, 콘크리트 강도가 $f_c' = 3000 \text{ psi}$일 때, A36 강종으로 기초판을 설계하라.**

그림 5.45

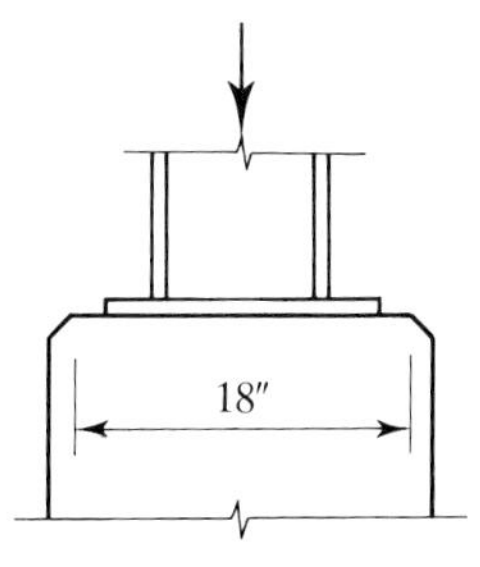

LRFD 풀이 계수하중은 다음과 같다.

$$P_u = 1.2D + 1.6L = 1.2(98) + 1.6(145) = 349.6 \text{ kips}$$

지압면적을 계산한다. AISC 식 J8-2로부터,

$$P_p = 0.85 f_c' A_1 \sqrt{A_2/A_1} \leq 1.7 f_c' A_1$$

$\phi_u P_p \geq P_u$에 대해,

$$0.65\left[(0.85)(3)A_1\sqrt{\frac{18(18)}{A_1}}\right] \geq 349.6$$

$$A_1 \geq 137.3 \text{ in.}^2$$

상한한계를 검토한다:

$$\phi_c 1.7 f_c' A_1 = 0.65(1.7)(3)(137.3) = 455 \text{ kips} > 349.6 \text{ kips} \quad \text{(OK)}$$

기초판은 기둥 단면보다는 커야 한다.

$$b_f d = 10.0(10.0) = 100 \text{ in.}^2 < 137.3 \text{ in.}^2 \quad \text{(OK)}$$

$B = N = 13$ in.에 대해, 제공된 $A_1 = 13(13) = 169 \text{ in.}^2$

캔틸레버 스트립의 제원은 다음과 같다.

$$m = \frac{N - 0.95d}{2} = \frac{13 - 0.95(10)}{2} = 1.75 \text{ in.}$$

$$n = \frac{B - 0.8b_f}{2} = \frac{13 - 0.8(10)}{2} = 2.5 \text{ in.}$$

식 5.17로부터,

$$n' = \frac{1}{4}\sqrt{db_f} = \frac{1}{4}\sqrt{10.0(10.0)} = 2.5 \text{ in.}$$

안전치로 $\lambda = 1.0$이라면,

$$\ell = \max(m, n, \lambda n') = \max(1.75, 2.5, 2.5) = 2.5 \text{ in.}$$

식 5.18로부터, 소요 판두께는 다음과 같다.

$$t = \ell\sqrt{\frac{2P_u}{0.9BNF_y}} = 2.5\sqrt{\frac{2(349.6)}{0.9(13)(13)(36)}} = 0.893 \text{ in.}$$

해 답 PL $1 \times 13 \times 13$을 사용한다.

ASD 풀이 작용하중은 다음과 같다.

$$P_a = D + L = 98 + 145 = 243 \text{ kips}$$

지압면적을 계산한다. AISC 식 J8-2로부터,

$\dfrac{P_p}{\Omega_c} \geq P_a$에 대해,

$$\frac{1}{2.31}\left[0.85(3)A_1\sqrt{\frac{18(18)}{A_1}}\right] \geq 243$$

$$A_1 \geq 150 \text{ in.}^2$$

상한한계는 다음과 같다.

$$\frac{1}{\Omega_c}(1.7f_c' A_1) = \frac{1}{2.31}[(1.7)(3)(150)] = 331 \text{ kips} > 243 \text{ kips} \quad \text{(OK)}$$

기초판은 기둥 단면보다는 커야 한다.

$$b_f d = 10.0(10.0) = 100\ \text{in.}^2 < 150\ \text{in.} \qquad \text{(OK)}$$

$B = N = 13$ in.에 대해, 제공된 $A_1 = 13(13) = 169\ \text{in.}^2 > 150\ \text{in.}^2$

$$m = \frac{N - 0.95d}{2} = \frac{13 - 0.95(10.0)}{2} = 1.75\ \text{in.}$$

$$n = \frac{B - 0.8b_f}{2} = \frac{13 - 0.8(10.0)}{2} = 2.5\ \text{in.}$$

$$n' = \frac{1}{4}\sqrt{db_f} = \frac{1}{4}\sqrt{10.0(10.0)} = 2.5\ \text{in.}$$

안전치로 $\lambda = 1.0$이라면,

$$\ell = \max(m, n, \lambda n') = \max(1.75, 2.5, 2.5) = 2.50\ \text{in.}$$

식 5.18로부터, 소요 판두께는 다음과 같다.

$$t \geq \ell\sqrt{\frac{2P_a}{BNF_y/1.67}} = 2.5\sqrt{\frac{2(243)}{13(13)(36)/1.67}} = 0.913\ \text{in.}$$

해 답 PL $1 \times 13 \times 13$을 사용한다.

5.15 2축 휨(Biaxial Bending)

2축 휨은 강축과 약축의 양축에 대한 휨이 발생하도록 하중이 작용할 때 발생한다. 이러한 예를 그림 5.46에 도시하였다. 그림에서 종방향축에 대하여 수직한 한 개의 집중하중이 두 개의 주응력축(x, y)과 경사지게 작용하고 있다. 이러한 하중경우가 앞에서 고려했던 하중보다 일반적이기는 하지만, 그래도 여전히 특수한 경우가 된다. 하중은 단면의 전단중심(shear center)을 통과하고 있다. 전단중심은 보에 비틀림이 발생하지 않도록 하기 위해서 하중이 반드시 통과해야 하는 그런 점이다. 전단중심의 위치는 단면의 전단류(shear flow)로부터 구한 내부저항 비틀림모멘트(torsional moment)를 외부 비틀림모멘트(torque)와 같도록 하는 재료역학으로부터 쉽게 구할 수 있다.

흔히 사용되는 단면들의 전단중심이 그림 5.47(a)에 원(circle)으로 표기되어 있다. C형강의 전단중심의 위치 e_0는 편람의 표로 정리되어 있다. 전단중심은 항상 대칭축상에 있으며, 2축대칭인 경우 도심이 된다. 그림 5.47(b)에는 하중이 전단중심을 통과하는 경우와 그렇지 않은 두 가지 경우의 보의 변형된 형태를 도시하였다.

그림 5.46

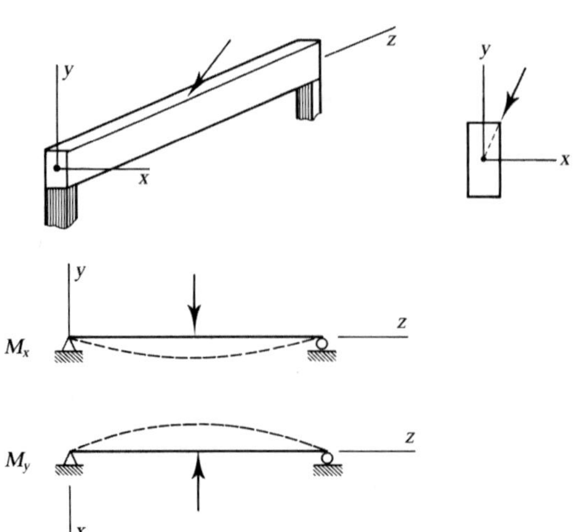

그림 5.47

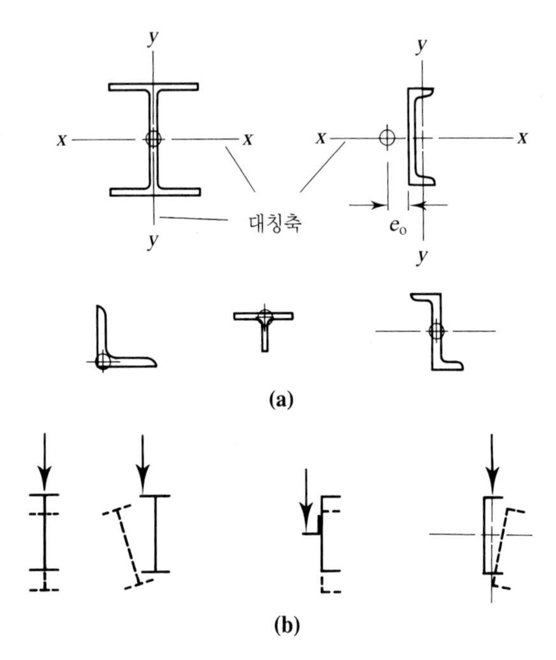

그림 5.48

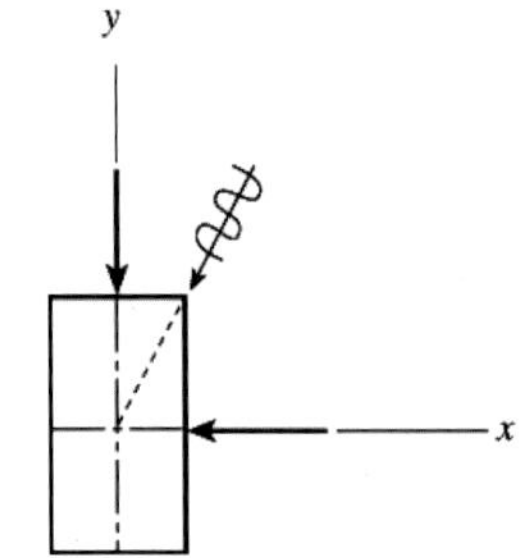

경우 I: 하중이 전단중심을 통과하는 경우

하중이 전단중심을 통과하면 문제는 서로 직각인 두 축에 대한 단순한 휨 문제가 된다. 그림 5.48에 보인 것과 같이, 하중은 x, y축 직각 성분으로 분해되고, 각각 축에 대한 휨변형을 발생시킨다.

이러한 조합하중 문제를 취급하기 위하여, AISC 설계기준 H장 "Design of Members for Combined Forces and Torsions"(이 책 6장의 보-기둥 부재)를 미리 살펴보자. 설계기준에서는 조합하중문제를 주로 각각의 하중효과에 미치는 상대적인 중요성을 고려하는 "상관관계식"(interaction formula)을 이용하여 다루고 있다. 예를 들면, 한 축만에 대한 휨의 경우, 그 축에 대해

$$\text{소요모멘트강도} \leq \text{유용모멘트강도}$$

또는

$$\frac{\text{소요모멘트강도}}{\text{유용모멘트강도}} \leq 1.0$$

만약 x, y축 양축에 대하여 휨이 있다면, 상관관계법을 적용하면 두 효과에 대한 비의 합이 1.0보다 작아야 한다.

$$\frac{\text{소요 }x\text{-축모멘트강도}}{\text{유용 }x\text{-축모멘트강도}} + \frac{\text{소요 }y\text{-축모멘트강도}}{\text{유용 }y\text{-축모멘트강도}} \leq 1.0 \tag{5.21}$$

결과적으로 이 방법은 기술자가 다른 방향에서 사용하지 않은 것을 한 방향에 할당하는 것이다. AISC H1절에서는 축하중에 대한 유사한 비를 포함하여 축하중이 작은 경우와 큰 경우의 두 상관관계식을 제시하고 있다(6장에서 그 이유를 논의한다). 축하중이 없는 2축 휨만 있는 경우 축하중이 작은 경우를 적용하면 식 5.21과 같이 된다(정확한 기호 및 형식은 6장에서 취급한다).

LRFD에 대해, 식 5.21은 다음 식과 같이 표현된다.

$$\frac{M_{ux}}{\phi_b M_{nx}} + \frac{M_{uy}}{\phi_b M_{ny}} \leq 1.0 \tag{5.22}$$

여기서

M_{ux} = x축에 대한 계수하중모멘트

M_{nx} = x축 휨에 대한 공칭모멘트강도

M_{uy} = y축에 대한 계수하중모멘트

M_{ny} = y축에 대한 공칭모멘트강도

ASD에 대해,

$$\frac{M_{ax}}{M_{nx}/\Omega_b}+\frac{M_{ay}}{M_{ny}/\Omega_b} \le 1.0 \tag{5.23}$$

여기서

M_{ax} = x축에 대한 사용하중모멘트

M_{ay} = y축에 대한 사용하중모멘트

약축휨강도

지금까지 약축으로 휘는 I형강 단면의 강도는 고려하지 않았다. 그것은 쉬운 일이다. 약축으로 휘는 모든 형강은 다른 방향으로 좌굴되지는 않으므로, 횡-비틀림좌굴은 한계상태가 아니다. 만약 형강이 조밀단면이라면,

$$M_{ny} = M_{py} = F_y Z_y \le 1.6 F_y S_y \qquad \text{(AISC 식 F6-1)}$$

여기서

M_{ny} = y축에 대한 공칭모멘트강도

M_{py} = y축에 대한 소성모멘트강도

$F_y S_y$ = y축에 대한 항복모멘트

(M_{ny}와 M_{py}에 있는 아래첨자 y는 설계기준에는 없고 여기서 추가하였다.) $1.6F_yS_y$의 상한은 과도한 작용하중변형을 막기 위한 것으로 다음과 같을 때 만족한다.

$$\frac{Z_y}{S_y} \le 1.6$$

만약 형강이 플랜지 판폭두께비 때문에 비조밀단면이라면, 강도는 다음과 같다.

$$M_{ny} = M_{py} - \left(M_{py} - 0.7F_yS_y\right)\left(\frac{\lambda-\lambda_p}{\lambda_r-\lambda_p}\right) \qquad \text{(AISC 식 F6-2)}$$

이 식은 휨축을 제외하면 플랜지 국부좌굴에 대한 AISC 식 F3-1과 같다.

예제 5.20 **지간길이 $12\ \text{ft}$인 단순보로 $\text{W}\,21\times 68$단면을 사용하고자 한다. 보의 양단에서만 압축플랜지가 횡방향으로 지지되어 있다. 전단중심을 통과하는 하중에 의하여 x축과 y축에 대하여 휨모멘트가 발생한다. x축에 대한 사용하중모멘트는 $M_{Dx} = 48$ ft-kips, $M_{Lx} = 144$ ft-kips이다. y축에 대한 사용하중모멘트는 $M_{Dy} = 6$ ft-kips, $M_{Ly} = 18$ ft-kips이다. A992 강재가 사용된다면 이 보는 AISC 규정을 만족시키는가? 모멘트는 보의 전장에 걸쳐서 균등하다고 가정한다.**

풀 이 먼저 x축 휨에 대한 공칭모멘트강도를 계산한다. W 21 × 68단면의 자료는 Z_x표에서 찾는다. 단면은 조밀단면이고(각주가 없다),

$$L_p = 6.36 \text{ ft},\ L_r = 18.7 \text{ ft}$$

비지지길이 $L_b = 12$ ft이고, $L_p < L_b < L_r$이므로 지배한계상태는 비탄성 횡-비틀림좌굴이다.

$$M_{nx} = C_b\left[M_{px} - (M_{px} - 0.7F_yS_x)\left(\frac{L_b - L_p}{L_r - L_p}\right)\right] \le M_{px}$$

$$M_{px} = F_yZ_x = 50(160) = 8000 \text{ in.-kips}$$

휨모멘트가 균등하므로, $C_b = 1.0$.

$$M_{nx} = 1.0\left[8000 - (8000 - 0.7 \times 50 \times 140)\left(\frac{12 - 6.36}{18.7 - 6.36}\right)\right]$$

$$= 6583 \text{in.-kips} = 548.6 \text{ ft-kips}$$

y축에 대하여 형강은 조밀이고, 플랜지 국부좌굴은 발생하지 않는다.

$$M_{ny} = M_{py} = F_yZ_y = 50(24.4) = 1220 \text{ in.-kips} = 101.7 \text{ ft-kips}$$

상한한계를 검토한다:

$$\frac{Z_y}{S_y} = \frac{24.4}{15.7} = 1.55 < 1.6 \quad \therefore\ M_{ny} = M_{py} = 101.7 \text{ ft-kips}$$

LRFD 풀이 x축 휨에 대하여,

$$M_{ux} = 1.2M_{Dx} + 1.6M_{Lx} = 1.2(48) + 1.6(144) = 288.0 \text{ ft-kips}$$

y축 휨에 대하여,

$$M_{uy} = 1.2M_{Dy} + 1.6M_{Ly} = 1.2(6) + 1.6(18) = 36.0 \text{ ft-kips}$$

상관관계식 5.22를 검토한다:

$$\frac{M_{ux}}{\phi_b M_{nx}} + \frac{M_{uy}}{\phi_b M_{ny}} = \frac{288.0}{0.90(548.6)} + \frac{36.0}{0.90(101.7)}$$

$$= 0.997 < 1.0 \qquad \text{(OK)}$$

($\phi_b M_{nx}$는 보설계도표에서 구할 수 있다는 점에 유의하라.)

해 답 단면 W 21 × 68은 적합하다.

ASD 풀이 x축 휨에 대하여,

$$M_{ax} = M_{Dx} + M_{Lx} = 48 + 144 = 192 \text{ ft-kips}$$

y축 휨에 대하여,

$$M_{ay} = M_{Dy} + M_{Ly} = 6 + 18 = 24 \text{ ft-kips}$$

상관관계식 5.23을 검토한다:

$$\frac{M_{ax}}{M_{nx}/\Omega_b} + \frac{M_{ay}}{M_{ny}/\Omega_b} = \frac{192}{548.6/1.67} + \frac{24}{101.7/1.67}$$

$$= 0.979 < 1.0 \qquad \text{(OK)}$$

(M_{nx}/Ω_b는 보설계도표에서 구할 수 있다는 점에 유의하라.)

해 답 단면 W21 × 68은 적합하다.

경우 II: 하중이 전단중심을 통과하지 않는 경우

하중이 전단중심을 통과하여 작용하지 않으면, 휨과 비틀림이 동시에 발생하게 된다. 가능하면 구조물이나 접합부의 기하구조를 편심이 없도록 고치는 것이 좋다. 압연형강에서 비틀림은 복잡한 문제이므로, 안전치이며 쉬운 간략해석법을 살펴보자. 보다 상세한 내용 및 설계 보조자료는 "Torsional Analysis of Structural Steel Members(AISC, 1997b)"을 참조하면 된다. 그림 5.49(a)에 비틀림을 발생시키는 전형적인 하중의 형태가 도시되어 있다. 합력이 상부플랜지에 작용하지만 전단중심을 통과하지는 않는다. 평형문제를 감안한다면, 우력을 추가하면 하중을 전단중심으로 옮길 수 있다. 따라서 등가시스템은 전단중심을 통과하는 주어진 하중에 비틀림모멘트를 추가하여 얻을 수 있다. 그림 5.49(b)에는 하중의 한 방향 성분이 도시되어 있다. 그러나 개념은 같다.

그림 5.49

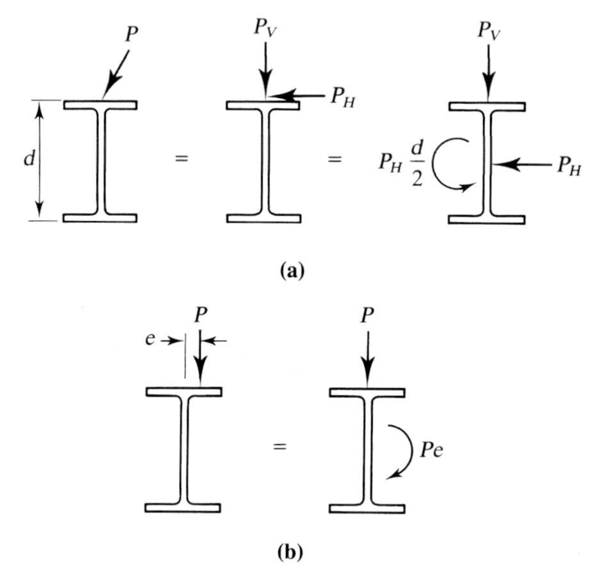

그림 5.50에 이러한 두 가지 경우를 취급하는 간단한 방법이 도시되어 있다. 그림 5.50(a)에서는 하중의 수평방향 성분에 대하여는 플랜지만이 전적으로 저항한다고 가정한다. 그림 5.50(b)에서는 비틀림모멘트 Pe는 플랜지에 작용하는 같은 크기의 우력에 의하여 저항된다고 가정한다. 대략적으로 각각의 플랜지는 이 우력에 대하여 독립적으로 저항한다고 가정할 수 있다. 결과적으로 문제는 전단중심을 통과하는 하중이 작용하는 두 개의 단면의 휨 문제로 축소된다. 그림 5.50에 묘사되어 있는

그림 5.50

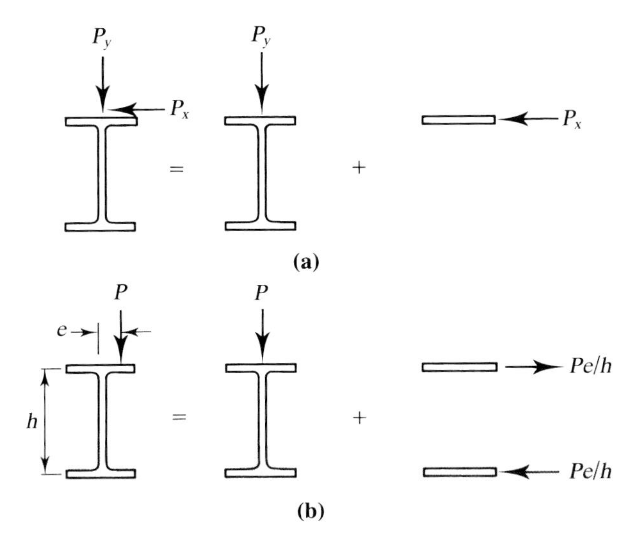

두 가지 경우에 y축에 대하여는 단면의 약 절반만이 유효하다고 가정한다; 그러므로 플랜지 1개의 강도를 고려할 때, 표에 나타난 단면의 Z_y값의 절반을 사용해야 한다.

지붕 도리의 설계(Design of Roof Purlins)

경사지붕시스템의 일부가 되는 지붕의 도리는 앞에서 설명한 것과 같은 2축 휨을 받는 부재로 간주할 수 있다. 그림 5.51과 같은 지붕 도리에서는 하중은 수직으로 작용하지만 휨 축이 경사지게 된다. 지붕에 직각 성분 하중은 x축 휨을 유발시키고, 평행한 성분은 y축에 대하여 휘게 만든다. 만약 도리가 트러스(또는 서까래)에 의해서 단순지지되어 있다면 각 각의 축에 대한 최대휨모멘트는 $wL^2/8$이 된다. 여기서 w는 적절한 하중성분이다. 만약 새그바(sag rods)가 사용된다면 x축 휨에 대하여 횡지지점이 되고, y축 휨에 대하여는 종방향 지점이 되어 도리를 연속보로 취급하여야 한다. 등간격 새그바에 대해서는, 편람 3편의 연속보 공식이 사용될 수 있다.

그림 5.51

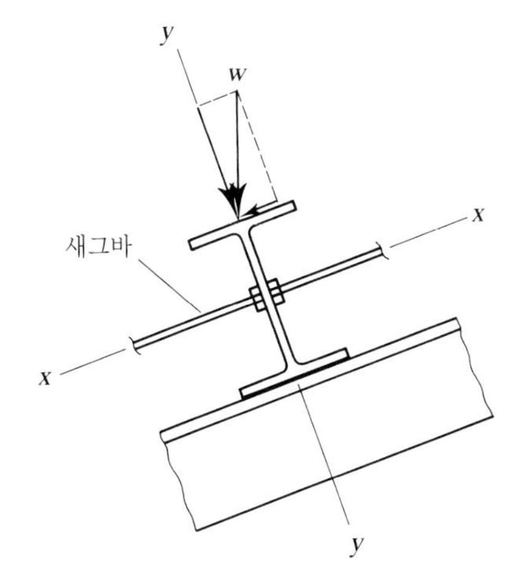

예제 5.21 그림 5.52와 같이 15 ft 간격으로 놓인 트러스로 구성된 지붕시스템이 있다. 도리가 절점과 상현재의 중앙점에 부착되어 있고, 새그바가 각 도리의 중앙점에 연결되어 있다. 지붕 표면에 작용하는 도리의 자중을 포함한 중력하중의 합계가 42 psf이며, 고정하중과 활하중의 비는 1.0이다. 이것이 지배하중조건이라고 가정하고, 도리로 사용할 A36 C형강을 선택하라.

그림 5.52

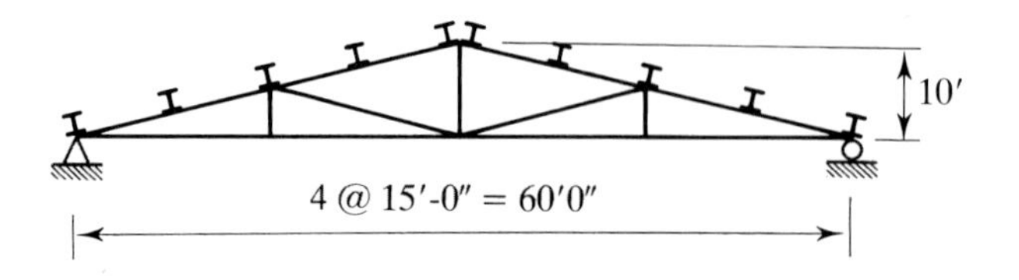

LRFD 풀이 풍하중이나 설하중이 없이 지붕활하중과 고정하중만이 재하되는 하중조건에 대해서는 하중조합 3이 지배한다.

$$w_u = 1.2w_D + 1.6L_r = 1.2(21) + 1.6(21) = 58.80 \text{ psf}$$

각 도리에 속하는 지붕면적의 폭은 다음과 같다.

$$\frac{15}{2}\frac{\sqrt{10}}{3} = 7.906 \text{ ft}$$

도리 하중: $58.80(7.906) = 464.9 \text{ lb/ft}$

직각 성분: $\dfrac{3}{\sqrt{10}}(464.9) = 441.0 \text{ lb/ft}$

평행 성분: $\dfrac{1}{\sqrt{10}}(464.9) = 147.0 \text{ lb/ft}$

$$M_{ux} = \frac{1}{8}(0.4410)(15)^2 = 12.40 \text{ ft-kips}$$

각 도리의 중앙점에 새그바가 부착되어 있기 때문에, 약축 휨에 대해서는 2경간 연속보가 된다. 표 3-32(c) "연속보"에서 등지간 2경간 연속보에서 최대모멘트는 내부지점의 모멘트이다.

$$M = 0.125w\ell^2$$

여기서

w = 등분포하중의 크기

ℓ = 지간 길이

그러므로 y축에 대한 최대모멘트는 다음과 같다.

$$M_{uy} = 0.125(0.1470)(15/2)^2 = 1.034 \text{ ft-kips}$$

시단면을 선택하기 위하여 보설계도표를 사용하여 x축 휨모멘트에 대하여 여유가 큰 단면을 선택한다. 비지지길이 $^{15}/_2 = 7.5$ ft에 대하여, **C 10 × 15.3 단면을 시도한다.**

$C_b = 1.0$에 대해, $\phi_b M_{nx} = 33.0$ ft-kips. 그림 5.16에서, 이 보의 하중 및 지점 조건에 대해 $C_b = 1.30$이므로,

$$\phi_b M_{nx} = 1.30(33.0) = 42.90 \text{ ft-kips}$$

C형강의 등분포하중표에서

$$\phi_b M_{px} = 43.0 \text{ ft-kips} > 42.90 \text{ ft-kips}$$

$\therefore \ \phi_b M_{nx} = 42.9$ ft-kips를 사용한다.

이 단면은 조밀단면이므로 다음과 같다.

$$\phi_b M_{ny} = \phi_b M_{py} = \phi_b F_y Z_y$$

$$= 0.90(36)(2.34) = 75.82 \text{ in.-kips} = 6.318 \text{ ft-kips}$$

그러나

$$\frac{Z_y}{S_y} = \frac{2.34}{1.15} = 2.03 > 1.6$$

$$\therefore \ \phi_b M_{ny} = \phi_b(1.6F_y S_y) = 0.90(1.6)(36)(1.15)$$

$$= 59.62 \text{ in.-kips} = 4.968 \text{ ft-kips}$$

하중이 상부플랜지에 작용하기 때문에 비틀림 효과를 고려하기 위하여 이 강도의 절반을 취한다. 식 5.22로부터,

$$\frac{M_{ux}}{\phi_b M_{nx}} + \frac{M_{uy}}{\phi_b M_{ny}} = \frac{12.40}{42.9} + \frac{1.034}{4.968/2} = 0.705 < 1.0 \quad \text{(OK)}$$

전단력은 다음과 같다.

$$V_u = \frac{0.4410(15)}{2} = 3.31 \text{ kips}$$

등분포하중표로부터,

$$\phi_v V_n = 46.7 \text{ kips} > 3.31 \text{ kips} \quad \text{(OK)}$$

해 답 C 10×15.3을 사용한다.

ASD 풀이 지붕활하중과 고정하중에 대해서는 하중조합 3이 지배한다.

$$q_a = q_D + q_{Lr} = 21 + 21 = 42 \text{ psf}$$

각 도리에 속하는 지붕면적의 폭은 다음과 같다.

$$\frac{15}{2}\frac{\sqrt{10}}{3} = 7.906 \text{ ft}$$

도리 하중: $42.0(7.906) = 332.1$ lb/ft

직각 성분: $\frac{3}{\sqrt{10}}(332.1) = 315.1$ lb/ft

평행 성분: $\frac{1}{\sqrt{10}}(332.1) = 105.0$ lb/ft

$$M_{ax} = \frac{1}{8}wL^2 = \frac{1}{8}(0.3151)(15)^2 = 8.862 \text{ ft-kips}$$

각 도리의 중앙점에 새그바가 부착되어 있기 때문에, 약축 휨에 대하여는 2경간 연속보가 된다. 표 3-32(c) "연속보"에서 등지간 2경간 연속보의 최대모멘트는 내부지점의 모멘트이다.

$$M = 0.125w\ell^2$$

여기서

w = 등분포하중의 크기

ℓ = 지간 길이

그러므로 y축에 대한 최대모멘트는 다음과 같다.

$$M_{ay} = 0.125(0.105)(15/2)^2 = 0.7383 \text{ ft-kips}$$

시단면을 선택하기 위하여 보설계도표를 사용하여 x축 휨모멘트에 대하여 여유가 큰 단면을 선택한다. 비지지길이 $^{15}/_{2} = 7.5$ ft에 대하여, **C 10 × 15.3 단면을 시도한다.**

$C_b = 1.0$에 대해, $M_{nx}/\Omega_b = 22.0$ ft-kips. 그림 5.16에서, 이 보의 하중 및 지점 조건에 대해 $C_b = 1.30$이다.

$$M_{nx}/\Omega_b = 1.30(22.0) = 28.60 \text{ ft-kips}$$

C형강의 등분포하중표로부터,

$$M_{px}/\Omega_b = 28.6 \text{ ft-kips}$$

$\therefore\ M_{nx}/\Omega_b = 28.6$ ft-kips를 사용한다.

이 단면은 조밀단면이므로 다음과 같다.

$$M_{ny}/\Omega_b = M_{py}/\Omega_b = F_y Z_x/\Omega_b$$

$$= (36)(2.34)/1.67 = 50.44 \text{ in.-kips} = 4.203 \text{ ft-kips}$$

그러나

$$\frac{Z_y}{S_y} = \frac{2.34}{1.15} = 2.03 > 1.6$$

$$\therefore\ M_{ny}/\Omega_b = 1.6F_y S_y/\Omega_b$$

$$= 1.6(36)(1.15)/1.67 = 39.66 \text{ in.-kips} = 3.300 \text{ ft-kips}$$

하중이 상부플랜지에 작용하기 때문에 비틀림 효과를 고려하기 위하여 이 강도의 절반을 취한다. 식 5.23으로부터,

$$\frac{M_{ax}}{M_{nx}/\Omega_b} + \frac{M_{ay}}{M_{ny}/\Omega_b} = \frac{8.862}{28.6} + \frac{0.783}{3.300/2} = 0.757 < 1.0 \qquad \text{(OK)}$$

최대전단력은 다음과 같다.

$$V_a = \frac{0.3151(15)}{2} = 2.36 \text{ kips}$$

등분포하중표로부터,

$$V_n/\Omega_v = 31.0 \text{ kips} > 2.36 \text{ kips} \qquad \text{(OK)}$$

해 답 C 10 × 15.3을 사용한다.

5.16 여러 가지 단면의 휨강도

W, S, M 및 C형강은 보부재로 가장 흔히 사용되는 형강들이고, 그 단면들의 휨강도는 앞 절들에서 다루었다. 그러나 다른 모양의 형강들도 휨부재로 간혹 사용이 되므로, 여기서 관련되는 AISC 규정을 간단히 설명하고자 한다. 모든 공식들은 AISC 설계기준의 F장 또는 부록 F에서 발췌하였다. (판폭두께비 한계는 B장에서 발췌하였다.) 조밀, 비조밀 압연형강의 공칭강도가 주어져 있으나, 세장판단면이나 판재를 조합해서 만든 조립단면에 대해서는 기술하지 않았다. 이 장에서는 예제를 싣지 않았으나, 예제 6.12에서 구조용 T형강의 휨강도의 계산 예를 다루었다.

1. **정사각형 및 직사각형 강관(HSS):** (AISC F7은 상자(Box)형 단면을 포함하고 있지만 여기서는 다루지 않는다; 모든 규정은 각형강관(HSS)에만 적용한다.)

   a. **판폭두께비 상수(그림 5.53):**

      i. 플랜지:

$$\lambda = \frac{b}{t} \qquad \lambda_p = 1.12\sqrt{\frac{E}{F_y}} \qquad \lambda_r = 1.40\sqrt{\frac{E}{F_y}}$$

      ii. 웨브:

$$\lambda = \frac{h}{t} \qquad \lambda_p = 2.42\sqrt{\frac{E}{F_y}} \qquad \lambda_r = 5.70\sqrt{\frac{E}{F_y}}$$

      실제 단면의 b와 h를 모르면, 전체 깊이 또는 폭에서 두께의 3배를 빼는 방법으로 계산한다. 실제 두께의 0.93배인 설계 두께를 사용하여야 한다. (HSS 단면의 b/t와 h/t는 편람 1편 "제원 및 특성"에 주어져 있다.)

   b. **휨(대칭면에 재하):** 공칭강도는 항복, 플랜지 국부좌굴 및 웨브 국부좌굴 한계상태 중에서 가장 작은 값이다. (폐단면의 경우에 비틀림강성이 상당히 크기

그림 5.53

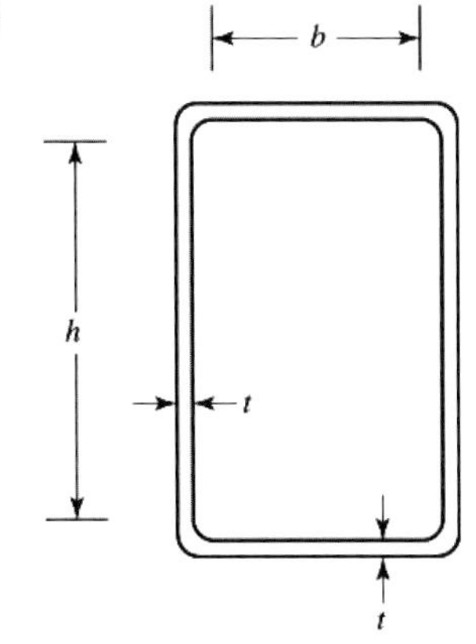

때문에, 직사각형 단면의 경우에 강축에 대하여 휘는 경우에 대해서도 횡-비틀림좌굴은 고려하지 않는다. 이것은 AISC F7 Commentary에 논의되어 있다.)

i. 항복:

$$M_n = M_p = F_y Z \qquad \text{(AISC 식 F7-1)}$$

ii. 플랜지 국부좌굴:

$$M_n = M_p - (M_p - F_y S)\left(3.57\frac{b}{t_f}\sqrt{\frac{F_y}{E}} - 4.0\right) \le M_p \qquad \text{(AISC 식 F7-2)}$$

iii. 웨브 국부좌굴:

$$M_n = M_p - (M_p - F_y S)\left(0.305\frac{h}{t_w}\sqrt{\frac{F_y}{E}} - 0.738\right) \le M_p$$

(AISC 식 F7-6)

2. **원형 강관(HSS)(AISC F8):**

a. **판폭두께비 상수:**

$$\lambda = \frac{D}{t} \qquad \lambda_p = \frac{0.07E}{F_y} \qquad \lambda_r = \frac{0.31E}{F_y}$$

여기서 D는 외경이다.

b. **공칭휨강도:** 원형 또는 정방형 단면은 횡-비틀림좌굴(LTF)한계상태는 적용되지 않는다.

i. 조밀단면:

$$M_n = M_p = F_y Z \qquad \text{(AISC 식 F8-1)}$$

ii. 비조밀단면:

$$M_n = \left(\frac{0.021E}{D/t} + F_y\right)S \qquad \text{(AISC 식 F8-2)}$$

iii. 세장판단면:

$$M_n = F_{cr} S \qquad \text{(AISC 식 F8-3)}$$

여기서

$$F_{cr} = \frac{0.33E}{D/t} \qquad \text{(AISC 식 F8-4)}$$

3. **대칭면에 하중이 작용하는 T형강과 쌍ㄱ형강(Double Angles):** T 및 쌍ㄱ형강은 트러스 부재로 흔히 사용되며, 가끔은 축력뿐만 아니라 휨을 동시에 받는 보-기둥 부재가 된다(6장 참조).

휨강도는 항복, 횡-비틀림좌굴, 플랜지 국부좌굴 그리고 T형강의 줄기(웨브)나 쌍ㄱ형강의 웨브의 국부좌굴 한계상태 중에서 가장 작은 값이 된다.

a. **항복:**

$$M_n = M_p \quad \text{(AISC 식 F9-1)}$$

i. T형강 웨브와 쌍ㄱ형강의 웨브가 인장인 경우,

$$M_n = F_y Z_x \le 1.6 M_y \quad \text{(AISC 식 F9-2)}$$

$$M_n = F_y Z_x \le 1.6 M_y \quad \text{(AISC 식 F9-3)}$$

ii. T형강 웨브가 압축인 경우,

$$M_p = M_y \quad \text{(AISC 식 F9-4)}$$

iii. 쌍ㄱ형강 웨브가 압축인 경우,

$$M_p = 1.5 M_y \quad \text{(AISC 식 F9-5)}$$

b. **횡-비틀림좌굴:**

i. T형강 웨브와 쌍ㄱ형강의 웨브가 인장인 경우,

$L_p < L_b \le L_r$인 경우

$$M_n = M_p - (M_p - M_y)\left(\frac{L_b - L_p}{L_r - L_p}\right) \quad \text{(AISC 식 F9-6)}$$

$L_b > L_r$인 경우

$$M_n = M_{cr} \quad \text{(AISC 식 F9-7)}$$

여기서

$$L_p = 1.76 r_y \sqrt{\frac{E}{F_y}} \quad \text{(AISC 식 F9-8)}$$

$$L_r = 1.95\left(\frac{E}{F_y}\right)\frac{\sqrt{I_y J}}{S_x}\sqrt{2.36\left(\frac{F_y}{E}\right)\frac{dS_x}{J} + 1} \quad \text{(AISC 식 F9-9)}$$

$$M_{cr} = \frac{1.95E}{L_b}\sqrt{I_y J}\left(B + \sqrt{1 + B^2}\right) \quad \text{(AISC 식 F9-10)}$$

$$B = 2.3\left(\frac{d}{L_b}\right)\sqrt{\frac{I_y}{J}} \quad \text{(AISC 식 F9-11)}$$

$d = T$형강의 깊이

ii. T형강 웨브와 쌍ㄱ형강의 웨브가 압축인 경우,

$$M_n = M_{cr} \le M_y \quad \text{(AISC 식 F9-13)}$$

여기서

$$M_{cr} = \frac{1.95E}{L_b}\sqrt{I_y J}(B+\sqrt{1+B^2}) \qquad \text{(AISC 식 F9-10)}$$

$$B = -2.3\left(\frac{d}{L_b}\right)\sqrt{\frac{I_y}{J}} \qquad \text{(AISC 식 F9-12)}$$

(이 식은 AISC 식 F9-11과 부호만 다를 뿐 똑같다.)

iii. 쌍ㄱ형강의 웨브,

$M_y/M_{cr} \le 1.0$인 경우

$$M_n = \left(1.92 - 1.17\sqrt{\frac{M_y}{M_{cr}}}\right)M_y \le 1.5M_y \qquad \text{(AISC 식 F10-2)}$$

$M_y/M_{cr} > 1.0$인 경우

$$M_n = \left(0.92 - \frac{0.17M_{cr}}{M_y}\right)M_{cr} \qquad \text{(AISC 식 F10-3)}$$

c. **플랜지 국부좌굴:**

i. 비조밀 T형강 플랜지의 경우,

$$M_n = M_p - (M_p - 0.7F_y S_{xc})\left(\frac{\lambda_b - \lambda_{pf}}{\lambda_{rf} - \lambda_{pf}}\right) \le 1.6M_y \qquad \text{(AISC 식 F9-14)}$$

ii. 세장판 T형강 플랜지의 경우,

$$M_n = \frac{0.7ES_{xc}}{(b_f/2t_f)^2} \qquad \text{(AISC 식 F9-15)}$$

iii. 비조밀 쌍ㄱ형강 플랜지의 경우,

$$M_n = F_y S_c\left[2.43 - 1.72\left(\frac{b}{t}\right)\sqrt{\frac{F_y}{E}}\right] \qquad \text{(AISC 식 F10-6)}$$

iv. 세장판 T형강 플랜지의 경우,

$$M_n = F_{cr} S_c \qquad \text{(AISC 식 F10-7)}$$

여기서

$$F_{cr} = \frac{0.71E}{(b/t)^2} \qquad \text{(AISC 식 F10-8)}$$

$b =$ 플랜지 폭

$S_c =$ 플랜지 끝에 대한 탄성단면계수

d. **T형강 및 쌍ㄱ형강 복부의 국부좌굴:**

i. T형강 웨브 경우,

$$M_n = F_{cr} S_x \quad \text{(AISC 식 F9-16)}$$

조밀 웨브: $F_{cr} = F_y$ (AISC 식 F9-17)

비조밀 웨브: $F_{cr} = \left(1.43 - 0.515 \frac{d}{t_w} \sqrt{\frac{F_y}{E}}\right) F_y$ (AISC 식 F9-18)

세장판 웨브: $F_{cr} = \frac{1.52E}{(d/t_w)^2}$ (AISC 식 F9-19)

ii. 쌍ㄱ형강 웨브의 경우,

비조밀 웨브: $M_n = F_y S_c \left[2.43 - 1.72\left(\frac{b}{t}\right)\sqrt{\frac{F_y}{E}}\right]$ (AISC 식 F10-6)

세장판 웨브: $M_n = F_{cr} S_c$ (AISC 식 F10-7)

여기서

$$F_{cr} = \frac{0.71E}{(b/t)^2} \quad \text{(AISC 식 F10-8)}$$

b = 압축 부 웨브의 폭

S_c = 압축 부 웨브의 끝에 대한 탄성단면계수

4. **충실 직사각형봉(Solid Rectangular Bars) (AISC F11):** 적용 가능한 한계상태는 항복과 강축 휨에 대한 LTB이다. 국부좌굴은 강축 또는 약축 휨에 대한 한계상태가 아니다.

a. **강축 휨:**

$\frac{L_b d}{t^2} \le \frac{0.08E}{F_y}$ 에 대해,

$$M_n = M_p = F_y Z \le 1.6 M_y \quad \text{(AISC 식 F11-1)}$$

여기서 항복모멘트 $M_y = F_y S$

$\frac{0.08E}{F_y} < \frac{L_b d}{t^2} \le \frac{1.9E}{F_y}$ 에 대해,

$$M_n = C_b \left[1.52 - 0.274\left(\frac{L_b d}{t^2}\right)\frac{F_y}{E}\right] M_y \le M_p \quad \text{(AISC 식 F11-2)}$$

$\frac{L_b d}{t^2} > \frac{1.9E}{F_y}$ 에 대해,

$$M_n = F_{cr} S_x \le M_p \quad \text{(AISC 식 F11-3)}$$

여기서

$$F_{cr} = \frac{1.9EC_b}{L_b d/t^2} \qquad \text{(AISC 식 F11-4)}$$

t = 봉의 폭(휨축에 평행한 치수)

d = 봉의 깊이

b. **약축 휨:**

$$M_n = M_p = F_y Z \leq 1.6M_y \qquad \text{(AISC 식 F11-1)}$$

여기서

M_y = 항복모멘트 = $F_y S_x$

5. **원형봉(Solid Circular Bars) (AISC F11):**

$$M_n = M_p = F_y Z \leq 1.6M_y \qquad \text{(AISC 식 F11-1)}$$

(원형에 대해, $Z/S = 1.7 > 1.6$, 항상 상한계가 지배한다.)

이 요약 부분에서 언급하지 않은 휨부재들(ㄱ형강, 복비대칭 단면, 조립단면)에 대해서는 AISC 설계규준 F장을 참조하라. (조립단면은 이 책의 10장에서도 다루고 있다.)

휨응력 및 소성모멘트

5.2-1 휨부재가 $^1/_2 \times 7^1/_2$ 플랜지 판 2장과 $^3/_8 \times 17$ 웨브로 제작되어 있으며, 항복응력은 $50\ \mathrm{ksi}$이다.

a. 강축에 대한 소성단면계수 Z와 소성모멘트 M_p를 계산하라.

b. 강축에 대한 탄성단면계수 S와 항복모멘트 M_y를 계산하라.

5.2-2 비대칭 휨부재가 $^1/_2 \times 12$ 상부플랜지, $^1/_2 \times 7$ 하부플랜지, 그리고 $^3/_8 \times 16$ 웨브로 구성되어 있다.

a. 상연으로부터 수평 소성중립축까지의 거리 $\bar{y}$를 구하라.

b. A572 등급 50 강종을 사용하는 경우, 수평 소성중립축에 대한 소성모멘트 M_p를 구하라.

c. 약축에 대한 소성단면계수 Z를 구하라.

5.2-3 AISC 강구조편람에 제공된 $\mathrm{W}\,18 \times 50$의 Z_x값의 정확성을 검토해보라.

5.2-4 AISC 강구조편람에 제공된 $\mathrm{S}\,10 \times 35$의 Z_x값의 정확성을 검토해보라.

형강의 분류

5.4-1 $F_y = 60\ \mathrm{ksi}$인 W, M 그리고 S형강에 대해:

a. 강구조편람 1부에 망라되어 있는 휨부재 용도의 사용 시에 비조밀단면을 정리해보고 비조밀단면이 되는 이유를 설명하라.

b. 강구조편람 1부에 망라되어 있는 세장판단면을 정리해보고 세장판단면이 되는 이유를 설명하라.

5.4-2 $F_y = 65\mathrm{ksi}$인 경우에 대하여 5.4-1과 같이 검토해보라.

5.4-3 강구조편람 1편에 있는 W, M, S형강에 대하여 세장판단면이 되도록 만드는 최소항복 응력 F_y을 구하라. 어떤 형강에 이 값이 적용되는지 또 여기서 어떤 결론을 내릴 수 있는지를 밝히라.

조밀단면의 휨강도

5.5-1 그림 P.5.5-1의 보는 $W 10 \times 77$형강이며, 연속적으로 횡지지되어 있다. 하중 P는 사용활하중이다. 강재의 $F_y = 50$ ksi라면 최대허용하중 P는 얼마인가?

a. LRFD를 사용하라.

b. ASD를 사용하라.

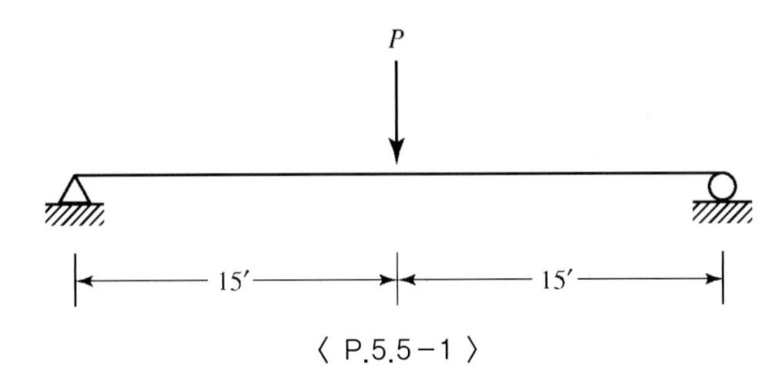

〈 P.5.5-1 〉

5.5-2 그림 P5.5-2의 보는 연속횡지지되어 있다. 활하중이 고정하중의 두 배 크기라면 최대로 지지할 수 있는 등분포사용하중(kips/ft)의 크기는 얼마인가? 강종은 A992이다.

a. LRFD를 사용하라.

b. ASD를 사용하라.

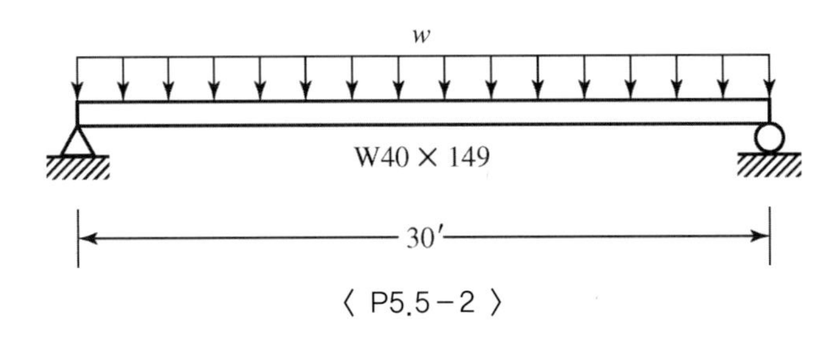

〈 P5.5-2 〉

5.5-3 단순지지된 보(그림 P5.5-3)가 자중을 포함한 등분포고정하중 1.0 kips/ft(보의 자중 포함), 등분포활하중 2.0 kips/ft 그리고 집중 고정하중 40 kips를 받고 있다. 지간은 40 ft이고 집중하중은 좌측 끝에서부터 15 ft에 작용한다. 보는 연속횡지지되어 있으며, 강종은 A572 등급 50이다. $W 30 \times 108$ 형강은 적절한가?

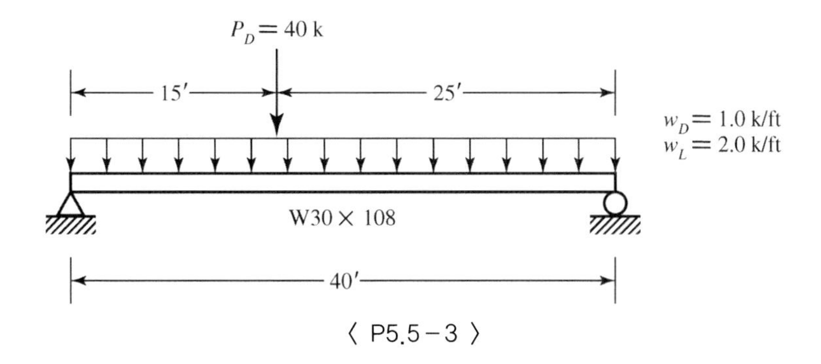

〈 P5.5 - 3 〉

5.5-4 그림 P5.5-4에 도시한 보의 양쪽 플랜지는 연속횡지지되어 있다. 등분포하중은 50% 고정하중과 50% 활하중으로 구성된 사용하중이다. 고정하중은 자중을 포함하고 있다. A992 강재가 사용된다면 W12 × 35 형강은 적합한가?

a. LRFD를 사용하라.

b. ASD를 사용하라.

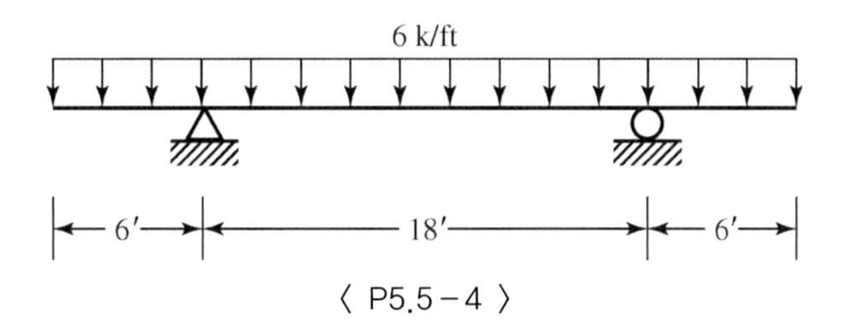

〈 P5.5 - 4 〉

5.5-5 그림 P5.5-5와 같이 좌측 지간 중앙에 힌지가 있는, 정력학적으로 정정구조인 2경간 연속보가 있다. 횡방향으로는 연속적으로 지지되어 있다. 집중하중은 사용활하중이다. A992 강재의 W18 × 60 형강은 적절한지를 결정하라.

a. LRFD를 사용하라.

b. ASD를 사용하라.

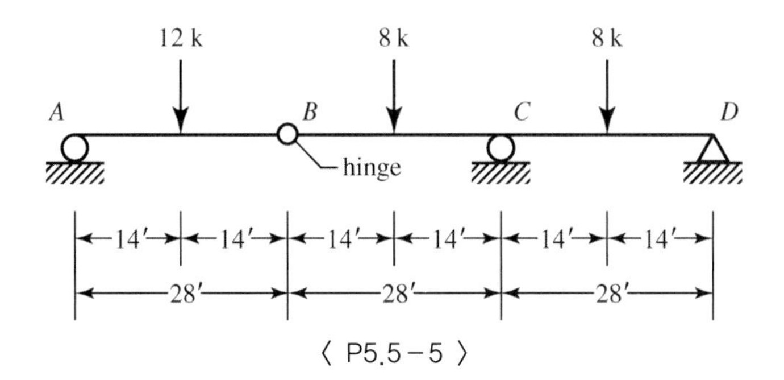

〈 P5.5 - 5 〉

5.5-6　A992 강재의 $\mathrm{W}\,12 \times 30$ 형강의 비지지길이는 $10\ \mathrm{ft}$이다. $C_b = 1.0$을 사용하여 다음을 계산하라.

a. L_p와 L_r을 계산하라. AISC 설계기준 F장의 공식만을 적용하고, 강구조편람의 설계 보조자료는 사용하지 말라.

b. 설계휨강도 $\phi_b M_n$을 계산하라.

c. 허용휨강도 M_n/Ω_b을 계산하라.

5.5-7　$\mathrm{W}\,18 \times 46$ 형강을 비지지길이 $10\ \mathrm{ft}$의 보로 사용하고자 한다. $F_y = 50\ \mathrm{ksi}$, $C_b = 1.0$을 적용하여 공칭휨강도를 계산하라. AISC 설계기준 F장의 공식을 사용하고, 강구조편람의 설계 보조 자료는 사용하지 말라.

5.5-8　$\mathrm{W}\,18 \times 71$ 형강을 비지지길이 $9\ \mathrm{ft}$의 보로 사용하고자 한다. $F_y = 65\ \mathrm{ksi}$, $C_b = 1.0$을 적용하여 공칭휨강도를 계산하라. AISC 설계기준 F장의 공식을 사용하여 모든 것을 계산하라.

5.5-9　그림 P5.5-9의 보는 $\mathrm{W}\,36 \times 182$ 형강이다. 보의 A, B점에서 횡지지되어 있다. $300\ \mathrm{kips}$ 집중하중은 사용활하중이다. 계수를 적용하지 않은 사용하중을 사용하여,

a. C_b를 계산하라. 하중에 자중은 포함하지 않는 경우

b. C_b를 계산하라. 하중에 자중을 포함하는 경우

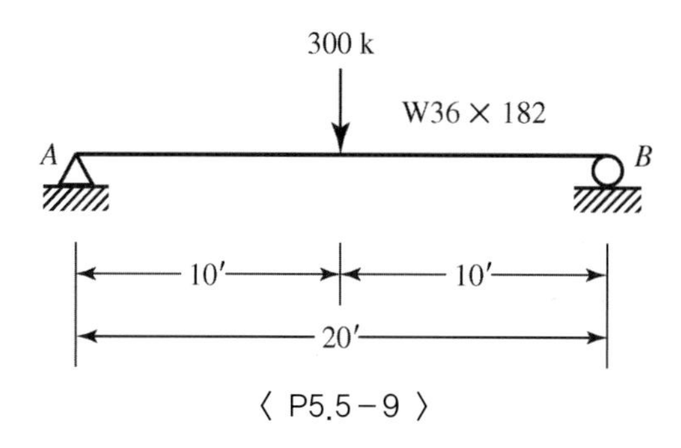

〈 P5.5-9 〉

5.5-10　문제 5.5-9의 보가 A, B, C점에서 횡지지되어 있는 경우에 비지지길이 AC의 C_b를 계산하라(비지지길이 CB의 C_b 값과 같다). 보자중은 하중에 포함하지 말라.

a. 계수를 적용하지 않은 사용하중을 사용하라.

b. 계수하중을 사용하라.

5.5-11　그림 P5.5-11과 같이 단순보가 a, b, c, d점에서 횡지지되어 있다. 세그먼트 $b-c$의 C_b를 계산하라.

a. 계수를 적용하지 않은 사용하중을 사용하라.

b. 계수하중을 사용하라.

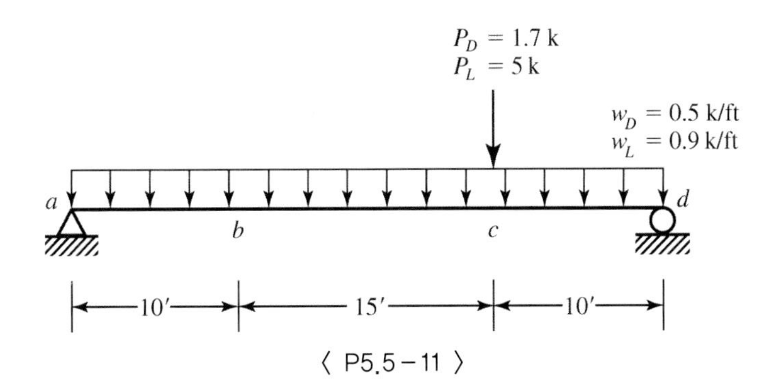

〈 P5.5-11 〉

5.5-12　A992 강재인 $\mathrm{W}\,21 \times 68$ 단면이 지간길이 $50\ \mathrm{ft}$의 단순보로 사용되고 있다. 보의 자중 외에 등분포활하중만이 작용하고 있다. $10\ \mathrm{ft}$ 간격으로 횡지지되어 있는 경우, 이 보가 지지할 수 있는 최대사용활하중(kips/ft)은 얼마인가?

a. LRFD를 사용하라.

b. ASD를 사용하라.

5.5-13　그림 P5.5-13과 같은 보가 양단에서만 횡지지되어 있다. $30\ \mathrm{kip}$ 하중은 사용활하중이다. $F_y = 50\ \mathrm{ksi}$를 적용하여 $\mathrm{W}\,14 \times 38$ 형강이 적합한지를 결정하라.

a. LRFD를 사용하라.

b. ASD를 사용하라.

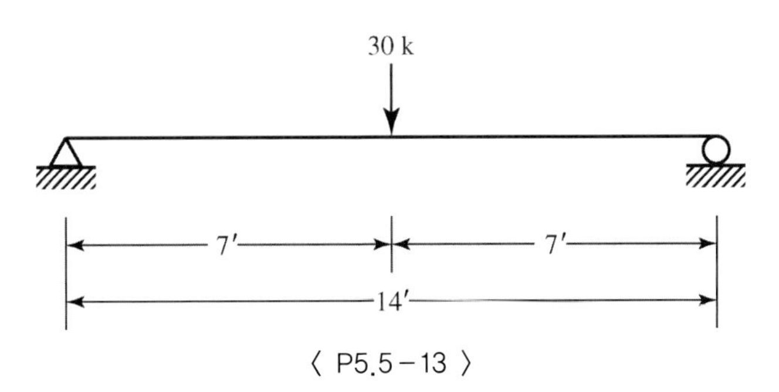

〈 P5.5-13 〉

5.5-14 문제 5.5-13을 $\mathrm{MC}\ 18 \times 58$ 형강에 대하여 다시 풀어보라. (비틀림 하중이 발생하지 않도록 하중은 전단중심에 작용하고 있다고 가정하고 $F_y = 36\ \mathrm{ksi}$를 적용하라.)

5.5-15 그림 P5.5-15에 도시된 보로 A992 강종 $\mathrm{W}\ 24 \times 104$ 형강이 적합한지를 판단해보라. 등분포하중은 보의 자중을 포함하지 않으며 A, B, C점에서 횡지지되어 있다.

a. LRFD를 사용하라.

b. ASD를 사용하라.

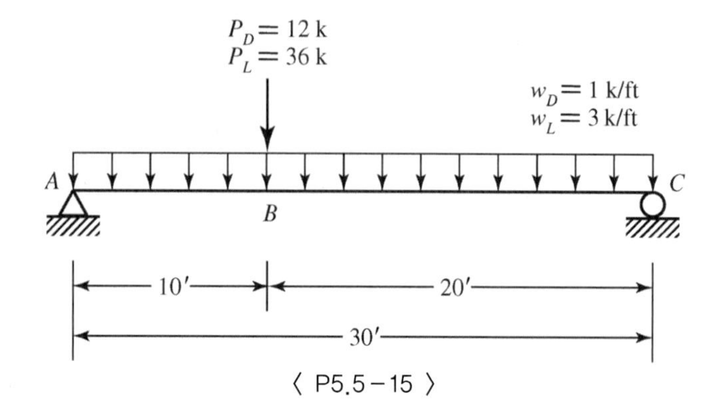

〈 P5.5-15 〉

5.5-16 그림 P5.5-16과 같은 보가 A, B, C, D점에서 횡지지되어 있다. $F_y = 50\ \mathrm{ksi}$인 경우 $\mathrm{W}\ 14 \times 132$ 형강은 적합한가를 검토하라.

a. LRFD를 사용하라.

b. ASD를 사용하라.

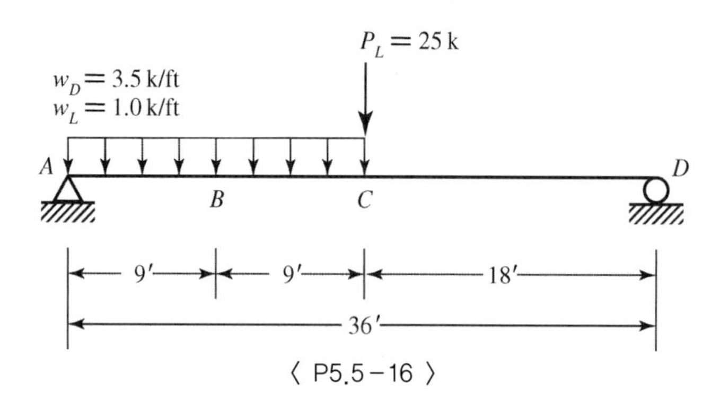

〈 P5.5-16 〉

비조밀단면의 휨강도

5.6-1 $\text{W}\,12 \times 65$ 형강을 등분포하중을 받는 연속횡지지된 지간길이 $50\ \text{ft}$의 단순보로 사용하고자 한다. 항복응력 F_y는 $50\ \text{ksi}$이다. 고정하중에 대한 활하중의 비가 3인 경우 유용강도(available strength)를 계산하고 지지할 수 있는 최대총사용하중(kips/ft)을 결정하라.

a. LRFD를 사용하라.

b. ASD를 사용하라.

5.6-2 A992 강재의 $\text{W}\,14 \times 99$ 형강을 $10\ \text{ft}$간격으로 횡지지되어 있는 보로 사용하고자 한다. $C_b = 1.0$으로 가정하여 공칭휨강도를 계산하라.

5.6-3 2개의 $^3/_4 \times 18$ 플랜지와 1개의 $^3/_4 \times 52$ 웨브로 구성된 조립형강을 보로 사용하고자 한다. A572 등급 50 강재인 경우 플랜지 국부좌굴(FLB)에 근거한 공칭휨강도는 얼마인가? 용접형강의 판폭두께비 한계에 대하여는 AISC 설계기준 B장 "설계 요구조건"의 표 B4.1b를 참고하라.

5.6-4 2개의 $^3/_4 \times 16$ 플랜지와 1개의 $^1/_2 \times 40$ 웨브로 구성된 조립형강을 연속횡지지된 보로 사용하고자 한다. A572 등급 50 강종을 사용할 경우 공칭휨강도는 얼마인가? 용접형강의 판폭두께비 한계에 대하여는 AISC 설계기준 B장 "설계 요구조건"의 표 B4.1b를 참고하라.

전단강도

5.8-1 A572 등급 65 강재의 $\text{M}\,10 \times 7.5$ 형강의 공칭전단강도를 계산하라.

5.8-2 A572 등급 65 강재의 $\text{M}\,12 \times 11.8$ 형강의 공칭전단강도를 계산하라.

5.8-3 그림 P5.8-3과 같이 A992 강재의 $\text{W}\,16 \times 31$ 형강보가 연속횡지지되어 있다. 두 개의 집중하중은 사용활하중이다. 보의 자중은 무시하고 단면의 적합성을 검토하라.

a. LRFD를 사용하라.

b. ASD를 사용하라.

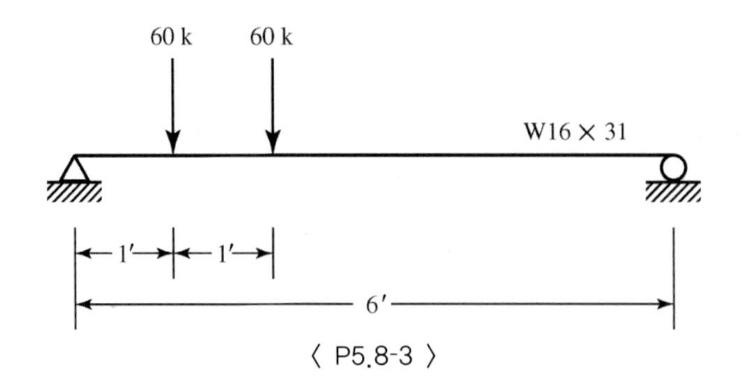

〈 P5.8-3 〉

5.8-4 A992 강재의 W16 × 45 형강이 그림 P5.8-4와 같이 캔틸레버 보로 사용된다. 고정단에서만 횡지지되어 있다. 비지지길이는 지간 길이로 가정하고 보가 적합한지를 판단하라. 등분포하중은 사용고정하중이고 자중을 포함하고 있으며, 집중하중은 사용활하중이다.

a. LRFD를 사용하라.

b. ASD를 사용하라.

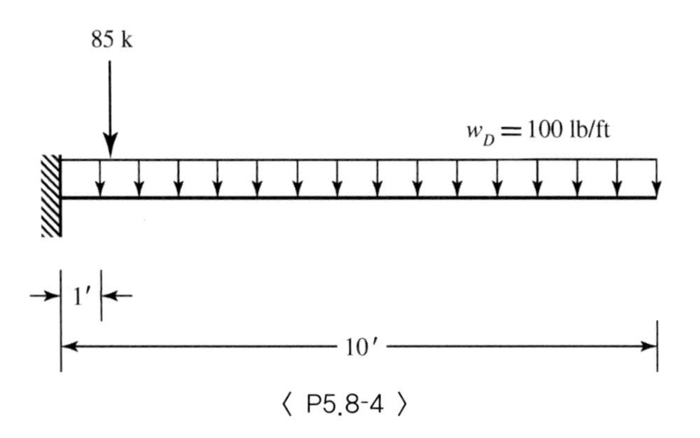

〈 P5.8-4 〉

설 계

5.10-1 A992 강재를 가정하여 다음 보에 대한 W형강을 선택하라.

- 지간길이 30 ft의 단순지지
- 단부에서 횡지지되어 있음
- 사용고정하중은 0.75 kips/ft
- 사용활하중은 34-kip 집중하중이며 지간 중앙점에 작용

처짐규정은 적용하지 않음

a. LRFD를 사용하라.

b. ASD를 사용하라.

5.10-2 A992 강재를 가정하여 그림 P5.10-2보로 적합한 경제적인 W형강을 선택하라. 그림의 사용하중에는 자중은 포함되지 않았으며, 연속적으로 횡지지된 것으로 가정하고 처짐규정은 적용하지 않는다.

a. LRFD를 사용하라.

b. ASD를 사용하라.

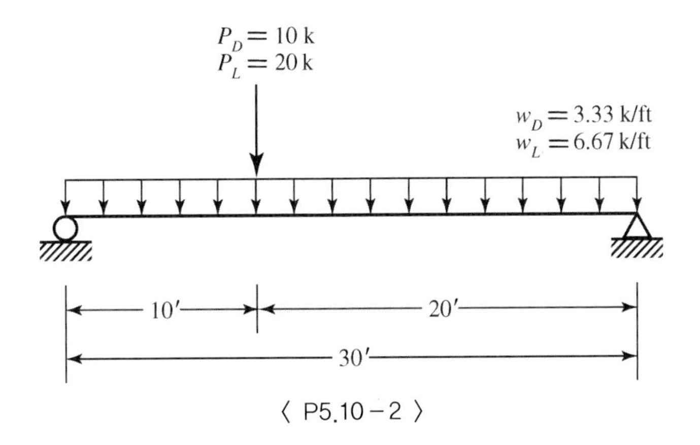

〈 P5.10-2 〉

5.10-3 양단과 집중하중 작용점에서 횡지지되어 있는 것을 제외하면, 5.10-2번 문제와 동일하다.

5.10-4 그림 P5.10-4와 같은 보가 양단에서만 횡지지되어 있다. 등분포하중은 추가 고정하중이며 집중하중은 활하중이다. A992 강재를 가정하여 W형강을 선택하라. 활하중 처짐은 $L/360$을 초과해서는 안 된다.

a. LRFD를 사용하라.

b. ASD를 사용하라.

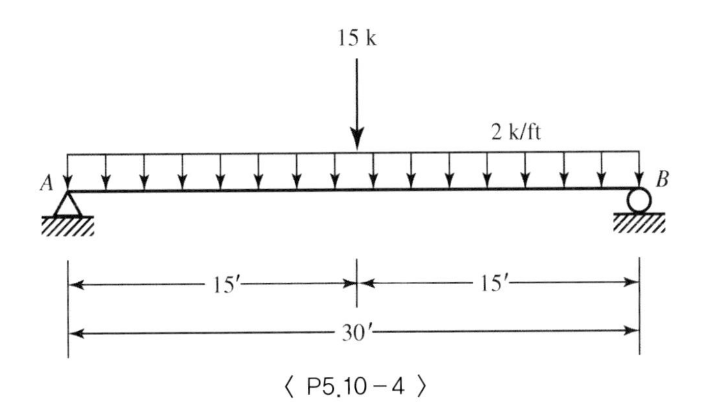

〈 P5.10-4 〉

5.10-5 그림 P5.10-5에 도시된 보가 양단과 양측 $^1/_3$지점(1, 2, 3, 4점)에서 횡지지되어 있다. 집중하중은 사용활하중이다. $F_y = 50\ \mathrm{ksi}$을 가정하여 W형강을 선택하라. 처짐규정은 적용하지 않는다.

a. LRFD를 사용하라.

b. ASD를 사용하라.

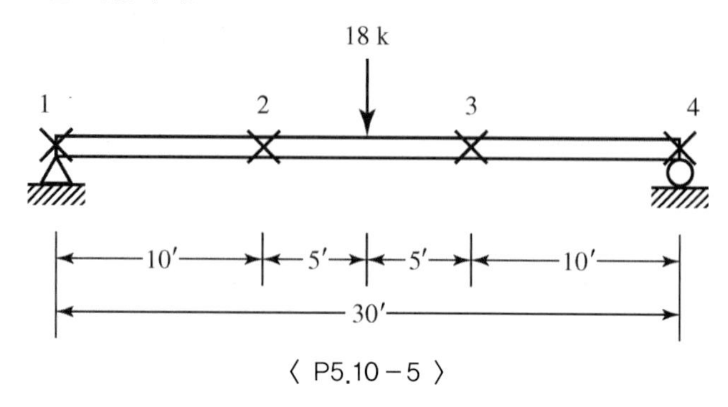

〈 P5.10-5 〉

5.10-6 그림 P5.10-6과 같은 보가 양단에서만 횡지지되어 있다. 집중하중은 활하중이다. A992 강재를 사용하여 형강을 선택하라. 처짐은 검토하지 말고, $C_b = 1.0$을 적용하라.

a. LRFD를 사용하라.

b. ASD를 사용하라.

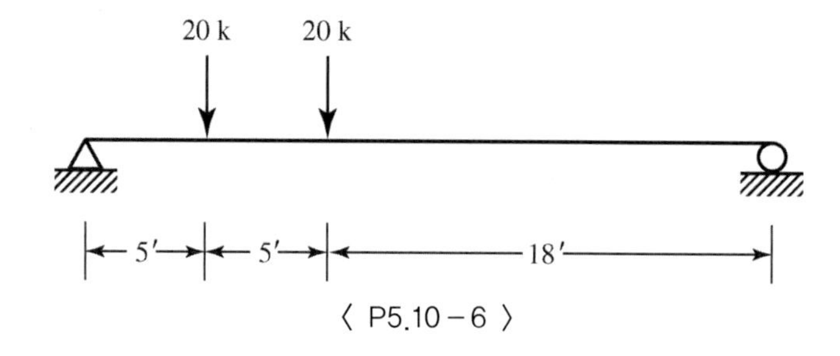

〈 P5.10-6 〉

5.10-7 그림 P5.10-7은 지붕시스템의 일부이며, 지간 양단 및 중앙점에서 가새로 횡지지되어 있다. 하중은 자중을 포함하지 않은 고정하중 $170\ \mathrm{lb/ft}$, 지붕활하중 $100\ \mathrm{lb/ft}$, 설하중 $280\ \mathrm{lb/ft}$와 상향의 풍하중 $100\ \mathrm{lb/ft}$로 구성되어 있다. 고정하중, 활하중 및 설하중은 중력하중으로서 작용방향은 항상 하향이고, 반면에 바람은 항상 상향으로 작용한다. A992 강재의 형강을 선택하라. 단, 총 처짐은 $L/180$을 초과해서는 안 된다.

a. LRFD를 사용하라.

b. ASD를 사용하라.

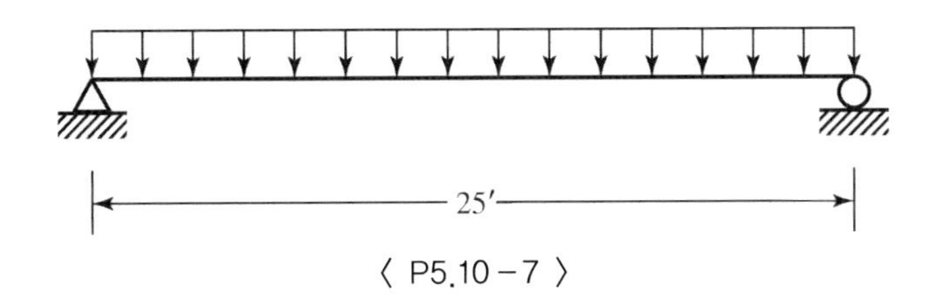

〈 P5.10-7 〉

설계편람 표 6-2(보 해석 및 설계용)

5.11-1 다음과 같은 조건에 대해서 W18 × 55 형강의 휨강도가 충분한지를 설계편람 표 6-2와 ASD를 적용하여 검토하라(풀이 과정을 소상히 밝히라.):

- 지간 길이 L = 20 ft의 단순보
- $C_b = 1.14$
- 소요비계수모멘트강도, $M_a = 275$ ft-kips
- $F_y = 50$ ksi

5.11-2 다음과 같은 조건에 대해서 W형강의 휨강도가 충분한지를 설계편람 표 6-2와 LRFD를 적용하여 검토하라(풀이 과정을 소상히 밝히라.):

- 지간 길이 L = 30 ft의 단순보
- 양단에서 횡지지되어 있음
- 하중은 보의 중앙에 집중활하중 25 kips와 자중을 포함하지 않은 고정하중 3 kips/ft로 구성됨
- 활하중 처짐은 $L/360$을 초과하지 못함
- A992 강재

바닥 및 지붕 골조 시스템

5.11-3 $F_y = 50$ ksi를 가정하고 전형적인 가로보 AB에 대한 적절한 형강을 선택하라. 바닥판은 연속횡지지되어 있다고 가정하라. 최대허용활하중처짐은 $L/180$이다. 사용고정하중은 5 in. 두께의 철근콘크리트(보통중량콘크리트) 바닥판, 20 psf의 칸막이벽 그리고 매달린 천정과 기계장치를 고려한 10 psf로 구성되어 있다. 사용활하중은 60 psf이다.

a. LRFD를 사용하라.

b. ASD를 사용하라.

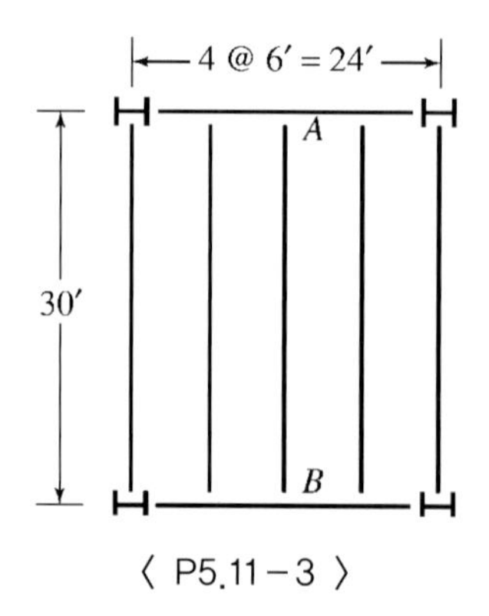

〈 P5.11-3 〉

5.11-4 다음과 같은 조건에 대한 W형강을 선택하라:

- 보 간격 = 5 ft-6 in.
- 지간 길이 = 30 ft
- 바닥판 두께 = $4^1/_2$ in.(보통중량콘크리트)
- 칸막이 하중 = 20 psf
- 천정무게 = 5 psf
- 활하중 = 150 psf
- F_y = 50 ksi

최대활하중처짐 한계는 $L/360$

a. LRFD를 사용하라.

b. ASD를 사용하라.

5.11-5 다음과 같은 조건에 대한 W형강을 선택하라.

- 보 간격 = 12 ft
- 지간 길이 = 25 ft
- 바닥판과 데크의 무게 = 43 psf
- 칸막이 하중 = 20 psf
- 천정 하중 = 5 psf
- 바닥판 무게 = 2 psf
- 활하중 = 160 psf
- F_y = 50 ksi

최대활하중처짐은 $L/360$을 초과해서는 안 된다.

a. LRFD를 사용하라.

b. ASD를 사용하라.

5.11-6　다음과 같은 조건에 대한 W형강을 선택하라.

- 보 간격 = 10 ft
- 지간 길이 = 20 ft
- 바닥판과 데크의 무게 = 51 psf
- 칸막이 하중 = 20 psf
- 기타 고정하중 = 10 psf
- 활하중 = 80 psf
- F_y = 50 ksi

최대활하중처짐은 $L/360$을 초과해서는 안 된다.

a. LRFD를 사용하라.

b. ASD를 사용하라.

5.11-7　그림 P5.11-7과 같은 바닥 시스템의 보 AB에 대하여 A992 강재의 W형강을 선택하라. 보 자중 외에 5 in.두께의 철근콘크리트(보통중량콘크리트) 바닥판 고정하중이 작용한다. 활하중은 80 psf이고, 20 psf의 칸막이 하중이 작용한다. 총 처짐은 $L/240$을 초과할 수는 없다.

a. LRFD를 사용하라.

b. ASD를 사용하라.

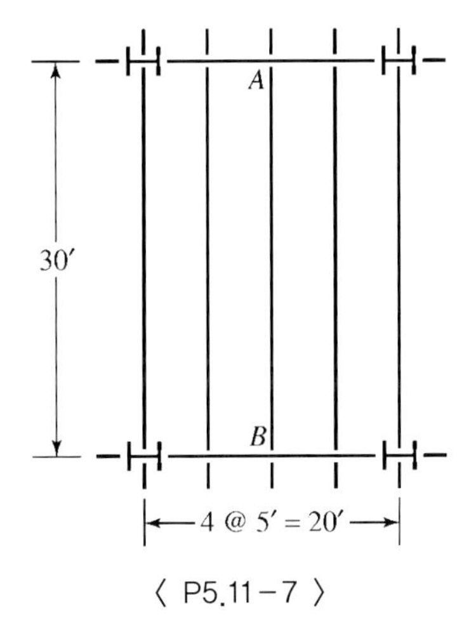

〈 P5.11-7 〉

5.11-8　문제 5.11-7의 전형적인 바닥시스템의 거더를 LRFD를 사용하여 설계하라. 처짐은 검토사항이 아니다. 거더는 양단에서 보를 지지하며, 보의 자중은 35 lb/ft로 가정하라. 또한 가로보의 반력은 거더에 집중하중으로 작용한다고 가정하라.

a. LRFD를 사용하라.

b. ASD를 사용하라.

5.11-9 문제 5.11-8과 같다. 단, 거더에 작용하는 자중을 포함한 모든 하중은 등분포로 가정하라.

보의 구멍

5.12-1 A992 강재의 W 16 × 31 형강의 각 각의 플랜지에 직경 $^7/_8$ in. 볼트용 구멍이 두 개씩 뚫려 있다.
a. 이 보는 연속횡지지되어 있다고 가정하고, 구멍을 고려하여 공칭휨강도를 구하라.
b. 구멍에 의하여 감소된 강도의 양은 몇 %인가?

5.12-2 A992 강재의 W 21 × 48 형강의 각 각의 플랜지에 직경 $^3/_4$ in. 볼트용 구멍이 두 개가 뚫려 있다.
a. 이 보는 연속횡지지되어 있다고 가정하고, 구멍을 고려하여 공칭휨강도를 구하라.
b. 구멍에 의하여 감소된 강도의 양은 몇 %인가?

5.12-3 A992 강재의 W 18 × 35 형강의 인장플랜지에 직경 $^3/_4$ in. 볼트용 구멍이 두 개가 뚫려 있다.
a. 이 보는 연속횡지지되어 있다고 가정하고, 구멍을 고려하여 공칭휨강도를 구하라.
b. 구멍에 의하여 감소된 강도의 양은 몇 %인가?

개구-웨브 강재 장선(Open-Web Steel Joists)

5.13-1 지간 길이 20 ft인 개구-웨브 장선이 3 ft 간격으로 배치된 바닥시스템이 있다. 활하중은 80 psf이고 4 in.두께의 보통 중량 철근콘크리트 바닥판이 놓여 있다. 다른 고정하중은 5 psf이다. 슬래브에 의해서 연속횡지지되어 있는 것으로 간주한다. 그림 5.35를 사용하여 K-시리즈 장선을 선택하라.

5.13-2 다음 조건을 만족하는 K-시리즈 장선을 그림 5.35를 사용하여 선택하라. 지간길이는 22 ft, 장선 간격은 4 ft이다. 하중은 40 psf 활하중, 칸막이 하중 20 psf, 바닥판과 데크의 무게는 32 psf, 그리고 천정과 조명기구 무게 5 psf로 구성되어 있다. 바닥판에 의해서 연속횡지지되어 있는 것으로 간주하라. 처짐이 문제가 될지 어떨지를 검토하라.

보의 지압판 및 기둥의 기초판

5.14-1 $W14 \times 61$ 형강이 상부플랜지에 작용하는 집중 사용활하중 $85\,\text{kips}$를 지지하고 있다. 하중의 작용점은 적어도 지점으로부터 보 깊이의 반이 넘는 거리에 있다고 가정하고 지압판을 설계하라. 보의 항복응력 $F_y = 50\,\text{ksi}$, 판의 항복응력 $F_y = 36\,\text{ksi}$이다.

a. LRFD를 사용하라.

b. ASD를 사용하라.

5.14-2 고정하중 $28\,\text{kips}$와 활하중 $56\,\text{kips}$로 구성된 하중에 의한 보의 반력을 지지하고 있는 A36 강재의 지압판을 설계하라. 지압판은 표면적이 지압면적보다 4변이 $1\,\text{in.}$만큼씩 큰 크기 면적의 콘크리트 위에 놓여 있다고 가정하라. 보는 $F_y = 50\,\text{ksi}$인 $W30 \times 99$ 형강이며, 콘크리트 강도 $f_c' = 3\,\text{ksi}$이다.

a. LRFD를 사용하라.

b. ASD를 사용하라.

5.14-3 사용고정하중 $65\,\text{kips}$와 사용활하중 $195\,\text{kips}$를 지지하는 $W12 \times 87$ 형강 기둥의 기초판을 설계하라. 지점은 $16\,\text{in.} \times 16\,\text{in.}$ 콘크리트 교대이다. A36 강재와 $f_c' = 3.5\,\text{ksi}$ 콘크리트를 사용하라.

a. LRFD를 사용하라.

b. ASD를 사용하라.

5.14-4 사용고정하중 $20\,\text{kips}$와 사용활하중 $50\,\text{kips}$를 지지하는 $W10 \times 33$ 형강 기둥의 기초판을 설계하라. 기둥은 $12\,\text{in.} \times 12\,\text{in.}$ 콘크리트 교대에 의하여 지지되어 있다. A36 강재와 $f_c' = 3\,\text{ksi}$ 콘크리트를 사용하라.

a. LRFD를 사용하라.

b. ASD를 사용하라.

2축 휨(Biaxial Bending)

5.15-1 그림 P5.15-1과 같이 지간 중앙에 강축 및 약축 휨을 발생시키는 집중하중들이 작용하는 $W18 \times 55$ 형강이 있다. 하중은 사용하중이며, 고정하중과 활하중이 같은 크기로 구성되어 있다. AISC 설계기준을 만족하는지의 여부를 판단하라. 강재는 A572 등급 50이며 보의 양단에서만 횡지지되어 있다. 설계편람 표 6-2를 사용하여도 좋다.

a. LRFD 사용하라.

b. ASD 사용하라.

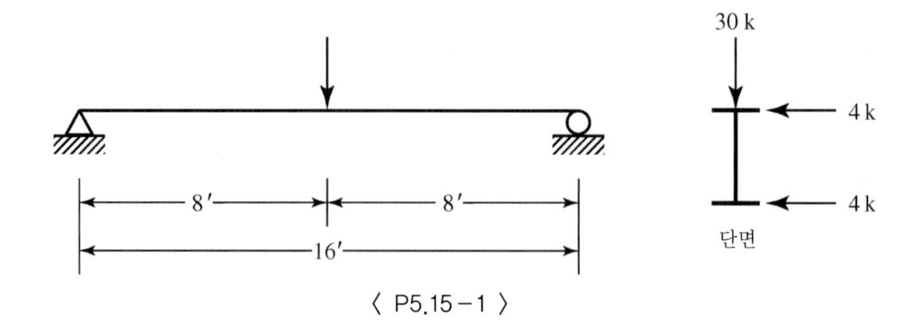

〈 P5.15 − 1 〉

5.15−2 그림 P5.15−2과 같이 보에 작용하는 24-kip 집중하중은 사용활하중이다. 보의 자중은 무시하고, A992 강재를 사용하는 경우 AISC 설계기준을 만족하는지를 판단하라. 보의 양단에서만 횡지지되어 있다. 설계편람 표 6−2를 사용하여도 좋다.

a. LRFD 사용하라.

b. ASD 사용하라.

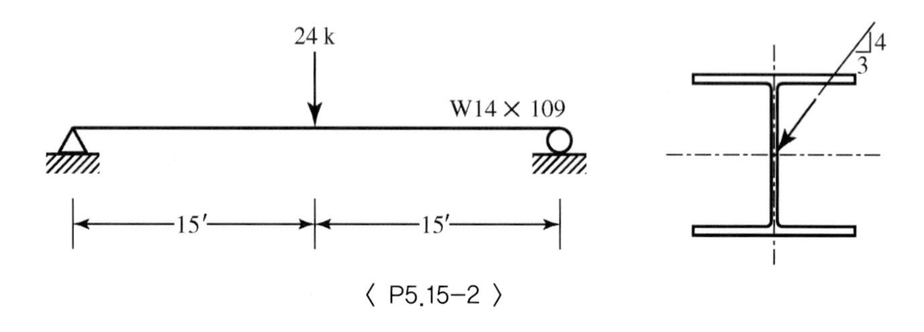

〈 P5.15−2 〉

5.15−3 그림 P5.15−3에 도시된 보는 A992 강재 W 21 × 68 형강이며, 양단에서만 횡지지되어 있다. AISC 설계기준에 부합되는지를 검토하라. 설계편람 표 6−2를 사용하여도 좋다.

a. LRFD 사용하라.

b. ASD 사용하라.

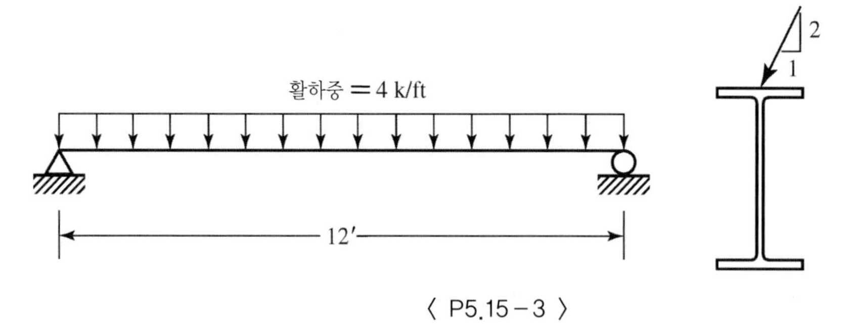

〈 P5.15 − 3 〉

5.15-4 그림 P5.15-4에 도시된 보가 AISC 설계기준에 부합되는지를 검토하라. 양단에서만 횡지지되어 있고, A992 강재가 사용된다. 15-kip 사용하중들은 30% 고정하중과 70% 활하중으로 구성되어 있다. 설계편람 표 6-2를 사용하여도 좋다.

a. LRFD 사용하라.

b. ASD 사용하라.

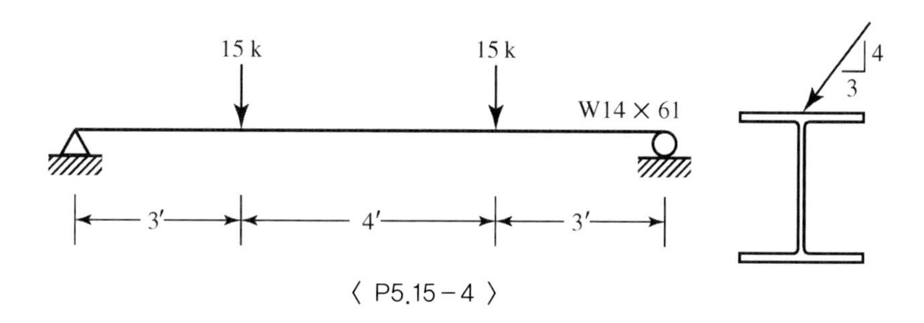

〈 P5.15 – 4 〉

5.15-5 그림 P5.15-5와 같은 단순지지보가 양단에서만 횡지지되어 있다. 보의 자중은 무시하고 각각의 하중조건에 대하여 만족하는지를 검토하라. A992 강재를 사용하며, 1.2 kips/ft 하중은 사용활하중이다. 설계편람 표 6-2를 사용하여도 좋다.

a. LRFD 사용하라.

b. ASD 사용하라.

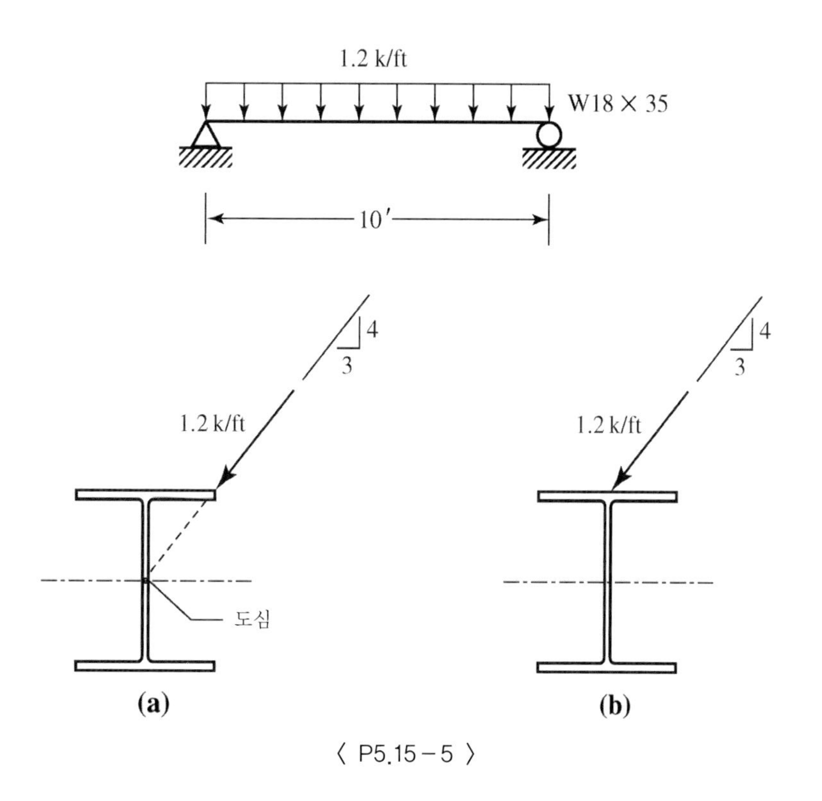

〈 P5.15 – 5 〉

5.15-6　그림 P5.15-6의 트러스는 고정하중과 적설하중이 반반씩으로 구성된 총 중력하중 40 psf를 지지하는 지붕시스템의 일부이다. 트러스의 중심 간격은 10 ft이며, 풍하중은 고려하지 않아도 좋다. A992 강재의 W6 × 12 형강을 도리로 사용하는 경우 적절한지를 검토하라. 새그바는 사용하지 않았고 따라서 양단에서만 횡지지되어 있다고 가정하라. 설계편람 표 6-2를 사용하여도 좋다.

a. LRFD를 사용하라.

b. ASD를 사용하라.

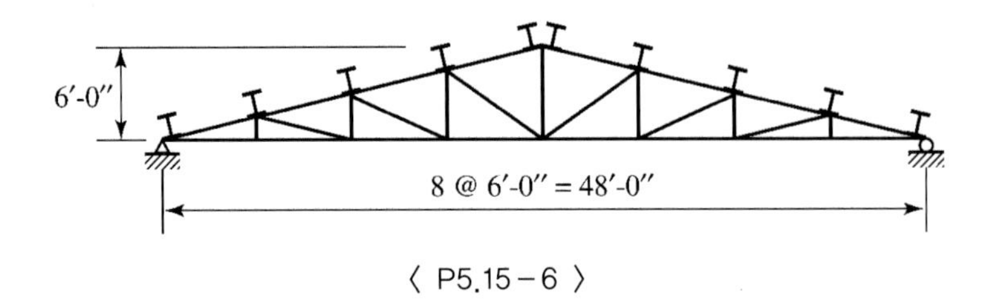

〈 P5.15 - 6 〉

5.15-7　그림 P5.15-7의 트러스는 18 ft 간격으로 배치된 몇 개의 트러스 중의 하나이다. 도리는 절점과 절점 사이의 중앙점에 배치되어 있다. 트러스 사이의 중앙점에 새그바가 설치되어 있다. 지붕재의 무게는 15 psf이고, 지붕의 수평투영면에 작용하는 적설하중은 20 psf이다. LRFD를 사용하고, A992 강재의 W형강 도리를 선택하라. 설계편람 표 6-2를 사용하여도 좋다.

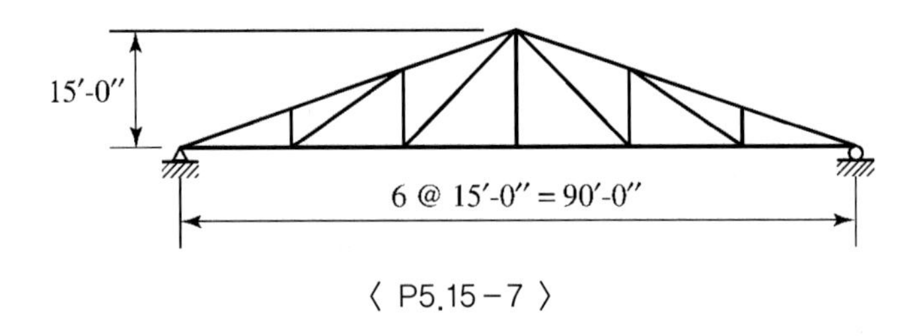

〈 P5.15 - 7 〉

5.15-8　새그바가 1/3점에 부착되어 있다는 점 외에는 문제 5.15-7과 같다.

6 보-기둥

6.1 정 의

많은 구조용 부재는 축하중을 받는 기둥 또는 휨하중만 받는 보로 취급할 수 있지만 대부분의 보와 기둥은 어느 정도의 휨과 축하중을 동시에 받게 된다. 이것은 부정정구조물의 경우 특히 그렇다. 심지어는 단순보의 롤러 지지는 횡하중이 작용할 때 보를 종방향으로 구속하는 마찰을 받게 되어 축방향 인장을 야기시킨다. 그러나 이런 특별한 경우의 2차적인 영향은 대개 작아서 무시할 수 있다. 대부분의 기둥은 무시할 수 있는 오차로 순수 압축부재로 취급할 수 있다. 만약 기둥이 단층 부재이고 양단을 핀으로 취급할 수 있다면, 유일하게 휨이 생기는 경우는 축하중의 우발적인 적은 편심에 의해 발생되는 것이다.

그러나 많은 구조용 부재에 대해, 상기 두 영향을 무시할 수 없을 정도로 중요한 경우가 있으며, 이러한 부재를 보-기둥(beam-column)이라 부른다. 그림 6.1의 강성골조를 생각해보자. 주어진 하중조건에 대해 수평부재 AB와 CD는 수직 등분포하중을 지지해야 할 뿐만 아니라 횡방향 집중하중을 저항하는 데 있어서도 수직부재에 도움이 되어야 한다. 그러므로 이 골조의 모든 부재는 보-기둥으로 고려될 수 있다.

또한, 이 골조의 수직부재는 보-기둥으로 취급되어야 한다. 상층에서 부재 AC와 BD는 상부하중의 영향으로 휘게 된다. 게다가 A와 B에서 강절절점을 통해 수평부재로부터 휨모멘트가 전달된다. 이러한 모멘트는 횡하중으로 인한 모멘트보다 대체로 작지만 이 모멘트의 전달은 C와 D에서도 발생하며 모든 강절골조에서 사실이다. 강절골조에서 대부분의 기둥은 실제로 보-기둥이고 휨의 영향을 무시해서는 안 되나 많은 독립된 단층기둥은 실제로 축하중을 받는 압축부재로 취급할 수 있다.

보-기둥의 다른 예는 지붕트러스에서 가끔 발견할 수 있다. 상현재는 축하중을 받는 압축부재로 보통 취급하지만 중도리(purlins)가 절점 사이에 배치되어 있으면 반력은 반드시 고려되어야만 하는 휨을 일으키게 된다. 이 장의 뒷부분에서 이러한 문제를 다루는 방법에 대해 논의한다.

그림 6.1

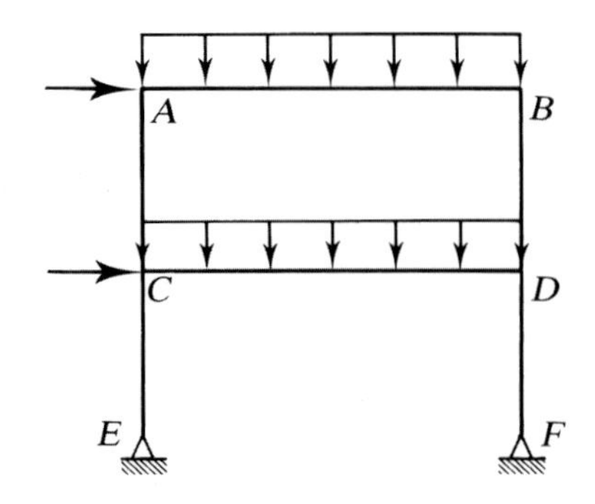

6.2 상관관계식

소요강도와 유용강도의 관계는 다음과 같이 표현할 수 있다.

$$\frac{\text{소요강도}}{\text{유용강도}} \leq 1.0 \tag{6.1}$$

압축부재에 대해, 강도는 축력이다. 예로, LRFD에 대해,

$$\frac{P_u}{\phi_c P_n} \leq 1.0$$

그리고 ASD에 대해,

$$\frac{P_a}{P_n/\Omega_c} \leq 1.0$$

위의 표현은 다음과 같은 일반적 형식으로 쓸 수 있다.

$$\frac{P_r}{P_c} \leq 1.0$$

여기서

P_r = 소요압축강도

P_c = 유용압축강도

한 가지 이상의 저항형태가 포함된다면 식 6.1은 상관관계식의 기초를 형성하는데 사용될 수 있다. 2축 휨과 함께 5장에서 언급했듯이 하중효과의 저항강도에 대한 비의 합은 1로 제한되어야 한다. 예로, 휨과 축방향압축이 동시에 작용한다면 상관관계식은 다음과 같다.

$$\frac{P_r}{P_c} + \frac{M_r}{M_c} \leq 1.0$$

여기서

M_r = 소요모멘트강도

$= M_u$: LRFD에 대해

$= M_a$: ASD에 대해

M_c = 유용모멘트강도

$= \phi_b M_n$: LRFD에 대해

$= \dfrac{M_n}{\Omega_b}$: ASD에 대해

2축 휨의 경우, 2개의 모멘트비가 존재한다:

$$\frac{P_r}{P_c} + \left(\frac{M_{rx}}{M_{cx}} + \frac{M_{ry}}{M_{cy}}\right) \leq 1.0 \tag{6.2}$$

여기서 아래첨자 x와 y는 각각 x와 y축에 대한 휨을 나타낸다.

식 6.2는 휨과 축방향압축하중을 받는 부재에 대한 AISC 기본식이다. 설계기준에는 축하중이 작은 경우와 큰 경우에 대해 두 가지 공식으로 주어져 있다. 축하중이 작으면 축하중 항은 감소된다. 축하중이 큰 경우에는 휨 항이 조금 감소된다. AISC 조항은 H장 "조합력과 비틀림을 받는 부재설계"에 주어져 있고 다음과 같이 요약된다:

$\dfrac{P_r}{P_c} \geq 0.2$ 인 경우,

$$\frac{P_r}{P_c} + \frac{8}{9}\left(\frac{M_{rx}}{M_{cx}} + \frac{M_{ry}}{M_{cy}}\right) \leq 1.0 \qquad \text{(AISC 식 H1-1a)}$$

$\dfrac{P_r}{P_c} < 0.2$인 경우,

$$\frac{P_r}{2P_c} + \left(\frac{M_{rx}}{M_{cx}} + \frac{M_{ry}}{M_{cy}}\right) \leq 1.0 \qquad \text{(AISC 식 H1-1b)}$$

이 조항은 LRFD 또는 ASD 형식으로 표현될 수 있다.

LRFD 상관식:

$\dfrac{P_u}{\phi_c P_n} \geq 0.2$ 인 경우,

$$\frac{P_u}{\phi_c P_n} + \frac{8}{9}\left(\frac{M_{ux}}{\phi_b M_{nx}} + \frac{M_{uy}}{\phi_b M_{ny}}\right) \leq 1.0 \tag{6.3}$$

$\frac{P_u}{\phi_c P_n} < 0.2$ 인 경우,

$$\frac{P_u}{2\phi_c P_n} + \left(\frac{M_{ux}}{\phi_b M_{nx}} + \frac{M_{uy}}{\phi_b M_{ny}}\right) \leq 1.0 \tag{6.4}$$

ASD 상관식:

$\frac{P_a}{P_n/\Omega_c} \geq 0.2$ 인 경우,

$$\frac{P_a}{P_n/\Omega_c} + \frac{8}{9}\left(\frac{M_{ax}}{M_{nx}/\Omega_b} + \frac{M_{ay}}{M_{ny}/\Omega_b}\right) \leq 1.0 \tag{6.5}$$

$\frac{P_a}{P_n/\Omega_c} < 0.2$ 인 경우,

$$\frac{P_a}{2P_n/\Omega_c} + \left(\frac{M_{ax}}{M_{nx}/\Omega_b} + \frac{M_{ay}}{M_{ny}/\Omega_b}\right) \leq 1.0 \tag{6.6}$$

이 장의 다른 예제뿐만 아니라 예제 6.1에서 강구조편람 표 6-2는 유용 축방향압축강도와 휨강도를 산정하는 데 사용된다. 이 표는 4장과 5장에서 다루어졌으나 여기서는 사용방법에 대해 간단하게 복습한다.

- 압축의 경우, 유효길이 L_c을 사용하여 중간 열로 시작한다. ASD와 LRFD에 대한 유용강도는 지정된 W형강 아래 같은 행에 있는 표의 좌측에 있다. 유효길이는 최소회전반경 r_y에 대한 것이다. r_x에 대한 유효길이의 경우, $L_{cx}/(r_x/r_y)$로 표를 시작한다. 비율 r_x/r_y는 표의 우측 하단에 작성되어 있다.
- x축에 대한 휨의 경우, 비지지길이 L_b을 사용하여 중간 열로 시작한다. ASD와 LRFD에 대한 유용강도는 지정된 W형강 아래 같은 행에 있는 표의 우측에 있다. 모든 값은 $C_b = 1$에 대한 것이다. 다른 C_b값에 대해서는 작성된 표의 값에 C_b을 곱한다. C_b에 유용강도를 곱한 값은 $M_n = M_p$의 유용강도($L_b = 0$에 해당하는 유용강도)를 초과하지 않아야 한다는 것을 유념하라. y축에 대한 휨의 경우, 유용강도는 지정형강 아래 표의 좌측 하단에 주어져 있다. 전단강도도 표에 같이 주어져 있다.

다른 유용한 값들도 표의 하단에 주어져 있다. 좌측에 인장항복강도와 인장파단강도($A_e = 0.75A_g$에 근거한. 다른 A_e값에 대해 인장파단강도를 조정해야 한다)를 찾을 수 있다. 우측에는 L_p, L_r, A_g, I_x, I_y, r_y값들을 포함하고 있다.

예제 6.1 그림 6.2의 보-기둥은 양단에서 핀으로 연결되어 있으며, 그림에 나타난 하중을 받고 있다. 휨은 강축에 관한 것이다. 이 부재가 적절한 AISC 설계기준의 상관식을 만족하는지 결정하라.

그림 6.2

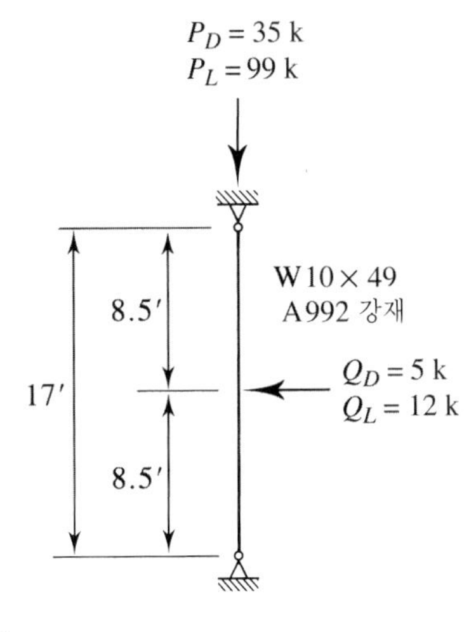

LRFD 풀이 강구조편람 표 6-2로부터, $F_y = 50$ ksi와 $L_c = K_yL = 1.0 \times 17 = 17$ ft의 유효길이를 사용해 W 10 × 49 부재의 축방향압축설계강도는 다음과 같다.

$$\phi_c P_n = 404 \text{ kips}$$

휨은 강축에 대한 것이므로, $C_b = 1.0$에 대한 설계모멘트 $\phi_b M_n$는 편람 표 6-2로부터 얻을 수 있다.

비지지길이 $L_b = 17$ ft에 대해,

$$\phi_b M_n = 197 \text{ ft-kips}$$

이 문제의 단부조건과 하중에 대해, $C_b = 1.32$(그림 5.15(c) 참조)

$C_b = 1.32$에 대해, 설계강도는

$$\phi_b M_n = C_b \times 197 = 1.32(197) = 260 \text{ ft-kips}$$

이 모멘트는 $\phi_b M_p = 227$ ft-kips(표 6-2로부터 $L_b = 0$에 대한 $\phi_b M_n$로서 구할 수 있는)보다 크므로 설계모멘트는 $\phi_b M_p$로 제한되어야 한다.

$$\phi_b M_n = 227 \text{ ft-kips}$$

계수하중:

$$P_u = 1.2P_D + 1.6P_L = 1.2(35) + 1.6(99) = 200.4 \text{ kips}$$

$$Q_u = 1.2Q_D + 1.6Q_L = 1.2(5) + 1.6(12) = 25.2 \text{ kips}$$

최대휨모멘트는 중앙높이에서 일어나므로,

$$M_u = \frac{25.2(17)}{4} = 107.1 \text{ ft-kips}$$

어떤 상관식이 지배하는지를 결정한다:

$$\frac{P_u}{\phi_c P_n} = \frac{200.4}{404} = 0.4960 > 0.2$$

∴ 식 6.3(AISC 식 H1-1a)을 사용한다.

$$\frac{P_u}{\phi_c P_n} + \frac{8}{9}\left(\frac{M_{ux}}{\phi_b M_{nx}} + \frac{M_{uy}}{\phi_b M_{ny}}\right) = \frac{200.4}{404} + \frac{8}{9}\left(\frac{107.1}{227} + 0\right)$$

$$= 0.915 < 1.0 \qquad \text{(OK)}$$

해 답 이 부재는 AISC 설계기준을 만족한다.

ASD 풀이 표 6-2로부터, $F_y = 50$ ksi와 $L_c = K_y L = 1.0 \times 17 = 17$ ft을 사용해 $W10 \times 49$ 부재의 허용압축강도는 다음과 같다.

$$\frac{P_n}{\Omega_c} = 269 \text{ kips}$$

또한, 표 6-2로부터, $L_b = 17$ ft와 $C_b = 1.0$에 대해,

$$\frac{M_n}{\Omega_b} = 131 \text{ ft-kips}$$

그림 5.15(c)로부터, $C_b = 1.32$. $C_b = 1.32$에 대해,

$$\frac{M_n}{\Omega_b} = C_b \times 131 = 1.32(131) = 172.9 \text{ ft-kips}$$

이 값은 $M_p/\Omega_b = 151$ ft-kips보다 크므로, 허용모멘트는 M_p/Ω_b로 제한되어야 한다.

$$\frac{M_n}{\Omega_b} = 151 \text{ ft-kips}$$

총 축방향압축하중은,

$$P_a = P_D + P_L = 35 + 99 = 134 \text{ kips}$$

총 횡하중은,

$$Q_a = Q_D + Q_L = 5 + 12 = 17 \text{ kips}$$

최대휨모멘트는 중앙높이에서 일어나며,

$$M_a = \frac{17(17)}{4} = 72.25 \text{ ft-kips}$$

어떤 상관식이 지배되는지를 결정한다:

$$\frac{P_a}{P_n/\Omega_c} = \frac{134}{269} = 0.4981 > 0.2$$

∴ 식 6.5(AISC 식 H1-1a)을 사용한다.

$$\frac{P_a}{P_n/\Omega_c} + \frac{8}{9}\left(\frac{M_{ax}}{M_{nx}/\Omega_b} + \frac{M_{ay}}{M_{ny}/\Omega_b}\right) = \frac{134}{269} + \frac{8}{9}\left(\frac{72.25}{151} + 0\right)$$

$$= 0.923 < 1.0 \qquad \text{(OK)}$$

해 답 이 부재는 AISC 설계기준을 만족한다.

6.3 소요강도에 대한 해석방법

휨과 축하중을 받는 부재의 해석에 대한 앞의 방법은 축하중이 대단히 크지 않는 한 만족스럽다. 축하중이 존재하면 2차모멘트를 발생시키며 축하중이 상대적으로 작지 않으면 추가모멘트를 고려해야 한다. 설명을 위해 축하중과 횡방향의 등분포하중을 받는 보-기둥을 보여주는 그림 6.3을 참조하라. 임의의 점 O에서 등분포하중에 의한 휨모멘트와 부재의 종축으로부터 편심에 작용하는 축하중으로 인한 추가모멘트 Py가 존재한다. 이러한 2차모멘트는 처짐이 최대인 곳에서 가장 크다. 이 경우, 중심선에서 총 모멘트는 $wL^2/8 + P\delta$이다. 물론, 횡하중으로 인한 처짐 이상으로 추가모멘트는 추가적인 처짐을 유발한다. 총 처짐은 직접 구할 수 없기 때문에 이 문제는 비선형이며, 처짐을 알지 못하면 모멘트를 계산할 수 없다.

부재 변형에 의해 발생되는 2차모멘트(그림 6.4(a)에 나타난 $P-\delta$ 모멘트)에 추가하여, 부재의 한 단이 다른 단에 대해 변위가 발생할 때 추가적 2차모멘트가 발생하게 된다. 이 모멘트를 $P-\Delta$ 모멘트라 부르며 그림 6.4(b)에서 설명하고 있다. 버팀대가 있는 골조에서는, 부재 양단은 변위가 일어나지 않으므로 $P-\delta$ 모멘트만 발생한다. 버팀대가 없는 골조에서는, 추가모멘트 $P\Delta$가 단부모멘트를 증가시킨다. 따라서 부재의 모멘트분포는 1차모멘트인 $P-\delta$ 모멘트와 $P-\Delta$ 모멘트의 조합이다.

그림 6.3

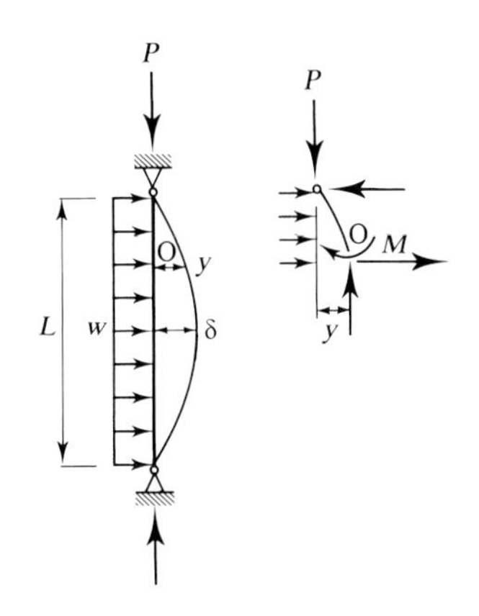

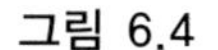

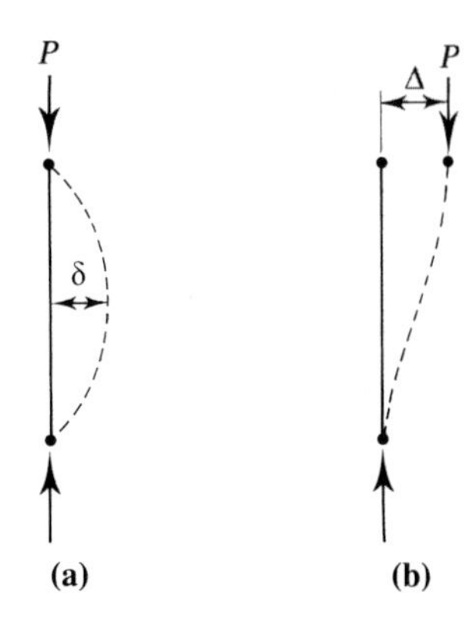

그림 6.4

버팀대가 없는 강절골조는 안정에 대해 절점에서의 모멘트 이동에 의존한다. 이러한 이유로 버팀대가 없는 골조는 종종 *모멘트골조*로 언급된다. 다층 건물은 버팀대가 있는 골조와 모멘트골조의 조합으로 구성할 수 있다.

아주 간단한 구조물을 제외한 모든 구조물에 대해, 휨모멘트와 축하중을 얻기 위해 전산 골조해석이 요구된다. 해석을 통하여 부재의 *소요강도*를 구하게 된다. 이 책의 4장에서 다룬 것처럼 압축부재의 유용강도는 부재 휘어짐과 비탄성을 고려한다. 소요강도에 대한 해석은 변형된 기하학, 부재 휘어짐(수직으로부터 편향), 비탄성을 고려해야 한다.

변형된 기하학을 고려하지 않는 일반적인 구조해석법은 *1차방법*으로 불려진다. 이러한 영향을 고려한 반복해석은 *2차방법*으로 언급된다.

AISC 설계기준 C장 "안정성 설계"는 소요 휨강도와 축방향압축강도를 결정하는 데 세 가지 방법을 제공한다: 직접해석법, 유효길이법, 1차해석법.

1. 직접해석법은 $P-\delta$효과와 $P-\Delta$효과를 모두 고려한 2차해석이다. 대안으로써 부록 8에 수록된 근사2차해석이 사용될 수 있다. 후자 방법은 증폭된 1차모멘트와 축하중을 사용한다. 2차해석과 근사2차해석 모두 직접해석법으로 간주된다. 직접해석법에서는 부재강성은 감소되고, $K=1$의 유효길이계수가 해석과 AISC 4장의 유용강도 산정에 모두 사용된다.
2. 유효길이해석법은 부록 7에서 다루고 있다. 이 방법도 2차해석 또는 근사2차해석을 요구한다. 상응하는 유용강도 계산은 4장 "압축부재"에서 논의되었다. 이름이 암시하듯이 유효길이계수 K가 결정되어야 한다. 부재강성은 감소되지 않는다.
3. 1차해석법은 어떤 조건이 만족될 때 사용될 수 있는 직접해석법의 간략화된 방법이다. 부록 7에서 다루고 있다. 유용강도에 대해 $K=1$의 유효길이계수가 사용된다. 부재강성은 감소되지 않는다.

실제 구조물의 모든 기둥은 수직이 아닌 부재로 발생되는 초기변위를 받게 된다. 세 가지 해석방법에서 부재 휘어짐은 하중조합에서 *개념하중*(notional loads)이라 불리는 가상 횡하중을 포함해 고려된다.

직접해석법이 선호하는 방법이다. 적절한 소프트웨어가 유용하면 2차해석법이 선택 방법이다. 2차해석법이 가능하지 않다면 직접해석법으로 받아들일 수 있는 모멘트증폭법을 사용할 수 있다. 이 책의 구조해석 결과는 모든 예제와 연습문제에 주어져 있으므로 독자가 해석을 수행할 필요는 없다. 휨모멘트와 압축력이 2차해석으로 구한 것이면 AISC 설계기준 H장으로부터 상관식을 직접 사용할 수 있다. 소요강도가 1차해석으로 구해지면 부록 8에 수록된 근사2차해석인 모멘트증폭법을 사용할 수 있다. 다음 절에서 모멘트증폭법을 상세하게 다룰 것이다.

6.4 모멘트증폭법

모멘트증폭법은 1차해석에서 휨하중(횡방향 하중 또는 부재 단부모멘트)으로 인한 최대휨모멘트를 계산하고 2차모멘트를 고려하기 위해 모멘트증폭계수(moment amplification factor)를 곱하는 것을 필요로 한다. 지금부터는 증폭계수에 대한 표현을 유도할 것이다.

그림 6.5는 축하중과 초기 구부러짐이 있는 단순지지된 부재를 보여준다. 이 초기 구부러짐은 다음과 같이 개략적으로 나타낼 수 있다.

$$y_0 = e \sin \frac{\pi x}{L}$$

여기서 e는 지간 중앙에 발생한 최대 초기변위이다. 그림에 나타난 좌표시스템에 대해, 모멘트-곡률관계는 다음과 같이 쓸 수 있다.

$$\frac{d^2 y}{dx^2} = -\frac{M}{EI}$$

휨모멘트 M은 부재 축에 대해 축하중 P의 편심에 의해 야기된다. 이 편심은 초기 구부러짐 y_o와 휨에 의한 추가처짐 y로 구성된다. 임의의 위치에서 모멘트는 다음과 같다.

$$M = P(y_0 + y)$$

그림 6.5

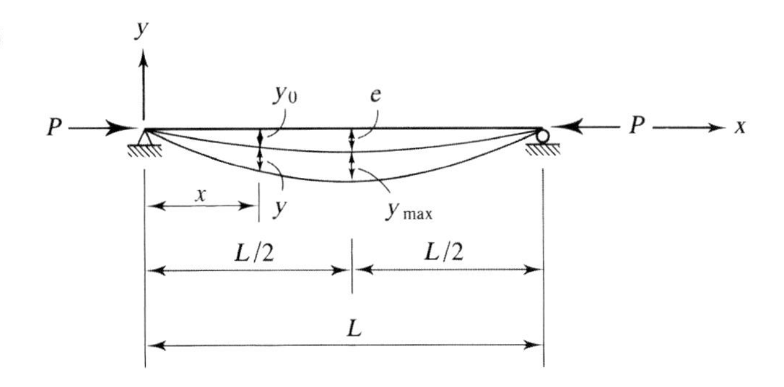

이 식을 미분방정식에 대입하면 다음의 식을 얻을 수 있다.

$$\frac{d^2y}{dx^2} = -\frac{P}{EI}\left(e\sin\frac{\pi x}{L} + y\right)$$

다시 정리하면 다음 식을 얻는다.

$$\frac{d^2y}{dx^2} + \frac{P}{EI}y = -\frac{Pe}{EI}\sin\frac{\pi x}{L}$$

위의 식은 일반적인 비동차 미분방정식이다. 위 식은 2차방정식이므로 두 개의 경계조건이 존재한다. 그림에 나타난 지지조건에 대해, 경계조건은 다음과 같다.

$$x = 0\text{에서 } y = 0, \quad x = L\text{에서 } y = 0$$

즉, 각 단부에서 변위는 0이다. 미분방정식과 경계조건을 모두 만족하는 함수는 다음과 같다.

$$y = B\sin\frac{\pi x}{L}$$

여기서 B는 상수이다. 미분방정식에 대입하면 다음의 식을 얻는다.

$$-\frac{\pi^2}{L^2}B\sin\frac{\pi x}{L} + \frac{P}{EI}B\sin\frac{\pi x}{L} = -\frac{Pe}{EI}\sin\frac{\pi x}{L}$$

상수에 대해 풀면, B는 다음과 같이 나타낼 수 있다.

$$B = \frac{\dfrac{-Pe}{EI}}{\dfrac{P}{EI} - \dfrac{\pi^2}{L^2}} = \frac{-e}{1 - \dfrac{\pi^2 EI}{PL^2}} = \frac{e}{\dfrac{P_e}{P} - 1}$$

여기서

$$P_e = \frac{\pi^2 EI}{L^2} = \text{오일러 좌굴하중}$$

$$\therefore\ y = B\sin\frac{\pi x}{L} = \left[\frac{e}{(P_e/P) - 1}\right]\sin\frac{\pi x}{L}$$

$$M = P(y_0 + y)$$

$$= P\left\{e\sin\frac{\pi x}{L} + \left[\frac{e}{(P_e/P) - 1}\right]\sin\frac{\pi x}{L}\right\}$$

최대모멘트는 $x = L/2$ 에서 발생한다:

$$M_{\max} = P\left[e + \frac{e}{(P_e/P) - 1}\right\}$$

$$= Pe\left[\frac{(P_e/P) - 1 + 1}{(P_e/P) - 1}\right\}$$

$$= M_0\left[\frac{1}{1-(P/P_e)}\right]$$

여기서 M_o는 확대되지 않은 최대모멘트이다. 이 경우에는 M_o는 초기 구부러짐의 결과이지만 일반적으로 횡하중 또는 단부모멘트의 결과이다. 그러므로 모멘트증폭계수는 다음과 같다.

$$\frac{1}{1-(P/P_e)}$$

부재 처짐은 좌굴형상에 상응하기 때문에, 축하중은 파괴하중, 즉 LRFD 공식에 대응하는 하중이다. 그러므로 증폭계수는 다음과 같이 표현되어야 한다.

$$\frac{1}{1-(P_u/P_e)} \tag{6.7}$$

여기서 P_u는 계수축하중이다. 식 6.7에서 나타난 형태는 LRFD에 대해 적절하다. ASD에 대해, 나중에 설명될 다른 형태가 사용될 것이다.

나중에 설명하겠지만, AISC 모멘트증폭계수의 정확한 형식은 식 6.7에서 보여주는 것과는 다소 다르다.

예제 6.2 **식 6.7을 사용해 예제 6.1의 보-기둥에 대한 LRFD 증폭계수를 계산하라.**

풀 이 오일러하중 P_e는 모멘트에 대한 증폭계수의 부분이므로 휨축에 대해 계산되어야 한다. 이 경우 휨축은 x축이다. 유효길이의 표현으로 오일러하중은 다음과 같이 쓸 수 있다.

$$P_e = \frac{\pi^2 EI}{(L_c)^2} = \frac{\pi^2 EI_x}{(K_x L)^2} = \frac{\pi^2(29{,}000)(272)}{(1.0\times 17\times 12)^2} = 1871\ \text{kips}$$

예제 6.1의 LRFD 풀이로부터, $P_u = 200.4\ \text{kips}$,

$$\frac{1}{1-(P_u/P_e)} = \frac{1}{1-(200.4/1871)} = 1.12$$

휨모멘트가 12% 증가하는 것을 나타낸다. LRFD 증폭 1차모멘트는,

$$1.12\times M_u = 1.12(107.1) = 120\ \text{ft-kips}$$

해 답 증폭계수 $= 1.12$.

6.5 버팀대가 있는 골조와 버팀대가 없는 골조

6.3절 "소요강도에 대한 해석방법"에서 설명한 것처럼 2차모멘트의 두 가지 유형이 있다: $P-\delta$(부재 처짐에 의해 야기되는)과 $P-\Delta$(부재가 버팀대가 없는 골조[모멘트골조]의 부분일 때 횡변위 영향에 의해 발생되는). 이러한 이유로 두 가지 증폭계수를 사용해야 한다. AISC 설계기준은 이것을 부록 8 "근사2차해석"에서 다루고 있다. 접근방법은 미국콘크리트학회의 철근콘크리트 건물규준(ACI, 2014)에서 사용되는 것과 동일하다. 그림 6.4는 처짐에 대한 두 개의 성분을 보여주고 있다. 그림 6.4(a)에서 부재는 횡변위에 구속되어 있고 최대2차모멘트는 $P\delta$ 인데 이것은 부재의 최대모멘트에 합하여진다. 골조가 실제로 버팀지지되어 있지 않으면 그림 6.4(b)에서와 같이 횡변위로 인한 2차모멘트의 추가성분이 존재한다. 이 2차모멘트는 단부모멘트의 확대를 나타내는 최댓값 $P\Delta$ 을 갖는다.

이러한 두 가지 효과를 약산하기 위하여 증폭계수 B_1과 B_2는 두 가지 모멘트 형태에 대해 사용된다. 설계에 사용되는 증폭모멘트는 다음과 같이 하중과 모멘트로부터 계산된다(여기서 아래첨자 x와 y는 생략된다; 증폭모멘트는 모멘트가 작용하는 각 축에 대해 다음과 같은 방법으로 계산되어야 한다):

$$M_r = B_1 M_{nt} + B_2 M_{lt} \qquad \text{(AISC 식 A-8-1)}$$

여기서

M_r = 소요모멘트강도

= M_u : LRFD에 대해

= M_a : ASD에 대해

M_{nt} = 골조의 버팀지지상태에 무관하게 횡변위가 일어나지 않는다고 가정한 최대모멘트(아래첨자 "nt"는 "변위가 없는 것"이다.) M_{nt} 는 LRFD에 대해 계수하중모멘트이고, ASD에 대해 사용하중모멘트이다.

M_{lt} = 횡변위로 인한 최대모멘트(아래첨자 "lt"는 "횡변위"에 대한 것이다). 이 모멘트는 횡하중 또는 불균형 연직하중으로 발생된다. 만약 골조가 비대칭이거나 연직하중이 비대칭으로 작용하면 연직하중은 횡변위를 발생시킨다. 골조가 실제로 버팀지지되어 있으면 M_{lt} 는 0이 된다. M_{lt} 는 LRFD의 경우 계수하중모멘트이고, ASD의 경우 사용하중모멘트이다.

B_1 = 횡변위에 대해 버팀지지되어 있을 때 부재에 발생하는 모멘트증폭계수 ($P-\delta$ 모멘트).

B_2 = 횡변위로 인한 모멘트증폭계수($P-\Delta$ 모멘트).

소요모멘트강도에 추가하여 소요축방향강도는 2차효과를 고려해야 한다. 소요축방향강도는 하중이 작용하는 동안 구조물의 변형기하학에 영향을 받게 된다. 변형은 부재변위(δ)의 결과가 아니고 절점변위(Δ)의 소산이다. 소요축방향압축강도는 다음과 같이 주어진다.

$$P_r = P_{nt} + B_2 P_{lt} \qquad \text{(AISC 식 A-8-2)}$$

여기서

P_{nt} = 버팀지지된 상태에 대응하는 축하중

P_{lt} = 횡변위 상태에 대응하는 축하중

다음 절에서 B_1과 B_2의 평가방법을 다룬다.

6.6 버팀대가 있는 골조의 부재

식 6.7에 주어진 증폭계수는 횡변위에 대해 버팀지지된, 즉 양단 상호 간 변위가 발생할 수 없는 부재에 대해 유도되었다. 그림 6.6은 단곡률 휨(부재의 전체길이를 따라 한 면에 인장이나 압축을 발생시키는 휨)을 발생시키는 크기가 같은 단부모멘트를 받고 있는 부재를 보여준다. 최대모멘트증폭은 처짐이 최대인 중앙에서 발생한다. 크기가 같은 단부모멘트에 대해, 모멘트는 부재의 전체길이에 걸쳐 일정하므로 최대1차모멘트도 중앙에서 발생한다. 따라서 최대2차모멘트와 최대1차모멘트를 합한다. 단부모멘트가 같지 않더라도, 하나가 시계방향이고 다른 하나가 반시계방향인 모멘트이면 단곡률 휨이 될 것이고, 최대1차모멘트와 2차모멘트는 서로 근처에서 발생하게 될 것이다.

그림 6.7에서처럼 작용 단부모멘트가 역곡률 휨을 발생시키면 위의 경우와 다르다. 여기서는 최대1차모멘트는 양단의 한쪽에서 일어나며 최대모멘트증폭은 양단 사이

그림 6.6

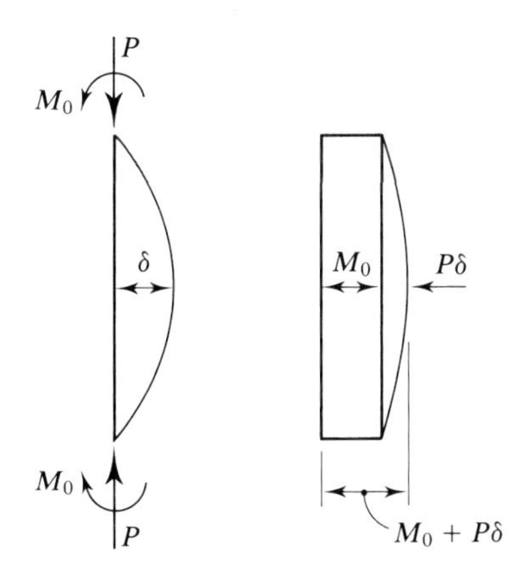

그림 6.7

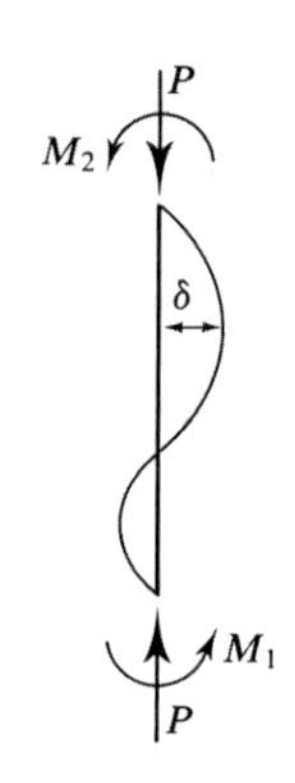

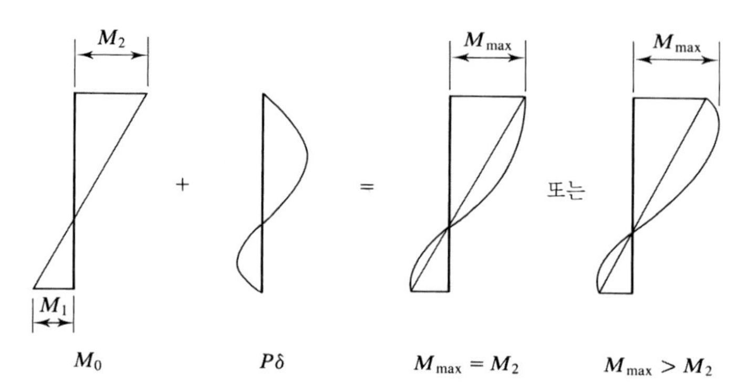

에서 발생한다. 축하중 P의 값에 따라 증폭모멘트는 단부모멘트보다 크거나 작을 수도 있다.

그러므로 보-기둥에서 최대모멘트는 부재 내의 휨모멘트 분포에 따라 결정된다. 이 분포는 식 6.7에 주어진 증폭계수에 적용되는 계수 C_m에 의해 고려된다. 식 6.7에 주어진 증폭계수는 최악의 경우에 대해 유도되었으므로, C_m은 결코 1.0보다 클 수 없다. 증폭계수의 최종형태는 다음과 같다.

$$B_1 = \frac{C_m}{1-(\alpha P_r/P_{e1})} \geq 1 \qquad \text{(AISC 식 A-8-3)}$$

여기서

P_r = 소요 비증폭 축방향압축강도($P_{nt} + P_{lt}$)

= P_u: LRFD에 대해

= P_a: ASD에 대해

α = 1.00: LRFD에 대해

= 1.60: ASD에 대해

$$P_{e1} = \frac{\pi^2 EI^*}{(L_{c1})^2} \qquad \text{(AISC 식 A-8-5)}$$

EI^* = 휨강성

직접해석법에서, EI^*는 다음과 같이 얻어지는 감소된 휨강성이다.

$$EI^* = 0.8\tau_b EI \tag{6.8}$$

여기서

τ_b = 강성감소계수

$= 1.0 \;:\; \dfrac{\alpha P_r}{P_{ns}} \le 0.5$일 때 (AISC 식 C2-2a)

$= 4\left(\alpha \dfrac{P_r}{P_{ns}}\right)\left(1-\alpha \dfrac{P_r}{P_{ns}}\right) \;:\; \dfrac{\alpha P_r}{P_{ns}} > 0.5$일 때 (AISC 식 C2-2b)

여기서

P_{ns} = 단면 압축강도

$= F_y A_g$: 비세장판단면에 대해

$= F_y A_e$: 세장판단면에 대해

이 강성감소계수는 비탄성 기둥에 대한 유효길이 도표와 관련하여 4장에서 사용한 계수와 동일하다. 어떤 조건에서는 $\alpha P_r / P_{ns} > 0.5$일지라도 τ_b를 1.0으로 취할 수 있다. 6.3절에서 언급한 것처럼 직접해석법을 포함한 수용할 수 있는 골조해석법은 기둥의 초기 구부러짐을 고려하기 위해 추가 개념하중의 적용을 요구한다. AISC C2.3(c)는 작은 추가적인 개념하중이 포함되면 $\tau_b = 1.0$의 사용을 허용한다. 이 책에서는 이 경우라고 가정하고 $\tau_b = 1.0$을 사용한다. 이 책에서는 어떤 구조해석도 수행하지 않으며 단지 해석결과만 사용한다는 것을 명심하라.

유효길이법과 1차법에서는 휨강성은 감소되지 않고 $EI^* = EI$이다. 단면2차모멘트 I와 유효길이계수 L_{c1}은 휨 축에 대한 것이고 더욱 엄밀한 값이 계산되지 않는다면 $L_{c1} = L$이다(AISC 부록 7). 아래첨자 1은 버팀대가 있는 상태에 대응하고 아래첨자 2는 버팀대가 없는 상태에 대응한다는 데 주시하라.

C_m의 계산

계수 C_m은 버팀대가 있는 조건에만 적용한다. 부재의 두 가지 범주가 있다: 양단 사이에 횡하중이 작용하는 부재와 횡하중이 작용하지 않는 부재. 그림 6.8(b)와 (c)는 이 두 가지 경우를 설명한다(부재 AB가 고려 중인 보-기둥이다).

1. 부재에 횡하중이 작용하지 않으면,

$$C_m = 0.6 - 0.4\left(\frac{M_1}{M_2}\right) \quad \text{(AISC 식 A-8-4)}$$

M_1/M_2은 부재 양단에서 휨모멘트의 비이다. M_1은 절댓값이 작은 단부모멘

그림 6.8

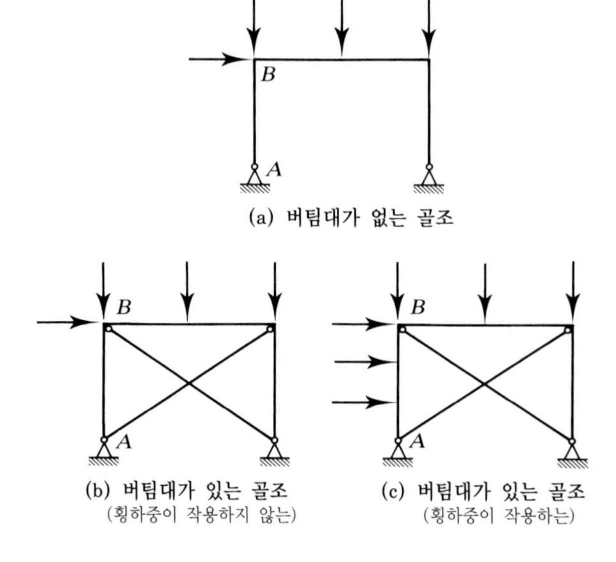

트이며 M_2는 큰 단부모멘트이다. 이 비는 역곡률로 휘는 부재는 (+)부호이고 단곡률 휨의 경우는 (−)부호를 가진다(그림 6.9). 역곡률((+)비)은 M_1과 M_2둘 다 시계방향 또는 반시계방향일 때 발생한다.

2. 횡하중이 작용하는 부재에 대해, C_m은 1.0으로 취할 수 있다. 횡하중을 받는 부재에 대해 좀 더 정교한 방법은 AISC 설계기준 부록 8에 대한 해설편에 주어져 있다. 계수 C_m은 다음과 같이 주어져 있다.

$$C_m = 1 + \Psi\left(\frac{\alpha P_r}{P_{e1}}\right) \qquad \text{(AISC 식 C-A-8-2)}$$

계수 Ψ는 여러 일반적인 상황에 대해 구하였으며, 강구조편람 해설편 표 C-A-8.1에 수록되어 있다.

그림 6.9

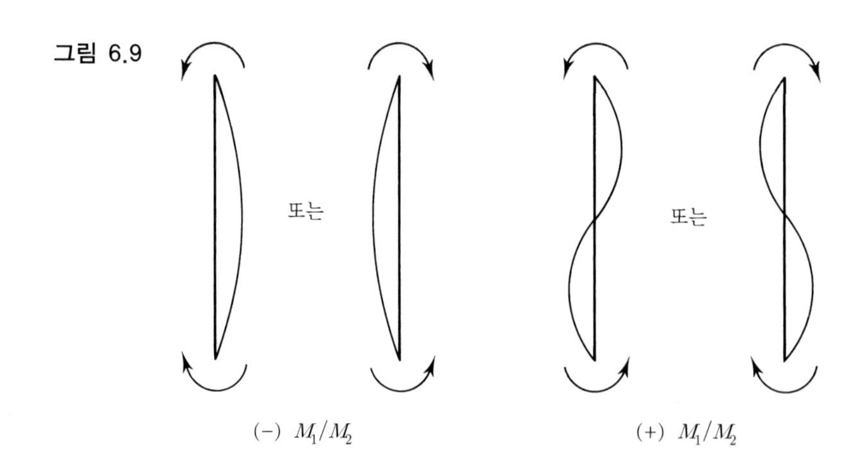

예제 6.3 그림 6.10의 부재는 버팀대가 있는 골조의 일부분이다. 유효길이법에 일치하는 해석이 수행되었다. 따라서 휨강성 EI는 감소되지 않았다. A572 등급 50 강재가 사용된다면 이 부재는 적당한가? $L_{cx} = L_{cy} = L$.

그림 6.10

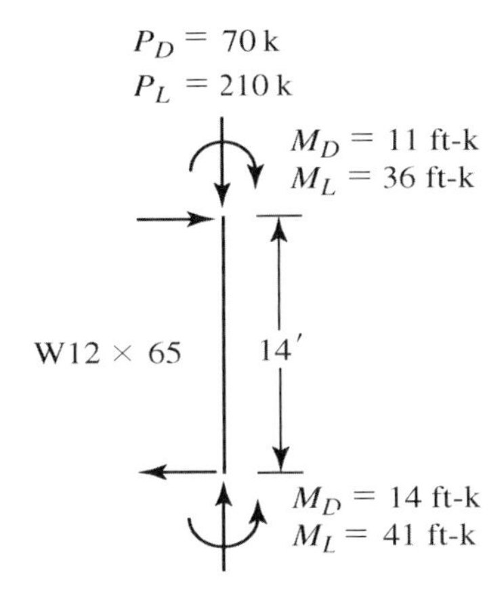

LRFD 풀이 하중조합 2로부터 계산된 계수하중이 그림 6.11에 나타나 있다. 어떤 상관관계식을 적용할지를 결정한다. 소요압축강도는,

$$P_r = P_u = P_{nt} + B_2 P_{lt}$$

$$= 420 + 0 = 420 \text{ kips} \quad (\text{횡지지된 골조에 대해 } B_2 = 0)$$

편람 표 6-2로부터, $L_c = 14$ ft에 대해 W12×65의 축방향압축강도는

$$\phi_c P_n = 685 \text{ kips}$$

$$\frac{P_u}{\phi_c P_n} = \frac{420}{685} = 0.6131 > 0.2$$

∴ 식 6.3(AISC 식 H1-1a)을 사용한다.

그림 6.11

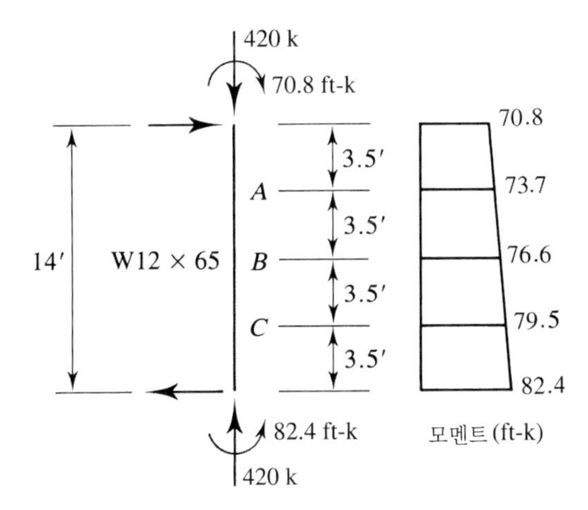

휨 면에서,

$$P_{e1} = \frac{\pi^2 EI}{(L_{c1})^2} = \frac{\pi^2 EI_x}{(L_{cx})^2} = \frac{\pi^2(29{,}000)(533)}{(14\times 12)^2} = 5405\ \text{kips}$$

$$C_m = 0.6 - 0.4\left(\frac{M_1}{M_2}\right) = 0.6 - 0.4\left(-\frac{70.8}{82.4}\right) = 0.9437$$

$$B_1 = \frac{C_m}{1-(\alpha P_r/P_{e1})} = \frac{C_m}{1-(1.00P_u/P_{e1})}$$

$$= \frac{0.9437}{1-(420/5405)} = 1.023$$

$C_b = 1.0$과 $L_b = 14$ ft을 사용해 강구조편람 표 6-2로부터, 모멘트 강도는

$$\phi_b M_n = 345\ \text{ft-kips}$$

실제 C_b값에 대해, 그림 6.11의 모멘트도를 참조한다:

$$C_b = \frac{12.5M_{\max}}{2.5M_{\max} + 3M_A + 4M_B + 3M_c}$$
$$= \frac{12.5(82.4)}{2.5(82.4)+3(73.7)+4(76.6)+3(79.5)} = 1.060$$

$$\therefore\ \phi_b M_n = C_b(345) = 1.060(345) = 366\ \text{ft-kips}$$

그러나 $\phi_b M_p = 356$ ft-kips(표 6-2로부터 $L_b = 0$에 대한 $\phi_b M_n$로 구한) < 366ft-kips이므로 $\phi_b M_n = 356$ ft-kips을 사용한다(W 12×65는 $F_y = 50$ ksi에 대해 비조밀단면이므로, 356 ft-kips는 단면의 완전항복보다는 FLB에 근거한 설계강도이다). 계수하중모멘트는,

$$M_{nt} = 82.4\ \text{ft-kips} \qquad M_{lt} = 0$$

AISC 식 A-8-1로부터, 소요모멘트강도는

$$M_r = M_u = B_1 M_{nt} + B_2 M_{lt} = 1.023(82.4) + 0 = 84.30\ \text{ft-kips} = M_{ux}$$

식 6.3(AISC 식 H1-1a)으로부터,

$$\frac{P_u}{\phi_c P_n} + \frac{8}{9}\left(\frac{M_{ux}}{\phi_b M_{nx}} + \frac{M_{uy}}{\phi_b M_{ny}}\right) = 0.6131 + \frac{8}{9}\left(\frac{84.30}{356} + 0\right)$$
$$= 0.824 < 1.0 \qquad \text{(OK)}$$

해 답 이 부재는 만족스럽다.

ASD 풀이 하중조합 2로부터 계산된 사용하중은 그림 6.12에서 보여준다. 어떤 상관관계식을 적용할지를 결정한다. 소요압축강도는,

$$P_r = P_a = P_{nt} + B_2 P_{lt}$$
$$= 280 + 0 = 280\ \text{kips} \qquad (\text{횡지지된 골조에 대해 } B_2 = 0)$$

그림 6.12

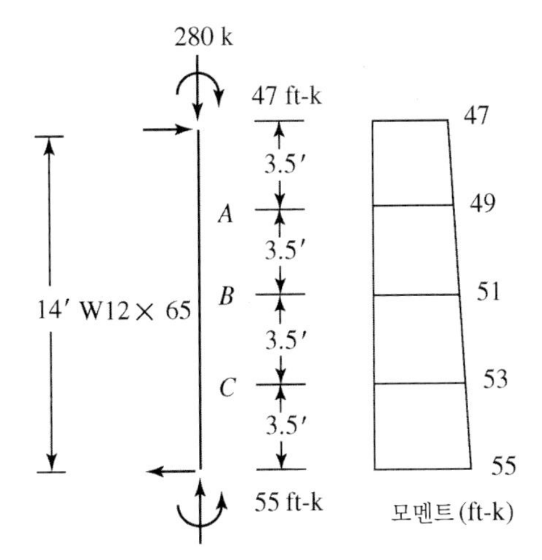

표 6-2로부터, $L_c = 14$ ft에 대해 W12×65의 축방향압축강도는

$$\frac{P_n}{\Omega_c} = 456 \text{ kips}$$

$$\frac{P_a}{P_n/\Omega_c} = \frac{280}{456} = 0.6140 > 0.2$$

∴ 식 6.5(AISC 식 H1-1a)을 사용한다.

휨 면에서,

$$P_{e1} = \frac{\pi^2 EI}{(L_{c1})^2} = \frac{\pi^2 EI_x}{(L_{cx})^2} = \frac{\pi^2(29{,}000)(533)}{(14 \times 12)^2} = 5405 \text{ kips}$$

$$C_m = 0.6 - 0.4\left(\frac{M_1}{M_2}\right) = 0.6 - 0.4\left(-\frac{47}{55}\right) = 0.9418$$

$$B_1 = \frac{C_m}{1 - (\alpha P_r/P_{e1})} = \frac{C_m}{1 - (1.60P_a/P_{e1})}$$

$$= \frac{0.9418}{1 - (1.60 \times 280/5405)} = 1.027$$

$C_b = 1.0$과 $L_b = 14$ ft을 사용해 표 6-2로부터, 모멘트강도는

$$\frac{M_n}{\Omega_b} = 230 \text{ ft-kips}$$

실제 C_b값에 대해, 그림 6.12의 모멘트도를 참조한다:

$$C_b = \frac{12.5M_{\max}}{2.5M_{\max} + 3M_A + 4M_B + 3M_C}$$

$$= \frac{12.5(55)}{2.5(55) + 3(49) + 4(51) + 3(53)} = 1.062$$

$$\therefore \frac{M_n}{\Omega_b} = C_b(230) = 1.062(230) = 244.3 \text{ ft-kips}$$

그러나 $M_p/\Omega_b = 237$ ft-kips($L_b = 0$을 사용해 표 6-2로부터) < 244.3 ft-kips이므로 $M_n/\Omega_b = 237$ ft-kips을 사용한다.

(W 12×65는 $F_y = 50$ ksi에 대해 비조밀단면이므로, 237 ft-kips는 단면의 완전항복보다는 FLB에 근거한 설계강도이다.) 증폭되지 않은 모멘트는,

$$M_{nt} = 55 \text{ ft-kips} \qquad M_{lt} = 0$$

AISC 식 A-8-1로부터, 소요모멘트강도는

$$M_r = M_a = B_1 M_{nt} + B_2 M_{lt} = 1.027(55) + 0 = 56.49 \text{ ft-kips} = M_{ax}$$

식 6.5(AISC 식 H1-1a)로부터,

$$\frac{P_a}{P_n/\Omega_c} + \frac{8}{9}\left(\frac{M_{ax}}{M_{nx}/\Omega_b} + \frac{M_{ay}}{M_{ny}/\Omega_b}\right) = \frac{280}{456} + \frac{8}{9}\left(\frac{56.49}{237} + 0\right)$$

$$= 0.826 < 1.0 \qquad \text{(OK)}$$

해 답 이 부재는 만족스럽다.

계수나 비계수 모멘트의 사용에 상관없이 C_b의 값은 거의 같다는 데 주시하라.

예제 6.4 **그림 6.13의 수평 보-기둥은 그림에 나타난 사용활하중을 받고 있다. 이 부재는 양단에 횡방향으로 지지되어 있고, 휨은 x축에 대한 것이다. AISC 설계기준에 따라 검토하라. $K_x = K_y = 1.0$.**

그림 6.13

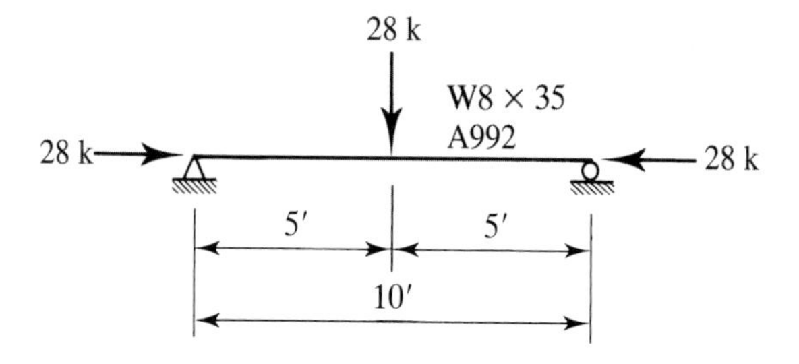

LRFD 풀이 계수축하중은

$$P_u = 1.6(28) = 44.8 \text{ kips}$$

계수횡하중과 휨모멘트는,

$$Q_u = 1.6(28) = 44.8 \text{ kips}$$

$$w_u = 1.2(0.035) = 0.042 \text{ kips/ft}$$

$$M_u = \frac{44.8(10)}{4} + \frac{0.042(10)^2}{8} = 112.5 \text{ ft-kips}$$

이 부재는 횡변위에 대해 지지되어 있으므로, $M_{lt} = 0$.

모멘트증폭계수를 계산한다: 횡변위에 버팀지지되고 횡하중이 작용하는 부재에 대해, C_m은 1.0을 취할 수 있다. 좀 더 정확한 값은 AISC 부록 8에 대한 해설편에서 구할 수 있다:

$$C_m = 1 + \Psi\left(\frac{\alpha P_r}{P_{e1}}\right) \qquad \text{(AISC 식 C-A-8-2)}$$

해설편 표 C-A-8.1로부터, 이 보-기둥의 지지조건과 하중조건에 대해 $\Psi = -0.2$이다. 휨 축에 대해,

$$P_{e1} = \frac{\pi^2 EI}{(L_{c1})^2} = \frac{\pi^2 EI_x}{(K_x L)^2} = \frac{\pi^2 (29{,}000)(127)}{(10 \times 12)^2} = 2524 \text{ kips}$$

$$C_m = 1 + \Psi\left(\frac{\alpha P_r}{P_{e1}}\right) = 1 - 0.2\left(\frac{1.00 P_u}{P_{e1}}\right) = 1 - 0.2\left(\frac{44.8}{2524}\right) = 0.9965$$

증폭계수는,

$$B_1 = \frac{C_m}{1-(\alpha P_r/P_{e1})} = \frac{C_m}{1-(1.00 P_u/P_{e1})} = \frac{0.9965}{1-(44.8/2524)} = 1.015$$

증폭휨모멘트는,

$$M_u = B_1 M_{nt} + B_2 M_{lt} = 1.015(112.5) + 0 = 114.2 \text{ ft-kips}$$

편람 표 6-2로부터, $L_b = 10$ ft와 $C_b = 1$에 대해,

$$\phi_b M_n = 123 \text{ ft-kips}$$

보의 자중은 집중 활하중에 비해 매우 작기 때문에, C_b는 그림 5.15(c)로부터 1.32를 취할 수도 있다. 이 값을 사용하면 설계모멘트는,

$$\phi_b M_n = 1.32(123) = 162.4 \text{ ft-kips}$$

이 모멘트는 $\phi_b M_p = 130$ ft-kips 보다 크므로 설계강도는 이 값으로 제한되어야 한다. 그러므로

$$\phi_b M_n = 130 \text{ ft-kips}$$

상관관계식을 검토한다: 편람 표 6-2로부터, $L_c = 10$ ft에 대해,

$$\phi_c P_n = 359 \text{ kips}$$

$$\frac{P_u}{\phi_c P_n} = \frac{44.8}{359} = 0.1248 < 0.2$$

∴ 식 6.4 (AISC 식 H1-1b)를 사용한다.

$$\frac{P_u}{2\phi_c P_n} + \left(\frac{M_{ux}}{\phi_b M_{nx}} + \frac{M_{uy}}{\phi_b M_{ny}}\right) = \frac{0.1248}{2} + \left(\frac{114.2}{130} + 0\right)$$

$$= 0.941 < 1.0 \qquad \text{(OK)}$$

해 답 W8×35는 적당하다.

ASD 풀이 작용축하중은

$$P_a = 28 \text{ kips}$$

작용횡하중은

$$Q_a = 28 \text{ kips}, \quad w_a = 0.035 \text{ kips/ft}$$

그리고 최대휨모멘트는,

$$M_{nt} = \frac{28(10)}{4} + \frac{0.035(10)^2}{8} = 70.44 \text{ ft-kips}$$

이 부재는 단부변위에 대하여 버팀지지되어 있으므로, $M_{lt} = 0$.

모멘트증폭계수를 계산한다: 횡변위에 버팀지지되고 횡하중이 작용하는 부재에 대해, C_m은 1.0을 취할 수 있다. 좀 더 정확한 값은 AISC 부록 8에 대한 해설편에서 구할 수 있다:

$$C_m = 1 + \Psi\left(\frac{\alpha P_r}{P_{e1}}\right) \qquad \text{(AISC 식 C-A-8-2)}$$

해설편 표 C-A-8.1로부터, 이 보-기둥의 지지조건과 하중조건에 대해 $\Psi = -0.2$이다. 휨 축에 대해,

$$P_{e1} = \frac{\pi^2 EI}{(L_{c1})^2} = \frac{\pi^2 EI_x}{(K_x L)^2} = \frac{\pi^2(29{,}000)(127)}{(10 \times 12)^2} = 2524 \text{ kips}$$

$$C_m = 1 + \Psi\left(\frac{\alpha P_r}{P_{e1}}\right) = 1 - 0.2\left(\frac{1.60 P_a}{P_{e1}}\right) = 1 - 0.2\left(\frac{1.60 \times 28}{2524}\right) = 0.9965$$

$$B_1 = \frac{C_m}{1 - (\alpha P_r / P_{e1})} = \frac{C_m}{1 - (1.60 P_a / P_{e1})}$$

$$= \frac{0.9965}{1 - (1.60 \times 28 / 2524)} = 1.015$$

$$M_a = B_1 M_{nt} = 1.015(70.44) = 71.50 \text{ ft-kips}$$

$C_b = 1.0$과 $L_b = 10$ ft을 사용해 표 6-2로부터, 모멘트강도는

$$\frac{M_n}{\Omega_b} = 82.0 \text{ ft-kips}$$

보의 자중은 집중 활하중과 비교하여 매우 작기 때문에 C_b는 그림 5.15(c)로부터 1.32를 취할 수도 있다. 이 값을 사용하면 허용모멘트는,

$$\frac{M_n}{\Omega_b} = 1.32(82.0) = 108.2 \text{ ft-kips}$$

이 값은 $\frac{M_p}{\Omega_b} = 86.6$ 보다 크므로, $\frac{M_n}{\Omega_b} = \frac{M_p}{\Omega_b} = 86.6$ ft-kips을 사용한다.

축방향압축강도를 계산한다: 표 6-2로부터, $L_c = 10$ ft에 대해,

$$\frac{P_n}{\Omega_c} = 238 \text{ kips}$$

어떤 상관관계식을 사용할지 결정한다:

$$\frac{P_a}{P_n/\Omega_c} = \frac{28}{238} = 0.1176 < 0.2$$

∴ 식 6.6 (AISC 식 H1-1b)을 사용한다.

$$\frac{P_a}{2P_n\Omega_c} + \left(\frac{M_{ax}}{M_{nx}/\Omega_b} + \frac{M_{ay}}{M_{ny}/\Omega_b}\right) = \frac{0.1176}{2} + \left(\frac{71.50}{86.6} + 0\right)$$

$$= 0.884 < 1.0 \qquad \text{(OK)}$$

해 답 W8×35는 적당하다.

예제 6.5 **그림 6.14에 나타난 부재는 A572 등급 50 강재로 제작된 W12×65이다. 감소 부재강성을 사용하여 1차해석이 수행되었다. AISC 부록 8의 근사2차해석법을 사용할 수 있는데 이는 직접해석법이 된다. LRFD에 대해, 지배되는 계수하중조합에 대한 해석결과는 $P_{nt} = 300$ kips, $M_{ntx} = 135$ ft-kips, $M_{nty} = 30$ ft-kips이다. ASD에 대해, 지배되는 하중조합에 대한 해석결과는 $P_{nt} = 200$ kips, $M_{ntx} = 90$ ft-kips, $M_{nty} = 20$ ft-kips 이다. $K_y = 1.0$을 사용해 AISC 설계기준에 따라 이 부재를 조사하라.**

그림 6.14

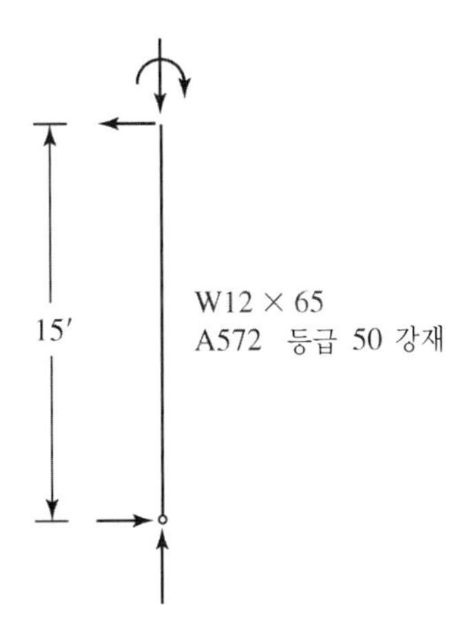

LRFD 풀이 강축 휨모멘트를 계산한다:

$$C_{mx} = 0.6 - 0.4\left(\frac{M_1}{M_2}\right) = 0.6 - 0.4(0) = 0.6$$

수정된 휨강성 EI^*이 골조해석에 사용되었기 때문에 P_{e1}의 계산에

도 EI^*가 사용되어야 한다. 식 6.8로부터,

$$EI^* = 0.8\tau_b EI = 0.8(1.0)EI = 0.8EI$$

(이 책에서는 $\tau_b = 1.0$을 사용하기 위한 조항은 만족한다고 가정한다.)

$$L_{c1} = L_{cx} = K_x L = 1.0(15 \times 12) = 180\,\text{in}.$$

$$P_{e1x} = \frac{\pi^2 EI^*}{(L_{c1})^2} = \frac{\pi^2(0.8EI_x)}{(L_{c1})^2} = \frac{\pi^2(0.8)(29{,}000)(533)}{(180)^2} = 3767\,\text{kips}$$

$$B_{1x} = \frac{C_{mx}}{1-(\alpha P_r/P_{e1x})} = \frac{C_{mx}}{1-(1.00P_u/P_{e1x})} = \frac{0.6}{1-(300/3767)}$$

$$= 0.652 < 1.0 \qquad \therefore\ B_{1x} = 1.0\text{을 사용한다.}$$

소요모멘트강도는,

$$M_r = M_{ux} = B_{1x}M_{ntx} + B_{2x}M_{ltx} = 1.0(135) + 0 = 135.0\ \text{ft-kips}$$

표 6-2로부터, $C_b = 1.0$과 $L_b = 15$ ft을 사용해, 모멘트강도는

$$\phi_b M_{nx} = 340\ \text{ft-kips},\quad \phi_b M_{px} = 356\ \text{ft-kips}$$

그림 5.15(g)로부터, $C_b = 1.67$

$$C_b \times (C_b = 1.0\text{에 대한 } \phi_b M_{nx}) = 1.67(340) = 567.8\ \text{ft-kips}$$

이 값은 $\phi_b M_{px}$보다 크므로, $\phi_b M_{nx} = \phi_b M_{px} = 356$ ft-kips을 사용한다.

약축 휨모멘트를 계산한다:

$$C_{my} = 0.6 - 0.4\left(\frac{M_1}{M_2}\right) = 0.6 - 0.4(0) = 0.6$$

$$P_{e1y} = \frac{\pi^2 EI^*}{(L_{c1})^2} = \frac{\pi^2(0.8EI_y)}{(K_y L)^2} = \frac{\pi^2(0.8)(29{,}000)(174)}{(1.0 \times 15 \times 12)^2} = 1230\,\text{kips}$$

여기서 $L_{c1} = K_1 L = K_y L$.

$$B_{1y} = \frac{C_{my}}{1-(\alpha P_r/P_{e1y})} = \frac{C_{my}}{1-(1.00P_u/P_{e1y})} = \frac{0.6}{1-(300/1230)}$$

$$= 0.794 < 1.0 \qquad \therefore\ B_{1y} = 1.0\text{을 사용한다.}$$

소요모멘트강도는,

$$M_r = M_{uy} = B_{1y}M_{nty} + B_{2y}M_{lty} = 1.0(30) + 0 = 30\ \text{ft-kips}$$

표 6-2로부터, $\phi_b M_{ny} = 161$ ft-kips.

이 형상의 플랜지는 비조밀하기 때문에(단면제원 및 특성표의 각주를 참조) 약축 휨강도는 FLB에 의해 제한된다(이 책의 5.15절과 AISC 설계기준의 F장을 참조). 이것은 표 6-2값에 고려되어 있다.

소요축방향압축강도는,

$$P_r = P_u = P_{nt} + B_2 P_{lt} = 300 + 0 = 300\,\text{kips}$$

표 6-2로부터 축방향압축설계강도는,

$$\phi_c P_n = 663 \text{ kips}$$

사용할 상관관계식을 결정한다:

$$\frac{P_u}{\phi_c P_n} = \frac{300}{663} = 0.4525 > 0.2$$

∴ 식 6.3(AISC 식 H1-1a)을 사용한다.

$$\frac{P_u}{\phi_c P_n} + \frac{8}{9}\left(\frac{M_{ux}}{\phi_b M_{nx}} + \frac{M_{uy}}{\phi_b M_{ny}}\right) = 0.4525 + \frac{8}{9}\left(\frac{135}{356} + \frac{30}{161}\right)$$

$$= 0.955 < 1.0 \qquad \text{(OK)}$$

해 답 W 12 × 65는 만족스럽다.

ASD 풀이 **강축 휨모멘트를 계산한다:**

$$C_{mx} = 0.6 - 0.4\left(\frac{M_1}{M_2}\right) = 0.6 - 0.4(0) = 0.6$$

수정된 휨강성 EI^*이 골조해석에 사용되었기 때문에 P_{e1}의 계산에도 EI^*가 사용되어야 한다. 식 6.8로부터,

$$EI^* = 0.8\tau_b EI = 0.8(1.0)EI = 0.8EI$$

$$P_{e1x} = \frac{\pi^2 EI^*}{(K_1 L)^2} = \frac{\pi^2(0.8EI_x)}{(K_x L)^2} = \frac{\pi^2(0.8)(29{,}000)(533)}{(1.0 \times 15 \times 12)^2} = 3767 \text{ kips}$$

$$B_{1x} = \frac{C_{mx}}{1 - (\alpha P_r / P_{e1x})} = \frac{C_{mx}}{1 - (1.60 P_a / P_{e1x})}$$

$$= \frac{0.6}{1 - (1.60 \times 200/3767)} = 0.656 < 1.0$$

∴ $B_{1x} = 1.0$을 사용한다.

$$M_r = M_{ax} = B_{1x} M_{ntx} + B_{2x} M_{ltx} = 1.0(90) + 0 = 90.0 \text{ ft-kips}$$

표 6-2로부터, $C_b = 1.0$과 $L_b = 15$ ft을 사용해, 모멘트강도는

$$\frac{M_{nx}}{\Omega_b} = 226 \text{ ft-kips}, \qquad \frac{M_{px}}{\Omega_b} = 237 \text{ ft-kips}$$

그림 5.15(g)로부터, $C_b = 1.67$,

$$C_b \times \left(C_b = 1.0\text{에 대한 } \frac{M_{nx}}{\Omega_b}\right) = 1.67(226) = 377.4 \text{ ft-kips}$$

이 결과는 $\frac{M_{px}}{\Omega_b}$ 보다 크므로, $\frac{M_{nx}}{\Omega_b} = \frac{M_{px}}{\Omega_b} = 237$ ft-kips을 사용한다.

약축 휨모멘트를 계산한다:

$$C_{my} = 0.6 - 0.4\left(\frac{M_1}{M_2}\right) = 0.6 - 0.4(0) = 0.6$$

$$P_{e1y} = \frac{\pi^2 EI^*}{(K_1L)^2} = \frac{\pi^2(0.8EI_y)}{(K_yL)^2} = \frac{\pi^2(0.8)(29{,}000)(174)}{(1.0 \times 15 \times 12)^2} = 1230 \text{ kips}$$

$$B_{1y} = \frac{C_{my}}{1-(\alpha P_r/P_{e1y})} = \frac{C_{my}}{1-(1.60P_a/P_{e1y})} = \frac{0.6}{1-(1.60 \times 200/1230)}$$

$= 0.811 < 1.0$ ∴ $B_{1y} = 1.0$을 사용한다.

$$M_r = M_{ay} = B_{1y}M_{nty} + B_{2y}M_{lty} = 1.0(20) + 0 = 20 \text{ ft-kips}$$

표 6-2로부터,

$$M_{ny}/\Omega_b = 107 \text{ ft-kips}$$

이 형상의 플랜지는 비조밀하기 때문에, 약축 휨강도는 FLB에 의해 제한된다(이 책의 5.15절과 AISC 설계기준의 F장을 참조). 이것은 표 6-2값에 고려되어 있다.

소요축방향압축강도는,

$$P_a = P_{nt} + B_2P_{lt} = 200 + 0 = 200 \text{ kips}$$

$L_c = 1.0(15) = 15$ ft에 대해, 기둥하중표로부터 축방향허용압축강도는

$$\frac{P_n}{\Omega_c} = 441 \text{ kips}$$

상관관계식을 검토한다:

$$\frac{P_a}{P_n/\Omega_c} = \frac{200}{441} = 0.4535 > 0.2$$

∴ 식 6.5(AISC 식 H1-1a)를 사용한다.

$$\frac{P_a}{P_n/\Omega_c} + \frac{8}{9}\left(\frac{M_{ax}}{M_{nx}/\Omega_b} + \frac{M_{ay}}{M_{ny}/\Omega_b}\right) = 0.4535 + \frac{8}{9}\left(\frac{90}{237} + \frac{20}{107}\right)$$

$= 0.957 < 1.0$ (OK)

해 답 W 12×65는 만족스럽다.

6.7 버팀대가 없는 골조의 부재

단부의 변위가 자유로운 보-기둥에서는 횡변위로 인한 최대1차모멘트는 거의 대부분 단부에서 일어난다. 그림 6.4에서 설명하였던 것처럼 횡변위로 인한 최대2차모멘트는 항상 단부에서 생긴다. 이러한 조건의 결과로 최대1차모멘트와 2차모멘트는 보통 합해지고 C_m 계수는 필요가 없다. 사실 $C_m = 1.0$. 감소가 있다고 하더라도 그 영향이 미미하여 무시할 수 있다. 그림 6.15의 보-기둥을 생각해보자. (수평하중으로 인한) 횡변위에 의해 크기가 같은 단부모멘트가 생긴다. 횡변위를 일으키지 않는

그림 6.15

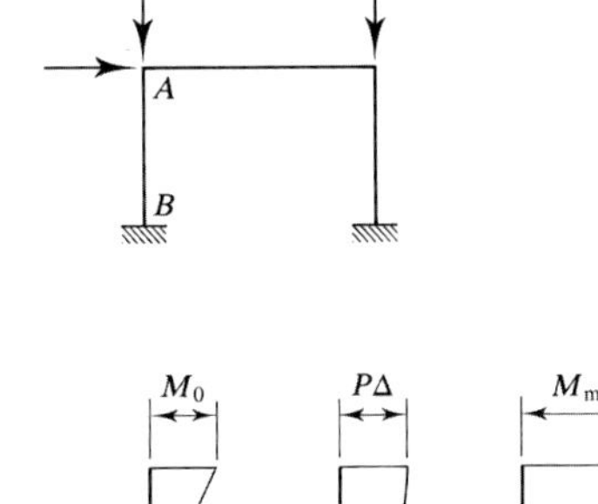

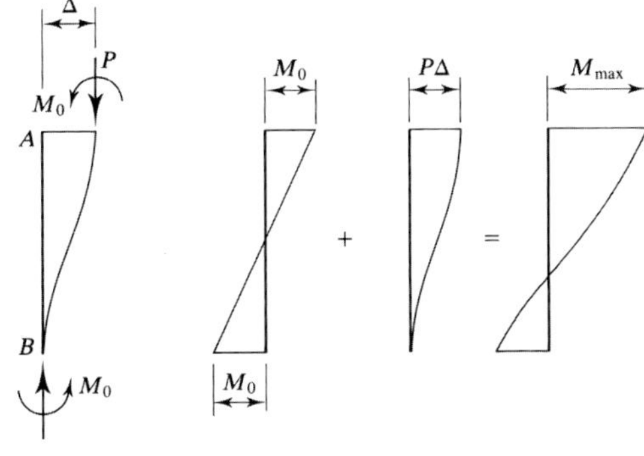

하중으로부터 일부 야기되는 축하중이 전달되고 단부모멘트를 증폭시킨다. 횡변위모멘트에 대한 증폭계수 B_2는 다음과 같이 주어진다.

$$B_2 = \frac{1}{1 - \frac{\alpha P_{story}}{P_{e\,story}}} \geq 1 \qquad \text{(AISC 식 A-8-6)}$$

여기서

α = 1.00: LRFD에 대해

= 1.60: ASD에 대해

P_{story} = 고려 중인 층의 모든 기둥에 대한 소요하중내력의 합(LRFD에 대해 계수, ASD에 대해 비계수)

$P_{e\,story}$ = 고려 중인 층의 총 탄성좌굴강도

층의 좌굴강도는 횡변위 좌굴해석에 의해 얻을 수 있거나 다음과 같다.

$$P_{e\,story} = R_M \frac{HL}{\Delta_H} \qquad \text{(AISC 식 A-8-7)}$$

여기서

$$R_M = 1 - 0.15 \frac{P_{mf}}{P_{story}} \qquad \text{(AISC 식 A-8-8)}$$

P_{mf} = 모멘트골조의 일부분인 층에 있는 모든 기둥에서의 수직하중 합

L = 층고

Δ_H = 층간 변위 = 고려 중인 층의 변위(횡방향 변위)

H = 층 전단력 = Δ_H을 일으키는 모든 수평력의 합

층에 모멘트골조가 없다면 $P_{mf}=0$과 $R_M=1.0$인 것을 주시하라. 층에 있는 모든 기둥이 모멘트골조의 부재이면 $P_{mf}=P_{\text{story}}$와 $R_M=0.85$이다.

전체 층하중과 강도를 사용하는 근거는 B_2는 버팀대가 없는 골조에 적용하며, 횡변위가 일어난다면 같은 층에 있는 모든 기둥은 동시에 변위해야 한다는 것이다. 대부분의 경우 구조물은 평면골조로 구성되어 있으므로, P_{story}와 $P_{e\,\text{story}}$는 골조한 층 내의 모든 기둥에 대한 것이며, 횡하중 H는 그 층 이상에 있는 골조에 작용하는 횡하중이다. H에 의해 야기되는 Δ_H을 사용해 H/Δ_H의 비는 계수하중이나 비계수하중에 근거를 둘 수 있다.

그림 6.4에서처럼 M_{nt}와 M_{lt}가 부재의 2개의 다른 점에 작용하는 경우 AISC 식 A-8-1은 안전한 결과를 나타낼 것이다.

그림 6.16은 중첩의 개념을 설명한다. 그림 6.16(a)는 연직하중과 횡하중을 받는 버팀대가 없는 골조를 보여준다. 부재 AB의 모멘트 M_{nt}는 연직하중만 사용하여 계산한다. 대칭 때문에 연직하중으로부터 횡변위를 방지하기 위한 버팀대는 필요가 없다. 이 모멘트는 $P\delta$ 효과를 고려하기 위해 계수 B_1을 사용하여 증폭시킨다. (수평하중 H에 의해 일어나는)횡변위에 상응하는 모멘트 M_{lt}는 $P\Delta$ 효과를 고려하기 위해 B_2에 의해 증폭시킨다.

그림 6.16(b)에서 버팀대가 없는 골조는 연직하중만 지지한다. 비대칭 하중작용으로 약간의 횡변위가 발생하게 된다. 모멘트 M_{nt}는 골조가 버팀지지되어 있다고 간주해 산정한다. − 이 경우에는 가상 수평지지대와 인위적 절점구속(AJR)이라고 불리는 상응하는 반력에 의해 산정한다. 횡변위모멘트를 계산하기 위해 가상 지지대를 제거하고 인위적 절점구속에 크기가 같고 방향이 반대인 힘을 골조에 작용시킨다. 이와 같은 경우에는 2차모멘트 $P\Delta$는 매우 작아 M_{lt}를 대개 무시할 수 있다.

그림 6.16

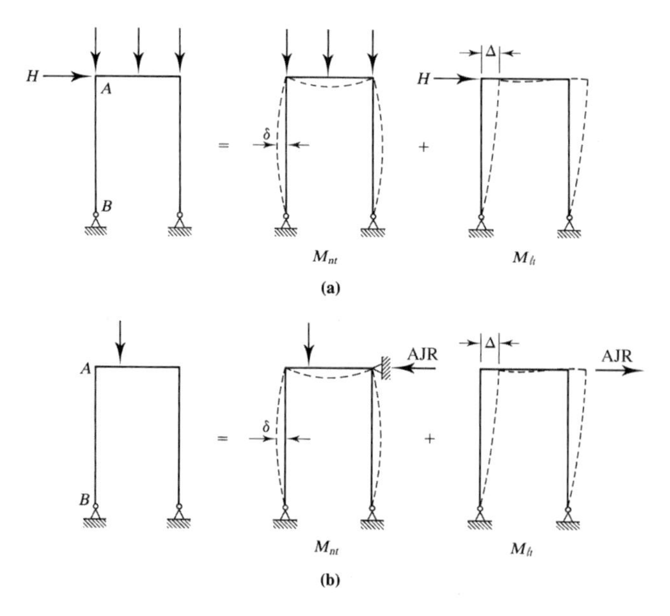

횡하중과 비대칭 연직하중이 모두 작용하게 되면, M_{lt}를 계산할 때 AJR힘은 실제 횡하중에 더해져야 한다.

이러한 방법의 대안으로 두 번의 구조해석을 수행할 수 있다(Gaylord 등, 1992). 첫 번째에는 골조는 횡변위에 대해 버팀지지되어 있다고 가정하고 계산된 모멘트가 M_{nt} 모멘트이다. 골조가 버팀지지되어 있지 않다고 가정하고 두 번째 구조해석을 수행한다. M_{lt} 모멘트를 얻기 위해 첫 번째 해석결과는 두 번째 해석결과로부터 감한다.

예제 6.6 **버팀대가 없는 골조의 기둥으로 사용하기 위해 길이가 15 ft 이고 A992 강재로 제작된 W 12 × 65를 조사하기로 한다. 연직하중(사하중과 활하중)에 대한 1차해석에서 구한 축하중과 단부모멘트는 그림 6.17(a)에 나타나 있다. 골조는 대칭이고 연직하중은 대칭으로 작용한다. 그림 6.17(b)는 1차해석으로부터 구한 풍하중모멘트를 보여준다. 모든 부재의 감소강성을 사용해 2개의 해석을 수행하였다. 모든 휨모멘트는 강축에 대한 것이다. 모멘트증폭법이 사용되면 이것은 직접해석법이라 간주할 수 있고 유효길이계수 $K_x = 1.0$ 으로 취할 수 있다. $K_y = 1.0$을 사용한다. 이 부재가 AISC 설계기준을 준수하고 있는지를 결정하라.**

LRFD 풀이 2장에 주어진 모든 하중조합은 사하중을 포함하고 있으며, 첫 번째 경우를 제외한 모든 조합은 활하중, 풍하중 또는 둘 다 포함한다. 이 예제에서 존재하지 않는 하중형태(L_r, S, R)를 생략하면 하중조합은 다음과 같이 요약된다.

조합 1: $1.4D$
조합 2: $1.2D + 1.6L$
조합 3: $1.2D + (0.5L$ 또는 $0.5W)$
조합 4: $1.2D + 1.0W + 0.5L$
조합 5: $0.9D + 1.0W$

그림 6.17

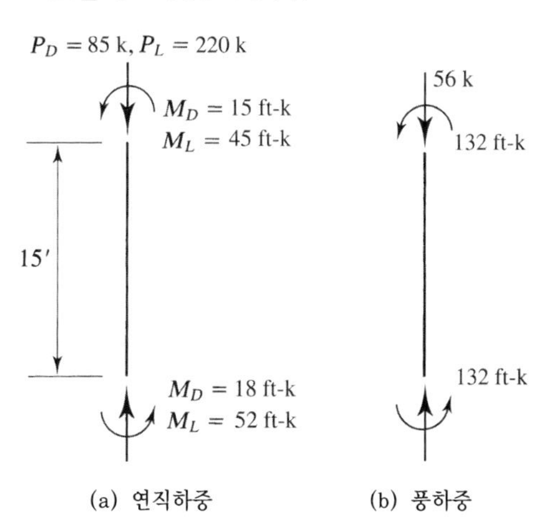

사하중은 활하중에 여덟 배를 곱한 것보다 작으므로 조합 (1)은 제외될 수 있다. 하중조합 (4)는 (3)보다 더 위험하므로 조합 (3)을 제거할 수 있다. 마지막으로, 조합 (5)는 전도영향에 대해 조사되어야 한다. 따라서 조사되어야 할 하중조합은 다음과 같다.

조합 2: $1.2D + 1.6L$
조합 4: $1.2D + 1.0W + 0.5L$
조합 5: $0.9D + 1.0W$

먼저, 조합 (5)를 조사한다. 압축을 양으로 간주한다. 상향력을 일으키는 풍하중 방향에 대해,

$$0.9D - 1.0W = 0.9(85) - 1.0(56) = 20.5 \text{ kips}$$

양의 결과는 실제하중은 압축력을 의미하고 이 하중조합을 더 이상 고려할 필요가 없다. 그림 6.18은 조합 (2)와 (4)에 대해 산정된 축하중과 휨모멘트를 보여준다.

표 6-2로부터, $L_c = KL = 1.0(15) = 15$ ft 에 대해 $\phi_c P_n = 663$ kips.

하중조합 2: $P_{nt} = 454$ kips, $M_{nt} = 104.8$ ft-kips, $P_{lt} = 0$, $M_{lt} = 0$(대칭이므로 횡변위는 없다). 휨 계수는,

$$C_m = 0.6 - 0.4\left(\frac{M_1}{M_2}\right) = 0.6 - 0.4\left(\frac{90}{104.8}\right) = 0.2565$$

휨 축에 대해,

$$P_{e1} = \frac{\pi^2 EI^*}{(L_c)^2} = \frac{\pi^2 EI^*}{(K_1 L)^2} = \frac{\pi^2 EI_x^*}{(K_x L)^2}$$

그림 6.18

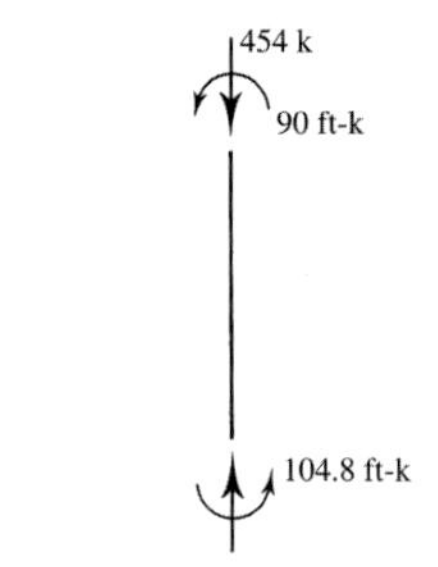

(a) 하중조합 2(1.2D+1.6L)

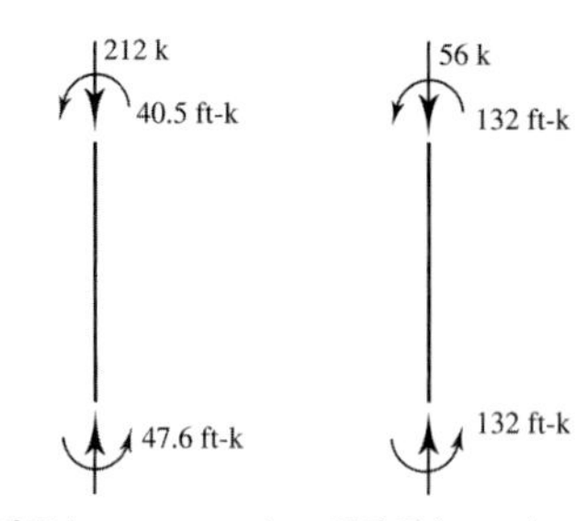

(b) 하중조합 4

수정된 강성은,

$$EI_x^* = 0.8\tau_b EI_x = 0.8(1.0)EI_x = 0.8EI_x$$

따라서

$$P_{e1} = \frac{\pi^2 EI_x^*}{(K_x L)^2} = \frac{\pi^2(0.8EI_x)}{(K_x L)^2} = \frac{\pi^2(0.8)(29{,}000)(533)}{(1.0\times 15\times 12)^2} = 3767\,\text{kips}$$

횡변위가 없는 모멘트에 대한 증폭계수는,

$$B_1 = \frac{C_m}{1-(\alpha P_r/P_{e1})} = \frac{C_m}{1-(1.00P_u/P_{e1})}$$

$$= \frac{0.2565}{1-(454/3767)} = 0.292 < 1.0$$

∴ $B_1 = 1.0$을 사용한다.

$$M_r = M_u = B_1 M_{nt} + B_2 M_{lt} = 1.0(104.8) + 0 = 104.8 \text{ ft-kips}$$

소요축방향압축강도는,

$$P_r = P_u = P_{nt} + B_2 P_{lt} = 454 + 0 = 454\,\text{kips}$$

표 6-2로부터, $L_b = 15$ ft에 대해,

$\phi_b M_n = 340$ ft-kips　　($C_b = 1.0$에 대해)

$\phi_b M_p = 356$ ft-kips

그림 6.19는 연직하중모멘트에 대한 휨모멘트도를 보여준다(C_b의 산정은 절댓값을 근거로 하므로 그림에서 부호규칙은 필요가 없다).

$$C_b = \frac{12.5M_{max}}{2.5M_{max} + 3M_A + 4M_B + 3M_C}$$

$$= \frac{12.5(104.8)}{2.5(104.8) + 3(41.30) + 4(7.400) + 3(56.10)} = 2.24$$

$C_b = 2.24$에 대해,

$$\phi_b M_n = 2.24(340) > \phi_b M_p = 356 \text{ ft-kips}$$

∴ $\phi_b M_n = 356$ ft-kips을 사용한다.

그림 6.19

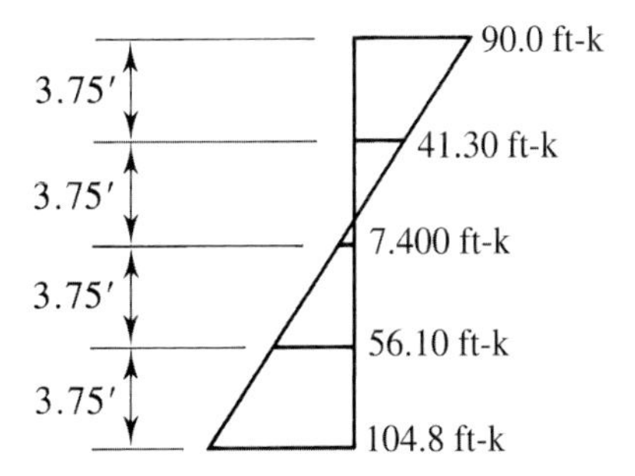

적절한 상관식을 결정한다:

$$\frac{P_u}{\phi_c P_n} = \frac{454}{663} = 0.6848 > 0.2$$

∴ 식 6.3 (AISC 식 H1-1a)을 사용한다.

$$\frac{P_u}{\phi_c P_n} + \frac{8}{9}\left(\frac{M_{ux}}{\phi_b M_{nx}} + \frac{M_{uy}}{\phi_b M_{ny}}\right) = 0.6848 + \frac{8}{9}\left(\frac{104.8}{356} + 0\right)$$

$$= 0.946 < 1.0 \qquad \text{(OK)}$$

하중조합 4: $P_{nt} = 212$ kips, $M_{nt} = 47.6$ ft-kips, $P_{lt} = 56$ kips, $M_{lt} =$ 132 ft-kips. 버팀대가 있는 조건에 대해, $B_2 = 0$,

$$C_m = 0.6 - 0.4\left(\frac{M_1}{M_2}\right) = 0.6 - 0.4\left(\frac{40.5}{47.6}\right) = 0.2597$$

$P_{e1} = 3767$ kips (P_{e1}은 하중조건에 무관하다)

$$B_1 = \frac{C_m}{1 - (\alpha P_r / P_{e1})} = \frac{C_m}{1 - \alpha[(P_{nt} + P_{lt})]/P_{e1}}$$

$$= \frac{0.2597}{1 - 1.0[(212 + 58)]/3767} = 0.280 < 1.0$$

∴ $B_1 = 1.0$을 사용한다.

버팀대가 없는 조건에 대해, 횡변위에 대한 증폭계수 B_2을 산정해야 한다. 증폭계수 산정은 H와 Δ_H뿐만 아니라 층에 있는 모든 기둥의 특성에 대한 정보를 요구하는데 이것으로부터 P_{story}와 $P_{e\,\text{story}}$를 계산할 수 있다. 이 예제에서는 이러한 것에 대한 유용자료가 없기 때문에 P_{story}의 $P_{e\,\text{story}}$에 대한 비가 고려 중인 기둥에 대한 비와 같다고 가정한다. 즉,

$$\frac{P_{story}}{P_{e\,story}} \approx \frac{P_{nt}}{P_{e1}} = \frac{212}{3767}$$

AISC 식 A-8-6으로부터,

$$B_2 = \frac{1}{1 - \dfrac{\alpha P_{story}}{P_{e\,story}}} = \frac{1}{1 - \dfrac{1.0(212)}{3767}} = 1.060$$

증폭축하중은,

$$P_r = P_u = P_{nt} + B_2 P_{lt} = 212 + 1.060(56) = 271.4 \text{ kips}$$

총 증폭모멘트는,

$$M_r = M_u = B_1 M_{nt} + B_2 M_{lt} = 1.0(47.6) + 1.060(132) = 187.5 \text{ ft-kips}$$

모멘트 M_{nt}와 M_{lt}은 다르지만 비슷하게 분포되며 C_b는 거의 같을 것이다. 즉, 그 모멘트는 충분히 커서 어떤 모멘트를 고려하든 상관없이 설계강도는 $\phi_b M_p = 356$ ft-kips가 될 것이다.

$$\frac{P_u}{\phi_c P_n} = \frac{271.4}{663} = 0.4094 > 0.2$$

∴ 식 6.3(AISC 식 H1–1a)을 사용한다.

$$\frac{P_u}{\phi_c P_n} + \frac{8}{9}\left(\frac{M_{ux}}{\phi_b M_{nx}} + \frac{M_{uy}}{\phi_b M_{ny}}\right) = 0.4094 + \frac{8}{9}\left(\frac{187.5}{356}\right)$$

$$= 0.878 < 1.00 \qquad \text{(OK)}$$

해 답 이 부재는 AISC 설계기준 조항을 만족한다.

ASD 풀이 2장으로부터 ASD 하중조합은 사하중, 활하중, 풍하중을 제외한 모든 하중을 제거한 후 다음의 하중조합 가능성으로 줄일 수 있다:

하중조합 2: $D + L$
하중조합 5: $D + 0.6W$
하중조합 6: $D + 0.75L + 0.75(0.6W)$
하중조합 7: $0.6D + 0.6W$

먼저, 하중방향의 변화 또는 전도를 검토하는 조합 (7)을 조사한다. 압축을 양으로 간주한다. 상향력을 일으키는 풍하중 방향에 대해,

$$0.6D - 0.6W = 0.6(85) - 0.6(56) = 17.4 \text{ kips}$$

양의 결과는 실제 하중은 압축력을 의미하고 이 하중조합을 더 이상 고려할 필요가 없다. 그림 6.20은 조합 (2), (5)와 (6)에 대해 산정된 축하중과 모멘트를 보여준다.

하중조합 2: $P_a = 305$ kips, $M_{nt} = 70$ ft-kips, $M_{lt} = 0$(대칭이기 때문에 횡변위모멘트는 없다). 휨 계수는,

$$C_m = 0.6 - 0.4\left(\frac{M_1}{M_2}\right) = 0.6 - 0.4\left(\frac{60}{70}\right) = 0.2571$$

버팀대가 있는 조건에 대해,

$$P_{e1} = \frac{\pi^2 EI^*}{(L_{c1})^2} = \frac{\pi^2 EI^*}{(K_1 L)^2} = \frac{\pi^2 EI_x^*}{(K_x L)^2}$$

수정된 강성은,

$$EI_x^* = 0.8\tau_b EI_x = 0.8(1.0)EI_x = 0.8EI_x$$

따라서

$$P_{e1} = \frac{\pi^2 EI_x^*}{(K_x L)^2} = \frac{\pi^2 (0.8EI_x)}{(K_x L)^2} = \frac{\pi^2 (0.8)(29{,}000)(533)}{(1.0 \times 15 \times 12)^2} = 3767 \text{ kips}$$

$$B_1 = \frac{C_m}{1 - (\alpha P_r / P_{e1})} = \frac{C_m}{1 - \alpha[(P_{nt} + P_{lt})]/P_{e1}}$$

$$= \frac{0.2571}{1 - 1.60[(305 + 0)]/3767} = 0.295 < 1.0$$

∴ $B_1 = 1.0$을 사용한다.

그림 6.20

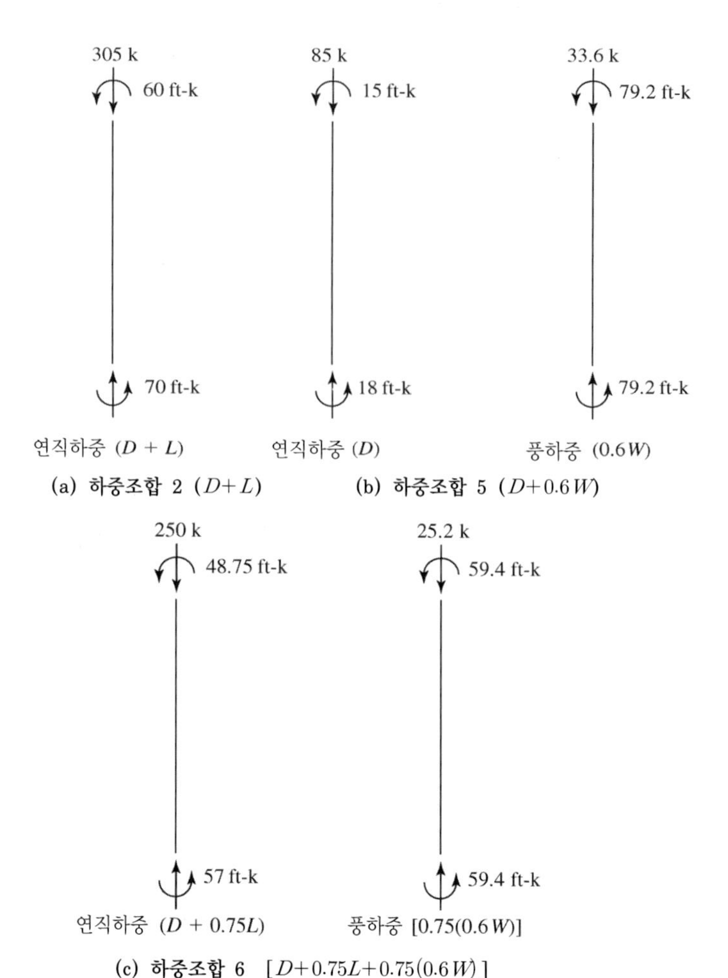

(a) **하중조합** 2 $(D+L)$ (b) **하중조합** 5 $(D+0.6W)$

(c) **하중조합** 6 $[D+0.75L+0.75(0.6W)]$

소요축방향압축강도는,

$$P_r = P_a = P_{nt} + B_2 P_{lt} = 305 + 0 = 305 \text{ kips}$$

$$M_r = M_{ax} = B_1 M_{nt} + B_2 M_{lt} = 1.0(70) + 0 = 70 \text{ ft-kips}$$

표 6-2로부터, $L_b = 15$ ft와 $C_b = 1.0$을 사용해

$$\frac{M_n}{\Omega_b} = 226 \text{ ft-kips}, \qquad \frac{M_p}{\Omega_b} = 237 \text{ ft-kips}$$

그림 6.21은 C_b의 산정에 사용되는 연직하중모멘트에 대한 휨모멘트도(절댓값이 나타난)를 보여준다.

$$C_b = \frac{12.5M_{\max}}{2.5M_{\max} + 3M_A + 4M_B + 3M_C}$$

$$= \frac{12.5(70)}{2.5(70) + 3(27.5) + 4(5) + 3(37.5)} = 2.244$$

$$\therefore \frac{M_n}{\Omega_b} = C_b(226) = 2.244(226) = 507 \text{ ft-kips}$$

그림 6.21

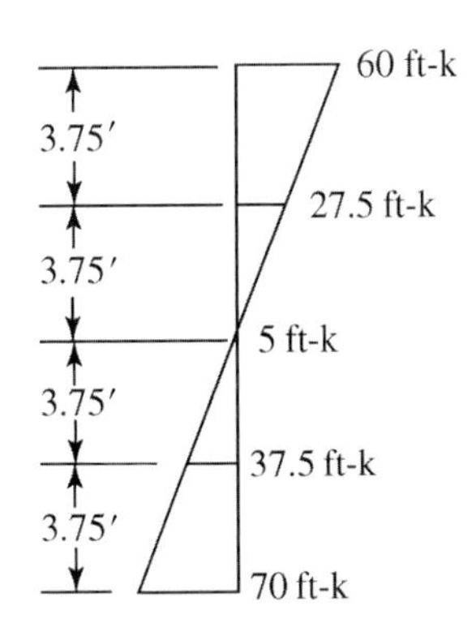

그러나 $\dfrac{M_p}{\Omega_b} = 237$ ft-kips < 507 ft-kips

$\therefore\ \dfrac{M_n}{\Omega_b} = 237$ ft-kips을 사용한다.

축방향압축강도를 계산한다:

$$L_{cy} = 15 \text{ ft}$$

$$L_{cx} = \frac{K_x L}{r_x / r_y} = \frac{1.2(15)}{1.75} = 10.29 \text{ ft} < 15 \text{ ft}$$

$\therefore\ L_c = 15$ ft을 사용한다.

표 6-2로부터, $L_c = 15$ ft일 때 $P_n/\Omega_c = 441$ kips.

적절한 상관식을 결정한다:

$$\frac{P_a}{P_n/\Omega_c} = \frac{305}{441} = 0.6916 > 0.2$$

$\therefore$ 식 6.5(AISC 식 H1-1a)를 사용한다.

$$\frac{P_a}{P_n/\Omega_c} + \frac{8}{9}\left(\frac{M_{ax}}{M_{nx}/\Omega_b} + \frac{M_{ay}}{M_{ny}/\Omega_b}\right) = 0.6916 + \frac{8}{9}\left(\frac{70}{237} + 0\right)$$

$$= 0.954 < 1.0 \qquad \text{(OK)}$$

하중조합 5: $P_{nt} = 85$ kips, $M_{nt} = 18$ ft-kips, $P_{lt} = 33.6$ kips, $M_{lt} = 79.2$ ft-kips. 버팀대가 있는 조건에 대해, 휨 계수는,

$$C_m = 0.6 - 0.4\left(\frac{M_1}{M_2}\right) = 0.6 - 0.4\left(\frac{15}{18}\right) = 0.2667$$

$P_{e1} = 3767$ kips (P_{e1}은 하중조건에 무관하다)

$$B_1 = \frac{C_m}{1 - (\alpha P_r / P_{e1})} = \frac{C_m}{1 - \alpha[(P_{nt} + P_{lt})]/P_{e1}}$$

$$= \frac{0.2667}{1 - 1.60[(85 + 33.6)]/3767} = 0.281 < 1.0$$

$\therefore\ B_1 = 1.0$을 사용한다.

버팀대가 없는 조건에 대해, 횡변위에 대한 증폭계수 B_2을 산정해야 한다. 증폭계수 산정은 H와 Δ_H뿐만 아니라 층에 있는 모든 기둥의 특성에 대한 정보를 요구하는데 이것으로부터 P_{story}와 $P_{e\,\text{story}}$을 계산할 수 있다. 이 예제에서는 이러한 것에 대한 유용자료가 없기 때문에 P_{story}의 P_{story}에 대한 비가 고려 중인 기둥에 대한 비와 같다고 가정한다. 즉,

$$\frac{P_{story}}{P_{e\,story}} \approx \frac{P_{nt}}{P_{e1}} = \frac{85}{3767}$$

AISC 식 A-8-6으로부터,

$$B_2 = \frac{1}{1 - \dfrac{\alpha P_{story}}{P_{e\,story}}} = \frac{1}{1 - \dfrac{1.60(85)}{3767}} = 1.037 > 1$$

증폭축하중은,

$$P_r = P_a = P_{nt} + B_2 P_{lt} = 85 + 1.037(33.6) = 119.8 \text{ kips}$$

총 증폭모멘트는,

$$M_r = M_{ax} = B_1 M_{nt} + B_2 M_{lt} = 1.0(18) + 1.037(79.2) = 100.1 \text{ ft-kips}$$

모멘트 M_{nt}와 M_{lt}은 다르지만 비슷하게 분포되며, C_b는 양쪽 분포에 대해 거의 같을 것이다. 각각의 경우에 C_b가 충분히 커서 M_p/Ω_b가 지배하므로 $M_n/\Omega_b = 237$ ft-kips.

$$\frac{P_a}{P_n/\Omega_c} = \frac{119.8}{441} = 0.2717 > 0.2$$

∴ 식 6.5(AISC 식 H1-1a)를 사용한다.

$$\frac{P_a}{P_n/\Omega_c} + \frac{8}{9}\left(\frac{M_{ax}}{M_{nx}/\Omega_b} + \frac{M_{ay}}{M_{ny}/\Omega_b}\right) = \frac{119.8}{441} + \frac{8}{9}\left(\frac{100.1}{237} + 0\right)$$

$$= 0.647 < 1.0 \qquad \text{(OK)}$$

하중조합 6: $P_{nt} = 250$ kips, $M_{nt} = 57$ ft-kips, $P_{lt} = 25.2$ kips, $M_{lt} = 59.4$ ft-kips. 버팀대가 있는 조건에 대해, 휨 계수는,

$$C_m = 0.6 - 0.4\left(\frac{M_1}{M_2}\right) = 0.6 - 0.4\left(\frac{48.75}{57}\right) = 0.2579$$

$$P_{e1} = 3767 \text{ kips} \qquad (P_{e1}\text{은 하중에 무관하다})$$

$$P_r = P_a = P_{nt} = 250 \text{ kips}$$

$$B_1 = \frac{C_m}{1 - (\alpha P_r / P_{e1})} = \frac{C_m}{1 - \alpha[(P_{nt} + P_{lt})]/P_{e1}}$$

$$= \frac{0.2579}{1 - 1.60[(250 + 25.2)]/3767} = 0.292 < 1.0$$

∴ $B_1 = 1.0$을 사용한다.

버팀대가 없는 조건에 대해,

$$\frac{P_{story}}{P_{e\,story}} \approx \frac{P_{nt}}{P_{e1}} = \frac{250}{3767}$$

$$B_2 = \frac{1}{1-\dfrac{\alpha P_{story}}{P_{e\,story}}} = \frac{1}{1-\dfrac{1.60(250)}{3767}} = 1.119 > 1$$

증폭축하중은,

$$P_r = P_a = P_{nt} + B_2 P_{lt} = 250 + 1.119(25.2) = 278.2 \text{ kips}$$

총 증폭모멘트는,

$$M_r = M_{ax} = B_1 M_{nt} + B_2 M_{lt} = 1.0(57) + 1.119(59.4)$$

$$= 123.5 \text{ ft-kips}$$

먼저와 같이 $M_n/\Omega_b = M_p/\Omega_b = 237$ ft-kips 을 사용한다.

$$\frac{P_a}{P_n/\Omega_c} = \frac{278.2}{441} = 0.6308 > 0.2$$

∴ 식 6.5(AISC 식 H1-1a)를 사용한다.

$$\frac{P_a}{P_n/\Omega_c} + \frac{8}{9}\left(\frac{M_{ax}}{M_{nx}/\Omega_b} + \frac{M_{ay}}{M_{ny}/\Omega_b}\right) = 0.6308 + \frac{8}{9}\left(\frac{123.5}{237} + 0\right)$$

$$= 1.09 > 1.0 \qquad \text{(N.G.)}$$

해 답 하중조합 (6)이 지배하고, 이 부재는 AISC 설계기준 조항을 만족시키지 못한다.

6.8 보-기둥의 설계

상관관계식의 많은 변수 때문에 보-기둥의 설계는 본질적으로 시행착오의 과정이다. 표 6-2는 이러한 과정을 용이하게 한다. 이 표를 사용하여 시단면의 유용강도를 손쉽게 얻는다. 강축에 대한 휨강도를 구하기 위해 C_b을 여전히 계산해야 한다는 것을 유의하라. 또한 소요강도도 계산해야 한다. 설계에 대한 추천된 순서는 다음과 같다:

1. 소요강도 P_r(LRFD에 대해 P_u, ASD에 대해 P_a)와 M_r(LRFD에 대해 M_u, ASD에 대해 M_a)를 계산한다. $B_1 = B_2 = 1.0$이라고 가정한다.
2. 표 6-2로부터 시단면을 선택한다.
3. 유효길이 L_c을 사용하여 압축강도 P_c을 선택하고 비지지길이 L_b을 사용해

휨강도 M_{cx}(약축 휨강도 M_{cy} 는 비지지길이와 무관하다)를 선택한다. 이러한 값들은 약축 좌굴이 축방향압축강도를 지배하고 $C_b = 1.0$이라는 가정에 기초로 한다.

4. P_r/P_c을 계산하고 적절한 상관식을 평가한다.
5. 결과값이 1.0에 매우 근접하지 않으면, 다른 단면을 시도한다. 상관식에서 각 항의 값을 면밀히 조사함으로써 어떤 강도가 크게 또는 작게 될 필요성에 대해 간파할 수 있다.
6. 상관식 결과가 1.0보다는 작고 1.0에 가까운(0.9보다는 큰) 형상을 찾을 때까지 이러한 과정을 계속한다.

가정의 검증

- 강축 좌굴이 압축강도를 지배하면, 다음의 유효길이를 사용하여 표 6-2로부터 $\phi_c P_c$을 구한다:

$$L_c = \frac{L_{cx}}{r_x/r_y}$$

- C_b가 1.0이 아니면, 휨강도는 보정되어야 한다. 예제 6.8은 이러한 순서를 예증한다.

예제 6.7 **그림 6.22의 보-기둥에 대해 A992 강재의 W형강을 선택하라. 이 부재는 버팀대가 있는 골조의 일부분이며 그림에 표시된 사용하중 축력과 휨모멘트가 작용한다(단부 전단력은 나타나 있지 않다). 휨은 강축에 대한 것이고 $K_x = K_y = 1.0$이다. 횡지지는 단부에만 있다. $B_1 = 1.0$을 가정한다.**

그림 6.22

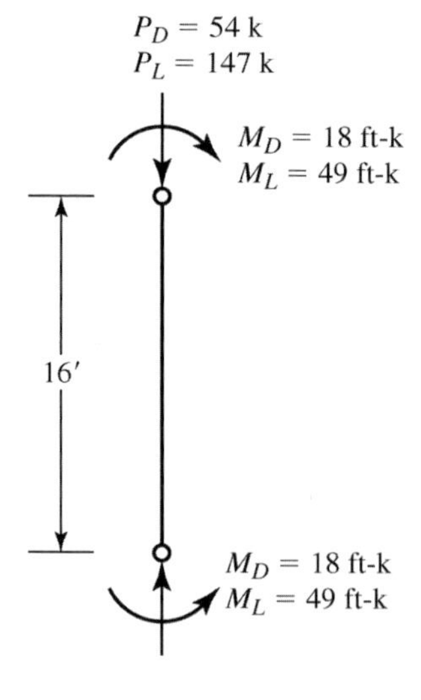

LRFD 풀이 계수축하중은,

$$P_{nt} = P_u = 1.2P_D + 1.6P_L = 1.2(54) + 1.6(147) = 300 \text{ kips}$$

(횡변위에 대해 지지되어 있는 부재에서는 축하중의 증폭은 없다.)
각 단부의 계수모멘트는,

$$M_{ntx} = 1.2M_D + 1.6M_L = 1.2(18) + 1.6(49) = 100 \text{ ft-kips}$$

$B_1 = 1.0$ 이므로, 계수하중휨모멘트는 다음과 같다.

$$M_{ux} = B_1 M_{ntx} = 1.0(100) = 100 \text{ ft-kips}$$

압축에 대한 유효길이와 휨에 대한 비지지길이는 같다:

$$L_c = L_b = 16 \text{ ft}$$

휨모멘트는 비지지길이에 걸쳐 균등하므로, $C_b = 1.0$. W10형강을 시도한다. 표 6-2로부터, $\phi_c P_n = 530 \text{ kips}$와 $\phi_b M_{nx} = 253 \text{ ft-kips}$을 가지는 **W10× 60을 시도한다.**

어떤 상관식이 사용될지를 결정한다:

$$\frac{P_u}{\phi_c P_n} = \frac{300}{530} = 0.5660 > 0.2 \quad \therefore \text{ AISC 식 H1-1a가 지배한다.}$$

$$\frac{P_u}{\phi_c P_n} + \frac{8}{9}\left(\frac{M_{ux}}{\phi_b M_{nx}} + \frac{M_{uy}}{\phi_b M_{ny}}\right) = 0.5660 + \frac{8}{9}\left(\frac{100}{253} + 0\right)$$

$$= 0.917 < 1.0 \qquad \text{(OK)}$$

선택한 W10형강이 가장 경량인지를 확인하기 위해 다음으로 가벼운 $\phi_c P_n = 471 \text{ kips}$와 $\phi_b M_{nx} = 224 \text{ ft-kips}$을 가진 $W10 \times 54$를 시도한다.

AISC 식 H1-1a로부터,

$$\frac{P_u}{\phi_c P_n} + \frac{8}{9}\left(\frac{M_{ux}}{\phi_b M_{nx}} + \frac{M_{uy}}{\phi_b M_{ny}}\right) = \frac{300}{471} + \frac{8}{9}\left(\frac{100}{224} + 0\right)$$

$$= 1.03 > 1.0 \qquad \text{(N.G.)}$$

W12 형강을 시도한다. $\phi_c P_n = 499 \text{ kips}$와 $\phi_b M_{nx} = 283 \text{ ft-kips}$을 가진 **W12× 58을 시도한다.**

어떤 상관식이 사용될지를 결정한다:

$$\frac{P_u}{\phi_c P_n} = \frac{300}{499} = 0.6012 > 0.2 \quad \therefore \text{ AISC 식 H1-1a가 지배한다.}$$

$$\frac{P_u}{\phi_c P_n} + \frac{8}{9}\left(\frac{M_{ux}}{\phi_b M_{nx}} + \frac{M_{uy}}{\phi_b M_{ny}}\right) = 0.6012 + \frac{8}{9}\left(\frac{100}{283} + 0\right)$$

$$= 0.915 < 1.0 \qquad \text{(OK)}$$

선택한 W12 형강이 가장 경량인지를 확인하기 위해, 다음으로 가벼운 $\phi_c P_n = 453 \text{ kips}$와 $\phi_b M_{nx} = 252 \text{ ft-kips}$을 가진 $W12 \times 53$을 시도한다.

AISC 식 H1-1a로부터,

$$\frac{P_u}{\phi_c P_n}+\frac{8}{9}\left(\frac{M_{ux}}{\phi_b M_{nx}}+\frac{M_{uy}}{\phi_b M_{ny}}\right)=\frac{300}{453}+\frac{8}{9}\left(\frac{100}{252}+0\right)$$

$$=1.01>1.0 \quad \text{(N.G.)}$$

최고경량 형강을 찾았는지를 확인하기 위해 높이가 다른 형강에 대해 검토한다. 가능한 최고경량 W14 형강은 $\phi_c P_n = 338\,\text{kips}$와 $\phi_b M_{nx} = 254$ ft-kips을 가진 $\text{W}14\times53$이다.

AISC 식 H1-1a로부터,

$$\frac{P_u}{\phi_c P_n}+\frac{8}{9}\left(\frac{M_{ux}}{\phi_b M_{nx}}+\frac{M_{uy}}{\phi_b M_{ny}}\right)=\frac{300}{338}+\frac{8}{9}\left(\frac{100}{254}+0\right)$$

$$=1.24>1.0 \quad \text{(N.G.)}$$

공칭깊이가 더 깊은 W형강 그룹에서 다른 가능성은 없다.

해 답 $\text{W}12\times58$을 사용한다.

ASD 풀이 소요축하중강도는,

$$P_a = P_D + P_L = 54 + 147 = 201\,\text{kips}$$

각 단부모멘트는,

$$M_{ntx} = M_D + M_L = 18 + 49 = 67\,\text{ft-kips}$$

$B_1 = 1.0$이므로, 소요휨모멘트강도는 다음과 같다.

$$M_{ax} = B_1 M_{ntx} = 1.0(67) = 67\,\text{ft-kips}$$

압축에 대한 유효길이와 휨에 대한 비지지길이는 같다.

$$L_c = L_b = 16\,\text{ft.}$$

휨모멘트는 비지지길이에 걸쳐 균등하므로 $C_b = 1.0$. W10 형강을 시도한다. 표 6-2로부터 $P_n/\Omega_c = 352\,\text{kips}$와 $M_{nx}/\Omega_b = 169$ ft-kips을 가지는 $\text{W}10\times60$**을 시도한다.**

어떤 상관식이 사용될지를 결정한다:

$$\frac{P_a}{P_n/\Omega_c}=\frac{201}{352}=0.5710>0.2 \quad \therefore \text{ AISC 식 H1-1a가 지배한다.}$$

$$\frac{P_a}{P_n/\Omega_c}+\frac{8}{9}\left(\frac{M_{ax}}{M_{nx}/\Omega_b}+\frac{M_{ay}}{M_{ny}/\Omega_b}\right)=0.5710+\frac{8}{9}\left(\frac{67}{169}+0\right)$$

$$=0.923<1.0 \quad \text{(OK)}$$

선택한 W10 형강이 가장 가벼운 것인지를 확인하기 위해 다음으로 가벼운 $P_n/\Omega_c = 314\,\text{kips}$와 $M_{nx}/\Omega_b = 149$ ft-kips을 가진 $\text{W}10\times54$를 시도한다.

AISC 식 H1-1a로부터,

$$\frac{P_a}{P_n/\Omega_c}+\frac{8}{9}\left(\frac{M_{ax}}{M_{nx}/\Omega_b}+\frac{M_{ay}}{M_{ny}/\Omega_b}\right)=\frac{201}{314}+\frac{8}{9}\left(\frac{67}{149}+0\right)$$

$$=1.04 > 1.0 \quad \text{(N.G.)}$$

W12 형강을 시도한다. $P_n/\Omega_c = 332$ kips와 $M_{nx}/\Omega_b = 189$ ft-kips을 가진 **W12×58을 시도한다.**

어떤 상관식이 사용될지를 결정한다:

$$\frac{P_a}{P_n/\Omega_c}=\frac{201}{332}=0.6054>0.2 \quad \therefore \text{ AISC 식 H1-1a가 지배한다.}$$

$$\frac{P_a}{P_n/\Omega_c}+\frac{8}{9}\left(\frac{M_{ax}}{M_{nx}/\Omega_b}+\frac{M_{ay}}{M_{ny}/\Omega_b}\right)=0.6054+\frac{8}{9}\left(\frac{67}{189}+0\right)$$

$$=0.921 < 1.0 \quad \text{(OK)}$$

선택한 W12 형강이 가장 가벼운 것인지를 확인하기 위해, 다음으로 가벼운 $P_n/\Omega_c = 301$ kips와 $M_{nx}/\Omega_b = 168$ ft-kips을 가진 W12 × 53을 시도한다.
AISC 식 H1-1a로부터,

$$\frac{P_a}{P_n/\Omega_c}+\frac{8}{9}\left(\frac{M_{ax}}{M_{nx}/\Omega_b}+\frac{M_{ay}}{M_{ny}/\Omega_b}\right)=\frac{201}{301}+\frac{8}{9}\left(\frac{67}{168}+0\right)$$

$$=1.02 > 1.0 \quad \text{(N.G.)}$$

최고 경량 형강을 찾았는지를 확인하기 위해 높이가 다른 형강에 대해 검토한다. 가능한 최고경량 W14 형강은 $P_n/\Omega_c = 225$ kips와 $M_{nx}/\Omega_b = 169$ ft-kips을 가진 W14 × 53이다.
AISC 식 H1-1a로부터,

$$\frac{P_a}{P_n/\Omega_c}+\frac{8}{9}\left(\frac{M_{ax}}{M_{nx}/\Omega_b}+\frac{M_{ay}}{M_{ny}/\Omega_b}\right)=\frac{201}{225}+\frac{8}{9}\left(\frac{67}{169}+0\right)$$

$$=1.25 > 1.0 \quad \text{(N.G.)}$$

공칭깊이가 더 깊은 W형강 그룹에서 다른 가능성은 없다.

해 답 W12 × 58을 사용한다.

예제 6.7에서 가장 가벼운 W형강을 찾았으나, 많은 경우에 건축적인 측면이나 다른 이유로 가령 12 in와 같은 특정한 공칭깊이가 요구되기도 한다. 예제 6.9는 특정한 깊이를 갖는 보-기둥의 설계를 예증한다.

1.0이 아닌 C_b에 대한 조정

5장으로부터 C_b가 1.0이 아닌 경우 휨강도는 다음과 같이 조정된다:

LRFD에 대해,

$$\text{수정된 } \phi_b M_{nx} = \text{수정되지 않은 } \phi_b M_{nx} \times C_b \leq \phi_b M_{px}$$

ASD에 대해,

$$\text{수정된 } \frac{M_{nx}}{\Omega_b} = \text{수정되지 않은 } \frac{M_{nx}}{\Omega_b} \times C_b \leq \frac{M_{px}}{\Omega_b}$$

상한한계는 표 6-2로부터 비지지길이 $L_b = 0$에 대응하는 휨강도로써 찾는다.

예제 6.8 **다음 조건에 대해 A992 강재인 W 12 × 40의 휨강도를 결정하라:**

a. $L_b = 20$ ft, $C_b = 1.67$

b. $L_b = 20$ ft, $C_b = 1.14$

LRFD 풀이 a. 강구조편람 표 6-2로부터, $L_b = 20$ ft에 대해 $\phi_b M_{nx} = 141$ ft-kips 이고

$$\phi_b M_{nx} \times C_b = 141(1.67) = 235 \text{ ft-kips}$$

$$L_b = 0\text{에 대해, } \phi_b M_{nx} = \phi_b M_{px} = 214 \text{ ft-kips}$$

해 답 235 ft-kips > 214 ft-kips이므로 $\phi_b M_{nx} = 214$ ft-kips

b. $\phi_b M_{nx} \times C_b = 141(1.14) = 161$ ft-kips

해 답 161 ft-kips < 214 ft-kips이므로 $\phi_b M_{nx} = 161$ ft-kips

ASD 풀이 a. 강구조편람 표 6-2로부터, $L_b = 20$ ft에 대해 $M_{nx}/\Omega_b = 94.1$ ft-kips 이고

$$\frac{M_{nx}}{\Omega_b} \times C_b = 94.1(1.67) = 157 \text{ ft-kips}$$

$L_b = 0$에 대해,

$$\frac{M_{nx}}{\Omega_b} = \frac{M_{px}}{\Omega_b} = 142 \text{ ft-kips}$$

해 답 157 ft-kips > 142 ft-kips이므로 142 ft-kips의 상한한계가 지배하고

$$\frac{M_{nx}}{\Omega_b} = 142 \text{ ft-kips}$$

b. $\dfrac{M_{nx}}{\Omega_b} \times C_b = 94.1(1.14) = 107$ ft-kips

해 답 107 ft-kips < 142 ft-kips이므로 $\frac{M_{nx}}{\Omega_b} = 107$ ft-kips.

예제 6.9 **버팀대가 있는 골조의 구조용 부재는 다음의 사용하중과 모멘트를 지지해야 한다. 25 kips의 축방향압축사하중과 75 kips의 활하중, 강축에 대한 12.5 ft-kips의 사하중모멘트와 강축에 대한 37.5 ft-kips의 활하중모멘트; 약축에 대한 5 ft-kips의 사하중모멘트와 약축에 대한 15 ft-kips의 활하중모멘트. 모멘트는 한 단부에서만 일어나고 다른 단부는 핀으로 되어 있다. 부재 길이는 15 ft이다. 골조해석은 감소 부재강성을 사용한 1차해석이므로 $K_x = 1.0$을 사용한 모멘트 증폭법을 사용할 수 있다. 골조에 수직한 방향에 대해 $k_y = 1.0$이다. 부재에 횡하중은 작용하지 않는다. A992 강재를 사용해 W 10 형강을 선택하라.**

LRFD 풀이 계수축하중은,

$$P_{nt} = P_u = 1.2P_D + 1.6P_L = 1.2(25) + 1.6(75) = 150\text{kips}$$

(횡변위에 대해 지지되어 있는 부재에서는 축하중의 증폭은 없다.)
계수모멘트는,

$$M_{ntx} = 1.2(12.5) + 1.6(37.5) = 75.0 \text{ ft-kips}$$

$$M_{nty} = 1.2(5) + 1.6(15) = 30.0 \text{ ft-kips}$$

증폭계수 B_1은 시단면 선택의 목적으로 1.0으로 추정할 수 있다. 두 축에 대해,

$$M_{ux} = B_{1x}M_{ntx} = 1.0(75) = 75 \text{ ft-kips}$$

$$M_{uy} = B_{1y}M_{nty} = 1.0(30) = 30 \text{ ft-kips}$$

W 10 × 49**를 시도한다:** 표 6-2로부터,

$$\phi_c P_n = 449\text{kips},\ \phi_b M_{nx} = 204 \text{ ft-kips},\ \phi_b M_{ny} = 106 \text{ ft-kips}.$$

사용할 상관식을 결정한다:

$$\frac{P_u}{\phi_c P_n} = \frac{150}{449} = 0.3341 > 0.2 \qquad \therefore \text{ AISC 식 H1-1a가 지배한다.}$$

개략적인 검토로(B_1은 아직 계산되지 않았고, C_b는 고려되지 않았음을 기억하라),

$$\frac{P_u}{\phi_c P_n} + \frac{8}{9}\left(\frac{M_{ux}}{\phi_b M_{nx}} + \frac{M_{uy}}{\phi_b M_{ny}}\right) = 0.3341 + \frac{8}{9}\left(\frac{75}{204} + \frac{30}{106}\right)$$

$$= 0.912 < 1.0 \qquad \text{(OK)}$$

B_{1x}와 B_{1y}는 1.0과 같을 가능성이 있다. 게다가, C_b의 포함은

$\phi_b M_n$값을 증가시키고 상관식의 결과를 줄이게 되므로 이 형강은 아마도 안전하게 된다.

각 축에 대해 B_1을 계산한다:

$$C_m = 0.6 - 0.4\left(\frac{M_1}{M_2}\right) = 0.6 - 0.4\left(\frac{0}{M_2}\right) = 0.6 \qquad \text{(두 축에 대해)}$$

6.5절로부터, 각 축에 대해

$$P_{e1} = \frac{\pi^2 EI^*}{(L_{c1})^2}$$

수정된 강성은,

$$EI^* = 0.8\tau_b EI = 0.8(1.0)EI = 0.8EI$$

따라서,

$$P_{e1x} = \frac{\pi^2(0.8EI_x)}{(L_{cx})^2} = \frac{\pi^2(0.8)(29{,}000)(272)}{(15\times 12)^2} = 1922\,\text{kips}$$

$$B_{1x} = \frac{C_{mx}}{1-\dfrac{P_u}{P_{e1x}}} = \frac{0.6}{1-\dfrac{150}{1922}} = 0.651 < 1.0$$

∴ 가정한 대로 $B_{1x} = 1.0$.

$$P_{e1y} = \frac{\pi^2(0.8EI_y)}{(L_{cy})^2} = \frac{\pi^2(0.8)(29{,}000)(93.4)}{(15\times 12)^2} = 660\,\text{kips}$$

$$B_{1y} = \frac{C_{my}}{1-\dfrac{P_u}{P_{e1y}}} = \frac{0.6}{1-\dfrac{150}{660}} = 0.776 < 1.0$$

∴ 가정한 대로 $B_{1y} = 1.0$.

그림 5.15(g)로부터, $C_b = 1.67$. C_b을 고려하기 위해 $\phi_b M_{nx}$을 수정한다.

$$\phi_b M_{nx} \times C_b = 204(1.67) = 341\text{ ft-kips}$$

$L_b = 0$에 대해,

$$\phi_b M_{nx} = \phi_b M_{px} = 227\text{ ft-kips}.$$

$341\text{ ft-kips} > 227\text{ ft-kips}$이므로 227 ft-kips의 상한한계가 지배되고 $\phi_b M_{nx} = 227\text{ ft-kips}$이다.

AISC 식 H1-1a를 검토한다:

$$\frac{P_u}{\phi_c P_n} + \frac{8}{9}\left(\frac{M_{ux}}{\phi_b M_{nx}} + \frac{M_{uy}}{\phi_b M_{ny}}\right) = 0.3341 + \frac{8}{9}\left(\frac{75}{227} + \frac{30}{106}\right)$$

$$= 0.909 < 1.0 \qquad \text{(OK)}$$

AISC 식 H1-1b를 검토한다:

$$\frac{P_u}{2\phi_c P_n}+\left(\frac{M_{ux}}{\phi_b M_{nx}}+\frac{M_{uy}}{\phi_b M_{ny}}\right)=\frac{0.1222}{2}+\left(\frac{210.4}{292}+0\right)$$

$$=0.782<1.0 \qquad \text{(OK)}$$

이 결과는 1.0보다 현저히 작으므로 두 치수 작은 단면을 시도한다.

W 12 × 45를 시도한다: 표 6-2로부터, $\phi_c P_n = 316\,\text{kips}$, $\phi_b M_{nx} = 194$ ft-kips, $r_x/r_y = 2.11$.

$$\frac{K_x L}{r_x/r_y}=\frac{2.0(15)}{2.11}=14.2\text{ ft}<K_y L=15\text{ ft}$$

∴ 가정한 대로 $L_c = 15\,\text{ft}$.

$$\frac{P_u}{\phi_c P_n}=\frac{584}{316}=0.1848<0.2$$

그러므로 가정한 대로 AISC 식 H1-1b가 지배한다.

C_b을 고려하기 위해 $\phi_b M_{nx}$을 수정한다:

$$\phi_b M_{nx}\times C_b=194(1.67)=324\text{ ft-kips}$$

$L_b = 0$에 대해,

$$\phi_b M_{nx}=\phi_b M_{px}=241\text{ ft-kips}$$

324 ft-kips > 241 ft-kips이므로 241 ft-kips의 상한한계가 지배되고

$$\phi_b M_{nx}=241\text{ ft-kips}$$

버팀대가 있는 조건에 대해,

$$P_{e1}=\frac{\pi^2 EI_x}{L_{cx}^2}=\frac{\pi^2 EI_x}{(K_x L)^2}=\frac{\pi^2(29{,}000)(348)}{(1.0\times15\times12)^2}=3074\,\text{kips}$$

AISC 식 A-8-3으로부터,

$$B_1=\frac{C_m}{1-(\alpha P_r/P_{e1})}=\frac{C_m}{1-\alpha[(P_{nt}+P_{lt})]/P_{e1}}$$

$$=\frac{0.6}{1-1.0[(58.4+0)]/3074}=0.612<1.0$$

∴ $B_1 = 1.0$을 사용한다.

AISC 식 H1-1b를 검토한다:

$$\frac{P_u}{2\phi_c P_n}+\left(\frac{M_{ux}}{\phi_b M_{nx}}+\frac{M_{uy}}{\phi_b M_{ny}}\right)=\frac{0.1848}{2}+\left(\frac{210.4}{241}+0\right)$$

$$=0.965<1.0 \qquad \text{(OK)}$$

해 답 W 12 × 45를 사용한다.

6.9 절점 사이에 상현재 하중이 작용하는 트러스

트러스의 압축부재가 단부 사이에 있는 횡하중을 지지해야 한다면 그 부재는 압축력뿐만 아니라 휨을 받게 되므로 이것은 보-기둥이다. 이 상태는 절점 사이에 위치한 중도리를 가진 지붕트러스의 상현재에서 발생할 수 있다. 개구 웨브 장선은 상현재의 등분포 연직하중을 지지해야 하므로 상현재도 보-기둥으로 설계해야 한다. 이런 하중현상을 고려하기 위해 트러스는 연속현재와 핀으로 연결된 웨브부재의 구성으로서 모델링할 수 있다. 축하중과 휨모멘트는 강성법과 같은 구조해석방법을 사용해서 구할 수 있다. 그러나 정교한 구조해석을 통해 구한 모멘트는 대개 미소한 양이므로 대부분의 경우에는 근사적인 해석으로 충분하다. 다음의 순서를 추천한다.

1. 상현재의 각 부재를 고정보로 간주한다. 고정단모멘트를 부재에서의 최대휨모멘트로 사용한다. 상현재는 핀으로 연결된 부재의 연속이기보다는 실제로 하나의 연속부재이므로 각 부재를 단순보라고 취급하는 것보다 이 근사적인 방법이 더 정확하다.
2. 총 절점하중을 얻기 위해 고정보에서 구한 반력을 실제 절점하중에 더한다.
3. 이러한 총 절점하중을 트러스에 작용시켜 해석한다. 그 결과 나타나는 상현재의 축하중이 설계에 사용되는 축방향압축하중이다.

이 방법은 그림 6.27에 체계적으로 보여주고 있다. 다른 방법으로는, 휨모멘트와 보 반력은 상현재를 판넬점에 지점을 가진 연속보로 취급하여 구할 수 있다.

그림 6.27

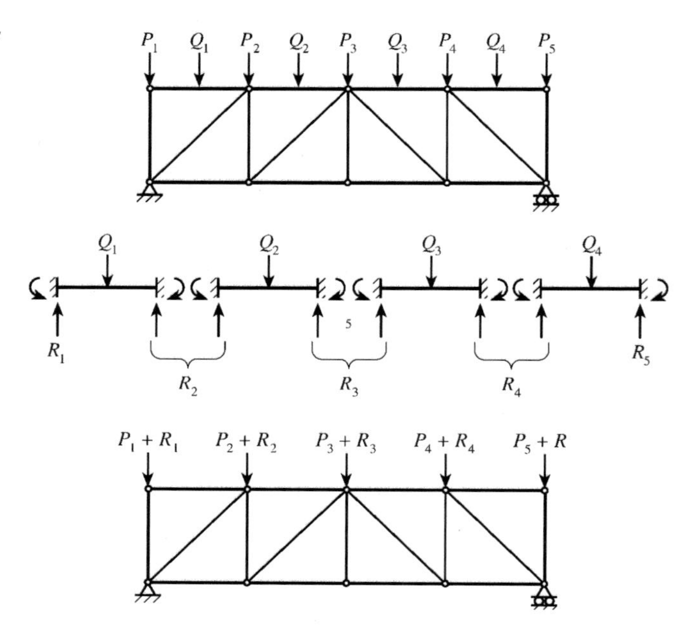

예제 6.12 그림 6.28의 평행-현재 지붕트러스는 상현재 판넬점과 판넬점 사이의 중앙에서 중도리를 지지한다. 중도리를 통해 전달되는 계수하중은 그림에 나타나 있다. 상현재를 설계하라. 재질은 A992 강재를 사용하고 W형강으로부터 자른 구조용 T형강을 선택하라. LRFD를 사용한다.

그림 6.28

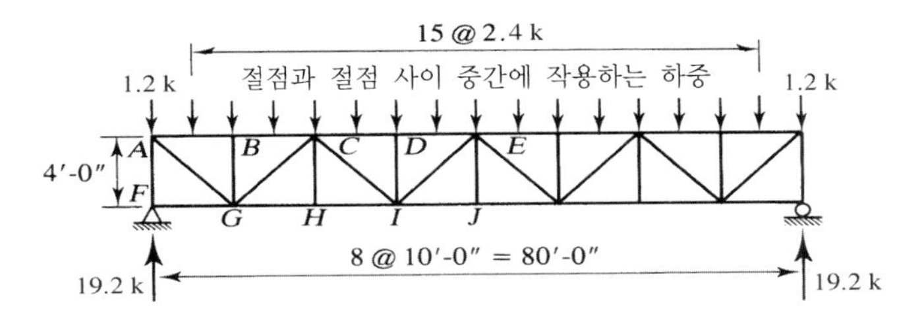

풀 이 절점 사이에 작용하는 하중으로 인한 휨모멘트와 판넬점의 힘은 각 상현재를 고정보로 취급해 구할 수 있다. 강구조편람 3편의 표 3-23 "전단, 모멘트, 처짐"으로부터 각 상현재의 고정단모멘트는,

$$M = M_{nt} = \frac{PL}{8} = \frac{2.4(10)}{8} = 3.0 \text{ ft-kips}$$

이러한 단부모멘트와 상응하는 반력은 그림 6.29에 나타나 있다. 절점에 직접 작용하는 하중에 반력을 더하면 그림 6.29의 하중상태를 얻을 수 있다. 최대 축방향압축력은 부재 DE(그리고 경간 중앙의 오른쪽에 있는 인접부재)에서 발생하며 단면 $a-a$의 왼쪽에 있는 트러스 부분의 자유물체 평형을 고려해 구할 수 있다:

그림 6.29

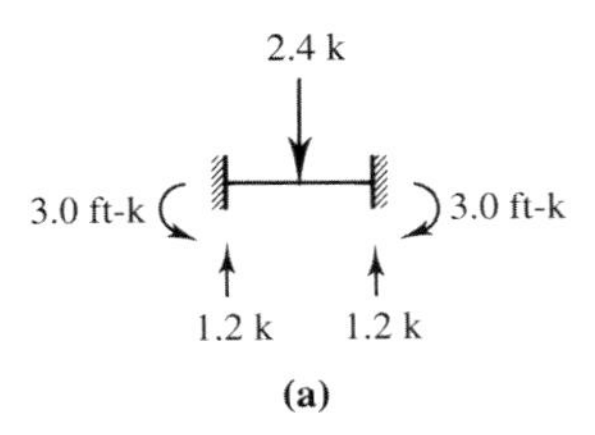

(a)

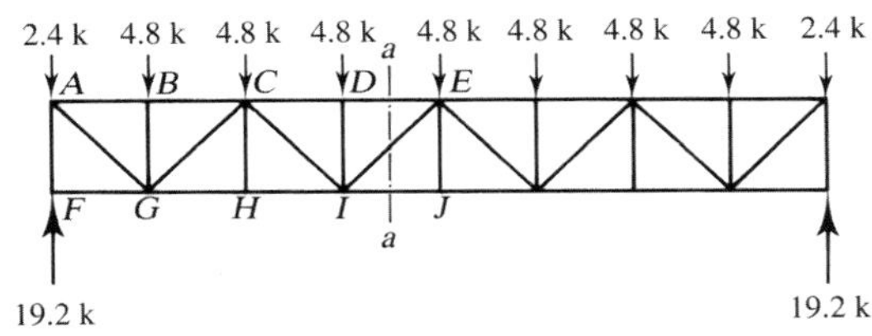

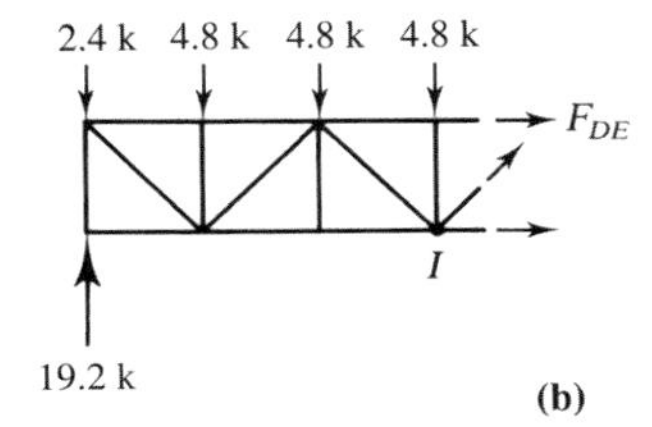

(b)

$$\Sigma M_l = (19.2-2.4)(30) - 4.8(10+20) + F_{DE}(4) = 0$$

$$F_{DE} = -90 \text{ kips } (\text{압축})$$

90 kips 의 축하중과 3.0 ft-kips 의 휨모멘트에 대해 설계한다.

강구조편람 6편의 표 6-2는 단지 W형강만의 설계를 위한 것이며 구조용 T형강에 상응하는 표는 없다. 강구조편람 4편의 기둥하중표에 따르면 축하중은 작고 모멘트는 축하중에 비해 상대적으로 작으므로 작은 형강이 필요하게 된다는 것을 알 수 있다. 기둥하중표로부터, $L_{cx} = 10$ ft와 $L_{cy} = 5$ ft을 사용해 WT**6×17.5**를 **시도한다.** 축방향압축설계강도는,

$$\phi_c P_n = 149 \text{ kips}$$

각주는 이 형상은 압축에 대해 세장단면이다라는 것을 나타내고 있으나 이것은 강도의 표 값에 고려되어 있다.

휨은 x축에 대한 것이고, 부재는 횡변위에 대해 버팀지지되어 있으므로,

$$M_{nt} = 3.0 \text{ ft-kips}, \quad M_{lt} = 0$$

부재에 횡하중이 있으므로, $C_m = 1.0$을 사용한다(여기서는 해설편 접근방법을 사용하지 않는다). B_1을 계산한다:

$$P_{e1} = \frac{\pi^2 EI_x}{(L_{cx})^2} = \frac{\pi^2(29{,}000)(16.0)}{(10\times 12)^2} = 318.0 \text{kips}$$

$$B_1 = \frac{C_m}{1-\dfrac{\alpha P_r}{P_{e1}}} = \frac{1.0}{1-\dfrac{1.00(90)}{318.0}} = 1.395$$

증폭모멘트는,

$$M_u = B_1 M_{nt} + B_2 M_{lt} = 1.395(3.0) + 0 = 4.185 \text{ ft-kips}$$

구조용 T형강의 공칭모멘트강도는 이 책의 5.16절에서 소개되어 있고, AISC F9에서 다룬다. 단면의 분류를 결정하기 위해 플랜지에 대한 폭-두께비를 먼저 검토한다. 단면의 제원 및 특성표로부터,

$$\lambda = \frac{b_f}{2t_f} = 6.31$$

$$\lambda_p = 0.38\sqrt{\frac{E}{F_y}} = 0.38\sqrt{\frac{29{,}000}{50}} = 9.152$$

$$\lambda < \lambda_p \quad \therefore \text{ 플랜지는 조밀하다.}$$

(이것은 단면의 제원 및 특성표에서 휨에 대한 플랜지 비조밀성을 나타내는 각주가 없다는 것을 주시함으로써 결정될 수도 있다.)

웨브(스템)에 대해,

$$\lambda = \frac{d}{t_w} = 20.8$$

$$\lambda_p = 0.84\sqrt{\frac{E}{F_y}} = 0.84\sqrt{\frac{29,000}{50}} = 20.23$$

$$\lambda_r = 1.52\sqrt{\frac{E}{F_y}} = 1.52\sqrt{\frac{29,000}{50}} = 36.61$$

$\lambda_p < \lambda < \lambda_r$ 이므로 웨브는 비조밀하다.

항복한계상태를 검토한다. 최대모멘트는 고정단모멘트이므로 플랜지가 상단에 있다고 가정하면 구체는 압축을 받게 된다. 압축을 받는 구체에 대해,

$$M_n = M_p = M_y = F_y S_x$$

$$= 50(3.23) = 161.5\ \text{in.-kips} \qquad \text{(AISC 식 F9-3)}$$

횡비틀림좌굴을 검토한다:

$$M_n = M_{cr} \le M_y \qquad \text{(AISC 식 F9-13)}$$

$$M_{cr} = \frac{1.95E}{L_b}\sqrt{I_y J}\,(B + \sqrt{1 + B^2}) \qquad \text{(AISC 식 F9-10)}$$

$$B = -2.3\left(\frac{d}{L_b}\right)\sqrt{\frac{I_y}{J}} = -2.3\left(\frac{6.25}{10 \times 12}\right)\sqrt{\frac{12.2}{0.369}}$$

$$= -0.6888 \qquad \text{(AISC 식 F9-12)}$$

$$M_{cr} = \frac{1.95(29,000)}{10 \times 12}\sqrt{12.2(0.369)}\left[-0.6888 + \sqrt{1 + (-0.6888)^2}\right]$$

$$= 525.4\ \text{in.-kips}$$

$$M_y = F_y S_x = (50)(3.23) = 161.5\ \text{ft-kips}$$

$525.4\ \text{ft-kips} > 161.5\ \text{ft-kips}$ 이므로 $M_n = 161.5\ \text{ft-kips}$ 을 사용한다.

플랜지 국부좌굴: 플랜지는 조밀하므로 이 한계상태는 적용하지 않는다.

웨브 국부좌굴을 검토한다:

$$M_n = F_{cr} S_x \qquad \text{(AISC 식 F9-16)}$$

비조밀 웨브에 대해,

$$F_{cr} = \left(1.43 - 0.515\frac{d}{t_w}\sqrt{\frac{F_y}{E}}\right)F_y = \left[1.43 - 0.515(20.8)\sqrt{\frac{50}{29,000}}\right](50)$$

$$= 49.26\ \text{ksi} \qquad \text{(AISC 식 F9-18)}$$

$$M_n = (49.26)(3.23) = 159.1\ \text{ft-kips}$$

웨브 국부좌굴 한계상태가 지배한다.

$$\phi_b M_n = 0.90(159.1) = 143.2\ \text{in.-kips} = 11.93\ \text{ft-kips}$$

사용할 상관식을 결정한다:

$$\frac{P_u}{\phi_c P_n} = \frac{90}{149} = 0.6040 > 0.2 \qquad \therefore \text{ AISC 식 H1-1a를 사용한다.}$$

$$\frac{P_u}{\phi_c P_n} + \frac{8}{9}\left(\frac{M_{ux}}{\phi_b M_{nx}} + \frac{M_{uy}}{\phi_b M_{ny}}\right) = 0.6040 + \frac{8}{9}\left(\frac{4.185}{11.93} + 0\right)$$

$$= 0.916 < 1.0 \qquad \text{(OK)}$$

해 답 WT6×17.5를 사용한다.

주의사항 다른 언급이 없는 한, 모든 부재는 단부에서만 횡지지되고 $K_y = 1.0$이다. 적용되는 모든 문제에 강구조편람 표 6-2를 사용할 수도 있다.

상관관계식

6.2-1 주어진 부재가 적절한 AISC 상관식을 만족하는지 결정하라. 모멘트증폭을 고려하지 않는다. 하중은 사하중 50%와 활하중 50%이다. 휨은 x축에 대한 것이고, 강재는 ASTM A992이다.

a. LRFD를 사용하라.

b. ASD를 사용하라.

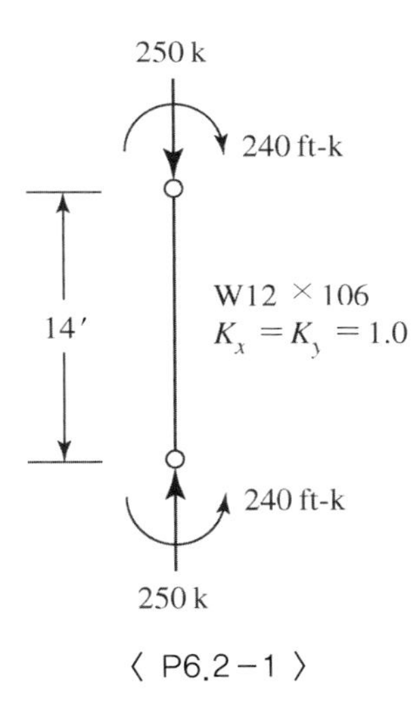

〈 P6.2-1 〉

6.2-2 지지할 수 있는 사용활하중(kips/ft)은 얼마인가? 부재 자중이 유일한 사하중이다. 축방향압축하중은 10 kips의 사용사하중과 20 kips의 사용활하중으로 구성되어 있다. 모멘트증폭을 고려하지 않는다. 휨은 x축에 대한 것이고, 강재는 ASTM A992이다.

a. LRFD를 사용하라.

b. ASD를 사용하라.

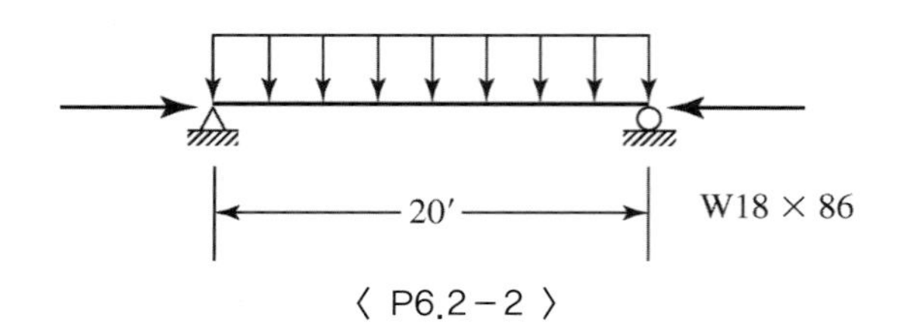

〈 P6.2-2 〉

버팀대가 있는 골조의 부재

6.6-1 문제 6.2-1의 부재에 대해 모멘트증폭계수 B_1을 계산하라. 골조해석은 AISC 부록 8의 근사2차해석법에 대한 조항을 사용해 수행하였다. 감소강성 EI^*을 해석에 사용하였고 $K_x = 1.0$의 유효길이계수를 사용할 수 있다는 것을 의미한다.

a. LRFD를 사용하라.

b. ASD를 사용하라.

6.6-2 문제 6.2-2의 부재에 대해 모멘트증폭계수 B_1을 계산하라.

a. LRFD를 사용하라.

b. ASD를 사용하라.

6.6-3 A992 강재인 $\mathrm{W14 \times 99}$는 $K_x = 0.9$와 $K_y = 1.0$을 가진 길이가 $14\ \mathrm{ft}$인 보-기둥으로 사용된다(해석은 유효길이법에 따라 수행하였으므로 휨강성 EI는 감소시키지 않았다). 부재는 횡변위에 대해 버팀지지되어 있고 양단 사이에 횡하중이 작용하고 있다. 부재는 다음의 사용하중과 사용모멘트를 받는다: $342\,\mathrm{kips}$의 압축하중과 강축에 대해 $246\ \mathrm{ft\text{-}kips}$의 휨모멘트. 각각의 구성은 33% 사하중과 67% 활하중이다. $C_b = 1.6$을 사용해 이 부재가 AISC 설계기준의 규정을 만족하는지를 결정하라.

a. LRFD를 사용하라.

b. ASD를 사용하라.

6.6-4 그림 P6.6-4에 나타난 부재는 버팀대가 있는 골조의 일부분이다. 하중과 모멘트는 사용하중으로부터 산정되었으며 휨은 x축에 대한 것이다(단부전단은 나타나 있지 않다). 골조해석은 유효길이법에 따라 수행하였으므로 휨강성 EI는 감소시키지 않았다. $K_x = 0.9$를 사용한다. 하중과 모멘트는 30% 사하중과 70% 활하중이다. 이 부재가 적절한 AISC 상관식을 만족하는지를 결정하라.

a. LRFD를 사용하라.

b. ASD를 사용하라.

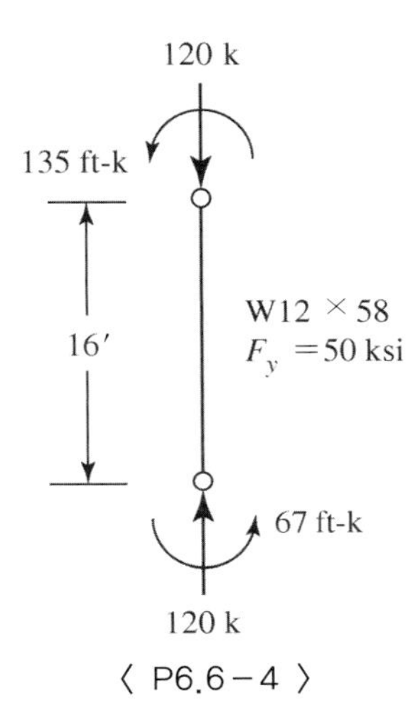

〈 P6.6-4 〉

6.6-5 단순보는 그림 P6.6-5와 같이 단부우력(휨은 강축에 대한 것이다)과 축하중을 받고 있다. 이 모멘트와 축하중은 사용하중으로부터 산정된 것이며, 사하중과 활하중의 부분이 같게 이루어져 있다. 양단에서 횡지지되어 있다. 보의 자중을 무시하고, 이 부재를 보-기둥으로 조사하라. $F_y = 50$ ksi을 사용하라.

a. LRFD를 사용하라.

b. ASD를 사용하라.

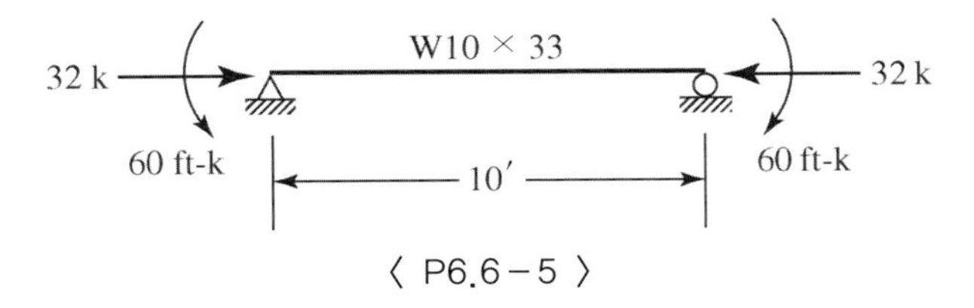

〈 P6.6-5 〉

6.6–6　그림 P6.6–6의 보–기둥은 버팀대가 있는 골조의 부재이다. 그림에 나타난 모멘트와 축력을 구하기 위해 계수하중과 감소된 부재강성을 사용해 2차해석을 수행하였다. LRFD를 사용해 부재의 적합성을 결정하라.

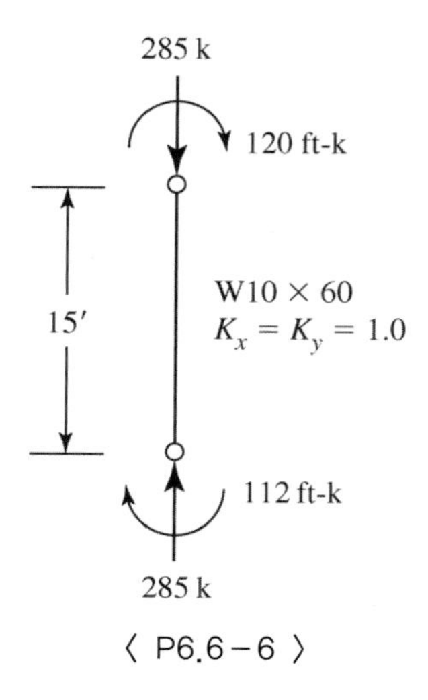

〈 P6.6 – 6 〉

6.6–7　그림 P6.6–7에서 나타난 부재는 A, B, C 점에서 횡지지되어 있다. 휨은 강축에 대한 것이다. 주어진 하중은 사용하중이고 등분포하중은 부재의 자중을 포함하고 있다. A992 강재가 사용된다. 이 부재는 적절한가?

a. LRFD를 사용하라.

b. ASD를 사용하라.

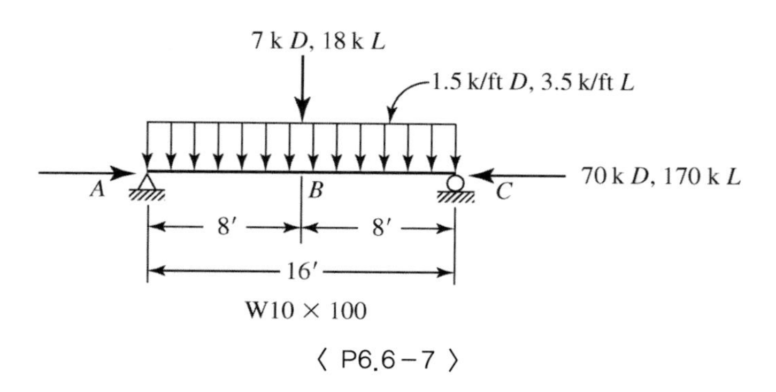

〈 P6.6 – 7 〉

6.6-8 그림 P6.6-8에서 나타난 부재는 횡변위에 대해 버팀지지되어 있다. 휨은 강축에 대한 것이다. 이 부재는 AISC 설계기준의 규정을 만족하는가? 재하하중은 40% 활하중과 60% 사하중이다.

a. LRFD를 사용하라.

b. ASD를 사용하라.

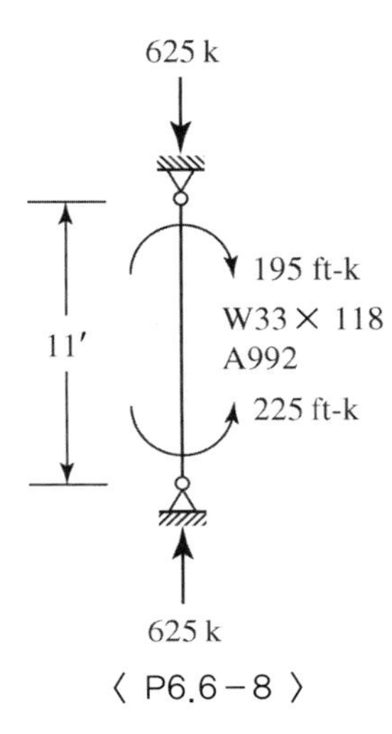

〈 P6.6-8 〉

6.6-9 그림 P6.6-9에서 나타난 부재는 A572 등급 50 강재인 $W12 \times 96$ 이고, 버팀대가 있는 골조의 일부분이다. 양단모멘트는 사용하중모멘트이고, 휨은 강축에 대한 것이다. 양단전단력은 나타나 있지 않다. 골조해석은 유효길이법에 따라 수행하였으므로 휨강성 EI는 감소시키지 않았다. 양단모멘트와 축하중이 33% 사하중과 67% 활하중이면, 작용될 수 있는 최대사용축하중 P는 얼마인가? $K_x = K_y = 1.0$을 사용하라.

a. LRFD를 사용하라.

b. ASD를 사용하라.

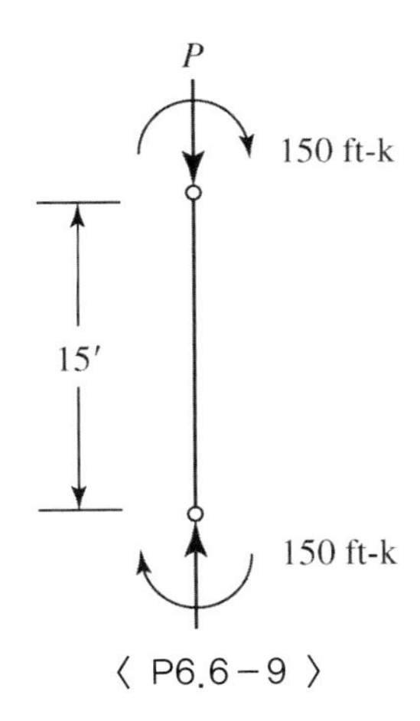

〈 P6.6-9 〉

6.6-10 그림 P6.6-10의 하중은 25% 사하중과 75% 활하중으로 구성된 사용하중이다. A992 강재가 사용된다. 이 부재는 만족스러운가? 휨은 강축에 대한 것이다.

a. LRFD를 사용하라.

b. ASD를 사용하라.

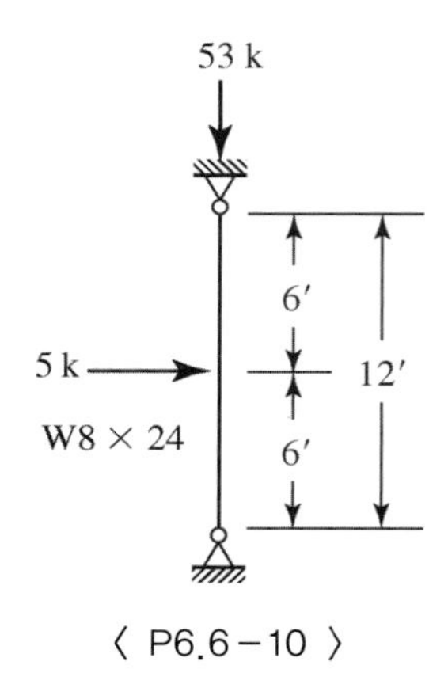

〈 P6.6-10 〉

6.6-11 그림 P6.6-11의 보-기둥은 버팀대가 있는 골조의 부재이다. 그림에 나타난 모멘트와 축력을 구하기 위해 계수하중과 감소된 부재강성을 사용해 2차해석을 수행하였다. LRFD를 사용해 부재의 적합성을 결정하라.

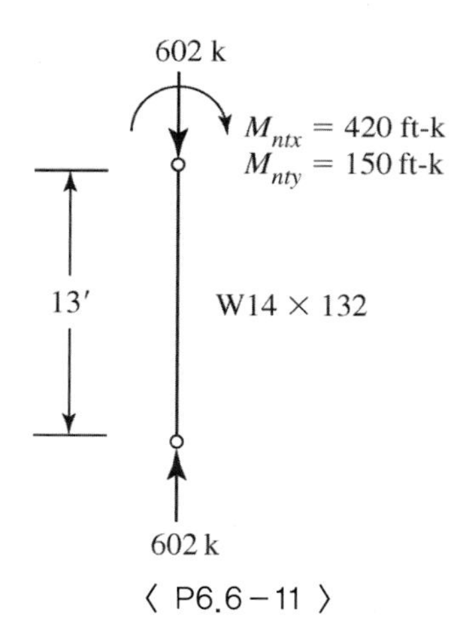

〈 P6.6-11 〉

6.6-12 그림 P6.6-12의 부재는 양단에서만 횡지지되어 있다. A572 등급 50 강재가 사용되면, 이 부재는 AISC 설계기준의 규정을 만족하는가? 재하하중은 50% 활하중과 50% 사하중이다.

a. LRFD를 사용하라.

b. ASD를 사용하라.

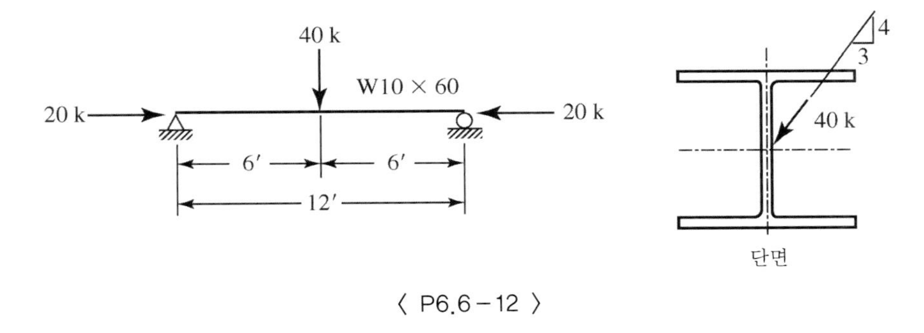

〈 P6.6 - 12 〉

6.6-13 그림 P6.6-13에 나타난 고정단 부재는 A992 강재의 W21 × 68이다. 휨은 강축에 대한 것이다. 사용활하중 Q의 최대 허용값은 얼마인가?(모멘트는 강구조편람 3편에 주어진 공식으로부터 계산할 수 있다.)

a. LRFD를 사용하라.

b. ASD를 사용하라.

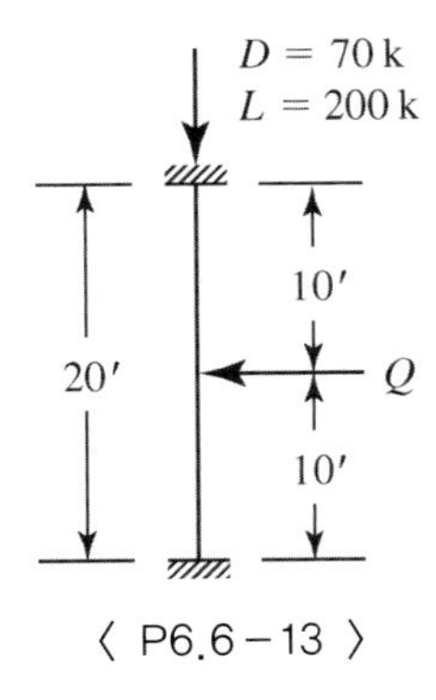

〈 P6.6 - 13 〉

버팀대가 없는 골조의 부재

6.7-1 50 ksi 강재인 W14 × 82는 버팀대가 없는 골조의 보-기둥으로 사용하기 위해 조사되어진다. 길이는 14 ft이다. 횡변위가 있는 경우와 없는 경우에 대해 골조의 1차해석을 수행하였다. 이 부재에 대해 조사되어지는 하중조합의 하나에 상응하는 계수하중과 계수모멘트가 다음의 표에 주어져 있다:

해석형식	P_u(kips)	M_{top}(ft-kips)	M_{bot}(ft-kips)
횡변위가 없는 경우	400	45	24
횡변위가 있는 경우	–	40	95

휨은 강축에 대한 것이고 모든 모멘트는 이중-곡률 휨을 일으킨다(모든 단부모멘트는 같은 방향이다. 즉, 모두 시계방향 또는 모두 반시계방향). 다음의 값들은 예비설계의 결과로부터 유용하다:

$P_{e\,\mathrm{story}} = 40{,}000$ kips, $P_{\mathrm{story}} = 6{,}000$ kips

$K_x = 1.0$(횡변위가 없는 경우), $K_x = 1.7$(횡변위가 있는 경우), $K_y = 1.0$을 사용한다. LRFD를 사용해 이 부재가 주어진 하중조합에 대해 AISC 설계기준의 규정을 만족하는지를 결정하라.

6.7-2 길이가 16 ft이고 A992 강재인 W14 × 74는 버팀대가 없는 골조의 기둥으로 사용되어진다. 연직하중(사하중과 활하중)의 1차해석으로부터 구한 축하중과 단부모멘트가 그림 P6.7-2a에 나타나 있다. 골조는 대칭이고 연직하중은 대칭으로 작용한다. 그림 P6.7-2b는 1차해석으로부터 얻은 풍하중 영향을 보여준다. 모든 하중과 모멘트는 사용하중에 근거를 두고 모든 휨모멘트는 강축에 대한 것이다. 유효길이계수는 $K_x = 0.85$(버팀대가 있는 경우), $K_x = 1.2$(버팀대가 없는 경우), $K_y = 1.0$이다. 이 부재는 AISC 설계기준을 준수하는지 결정하라.

a. LRFD를 사용하라.
b. ASD를 사용하라.

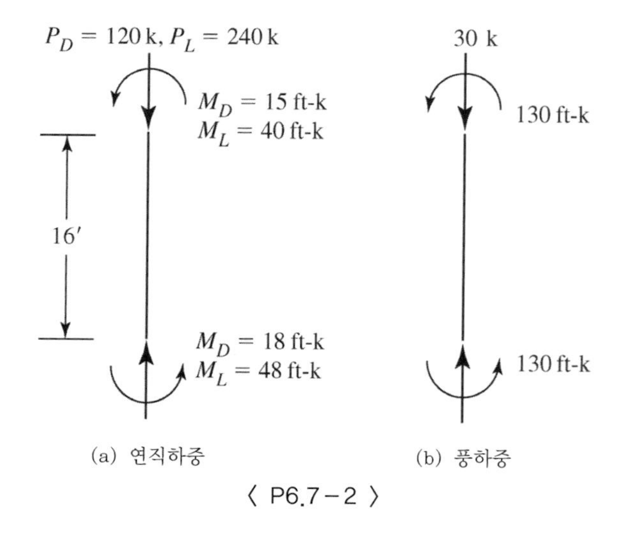

〈 P6.7-2 〉

보-기둥의 설계

6.8-1 $F_y = 50\,\text{ksi}$을 사용해 그림 P6.8-1에 나타난 보-기둥에 대해 가장 가벼운 W 12형강을 선택하라. 이 부재는 버팀대가 있는 골조의 일부분이며, 축하중과 휨모멘트는 30% 사하중과 70% 활하중으로 구성된 사용하중에 근거를 둔다(단부전단은 나타나있지 않다). 휨은 강축에 대한 것이고 $K_x = K_y = 1.0$이다. 골조해석은 유효길이법에 따라 수행하였으므로 휨강성 EI는 감소시키지 않았다.

a. LRFD를 사용하라.

b. ASD를 사용하라.

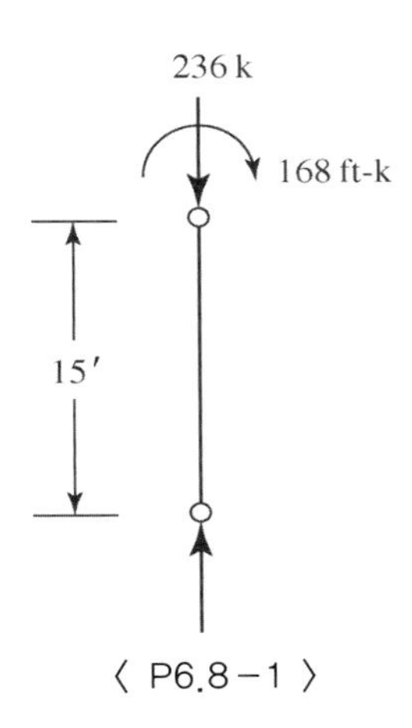

〈 P6.8-1 〉

6.8-2 그림 P6.8-2의 보-기둥은 버팀대가 있는 골조의 일부분이며, 그림에 나타난 축하중과 단부모멘트를 받는다(단부전단은 나타나 있지 않다). 모멘트와 축력을 구하기 위해 계수하중과 감소된 부재강성을 사용해 2차해석을 수행하였다. 휨은 강축에 대한 것이다. LRFD를 사용하고 A992 강재의 가장 가벼운 W 10형강을 선택하라.

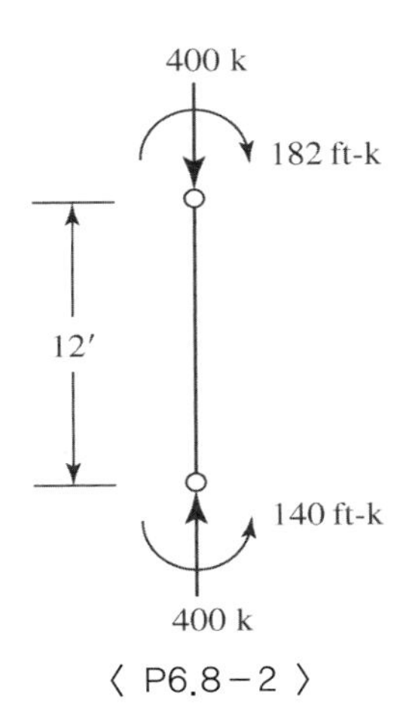

〈 P6.8-2 〉

6.8-3　이 부재는 그림 P6.8-3에서 보여주는 하중을 받고 있다. 하중은 25% 사하중과 75% 활하중이다. 휨은 강축에 대한 것이고, $K_x = K_y = 1.0$이다. A992 강재를 사용해 W10 형강을 선택하라.

a. LRFD를 사용하라.

b. ASD를 사용하라.

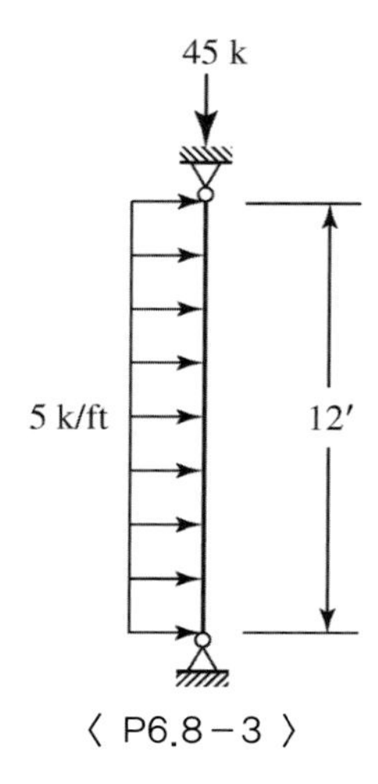

〈 P6.8-3 〉

6.8-4　버팀대가 있는 골조의 이 부재는 축방향압축하중과 부재의 양축에 대해 휨을 일으키는 양단모멘트를 지지하고 있다. 모멘트와 축력을 구하기 위해 계수하중과 감소된 부재강성을 사용해 2차해석을 수행하였다. LRFD를 사용하고 A992 강재를 사용해 가장 가벼운 W형강을 선택하라.

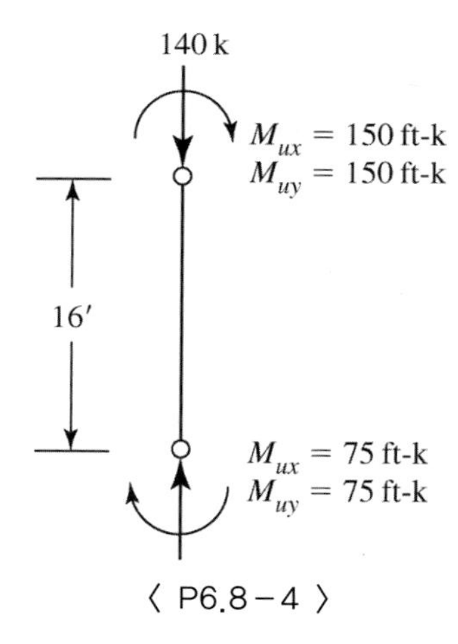

〈 P6.8-4 〉

6.8-5 A992 강재인 W 14형강을 선택하라. 휨은 강축에 대한 것이고, 횡변위는 없다. 골조해석은 유효길이법에 따라 수행하였으므로 휨강성 EI는 감소시키지 않았다. $K_x = 0.8$을 사용하라.

a. LRFD를 사용하라.

b. ASD를 사용하라.

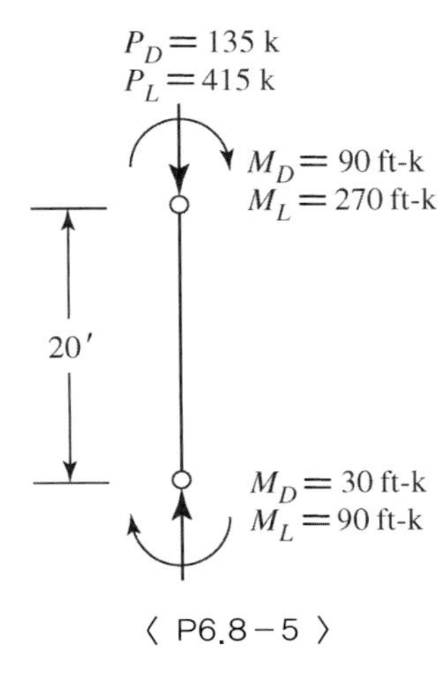

〈 P6.8-5 〉

6.8-6 그림 P6.8-6에 나타난 부재는 버팀대가 있는 골조의 일부분이다. 축하중과 단부모멘트는 사하중과 활하중의 부분이 같게 이루어진 사용하중에 근거를 둔다. 골조해석은 유효길이법에 따라 수행하였으므로 휨강성 EI는 감소시키지 않았다. A992 강재의 W 형강을 선택하라.

a. LRFD를 사용하라.

b. ASD를 사용하라.

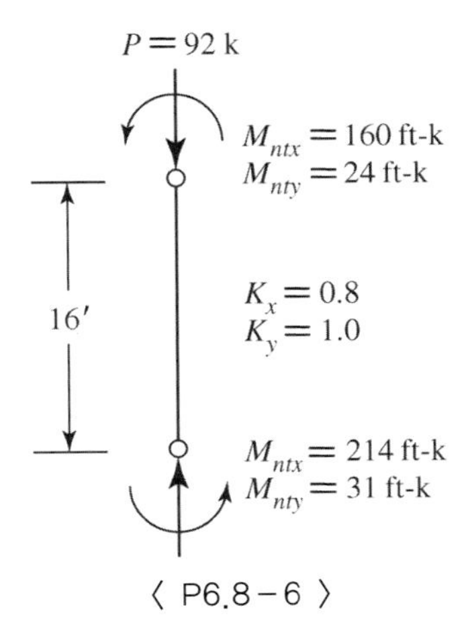

〈 P6.8-6 〉

6.8-7 그림 P6.8-7에 나타난 하중과 모멘트에 대해 A992 강재를 사용해 W 형강을 선택하라. 하중과 모멘트는 비계수이며, 25% 사하중과 75% 활하중이다. 부재는 버팀대가 있는 골조의 일부분이다. $K_x = K_y = 1.0$을 사용하라.

a. LRFD를 사용하라.

b. ASD를 사용하라.

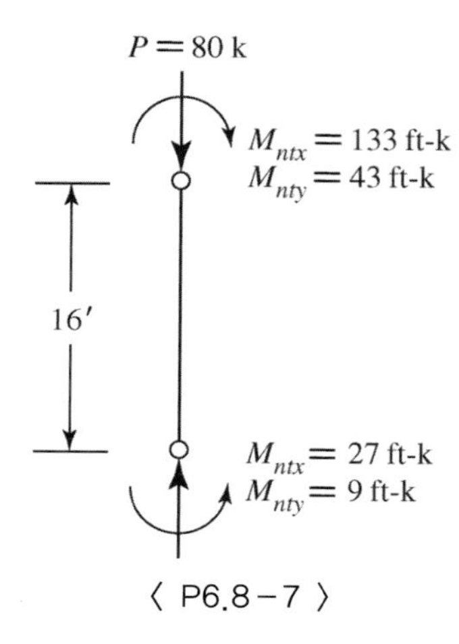

〈 P6.8-7 〉

6.8-8 LRFD를 사용해, 버팀대가 없는 골조의 보-기둥으로 사용되는 A992 강재의 가장 가벼운 W12형강을 선택하라. 부재길이는 16 ft이며, 유효길이계수는 $K_x = 1.0$(횡변위가 없는), $K_x = 2.0$(횡변위가 있는), $K_y = 1.0$이다. 1차해석에 근거한 계수하중과 계수모멘트는 $P_u = 75$ kips, $M_{nt} = 270$ ft-kips, $M_{lt} = 30$ ft-kips이다. 골조해석은 유효길이법에 따라 수행하였으므로 휨강성 EI는 감소시키지 않았다. $C_m = 0.6$과 $C_b = 1.67$을 사용한다. 휨은 강축에 대한 것이다.

6.8-9 그림 P6.8-9에 나타난 버팀대가 없는 단층골조는 사하중, 지붕 활하중, 풍하중을 받고 있다. 근사해석결과는 그림에 요약되어 있다. 축하중과 단부모멘트는 사하중, 지붕 활하중, 지붕에 대한 상향 풍하중, 횡방향 풍하중의 각각에 대해 분리해 주어져 있다. 모든 연직하중은 대칭으로 작용하고 M_{nt} 모멘트에만 영향을 준다. 횡하중은 M_{lt} 모멘트를 일으킨다. 해석결과는 유효길이법에 적절한 개념하중의 효과를 포함하고 있다. 기둥에 대해 A992 강재를 사용해 W14형강을 선택하라. 사용풍하중에 근거한 층간변위지수 1/400에 대해 설계하라. 휨은 강축에 대한 것이고 각 기둥은 상단과 하단에 횡방향으로 버팀지지되어 있다.

a. LRFD를 사용하라.

b. ASD를 사용하라.

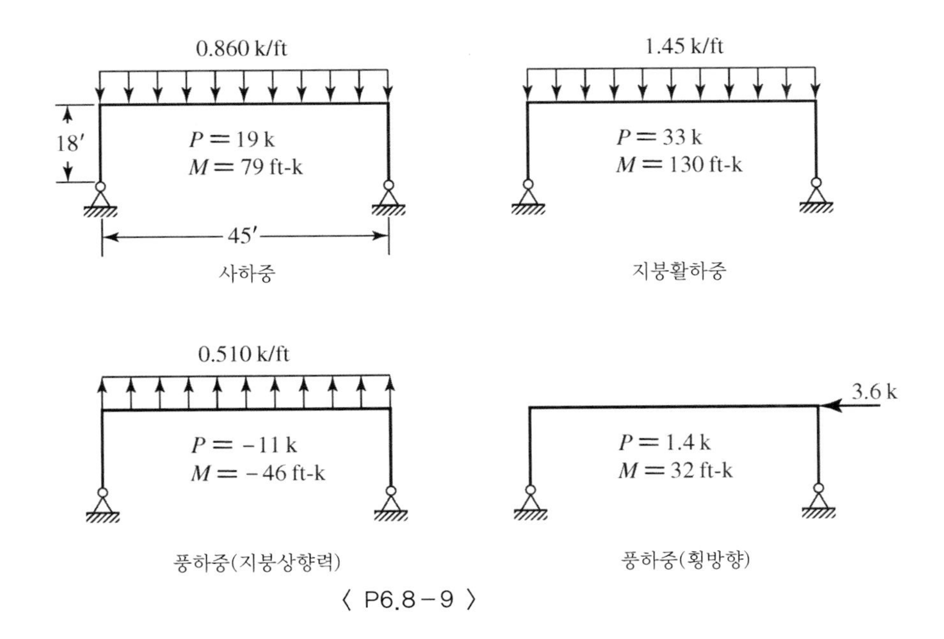

〈 P6.8-9 〉

가새 설계

6.8-10 A36 강재를 사용해, 문제 6.8-9의 골조에 대해 단일ㄱ형강 대각가새를 설계하라. 가새는 3개의 골조를 안정하게 한다고 가정한다.

a. LRFD를 사용하라.

b. ASD를 사용하라.

절점 사이에 상현재 하중이 작용하는 트러스

6.9-1 그림 P6.9-1에 나타난 트러스의 상현재에 대해 $F_y = 50$ ksi 강재를 사용해 구조용 T형강을 선택하라. 트러스는 25 ft의 간격으로 배치되어 있고, 다음과 같은 하중이 작용한다.

중도리:	W6×8.5, 절점과 절점 중앙에 위치
설하중:	지붕표면 수평투영 20 psf
금속 바닥:	2 psf
지붕:	4 psf
절연재:	3 psf

a. LRFD를 사용하라.

b. ASD를 사용하라.

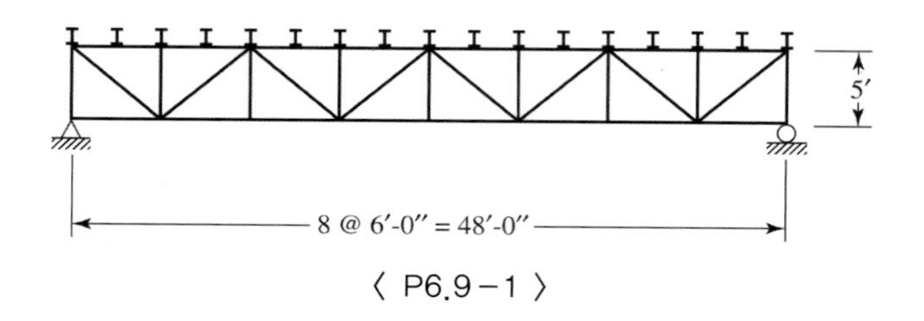

〈 P6.9－1 〉

6.9–2 그림 P6.9–2에 나타난 트러스의 상현재에 대해 A992 강재를 사용해 구조용 T형강을 선택하라. 이것은 예제 3.15의 트러스이다. 트러스는 중심간격 25 ft로 배치되어 있고, 절점과 절점 사이 중앙에 W6×12 중도리를 지지한다. 다른 관련된 자료는 다음과 같이 요약된다.

금속 바닥: 2 psf
조립 지붕: 5 psf
설하중: 지붕 수평투영 18 psf

a. LRFD를 사용하라.
b. ASD를 사용하라.

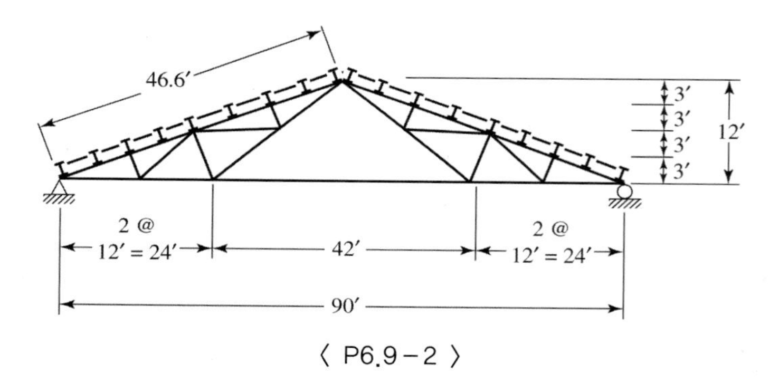

〈 P6.9－2 〉

7 단순연결

7.1 서 론

구조용 강재의 연결은 매우 중요하다. 구조물에 약한 연결이 될 수 있는 부적절한 연결은 수많은 파괴의 원인이 되고 있다. 구조용 부재의 파괴는 극히 드물다: 부적절한 설계나 상세연결로 인해 대부분의 구조적 파괴가 발생한다. 문제는 연결설계에 대한 책임여부의 혼동 때문에 때로는 혼란스럽다. 많은 경우에 연결설계는 구조물을 설계하는 기술자가 설계하지 않고 재료를 제공하는 강제작자와 관련된 다른 사람에 의해 설계된다. 그러나 설계도의 제작에 책임이 있는 구조기술자는 연결을 포함한 전체설계에 대해 책임이 있다. 그러므로 다른 사람에 의해 설계된 연결을 확인하기 위해서라도 연결설계에 능숙해야 하는 것은 기술자의 책임이다.

현대의 강구조물은 용접 또는 볼트(고장력볼트 또는 보통볼트), 또는 두 가지를 혼용하여 연결이 이루어진다. 꽤 최근까지만 해도 연결은 용접이나 리벳을 사용했다. 1947년에 리벳·볼트 구조접합연구위원회(Research Council of Riveted and Bolted Structural Joints)가 설립되었고 1951년에 처음으로 설계기준이 발간되었다. 이 설계기준은 리벳과 같은 비중으로 고장력볼트의 사용을 인정했다. 그 이후로 고장력볼트의 연결은 급속도로 보편화되었고, 오늘날에는 토목구조물에서 고장력볼트의 사용이 증대하면서 리벳연결은 퇴색화되었다. 이런 변화에는 몇 가지 이유가 있다. 리벳연결은 4명의 숙련공이 필요한 데 반해, 고장력볼트의 연결은 상대적으로 비숙련공 2명으로도 가능하다. 또한, 리벳작업은 소음이 많고 가열지점에서부터 설치지점까지 가열된 리벳을 던져 올리는 과정 때문에 다소 위험이 따른다. 리벳연결설계는 더 이상 AISC 설계기준에서 다루지 않으나, 현존하는 많은 구조물은 리벳이음을 가지고 있고 이런 연결에 대한 해석은 오래된 구조물의 강도평가와 복원을 위해 요구되어진다. AISC 부록 5의 5.2.6절, "현존하는 구조물의 평가"에서 그와 반대되는 증거가 없는 한 ASTM A502 등급 1리벳이 가정되어야 한다고 규정하고 있다. 리벳의 물성치는 ASTM 설계기준(ASTM, 2016c)에서 발견할 수 있다. 리벳연결의 해석은 재료특성만 다를 뿐 보통볼트를 사용한 연결과 본질적으로 동일하다.

용접은 볼트연결과 비교해서 여러 가지 장점이 있다. 용접연결은 개념에 있어서 보다 단순하고 구멍이 있다면 조금밖에 요구하지 않는다(가끔 용접작업 시 부재를 제자리에 잡아두기 위해 가체결용 볼트가 필요할 수도 있다). 연결재를 사용한 대단히 복잡한 연결은 용접을 사용할 경우 아주 단순해질 수 있다. 이런 경우의 예로는 그림 7.1의 판형(plate girder)이다. 용접이 널리 사용되기 전에는 이러한 조립형상은 리벳을 사용해 제작되었다. 웨브에 플랜지판을 붙이기 위해 ㄱ형강이 두 개의 요소 사이에 하중을 전달하기 위해 사용되었다. 덮개판이 더해지면 완성된 부재는 더욱 복잡해진다. 그러나 용접처리된 단면은 단순함에 있어서 우수하다. 부정적인 측면으로는 용접을 위해 숙련공이 필요하며, 검사가 어렵고 비용이 많이 든다. 이런 마지막 단점은 가능하다면 현장용접 대신에 공장용접을 사용함으로써 부분적으로 극복할 수 있다. 양질의 용접은 제조공장에서 제어되는 공정으로 보다 쉽게 확보할 수 있다. 연결이 용접과 볼트의 조합으로 이루어지는 경우에는 용접은 공장에서 그리고 볼트연결은 현장에서 수행할 수 있다. 그림 7.2에서 보여주는 단일판 보-기둥 연결에서는 판은 기둥 플랜지에 공장용접되고 보 웨브에 현장에서 볼트로 연결한다.

그림 7.1

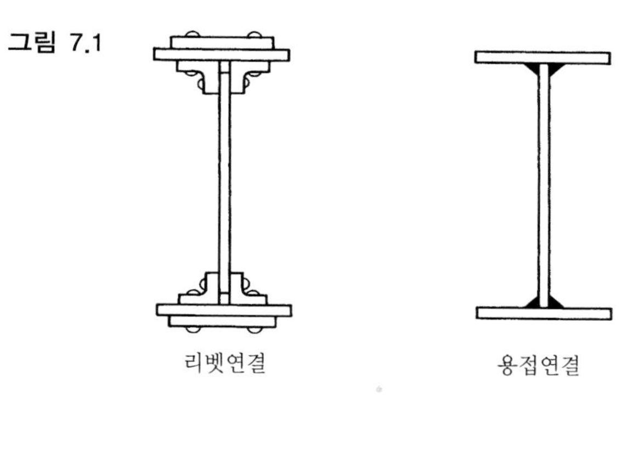

그림 7.2

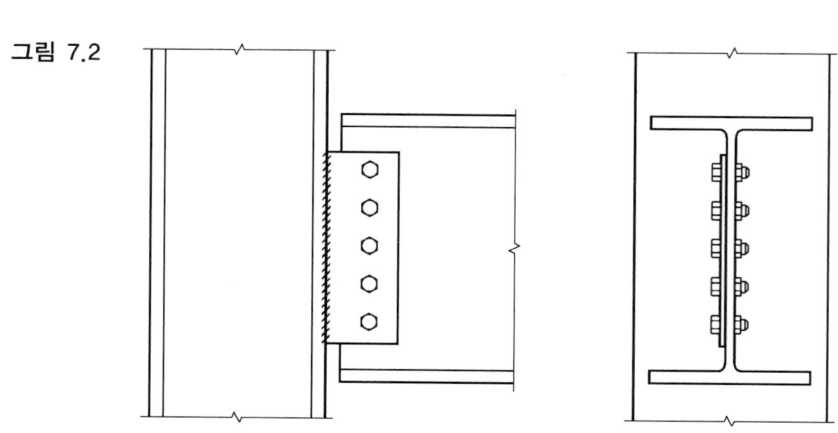

다른 종류의 연결거동을 고려함에 있어서 하중형태에 따라 연결을 분류하는 것이 편리하다. 그림 7.3(a)와 (b)에서 보여주는 겹침이음 인장부재에서는 연결재가 연결재축에 전단을 일으키는 힘을 받게 된다. 비슷한 유형으로 그림 7.3(c)에서 보여주는 용접은 전단력에 저항해야 한다. 그림 7.3(d)에서처럼 기둥 플랜지의 브래킷연결에서는 볼트나 용접에 상관없이 그림과 같은 하중이 작용할 때 연결부는 전단을 받는다. 그림 7.3(e)의 행거연결은 연결재에 인장을 야기한다. 그림 7.3(f)의 연결은 상부열의 연결재에 전단과 인장이 생기게 한다. 연결재의 강도는 전단이나 인장 혹은 둘 다 받는지에 따라 결정된다. 용접은 전단에 약하므로 보통 하중방향에 상관없이 전단에 의해 파괴된다고 가정한다.

연결재당 힘이나 용접의 단위길이당 힘이 결정되면 연결에 대한 적정성 평가는 쉬운 일이다. 이러한 결정은 연결의 두 가지 중요한 범주를 위한 기본이다. 저항되는 합력의 작용선이 연결의 무게중심을 통과한다면 연결의 각 부분은 작용하중을 균등하게 분담하여 저항하는 것으로 가정하고 이 연결을 *단순*연결(*simple* connection)이라 부른다. 그림 7.3(a), (b), (c)에 보여주는 연결에서는 각 연결재나 용접의 단위길이는 균등한 힘에 저항하게 된다.* 연결의 하중내력은 각 연결재 또는 용접인치당의 하중내력에 연결재의 총 개수 또는 총 용접길이를 곱하여 구할 수 있다. 이 장에서

그림 7.3

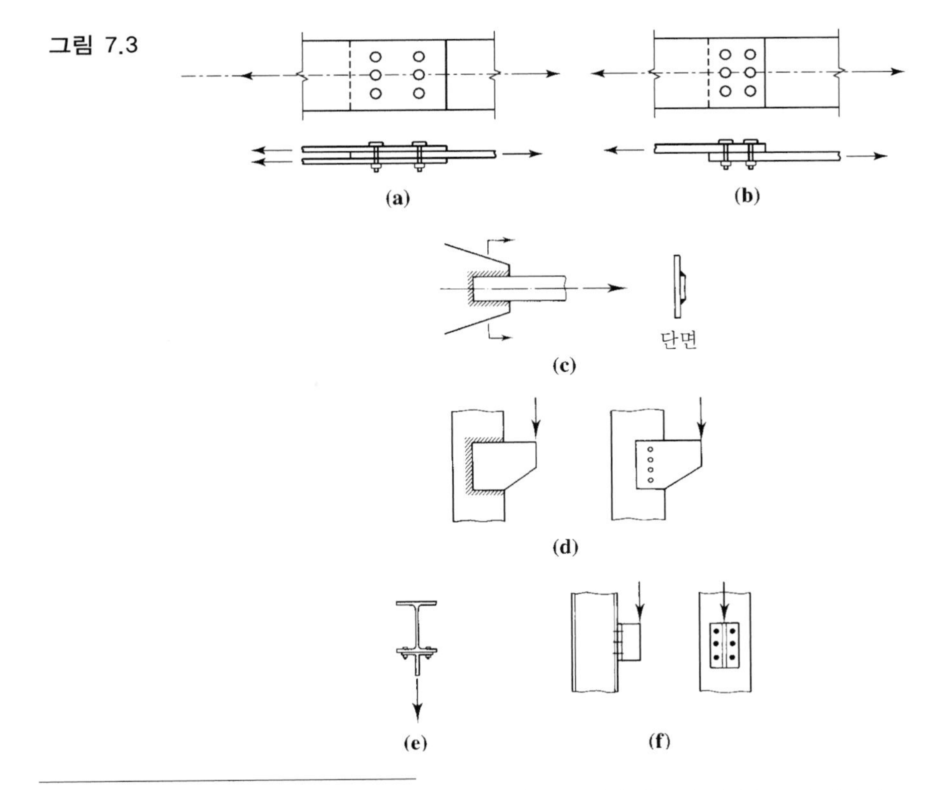

* 그림 7.3(b)와 (c)의 연결에서 실제로 작은 편심이 발생하지만 일반적으로 무시된다.

는 단순연결을 다룬다. 8장에서 다루는 편심연결은 하중작용선이 연결의 무게중심을 통과하지 않는 연결이다. 그림 7.3(d)와 (f)에서 보여주는 연결이 이런 형태로 각 연결재나 용접의 각 부분이 하중에 균등하게 저항하지 않으며 이런 연결형태의 설계에서는 하중분배의 결정이 더욱 복잡해진다.

AISC 설계기준은 J장, “연결설계”에서 연결을 취급하며 볼트와 용접을 다루고 있다.

7.2 볼트의 전단연결: 파괴형태

특정한 볼트등급에 대한 강도를 고려하기 전에 전단을 받는 연결재의 접합에서 가능한 여러 가지 파괴형태를 조사할 필요가 있다. 파괴에 대한 두 가지 큰 범주가 있다. 연결재의 파괴와 모재의 파괴. 그림 7.4(a)에서 나타난 겹침이음을 생각해본다. 연결재의 파괴는 그림과 같이 일어난다고 가정할 수 있다. 이 경우에 평균전단응력은 다음과 같다.

$$f_v = \frac{P}{A} = \frac{P}{\pi d^2/4}$$

여기서 P는 각 연결재에 작용하는 하중, A는 연결재의 단면적, d는 연결재의 직경이다. 하중은 다음과 같이 쓸 수 있다.

$$P = f_v A$$

이 경우 하중은 중심에 정확하게 작용하지는 않지만 편심이 작아서 무시할 수 있다. 그림 7.4(b)의 연결은 비슷하나 연결재 축 부분의 자유물체도 해석에서 각 단면적이 전체 하중의 절반을 받거나 또는 등가적으로, 두 단면이 전체하중을 저항하는 데 유효하다는 것을 보여준다. 어느 경우든 하중은 $P = 2f_v A$이고 이러한 하중상태를 *2면전단*(*double shear*)이라 부른다. 하나의 전단평면만 가지고 있는 그

그림 7.4

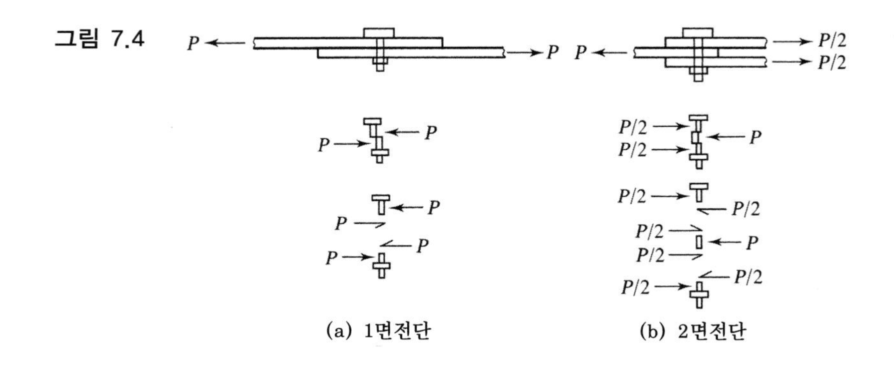

림 7.4(a)의 연결에서의 볼트하중은 *1면전단*(*single shear*)이라 부른다. 재료 추가로 인한 연결의 두께 증가는 전단평면의 수를 증가시키고 각 면에 작용하는 하중을 감소시킨다. 그러나 이것은 연결재의 길이도 증가시키며 휨을 받을 수 있다.

전단연결의 다른 파괴형태는 모재의 파괴를 포함하고 두 가지 일반적인 범주로 나눌 수 있다.

1. **과도한 인장, 전단, 휨으로 인한 모재의 파괴.** 인장연결부재는 총단면적과 유효순단면적에 대한 인장을 모두 검토해야 한다. 연결형태에 따라 블록전단도 고려할 필요가 있다. 블록전단은 보의 상부 플랜지 일부가 잘려진 보-기둥 연결에서도 검토되어야 한다(블록전단은 3장과 5장에서 다루었고 AISC J4.3에 설명되어 있다). 연결과 하중형태에 따라 연결판이나 골조형 ㄱ형강 같은 접합형은 전단, 인장, 휨 또는 블록전단에 대한 해석을 요구할 수도 있다. 인장재연결의 설계는 부재 자체의 설계와 서로 연관성이 있기 때문에 대개 부재설계와 병행하여 수행된다.
2. **연결재의 지압으로 인한 모재의 파괴.** 구멍이 연결재보다 약간 더 크고 연결재가 구멍에 느슨하게 접합되어 있다고 가정하면 하중이 작용할 때 연결재와 모재는 연결재 원주의 거의 반이 접촉하게 된다. 이런 조건은 그림 7.5에서 보여준다. 응력은 A에서 최대이고 B에서 0으로 변한다; 단순화시켜 작용하중을 접촉면의 투영면적으로 나누어 계산한 평균응력을 사용한다. 그러므로 지압응력은 $f_p = P/(dt)$로 계산된다. 여기서 P는 연결재에 작용하는 하중, d는 연결재 직경, t는 지압을 받는 모재의 두께이다. 그러므로 지압하중은 $P = f_p dt$이다.

그림 7.5

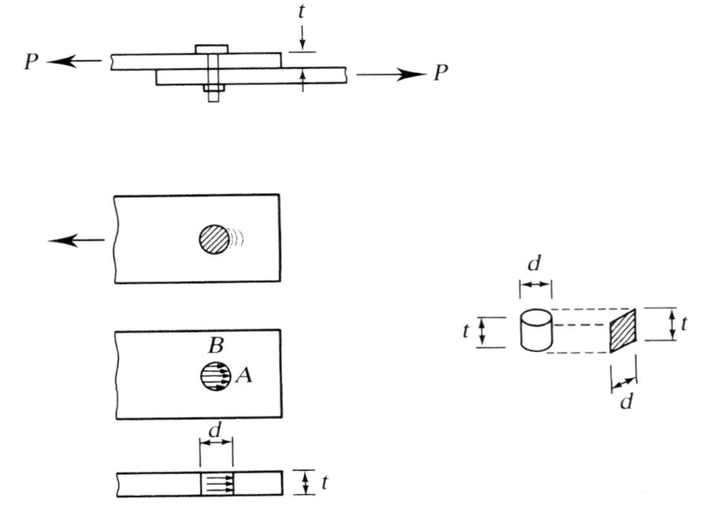

그림 7.6

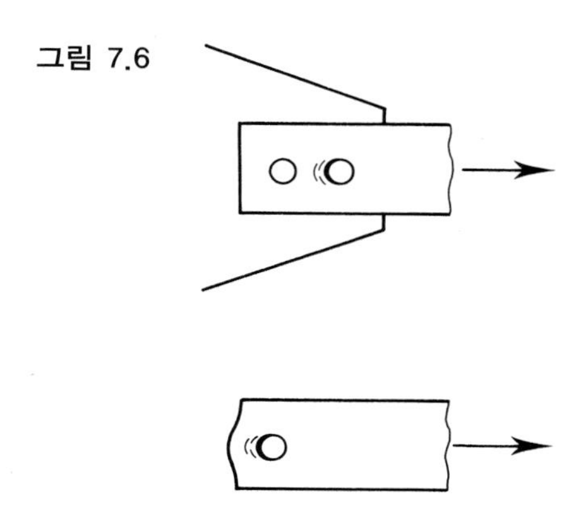

그림 7.6에서와 같이 지압문제는 인접볼트의 존재나 하중방향의 연단 근접으로 인해 복잡해질 수 있다. 볼트간격과 연단거리는 지압강도에 영향을 준다.

7.3 지압강도, 볼트간격, 연단거리 조항

지압강도는 고려 중인 응력이 연결재보다는 모재에 대한 것이기 때문에 연결재의 형태와는 무관하다. 이러한 이유로, 연결재의 형태에 무관한 볼트간격과 연단거리뿐만 아니라 지압강도를 볼트의 전단과 인장강도에 앞서 고려한다.

고장력볼트에 대한 조항뿐만 아니라 지압강도에 대한 AISC 설계기준 규정은 구조접합연구위원회(Research Council on Structural Connections, RCSC, 2014) 설계기준의 규정을 근거로 하고 있다. RCSC 설계기준을 수반하는 해설편에 근거를 둔 다음 논의는 지압강도에 대한 AISC 설계기준식의 기초를 설명한다.

그림 7.7(a)에서처럼 과도한 지압으로 인한 가능한 파괴형태는 연결부재의 단부에서 전단 찢어짐이다. 파괴면을 그림 7.7(b)에서 보여주는 것으로 이상화한다면 두 표면의 한쪽 면에 대한 파괴하중은 전단파괴응력에 전단면적을 곱한 것과 같고, 또는

$$\frac{R_n}{2} = 0.6F_u l_c t$$

여기서

$0.6F_u$ = 연결부재의 전단파괴응력

l_c = 구멍의 연단으로부터 연결부재의 연단까지 거리

t = 연결부재의 두께

총 강도는 다음과 같다.

그림 7.7

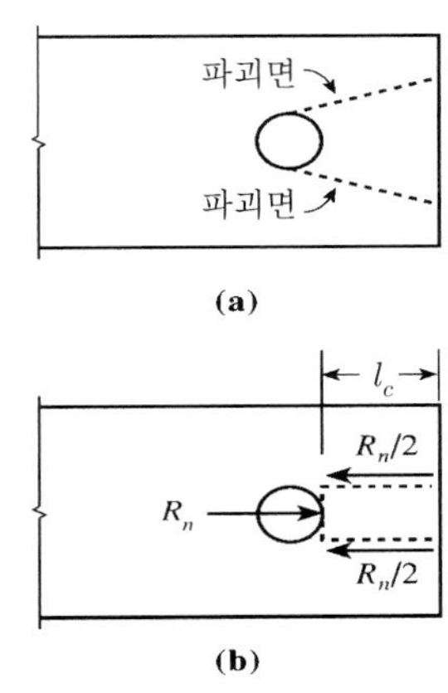

$$R_n = 2(0.6F_u l_c t) = 1.2F_u l_c t \tag{7.1}$$

이 찢어짐은 그림에서처럼 연결부재의 연단에서나 또는 두 구멍의 사이에서 지압하중의 방향으로 일어날 수 있다.

찢어짐에 추가로, 파괴는 구멍의 과도한 변위에 의해 발생할 수 있다. 이때 파괴하중은 볼트 투영지압면적에 파단응력의 곱에 비례하고 공칭강도는 다음과 같다.

$$R_n = C \times \text{지압면적} \times F_u = CdtF_u \tag{7.2}$$

여기서

C =상수

d =볼트직경

t =연결부재의 두께

사용하중에서 과도한 변형이 설계고려사항인 일반적인 경우에는 C는 2.4로 취한다. 이 값은 약 $^1/_4$ in.의 구멍변위에 상응한다(RCSC, 2014). 이 책에서는 변형이 설계고려사항이라고 간주한다.

이러한 두 개의 한계상태는 지압으로 인해 발생하지만 AISC 설계기준은 다음과 같이 분류한다:

지압:

$$R_n = 2.4dtF_u \quad \text{(AISC 식 J3-6a)}$$

찢어짐:

$$R_n = 1.2l_c tF_u \quad \text{(AISC 식 J3-6c)}$$

여기서

l_c =하중방향 순거리, 볼트구멍의 연단에서 인접한 구멍의 연단까지 또는 부재의 연단까지의 거리

t = 연결부재의 두께

F_u = 연결부재(볼트가 아닌)의 극한인장응력

이 책에서는 약간의 수정된 용어를 사용한다. AISC 식 J3-6a의 *지압*한계상태대신에 *지압변형*으로 언급하고자 한다. 그래서 지압에 대한 두 개의 한계상태는 지압변형($R_n = 2.4dtF_u$)과 찢어짐($R_n = 1.2l_ctF_u$)이다. 두 개의 한계상태 모두 검토되어야 한다.

하중-저항계수설계에 대해, 저항계수는 $\phi = 0.75$이고, 설계강도는 다음과 같다.

$$\phi R_n = 0.75R_n$$

허용강도설계에 대해, 안전율은 $\Omega = 2.00$이고, 허용강도는 다음과 같다.

$$\frac{R_n}{\Omega} = \frac{R_n}{2.00}$$

그림 7.8은 거리 l_c를 상세하게 설명한다. 볼트에 대한 지압강도를 계산할 때 그 볼트에서 인접볼트까지 또는 연결부재의 지압하중방향으로 연단까지의 거리를 사용한다. 그림에 나타난 경우에 대해 지압하중은 각 구멍의 왼쪽 면에 있다. 그래서 볼트 1의 지압강도는 볼트 2의 연단까지 측정한 l_c로 계산되고, 볼트 2의 지압강도는 연결부재의 연단까지 측정한 l_c로 계산한다.

연단볼트에 대해, $l_c = l_e - h/2$을 사용한다. 나머지 볼트에 대해, $l_c = s - h$를 사용한다.

여기서

l_e = 구멍의 중심까지 연단거리

s = 구멍의 중심간 간격

h = 구멍직경

AISC 식 J3-6a와 식 J3-6c는 표준구멍, 과대구멍, 하중에 평행한 슬롯을 가진 단슬롯구멍과 장슬롯구멍에 대해 유효하다. 이 책에서는 표준구멍만 사용한다(구멍직경보다 $^1/_{16}$-in. 크거나 볼트직경보다 $^1/_8$-in. 더 큰 구멍). 변형이 설계고려사항이 아닌 경우와 하중방향에 수직으로 슬롯을 가진 장슬롯구멍의 경우에 대해, AISC에서는 다른 강도식이 주어져 있다.

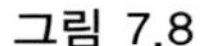
그림 7.8

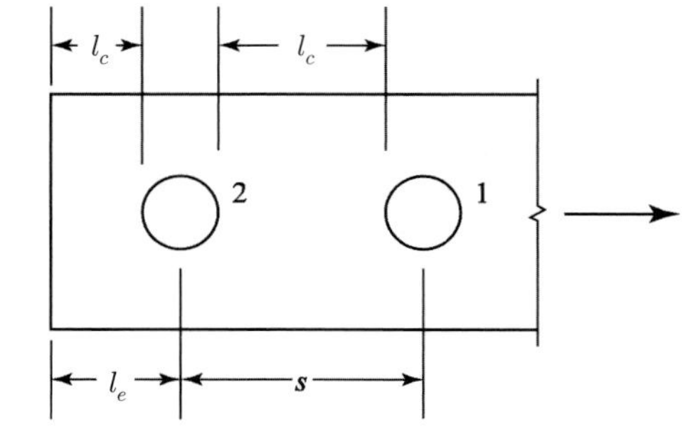

그림 7.9

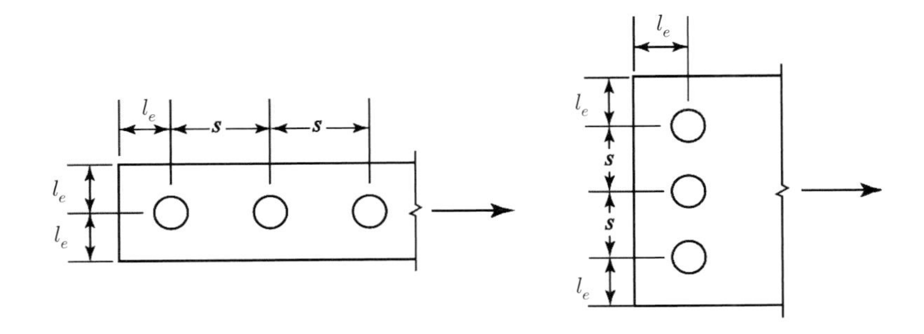

거리 l_c을 계산할 때, 실제 구멍직경을 사용하고 인장과 전단에 대한 순단면적을 산정하기 위한 AISC B4.3b에서 요구되는 것처럼 $^1/_{16}$ in.을 더하지 않는다. 다른 표현으로, 다음의 구멍직경을 사용한다.

$$h = d + \frac{1}{16}\text{ in.} \quad \text{또는} \quad d + \frac{1}{8}\text{ in.}$$

(비록 잘못하여 $^1/_{16}$in.가 추가적으로 더하여지더라도 약간의 오차는 안전하게 될 것이다.)

볼트간격과 연단거리 조항

볼트 너트 사이에 여유공간을 유지하고 렌치소켓의 작업공간을 제공하기 위해 AISC J.3.3에서는 연결재의 중심간 간격이 (어떤 방향으로든) $2^2/_3d$, $3d$가 선호되는, 이상이어야 한다고 요구한다. 여기서 d는 연결재의 직경이다. 구멍의 중심에서 측정되는 최소 연단거리는 (어떤 방향으로든) 볼트치수의 함수로서 AISC 표 J.3.4에 주어져 있다. s와 l_e로 각각 표시되는 간격과 연단거리는 그림 7.9에서 보여주고 있다.

지압강도, 볼트간격, 연단거리 조항에 대한 요약(표준구멍)

a. **지압강도:**

지압변형 : $R_n = 2.4dtF_u$ (AISC 식 J3-6a)

찢어짐 : $R_n = 1.2l_ctF_u$ (AISC 식 J3-6c)

b. **최소 볼트간격과 연단거리:** 하중선과 하중선에 수직인 모든 방향에 대해,

$s \geq 2^2/_3d$ (선호하는 $3d$)

$l_e \geq$ AISC 표 J3.4의 값

단일ㄱ형강과 쌍ㄱ형강의 경우, 이러한 최솟값 대신에 강구조편람 1편의 표 1-7A(3.6절 참조)에 주어져 있는 실행 가능한 볼트선간거리를 사용할 수도 있다.

예제 7.1 그림 7.10의 접합부에 대해 볼트간격, 연단거리, 지압을 검토하라.

그림 7.10

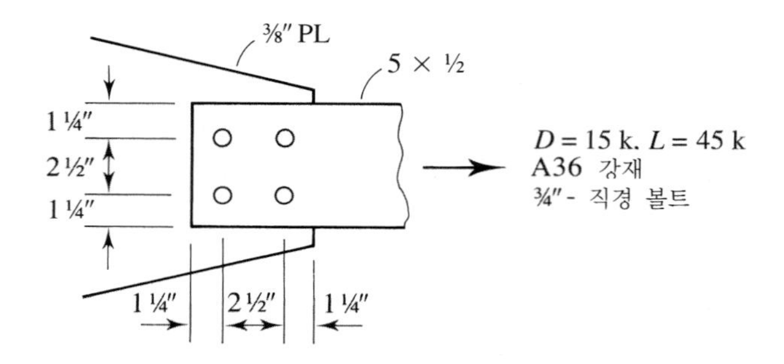

풀 이 AISC J.3.3으로부터, 어떤 방향으로든 최소 간격은 다음과 같다.

$$2^2/_3 d = 2.667\left(\frac{3}{4}\right) = 2.00\,\text{in.}$$

실제 간격 $= 2.50$ in. > 2.0 in. (OK)

AISC 표 J3.4로부터 양방향에 대한 최소 연단거리는 1 in.이다.

실제 연단거리 $= 1\frac{1}{4}$ in. > 1 in. (OK)

인장재와 연결판 모두에 대해 지압을 검토한다.

인장재

모든 구멍에 대해, 지압변형강도는

$$R_n = 2.4dtF_u = 2.4\left(\frac{3}{4}\right)\left(\frac{1}{2}\right)(58) = 52.20\,\text{kips}$$

찢어짐 강도계산에 대해 다음의 구멍직경을 사용한다.

$$h = d + \frac{1}{16} = \frac{3}{4} + \frac{1}{16} = \frac{13}{16}\,\text{in.}$$

부재의 연단에 가장 가까운 구멍에 대해,

$$l_c = l_e - \frac{h}{2} = 1.25 - \frac{13/16}{2} = 0.8438\,\text{in.}$$

$$R_n = 1.2 l_c t F_u$$
$$= 1.2(0.8438)\left(\frac{1}{2}\right)(58) = 29.36\,\text{kips}$$

$29.36\,\text{kips} < 52.20\,\text{kips}$이므로 찢어짐 강도가 지배되고 $R_n = 29.36\,\text{kips}$이다.

나머지 구멍에 대해,

$$l_c = s - h = 2.5 - \frac{13}{16} = 1.688\,\text{in.}$$

$$R_n = 1.2 l_c t F_u$$
$$= 1.2(1.688)\left(\frac{1}{2}\right)(58) = 58.74\,\text{kips}$$

$52.20\,\text{kips} < 58.74\,\text{kips}$이므로 지압변형강도가 지배되고 $R_n = 52.20\,\text{kips}$이다.

인장재에 대한 지압강도는,

$$R_n = 2(29.36) + 2(52.20) = 163.1\,\text{kips}$$

이 예제에서는 전단은 무시되었다. 실제 연결에서는 전단은 고려되어야 하고 접합부강도는 전단강도와 지압강도의 조합일 수 있다. 접합부에 대한 지압강도는 분리된 것이 아니다. 여기에 대한 것은 7.4절에서 설명한다; 여기에 주어진 접합부의 지압강도는 다른 볼트가 다른 강도를 어떻게 가지는 것을 단지 예증하기 위함이다.

연결판

모든 구멍에 대해, 지압변형강도는

$$R_n = 2.4 d t F_u = 2.4\left(\frac{3}{4}\right)\left(\frac{3}{8}\right)(58) = 39.15\,\text{kips}$$

부재의 연단에서 가장 가까운 구멍에 대해 찢어짐을 검토한다.

$$l_c = l_e - \frac{h}{2} = 1.25 - \frac{13/16}{2} = 0.8438\,\text{in.}$$

$$R_n = 1.2 l_c t F_u$$
$$= 1.2(0.8438)\left(\frac{3}{8}\right)(58) = 22.02\,\text{kips} < 39.15\,\text{kips}$$

따라서 연단볼트에 대해, 찢어짐이 지배되고 $R_n = 22.02\,\text{kip}$이다.

나머지 구멍에 대해,

$$l_c = s - h = 2.5 - \frac{13}{16} = 1.688\,\text{in.}$$

$$R_n = 1.2 l_c t F_u$$
$$= 1.2(1.688)\left(\frac{3}{8}\right)(58) = 44.06\,\text{kips}$$

$39.15\,\text{kips} < 44.06\,\text{kips}$이므로 지압변형이 지배되고 $R_n = 39.15\,\text{kips}$이다.

연결판에 대한 지압강도는,

$$R_n = 2(22.02) + 2(39.15) = 122.3\,\text{kips}$$

연결판이 지배한다. 그러므로 접합부에 대한 공칭지압강도는 다음과 같다.

$$R_n = 122.3\,\text{kips}$$

LRFD 풀이 설계강도는, $\phi R_n = 0.75(122.3) = 91.7\,\text{kips}$

소요강도는,

$$R_u = 1.2D + 1.6L = 1.2(15) + 1.6(45)$$
$$= 90.0\,\text{kips} < 91.7\,\text{kips} \quad \text{(OK)}$$

ASD 풀이 허용강도는, $\dfrac{R_n}{\Omega} = \dfrac{122.3}{2.00} = 61.2\,\text{kips}$.

소요강도는, $R_a = D + L = 15 + 45 = 60\,\text{kips} < 61.2\,\text{kips}$ (OK)

해 답 지압강도, 볼트간격, 연단거리 조항을 모두 만족한다.

예제 7.1에서 볼트간격과 연단거리는 인장재와 연결판 모두에 대해 같다. 게다가, 같은 재료를 사용한다. 단지 두께만 다르므로 연결판이 지배한다. 이와 같은 경우에는 두께가 얇은 성분만 검토할 필요가 있다. 상이한 두께, 연단거리, 강재등급과 같이 조합 차이가 있다면 인장재와 연결판 모두 검토해야 한다.

7.4 전단강도

지압강도는 연결재의 형태에 무관하지만 전단강도는 그렇지 않다. 7.2절에서 볼트 하나에 작용하는 전단하중은 다음과 같다는 것을 알 수 있었다.

$$P = f_v A_b$$

여기서 f_v는 볼트의 단면적에 작용하는 전단응력이고 A_b는 단면적이다. 응력이 한계상태일 때, 전단하중은 공칭강도이며, 다음과 같이 주어진다.

$$R_n = F_{nv} A_b$$

여기서

F_{nv} = 공칭전단강도(응력으로 표현되는)

A_b = 볼트의 나사산이 없는 부분의 단면적

(*볼트의 공칭단면적 또는 몸체의 공칭단면적*으로 알려진)

공칭전단강도는 볼트의 재료종류에 의존한다. 구조용 볼트는 2개의 일반적인 범주인 일반볼트와 고장력볼트가 유용하다. 미완성볼트로도 알려진 일반볼트는 ASTM A307로 지정된다. A307 볼트와 고장력볼트의 주된 차이는 극한응력 이외에, 고장력 볼트는 볼트에 예측할 수 있는 인장이 발생하도록 조일 수 있으므로 계산 가능한 조임력을 발생시키는 데 신뢰할 수 있다는 것이다. A307 볼트는 많은 적용분야에 충분하지만, 오늘날에는 거의 사용되지 않는다. 일반볼트는 흔하지 않다고 말할 수도 있다.

고장력볼트는 ASTM F3125에서 다루어진다. 이러한 표준 내에 등급 A325(와 특수설치 대응부인 등급 F1852)와 등급 A490(와 특수설치 대응부인 등급 F2280)이 있다. 특정한 볼트 초기인장력이 요구될 때 특수설치 볼트는 설치를 단순화하는 절단형 단부를 가지고 있다.(이 장의 후반에서 취급한다.)

ASTM A325와 A490은 전통적인 고장력볼트이며 고장력볼트에 대한 AISC 규정의 근간이 되는 "고장력볼트를 사용한 구조접합설계기준"(RCSC, 2014)에서 취급되어진다. A490 볼트는 A325 볼트보다 높은 극한인장강도를 가지고 있으며 높은 공칭강도로 지정되어 있다. A325 볼트가 보편적으로 사용되고 난 후 상당히 지나서 A490 볼트가 소개되어졌고 주로 고강도 강재와 함께 사용된다(Bethlehem Steel, 1969).

AISC 설계기준 J3.1은 고장력볼트를 다음과 같이 강도에 의해 구분된 세 개의 그룹으로 나타낸다.

A그룹 : ASTM F3125 등급 A325와 F1852
B그룹 : ASTM F3125 등급 A490와 F2280
C그룹 : ASTM F3043와 F3111

C그룹 볼트는 매우 고장력볼트이며 특별한 환경 요구사항을 가지고 있다. 이 책에서는 취급하지 않는다. 이 책에서는 A그룹과 B그룹 명칭을 사용할 것이다. 예로, ASTM A325볼트로 언급하는 대신에 A그룹 볼트로 부를 것이다. 보통의 선택과정은 접합부에 필요한 A그룹 볼트 개수를 결정하고 소요볼트 개수가 너무 많으면 B그룹 볼트를 사용한다.

공칭전단강도 F_{nv}은 여러 수정계수를 사용한 볼트의 극한인장응력에 근거로 한다. 먼저, 극한전단응력은 극한인장응력에 0.625를 곱한 값을 취한다(Fisher 등, 1978). 다음으로, 38 in.보다 길지 않은 접합부에 대해 0.90의 길이계수가 있다(38 in.보다 긴 접합부에 대해 이 계수는 0.75로 감소된다). 나사산이 전단면에 있으면 볼트면적의 감소는 공칭 볼트면적의 80%를 사용해 고려된다. 이러한 감소를 볼트면적에 직접 적용하는 대신에 계수 0.80을 F_{nv}에 적용한다. 이런 방법으로, 나사산이 전단면에 있는지 또는 없는지에 상관없이 공칭 볼트면적을 사용할 수 있다. 예로, A그룹 볼트의 극한인장강도는 120 ksi이므로 나사산이 전단면에 있지 않는 공칭전단강도는 다음과 같다.

$$F_{nv} = (120)(0.625)(0.90) = 67.5\,\text{ksi}$$

나사산이 전단면에 있는 경우,

$$F_{nv} = 0.8(67.5) = 54\,\text{ksi}$$

ASTM A307 볼트의 공칭전단강도는 나사산이 전단면에 항상 있다는 가정을 근거로 한다. A307, A그룹, B그룹 볼트의 전단강도는 가장 가까운 ksi에 반올림하여 AISC 표 J3.2에 요약되어 있다.

AISC 표 J3.2에서는 전단면에 나사산이 있는 경우를 "전단면으로부터 배제되지 않은(*not* excluded from shear planes)", 전단면에 나사산이 없는 경우를 "전단면으로부터 배제된(excluded from shear planes)" 것으로 언급하고 있다. 첫 번째 범주인 전단면에 나사산이 포함된 경우를 종종 "N" 접합형태라고 언급한다. "X"표시는 나사산이 전단면으로부터 배제된 것을 나타내는 데 사용될 수 있다.

때로는 볼트 나사산이 전단면에 있는지를 미리 결정하는 것이 가능할 수 있지만 볼트가 접합부의 어느 면으로부터 설치되었는지에 따라 좌우될 수도 있다. 나사산이 전단면에 있는지가 알려지지 않을 때 나사산이 전단면에 있다고 가정하고 낮은 전단강도를 사용한다.(대부분의 경우, 나사산이 전단면에 있지 않은 것에 상응하는 높은 강도가 사용될 때, 볼트전단이 아닌 다른 한계상태가 이음설계를 지배할 것이다.) LRFD에 대해, 저항계수는 0.75이고 설계강도는 다음과 같다.

$$\phi R_n = 0.75 F_{nv} A_b$$

ASD에 대해, 안전율은 2.00이고, 허용강도는 다음과 같다.

$$\frac{R_n}{\Omega} = \frac{F_{nv} A_b}{2.00}$$

예제 7.2 **다음의 볼트에 대해 지압과 전단을 근거로, 그림 7.11에 나타난 접합부강도를 결정하라.**

a. A307
b. 전단면에 나사산이 있는 A그룹
c. 전단면에 나사산이 없는 A그룹

그림 7.11

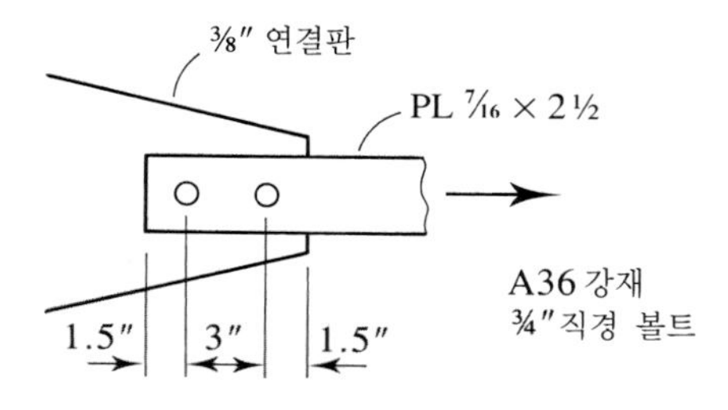

풀 이 이 접합부는 단순연결로 분류할 수 있고, 각 연결재는 하중을 균등하게 분담하여 저항한다고 생각할 수 있다. 지압강도는 (a), (b), (c)에 대해 같기 때문에, 지압강도를 먼저 계산한다.

연단거리는 인장재와 연결판에 대해 모두 같고, 연결판이 인장재보다 더 얇기 때문에 연결판의 지압강도가 지배한다.

모든 구멍에 대해, 지압변형강도는

$$R_n = 2.4 d t F_u = 2.4\left(\frac{3}{4}\right)\left(\frac{3}{8}\right)(58) = 39.15\,\text{kips}$$

찢어짐강도 산정의 경우, 다음의 구멍직경을 사용한다.

$$h = d + \frac{1}{16} = \frac{3}{4} + \frac{1}{16} = \frac{13}{16}\text{ in.}$$

부재의 연단에 가장 가까운 구멍에 대해,

$$l_c = l_e - \frac{h}{2} = 1.5 - \frac{13/16}{2} = 1.094\text{ in.}$$

$$R_n = 1.2 l_c t F_u$$
$$= 1.2(1.094)\left(\frac{3}{8}\right)(58) = 28.55\text{ kips} < 39.15\text{ kips}$$

따라서 연단볼트에 대해 찢어짐이 지배되고 이 볼트에 대한 R_n은 28.55 kips이다.

나머지 구멍에 대해,

$$l_c = s - h = 3 - \frac{13}{16} = 2.188\text{ in.}$$

$$R_n = 1.2 l_c t F_u$$
$$= 1.2(2.188)\left(\frac{3}{8}\right)(58) = 57.11\text{ kips}$$

$39.15\text{ kips} < 57.11\text{ kips}$이므로 지압변형이 지배되고 이 볼트에 대한 R_n은 39.15 kips이다.

볼트접합부의 지압강도와 전단강도는 독립적으로 생각할 수 없다. 주어진 볼트위치에서의 개별 강도는 그 위치에서의 지압강도와 전단강도의 최솟값이다. 이것은 AISC J3.6절 사용자 노트에 설명되어 있다. 접합부의 저항능력은 개별 강도의 합이다.

볼트그룹의 강도는 각각의 볼트에 대해 가장 약한 볼트강도("포이즌 볼트" 개념)를 사용함으로써 근사화할 수 있다고 J3.6절 해설편에서 언급하고 있다. 이 책에서는 개별 강도의 합을 사용한다.

a. 이 접합부의 볼트는 1면전단을 받으며 볼트 하나의 공칭강도는 다음과 같다.

$$R_n = F_{nv} A_b$$

볼트 공칭면적은,

$$A_b = \frac{\pi d^2}{4} = \frac{\pi(3/4)^2}{4} = 0.4418\text{ in.}^2$$

A307 볼트에 대해, 공칭전단강도는 $F_{nv} = 27\text{ ksi}$이고,

$$R_n = 27(0.4418) = 11.93\text{ kips}$$

이 값은 각 구멍에서의 지압강도보다 작으므로 접합부에 대한 총 공칭강도는 다음과 같다.

$$R_n = 11.93 + 11.93 = 23.86\text{ kips}$$

해 답 LRFD에 대해, 설계강도는 $\phi R_n = 0.75(23.86) = 17.9\text{ kips.}$

ASD에 대해, 허용강도는 $\frac{R_n}{\Omega} = \frac{23.86}{2.00} = 11.9\text{ kips.}$

b. 전단면에 나사선이 있는 A그룹 볼트에 대해(N 형태), 공칭전단 강도는 $F_{nv} = 54\,\text{ksi}$ 이고,

$$R_n = F_{nv}A_b = 54(0.4418) = 23.86\,\text{kips}$$

(a)에서처럼, 이 값은 각 구멍에서의 지압강도보다 작으므로 접합부에 대한 총 공칭강도는 다음과 같다.

$$R_n = 23.86 + 23.86 = 47.72\,\text{kips}$$

해 답 LRFD에 대해, 설계강도는 $\phi R_n = 0.75(47.72) = 35.8\,\text{kips}$.

ASD에 대해, 허용강도는 $\dfrac{R_n}{\Omega} = \dfrac{47.72}{2.00} = 23.9\,\text{kips}$.

c. 전단면에 나사선이 없는 A그룹 볼트에 대해(X 형태), 공칭전단 강도는 $F_{nv} = 68\,\text{ksi}$ 이고,

$$R_n = F_{nv}A_b = 68(0.4418) = 30.04\,\text{kips}$$

연단에서 가장 가까운 구멍에서 $28.55\,\text{kips}$의 지압강도는 $30.04\,\text{kips}$의 전단강도보다 작다. 나머지 구멍에서는 전단강도가 더 작다. 그러므로 총 강도는 다음과 같다.

$$R_n = 28.55 + 30.04 = 58.59\,\text{kips}$$

해 답 LRFD에 대해, 설계강도는 $\phi R_n = 0.75(58.59) = 43.9\,\text{kips}$.

ASD에 대해, 허용강도는 $\dfrac{R_n}{\Omega} = \dfrac{58.59}{2.00} = 29.3\,\text{kips}$.

모든 간격과 연단거리의 조항을 만족한다. AISC 표 J.3.4에서 요구하는 최소 연단거리는 $1\,\text{in.}$이고, 이 조항은 종방향과 횡방향 모두에 대해 만족한다. 볼트간격 s는 $3\,\text{in.}$이고 이는 $2^2/_3 d = 2.667(^3/_4) = 2\,\text{in.}$보다 크다.

부재의 순단면에 대한 인장과 같이 검토되지 않은 다른 한계상태가 예제 7.2의 접합부강도를 지배할 수도 있다는 데 주목하라.

예제 7.3 **판 $^3/_8 \times 6$이 $12\,\text{kips}$의 사용사하중과 $33\,\text{kips}$의 사용활하중에 저항하는 인장부재로 사용된다. 이 부재는 직경 $^3/_4$-in.의 A그룹 볼트를 사용해 두께 $^3/_8$-in.의 연결판에 연결된다. 인장재와 연결판은 모두 A36 강재를 사용한다. 지압강도는 충분하다고 가정하고, 볼트 전단에 근거해 소요볼트 개수를 결정하라.**

LRFD 풀이 계수하중은,

$$P_u = 1.2D + 1.6L = 1.2(12) + 1.6(33) = 67.2\,\text{kips}$$

볼트 하나의 하중내력을 계산한다. 볼트 나사산이 전단면에 있는지를 알 수 없으므로, 안전하게 나사산이 전단면에 있다고 가정한다. 그러므로 공칭전단강도는,

$$R_n = F_{nv}A_b = 54(0.4418) = 23.86\,\text{kips}$$

설계강도는,

$$\phi R_n = 0.75(23.86) = 17.90\,\text{kips/bolt}$$

소요볼트 개수는,

$$\frac{67.2\text{ kips}}{17.90\text{ kips/bolt}} = 3.75\text{볼트}$$

해 답 직경 $^3/_4$-in.의 A그룹 볼트 4개를 사용한다.

ASD 풀이 총하중은

$$P_a = D + L = 12 + 33 = 45\,\text{kips}$$

볼트 하나의 하중내력을 계산한다. 볼트 나사산이 전단면에 있는지를 알 수 없으므로, 안전하게 나사산이 전단면에 있다고 가정한다. 그러므로 공칭전단강도는,

$$R_n = F_{nv}A_b = 54(0.4418) = 23.86\,\text{kips}$$

허용강도는,

$$\frac{R_n}{\Omega} = \frac{23.86}{2.00} = 11.93\,\text{kips/bolt}$$

소요볼트 개수는,

$$\frac{45\text{ kips}}{11.93\text{ kips/bolt}} = 3.77\text{볼트}$$

해 답 직경 $^3/_4$-in.의 A그룹 볼트 4개를 사용한다.

예제 7.3에서 지압강도는 충분하다고 가정하였다. 실제 설계상황에서는 소요볼트 개수가 결정된 다음에 간격과 연단거리는 선택되어지고 그리고 나서 지압강도가 검토되어진다. 지압강도가 충분하지 않으면 간격과 연단거리를 바꾸거나 또는 더 많은 볼트를 사용할 수 있다. 차후 예제에서 이러한 과정을 설명할 것이다.

7.5 고장력볼트의 설치

어떤 경우에는 고장력볼트는 상당한 정도의 조임으로 설치되어 대단히 큰 인장력을 받게 된다. 예로, 직경이 $^5/_8$-in.인 A그룹 볼트의 초기인장은 19 kips이다. 최소 인장이 요구되는 접합부에 대한 최소 인장값의 목록은 AISC 표 J3.1, "최소 볼트인장력"에 주어져 있다. 각 값은 최소 볼트인장강도의 70%와 같다. 이러한 큰 인장력의 목적은 그림 7.12에 나타난 조임력을 달성하기 위한 것이다. 이런 볼트는 완전조임(fully tensioned) 상태에 있다고 말한다.

너트를 돌려 볼트 나사선을 따라 진행될 때 연결부재는 압축을 받고 볼트는 신장한다. 연결부재에 작용하는 총 압축력은 볼트의 인장력과 같다는 것을 그림 7.12(a)의 자유물체도에서 보여준다. 외부하중 P가 작용하면, 연결부재 사이에 마찰력이 발생한다. 이 마찰력의 최대 가능한 값은 다음과 같다.

$$F = \mu N$$

여기서 μ는 연결부재 사이의 정지마찰계수이고, N은 내부 면에 작용하는 수직압축력이다. μ값은 강재의 표면상태에 －예로, 도색되었는지 또는 녹슨 상태인지 따라

그림 7.12

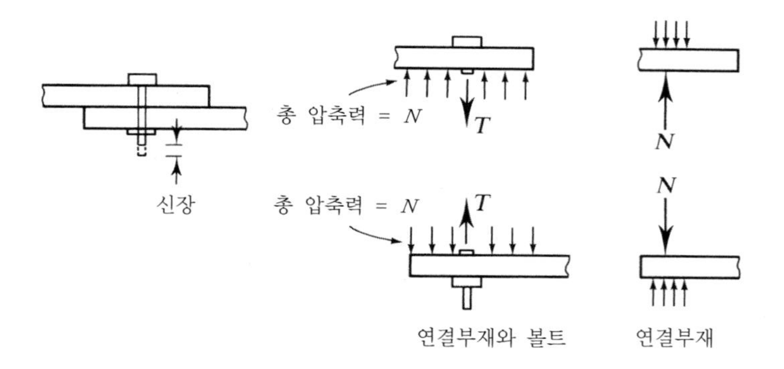

(a) 외부하중이 작용하지 않는 경우

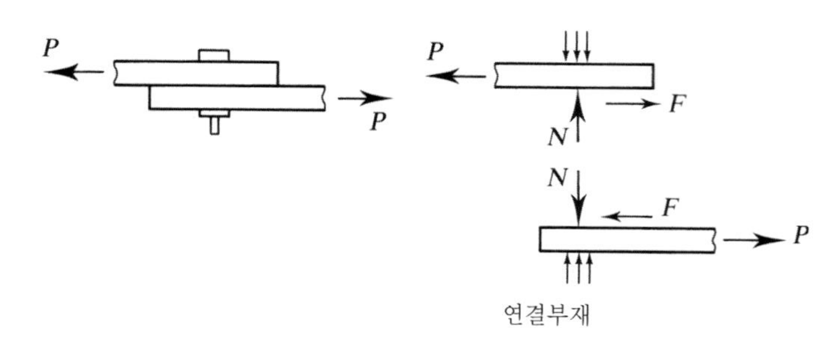

(b) 외부하중이 작용하는 경우

결정된다. 그러므로 볼트축이 연결부재에 지압되지 않는다 하더라도 연결의 각 볼트는 $P = F$의 하중에 저항할 수 있다. 이러한 마찰력이 초과되지 않는 한 지압이나 전단이 발생하지 않는다. 만약 P가 F보다 크고 미끄러짐이 발생하면 전단과 지압이 발생하여 연결내력에 영향을 미친다.

어떻게 높은 인장력을 정확하게 달성할 수 있을까? 고장력볼트 설치에 대해 현재 인정되는 네 가지 방법이 있다(RCSC, 2014).

1. **너트회전법(Turn-of-the-nut method).** 이 방법은 연결재와 연결부재의 하중-변형특성에 근거를 둔다. 한 바퀴 너트회전은 볼트 나사선을 따라 이동하는 고정길이에 대응하며, 이것으로부터 볼트의 변위를 관련시킬 수 있다. 볼트 재료의 응력-변형관계를 사용하여 볼트의 인장력을 계산할 수 있다.
   그러므로 어떤 치수와 형태의 볼트라도 주어진 인장력을 얻는 데 필요한 너트회전 수를 계산할 수 있다. 고장력볼트 설계기준(RCSC, 2014)의 표 8.2는 길이와 직경 비의 항으로 다양한 볼트치수에 대해 필요한 너트회전 수를 보여준다. 지정된 회전은 밀착조임(*snug*) 위치로부터인데, 이것은 연결부의 모든 요소가 충분히 밀착되는 데 필요한 견고함으로 정의된다. 모든 불확실성과 관련되는 변수에도 불구하고 너트회전법은 신뢰할 수 있고 놀랍게도 정확하다는 것이 입증되었다.
2. **토크관리법(Calibrated wrench tightening).** 토크 렌치는 이러한 목적을 위해 사용된다. 주어진 볼트치수와 등급에 대하여 지정된 인장력을 얻는 데 필요한 조임력(torque)은 인장력을 표시하는 장치를 사용해 볼트 조임에 의해 결정된다. 이 측정은 각 볼트치수와 등급에 대해 건설 중에 매일 수행해야 한다.
3. **절단형 볼트(Twist-off-type bolts).** 특별히 설계된 전동렌치를 사용해 설치되어야 하는 특별히 설계된 볼트이다. 볼트는 렌치의 내부소켓에 맞는 스플라인 단(splined end)을 가지고 있다. 외부소켓이 너트를 조일 때 내부소켓은 볼트 스플라인 단을 반대방향으로 회전시킨다. 렌치는 볼트치수와 강도를 위해 측정되며 소요인장력이 도달되었을 때 그 단이 비틀어 절단된다. 이렇게 함으로써 설치에 대한 조사를 특별히 쉽게 한다. A그룹 범주에서 ASTM 지정은 F1852(A325와 같은 강도)이다. B그룹 범주에서 ASTM 지정은 F2280(A490과 같은 강도)이다.
4. **직접인장측정법(Direct tension indicators).** 이 장치의 가장 일반적인 것은 표면에 돌출 부위를 가진 와셔이다. 볼트가 조여졌을 때 볼트가 받는 인장력에 비례해 돌출 부위는 압축된다. 각 볼트에 대해 지정된 변형량을 설정할 수 있으며, 설정된 변형이 달성되면 볼트는 적절한 인장을 갖게 된다. 너트 또는 볼트 머리부와 와셔 표면의 변형되지 않은 부분 사이의 틈을 측정함으로써

변형을 결정할 수 있다. 이런 형태의 직접인장 계시계가 사용될 때 볼트설치에 대한 검사는 요구되는 필러게이지만을 사용함으로써 간단해지기도 한다.

모든 고장력볼트가 완전조임 상태로 조여질 필요는 없다. AISC J3.1에서는 일부 볼트연결에 대해 밀착조임(snug tight)을 허용하고 있다. 후자는 지압연결(이 책의 7.6절 참조), 대부분의 인장연결(7.8절), 전단과 인장을 동시에 받는 대부분의 연결(7.9절)을 포함한다. AISC J3.1(b)에서는 완전조임의 볼트가 요구되는 연결을 설명하고 있다.

7.6 마찰과 지압연결

고장력볼트를 사용한 연결은 마찰연결(*slip-critical* connection) 또는 지압연결(*bearing-type* connection)로 분류된다. 마찰연결은 미끄럼을 허용하지 않는다. 즉, 마찰력이 초과되지 않아야 한다. 지압연결에서는 미끄럼이 허용되고 전단과 지압이 실제로 발생한다. 어떤 구조형태, 특히 교량에서는 접합부의 하중은 많은 역변환주기를 가진다. 이런 경우 연결이 각 역변환에 미끄럼을 허용한다면, 연결재의 피로는 위험해지므로 마찰연결 사용을 제안한다. 그러나 대부분의 구조물에서는 미끄럼이 허용되므로 지압연결이 적당하다.(A307볼트는 지압연결에만 사용된다.) 마찰연결에서는 적절한 설치와 규정된 초기인장의 달성이 필요하다. 지압연결에서는 볼트설치에 대한 유일한 실용적 요구사항은 충분히 인장해 접합부의 접촉면은 서로 완전히 지압되어야 한다는 것이다. 이러한 설치는 앞서 언급한 너트회전법에서 밀착조임 상태를 발생시킨다.

먼저 언급했듯이 미끄럼에 대한 저항은 연결부재 사이의 정지마찰계수와 수직력의 함수이다. 이 관계는 AISC 설계기준의 규정에 반영되어 있다. 볼트 하나의 공칭마찰저항은 다음과 같이 주어진다.

$$R_n = \mu D_u h_f T_b n_s \qquad \text{(AISC 식 J3-4)}$$

여기서

μ = 평균 미끄럼계수(정지마찰계수) = 0.30: A등급 표면에 대해

D_u = 평균 실제 볼트 초기인장력의 지정된 최소 초기인장력에 대한 비 다른 계수가 정당화되지 않는다면 1.3을 취한다.

h_f = 끼움재 계수

T_b = AISC 표 J3.1의 최소 볼트인장력

n_s = 미끄럼면(전단평면)의 수

A등급 표면은 비도막 표면처리한 밀스케일 강재표면이다(밀스케일은 강재가 생산될 때 강재에 형성되는 철 산화물이다). 설계기준에서는 다른 강재표면도 다루지만 이 책에서는 안전측으로 미끄럼계수가 가장 작게 지정된 A등급 표면을 사용한다.

끼움재 계수 h_f는 접합부의 요소 조정에 가끔 추가되어지는 끼움판의 사용을 보정한다. 예로, 이러한 현상은 두께가 다른 부재가 이음이 될 때 발생할 수 있다. 최근 연구에 따르면 끼움재의 사용은 접합부의 마찰저항에 영향을 줄 수 있다고 알려졌다(Borello, Denavit, Hajjar, 2009). 설계기준에서는 끼움재 계수에 대해 다음 값을 주고 있다.

- 1개의 끼움재가 사용되는 경우, $h_f = 1.0$
- 2개의 끼움재가 사용되는 경우, $h_f = 0.85$

AISC 해설편 J3.8절에서 끼움재 판을 상세하게 취급하고 있다.

이 책에서는 어떤 접합부에서도 끼움재를 사용하지 않으므로 항상 $h_f = 1.0$을 사용한다. LRFD의 저항계수와 ASD의 안전율은 볼트구멍의 형태에 따라 각각 다르다. 표준구멍에 대해(이 책에서 사용되는 유일한 형태), 이 계수는 다음과 같다.

$$\phi = 1.0 \ , \ \Omega = 1.50$$

마찰연결은 미끄럼이 일어나지 않도록 설계되지만 과다하중으로 미끄럼이 일어난다면 볼트는 전단과 지압에 저항할 수 있어야 한다. AISC J3.8에서는 마찰연결에서 전단과 지압은 검토되어야 한다고 요구한다.

예제 7.4 **그림 7.13(a)의 접합부는 전단면에 나사산이 있는 직경 $^3/_4$ in.의 A그룹 볼트를 사용한다. 미끄럼은 허용되지 않는다. 인장재와 연결판 모두 A36 강재이다. 접합부강도를 결정하라.**

풀 이 설계강도(LRFD)와 허용강도(ASD) 모두 계산된다. 효율성을 위해, LRFD와 ASD에 대한 풀이를 다루기 전에 각 한계상태에 대한 공칭강도를 먼저 계산한다.

그림 7.13

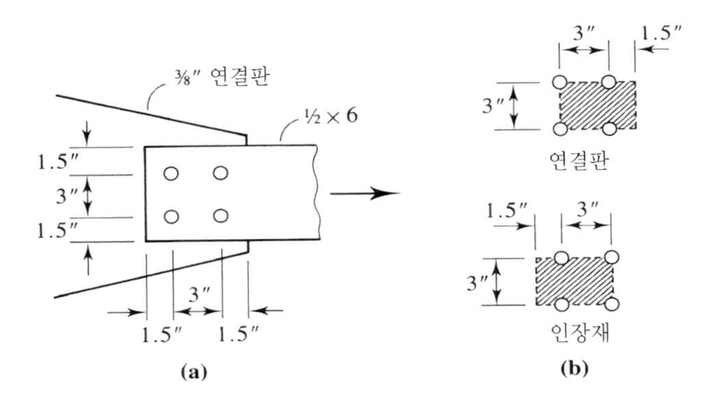

전단강도: 볼트 1개당,

$$A_b = \frac{\pi(3/4)^2}{4} = 0.4418\,\text{in}^2$$

$$R_n = F_{nv}A_b = 54(0.4418) = 23.86\,\text{kips/bolt}$$

마찰강도: 미끄럼이 허용되지 않으므로 이 연결은 마찰연결로 분류된다. AISC 표 J3.1로부터, 최소 볼트인장력은 $T_b = 28$ kips이다. AISC 식 J3-4로부터,

$$R_n = \mu D_u h_f T_b n_s = 0.30(1.13)(1.0)(28)(1.0) = 9.492\,\text{kips/bolt}$$

4개의 볼트에 대해,

$$R_n = 4(9.492) = 37.97\,\text{kips}$$

지압강도: 양쪽 연단거리가 같고 연결판이 인장재보다 얇기 때문에, 두께 $^3/_8$ in.의 연결판이 사용된다.

모든 구멍에 대해, 지압변형강도는

$$R_n = 2.4dtF_u = 2.4\left(\frac{3}{4}\right)\left(\frac{3}{8}\right)(58) = 39.15\,\text{kips}$$

찢어짐강도 계산의 경우, 다음의 구멍직경을 사용한다.

$$h = d + \frac{1}{16} = \frac{3}{4} + \frac{1}{16} = \frac{13}{16}\,\text{in.}$$

연결판의 연단에서 가장 가까운 구멍에 대해,

$$l_c = l_e - \frac{h}{2} = 1.5 - \frac{13/16}{2} = 1.094\,\text{in.}$$

$$R_n = 1.2l_ctF_u$$
$$= 1.2(1.094)\left(\frac{3}{8}\right)(58) = 28.55\,\text{kips} < 39.15\,\text{kips}$$

따라서 연단구멍에 대해 찢어짐이 지배되고, 이 볼트에 대해 $R_n = 28.55$ kips/bolt이다.

나머지 구멍에 대해,

$$l_c = s - h = 3 - \frac{13}{16} = 2.188\,\text{in.}$$

$$R_n = 1.2l_ctF_u$$
$$= 1.2(2.188)\left(\frac{3}{8}\right)(58) = 57.11\,\text{kips}$$

39.15 kips $<$ 57.11 kips이므로 지압변형강도가 지배되고 이 볼트에 대해 $R_n = 39.15$ kips/bolt 이다.

전단강도는 각 구멍에서의 지압강도보다 작으므로 전단과 지압에 근거한 공칭강도는 다음과 같다.

$$R_n = 4(23.86) = 95.44\,\text{kips}$$

인장부재의 강도를 검토한다.

총단면적에 대한 인장:

$$P_n = F_y A_g = 36\left(6 \times \frac{1}{2}\right) = 108.0\,\text{kips}$$

순단면적에 대한 인장: 단면의 모든 요소가 연결되어 있으므로 전단지연의 요인은 없고, $A_e = A_n$. 구멍직경에 대해 다음을 사용한다.

$$h = d + \frac{1}{8} = \frac{3}{4} + \frac{1}{8} = \frac{7}{8}\,\text{in.}$$

공칭강도는,

$$P_n = F_u A_e = F_u t\,(w_g - \Sigma h) = 58\left(\frac{1}{2}\right)\left[6 - 2\left(\frac{7}{8}\right)\right] = 123.3\,\text{kips}$$

블록전단강도: 연결판의 파괴블록은 두께를 제외하고는 인장부재에 대한 블록과 치수가 같다(그림 7.13(b)). 두께가 얇은 요소인 연결판이 지배한다. 두 개의 전단파괴면이 있다:

$$A_{gv} = 2 \times \frac{3}{8}(3 + 1.5) = 3.375\,\text{in.}^2$$

볼트의 수평선마다 1.5개의 구멍직경이 있으므로,

$$A_{nv} = 2 \times \frac{3}{8}\left[3 + 1.5 - 1.5\left(\frac{7}{8}\right)\right] = 2.391\,\text{in.}^2$$

인장면적에 대해,

$$A_{nt} = \frac{3}{8}\left(3 - \frac{7}{8}\right) = 0.7969\,\text{in.}^2$$

블록전단이 연결판에서 일어나기 때문에, $U_{bs} = 1.0$이다. AISC 식 J4-5로부터,

$$R_n = 0.6\,F_u\,A_{nv} + U_{bs} F_u\,A_{nt}$$
$$= 0.6(58)(2.391) + 1.0(58)(0.7969) = 129.4\,\text{kips}$$

상한한계는,

$$0.6\,F_y\,A_{gv} + U_{bs} F_u\,A_{nt} = 0.6(36)(3.375) + 1.0(58)(0.7969) = 119.1\,\text{kips}$$

그러므로 공칭 블록전단강도는 $119.1\,\text{kips}$이다.

LRFD에 대한 설계강도

볼트 전단/지압강도:

$$\phi R_n = 0.75(95.44) = 71.6\,\text{kips}$$

마찰강도:

$$\phi R_n = 1.0(37.97) = 38.0\,\text{kips}$$

총단면적에 대한 인장:

$$\phi_t P_n = 0.90(108.0) = 97.2\,\text{kips}$$

순단면적에 대한 인장:

$$\phi_t P_n = 0.75(123.3) = 92.5 \text{ kips}$$

블록전단강도:

$$\phi R_n = 0.75(119.1) = 89.3 \text{ kips}$$

조사한 모든 한계상태 중에서 미끄럼에 상응하는 마찰강도가 가장 작다.

해 답 설계강도 = 38.0 kips

ASD에 대한 허용강도

볼트 전단/지압강도:

$$\frac{R_n}{\Omega} = \frac{95.44}{2.00} = 47.7 \text{ kips}$$

마찰강도:

$$\frac{R_n}{\Omega} = \frac{37.97}{1.50} = 25.3 \text{ kips}$$

총단면적에 대한 인장:

$$\frac{P_n}{\Omega_t} = \frac{108.0}{1.67} = 64.7 \text{ kips}$$

순단면적에 대한 인장:

$$\frac{P_n}{\Omega_t} = \frac{123.3}{2.00} = 61.7 \text{ kips}$$

블록전단강도:

$$\frac{R_n}{\Omega} = \frac{119.1}{2.00} = 59.6 \text{ kips}$$

조사한 모든 한계상태 중에서 미끄럼에 상응하는 마찰강도가 가장 작다.

해 답 허용강도 = 25.3 kips

볼트강도에 대한 표

강구조편람 표 7-1부터 7-5에 볼트전단, 인장, 마찰 강도 및 볼트 구멍에서 지압강도에 대한 값이 주어져 있다. 이에 대한 사용은 예제 7.5에서 설명한다.

예제 7.5 **전단, 마찰, 지압강도의 한계상태에 근거한 예제 7.4의 집합부강도를 결정하라. LRFD를 사용하라.**

풀 이 **볼트 전단강도:** 강구조편람 표 7-1로부터, 직경이 $^3/_4$ in.인 A그룹 볼트, N형태(나사산이 전단면에 포함된), S(1면전단)에 대해,

$$\phi r_n = 17.9 \text{ kips/bolt}$$

(이 표에서는 개별 볼트강도를 나타내기 위해 소문자 r을 사용한다.)

마찰강도: 편람 표 7-3으로부터, (A그룹 볼트와 $\mu = 0.30$에 대해), STD(표준구멍)와 S(1면전단)를 사용한다. 마찰강도는,

$$\phi r_n = 9.49 \text{ kips/bolt}$$

지압강도: 편람에는 지압강도에 유효한 두 개의 표가 있다: 볼트간격에 근거한 강도에 대해 표 7-4와 볼트 연단거리에 근거한 강도에 대해 표 7-5.

내부볼트: 표 7-4로부터, STD(표준구멍)와 $F_u = 58$ ksi에 대해, 지압강도는 연결부재 단위 in. 두께당 $\phi r_n = 78.3$ kips/bolt이다. 따라서 연결판(두께가 얇은 부분)에 대해 강도는,

$$\phi r_n = 78.3t = 78.3(^3/_8) = 29.4 \text{ kips/bolt}$$

연단볼트: 표 7-5로부터, 단지 2개의 연단거리가 주어져 있다: $1^1/_4$ in.와 2 in.. 실제 연단거리는 1.5in.이다. 안전하게 $1^1/_4$ in.를 사용할 수 있으며, 강도가 충분하지 않으면 지압강도를 계산할 수 있다. 따라서 연결판의 지압강도는 다음과 같다.

$$\phi r_n = 44.0t = 44.0(^3/_8) = 16.5 \text{ kips/bolt}$$

지압강도의 안전측 평가를 사용했음에도 마찰강도가 지배한다.

해 답 조사한 한계상태에 근거한 접합부강도는,

$$\phi R_n = 4(9.49) = 38.0 \text{ kips.}$$

예제 7.5에서는 볼트의 인장강도를 요구하지 않았다. 인장강도에 대해 강구조편람 표 7-2의 사용은 직관적이며 전단강도에 대한 표 7-1과 유사하다. 그러나 지압강도표는 설명이 필요한 값들을 포함하고 있다. 표 7-4에서 s_{full}값은 최대 지압강도가 유효한 간격 s로 정의된다. 이 최대 지압강도는 지압변형강도이다; 즉, $\phi r_n = \phi(2.4dtF_u)$. 유사하게, 표 7-5는 최대 지압강도 $\phi r_n = \phi(2.4dtF_u)$가 사용될 수 있는 연단거리인 $l_{e\,full}$값을 정의한다.

7.7 설계 예제

기본적인 볼트설계는 예제 7.3에서 설명되었지만, 이제까지 대부분의 예제는 검토나 해석이었다. 예제 7.6~7.8은 좀 더 실제 설계상황을 설명한다. 이 예제에서는 강구조 편람 표 7-1부터 7-5를 사용한다.

예제 7.6 **두께가 $^5/_8$-in.인 인장부재는 그림 7.14에서 보여주는 것처럼 두께가 $^1/_4$-in.인 2개의 이음판에 연결되어 있다. 표시된 하중은 사용하중이다. A36 강재와 직경이 $^5/_8$-in.인 A그룹 볼트가 사용된다. 미끄럼이 허용된다면 몇 개의 볼트가 필요한가? 그림에서처럼 각 볼트의 중심선은 판의 폭 방향에 있는 볼트의 열을 나타낸다.**

그림 7.14

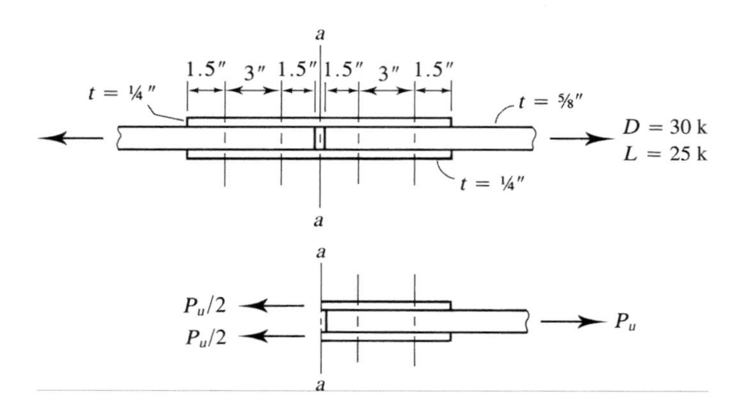

LRFD 풀이 **전단:** 이 볼트는 2면전단에 있다. 강구조편람 표 7-1로부터,

$$\phi r_n = 24.9 \text{ kips/bolt}$$

전단이 지배한다고 가정하고 지압을 검토한다. 접합부의 소요강도는,

$$P_u = 1.2D + 1.6L = 1.2(30) + 1.6(25) = 76 \text{ kips}$$

$$\text{소요볼트 개수} = \frac{\text{소요강도}}{\text{볼트당강도}} = \frac{76}{24.9} = 3.05 \text{ 볼트}$$

이음판의 각 면과 각 열에 2개씩, 4개의 볼트를 시도한다.

지압: 두께가 $^5/_8$-in.인 인장부재의 지압력은 두께가 $^1/_4$-in.인 각 이음판 지압력의 두 배이다. 이음판의 총 하중은 인장부재의 하중과 같기 때문에 이음판이 위험해지려면 이음판의 총 두께가 인장부재의 두께보다 작아야 한다. 그렇게 되어 있다. 내부구멍과 3 in.의 간격에 대해, 편람 표 7-4는 다음 값을 준다.

$$\phi r_n = 65.3t = 65.3\left(\frac{1}{4} + \frac{1}{4}\right) = 32.7 \text{ kips/bolt}$$

판의 연단에서 가장 가까운 구멍에 대해, 지압강도를 구하기 위해 편람 표 7-5로부터 안전측으로 $1^1/_4$-in. 연단거리를 사용한다.

$$\phi r_n = 47.3t = 47.3\left(\frac{1}{4} + \frac{1}{4}\right) = 23.7 \text{ kips/bolt}$$

전단과 지압에 근거한 연결강도를 구하기 위해, 총 접합부강도는 각 볼트위치에서의 최소 강도의 합이라고 간주한다(AISC J3.6 사용자 노트). 따라서

$$\phi R_n = 2(\text{연단볼트 강도}) + 2(\text{내부볼트 강도})$$

$$= 2(23.7) + 2(24.9) = 97.2 \text{ kips} > 76 \text{ kips} \quad \text{(OK)}$$

해 답 이음판의 각 면과 각 열에 2개씩, 4개의 볼트를 사용한다. 총 8개의 볼트가 접합부에 필요하다.

ASD 풀이 **전단:** 이 볼트는 2면전단에 있다. 강구조편람 표 7-1로부터,

$$\frac{r_n}{\Omega} = 16.6 \text{ kips/bolt}$$

전단이 지배한다고 가정하고 지압을 검토한다. 접합부의 소요강도는,

$$P_a = D + L = 30 + 25 = 55 \text{ kips}$$

$$\text{소요볼트 개수} = \frac{\text{소요강도}}{\text{볼트당 강도}} = \frac{55}{16.6} = 3.31 \text{볼트}$$

이음판의 각 면과 각 열에 2개씩, 4개의 볼트를 시도한다.

지압: 두께가 $^5/_8$ in. 인장부재의 지압력은 두께가 $^1/_4$-in.인 각 이음판 지압력의 두 배가 될 것이다. 이음판의 총 하중은 인장부재의 하중과 같고 이음판 총 두께가 인장부재의 두께보다 얇기 때문에 이음판의 지압이 지배한다. 내부구멍과 3 in. 볼트간격에 대해, 편람 표 7-4로부터 다음 값을 얻을 수 있다.

$$\frac{r_n}{\Omega} = 43.5t = 43.5\left(\frac{1}{4} + \frac{1}{4}\right) = 21.8 \text{ kips/bolt}$$

판의 연단에서 가장 가까운 구멍에 대해, 지압강도를 구하기 위해 강편람 표 7-5로부터 안전측으로 $1^1/_4$-in. 연단거리를 사용한다.

$$\frac{r_n}{\Omega} = 31.5t = 31.5\left(\frac{1}{4} + \frac{1}{4}\right) = 15.8 \text{ kips/bolt}$$

총 접합부강도는 각 볼트위치에서 최소 강도의 합이다(AISC J3.6 사용자 노트). 따라서

$$\frac{R_n}{\Omega} = 2(\text{연단볼트 강도}) + 2(\text{내부볼트 강도})$$

$$= 2(15.8) + 2(16.6) = 64.8 \text{ kips} > 55 \text{ kips} \quad \text{(OK)}$$

해 답 이음판의 각 면과 각 열에 2개씩, 4개의 볼트를 사용한다. 접합부에 필요한 볼트의 총 개수는 8개이다.

예제 7.7 **그림 7.15에 나타난 C 8×18.75은 18 kips의 사용사하중과 54 kips의 사용활하중을 저항하도록 선택되었다. 이 부재는 직경 $^{7}/_{8}$-in.의 A그룹 볼트를 사용해 두께 $^{3}/_{8}$-in.의 연결판에 연결되어 있다. 나사산이 전단면에 있고 연결의 미끄럼이 허용된다고 가정한다. 연결길이 L이 적당히 작아지도록 볼트 개수와 필요한 볼트배치를 결정하라. A36 강재가 사용된다.**

그림 7.15

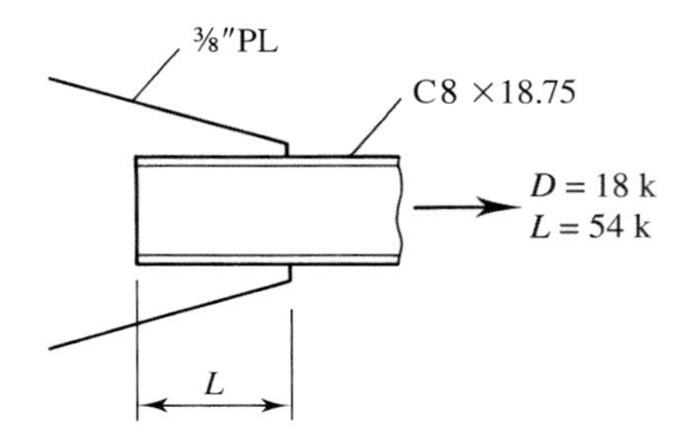

LRFD 풀이 계수하중은

$$1.2D + 1.6L = 1.2(18) + 16(54) = 108.0 \text{ kips}$$

전단에 근거한 볼트 개수를 선택하고 최종 볼트배치가 결정되면 지압강도가 충분하다는 것을 검증한다. 강구조편람 표 7-1로부터, 전단강도는

$$\phi r_n = 24.3 \text{ kips/bolt}$$

$$\text{소요볼트 개수} = \frac{\text{소요강도}}{\text{볼트당 강도}} = \frac{108}{24.3} = 4.44 \text{ 볼트}$$

5개의 볼트는 충분한 강도를 제공하지만 그림 7.16에 보여주는 것처럼 2개의 볼트선에 각각 3개의 볼트를 배열한 대칭배치도를 사용할 수 있도록 **6개의 볼트를 시도한다**(연결길이를 최소화하기 위해 2개의 볼트선을 사용한다). 인장부재의 설계는 연결재의 1개의 선 또는 2개의 선의 가정에 근거로 한 것인지 알 수 없다; 더 진행하기 전에 2개의 볼트선을 가진 ㄷ형강의 인장강도를 검토해야 한다. 총단면적에 대해,

그림 7.16

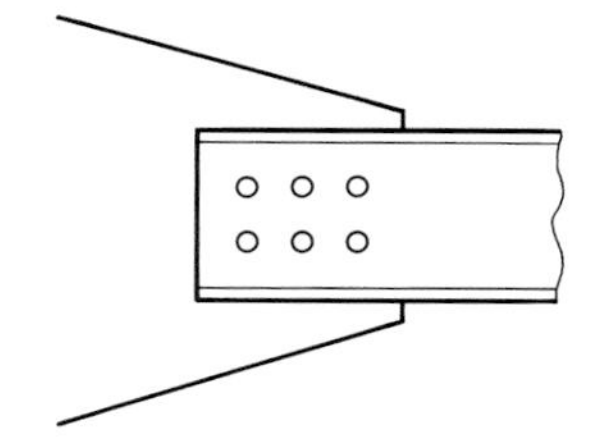

$$P_n = F_y A_g = 36(5.51) = 198.4 \text{ kips}$$

설계강도는,

$$\phi_t P_n = 0.90(198.4) = 179 \text{ kips}$$

유효순단면적에 대한 인장:

$$A_n = 5.51 - 2\left(\frac{7}{8} + \frac{1}{8}\right)(0.487) = 4.536 \text{ in.}^2$$

정확한 접합부길이는 아직 알 수 없으므로 U에 대한 식 3.1을 사용할 수 없다. 안전측 값인 $U = 0.60$을 가정한다.

$$A_e = A_n U = 4.536(0.60) = 2.722 \text{ in.}^2$$

$$P_n = F_u A_e = 58(2.722) = 157.9 \text{ kips}$$

$$\phi_t P_n = 0.75(157.9) = 118 \text{ kips} \text{ (지배한다)}$$

그러므로 부재강도는 2개의 볼트 게이지선을 사용하면 충분하다.

하중에 수직한 방향에 대한 볼트간격과 연단거리를 검토한다.

AISC J3.3으로부터,

$$\text{최소 간격} = 2.667\left(\frac{7}{8}\right) = 2.33 \text{ in.}$$

AISC 표 J3.4로부터,

$$\text{최소 연단거리} = 1^1/_8 \text{ in.}$$

하중에 수직방향으로 3 in.의 볼트간격과 $2^1/_2$ in.의 연단거리를 사용한다.

종방향으로 최소 허용간격과 연단거리를 사용함으로써 최소 접합부길이를 설정할 수 있다. 방향에 관계없이 최소 간격은 $2^2/_3 d = 2.33$ in.이므로 **$2^1/_2$ in.를 시도한다.** 방향에 상관없이 최소 연단거리는 $1^1/_8$ in.이므로 강구조편람 표 7-5의 값을 사용할 수 있으므로 **$1^1/_4$ in.를 시도한다.** 이 거리들은 접합부의 지압강도를 검토하는 데 사용된다.

지압을 받는 2개의 부재 중에서 연결판이 더 얇으므로 지배된다. 내부구멍에 대해, 안전측으로 강구조편람 표 7-4의 $2^2/_3 d_b$ 볼트간격을 사용한다. 이 볼트간격에 근거한 지압강도는,

$$\phi r_n = 72.9t = 72.9\left(\frac{3}{8}\right) = 27.3 \text{ kips/bolt}$$

연결판의 연단에서 가장 가까운 구멍에 대해, 강구조편람 표 7-5와 $1^1/_4$ in. 연단거리를 사용한다.

$$\phi r_n = 40.8t = 40.8\left(\frac{3}{8}\right) = 15.3 \text{ kips/bolt}$$

각 볼트위치에 대해 전단강도와 지압강도의 최소치를 사용하여, 총 접합부강도는

그림 7.17

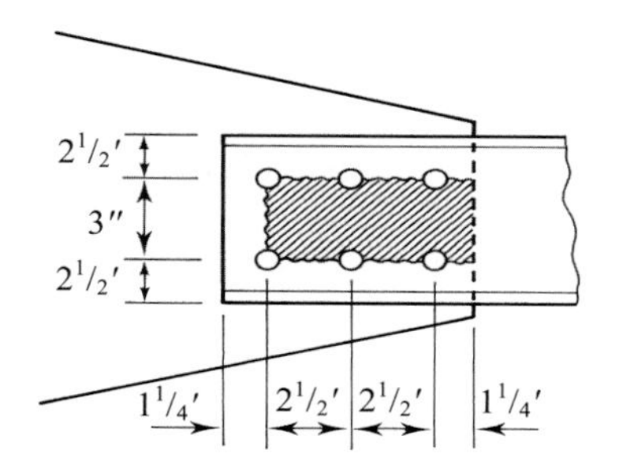

$$\phi R_n = 2(\text{연단볼트 강도}) + 4(\text{내부볼트 강도})$$

$$= 2(15.3) + 4(24.3) = 128\,\text{kips} > 108\,\text{kips} \quad \text{(OK)}$$

시험적인 연결설계는 그림 7.17에 나타나 있고 연결판의 블록전단에 대해 검토한다(ㄷ형강 파괴블록의 기하학은 동일하나 연결판이 더 얇다).

전단면적:

$$A_{gv} = 2 \times \frac{3}{8}(2.5+2.5+1.25) = 4.688\,\text{in.}^2$$

$$A_{nv} = 2 \times \frac{3}{8}[6.25-2.5(1.0)] = 2.813\,\text{in.}^2$$

인장면적:

$$A_{nt} = \frac{3}{8}(3-1.0) = 0.7500\,\text{in.}^2$$

블록전단 형태에 대해, $U_{bs} = 1.0$이다. AISC 식 J4-5로부터,

$$R_n = 0.6F_uA_{nv} + U_{bs}F_uA_{nt}$$

$$= 0.6(58)(2.813) + 1.0(58)(0.7500) = 141.4\,\text{kips}$$

상한한계에 대해,

$$0.6F_yA_{gv} + U_{bs}F_uA_{nt} = 0.6(36)(4.688) + 1.0(58)(0.7500) = 144.8\,\text{kips}$$

그러므로 공칭블록전단강도는 141.4 kips이고, 설계강도는 다음과 같다.

$$\phi R_n = 0.75(141.4) = 106\,\text{kips} < 108\,\text{kips} \quad \text{(N.G.)}$$

이 접합부에 대해 블록전단강도를 증가시키는 가장 간단한 방법은 볼트간격이나 연단거리를 증가시켜 전단면적을 증가시키는 것이다. 여기서는 간격을 늘이기로 한다. 소요간격은 시행착오에 의해 결정될 수 있지만 직접 풀 수도 있으므로, 여기서는 직접 풀기로 한다. AISC 식 J4-5의 상한한계가 지배하지 않는다고 가정하면, 소요설계강도는 다음과 같다.

$$\phi R_n = 0.75(0.6F_uA_{nv} + U_{bs}F_uA_{nt})$$

$$= 0.75[0.6(58)A_{nv} + 1.0(58)(0.7500)] = 108\,\text{kips}$$

소요 $A_{nv} = 2.888 \text{ in.}^2$

$$A_{nv} = \frac{3}{8}[s+s+1.25-2.5(1.0)](2) = 2.888 \text{ in.}^2$$

소요 $s = 2.55 \text{ in.}$ $\quad\therefore\ s = 2^3/_4 \text{ in.}$를 사용한다.

실제 블록전단강도를 계산한다.

$$A_{gv} = 2\times\frac{3}{8}(2.75+2.75+1.25) = 5.063 \text{ in.}^2$$

$$A_{nv} = 5.063 - \frac{3}{8}(2.5\times 1.0)(2) = 3.188 \text{ in.}^2$$

$$\phi R_n = 0.75(0.6F_uA_{nv} + U_{bs}F_uA_{nt})$$
$$= 0.75[0.6(58)(3.188) + 1.0(58)(0.75)]$$
$$= 116 \text{ kips} > 108 \text{ kips} \qquad \text{(OK)}$$

상한한계를 검토한다:

$$\phi[0.6F_yA_{gv} + U_{bs}F_uA_{nt}] = 0.75[0.6(36)(5.063) + 1.0(58)(0.7500)]$$
$$= 115 \text{ kips} < 116 \text{ kips}$$

그러므로 상한한계가 지배하지만 강도는 여전히 충분하다.

선택한 간격과 연단거리를 사용하면, 최소길이는 다음과 같다.

$L = 1^1/_4 \text{ in.}$ (ㄷ형강의 연단에서)

$+2@2^3/_4 \text{ in.}$ (볼트 중심간 간격)

$+1^1/_4 \text{ in.}$ (연결판의 연단에서)

$= 8 \text{ in.}$ (총)

해 답 그림 7.18에서 보여주는 접합부 상세도를 사용한다.

ASD 풀이 총 하중은,

$$P_a = D + L = 18 + 54 = 72 \text{ kips}$$

전단에 근거한 볼트 개수를 선택하고 최종 볼트배치가 결정되면 지압강도가 충분하다는 것을 검증한다. 강구조편람 표 7-1로부터, 전단강도는

$$\frac{r_n}{\Omega} = 16.2 \text{ kips/bolt}$$

그림 7.18

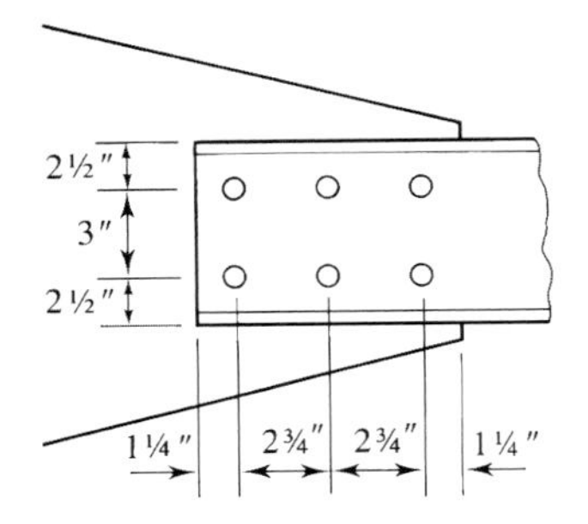

소요볼트 개수는,

$$\frac{72}{16.2} = 4.44\text{볼트}$$

5개의 볼트는 충분한 강도를 제공하지만 그림 7.16에 보여주는 것처럼 2개의 볼트선에 각각 3개의 볼트를 배열한 대칭배치도를 사용할 수 있도록 **6개의 볼트를 시도한다**(접합부 길이를 최소화하기 위하여 두 개의 볼트선을 사용한다). 인장부재의 설계는 연결재의 1개의 선 또는 2개의 선의 가정에 근거로 한 것인지 알 수 없다. 더 진행하기 전에 2개의 볼트선을 가진 ㄷ형강의 인장강도를 검토해야 한다. 총단면적에 대해,

$$P_n = F_y A_g = 36(5.51) = 198.4 \text{ kips}$$

허용강도는,

$$\frac{P_n}{\Omega_t} = \frac{198.4}{1.67} = 119 \text{ kips}$$

유효순단면적에 대한 인장:

$$A_n = 5.51 - 2\left(\frac{7}{8} + \frac{1}{8}\right)(0.487) = 4.536 \text{ in.}^2$$

정확한 접합부길이는 아직 알 수 없으므로 U에 대한 식 3.1을 사용할 수 없다. 안전측 값인 $U = 0.60$을 가정한다.

$$A_e = A_n U = 4.536(0.60) = 2.722 \text{ in.}^2$$

$$P_n = F_u A_e = 58(2.722) = 157.9 \text{ kips}$$

$$\frac{P_n}{\Omega_t} = \frac{157.9}{2.00} = 79.0 \text{ kips} \qquad \text{(지배한다)}$$

그러므로 부재강도는 2개의 볼트 게이지선을 사용하면 충분하다.

하중에 수직한 방향에 대한 볼트간격과 연단거리 조항을 검토한다. AISC J3.3으로부터,

$$\text{최소간격} = 2.667\left(\frac{7}{8}\right) = 2.33 \text{ in.}$$

AISC 표 J3.4로부터,

$$\text{최소연단거리} = 1^1/_8 \text{ in.}$$

하중에 수직방향으로 3 in.의 볼트간격과 $2^1/_2 \text{ in.}$의 연단거리를 사용한다.

종방향으로 최소 허용간격과 연단거리를 사용함으로써 최소 접합부 길이를 설정할 수 있다. 최소 간격은 $2^2/_3 d = 2.33 \text{ in.}$이므로 **$2^1/_2$ in.를 시도한다.** 모든 방향의 최소 연단거리는 $1^1/_8 \text{ in.}$이므로 강구조편람 표 7-5의 값을 사용할 수 있으므로 **$1^1/_4$ in.를 시도한다.** 이 거리들은 접합부의 지압강도를 검토하는 데 사용된다.

지압을 받는 2개의 부재 중에서 연결판이 더 얇으므로 지배된다.

내부구멍에 대해, 안전측으로 편람 표 7-4의 $2^2/_3 d_b$ 볼트간격을 사용한다. 이 볼트간격에 근거한 지압강도는,

$$\frac{r_n}{\Omega} = 48.6t = 48.6\left(\frac{3}{8}\right) = 18.2 \text{ kips/bolt}$$

연결판의 연단에서 가장 가까운 구멍에 대해, 편람 표 7-5로부터 지압강도는

$$\frac{r_n}{\Omega} = 27.2t = 27.2\left(\frac{3}{8}\right) = 10.2 \text{ kips/bolt}$$

각 볼트위치에 대해 전단강도와 지압강도의 최소치를 사용하여, 총 접합부강도는

$$\frac{R_n}{\Omega} = 2(\text{연단볼트 강도}) + 4(\text{내부볼트 강도})$$

$$= 2(10.2) + 4(16.2) = 85.2 \text{ kips} > 72 \text{ kips} \quad \text{(OK)}$$

시험적인 연결설계는 그림 7.17에 나타나 있고 연결판의 블록전단에 대해 검토한다(ㄷ형강 파괴블록의 기하학은 동일하나 연결판이 더 얇다).

전단면적:

$$A_{gv} = 2 \times \frac{3}{8}(2.5 + 2.5 + 1.25) = 4.688 \text{ in.}^2$$

$$A_{nv} = 2 \times \frac{3}{8}[6.25 - 2.5(1.0)] = 2.813 \text{ in.}^2$$

인장면적:

$$A_{nt} = \frac{3}{8}(3 - 1.0) = 0.7500 \text{ in.}^2$$

이러한 블록전단 형태에 대해, $U_{bs} = 1.0$이다. AISC 식 J4-5로부터,

$$R_n = 0.6 F_u A_{nv} + U_{bs} F_u A_{nt}$$

$$= 0.6(58)(2.813) + 1.0(58)(0.7500) = 141.4 \text{ kips}$$

상한한계에 대해,

$$0.6 F_y A_{gv} + U_{bs} F_u A_{nt} = 0.6(36)(4.688) + 1.0(58)(0.75) = 144.8 \text{ kips}$$

그러므로 공칭블록전단강도는 141.4 kips이고, 허용강도는 다음과 같다.

$$\frac{R_n}{\Omega} = \frac{141.4}{2.00} = 70.7 \text{ kips} < 72 \text{ kips} \quad \text{(N.G.)}$$

이 접합부에 대해 블록전단강도를 증가시키는 가장 간단한 방법은 볼트간격이나 연단거리를 증가시켜 전단면적을 증가시키는 것이다. 여기서는 간격을 늘이기로 한다. 소요간격은 시행착오에 의해 결정될 수 있지만 직접 풀 수도 있으므로, 여기서는 직접 풀기로 한다. AISC 식 J4-5의 상한한계가 지배하지 않는다고 가정하면, 소요허용강도는 다음과 같다.

$$\frac{R_n}{\Omega} = \frac{0.6F_uA_{nv} + U_{bs}F_uA_{nt}}{\Omega}$$

$$= \frac{0.6(58)A_{nv} + 1.0(58)(0.7500)}{2.00} = 72 \text{ kips}$$

소요 $A_{nv} = 2.888 \text{ in.}^2$

$$A_{nv} = \frac{3}{8}[s + s + 1.25 - 2.5(1.0)](2) = 2.888 \text{ in.}^2$$

소요 $s = 2.55$ in. $\therefore\ s = 2^3/_4$ in.를 사용한다.

실제 블록전단강도를 계산한다.

$$A_{gv} = 2 \times \frac{3}{8}(2.75 + 2.75 + 1.25) = 5.063 \text{ in.}^2$$

$$A_{nv} = 5.063 - \frac{3}{8}(2.5 \times 1.0)(2) = 3.188 \text{ in.}^2$$

$$\frac{R_n}{\Omega} = \frac{0.6F_uA_{nv} + U_{bs}F_uA_{nt}}{\Omega} = \frac{0.6(58)(3.188) + 1.0(58)(0.75)}{2.00}$$

$$= 77.2 \text{ kips} > 72 \text{ kips} \quad \text{(OK)}$$

상한한계를 검토한다:

$$\frac{0.6F_yA_{gv} + U_{bs}F_uA_{nt}}{\Omega} = \frac{0.6(36)(5.063) + 1.0(58)(0.7500)}{2.00}$$

$$= 76.4 \text{ kips} < 77.2 \text{ kips}$$

그러므로 상한한계가 지배하지만 강도는 여전히 충분하다.

선택한 간격과 연단거리를 사용하면, 최소길이는 다음과 같다.

$L = 1^1/_4$ in. (ㄷ형강의 연단에서)

$+2@2^3/_4$ in. (볼트 중심간 간격)

$+1^1/_4$ in. (연결판의 연단에서)

$= 8$ in. (총)

해 답 그림 7.18에서 보여주는 접합부 상세도를 사용한다.

예제 7.7의 볼트 배치도는 부재의 종방향 도심축에 관하여 대칭이다. 그 결과로 연결재에 의해 제공되는 저항력의 합력도 이 선을 따라 작용하고, 기하학은 단순연결의 정의와 일치한다. 만약 홀수 개의 볼트가 요구되고 2열이 사용된다면, 대칭은 존재하지 않고 접합부는 편심이 된다. 이 경우 설계자는 몇 가지 선택을 할 수 있다: (1) 편심의 영향은 무시할 정도로 작다고 가정해 편심을 무시한다; (2) 편심을 고려한다; (3) 대칭을 보존할 수 있는 연결재의 엇모배치형태를 사용한다; (4) 여분의 볼트를 추가해 편심을 제거한다. 대부분의 기술자는 아마 마지막 방법을 선택할 것이다.

예제 7.8 **LRFD를 사용해 8 kips의 사용사하중과 24 kips의 사용활하중에 대해 길이가 13 ft의 인장부재와 연결을 설계하라. 연결의 미끄럼은 허용하지 않는다. 연결은 그림 7.19에서와 같이 두께 $^3/_8$-in.의 연결판에 접합된다. 인장부재는 단일ㄱ형강을 사용하라. A그룹 볼트와 인장부재와 연결판은 모두 A572 등급 50강재를 사용하라.**

풀 이 저항되는 계수하중은,

$$P_u = 1.2D + 1.6L = 1.2(8) + 1.6(24) = 48.0 \text{ kips}$$

볼트치수와 배치는 인장부재의 순단면적에 영향을 미치므로 볼트를 먼저 선택한다. 방법은 시험적으로 볼트치수를 선택하고 이에 필요한 볼트 개수를 결정한 다음, 개수가 너무 많거나 작으면 다른 볼트치수를 시도한다. 볼트직경은 전형적으로 $^1/_2$ in.로부터 $1^1/_2$ in.까지, $^1/_8$ in. 증분이다.

그림 7.19

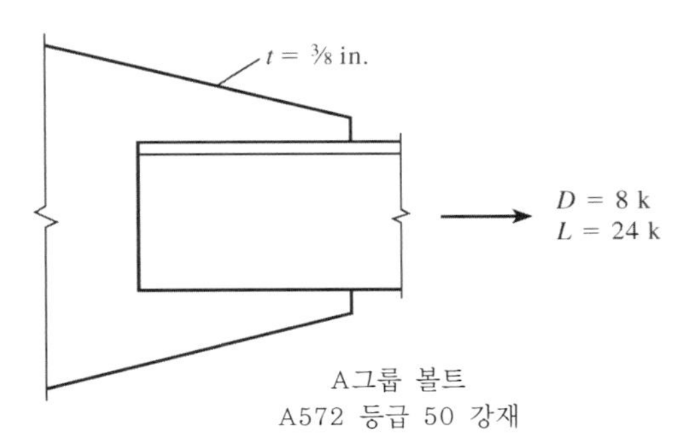

직경 $^5/_8$ in.의 볼트를 시도한다: 강구조편람 표 7-1로부터, 나사산이 전단면에 있다고 가정하여 전단강도는,

$$\phi r_n = 12.4 \text{ kips/bolt}$$

미끄럼이 허용되지 않으므로 이 연결은 마찰연결이다. A등급 표면으로 가정해 직경 $^5/_8$ in.의 A그룹 볼트에 대해 최소 인장력은 $T_b = 19$ kips이다(AISC 표 J 3.1로부터). 편람 표 7-3으로부터, 볼트 하나의 마찰강도는 다음과 같다.

$$\phi r_n = 6.44 \text{ kips/bolt}$$

마찰강도가 지배한다. 마찰강도를 근거로 볼트 개수를 결정하고 부재를 선택한 후에 지압을 검토한다(지압강도는 부재두께를 알기 전에는 계산할 수 없기 때문에). 그러므로

$$\text{볼트 개수} = \frac{\text{총 하중}}{\text{볼트당 강도}} = \frac{48.0}{6.44} = 7.5\text{볼트}$$

그림 7.20

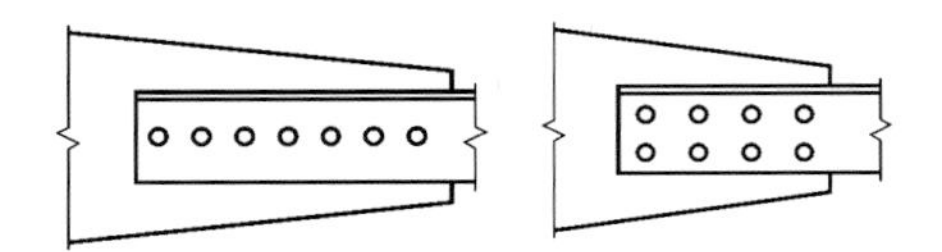

8개의 볼트가 필요하다. 그림 7.20은 두 가지 가능한 볼트 배치도를 보여준다. 이런 배치 중에서 어느 것이나 사용할 수 있지만 큰 볼트치수와 적은 볼트 개수를 사용해 접합부길이를 줄일 수 있다.

직경 $^7/_8$in.의 볼트를 시도한다: 편람 표 7-1로부터, 나사산이 전단면에 있다고 가정하여 전단강도는,

$$\phi r_n = 24.3 \text{ kips/bolt}$$

편람 표 7-3으로부터, 마찰강도는

$$\phi r_n = 13.2 \text{ kips/bolt} \quad (\text{지배한다})$$

직경 $^7/_8$-in.의 소요볼트 개수는,

$$\frac{48.0}{13.2} = 3.6\text{볼트}$$

직경 $^7/_8$-in.인 A그룹 볼트 4개를 사용한다. AISC J3.3으로부터, 최소 간격은

$$s = 2.667d = 2.667\left(\frac{7}{8}\right) = 2.33 \text{ in.} \quad (\text{선호하는, } 3d = 3\left(\frac{7}{8}\right) = 2.63 \text{ in.})$$

AISC 표 J3.4로부터, 최소 연단거리는

$$L_e = 1^1/_8 \text{ in.}$$

그림 7.21의 배치도를 사용해 인장부재를 선택한다. 소요 총단면적은,

$$A_g \geq \frac{P_u}{0.9F_y} = \frac{48.0}{0.9(50)} = 1.07 \text{ in.}^2$$

소요 유효순단면적은,

$$A_e \geq \frac{P_u}{0.75F_u} = \frac{48.0}{0.75(65)} = 0.985 \text{ in.}^2$$

소요 최소회전반경은,

$$r_{\min} = \frac{L}{300} = \frac{13(12)}{300} = 0.52 \text{ in.}$$

$L\,3^1/_2 \times 2^1/_2 \times {}^1/_4$을 시도한다:

$$A_g = 1.45 \text{ in.}^2 > 1.07 \text{ in.}^2 \quad (\text{OK})$$

$$r_{\min} = r_z = 0.541 \text{ in.} > 0.52 \text{ in.} \quad (\text{OK})$$

볼트변형 δ_b와 플랜지변형 δ_{fl}은 같게 될 것이다. E_{fl}는 E_b와 거의 같고(Bickford, 1981), A_{fl}은 A_b보다 훨씬 크기 때문에

$$\frac{A_{fl} E_{fl} \delta_{fl}}{L_{fl}} \gg \frac{A_b E_b \delta_b}{L_b}$$

그러므로

$$\Delta N \gg \Delta T$$

ΔT와 ΔN의 비는 0.05~0.1 사이에 있다(Kulak, Fisher, Struik 1987). 결과적으로 ΔT는 $0.1\Delta N$보다 크지 않으므로 또는 등가적으로 최대 $\Delta T/\Delta N = 0.1$이므로 작용하중의 대부분은 연결부재의 압축을 경감시키는 데 사용된다는 것을 입증한다. 조임효과를 완전히 제거하고 연결부재를 분리시키는 데 필요한 하중의 크기를 산정하기 위해 그림 7.26의 자유물체도를 생각한다. 연결부재가 분리되었을 때,

$$T = F$$

또는

$$T_0 + \Delta T = F \tag{7.7}$$

임박한 분리시점에서는 볼트 신장과 판의 압축해제는 같고,

$$\Delta T = \frac{A_b E_b}{L_b} \delta_b = \frac{A_b E_b}{L_b} \delta_{fl} \tag{7.8}$$

여기서 δ_{fl}은 초기압축력 N_0의 제거에 상응하는 변위이다. 식 7.3으로부터,

$$\delta_{fl} = \frac{N_0 L_{fl}}{A_{fl} E_{fl}}$$

δ_{fl}에 대한 이 식을 식 7.8에 대입하면 다음과 같이 나타난다.

$$\Delta T = \left(\frac{A_b E_b}{L_b}\right)\left(\frac{N_0 L_{fl}}{A_{fl} E_{fl}}\right) = \left(\frac{A_b E_b / L_b}{A_{fl} E_{fl} / L_{fl}}\right) N_0 = \left(\frac{\Delta T}{\Delta N}\right) T_0 \approx 0.1\, T_0$$

식 7.7로부터,

$$T_0 + 0.1\, T_0 = F \quad \text{또는} \quad F = 1.1\, T_0$$

그림 7.26

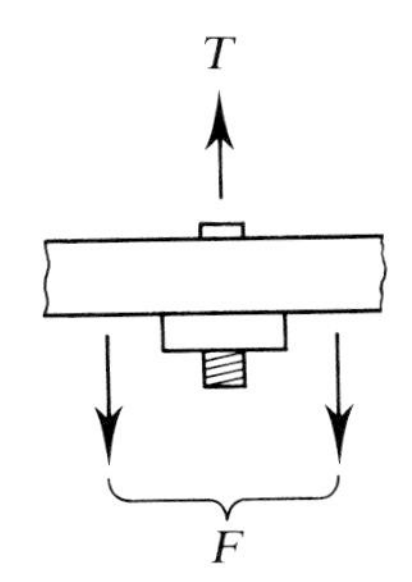

그러므로 분리되는 순간에 볼트인장력은 설치 시 초깃값보다 약 10% 정도 더 크다. 그러나 분리된 후에는 외부하중의 증가는 전적으로 그에 상응하는 볼트인장의 증가로 저항하게 될 것이다. 볼트인장력이 외부작용하중과 같다고 가정하고(초기인장이 없는 것처럼) 연결부재가 분리될 때까지 연결부에 하중이 작용하면 볼트인장력은 10%만큼 작게 과소평가될 것이다. 이러한 10% 증가는 이론적으로 가능하지만, 인장을 받는 볼트연결부의 총 강도는 인장설치에 의해 영향을 받지 않는다는 것이 실험을 통해 밝혀졌다(Amrine과 Swanson, 2004). 그러나 초기인장량은 접합부의 변형 특성에 영향을 미친다는 것이 발견되었다.

요약하면 볼트인장력은 초기인장력을 고려하지 않고 계산되어야 한다.

지레작용

연결재가 인장을 받는 대부분 연결에서는 연결부재의 유연도가 연결재에 작용하는 인장을 증가시키는 변형으로 나타난다. 앞의 설명에 사용된 행거연결형태는 이러한 거동형태를 받게 된다. 이 추가된 인장은 *지레력*(*prying force*)이라 불리며, 행거의 자유물체에 작용하는 힘을 보여주는 그림 7.27에 설명되어 있다. 외부하중이 작용하기 전에는 수직압축력 N_0은 볼트의 중앙에 있다. 하중이 작용할 때 만약 플랜지가 그림에서처럼 변형할 정도로 충분히 유연하다면 압축력은 플랜지 연단으로 이동하게 된다. 이러한 재분배는 모든 하중 사이의 관계를 변화시키고 볼트인장은 B_0에서 B로 증가한다. 그러나 연결부재가 충분히 강하다면 이러한 힘의 이동은 일어나지 않고 지레력은 없을 것이다. 플랜지의 모서리 부분만이 다른 연결부재와 접촉하고 있을 때 지레력 q는 최댓값에 도달하게 된다. 지레효과를 포함한 상응 볼트력은 B_c이다.

그림 7.27

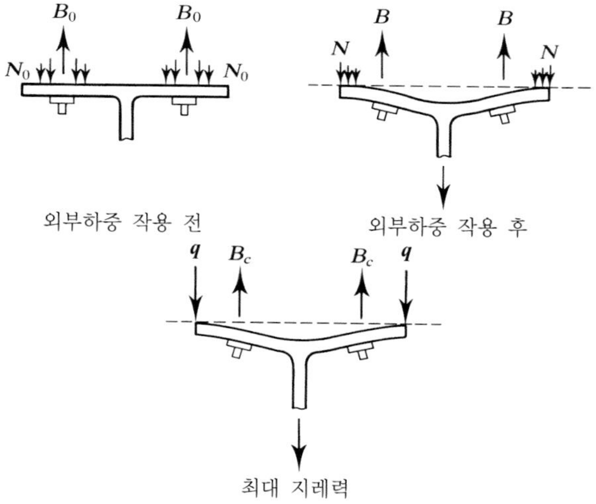

이러한 연결형태에서는 지레작용에 의해 발생되는 힘은 대개 연결부재의 설계를 지배하게 된다. AISC J3.6에서는 지레작용은 연결재에 작용하는 인장하중 산정에 포함되어야 한다고 요구한다.

『볼트와 리벳접합 설계기준지침서(*Guide to Design Criteria for Bolted and Riveted Joints: Kulak*, Fisher와 Struick, 1987)』에 보고된 연구를 기초로 하는 지레력 산정에 대한 순서는 강구조편람 9편 "접합요소의 설계"에 나타나 있다. 여기에서 보여주는 방법은 다소 다른 형태이지만 같은 결과를 나타낸다.

사용된 방법은 그림 7.28에서 보여주는 모형을 근거로 한다. 모든 힘은 하나의 연결재에 대한 것이므로 T는 볼트 하나에 작용하는 외부인장력, q는 볼트 하나에 상응하는 지레력, B_c는 총 볼트력이다. 지레력은 플랜지 끝부분으로 이동하고 최댓값을 가진다.

다음의 식은 그림 7.28의 자유물체도에 근거하여 평형을 고려함으로써 도출된 것이다. 그림 7.28(b)의 b-b에서 모멘트의 합으로부터,

$$Tb - M_{a-a} = qa \tag{7.9}$$

그림 7.28(c)로부터,

$$M_{b-b} = qa \tag{7.10}$$

마지막으로, 힘의 평형방정식은 다음과 같다.

$$B_c = T + q \tag{7.11}$$

그림 7.28

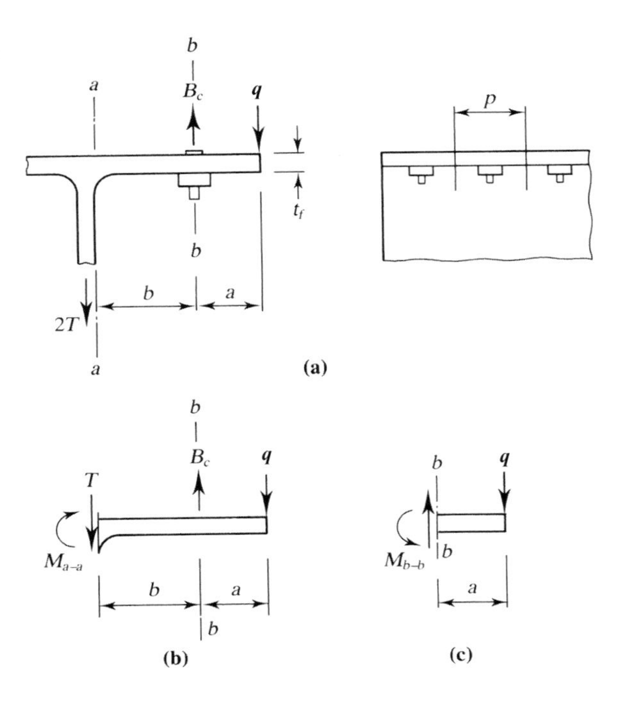

이 3개의 평형방정식은 지레작용의 영향을 포함한 총 볼트력에 대한 하나의 식을 구하기 위해 결합할 수 있다. 먼저, 변수 α는 볼트선을 따라 단위길이당 모멘트와 스템면에 작용하는 단위길이당 모멘트의 비로서 정의한다. 볼트선에 대해 길이는 순 길이이므로

$$\alpha = \frac{M_{b\text{-}b}/(p-d')}{M_{a\text{-}a}/p} = \frac{M_{b\text{-}b}}{M_{a\text{-}a}}\left(\frac{1}{1-d'/p}\right) = \frac{M_{b\text{-}b}}{\delta M_{a\text{-}a}} \tag{7.12}$$

여기서

p = 볼트 하나에 분담되는 플랜지 길이, 안전측으로 $3.5b \le s$로 취할 수 있다 (그림 7.28a 참조).

d' = 볼트구멍의 직경

$$\delta = 1 - \frac{d'}{p} = \frac{\text{볼트선에서 순면적}}{\text{스템면에서 총면적}}$$

α의 수치평가는 다른 식의 사용을 요구하므로 잠시 후에 밝히기로 한다. 위의 표기를 사용하여 총 볼트력 B_c을 구하기 위해 3개의 평형방정식 7.9~7.11을 결합할 수 있다:

$$B_c = T\left[1 + \frac{\delta\alpha}{(1+\delta\alpha)}\frac{b}{a}\right] \tag{7.13}$$

이러한 하중상태에서 변형은 대단히 커서 볼트인장응력의 합력은 볼트 축과 일치하지 않는다. 그 결과로 식 7.13에 의해 예측한 볼트력은 안전측이며 실험결과와 잘 일치하지 않는다. 만약 힘 B_c가 T형강의 스템방향으로 $d/2$만큼(여기서 d는 볼트직경) 이동한다면 훨씬 더 좋은 결과를 얻게 된다. 그러므로 수정된 b와 a의 값을 다음과 같이 정의한다.

$$b' = b - \frac{d}{2} \quad \text{와} \quad a' = a + \frac{d}{2}$$

(실험결과와 가장 잘 일치하기 위해 a값은 $1.25b$보다 크지 않아야 한다.)

이 수정된 값을 사용해 식 7.13을 다음과 같이 나타낼 수 있다.

$$B_c = T\left[1 + \frac{\delta\alpha}{(1+\delta\alpha)}\frac{b'}{a'}\right] \tag{7.14}$$

볼트력 B_c을 볼트인장강도 B와 같다고 놓고 식 7.14로부터 α를 계산하면 다음 식을 얻을 수 있다.

$$\alpha = \frac{[(B/T)-1](a'/b')}{\delta\{1-[(B/T)-1](a'/b')\}} \tag{7.15}$$

2개의 한계상태가 가능하다: 볼트의 인장파괴와 T형강의 휨파괴. T형강의 스템면인 a-a면과 볼트선인 b-b면에 소성힌지(plastic hinge)가 형성되어 보 메커니즘을 일으킬

때 T형강의 파괴가 일어난다고 가정한다. 이 위치의 각각에서 모멘트는 볼트 하나가 분담하는 플랜지 길이의 소성모멘트강도 M_p와 같다. 식 7.15로부터 얻는 α의 절댓값이 1.0보다 작으면 볼트선에서의 모멘트는 스템면에서의 모멘트보다 작다. 이것은 보 메카니즘은 형성되지 않고 지배한계상태는 볼트의 인장파괴이다는 것을 의미한다. 이 경우 볼트력 B_c는 강도 B와 같게 된다. α의 절댓값이 1.0 이상이면 소성힌지는 a-a와 b-b 양쪽에서 생기고 지배한계상태는 T형강 플랜지의 휨파괴이다. 이러한 두 위치에서의 모멘트는 소성모멘트 M_p로 제한되기 때문에 α는 1.0과 같아야 한다.

또한, 소요 플랜지두께 t_f을 구하기 위해 3개의 평형방정식 7.9~7.11은 하나의 식으로 결합될 수 있다. 식 7.9과 7.10으로부터, 다음과 같이 쓸 수 있다.

$$Tb' - M_{a-a} = M_{b-b}$$

여기서 b 대신에 b'을 사용하였다. 식 7.12로부터,

$$Tb' - M_{a-a} = \delta\alpha M_{a-a} \tag{7.16}$$

$$M_{a-a} = \frac{Tb'}{(1+\delta\alpha)} \tag{7.17}$$

LRFD에 대해, 다음과 같이 놓는다.

$$M_{a-a} = \text{설계강도} = \phi_b M_p = \phi_b\left(\frac{pt_f^2F_y}{4}\right)$$

여기서 $\phi_b = 0.90$. 식 7.17에 대입하면, 다음 식을 얻을 수 있다.

$$\phi_b\frac{pt_f^2F_y}{4} = \frac{Tb'}{(1+\delta\alpha)}$$

$$t_f = \sqrt{\frac{4Tb'}{\phi_b pF_y(1+\delta\alpha)}}$$

여기서 T는 볼트 하나에 작용하는 계수하중이다.

Kulak, Fisher, Struik(1987)은 이 방법이 실험결과와 비교할 때 안전측이라는 것을 알아냈다. 휨 강도에 대한 수식에서 항복응력 F_y 대신에 극한응력 F_u로 대체하면, 실험결과에 더 잘 맞는 결과를 구할 수 있다(Thornton, 1992와 Swanson, 2002). 이러한 대체를 사용하면 다음과 같은 식을 얻게 된다.

$$\text{소요 } t_f = \sqrt{\frac{4Tb'}{\phi_b pF_u(1+\delta\alpha)}} \tag{7.18}$$

ASD에 대해, F_y 대신에 F_u로 대체하면, 다음과 같이 구할 수 있다.

$$M_{a-a} = \text{허용강도} = \frac{M_p}{\Omega_b} = \frac{1}{\Omega_b}\left(\frac{pt_f^2F_u}{4}\right)$$

$$소요\ t_f = \sqrt{\frac{\Omega_b 4Tb'}{pF_u(1+\delta\alpha)}} \tag{7.19}$$

여기서 $\Omega_b = 1.67$이며 T는 볼트 하나에 작용하는 사용하중이다. 식 7.18과 7.19는 강구조편람 9편에 주어진 식과 동일하다.

지레력을 받는 연결설계는 본질적으로 시행착오과정이다. 볼트치수나 개수를 선택할 때 지레력을 고려해야 한다. T형강 플랜지의 두께 선택은 볼트 선택과 T형강 치수의 함수이므로 더욱 어렵다. 시형상을 선택하고 볼트 개수와 배열이 추정된다면 식 7.18이나 7.19를 사용해 선택된 시형상을 증명하거나 반증할 수 있다(플랜지두께가 충분하면, 볼트강도도 충분할 것이다).

실제 플랜지두께가 요구되는 값과 다르면 실제 값 α와 B_c는 이전에 계산한 값과 다를 것이다. 지레력 q를 포함하는 실제 볼트력을 원한다면 α는 다음과 같이 다시 계산할 필요가 있다.

먼저, b 대신 b'을 사용해 식 7.9와 7.10을 결합한다:

$$M_{b-b} = Tb' - M_{a-a}$$

식 7.12로부터,

$$\alpha = \frac{M_{b-b}}{\delta M_{a-a}}$$

$$= \frac{Tb' - M_{a-a}}{\delta M_{a-a}} = \frac{Tb'/M_{a-a} - 1}{\delta}$$

다음의 한계에 제한된다.

$$0 \le \alpha \le 1$$

LRFD에 대해, 다음과 같이 두면,

$$M_{a-a} = \phi_b M_p = \phi_b\left(\frac{pt_f^2 F_u}{4}\right)$$

그러면

$$\alpha = \frac{\dfrac{Tb'}{\phi_b p t_f^2 F_u/4} - 1}{\delta} = \frac{1}{\delta}\left(\frac{4Tb'}{\phi_b p t_f^2 F_u} - 1\right) \quad (0 \le \alpha \le 1) \tag{7.20}$$

여기서 t_f는 실제 플랜지두께이다. 총 볼트력은 식 7.14로부터 계산할 수 있다.

ASD에 대해, M_{a-a}를 허용모멘트와 같다고 두면,

$$M_{a-a} = \frac{M_p}{\Omega_b} = \frac{1}{\Omega_b}\left(\frac{pt_f^2 F_u}{4}\right)$$

그러면

$$\alpha = \frac{\dfrac{Tb'}{(pt_f^2 F_u/4)/\Omega_b} - 1}{\delta} = \frac{1}{\delta}\left(\frac{\Omega_b 4Tb'}{pt_f^2 F_u} - 1\right) \quad (0 \le \alpha \le 1) \tag{7.21}$$

여기서 t_f는 실제 플랜지의 두께이다. 식 7.14로부터 총 볼트력을 계산한다.

여기에서 보여준 지레해석은 T형강에 대한 것이지만, 약간 수정하면 쌍ㄱ형강에 대해 사용될 수 있다. b에 대해 볼트의 중심선에서 다리의 전면보다는 ㄱ형강 다리의 중앙두께까지 거리를 사용한다.

예제 7.9

길이 8-in.의 WT10.5×66은 그림 7.29에서 보여주는 것처럼 보의 하부 플랜지에 접합되어 있다. 이 행거는 20 kips의 사용사하중과 60 kips의 사용활하중을 지지해야 한다. 직경 $^7/_8$-in.인 A그룹 볼트의 소요 개수를 결정하고 T형강의 적정성을 조사하라. A992 강재가 사용된다.

풀 이

접합부의 기하학에 근거한 상수를 계산한다.

$$b = \frac{(5.5 - 0.650)}{2} = 2.425 \text{ in.}$$

$$a = \frac{(12.4 - 5.5)}{2} = 3.450 \text{ in.}$$

$1.25b = 1.25(2.425) = 3.031 \text{ in.} < 3.450 \text{ in.}$이므로, $a = 3.031 \text{ in.}$를 사용한다.

그림 7.29

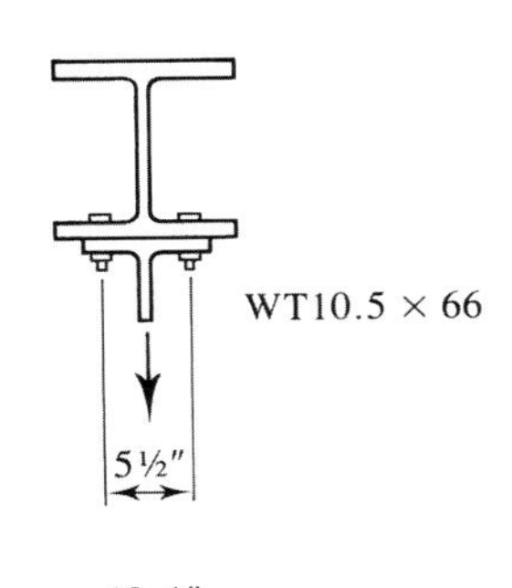

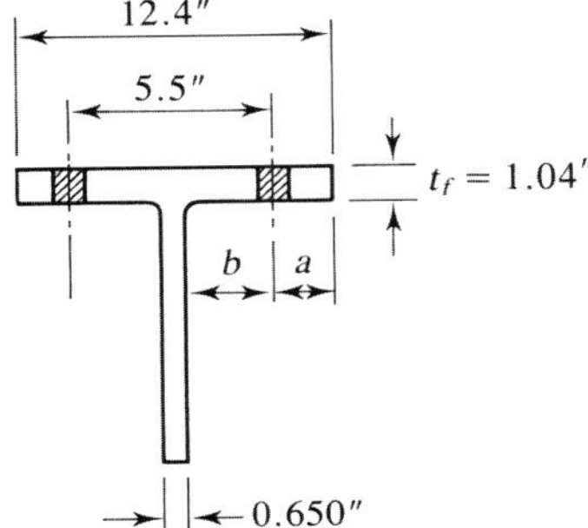

$$b' = b - \frac{d}{2} = 2.425 - \frac{7/8}{2} = 1.988 \text{ in.}$$

$$a' = a + \frac{d}{2} = 3.031 + \frac{7/8}{2} = 3.469 \text{ in.}$$

$$d' = d + \frac{1}{8} = \frac{7}{8} + \frac{1}{8} = 1 \text{ in.}$$

$$\delta = 1 - \frac{d'}{p} = 1 - \frac{1}{4} = 0.75$$

볼트 단면적도 차후 계산에서 필요하게 된다:

$$A_b = \frac{\pi(7/8)^2}{4} = 0.6013 \text{ in.}^2$$

LRFD 풀이 볼트 하나의 설계강도는,

$$B = \phi R_n = \phi F_t A_b = 0.75(90.0)(0.6013) = 40.59 \text{ kips}$$

총 계수하중은,

$$1.2D + 1.6L = 1.2(20) + 1.6(60) = 120 \text{ kips}$$

(지레작용을 고려하지 않은) 소요볼트 개수는 $120/40.59 = 2.96$이다. 대칭을 유지하기 위해서는 최소한 4개의 볼트가 필요하므로, **4개의 볼트로 시도한다.** 지레력을 포함하지 않은 볼트당 계수외부하중은 $T = 120/4 = 30$ kips이다.

$$s = \frac{8}{2} = 4 \text{ in.}$$

$p = 3.5b = 3.5(2.425) = 8.488 \text{ in.} > 4 \text{ in.}$ $\therefore p = 4$ in.를 사용한다.

$2b = 2(2.425) = 4.85 \text{ in.} > 4 \text{ in.}$ $\therefore p = 4$ in.를 사용한다.

α를 계산한다:

$$\frac{B}{T} - 1 = \frac{40.59}{30} - 1 = 0.353$$

식 7.15로부터,

$$\alpha = \frac{[(B/T)-1](a'/b')}{\delta\{1-[(B/T)-1](a'/b')\}} = \frac{0.353(3.469/1.988)}{0.75[1-0.353(3.469/1.988)]}$$

$$= 2.139$$

$|\alpha| > 1.0$이므로 $\alpha = 1.0$을 사용한다. 식 7.18로부터,

$$\text{소요 } t_f = \sqrt{\frac{4Tb'}{\phi_b p F_u(1+\delta\alpha)}} = \sqrt{\frac{4(30)(1.988)}{0.90(4)(65)[1+0.75(1.0)]}}$$

$$= 0.763 \text{ in.} < 1.04 \text{ in.} \quad \text{(OK)}$$

선택된 볼트 개수와 플랜지두께는 모두 충분하므로 더 이상의 계산은 필요가 없다. 그러나 과정을 설명하기 위해 식 7.20과 7.14를

사용해서 지레력을 계산한다. 식 7.20으로부터,

$$\alpha = \frac{1}{\delta}\left(\frac{4Tb'}{\phi_b p t_f^2 F_u} - 1\right) = \frac{1}{0.75}\left[\frac{4(30)(1.988)}{0.90(4)(1.04)^2(65)} - 1\right] = -0.07657$$

α는 0과 1 사이이어야 하므로 $\alpha = 0$을 사용한다.

식 7.14로부터, 지레력을 포함한 총 볼트력은 다음과 같다.

$$B_c = T\left[1 + \frac{\delta\alpha}{(1+\delta\alpha)}\frac{b'}{a'}\right] = 30\left[1 + \frac{0.75(0)}{(1+0.75\times 0)}\left(\frac{1.988}{3.469}\right)\right]$$

$$= 30 \text{ kips}$$

지레력은,

$$q = B_c - T = 30 - 30 = 0 \text{ kips}$$

T단면은 지레작용을 일으킬 만큼 유연하지 않다는 것을 보여준다.

해 답 WT 10.5×66은 만족스럽다. 직경 $^7/_8$ in.의 A그룹 볼트 4개를 사용한다.

ASD 풀이 볼트 하나의 허용인장강도는,

$$B = \frac{R_n}{\Omega} = \frac{F_t A_b}{\Omega} = \frac{90.0(0.6013)}{2.00} = 27.06 \text{ kips}$$

총 작용하중은,

$$D + L = 20 + 60 = 80 \text{ kips}$$

(지레력을 고려하지 않은) 소요볼트 개수는 $80/27.06 = 2.96$이다. 대칭을 유지하기 위해서는 최소 4개의 볼트가 필요하므로 **4개의 볼트로 시도한다.** 지레력을 포함하지 않은 볼트당 외부하중은 $T = 80/4 = 20$ kips이다.

α를 계산한다:

$$\frac{B}{T} - 1 = \frac{27.06}{20} - 1 = 0.353$$

$$\alpha = \frac{[(B/T)-1](a'/b')}{\delta\{1-[(B/T)-1](a'/b')\}}$$

$$= \frac{0.353(3.469/1.988)}{0.75[1-0.353(3.469/1.988)]} = 2.139$$

$|\alpha| > 1.0$이므로 $\alpha = 1.0$을 사용한다. 식 7.19로부터,

$$\text{소요 } t_f = \sqrt{\frac{\Omega_b 4Tb'}{pF_u(1+\delta\alpha)}} = \sqrt{\frac{1.67(4)(20)(1.988)}{4(65)[1+0.75(1.0)]}}$$

$$= 0.764 \text{ in.} < 1.04 \text{ in.} \quad \text{(OK)}$$

지레력을 계산한다(이것은 필요하지 않다). 식 7.21로부터,

$$\alpha = \frac{1}{\delta}\left(\frac{\Omega_b 4Tb'}{pt_f^2F_u} - 1\right) = \frac{1}{0.75}\left[\frac{1.67(4)(20)(1.988)}{4(1.04)^2(65)} - 1\right] = -0.07406$$

α는 0과 1 사이이어야 하므로 $\alpha = 0$을 사용한다.

$$B_c = T\left[1+\frac{\delta\alpha}{(1+\delta\alpha)}\frac{b'}{a'}\right] = 20\left[1+\frac{0.75(0)}{(1+0.75\times 0)}\left(\frac{1.988}{3.469}\right)\right]$$

$$= 20 \text{ kips}$$

지레력은,

$$q = B_c - T = 20 - 20 = 0 \text{ kips}$$

T단면은 지레작용을 일으킬 만큼 유연하지 않다는 것을 보여준다.

해 답 WT 10.5×66은 만족스럽다. 직경 $^7/_8$ in.의 A그룹 볼트 4개를 사용한다.

예제 7.9에서 플랜지두께가 충분하지 않다고 입증되면 대안으로는 단면이 더 큰 T형강을 시도하거나 볼트 하나에 작용하는 외부하중 T를 줄이기 위해 더 많은 볼트를 사용하는 방법이 있다.

7.9 전단과 인장을 동시에 받는 연결재

볼트가 전단과 인장을 동시에 받는 대부분의 상황에서는 접합부는 편심하중이 작용하므로 8장의 범위에 속한다. 그러나 일부 단순연결에서는 연결재가 조합하중의 상태에 있다. 그림 7.30은 가새 부재를 연결할 목적으로 기둥 플랜지에 연결된 구조용 T형강 부분을 보여준다. 이 가새 부재는 부재력의 작용선이 접합부의 무게중심을 통과하는 방향으로 향하고 있다. 연결재가 하중의 수직성분으로 전단을 받고 수평성분은 인장(가능한 지레력의 포함해)을 일으킨다. 하중의 작용선이 접합부의 무게중심을 통과하기 때문에 각 연결재는 각 성분에 대해 균등하게 분담한다고 가정할 수 있다.

다른 조합하중의 경우처럼 상관관계법을 사용할 수 있다. 지압볼트에 대한 전단강도와 인장강도는 그림 7.31에 나타난 타원형 상관곡선으로 나타낼 수 있는 실험결과(Chesson 등, 1965)에 근거를 둔다. 이 곡선의 식은 다음과 같이 일반적인 방식으로 나타낼 수 있다.

그림 7.30

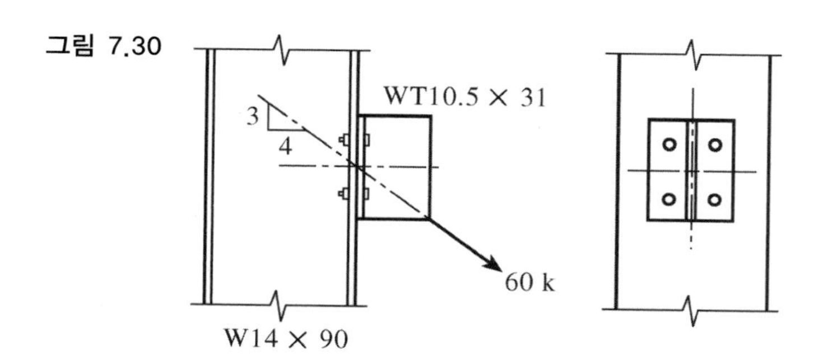

그림 7.31

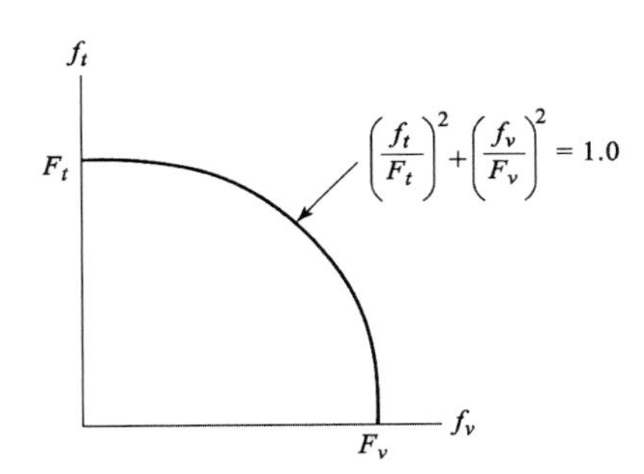

$$\left(\frac{\text{소요 인장강도}}{\text{유용 인장강도}}\right)^2+\left(\frac{\text{소요 전단강도}}{\text{유용 전단강도}}\right)^2=1.0 \tag{7.22}$$

여기서 강도는 힘이나 응력으로, LRFD나 ASD 형태로 나타낼 수 있다. 응력이 사용되면 식 7.22는 다음과 같이 된다.

$$\left(\frac{f_t}{F_t}\right)^2+\left(\frac{f_v}{F_v}\right)^2=1.0 \tag{7.23}$$

여기서

f_t = 소요인장강도(응력)

F_t = 유용인장강도(응력)

f_v = 소요전단강도(응력)

F_v = 유용전단강도(응력)

전단과 인장의 수용할 수 있는 조합은 이 곡선 아래에 위치하는 것이다. 이 사실은 아래의 필요조건을 나타낸다.

$$\left(\frac{f_t}{F_t}\right)^2+\left(\frac{f_v}{F_v}\right)^2\le 1.0$$

AISC 설계기준은 그림 7.32에서와 같이 타원형 곡선을 세 개의 직선 부분으로 근사화한다. 경사선의 식은 다음과 같이 주어진다.

$$\left(\frac{f_t}{F_t}\right)^2+\left(\frac{f_v}{F_v}\right)^2=1.3 \tag{7.24}$$

경사선 위로 가는 것을 방지하기 위해,

$$\left(\frac{f_t}{F_t}\right)^2+\left(\frac{f_v}{F_v}\right)^2\le 1.3$$

식 7.24를 소요인장강도 f_t에 대해 풀면, 주어진 f_v에 대해 다음 식을 얻을 수 있다.

그림 7.32

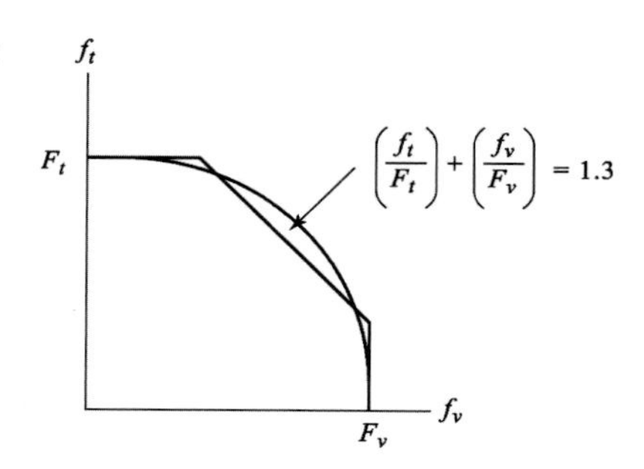

$$f_t = 1.3F_t - \frac{f_v}{F_v}F_t \tag{7.25}$$

다음과 같이 놓는다.

$$\text{유용강도} = \Phi \times \text{공칭강도}$$

또는

$$\text{공칭강도} = \frac{\text{유용강도}}{\Phi}$$

여기서

$$\Phi = \phi \ : \text{LRFD에 대해}$$

$$= \frac{1}{\Omega} \ : \text{ASD에 대해}$$

전단이 함께 작용할 때 f_t을 유용인장강도로 간주하면, 식 7.25로부터 상응하는 공칭강도는 다음과 같다.

$$\frac{f_t}{\Phi} = 1.3\frac{F_t}{\Phi} - \frac{F_t}{\Phi F_v}f_v$$

또는

$$F_{nt}' = 1.3F_{nt} - \frac{F_{nt}}{F_v}f_v$$

또는

$$F_{nt}' = 1.3F_{nt} - \frac{F_{nt}}{\Phi F_{nv}}f_{rv} \tag{7.26}$$

여기서

F_{nt}' = 전단이 작용할 때 공칭인장응력

F_{nt} = 전단이 작용하지 않을 때 공칭인장응력

F_{nv} = 인장이 작용하지 않을 때 공칭전단응력

f_{rv} = 소요전단응력

F_{nt}'는 F_{nt}을 초과하지 않아야 하며, f_{rv}는 F_{nv}을 초과하지 않아야 한다. 공칭인장강도는 다음과 같다.

$$R_n = F_{nt}' A_b \qquad \text{(AISC 식 J3-2)}$$

식 7.26은 두 가지 설계형식으로 나타낼 수 있다.

LRFD:

$$\Phi = \phi$$

그리고

$$F_{nt}' = 1.3F_{nt} - \frac{F_{nt}}{\phi F_{nv}} f_{rv} \le F_{nt} \qquad \text{(AISC 식 J3-3a)}$$

여기서 $\phi = 0.75$.

ASD:

$$\Phi = \frac{1}{\Omega}$$

그리고

$$F_{nt}' = 1.3F_{nt} - \frac{\Omega F_{nt}}{F_{nv}} f_{rv} \le F_{nt} \qquad \text{(AISC 식 J3-3b)}$$

여기서 $\Omega = 2.00$.

AISC J3.7의 해설 편에서는 타원형 해석에 근거한 대안 상관식이 주어져 있다. 이러한 대안식 또는 타원형식인 식 7.23이 AISC 식 J3-3a와 J3-3b 대신에 사용될 수도 있다. 이 책에서는 AISC 식 J3-3a와 J3-3b를 사용한다.

전단과 인장의 조합력을 받는 마찰연결에서는 전단과 인장의 상호작용을 조사할 필요는 없다. 그러나 작용인장력으로 인해 조임력의 일부분을 경감시켜 유용 마찰력을 감소시킨다. 이러한 경우에 대해 AISC 설계기준은 마찰강도를 감소시킨다(이러한 감소는 어떤 형태의 편심연결에 대해서는 적용되지 않는다. 이것은 8장에서 다루게 될 것이다). 마찰강도에 다음계수 k_{sc}를 곱해 감소시킨다:

LRFD에 대해,

$$k_{sc} = 1 - \frac{T_u}{D_u T_b n_b} \ge 0 \qquad \text{(AISC 식 J3-5a)}$$

ASD에 대해,

$$k_{sc} = 1 - \frac{1.5\,T_a}{D_u T_b n_b} \ge 0 \qquad \text{(AISC 식 J3-5b)}$$

여기서

T_u = 접합부에서의 총 계수인장하중

T_a = 접합부에서의 총 사용인장하중

D_u = 평균 볼트 초기인장력의 규정된 최소 초기인장력에 대한 비(기본 값은 1.13이다)

T_b = AISC 표 J3.1의 규정된 초기 볼트인장력

n_b = 접합부에서 볼트의 수

전단과 인장의 조합력을 받는 볼트접합부 해석에 대한 AISC 설계기준 방법은 다음과 같이 요약할 수 있다:

지압연결:

1. 보통 강도에 대해 전단과 지압을 검토한다.
2. AISC 식 J3-3a(LRFD)이나 J3-3b(ASD)를 사용하여 감소된 인장강도에 대해 인장을 검토한다.

마찰연결:

1. 보통 강도에 대해 인장, 전단, 지압을 검토한다.
2. 마찰하중을 감소된 마찰강도에 대해 검토한다.

예제 7.10 **$WT10.5 \times 31$은 이전의 그림 7.30에서 보여주는 것처럼 $W14 \times 90$ 기둥에 60-kips 사용하중을 전달하기 위한 브래킷으로 사용된다. 재하하중은 15 kips 사하중과 45 kips 활하중으로 이루어져 있다. 직경 $^7/_8$-in.의 A그룹 볼트 4개가 사용된다. 기둥은 A992 강재이고 브래킷은 A36 강재이다. 지압변형에서 공칭강도(예, $2.4dtF_u$)* 사용에 필요한 조건을 포함해 모든 간격과 연단거리 조항을 만족한다고 가정하고 다음의 접합부 형태에 대해볼트의 적정성을 결정하라. (a)는 나사산이 전단면에 있는 지압연결, (b)는 나사산이 전단면에 있는 마찰연결**

풀 이 (다음 값은 LRFD와 ASD풀이 모두에 사용된다.)

공칭지압강도를 계산한다(T형강 플랜지가 지배한다):

$$R_n = 2.4dtF_u = 2.4\left(\frac{7}{8}\right)(0.615)(58) = 74.91 \text{ kips}$$

---

* $1.2l_ctF_u > 2.4dtF_u$ 또는 $l_c > 2d$ 일 때 이것은 일어난다.

공칭전단강도:

$$A_b = \frac{\pi(^7/_8)^2}{4} = 0.6013 \text{ in.}^2$$

$$R_n = F_{nv}A_b = 54(0.6013) = 32.47 \text{ kips}$$

LRFD 풀이 $P_u = 1.2D + 1.6L = 1.2(15) + 1.6(45) = 90 \text{ kips}$

a. 총 전단/지압하중은,

$$V_u = \frac{3}{5}(90) = 54 \text{ kips}$$

볼트 하나당 전단/지압하중은,

$$V_{u\,bolt} = \frac{54}{4} = 13.5 \text{ kips}$$

설계지압강도는,

$$\phi R_n = 0.75(74.91) = 56.2 \text{ kips} > 13.5 \text{ kips} \qquad \text{(OK)}$$

설계전단강도는,

$$\phi R_n = 0.75(32.47) = 24.4 \text{ kips} > 13.5 \text{ kips} \qquad \text{(OK)}$$

총 인장하중은,

$$T_u = \frac{4}{5}(90) = 72 \text{ kips}$$

볼트하나당 인장력은,

$$T_{u\,bolt} = \frac{72}{4} = 18 \text{ kips}$$

유용인장강도를 결정하기 위해, AISC 식 J3-3a를 사용한다:

$$F_{nt}' = 1.3F_{nt} - \frac{F_{nt}}{\phi F_{nv}} f_{rv} \le F_{nt}$$

여기서

F_{nt} = 전단이 없는 경우 공칭인장응력 = 90 ksi

F_{nv} = 인장이 없는 경우 공칭전단응력 = 54 ksi

$$f_{rv} = \frac{V_{u\,bolt}}{A_b} = \frac{13.5}{0.6013} = 22.45 \text{ ksi}$$

그러면

$$F_{nt}' = 1.3(90) - \frac{90}{0.75(54)}(22.45) = 67.11 \text{ ksi} < 90 \text{ ksi}$$

공칭인장강도는,

$$R_n = F_{nt}'A_b = 67.11(0.6013) = 40.35 \text{ kips}$$

유용인장강도는,

$$\phi R_n = 0.75(40.35) = 30.3 \text{ kips} > 18 \text{ kips} \quad \text{(OK)}$$

해 답 접합부는 지압연결로 충분하다.(이 예제의 조합하중 특징을 모호하지 않게 하기 위해 지레작용은 해석에 포함되지 않았다.)

b. (a)로부터 전단, 지압, 인장강도는 만족한다. AISC 식 J3-4로부터, 마찰강도는

$$R_n = \mu D_u h_f T_b n_s$$

AISC 표 J3.1로부터, 직경이 $^7/_8$-in.인 A그룹 볼트에 대해 규정된 장력은

$$T_b = 39 \text{ kips}$$

A등급 표면으로 가정하면 미끄럼계수는 $\mu = 0.30$이고, 4개의 볼트에 대해,

$$R_n = \mu D_u h_f T_b n_s \times 4 = 0.30(1.13)(1.0)(39)(1) \times 4 = 52.88 \text{ kips}$$

$$\phi R_n = 1.0(52.88) = 52.88 \text{ kips}$$

볼트에 인장하중이 있으므로 마찰강도는 다음 계수를 사용해 감소시켜야 한다.

$$k_{sc} = 1 - \frac{T_u}{D_u T_b n_b} = 1 - \frac{72}{1.13(39)(4)} = 0.5916$$

그러므로 감소강도는 다음과 같다.

$$k_{sc}(52.88) = 0.5916(52.88) = 31.3 \text{ kips} < 54 \text{ kips} \quad \text{(N.G.)}$$

해 답 접합부는 마찰연결로서 부적합하다.

ASD 풀이 $P_a = D + L = 15 + 45 = 60 \text{ kips}$

a. 총 전단/지압하중은,

$$V_a = \frac{3}{5}(60) = 36 \text{ kips}$$

볼트하나당 전단/지압하중은,

$$V_{a\,bolt} = \frac{36}{4} = 9.0 \text{ kips}$$

허용지압강도는,

$$\frac{R_n}{\Omega} = \frac{74.91}{2.00} = 37.5 \text{ kips} > 9.0 \text{ kips} \quad \text{(OK)}$$

허용전단강도는,

$$\frac{R_n}{\Omega} = \frac{32.47}{2.00} = 16.24 \text{ kips} > 9.0 \text{ kips} \quad \text{(OK)}$$

총 인장하중은,

$$T_a = \frac{4}{5}(60) = 48 \text{ kips}$$

볼트하나당 인장력은,

$$T_{a\,bolt} = \frac{48}{4} = 12 \text{ kips}$$

유용인장강도를 결정하기 위해, AISC 식 J3-3b를 사용한다:

$$F_{nt}' = 1.3F_{nt} - \frac{\Omega F_{nt}}{F_{nv}} f_{rv} \le F_{nt}$$

여기서

F_{nt} = 전단이 없는 경우 공칭인장응력 = 90 ksi

F_{nv} = 인장이 없는 경우 공칭전단응력 = 54 ksi

$$f_{rv} = \frac{V_{a\,bolt}}{A_b} = \frac{9.0}{0.6013} = 14.97 \text{ ksi}$$

그러면

$$F_{nt}' = 1.3(90) - \frac{2.00(90)}{54}(14.97) = 67.10 \text{ ksi} < 90 \text{ ksi}$$

공칭인장강도는,

$$R_n = F_{nt}' A_b = 67.10(0.6013) = 40.35 \text{ kips}$$

유용인장강도는,

$$\frac{R_n}{\Omega} = \frac{40.35}{2.00} = 20.2 \text{ kips} > 12 \text{ kips} \qquad \text{(OK)}$$

해 답 접합부는 지압연결로 충분하다(이 예제의 조합하중 특징을 모호하지 않게 하기 위해 지레작용은 해석에 포함되지 않았다).

b. (a)로부터 전단, 지압, 인장강도는 만족한다. AISC 식 J3-4로부터, 마찰강도는

$$R_n = \mu D_u h_f T_b n_s$$

AISC 표 J3.1로부터, 직경이 $^7/_8$-in.인 A그룹 볼트에 대해 규정된 장력은

$$T_b = 39 \text{ kips}$$

A등급 표면으로 가정하면 미끄럼계수는 $\mu = 0.30$이고, 4개의 볼트에 대해,

$$R_n = \mu D_u h_f T_b n_s \times 4 = 0.30(1.13)(1.0)(39)(1) \times 4 = 52.88 \text{ kips}$$

$$\frac{R_n}{\Omega} = \frac{52.88}{1.50} = 35.25 \text{ kips}$$

볼트에 인장하중이 있으므로 마찰강도는 다음 계수를 사용해 감소시켜야 한다.

$$k_{sc} = 1 - \frac{1.5\,T_a}{D_u T_b n_b} = 1 - \frac{1.5(48)}{1.13(39)(4)} = 0.5916$$

그러므로 감소강도는 다음과 같다.

$$k_{sc}(35.25) = 0.5916(35.25) = 20.9 \text{ kips} < 36 \text{ kips} \qquad \text{(N.G.)}$$

해 답 접합부는 마찰연결로서 부적합하다.

전단과 인장의 조합력을 받는 볼트연결은 시행착오법으로 설계할 수 있지만, 감소된 강도에 의해 설계가 지배된다고 가정하면 좀 더 직접적인 방법이 사용될 수 있다. 사용된 가정이 옳다고 판정되면, 반복작업은 필요하지 않다. 이러한 기법을 다음 예제에서 설명한다.

예제 7.11 **중심축하중을 받는 접합부는 50 kips의 사용하중전단력과 100 kips의 사용하중인장력을 받고 있다. 재하하중은 25% 사하중과 75% 활하중이다. 연결재는 1면전단이고 지압강도는 A36 강재인 두께 $^5/_{16}$-in.의 연결부재에 의해 지배된다. $2.4dtF_u$의 최대 공칭지압강도 사용을 허용하는 것을 포함해 모든 간격과 연단거리를 만족한다고 가정한다. 다음의 경우에 대해 직경이 $^3/_4$-in.인 A그룹 소요볼트 개수를 결정하라: (a) 나사산이 전단면에 있는 지압연결 (b) 나사산이 전단면에 있는 마찰연결. 모든 접촉면은 비도막 표면처리한 밀 스케일이다.**
이 설계는 지레작용의 고려가 필요하지 않는 예비설계로 간주한다.

LRFD 풀이 계수하중전단 $= 1.2[0.25(50)] + 1.6[0.75(50)] = 75$ kips
계수하중인장 $= 1.2[0.25(100)] + 1.6[0.75(100)] = 150$ kips

a. 나사산이 전단면에 있는 지압연결의 경우, 인장이 지배한다고 가정한다:

$$F_{nt}' = 1.3F_{nt} - \frac{F_{nt}}{\phi F_{nv}} f_{rv} \le F_{nt}$$

$$= 1.3(90) - \frac{90}{0.75(54)} f_{rv} \le 90$$

$$= 117 - 2.222 f_{rv} \le 90$$

$$\phi F_{nt}' = 0.75(117 - 2.222 f_{rv}) \le 0.75(90)$$

$$= 87.75 - 1.667 f_{rv} \le 67.5$$

다음과 같이 치환한다.

$$\phi F_{nt}{}' = \frac{150}{\sum A_b} \text{ 와 } f_{rv} = \frac{75}{\sum A_b}$$

여기서 $\sum A_b$는 볼트 총면적이다. 대입해 $\sum A_b$에 대해 풀면, 다음을 얻는다.

$$\frac{150}{\sum A_b} = 87.75 - 1.667\left(\frac{75}{\sum A_b}\right)$$

$$150 = 87.75\sum A_b - 1.667(75)$$

$$\sum A_b = 3.134 \text{ in.}^2$$

볼트 하나의 면적은,

$$A_b = \frac{\pi(^3/_4)^2}{4} = 0.4418 \text{ in.}^2$$

소요볼트 개수는,

$$n_b = \frac{\sum A_b}{A_b} = \frac{3.134}{0.4418} = 7.09$$

8개의 볼트를 시도한다. 먼저, $F_{nt}{}'$의 상한한계를 검토한다:

$$f_{rv} = \frac{75}{\sum A_b} = \frac{75}{8(0.4418)} = 21.22 \text{ ksi}$$

$$F_{nt}{}' = 117 - 2.222 f_{rv} = 117 - 2.222(21.22) = 69.8 \text{ ksi} < 90 \text{ ksi}$$

(OK)

전단을 검토한다:

$$\phi R_n = \phi F_{nv} A_b \times n_b = 0.75(54)(0.4418)(8)$$

$$= 143 \text{ kips} > 75 \text{ kips} \qquad \text{(OK)}$$

지압을 검토한다:

$$\phi R_n = \phi(2.4 d t F_u) \times 8\text{볼트}$$

$$= 0.75(2.4)\left(\frac{3}{4}\right)\left(\frac{5}{16}\right)(58)(8) = 196 \text{ kips} > 75 \text{ kips} \qquad \text{(OK)}$$

해 답 8개의 볼트를 사용한다.

b. 마찰연결: 미끄럼하중이 지배한다고 가정한다. 감소마찰강도는,

$$k_{sc}\phi R_n$$

여기서

$$k_{sc} = 1 - \frac{T_u}{D_u T_b n_b} = 1 - \frac{150}{1.13(28)n_b} = 1 - \frac{4.741}{n_b}$$

여기서 $T_b = 28 \text{kips}$(AISC 표 J3.1로부터).

볼트 하나에 대해,

$$\phi R_n = \phi(\mu D_u h_f T_b n_s)$$
$$= 1.0(0.30)(1.13)(1.0)(28)(1.0) = 9.492 \text{ kips}$$

총 계수하중전단을 n_b 볼트에 대한 감소 마찰강도와 같다고 두면,

$$75 = n_b\left(1 - \frac{4.741}{n_b}\right)(9.492)$$
$$= 9.492 n_b - 45.0$$
$$n_b = 12.6$$

8개의 볼트는 전단, 지압, 인장(감소 인장강도 사용으로)에 대해 충분하므로 이러한 한계상태를 검토할 필요는 없다.

해 답 대칭을 고려해 직경이 $^3/_4$-in.인 A그룹 볼트 14개를 사용한다.

ASD 풀이 작용 사용하중전단 = 50 kips
작용 사용하중인장 = 100 kips

a. 나사산이 전단면에 있는 지압연결의 경우, 인장이 지배한다고 가정한다:

$$F_{nt}{}' = 1.3F_{nt} - \frac{\Omega F_{nt}}{F_{nv}} f_{rv} \leq F_{nt}$$
$$= 1.3(90) - \frac{2.00(90)}{54} f_{rv} \leq 90$$
$$= 117 - 3.333 f_{rv} \leq 90$$
$$\frac{F_{nt}{}'}{\Omega} = \frac{(117 - 3.333 f_{rv})}{2.00} \leq \frac{90}{2.00}$$
$$= 58.5 - 1.667 f_{rv} \leq 45$$

다음과 같이 치환한다.

$$\frac{F_{nt}{}'}{\Omega} = \frac{100}{\Sigma A_b} \quad \text{와} \quad f_{rv} = \frac{50}{\Sigma A_b}$$

여기서 ΣA_b는 볼트 총면적이다. 대입해 ΣA_b에 대해 풀면, 다음을 얻는다.

$$\frac{100}{\Sigma A_b} = 58.5 - 1.667\left(\frac{50}{\Sigma A_b}\right)$$
$$100 = 58.5 \Sigma A_b - 83.35$$
$$\Sigma A_b = 3.134 \text{ in.}^2$$

볼트 하나의 면적은,

$$A_b = \frac{\pi(^3/_4)^2}{4} = 0.4418 \text{ in.}^2$$

소요볼트 개수는,

$$n_b = \frac{\sum A_b}{A_b} = \frac{3.134}{0.4418} = 7.09$$

8개의 볼트로 시도한다. 먼저, F_{nt}'의 상한한계를 검토한다:

$$f_{rv} = \frac{50}{\sum A_b} = \frac{50}{8(0.4418)} = 14.15 \text{ ksi}$$

$$F_{nt}' = 117 - 3.333 f_{rv} = 117 - 3.333(14.15) = 69.8 \text{ ksi} < 90 \text{ ksi}$$

(OK)

전단을 검토한다: 볼트 하나에 대한 공칭전단응력은,

$$R_n = F_{nv} A_b = 54(0.4418) = 23.86 \text{ kips}$$

8개의 볼트에 대한 허용강도는,

$$\frac{R_n}{\Omega} \times 8 = \frac{23.86}{2.00} \times 8 = 95.44 \text{ kips} > 50 \text{ kips} \qquad \text{(OK)}$$

지압을 검토한다:

$$\frac{R_n}{\Omega} = \frac{2.4 dt F_u}{\Omega} \times 8 \text{ 볼트}$$

$$= \frac{2.4(3/4)(5/16)(58)}{2.00} \times 8 = 131 \text{ kips} > 50 \text{ kips} \qquad \text{(OK)}$$

해 답 8개의 볼트를 사용한다.

b. 마찰연결: 미끄럼하중이 지배한다고 가정한다. 감소 마찰강도는

$$k_{sc} \frac{R_n}{\Omega}$$

여기서

$$k_{sc} = 1 - \frac{1.5 T_a}{D_u T_b n_b} = 1 - \frac{1.5(100)}{1.13(28) n_b} = 1 - \frac{4.741}{n_b}$$

여기서 $T_b = 28$ kips(AISC 표 J3.1로부터).

볼트 하나에 대해,

$$\frac{R_n}{\Omega} = \frac{\mu D_u h_f T_b n_s}{\Omega} = \frac{0.30(1.13)(1.0)(28)(1.0)}{1.50} = 6.328 \text{ kips}$$

총 전단하중을 n_b 볼트에 대한 감소 마찰강도와 같다고 두면,

$$50 = n_b \left(1 - \frac{4.741}{n_b}\right)(6.328)$$

$$= 6.328 n_b - 30.00$$

$$n_b = 12.6$$

(a)로부터 접합부는 전단, 지압, 인장에 대해 8개의 볼트로 충분하므로, 더 많은 볼트가 사용된다면 충분할 것이다.

해 답 14개의 볼트를 사용한다(대칭을 제공하기 위해 하나의 여분 볼트).

7.10 용접연결

구조용 용접은 이음부에 보충 용융금속을 추가하여 연결되는 부분에 열을 가하고 용해시키는 과정이다. 예로, 그림 7.33에서 보여주는 인장부재의 겹침이음은 연결부의 양단을 따라 용접에 의해 만들 수 있다. 상대적으로 얇은 재료는 녹을 것이고 냉각을 통해 구조용 강재와 용접금속은 접합되는 부분에서 하나의 연속체로 거동할 것이다. 종종 *용가재*(filler metal)라고 언급되는 추가금속은 연결부나 *모재*(base metal)를 포함하는 전기적 순환의 일부분인 특별한 용접봉으로부터 채워지게 된다. 그림 7.34에 도해적으로 보여주는 피복아크용접(shielded metal arc welding: SMAW)에서 아크는 용접봉과 모재 사이의 틈을 횡단하면서 연결부에 열을 가하고 용접봉의 일부를 용융모재에 채운다. 용접봉에 입힌 특별한 피복제는 증발하고 보호하는 가스모양의 피막을 형성하여, 용액이 굳기 전에 용융된 용접금속이 산화되는 것을 방지한다. 용접봉은 이음 부위를 이동하며 용접거품이 쌓이게 되는데 그 크기는 용접봉의 이동률에 의존한다. 용접이 식으면서 표면에 불순물이 발생하게 되는데 부재를 도색하거나 용접봉으로 다른 경로를 만들기 이전에 제거되어져야 하는 슬래그

그림 7.33

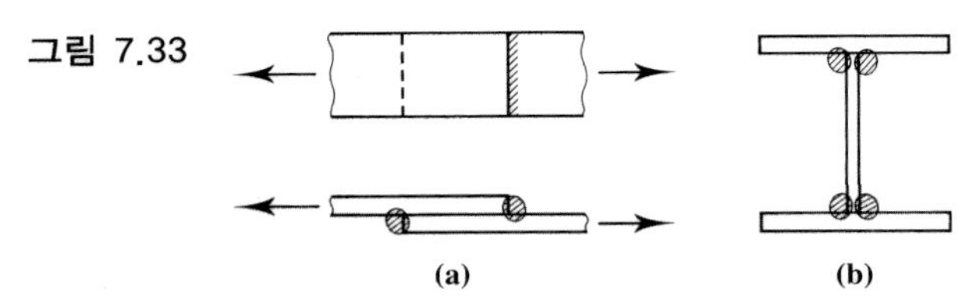

그림 7.34

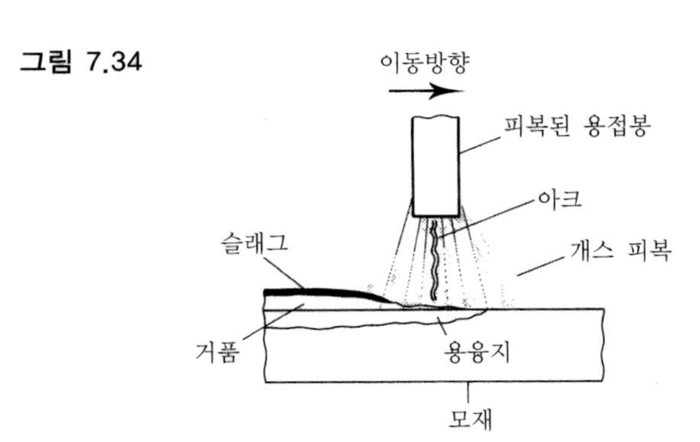

(slag)라 불리는 피복을 형성한다.

피복아크용접은 보통 수작업으로 행해지고 현장용접에 널리 사용되는 방식이다. 공장용접의 경우에는 자동 또는 반자동방식이 종종 사용된다. 이러한 방법 중 첫 번째는 서브머지드아크용접(submerged arc welding: SAW)이다. 이 방식에서는 용접봉의 단부와 아크는 용융되고 가스 모양의 피막을 형성하는 미세립상의 용제(flux)속에 밀어 넣는다. 피복아크용접보다 모재에 깊숙한 용입이 발생하며, 고강도의 결과를 가져온다. 공장용접에 대한 다른 일반적인 방법은 가스실드아크용접, 용제핵아크용접, 일렉트로슬래그용접이 있다.

표면 아래의 결함이나 심지어는 표면의 조그만 흠을 육안으로 찾아내기는 어렵기 때문에 용접연결의 품질관리는 대단히 어렵다. 용접공은 철저히 검증되어져야 하며 중요한 작업인 경우에는 방사선이나 초음파검사 같은 특별한 검사기술이 사용되어져야 한다.

용접의 가장 일반적인 두 가지 형식은 필릿용접(fillet weld, 모살용접)과 홈용접(groove weld)이다. 그림 7.33(a)에서 보여준 겹침이음은 필릿용접으로 되어 있으며, 이것은 접촉하는 두 부재에 의해 형성되는 모서리에 용접하는 것으로 정의된다. 필릿용접은 그림 7.33(b)와 같이 T이음에도 사용된다. 홈용접은 연결되는 두 부재 사이에 있는 틈 또는 홈에 채우는 용접이다. 홈용접은 맞대기, T, 모서리 이음에 많이 사용된다. 대부분의 경우 상대적으로 얇은 재료는 가장자리(마구리) 손질 없이 홈용접으로 할 수 있지만, 한쪽 또는 양쪽의 연결부재는 그림 7.35(a)에서 보여주는 것처럼 마구리 손질이라고 불리는 경사 가장자리를 가진다. 그림 7.35(a)에 보여준 용접은 완전용입홈용접(complete penetration groove welds)이며 종종 뒷댐재(backing bar)을 사용해 한쪽 면에서 할 수 있다. 부분용입홈용접(partial penetration groove welds)은 마구리 손질을 가지거나 또는 가지지 않거나, 한쪽 또는 양쪽 면으로부터 용접할 수 있다(그림 7.35(b)).

그림 7.36은 유용 연단길이보다 더 많은 용접이 필요할 때 가끔 사용되어지는 플러그용접 또는 슬롯용접을 보여준다. 원형이나 슬롯 구멍은 연결되는 부재의 한쪽을 절삭하여 용접금속으로 채운다.

용접의 대표적인 두 가지 형식 중에서, 필릿용접이 가장 보편적이므로 여기서 좀 더 상세하게 다루도록 한다. 완전용입홈용접의 설계는 용접은 모재와 같은 강도를 가지며 연결부재는 이음부에서 완전히 연속된 것으로 취급할 수 있다는 점에서 평범한 일이다. 부분용입홈용접의 강도는 용입의 정도에 따라 결정된다; 강도가 결정되고 나면 설계순서는 본질적으로 필릿용접의 설계순서와 동일하다.

그림 7.35

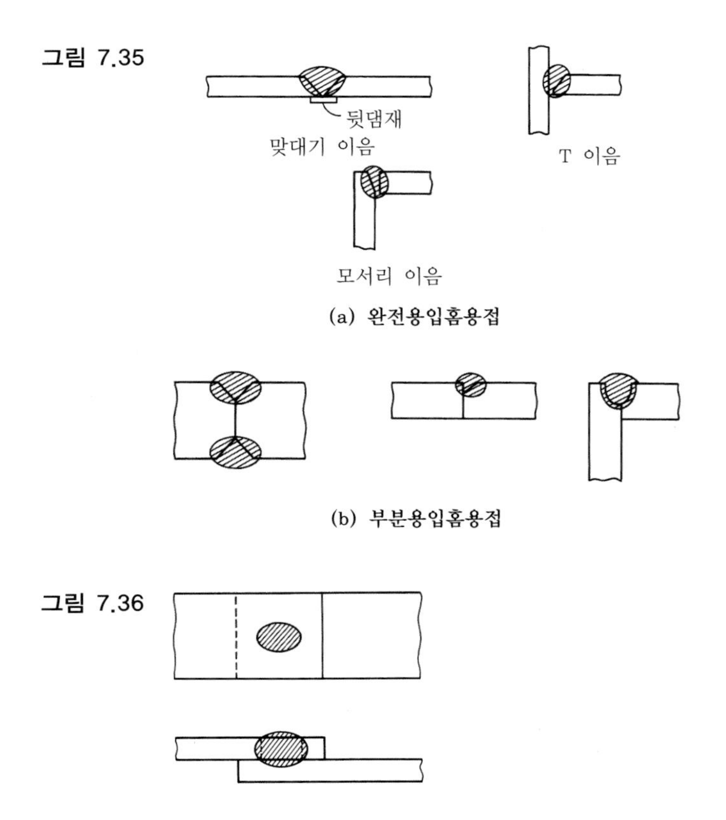

(a) 완전용입홈용접

(b) 부분용입홈용접

그림 7.36

7.11 필릿용접

필릿용접의 설계와 해석은 그림 7.37에서 보여주는 것처럼 용접단면이 직각이등변 삼각형이라는 가정에 근거를 둔다. 여성(reinforcement, 삼각형의 사변 바깥쪽에 생기는)이나 용입은 무시된다. 필릿용접의 치수는 w로 표시되며 이상화된 단면에 대한 두 동일변의 한 변 길이이다. 표준용접치수는 $^1/_{16}$ in.의 증분으로 표시된다. 용접길이는 전단, 압축 또는 인장에 대해 어떤 방향으로도 하중이 작용할 수 있지만 필릿용접은 전단에 가장 약하므로 항상 이 양상으로 파괴된다고 가정한다. 특별히 파괴는 용접목을 통과하는 평면에서 전단이 일어난다고 가정한다. 피복아크방법을 사용한 필릿용접의 경우, 목두께는 용접의 모서리 또는 루트에서 사변까지의 수직거리이며 용접치수에 0.707을 곱한 값과 같다(서브머지드아크방법을 사용한 용접의 유효목두께는 더 크다. 이 책에서는 안전측으로 피복아크용접이 사용된다고 가정한다). 따라서 하중 P을 받는 용접길이 L이 주어진 경우, 임계전단응력은 다음과 같다.

그림 7.37

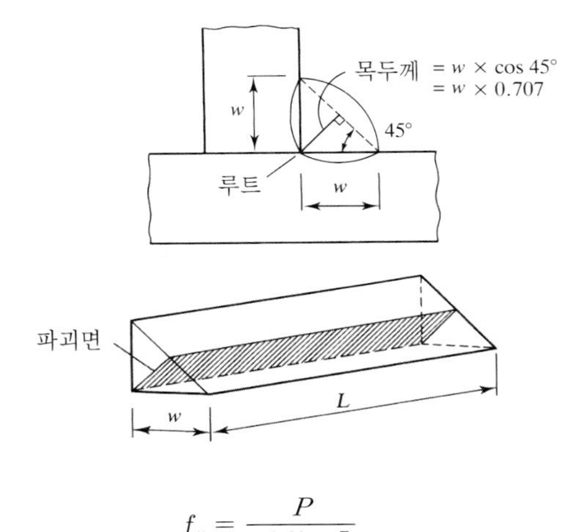

$$f_v = \frac{P}{0.707 w L}$$

여기서 w는 용접치수이다.

위의 식에 용접 극한전단응력 F_{nw}가 사용된다면 용접의 공칭하중내력은 다음과 같이 쓸 수 있다.

$$R_n = 0.707\, w\, L\, F_{nw}$$

필릿용접의 강도는 사용되는 용접금속에 의해 결정된다. 즉, 용접봉 형태의 함수이다. 용접봉의 강도는 극한인장강도로 정의되며 피복아크용접에서는 60, 70, 80, 90, 100, 110, 120 ksi의 강도가 유용하다. 용접봉을 지정하기 위한 표준적 표기는 E를 뒤따르는 인장강도(ksi)를 표시하는 두 자리 또는 세 자리 숫자, 그리고 코팅형태를 지정하는 두 자리 숫자의 순서로 한다. 강도는 설계자에게 주된 관심사의 특성이므로 마지막 두 자리 숫자는 종종 XX로 표현되며, 전형적인 표기는 극한인장강도 70 ksi을 갖는 용접봉을 가리키는 E70XX 또는 E70이다. 용접봉은 모재에 맞게 선택되어야 한다. 일반적으로 사용되는 강재등급의 경우, 2개의 용접봉만 고려할 필요가 있다:

항복응력이 60 ksi보다 작은 강재의 경우, E70XX 용접봉을 사용한다.
항복응력이 60 ksi 또는 65 ksi의 강재의 경우, E80XX 용접봉을 사용한다.

용접에 대한 AISC 설계기준 규정의 대부분은 미국 용접협회(American Welding Society, AWS, 2014)의 구조용 용접규정으로부터 취하였다. 예외규정은 AISC J2에 열거되어 있다. AISC 설계기준에서 다루지 않는 기준에 대해서는 AWS 규정을 사용해야 한다.

용접의 설계강도는 AISC 표 J2.5에 주어져 있다. 필릿용접에서 극한전단응력 F_{nw}는 용접금속의 인장강도인 F_{EXX}에 0.6을 곱한 것이다. 그러므로 공칭응력은 다음과 같다.

$$F_{nw} = 0.60\, F_{EXX}$$

AISC J2.4b에서 하중방향을 고려한 필릿용접의 대체강도를 제시하고 있다. 하중

그림 7.38

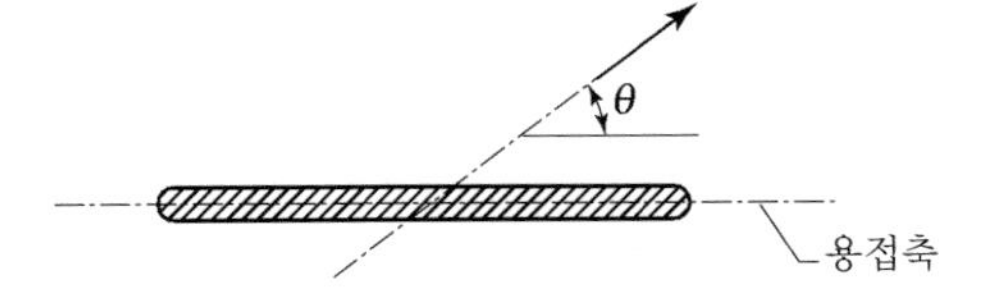

방향과 용접축 사이의 각도를 θ로 표시하면(그림 7.38 참조) 필릿용접의 공칭강도는 다음과 같다.

$$F_{nw} = 0.60F_{EXX}(1.0 + 0.50\sin^{1.5}\theta) \quad \text{(AISC 식 J2-5)}$$

표 7.1은 여러 θ값에 대한 강도를 보여주고 있다. 용접축이 하중에 평행하면 $F_{nw} = 0.60F_{EXX}$로 주어진 기본강도는 정확하지만 용접이 하중에 수직이면 실제 강도는 50% 상향된다는 것을 표 7.1을 통해 알 수 있다.

측면용접(longitudinal weld)과 전면용접(transverse weld)을 가진 단순(즉, 중심축에 작용하는)용접연결에 대해, AISC J2.4b(2)에서는 다음 두 가지 선택으로부터 구한 공칭강도 중 큰 값을 사용하도록 규정하고 있다:

1. 측면용접과 전면용접 모두에 대해 기본용접강도 $F_{nw} = 0.6F_{EXX}$을 사용한다:

$$R_n = R_{nwl} + R_{nwt} \quad \text{(AISC 식 J2-10a)}$$

여기서 R_{nwl}과 R_{nwt}는 각각 측면용접과 전면용접의 강도이며 둘 다 $F_{nw} = 0.6F_{EXX}$로 계산된다.

2. 전면용접에 대해 50%를 증가시키고 측면용접에 대해 기본강도를 15% 감소시킨다. 즉, 측면용접에 대해 $F_{nw} = 0.85(0.6F_{EXX})$와 전면용접에 대해 $F_{nw} = 1.5(0.6F_{EXX})$을 사용한다:

$$R_n = 0.85R_{nwl} + 1.5R_{nwt} \quad \text{(AISC 식 J2-10b)}$$

AISC에서는 두 가지 선택 중 큰 값의 사용을 허용하므로 어느 것을 사용해도 무방하며 최악의 경우 안전측이 된다. 그러나 이 책에서는 AISC에서 규정한 방법을 사용하고 두 가지 선택을 검토할 것이다.

표 7.1

하중방향(θ)	$F_{nw} = 0.60F_{EXX}(1.0 + 0.50\sin^{1.5}\theta)$
0°	$0.60F_{EXX}(1.0)$
15°	$0.60F_{EXX}(1.066)$
30°	$0.60F_{EXX}(1.177)$
45°	$0.60F_{EXX}(1.297)$
60°	$0.60F_{EXX}(1.403)$
75°	$0.60F_{EXX}(1.475)$
90°	$0.60F_{EXX}(1.5)$

LRFD에 대해 필릿용접의 설계강도는 ϕR_n이며, 여기서 $\phi = 0.75$이다. ASD에 대해 허용강도는 R_n/Ω이며, 여기서 $\Omega = 2.00$이다.

추가 조항은 모재의 전단은 모재의 전단강도를 초과할 수 없다는 것이다. 이는 모재의 전단강도보다 큰 용접 전단강도를 사용할 수 없다는 것을 의미하므로 모재의 전단강도가 용접 전단강도의 상한한계이다. 이 조항은 그림 7.39(a)에 나타난 용접연결을 조사함으로써 설명할 수 있다. 연결판과 인장재판 모두 전단을 받고 있지만, 용접 AB에 인접한 연결판의 전단을 조사한다. 전단은 AB선상을 따라 발생하며(그림 7.39(b)) 면적 tL이 전단을 받는다(그림 7.39(c)). 용접 AB의 전단강도는 면적 tL에 상응하는 모재의 전단강도를 초과할 수 없다.

연결판과 부재요소와 같은 연결요소를 포함한 접합부 구성요소의 강도는 AISC J4 "부재와 연결요소에 영향을 주는 요소"에서 다룬다. 전단강도는 J4.2절에서 다루는데 전단항복과 전단파단의 한계상태에 대해 주어져 있다. 항복에 대해 공칭강도는 다음과 같이 주어진다.

$$R_n = 0.6F_yA_{gv} \qquad \text{(AISC 식 J4-3)}$$

여기서

$0.6F_y$ = 전단항복응력

A_{gv} = 전단표면의 총단면적 = tL

LRFD에 대해 $\phi = 1.00$이며, ASD에 대해 $\Omega = 1.50$이다. 전단파단에 대해 공칭강도는 다음과 같다.

$$R_n = 0.6F_uA_{nv} \qquad \text{(AISC 식 J4-4)}$$

그림 7.39

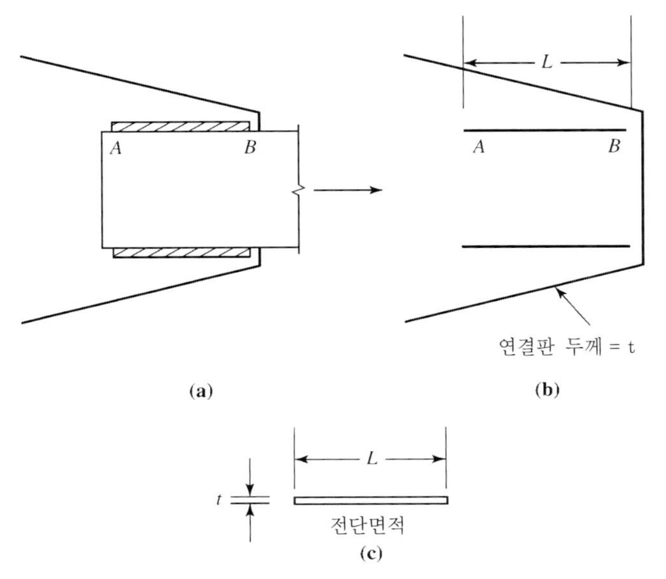

여기서

$0.6F_u$ = 전단극한응력

A_{nv} = 전단표면의 순단면적 = tL (용접에 근접한 재료에 대해)

LRFD에 대해 $\phi = 0.75$ 이며, ASD에 대해 $\Omega = 2.00$ 이다.

필릿용접의 강도는 하중저항계수설계와 허용강도설계에 대해 다음과 같이 요약할 수 있다.

LRFD 식:

용접 전단강도:

$$\phi R_n = 0.75(0.707wLF_{nw}) \tag{7.27}$$

모재 전단강도:

$$\phi R_n = \min[1.0(0.6F_y tL), 0.75(0.6F_u tL)] \tag{7.28}$$

때로는 단위길이당 강도를 사용하는 것이 편리하며, 이 경우 $L = 1$이고 식 7.27과 7.28은 다음과 같다.

용접 전단강도:

$$\phi R_n = 0.75(0.707wF_{nw}) : \text{1-in. 길이에 대해} \tag{7.29}$$

모재 전단강도:

$$\phi R_n = \min[1.0(0.6F_y t), 0.75(0.6F_u t)] : \text{1-in. 길이에 대해} \tag{7.30}$$

ASD 식:

용접 전단강도:

$$\frac{R_n}{\Omega} = \frac{0.707wLF_{nw}}{2.00} \tag{7.31}$$

모재 전단강도:

$$\frac{R_n}{\Omega} = \min\left[\frac{0.6F_y tL}{1.50}, \frac{0.6F_u tL}{2.00}\right] \tag{7.32}$$

단위길이당 강도를 사용하면 $L = 1$이고 식 7.31과 7.32는 다음과 같다.

용접 전단강도:

$$\frac{R_n}{\Omega} = \frac{0.707wF_{nw}}{2.00} : \text{1 in. 길이에 대해} \tag{7.33}$$

모재 전단강도:

$$\frac{R_n}{\Omega} = \min\left[\frac{0.6F_y t}{1.50}, \frac{0.6F_u t}{2.00}\right] : \text{1 in. 길이에 대해} \tag{7.34}$$

예제 7.12 **인장부재로 사용되는 판이 그림 7.40과 같이 연결판에 접합되어 있다. 용접은 E70XX 용접봉을 사용한 $^{3}/_{16}$-in. 필릿용접이다. 연결부재는 A36 강재이다. 부재의 인장강도는 충분하다고 가정해 용접 접합의 유용강도를 결정하라.**

그림 7.40

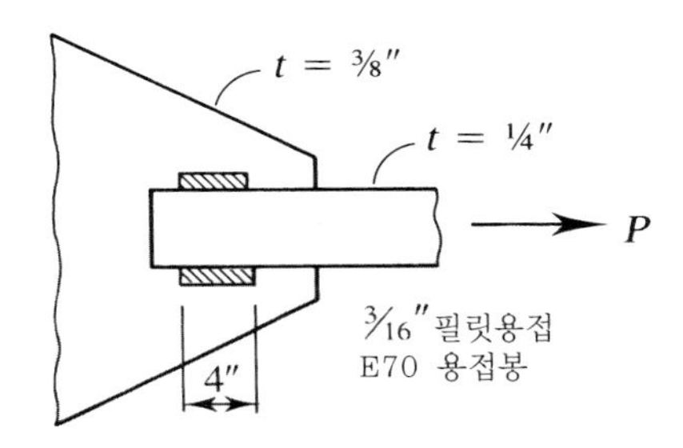

풀 이 부재의 축방향에 대해 대칭으로 용접되어 있기 때문에 이 연결은 단순연결로 분류되고 편심으로 인한 추가하중은 없다. 용접분절 둘 다 작용하중에 평행하기 때문에 $\theta = 0°$이고 용접의 기본강도는 $F_{nw} = 0.60F_{EXX}$이다. 용접 단위인치당 공칭하중내력은 다음과 같다.

$$R_n = 0.707wF_{nw} = 0.707\left(\frac{3}{16}\right)(0.6 \times 70) = 5.568 \text{ kips/in.}$$

LRFD 풀이 용접의 설계강도는,

$$\phi R_n = 0.75(5.568) = 4.176 \text{ kips/in.}$$

모재 전단을 검토한다. 판과 연결판 모두 강재등급이 같기 때문에 얇은 두께가 지배한다. 전단항복강도는,

$$\phi R_n = \phi(0.6F_y t) = 1.00(0.6)(36)\left(\frac{1}{4}\right) = 5.4 \text{ kips/in.}$$

전단파단강도는,

$$\phi R_n = \phi(0.6F_u t) = 0.75(0.6)(58)\left(\frac{1}{4}\right) = 6.525 \text{ kips/in.}$$

그러므로 모재 전단강도는 5.4 kips/in.이고 용접 전단강도가 지배한다. 접합부에 대해,

$$\phi R_n = 4.176 \text{ kips/in.} \times (4+4) \text{ in.} = 33.4 \text{ kips}$$

해 답 용접의 설계강도는 33.4 kips이다.

ASD 풀이 용접 허용강도는,

$$\frac{R_n}{\Omega} = \frac{5.568}{2.00} = 2.784 \text{ kips/in.}$$

모재 전단을 검토한다. 판과 연결판 모두 강재등급이 같기 때문에 얇은 두께가 지배한다. 전단항복강도는,

$$\frac{R_n}{\Omega} = \frac{0.6F_y t}{1.50} = \frac{0.6(36)(^1/_4)}{1.50} = 3.6 \text{ kips/in.}$$

전단파단강도는,

$$\frac{R_n}{\Omega} = \frac{0.6F_u t}{2.00} = \frac{0.6(58)(^1/_4)}{2.00} = 4.35 \text{ kips/in.}$$

그러므로 모재 전단강도는 3.6 kips/in.이고 용접 전단강도가 지배한다. 접합부에 대해,

$$\frac{R_n}{\Omega} = 2.784 \text{ kips/in.} \times (4+4) \text{ in.} = 22.3 \text{ kips}$$

해 답 용접의 허용강도는 22.3 kips이다.

예제 7.13 **예제 7.12의 접합부가 그림 7.40에 나타난 4-in.의 측면용접에 추가해 인장재 단부에 4-in.의 전면용접을 포함하면 접합부의 유용강도는 얼마인가?**

LRFD 풀이 예제 7.12로부터, 용접 전단설계강도는

$$\phi R_n = 4.176 \text{ kips/in.}$$

또한 예제 7.12로부터, 모재 전단설계강도는

$$\phi R_n = 5.4 \text{ kips/in.}$$

따라서 4.176 kips/in.의 용접강도가 지배한다.

접합부강도를 결정하기 위해, AISC J2.4c에 주어진 두 가지 선택을 조사한다.

1. 측면용접과 전면용접 모두에 대해 기본용접강도를 사용한다.

$$\phi R_n = 4.176(4+4+4) = 50.1 \text{ kips}$$

2. 측면용접에 대해 기본용접강도의 0.85배와 전면용접에 대해 기본용접강도의 1.5배를 사용한다.

$$\phi R_n = 0.85(4.176)(4+4) + 1.5(4.176)(4) = 53.5 \text{ kips}$$

큰 값이 지배한다.

해 답 용접의 설계강도는 53.5 kips이다.

ASD 풀이 예제 7.12로부터, 용접의 허용전단강도는 2.784 kips/in.이고 모재의 허용전단강도는 3.6 kips/in.이다. 그러므로 용접강도가 지배한다.

접합부강도를 결정하기 위해, AISC J2.4c에 주어진 두 가지 선택을 조사한다.

1. 측면용접과 전면용접 모두에 대해 기본용접강도를 사용한다.

$$\frac{R_n}{\Omega} = 2.784(4+4+4) = 33.4 \text{ kips}$$

2. 측면용접에 대해 기본용접강도의 0.85배와 전면용접에 대해 기본용접강도의 1.5배를 사용한다.

$$\frac{R_n}{\Omega} = 0.85(2.784)(4+4) + 1.5(2.784)(4) = 35.6 \text{ kips}$$

큰 값이 지배한다.

해 답 용접의 허용강도는 35.6 kips이다.

E70 용접봉이 사용되는 보통의 경우에는 용접 전단강도의 산정을 간략화할 수 있다. 단위길이당 강도는 용접치수 $^1/_{16}$ in. 증분에 대해 계산될 수 있다(필릿용접은 가장 가까운 $^1/_{16}$ in.에 대해 지정된다).

LRFD: 식 7.29로부터, 용접 설계전단강도는

$$\phi R_n = 0.75(0.707 w F_{nw}) = 0.75(0.707)\left(\frac{1}{16}\right)(0.6 \times 70) = 1.392 \text{ kips/in.}$$

이 상수를 사용해 예제 7.12의 $^3/_{16}$-in. 필릿용접의 설계전단강도는,

$$\phi R_n = 1.392 \times 3 \ \left(^1/_{16} \text{ in.에 대해}\right) = 4.176 \text{ kips/in.}$$

모재의 전단강도 표현도 다소 간략화될 수 있다. 단위길이당 전단항복 설계강도는,

$$\phi R_n = 1.0(0.6F_y t) = 0.6F_y t \quad : \quad 1 \text{ in. 길이에 대해} \tag{7.35}$$

그리고 모재의 단위길이당 전단파단 설계강도는,

$$\phi R_n = 0.75(0.6F_u t) = 0.45F_u t \quad : \quad 1 \text{ in. 길이에 대해} \tag{7.36}$$

ASD: 식 7.31로부터 용접 허용전단강도는,

$$\frac{R_n}{\Omega} = \frac{0.707 w F_{nw}}{2.00} = \frac{0.707\left(^1/_{16}\right)(0.6 \times 70)}{2.00} = 0.9279 \text{ kips/in.}$$

이 상수를 사용해 예제 7.12의 $^3/_{16}$-in. 필릿용접의 허용전단강도는,

$$\phi R_n = 0.9279 \times 3 \ \left(^1/_{16} \text{ in.에 대해}\right) = 2.784 \text{ kips/in.}$$

모재의 전단강도 표현도 간략화될 수 있다. 단위길이당 허용전단항복강도는,

$$\frac{R_n}{\Omega} = \frac{0.6F_y t}{1.50} = 0.4F_y t \quad : \quad 1 \text{ in. 길이에 대해} \tag{7.37}$$

그리고 모재의 단위길이당 허용전단파단강도는,

$$\frac{R_n}{\Omega} = \frac{0.6F_u t}{2.00} = 0.3F_u t \quad : \quad 1 \text{ in. 길이에 대해} \tag{7.38}$$

E70 용접봉에 대해 요약하면 필릿용접의 설계강도를 다음과 같이 취할 수 있다.

$$\phi R_n = \min\begin{Bmatrix} 1.392D \\ 0.6F_y t \\ 0.45F_u t \end{Bmatrix} \text{kips/in.}$$

허용강도는 다음과 같다.

$$\frac{R_n}{\Omega} = \min\begin{Bmatrix} 0.9279D \\ 0.4F_y t \\ 0.3F_u t \end{Bmatrix} \text{kips/in.}$$

여기서

D = 용접치수의 $^1/_{16}$-in. 개수

t = 모재 두께

예제 7.14 **예제 7.12에서 사용된 접합부형태는 9 kips의 사용사하중과 18 kips의 사용활하중을 저항해야 한다. E70XX 용접봉과 $^1/_4$-in. 필릿용접에 필요한 총 길이는 얼마인가? 연결부재 모두 두께가 $^3/_8$ in.라고 가정한다.**

LRFD 풀이 $P_u = 1.2D + 1.6L = 1.2(9) + 1.6(18) = 39.6$ kips

단위인치당 용접의 전단강도는,

$$1.392D = 1.392(4) = 5.568 \text{ kips/in.}$$

모재의 전단항복강도는,

$$0.6F_y t = 0.6(36)\left(\frac{3}{8}\right) = 8.1 \text{ kips/in.}$$

모재의 전단파단강도는,

$$0.45F_u t = 0.45(58)\left(\frac{3}{8}\right) = 9.788 \text{ kips/in.}$$

5.568 kips/in.의 용접강도가 지배한다.

소요 총길이는,

$$\frac{39.6 \text{ kips}}{5.568 \text{ kips/in.}} = 7.11 \text{ in.}$$

해 답 각 면에 4 in.씩, 총 용접길이 8 in.를 사용한다.

ASD 풀이 $P_a = D + L = 9 + 18 = 27$ kips

단위인치당 용접의 전단강도는,

$$0.9279D = 0.9279(4) = 3.712 \text{ kips/in.}$$

모재의 허용전단항복강도는,

$$0.4F_y t = 0.4(36)\left(\frac{3}{8}\right) = 5.4 \text{ kips}/\in.$$

모재의 허용전단파단강도는,

$$0.3F_u t = 0.3(58)\left(\frac{3}{8}\right) = 6.525 \text{ kips}/\in.$$

3.712 kips/in.의 용접강도가 지배한다.

소요 총길이는,

$$\frac{27 \text{ kips}}{3.712 \text{ kips/in.}} = 7.27 \text{ in.}$$

해 답 각 면에 4 in.씩, 총 용접길이 8 in.를 사용한다.

용접접합의 실제설계는 최대 및 최소용접치수와 용접길이 등과 같은 상세한 고려를 요구한다. 필릿용접의 조항은 AISC J2.2b에서 찾을 수 있으며 여기에 요약한다.

최소치수

허용 최소치수는 접합되는 부재들 중 얇은 두께의 함수이며, AISC 표 J2.4에 주어져 있다. 이 조건은 미국용접협회의 *구조용 용접규정*(AWS, 2015)으로부터 직접 발췌한 것이다.

최대치수

두께가 $^1/_4$ in.보다 작은 부재의 연단을 따라, 필릿용접 최대치수는 부재의 두께와 같다. 두께가 $^1/_4$ in. 이상인 부재의 경우 최대치수는 $t - ^1/_{16}$ in.이고, 여기서 t는 부재의 두께이다.

연단을 따라 용접되지 않은 필릿용접의 경우(그림 7.41에서처럼), 규정된 최대치수는 없다. 이러한 경우에 대해, 강도산정에 사용되는 최대치수는 모재의 전단강도에 의해 제한되는 치수일 것이다.

그림 7.41

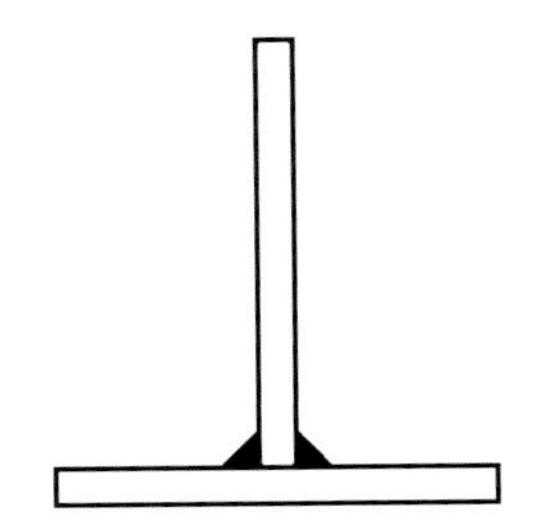

최소길이

필릿용접의 허용 최소길이는 용접치수의 4배이다. 이 제한은 분명히 심한 것은 아니지만, 이 길이가 허용하지 않을 경우 유효용접치수를 용접길이의 $^1/_4$로 취하면 보다 짧은 용접길이를 사용할 수 있다.

최대길이

AISC에서는 용접길이에 제한을 두지 않으나, 단부하중이 작용하는 용접의 경우에는 약간의 제한이 있다. 단부하중이 작용하는 용접은 축하중이 작용하는 부재의 단부에 있는 측면용접을 지칭한다. 길이가 용접치수의 100배를 초과하면 강도산정에서 감소 유효길이가 사용된다. 유효길이는 실제길이에 계수 β를 곱해 구하는데, 여기서

$$\beta = 1.2 - 0.002(l/w) \leq 1.0 \qquad \text{(AISC 식 J2-1)}$$

l = 용접의 실제길이

w = 용접치수

길이가 용접치수의 300배보다 크면, $180w$ 의 유효길이를 사용한다.

단돌림

용접이 부재 모서리까지 연장될 때, 그림 7.42에서 보여주는 것처럼 가끔 모서리 주위로 계속된다. 단돌림(end return)이라고 불리는 이런 연속에 대한 주된 이유는 용접치수가 용접 전체길이에 걸쳐 유지된다는 것을 보장하기 위한 것이다. AISC 설계기준에서는 단돌림을 요구하지 않는다.*

일반적으로 작은 용접은 큰 용접보다 저렴하다. 용접봉 한 번의 경로로 만들어질 수 있는 최대치수는 개략적으로 $^5/_{16}$ in.이고 복합경로는 비용이 추가된다. 또한, 주어진 하중내력에 대해, 작은 용접치수는 용접길이를 더 길게 해야 하지만 큰 용접치수와 짧은 용접길이는 용접금속의 보다 많은 체적을 요구하게 된다. 용접금속의 체적감소는 열 생성과 잔류응력도 최소화한다.

그림 7.42

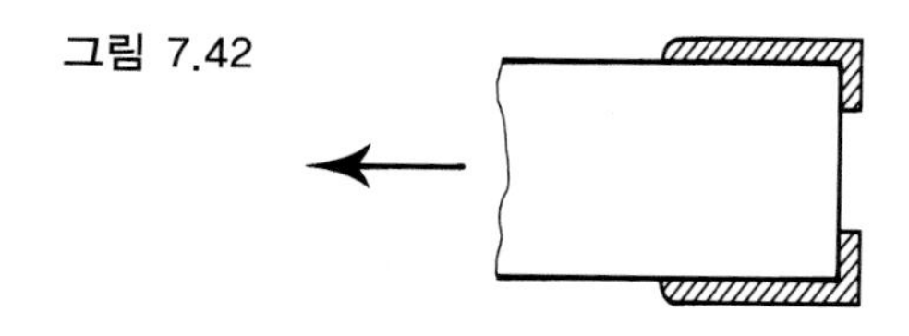

* 단돌림이 어떤 종류의 접합에 사용된다면, AISC 해설편 J2.2b에서 길이에 대해 제한을 두고 있다.

예제 7.15 A36 강재인 판 $^1/_2 \times 4$는 6 kips의 사용사하중과 18 kips의 사용활하중을 지탱하는 인장부재로 사용된다. 그림 7.43에서 보여주는 것처럼 인장재는 $^3/_8$-in. 연결판에 접합되어 있다. 용접접합을 설계하라.

그림 7.43

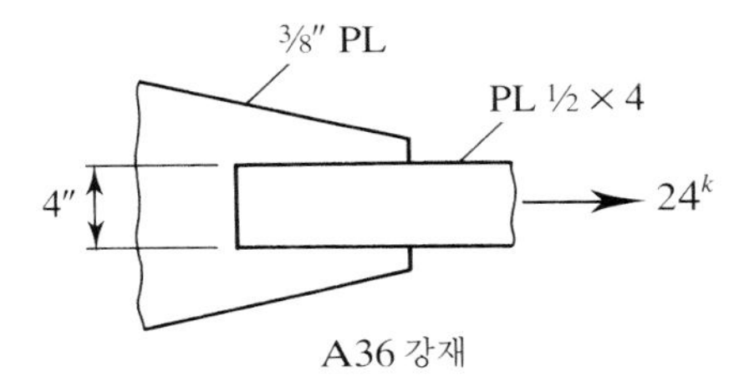

풀 이 이 연결의 모재는 A36 강재이므로 E70XX 용접봉을 사용한다. 연결길이에 대한 제한이 없으므로 용접길이는 제한되지 않고 다음과 같은 허용 최소치수가 사용된다.

$$\text{최소 치수} = \frac{3}{16}\ \text{in.} \qquad \text{(AISC 표 J2.4)}$$

LRFD 풀이 E70XX 용접봉을 사용해 $^3/_{16}$-in. 필릿용접을 시도한다. 단위인치당 설계강도는,

$$1.392D = 1.392(3) = 4.176\ \text{kips/in.}$$

모재의 전단항복강도는,

$$0.6F_y t = 0.6(36)\left(\frac{3}{8}\right) = 8.1\ \text{kips/in.}$$

모재의 전단파단강도는,

$$0.45F_u t = 0.45(58)\left(\frac{3}{8}\right) = 9.788\ \text{kips/in.}$$

4.176 kips/in.의 용접강도가 지배한다. 계수하중은,

$$P_u = 1.2D + 1.6L = 1.2(6) + 1.6(18) = 36\ \text{kips}$$

그리고

$$\text{소요 길이} = \frac{36}{4.176} = 8.62\ \text{in.}$$

$$\text{최소길이} = 4w = 4\left(\frac{3}{16}\right) = 0.75\ \text{in.} < 8.62\ \text{in.} \qquad \text{(OK)}$$

총길이 $2 \times 4.5 = 9$ in.에 대해 4.5 in. 측면용접길이를 사용한다.

해 답 그림 7.44와 같이 총 용접길이 9 in.를 가진 E70XX 용접봉과 $^3/_{16}$-in. 필릿용접을 사용한다.

그림 7.44

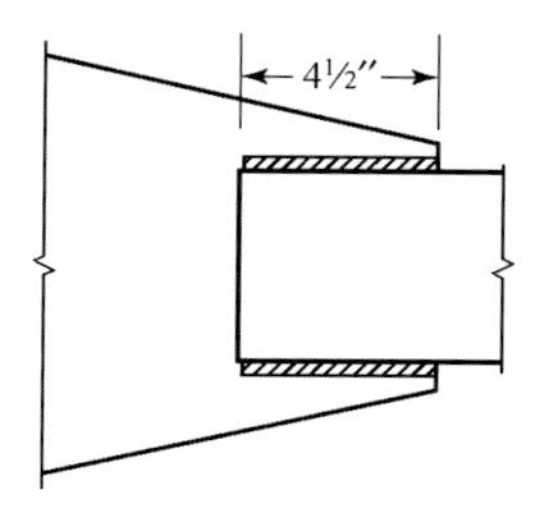

ASD 풀이 E70XX 용접봉을 사용해 $^{3}/_{16}$-in. 필릿용접을 시도한다. 단위인치당 허용강도는,

$$0.9279D = 0.9279(3) = 2.784 \text{ kips/in.}$$

모재의 허용전단항복강도는,

$$0.4F_y t = 0.4(36)\left(\frac{3}{8}\right) = 5.4 \text{ kips/in.}$$

모재의 허용전단파단강도는,

$$0.3F_u t = 0.3(58)\left(\frac{3}{8}\right) = 6.525 \text{ kips/in.}$$

2.784 kips/in.의 용접강도가 지배한다. 저항되는 하중은,

$$P_a = D + L = 6 + 18 = 24 \text{ kips}$$

그리고

$$\text{소요 길이} = \frac{24}{2.784} = 8.62 \text{ in.}$$

$$\text{최소길이} = 4w = 4\left(\frac{3}{16}\right) = 0.75 \text{ in.} < 8.62 \text{ in.} \quad \text{(OK)}$$

총길이 $2 \times 4.5 = 9$ in.에 대해 2개의 4.5 in. 측면용접길이를 사용한다. 이 접합부형태에 대해, 측면용접길이는 적어도 그들 사이의 횡방향 거리 또는 이 경우 4 in. 이상이어야 한다. 그러므로 제공된 4.5 in. 길이는 충분할 것이다.

해 답 그림 7.44와 같이 총 용접길이 9 in.를을 가진 E70XX 용접봉과 $^{3}/_{16}$-in. 필릿용접을 사용한다.

용접기호

용접은 소요 용접배열을 묘사하는 데 편리한 방법을 제공하는 표준기호를 사용해 설계도에 표시된다. 세부사항은 강구조편람 8편 “용접에 대한 설계고려사항”에 기술되어 있으므로 여기서는 전부를 다루지는 않는다. 이 책에서는 필릿용접의 표준기호에 대한 간결한 소개만 제시하기로 한다. 다음의 설명은 그림 7.45의 기호에 대해 언급한다.

기본기호는 용접형식, 치수, 길이에 대한 정보를 포함하는 수평선(기선)과 용접을

그림 7.45

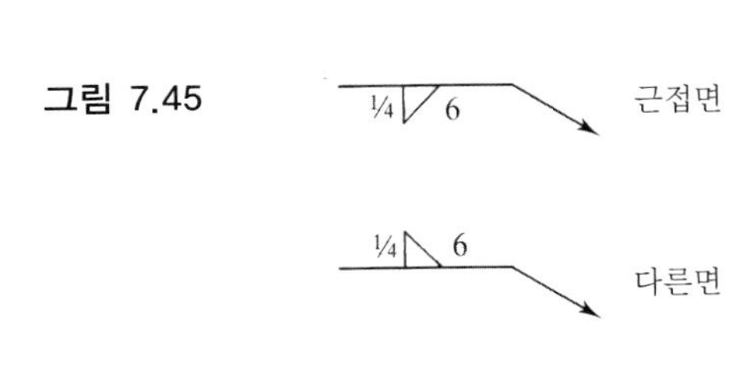

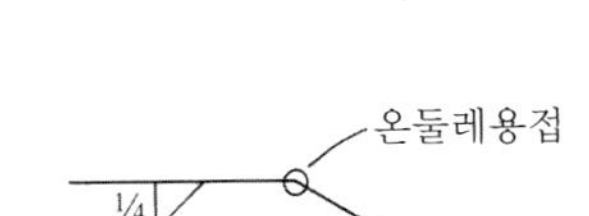

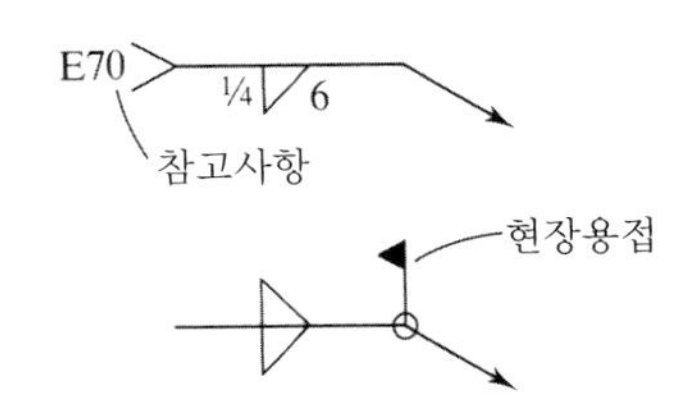

가리키는 경사화살표(지시선)이다. 왼쪽 면에 수직다리를 가지고 있는 직각삼각형은 필릿용접을 나타내는 데 사용된다. 용접형태에 대한 기호가 기선 아래에 있으면 용접은 이음의 화살표 면, 즉 화살표가 건드리는 이음 부분에 있다. 기호가 기선 위에 있으면 용접은 도면의 시각에서 숨겨지거나 또는 숨겨지지 않은 이음의 반대 측에 있다. 기선에 있는 왼쪽에서 오른쪽의 숫자는 용접치수와 용접길이를 나타낸다. 이것들은 항상 이 순서로 나타내어져야 한다. 이음의 전면과 후면 모두에 용접되어야 한다면, 모든 정보는 기선의 각 면에 보여져야 한다. 기선의 구부러지는 부분에 있는 원은 이음 주위에 온둘레용접의 지시이다. 사용된 방법을 지정하거나 다른 정보를 제공하기 위해 기선의 끝에 꼬리를 붙일 수 있고 그 옆에 원하는 표기를 기재할 수 있다. 그러한 참고내용이 제공되지 않는다면 꼬리 부분은 생략된다. 마지막으로, 기선의 구부러진 부분에 위치한 깃발은 현장용접을 가리킨다.

예제 7.16 **A36 강재인 판 $^1/_2 \times 8$은 인장부재로 사용되고 그림 7.46에서 보여주는 것처럼 두께 $^3/_8$-in.의 연결판에 접합되어 있다. 접합부길이는 8 in.을 초과할 수 없고 모든 용접은 가까운 면에 되어야 한다. 부재의 총 인장강도를 발휘할 수 있는 용접을 설계하라.**

그림 7.46

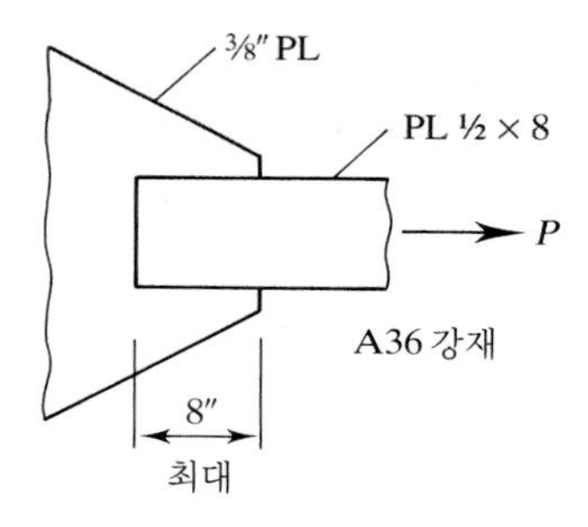

LRFD 풀이 총단면적에 근거한 인장재의 설계강도는,

$$\phi_t P_n = 0.90 F_y A_g = 0.90(36)\left(\frac{1}{2}\right)(8) = 129.6 \text{ kips}$$

유효면적에 근거한 인장재의 설계강도를 계산한다. 판 연결의 경우, 단지 측면을 따라 용접을 한다면 $A_e = A_g U$이고, 여기서 U는 표 D3.1의 경우 4에 의해 결정된다. 단부에 전면용접도 있다면 $A_e = A_g$이다. 후자로 가정해 다음의 값을 갖는다.

$$\phi_t P_n = 0.75 F_u A_e = 0.75(58)\left(\frac{1}{2}\right)(8) = 174.0 \text{ kips}$$

129.6 kips의 계수하중에 대해 설계하고 E70 용접봉을 사용한다.

AISC 표 J2.4로부터, 최소용접치수는 $^3/_{16}$ in.이다. 그러나 길이 제약 때문에 약간 큰 용접치수를 시도한다.

$^1/_4$-in. E70 필릿용접을 시도한다:

단위인치당 용접설계강도$= 1.392D = 1.392(4) = 5.568$ kips/in.

모재의 전단항복강도는,

$$0.6 F_y t = 0.6(36)\left(\frac{3}{8}\right) = 8.1 \text{ kips/in.}$$

모재의 전단파단강도는,

$$0.45 F_u t = 0.45(58)\left(\frac{3}{8}\right) = 9.788 \text{ kips/in.}$$

5.568 kips/in.의 용접강도가 지배한다. 측면용접과 전면용접이 모두 사용될 것이다. 측면용접의 소요길이를 결정하기 위해, AISC J2.4c에서 규정한 두 가지 선택을 조사한다. 첫 번째로, 측면용접과 전면용접 모두에 대해 같은 강도를 가정하면,

$$\text{총 소요 용접길이} = \frac{129.6}{5.568} = 23.28 \text{ in.}$$

$$\text{측면용접길이} = \frac{23.28 - 8}{2} = 7.64 \text{ in.}$$

두 번째 선택에 대해, 측면용접강도는

$$0.85(5.568) = 4.733 \text{ kips/in.}$$

전면용접강도는,

$$1.5(5.568) = 8.352 \text{ kips/in.}$$

측면용접에 의해 분담되는 하중은,

$$129.6 - 8(8.352) = 62.78 \text{ kips}$$

측면용접의 소요길이는,

$$\frac{62.78}{2(4.733)} = 6.63 \text{ in.}$$

두 번째 선택이 더 짧은 측면용접을 요구한다. 8-in. 전면용접과 두 개의 7-in. 측면용접을 시도한다. 연결판의 블록전단강도를 검토한다.

$$A_{gv} = A_{nv} = 2 \times \frac{3}{8}(7) = 5.25 \text{ in.}^2$$

$$A_{nt} = \frac{3}{8}(8) = 3.0 \text{ in.}^2$$

AISC 식 J4-5로부터,

$$R_n = 0.6F_uA_{nv} + U_{bs}F_uA_{nt}$$
$$= 0.6(58)(5.25) + 1.0(58)(3.0) = 356.7 \text{ kips}$$

상한한계에 대해,

$$0.6F_yA_{gv} + U_{bs}F_uA_{nt} = 0.6(36)(5.25) + 1.0(58)(3.0) = 287.4 \text{ kips}$$

(지배한다)

설계강도는,

$$\phi R_n = 0.75(287.4) = 216 \text{ kips} > 129.6 \text{ kips} \qquad \text{(OK)}$$

해 답 그림 7.47에 나타난 용접을 사용한다.

그림 7.47

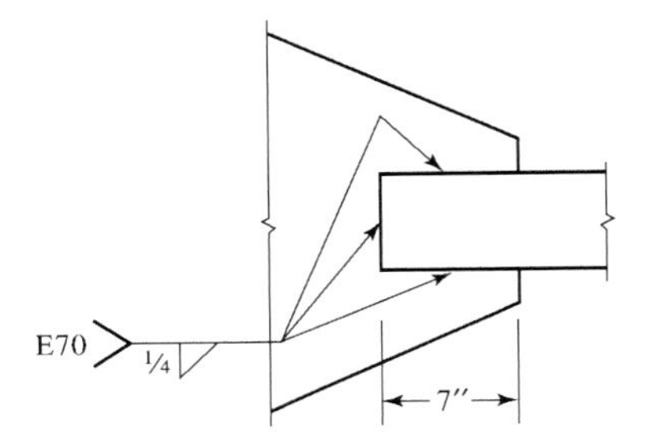

ASD 풀이 총단면적에 근거한 인장재의 허용강도는 다음과 같다.

$$\frac{P_n}{\Omega_t} = \frac{F_yA_g}{1.67} = \frac{36(1/2)(8)}{1.67} = 86.23 \text{ kips}$$

유효면적에 근거한 허용강도를 계산한다. 판 연결의 경우, 단지 측면을 따라 용접을 한다면 $A_e = A_gU$이고, 여기서 U는 표 D3.1의 경우 4에 의해 결정된다. 단부에 전면용접도 있다면 $A_e = A_g$이다.

후자로 가정하여 다음의 값을 갖는다.

$$\frac{P_n}{\Omega_t} = \frac{F_u A_e}{2.00} = \frac{58(^1/_2)(8)}{2.00} = 116.0\ \text{kips}$$

86.23 kips의 하중에 대해 설계하고 E70 용접봉을 사용한다. AISC 표 J2.4로부터, 최소용접치수는 $^3/_{16}$ in.이다. 길이제약 때문에 약간 큰 용접치수를 시도한다.

$^1/_4$-in. E70 필릿용접을 시도한다:

단위인치당 용접허용강도 $= 0.9279D = 0.9279(4) = 3.712\ \text{kips/in.}$

모재의 허용전단항복강도는,

$$0.4F_y t = 0.4(36)\left(\frac{3}{8}\right) = 5.4\ \text{kips/in.}$$

모재의 허용전단파단강도는,

$$0.3F_u t = 0.3(58)\left(\frac{3}{8}\right) = 6.525\ \text{kips/in.}$$

3.712 kips/in.의 용접강도가 지배한다. 측면용접과 전면용접 모두 사용될 것이다. 측면용접의 소요길이를 결정하기 위해, AISC J2.4c에서 규정한 두 가지 선택을 조사한다. 첫 번째로, 측면용접과 전면용접 모두에 대해 같은 강도를 가정하면,

$$\text{총 소요 용접길이} = \frac{86.23}{3.712} = 23.23\ \text{in.}$$

$$\text{측면용접길이} = \frac{23.23 - 8}{2} = 7.62\ \text{in.}$$

두 번째 선택에 대해, 측면용접강도는

$$0.85(3.712) = 3.155\ \text{kips/in.}$$

전면용접강도는,

$$1.5(3.712) = 5.568\ \text{kips/in.}$$

측면용접에 의해 분담되는 하중은,

$$86.23 - 8(5.568) = 41.69\ \text{kips}$$

측면용접의 소요길이는,

$$\frac{41.69}{2(3.155)} = 6.61\ \text{in.}$$

두 번째 선택이 더 짧은 측면용접을 요구한다. 8-in. 전면용접과 두 개의 7-in. 측면용접을 시도한다. 연결판의 블록전단강도를 검토한다.

$$A_{gv} = A_{nv} = 2 \times \frac{3}{8}(7) = 5.25\ \text{in.}^2$$

$$A_{nt} = \frac{3}{8}(8) = 3.0\ \text{in.}^2$$

AISC 식 J4-5로부터,

$$R_n = 0.6F_u A_{nv} + U_{bs} F_u A_{nt}$$
$$= 0.6(58)(5.25) + 1.0(58)(3.0) = 356.7 \text{ kips}$$

상한한계에 대해,

$$0.6F_y A_{gv} + U_{bs} F_u A_{nt} = 0.6(36)(5.25) + 1.0(58)(3.0) = 287.4 \text{ kips}$$

(지배한다)

허용강도는,

$$\frac{R_n}{\Omega} = \frac{287.4}{2.00} = 144 \text{ kips} > 86.23 \text{ kips} \qquad \text{(OK)}$$

해 답 그림 7.47에 나타난 용접을 사용한다.

지압강도, 볼트간격, 연단거리 조항

7.3–1 인장부재인 판 $^1/_2 \times 6$는 두께가 $^3/_8$-in.인 연결판에 직경 $^7/_8$-in.의 볼트로 연결되어 있다. 모든 구성요소는 A36 강재이다.

a. 모든 볼트간격과 연단거리 조항을 검토하라.

b. 각 볼트의 공칭지압강도를 계산하라.

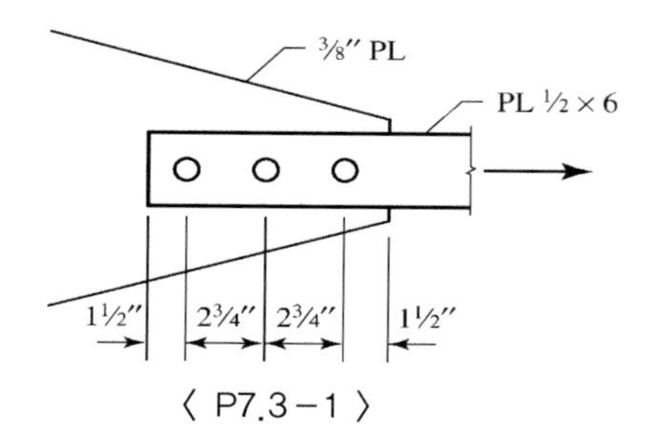

〈 P7.3－1 〉

7.3–2 그림 P7.3－2에서 나타난 인장부재는 A242 강재인 판 $^1/_2 \times 5^1/_2$이다. 이 부재는 두께가 $^3/_8$-in.인 연결판(A242 강재)에 직경 $^3/_4$-in.의 볼트로 연결되어 있다.

a. 모든 볼트간격과 연단거리 조항을 검토하라.

b. 각 볼트의 공칭지압강도를 계산하라.

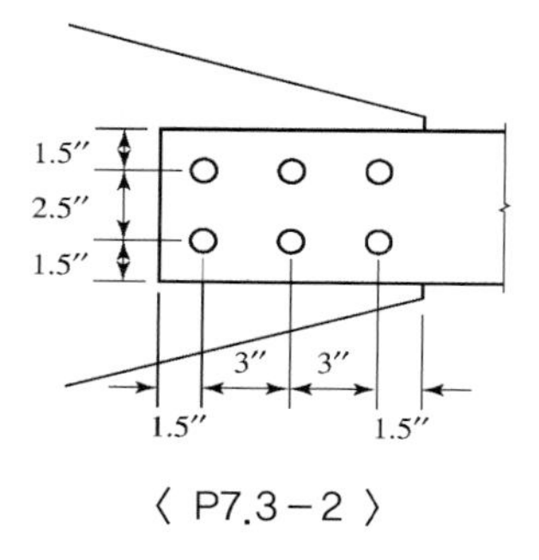

〈 P7.3－2 〉

전단강도

7.4-1 $C8\times18.75$는 인장부재로 사용되며 두께가 $^3/_8$-in.인 연결판에 직경 $^7/_8$-in.의 A307 볼트로 연결되어 있다. 인장부재는 A572 등급 50 강재이며 연결판은 A36 강재이다.

a. 모든 볼트간격과 연단거리 조항을 검토하라.
b. 전단과 지압에 근거한 설계강도를 계산하라.
c. 전단과 지압에 근거한 허용강도를 계산하라.

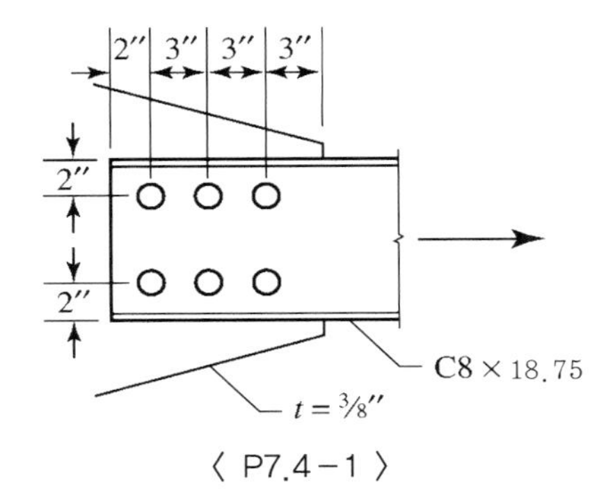

〈 P7.4-1 〉

7.4-2 두께가 $^1/_2$-in.인 인장부재는 그림 P7.4-2에서와 같이 두께가 $^1/_4$-in.인 2개의 이음판에 연결되어 있다. 볼트는 직경이 $^7/_8$-in.인 A그룹 볼트이고 모든 강재는 A36이다.

a. 모든 볼트간격과 연단거리 조항을 검토하라.
b. 전단과 지압에 근거한 공칭강도를 계산하라.

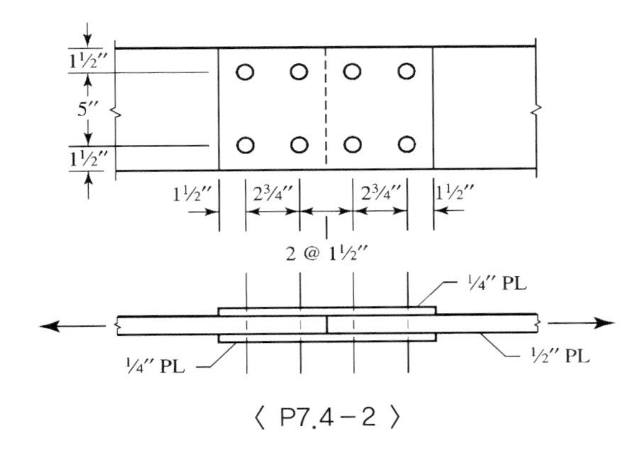

〈 P7.4-2 〉

7.4-3　전단과 지압에 근거해 그림 P7.4-3의 a-b선상에 필요한 직경 $^3/_4$-in.인 A그룹 볼트 개수를 결정하라. 주어진 하중은 사용하중이다. A36 강재를 사용한다. 지압강도는 $2.4dtF_u$의 지압변형강도에 의해 지배된다고 가정한다.

a. LRFD를 사용하라.

b. ASD를 사용하라.

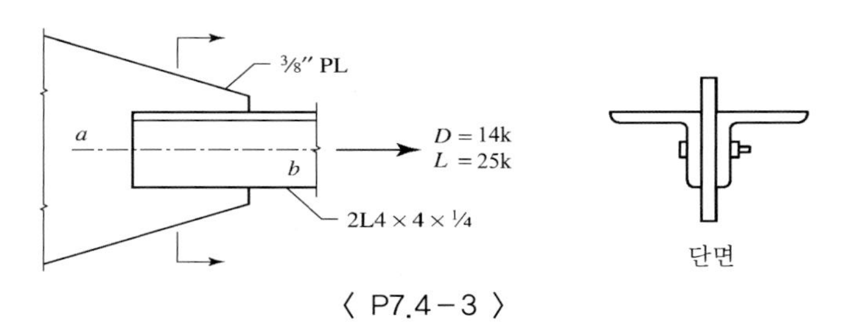

〈 P7.4-3 〉

7.4-4　그림 P7.4-4의 이음판은 두께가 $^1/_4$-in.이다. 직경이 $^7/_8$-in.인 A그룹 볼트 몇 개가 필요한가? 주어진 하중은 25% 사하중과 75% 활하중으로 구성된 사용하중이다. A36 강재를 사용한다.

a. LRFD를 사용하라.

b. ASD를 사용하라.

〈 P7.4-4 〉

7.4-5　인장부재인 $L6\times3^1/_2\times{}^5/_{16}$은 직경이 $^3/_4$-in.인 A그룹 볼트를 사용해 두께 $^5/_{16}$-in.의 연결판에 접합되어 있다. 인장부재와 연결판 모두 A36 강재이다. 사하중에 대한 활하중의 비가 2.0이면 전단과 지압에 근거해 지지할 수 있는 총 *사용*하중은 얼마인가? 볼트 나사산은 전단면에 있다.

a. LRFD를 사용하라.

b. ASD를 사용하라.

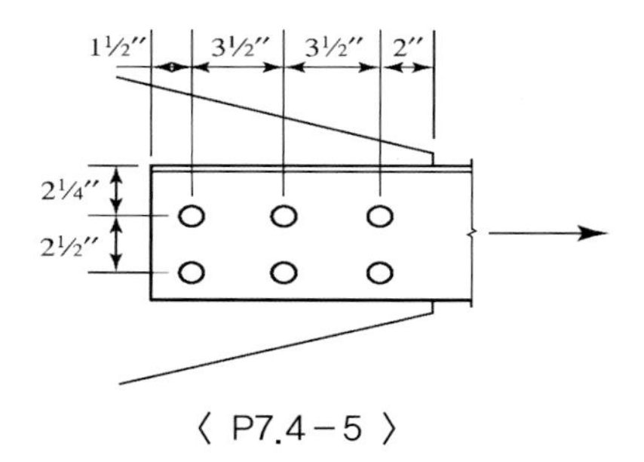

〈 P7.4-5 〉

7.4-6 쌍ㄱ형강 인장부재인 $2L4 \times 3 \times {}^{1}/_{2}$ LLBB는 그림 P7.4-6에서 보여주는 것과 같이 직경이 ${}^{7}/_{8}$-in.인 A그룹 볼트를 사용해 두께 ${}^{3}/_{8}$-in.의 연결판에 접합되어 있다. 인장부재와 연결판 모두 A36 강재이다. 전단과 지압에 근거해 이 접합부는 충분한 강도를 가지고 있는가? 볼트 나사산이 전단면에 있는지는 알 수 없다.

a. LRFD를 사용하라.

b. ASD를 사용하라.

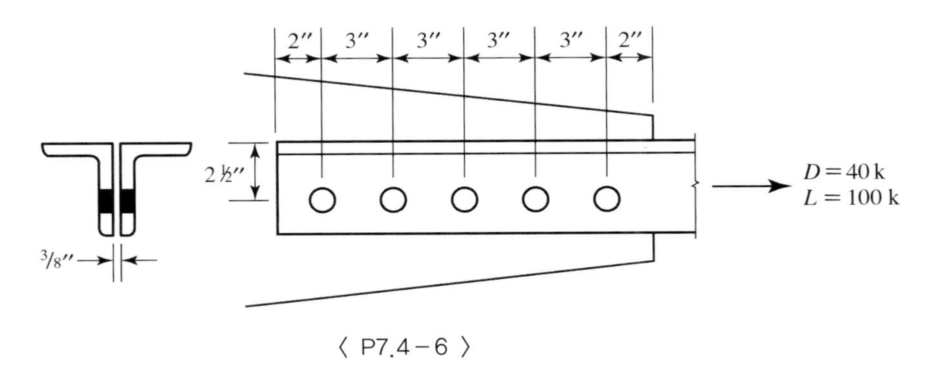

〈 P7.4-6 〉

마찰연결과 지압연결

7.6-1 쌍ㄱ형강 $2L6 \times 6 \times {}^{5}/_{8}$은 그림 P7.6-1에서 보여주는 것과 같이 두께가 ${}^{5}/_{8}$-in.인 연결판에 접합되어 있다. 활하중에 대한 사하중의 비가 8.5이면 작용할 수 있는 최대 총 사용하중을 결정하라. 볼트는 직경이 ${}^{7}/_{8}$-in.인 A그룹 지압볼트이다. ㄱ형강은 A572 등급 50 강재와 연결판은 A36 강재가 사용된다.

a. LRFD를 사용하라.

b. ASD를 사용하라.

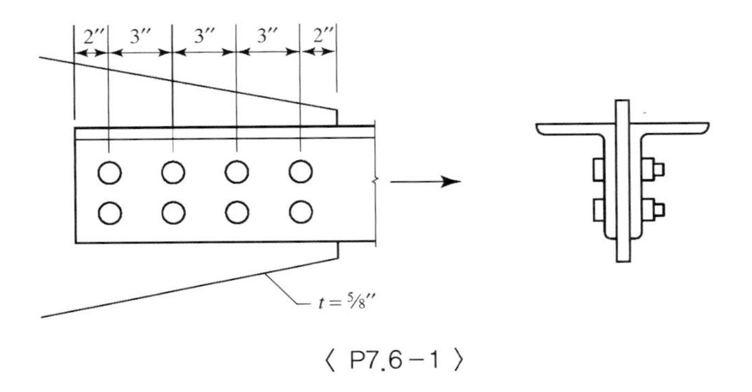

〈 P7.6-1 〉

7.6-2 그림 P7.6-2의 인장이음판에 요구되는 직경 $^7/_8$-in.의 A그룹 지압볼트 총 개수를 결정하라. 나사산은 전단면에 있지 않다.

a. LRFD를 사용하라.

b. ASD를 사용하라.

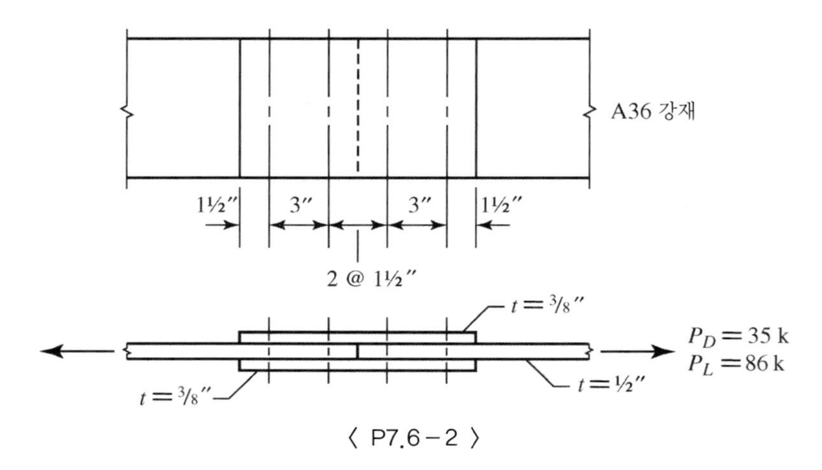

〈 P7.6-2 〉

7.6-3 A572 등급 50 강재인 WT7×19는 인장부재로 사용된다. 이 부재는 직경 $^7/_8$-in.인 볼트를 사용해 A572 등급 50 강재인 두께 $^3/_8$-in.의 연결판에 접합된다. 접합은 T형강 플랜지를 통하고 지압연결이다. 접합부는 45 kips의 사용사하중과 90 kips의 사용활하중에 저항해야 한다. 공칭지압강도는 $2.4dtF_u$이라고 가정하고 다음의 질문에 대답하라.

a. A307 볼트가 몇 개 필요한가?

b. A그룹 볼트가 몇 개 필요한가?

c. B그룹 볼트가 몇 개 필요한가?

7.6-4 a. 직경이 $^1/_2$ in.에서 $1^1/_2$ in.까지 $^1/_8$ in. 증분으로 A그룹 볼트의 전단강도와 마찰강도 값을 보여주는 표를 준비하라. 표면은 A등급이고 나사산이 전단면에 있다고 가정한다. 만들 표는 다음의 형식과 같이 작성해야 한다:

볼트 직경(in.)	1면전단 설계강도, ϕR_n(kips)	마찰연결 설계강도, 단 미끄러짐면, ϕR_n(kips)	1면전단 허용강도, R_n/Ω(kips)	마찰연결 허용강도, 단 미끄러짐면, R_n/Ω(kips)
$^1/_2$	7.07	4.75	4.71	3.16
.	.	.	.	.
.	.	.	.	.
.	.	.	.	.

b. 이 표로부터 어떤 결론을 내릴 수 있는가?

7.6–5 A36 강재인 판 $^1/_2 \times 6^1/_2$은 그림 P7.6–5에서 보여주는 것처럼 인장부재로 사용된다. 연결판은 두께가 $^5/_8$-in.이고 A36 강재이다. 볼트는 직경이 $1^1/_8$-in.인 A그룹 볼트이다. 미끄럼은 허용되지 않는다. 사하중에 대한 활하중의 비 3.0을 사용해 작용할 수 있는 최대 사용하중 P를 결정하라. 모든 가능한 파괴형태를 조사하라.

a. LRFD를 사용하라.

b. ASD를 사용하라.

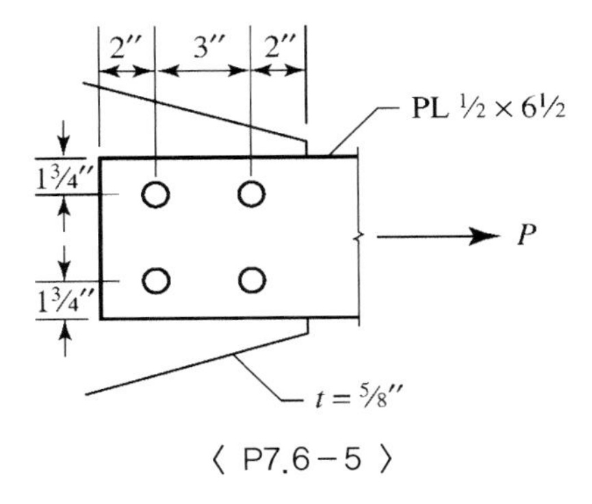

〈 P7.6–5 〉

7.6–6 그림 P7.6–6에 나타난 인장부재는 $L6 \times 3^1/_2 \times {}^1/_2$이다. 이 부재는 두께가 $^3/_8$-in.인 연결판에 직경 $1^1/_8$-in.의 A그룹 마찰볼트로 연결되어 있다. 20 kips의 사용사하중과 60 kips의 사용활하중, 20 kips의 사용풍하중에 저항해야 한다. 길이는 9 ft이며 모든 구조용 강재는 A36이다. 부재와 접합부는 만족스러운가?

a. LRFD를 사용하라.

b. ASD를 사용하라.

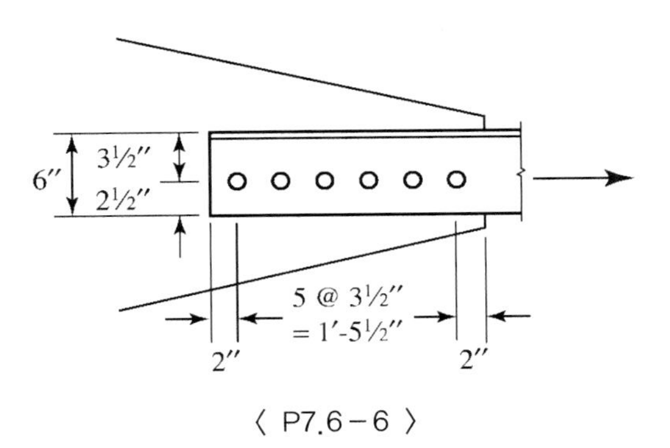

〈 P7.6–6 〉

설계

7.7-1 $C9 \times 20$은 인장부재로 사용되며 그림 P7.7-1에서와 같이 두께가 $^1/_2$-in.인 연결판에 접합된다. 인장부재에 대해 A588 강재와 연결판에 대해 A36 강재가 사용된다. 부재는 40 kips의 사용사하중과 80 kips의 사용활하중에 저항하도록 설계되었다. 연결이 마찰연결이면 직경이 $1^3/_8$-in.인 A그룹 볼트 몇 개가 필요한가? 가능한 개략적인 배치도를 그려라. 부재 인장과 블록전단강도는 충분하다고 가정한다.

a. LRFD를 사용하라.

b. ASD를 사용하라.

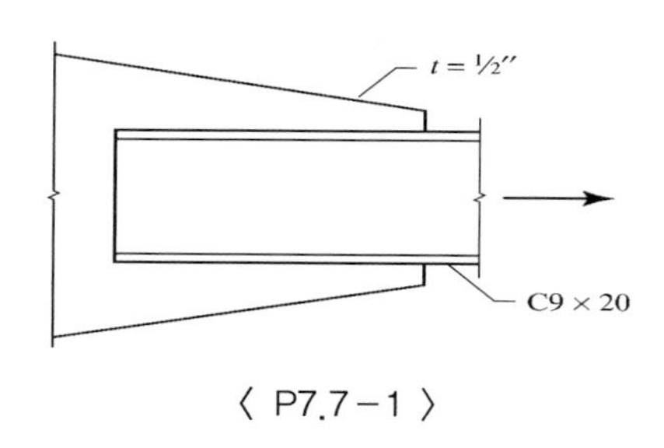

〈 P7.7-1 〉

7.7-2 다음 조건에 대해 단일ㄱ형강 인장부재와 볼트접합을 설계하라.

- 사하중 = 50 kips, 활하중 = 100 kips, 풍하중 = 45 kips
- A그룹 볼트, 미끄럼은 허용되지 않는다.
- 두께가 $^3/_8$-in.인 연결판
- 인장부재와 연결판 모두 A36 강재
- 길이 = 20 ft

접합부 제작에 필요한 모든 정보를 보여주는 완성된 배치도를 제공하라.

a. LRFD를 사용하라.

b. ASD를 사용하라.

7.7-3 다음 조건에 대해 인장부재와 접합부를 설계하라.

- 길이 = 15 ft.
- 두께가 $^3/_8$-in.인 연결판에 접합된다.
- 모든 구조용 강재는 A36이다.
- 접합부는 볼트연결이며 미끄럼은 허용되지 않는다.
- 사용사하중 = 45 kips, 사용활하중 = 105 kips.

인장부재는 장변이 등을 맞대고 있는 쌍부등변-ㄱ형강을 선택하라.
접합부 제작에 필요한 모든 정보를 보여주는 완성된 배치도를 제공하라.

a. LRFD를 사용하라.

b. ASD를 사용하라.

인장을 받는 고장력볼트

7.8-1 그림 P7.8-1의 행거연결에서 T형강과 볼트 모두에 대해 조사하라. 지레효과를 포함하라.

a. LRFD를 사용하라.

b. ASD를 사용하라.

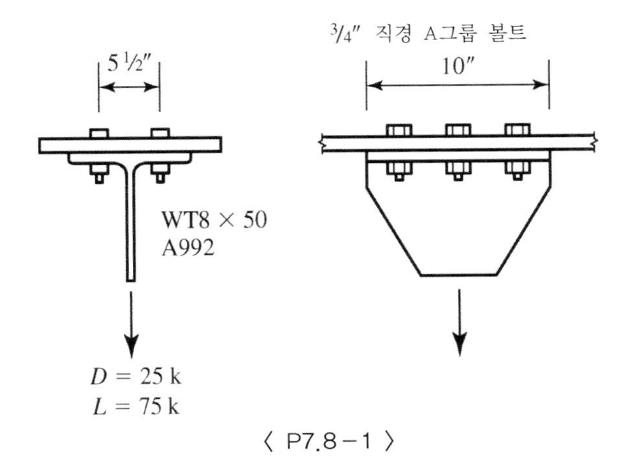

〈 P7.8-1 〉

7.8-2 그림 P7.8-2에서 행거연결의 적절성을 결정하라. 지레작용을 고려하라.

a. LRFD를 사용하라.

b. ASD를 사용하라.

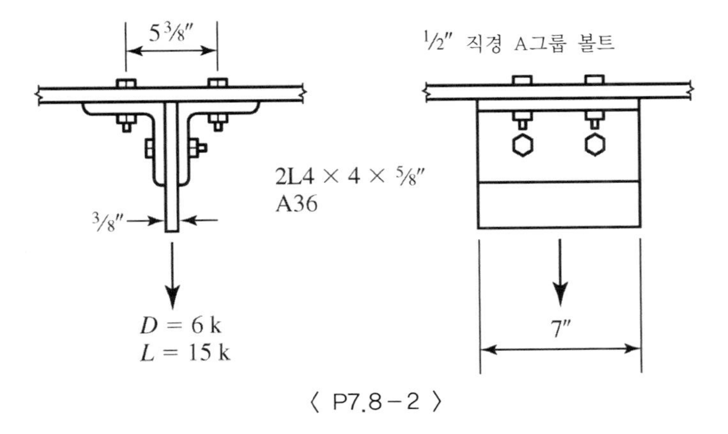

〈 P7.8-2 〉

전단과 인장을 동시에 받는 연결재

7.9-1 브래킷은 그림 P7.9-1에 나타난 접합부의 무게중심을 통과하는 사용하중을 지지해야 한다. 기둥 플랜지의 접합은 여덟 개의 직경 $^7/_8$-in. A그룹 지압볼트로 연결되어 있다. 모든 구성요소에 대해 A992 강재가 사용된다. 접합부는 적당한가?

a. LRFD를 사용하라.

b. ASD를 사용하라.

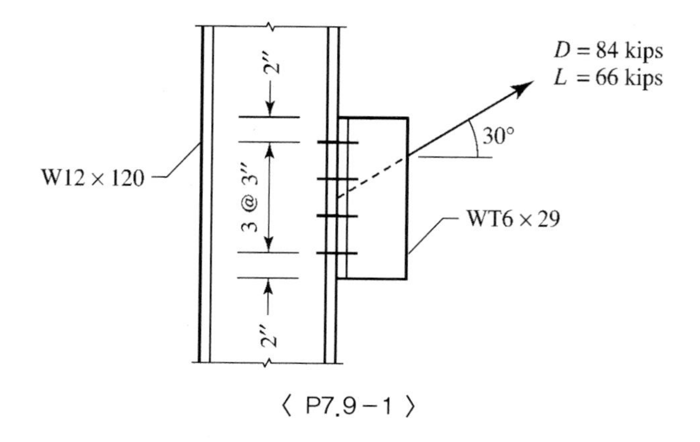

〈 P7.9-1 〉

7.9-2 그림 P7.9-2에서 보는 것과 같이 구조용 T형강 브래킷이 기둥 플랜지에 여섯 개의 볼트로 연결되어 있다. 모든 구조용 강재는 A992이다. AISC 설계기준 규정에 따라 접합부를 검토하라. 지압강도는 $2.4dtF_u$의 지압변형강도에 의해 지배된다고 가정한다.

a. LRFD를 사용하라.

b. ASD를 사용하라.

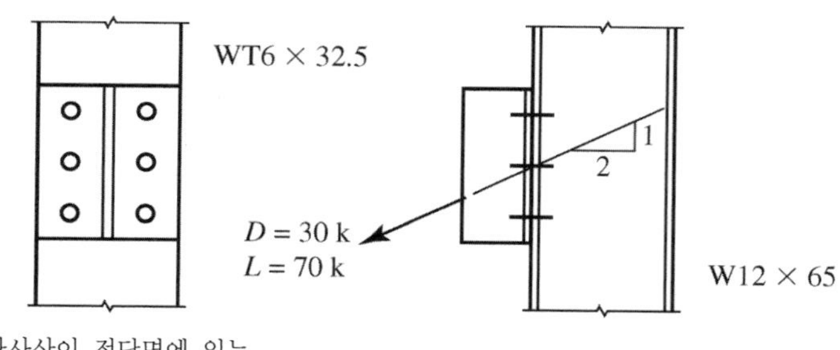

〈 P7.9-2 〉

7.9-3 그림 P7.9-3의 접합부에서 직경 $^7/_8$-in.의 A그룹 지압볼트가 몇 개 필요한가? 80 kips의 하중은 20 kips 사하중과 60 kips 활하중으로 구성된 사용하중이다. 볼트 나사산은 전단면에 있고 지압강도는 $2.4dtF_u$의 지압변형강도에 의해 지배된다고 가정한다.

a. LRFD를 사용하라.

b. ASD를 사용하라.

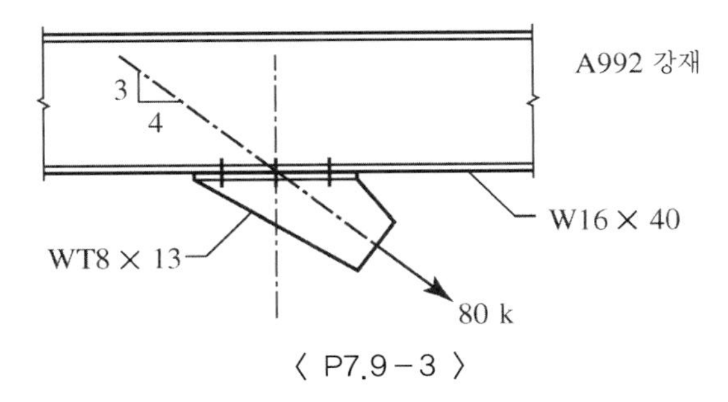

〈 P7.9-3 〉

7.9-4 쌍ㄱ형강 인장재는 두께가 $^7/_8$-in.인 연결판에 접합되어 있고 그림 P7.9-4에서처럼 연결판은 또 다른 한 쌍의 ㄱ형강을 통해 기둥 플랜지에 연결되어 있다. 주어진 하중은 25% 사하중과 75% 활하중으로 구성된 사용하중이다. 모든 접합은 직경 $^7/_8$-in.의 B그룹 마찰볼트로 연결된다. 나사산이 전단면에 있다고 가정한다. 소요볼트 개수를 결정하고 볼트 위치를 그림에 표시하라. 기둥은 A992 강재이고 ㄱ형강과 판은 A36 강재이다.

a. LRFD를 사용하라.

b. ASD를 사용하라.

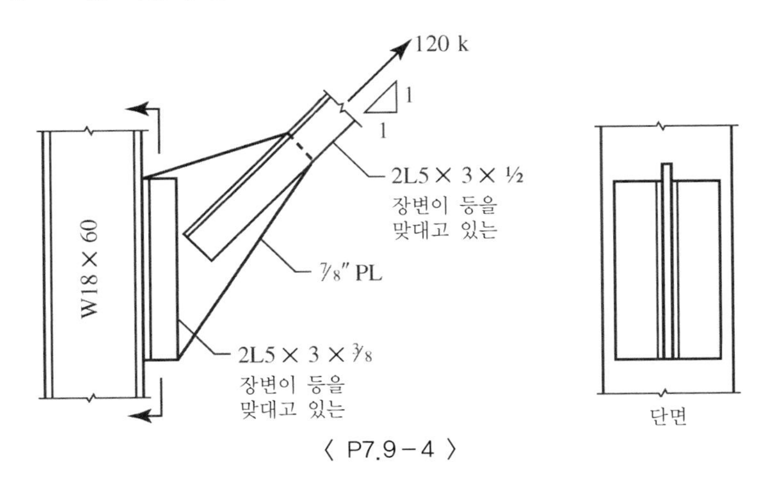

〈 P7.9-4 〉

7.9-5　W12×120을 자른 브래킷은 그림 P7.9-5에서와 같이 12개의 A그룹 지압볼트를 사용하여 W12×120 기둥 플랜지에 연결되어 있다. A992 강재가 사용된다. 하중의 작용선은 접합부의 무게중심을 통과한다. 소요 볼트치수는 얼마인가?

a. LRFD를 사용하라.

b. ASD를 사용하라.

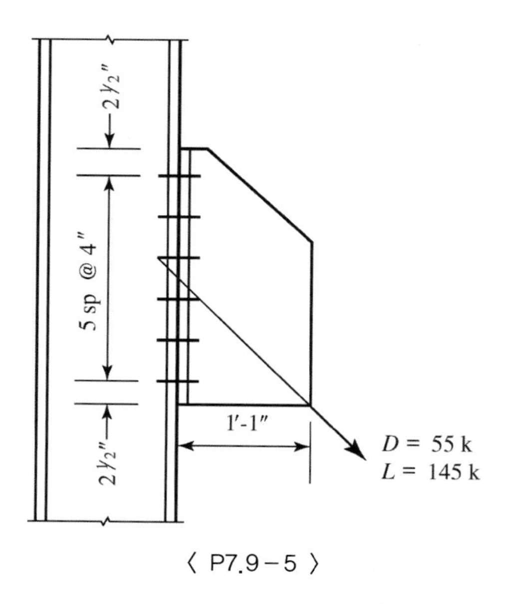

〈 P7.9-5 〉

필릿용접

7.11-1　사하중에 대한 활하중의 비가 2.5이면 작용될 수 있는 최대 사용하중을 결정하라. 모든 한계상태를 조사하라. 인장부재는 A572 등급 50 강재이고 연결판은 A36 강재이다. 용접은 E70 용접봉을 사용한 $^3/_{16}$-in. 필릿용접이다.

a. LRFD를 사용하라.

b. ASD를 사용하라.

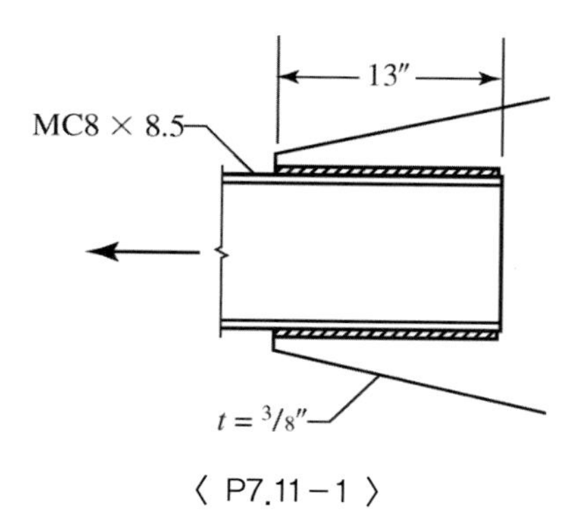

〈 P7.11-1 〉

7.11-2　사하중에 대한 활하중의 비가 3.0이면 작용될 수 있는 최대 사용하중을 결정하라. 모든 한계상태를 조사하라. 모든 구조용 강재는 A36이고 용접은 E70 용접봉을 사용한 $^1/_4$-in. 필릿용접이다. 그림 P7.11-2에서 보여주는 것과 같이 인장부재는 쌍ㄱ형강이고 ㄱ형강 모두에 용접된 것을 주목하라.

a. LRFD를 사용하라.

b. ASD를 사용하라.

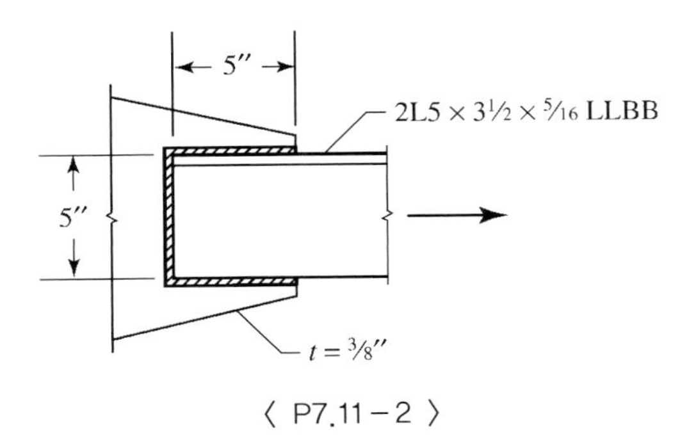

〈 P7.11-2 〉

7.11-3　사하중에 대한 활하중의 비가 2.0이면 작용될 수 있는 최대 사용하중 P를 결정하라. 각 구성요소는 A242 강재인 판 $^3/_4 \times 7$이다. 용접은 E70 용접봉을 사용한 $^1/_2$-in. 필릿용접이다.

a. LRFD를 사용하라.

b. ASD를 사용하라.

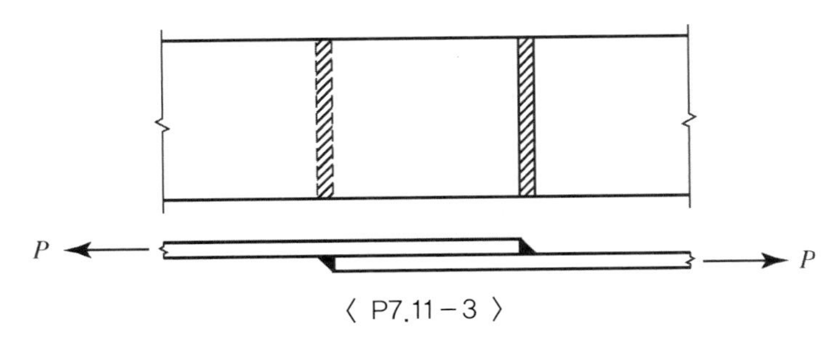

〈 P7.11-3 〉

7.11-4　인장부재 이음은 그림 P7.11-4에서와 같이 $^1/_4$-in. E70 필릿용접으로 되어 있다. 이음판의 각 면은 그림과 같이 용접되어 있다. 내부부재는 판 $^1/_2 \times 6$이고 각 외부부재는 판 $^5/_{16} \times 3$ 이다. 모든 강재는 A36이다. 사하중에 대한 활하중의 비가 1 : 1이면 작용될 수 있는 최대 사용하중 P를 결정하라.

a. LRFD를 사용하라.

b. ASD를 사용하라.

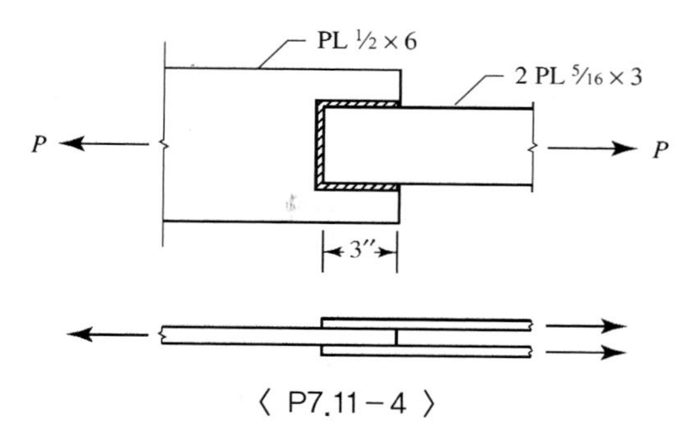

〈 P7.11 - 4 〉

7.11-5　용접접합을 설계하라. 주어진 하중은 사용하중이다. ㄱ형강 인장부재에 대해 $F_y = 50\,\text{ksi}$와 연결판에 대해 $F_y = 36\,\text{ksi}$을 사용한다. 결과를 그림에 나타내고 치수를 기입해 완성하라.

a. LRFD를 사용하라.

b. ASD를 사용하라.

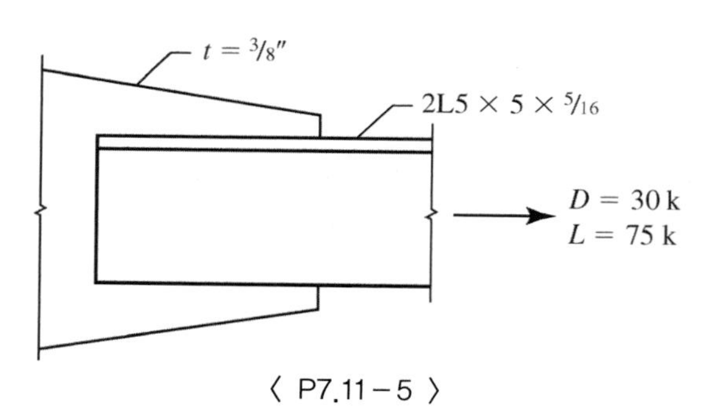

〈 P7.11 - 5 〉

7.11-6　문제 7.4-3의 조건에 대해 용접접합을 설계하라. 결과를 그림에 나타내고 치수를 기입해 완성하라.

a. LRFD를 사용하라.

b. ASD를 사용하라.

7.11-7　두께 $^3/_8$-in.의 연결판에 접합된 A572 등급 50 강재인 $\mathrm{MC}\,9 \times 23.9$ 부재에 대해 용접접합을 설계하라. 연결판은 A36 강재이다. 결과를 그림에 나타내고 치수를 기입해 완성하라.

a. LRFD를 사용하라.

b. ASD를 사용하라.

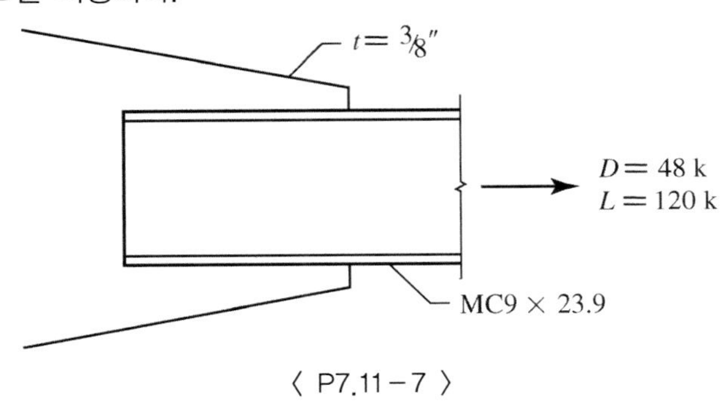

〈 P7.11-7 〉

7.11-8　LRFD를 사용해 그림 P7.11-8의 인장부재의 유용강도에 저항할 수 있는 용접접합을 설계하라. 모든 강재는 A36이다. 결과를 그림에 나타내고 치수를 기입해 완성하라.

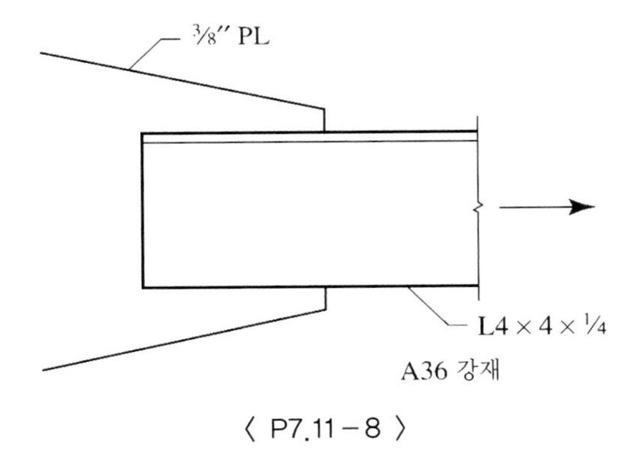

〈 P7.11-8 〉

7.11-9　ASD를 사용해 12 kips의 사하중과 36 kips의 활하중을 저항할 수 있는 쌍ㄱ형강 인장부재를 선택하고 용접접합을 설계하라. 부재는 길이가 16 ft이며, 두께가 $^5/_8$-in.인 연결판에 연결된다. 인장부재와 연결판 모두 A36 강재를 사용한다. 결과를 그림에 나타내고 치수를 기입해 완성하라.

7.11–10 다음 조건에 대해 인장부재와 접합부를 설계하라:

- 인장부재는 미국 표준 ㄷ형강이다.
- 길이 = 17.5 ft.
- ㄷ형강의 웨브는 두께가 $^3/_8$-in.인 연결판에 용접된다.
- 인장부재는 A572 등급 50 강재이며, 연결판은 A36 강재이다.
- 사용사하중 = 54 kips, 사용활하중 = 80 kips, 풍하중 = 75 kips.

결과를 그림에 나타내고 치수를 기입해 완성하라.

STEEL DESIGN

8 편심연결

8.1 편심연결의 예

작용하중의 합력이 연결재 또는 용접의 무게중심을 통과하지 않는 연결을 편심연결(eccentric connection)이라 한다. 연결이 하나의 대칭면을 갖는다면, 연결재 또는 용접의 전단면적의 도심을 기준점으로 사용할 수 있고, 이때 하중의 작용선으로부터 도심까지 수직거리를 *편심*(eccentricity)이라 부른다. 대부분의 연결에서 하중은 아마도 편심을 가지고 작용하지만, 많은 경우 그 편심은 작아서 무시될 수 있다.

그림 8.1(a)에서 보여주는 *골조형* 보연결(framed beam connection)은 대표적인 편심연결이다. 이 연결은 볼트 또는 용접형태로, 일반적으로 보를 기둥에 연결하는데 사용된다. 이러한 연결형태에서 편심은 작고 때로는 무시될 수 있지만, 그 편심이 존재하며, 여기서 설명을 위해 사용된다. 실제로, 두 가지 다른 연결이 내포되어 있다: 골조 ㄱ형강에 보의 접합과 기둥에 ㄱ형강의 접합. 이러한 연결은 두 가지의 기본적인 편심연결을 설명한다: 연결재 또는 용접에 전단만을 발생시키는 연결과 전단과 인장을 동시에 발생시키는 연결.

그림 8.1(b)에서와 같이 보와 ㄱ형강을 기둥으로부터 분리해서 고려하면, 반력 R이 보 웨브의 연결재 면적의 도심으로부터 편심 e 만큼 떨어져 작용한다는 것은 명백하다. 그러므로 이 연결재는 전단력과 연결의 평면에 작용하는 우력을 동시에 받으며, 비틀림 전단응력을 일으킨다.

그림 8.1(c)에서와 같이 기둥과 ㄱ형강이 보로부터 분리되면, 연결재의 평면으로부터 편심 e 만큼 떨어져 작용하는 반력 R이 기둥 플랜지의 연결재에 작용해 앞에서와 같은 우력을 일으킨다는 것은 명백하다. 그러나 이 경우에는 하중이 연결재 평면에 작용하지 않으므로 우력으로 인해 연결의 상부는 인장을 받게 되고 하부는 압축을 받게 된다. 그러므로 연결 상부에 있는 연결재는 전단과 인장을 동시에 받게 될 것이다.

그림 8.1

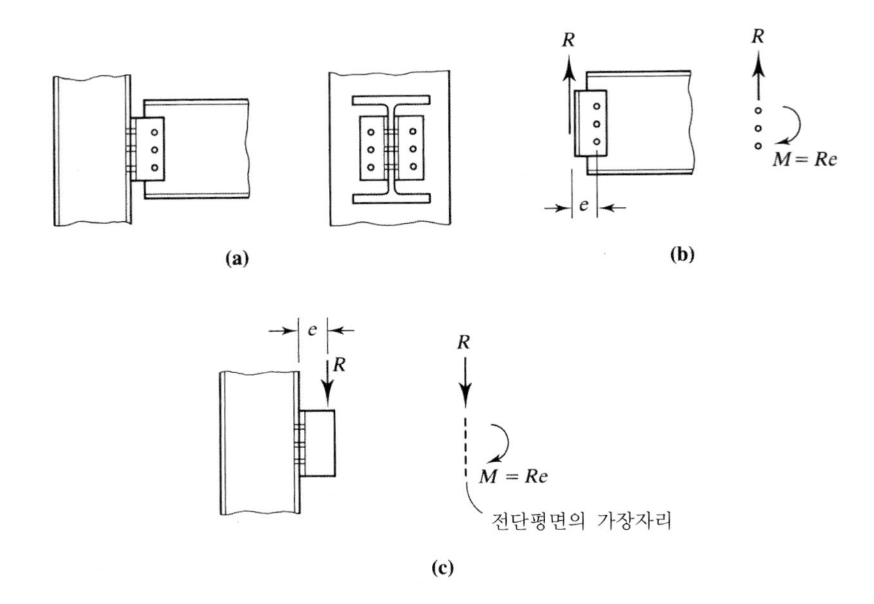

여기서는 설명을 위해 볼트연결을 사용하였지만, 용접연결도 전단만을 받는 경우 또는 전단과 인장을 동시에 받는 경우로 분류할 수 있다.

다양한 골조형 보 연결에 대한 유용강도(최대 반력내력)가 강구조편람 10편 "단순 전단연결의 설계"의 표 10-1부터 10-12에 주어져 있다.

8.2 편심볼트연결: 전단만을 받는 경우

그림 8.2의 기둥 브래킷연결은 편심전단을 받는 볼트연결의 한 예이다. 이러한 문제해석에는 두 가지 접근방법이 있다: 전통적인 탄성해석과 더욱 엄밀한 (그러나 더욱 복잡한) 극한강도해석. 두 가지 방법 모두를 설명하기로 한다.

그림 8.2

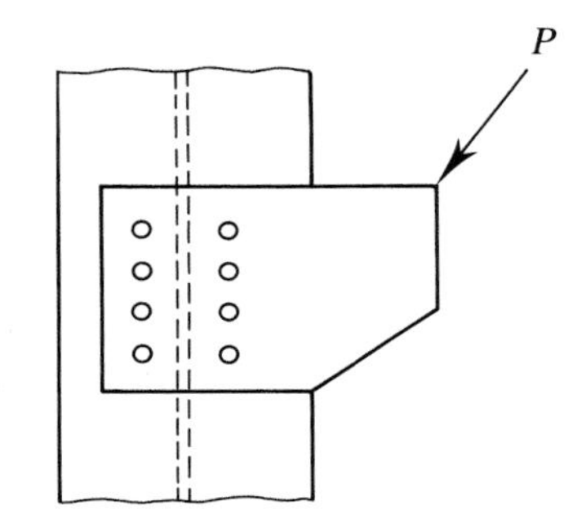

탄성해석

그림 8.3(a)에서 연결재의 전단면적과 하중을 기둥과 브래킷 판으로부터 분리해서 나타내고 있다. 편심하중 P는 도심에 작용하는 중심하중과 우력 $M = Pe$(여기서 e는 편심)으로 대체될 수 있다. 이런 대체가 이루어지면, 하중은 중심에 작용하며, 각 연결재는 $p_c = P/n$(여기서 n은 연결재의 개수)로 주어지는 같은 크기의 하중에 저항한다고 가정할 수 있다. 우력으로 인한 연결재력은 연결재의 단면적으로 구성되는 단면의 비틀림으로부터 발생하는 연결재의 전단응력을 고려함으로써 구할 수 있다. 이러한 가정을 사용한다면, 각 연결재의 전단응력은 다음의 비틀림 공식으로부터 구할 수 있다.

$$f_\nu = \frac{Md}{J} \tag{8.1}$$

여기서

d = 면적의 도심으로부터 응력이 계산되는 지점까지 거리

J = 도심에 대한 면적의 극관성2차모멘트

그리고 응력 f_ν는 d에 수직이다. 비틀림 공식은 직원주면체에만 적용할 수 있지만, 실제 응력보다 다소 큰 응력이 얻어지므로, 여기서 이 공식을 사용하는 것은 안전하다.

만일 평행축정리를 사용하고 각 원 면적의 자체도심에 대한 극관성2차모멘트를 무시한다면, 모든 연결재가 동일한 면적 A를 갖는 경우 총 면적에 대한 J는 다음과 같이 근사화될 수 있다.

$$J = \sum Ad^2 = A\sum d^2$$

그림 8.3

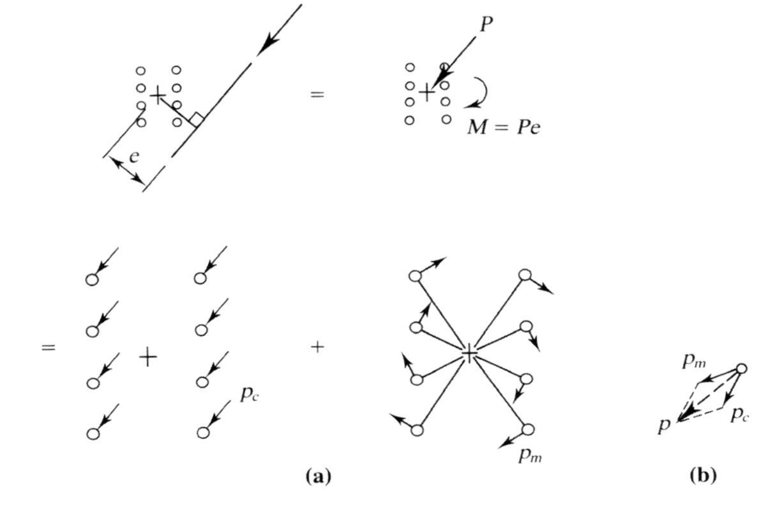

따라서 식 8.1은 다음과 같이 쓸 수 있다.

$$f_\nu = \frac{Md}{A\Sigma^2}$$

우력으로 인한 각 연결재의 전단력은 다음과 같다.

$$p_m = Af_v = A\frac{Md}{A\Sigma d^2} = \frac{Md}{\Sigma d^2}$$

그러므로 우측 하단의 연결재가 예로 사용된 그림 8.3(b)에서와 같이, 이미 결정된 전단력의 두 성분은 벡터 합을 사용해 합력 p를 구할 수 있다. 가장 큰 합력이 결정되었을 때, 이 힘에 저항할 수 있는 연결재의 치수를 선택한다. 임계연결재는 항상 개략적인 조사로 구할 수 없으며, 여러 번의 힘 계산이 필요할 수도 있다.

일반적으로 힘의 직각성분을 사용하는 것이 더욱 편리하다. 각 연결재에 대해, 직접전단으로 인한 힘의 수평성분과 수직성분은 다음과 같다.

$$p_{cx} = \frac{P_x}{n}, \; p_{cy} = \frac{P_y}{n}$$

여기서 P_x와 P_y는 그림 8.4에서 보여주는 것처럼 각각 총 연결하중 P의 x축과 y축 성분이다. 편심으로 인한 수평성분과 수직성분은 다음과 같이 구할 수 있다. 연결재면적의 중심의 x와 y좌표로 나타내면,

$$\Sigma d^2 = \Sigma(x^2 + y^2)$$

여기서 좌표계의 원점은 총 연결재의 전단면적의 도심에 위치한다. p_m의 x성분은 다음과 같다.

$$p_{mx} = \frac{y}{d}p_m = \frac{y}{d}\frac{Md}{\Sigma d^2} = \frac{y}{d}\frac{Md}{\Sigma(x^2+y^2)} = \frac{My}{\Sigma(x^2+y^2)}$$

유사하게,

$$p_{my} = \frac{Mx}{\Sigma(x^2+y^2)}$$

그림 8.4

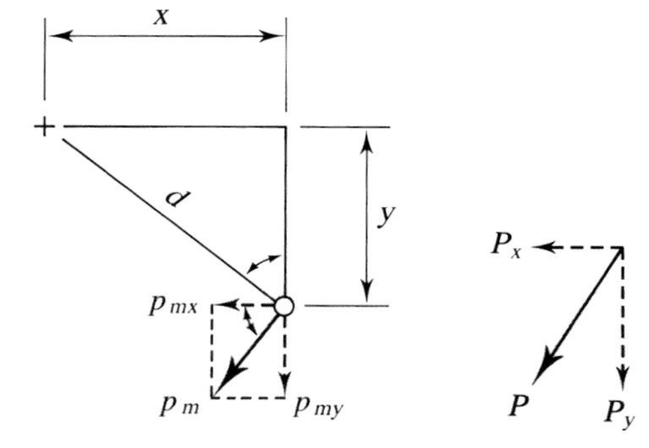

따라서 총 연결재력은 다음과 같다.

$$p = \sqrt{(\Sigma p_x)^2 + (\Sigma p_y)^2}$$

여기서

$$\Sigma p_x = p_{cx} + p_{mx}$$

$$\Sigma p_y = p_{cy} + p_{my}$$

접합부에 작용되는 하중 P가 계수하중이면, 연결재에 작용하는 힘 p 또한 전단과 지압에 저항되는 계수하중 —즉, 소요설계강도이다. P가 사용하중이면, p는 연결재의 소요허용강도일 것이다.

예제 8.1 **그림 8.5의 브래킷연결에서 임계연결재력을 결정하라.**

풀 이 연결재군의 도심은 연결재군의 하단 열을 지나는 수평축을 사용하고 모멘트원리를 적용해 구할 수 있다:

$$\bar{y} = \frac{2(5)+2(8)+2(11)}{8} = 6 \text{ in.}$$

하중의 수평성분과 수직성분은 각각 다음과 같다.

$$P_x = \frac{1}{\sqrt{5}}(50) = 22.36 \text{ kips} \leftarrow, \quad P_y = \frac{2}{\sqrt{5}}(50) = 44.72 \text{ kips} \downarrow$$

그림 8.6(a)를 참조해서, 도심에 대해 하중에 의한 모멘트를 계산할 수 있다:

$$M = 44.72(12+2.75) - 22.36(14-6) = 480.7 \text{ in.-kips} \quad \text{(시계방향)}$$

그림 8.5

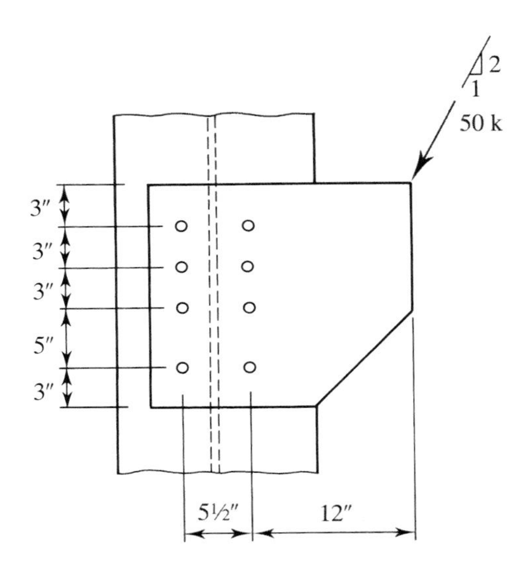

그림 8.6

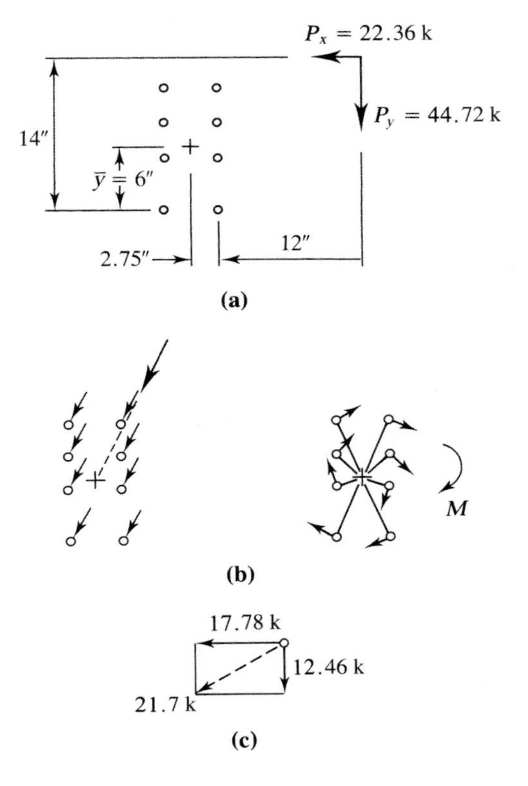

그림 8.6(b)는 모든 볼트력 성분의 방향과 우력에 의해 발생하는 성분의 상대크기를 보여준다. 이러한 방향과 상대크기를 지침으로 사용하고 평행사변형 법칙에 의해 힘을 합한다는 것을 염두에 두면, 우측 하단의 연결재에 가장 큰 합력이 작용한다고 결론을 낼 수 있다.

중심하중으로 인한 각 볼트력의 수평성분과 수직성분은 다음과 같다.

$$p_{cx} = \frac{22.36}{8} = 2.795 \text{ kips} \leftarrow \text{ , } p_{cy} = \frac{44.72}{8} = 5.590 \text{ kips} \downarrow$$

우력에 대해,

$$\Sigma(x^2+y^2) = 8(2.75)^2 + 2[(6)^2+(1)^2+(2)^2+(5)^2] = 192.5 \text{ in.}^2$$

$$p_{mx} = \frac{My}{\Sigma(x^2+y^2)} = \frac{480.7(6)}{192.5} = 14.98 \text{ kips} \leftarrow$$

$$p_{my} = \frac{Mx}{\Sigma(x^2+y^2)} = \frac{480.7(2.75)}{192.5} = 6.867 \text{ kips} \downarrow$$

$$\Sigma p_x = 2.795 + 14.98 = 17.78 \text{ kips} \leftarrow$$

$$\Sigma p_y = 5.590 + 6.867 = 2.46 \text{ kips} \downarrow$$

$$p = \sqrt{(17.78)^2 + (12.46)^2} = 21.7 \text{ kips}$$ (그림 8.6(c) 참조)

해 답 임계연결재력은 21.7 kips이다. 그 힘의 수평성분과 수직성분의 크기와 방향을 조사함으로써, 선택한 연결재가 실제로 임계연결재라는 앞에서의 결론을 확인할 수 있다.

극한강도해석

앞의 과정은 비교적 쉽게 적용할 수 있지만 안전한 측면으로 부정확하다. 탄성해석의 주된 결점은 연결재의 하중-변형관계가 선형이고 항복응력을 초과하지 않는다는 가정을 내포하고 있다는 것이다. 이것은 사실과 다르며 각 연결재는 정확하게 정의된 전단항복응력을 가지고 있지 않다는 것이 실험으로부터 밝혀졌다. 여기서 설명하는 과정은 각 연결재에 대해 실험으로 결정된 비선형 하중-변형관계를 사용해 접합부의 극한강도를 결정한다.

Crawford와 Kulak(1971)는 직경이 $^3/_4$ in.인 A325 지압볼트와 A36 강판을 사용해서 실험을 수행했으나, 그 결과는 직경이 다른 A325(또는 다른 A그룹) 볼트와 등급이 다른 강판에 대해 거의 오차 없이 사용될 수 있다. 이러한 과정은 마찰볼트와 A490(또는 다른 B그룹) 볼트를 사용할 때 안전한 결과를 가져온다(Kulak, Fisher, Struik, 1987).

변형 Δ에 대응하는 볼트력 R은 다음과 같다.

$$R = R_{ult}(1-e^{-\mu\Delta})^{\lambda}$$

$$= R_{ult}(1-e^{-10\Delta})^{0.55} \tag{8.2}$$

여기서

R_{ult} = 파괴 시 볼트 전단력

e = 자연로그의 밑수

μ = 회귀계수 = 10

λ = 회귀계수 = 0.55

접합부의 극한강도는 다음의 가정에 근거를 두고 있다:

1. 파괴 시, 연결재군은 순간중심(instantaneous center, IC)에 대해 회전한다.
2. 각 연결재의 변형은 IC로부터의 거리에 비례하고 회전반경에 수직으로 작용한다.
3. IC로부터 가장 멀리 떨어진 연결재가 극한강도에 도달될 때 접합부의 내력이 도달된다(그림 8.7은 작용하중에 반대방향으로 작용하는 저항력으로서의 볼트력을 보여주고 있다).
4. 연결부재는 강절을 유지한다.

그림 8.7

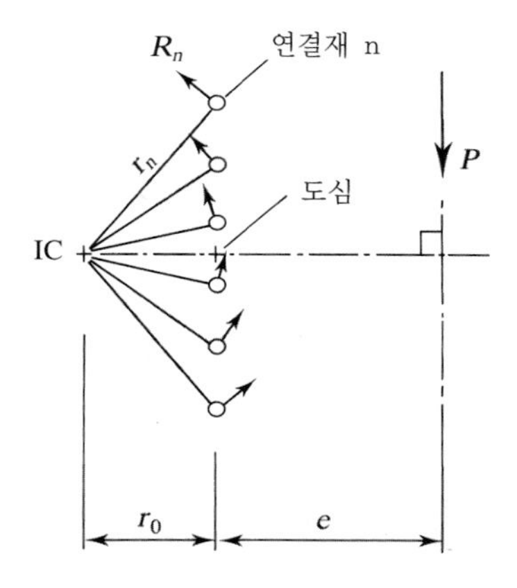

두 번째 가정의 결과로서, 각 연결재의 변형은 다음과 같다.

$$\Delta = \frac{r}{r_{\max}}\Delta_{\max} = \frac{r}{r_{\max}}(0.34)$$

여기서

r = IC로부터 연결재까지의 거리

$r_{\max}$ = 가장 먼 연결재까지의 거리

$\Delta_{\max}$ = 극한상태에서 가장 먼 연결재의 변형 = 0.34 in. (실험으로 결정된)

탄성해석에서와 같이 힘의 직각성분을 사용하는 것이 더욱 편리하다. 또는

$$R_y = \frac{x}{r}R, \quad R_x = \frac{y}{r}R$$

여기서 x와 y는 순간중심으로부터 연결재까지의 수평거리와 수직거리이다. 파괴순간에 평형이 유지되어야 하고, 다음 세 개의 평형방정식이 연결재그룹에 적용될 것이다(그림 8.7 참조):

$$\sum F_x = \sum_{n=1}^{m}(R_x)_n - P_x = 0 \tag{8.3}$$

$$M_{IC} = P(r_0 + e) - \sum_{n=1}^{m}(r_n \times R_n) = 0 \tag{8.4}$$

$$\sum F_y = \sum_{n=1}^{m}(R_y)_n - P_y = 0 \tag{8.5}$$

여기서 아래첨자 n은 각 연결재를 나타내며, m은 연결재의 총 개수이다. 일반적인 방법은 순간중심의 위치를 가정한 다음, 그에 대응하는 P값이 평형방정식을 만족하는지를 결정하는 것이다. 평형방정식이 만족된다면, 그 위치는 정확한 것이며 P는 연결의 내력이 된다. 특정한 순서는 다음과 같다.

1. r_0 값을 가정한다.
2. 식 8.4로부터 P를 구한다.
3. r_0와 P를 식 8.3과 8.5에 대입한다.
4. 허용오차 내에서 이 식을 만족한다면, 그 해석은 끝난 것이다. 그렇지 않다면, 새로운 r_0 값을 선택해 이 과정을 반복해야 한다.

연직하중을 받는 보통의 경우에 대해, 식 8.3은 자동적으로 만족될 것이다. 단순성과 일반성을 유지하기 위해, 이러한 경우만을 고려한다. 그러나 이러한 가정과 함께 가장 평범한 문제에서조차 계산이 극도로 복잡해지며 컴퓨터의 도움이 필요하게 된다. 예제 8.2의 (b)부분은 표준 스프레드시트(spreadsheet) 소프트웨어를 사용해 수행된 것이다.

예제 8.2 **그림 8.8의 브래킷연결은 9 kips의 사하중과 27 kips의 활하중으로 이루어진 편심하중을 지지해야 한다. 연결은 네 개의 볼트로 된 두 개의 수직 열을 포함하도록 설계되었으나, 한 개의 볼트가 실수로 빠졌다. 직경이 $^7/_8$ in.인 A그룹 지압볼트를 사용한다면, 이 연결은 적절한가? 볼트의 나사산이 전단면에 있다고 가정한다. 브래킷에 대해 A36 강재와 W6×25에 대해 A992 강재를 사용하고 다음의 해석을 수행하라: (a) 탄성해석, (b) 극한강도해석.**

풀 이 볼트 전단강도를 계산한다.

$$A_b = \frac{\pi\left(^7/_8\right)^2}{4} = 0.6013 \text{ in.}^2$$

$$R_n = F_{nv}A_b = 54(0.6013) = 32.47 \text{ kips}$$

그림 8.8

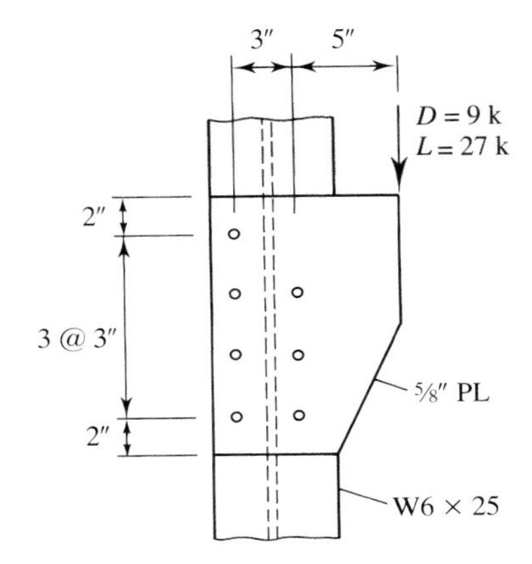

지압강도에 대해, 다음의 구멍직경을 사용한다.

$$h = d + \frac{1}{16} = \frac{7}{8} + \frac{1}{16} = \frac{15}{16}\text{ in.}$$

작은 지압강도를 가진 구성요소를 결정하기 위해, tF_u의 값을 비교한다(다른 변수는 같다). 판에 대해,

$$tF_u = \left(\frac{5}{8}\right)(58) = 36.25\text{ kips/in.}$$

W 6×25에 대해,

$$tF_u = t_f F_u = 0.455(65) = 29.58\text{ kips/in.} < 36.25\text{ kips/in.}$$

W 6×25의 강도가 지배한다.

모든 구멍에 대해, 지압변형강도는

$$R_n = 2.4dtF_u = 2.4\left(\frac{7}{8}\right)(0.455)(65) = 62.11\text{ kips}$$

찢겨짐강도를 검토한다. 부재 연단에서 가장 가까운 구멍에 대해,

$$l_c = l_e - \frac{h}{2} = 2 - \frac{15/16}{2} = 1.531\text{ in.}$$

$$R_n = 1.2 l_c t F_u$$

$$= 1.2(1.531)(0.455)(65) = 54.34\text{ kips}$$

$54.34\text{ kips} < 62.11\text{ kips}$이므로 이 볼트에 대해 찢겨짐강도가 지배되고 $R_n = 54.34\text{ kips}$이다.

나머지 구멍에 대해,

$$l_c = s - h = 3 - \frac{15}{16} = 2.063\text{ in.}$$

$$R_n = 1.2 l_c t F_u$$

$$= 1.2(2.063)(0.455)(65) = 73.22\text{ kips}$$

$62.11\text{ kips} < 73.22\text{ kips}$이므로 이 볼트에 대해 지압변형이 지배되고 $R_n = 62.11\text{ kips}$이다.

지압강도 값들이 볼트전단강도보다 크므로, $R_n = 32.47\text{ kips}$의 공칭전단강도가 지배한다.

a. 탄성해석. 좌측 하단의 볼트 중심이 원점인 $x-y$ 좌표계에 대해(그림 8.9),

$$\bar{y} = \frac{2(3)+2(6)+1(9)}{7} = 3.857\text{ in.}$$

$$\bar{x} = \frac{3(3)}{7} = 1.286\text{ in.}$$

$$\Sigma(x^2+y^2) = 4(1.286)^2 + 3(1.714)^2 + 2(3.857)^2 + 2(0.857)^2 + 2(2.143)^2 + 1(5.143)^2 = 82.29\text{ in.}^2$$

$$e = 3 + 5 - 1.286 = 6.714\text{ in.}$$

그림 8.9

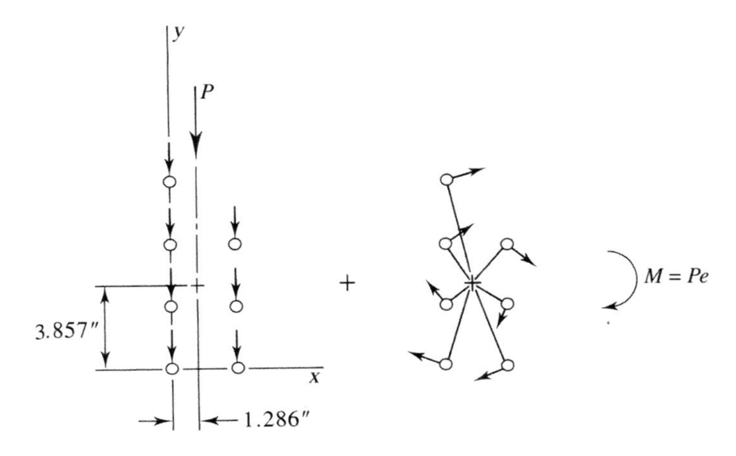

LRFD 풀이

$$P_u = 1.2D + 1.6L = 1.2(9) + 1.6(27) = 54 \text{ kips}$$

$$M = Pe = 54(6.714) = 362.6 \text{ in.-kips} \quad \text{(시계방향)}$$

$$p_{cy} = \frac{54}{7} = 7.714 \text{ kips} \downarrow \qquad p_{cx} = 0$$

그림 8.9에 나타난 방향과 상대크기로부터, 우측 하단의 볼트가 위험한 것으로 판단되므로

$$p_{mx} = \frac{My}{\sum(x^2+y^2)} = \frac{362.6(3.857)}{82.29} = 17.00 \text{ kips} \leftarrow$$

$$p_{my} = \frac{Mx}{\sum(x^2+y^2)} = \frac{362.6(1.714)}{82.29} = 7.553 \text{ kips} \downarrow$$

$$\sum p_x = 17.00 \text{ kips}$$

$$\sum p_y = 7.714 + 7.553 = 15.27 \text{ kips}$$

$$p = \sqrt{(17.00)^2 + (15.27)^2} = 22.9 \text{ kips}$$

볼트 설계전단강도는,

$$\phi R_n = 0.75(32.47) = 24.4 \text{ kips} > 22.9 \text{ kips} \qquad \text{(OK)}$$

해 답 탄성해석에 의해 구해진 접합부는 만족스럽다.

ASD 풀이

$$P_a = D + L = 9 + 27 = 36 \text{ kips}$$

$$M = Pe = 36(6.714) = 241.7 \text{ in.-kips} \quad \text{(시계방향)}$$

$$p_{cy} = \frac{36}{7} = 5.143 \text{ kips} \downarrow \qquad p_{cx} = 0$$

우측 하단의 볼트를 검토한다.

$$p_{mx} = \frac{My}{\sum(x^2+y^2)} = \frac{241.7(3.857)}{82.29} = 11.33 \text{ kips} \leftarrow$$

$$p_{my} = \frac{Mx}{\sum(x^2+y^2)} = \frac{241.7(1.714)}{82.29} = 5.034 \text{ kips} \downarrow$$

$$\Sigma p_x = 11.33 \text{ kips}$$

$$\Sigma p_y = 5.143 + 5.034 = 10.18 \text{ kips}$$

$$p = \sqrt{(11.33)^2 + (10.18)^2} = 15.23 \text{ kips}$$

볼트 허용전단강도는,

$$\frac{R_n}{\Omega} = \frac{32.47}{2.00} = 16.24 \text{ kips} > 15.23 \text{ kips} \qquad \text{(OK)}$$

해　답 탄성해석에 의해 구해진 접합부는 만족스럽다.

b. **극한강도해석.** 약간의 수정을 사용해 앞서 개요한 방법을 사용할 것이다. R_{ult}에 대한 수치 값을 사용하는 대신에 단위강도를 사용해 식 8.2를 다음과 같이 수정한다.

$$R = R_{ult}(1-e^{-\mu\Delta})^{\lambda} = 1.0(1-e^{-\mu\Delta})^{\lambda} = (1-e^{-\mu\Delta})^{\lambda}$$

즉, 단위 볼트강도에 대응하는 결과를 얻게 되는데 그 결과에 실제 볼트강도를 곱하여 연결강도를 구할 수 있다. 표준 스프레드시트 소프트웨어를 사용해 해석을 수행한다.

최종시도 값 $r_0 = 1.57104$ in.에 대한 결과 값이 표 8.1에 제시되어 있다. 좌표계와 볼트의 번호 매김은 그림 8.10에 나타나 있다(표의 값들은 제시 목적으로 소수점 셋째자리에 반올림되었다).

식 8.4로부터,

$$P(r_0 + e) = \Sigma rR$$

$$P = \frac{\Sigma rR}{r_0 + e} = \frac{23.1120}{1.57104 + 6.71429} = 2.78951 \text{ kips}$$

여기서 일관성을 위해 e를 여섯 자리의 유효숫자로 표시했다.

식 8.5로부터,

$$\Sigma F_y = \Sigma R_y - P = 2.78951 - 2.78951 = 0.000$$

작용하중은 수평성분이 없으므로, 식 8.3은 자동적으로 만족된다.

표 8.1

	볼트 1에 원점		IC에 원점						
볼트	x'	y'	x	y	r	Δ	R	rR	R_y
1	0	0	0.285	−3.857	3.868	0.255	0.956	3.699	0.071
2	3	0	3.285	−3.857	5.067	0.334	0.980	4.968	0.636
3	0	3	0.285	−0.857	0.903	0.060	0.644	0.582	0.203
4	3	3	3.285	−0.857	3.395	0.224	0.940	3.192	0.910
5	0	6	0.285	2.143	2.162	0.143	0.860	1.859	0.113
6	3	6	3.285	2.143	3.922	0.259	0.958	3.758	0.802
7	0	9	0.285	5.143	5.151	0.340	0.982	5.056	0.054
합계								23.1120	2.78951

그림 8.10

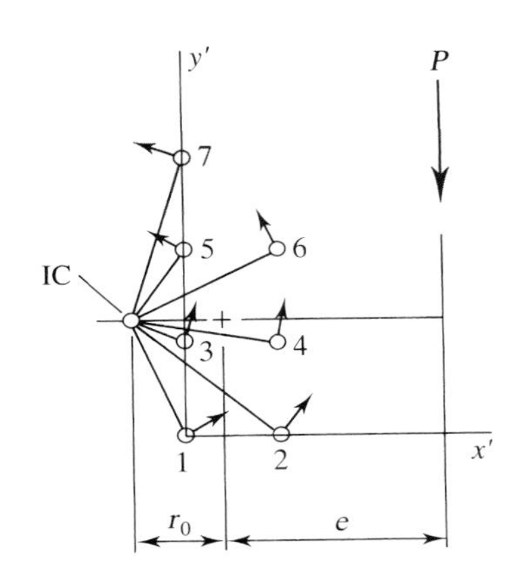

방금 계산된 2.78951 kips의 하중은 접합부에 대한 파괴하중이며, 그것의 극한하중 내력에 도달하는 임계볼트에 근거를 둔 것이다. 이 해석은 단위 볼트극한강도에 근거를 둔 것이므로 실제 연결력은 실제 볼트극한강도를 곱하여 얻을 수 있다. 전단에 근거한 볼트 하나의 공칭강도는 $R_n = 28.86$ kips이다. 접합부의 공칭강도는 다음과 같다.

$$PR_n = 2.790(28.86) = 80.52 \text{ kips}$$

LRFD 풀이 접합부의 설계강도는,

$$0.75(80.52) = 60.4 \text{ kips} > 54 \text{ kips} \qquad \text{(OK)}$$

해 답 극한강도해석으로 구한 접합부는 만족스럽다.

ASD 풀이 접합부의 허용강도는,

$$\frac{80.52}{2.00} = 40.3 \text{ kips} > 36 \text{ kips} \qquad \text{(OK)}$$

해 답 극한강도해석으로 구한 접합부는 만족스럽다.

강구조편람 7편, "볼트에 대한 설계고려사항"의 표 7-6부터 7-13은 편심하중을 받는 연결재그룹의 일반적인 형태에 대한 설계나 해석을 위한 계수를 제시하고 있다. 고려되는 각 연결재의 배열에 대해, 표는 연결 유용강도의 연결재 유용강도에 대한 비인 C값을 제시하고 있다.(계수 C는 단위 볼트강도에 대해 예제 8.2에서 구한 연결강도와 같은 중요성을 가진다. 즉, 표 8.1의 ΣR_y는 C와 같다.) 안전한 연결하중을 구하기 위해 사용된 특별한 연결재의 유용강도를 이러한 상수에 곱해야만 한다. 표에 포함되지 않은 편심연결에 대해서는 안전한 방법인 탄성해석법이 사용될 수 있다. 물론, 컴퓨터 프로그램이나 스프레드시트 소프트웨어를 사용해 극한강도해석을 수행할 수도 있다.

예제 8.3 그림 8.11에 나타난 접합부에 대해, 강구조편람 7편에 있는 표를 사용해볼트전단에 근거한 유용강도를 결정하라. 볼트의 직경은 $^3/_4$ in.이고 나사산이 전단면에 있는 A그룹 지압볼트를 사용한다. 볼트는 1면전단을 받고 있다.

그림 8.11

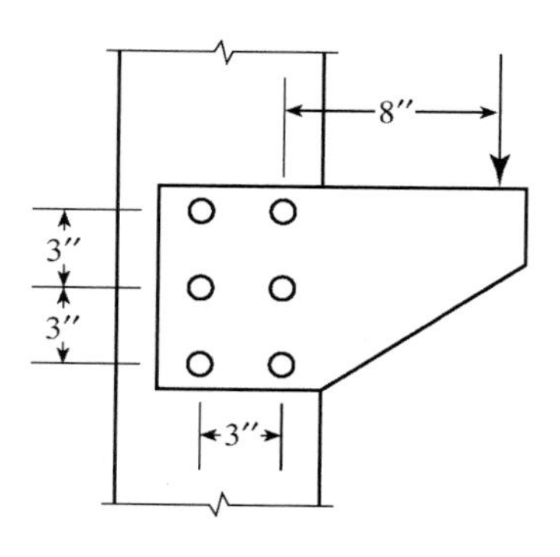

풀 이 이 연결은 표 7-7에서 각 $=0°$ 인 연결에 대응한다. 편심은,

$$e_x = 8 + 1.5 = 9.5 \text{ in.}$$

수직 열당 볼트 개수는,

$$n = 3$$

강구조편람 표 7-7로부터,

$C = 1.53$ (보간법에 의해)

1면전단을 받는 직경이 $^3/_4$ in.인 볼트의 공칭강도는,

$$r_n = F_{nv}A_b = 54(0.4418) = 23.86 \text{ kips}$$

(여기서 볼트 하나의 공칭강도에 대해 r_n과 접합부강도에 대해 R_n을 사용한다.)

접합부의 공칭강도는,

$$R_n = Cr_n = 1.53(23.86) = 36.51 \text{ kips}$$

해 답 LRFD에 대해, 접합부의 유용강도는 $\phi R_n = 0.75(36.51) = 27.4$ kips.
ASD에 대해, 접합부의 유용강도는 $R_n/\Omega = 36.51/2.00 = 18.3$ kips.

8.3 편심볼트연결: 전단과 인장을 함께 받는 경우

그림 8.12의 T형강 브래킷과 같은 접합부에서 편심하중은 연결재의 상부 열에서는 인장을 증가시키고, 하부 열에서는 인장을 감소시키는 우력을 일으킨다. 연결재가 초기인장이 없는 볼트인 경우, 상부 볼트는 인장을 받게 되고 하부 볼트는 영향을 받지 않게 된다. 연결재의 종류와 무관하게, 각 볼트는 같은 크기의 전단하중을 받게 될 것이다.

연결재가 초기인장력이 도입된 고장력볼트인 경우, 기둥 플랜지와 브래킷 플랜지 사이의 접촉면은 외부하중이 작용하기 전에 균등하게 압축될 것이다. 지압력은 총 볼트인장력을 접지면으로 나눈 것과 같을 것이다. 하중 P가 서서히 증가함에 따라 그림 8.13(a)와 같이 상부 압축력은 경감되고 하부 압축력은 증가하게 될 것이다. 상부압축이 완전히 없어졌을 때 각 구성요소들은 분리되며, 우력 Pe 는 그림 8.13(b)에서와 같이 볼트인장력과 나머지 접지면의 압축력에 의해 저항하게 될 것이다. 극한하중에 접근할 때, 볼트력은 볼트의 극한인장강도에 접근하게 될 것이다.

여기서는 안전하고 간단한 방법을 사용할 것이다. 접합부의 중립축이 볼트면적의 도심을 통과한다고 가정한다. 그림 8.13(c)에서와 같이, 중립축 위의 볼트는 인장을 받고, 중립축 아래의 볼트는 압축력을 받는다고 가정한다. 각 볼트는 극한 값 r_t 에 도달한다고 가정한다. 각 수평선에 두 개의 볼트가 있으므로, 각 힘은 $2r_t$ 로 나타난다. 이러한 볼트력에 의해 제공되는 저항모멘트는 인장 볼트력의 합력에 인장 볼트면적의 도심과 압축 볼트면적의 도심 사이의 거리와 같은 모멘트 팔길이를 곱한 것으로 계산된다.

$$M = n r_t d \tag{8.6}$$

여기서

M = 저항모멘트

r_t = 볼트력

n = 중립축 위의 볼트 개수

d = 인장볼트 도심과 압축볼트 도심 사이의 거리

그림 8.12

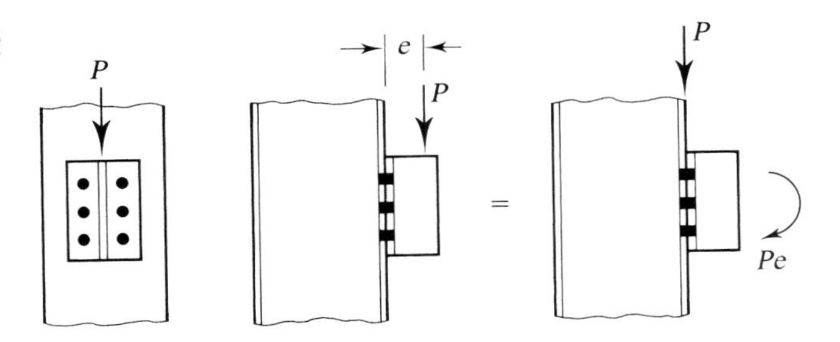

그림 8.13

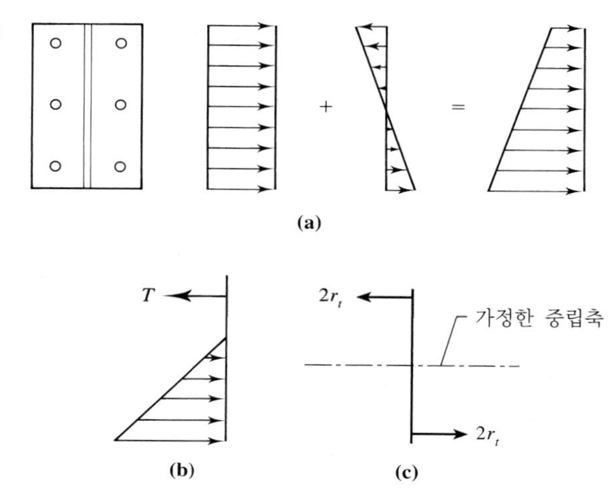

저항모멘트를 작용모멘트와 같게 놓으면, 그 결과식을 미지의 값인 볼트인장력 r_t에 대해 풀 수 있다.(이 방법은 강구조편람 7편의 경우 II와 같다.)

예제 8.4 **그림 8.14에서와 같이 보-기둥의 접합부는 구조용 T형강으로 되어 있다. 기둥 플랜지에 T형강 플랜지를 접합하기 위해, 직경이 $^3/_4$ in. 이고 완전히 조인 A그룹 지압볼트 여덟 개를 사용한다. 20 kips의 사용사하중과 40 kips의 사용활하중이 2.75 in.의 편심으로 작용할 때, 이 접합부(T형강-기둥 연결)이 적절한지를 조사하라. 볼트 나사산은 전단면에 있다고 가정한다. 모든 구조용 강재는 A992이다.**

그림 8.14

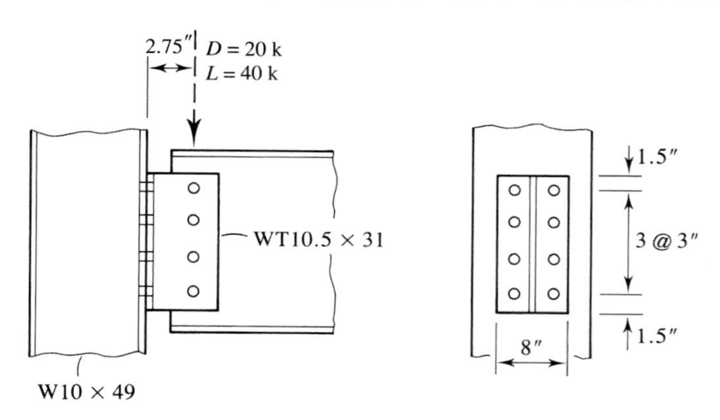

LRFD 풀이 전단강도와 지압강도를 결정한다. 강구조편람 7편에 있는 표를 사용한다. 표 7-1로부터, 전단강도는

$$\phi r_n = 17.9 \text{ kips/bolt}$$

볼트간격이 3in.인 내부볼트에 대해, 표 7-4로부터 지압강도는

$$\phi r_n = 87.8t = 87.8(0.560) = 49.2 \text{ kips/bolt}$$

연단볼트에 대해, 표 7-5와 $1^1/_4$ in.의 안전한 연단거리를 사용한다. 지압강도는,

$$\phi r_n = 49.4t = 49.4(0.560) = 27.7 \text{ kips/bolt}$$

전단강도가 모든 볼트의 지압강도보다 작기 때문에, 전단강도가 지배한다.

계수하중은,

$$P_u = 1.2D + 1.6L = 1.2(20) + 1.6(40) = 88 \text{ kips}$$

볼트하나당 전단/지압하중은 $88/8 = 11$ kips이다. 볼트하나당 설계전단강도는,

$$\phi r_n = 17.9 \text{ kips} > 11 \text{ kips} \qquad \text{(OK)}$$

볼트당 인장력을 계산하고 난 다음, 인장-전단 상호작용을 검토한다. 대칭으로 인해 연결의 도심은 중간 깊이에 위치한다. 그림 8.15는 볼트면적과 볼트 장력의 분포도를 나타내고 있다.

식 8.6으로부터, 저항모멘트는

$$M = nr_t d = 4r_t(3 - 1.5 + 3 + 3 - 1.5) = 24r_t$$

작용모멘트는,

$$M_u = P_u e = 88(2.75) = 242 \text{ in.-kips}$$

저항모멘트와 작용모멘트를 같다고 놓고 풀면 다음의 값을 얻게 된다.

$$24r_t = 242 \quad \text{또는} \quad r_t = 10.08 \text{ kips}$$

계수하중 전단응력은,

$$f_{rv} = \frac{11}{0.4418} = 24.90 \text{ ksi}$$

AISC 식 J3-3a로부터, 공칭인장응력은 다음과 같다.

$$F_{nt}' = 1.3F_{nt} - \frac{F_{nt}}{\phi F_{nv}} f_{rv} \le F_{nt}$$

$$= 1.3(90) - \frac{90}{0.75(54)}(24.90) = 61.67 \text{ ksi} < 90 \text{ ksi}$$

설계인장강도는,

$$\phi R_n = 0.75F_{nt}' A_b = 0.75(61.67)(0.4418) = 20.4 \text{ kips} > 10.08 \text{ kips}$$

(OK)

해 답 접합부는 만족스럽다.

그림 8.15

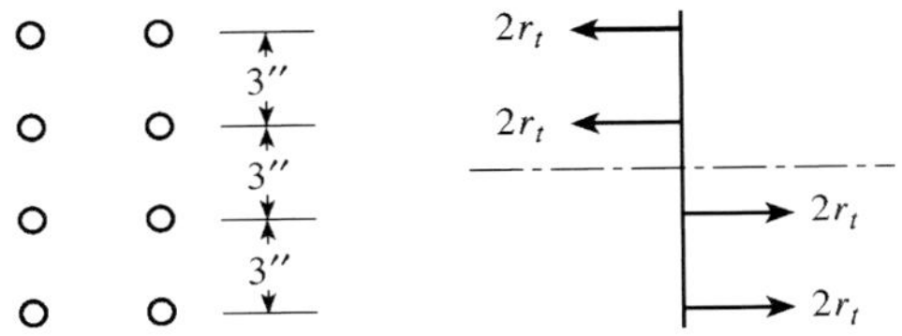

ASD 풀이 전단강도와 지압강도를 결정한다. 강구조편람 7편에 있는 표를 사용한다. 표 7-1로부터, 전단강도는

$$\frac{r_n}{\Omega} = 11.9 \text{ kips/bolt}$$

볼트간격이 3in.인 내부볼트에 대해, 표 7-4로부터 지압강도는

$$\frac{r_n}{\Omega} = 58.5t = 58.5(0.560) = 32.8 \text{ kips/bolt}$$

연단볼트에 대해, 표 7-5와 $1^1/_4$ in.의 안전한 연단거리를 사용한다. 지압강도는,

$$\frac{r_n}{\Omega} = 32.9t = 32.9(0.560) = 18.4 \text{ kips/bolt}$$

전단강도가 지배한다.

총 작용하중은,

$$P_a = D + L = 20 + 40 = 60 \text{ kips}$$

볼트하나당 전단/지압하중은 $60/8 = 7.5$ kips이다. 볼트하나당 허용전단강도는,

$$\frac{r_n}{\Omega} = 11.9 \text{ kips} > 7.5 \text{ kips} \qquad \text{(OK)}$$

볼트당 인장력을 계산하고 난 다음, 인장-전단 상호작용을 검토한다. 작용모멘트는,

$$M_a = P_a e = 60(2.75) = 165 \text{ in.-kips}$$

식 8.6으로부터, 저항모멘트는

$$M = n r_t d = 4r_t(3 - 1.5 + 3 + 3 - 1.5) = 24r_t$$

저항모멘트와 작용모멘트를 같다고 놓고 풀면 다음의 값을 얻게 된다.

$$24r_t = 165 \quad \text{또는} \quad r_t = 6.875 \text{ kips}$$

전단응력은,

$$f_{rv} = \frac{7.5}{0.4418} = 16.98 \text{ ksi}$$

AISC 식 J3-3b로부터, 공칭인장응력은 다음과 같다.

$$F_{nt}' = 1.3F_{nt} - \frac{\Omega F_{nt}}{F_{nv}} f_{rv} \le F_{nt}$$

$$= 1.3(90) - \frac{2.00(90)}{54}(16.98) = 60.40 \text{ ksi} < 90 \text{ ksi}$$

허용인장강도는,

$$\frac{R_n}{\Omega} = \frac{F_{nt}' A_b}{\Omega} = \frac{60.40(0.4418)}{2.00} = 13.3 \text{ kips} > 6.875 \text{ kips} \quad \text{(OK)}$$

해 답 접합부는 만족스럽다.

마찰연결에서 볼트가 인장을 받을 때, 마찰강도는 AISC J3.9(7.9절 참조)에 주어진 계수에 의해 보통 감소된다. 그 이유는 조임효과, 즉 마찰력이 감소하기 때문이다. 그러나 방금 고려했던 접합부형태에서는, 접합부의 하단부에 마찰력을 증가시키는 추가적인 압축이 존재하므로 접합부의 상단부에서 발생하는 압축력의 감소를 보정하게 된다. 이러한 이유로, 이런 접합부형태에서는 마찰강도를 감소시키지 않아야 한다.

8.4 편심용접연결: 전단만을 받는 경우

계산 시 각 연결재를 용접의 단위길이로 대체하는 것을 제외하고는, 편심용접연결은 볼트연결과 동일한 방법으로 해석된다. 전단하중을 받는 편심볼트연결에서와 같이, 탄성해석법이나 극한강도법을 사용해서 용접전단연결을 조사할 수 있다.

탄성해석

그림 8.16(a)의 브래킷에 작용하는 하중은 용접면, 즉 목두께의 평면에 작용한다고 생각할 수 있다. 이러한 약간의 근사를 사용하면 하중은 그림 8.16(b)에 나타난 용접면적에 의해 저항하게 될 것이다. 그러나 단위목두께의 치수를 사용하면 계산이 간단해진다. 이때, 실제 하중을 구하기 위해, 계산된 하중에 '(0.707×용접치수)'를 곱할 수 있다.

용접면에 작용하는 편심하중으로 용접부는 직접전단과 비틀림전단을 동시에 받는다. 용접의 모든 요소는 같은 크기의 직접전단을 받기 때문에, 직접전단응력은 다음과 같다.

$$f_1 = \frac{P}{L}$$

그림 8.16

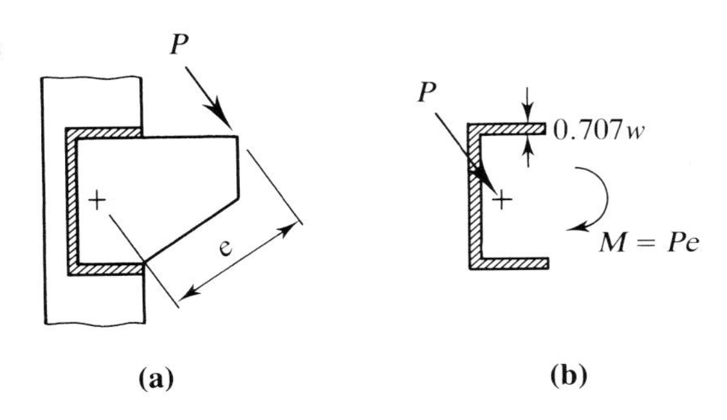

여기서 L은 총 용접길이이며 단위목두께의 치수를 가정했기 때문에, 수치적으로 전단면적과 같다. 직각성분을 사용하면,

$$f_{1x} = \frac{P_x}{L} \quad 와 \quad f_{1y} = \frac{P_y}{L}$$

여기에서 P_x와 P_y는 각각 작용하중의 x와 y성분이다. 우력으로 인한 전단응력은 다음의 비틀림공식을 사용해 구할 수 있다.

$$f_2 = \frac{Md}{J}$$

여기서

d =전단면적의 도심으로부터 응력산정 점까지의 거리

J =전단면적의 극관성2차모멘트

그림 8.17에서는 주어진 용접에 대해 우측 상단 모서리의 응력을 보여주고 있다. 직각성분을 이용하면,

$$f_{2x} = \frac{My}{J} \quad 와 \quad f_{2y} = \frac{Mx}{J}$$

또한,

$$J = \int_A r^2 dA = \int_A (x^2 + y^2) dA = \int_A x^2 dA + \int_A y^2 dA = I_y + I_x$$

여기서, I_x와 I_y는 전단면적의 직각단면2차모멘트이다. 모든 직각성분을 구하고 난 다음, 다음과 같이 벡터로 합하면 원하는 점에서의 전단응력 합력을 구할 수 있다.

$$f_v = \sqrt{(\Sigma f_x)^2 + (\Sigma f_y)^2}$$

볼트연결에서와 같이, 이러한 합성응력에 대해 임계위치는 직접전단응력과 비틀림전단응력 성분의 상대크기와 방향을 고찰함으로써 대개 결정할 수 있다.

단위 용접폭을 사용하기 때문에, 도심과 단면2차모멘트의 산정은 선에 대한 것과 같다. 이 책에서는 모든 용접분절은 선분절로 취급하며, 그 선분절은 근접하고 있는 연결부재의 가장자리와 같은 길이를 갖는다고 가정한다. 게다가 그 선에 일치하는 축에 대한 선분절의 단면2차모멘트는 무시된다.

그림 8.17

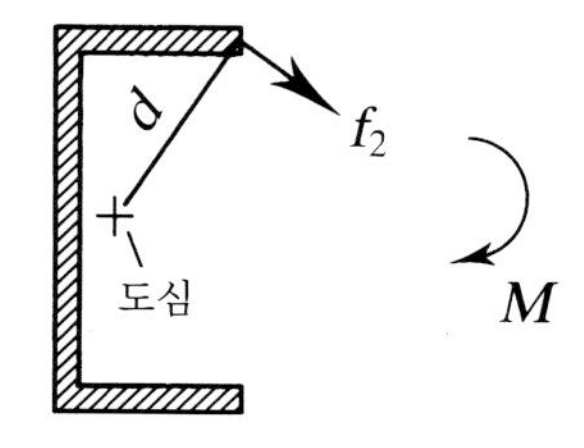

예제 8.5 그림 8.18의 브래킷연결에 필요한 용접치수를 결정하라. 사용사하중은 10 kips이고, 사용활하중은 30 kips이다. 브래킷은 A36 강재를 사용하고, 기둥은 A992 강재를 사용한다.

그림 8.18

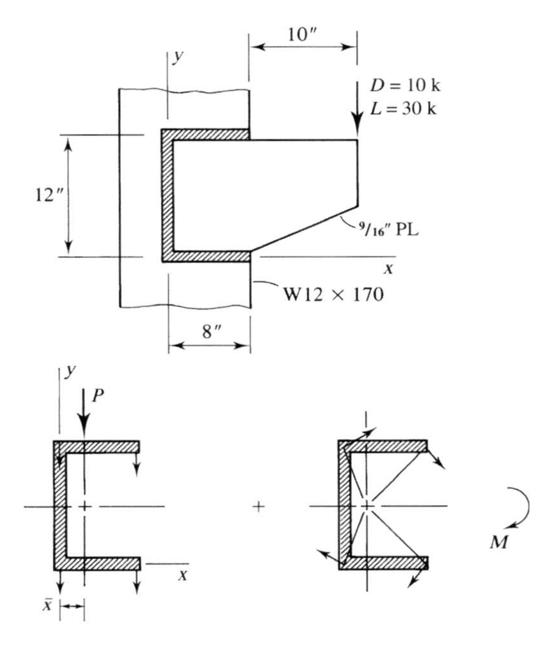

LRFD 풀이 $P_u = 1.2D + 1.6L = 1.2(10) + 1.6(30) = 60 \text{ kips}$

편심하중은 그림 8.18에서와 같이 중심축하중과 우력으로 대체시킬 수 있다. 직접전단응력은 모든 용접분절에 동일하며 다음과 같다.

$$f_{1y} = \frac{60}{8+12+8} = \frac{60}{28} = 2.143 \text{ ksi}$$

전단응력의 비틀림성분을 계산하기 전에, 용접부의 전단면적에 대한 도심위치가 결정되어야 한다. y축에 대한 모멘트의 합을 이용한 모멘트원리로부터,

$$\bar{x}(28) = 8(4)(2) \quad \text{또는} \quad \bar{x} = 2.286 \text{ in.}$$

편심 e는 $10 + 8 - 2.286 = 15.71$ in.이며, 비틀림 모멘트는 다음과 같다.

$$M = Pe = 60(15.71) = 942.6 \text{ in.-kips}$$

각각의 수평용접 자체의 도심축에 대한 단면2차모멘트가 무시된다면, 수평 도심축에 대한 총 용접면적의 단면2차모멘트는 다음과 같다.

$$I_x = \frac{1}{12}(1)(12)^3 + 2(8)(6)^2 = 720.0 \text{ in.}^4$$

유사한 방법으로,

$$I_y = 2\left[\frac{1}{12}(1)(8)^3 + 8(4-2.286)^2\right] + 12(2.286)^2 = 195.0 \text{ in.}^4$$

$$J = I_x + I_y = 720.0 + 195.0 = 915.0 \text{ in.}^4$$

각각의 연결모서리에 존재하는 응력의 양쪽 성분의 방향이 그림 8.18에 나타나 있다. 조사를 통해 우측 상단 모서리 또는 우측 하단 모서리를 임계위치로 선택할 수 있다. 우측 하단 모서리를 선택하면,

$$f_{2x} = \frac{My}{J} = \frac{942.6(6)}{915.0} = 6.181 \text{ ksi}$$

$$f_{2y} = \frac{Mx}{J} = \frac{942.6(8-2.286)}{915.0} = 5.886 \text{ ksi}$$

$$f_v = \sqrt{(6.181)^2 + (2.143+5.886)^2} = 10.13 \text{ ksi} = 10.13 \text{ kips/in.}$$

(단위목치수에 대해)

모재의 강도를 검토한다. 브래킷이 연결부재의 얇은 요소이므로 지배한다. 식 7.35로부터, 모재의 단위길이당 전단항복강도는 다음과 같다.

$$\phi R_n = 0.6F_y t = 0.6(36)\left(\frac{9}{16}\right) = 12.2 \text{ kips/in.}$$

식 7.36으로부터, 모재의 단위길이당 전단파단강도는 다음과 같다.

$$\phi R_n = 0.45F_u t = 0.45(58)\left(\frac{9}{16}\right) = 14.7 \text{ kips/in.}$$

따라서 모재의 전단강도는 $12.2 \text{ kips/in.} > 10.13 \text{ kips/in.}$이다. (OK)
식 7.29로부터, 인치당 용접강도는 다음과 같다.

$$\phi R_n = \phi(0.707 w F_{nw})$$

A36 강재에 대응하는 용접봉은 E70이다. 각 용접분절에 대해 하중방향이 변하므로 용접전단강도가 변하나, 간단하게 전체용접에 대해 안전측으로 $F_{nw} = 0.6F_{EXX}$을 사용한다. 그러므로 소요 용접치수는 다음과 같다.

$$w = \frac{\phi R_n}{\phi(0.707)F_{nw}} = \frac{10.13}{0.75(0.707)(0.6\times 70)} = 0.455 \text{ in.}$$

다른 방법으로, E70 용접봉의 경우 $^1/_{16}$ in. 용접치수에 대해, $\phi R_n = 1.392$ kips/in.이다. 그러므로 $^1/_{16}$ in.에 대한 소요치수는 다음과 같다.

$$\frac{10.13}{1.392} = 7.3 \ (^1/_{16} \text{ in.에 대해}) \quad \therefore \ \frac{8}{16} \text{ in.} = \frac{1}{2} \text{ in.을 사용한다.}$$

해 답 E70 용접봉을 이용해 $^1/_2$ in. 필릿용접을 사용한다.

ASD 풀이 총 하중은 다음과 같다. $P_a = D + L = 10 + 30 = 40 \text{ kips}$.

편심하중은 그림 8.18에서와 같이 중심축하중과 우력으로 대체시킬 수 있다. 직접전단응력은 모든 용접분절에 동일하며 다음과 같다.

$$f_{1y} = \frac{40}{8+12+8} = \frac{40}{28} = 1.429 \text{ ksi}$$

용접부의 전단면적에 대한 도심위치를 정하기 위해, y축에 대한 모멘트의 합을 이용한 모멘트원리를 사용한다.

$$\bar{x}(28) = 8(4)(2) \quad \text{또는} \quad \bar{x} = 2.286 \text{ in.}$$

편심 e는 $10+8-2.286=15.71$ in.이며, 비틀림 모멘트는 다음과 같다.

$$M = Pe = 40(15.71) = 628.4 \text{ in.-kips}$$

각각의 수평용접 자체의 도심축에 대한 단면2차모멘트가 무시된다면, 수평 도심축에 대한 총 용접면적의 단면2차모멘트는 다음과 같다.

$$I_x = \frac{1}{12}(1)(12)^3 + 2(8)(6)^2 = 720.0 \text{ in.}^4$$

유사한 방법으로,

$$I_y = 2\left[\frac{1}{12}(1)(8)^3 + 8(4-2.286)^2\right] + 12(2.286)^2 = 195.0 \text{ in.}^4$$

$$J = I_x + I_y = 720.0 + 195.0 = 915.0 \text{ in.}^4$$

각각의 연결모서리에 존재하는 응력의 양쪽 성분의 방향이 그림 8.18에 나타나 있다. 조사를 통해 우측 상단 모서리 또는 우측 하단 모서리를 임계위치로 선택할 수 있다. 우측 하단 모서리를 선택하면,

$$f_{2x} = \frac{My}{J} = \frac{628.4(6)}{915.0} = 4.121 \text{ ksi.}$$

$$f_{2y} = \frac{Mx}{J} = \frac{628.4(8-2.286)}{915.0} = 3.924 \text{ ksi}$$

$$f_v = \sqrt{(4.121)^2 + (1.429+3.924)^2} = 6.756 \text{ ksi} = 6.756 \text{ kips/in.}$$

(단위 목치수에 대해)

모재의 강도를 검토한다. 브래킷이 연결부재의 얇은 요소이므로 지배한다. 식 7.37로부터, 모재의 단위길이당 전단항복강도는 다음과 같다.

$$\frac{R_n}{\Omega} = 0.4F_y t = 0.4(36)\left(\frac{9}{16}\right) = 8.10 \text{ kips/in.}$$

식 7.38로부터, 모재의 단위길이당 전단파단강도는 다음과 같다.

$$\frac{R_n}{\Omega} = 0.3F_u t = 0.3(58)\left(\frac{9}{16}\right) = 9.79 \text{ kips/in.}$$

따라서 모재의 전단강도는 $8.10 \text{ kips/in.} > 6.756 \text{ kips/in.}$이다. (OK)

식 7.33으로부터, 인치당 용접강도는 다음과 같다.

$$\frac{R_n}{\Omega} = \frac{0.707wF_{nw}}{\Omega}$$

A36 강재에 대응하는 용접봉은 E70이다. 각 용접분절에 대해 하중방향이 변하므로 용접전단강도가 변하나, 간단하게 전체용접에 대해 안전측으로 $F_{nw} = 0.6F_{EXX}$을 사용한다. 그러므로 소요 용접치수는 다음과 같다.

$$w = \frac{\Omega(R_n/\Omega)}{0.707F_{nw}} = \frac{\Omega(f_v)}{0.707F_{nw}} = \frac{2.00(6.756)}{0.707(0.6\times 70)} = 0.455 \text{ in.}$$

$\therefore\ \frac{1}{2}$ in.을 사용한다.

다른 방법으로, E70 용접봉의 경우 $^1/_{16}$ in. 용접치수에 대해, $R_n/\Omega =$ 0.9279 kips/in.이다. 그러므로 $^1/_{16}$ in.의 필요한 치수는 다음과 같다.

$$\frac{6.756}{0.9279} = 7.3 \ (^1/_{16} \text{ in.에 대해}) \quad \therefore\ \frac{8}{16} \text{ in.} = \frac{1}{2} \text{ in.을 사용한다.}$$

해 답 E70 용접봉을 이용해 $^1/_2$ in. 필릿용접을 사용한다.

극한강도해석

전단을 받는 편심용접연결은 탄성방법을 이용해 안전하게 설계될 수는 있으나, 안전율이 필요 이상으로 커지며 연결형태에 따라 변하게 될 것이다(Butler, Pal, Kulak, 1972). 이러한 해석방법은 용접의 선형 하중-변형관계의 가정을 포함해서, 편심볼트연결에 대해 탄성방법을 사용했을 때와 같은 일부 단점을 겪게 된다. 오차의 다른 원인은 용접강도가 작용하중의 방향에 무관하다는 가정이다. AISC J2.4b의 관계에 근거한 극한강도법은 강구조편람 8편에 제시되어 있으며 여기에서 요약한다. 이러한 극한강도법은 Butler 등(1972)과 Kulak와 Timler(1984)가 수행한 연구에 근거를 두고 있으며, Crawford와 Kulak(1971)가 편심볼트연결에 대해 개발한 방법과 같은 맥락이다.

각각의 연결재를 고려하는 대신, 연속용접을 이산분절(discrete segment)의 조합으로 취급한다. 파괴 시, 연결에 작용하는 하중은 그림 8.19에서와 같이 순간회전중심(instantaneous center of rotation)으로부터 분절의 도심까지의 반지름에 수직으로 작용하는 각 요소의 힘에 의해 저항된다. 이 개념은 본질적으로 볼트 연결재에 대해 사용했던 개념과 동일하다. 그러나 볼트로 연결된 경우와는 달리 용접강도는 요소에 작용하는 하중방향의 함수이기 때문에 어떤 요소에서 최대 변형이 일어나는지를 결정하는 것과 파괴 시 각 요소의 힘을 계산하는 것은 훨씬 더 어렵다. 임계요소를 결정하기

그림 8.19

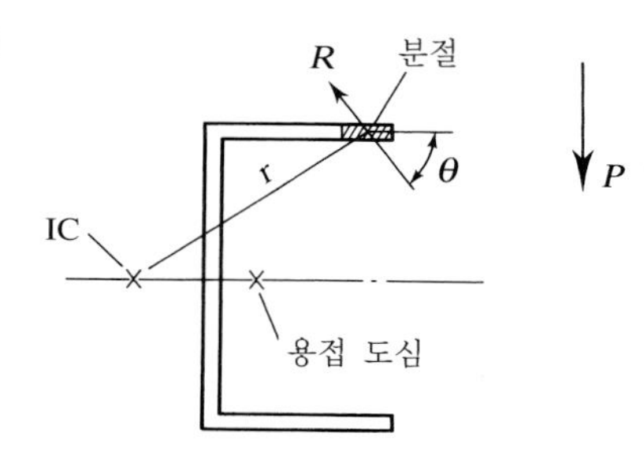

위해, 먼저 최대응력에 있는 각 요소의 변형을 계산한다.

$$\Delta_m = 0.209(\theta + 2)^{-0.32} w$$

여기서

Δ_m = 최대응력에 있는 요소의 변형
θ = 저항력이 용접분절의 축과 이루는 각(그림 8.19 참조)
w = 용접다리 치수

다음으로, 각 요소에 대해 Δ_m / r을 계산한다. 여기서 r은 IC로부터 요소 도심까지의 반지름이다. 가장 작은 Δ_m / r을 갖는 요소가 임계요소이며, 즉 가장 먼저 극한내력에 도달하는 요소이다. 이 임계요소에 대해, 극한(파단)변형은 다음과 같으며

$$\Delta_u = 1.087(\theta + 6)^{-0.65} w \ \leq \ 0.17w$$

그리고 반지름은 r_{crit}이다. 다른 요소에 대한 변형은 다음과 같다.

$$\Delta = r \frac{\Delta_u}{r_{crit}}$$

각 요소의 응력은 다음과 같다.

$$F_{nw} = 0.60 F_{EXX}(1 + 0.5\sin^{1.5}\theta)\,[p(1.9 - 0.9p)]^{0.3}$$

여기서

F_{EXX} = 용접봉 강도
$p = \dfrac{\Delta}{\Delta_m}$ 요소에 대해

각 요소의 힘은 $F_{nw} A_w$이며, 여기서 A_w는 용접 목면적이다.

앞에서의 계산은 순간회전중심의 위치를 가정함으로써 수행된다. 그것이 실제 위치라면, 평형방정식은 만족될 것이다. 나머지 상세한 과정은 볼트연결에 대한 것과 동일하다.

1. 다음 모멘트방정식으로부터 하중내력을 구한다.

   $$\Sigma M_{IC} = 0$$

   여기서 IC는 순간중심이다.
2. 두 개의 힘 평형방정식이 만족된다면, 가정한 순간중심의 위치와 단계 1에서 구한 하중은 정확한 값이 된다. 그렇지 않으면, 새로운 위치를 가정하고 전체 과정을 반복한다.

컴퓨터의 사용이 절대적으로 필요하다는 것이 명백하다. 다양하고 일반적인 형상의 편심용접 전단연결에 대해 컴퓨터로 구한 값이 강구조편람 8편에 표의 형식으로 제시되어 있다. 표 8-4～8-11은 극한강도해석에 근거한 수평과 수직 용접분절의 다양하고 일반적인 조합에 대한 유용강도계수를 보여준다. 이러한 표들은 설계나 해석에 사용될 수 있으며, 앞으로 접하게 될 거의 모든 상황을 다룰 것이다. 그 표에서 다루지 않은 연결에 대해서는, 더욱 안전한 탄성해석법이 사용될 수 있다.

예제 8.6 **극한강도해석법을 근거로 예제 8.5의 접합부에 필요한 용접치수를 결정하라. 강구조편람 8편에 제시된 편심하중 용접그룹에 대한 표를 사용하라.**

풀 이 예제 8.5의 용접은 강구조편람 표 8－8(각 ＝0°)에 나타난 것과 같은 형태이고 하중은 유사하다. 표를 사용하기 위해 다음의 기하학적 상수가 필요하다:

$$a = \frac{al}{l} = \frac{e}{l} = \frac{15.7}{12} = 1.3$$

$$k = \frac{kl}{l} = \frac{8}{12} = 0.67$$

표 8－8에서 $a = 1.3$에 대해, 보간법을 사용하면

$C = 1.52$ ($k = 0.6$에 대해), $C = 1.73$ ($k = 0.7$에 대해)

$k = 0.67$에 대해, 이 두 값 사이에서 보간법을 사용하면 다음의 값을 얻는다.

$C = 1.67$

E70XX 용접봉에 대해, $C_1 = 1.0$이다.

LRFD 풀이 표 8－8로부터, 연결의 공칭강도는 다음과 같이 주어진다.

$$R_n = CC_1Dl$$

LRFD에 대해,

$$\phi R_n = P_u$$

따라서

$$\frac{P_u}{\phi} = CC_1Dl$$

소요 D값은,

$$D = \frac{P_u}{\phi CC_1 l} = \frac{60}{0.75(1.67)(1.0)(12)} = 3.99 \ (^1/_{16}\,\text{in.}에\ 대해)$$

그러므로 소요 용접치수는 다음과 같다.

$$\frac{3.99}{16} = 0.249 \text{ in.} \quad \text{(예제 8.5의 소요 0.455 in.와 비교해서)}$$

해 답 E70 용접봉을 이용해 $^1/_4$-in. 필릿용접을 사용한다.

ASD 풀이 표 8-8로부터, 접합부의 공칭강도는 다음과 같이 주어진다.

$$R_n = CC_1Dl$$

ASD에 대해,

$$\frac{R_n}{\Omega} = P_a$$

따라서

$$\Omega P_a = CC_1Dl$$

소요 D값은,

$$D = \frac{\Omega P_a}{CC_1l} = \frac{2.00(40)}{1.67(1.0)(12)} = 3.99 \quad (^1/_{16} \text{ in.에 대해})$$

그러므로 소요 용접치수는 다음과 같다.

$$\frac{3.99}{16} = 0.249 \text{ in.} \quad \text{(예제 8.5의 소요 0.455 in.와 비교해서)}$$

해 답 E70 용접봉을 이용해 $^1/_4$-in. 필릿용접을 사용한다.

축하중을 받는 부재에 대한 특별한 규정

구조용부재가 축하중을 받을 때, 응력은 단면에 걸쳐 균등하고 합력은 도심을 통과하는 종축인 중심축(gravity axis)을 따라 작용한다고 생각할 수 있다. 단부에 중심축하중을 받는 부재의 경우, 접합부에 의해 제공되는 저항합력도 중심축을 따라 작용해야 한다. 부재단면이 대칭이면, 이러한 결과는 용접이나 볼트를 대칭으로 배치함으로써 얻어질 수 있다. 부재단면이 그림 8.20의 쌍ㄱ형강단면과 같이 비대칭이면, 용접이나 볼트의 대칭적인 배치는 그림 8.20(b)에서와 같이 우력 Te을 갖는 편심하중연결이 된다.

AISC J1.7은 정적하중이 작용하는 단일ㄱ형강과 쌍ㄱ형강 부재에서 이러한 편심이 무시되는 것을 허용하고 있다. 부재가 반복하중 또는 역응력으로 인한 피로를 받을 때, 용접이나 볼트를 적절히 배치함으로써 편심을 제거해야 한다.* (물론, 이러한 해결방법은 정적하중만을 받는 부재에서도 사용될 수 있다.) 힘과 모멘트의 평형방정식을 적용해서 정확한 배치를 결정할 수 있다. 그림 8.21의 용접접합에 대해, 첫 번째 식은 하부 측면용접에 대한 모멘트를 합산함으로써 얻을 수 있다:

* J장은 피로하중을 고려하지 않기 때문에, J1.7절에서는 편심은 무시될 수 있다고 단순히 말하고 있다. J1.7절의 해설편은 피로하중조건에 대해 균형용접이어야 한다고 정하고 있다.

그림 8.20

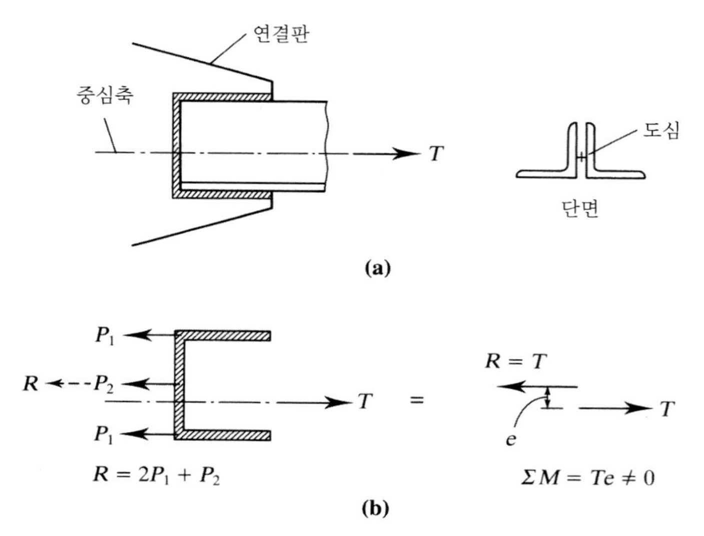

그림 8.21

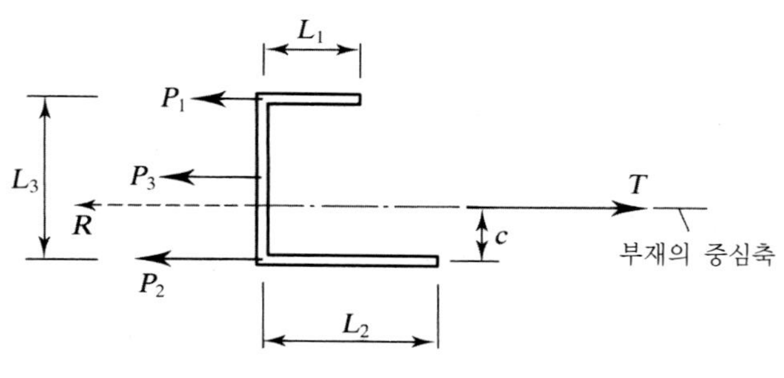

$$\Sigma M_{L_2} = Tc - P_3\frac{L_3}{2} - P_1 L_3 = 0$$

이 식은 상부 측면용접의 소요저항력인 P_1에 대해 풀 수 있다. 이 값은 아래의 힘 평형방정식에 대입한다:

$$\Sigma F = T - P_1 - P_2 - P_3 = 0$$

이 식은 하부 측면용접의 소요저항력인 P_2에 대해 풀 수 있다. 이때, 임의의 용접치수에 대해, 용접길이 L_1과 L_2가 결정될 수 있다. 예제 8.7에서 균형용접(balancing welds)이라고 알려진 이러한 과정을 설명한다.

예제 8.7 **인장부재는 장변이 등을 서로 맞대고 있는(LLBB) 쌍ㄱ형강인 2L 5×3×$^1/_2$로 구성되어 있다. ㄱ형강은 두께가 $^3/_8$-in.인 연결판에 접합되어 있다. 모든 강재는 A36이다. 부재의 총 인장강도에 저항할 수 있는 편심을 제거한 균형용접접합을 설계하라.**

풀 이 총단면적에 근거한 부재의 공칭강도는,

$$P_n = F_y A_g = 36(7.50) = 270.0 \text{ kips}$$

순단면적에 근거한 부재의 공칭강도는 U값을 요구하지만, 연결길이는 아직 미지수이므로 식 3.1로부터 U를 구할 수 없다. 추정 값 0.80을 사용하고, 필요하다면 연결길이를 구한 뒤 결과를 수정한다.

$$A_e = A_g U = 7.50(0.80) = 6.000 \text{ in.}^2$$

$$P_n = F_u A_e = 58(6.000) = 348.0 \text{ kips}$$

A36 강재에 대해, 적절한 용접봉은 E70XX이며,

최소용접치수 $= \dfrac{3}{16}$ in. (AISC 표 J2.4)

최대용접치수 $= \dfrac{1}{2} - \dfrac{1}{16} = \dfrac{7}{16}$ in. (AISC J2.2b)

LRFD 풀이 소요설계강도를 계산한다. 총단면적의 항복에 대해,

$$\phi_t P_n = 0.90(270.0) = 243.0 \text{ kips}$$

순단면적의 파단에 대해,

$$\phi_t P_n = 0.75(348.0) = 261.0 \text{ kips}$$

총단면적의 항복이 지배한다. 하나의 ㄱ형강에 대해, 소요설계강도는 다음과 같다.

$$\frac{243.0}{2} = 121.5 \text{ kips}$$

$^5/_{16}$-in. 필릿용접을 시도한다:

단위길이(in.)당 내력$= \phi R_n = 1.392D = 1.392(5) = 6.960 \text{ kips/in.}$

여기서 D는 $^1/_{16}$ in.에 대한 용접치수이다.

모재의 전단강도를 검토한다. 연결판이 연결부재에서 얇으므로 지배한다. 식 7.35로부터 모재의 단위길이당 전단항복강도는,

$$\phi R_n = 0.6 F_y t = 0.6(36)\left(\frac{3}{8}\right) = 8.100 \text{ kips/in.}$$

식 7.36으로부터, 모재의 단위길이당 전단파단강도는

$$\phi R_n = 0.45 F_u t = 0.45(58)\left(\frac{3}{8}\right) = 9.788 \text{ kips/in.}$$

그러므로 모재의 전단강도는 8.100 kips/in.이고, 6.960 kips/in.의 용접강도가 지배한다.

그림 8.22를 참조한다. 전면용접과 측면용접 모두 있기 때문에, AISC J2.4b(2)에서 주어진 두 가지 선택을 모두 검토한다. 첫 번째로, 측면용접과 전면용접 모두에 대해 기본용접강도인 $0.6F_{EXX}$을 사용한다($\phi R_n = 6.960$ kips/in.에 대응한다). ㄱ형강의 단부를 가로지르는 용접 내력은 다음과 같다.

그림 8.22

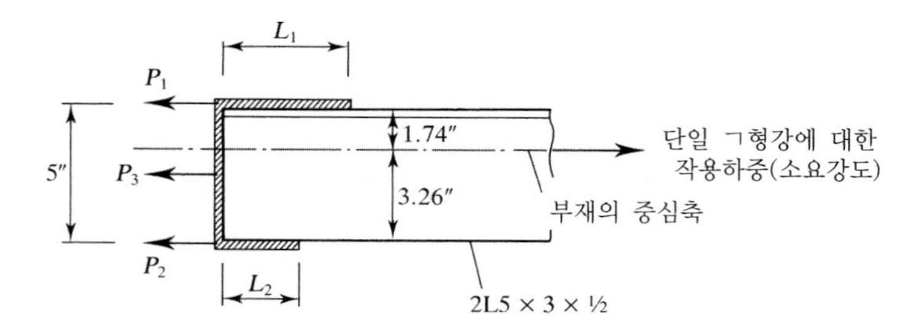

$$P_3 = 6.960(5) = 34.80 \text{ kips}$$

하단 축에 관한 모멘트 합을 취함으로써, 다음을 얻을 수 있다.

$$\Sigma M_{L_2} = 121.5(3.26) - 34.80\left(\frac{5}{2}\right) - P_1(5) = 0, \quad P_1 = 61.82 \text{ kips}$$

$$\Sigma F = 121.5 - 61.82 - 34.80 - P_2 = 0, \quad P_2 = 24.88 \text{ kips}$$

$$L_1 = \frac{P_1}{6.960} = \frac{61.82}{6.960} = 8.88 \text{ in.} \qquad \therefore \ 9 \text{ in.를 사용한다.}$$

$$L_2 = \frac{P_2}{6.960} = \frac{24.88}{6.960} = 3.57 \text{ in.} \qquad \therefore \ 4 \text{ in.를 사용한다.}$$

AISC J2.4b(2)에서 주어진 두 번째 선택을 조사한다. 여기서는 전면용접의 경우 기본강도의 150%와 측면용접의 경우 기본강도의 85%를 사용한다. 전면용접에 대해,

$$\phi R_n = 1.5 \times 6.960 = 10.44 \text{ kips/in.}$$

측면용접에 대해,

$$\phi R_n = 0.85 \times 6.960 = 5.916 \text{ kips/in.}$$

ㄱ형강의 단부를 가로지르는 용접 내력은,

$$P_3 = 10.44(5) = 52.20 \text{ kips}$$

하단 축에 관한 모멘트 합을 취함으로써, 다음을 얻을 수 있다.

$$\Sigma M_{L_2} = 121.5(3.26) - 52.20\left(\frac{5}{2}\right) - P_1(5) = 0, \quad P_1 = 53.12 \text{ kips}$$

$$\Sigma F = 121.5 - 53.12 - 52.20 - P_2 = 0, \quad P_2 = 16.18 \text{ kips}$$

$$L_1 = \frac{P_1}{5.916} = \frac{53.12}{5.916} = 8.98 \text{ in.} \qquad \therefore \ 9 \text{ in.를 사용한다.}$$

$$L_2 = \frac{P_2}{5.916} = \frac{16.18}{5.916} = 2.73 \text{ in.} \qquad \therefore \ 3 \text{ in.를 사용한다.}$$

두 번째 선택이 약간 절약된 결과로 나타나고 이것을 사용한다.

부재강도가 항복에 의해 지배되는 것을 확인하기 위해 U에 대한 가정을 증명한다. 식 3.1로부터,

$$U = 1 - \frac{\bar{x}}{l} = 1 - \frac{0.746}{9} = 0.9171$$

그림 8.23

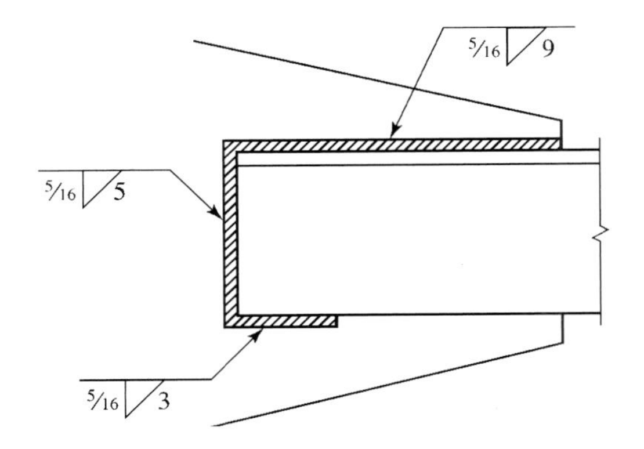

이 값은 초기에 사용된 값인 0.80보다 크므로 파단에 근거한 강도는 최초에 계산된 것보다 클 것이고 강도는 가정된 것처럼 항복에 의해 지배될 것이다.

해 답 그림 8.23에서 나타난 용접을 사용한다.

ASD 풀이 소요허용강도를 계산한다. 총단면적의 항복에 대해,

$$\frac{P_n}{\Omega_t} = \frac{270.0}{1.67} = 161.7\text{ kips}$$

순단면적의 파단에 대해,

$$\frac{P_n}{\Omega_t} = \frac{348.0}{2.00} = 174.0\text{ kips}$$

총단면적의 항복이 지배한다. 하나의 ㄱ형강에 대해, 소요허용강도는 다음과 같다.

$$\frac{161.7}{2} = 80.85\text{ kips}$$

$^5/_{16}$-in. 필릿용접을 시도한다:

$$\text{단위길이(in.)당 내력} = \frac{R_n}{\Omega} = 0.9279D = 0.9279(5) = 4.640\text{ kips/in.}$$

여기서 D는 $^1/_{16}$ in.에 대한 용접치수이다.

모재의 전단강도를 검토한다. 연결판이 연결부재에서 얇으므로 지배한다. 식 7.37로부터, 모재의 단위길이당 전단항복강도는

$$\frac{R_n}{\Omega} = 0.4F_y t = 0.4(36)\left(\frac{3}{8}\right) = 5.400\text{ kips/in.}$$

식 7.38로부터, 모재의 단위길이당 전단파단강도는

$$\frac{R_n}{\Omega} = 0.3F_u t = 0.3(58)\left(\frac{3}{8}\right) = 6.525\text{ kips/in.}$$

그러므로 모재의 전단강도는 5.400 kips/in.이고, 4.640 kips/in.의 용접강도가 지배한다.

그림 8.22를 참조한다. 전면용접과 측면용접이 모두 있기 때문에, AISC J2.4b(2)에서 주어진 두 가지 선택을 모두 검토한다. 첫 번째로, 측면용접과 전면용접 모두에 대해 기본 용접강도인 $0.6F_{EXX}$을 사용한다($R_n/\Omega = 4.640$ kips/in.에 대응한다). ㄱ형강의 단부를 가로지르는 용접 내력은 다음과 같다.

$$P_3 = 4.640(5) = 23.20 \text{ kips}$$

하단 축에 관한 모멘트 합을 취함으로써 다음을 얻을 수 있다.

$$\Sigma M_{L_2} = 80.85(3.26) - 23.20\left(\frac{5}{2}\right) - P_1(5) = 0, \quad P_1 = 41.11 \text{ kips}$$

$$\Sigma F = 80.85 - 41.11 - 23.20 - P_2 = 0, \quad P_2 = 16.54 \text{ kips}$$

$$L_1 = \frac{P_1}{4.640} = \frac{41.11}{4.640} = 8.86 \text{ in.} \qquad \therefore \ 9 \text{ in.를 사용한다.}$$

$$L_2 = \frac{P_2}{4.640} = \frac{16.54}{4.640} = 3.56 \text{ in.} \qquad \therefore \ 4 \text{ in.를 사용한다.}$$

AISC J2.4b(2)에서 주어진 전면용접의 경우 기본강도의 150%와 측면용접의 경우 기본강도의 85%를 사용하는 두 번째 선택을 조사한다. 전면용접에 대해,

$$\frac{R_n}{\Omega} = 1.5 \times 4.640 = 6.960 \text{ kips/in.}$$

측면용접에 대해,

$$\frac{R_n}{\Omega} = 0.85 \times 4.640 = 3.944 \text{ kips/in.}$$

ㄱ형강의 단부를 가로지르는 용접 내력은 다음과 같다.

$$P_3 = 6.960(5) = 34.80 \text{ kips}$$

하단 축에 관한 모멘트 합으로부터, 다음을 얻을 수 있다.

$$\Sigma M_{L_2} = 80.85(3.26) - 34.80\left(\frac{5}{2}\right) - P_1(5) = 0, \quad P_1 = 35.31 \text{ kips}$$

$$\Sigma F = 80.85 - 35.31 - 34.80 - P_2 = 0, \quad P_2 = 10.74 \text{ kips}$$

$$L_1 = \frac{P_1}{3.944} = \frac{35.31}{3.944} = 8.95 \text{ in.} \qquad \therefore \ 9 \text{ in.를 사용한다.}$$

$$L_2 = \frac{P_2}{3.944} = \frac{10.74}{3.944} = 2.72 \text{ in.} \qquad \therefore \ 3 \text{ in.를 사용한다.}$$

두 번째 선택이 약간 절약된 결과로 나타나 이것을 사용한다.

부재강도가 항복에 의해 지배되는 것을 확인하기 위해 U에 대한 가정을 증명한다. 식 3.1로부터,

$$U = 1 - \frac{\bar{x}}{l} = 1 - \frac{0.746}{9} = 0.9171$$

이 값은 초기에 사용된 값인 0.80보다 크므로, 파단에 근거한 강도는 최초에 계산된 것보다 클 것이고 강도는 가정된 것처럼 항복에 의해 지배될 것이다.

해 답 그림 8.23에서 나타난 용접을 사용한다.

8.5 편심용접연결: 전단과 인장을 함께 받는 경우

많은 편심연결, 특히 보-기둥 연결에서는 전단뿐만 아니라 인장에 대해서도 용접을 한다. 이러한 두 개의 연결이 그림 8.24에 나타나 있다.

안장형 보연결(seated beam connection)은 보를 지지하기 위해 "선반" 역할을 하는 짧은 ㄱ형강으로 주로 구성된다. 이러한 ㄱ형강을 기둥에 접합하는 용접은 직접전단을 받는 보의 반력뿐만 아니라 반력의 편심으로 인한 모멘트를 저항해야 한다. 보의 상부 플랜지를 연결하는 ㄱ형강은 단부에서 보의 비틀림에 대해 안정을 제공하나 반력을 지지하는 데 도움이 되지 않는다. ㄱ형강은 보의 상부 플랜지 대신 보의 웨브에 접합시킬 수도 있다. 보-ㄱ형강 연결은 용접이나 볼트로 연결할 수 있으며, 계산되는 어떠한 하중도 지지하지 않는다.

매우 일반적인 골조형 보연결(framed beam connection)은 수직 ㄱ형강-기둥 용접에 안장형 보연결과 같은 종류의 하중을 받게 된다. 연결의 보-ㄱ형강 부분도 편심이지만 하중이 전단평면에 있으므로 인장은 없다. 안장형과 골조형 연결에서는 용접과 함께 볼트연결도 사용될 수 있다.

그림 8.24

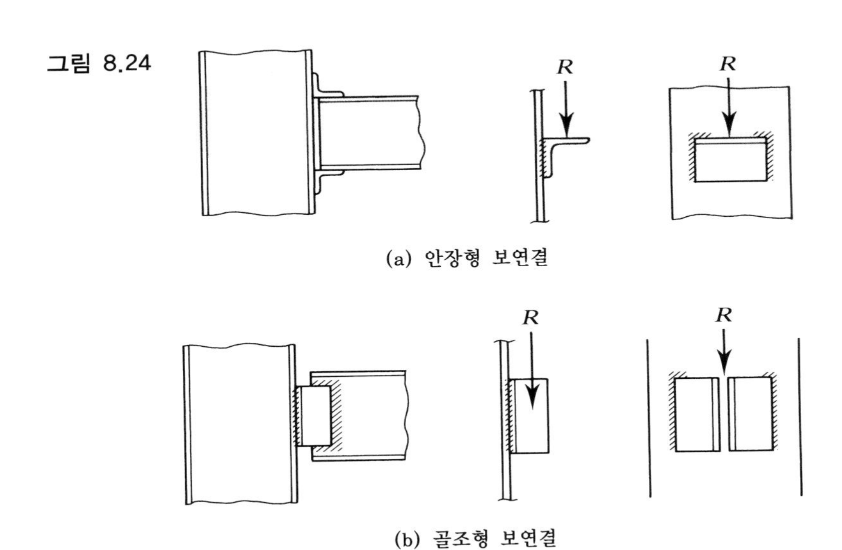

(a) 안장형 보연결

(b) 골조형 보연결

그림 8.25

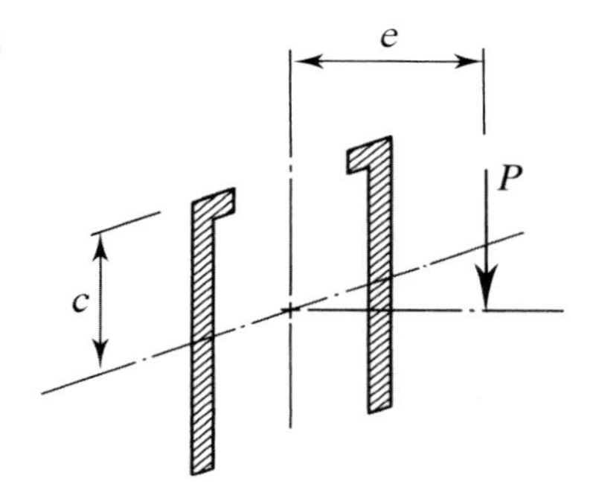

앞에서 언급한 각각의 연결에서, 기둥 플랜지의 수직용접은 그림 8.25에서와 같이 하중을 받는다. 8.3절의 볼트연결에서와 같이, 편심하중 P는 중심축하중 P와 우력 $M = Pe$로 대체될 수 있다. 전단응력은 다음과 같다.

$$f_v = \frac{P}{A}$$

여기서 A는 용접의 총 목면적이다. 최대 인장응력은 다음의 휨 공식으로부터 계산할 수 있다.

$$f_t = \frac{Mc}{I}$$

여기서 I는 용접의 총 목면적으로 구성되는 면적의 도심축에 관한 단면2차모멘트이며, c는 도심축으로부터 인장측의 가장 먼 지점까지의 거리이다. 최대응력의 합력은 이러한 두 성분을 벡터로 합함으로써 다음과 같이 구할 수 있다:

$$f_r = \sqrt{f_v^{\,2} + f_t^{\,2}}$$

kips와 in. 단위에 대해 이 응력의 단위는 kips/in.^{2}이다. 단위목치수가 계산에서 사용된다면, 같은 수치 값이 kips/in.로 표현될 수 있다. f_r이 계수하중으로부터 유도된다면, 단위 용접길이의 설계강도와 비교할 수 있다. 이러한 과정은 탄성거동을 가정하지만 그것은 LRFD를 사용할 때 안전해질 것이다.

예제 8.8 **그림 8.26에서와 같이 L $6 \times 4 \times {}^1/_2$은 안장형 보연결에 사용된다. 이 연결은 5 kips의 사하중과 10 kips의 활하중인 사용하중반력을 지지해야 한다. ㄱ형강은 A36 강재이고 기둥은 A992 강재이다. E70XX 용접봉이 사용된다. 기둥 플랜지의 접합부에 필요한 필릿 용접치수는 얼마인가?**

그림 8.26

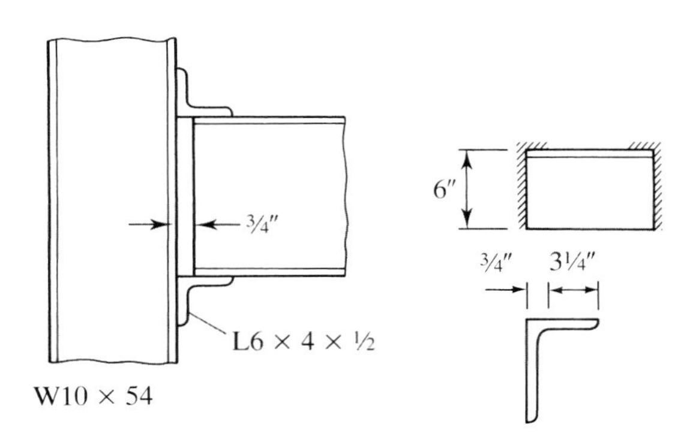

풀 이 이전의 설계 예제처럼, 계산에서 단위목치수를 사용한다. 이러한 용접형태에 대해 단돌림이 일반적으로 사용되지만, 다음 계산에서 간략성을 위해 안전측으로 무시한다.

$^3/_4$ in.의 보 이격거리에 대해, 보는 4 in.의 ㄱ형강 다리의 일부분인 3.25 in.에 의해 지지된다. 반력이 이러한 접촉길이의 중심에 작용한다고 가정하면, 용접에 대한 반력 편심은 다음과 같다.

$$e = 0.75 + \frac{3.25}{2} = 2.375 \text{ in.}$$

그림 8.27에서 가정한 용접형태에 대해,

$$I = \frac{2(1)(6)^3}{12} = 36 \text{ in.}^4, \quad c = \frac{6}{2} = 3 \text{ in.}$$

LRFD 풀이 계수하중 반력은, $P_u = 1.2D + 1.6L = 1.2(5) + 1.6(10) = 22$ kips

$$M_u = P_u e = 22(2.375) = 52.25 \text{ ft-kips}$$

$$f_t = \frac{M_u c}{I} = \frac{52.25(3)}{36} = 4.354 \text{ kips/in.}$$

$$f_v = \frac{P_u}{A} = \frac{22}{2(1)(6)} = 1.833 \text{ kips/in.}$$

$$f_r = \sqrt{f_t^2 + f_v^2} = \sqrt{(4.354)^2 + (1.833)^2} = 4.724 \text{ kips/in.}$$

소요 용접치수 w는 f_r과 단위길이(in.)당 용접내력을 같게 놓음으로써 구할 수 있다:

$$f_r = 1.392D$$

$$4.724 = 1.392D, \quad D = 3.394$$

여기서 D는 E70 용접봉에 대해 $^1/_{16}$ in.에 대한 용접치수이다. 그러므로 소요 용접치수는 다음과 같다.

그림 8.27

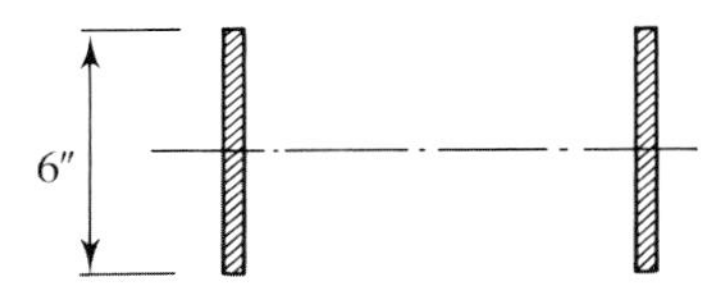

$$w = \frac{4}{16} = \frac{1}{4}\text{in.}$$

AISC 표 J2.4로부터,

$$\text{최소용접치수} = \frac{3}{16}\text{ in.}$$

AISC 표 J2.2b로부터,

$$\text{최대치수} = \frac{1}{2} - \frac{1}{16} = \frac{7}{16}\text{ in.}$$

$w = {}^1/_4$ in.로 시도한다: 모재(ㄱ형강이 지배한다)의 전단내력을 검토한다:

$$\text{작용 직접전단} = f_v = 1.833\text{ kips/in.}$$

식 7.35로부터, ㄱ형강 다리의 전단항복강도는

$$\phi R_n = 0.6F_y t = 0.6(36)\left(\frac{1}{2}\right) = 10.8\text{ kips/in.}$$

식 7.36으로부터, 전단파단강도는

$$\phi R_n = 0.45F_u t = 0.45(58)\left(\frac{1}{2}\right) = 13.1\text{ kips/in.}$$

그러므로 모재의 전단강도는 $10.8\text{ kips/in.} > 1.833\text{ kips/in.}$이다. (OK)

해 답 E70XX 용접봉을 이용해 ${}^1/_4$ in. 필릿용접을 사용한다.

ASD 풀이 총 반력은, $P_a = D + L = 5 + 10 = 15\text{ kips}$

$$M_a = P_a e = 15(2.375) = 35.63\text{ ft-kips}$$

$$f_t = \frac{M_a c}{I} = \frac{35.63(3)}{36} = 2.969\text{ kips/in.}$$

$$f_v = \frac{P_a}{A} = \frac{15}{2(1)(6)} = 1.250\text{ kips/in.}$$

$$f_r = \sqrt{{f_t}^2 + {f_v}^2} = \sqrt{(2.969)^2 + (1.250)^2} = 3.221\text{ kips/in.}$$

소요 용접치수를 결정하기 위해 f_r을 단위길이(in.)당 용접내력과 같게 둔다:

$$f_r = 0.9279D$$

$$3.221 = 0.9279D, \quad D = 3.471$$

여기서 D는 E70 용접봉에 대해 ${}^1/_{16}$ in.에 대한 용접치수이다. 그러므로 소요 용접치수는 다음과 같다.

$$w = \frac{4}{16} = \frac{1}{4}\text{ in.}$$

AISC 표 J2.4로부터,

$$최소용접치수 = \frac{3}{16}\text{ in.}$$

AISC 표 J2.2b로부터,

$$최대치수 = \frac{1}{2} - \frac{1}{16} = \frac{7}{16}\text{ in.}$$

$w = {}^1/_4$ **in.로 시도한다:** 모재(ㄱ형강이 지배한다)의 전단내력을 검토한다.

$$작용\ 직접전단 = f_v = 1.250\text{ kips/in.}$$

식 7.37로부터, ㄱ형강 다리의 전단항복강도는

$$\frac{R_n}{\Omega} = 0.4F_y t = 0.4(36)\left(\frac{1}{2}\right) = 7.20\text{ kips/in.}$$

식 7.38로부터, 전단파단강도는

$$\frac{R_n}{\Omega} = 0.3F_u t = 0.3(58)\left(\frac{1}{2}\right) = 8.70\text{ kips/in.}$$

그러므로 모재의 전단강도는 $7.20\text{ kips/in.} > 1.250\text{ kips/in.}$ (OK)

해 답 E70XX 용접봉을 이용해 ${}^1/_4$ in. 필릿용접을 사용한다.

예제 8.9 **그림 8.28에 용접 골조형 보연결을 보여주고 있다. 골조형 ㄱ형강은 $L4\times3\times{}^1/_2$이고, 기둥은 $W12\times72$이다. ㄱ형강에 대해 A36 강재와 W형강에 대해 A992 강재를 사용한다. 용접은 E70XX 용접봉을 사용한 ${}^3/_8$ in. 필릿용접이다. 기둥 플랜지의 용접에 의해 제한되는 최대 유용 보 반력을 결정하라.**

그림 8.28

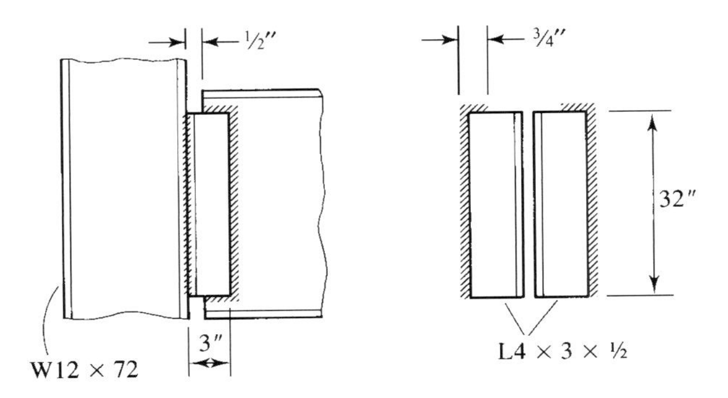

풀 이 보 반력은 골조형 ㄱ형강에 접합된 연결의 무게중심을 통과해 작용한다고 가정한다. 그러므로 기둥 플랜지 용접에 대한 하중편심은 무게중심으로부터 기둥 플랜지까지의 거리가 된다. 단위목치수와 그림 8.29(a)에 나타난 용접에 대해,

그림 8.29

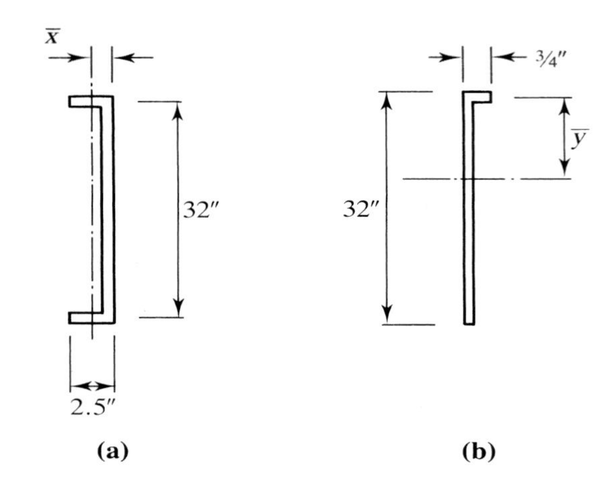

$$\bar{x} = \frac{2(2.5)(1.25)}{32+2(2.5)} = 0.1689 \text{ in.}, \quad e = 3 - 0.1689 = 2.831 \text{ in.}$$

기둥 플랜지 용접에 대한 모멘트는,

$$M = Re = 2.831R \text{ in.-kips}$$

여기서 R은 보의 반력(kips)이다.

그림 8.29(b)에 주어진 치수를 이용해, 기둥 플랜지 용접의 특성을 다음과 같이 계산할 수 있다.

$$\bar{y} = \frac{32(16)}{32+0.75} = 15.63 \text{ in.}$$

$$I = \frac{1(32)^3}{12} + 32(16-15.63)^2 + 0.75(15.63)^2 = 2918 \text{ in.}^4$$

두 개의 용접에 대해,

$$I = 2(2918) = 5836 \text{ in.}^4$$

$$f_t = \frac{Mc}{I} = \frac{2.831R(15.63)}{5836} = 0.007582R \text{ kips/in.}$$

$$f_v = \frac{R}{A} = \frac{R}{2(32+0.75)} = 0.01527R \text{ kips/in.}$$

$$f_r = \sqrt{(0.007582R)^2 + (0.01527R)^2} = 0.01705R \text{ kips/in.}$$

LRFD 풀이 다음과 같이 놓는다.

$$0.01705R_u = 1.392 \times 6$$

여기서 R_u는 계수하중반력이고 6은 $^1/_{16}$ in.에 대한 용접치수이다. R_u에 대해 풀면,

$$R_u = 489.9 \text{ kips}$$

모재(ㄱ형강이 지배한다)의 전단내력을 검토한다. 식 7.35로부터, ㄱ형강 다리의 전단항복강도는

$$\phi R_n = 0.6F_y t = 0.6(36)\left(\frac{1}{2}\right) = 10.8 \text{ kips/in.}$$

식 7.36으로부터, 전단파단강도는

$$\phi R_n = 0.45F_u t = 0.45(58)\left(\frac{1}{2}\right) = 13.1 \text{ kips/in.}$$

하나의 ㄱ형강이 저항하는 직접전단력은,

$$\frac{R_u}{A} = \frac{489.9}{2(32.75)} = 7.48 \text{ kips/in.} < 10.8 \text{ kips/in.} \qquad \text{(OK)}$$

해 답 최대 계수하중반력 = 490 kips.

ASD 풀이 다음과 같이 놓는다.

$$0.01705R_a = 0.9279 \times 6$$

여기서 R_a는 사용하중반력이고 6은 $^1/_{16}$ in.에 대한 용접치수이다. R_a에 대해 풀면,

$$R_a = 326.5 \text{ kips}$$

모재(ㄱ형강이 지배한다)의 전단내력을 검토한다. 식 7.37로부터, ㄱ형강 다리의 전단항복강도는

$$\frac{R_n}{\Omega} = 0.4F_y t = 0.4(36)\left(\frac{1}{2}\right) = 7.20 \text{ kips/in.}$$

식 7.38로부터, 전단파단강도는

$$\frac{R_n}{\Omega} = 0.3F_u t = 0.3(58)\left(\frac{1}{2}\right) = 8.70 \text{ kips/in.}$$

하나의 ㄱ형강이 저항하는 직접전단력은,

$$\frac{R_a}{A} = \frac{326.5}{2(32.75)} = 4.99 \text{ kips/in.} < 7.20 \text{ kips/in.} \qquad \text{(OK)}$$

해 답 최대 사용하중반력 = 327 kips.

8.6 모멘트저항 연결

대부분의 접합은 모멘트를 전달할 수 있는 것으로 보이지만 모두 그런 것은 아니고 모멘트에 저항하는 연결을 만들기 위해서는 특별한 방법이 취해져야 한다. 그림 8.30에서 보여주는 보 연결을 고려해 보자. 이 연결은 전단을 전달할 수 있으나 실제로 모멘트를 전달할 수 없기 때문에 때로는 전단연결(shear connection)로 언급된다. 이는 단순지지로 취급할 수 있다. 보의 연결에서 모멘트전달은 우력의 형태로

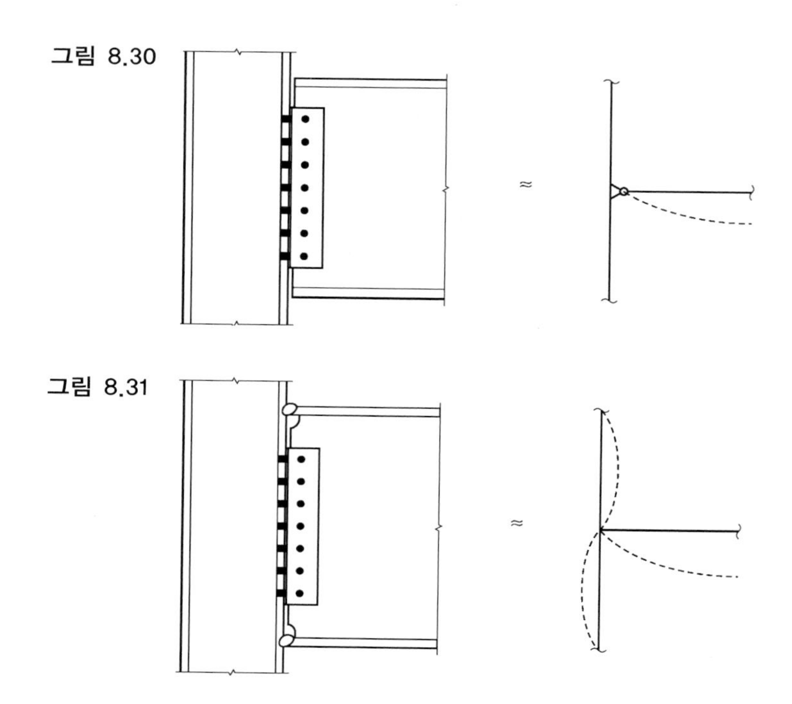

대부분 플랜지를 통해 일어난다. 이 우력은 한쪽 플랜지의 압축력과 다른 플랜지의 인장력으로 구성된다. 전단연결에서는 플랜지의 연결이 없고 웨브연결은 이음부에서 부재의 상대회전을 어느 정도 허용하므로 충분한 연성을 갖도록 설계된다. 핀으로 취급되는 연결을 위해서는 아주 작은 회전이 필요하다.

그림 8.31의 연결은 보 플랜지가 기둥 플랜지에 용접되어 있는 것을 제외하면 그림 8.30의 연결과 동일하다. 이런 연결종류는 전단과 모멘트를 전달할 수 있다. 전단연결에서처럼 전단은 웨브연결을 통해 대부분 전달되고, 모멘트는 플랜지를 통해 전달된다. 이 연결은 강절연결로 취급되며 그림과 같이 모델화할 수 있다.

연결은 일반적으로 단순연결 또는 강절연결로 취급되지만 대부분의 연결은 이 중간의 어디에 속하게 되는 것이 현실이고 *부분구속*(partially restrained) 또는 *반강절*(semirigid)로 정확하게 묘사될 수 있다. 다른 연결형태는 연결부재 사이에 일어나는 상대회전각을 조사함으로써 구별할 수 있다.

그림 8.32는 어떤 연결에 대한 모멘트-회전곡선을 보여준다. 이 그래프는 이음부에 전달되는 모멘트와 상응하는 연결의 상대회전 사이의 관계를 나타내고 있다. 모멘트-회전곡선은 특정한 연결에 대해 작성할 수 있으며 그 관계는 실험적으로나 해석적으로 결정될 수 있다. 그림 8.33에는 세 가지 다른 연결에 대한 모멘트-회전곡선이 제시되어 있다. 완전구속으로 설계된 연결은 실제로 어느 정도 회전을 허용한다. 그렇지 않으면, 곡선은 수직축에 나타난다. 모멘트가 없는 것으로 설계된 연결은 얼마간의 모멘트 구속이 있다. 완벽하게 유연한 단순연결은 수평축에 의해 나타나게 된다.

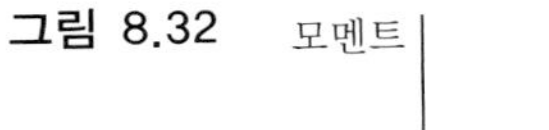

그림 8.32

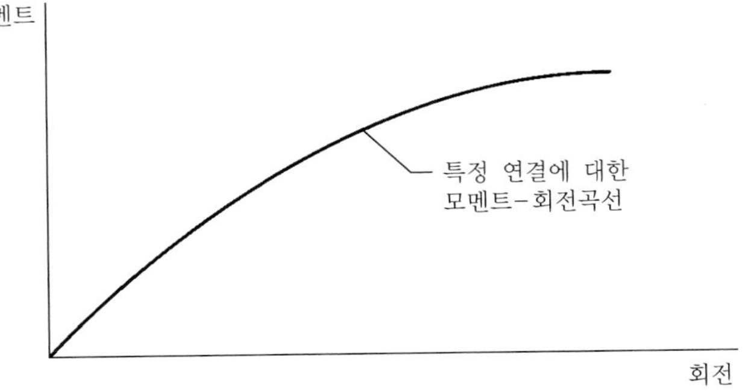

그림 8.34는 보 연결에 대한 모멘트-회전곡선을 보여주며 연결뿐만 아니라 보에 대한 모멘트-회전관계도 포함하고 있다. 이 그래프의 직선은 *보선*(beam line) 또는 *하중선*(load line)이라 부르며 다음과 같이 제도할 수 있다. 보의 단부가 완전구속이면, 회전은 0이 될 것이다. 보에 작용하는 실제 하중에 의해 발생되는 고정단 모멘트는 모멘트축(회전=0)에 작도된다. 만약 단부가 단순지지(핀 단부)이면, 모멘트는 0이 될 것이다. 단순지지에 상응하는 단부회전과 실제하중은 회전축(모멘트=0)에 작도된다. 이 두 점을 연결하는 선이 보선이고 그 선상의 점은 단부구속의 다른 정도를 나타낸다. 그래프의 곡선은 보에 사용되어지는 연결에 대한 모멘트-곡선관계이다. 이 곡선의 교차점은 보, 연결, 하중의 특별한 조합에 대한 모멘트와 회전을 제공한다.

그림 8.35에서 보선은 그림 8.33의 세 가지 모멘트-회전곡선 위에 중첩되어 있다. 강절로 설계된 연결은 보의 고정단모멘트(FEM)와 같은 이론적 모멘트내력을 갖지만 실제로는 고정단모멘트의 약 90% 모멘트저항을 갖게 된다. 보와 연결의 이러한 조합에 대한 모멘트와 회전은 모멘트-회전곡선과 보선의 교차점에 의해 나타내어진다. 유사하게, 핀(단순지지; 모멘트가 없는)으로 설계된 연결은 단순지지 회전의 개략적으로 80%회전과 고정단모멘트의 약 20% 정도 모멘트를 전달할 수 있는 내력이 실제로 있다. 부분구속연결에 대한 설계모멘트는 부분구속연결에 대한 실제 모멘트-회전곡선과 보선의 교차점에 상응한다.

그림 8.33

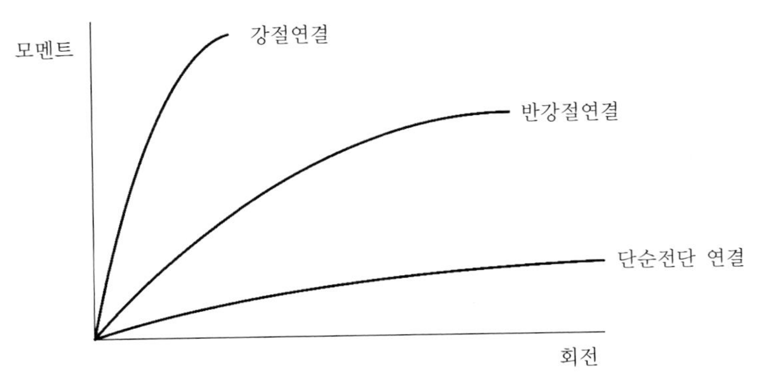

그림 8.34

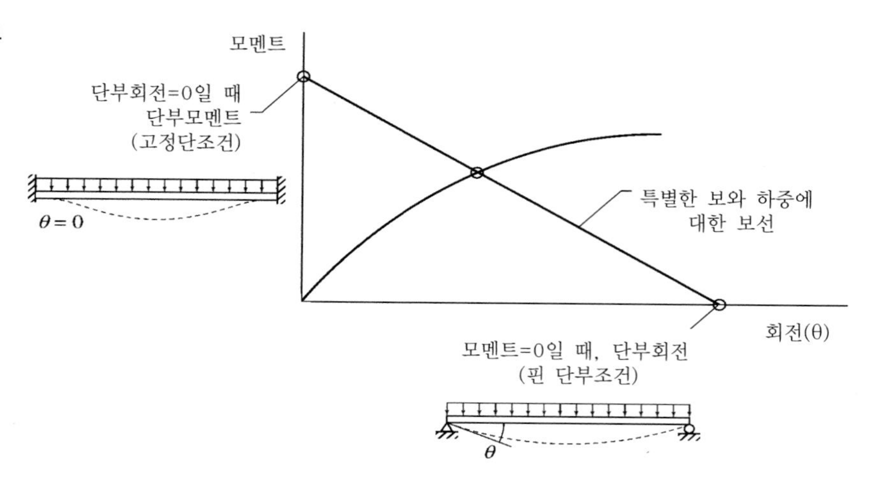

부분구속연결의 장점은 경간 내에서 부모멘트와 정모멘트를 같게 할 수 있다는 것이다. 그림 8.36(a)는 등분포하중이 작용하는 단순보와 그에 상응하는 모멘트도를 보여준다. 그림 8.36(b)는 등분포하중이 작용하는 고정보를 보여준다. 지점조건이 단순, 고정, 또는 그 중간 사이의 지지상태에 무관하게 같은 $wL^2/8$의 정적모멘트에 저항해야 한다. 부분구속연결의 효과는 그림 8.36(c)에서 보여주는 것처럼 모멘트도를 이동하는 것이다. 이것은 정모멘트를 증가시키지만 보의 최대모멘트인 부모멘트가 감소하게 되어 결과적으로 경량 보가 가능해진다.

부분구속방식을 설계하는 데 어려운 점의 하나는 볼트나 용접연결에 대한 정확한 모멘트-회전관계를 얻는 것이다. 그러한 관계는 개발되고 있고 진행 중인 연구분야이다(Christopher와 Bjorhovde, 1999). 다른 단점은 부분절점구속을 수용할 수 있는 구조용 골조해석에 대한 요구이다. 강구조편람의 11편, "부분구속 모멘트연결의 설계"에서 부분구속연결에 대한 단순화된 대안을 소개하고 있다. 이 대안을 *유연한 모멘트연결*이라 부른다. AISC 설계기준은 B3.4절 "접합부와 지점 설계"에서 세 종류의 연결을 정의하고 있다. 이것은 방금 다루었던 세 가지 종류이다:

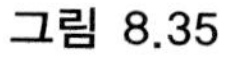
그림 8.35

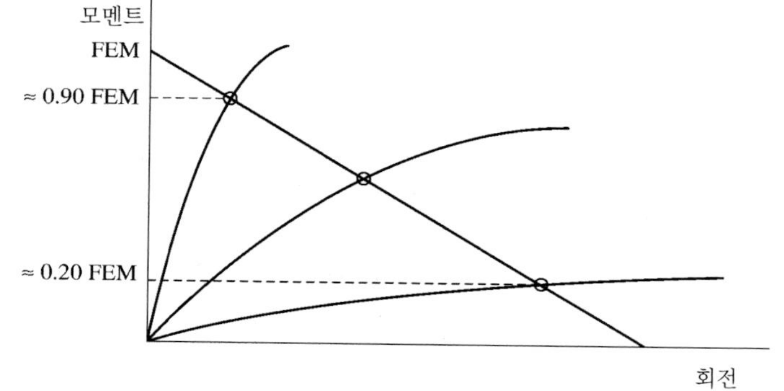

그림 8.36

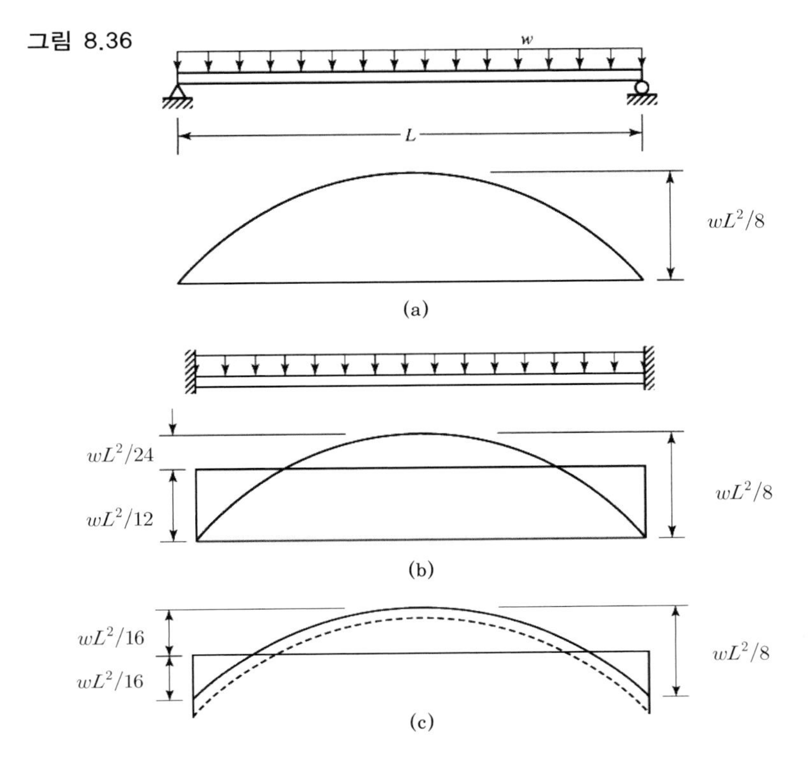

- 단순
- FR-완전구속
- PR-부분구속

이 책의 현재의 장에서는 특정한 모멘트 값에 저항하도록 설계되는 완전구속 모멘트연결만을 고려한다.

주로 사용되는 모멘트연결의 몇 가지 예가 그림 8.37에 나타나 있다. 일반적으로, 대부분의 모멘트는 보 플랜지를 통해 전달되며 대부분의 모멘트내력은 그 곳에서 발생하게 된다. 그림 8.37(a)의 연결(그림 8.31과 같은 연결형태)은 이러한 개념을 대표한다. 보 웨브를 기둥에 연결하는 판은 기둥에 공장용접되며 보에 현장볼트로 접합된다. 이런 배치를 사용해서, 보는 제 위치에 편리하게 유지되어 플랜지는 기둥에 현장용접을 할 수 있게 된다. 판 연결은 단지 전단에만 저항하도록 설계되며 보 반력을 감당하게 된다. 완전용입홈용접(complete joint penetration groove weld)은 보 플랜지를 기둥에 연결시키고 보 플랜지의 모멘트내력과 같은 모멘트를 전달할 수 있다. 이것이 보의 모멘트내력 대부분을 구성하지만, 작은 양의 구속이 판 연결에 의해 제공되기도 한다(변형률 경화로 인해 보의 완전소성모멘트내력은 실제로 플랜지를 통해 발생되게 할 수 있다). 플랜지의 연결을 제작할 때, 보 웨브의 일부분을 잘라내어 상단으로부터

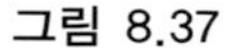

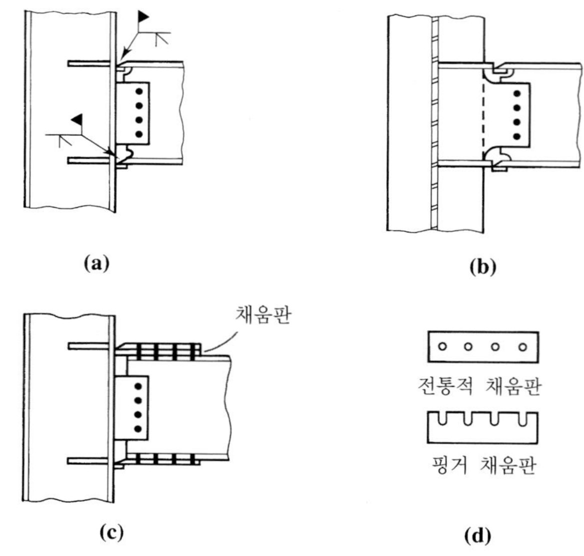

모든 용접이 가능하도록 각각의 플랜지에 "뒷댐재(backing bar)"를 설치하는 것이 필요하다. 플랜지의 용접이 냉각될 때, 전형적으로 약 $^1/_8$ in.만큼 수축한다. 그 결과로 발생되는 종방향변위는 슬롯 볼트구멍을 사용해 용접이 냉각된 후 볼트를 조임으로써 해결될 수 있다. 또한, 그림에서 보여준 연결형태에서는 기둥보강재를 사용하고 있는데, 그것은 항상 요구되지는 않는다(8.7절 참조).

그림 8.37(a)의 모멘트연결도 추천되는 연결설계 연습을 보여주기도 한다: 가능하다면, 용접은 조립공장에서 이루어져야 하며 볼트연결은 현장에서 행해져야 한다. 공장용접은 경제적이며 더욱 정밀하게 제어될 수 있다.

대부분의 보-기둥 모멘트연결에서, 부재는 평면골조의 일부분이며 각 부재의 휨이 부재의 주축에 대한 것이 되도록 웨브가 골조평면 내에 있도록 그림 8.37(a)에서와 같이 배치된다. 보가 기둥 플랜지보다는 기둥 웨브에 골조를 형성해야 할 때(예로, 공간골조에서), 그림 8.37(b)에 나타난 연결이 사용될 수 있다. 이 연결은 그림 8.37(a)에 보여준 연결과 유사하지만, 보 플랜지에 연결하기 위한 기둥보강재의 사용을 요구한다.

그림 8.37(a)에 나타난 연결은 개념적으로 단순하지만 그것을 실제로 사용할 때에는 정밀한 공차가 요구된다. 보가 예상했던 것보다 짧으면, 기둥과 보 플랜지 사이의 틈은 뒷댐재를 사용할 때조차 용접을 어렵게 할 수 있다. 그림 8.37(c)에 나타난 세 개의 판 연결은 이러한 약점을 가지고 있지 않으며 현장볼트를 완전하게 할 수 있다는 장점도 가지고 있다. 플랜지판과 웨브판은 기둥 플랜지에 모두 공장용접되며 보에 현장볼트로 연결된다. 보 깊이의 변화를 제공하기 위해 플랜지판 사이의 거리는 보의 공칭깊이보다 크게, 통상적으로 약 $^3/_8$ in.만큼 만든다. 이

틈은 거치 중에 이음부에서 끼워맞춤(fit)을 조절하기 위해 사용되는 얇은 강띠인 채움판(shim)으로 상부 플랜지에 채워진다. 채움판은 두 종류 중 하나가 된다: 그림 8.37(d)에서 보여주는 것처럼 전통적인 채움판이나 볼트가 설치된 후 삽입될 수 있는 "핑거(finger)" 채움판. 지진력이 큰 지역에서는 그림 8.37(a)의 접합은 특별한 설계과정을 요구한다(FEMA, 2000).

예제 8.10은 AISC J4에서 다루어지는 연결부재에 대한 조항을 포함한 세 개의 판으로 이루어진 모멘트연결에 대한 설계를 보여준다.

예제 8.10

W 14 × 99 기둥의 플랜지와 W 21 × 50 보의 연결에 대해, 그림 8.38에 나타난 3개의 판으로 이루어진 모멘트연결을 설계하라. $^1/_2$ in.의 보 이격거리를 가정한다. 연결은 다음의 사용하중 영향을 전달해야 한다: 35 ft-kips의 사하중모멘트, 105 ft-kips의 활하중모멘트, 6.5 kips의 사하중전단, 19.5 kips의 활하중전단. 모든 판은 E70XX 용접봉을 사용해 기둥에 공장용접되며, A그룹 지압볼트를 사용해 보에 현장볼트로 연결된다. 판은 A36 강재를 사용하고 보와 기둥은 A992 강재를 사용한다.

그림 8.38

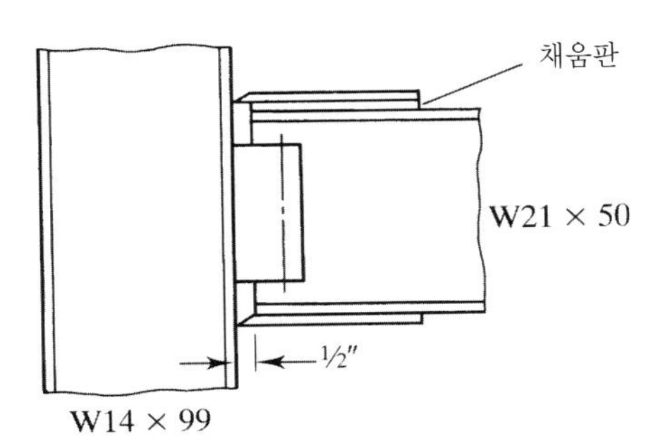

LRFD 풀이

$$M_u = 1.2M_D + 1.6M_L = 1.2(35) + 1.6(105) = 210.0 \text{ ft-kips}$$
$$V_u = 1.2V_D + 1.6V_L = 1.2(6.5) + 1.6(19.5) = 39.0 \text{ kips}$$

웨브에 대해, **직경 $^3/_4$ in.인 볼트를 시도한다.** 편심을 무시하고 나사산이 전단면에 있다고 가정한다. 강구조편람 표 7-1로부터, 볼트 하나의 전단강도는 $\phi r_n =$ 17.9 kips/bolt이다.

$$\text{소요볼트 개수} = \frac{39}{17.9} = 2.18$$

볼트 3개를 시도한다: 최소간격은 $2^2/_3 d = 2.667(^3/_4) = 2.0$ in.이다. AISC 표 J3.4로부터, 최소연단거리는 1 in.이다. 그림 8.39에 나타난 배치도를 시도하고 지압에 필요한 판 두께를 결정한다.

볼트간격이 3 in.인 내부볼트에 대해, 강구조편람 표 7-4로부터 지압강도는

$$\phi r_n = 78.3t \text{ kps/bolt}$$

그림 8.39

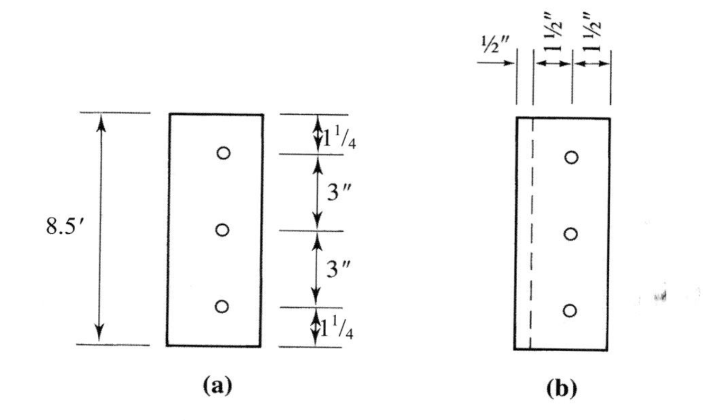

연단볼트에 대해, 표 7-5에서 연단거리 $1^1/_4$ in.를 사용한다. 이 볼트의 지압강도는

$$\phi r_n = 44.0t \text{ kps/bolt}$$

소요 판두께를 구하기 위해, 총 지압강도와 작용하중이 같다고 놓는다:

$$44.0t + 2(78.3t) = 39, \qquad t = 0.194 \text{ in.}$$

(보 웨브의 두께는 $t_w = 0.380$ in. > 0.194 in.이고, 보의 F_y는 판의 F_y보다 크기 때문에 보 웨브의 지압강도는 충분할 것이다.)

(볼트지압에 추가해서) 연결판에 대한 다른 한계상태는 AISC J4, "부재와 연결요소에 영향을 주는 요소"에서 찾을 수 있다.(용접연결의 경우 모재의 전단에 대해 사용한 동일한 규정이다.) 수직전단에 필요한 판의 두께를 결정하기 위해, 총단면적의 항복과 순단면적의 파단을 고려한다. 전단항복에 대해, AISC 식 J4-3으로부터

$$R_n = 0.60F_yA_g = 0.60(36)(8.5t) = 183.6t$$

$$\phi R_n = 1.00(183.6t) = 183.6t$$

전단파단에 대해, 순단면적은

$$A_{nv} = \left[8.5 - 3\left(\frac{3}{4} + \frac{1}{8}\right)\right]t = 5.875t$$

AISC 식 J4-4로부터,

$$R_n = 0.6F_uA_{nv} = 0.6(58)(5.875t) = 204.5t$$

$$\phi R_n = 0.75(204.5t) = 153.4t$$

전단파단이 지배한다. 다음과 같이 놓으면,

$$153.4t = 39, \qquad t = 0.254 \text{ in.}$$

최대 소요두께는 전단파단의 한계상태에 대한 것이다.

$t = ^5/_{16}$ in.를 시도한다: 기둥 플랜지에 전단 판의 연결에 대해, 단위인치당 소요강도는

$$\frac{V_u}{L} = \frac{39}{8.5} = 4.588 \text{ kips/in.}$$

식 7.35로부터, 모재의 단위길이당 전단항복강도는

$$\phi R_n = 0.6F_y t = 0.6(36)\left(\frac{5}{16}\right) = 6.75 \text{ kips/in.}$$

식 7.36으로부터, 모재의 단위길이당 전단파단강도는

$$\phi R_n = 0.45F_u t = 0.45(58)\left(\frac{5}{16}\right) = 8.16 \text{ kips/in.}$$

그러므로 모재의 전단강도는 6.75 kips/in.이며 이는 소요강도 4.588 kips/in.보다 크다. 판의 양면 용접에 대해, 용접당 소요강도는 $4.588/2 = 2.294$ kips/in.이다. 소요 용접치수를 결정하기 위해 다음과 같이 놓으면,

$$1.392D = 2.294, \qquad D = 1.65 \quad (^1/_{16} \text{ in.에 대해})$$

AISC 표 J2.4로부터, 얇은 연결부재(전단 판)에 근거한 최소용접치수는 $^3/_{16}$ in.이다. 이런 연결형태의 경우(가장자리를 따라 용접을 하지 않는 경우) 최대치수 조항은 없다. 판의 각 면에 **$^3/_{16}$ in. 필릿 용접을 사용한다.** 판의 최소 폭은 연단거리를 고려함으로써 결정될 수 있다. 저항하중(보 반력)은 수직으로 작용하므로 수평 연단거리는 AISC 표 J3.4의 여유간격 조항만 준수할 필요가 있다. 직경이 $^3/_4$ in.인 볼트에 대해, 최소 연단거리는 1 in.이다.

그림 8.39(b)에서와 같이, $^1/_2$ in.의 보 이격거리와 $1^1/_2$ in.의 연단거리를 사용하면, 판의 폭은 다음과 같다.

$$0.5 + 2(1.5) = 3.5 \text{ in.}$$

판 $^5/_{16} \times 3^1/_2$을 시도한다: 블록전단을 검토한다. 전단면적은,

$$A_{gv} = \frac{5}{16}(3 + 3 + 1.25) = 2.266 \text{ in.}^2$$

$$A_{nv} = \frac{5}{16}\left[3 + 3 + 1.25 - 2.5\left(\frac{3}{4} + \frac{1}{8}\right)\right] = 1.582 \text{ in.}^2$$

인장면적은,

$$A_{nt} = \frac{5}{16}\left[1.5 - 0.5\left(\frac{3}{4} + \frac{1}{8}\right)\right] = 0.3320 \text{ in.}^2$$

이런 형태의 블록전단에 대해, $U_{bs} = 1.0$. AISC 식 J4-5로부터,

$$R_n = 0.6F_u A_{nv} + U_{bs} F_u A_{nt}$$
$$= 0.6(58)(1.582) + 1.0(58)(0.3320) = 74.31 \text{ kips}$$

상한한계:

$$0.6F_y A_{gv} + U_{bs} F_u A_{nt} = 0.6(36)(2.266) + 1.0(58)(0.3320)$$
$$= 68.20 \text{ kips} < 74.31 \text{ kips}$$

$$\phi R_n = 0.75(68.20) = 51.2 \text{ kips} > 39 \text{ kips} \qquad \text{(OK)}$$

그림 8.40

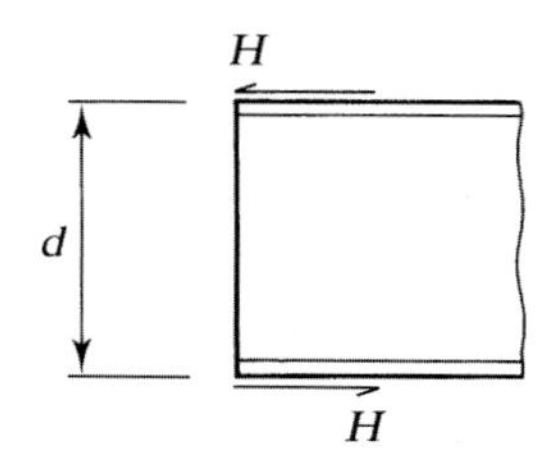

판 $^5/_{16} \times 3^1/_2$을 사용한다: 플랜지 연결에 대해, 볼트를 먼저 선택한다. 그림 8.40으로부터, 보 플랜지와 판 사이의 경계면에 작용하는 힘은 다음과 같다.

$$H = \frac{M}{d} = \frac{210(12)}{20.8} = 121.2 \text{ kips}$$

여기서 d는 보의 깊이다. 우력의 모멘트 팔길이는 실제로는 플랜지 판의 중심에서 플랜지 판 중심까지의 거리이지만, 판 두께는 아직 알지 못하므로 보 깊이를 사용하는 것은 안전하다.

직경이 $^3/_4$ in.인 A그룹 볼트를 시도한다: (직경이 $^3/_4$ in.인 볼트가 전단연결에 대해 선택된 것이므로, 여기서 같은 크기로 시도한다.) 볼트전단이 지배한다면, 소요볼트 개수는

$$\frac{121.2}{17.9} = 6.77 \quad \therefore \text{ 대칭을 위해 8개의 볼트를 사용한다(4쌍).}$$

$1^1/_4$ in.의 연단거리와 3 in.의 볼트간격을 사용해 지압에 필요한 판의 최소 두께를 결정한다. 여기의 볼트치수, 간격, 연단거리는 전단연결과 같으므로 지압강도는 같게 될 것이다. 연단볼트에 대해 $\phi r_n = 44.0t$ kips/bolt이고, 내부볼트에 대해 $\phi r_n = 78.3t$ kips/bolt이다, 총 지압강도와 작용하중이 같다고 놓으면,

$$2(44.0t) + 6(78.3t) = 121.2, \qquad t = 0.217 \text{ in.}$$

플랜지 판은 인장-연결요소(상부 판)로 설계된 후 압축(하부 판)에 대해 검토한다. 총단면적과 순단면적의 인장에 필요한 최소 단면을 결정한다. AISC 식 J4-1로부터,

$$R_n = F_y A_g$$

$$\phi R_n = 0.90 F_y A_g$$

$$\text{소요 } A_g = \frac{\phi R_n}{0.90 F_y} = \frac{H}{0.90 F_y} = \frac{121.2}{0.90(36)} = 3.741 \text{ in.}^2$$

AISC 식 J4-2로부터,

$$R_n = F_u A_e$$

$$\phi R_n = 0.75 F_u A_e$$

$$\text{소요 } A_e = \frac{\phi R_n}{0.75 F_u} = \frac{H}{0.75 F_u} = \frac{121.2}{0.75(58)} = 2.786 \text{ in.}^2$$

(보 플랜지 폭과 같은) $w_g = 6.5$ in.**의 판 폭을 시도한다:** 총단면적 조항을 만족시키는 데 필요한 두께를 계산한다.

$$A_g = 6.5t = 3.741 \text{ in.}^2 \quad \text{또는} \quad t = 0.576 \text{ in.}$$

순단면적 조항을 만족시키는 데 필요한 두께를 계산한다.

$$A_e = A_n = tw_n = t(w_g - \Sigma d_{hole}) = t\left[6.5 - 2\left(\frac{7}{8}\right)\right] = 4.750t$$

다음과 같이 두면,

$$4.750t = 2.786 \text{ in.}^2 \quad \text{또는} \quad t = 0.587 \text{ in.} \quad \text{(지배한다)}$$

이 두께는 지압에 필요한 두께보다 크므로 이것이 최소 허용두께가 될 것이다.

판 $^5/_8 \times 6^1/_2$로 시도한다: 압축을 검토한다. 판은 $L = 3$ in.와 $K = 0.65$를 가지는 연결재 사이의 고정단 압축부재로 거동한다고 가정한다.

$$r = \sqrt{\frac{I}{A}} = \sqrt{\frac{6.5(5/8)^3/12}{6.5(5/8)}} = 0.1804 \text{ in.}$$

$$\frac{L_c}{r} = \frac{KL}{r} = \frac{0.65(3)}{0.1804} = 10.81$$

AISC J4.4로부터, $L_c/r \leq 25$의 압축요소에 대해, 공칭강도는

$$P_n = F_y A_g \qquad \text{(AISC 식 J4-6)}$$

그리고 LRFD에 대해, $\phi = 0.9$

$$\phi P_n = 0.9 F_y A_g = 0.9(36)\left(\frac{5}{8} \times 6.5\right) = 132 \text{ kips} > 121.2 \text{ kips} \qquad \text{(OK)}$$

판의 블록전단을 검토한다. 횡방향으로 $1^1/_2$ in.의 연단거리와 $3^1/_2$ in.의 볼트간격을 사용한다. 이는 보 플랜지의 "유효선간" 위치에 볼트를 배열한다(강구조편람 표 1-7A 참조). 그림 8.41은 볼트 배치도와 두 가지 가능한 블록전단 파괴양상을 보여준다. 두 가지 모두에 대해 전단면적은 다음과 같다.

$$A_{gv} = \frac{5}{8}(3 + 3 + 3 + 1.25) \times 2 = 12.81 \text{ in.}^2$$

$$A_{nv} = \frac{5}{8}\left[3 + 3 + 3 + 1.25 - 3.5\left(\frac{7}{8}\right)\right] \times 2 = 8.984 \text{ in.}^2$$

볼트 사이의 횡방향 인장면적이 고려되면((그림 8.41(a)), 폭은 3.5 in.이다. 두 개의 바깥 블록이 고려되면((그림 8.41(b)), 총 인장폭은 $2(1.5) = 3.0$ in.이다. 후자가 가장 작은 블록전단강도가 될 것이다.

$$A_{nt} = \frac{5}{8}\left[1.5 - 0.5\left(\frac{3}{4} + \frac{1}{8}\right)\right] \times 2 = 1.328 \text{ in.}^2$$

$$R_n = 0.6 F_u A_{nv} + U_{bs} F_u A_{nt}$$
$$= 0.6(58)(8.984) + 1.0(58)(1.328) = 389.7 \text{ kips}$$

그림 8.41

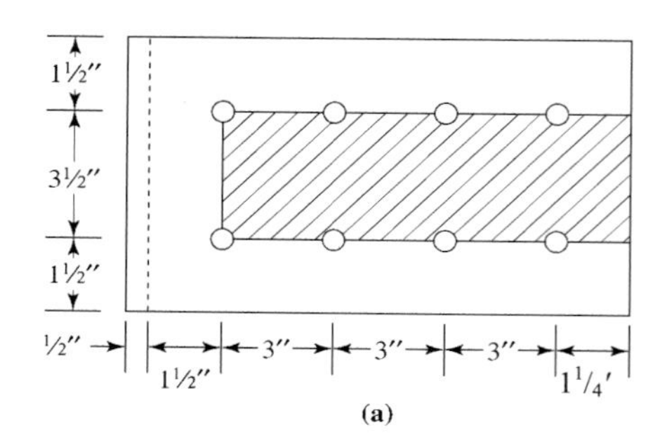

(a)

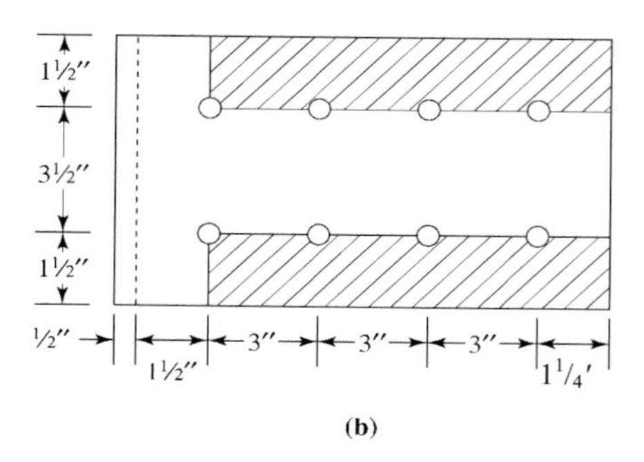

(b)

$$\text{상한한계} = 0.6F_yA_{gv} + U_{bs}F_uA_{nt}$$
$$= 0.6(36)(12.81) + 1.0(58)(1.328)$$
$$= 353.7 \text{ kips}$$
$$\phi R_n = 0.75(353.7) = 265 \text{ kips} > 121 \text{ kips} \quad \text{(OK)}$$

보 플랜지의 블록전단을 검토한다. 볼트간격과 연단거리는 판에서와 동일하다.

$$A_{gv} = 12.81\left(\frac{0.535}{5/8}\right) = 10.97 \text{ in.}^2$$

$$A_{nv} = 8.984\left(\frac{0.535}{5/8}\right) = 7.690 \text{ in.}^2$$

$$A_{nt} = 1.328\left(\frac{0.535}{5/8}\right) = 1.137 \text{ in.}^2$$

$$R_n = 0.6F_uA_{nv} + U_{bs}f_uA_{nt} = 0.6(65)(7.690) + 1.0(65)(1.137)$$
$$= 373.8 \text{ kips}$$
$$0.6F_yA_{gv} + U_{bs}F_uA_{nt} = 0.6(50)(10.97) + 1.0(65)(1.137)$$
$$= 403.0 \text{ kips} > 373.8 \text{ kips}$$

373.8 kips > 353.7 kips이므로, 판의 블록전단이 지배한다.

판 $^5/_8 \times 6^1/_2$로 사용한다: 볼트구멍으로 인해 보 플랜지 면적의 일부분이 손실될 것이다. 이러한 감소를 고려할 필요성을 결정하기 위해 AISC F13.1 규정을 사용한다. 플랜지 하나의 총단면적은,

$$A_{fg} = t_f b_f = 0.535(6.53) = 3.494 \text{ in.}^2$$

구멍의 유효직경은,

$$d_h = \frac{3}{4} + \frac{1}{8} = \frac{7}{8} \text{ in.}$$

플랜지의 순단면적은,

$$A_{fn} = A_{fg} - t_f \Sigma d_h = 3.494 - 0.535\left(2 \times \frac{7}{8}\right) = 2.558 \text{ in.}^2$$

$$F_u A_{fn} = 65(2.558) = 166.3 \text{ kips}$$

Y_t을 결정한다. A992 강재에 대해, 최대 F_y/F_u 비는 0.85이다. 이것은 0.8보다 크므로, $Y_t = 1.1$을 사용한다.

$$Y_t F_y A_{fg} = 1.1(50)(3.494) = 192.2 \text{ kips}$$

$F_u A_{f_n} < Y_t F_y A_{fg}$이므로, 구멍은 고려되어야 한다. AISC 식 F13-1로부터,

$$M_n = \frac{F_u A_{fn}}{A_{fg}} S_x = \frac{166.3}{3.494}(94.5) = 4498 \text{ in.-kips}$$

$$\phi_b M_n = 0.90(4498) = 4048$$

$$= 337 \text{ ft-kips} > 210 \text{ ft-kips} \qquad \text{(OK)}$$

해 답 그림 8.42에 나타난 접합부를 사용한다(기둥보강재 조항은 8.7절에서 고려될 것이다).*

그림 8.42

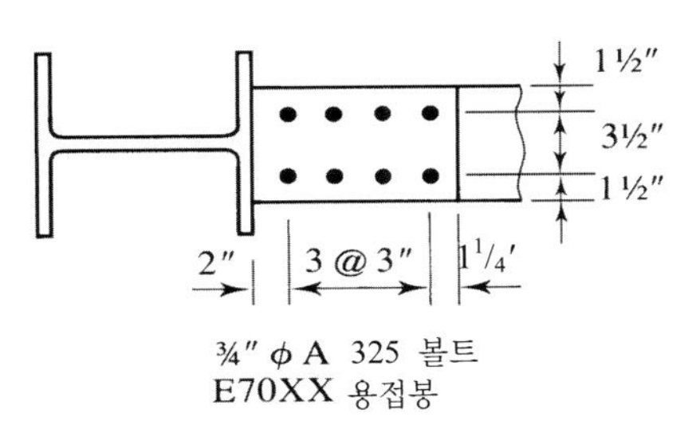

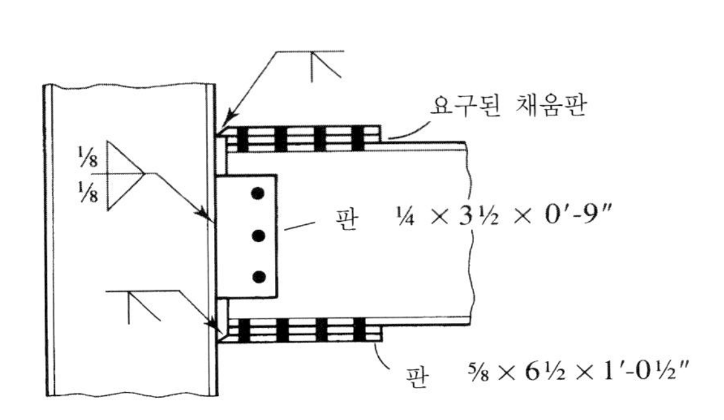

* 그림 8.42에서는 보 플랜지 판-기둥 연결에 사용된 베벨 홈용접(bevel groove weld)의 기호도 보여주고 있다.

ASD 풀이 (이 풀이의 일부는 LRFD 풀이로부터 취한다.)

$$M_a = M_D + M_L = 35 + 105 = 140 \text{ ft-kips}$$

$$V_a = V_D + V_L = 6.5 + 19.5 = 26 \text{ kips}$$

웨브 판에 대해, **직경이 $^3/_4$ in.인 볼트를 시도한다.** 편심을 무시하고 나사산이 전단면에 있다고 가정한다. 강구조편람 표 7-1로부터, 볼트 하나의 전단강도는 $r_n/\Omega = 11.9$ kips/bolt이다.

$$\text{소요볼트 개수} = \frac{26}{11.9} = 2.18$$

볼트 3개를 시도한다: 최소간격은 $2^2/_3 d = 2.667(^3/_4) = 2.0$ in.이다. AISC 표 J3.4로부터, 최소 연단거리는 1 in.이다. 그림 8.39에 나타난 배치도를 시도하고 지압에 필요한 판 두께를 결정한다. 볼트 간격이 3 in.인 내부볼트에 대해, 표 7-4로부터 지압강도는,

$$\frac{r_n}{\Omega} = 52.2t \text{ kps/bolt}$$

연단볼트에 대해, 강구조편람 표 7-5에서 연단거리 $1^1/_4$ in.를 사용한다. 이 볼트의 지압강도는,

$$\frac{r_n}{\Omega} = 29.4t \text{ kps/bolt}$$

소요 판 두께를 구하기 위해, 총 지압강도와 작용하중이 같다고 둔다.

$$29.4t + 2(52.2t) = 26, \qquad t = 0.194 \text{ in.}$$

(보 웨브의 두께는 $t_w = 0.380 \text{ in.} > 0.194 \text{ in.}$이고, 보의 F_y는 판의 F_y보다 크기 때문에 보 웨브의 지압강도는 충분할 것이다.)

(볼트지압에 추가해) 연결판에 대한 다른 한계상태는 AISC J4, "부재와 연결요소에 영향을 주는 요소"에서 찾을 수 있다(용접연결의 경우 모재의 전단에 대해 사용한 동일한 규정이다). 수직전단에 필요한 판의 두께를 결정하기 위해, 총단면적의 항복과 순단면적의 파단을 고려한다. 전단항복에 대해, AISC 식 J4-3으로부터

$$R_n = 0.60F_yA_g = 0.60(36)(8.5t) = 183.6t$$

$$\frac{R_n}{\Omega} = \frac{183.6t}{1.50} = 122.4t$$

전단파단에 대해, 순단면적은

$$A_{nv} = \left[8.5 - 3\left(\frac{3}{4} + \frac{1}{8}\right)\right]t = 5.875t$$

AISC 식 J4-4로부터,

$$R_n = 0.6F_uA_{nv} = 0.6(58)(5.875t) = 204.5t$$

$$\frac{R_n}{\Omega} = \frac{204.5t}{2.00} = 102.2t$$

전단파단이 지배한다. 다음과 같이 놓으면,

$$102.2t = 26, \qquad t = 0.254 \text{ in.}$$

그러므로 최대 소요두께는 전단파단의 한계상태에 의해 요구된다.

$t = {}^5/_{16}$ in.를 시도한다: 기둥 플랜지에 전단 판의 연결에 대해, 단위인치당 소요강도는

$$\frac{V_a}{L} = \frac{26}{8.5} = 3.059 \text{ kips/in.}$$

식 7.37로부터, 모재의 단위길이당 전단항복강도는

$$\frac{R_n}{\Omega} = 0.4F_y t = 0.4(36)\left(\frac{5}{16}\right) = 4.5 \text{ kips/in.}$$

식 7.38로부터, 모재의 단위길이당 전단파단강도는

$$\frac{R_n}{\Omega} = 0.3F_u t = 0.3(58)\left(\frac{5}{16}\right) = 5.44 \text{ kips/in.}$$

그러므로 모재의 전단강도는 4.5 kips/in.이며 이는 소요 용접강도 3.059 kips/in.보다 크다. 판의 양면 용접에 대해, 용접당 소요강도는 $3.059/2 = 1.530$ kips/in.이다. 소요 용접치수를 결정하기 위해 다음과 같이 두면,

$$0.9279D = 1.530, \qquad D = 1.65 \ \left({}^1/_{16} \text{ in.에 대해}\right)$$

AISC 표 J2.4로부터 얇은 연결부재(전단 판)에 근거한 최소용접치수는 ${}^3/_{16}$ in.이다. 이런 연결형태의 경우(가장자리를 따라 용접을 하지 않을 경우) 요구되는 최대치수 조항은 없다.

판의 각 면에 ${}^3/_{16}$ in. 필릿용접을 사용한다: 판의 최소 폭은 연단거리를 고려함으로써 결정될 수 있다. 저항하중(보 반력)은 수직으로 작용하므로 수평 연단거리는 AISC 표 J3.4의 여유간격 조항만 준수할 필요가 있다. 직경이 ${}^3/_4$ in.인 볼트에 대해, 최소 연단거리는 1 in.이다.

그림 8.39(b)에서와 같이, ${}^1/_2$ in.의 보 이격거리와 $1{}^1/_2$ in.의 연단거리를 사용하면 판의 폭은 다음과 같다.

$$0.5 + 2(1.5) = 3.5 \text{ in.}$$

판 ${}^5/_{16} \times 3{}^1/_2$을 시도한다: 블록전단을 검토한다. LRFD 풀이로부터,

$$R_n = 68.20 \text{ kips}$$

$$\frac{R_n}{\Omega} = \frac{68.20}{2.00} = 34.1 \text{ kips} > 26 \text{ kips} \qquad \text{(OK)}$$

판 ${}^5/_{16} \times 3{}^1/_2$을 사용한다: 플랜지 연결에 대해볼트를 먼저 선택한다. 그림 8.40으로부터, 보 플랜지와 판 사이의 경계면에 작용하는 힘은 다음과 같다.

$$H = \frac{M}{d} = \frac{140(12)}{20.8} = 80.77 \text{ kips}$$

여기서 d는 보의 깊이다. 우력의 모멘트 팔길이는 실제로는 플랜지 판의 중심에서 플랜지 판의 중심까지의 거리이지만 플랜지 두께는 아직 알지 못하므로 보 깊이를 사용하는 것은 안전하다.

직경이 $^3/_4$ in.인 A그룹 볼트를 시도한다: (직경이 $^3/_4$ in.인 볼트가 전단연결에 대해 선택되었으므로 여기서 같은 크기를 시도한다) 볼트전단이 지배한다면, 소요볼트 개수는

$$\frac{80.77}{11.9} = 6.79\text{볼트} \qquad \therefore \text{ 8개의 볼트를 사용한다(4쌍).}$$

$1^1/_4$ in.의 연단거리와 3 in.의 볼트간격을 사용해 지압에 필요한 최소 판두께를 결정한다. 여기의 볼트치수, 간격, 연단거리는 전단연결과 같으므로 지압강도는 같게 될 것이다. 연단볼트에 대해 $r_n/\Omega = 29.4t$ kips/bolt이고, 내부볼트에 대해 $r_n/\Omega = 52.2t$ kips/bolt이다. 총 지압강도와 작용하중이 같다고 놓으면,

$$2(29.4t) + 6(52.2t) = 80.77, \quad t = 0.217 \text{ in.}$$

플랜지 판은 인장-연결요소(상부 판)로 설계된 후 압축(하부 판)에 대해 검토한다. 총단면적과 순단면적의 인장에 필요한 최소단면을 결정한다. AISC 식 J4-1로부터,

$$R_n = F_y A_g$$

$$\frac{R_n}{\Omega} = \frac{F_y A_g}{1.67}$$

$$\text{소요 } A_g = \frac{1.67(R_n/\Omega)}{F_y} = \frac{1.67H}{F_y} = \frac{1.67(80.77)}{36} = 3.747 \text{ in.}^2$$

AISC 식 J4-2로부터,

$$R_n = F_u A_e$$

$$\frac{R_n}{\Omega} = \frac{F_u A_e}{2.00}$$

$$\text{소요 } A_e = \frac{2.00(R_n/\Omega)}{F_u} = \frac{2.00H}{F_u} = \frac{2.00(80.77)}{58} = 2.785 \text{ in.}^2$$

(보 플랜지 폭과 같은) **$w_g = 6.5$ in.의 판 폭을 시도한다:** 총단면적 조항을 만족시키는 데 필요한 두께를 계산한다.

$$A_g = 6.5t = 3.747 \quad \text{또는} \quad t = 0.576 \text{ in.}$$

순단면적 요구를 만족시키는 데 필요한 두께를 계산한다.

$$A_e = A_n = tw_n = t(w_g - \Sigma d_{hole}) = t\left[6.5 - 2\left(\frac{7}{8}\right)\right] = 4.750t$$

다음과 같이 놓으면,

$$4.750t = 2.785 \text{ in.}^2 \quad \text{또는} \quad t = 0.586 \text{ in.} \quad \text{(지배한다)}$$

이 두께는 지압에 필요한 두께보다 크므로 이것이 최소 허용두께가 될 것이다.

판 $^5/_8 \times 6^1/_2$을 시도한다: 압축을 검토한다. 판은 $L = 3$ in.와 $K = 0.65$를 가지는 연결재 사이의 고정단 압축부재로 거동한다고 가정한다. LRFD 풀이로부터,

$$P_n = F_y A_g$$

그리고 ASD에 대해, $\Omega = 1.67$.

$$\frac{P_n}{\Omega} = \frac{F_y A_g}{1.67} = \frac{36\left(\frac{5}{8} \times 6.5\right)}{1.67} = 87.6 \text{ kips} > 80.77 \text{ kips} \quad \text{(OK)}$$

판의 블록전단을 검토한다. 횡방향으로 $1^1/_2$ in.의 연단거리와 $3^1/_2$ in.의 볼트간격을 사용한다. 이는 보 플랜지의 "유효선간" 위치에 볼트를 배열한다(강구조편람의 1편 참조). 그림 8.41은 볼트 배치도와 두 가지 가능한 블록전단 파괴양상을 보여준다. LRFD 풀이로부터,

$$R_n = 353.7 \text{ kips}$$

$$\frac{R_n}{\Omega} = \frac{353.7}{2.00} = 176.9 \text{ kips} > 80.77 \text{ kips} \quad \text{(OK)}$$

보 플랜지의 블록전단을 검토한다. 볼트간격과 연단거리는 판에서와 동일하다. LRFD 풀이로부터,

$$R_n = 373.8 \text{ kips}$$

$373.8 \text{ kips} > 353.7 \text{ kips}$이므로, 판의 블록전단이 지배한다.

판 $^5/_8 \times 6^1/_2$을 사용한다: 볼트구멍으로 인해 보 플랜지 면적의 일부분이 손실될 것이다. 이러한 감소를 고려할 필요성을 결정하기 위해 AISC F13.1의 규정을 사용한다. LRFD 풀이로부터, 감소된 공칭모멘트강도는 다음과 같다.

$$M_n = 4498 \text{ in.-kips}$$

$$\frac{M_n}{\Omega} = \frac{4498}{1.67} = 2693 \text{ in.-kips} = 224 \text{ ft-kips} > 140 \text{ ft-kips} \quad \text{(OK)}$$

해 답 그림 8.42에 나타난 접합부를 사용한다(기둥보강재 조항은 8.7절에서 고려된다).

8.7 기둥보강재와 다른 형태의 보강

강절연결에서 보로부터 기둥으로 전달되는 대부분의 모멘트는 보 플랜지의 인장력과 압축력으로 구성되는 우력의 형태를 가지므로 이러한 상대적으로 큰 집중력의 작용은 기둥보강을 필요로 한다. 중력하중을 받는 경우에 발생될 수 있는 부모멘트에 대해, 이러한 힘의 방향이 그림 8.43에 나타나 있으며 보의 상부 플랜지는 기둥에 인장력을 전달하고 보의 하부 플랜지는 압축력을 전달한다는 것을 알 수 있다.

두 힘은 안정문제를 일으키는 더욱 위험한 압축의 형태로 기둥 웨브에 전달된다. 상부 플랜지의 인장하중은 기둥 플랜지를 비틀어(그림 8.43(c)에 과장되게 표시한) 보 플랜지와 기둥 플랜지를 연결하는 용접부에 추가적인 하중이 발생하게 된다. 그림에 표시된 형태의 보강재는 기둥 플랜지에 대해 정착을 제공할 수 있다. 명백히, 이 보강재는 웨브와 플랜지 모두에 용접되어야 한다. 작용모멘트의 방향이 절대로 바뀌지 않는다면, 압축하중을 저항하는 보강재(이 그림의 하부보강재)는 플랜지에 지압이 되도록 맞출 수 있으며, 플랜지에 용접할 필요는 없다.

ASIC 설계기준 조항

기둥 웨브보강에 대한 AISC 조항은 J10절 "집중하중을 받는 플랜지와 웨브"에서 다루고 있다. 이 절의 대부분에서 이 규정은 실험결과에 일치하도록 수정된 이론적 해석에 근거를 두고 있다. 보 플랜지 또는 플랜지판에 의해 전달되는 작용하중이 고려되어지는 임의의 한계상태에 대한 유용강도를 초과하면, 기둥보강이 사용되어야 한다.

기둥 플랜지의 국부 휨. 기둥 플랜지의 국부 휨파괴를 방지하기 위해, 보 플랜지의 인장하중은 유용강도를 초과해서는 안 된다. 공칭강도는 다음과 같다.

$$R_n = 6.25 F_{yf} t_f^2 \qquad \text{(AISC 식 J10-1)}$$

여기서

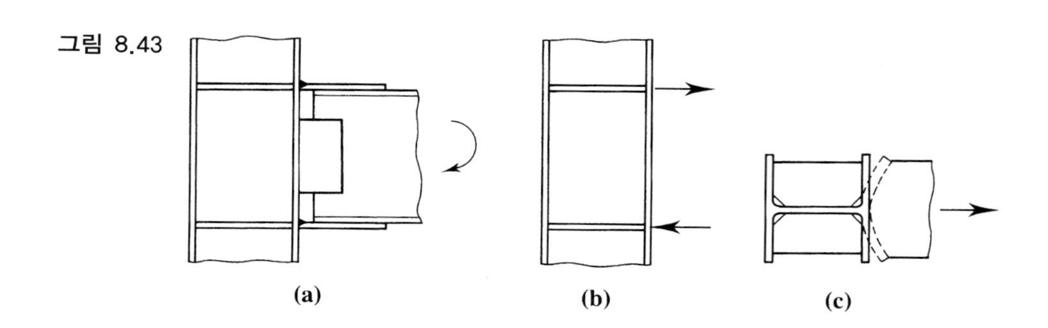

그림 8.43

F_{yf} = 기중 플랜지의 항복응력

t_f = 기둥 플랜지의 두께

LRFD에 대해, 설계강도는 ϕR_n이며, 여기서 $\phi = 0.90$. ASD에 대해, 허용강도는 R_n/Ω이며, 여기서 $\Omega = 1.67$.

인장하중이 기둥 단부로부터 $10t_f$ 거리 내에 작용된다면 AISC 식 J10-1에 주어진 강도를 50% 저감한다.

웨브 국부항복. 압축을 받는 웨브 국부항복의 한계상태에 대해, 하중이 기둥 단부로부터 기둥깊이보다 큰 지점에 작용할 때

$$R_n = F_{yw}t_w(5k + l_b) \qquad \text{(AISC 식 J10-2)}$$

하중이 기둥 단부로부터의 거리가 기둥깊이 이하에 작용할 때

$$R_n = F_{yw}t_w(2.5k + l_b) \qquad \text{(AISC 식 J10-3)}$$

여기서

k = 기둥 플랜지의 바깥 면으로부터 기둥 웨브의 필릿선단까지의 거리

l_b = 작용하중의 길이 = 보 플랜지 또는 플랜지 판의 두께

F_{yw} = 기둥 웨브의 항복응력

t_w = 기둥 웨브의 두께

또한, 집중하중을 받는 보의 웨브항복을 조사하기 위해, 5.14절에서도 AISC 식 J10-2와 J10-3을 사용하였다.

LRFD에 대해, $\phi = 1.00$. ASD에 대해, $\Omega = 1.50$.

웨브 크리플링. 보가 한쪽에만 연결된 외부기둥에서처럼 압축하중이 한쪽 플랜지에만 전달될 경우 웨브 크리플링을 방지하기 위해, 작용하중은 유용강도를 초과하지 않아야 한다.(5.14절에서도 웨브 크리플링을 언급했다.) 하중이 기둥 단부로부터 $d/2$ 이상 떨어진 거리에 작용하면,

$$R_n = 0.80t_w^2\left[1 + 3\left(\frac{l_b}{d}\right)\left(\frac{t_w}{t_f}\right)^{1.5}\right]\sqrt{\frac{EF_{yw}t_f}{t_w}}\,Q_f \qquad \text{(AISC 식 J10-4)}$$

여기서

d = 기둥의 총 깊이

Q_f = 1.0 : W형강에 대해

= 표3.2의 값 : HSS형강에 대해

하중이 기둥 단부로부터 $d/2$ 미만 떨어진 거리에 작용하면,

$$R_n = 0.40t_w^2\left[1+3\left(\frac{l_b}{d}\right)\left(\frac{t_w}{t_f}\right)^{1.5}\right]\sqrt{\frac{EF_{yw}t_f}{t_w}}\,Q_f \qquad \left(\frac{l_b}{d} \le 0.2\text{에 대해}\right)$$

(AISC 식 J10-5a)

또는

$$R_n = 0.40t_w^2\left[1+\left(\frac{4l_b}{d}-0.2\right)\left(\frac{t_w}{t_f}\right)^{1.5}\right]\sqrt{\frac{EF_{yw}t_f}{t_w}}\,Q_f \qquad \left(\frac{l_b}{d} > 0.2\text{에 대해}\right)$$

(AISC 식 J10-5b)

LRFD에 대해, $\phi = 0.75$. ASD에 대해, $\Omega = 2.00$.

웨브 압축좌굴. 하중이 기둥의 양쪽 플랜지에 전달될 때, 기둥 웨브의 압축좌굴이 조사되어야 한다. 이러한 하중은 양쪽에 보가 연결된 내측기둥에서 발생할 것이다. 이 한계상태에 대한 공칭강도는 다음과 같다.

$$R_n = \frac{24t_w^3\sqrt{EF_{yw}}}{h}Q_f \qquad \text{(AISC 식 J10-8)}$$

여기서

h = 필릿선단에서 필릿선단까지 기둥 웨브 깊이(그림 8.44)

접합부가 기둥 단부근처에 있으면(즉, 압축력이 단부로부터 $d/2$ 거리 내에 작용하면), AISC 식 J10-8에 의해 주어진 강도를 반으로 저감해야 한다.

LRFD에 대해, $\phi = 0.90$. ASD에 대해, $\Omega = 1.67$.

요약하면, 기둥보강이 필요한지를 조사하기 위해 세 가지 한계상태를 검토해야 한다:

1. 플랜지 국부 휨(AISC 식 J10-1).

그림 8.44

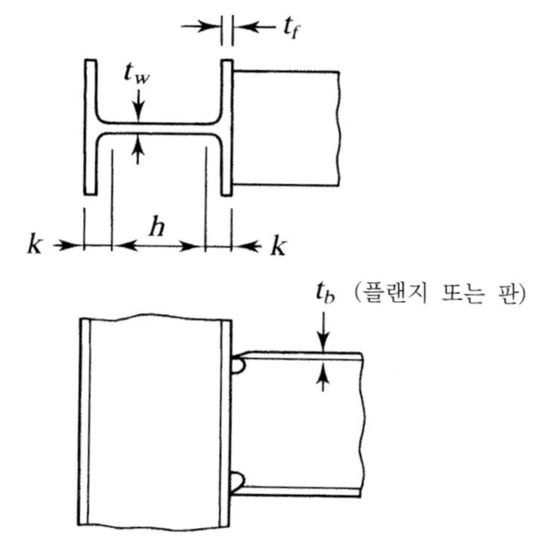

2. 웨브 국부항복(AISC 식 J10-2 또는 J10-3).
3. 웨브 크리플링 또는 웨브 압축좌굴(압축하중이 한쪽 플랜지에만 작용하면, 웨브 크리플링을 검토한다[AISC 식 J10-4 또는 J10-5]. 압축하중이 양쪽 플랜지에 작용하면, 웨브 압축좌굴을 검토한다[AISC 식 J10-8].)

이러한 인장하중과 압축하중에 추가하여 기둥 웨브의 전단(*패널존* 전단)을 고려해야 한다. 여기에 대해서 설명할 것이다.

소요강도가 위의 한계상태 어느 것에 상응하는 유용강도보다 더 크면, 기둥 웨브보강이 제공되어야 한다. 이 보강은 횡 보강재 또는 웨브 *이중판*(doubler plates)의 형태를 취할 수 있다. 웨브 이중판은 두께를 증가시키기 위해 기둥 웨브에 용접한다. 플랜지 국부 휨에 대해, 설계기준에서는 한 쌍의 횡 보강재를 요구한다. 웨브 국부항복에 대해, 한 쌍의 횡 보강재 또는 이중판이 사용되어야 한다. 웨브 크리플링 또는 웨브 압축좌굴에 대해, 횡 보강재(하나의 보강재 또는 한 쌍) 또는 웨브 이중판이 사용되어야 한다.

보강재의 유용강도에 대해 한계상태로 항복을 사용한다. 그러므로 보강재의 공칭강도는 다음과 같다.

$$F_{yst}A_{st}$$

여기서

F_{yst} = 보강재의 항복응력

A_{st} = 보강재의 면적

LRFD에 대해, 보강재의 설계강도와 필요한 가외강도가 같다고 두고 보강재의 소요면적을 구한다:

$$\phi_{st}F_{yst}A_{st} = P_{bf} - \phi R_{n\,\min}$$

$$A_{st} = \frac{P_{bf} - \phi R_{n\,\min}}{\phi_{st}F_{yst}} \tag{8.7}$$

여기서

ϕ_{st} = 0.90(이것은 항복한계상태이기 때문에)

P_{bf} = 보 플랜지 또는 플랜지판으로부터 작용되는 계수하중

$\phi R_{n\,\min}$ = 세 개의 한계상태에 상응하는 강도의 최솟값

ASD에 대해, 보강재의 허용강도와 필요한 가외강도가 같다고 두고 보강재의 소요면적을 구한다:

$$\frac{F_{yst}A_{st}}{\Omega_{st}} = P_{bf} - (R_n/\Omega)_{\min}$$

$$A_{st} = \frac{P_{bf} - (R_n/\Omega)_{min}}{F_{yst}/\Omega_{st}} \tag{8.8}$$

여기서

Ω = 1.67(이것은 항복한계상태이기 때문에)

P_{bf} = 보 플랜지 또는 플랜지판으로부터 작용되는 사용하중

$(R_n/\Omega)_{min}$ = 세 개의 한계상태에 상응하는 강도의 최솟값

AISC J10.8에서 보강재 산정에 대한 다음의 지침이 주어져 있다.

- 보강재의 폭에 기둥 웨브 두께의 반을 더한 값은 적어도 기둥에 힘을 전달하는 보 플랜지 또는 판 폭의 $^1/_3$ 이상이어야 한다. 그림 8.45로부터,

$$b + \frac{t_w}{2} \geq \frac{b_b}{3} \qquad \therefore\ b \geq \frac{b_b}{3} - \frac{t_w}{2}$$

- 보강재의 두께는 보 플랜지 또는 판 두께의 $^1/_2$ 이상이어야 한다.

$$t_{st} \geq \frac{t_b}{2}$$

- 보강재의 두께는 보강재 폭을 16으로 나눈 값 이상이어야 한다.

$$t_{st} \geq \frac{b}{16}$$

- 압축좌굴의 경우에는 전체 깊이(full-depth) 보강재가 필요하지만, 다른 한계상태에 대해서는 반 깊이(half-depth) 보강재를 허용한다. 따라서 전체 깊이 보강재는 보가 기둥의 양쪽 면에 연결되어 있을 때만 요구된다.

임의의 한계상태에 대해 플랜지에 보강재를 용접해야 하는지에 대한 결정은 다음 기준에 근거를 두어야 한다:

- 인장면에 대해, 보강재는 웨브와 플랜지 모두 용접해야 된다.
- 압축면에 대해, 보강재는 웨브에 용접해야 된다. 보강재는 하중재하된 플랜지에 단지 지압만으로 충분하나 용접될 수도 있다.

그림 8.45

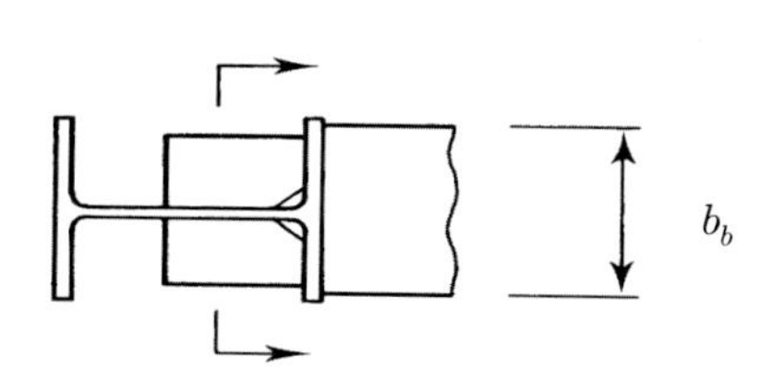

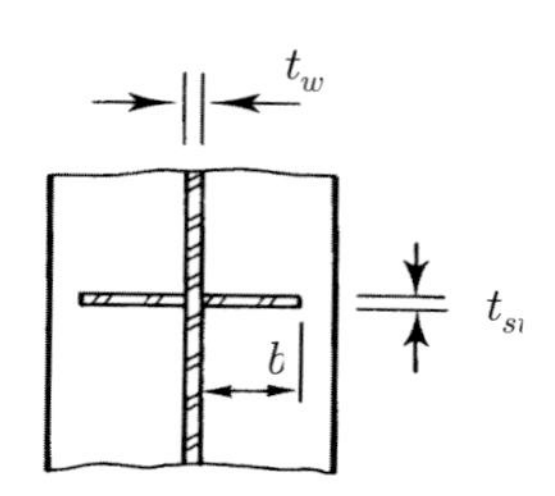

강구조편람의 4편 "압축부재의 설계"에서 기둥하중표는 보강재의 필요성에 대한 평가를 신속히 처리해주는 상수를 포함하고 있다. 이에 대한 사용은 강구조편람에서 설명하고 있으므로 여기에서는 다루지 않는다.

기둥 웨브의 전단

기둥에 전달되는 큰 모멘트는 접합부의 경계(예로, 그림 8.46의 $ABCD$영역) 내에서 기둥 웨브에 큰 전단응력을 발생시킬 수 있다. 때때로, 이러한 영역을 *패널존*(panel zone)이라 부른다. 순 모멘트만이 관심사이므로, 보가 기둥의 양쪽에 연결되어 있다면 모멘트의 대수학적 합은 이러한 웨브전단을 유발시킨다.

각 플랜지력은 다음과 같이 취할 수 있다.

$$H = \frac{M_1 + M_2}{d_m}$$

여기서 d_m은 우력의 모멘트 팔길이다(기둥의 양쪽에 깊이가 같은 보에 대해).

패널에 인접한 기둥 전단력이 V이고 그림에서와 같은 방향으로 작용한다면, 패널의 총 전단력(소요전단강도)은 다음과 같다.

$$F = H - V = \frac{M_1 + M_2}{d_m} - V \tag{8.9}$$

웨브의 공칭전단강도 R_n은 AISC J10.6에 주어져 있다. 전단강도는 기둥의 소요축강도 P_r과 기둥의 항복강도 P_y의 함수이다.

그림 8.46

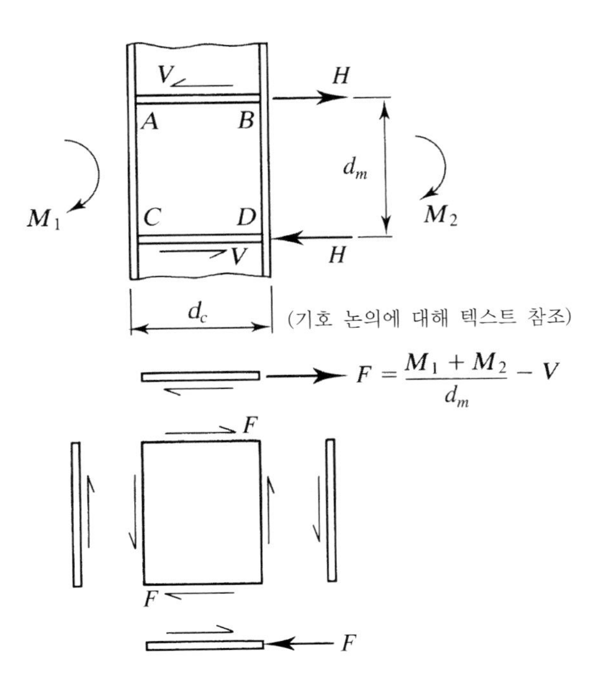

$\alpha P_r \leq 0.4P_y$ 인 경우,

$$R_n = 0.60F_y d_c t_w \qquad \text{(AISC 식 J10-9)}$$

$\alpha P_r > 0.4P_y$ 인 경우,

$$R_n = 0.60F_y d_c t_w \left(1.4 - \frac{\alpha P_r}{P_y}\right) \qquad \text{(AISC 식 J10-10)}$$

여기서

$\alpha = 1.0$(LRFD에 대해), $= 1.60$(ASD에 대해)

$P_r =$ 기둥의 소요축강도

$=$ 계수축하중(LRFD에 대해)

$=$ 사용축하중(ASD에 대해)

$P_y =$ 기둥의 항복강도$= F_y A_g$

$A_g =$ 기둥의 총단면적

$F_y =$ 기둥의 항복응력

$d_c =$ 기둥의 총 깊이

$t_w =$ 기둥 웨브의 두께

LRFD에 대해, 설계전단강도는 ϕR_n 이며, 여기서 $\phi = 0.90$.

ASD에 대해, 허용전단강도는 R_n/Ω 이며, 여기서 $\Omega = 1.67$.

기둥 웨브의 전단강도가 충분하지 않다면, 기둥 웨브는 보강되어야 한다. 결점을 보완하기 위해 충분한 두께를 가진 이중판을 웨브에 용접하거나 또는 한 쌍의 대각보강재를 사용할 수 있다. 종종, 가장 경제적인 대안은 두꺼운 웨브를 가지고 있는 기둥단면을 사용하는 것이다.

AISC J10.6은 골조안정성 해석에서 패널존의 비탄성변형의 영향을 고려할 때 사용되는 식도 제공하고 있다. 여기서는 그것들을 다루지 않는다.

예제 8.11 **예제 8.10의 접합부에 대해 보강재나 다른 형태의 기둥 웨브보강이 필요한지를 결정하라. 그 예제에서 주어진 하중에 추가하여 160 kips의 축방향 사용사하중과 480 kips의 축방향 사용활하중이 작용하고 있다. $V = 0$과 접합부는 기둥 단부근처에 있지 않다고 가정한다.**

LRFD 풀이 예제 8.10으로부터, 플랜지력은 안전하게 다음과 같이 취할 수 있다.

$$P_{bf} = H = 121.2 \text{ kips}$$

AISC 식 J10-1을 사용해 플랜지 국부 휨을 검토한다:

$$\phi R_n = \phi\left(6.25 F_{yf} t_f^2\right)$$

$$= 0.90\left[6.25(50)(0.780)^2\right] = 171 \text{ kips} > 121.2 \text{ kips} \qquad \text{(OK)}$$

AISC 식 J10-2를 사용해 웨브 국부항복을 검토한다:

$$\phi R_n = \phi\left[F_{yw} t_w (5k + l_b)\right]$$

$$= 1.0\left\{(50)(0.485)\left[5(1.38) + \frac{5}{8}\right]\right\}$$

$$= 182 \text{ kips} > 121.2 \text{ kips} \qquad \text{(OK)}$$

AISC 식 J10-4를 사용해 웨브 크리플링을 검토한다:

$$\phi R_n = \phi 0.80 t_w^2 \left[1 + 3\left(\frac{l_b}{d}\right)\left(\frac{t_w}{t_f}\right)^{1.5}\right]\sqrt{\frac{E F_{yw} t_f}{t_w}}\, Q_f$$

$$= 0.75(0.80)(0.485)^2\left[1 + 3\left(\frac{5/8}{14.2}\right)\left(\frac{0.485}{0.780}\right)^{1.5}\right]\sqrt{\frac{29{,}000(50)(0.780)}{0.485}}\,(1.0)$$

$$= 229 \text{ kips} > 121.2 \text{ kips} \qquad \text{(OK)}$$

해 답 기둥 웨브보강재는 요구되지 않는다.

기둥 웨브의 전단에 대해, 식 8.9와 d_m을 계산할 때 채움재(shim)의 두께를 무시하면 기둥 웨브의 패널존에 작용하는 계수하중전단력은 다음과 같다.

$$F = \frac{(M_1 + M_2)}{d_m} - V = \frac{(M_1 + M_2)}{d_b + t_{PL}} - V$$

$$= \frac{210(12)}{20.8 + 5/8} - 0 = 118 \text{kips}$$

어떤 패널존 전단강도식이 사용될지를 결정한다.

$$P_y = F_y A_g = 50(29.1) = 1455 \text{kips}$$

$$0.4P_y = 0.4(1455) = 582 \text{kips}$$

$$P_r = 1.2P_D + 1.6P_L = 1.2(160) + 1.6(480) = 960 \text{kips}$$

$$\alpha P_r = 1.0(960) = 960 \text{ kips} > 582 \text{ kips}$$

∴ AISC 식 J10-10을 사용한다.

$$R_n = 0.60 F_y d_c t_w \left(1.4 - \frac{\alpha P_r}{P_y}\right)$$

$$= 0.60(50)(14.2)(0.485)\left(1.4 - \frac{960}{1455}\right) = 152.9 \text{kips}$$

설계강도는,

$$\phi R_n = 0.90(152.9) = 138 \text{kips} > 118 \text{kips} \qquad \text{(OK)}$$

해 답 기둥 웨브보강은 요구되지 않는다.

ASD 풀이 예제 8.10으로부터 플랜지력은 안전하게 다음과 같이 취할 수 있다.

$$P_{bf} = H = 80.77 \text{ kips}$$

AISC 식 J10-1을 사용해 플랜지 국부 휨을 검토한다:

$$\frac{R_n}{\Omega} = \frac{6.25F_{yf}t_f^2}{\Omega}$$

$$= \frac{6.25(50)(0.780)^2}{1.67} = 114 \text{ kips} > 80.77 \text{ kips} \qquad \text{(OK)}$$

AISC 식 J10-2를 사용해 웨브 국부항복을 검토한다:

$$\frac{R_n}{\Omega} = \frac{F_{yw}t_w(5k+l_b)}{\Omega}$$

$$= \frac{50(0.485)\left[5(1.38)+\frac{5}{8}\right]}{1.50} = 122 \text{ kips} > 80.77 \text{ kips} \qquad \text{(OK)}$$

AISC 식 J10-4를 사용해 웨브 크리플링을 검토한다:

$$\frac{R_n}{\Omega} = \frac{0.80t_w^2\left[1+3\left(\frac{l_b}{d}\right)\left(\frac{t_w}{t_f}\right)^{1.5}\right]\sqrt{\frac{EF_{yw}t_f}{t_w}}}{\Omega}Q_f$$

$$= \frac{0.80(0.485)^2\left[1+3\left(\frac{5/8}{14.2}\right)\left(\frac{0.485}{0.780}\right)^{1.5}\right]\sqrt{\frac{29{,}000(50)0.780}{0.485}}}{2.00}(1.0)$$

$$= 153 \text{ kips} > 80.77 \text{ kips} \qquad \text{(OK)}$$

해 답 기둥 웨브보강재는 요구되지 않는다.

기둥 웨브의 전단에 대해, 식 8.9과 d_m을 계산할 때 채움재의 두께를 무시하면 기둥 웨브의 패널존에 작용하는 사용하중전단력은 다음과 같다.

$$F = \frac{(M_1+M_2)}{d_m} - V = \frac{M}{d_b+t_{PL}} - V = \frac{140(12)}{20.8+5/8} - 0 = 89.8 \text{ kips}$$

어떤 패널존 전단강도식이 사용될지를 결정한다.

$$P_y = F_yA_g = 50(29.1) = 1455 \text{ kips}$$

$$0.4P_y = 0.4(1455) = 582 \text{ kips}$$

$$P_r = P_D + P_L = 160 + 480 = 640 \text{ kips}$$

$$\alpha P_r = 1.6(640) = 1024 \text{ kips} > 582 \text{ kips}$$

∴ AISC 식 J10-10을 사용한다.

$$R_n = 0.60F_yd_ct_w\left(1.4 - \frac{\alpha P_r}{P_y}\right)$$

$$= 0.60(50)(14.2)(0.485)\left(1.4 - \frac{1024}{1455}\right) = 143.8 \text{ kips}$$

허용강도는,

$$\frac{R_n}{\Omega} = \frac{143.8}{1.67} = 86.1\,\text{kips} < 89.8\,\text{kips} \qquad \text{(N.G.)}$$

해 답 기둥 웨브보강재가 요구된다.

예제 8.12 그림 8.47에 나타난 보-기둥 접합은 다음의 중력하중모멘트를 전달해야 한다: 32.5 ft-kips의 사용사하중모멘트와 97.5 ft-kips의 사용활하중모멘트. 추가로 30 kips의 축방향 사용사하중과 90 kips의 축방향 사용활하중이 있다. 보와 기둥에 대해 A992 강재가 사용되고 판 재료에 대해 A36 강재가 사용된다. 용접봉은 E70XX을 사용한다. 기둥보강재와 웨브 패널존 보강 조항을 조사하라. 접합부는 기둥 단부근처에 있지 않다. $V=0$을 가정한다.

그림 8.47

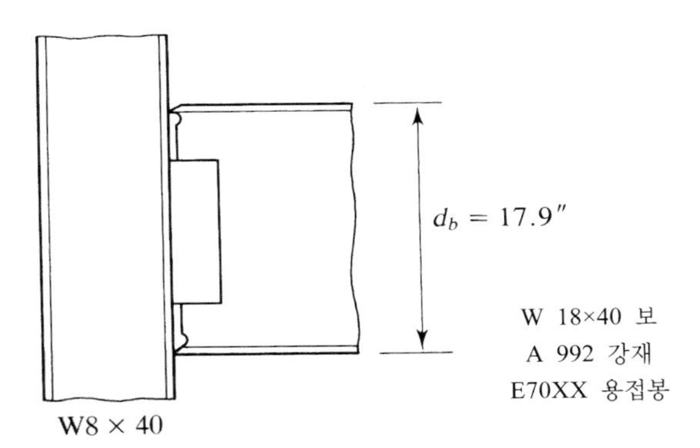

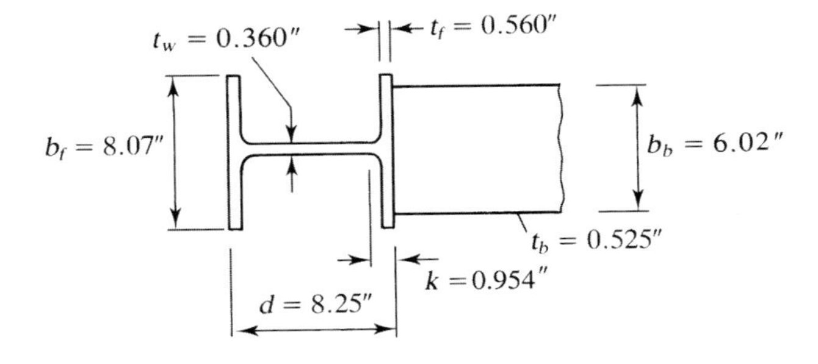

LRFD 풀이 계수하중모멘트는,

$$M_u = 1.2M_D + 1.6(M_L) = 1.2(32.5) + 1.6(97.5) = 195.0\,\text{ft-kips}$$

플랜지력은,

$$P_{bf} = \frac{M_u}{d_b - t_b} = \frac{195(12)}{17.9 - 0.525} = 134.7\,\text{kips}$$

AISC 식 J10-1을 사용해, 플랜지 국부 휨을 검토한다:

$$\phi R_n = \phi(6.25F_{yf}t_f^2) = 0.90[6.25(50)(0.560)^2]$$

$$= 88.20\,\text{kips} < 134.7\,\text{kips} \qquad \text{(N.G.)}$$

∴ 플랜지 국부 휨을 방지하기 위해 보강재가 요구된다.

AISC 식 J10-2를 사용해 웨브 국부항복을 검토한다:

$$\phi R_n = \phi[F_{yw}t_w(5k+l_b)]$$

$$= 1.0\{50(0.360)[5(0.954)+0.525]\}$$

$$= 95.31\text{ kips} < 134.7\text{ kips} \qquad \text{(N.G.)}$$

∴ 웨브 국부항복을 방지하기 위해 보강재가 요구된다.

AISC 식 J10-4를 사용해, 웨브 크리플링을 검토한다:

$$\phi R_n = \phi 0.80t_w^2\left[1+3\left(\frac{l_b}{d}\right)\left(\frac{t_w}{t_f}\right)^{1.5}\right]\sqrt{\frac{EF_{yw}t_f}{t_w}}\,Q_f$$

$$=0.75(0.80)(0.360)^2\left[1+3\left(\frac{0.525}{8.25}\right)\left(\frac{0.360}{0.560}\right)^{1.5}\right]\sqrt{\frac{29,000(50)(0.560)}{0.360}}\,(1.0)$$

$$= 128.3\text{ kips} < 134.7\text{ kips} \qquad \text{(N.G.)}$$

∴ 웨브 크리플링을 방지하기 위해 보강재가 요구된다.

플랜지 국부 휨강도 $88.20\,\text{kips}$는 세 가지 한계상태의 가장 작은 값이다. 식 8.7로부터, 보강재의 소요면적은 다음과 같다.

$$A_{st} = \frac{P_{bf}-\phi R_{n\,\min}}{\phi_{st}F_{yst}} = \frac{134.7-88.20}{0.90(36)} = 1.44\,\text{in.}^2$$

보강재 치수는 AISC J10.8절에 주어진 기준을 근거로 선택할 것이며, 그 결과로 인한 단면의 면적을 검토할 것이다.

최소 폭은,

$$b \geq \frac{b_b}{3}-\frac{t_w}{2} = \frac{6.02}{3}-\frac{0.360}{2} = 1.83\,\text{in.}$$

보강재가 기둥 플랜지의 연단을 초과하는 것이 허용되지 않는다면, 최대 폭은 다음과 같다.

$$b \leq \frac{8.07-0.360}{2} = 3.86\,\text{in.}$$

최소 두께는,

$$\frac{t_b}{2} = \frac{0.525}{2} = 0.263\,\text{in.}$$

판$^5/_{16}\times 3$을 시도한다:

$$A_{st} = 3\left(\frac{5}{16}\right)\times 2\,\text{보강재} = 1.88\,\text{in.}^2 > 1.44\,\text{in.}^2 \qquad \text{(OK)}$$

$t_{st} \geq b/16$에 대해 검토한다:

$$\frac{b}{16} = \frac{3}{16} = 0.188\,\text{in.} < \frac{5}{16}\,\text{in.} \qquad \text{(OK)}$$

이 연결은 한쪽 면에만 존재하므로 전체 깊이의 보강재가 요구되지 않는다. 다음의 깊이에 대해 시도한다.

$$\frac{d}{2} = \frac{8.25}{2} = 4.125\,\text{in.}$$ $4^1/_2$ **in.를 시도한다.**

두 개의 판 $^5/_{16} \times 3 \times 0'\text{-}4^1/_2''$을 시도한다. (기둥 플랜지-웨브 교차점의 필릿에 겹치지 않도록 내부 모서리를 잘라낸다. $^5/_8$ in.에 대해 45°각도로 잘라낸다.)

기둥 웨브용접의 보강재에 대해,

$$\text{최소치수} = \frac{3}{16}\,\text{in.}$$ (AISC 표 J2.4, 판 두께에 근거한)

강도에 필요한 용접치수($^1/_{16}$ in.에 대해)는 다음과 같다.

$$D = \frac{\text{보강재가 지지하는 힘}}{1.392L}$$

이 예제에서는 플랜지 국부 휨이 지배되기 때문에, 보강재에 의해 지지되는 힘은 다음과 같다.

$$134.7 - 88.20 = 46.50\,\text{kips}$$

보강재의 웨브용접에 대한 허용길이는 다음과 같다.

$$L = (\text{길이} - \text{자른길이}) \times 2\,\text{면} \times 2\,\text{보강재}$$

$$= \left(4.5 - \frac{5}{8}\right)(2)(2) = 15.5\,\text{in.}$$ (그림 8.48 참조)

그러므로 소요 용접치수는 다음과 같다.

$$D = \frac{46.50}{1.392(15.5)} = 2.16\ (^1/_{16}\,\text{in.에 대해}) < \frac{3}{16}\,\text{in. 최소}$$

$w = {}^3/_{16}$ **in.를 시도한다:** 모재의 전단강도를 검토한다. 식 7.35로부터, 웨브의 전단항복강도는

$$\phi R_n = 0.6 F_y t \times \text{보강재의 2 면} = 0.6(50)(0.360)(2) = 21.6\,\text{kips/in.}$$

(한 쌍의 보강재의 각 면에 하나씩, 2개의 웨브 두께에 의해 하중은 분담된다.)

그림 8.48

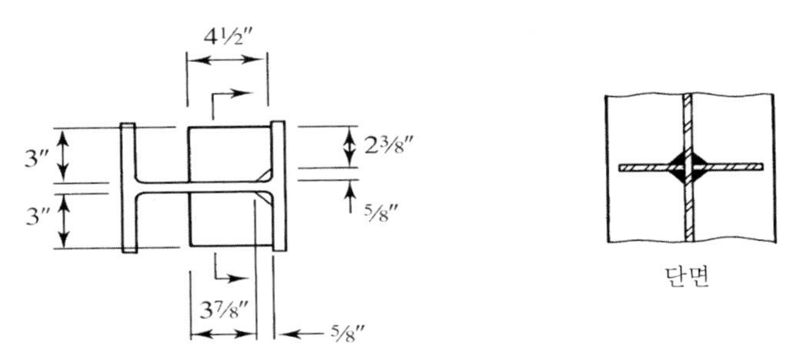

식 7.36으로부터, 전단파단강도는

$$\phi R_n = 0.45F_u t \times 2 = 0.45(65)(0.360)(2) = 21.06\ \text{kips/in.}$$

보강재의 전단항복강도에 대해,

$$\phi R_n = 0.6F_y t_{st} \times 2 = 0.6(36)\left(\frac{5}{16}\right)(2) = 13.5\ \text{kips/in.}$$

전단파단강도는,

$$\phi R_n = 0.45F_u t_{st} \times 2 = 0.45(58)\left(\frac{5}{16}\right)(2) = 16.31\ \text{kips/in.}$$

그러므로 모재의 전단강도는 13.5 kips/in.이다. 용접의 소요강도는

$$1.392D \times 2 \times 2 = 1.392(2.16)(2)(2)$$

$$= 12.03\ \text{kips/in.} < 13.5\ \text{kips/in.} \qquad \text{(OK)}$$

해 답 두 개의 판 $^5/_{16} \times 3 \times 0' - 4^1/_2''$을 사용한다. 기둥 플랜지-웨브 교차점의 필릿을 피하기 위해 내부 모서리를 잘라낸다. $^5/_8$ in.에 대해 45°각도로 잘라낸다. 보강재-기둥웨브 용접은 $^3/_{16}$ in. 필릿용접을 사용한다.

보강재-기둥 플랜지 용접: 보 인장플랜지 힘이 문제이기 때문에 (기둥 플랜지 휨과 웨브 항복에 대해) 보강재는 기둥 플랜지에 용접되어야 한다. 보강재의 항복강도를 충분히 발생할 수 있는 용접을 사용한다.

$$1.392DL(1.5) = \phi_{st} F_{yst} A_{st}$$

여기서

$$L = (b - \text{자른길이}) \times 2\ \text{면} \times 2\ \text{보강재}$$

그리고 하중이 용접축에 수직이기 때문에 계수 1.5가 사용된다.

$$D = \frac{\phi_{st} F_{yst} A_{st}}{1.392L(1.5)} = \frac{0.90(36)(1.88)}{1.392[(3-5/8)\times 2 \times 2](1.5)} = 3.07$$

($^1/_{16}$ in.에 대해)

$$\text{최소치수} = \frac{3}{16}\ \text{in.}$$ (AISC 표 J2.4, 판 두께에 근거한)

해 답 보강재-기둥 플랜지 접합부에 대해 $^1/_4$ in. 필릿용접을 사용한다. (작용모멘트는 중력하중에 의해 일어나고 역방향이 될 수 없으므로 보 압축플랜지 맞은편의 보강재는 기둥 플랜지의 지압에 맞게 설치할 수 있으며 용접할 필요는 없다. 그러나 이러한 선택은 여기서 연습하지 않는다.)

전단에 대해 기둥 웨브를 검토한다. 식 8.9로부터,

$$F = \frac{(M_1 + M_2)}{d_m} - V = \frac{M_u}{d_b - t_b} - V_u$$

$$= \frac{195(12)}{17.9 - 0.525} - 0 = 134.7\ \text{kips}$$

어떤 패널존 전단강도식이 사용될지를 결정한다.

$$P_y = F_y A_g = 50(11.7) = 585\,\text{kips}$$

$$0.4P_y = 0.4(585) = 234\,\text{kips}$$

$$P_r = 1.2P_D + 1.6P_L = 1.2(30) + 1.6(90) = 180\,\text{kips}$$

$$\alpha P_r = 1.0(180) = 180\,\text{kips} < 234\,\text{kips}$$

∴ AISC 식 J10-9를 사용한다.

$$R_n = 0.60F_y d_c t_w$$
$$= 0.60(50)(14.2)(0.485) = 89.1\,\text{kips}$$

설계강도는,

$$\phi R_n = 0.90(89.1) = 80.19\,\text{kips} < 134.7\,\text{kips} \qquad \text{(N.G.)}$$

대안 1: 웨브 이중판을 사용한다.

이중판의 소요두께를 구하기 위해 AISC 식 J10-9를 사용한다. 양변에 ϕ을 곱하고 t_w에 대해 풀면,

$$t_w = \frac{\phi R_n}{\phi(0.60F_y d_c)}$$

t_w에 대해 판 두께 t_d을 대입하고 이중판의 항복응력을 사용하면 다음과 같은 식을 얻을 수 있다.

$$t_d = \frac{\phi R_n}{\phi(0.60F_y d_c)} = \frac{134.7 - 80.19}{0.90(0.60)(36)(8.25)} = 0.340\,\text{in.}$$

여기서 (134.7−80.19)는 이중판에 의해 제공되는 가외강도(kips)이다.

기둥에 이중판을 연결하는 용접설계는 판이 횡 보강재를 넘어 연장되는지를 포함해 판의 정확한 형상에 의해 좌우된다. 이러한 것과 다른 세목들에 대해 AISC 설계지침 13 “모멘트연결에서 W형강 기둥의 보강: 풍하중과 지진 적용(Carter, 1999)”을 참조하라.

해 답 두께가 $^3/_8$ in.인 이중판을 사용한다.

대안 2: 대각보강재를 사용한다.

이 대안과 함께, 그림 8.49에서 보여주는 것과 같이 대각보강재와 함께 전체 깊이 수평보강재를 사용한다.

웨브보강재에 의해 지지되는 전단력은 $134.7 - 80.19 = 54.51$ kips이다. 이 힘을 보강재의 압축력 P의 수평성분으로 택하면,

$$P\cos\theta = 54.51\,\text{kips}$$

여기서

$$\theta = \tan^{-1}\left(\frac{d_b}{d_c}\right) = \tan^{-1}\left(\frac{17.9}{8.25}\right) = 65.26^\circ$$

$$P = \frac{54.51}{\cos(65.26^\circ)} = 130.3\,\text{kips}$$

그림 8.49

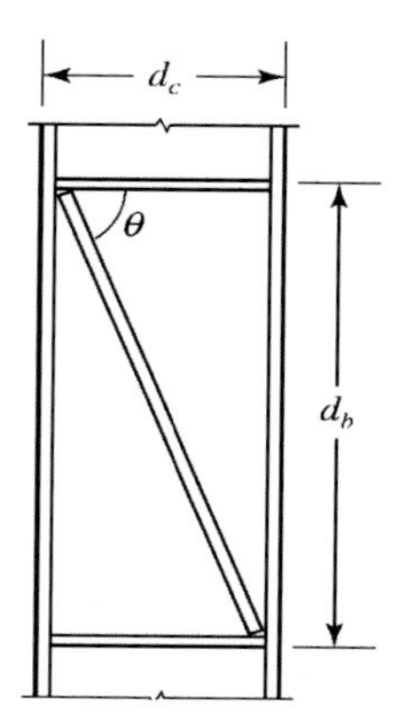

보강재는 전 길이에 연결되기 때문에, 유효길이가 $L_c = 0$인 압축부재로 취급한다. AISC J4.4로부터, $L_c/r < 25$인 압축부재에 대한 공칭강도는 다음과 같다.

$$P_n = F_y A_g$$

그리고 LRFD에 대해, $\phi = 0.90$

$$\phi P_n = 0.90(36)A_g = 32.4A_g$$

이 강도와 소요강도가 같다고 놓고 풀면, 보강재의 소요면적을 얻는다:

$$32.4A_g = 130.3$$

$$A_g = 4.02 \text{ in.}^2$$

웨브 각 면에 하나씩, 두 개의 $^3/_4 \times 3$ 보강재를 시도한다:

$$A_{st} = 2(3)\left(\frac{3}{4}\right) = 4.50 \text{ in.}^2 > 4.02 \text{ in.}^2 \text{ 소요} \quad \text{(OK)}$$

$t_{st} \geq b/16$에 대해 검토한다:

$$\frac{b}{16} = \frac{3}{16} = 0.188 \text{ in.} < \frac{3}{4} \text{ in.} \quad \text{(OK)}$$

용접을 설계한다. 각 대각보강재의 근사길이는,

$$L_{st} = \frac{d_c}{\cos\theta} = \frac{8.25}{\cos(65.26°)} = 19.7 \text{ in.}$$

보강재의 양면에 용접을 한다면, 용접에 대한 허용길이는

$$L = 19.7(4) = 78.8 \text{ in.}$$

강도에 필요한 용접치수($^1/_{16}$ in.에 대해)는,

$$D = \frac{P}{1.392L} = \frac{130.3}{1.392(78.8)} = 1.2 \ (^1/_{16} \text{ in.에 대해})$$

웨브두께에 근거해 $^3/_{16}$ in.의 최소치수를 사용한다(AISC의 표 J2.4).

강도에 필요한 작은 용접치수 때문에 단속용접(intermittent weld)의 가능성을 조사한다. AISC J2.2b로부터,

$$최소길이 = 4w = 4\left(\frac{3}{16}\right)$$

$$= 0.75 \text{ in.},\ 1.5 \text{ in.보다 작지 않게}(1.5 \text{ in.가 지배한다})$$

4개의 용접군에 대해, 내력은 다음과 같다.

$$4(1.392DL) = 4(1.392)(3)(1.5) = 25.06 \text{ kips}$$

$$단위인치당\ 소요\ 용접강도 = \frac{P}{L_{st}} = \frac{130.3}{19.7} = 6.614 \text{ kips/in.}$$

기둥 웨브의 모재 전단강도를 검토한다. 식 7.35로부터, 단위길이당 전단항복강도는(보강재 한 쌍의 각 면에서 웨브두께를 고려해)

$$\phi R_n = 0.6F_y t_w \times 2 = 0.6(50)(0.360)(2) = 21.6 \text{kips/in.}$$

식 7.36으로부터, 전단파단강도는

$$\phi R_n = 0.45F_u t_w \times 2 = 0.45(65)(0.360)(2) = 21.1 \text{kips/in.}$$

보강재에 대해, 전단항복강도는

$$\phi R_n = 0.6F_y t_{st} \times 2\ \ 보강재 = 0.6(36)(3/4)(2) = 32.4 \text{kips/in.}$$

전단파단강도는

$$\phi R_n = 0.45F_u t_{st} \times 2 = 0.45(58)(3/4) \times 2 = 39.15 \text{kips/in.}$$

지배되는 모재 전단강도는 21.1 kips/in.이나 6.614 kips/in.의 용접강도보다 크다.

$$소요\ 용접간격 = \frac{용접군의\ 강도\ (\text{kips})}{단위인치당\ 소요강도\ (\text{kips/in.})}$$

$$= \frac{25.06}{6.614} = 3.79 \text{ in.}$$

해 답 웨브 각 면에 하나씩 두 개의 $^3/_4 \times 3$ 보강재와 각 대각보강재의 각 면에 중심간 간격이 $3^1/_2$ in.인 $^3/_{16}$ in.$\times 1^1/_2$ in. 단속필릿용접을 사용한다.

ASD 풀이 사용하중모멘트는,

$$M_a = M_D + M_L = 32.5 + 97.5 = 130 \text{ ft-kips}$$

플랜지력은,

$$P_{bf} = \frac{M_a}{d_b - t_b} = \frac{130(12)}{17.9 - 0.525} = 89.78 \text{kips}$$

AISC 식 J10-1을 사용해, 플랜지 국부 휨을 검토한다:

$$\frac{R_n}{\Omega} = \frac{6.25F_{yf}t_f^2}{\Omega}$$

$$= \frac{6.25(50)(0.560)^2}{1.67} = 58.68\,\text{kips} < 89.78\,\text{kips} \qquad \text{(N.G.)}$$

AISC 식 J10-2를 사용해, 웨브 국부항복을 검토한다:

$$\frac{R_n}{\Omega} = \frac{F_{yw}t_w(5k + l_b)}{\Omega}$$

$$= \frac{50(0.360)[5(0.954) + 0.525]}{1.50}$$

$$= 63.54\,\text{kips} < 89.78\,\text{kips} \qquad \text{(N.G.)}$$

AISC 식 J10-4를 사용해, 웨브 크리플링을 검토한다:

$$\frac{R_n}{\Omega} = \frac{0.80t_w^2\left[1 + 3\left(\frac{l_b}{d}\right)\left(\frac{t_w}{t_f}\right)^{1.5}\right]\sqrt{\frac{EF_{yw}t_f}{t_w}}}{\Omega}Q_f$$

$$= \frac{0.80(0.360)^2\left[1 + 3\left(\frac{0.525}{8.25}\right)\left(\frac{0.360}{0.560}\right)^{1.5}\right]\sqrt{\frac{29{,}000(50)0.560}{0.360}}}{2.00}(1.0)$$

$$= 85.52\,\text{kips} < 89.78\,\text{kips} \qquad \text{(N.G.)}$$

보강재가 요구된다. 가장 작은 강도는 플랜지 국부 휨의 한계상태에 대한 58.68 kips이다. 식 8.8로부터, 보강재의 소요면적은 다음과 같다.

$$A_{st} = \frac{P_{bf} - (R_n/\Omega)_{\min}}{F_{yst}/\Omega} = \frac{89.78 - 58.68}{36/1.67} = 1.44\,\text{in.}^2$$

최소 폭은,

$$b \geq \frac{b_b}{3} - \frac{t_w}{2} = \frac{6.02}{3} - \frac{0.360}{2} = 1.83\,\text{in.}$$

다음의 최대 폭을 사용한다.

$$b \leq \frac{8.07 - 0.360}{2} = 3.86\,\text{in.}$$

최소 두께는,

$$\frac{t_b}{2} = \frac{0.525}{2} = 0.263\,\text{in.}$$

판 $^5/_{16} \times 3$을 시도한다:

$$A_{st} = 3\left(\frac{5}{16}\right) \times 2 \text{ 보강재} = 1.88\,\text{in.}^2 < 1.44\,\text{in.}^2 \qquad \text{(OK)}$$

$t_{st} \geq b/16$을 검토한다:

$$\frac{b}{16} = \frac{3}{16} = 0.188\,\text{in.} < \frac{5}{16}\,\text{in.} \qquad \text{(OK)}$$

이 연결은 한쪽 면에만 존재하므로 전체 깊이의 보강재가 요구되지 않는다. 다음의 깊이를 사용한다.

$$\frac{d}{2} = \frac{8.25}{2} = 4.125\,\text{in.}$$ $4^1/_2$ in.**을 시도한다.**

두 개의 판 $^5/_{16} \times 3 \times 0'$-$4^1/_2''$을 시도한다: (기둥 플랜지-웨브 교차점의 필릿에 겹치지 않도록 내부 모서리를 잘라낸다. $^5/_8$ in.에 대해 45°각도로 잘라낸다.)

보강재-기둥 웨브 용접: 강도에 필요한 용접치수($^1/_{16}$ in.에 대해)는 다음과 같다.

$$D = \frac{\text{보강재가 지지하는 힘}}{0.9279L}$$

보강재에 의해 저항되는 힘 $= 89.78 - 58.68 = 31.10$ kips이다. 보강재의 웨브용접에 대한 허용길이는 다음과 같다.

$$L = (\text{길이} - \text{자른길이}) \times 2\text{ 면} \times 2\text{ 보강재}$$

$$= \left(4.5 - \frac{5}{8}\right)(2)(2) = 15.5\text{ in.}$$ (그림 8.48 참조)

그러므로 소요 용접치수는 다음과 같다.

$$D = \frac{31.10}{0.9279(15.5)} = 2.16$$ ($^1/_{16}$ in.에 대해)

최소치수 $= \frac{3}{16}$ in. (AISC 표 J2.4, 판 두께에 근거한)

$w = {}^3/_{16}$ in.**을 시도한다:** 식 7.37로부터, 웨브의 모재 전단항복강도는

$$\frac{R_n}{\Omega} = 0.4F_y t \times \text{보강재 2 면} = 0.4(50)(0.360)(2) = 14.4\,\text{kips/in.}$$

(한 쌍의 보강재의 각 면에 하나씩, 두 개의 웨브두께에 의해 하중은 분담된다.)
식 7.38로부터, 전단파단강도는

$$\frac{R_n}{\Omega} = 0.3F_u t \times 2 = 0.3(65)(0.360)(2) = 14.04\,\text{kips/in.}$$

보강재의 전단항복강도에 대해,

$$\frac{R_n}{\Omega} = 0.4F_y t \times 2 = 0.4(36)(5/16)(2) = 9.0\,\text{kips/in.}$$

보강재의 전단파단강도는,

$$\frac{R_n}{\Omega} = 0.3F_u t \times 2 = 0.3(58)(5/16)(2) = 10.88\,\text{kips/in.}$$

보강재 항복강도 9.0 kips/in.가 모재 전단강도를 지배한다. 용접의 소요강도는 다음과 같다.

$$\frac{R_n}{\Omega} = 0.9279D \times 4 = 0.9279(2.16)(4)$$

$$= 8.017\,\text{kips/in.} < 9.0\,\text{kips/in.}$$ (OK)

해 답 2개의 판 $^5/_{16} \times 3 \times 0' - 4^1/_2''$을 사용한다. 기둥 플랜지－웨브 교차점의 필릿을 피하기 위해 내부 모서리를 잘라낸다. $^5/_8$ in.에 대해 45°각도로 잘라낸다. 보강재－기둥 웨브 용접에 대해 $^3/_{16}$ in. 필릿용접을 사용한다.

보강재-기둥 플랜지 용접: 보의 인장플랜지 힘이 문제이므로(기둥 플랜지 휨과 웨브 항복에 대해) 보강재는 기둥 플랜지에 용접되어야 한다. 보강재의 항복강도를 충분히 발생할 수 있는 용접을 사용한다.

$$0.9279DL(1.5) = \frac{F_{yst}A_{st}}{\Omega_{st}}$$

여기서

$$L = (b - \text{자른길이}) \times 2\ \text{면} \times 2\ \text{보강재}$$

그리고 하중이 용접축에 수직이기 때문에 계수 1.5가 사용된다.

$$D = \frac{F_{yst}A_{st}/\Omega_{st}}{0.9279L(1.5)} = \frac{36(1.88)/1.67}{0.9279[(3-5/8)\times 2 \times 2](1.5)} = 3.06$$

($^1/_{16}$ in.에 대해)

$$\text{최소 치수} = \frac{3}{16}\text{ in.}$$ (AISC 표 J2.4, 판 두께에 근거한)

해 답 보강재-기둥 플랜지의 연결에 $^1/_4$ in. 필릿용접을 사용한다(작용모멘트는 중력하중에 의해 일어나고 역방향이 될 수 없으므로 보 압축플랜지 맞은편의 보강재는 기둥 플랜지의 지압에 맞게 설치할 수 있으며 용접할 필요는 없다. 그러나 이러한 선택은 여기서 연습하지 않는다).

기둥 패널존에서 전단을 검토한다: 식 8.9로부터,

$$F = \frac{M_1 + M_2}{d_m} - V = \frac{M_a}{d_b - t_b} - V_a$$

$$= \frac{130(12)}{17.9 - 0.525} - 0 = 89.78\text{ kips}$$

어떤 패널존 전단강도식이 사용될지를 결정한다.

$$P_y = F_y A_g = 50(11.7) = 585\text{kips}$$

$$0.4P_y = 0.4(585) = 234\text{kips}$$

$$P_r = P_D + P_L = 30 + 90 = 120\text{kips}$$

$$\alpha P_r = 1.6(120) = 192\text{kips} < 234\text{kips}$$

∴ AISC 식 J10-9를 사용한다.

$$R_n = 0.60F_y d_c t_w = 0.60(50)(8.25)(0.360) = 89.1\text{kips}$$

허용강도는,

$$\frac{R_n}{\Omega} = \frac{89.1}{1.67} = 53.35\,\text{kips} < 89.78\,\text{kips} \qquad \text{(N.G.)}$$

대안 1: 웨브 이중판을 사용한다.

이중판의 소요두께를 구하기 위해 AISC 식 J10-9를 사용한다. AISC J10-9의 양변을 Ω로 나누고 t_w에 대해 판 두께 t_d를 대입하면 다음과 같다.

$$\frac{R_n}{\Omega} = \frac{0.60F_y d_c t_d}{\Omega}$$

여기서 식의 좌변은 이중판의 소요허용강도이다. t_d에 대해 풀면 다음의 식을 얻게 된다.

$$t_d = \frac{R_n/\Omega}{0.60F_y d_c/\Omega} = \frac{89.78 - 53.35}{0.60(36)(8.25)/1.67} = 0.341\,\text{in.}$$

여기서 $(89.78 - 53.35)$는 이중판에 의해 제공되는 가외강도(kips)이다.

기둥에 이중판을 연결하는 용접설계는 판이 횡보강재를 넘어 연장되는지를 포함해 판의 정확한 형상에 의해 좌우된다. 이러한 것과 다른 세목들에 대해 AISC 설계지침 13 "모멘트접합에서 W형강 기둥의 보강: 풍하중과 지진 적용(Carter, 1999)"을 참조하라.

해 답 두께가 $^3/_8$ in.인 이중판을 사용한다.

대안 2: 대각보강재를 사용한다.

대각보강재와 함께, 그림 8.49에서 보여주는 것과 같이 전체 깊이 수평보강재를 사용한다.

웨브보강에 의해 지지되는 전단력은 $89.78 - 53.35 = 36.43$ kips이다. 이 힘을 보강재의 압축력 P의 수평성분으로 택하면,

$$P\cos\theta = 36.43\,\text{kips}$$

여기서

$$\theta = \tan^{-1}\left(\frac{d_b}{d_c}\right) = \tan^{-1}\left(\frac{17.9}{8.25}\right) = 65.26°$$

$$P = \frac{36.43}{\cos(65.26°)} = 87.05\,\text{kips}$$

보강재는 전 길이에 연결되기 때문에, 유효길이가 0인 압축부재로 취급한다. AISC J4.4로부터, $L_c/r < 25$인 압축부재에 대한 공칭강도는 다음과 같다.

$$P_n = F_y A_g$$

ASD에 대해, $\Omega = 1.67$,

$$\frac{P_n}{\Omega} = \frac{36A_g}{1.67} = 21.56A_g$$

이 유용강도와 소요강도가 같다고 놓고 풀면, 보강재의 소요면적을 얻는다:

$$21.56A_g = 87.05$$

$$A_g = 4.04 \text{ in.}^2$$

웨브 각 면에 하나씩, 두 개의 $^3/_4 \times 3$ 보강재를 시도한다:

$$A_{st} = 2(3)\left(\frac{3}{4}\right) = 4.50 \text{ in.}^2 > 4.04 \text{ in.}^2 \text{ 소요} \qquad \text{(OK)}$$

$t_{st} \geq b/16$을 검토한다:

$$\frac{b}{16} = \frac{5}{16} = 0.188 \text{ in.} < \frac{3}{4} \text{ in.} \qquad \text{(OK)}$$

용접을 설계한다. 각 대각보강재의 근사길이는,

$$L_{st} = \frac{d_c}{\cos\theta} = \frac{8.25}{\cos(65.26°)} = 19.7 \text{ in.}$$

보강재의 양면에 용접을 한다면, 용접에 대한 허용길이는,

$$L = 19.7(4) = 78.8 \text{ in.}$$

강도에 필요한 용접치수($^1/_{16}$ in.에 대해)는,

$$D = \frac{P}{0.9279L} = \frac{87.05}{0.9279(78.8)} = 1.2 \qquad (^1/_{16} \text{ in.에 대해})$$

$^3/_{16}$ in.의 최소용접치수를 사용한다(AISC 표 J2.4로부터, 웨브 두께에 근거한). 강도에 필요한 작은 용접치수 때문에, 단속용접을 시도한다. AISC J2.2b로부터,

$$\text{최소길이} = 4w = 4\left(\frac{3}{16}\right) = 0.75 \text{ in.},$$

그러나 1.5 in.보다 작지 않게 (1.5 in.가 지배한다)

네 개의 용접그룹에 대해, 허용강도는

$$4(0.9279DL) = 4(0.9279)(3)(1.5) = 16.7 \text{ kips}$$

보강재의 단위인치당 소요 용접강도는,

$$\frac{P}{L_{st}} = \frac{87.05}{19.7} = 4.419 \text{ kips/in.}$$

모재의 전단강도를 검토한다. 식 7.37로부터, 웨브의 전단항복강도는

$$\frac{R_n}{\Omega} = 0.4F_y t \times \text{보강재 2 면} = 0.4(50)(0.360)(2) = 14.4 \text{ kips/in.}$$

식 7.38로부터, 전단파단강도는

$$\frac{R_n}{\Omega} = 0.3F_u t \times 2 = 0.3(65)(0.360)(2) = 14.04 \text{ kips/in.}$$

보강재의 전단항복강도에 대해,

$$\frac{R_n}{\Omega} = 0.4F_y t \times 2 \text{ 보강재} = 0.4(36)(3/4)(2) = 21.6 \text{ kips/in.}$$

보강재의 전단파단강도는,

$$\frac{R_n}{\Omega} = 0.3F_u t \times 2 = 0.3(58)(3/4)(2) = 26.1 \text{ kips/in.}$$

용접의 전단강도가 지배한다.

$$\text{소요 용접간격} = \frac{\text{용접군의 강도 (kips)}}{\text{단위인치당 소요강도 (kips/in.)}}$$

$$= \frac{16.7}{4.419} = 3.78 \text{ in.}$$

해 답 웨브 각 면에 하나씩 두 개의 $^3/_4 \times 3$ 보강재와 각 대각보강재의 각 면에 중심간 간격이 $3^1/_2$ in.인 $^3/_{16}$ in.$\times 1^1/_2$ in. 단속필릿용접을 사용한다.

앞에서 언급했던 바와 같이, 가장 경제적인 대안은 보강재나 이중판보다는 단순히 더 큰 기둥단면을 사용하는 것일 수도 있다. 이중판과 보강재에 연관된 인건비가 단면이 더 큰 기둥에 대한 재료의 추가비용을 초과할 수도 있다.

AISC 설계지침 13(Carter, 1999)에는 기둥 보강설계에 대한 상세한 지침과 예제가 포함되어 있다.

8.8 단부판 연결

단부판(end plate, 머리판) 연결은 1950년 중반 이후 보-기둥과 보-보의 연결에서 자주 사용되어 왔다. 그림 8.50은 두 가지 형태의 보-기둥 연결을 보여주고 있다: 단순연결(전단, PR형태 시공)과 강절연결(모멘트저항, FR형태 시공). 강절연결은 판이 보 플랜지를 넘어서 연장되므로 "*확장 단부판*" 연결이라고도 불린다. 두 가지 형태의 기본은 보의 단부에 공장용접되고 기둥이나 다른 보에 현장볼트로 연결되는 판이다. 이러한 특징은 이 연결형태의 주요 장점 중 하나이고, 다른 장점은 다른 형태의 연결에서보다 더 적은 볼트가 일반적으로 필요하므로 더 빨리 설치될 수 있다는 것이다. 그러나 보 길이에서의 오차에 대한 여유가 없으며 그 단부는 정방형이어야 한다. 솟음량(camber)은 보의 길이를 정확하게 맞추는 것이 훨씬 더 힘들어지게 되고 추천되지 않는다. 보의 길이를 어느 정도 짧게 제작하고 최종적으로 채움재(shim)를 사용해 맞출 수 있는 방법이 있다.

단순연결에서 보의 단부가 자유롭게 회전할 수 있도록 연결이 충분한 유연도가 있는지 주의 깊게 살펴야 한다. 이러한 유연도는 완전구속 연결형태와 비교해 판이 짧고 얇으면 달성될 수 있다. 강구조편람 10편 "단순전단연결의 설계"는 이 연성을 달성하기 위한 지침을 제공하고 있다. 편람의 이 편에서는 다른 지침도 제공하고 있다. 표 10-4는 판과 볼트의 다양한 조합에 대한 유용강도를 포함하고 있는 설계도움표이다.

그림 8.50은 강절 단부판 연결의 세 가지 형식을 보여준다. 보강되지 않은 네 개의 볼트연결, 보강된 네 개의 볼트연결, 보강된 여덟 개의 볼트연결. 볼트 개수의 지정은 부모멘트연결의 인장플랜지에 인접한 볼트 개수를 지칭한다. 그림 8.50에 나타난 세 가지 강절연결에서 각 플랜지에 사용된 볼트의 수는 같으므로, 이 연결은 모멘트변환의 경우에 사용될 수 있다. 다른 형태도 가능하지만 이 세 가지 연결형태가 주로 사용된다..

모멘트저항 단부판 연결의 설계는 볼트치수, 판 두께, 용접세목의 결정을 요구한다. 볼트와 용접의 설계는 전통적인 해석과정의 직접적인 적용이지만, 판 두께의 결정은 항복선이론에 근거한다(Murray와 Sumner, 2003). 이 방법은 파괴메커니즘을 형성하는 항복선 패턴의 해석에 기초한다. 이 이론은 보와 같은 선형부재에 대한 소성해석이라고 불리는 것과 비슷하며 항복은 길이를 따라 하나 또는 그 이상의 점에서 일어난다(부록 A 참조). 항복선이론은 원래 철근콘크리트 슬래브에 대해 공식화된 것이었으나

그림 8.50

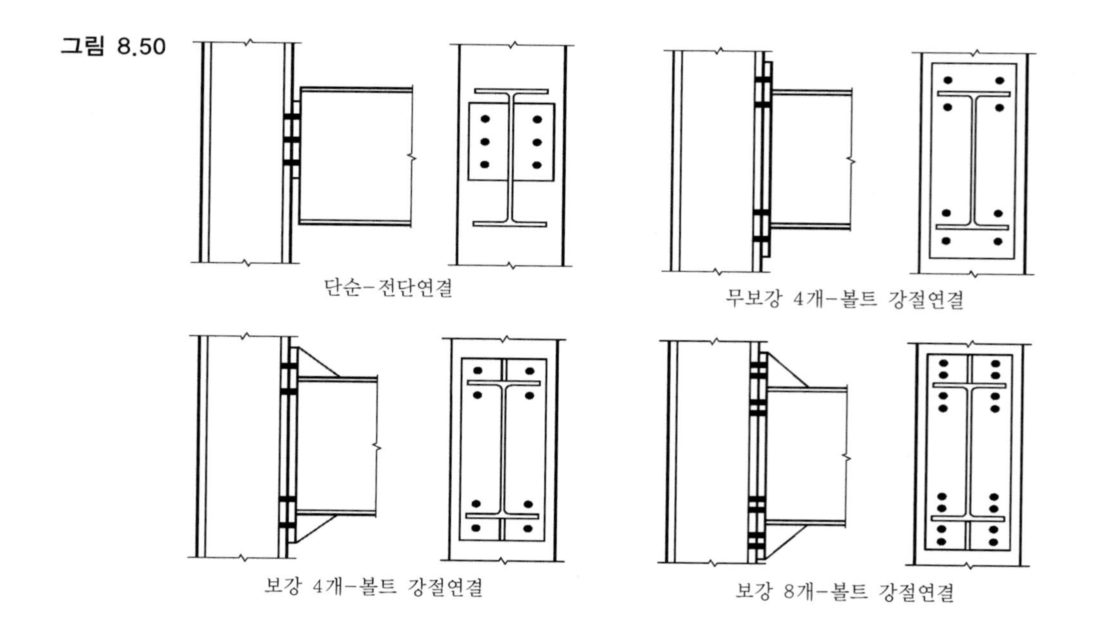

강판에 대해서도 똑같이 유효하다.

강구조편람 12편 "완전구속(FR) 모멘트연결의 설계"는 확대 단부판 모멘트연결에 대한 지침을 제공하지만, 예제를 가지고 있는 실제 설계방법은 AISC 설계지침 4(Murray와 Sumner, 2003)와 AISC 설계지침 16(Murray와 Shoemaker, 2002)에서 찾을 수 있다.

설계지침 16 "플러시(Flush)와 확대 다중열모멘트 단부판 연결"은 두 개의 지침서 중에서 더 일반적이다. 이것은 두 가지 방법을 다룬다: 두꺼운 판과 직경이 작은 볼트 결과에 따른 "두꺼운 판" 이론과 얇은 판과 직경이 큰 볼트를 사용하는 "얇은 판" 이론. 얇은 판 접근법은 지레작용의 포함을 요구하나 두꺼운 판 이론은 요구하지 않는다. 설계지침 4 "확대 단부판 모멘트연결 – 지진과 풍하중 적용"은 두꺼운 판 이론과 세 가지 형태만 다룬다: 네 개의 볼트 무보강, 네 개의 볼트 보강, 여덟 개의 볼트 보강. 설계지침 4는 정적하중과 지진하중 모두에 대해 사용될 수 있으나 설계지침 16은 정적하중(풍하중과 낮은 지진하중을 포함하는)에 제한된다. 이 책에서는 설계지침 4의 방법을 사용하고 4개의 볼트로 무보강 단부판 연결만을 고려할 것이다.

강구조편람 12편으로부터 지침과 가정은 다음과 같이 요약될 수 있다(이 목록은 설계지침 4에서 다룬 연결에 대해 집중화되었다):

- 직경 $d_b \leq 1^1/_2$ in.의 초기인장력이 도입된 A그룹 또는 B그룹 볼트가 사용되어야 한다. 초기인장력이 요구되지만, 연결은 마찰연결로 취급될 필요는 없다.
- 단부판 항복응력은 50 ksi보다 크지 않아야 한다.
- 다음의 볼트 피치를 추천한다: 직경이 1 in.까지 볼트에 대해 $d_b + ^1/_2$ in., 직경이 더 큰 볼트에 대해 $d_b + ^3/_4$ in.. 그러나 많은 제작자들은 모든 볼트치수에 대해 2 in. 또는 $2^1/_2$ in.를 선호한다. 그림 8.51은 외측볼트의 피치(p_{fo})와 내측볼트의 피치(p_{fi})를 보여준다.
- 모든 전단은 압축면 볼트로 저항된다.(부모멘트에 대해, 이것은 하부면에 있는 4개의 볼트가 될 것이다. 상부면과 하부면에 같은 볼트배치를 사용함으로써 연결은 정모멘트와 부모멘트 모두에 작동될 것이다.)
- 단부판의 최대 유효폭은 보 플랜지 폭에 1 in.를 더한 것이나 단부판 두께 중에서 큰 값이다. 더 큰 값이 실제 폭에 사용될 수 있으나, 유효폭이 실제폭보다 작으면 유효폭이 수치산정에 사용되어야 한다.
- 인장볼트선간(그림 8.51에서 g)은 보 플랜지 폭보다 크지 않아야 한다. 강구조편람 1편에 주어져 있는 "유효선간" 거리를 사용할 수 있다.

그림 8.51

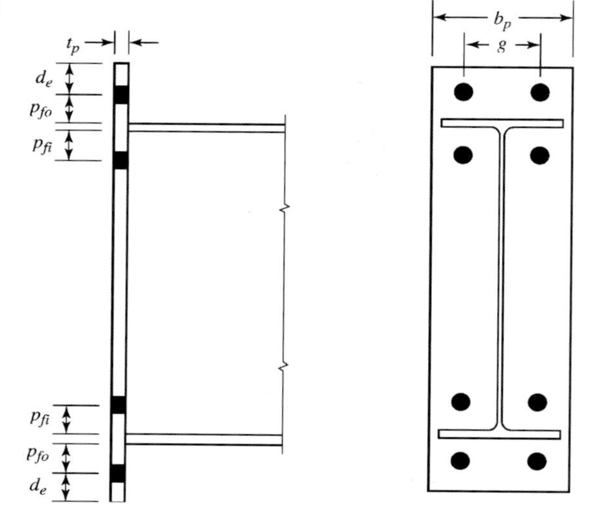

- 소요모멘트강도가 보의 총 모멘트내력보다 작다면 (비지진 연결에서), 적어도 보 강도의 60%에 대해 플랜지-단부판 용접을 설계한다.(설계지침 4와 설계지침 16은 모두 이 가정을 수록하지 않고 있다.)
- 인장볼트 근처의 보 웨브-단부판 용접은 플랜지-단부판 용접과 같은 소요강도를 사용해 설계되어야 한다.
- 보 웨브용접의 일부분만이 전단저항에 유효하다고 간주한다. 사용되는 웨브의 길이는 다음 중에서 작은 값이다:
  a. 보의 중앙 깊이부터 압축플랜지의 내부 면까지
  b. 두 개의 볼트직경을 더한 인장볼트 내측 열부터 압축플랜지의 내부 면까지

설계순서

LRFD의 과정을 먼저 고려하고 난 후에 ASD에 대한 요약을 보여준다. 접근방법은 둘 다 동일하나, 차이점은 과정을 통해 고려되어야 한다.

1. **연결모멘트가 적어도 보 모멘트강도의 60%인지를 결정한다.** 그렇지 않으면, 보 모멘트강도의 60%에 대해 연결을 설계한다.
2. **시 배치를 선택한다.** 판 폭 b_p와 보 플랜지에 상대적인 볼트위치를 선택한다 (p_{fi}, p_{fo}, g).
3. **볼트직경을 결정한다.** 파괴 때 볼트는 극한인장응력에 도달하고 다음의 강도를 가진다고 가정한다.

$$P_t = F_t A_b$$

여기서 F_t는 볼트의 극한인장응력이고 A_b는 볼트면적이다. 그림 8.52는 이 힘을 보여준다. 모멘트-저항 우력은 이러한 힘과 보 하부 플랜지의 압축력으로 형성된다고 가정하면,

$$\begin{aligned} M_u &= \phi(2P_t h_0 + 2P_t h_1) \\ &= \phi 2P_t(h_0 + h_1) \\ &= \phi 2F_t A_b(h_0 + h_1) \end{aligned}$$

$$M_u = \phi 2F_t\left(\frac{\pi d_b^2}{4}\right)(h_0 + h_1) \tag{8.10}$$

여기서

M_u = 소요모멘트강도

h_0 = 보 압축플랜지 중심에서 인장면의 외부볼트 열 중심까지 거리

h_1 = 압축플랜지의 중심에서 내부볼트 열 중심까지 거리

$\phi = 0.75$

식 8.10은 소요볼트직경에 대해 풀 수 있다.

$$d_b = \sqrt{\frac{2M_u}{\pi\phi F_t(h_0 + h_1)}} \tag{8.11}$$

볼트직경을 선택하고, 실제 볼트크기를 사용해 실제 모멘트강도를 계산한다.

$$\phi M_n = \phi[2P_t(h_0 + h_1)] \tag{8.12}$$

여기서

$\phi = 0.75$

그림 8.52

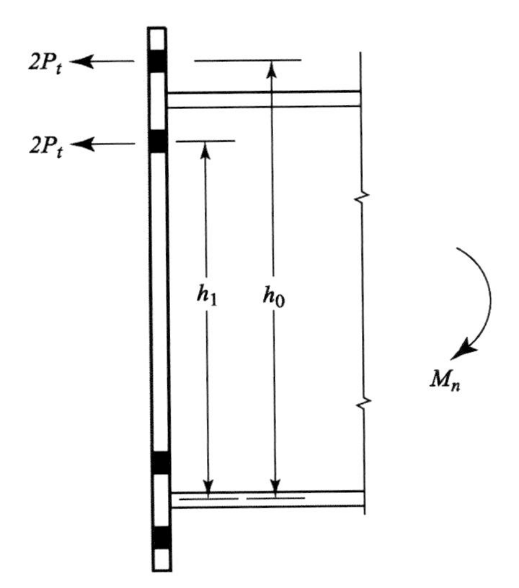

4. **판 두께를 결정한다.** 판 휨항복에 대한 설계강도는 다음과 같다.

$$\phi_b F_y t_p^2 Y_p \tag{8.13}$$

여기서

$\phi_b = 0.90$

t_p = 단부판 두께

Y_p = 항복선 메카니즘변수

4개 볼트의 무보강 확대 단부판에 대해, 항복선 메커니즘변수는 AISC 설계지침 4에서 다음과 같이 주어진다.

$$Y_p = \frac{b_p}{2}\left[h_1\left(\frac{1}{p_{fi}}+\frac{1}{s}\right)+h_0\left(\frac{1}{p_{fo}}\right)-\frac{1}{2}\right]+\frac{2}{g}[h_1(p_{fi}+s)] \tag{8.14}$$

여기서

$s = \frac{1}{2}\sqrt{b_p g}$ ($p_{fi} > s$이면, $p_{fi} = s$를 사용한다)

(지레작용이 없는) 두꺼운 판 거동을 확보하기 위해, 볼트에 의해 제공되는 모멘트강도(식 8.12로부터 ϕM_n)에 대응하는 식 8.13에 주어진 강도의 90%를 사용한다.

$$0.90\phi_b F_y t_p^2 Y_p = \phi M_n$$

$$t_p = \sqrt{\frac{1.11\phi M_n}{\phi_b F_y Y_p}} \tag{8.15}$$

실제 판 두께를 선택한다.

5. **판의 전단을 검토한다.** 보 플랜지력은 다음과 같다.

$$F_{fu} = \frac{M_u}{d-t_{fb}}$$

여기서 t_{fb}는 보 플랜지두께이다. 이 힘의 반은 각각의 플랜지 면의 판에 전단을 유발한다. 이것은 판의 총단면적(그림 8.53의 단면 a-a와 b-b)에서 전단과 순단면적(단면 c-c와 d-d)에서 전단이 될 것이다. 모두의 경우에 대해, 다음을 검토한다.

$$\frac{F_{fu}}{2} \le \phi R_n$$

전단항복에 대해,

$\phi = 0.90$

$R_n = (0.6F_y)A_g$

그림 8.53

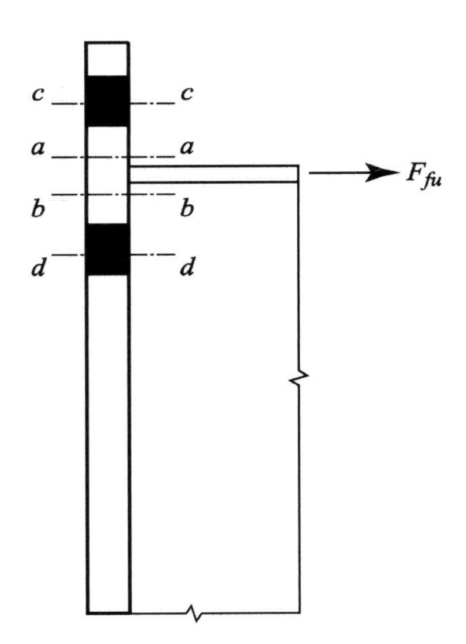

$$A_g = t_p b_p$$

전단파단에 대해,

$$\phi = 0.75$$

$$R_n = (0.6F_u)A_n$$

$$A_n = t_p[b_p - 2(d_b + 1/8)]$$

필요하면 t_p을 증가시킨다.

6. **볼트 전단과 지압을 검토한다.**

보의 총 반력은 압축면에 있는 4개의 볼트로 저항되어야 한다.

$$V_u \leq \phi R_n$$

여기서 V_u = 보 단부의 전단(반력). 볼트전단에 대해,

$$\phi = 0.75$$

$$R_n = F_{nv} A_b \times 4\text{볼트}$$

볼트지압에 대해,

$$\phi = 0.75$$

찢어짐 강도는,

$$R_n = 1.2 l_c t F_u \text{ 볼트 하나당}$$

지압변형강도는,

$$R_n = 2.4 d_b t F_u \text{ 볼트 하나당}$$

여기서 t는 단부판이나 기둥 플랜지의 두께이고, F_u는 단부판이나 기둥 플랜지의 극한인장강도이다. 네 개의 볼트에 대해,

$$R_n = 2R_n(\text{내부 볼트}) + 2R_n(\text{외부 볼트})$$

7. **용접을 설계한다.**
8. **기둥강도와 보강재 요구사항을 검토한다.**

ASD의 설계순서. 허용강도설계에 대해, LRFD와 같은 공칭강도 표현을 사용할 수 있다. 설계식을 얻기 위해, 계수하중과 계수모멘트 대신에 사용하중과 사용모멘트를 사용하고, 공칭강도에 저항계수를 곱하는 대신에 안전율로 나눈다. 식을 변환하기 위해, 아래첨자 u를 아래첨자 a로 그리고 ϕ을 $1/\Omega$로 단순히 대체한다.

1. **연결모멘트가 적어도 보 모멘트강도의 60%인지를 결정한다.** 그렇지 않으면, 보 모멘트강도의 60%에 대해 연결을 설계한다.
2. **시 배치를 선택한다.**
3. **소요 볼트직경을 결정한다.**

$$d_b = \sqrt{\frac{\Omega(2M_a)}{\pi F_t(h_0 + h_1)}}$$

여기서

$$\Omega = 2.00$$

4. **소요 판 두께를 결정한다.**

$$t_p = \sqrt{\frac{1.11(M_n/\Omega)}{F_y Y_p/\Omega_b}}$$

여기서

$$M_n = 2P_t(h_0 + h_1)$$

$$\Omega = 2.00$$

$$\Omega_b = 1.67$$

5. **판의 전단을 검토한다.** 다음을 검토한다.

$$\frac{F_{fa}}{2} \le \frac{R_n}{\Omega}$$

여기서

$$F_{fa} = \frac{M_a}{d - t_{fb}}$$

전단항복에 대해,

$$\Omega = 1.67$$

$$R_n = (0.6F_y)A_g$$

$$A_g = t_p b_p$$

전단파단에 대해,

$$\Omega = 2.00$$

$$R_n = (0.6F_u)A_n$$

$$A_n = t_p[b_p - 2(d_b + 1/8)]$$

6. 볼트 전단과 지압을 검토한다.

$$V_a \le \frac{R_n}{\Omega}$$

볼트전단에 대해,

$$\Omega = 2.00$$

$$R_n = F_{nv}A_b \times 4\,\text{볼트}$$

볼트지압에 대해,

$$\Omega = 2.00$$

찢어짐 강도는,

$R_n = 1.2 l_c t F_u$ 볼트 하나당

지압변형강도는,

$R_n = 2.4 d_b t F_u$ 볼트 하나당

4개의 볼트에 대해,

$R_n = 2R_n$(내부 볼트) $+ 2R_n$(외부 볼트)

7. 용접을 설계한다.

8. 기둥강도와 보강재 요구사항을 검토한다.

예제 8.13 **LRFD를 사용해 W 18×35 보에 대해 네 개의 볼트를 사용한 단부판 접합을 설계하라. 이 연결은 23 ft-kips의 사하중모멘트와 91 ft-kips의 활하중모멘트를 전달할 수 있어야 한다. 단부전단은 4 kips의 사하중과 18 kips의 활하중으로 이루어져 있다. 보에 대해 A992 강재, 판에 대해 A36 강재, $E70XX$ 용접봉, 완전 인장된 A그룹 볼트를 사용한다.**

풀 이

$M_u = 1.2M_D + 1.6M_L = 1.2(23) + 1.6(91) = 173.2 \text{ ft-kips}$

$V_u = 1.2V_D + 1.6V_L = 1.2(4) + 1.6(18) = 33.6 \text{ kips}$

W 18×35에 대해,

$d = 17.7$ in., $t_w = 0.300$ in., $b_{fb} = 6.00$ in., $t_{fb} = 0.425$ in.,
유효 선간$=3.50$ in.,

$Z_x = 66.5 \text{ in.}^3$

보 휨강도의 60%를 계산한다:

$$\phi_b M_p = \phi_b F_y Z_x = 0.90(50)(66.5) = 2993 \text{ in.-kips}$$

$$0.60(\phi_b M_p) = 0.60(2993) = 1796 \text{ in.-kips} = 150 \text{ ft-kips}$$

$$M_u = 173.2 \text{ ft-kips} > 150 \text{ ft-kips}$$

∴ 173.2 ft-kips에 대해 설계한다.

볼트피치에 대해, $p_{fo} = p_{fi} = 2$ in.을 시도한다.

선간거리에 대해, 강구조편람 1편에 주어진 유효선간거리를 사용한다.

$g = 3.50$ in.

소요볼트직경:

$$h_0 = d - \frac{t_{fb}}{2} + p_{fo} = 17.7 - \frac{0.425}{2} + 2 = 19.49 \text{ in.}$$

$$h_1 = d - \frac{t_{fb}}{2} - t_{fb} - p_{fi} = 17.7 - \frac{0.425}{2} - 0.425 - 2 = 15.06 \text{ in.}$$

$$d_{b소요} = \sqrt{\frac{2M_u}{\pi\phi F_t(h_0 + h_1)}} = \sqrt{\frac{2(173.2 \times 12)}{\pi(0.75)(90)(19.49 + 15.06)}} = 0.753 \text{ in.}$$

$d_b = {}^7/_8$ **in.를 시도한다:** 볼트강도에 근거한 모멘트강도:

$$P_t = F_t A_b = 90(0.6013) = 54.12 \text{ kips/bolt}$$

$$M_n = 2P_t(h_0 + h_1) = 2(54.12)(19.49 + 15.06) = 3740 \text{ in.-kips}$$

$$\phi M_n = 0.75(3740) = 2805 \text{ in.-kips}$$

단부판 폭을 결정한다. 볼트구멍 연단거리에 대해, AISC 표 J3.4

를 사용한다. 직경이 $^{7}/_{8}$ in.인 볼트에 대해,

$$\text{최소 } l_e = 1^{1}/_{8} \text{ in.}$$

판의 최소 폭은,

$$g + 2l_e = 3.50 + 2(1.125) = 5.75 \text{ in.}$$

6.00 in.의 보 플랜지 폭보다 작지 않아야 한다.

단부판의 최대 유효폭은 보 플랜지 폭에 1 in.를 더한 것이나 단부판 두께 중에서 큰 값이다. 현재의 설계과정에서 판 두께를 알 수가 없으므로 1 in.를 가정하고 두께를 결정되었을 때 이 가정을 검토한다.

b_p = 7 in.를 시도한다: 판의 소요두께를 계산한다:

$$s = \frac{1}{2}\sqrt{b_p g} = \frac{1}{2}\sqrt{7(3.5)} = 2.475 \text{ in.} > p_{fi}$$

$$\therefore\ p_{fi} = 2.0 \text{ in.의 원래 값을 사용한다.}$$

식 8.14로부터,

$$Y_p = \frac{b_p}{2}\left[h_1\left(\frac{1}{p_{fi}} + \frac{1}{s}\right) + h_0\left(\frac{1}{p_{fo}}\right) - \frac{1}{2}\right] + \frac{2}{g}[h_1(p_{fi} + s)]$$

$$= \frac{7}{2}\left[15.06\left(\frac{1}{2} + \frac{1}{2.475}\right) + 19.49\left(\frac{1}{2}\right) - \frac{1}{2}\right] + \frac{2}{3.5}[15.06(2 + 2.475)]$$

$$= 118.5$$

식 8.15로부터,

$$\text{소요 } t_p = \sqrt{\frac{1.11\phi M_n}{\phi_b F_y Y_p}} = \sqrt{\frac{1.11(2805)}{0.9(36)(118.5)}} = 0.901 \text{ in.}$$

t_p = 1 in.를 시도한다: (판의 유효폭을 결정하기 위한 가정 값)

보 플랜지력:

$$F_{fu} = \frac{M_u}{d - t_{fb}} = \frac{173.2 \times 12}{17.7 - 0.425} = 120.3 \text{ kips}$$

$$\frac{F_{fu}}{2} = \frac{120.3}{2} = 60.2 \text{ kips}$$

단부판의 전단항복강도는,

$$\phi(0.6)F_y t_p b_p = 0.90(0.6)(36)(1)(7)$$

$$= 136 \text{ kips} > 60.2 \text{ kips} \quad \text{(OK)}$$

단부판의 전단파단강도:

$$A_n = t_p\left[b_p - 2\left(d_b + \frac{1}{8}\right)\right] = (1)\left[7 - 2\left(\frac{7}{8} + \frac{1}{8}\right)\right] = 5.000 \text{ in.}^2$$

$$\phi(0.6)F_u A_n = 0.75(0.6)(58)(5.000) = 131 \text{ kips} > 60.2 \text{ kips} \quad \text{(OK)}$$

볼트전단을 검토한다. 압축면 볼트는 전체 수직전단에 저항할 수 있어야 한다.

$$A_b = \frac{\pi d_b^2}{4} = \frac{\pi (7/8)^2}{4} = 0.6013\,\text{in.}^2$$

$$\phi R_n = \phi F_{nv} A_b = 0.75(54)(0.6013) = 24.35\,\text{kips/bolt}$$

볼트 네 개에 대해, $\phi R_n = 4 \times 24.35 = 97.4$ kips

$$V_u = 33.6\,\text{kips} < 97.4\,\text{kips} \qquad \text{(OK)}$$

압축면 볼트의 지압을 검토한다.

$$h = d + \frac{1}{16} = \frac{7}{8} + \frac{1}{16} = \frac{15}{16}\,\text{in.}$$

외부볼트의 찢어짐에 대해,

$$l_c = p_{fo} + t_{fb} + p_{fi} - h = 2 + 0.425 + 2 - \frac{15}{16} = 3.488\,\text{in.}$$

$$\phi R_n = \phi(1.2 l_c t F_u) = 0.75(1.2)(3.488)(1)(58) = 182.1\,\text{kips}$$

지압변형강도는,

$$\phi(2.4 dt F_u) = 0.75(2.4)(7/8)(1)(58) = 91.35\,\text{kips} < 182.1\,\text{kips}$$

$\therefore\ \phi R_n = 91.35$ kips/bolt을 사용한다.

내부볼트는 연단 또는 인접볼트와 가깝지 않기 때문에 외부볼트가 지배한다.
총 지압강도는,

$$4 \times 91.35 = 365\,\text{kips} > V_u = 33.6\,\text{kips} \qquad \text{(OK)}$$

그림 8.51의 상세치수와 표기를 사용하면, 판 길이는 다음과 같다.

$$d + 2p_{fo} + 2d_e = 17^3/_4 + 2(2) + 2(1^1/_2) = 24^3/_4\,\text{in.}$$

해 답 판 $1 \times 7 \times 2' - 0^3/_4''$ 와 각각의 플랜지에 직경이 $^7/_8$ in.인 완전조인 A 그룹 볼트 4개를 사용한다.

보 플랜지–판 용접설계: 플랜지력은,

$$F_{fu} = 120.3\,\text{kips}$$

AISC 설계지침 4에서는 최소 설계플랜지력은 플랜지 항복강도의 60%이어야 한다고 권장하고 있다:

$$\text{최소 } F_{fu} = 0.6F_y(b_{fb}t_{fb}) = 0.6(50)(6.00)(0.425)$$
$$= 76.5\,\text{kips} < 120.3\,\text{kips}$$

그러므로 120.3 kips의 실제 플랜지력을 사용한다. 플랜지 용접길이는,

$$b_{fb} + (b_{fb} - t_w) = 6.00 + (6.00 - 0.300) = 11.70\,\text{in.}$$

용접강도는,

$$\phi R_n = 1.392D \times 11.70 \times 1.5$$

여기서 D는 $^1/_{16}$ in.에 대한 용접치수이고, 계수 1.5는 용접에 하중 방향을 고려한 것이다. 용접강도와 플랜지력이 같다고 두면,

$$1.392D \times 11.70 \times 1.5 = 120.3, \quad D = 4.92 \ (^1/_{16} \text{ in.에 대해})$$

AISC 표 J2.4로부터, 최소용접치수는 $^3/_{16}$ in.이다(두께가 얇은 연결부재인 플랜지 두께에 근거한).

해 답 각각의 플랜지에 $^5/_{16}$ in. 필릿용접을 사용한다.

보 웨브-판 용접설계: 인장볼트 근처의 웨브에 항복응력을 발생시키기 위해 웨브 각 면에 하나씩 두 개의 용접에 대해, 다음과 같이 둔다.

$$1.392D \times 2 = 0.6F_y t_w$$

소요 용접치수는,

$$D = \frac{0.6F_y t_w}{1.392(2)} = \frac{0.6(50)(0.300)}{1.392(2)} = 3.23 \quad (^1/_{16} \text{ in.에 대해})$$

해 답 인장영역에서의 웨브 각 면에 $^1/_4$ in. 필릿용접을 사용한다.

작용전단력 $V_u = 33.6$ kips는 다음의 2개 길이에서의 작은 길이만큼 웨브용접을 해서 저항해야 한다:

1. 중앙깊이에서 압축플랜지까지:

$$L = \frac{d}{2} - t_{fb} = \frac{17.7}{2} - 0.425 = 8.425 \text{ in.}$$

2. 인장볼트의 내부 열에 $2d_b$을 더한 것으로부터 압축플랜지까지:

$$L = d - 2t_{fb} - p_{fi} - 2d_b = 17.7 - 2(0.425) - 2.0 - 2(^7/_8)$$
$$= 13.10 \text{ in.} > 8.425 \text{ in.}$$

용접강도와 소요전단강도를 같다고 두면 다음을 구할 수 있다.

$$1.392D \times 8.425 \times 2 = 33.6, \ D = 1.43 \ ^1/_{16} \text{ in.에 대해} \ (w = 1/8 \text{ in.})$$

AISC 표 J2.4로부터, 최소용접치수는 $^3/_{16}$in.이다.

해 답 중앙 깊이와 압축플랜지 사이의 웨브 양면에 $^3/_{16}$ in. 필릿용접을 사용한다. 이 설계는 그림 8.54에 요약되어 있다.

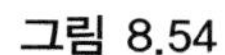

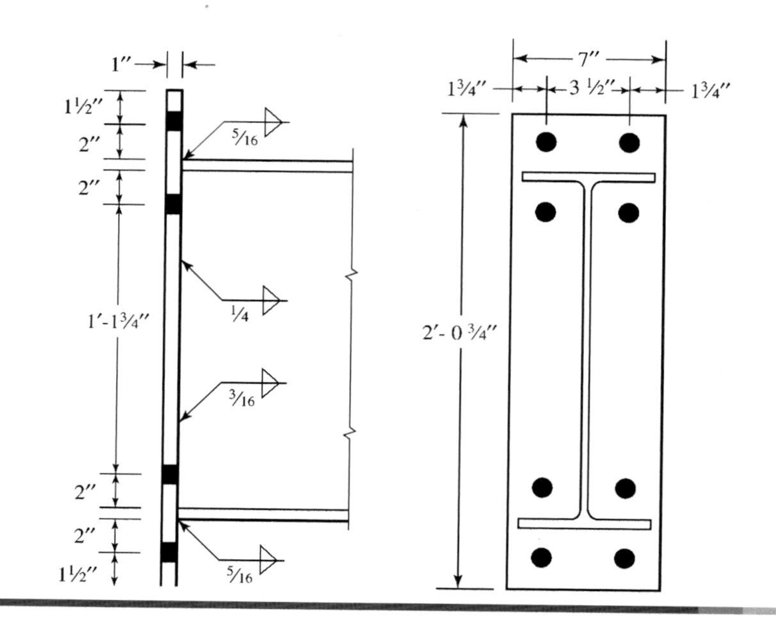

단부판접합의 기둥에 대한 특별 요구사항

단부판접합이 사용될 때, 기둥 플랜지 휨강도는 항복선이론에 기초한다. 기둥 플랜지의 소요두께에 대한 식은 단부판의 소요두께의 식과 동일하지만, 항복선 메카니즘변수에 대한 식이 다르다. LRFD에 대한 기둥 플랜지의 소요두께는 다음과 같다.

$$t_{fc} = \sqrt{\frac{1.11\phi M_n}{\phi_b F_{yc} Y_c}}$$

여기서

ϕM_n = 볼트인장에 근거한 모멘트설계강도

$\phi_b = 0.90$

F_{yc} = 기둥의 항복응력

Y_c = 무보강 기둥 플랜지에 대한 항복선 메카니즘변수

$$= \frac{b_{fc}}{2}\left[h_1\left(\frac{1}{s}\right)+h_0\left(\frac{1}{s}\right)\right]+\frac{2}{g}\left[h_1\left(s+\frac{3c}{4}\right)+h_0\left(s+\frac{c}{4}\right)+\frac{c^2}{2}\right]+\frac{g}{2}$$

b_{fc} = 기둥 플랜지 폭

$$s = \frac{1}{2}\sqrt{b_{fc}g}$$

$$c = p_{fo}+t_{fb}+p_{fi}$$

ASD에 대해,

$$t_{fc} = \sqrt{\frac{1.11(M_n/\Omega)}{F_{yc}Y_c/\Omega_b}}$$

여기서

$$\Omega = 2.00$$

$$\Omega_b = 1.67$$

기존의 기둥 플랜지가 충분히 두껍지 않다면, 다른 기둥형상을 선택하거나 보강재를 사용할 수도 있다. 보강재를 사용한다면, 설계지침 4로부터 Y_c에 대한 다른 식을 사용해야 한다. 여기에 주어진 모든 식은 4개 볼트의 무보강 단부판접합에 속한다는 것을 기억하라. 다른 형상에 대해 어떤 식은 다를 수도 있어 설계지침 4를 참고해야 한다.

단부판접합의 기둥에 대한 다른 차이는 기둥 웨브항복강도에 있다. 이것은 AISC 식 J10-2의 다소 자유로움을 포함한다. AISC 식 J10-2는 그림 8.55(a)에 나타난 웨브두께와 $t_{fb}+5k$의 길이에 의해 형성되는 웨브단면에서 응력이 제한되는 데 기초한다. 그림 8.55(b)에서 보여주듯이, 하중이 단부판의 추가 두께를 통해 전달될 때는 보다 넓은 면적이 유용할 것이다. 보 플랜지와 판의 용접이 고려되고 하중이 판을 통해 1 : 1의 경사로 분산된다고 가정하면, 웨브의 하중재하길이는 $t_{fb}+2w+2t_p+5k$가 될 것이다. 실험연구(Hendrick와 Murray, 1984)에 근거해 항 $5k$은 $6k$으로 대체될 수 있어 웨브항복강도에 대해 다음과 같은 식을 얻는다:

$$\phi R_n = \phi[F_{yw}t_w(6k+t_{fb}+2w+2t_p)] \tag{8.16}$$

여기서 w = 용접치수

보가 기둥의 상부 근처에 있다면(즉, 보 플랜지의 상부 면에서 기둥 상부까지의 거리가 기둥깊이보다 작으면), 식 8.16으로부터의 결과는 반으로 줄여야 한다. 이것을 AISC 식 J10-3 대신에 사용한다.

그림 8.55

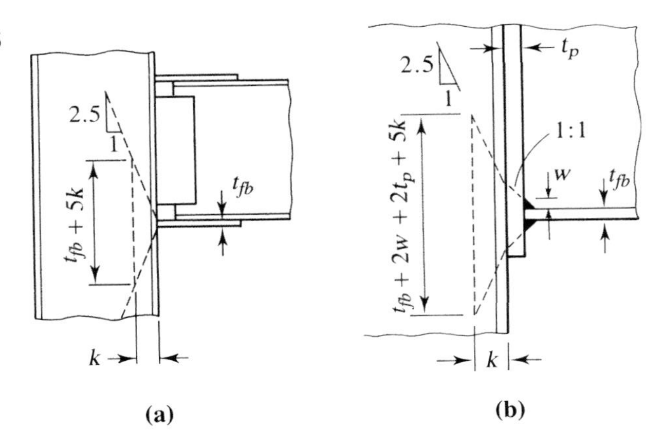

기둥 웨브보강과 패널존 전단강도에 대한 모든 다른 요구사항은 다른 형태의 모멘트연결에 대해 동일하다.

8.9 결 론

이 장에서는 골조형ㄱ형강과 보안착(beam seat)과 같은 접합조립보다는 볼트와 용접의 설계와 해석에 중점을 두었다. 대부분의 경우 볼트연결의 지압과 용접연결의 모재 전단에 대한 규정이 이러한 접합부의 강도를 적절하게 보장할 것이다. 그러나 때로는 추가 전단을 조사할 필요가 있다. 또 다른 경우에는 직접인장, 압축, 또는 휨이 고려되어야 한다.

접합부의 유연도는 또 다른 중요한 고려사항이다. 전단연결(단순골조)에서 접합부는 하중하에서 회전이 가능하도록 연결부재가 충분히 유연해야 한다. 그러나 FR 연결형태(강절연결)는 연결부재의 상대회전이 최소가 되도록 충분한 강성을 가지고 있어야 한다.

이 장은 단지 접합에 대한 기본적인 소개일 뿐, 건축물 접합부설계의 완벽한 지침서는 결코 아니다. Blodgett(1966)는 용접접합의 상세한 정보를 제공하는 유용한 자료이다. 다소 시대에 뒤떨어진 점이 있지만, 다수의 실용적인 제안을 포함하고 있다. 또 달리 추천되는 것으로 상세제작자를 위해 계획되었을 뿐만 아니라 설계자에게도 유용한 정보를 제공하는 *강구조 시공상세*(Detailing for Steel Construction: AISC, 2009)가 있다.

편심볼트연결: 전단만을 받는 경우

8.2-1 그림 P8.2-1의 브래킷연결에 대해, 탄성해석법을 사용해 볼트의 최대 전단력을 결정하라.

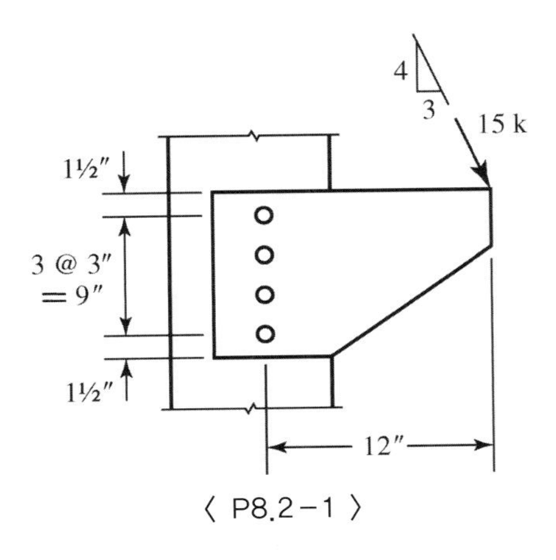

〈 P8.2-1 〉

8.2-2 그림 P8.2-2의 볼트그룹은 1면전단을 받고 있는 직경 $^3/_4$ in.인 A그룹 마찰볼트로 구성되어 있다. 지압강도는 충분하다고 가정하고 탄성해석법을 사용해 다음을 결정하라:

a. LRFD가 사용된다면 작용될 수 있는 최대 계수하중.

b. ASD가 사용된다면 작용될 수 있는 최대 총 사용하중.

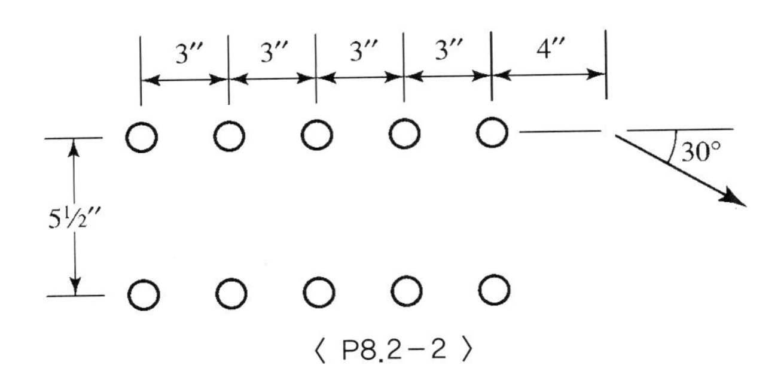

〈 P8.2-2 〉

8.2-3　판은 브래킷으로 사용되고 그림 P8.2-3과 같이 기둥 플랜지에 접합되어 있다. 탄성해석법을 사용해 볼트의 최대 전단력을 계산하라.

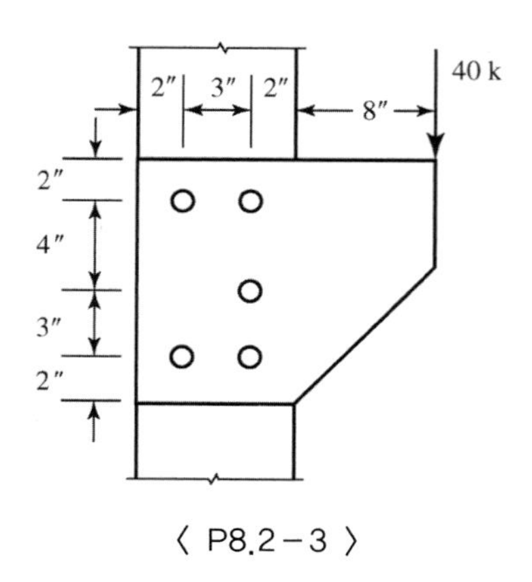

〈 P8.2 - 3 〉

8.2-4　그림 P8.2-4의 접합부에서 연결재는 강구조편람 표 1-7A와 같이 유효 선간거리에 배열되어 있다. 부재의 도심축에 배치되지 않은 연결재로 인해 발생되는 추가적인 힘은 얼마인가?

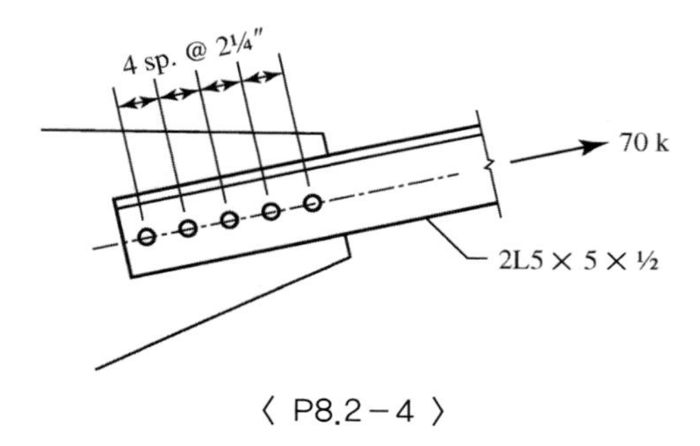

〈 P8.2 - 4 〉

8.2-5　판은 브래킷으로 사용되고 그림 P8.2-5와 같이 기둥 플랜지에 접합되어 있다. 탄성해석법을 사용해 볼트의 최대 전단력을 계산하라.

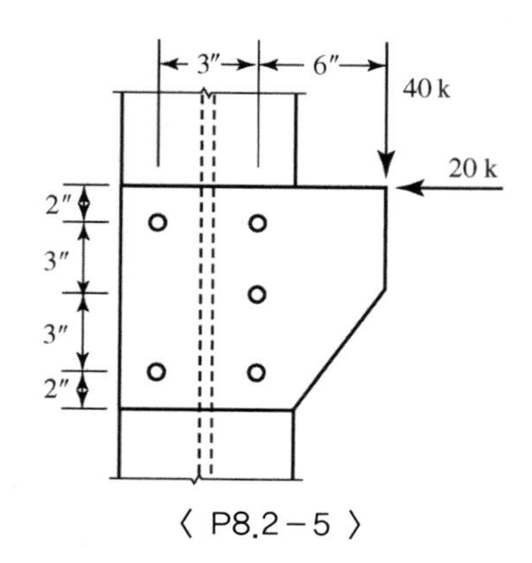

〈 P8.2 - 5 〉

8.2-6 브래킷 판에 작용하는 하중은 20 kips의 사용사하중과 35 kips의 사용활하중으로 구성되어 있다. A그룹 지압볼트의 소요직경은 얼마인가? 탄성해석법을 사용하고 브래킷과 기둥 플랜지의 지압강도는 충분하다고 가정한다.

a. LRFD를 사용하라.

b. ASD를 사용하라.

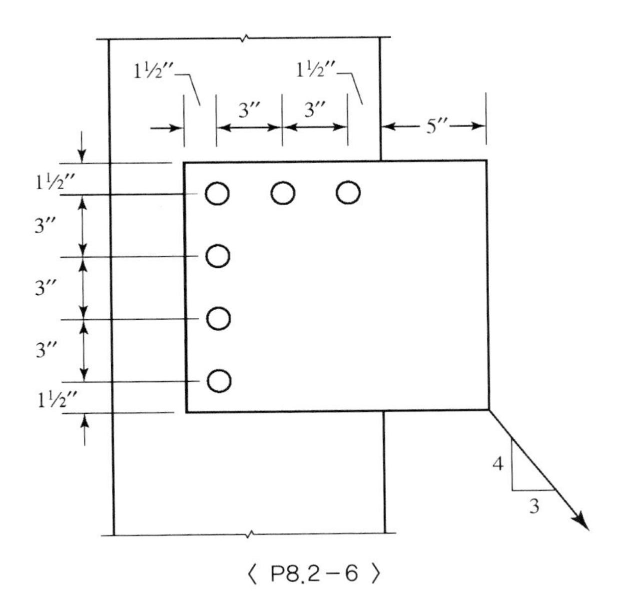

〈 P8.2-6 〉

8.2-7 A그룹 지압볼트의 소요직경은 얼마인가? 탄성해석법을 사용하고 브래킷과 기둥 플랜지의 지압강도는 충분하다고 가정한다.

a. LRFD를 사용하라.

b. ASD를 사용하라.

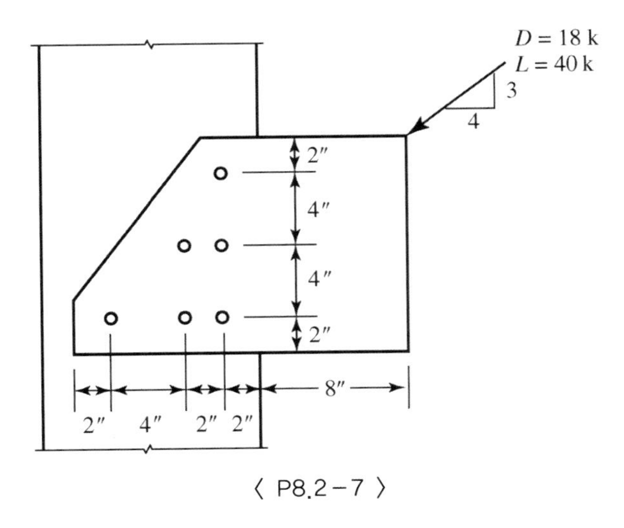

〈 P8.2-7 〉

8.2-8 그림 P8.2-8에 나타난 사용하중에 대해 A그룹 마찰볼트를 사용해볼트치수를 선택하라. 탄성해석법을 사용하고 연결부재의 지압강도는 충분하다고 가정한다.

a. LRFD를 사용하라.

b. ASD를 사용하라.

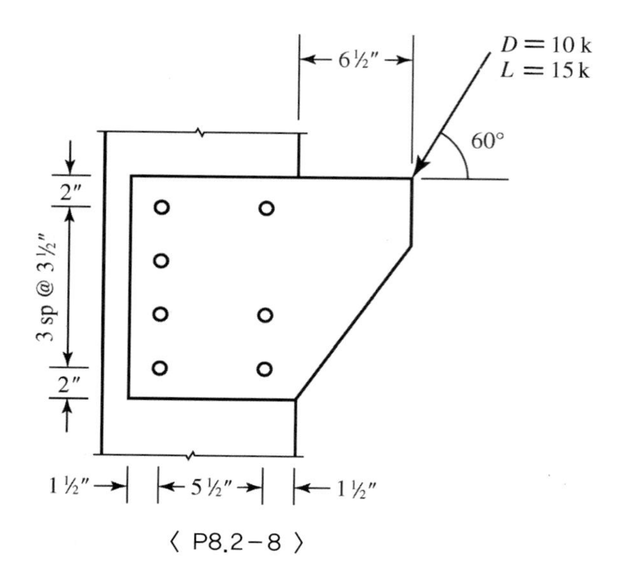

〈 P8.2-8 〉

8.2-9 A그룹 볼트가 그림 P8.2-9의 접합부에 사용된다. 탄성해석법을 사용해 미끄럼이 허용되는 경우, 소요볼트치수를 결정하라. 10 kips의 하중은 2.5 kips의 사용사하중과 7.5 kips의 사용활하중으로 구성되어 있다. 모든 구조용 강재는 A36이다.

a. LRFD를 사용하라.

b. ASD를 사용하라.

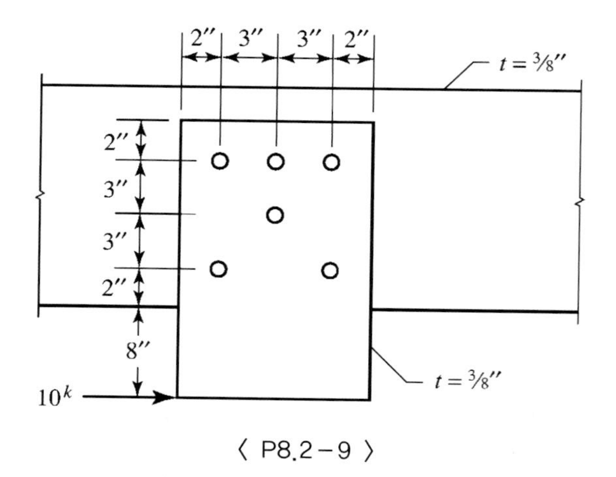

〈 P8.2-9 〉

8.2-10 그림 P8.2-10에서와 같이 판은 ㄷ형강의 웨브에 연결되어 있다.

a. 탄성해석법을 사용해 최대 볼트력을 계산하라.

b. 강구조편람 7편의 표를 사용해 극한강도법에 의한 최대 볼트력을 구하라(계수 C는 총 연결하중의 최대 연결재력에 대한 비로 해석될 수 있다는 데 주목하라). 탄성해석법에 의해 얻어진 값과 비교할 때 퍼센트 차이는 얼마인가?

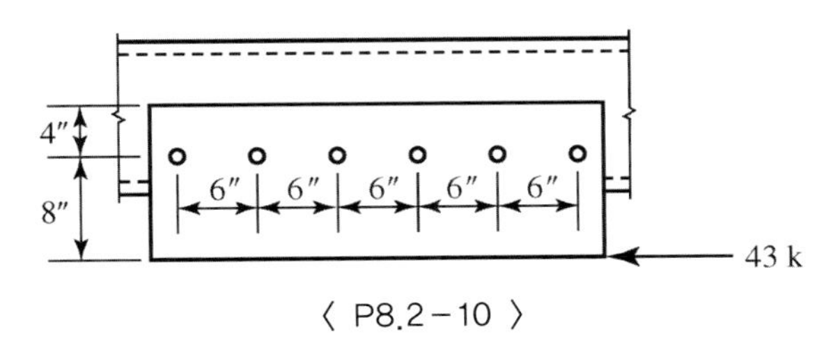

〈 P8.2-10 〉

8.2-11 문제 8.2-2를 극한강도법으로 구하라(강구조편람 7편의 표를 사용하라).

8.2-12 그림 P8.2-12에 나타난 볼트그룹은 1면전단을 받고 있는 직경 $^3/_4$ in.인 A그룹 지압볼트로 구성되어 있다. 지압강도는 충분하고 가정하고 강구조편람 7편의 표를 사용해 다음을 결정하라.

a. LRFD에 대해 최대 허용계수하중.

b. ASD에 대해 최대 허용사용하중.

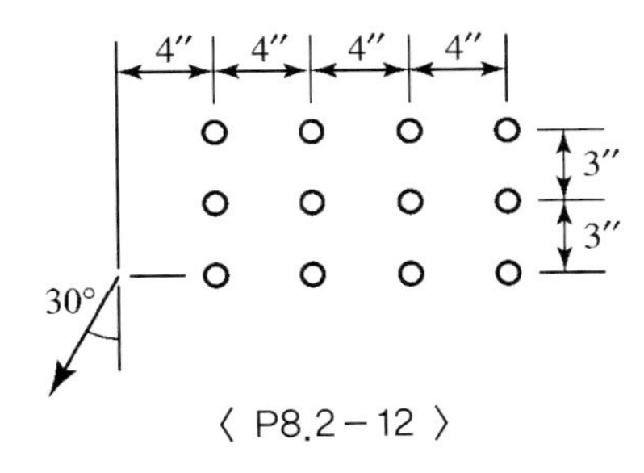

〈 P8.2-12 〉

8.2-13 문제 8.2-12의 조건에 대해, 사용사하중이 40 kips이고 사용활하중이 90 kips일 때 (그림에 나타난 3개 대신에) 열당 소요볼트 개수를 결정하라.

a. LRFD를 사용하라.

b. ASD를 사용하라.

편심볼트연결: 전단과 인장을 동시에 받는 경우

8.3-1 볼트의 적절성을 검토하라. 주어진 하중은 사용하중이다.

a. LRFD를 사용하라.

b. ASD를 사용하라.

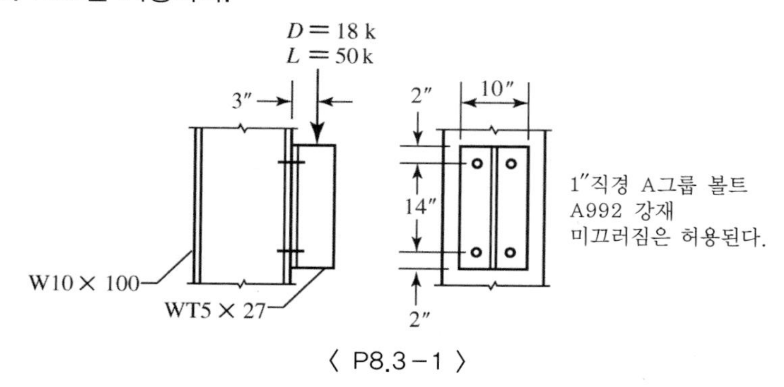

〈 P8.3-1 〉

8.3-2 그림 P8.3-2에서와 같이 보는 직경 $^7/_8$ in.인 A그룹 지압볼트로 기둥에 연결되어 있다. 8개의 볼트를 사용해 T형강을 기둥에 연결한다. A992 강재가 사용된다. T형강과 기둥 접합은 적절한가?

a. LRFD를 사용하라.

b. ASD를 사용하라.

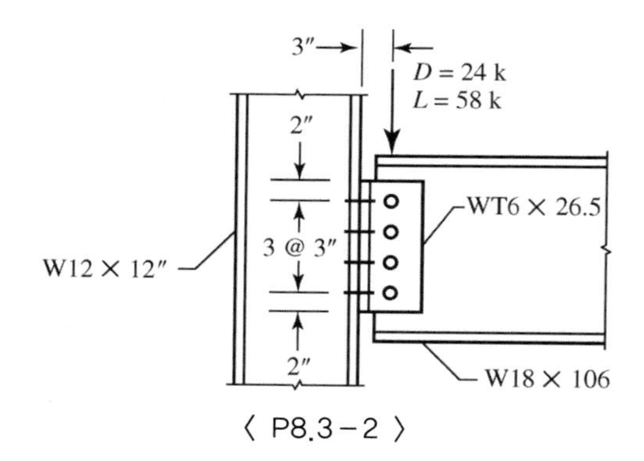

〈 P8.3-2 〉

8.3-3　주어진 사용하중에 대해볼트의 적절성을 검토하라.

a. LRFD를 사용하라.

b. ASD를 사용하라.

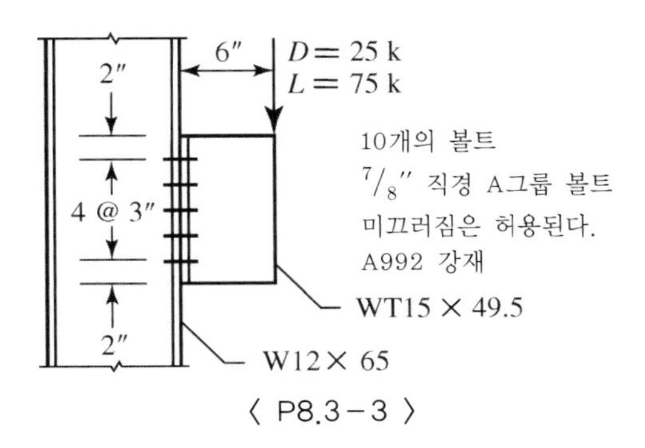

〈 P8.3-3 〉

8.3-4　볼트의 적절성을 검토하라. 주어진 하중은 사용하중이다.

a. LRFD를 사용하라.

b. ASD를 사용하라.

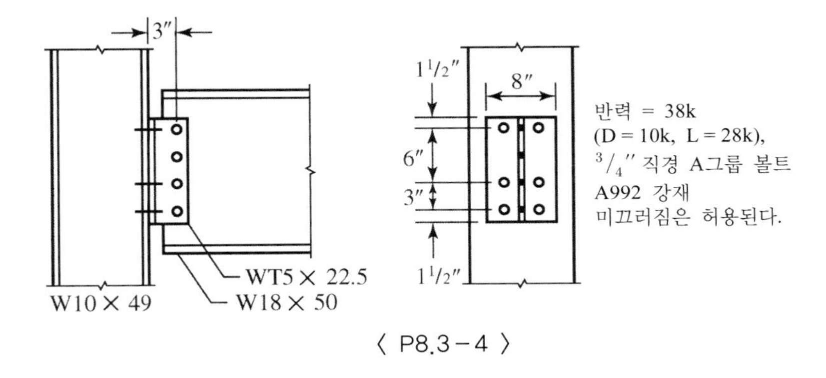

〈 P8.3-4 〉

8.3-5　그림 P8.3-5에 나타난 접합부에서 볼트의 적절성을 검토하라. 재하하중은 33%의 사하중과 67%의 활하중으로 구성된 사용하중이다. 볼트는 직경 $^7/_8$ in.의 A그룹 지압형이다. 연결부재는 충분한 지압강도를 가지고 있다고 가정한다.

a. LRFD를 사용하라.

b. ASD를 사용하라.

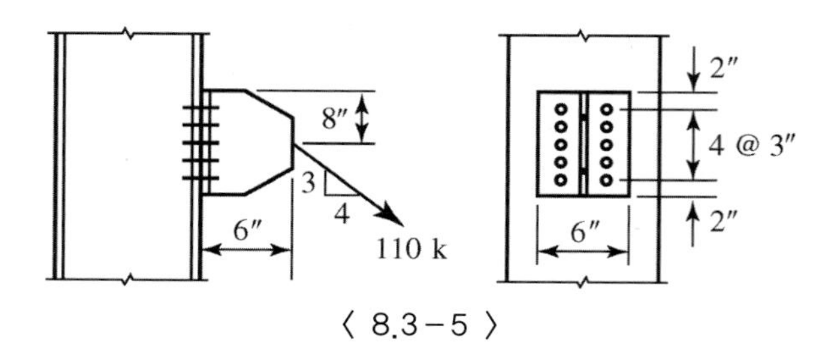

〈 8.3－5 〉

8.3−6　WT6×20의 플랜지 일부분이 브래킷으로 사용되고 그림 P8.3−6과 같이 W14×61 기둥 플랜지에 접합되어 있다. 모든 강재는 A992이다. 볼트가 적절한지를 결정하라. LRFD를 사용하라.

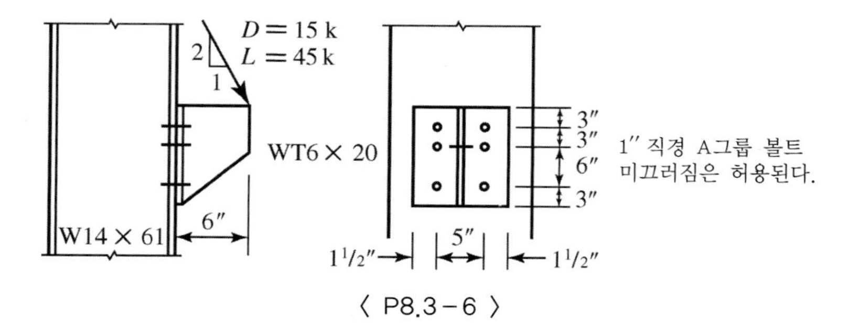

〈 P8.3－6 〉

8.3−7　그림 P8.3−7과 같이 직경 $^3/_4$ in.인 A그룹 마찰볼트를 사용해 보가 기둥에 접합되어 있다. A992 강재는 보와 기둥에 사용되고, A36 강재는 ㄱ형강에 사용된다. 힘 R은 보 반력이다. 열 개의 ㄱ형강−기둥 볼트강도에 근거해 다음을 결정하라.

a. LRFD에 대해, 최대 유용계수하중반력 R_u.

b. ASD에 대해, 최대 유용사용하중반력 R_a.

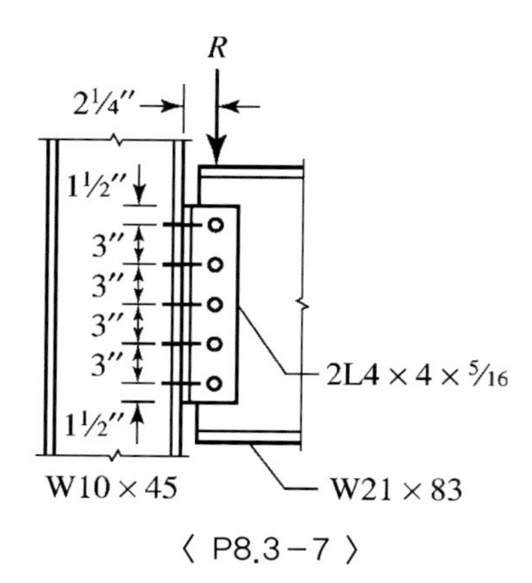

〈 P8.3－7 〉

8.3-8 그림 P8.3-8과 같이 WT 형강으로부터 잘라낸 브래킷은 열 개의 A그룹 마찰볼트를 사용해 기둥 플랜지에 연결되어 있다. A992 강재가 사용된다. 재하하중은 30%의 사하중과 70%의 활하중으로 구성된 사용하중이다. 소요볼트치수는 얼마인가?

a. LRFD를 사용하라.

b. ASD를 사용하라.

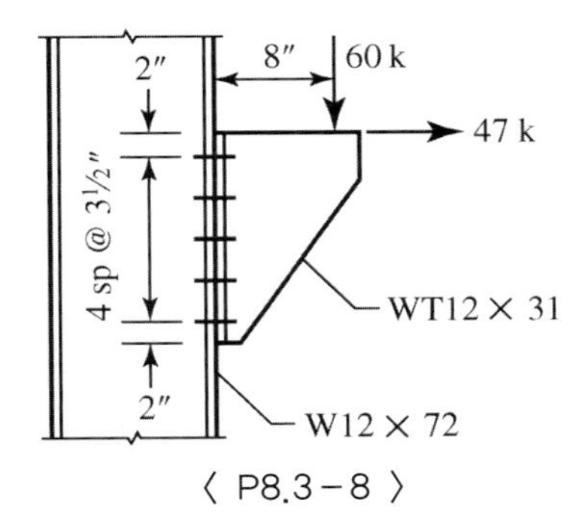

〈 P8.3-8 〉

8.3-9 다음의 설계에 대해, ㄱ형강은 A36 강재와 보와 기둥은 A992 강재를 사용한다. LRFD를 사용하라.

a. 그림 P8.3-9에 나타난 조건에 대해 단순보를 설계하라. 보의 자중에 추가하여 보는 4kips/ft의 사용활하중을 지지해야 한다. 압축플랜지는 연속적으로 횡지지되어 있다고 가정한다. 처짐은 설계고려사항이 아니다.

b. 모두 볼트로 연결된 쌍ㄱ형강 접합부를 설계하라. 편심을 고려하지 않는다. 지압볼트를 사용한다.

c. 편심을 고려해 (b)에서 설계한 접합부를 검토하라. 필요하다면, 설계를 수정하라.

d. 추천되는 접합에 관한 상세도를 그려라.

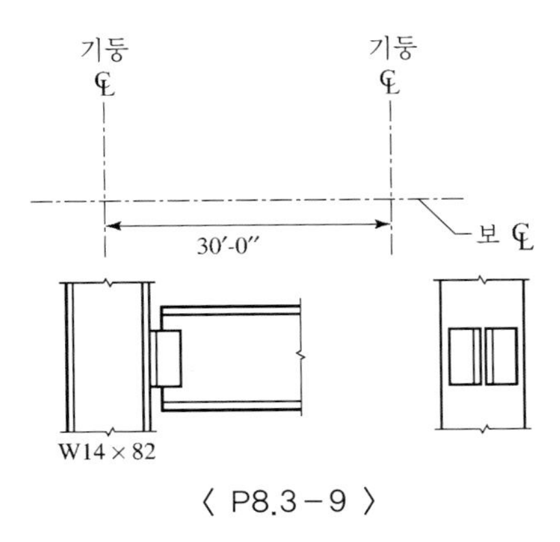

〈 P8.3-9 〉

8.3-10 문제 8.3-9에 대해, ASD를 사용하라.

편심용접연결: 전단만을 받는 경우

8.4-1　탄성해석법을 사용해 용접에 작용하는 최대 하중(kips/in.)을 결정하라.

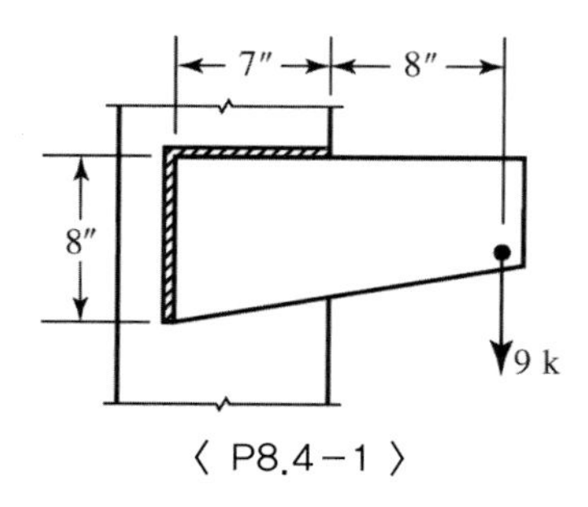

〈 P8.4-1 〉

8.4-2　탄성해석법을 사용해 용접에 작용하는 최대 하중(kips/in.)을 결정하라.

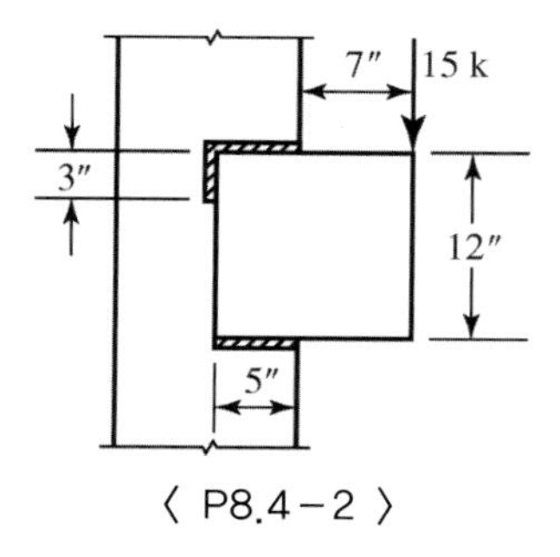

〈 P8.4-2 〉

8.4-3　탄성해석법을 사용해 용접 in.당 작용하는 최대 하중을 결정하라.

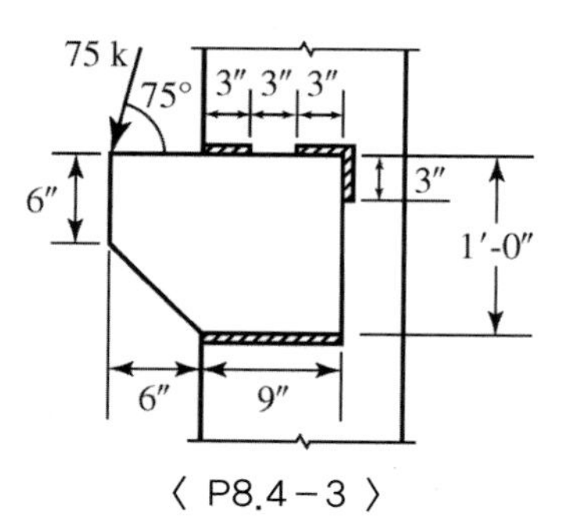

〈 P8.4-3 〉

8.4-4 탄성해석법을 사용해 용접의 적절성을 검토하라. 모재의 전단은 만족한다고 가정한다. 10kips의 하중은 25% 사하중과 75%의 활하중으로 이루어진 사용하중이다.

a. LRFD를 사용하라.

b. ASD를 사용하라.

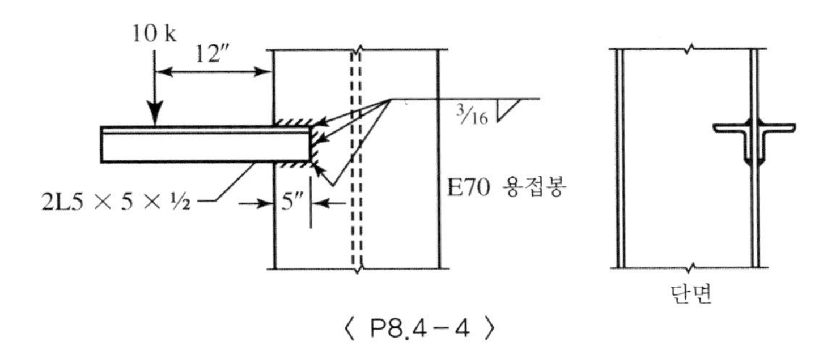

〈 P8.4-4 〉

8.4-5 E70 용접봉을 사용해 소요 용접치수를 결정하라. 탄성해석법을 사용한다. 모재의 전단강도는 충분하다고 가정한다.

a. LRFD를 사용하라.

b. ASD를 사용하라.

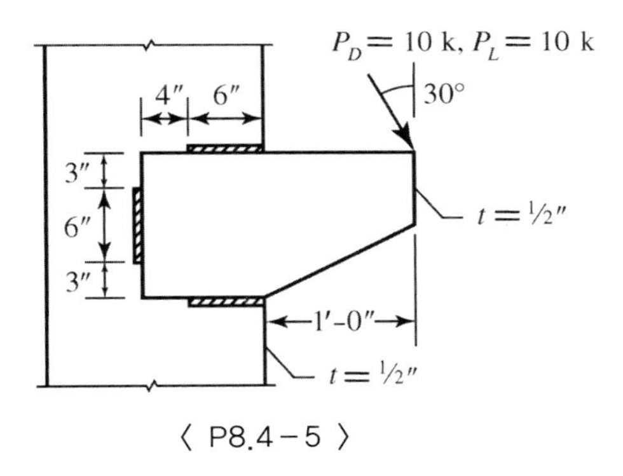

〈 P8.4-5 〉

8.4-6 용접의 적절성을 검토하라. 재하하중 20kips는 사하중에 대한 활하중의 비가 2.0인 사용하중이다. 탄성해석법을 사용하고 모재의 전단강도는 충분하다고 가정한다.

a. LRFD를 사용하라.

b. ASD를 사용하라.

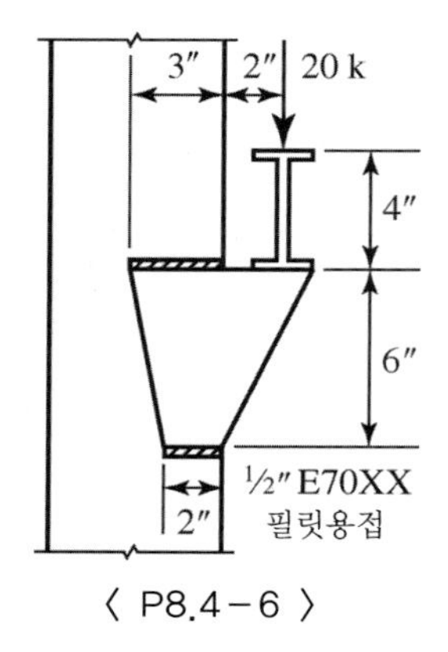

〈 P8.4-6 〉

8.4-7 탄성해석법을 사용해 *편심*에 의해 발생되는 용접의 추가하중(kips/in.)을 계산하라.

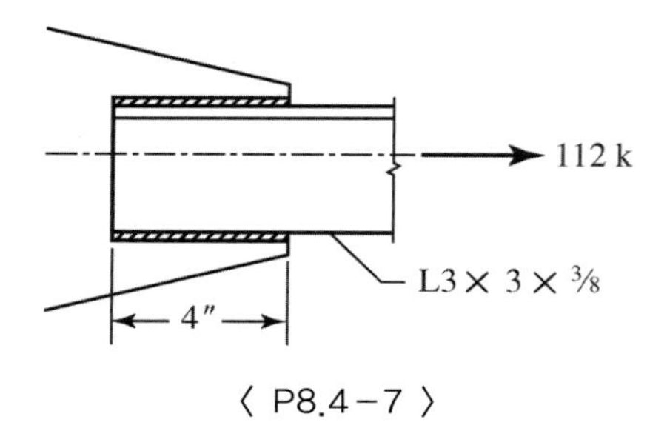

〈 P8.4-7 〉

8.4-8 탄성해석법을 사용해 *편심*에 의해 발생되는 용접의 추가하중(kips/in.)을 계산하라.

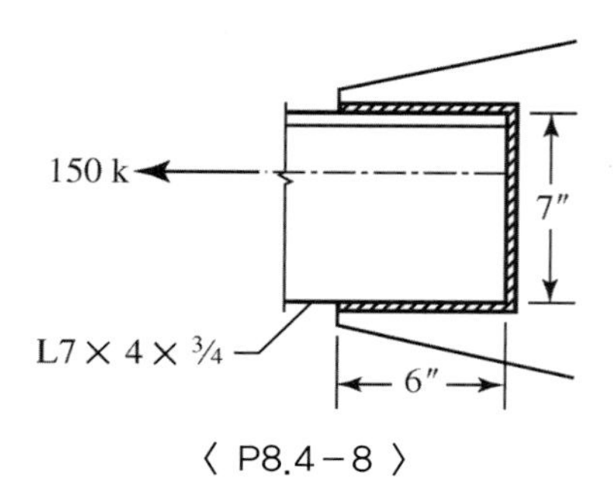

〈 P8.4-8 〉

8.4-9 L $6 \times 6 \times {}^{3}/_{8}$은 E70 필릿용접을 사용해 두께가 ${}^{3}/_{8}$-in.인 연결판에 접합되어 있다. 부재의 유용강도가 발생하도록 용접을 설계하라. 편심을 제거할 수 있는 용접배치를 사용하라. 연결부재의 강도가 지배하지 않는다고 가정한다. A36 강재를 사용한다.

a. LRFD를 사용하라.

b. ASD를 사용하라.

8.4-10 극한강도법을 사용해 문제 8.4-1을 풀어라(강구조편람 8편의 표를 사용하라).

8.4-11 극한강도법을 사용해 문제 8.4-4를 풀어라(강구조편람 8편의 표를 사용하라).

8.4-12 극한강도법을 사용해 문제 8.4-7을 풀어라(강구조편람 8편의 표를 사용하라).

8.4-13 접합은 그림 P8.4-13과 같은 용접으로 되어 있다. 작용하중은 사용하중이다. LRFD를 사용하라.

a. 탄성해석법을 사용해 소요 용접치수를 결정하라.

b. 극한강도법을 사용해 소요 용접치수를 결정하라(강구조편람 8편의 표를 사용하라).

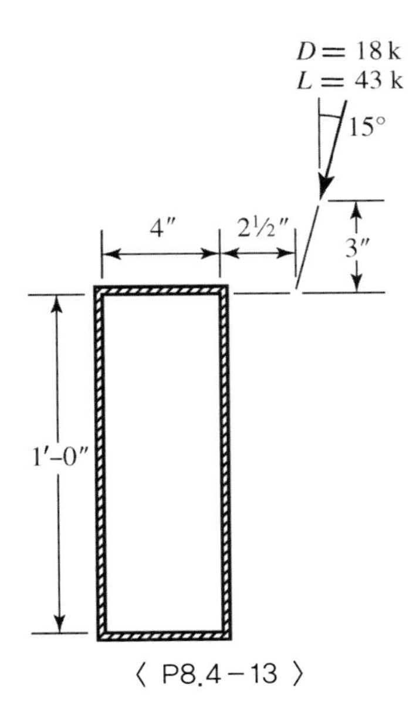

〈 P8.4-13 〉

8.4-14 ASD를 사용해 문제 8.4-13을 풀어라.

8.4–15 탄성해석법을 사용해 두께가 $^3/_8$ in.인 연결판에 접합된 $L\,6\times6\times{}^5/_{16}$에 대한 용접접합을 설계하라. ㄱ형강과 연결판은 모두 A36 강재이다. 지지되어야 할 하중은 31kips 의 사용사하중과 31kips 의 사용활하중이다. LRFD를 사용하라.

a. 균형용접을 사용하지 않는다. 개략적인 설계도를 그려라.

b. 균형용접을 사용한다. 개략적인 설계도를 그려라.

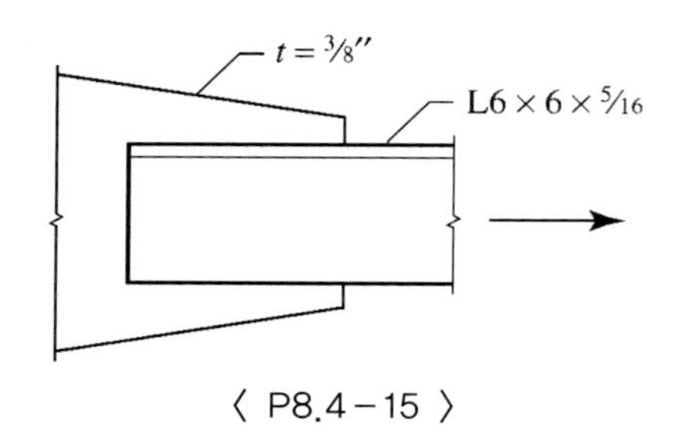

〈 P8.4 – 15 〉

8.4–16 ASD를 사용해 문제 8.4–15를 풀어라.

8.4–17 단일ㄱ형강 인장부재는 그림 P8.4–17과 같이 연결판에 접합되어 있다. ㄱ형강과 연결판 모두 A36 강재를 사용한다.

a. LRFD와 필릿용접 최소치수를 사용해 접합부를 설계하라. 균형용접을 사용하지 않는다.

b. 편심을 고려해 (a)의 설계를 검토하라. 필요하다면 수정하라.

c. 개략적인 최종설계도를 그려라.

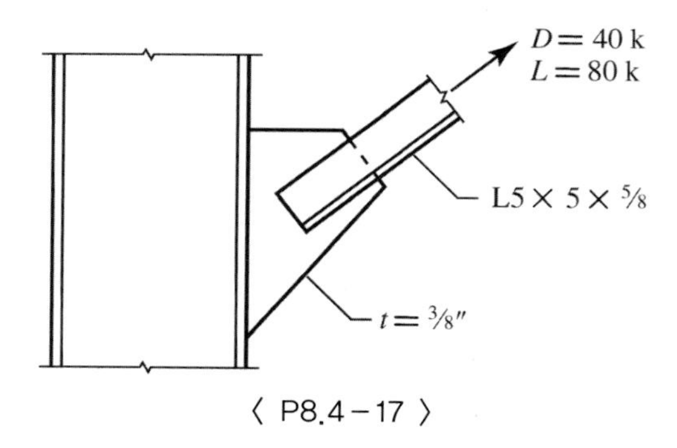

〈 P8.4 – 17 〉

8.4–18 ASD를 사용해 문제 8.4–17을 풀어라.

8.4-19　a. LRFD를 사용해 그림 P8.4-19에 나타난 브래킷에 대한 용접접합을 설계하라. 모든 구조용 강재는 A36이다. 수평 최대치수는 10 inch이다.
b. 선택한 용접치수와 형상이 최상인 이유를 명시하라.

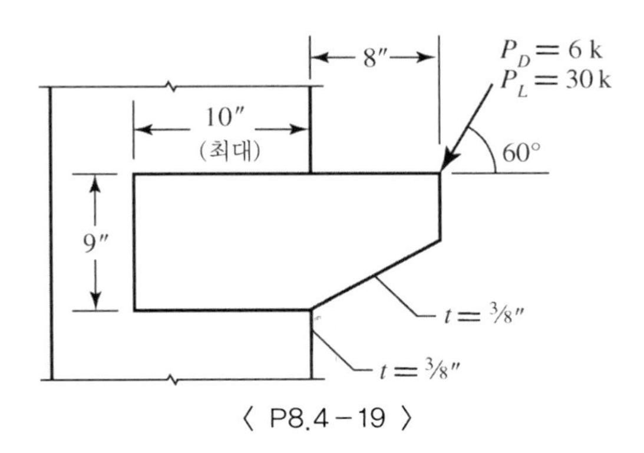

〈 P8.4-19 〉

8.4-20　ASD를 사용해 문제 8.4-19를 풀어라.

편심용접연결: 전단과 인장을 동시에 받는 경우

8.5-1　용접에 작용하는 최대 하중(kips/in.)을 결정하라.

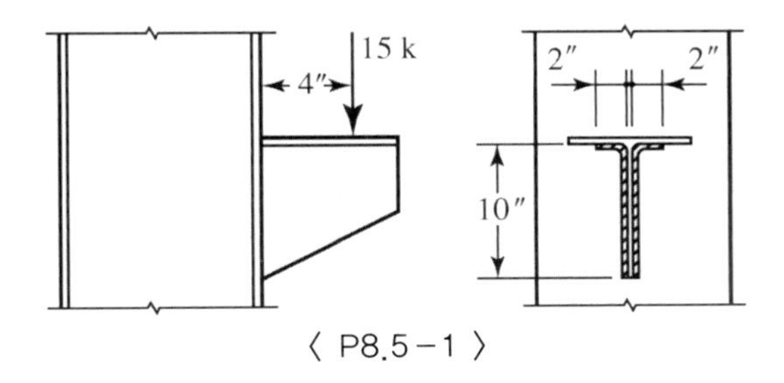

〈 P8.5-1 〉

8.5-2　용접에 작용하는 최대 하중(kips/in.)을 결정하라.

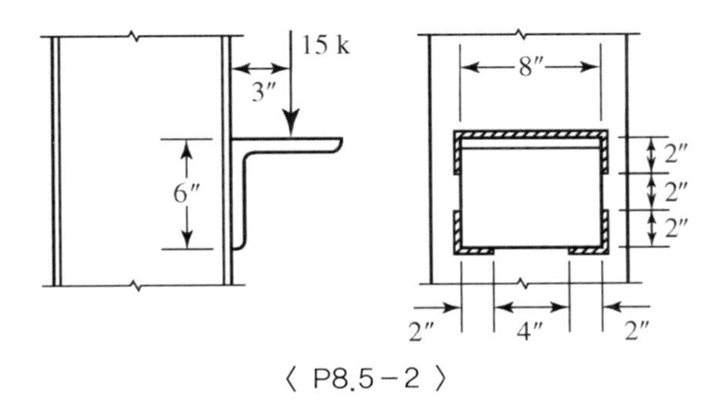

〈 P8.5-2 〉

8.5-3 E70 필릿용접의 최대치수를 사용해 그림 P8.5-3의 연결을 지지할 수 있는 유용반력 R(용접강도에 의해 제한되는)을 계산하라. 보와 기둥의 강재는 A992이고, 선반 ㄱ형강은 A36 강재이다. 용접 상부에 나타난 단돌림을 무시한다.

a. LRFD를 사용하라.

b. ASD를 사용하라.

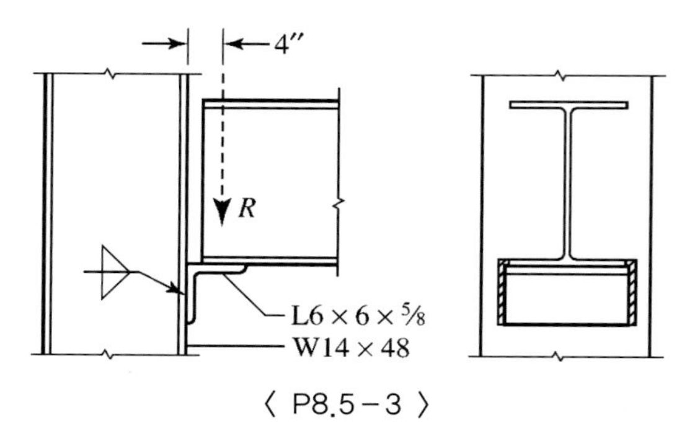

〈 P8.5-3 〉

8.5-4 A36 강재의 브래킷판은 A992 강재의 W 12×50에 용접되어 있다. E70 용접봉을 사용해 필릿용접의 소요치수를 결정하라. 재하하중은 8 kips 사하중과 18 kips 활하중으로 구성되어 있다.

a. LRFD를 사용하라.

b. ASD를 사용하라.

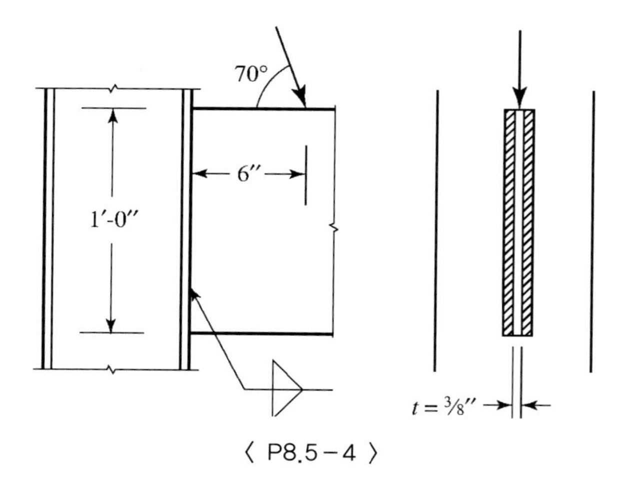

〈 P8.5-4 〉

8.5-5 WT7×41 브래킷은 그림 P8.5-5와 같이 용접치수가 $^5/_{16}$ in.인 E70 필릿용접을 사용해 W14×159 기둥에 연결되어 있다. 지지할 수 있는 최대 계수하중 P_u 와 최대 사용하중 P_a 는 각각 얼마인가?

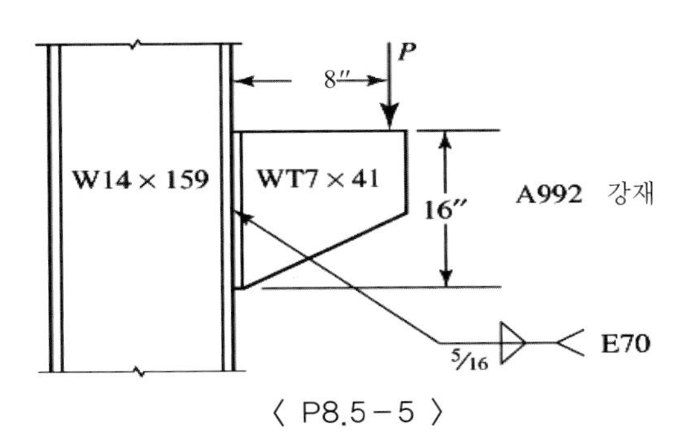

〈 P8.5-5 〉

모멘트저항 연결

8.6-1 W18×50 보는 W14×99 기둥에 연결되어 있다. 모멘트를 전달하기 위해, 판은 보 플랜지에 볼트로 연결한다. 전달되는 사용하중모멘트는 180 ft-kips이고 45 ft-kips의 사하중모멘트와 135 ft-kips의 활하중모멘트로 구성되어 있다. 볼트는 직경이 $^7/_8$ in.인 A325-N이고, 각 플랜지에 여덟 개의 볼트가 사용된다. 이 볼트는 충분한 전단강도를 가지고 있는가?

a. LRFD를 사용하라.
b. ASD를 사용하라.

8.6-2 W16×45 보는 그림 P8.6-2와 같이 W10×45 기둥에 연결되어 있다. 구조용 형강은 A992이고, 판은 A36 강재이다. 볼트는 직경이 $^7/_8$ in.인 A325-N 지압볼트이고 20개가 사용된다: 각 플랜지에 여덟 개와 웨브에 네 개. 용접봉은 E70이다. LRFD를 사용하라.

a. 접합부의 유용전단강도를 결정하라.
b. 유용휨강도를 결정하라.

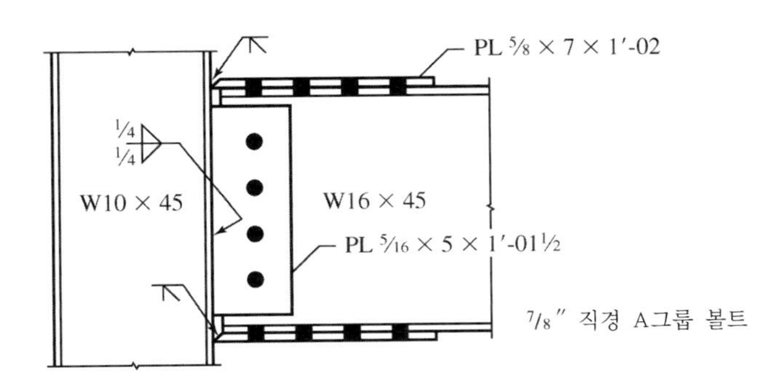

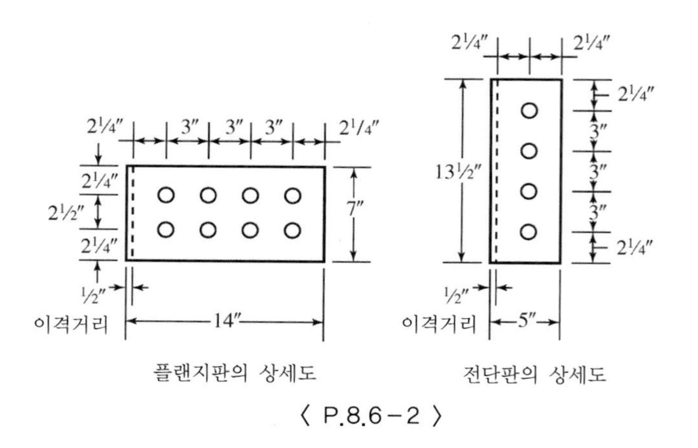

〈 P.8.6-2 〉

8.6-3　ASD를 사용해 문제 8.6-2를 풀어라.

8.6-4　W 14×99 기둥에 W 18×35 보의 연결에 대해, 문제 8.6-2에 나타난 형태의 세 개의 판 모멘트연결을 다음 조건에 대해 설계하라: 사용사하중모멘트는 42 ft-kips, 사용활하중모멘트는 104 ft-kips, 사용사하중 보 반력은 8 kips, 사용활하중 보 반력은 21 kips 이다. A그룹 지압볼트와 E70 용접봉을 사용한다. 보와 기둥은 A992 강재이고 판 재료는 A36 강재이다.

a. LRFD를 사용하라.
b. ASD를 사용하라.

기둥보강재와 기타 보강

8.7-1　30%의 사하중과 70%의 활하중으로 구성된 118 ft-kips의 사용하중모멘트가 문제 8.6-2의 접합부에 작용하고 있다. 연결은 기둥 단부로부터 기둥깊이보다 더 먼 거리에 있다고 가정하고 기둥보강재가 필요한지를 결정하라. 만약 그렇다면, A36 강재를 사용해 소요 제원을 결정하라.

a. LRFD를 사용하라.
b. ASD를 사용하라.

8.7-2 A36 강재인 보 플랜지판에서 발생될 수 있는 최대 힘에 대해 기둥보강재가 필요한지 결정하라. 필요하다면, A36 강재를 사용하고 소요제원을 지정하라. 보와 기둥에 대해 A992 강재를 사용한다. 연결은 기둥 단부로부터 기둥깊이보다 더 먼 거리에 있다.

a. LRFD를 사용하라.

b. ASD를 사용하라.

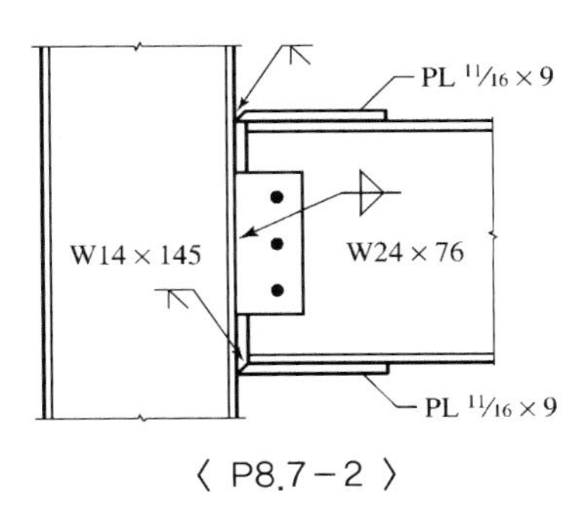

〈 P8.7-2 〉

8.7-3 a. W 18 × 35 보는 W 14 × 53 기둥에 연결되어 있다. 보와 기둥 모두 $F_y = 50$ ksi 이다. 접합부는 기둥 단부로부터 기둥깊이보다 더 먼 거리에 있다. 웨브 판은 A36 강재를 사용하고 LRFD를 사용해 220 ft-kips의 계수모멘트와 45 kips의 계수반력에 대해 그림 8.37(a)에서 나타난 것과 유사한 연결을 설계하라. 기둥보강재가 필요하다면, A36 강재를 사용해 소요제원을 지정하라.

b. 접합부에 인접한 기둥 계수전단이 $V_u = 0$이고 $P_u/P_y = 0.6$이면, 패널존 보강이 필요한지 결정하라. 필요하다면, 두 개의 대안을 제공하라: (1) A36 강재의 이중판과 (2) A36 강재의 대각보강재.

단부판 연결

8.8-1 주어진 단부판 접합부에서 볼트의 적절성을 조사하라. 하중은 25% 사하중과 75% 활하중으로 구성된 사용하중이다. 보와 기둥은 A992 강재이고 단부판은 A36 강재이다.

a. LRFD를 사용하라.

b. ASD를 사용하라.

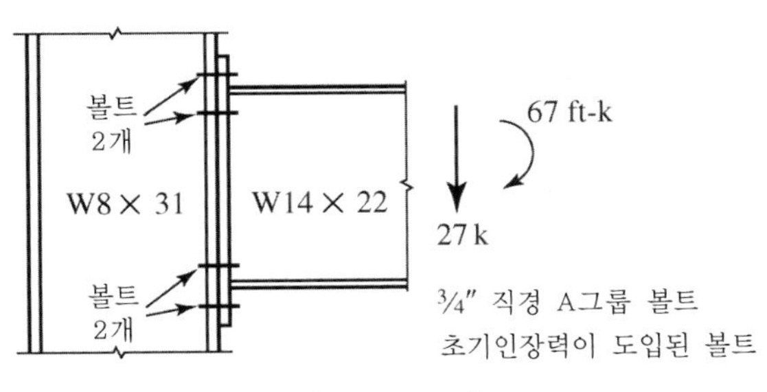

〈 P8.8-1 〉

8.8-2 주어진 단부판 접합부에서 볼트의 적절성을 조사하라. 하중은 25% 사하중과 75% 활하중으로 구성된 사용하중이다. 보와 기둥은 A992 강재이고 단부판은 A36 강재이다.

a. LRFD를 사용하라.

b. ASD를 사용하라.

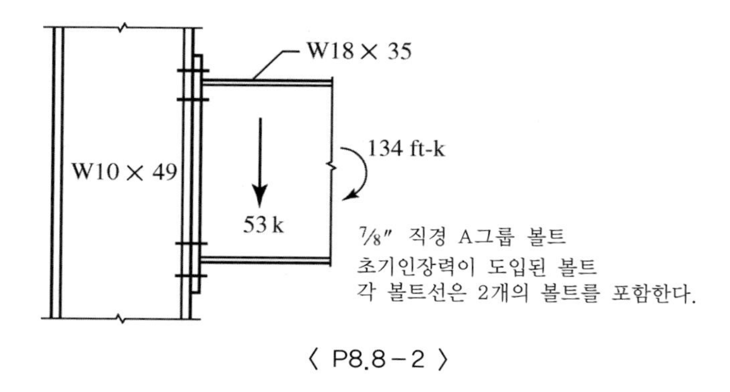

〈 P8.8-2 〉

8.8-3 W 8×40 기둥에 W 18×40 보를 접합하기 위한 네 개의 볼트 무보강 단부판 잡합부를 설계하라. 보의 총 모멘트내력과 전단내력에 대해 설계하라. 부재에 대해 A992 강재와 단부판에 대해 A36 강재를 사용한다. 초기인장력이 도입된 A그룹 볼트를 사용한다.

a. LRFD를 사용하라.

b. ASD를 사용하라.

8.8-4 W 10×60 기둥에 W 12×30 보를 접합하기 위한 네 개의 볼트 무보강 단부판 접합부를 설계하라. 전단은 13 kips 사용사하중과 34 kips 사용활하중으로 구성되어 있다. 사용사하중모멘트는 20 ft-kips이고, 사용활하중모멘트는 48 ft-kips이다. 구조용 형강에 대해 A992 강재, 단부판에 대해 A36 강재, 초기인장력이 도입된 A그룹 볼트를 사용한다.

a. LRFD를 사용하라.

b. ASD를 사용하라.

9.1 서 론

합성구조는 구조용 강재와 철근 콘크리트의 두 가지 재료로 구성된 구조부재를 사용하여 건설된다. 엄격히 말하면, 둘 또는 그 이상의 재료로 구성된 구조부재는 합성이라 할 수 있다. 그러나 건물과 교량에서는 일반적으로 구조용 강재와 철근 콘크리트를 적용하여 구성하는 합성보 또는 합성기둥을 의미한다. 합성기둥은 이 장의 후반부에 다루게 된다. 여기서 다루는 보의 경우 마루 또는 지붕구조 시스템에 적용되는 것에 국한한다. 합성구조는 AISC I장, “합성부재설계(Design of Compression Members)”에서 다루고 있다.

합성보는 여러 형태를 취할 수 있다. 초기 합성구조는 콘크리트로 싸여진 보로 구성되어 있었는데(그림 9.1(a)), 이는 콘크리트로 구조용 강재를 둘러쌈으로써 내화에도 좋고 보의 강도를 증진시키는 효과도 함께 있었다. 최근 더 가볍고 경제적인 내화방법이 개발되면서 콘크리트로 둘러싸여진 합성보는 거의 사용되지 않고 있다. 대신 강재보가 철근콘크리트 슬래브를 지지하게 하고 서로 연결함으로 해서 두 부재가 하나의 부재처럼 거동해 합성작용을 하도록 하고 있다. 마루나 지붕 시스템의 경우, 슬래브의 일부분이 강재보와 함께 압연형강의 상부가 콘크리트 플랜지로 확장된 것과 같은 형상으로 합성보를 구성하게 된다(그림 9.1(b)).

단일 부재로의 거동은 두 부재 사이에 미끄러짐이 발생하지 않아야만 가능하며, 이는 두 부재 사이의 수평전단력을 ‘전단연결재(shear connectors 또는 anchors)’라 불리는 연결장치에 의해 저항하게 함으로써 얻어진다. 스터드(stud), ㄷ형강 등과 같은 전단연결재를 정해진 간격에 따라 강재보의 상부 플랜지 위에 용접하고 경화된 콘크리트에 정착됨으로서 역학적 연결을 얻게 된다(그림 9.1(c)). 스터드는 가장 흔히 사용되는 전단연결재이며, 상부 플랜지가 충분히 넓다면 한 위치에 한 개 이상 사용된다. (이는 9.4절에 언급하는 허용간격에 따른다.) 스터드를 많이 적용하는 한 이유는 시공 편이성이다. 단 한사람의 작업자가 자동장비를 가지고 보 위의 원하는 위치에

그림 9.1

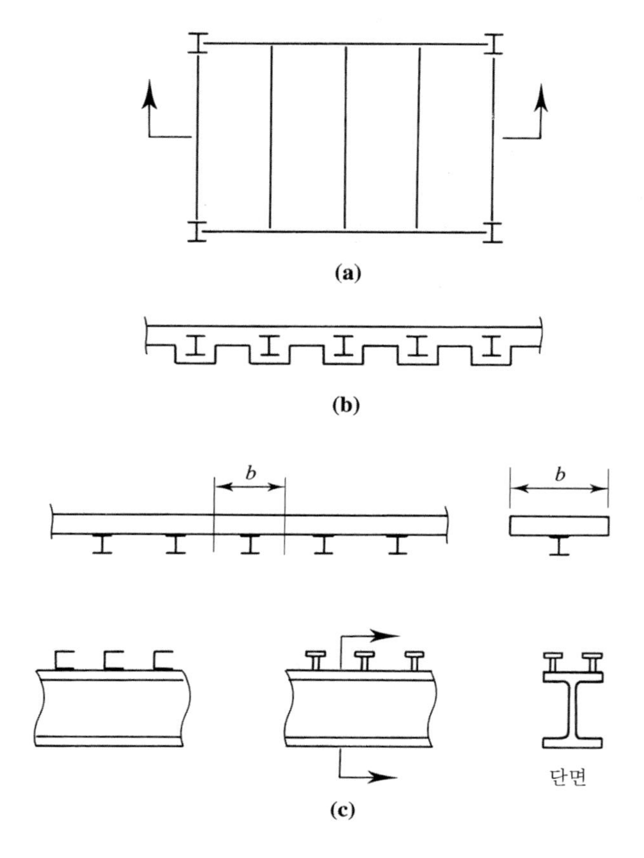

용접을 하면 되기 때문이다.

완전합성작용을 얻기 위해서 요구되는 전단연결재의 개수가 있으며, 이보다 적은 수의 연결재의 사용은 강재와 콘크리트 사이에 미끄러짐을 유발하게 될 것이고, 이러한 보를 부분합성보(partially composite)라 한다. 실제로 완전합성보보다 효과적인 부분합성보는 9.7절에서 다룬다.

건물에서 대부분의 합성구조는 콘크리트 슬래브의 거푸집으로의 역할도 하고 콘크리트의 양생 후 놔두는 이랑 있는 강재 덱폼을 사용한다. 이 금속 덱폼은 설계 시에는 고려하지 않지만 슬래브의 강성에 기여를 한다. 덱폼은 리브(rib)를 보에 횡방향 또는 평행한 방향으로 배열하여 사용될 수 있으며, 보통의 마루 시스템에서 리브는 가로보에 수직하게 주거더에 평행한 방향으로 배열된다. 전단스터드는 위로부터 보에 용접되며 단지 리브 안에 있어야 하므로 보 길이 방향의 스터드 간격은 리브 간격의 몇 배로 제한된다. 그림 9.2는 강재 덱폼이 사용된 슬래브와 보축에 수직한 리브를 보여주고 있다.

강재보를 사용하는 대부분의 교량은 합성구조이며, 합성보는 건물에서도 가장 경제적인 대안으로 자주 고려된다. 더 작고 가벼운 압연보가 합성구조에 사용될

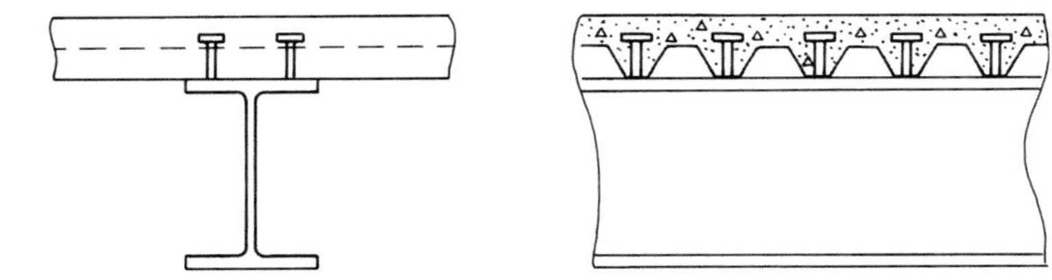

수도 있지만, 이 장점은 때때로 전단연결재의 추가적인 비용으로 상쇄될 수도 있다. 그렇다 하더라도 다른 장점들로 인해 합성구조는 효과적이다. 높이가 낮은 보가 사용될 수 있으며, 처짐 또한 비합성구조보다 작아질 것이다.

합성보의 탄성응력

합성보의 설계강도는 보통 파괴 시의 상태를 기본으로 하지만, 공용하중하에서의 거동을 이해하는 것이 여러 가지 이유에서 매우 중요하다. 처짐은 항상 공용하중하에서 검토되며, 어떤 경우의 설계강도는 최초로 항복이 일어난 한계상태를 기준으로 하기도 한다.

균질한 재료로 된 보의 휨 및 전단응력은 다음 식으로부터 산정될 수 있다.

$$f_b = \frac{M_c}{I} \quad \text{와} \quad f_v = \frac{VQ}{It}$$

합성보는 하나의 재료로 이루어진 것이 아니므로 이 식들을 직접 사용할 수는 없다. 이 식들을 사용하기 위해서는 환산단면(transformed section)이라 알려진 방법을 적용해 콘크리트와 같은 효과를 가지는 강재로 환산한다. 그림 9.3은 합성보의 한 단면을 변형률 및 응력선도와 함께 보여주고 있다. 슬래브가 압연형강에 완전히 부착되어 있다면 휨을 받기 전에 평면이었던 단면이 휨을 받은 후에도 평면을 유지한다는 미소처짐 이론에 따라 변형률은 그림과 같아야 한다. 그러나 그림 (c)에 나타난 것과 같이 연속선형 응력분포는 보가 균질한 재료로 이루어져 있다는 가정하에서만 정당하다.

그림 9.3

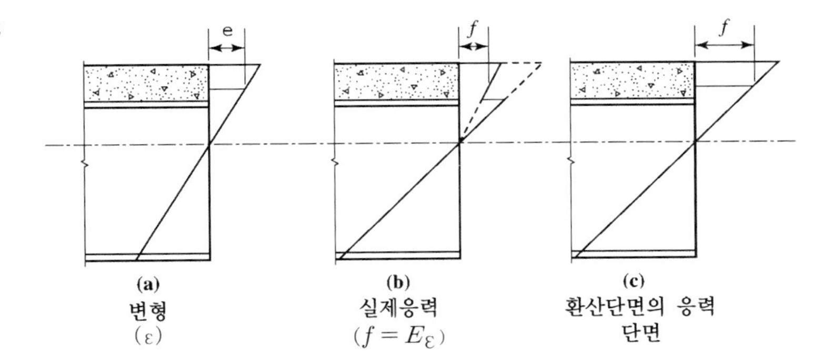

우선 한 점에서의 콘크리트 변형률이 치환된 강재의 변형률과 같다는 전제가 성립되어야 한다.

$$\epsilon_c = \epsilon_s \quad \text{또는} \quad \frac{f_c}{E_c} = \frac{f_s}{E_s}$$

그리고

$$f_s = \frac{E_s}{E_c} f_c = n f_c \tag{9.1}$$

여기서

$E_c =$ 콘크리트의 탄성계수

$n = \dfrac{E_s}{E_c} =$ 탄성계수비

AISC I 2.2에는 콘크리트 탄성계수를 다음과 같이 주어지고 있다.*

$$E_c = w_c^{1.5} \sqrt{f_c'}$$

여기서

$w_c =$ 콘크리트의 단위중량(lb/ft^3)
(보통 콘크리트의 중량은 대략 145 lb/ft^{3}이다.)

$f'_c =$ 콘크리트의 28일 압축강도(kips/in.^{2})

AISC 시방서는 E_c에 대한 미터단위로 표현된 식도 제공하고 있다.

식 9.1은 다음과 같이 설명될 수 있다. 콘크리트 n in.^{2}은 강재 1 in.^{2}이 받는 같은 힘을 저항하기 위한 면적이다. 콘크리트가 받는 힘에 저항하는 강재단면을 결정하기 위해서는 콘크리트 면적을 n으로 나눈다. 즉 A_c를 A_c/n으로 치환하며, 이 면적이 환산단면적(transformed area)이다.

그림 9.4(a)에 보이는 합성단면을 보자(보가 마루 시스템의 일부분으로 작용할 때 합성보의 유효플랜지 폭 b를 결정하기 위한 내용은 다음에 다룬다). 콘크리트 면적 A_c를 환산하기 위해 n으로 나누어야 하는데, 가장 편한 방법이 폭은 n으로 나누고 두께는 그냥 두는 것이다. 그렇게 함으로 해서 그림 9.4(b)와 같이 균질한 강재 단면으로 환산된다. 응력을 계산하기 위해서 합성단면의 중립축을 결정하고 단면2차모멘트를 산정한 후 휨공식을 이용해 휨응력을 산정할 수 있다.

강재보의 상연에서의 응력은 다음과 같고,

$$f_{st} = \frac{My_t}{I_{tr}}$$

---

* ACI Building Code(ACI, 2014)는 E_c값으로 $w_c^{1.5}(33)\sqrt{f_c'}$를 제안하고 있으며, f_c'의 단위는 psi이다.

그림 9.4

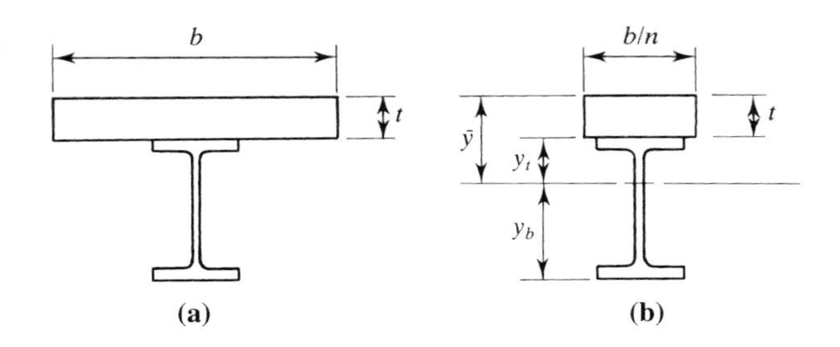

강재보의 하연에서의 응력은 다음과 같다.

$$f_{sb} = \frac{My_b}{I_{tr}}$$

여기서

M = 작용 휨모멘트

I_{tr} = 중립축(균일단면의 경우 중심축과 같은)에 대한 단면2차모멘트

y_t = 중립축으로부터 강재보 상연까지의 거리

y_b = 중립축으로부터 강재보 하연까지의 거리

콘크리트의 응력은 같은 방법으로 구할 수 있는데, 고려하는 재료가 강재이므로 결과를 n으로 나누어 구해야 한다(식 9.1 참조).

$$\text{최대} \quad f_c = \frac{M\bar{y}}{nI_{tr}}$$

여기서 $\bar{y}$는 중립축으로부터 콘크리트 상면까지의 거리이다.

이 계산과정에서 콘크리트의 인장강도는 무시되므로 상부가 압축이 되는 정모멘트부에서만 적용될 수 있다.

예제 9.1 **A992 강재의** $W16 \times 36$**과 두께** 5 in.**, 폭** 87 in.**의 상부 철근콘크리트로 구성된 합성보가 있다. 콘크리트 강도** $f_c' = 4$ ksi**이다. 휨모멘트** 160 ft-kips**로 인해 발생되는 강재와 콘크리트의 최대응력을 산정하라.**

풀 이 $E_c = w_c^{1.5}\sqrt{f_c'} = (145)^{1.5}\sqrt{4} = 3492$ ksi

$$n = \frac{E_s}{E_c} = \frac{29{,}000}{3492} = 8.3 \qquad \therefore\ n = 8\text{을 사용한다.}$$

콘크리트 탄성계수는 근사화하여 사용할 수 있기 때문에 일반적으로 통용되는 정수 n값을 사용하여도 충분히 정확한 값을 나타내므로,

그림 9.5

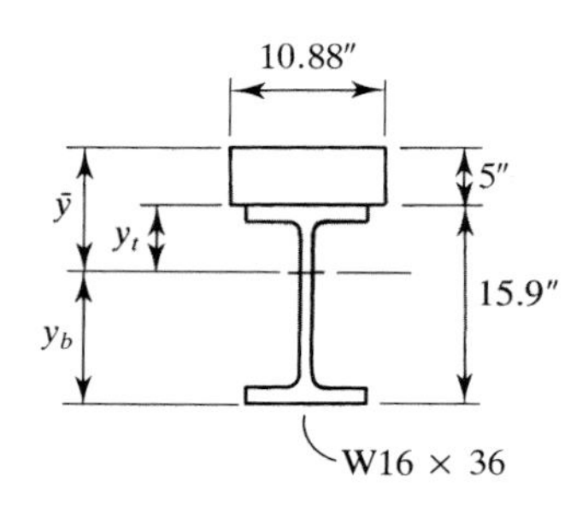

$$\frac{b}{n} = \frac{87}{8} = 10.88 \text{ in.}$$

환산단면은 그림 9.5에 나타나 있다. 중립축이 강재보 상연 밑에 위치하는 것을 보여주고 있지만, 중립축이 강재 내에 또는 콘크리트 내에 있는지는 아직 모른다.

중립축의 위치는 슬래브 상단에서의 모멘트축에 모멘트법칙을 적용하여 찾을 수 있다. 계산결과는 표 9.1에 요약되어 있고, 슬래브 상부부터 도심까지의 거리는 다음과 같다.

$$\bar{y} = \frac{\Sigma Ay}{\Sigma A} = \frac{273.3}{65.00} = 4.205 \text{ in.}$$

이것이 5 in.(슬래브의 두께)보다 작기 때문에 중립축은 슬래브 내에 있다. 평행축정리를 적용하여, 계산결과를 표 9.2에 정리하면, 환산단면의 단면2차모멘트는 다음과 같다.

$$I_{tr} = 1530 \text{ in.}^4$$

중립축에서 강재상단까지의 거리는

$$y_t = \bar{y} - t = 4.205 - 5.000 = -0.795 \text{ in.}$$

여기서 t는 슬래브의 두께이다. 음의 부호는 강재상단이 중립축 아래에 있으므로 인장을 의미한다. 강재보 상연의 응력은

$$f_{st} = \frac{My_t}{I_{tr}} = \frac{(160 \times 12)(0.795)}{1530} = 0.998 \text{ ksi} \quad \text{(인장)}$$

강재보 하연의 응력은

$$y_b = t + d - \bar{y} = 5 + 15.9 - 4.205 = 16.70 \text{ in.}$$

$$f_{sb} = \frac{My_b}{I_{tr}} = \frac{(160 \times 12)(16.70)}{1530} = 21.0 \text{ ksi} \quad \text{(인장)}$$

표 9.1

요소	A	y	Ay
콘크리트	54.40	2.50	136.0
W16×36	10.6	12.95	137.3
	65.00		273.3

표 9.2

요소	A	y	$\bar{I}$	d	$\bar{I}+Ad^2$
콘크리트	54.40	2.50	113.3	1.705	271.4
W16×36	10.6	12.95	448	8.745	1259
					1530.4

콘크리트 상단의 응력은

$$f_c = \frac{M\bar{y}}{nI_{tr}} = \frac{(160\times 12)(4.205)}{8(1530)} = 0.660\ \text{ksi}$$

만약 콘크리트가 인장응력에 저항하지 않는다고 가정하면, 중립축 아래의 콘크리트는 단면산정 시 무시하여야 한다. 그때 환산단면의 기하학적 형상은 처음의 가정과는 다를 것이다. 정확한 결과를 얻기 위해서는 중립축의 위치는 새로운 단면의 기하학적 형상을 기초로 다시 산정되어야 한다. 그림 9.6과 표 9.3을 참조하여 새로운 중립축의 위치를 다음과 같이 계산할 수 있다.

$$\bar{y} = \frac{\Sigma Ay}{\Sigma A} = \frac{5.44\bar{y}^2 + 137.3}{10.88\bar{y} + 10.6}$$

$$\bar{y}(10.88\bar{y} + 10.6) = 5.44\bar{y}^2 + 137.3$$

$$5.44\bar{y}^2 + 10.6\bar{y} - 137.3 = 0$$

$$\bar{y} = 4.143\ \text{in.}$$

수정된 합성단면의 단면2차모멘트는

$$I_{tr} = \frac{1}{3}(10.88)(4.143)^3 + 448 + 10.6(12.95-4.143)^2 = 1528\ \text{in.}^4$$

그리고 응력은

$$f_{st} = \frac{(160\times 12)(5-4.143)}{1528} = 1.08\ \text{ksi} \qquad \text{(인장)}$$

$$f_{sb} = \frac{(160\times 12)(5+15.9-4.143)}{1528} = 21.1\ \text{ksi} \qquad \text{(인장)}$$

$$f_c = \frac{(160\times 12)(4.143)}{8(1528)} = 0.651\ \text{ksi}$$

두 해석의 차이는 무시할 수 있고, 중립축 위치를 재조정할 필요는 없다.

그림 9.6

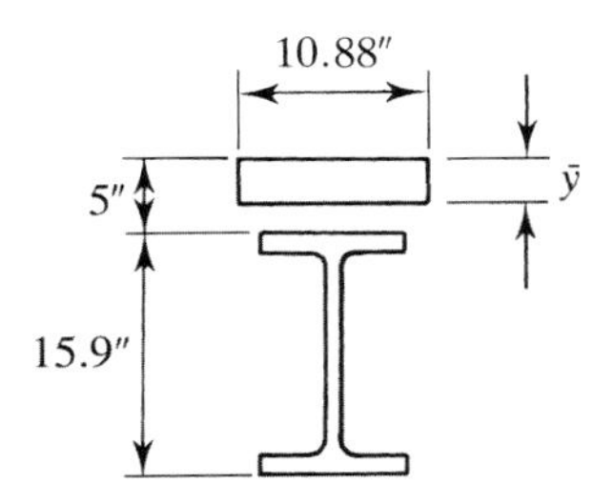

표 9.3

요소	A	y	Ay
콘크리트	$10.88\bar{y}$	$\bar{y}/2$	$5.44\bar{y}^2$
W16×36	10.6	12.95	137.3

해 답 강재의 최대인장응력은 21.1 ksi이고, 콘크리트의 최대압축응력은 0.651 ksi이다.

휨강도

대부분의 경우 강재 전단면이 항복되고 콘크리트가 (정 휨모멘트에 대해) 압축상태로 부스러질 때의 공칭휨강도에 도달하게 된다. 이때 합성단면의 응력 분포를 '소성응력 분포(plastic stress distribution)'라 한다. 휨강도에 대한 AISC 시방서 규정은 다음과 같다:

- 조밀한 복부를 갖는 형강에 대해, 즉 $(h/t_w \le 3.76/\sqrt{E/F_y})$ 공칭강도 M_n은 소성응력 분포상태로부터 구한다.
- 비조밀 복부를 갖는 형강에 대해, $(h/t_w > 3.76/\sqrt{E/F_y})$ 공칭강도 M_n은 강재가 처음 항복할 때인 탄성응력 분포상태로부터 구한다.
- LRFD의 경우, 설계강도는 $\phi_b M_n$이고, 여기서 $\phi_b = 0.90$이다.
- ASD의 경우, 허용강도는 M_n/Ω_b이고, 여기서 $\Omega_b = 1.67$이다.

AISC 강구조편람의 모든 W, M, S형강은 (굽힘의 경우) $F_y \le 50$ ksi에 대해 조밀한 복부를 가지므로 조립형강을 제외한 모든 합성보의 경우는 첫 번째 조건이 적용될 것이다. 이 장에서는 단지 조밀형강만을 취급하기로 한다.

합성보가 소성한계 상태에 도달할 때, 응력은 그림 9.7에 나타난 바와 같이 세 경우 중 하나와 같이 분포하게 될 것이다. 콘크리트의 응력은 $0.85f_c'$의 균일압축응력으로 슬래브 상면으로부터 슬래브 하면 또는 이보다 작은 깊이까지 분포된다. 이 분포는 "휘트니의 등가응력분포(Whitney equivalent stress distribution)"라 하며, 실제 응력분포에 상응하는 합력의 크기를 갖는다(ACI, 2014). 그림 9.7(a)의 강재는 완전 인장항복상태에 있고 콘크리트는 부분 압축상태로서 소성중립축(plastic neutral axis; PNA)이 슬래브 안에 있는 응력분포를 보여준다. 콘크리트의 인장강도는 매우 작아 무시되므로 인장부의 콘크리트에는 아무런 응력도 나타나 있지 않다. 충분한 전단연결재가 설치되어 있어 미끄러짐이 완전히 방지된 경우, 즉 완전합성 거동이 이루어진다면 이 조건이 보통 대부분의 경우이다. 그림 9.7(b)에서는 콘크리트 응력블럭이 슬래브 전 두께에 걸쳐 분포되어 있으며 소성중립축이 강형 플랜지 내에 있어 플랜지 일부분이 압축상태에 있게 되며 슬래브의 압축력이 증가된다. 세 번째 가능한 경우는 그림 9.7(c)에서와 같이 소성중립축이 복부에 존재하는 경우이다. 콘크리트의 응력블

그림 9.7

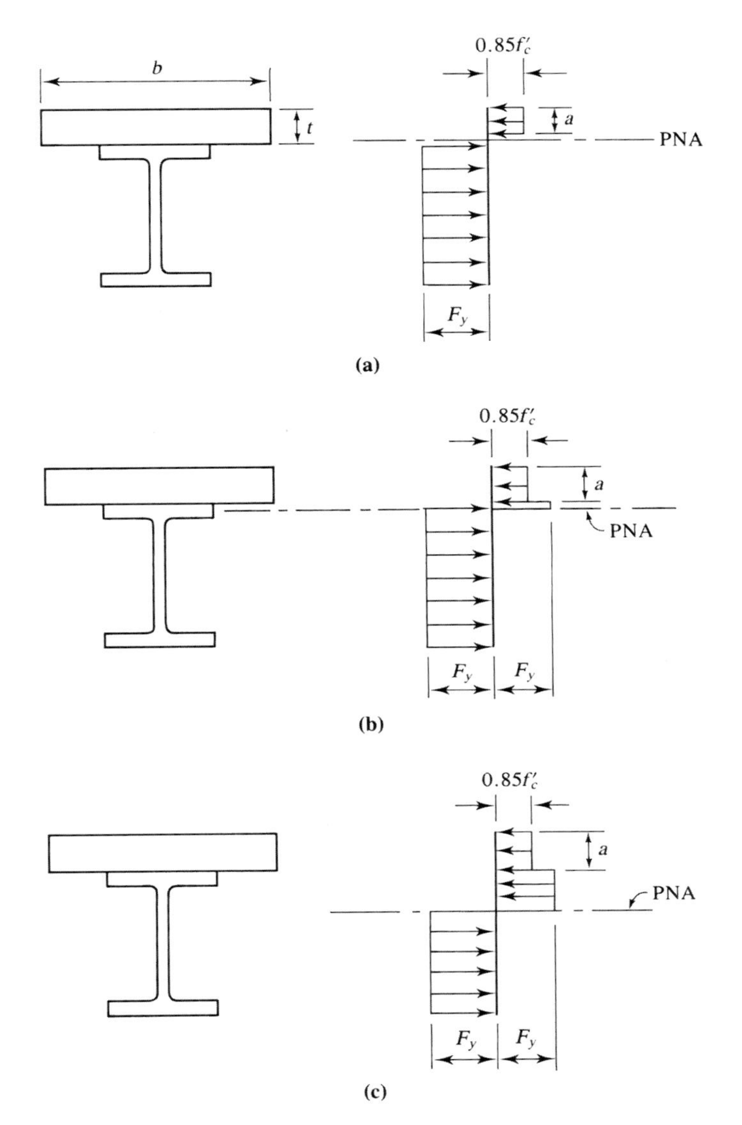

력이 이 세 경우 중 어떤 경우에도 반드시 슬래브 전 깊이에 걸쳐 분포될 필요가 없다는 것을 명심하여야 한다.

그림 9.7의 각각의 경우에서, 압축과 인장의 합력이 구성하는 짝힘 모멘트를 산정함으로서 공칭 저항모멘트를 구할 수 있다. 이는 임의의 편리한 점에 대한 합력의 모멘트를 더함으로써 구할 수 있다. 강거더와 콘크리트가 일체로 연결되므로 일단 콘크리트가 양생되어 합성작용을 하게 되면 횡-비틈 좌굴은 아무런 문제가 되지 않는다.

이 세 경우 중 어떤 경우가 지배하는지 결정하기 위하여, 다음 중에서 가장 작은 값으로 압축력을 산정한다.

1. $A_s F_y$
2. $0.85 f_c' A_c$
3. ΣQ_n

여기서

A_s = 형강의 단면적

A_c = 콘크리트 면적

$= tb$(그림 9.7(a) 참조)

ΣQ_n = 전단연결재의 총 전단강도

각각의 값은 강재와 콘크리트 사이의 수평전단력을 나타낸다. 첫 번째 경우 강재가 완전히 활용되므로 그림 9.7(a)의 응력분포를 적용한다. 두 번째 경우 콘크리트가 지배되는 경우로 소성중립축이 강거더 안에 존재하게 된다(그림 9.7(b) 또는 (c)). 세 번째 경우는 완전 합성작용을 위해 요구되는 것보다 적은 전단연결재가 설치되었을 때 지배되며 그 결과 부분 합성거동이 발생한다. 부분 합성작용이 입체슬래브 또는 강재 덱폼과 함께 있는 슬래브와 존재할 수 있지만 9.7절 "강재 덱폼을 적용한 합성보"에서 다루게 될 것이다.

예제 9.2 **예제 9.1의 합성보에 대한 설계강도를 산정하라. 완전 합성거동을 할 수 있도록 전단연결재를 충분히 배치하였다고 가정한다.**

풀 이 콘크리트의 압축력 C(콘크리트와 강재의 접촉부의 수평전단력)를 결정한다. 완전합성작용이 일어나므로 $A_s F_y$와 $0.85 f_c' A_c$ 중에서 작은 값이 콘크리트 압축력이 된다.

$$A_s F_y = 10.6(50) = 530 \text{ kips}$$

$$0.85 f_c' A_c = 0.85(4)(5 \times 87) = 1479 \text{ kips}$$

강재가 지배한다; $C = 530$ kips. 따라서 슬래브의 총 두께가 요구하는 압축력을 산정하는 과정에 필요하지 않다는 것을 의미한다. 이때의 응력분포는 그림 9.8과 같다.

그림 9.8

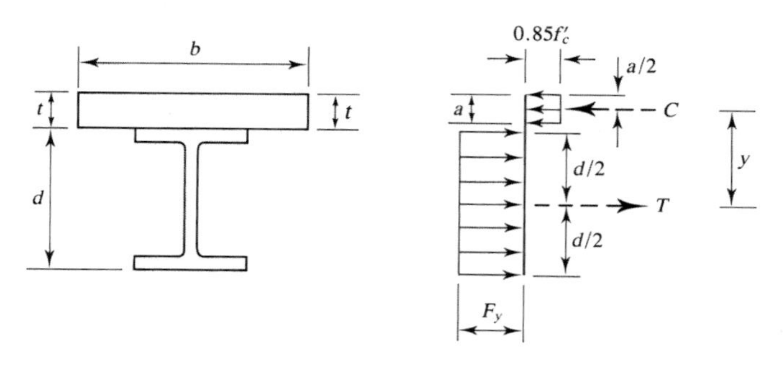

총 압축력은 다음과 같다.

$$C = 0.85 f_c' ab$$

위 식을 통하여

$$a = \frac{C}{0.85 f_c' b} = \frac{530}{0.85(4)(87)} = 1.792 \text{ in.}$$

압축력 C는 상부슬래브로부터 깊이 $a/2$만큼 떨어진 압축면의 중심에 작용하게 된다. 인장력의 합력 T(C와 같은)는 강재면의 중심에 작용하게 된다. C와 T에 의해 발생되는 짝힘 모멘트의 팔 길이는 다음과 같다.

$$y = \frac{d}{2} + t - \frac{a}{2} = \frac{15.9}{2} + 5 - \frac{1.792}{2} = 12.05 \text{ in.}$$

공칭강도는 짝힘 모멘트이며,

$$M_n = Cy = Ty = 530(12.05) = 6387 \text{ in.-kips} = 532.2 \text{ ft-kips}$$

해 답 LRFD의 경우, 설계강도는 $\phi_b M_n = 0.90(532.2) = 479$ ft-kips

ASD의 경우, 허용강도는 $\dfrac{M_n}{\Omega_b} = \dfrac{532.2}{1.67} = 319$ ft-kips

완전합성작용이 이루어질 때 예제 9.2에서처럼 소성중립축은 보통 슬래브 내에 있게 된다. 소성중립축이 강재단면 내에 위치하는 경우에 대한 해석은 부분 합성작용을 다룰 때까지 미루기로 한다.

9.2 지주로 받쳐 시공한 경우와 지주 없이 시공한 경우

콘크리트가 경화되고 설계강도(최소한 28일 압축강도, f_c'의 75%)에 도달하기 전까지는 합성작용이 없으며 슬래브의 자중은 어떤 다른 방법으로 지지되어야 한다. 콘크리트가 경화되면 합성작용이 가능하며, 이후 재하 하는 하중은 합성보가 지지하게 된다. 슬래브가 타설되기 전에 형강이 길이 방향으로 충분히 여러 점에서 지지되어 있다면, 굳지 않은 콘크리트의 자중은 강거더보다는 임시 지주에 의해 지지될 것이다. 일단 콘크리트가 경화된 후 임시 지주가 제거될 수 있고, 슬래브의 자중뿐만 아니라, 다른 어떤 추가적인 하중도 합성보에 의해 지지된다. 그러나 지주를 설치하지 않은 경우 압연보가 양생기간 동안 자중뿐만 아니라, 슬래브와 거푸집 자중도 지지해야 한다. 합성거동이 달성된 후 추가적인 고정 및 활하중을 합성보가 지지하게 될 것이다. 이 절에서는 이와 같은 서로 다른 조건을 좀 더 자세히 살펴보도록 한다.

지주를 설치하지 않은 시공: 콘크리트가 경화되기 전

AISC I3.1c에서는 임시 지주가 설치되지 않은 경우 강거더 자체로 콘크리트가 압축강도 f_c'의 75%에 도달되기 전까지 재하되는 모든 하중에 저항할 수 있는 충분한 강성을 가지고 있어야 한다고 요구한다. 휨강성은 시방서 F장(이 책의 5장)에 기초한 일반적인 방법으로 계산된다. 설계에 따라 콘크리트 슬래브 타설을 위한 거푸집에 강재보를 위한 횡지지대를 설치할 수도 혹은 설치하지 않을 수도 있다. 설치하지 않는다면 비지지길이 l_b가 고려되어야 하며 횡-비틀림좌굴이 휨강성을 좌우하게 될 것이다. 임시 지주가 사용되지 않는 경우 강재보가 모든 가설 시 하중을 지지해야 하고 이러한 하중을 고려하기 위해 ft^2 당 20 lb를 추가하도록 권장하고 있다(Hansell 등, 1978).

지주를 설치하지 않은 시공: 콘크리트가 경화된 후

합성거동이 성취된 후에는 차후 재하되는 모든 하중은 합성보에 의해 지지된다. 그러나 파괴 시 모든 하중은 파괴 시 응력분포에 따른 내부 짝힘에 의해 저항된다. 따라서 합성단면은 콘크리트가 경화되기 전 강재보에 재하된 하중을 포함하여 (더 이상 없을 시공하중을 제외한) 모든 하중에 저항할 수 있는 충분한 강성을 지니고 있어야 한다.

지주로 받친 합성구조 시공

지주로 받쳐져 있는 경우 형강은 자중 외의 어떠한 하중도 지지하도록 요구되지 않으므로 단지 합성보만을 고려하면 된다.

전단강도

AISC I4.2(a)에는 시방서 G장(이 책의 5장)에 나와 있는 것과 같이 형강의 복부판이 모든 전단력에 저항할 수 있도록 요구하고 있다.

예제 9.3 **강재 W12 × 50은 두께 4 in.의 콘크리트 슬래브와 합성거동을 한다. 슬래브의 유효폭은 72 in.이다. 지주는 설치하지 않았으며, 작용된 휨모멘트는 다음과 같다. 보의 자중 $M_{beam} = 13$ ft-kips, 슬래브의 자중 $M_{slab} = 77$ ft-kips, 활하중 $M_L = 150$ ft-kips(이 예제에서 추가적인 다른 시공하중은 고려하지 않는다). 강재는 A992이고, $f_c' = 4$ ksi이다. 이 보의 휨강성이 적절한지 판단하라. 완전 합성거동하고, 콘크리트가 양생 전에 거푸집작업이 강재단면에 횡지지되어 있다고 가정한다.**

풀 이 합성단면의 공칭강도를 계산한다. 압축력 C는 다음 중에서 작은 값을 적용한다.

$$A_sF_y = 14.6(50) = 730 \text{ kips}$$

또는

$$0.85f_c'A_c = 0.85(4)(4 \times 72) = 979.2 \text{ kips}$$

소성중립축은 콘크리트 내에 있고, $C = 730$ kips 이다. 그림 9.8로부터 압축응력 블록의 깊이는

$$a = \frac{C}{0.85f_c'b} = \frac{730}{0.85(4)(72)} = 2.982 \text{ in.}$$

모멘트의 팔길이는,

$$y = \frac{d}{2} + t - \frac{a}{2} = \frac{12.12}{2} + 4 - \frac{2.982}{2} = 8.609 \text{ in.}$$

공칭휨강도는

$$M_n = Cy = 730(8.609) = 6285 \text{ in.-kips} = 523.8 \text{ ft-kips}$$

LRFD 풀이 콘크리트 양생 전에는 고정하중만 존재한다(이 예제에서는 어떤 시공하중은 없다). 그러므로 하중조합 A4-1을 사용하고 극한하중 모멘트는 다음과 같다.

$$M_u = 1.4(M_D) = 1.4(13+77) = 126 \text{ ft-kips}$$

편람 3장의 Z_x표로부터,

$$\phi_b M_n = \phi_b M_p = 270 \text{ ft-kips} > 126 \text{ ft-kips} \quad \text{(OK)}$$

콘크리트 양생 후, 합성보가 지탱해야 하는 극한하중 모멘트는,

$$M_u = 1.2M_D + 1.6M_L = 1.2(13+77) + 1.6(150) = 348 \text{ ft-kips}$$

설계 모멘트는,

$$\phi_b M_n = 0.9(523.8) = 471 \text{ ft-kips} > 348 \text{ ft-kips} \quad \text{(OK)}$$

해 답 이 보는 충분한 휨강도를 가지고 있다.

ASD 풀 이 콘크리트 양생 전에는 고정하중만 존재한다(이 예제에서는 어떤 시공하중은 없다).

$$M_a = M_D = 13 + 77 = 90 \text{ ft-kips}$$

편람 3장의 Z_x표로부터,

$$\frac{M_n}{\Omega_b} = \frac{M_p}{\Omega_b} = 179 \text{ ft-kips} > 90 \text{ ft-kips} \quad \text{(OK)}$$

콘크리트 양생 후, 요구되는 모멘트강도는

$$M_a = M_D + M_L = 13 + 77 + 150 = 240 \text{ ft-kips}$$

$$\frac{M_n}{\Omega_b} = \frac{523.8}{1.67} = 314 \text{ ft-kips} > 204 \text{ ft-kips} \quad \text{(OK)}$$

해 답 이 보는 충분한 휨강도를 가지고 있다.

지주로 받친 경우가 강재 단면이 자중 외의 어떠한 하중도 지지하도록 되어 있지 않으므로 명확히 지주로 받쳐지지 않은 경우보다 좀 더 효율적이다. 어떤 경우에는 지주를 사용하면 더 작은 형강을 사용할 수 있을 것이다. 그러나 대부분의 경우는 강재의 절감보다는 지주를 설치하는 데 드는 추가적인 비용 특히 인건비가 많이 소요되므로 지주를 설치하지 않은 채 시공을 하고 있다. 따라서 이 장의 나머지 부분은 지주를 설치하지 않은 경우의 합성구조만을 다룬다.

9.3 유효 플랜지 폭

강재보와 함께 합성작용을 하는 슬래브의 폭은 경간장과 보간격을 포함하는 여러 인자의 함수이다. AISC I3.1a에는 보 중심선에 대한 양측면의 유효 슬래브 폭은 다음의 값 중 가장 작은 값을 취하도록 규정하고 있다.

1. 경간장의 $^1/_8$
2. 보의 중심선 사이의 간격의 반
3. 보 중심선으로부터 슬래브 끝단까지의 거리

세 번째 기준은 외측보에만 적용되며, 내측보의 경우 총 유효폭은 경간장의 $^1/_4$또는 보의 중심선간의 간격(보가 일정간격으로 배치되어 있다고 가정) 중 작은 값이다.

예제 9.4 **보의 간격이 9 ft이고 두께 4.5 in.의 철근콘크리트 슬래브를 지지하고 있는 W18 × 35 강재보로 구성된 합성바닥구조가 있다. 경간장은 30 ft이다. 슬래브의 자중에 더불어 20 psf의 분할하중과 125 psf (light manufacturing)의 활하중이 있다. 강재는 A992이고, 콘크리트의 강도는 $f_c' = 4$ ksi 이다. 만약 임시 지주를 설치하지 않았다면, AISC 시방서에 따라 내측보를 검토하여라. 공사 중 완전히 횡지지되어 있고 20 psf의 추가적인 시공하중이 있다고 가정한다. 완전 합성거동을 위해 충분한 전단연결재가 배치되어 있다.**

풀 이 합성단면의 하중들과 강도는 LRFD와 ASD 해석에서 공통이다. 이 공통부분을 먼저 계산하고 LRFD 해석, 그리고 ASD 해석을 수행한다.

콘크리트 양생 전에 재하되는 하중:

$$\text{슬래브의 자중} = \left(\frac{4.5}{12}\right)(150) = 56.25 \text{ psf}$$

(무근 콘크리트의 단위중량은 145 pcf이지만, 철근콘크리트이므로 150 pcf로 가정한다). 보의 간격이 9 ft이므로 고정하중은

$$\begin{aligned} 56.25(9) &= 506.3 \text{ lb/ft} \\ + \text{보의 자중} &= \underline{35.0 \text{ lb/ft}} \\ & \quad 541.3 \text{ lb/ft} \end{aligned}$$

활하중으로 취급되는 시공하중은 $20(9) = 180$ lb/ft 이다.

콘크리트 양생 후에 재하되는 하중: 콘크리트 양생 후, 시공하중은 작용하지 않으나 분할하중은 작용하게 되고 이것은 고정하중으로 취급된다(예제 5.13 참조):

$$w_D = 506.3 + 35 = 541.3 \text{ lb/ft}$$

활하중은

$$w_L = (125+20)(9) = 1305 \text{ lb/ft}$$

합성단면의 강도: 플랜지 유효폭을 구하기 위해, 다음 중에서 작은 값을 취한다:

$$\frac{\text{경간장}}{4} = \frac{30(12)}{4} = 90 \text{ in. 또는 보간격} = 9(12) = 108 \text{ in.}$$

이 부재는 내측 보이기 때문에 세 번째 기준은 적용되지 않는다. 플랜지 유효폭 $b = 90$ in.를 사용한다. 그림 9.9에 보여주는 것처럼, 압축력은 다음 중에서 작은 값을 취한다.

$$A_s F_y = 10.3(50) = 515.0 \text{ kips}$$

또는

$$0.85 f_c' A_c = 0.85(4)(4.5)(90) = 1377 \text{ kips}$$

$C = 515$ kips를 사용한다. 그림 9.9로부터,

$$a = \frac{C}{0.85 f_c' b} = \frac{515}{0.85(4)(90)} = 1.683 \text{ in.}$$

$$y = \frac{d}{2} + t - \frac{a}{2} = 8.85 + 4.5 - \frac{1.683}{2} = 12.51 \text{ in.}$$

$$M_n = Cy = 515(12.51) = 6443 \text{ in.-kips} = 536.9 \text{ ft-kips}$$

그림 9.9

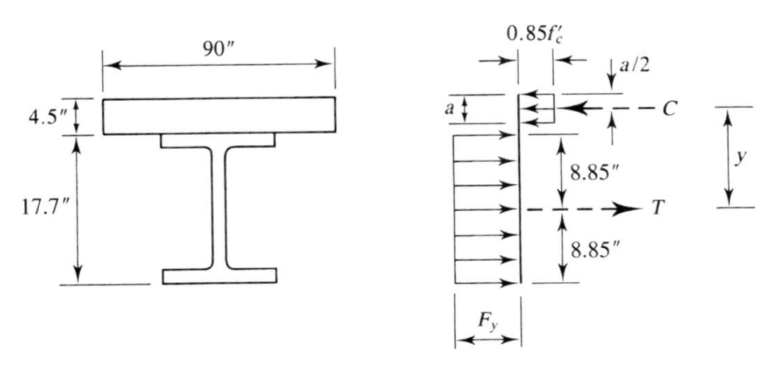

LRFD 풀이 콘크리트 양생 전, 극한하중과 극한모멘트는 다음과 같다.

$$w_u = 1.2 w_D + 1.6 w_L = 1.2(541.3) + 1.6(180) = 937.6 \text{ lb/ft}$$

$$M_u = \frac{1}{8}w_u L^2 = \frac{1}{8}(0.9376)(30)^2 = 106 \text{ ft-kips}$$

Z_x 표로부터,

$$\phi_b M_n = \phi_b M_p = 249 \text{ ft-kips} > 106 \text{ ft-kips} \qquad \text{(OK)}$$

콘크리트 양생 후, 극한하중과 극한모멘트는 다음과 같다.

$$w_u = 1.2w_D + 1.6w_L = 1.2(541.3) + 1.6(1305) = 2738 \text{ lb/ft}$$

$$M_u = \frac{1}{8}(2.738)(30)^2 = 308 \text{ ft-kips}$$

합성단면의 설계강도는

$$\phi_b M_n = 0.90(536.9) = 483 \text{ ft-kips} > 308 \text{ ft-kips} \qquad \text{(OK)}$$

전단을 검토한다.

$$V_u = \frac{w_u L}{2} = \frac{2.738(30)}{2} = 41.1 \text{ kips}$$

Z_x 표로부터,

$$\phi_v V_n = 159 \text{ kips} > 41.1 \text{ kips} \qquad \text{(OK)}$$

해 답 이 보는 AISC 시방서 규정에 따른다.

ASD 풀 이 콘크리트 양생 전, 하중과 모멘트는

$$w_a = w_D + w_L = 541.3 + 180 = 721.3 \text{ lb/ft}$$

$$M_a = \frac{1}{8}w_a L^2 = \frac{1}{8}(0.7213)(30)^2 = 81.2 \text{ ft-kips}$$

Z_x 표로부터,

$$\frac{M_n}{\Omega_b} = \frac{M_p}{\Omega_b} = 166 \text{ ft-kips} > 81.2 \text{ ft-kips} \qquad \text{(OK)}$$

콘크리트 양생 후, 하중과 모멘트는 다음과 같다.

$$w_a = w_D + w_L = 541.3 + 1305 = 1846 \text{ lb/ft}$$

$$M_a = \frac{1}{8}(1.846)(30)^2 = 208 \text{ ft-kips}$$

합성단면의 허용강도는

$$\frac{M_n}{\Omega_b} = \frac{536.9}{1.67} = 322 \text{ ft-kips} > 208 \text{ ft-kips} \qquad \text{(OK)}$$

전단을 검토한다.

$$V_a = \frac{w_a L}{2} = \frac{1.846(30)}{2} = 27.7 \text{ kips}$$

Z_x 표로부터,

$$\frac{V_n}{\Omega_v} = 106\ \text{kips} > 27.7\ \text{kips} \qquad \text{(OK)}$$

해 답 이 보는 AISC 시방서 규정에 따른다.

9.4 전단연결재

앞서 본대로 콘크리트와 강재 사이에 전달되는 수평전단력의 크기는 콘크리트의 압축력, C와 같다. 수평전단력을 V'로 다시 표기하면, V'는 A_sF_y, $0.85f_c'A_c$ 또는 ΣQ_n중 가장 작은 값이다. A_sF_y 또는 $0.85f_c'A_c$가 지배하는 경우, 완전 합성작용을 하게 되고 모멘트가 0인 곳과 최대모멘트 발생 지점 사이에 필요한 전단연결재 개수는 다음과 같다.

$$N_1 = \frac{V'}{Q_n} \tag{9.2}$$

여기서 Q_n은 전단연결재 1개의 전단강도이다. N_1개의 연결재는 그것이 요구되는 길이 안에 균일하게 설치되어야 한다. AISC 시방서에는 스터드와 ㄷ형 전단연결재의 강도식이 주어져 있으나 이 장의 서두에 언급했듯이 스터드 연결재가 가장 일반적이므로 이 타입만을 고려하도록 한다. 하나의 전단연결재에 대해,

$$Q_n = 0.5A_{sc}\sqrt{f_c'E_c} \le R_gR_pA_{sa}F_u \qquad \text{(AISC 식 I8-1)}$$

여기서,

A_{sa} = 스터드의 단면적(in.^{2})

f_c' = 콘크리트의 28일 압축강도(ksi)

E_c = 콘크리트의 탄성계수(ksi)

R_g = 1.0

R_p = 0.75

F_u = 스터드의 최소인장강도(ksi)

위의 경우는 강재 덱폼이 사용되지 않은 경우에 적용하며, 강재 덱폼이 사용될 경우 R_p와 R_g는 덱폼의 물성치에 따라 결정된다. 이 내용은 이 책의 9.7절 "강재 덱폼을 적용한 합성보"에서 다룬다.

그림 9.10

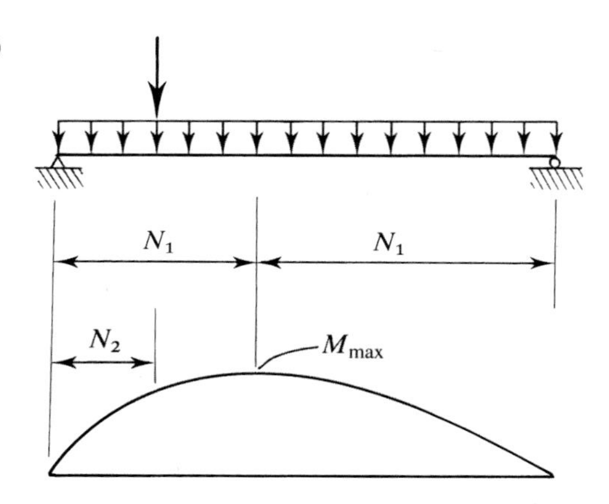

합성보에서 전단연결재로 사용되는 스터드의 인장강도 F_u는 65ksi이다(AWS, 2015). AISC 식 I8-1에 주어진 값은 실험적 연구결과에 기초한 것이다. Q_n에는 어떠한 저항계수도 적용되지 않으며(LRFD에 대해 저항계수도 아니고 ASD에 대한 안전율도 아니다.) 전체적인 휨저항계수 또는 안전율에 강도에 대한 모든 불확실성이 고려되어 있다.

식 9.2는 모멘트가 0인 점과 최대모멘트 점 사이에 요구되는 전단연결재의 개수이므로 단순지지된 등분포하중이 작용하는 보의 경우 필요한 전단연결재의 수는 2 N_1이며 등간격으로 배치되어야 한다. 집중하중이 재하된 경우, AISC I3.2d(6)은 하중재하점에서 요구되는 모멘트를 유발하기 위해 하중집중점과 모멘트가 0인 점 사이에 N_1개의 전단연결재를 적절히 배치하도록 규정하고 있다. 이 부분의 경우 N_2로 표기하며 이 요구조건은 그림 9.10에 예시되어 있다. 전단연결재의 총 개수는 이 요구조건에 의해 바뀌지 않음을 주의해야 한다.

전단연결재를 위한 기타 요구조건

AISC I8.1 및 I8.2d의 요구조건은 다음과 같다.

- 최대 직경 = 2.5 × 형강플랜지 두께(복부에 바로 배치되지 않는 한),
  또는 충실 슬래브에 대해 1in.
- 최소길이 = 4 × 스터드 직경(이 요구는 AISC I1.3으로부터이다)
- 종방향 최소간격(중심 대 중심) = 4 × 스터드 직경
- 종방향 최대간격(중심 대 중심) = 8 × 슬래브 두께 ≤ 36 in.
- 횡방향 최소간격(중심 대 중심) = 4 × 스터드 직경
- 횡측 최소덮개 = 1 in.(강재 덱폼의 리브는 제외, 9.7절 참조)

강재 덱폼 형태를 사용할 경우를 제외하고 수직방향 최소 두께 규정은 없다. 이것은 9.7절에서 다룬다.

AWS 구조기준(AWS, 2015)에는 표준 스터드 직경을 $^1/_2$, $^5/_8$, $^3/_4$, $^7/_8$, 1 in.로 하고 있다. AISC에서 언급한 최소길이 규정과 함께 이 직경들을 대응하여 일반적인 스터드 크기는 $^1/_2 \times 2$, $^5/_8 \times 2^1/_2$, $^3/_4 \times 3$, $^7/_8 \times 3^1/_2$과 1×4이다(더 긴 스터드가 사용될 수도 있다).

예제 9.5 **예제 9.4의 마루 시스템에 대한 전단연결재를 설계하라.**

풀 이 예제 9.4의 조건을 요약하면:

W18×35, A992 강재

$f_c' = 4$ ksi

슬래브 두께 $t = 4.5$ in.

경간장 $= 30$ ft

예제 9.4로부터, 완전합성거동 시 수평전단력 V'는 다음과 같다.

$$V' = C = 515 \text{ kips}$$

$^1/_2$-in. × 2-in.**의 스터드를 사용하면,** 최대 허용직경은

$$2.5t_f = 2.5(0.425) = 1.063 \text{ in. 또는 } 1 \text{ in.} > 0.5 \text{ in.} \quad \text{(OK)}$$

전단연결재의 단면은

$$A_{sc} = \frac{\pi(0.5)^2}{4} = 0.1963 \text{ in.}^2$$

무근 콘크리트로 가정하면, 콘크리트의 탄성계수는

$$E_c = w_c^{1.5}\sqrt{f_c'} = (145)^{1.5}\sqrt{4} = 3492 \text{ ksi}$$

AISC 식 I8-1로부터, 연결재 하나의 전단강도는

$$Q_n = 0.5A_{sa}\sqrt{f_c' E_c} \le R_g R_p A_{sa} F_u$$

$$= 0.5(0.1963)\sqrt{4(3492)} = 11.60 \text{ kips}$$

$$R_g R_p A_{sa} F_u = 1.0(0.75)(0.1963)(65) = 9.57 \text{ kips} < 11.60 \text{ kips}$$

$\therefore\ Q_n = 9.57$ kips를 사용한다.

그리고

종방향 최소간격은 $4d = 4(0.5) = 2$ in

횡방향 최소간격은 $4d = 4(0.50) = 2$ in.

종방향 최대간격은 $8t = 8(4.5) = 36$ in. (상한값은 36 in.이다.)

보의 끝단에서 경간장 중심 사이에 요구되는 스터드의 개수는

$$N_1 = \frac{V'}{Q_n} = \frac{515}{9.57} = 53.8$$

보 경간장의 반에 최소 54개를 사용하거나, 또는 전체 보에 108개를 사용한다. 만약 하나의 전단연결재가 각각의 단면에 사용된다면, 필요간격은

$$s = \frac{30(12)}{108} = 3.33 \text{ in.}$$

단면당 2개의 스터드가 사용된다면,

$$s = \frac{30(12)}{108/2} = 6.67 \text{ in.}$$

각 배열은 만족하고, 각 간격은 하한선과 상한선 사이에 있다. 그림 9.11과 같은 배치를 권장한다.

그림 9.11

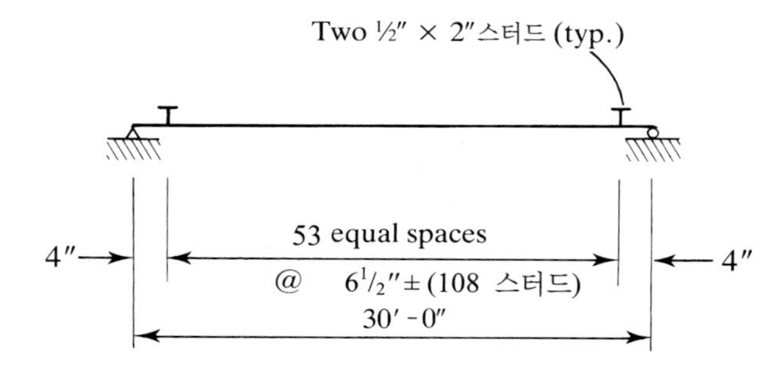

해 답 그림 9.11과 같이 배열한 $^{1}/_{2}$ in. × 2 in.의 스터드 108개를 사용한다.

완전 합성거동을 가정해 전단연결재를 설계할 경우 LRFD와 ASD 사이에는 차이가 없다. 이것은 요구되는 스터드의 개수는 공칭강도 V'를 공칭강도 Q_n으로 나누는 것에 의해 결정되고, 재하되는 하중들은 포함되지 않기 때문이다.

9.5 설 계

마루 시스템 설계의 첫 번째 과정은 강재 덱폼이 리브가 있는 형태든 관계없이 마루슬래브의 두께를 선택하는 것이다. 슬래브 두께는 보 간격의 함수이며 가장 경제적인 시스템을 찾기 위해 슬래브 두께와 보 간격의 여러 조합이 검토되어야 한다. 그러나 슬래브의 설계는 이 교재의 범위에서 벗어나며 슬래브 두께와 보 간격은 주어진 것으로 가정한다. 이 가정과 함께 지주가 없는 마루 시스템 설계를 완성하기 위해 다음 과정을 따른다.

1. 콘크리트가 경화되기 전후에 작용하는 모멘트를 산정한다.

2. 우선 하나의 형강을 선택한다.
3. 형강의 유효 설계강도와 콘크리트가 경화되기 전에 작용하는 소요모멘트강도를 비교한다. 거푸집이 적절한 횡지지를 제공하지 못한다면 비지지길이를 검토한다. 이 형강이 만족하지 못한다면, 더 큰 다른 형강을 시도한다.
4. 합성단면의 설계강도를 산정하고 전체 소요모멘트강도와 비교한다. 합성단면이 부적절하면 다른 형강을 선택한다.
5. 형강의 전단강도를 검토한다.
6. 전단연결재를 설계한다.
   a. 콘크리트와 강재 사이의 수평전단력 V'를 계산한다.
   b. 이 전단력을 하나의 전단연결재의 전단강도인 Q_n으로 나누어 필요한 전단연결재 개수의 반인 N_1을 결정한다. 이 개수의 전단연결재는 완전합성거동을 제공할 것이며, 부분합성작용이 요구되면, 전단연결재의 개수를 줄일 수 있다(9.7절에서 다룬다).
7. 처짐을 검토한다(9.6절에서 다룬다).

앞에서 언급한 시행착오 과정의 주요과제는 형강의 선택이다. 보 깊이를 가정하면 요구하는 단면적(또는 ft당 요구되는 무게)을 계산하는 공식을 개발할 수 있다. 완전합성작용을 하고 소성중립축이 슬래브 내에 있다면(즉, 대부분의 경우로서 강재가 지배), 공칭강도는 다음과 같다(그림 9.12 참조).

$$M_n = Ty = A_s F_y y$$

LRFD 절차. 설계강도와 하중계수를 적용한 작용모멘트를 같다고 놓고 A_s에 관해 푼다.

$$\phi_b M_n = \phi_b A_s F_y y = M_u$$

$$A_s = \frac{M_u}{\phi_b F_y y}$$

그림 9.12

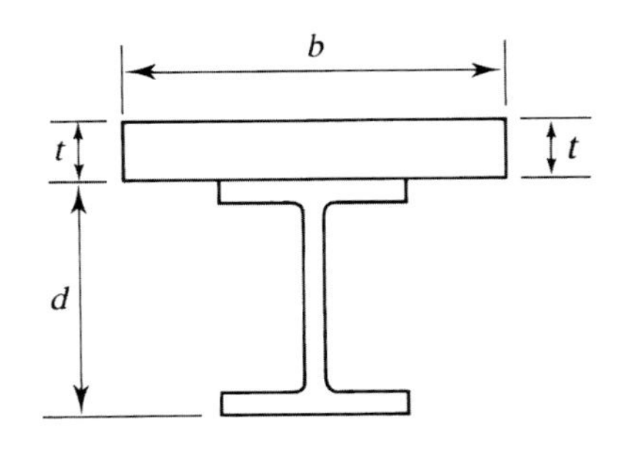

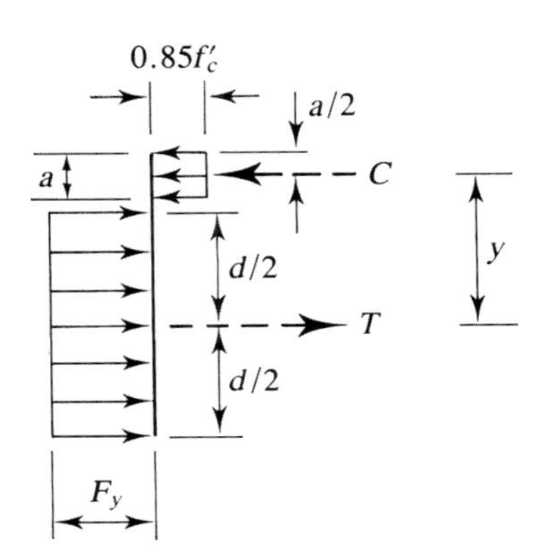

또는

$$A_s = \frac{M_u}{\phi_b F_y\left(\frac{d}{2}+t-\frac{a}{2}\right)} \tag{9.3}$$

식 9.3은 몇몇 근사과정을 거쳐 요구 면적 대신 단위길이당 요구면적을 구하는 식으로 단순화할 수 있으며(Aminmansour, 2016), M_u는 ft-kips 단위이고, $F_y = 50$ ksi로 놓고 강재무게가 490 lb/ft^{3}임을 감안하면 다음과 같은 식을 얻을 수 있다.

$$w\ \text{lb/ft} = \frac{M_u\ \text{ft-kips}}{\phi(F_y\ \text{kips/in.}^2)(12\ \text{in./ft})(y\ \text{in.})}490\ \text{lb/ft}^3 \tag{9.4}$$

$$= \frac{M_u(490)}{0.90(50)(12)y} = \frac{0.907M_u}{y} \approx \frac{M_u}{y}$$

여기서, $y = \frac{d}{2}+t-\frac{a}{2}$(내적 저항 모멘트 팔길이)

ASD 절차.

$$w\ \text{lb/ft} = \frac{\Omega_b(M_a\ \text{ft-kips})}{(F_y\ \text{kips/in.}^2)(12\ \text{in./ft})(y\ \text{in})}490\ \text{lb/ft}^3 \tag{9.5}$$

$$= \frac{1.67M_a(490)}{50(12)y} = \frac{1.36M_a}{y} \approx \frac{1.4M_a}{y}$$

식 9.4(LRFD)와 식 9.5(ASD) 모두 보 깊이의 가정과 $d/2$의 산정이 필요하다. 응력블럭의 깊이는 일반적으로 매우 작으므로 $a/2$ 예상치에 대한 오차는 A_s 값을 산정하는데 거의 영향을 미치지 못한다. $a/2 = 0.5$ in.의 가정 값을 제안한다.

예제 9.6 **마루 시스템의 경간장이 30 ft이고, 보의 중심간 거리는 10 ft이다. 두께 3.5 in.의 철근콘크리트 바닥슬래브가 완전한 합성거동하는 데 필요한 압연형강과 전단연결재를 선택하라. 재하된 하중은 20 psf의 분할하중과 100 psf의 활하중으로 이루어져 있다. 콘크리트 응력은 $f_c' = 4$ ksi이고, A992 강재를 사용한다. 보는 시공 중 완전히 횡지지되어 있고 20 psf의 시공하중이 있다고 가정한다.**

풀 이 콘크리트 양생 전에 지지되어야 할 하중은

슬래브 : $(3.5/12)(150) = 43.75$ psf

ft당 자중: $43.75(10) = 437.5$ lb/ft

시공하중 : $20(10) = 200$ lb/ft

(보의 자중은 나중에 고려한다.)

콘크리트 양생 후에 지지되어야 할 자중은

$$w_D = w_{slab} = 437.5 \text{ lb/ft}$$

$$w_L = (100+20)(10) = 1200 \text{ lb/ft}$$

여기서 20 psf 분할하중은 활하중으로 취급한다.

LRFD 풀이 복합 단면은 다음의 계수하중과 모멘트에 저항해야 한다.

$$w_u = 1.2w_D + 1.6w_L = 1.2(437.5) + 1.6(1200) = 2445 \text{ lb/ft}$$

$$M_u = \frac{1}{8}w_u L^2 = \frac{1}{8}(2.445)(30)^2 = 275 \text{ ft-kips}$$

$d = 16$ in.의 공칭깊이를 적용해본다: 내적 모멘트 팔길이는 다음과 같고,

$$y = \frac{d}{2} + t - \frac{a}{2} = \frac{16}{2} + 3.5 - 0.5 = 11 \text{ in.}$$

식 9.4로부터 산정된 보의 무게는 다음과 같다.

$$w = \frac{M_u}{y} = \frac{275}{11} = 25 \text{ lb/ft}$$

W 16 × 26 형강을 선택: 콘크리트 양생 전에 작용되는 하중에 대해 지지되지 않은 형강을 검토한다(슬래브의 무게, 보의 자중, 시공하중).

$$w_u = 1.2(0.4375 + 0.026) + 1.6(0.200) = 0.8762 \text{ kips/ft}$$

$$M_u = \frac{1}{8}(0.8762)(30)^2 = 98.6 \text{ ft-kips}$$

Z_x표로부터,

$$\phi_b M_n = \phi_b M_p = 166 \text{ ft-kips} > 98.6 \text{ ft-kips} \qquad \text{(OK)}$$

콘크리트 양생과 합성거동이 이루어진 후,

$$w_D = w_{slab} + w_{beam} = 0.4375 + 0.026 = 0.4635 \text{ kips/ft}$$

$$w_u = 1.2w_D + 1.6w_L = 1.2(0.4635) + 1.6(1.200) = 2.476 \text{ kips/ft}$$

$$M_u = \frac{1}{8}w_u L^2 = \frac{1}{8}(2.476)(30)^2 = 279 \text{ ft-kips}$$

합성단면의 설계강도를 산정하기 전에 슬래브의 유효폭을 먼저 결정해야 한다. 내부 보의 경우, 유효폭은 다음 중에서 작은 값을 취한다.

$$\frac{\text{경간장}}{4} = \frac{30(12)}{4} = 90 \text{ in.} \quad \text{또는} \quad \text{보간격} = 10(12) = 120 \text{ in.}$$

$b = 90$ in.를 사용한다. 완전한 합성거동의 경우, 콘크리트의 극한 압축력(콘크리트와 강재 접촉면의 수평전단력과 같다)은 다음 중 작은 값을 취한다.

$$A_s F_y = 7.68(50) = 384 \text{ kips}$$

또는

$$0.85f_c'A_c = 0.85(4)(90)(3.5) = 1071 \text{ kips}$$

$C = V' = 384$ kips 를 사용한다. 슬래브의 압축응력 블록의 깊이는,

$$a = \frac{C}{0.85f_c'b} = \frac{384}{0.85(4)(90)} = 1.255 \text{ in.}$$

그리고 내부저항 짝힘모멘트의 팔길이는,

$$y = \frac{d}{2} + t - \frac{a}{2} = \frac{15.7}{2} + 3.5 - \frac{1.255}{2} = 10.72 \text{ in.}$$

설계 휨강도는,

$$\phi_b M_n = \phi_b(Cy) = 0.90(384)(10.72)$$

$$= 3705 \text{ in.-kips} = 309 \text{ ft-kips} > 279 \text{ ft-kips} \quad \text{(OK)}$$

전단을 검토한다:

$$V_u = \frac{w_u L}{2} = \frac{2.476(30)}{2} = 37.1 \text{ kips}$$

Z_x표로부터,

$$\phi_v V_n = 106 \text{ kips} > 37.1 \text{ kips} \quad \text{(OK)}$$

해 답 W16 × 26 형강을 사용한다.

전단연결재를 설계한다.

$$\text{최대직경} = 2.5t_f = 2.5(0.345) = 0.863 \text{ in.} < 1 \text{ in.}$$

$^1/_2$ in.×2 in.의 스터드를 사용:

$$d = 1/2 \text{ in.} < 0.863 \text{ in.} \quad \text{(OK)}$$

$$A_{sa} = \frac{\pi d^2}{4} = \frac{\pi(0.5)^2}{4} = 0.1963 \text{ in.}^2$$

보통콘크리트의 경우,

$$E_c = w^{1.5}\sqrt{f_c'} = (145)^{1.5}\sqrt{4} = 3492 \text{ ksi}$$

AISC 식 I3-3으로부터,

$$Q_n = 0.5\ A_{sa}\sqrt{f_c'E_c} \le R_g R_p A_{sa} F_u$$

$$= 0.5(0.1963)\sqrt{4(3492)} = 11.60 \text{ kips}$$

$$R_g R_p A_{sa} F_u = 1.0(0.75)(0.1963)(65) = 9.57 \text{ kips} < 11.60 \text{ kips}$$

∴ $Q_n = 9.57$ kips를 사용한다.

보의 끝단과 경간장 중심 사이에 필요한 전단연결재의 개수는

$$N_1 = \frac{V'}{Q_n} = \frac{384}{9.57} = 40.1$$

∴ 보의 반에 41개 또는 전체 보에 82개를 사용한다.

그리고

그림 9.13

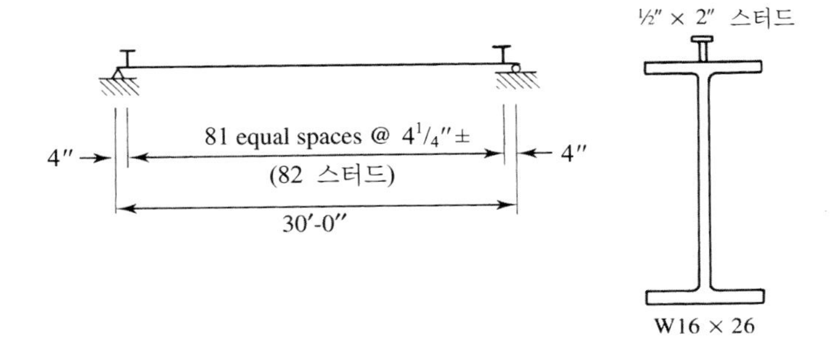

종방향 최소간격은 $4d = 4(0.5) = 2$ in.

횡방향 최소간격은 $4d = 4(0.5) = 2$ in.

종방향 최대간격은 $8t = 8(3.5) = 28$ in. (< 36 in. 상한치)

단면에 스터드 하나를 사용한다면, 근사 간격은

$$s = \frac{30(12)}{82} = 4.4 \text{ in.}$$

이 간격은 하한선과 상한선 사이에 있으므로 만족한다.

해 답 그림 9.13의 설계를 사용한다.

ASD 풀 이 복합 단면은 다음의 사용하중과 모멘트에 저항해야 한다.

$$w_a = w_D + w_L = 437.5 + 1200 = 1638 \text{ lb/ft}$$

$$M_a = \frac{1}{8}w_a L^2 = \frac{1}{8}(1.638)(30)^2 = 184.3 \text{ ft-kips}$$

$d = 16$ in.의 공칭깊이를 적용해본다. 내적 모멘트 팔길이는 다음과 같고,

$$y = \frac{2}{d} + t - \frac{a}{2} = \frac{16}{2} + 3.5 - 0.5 = 11 \text{ in.}$$

식 (9.5)로부터 산정된 보의 무게는 다음과 같다.

$$w \text{ lb/ft} = \frac{1.4M_a}{y} = \frac{1.4(184.3)}{11} = 23 \text{ lb/ft}$$

$W16 \times 26$ 형강을 선택. 콘크리트 양생 전에 작용되는 하중에 대해 지지되지 않은 형강을 검토한다(슬래브의 무게, 보의 자중, 시공하중).

$$w_a = w_{slab} + w_{beam} + w_{const} = 0.4375 + 0.026 + 0.200 = 0.6635 \text{ lb/ft}$$

$$M_a = \frac{1}{8}w_a L^2 = \frac{1}{8}(0.6635)(30)^2 = 74.6 \text{ ft-kips}$$

Z_x표로부터,

$$\frac{M_n}{\Omega_b} = \frac{M_p}{\Omega_b} = 110 \text{ ft-kips} > 74.6 \text{ ft-kips} \qquad \text{(OK)}$$

콘크리트 양생과 합성거동이 이루어진 후, 하중과 모멘트는

$$w_a = w_{slab} + w_{beam} + w_{part} + w_L$$
$$= 0.4375 + 0.026 + 0.200 + 1.000 = 1.664 \text{ kips/ft}$$

여기서 20 psf 분할하중이 w_L의 부분으로 포함되었다.

$$M_a = \frac{1}{8}(1.664)(30)^2 = 187 \text{ ft-kips}$$

합성단면의 설계강도를 산정하기 전에, 먼저 슬래브의 유효폭을 결정해야 한다. 내측보에 대해 슬래브의 유효폭은 다음 중 작은 값을 취한다.

$$\frac{\text{경간장}}{4} = \frac{30(12)}{4} = 90 \text{ in. 또는 보간격} = 10(12) = 120 \text{ in.}$$

$b = 90$ in.를 사용한다. 완전한 합성거동의 경우, 콘크리트의 압축력(콘크리트와 강재 접촉면의 수평전단력과 같다)은 다음 중 작은 값을 취한다.

$$A_s F_y = 7.68(50) = 384 \text{ kips}$$

또는

$$0.85 f_c' A_c = 0.85(4)(3.5 \times 90) = 1071 \text{ kips}$$

$C = 384$ kips 를 사용한다.

$$a = \frac{C}{0.85 f_c' b} = \frac{384}{0.85(4)(90)} = 1.255 \text{ in.}$$

$$y = \frac{d}{2} + t - \frac{a}{2} = \frac{15.7}{2} + 3.5 - \frac{1.255}{2} = 10.72 \text{ in.}$$

허용 휨강도는,

$$\frac{M_n}{\Omega_b} = \frac{Cy}{\Omega_b} = \frac{384(10.72)}{1.67} = 2465 \text{ in.-kips}$$
$$= 205 \text{ ft-kips} > 187 \text{ ft-kips} \qquad \text{(OK)}$$

전단을 검토한다.

$$V_a = \frac{w_a L}{2} = \frac{1.664(30)}{2} = 25.0 \text{ kips}$$

Z_x표로부터,

$$\frac{V_n}{\Omega_v} = 70.5 \text{ kips} > 25.0 \text{ kips} \qquad \text{(OK)}$$

해 답 W 16 × 26 강재를 사용한다. 전단연결재에 대한 ASD 설계는 LRFD와 동일하므로 여기에 반복하지 않는다.

해 답 그림 9.13이 보여준 전단연결 설계를 사용한다.

9.6 처 짐

환산단면의 큰 단면2차모멘트로 인해 합성보의 처짐은 비합성보보다 작다. 지주를 설치하지 않은 시공의 경우, 상대적으로 큰 단면2차모멘트는 콘크리트가 경화된 후에 얻어지므로 콘크리트가 경화되기 전에 재하된 하중에 의한 처짐은 형강의 단면2차모멘트를 적용하여 계산해야 한다. 콘크리트가 경화된 후 격벽 자중과 같은 지속하중을 받는 경우 문제는 더 복잡해진다. 정 모멘트부에서 콘크리트는 계속 압축 상태하에 있게 되며 크리프(creep)라 알려진 현상이 발생된다. 크리프는 지속적인 압축력하에서 발생하는 변형이다. 초기변형이 일어난 후에 장기간에 걸쳐 추가적인 변형이 서서히 발생하게 된다. 합성보에서의 이 영향은 곡률을 증가시켜 처짐을 증가시키게 된다. 장기간에 걸친 시간의존 처짐은 단지 추정할 수 있는데, 하나의 방법은 더 작은 단면2차모멘트와 큰 처짐산정을 얻기 위해 환산단면에서 축소된 콘크리트 단면적을 사용하는 것이다. 실제 탄성계수비 n 대신 $2n$ 또는 $3n$을 사용하여 축소 단면적을 산정한다. 일반적인 건물의 경우 지속적인 고정하중으로 인한 추가 크리프 처짐은 매우 작아 이 책에서는 다루지 않는다. 만일 활하중의 상당한 부분이 유지된다고 간주되면 크리프의 영향은 고려되어야 한다. 양생동안 콘크리트의 건조수축에 의해 기인하는 처짐뿐만 아니라 크리프에 대한 상세한 설명은 Viest 등(1997)에서 찾을 수 있다. 건조수축에 의한 처짐을 산정하는 방법은 편람의 해설에서 찾을 수 있다.

환산단면2차모멘트를 적용해 합성보 처짐을 산정하면 처짐이 과소평가되는 경향이 있다(Viest 등, 1997). 시방서 해설에는 이를 보정하기 위해 탄성단면2차모멘트를 안전측으로 작게 산정한 단면2차모멘트의 하한값, I_{LB}를 적용하는 것을 추천하고 있다.

이 책에서는 합성보의 처짐 산정 시 단면2차모멘트의 하한값을 적용하며, Viest이 이 방법의 사용을 추천하고 있다.

I_{LB}산정 시 환산단면의 일부만 사용하도록 단순화한 것이며, 휨모멘트저항을 위해 사용되는 콘크리트 단면만이 유효하다고 가정한다. 콘크리트에 작용하는 힘이 C이면, 환산단면 중 해당하는 콘크리트 단면적은 다음과 같다.

$$A_c = \frac{C}{\text{환산단면의 응력}} = \frac{C}{F_y}$$

콘크리트 단면 중심축에 대한 콘크리트의 단면2차모멘트를 무시함으로써 더욱 단순화할 수 있으며, 이 과정은 예제 9.7에 나타나 있다.

예제 9.7 **슬래브 두께가 4.5 in.이고 W16×31 (A992) 형강이 적용된 합성보가 설계되었다. 콘크리트의 압축력, $C = 335$ kips이고 응력블록의 깊이가 1.0 in.일 때, 단면2차모멘트의 하한값을 계산하라.**

풀 이 적용할 콘크리트의 환산단면적은 다음과 같다.

$$A_c = \frac{C}{F_y} = \frac{335}{50} = 6.7\ \text{in}^2$$

슬래브의 이 부분 두께는 응력블록의 깊이인 a와 같아야 하고, 형강 윗면으로부터 콘크리트의 중심까지의 거리 $Y2$를 다음과 같이 정의한다.

$$Y2 = t - \frac{a}{2} = 4.5 - \frac{1.0}{2} = 4.0\ \text{in}$$

환산단면은 그림 9.14와 같고, 계산과정은 표 9.4에 나타나 있다. (형강 하면을 기준으로 계산)

그림 9.14

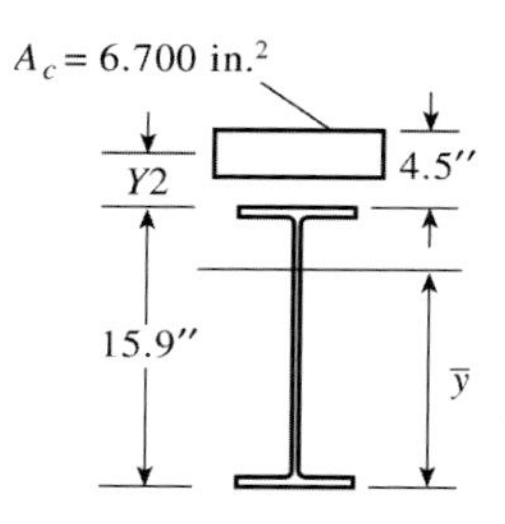

표 9.4

요소	A	y	Ay	$\bar{I}$ dd	d	$\bar{I} + Ad^2$
콘크리트	6.700	19.9	133.3	–	6.89	318.1
W 16×31	9.13	7.95	72.58	375	5.06	608.8
합계	15.83		205.9			926.9in.⁴

$$\bar{y} = \frac{\Sigma Ay}{\Sigma A} = \frac{205.9}{15.83} = 13.01\ \text{in.}$$

해 답 $I_{LB} = 927$ in.

예제 9.8 **예제 9.4의 보에서 발생하는 처짐을 계산하라.**

풀 이 예제 9.4를 정리하면

W18×35, A992강재

슬래브 두께 $t = 4.5$ in.,

콘크리트 양생 전 작용되는 고정하중 $w_D = 541.3$ lb/ft(슬래브 + 빔)

시공하중 $w_{const} = 180 \text{ lb/ft}$

활하중 $w_L = 125(9) = 1125 \text{ lb/ft}$

분할하중 $w_{part} = 20(9) = 180 \text{ lb/ft}$

즉시처짐: 보와 슬래브에 대해 $w = 541.3 \text{ lb/ft}$

$$\Delta_1 = \frac{5wL^4}{384EI_s} = \frac{5(0.5413/12)(30 \times 12)^4}{384(29{,}000)(510)} = 0.6670 \text{ in.}$$

시공하중 $w = 180 \text{ lb/ft}$ 이고,

$$\Delta_2 = \frac{5wL^4}{384EI_s} = \frac{5(0.180/12)(30 \times 12)^4}{384(29{,}000)(510)} = 0.2218 \text{ in.}$$

총 순간처짐은 $\Delta_1 + \Delta_2 = 0.6670 + 0.2218 = 0.889 \text{ in.}$이다.

나머지 처짐은 단면2차모멘트의 하한값을 적용하여 구한다. 예제 9.4로부터 $a = 1.683 \text{ in.}$, $C = 515 \text{kips}$이며, 적용할 콘크리트 단면적은 다음과 같다.

$$A_c = \frac{C}{F_y} = \frac{150}{50} = 10.3 \text{ in.}^2$$

형강 상면과 콘크리트 중심까지의 거리는 다음과 같다.

$$Y2 = t - \frac{a}{2} = 4.5 - \frac{1.683}{2} = 3.659 \text{ in.}$$

그림 9.15는 이에 대응하는 환산단면을 보여준다. 중립축의 위치와 단면2차모멘트의 계산결과는 표 9.5에 주어져 있다.
분할하중에 의한 처짐은,

$$\Delta_3 = \frac{5w_{part}L^4}{384EI_{tr}} = \frac{5(0.180/12)(30 \times 12)^4}{384(29{,}000)(1316)} = 0.08596 \text{ in.}$$

그림 9.15

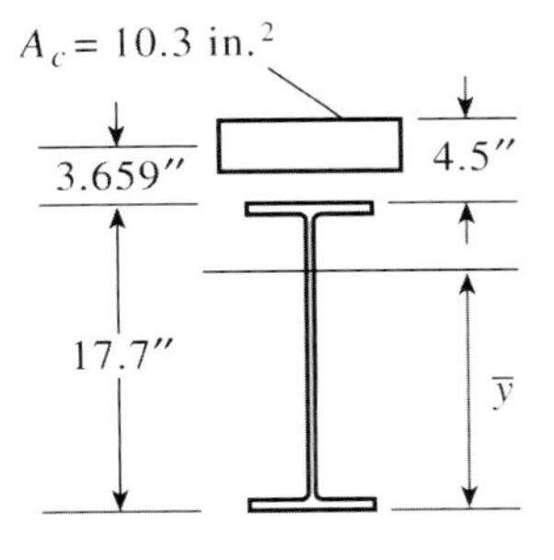

표 9.5

요소	A	y	Ay	$\bar{I}$ dd	d	$\bar{I} + Ad^2$
콘크리트	10.30	21.36	220.0	–	6.25	402
W 18×35	10.30	8.85	91.2	510	6.26	914
합계	20.60		311.2			1316 in.^{4}

$$\bar{y} = \frac{\sum Ay}{\sum A} = \frac{311.2}{20.60} = 15.11 \text{ in.}$$

활하중에 의한 처짐은,

$$\Delta_4 = \frac{5w_L L^4}{384EI_{tr}} = \frac{5(1.125/12)(30\times 12)^4}{384(29,000)(1316)} = 0.5372 \text{ in.}$$

해 답 처짐을 요약하면 다음과 같다.

합성거동에 이르기 전의 즉시처짐:

$$\Delta_1 + \Delta_2 = 0.6670 + 0.2218 = 0.889 \text{ in.}$$

분할하중은 있으나 활하중은 없는 상태에서의 합성거동에 이른 후의 처짐:

$$\Delta_1 + \Delta_3 = 0.6670 + 0.08596 = 0.753 \text{ in.}$$

활하중이 있는 총 처짐:

$$\Delta_1 + \Delta_3 + \Delta_4 = 0.6670 + 0.08596 + 0.5372 = 1.29 \text{ in.}$$

9.7 강재 덱폼을 적용한 합성보

강골조 건물의 마루 슬래브는 구조물과 일체가 되어 남아 있는 강재 덱폼 위에 타설된다. 예외는 있겠지만 강재 덱폼의 리브(rib)는 보통 마루보의 수직방향, 지지보의 수평방향으로 배열된다. 그림 9.16은 리브가 보와 수직한 방향으로 배열된 것을 보여주고 있다. 스터드는 덱폼이 있는 경우와 같이 설치된다: 스터드는 덱폼을 통과해 직접 보 플랜지에 용접된다. 강재 덱폼과 보의 부착은 콘크리트가 양생되기 전에 보에 횡지지를 제공한다고 가정하고 있다. 강재 덱폼을 적용한 합성보의 설계 또는 해석은 다음의 예외를 제외하고는 일정한 두께를 갖는 슬래브의 경우와 같다.

1. 리브 안의 콘크리트, 즉 덱폼 상면 밑의 콘크리트는 리브가 보에 수직한 방향일 때는 단면값 산정 시 무시된다[AISC I3.2c(2)]. 리브가 보에 평행한 방향일 때는 콘크리트가 단면값 산정 시 포함될 수도 있으며, A_c를 산정할 때는 반드시 포함시켜야 한다[AISC I3.2c(3)].

그림 9.16

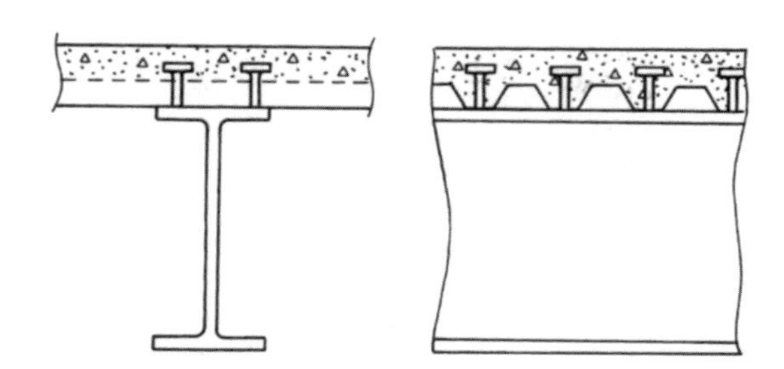

2. 스터드의 전단강도는 감소될 것이며, 이는 리브에의 스터드 설치와 관계가 있다.
3. 보통 완전합성작용은 불가능하며, 그 이유는 전단연결재의 간격이 리브의 간격에 의해 제한되고 따라서 정확한 개수의 전단연결재가 항상 사용될 수 없기 때문이다. 부분합성설계는 강재 덱폼을 사용하지 않을 수도 있지만, 거의 대부분 강재 덱폼을 사용할 필요성이 있기 때문에 여기서 다루기로 한다. 이는 단점이라고 볼 수 없으며, 사실 가장 경제적인 대안일 것이다.

강재 덱폼이 있는 대부분의 합성보는 보에 직각 방향으로 배열된 바닥 리브를 가진 합성보이므로 이 경우에만 제한해 다루기로 한다. 보에 평행한 리브의 경우 적용해야 하는 특별 요구조건은 AISC I3.2c(3)과 I8.2a에 주어져 있다.

강재 덱폼을 사용한 경우의 전단강도

스터드의 전단강도는 R_g 및 R_p 값에 따라 다르게 된다.

$$Q_n = 0.5A_{sa}\sqrt{f_c{}'E_c} \le R_gR_pA_{sa}F_u \qquad \text{(AISC 식 I8-1)}$$

강재보의 플랜지에 직접 용접한 스터드의 경우 $R_p = 1.0$, $R_g = 0.75$이다. 강재 덱폼을 적용한 경우 다른 값의 상수를 사용한다. 덱 리브가 보의 수직한 방향으로 있을 때 다음 값을 적용한다.

$R_g = 1.0$: 리브당 한 개의 스터드에 대해

$= 0.85$: 리브당 두 개의 스터드에 대해(그림 9.16처럼)

$= 0.7$: 리브당 세 개 또는 그 이상의 스터드에 대해

$R_p = 0.75$: $e_{mid-ht} \ge 2$ in.

$= 0.6$: $e_{mid-ht} < 2$ in.

e_{mid-ht} = 지압-하중 방향(단순지지보에서 최대모멘트 지점으로 향하여)으로 리브의 중앙점에서 스터드까지의 거리

대부분의 강재 덱폼은 리브의 중앙에 종방향의 보강재와 함께 제작하되 스터드는 보강재의 한쪽 또는 다른 쪽에 배치하여야 한다. 최대모멘트의 지점에서 가장 먼 지점에 배치함으로써 보다 높은 강도가 얻어진다는 것이 실험으로부터 밝혀졌다. 스터드를 실제로 어디에 배치할 것인지 사전에 알기 어렵기 때문에 $R_p = 0.6$의 값을 사용하는 것은 안전측이다. 이 책에서는, 강재 덱폼이 사용될 때 $R_p = 0.6$을 사용한다.

예제 9.9 **리브당 2개의 스터드가 배치된 $^1/_2$ in.$\times 2^1/_2$ in. 스터드의 전단강도를 계산하라. 콘크리트의 28일 압축강도는 $f_c' = 4$ ksi이다. ($E_c = 3492$ ksi)**

풀 이

$$A_{sc} = \frac{\pi(0.5)^2}{4} = 0.1963 \text{ in.}^2$$

$$Q_n = 0.5A_{sa}\sqrt{f_c' E_c} \leq R_g R_p A_{sa} F_u$$

$$= 0.5(0.1963)\sqrt{4(3492)} = 11.60 \text{ kips}$$

상한치:

$$R_g R_p A_{sa} F_u = 0.85(0.6)(0.1963)(65) = 6.51 \text{ kips}$$

11.60 kips > 6.51 kips이므로, 상한치가 지배한다.

해 답 $Q_n = 6.51$ kips

부분합성작용(Partial Composite Action)

충분하지 않은 전단연결재를 설치하여 콘크리트와 강재사이의 미끄러짐을 완전히 방지하지 못할 때 부분합성작용이 존재한다. 콘크리트의 전 강도 또는 강재의 전 강도가 발휘될 수 없으며 압축력은 강재와 콘크리트 사이에 전달될 수 있는 최대 힘, 즉 전단연결재의 강도 ΣQ_n으로 제한된다. C는 $A_s F_y$, $0.85 f_c' A_c$ 및 ΣQ_n 중 가장 작은 값이라는 것을 기억하라.

부분합성 작용 시 소성중립축(PNA)은 보통 강재단면 안에 위치하게 된다. 이 위치에 있는 경우 PNA가 슬래브에 있는 경우보다 강도해석이 다소 어렵지만, 기본원리는 같다.

부분합성보에서는 강재의 강도가 완전히 발현되지 못할 것이므로 완전합성 거동을 하는 경우보다 더 큰 형강이 필요하게 될 것이다. 그러나 전단연결재를 덜 사용하게 되므로 강재와 전단연결재(설치비용 포함) 모두의 비용을 비교해 경제성 검토를 해야 한다. 완전합성보는 거의 언제나 과도한 내하력을 갖고 있으므로, 결국은 부분합성보가 되도록 전단연결재의 일부를 없앨 수 있는 설계를 할 수 있다.

기타 요구조건

다음의 요구조건은 AISC I3.2c에 나와 있는 것으로, 앞에서 논의하지 않은 조항만 나열한다.

- 리브 최대높이 $h_r = 3$ in.
- 리브의 최소평균폭 $w_r = 2$ in.(계산 시 사용되는 w_r은 바닥판 상면의 순폭을 초과해서는 안 됨)

- 바닥판 상면 위 슬래브의 최소두께 = 2 in.
- 스터드 최대직경 = 3/4 in. 강바닥판에 대한 이 요구조건은 일반적인 최대직경 $2.5t_f$ 에 추가된다.
- 바닥판 상면 위 스터드의 최소높이 = $1^1/_2$ in.
- 스터드 위 최소피복 = $^1/_2$ in.
- 바닥판은 스터드 또는 용접에 의해 간격이 18 in. 이상이 되지 않도록 보 플랜지에 접합되어야 한다. 이는 융기에 저항하기 위한 것이다.

슬래브와 덱폼의 무게

슬래브 중량 계산의 단순화를 위해 바닥판의 밑면에서 슬래브 상면까지의 총깊이를 사용한다. 콘크리트의 부피가 과도하게 산정되기는 하나 안전측이다. 철근콘크리트의 단위 중량은 보통 콘크리트의 무게에 5 pcf를 더한다. 금속 덱폼 위의 슬래브는 가볍게 배근되므로 보통 철근보다는 용접된 와이어매쉬(wire mesh)가 사용된다. 5 pcf를 추가하는 것이 과도할지는 모르나 바닥판 자체만으로도 2 ~ 3 pcf의 중량이 나간다.

다른 방법은 슬래브 중량 산정 시 바닥판 상면 위 콘크리트 두께에 리브 높이의 반을 더하여 콘크리트 두께로 사용하는 것이다. 실제의 경우 슬래브와 덱폼을 조합한 무게는 보통 덱폼 제작자가 제공하는 표에 있는 값을 적용하게 된다.

예제 9.10 **그림 9.17에 강재 덱폼과 전체 두께가 4.75 in.인 철근콘크리트 슬래브가 있는 마루보가 있다. 덱폼 리브는 보에 수직한 방향이며, 경간장은 30 ft이고, 보의 중심간격은 10 ft이다. 구조강재는 A992이고, 콘크리트 강도는 $f_c' = 4$ ksi이다. 슬래브와 덱폼의 조합하중은 50 psf이다. 활하중은 120 psf이고, 10 psf의 분할하중이 있다. 지주는 사용되지 않았고, 20 psf의 가설하중이 있다.**

a. W-형강을 선택하라.

b. 전단연결재를 설계하라.

c. 처짐을 산정하라. 최대허용활하중 처짐은 경간장의 $^1/_{360}$ 이다.

그림 9.17

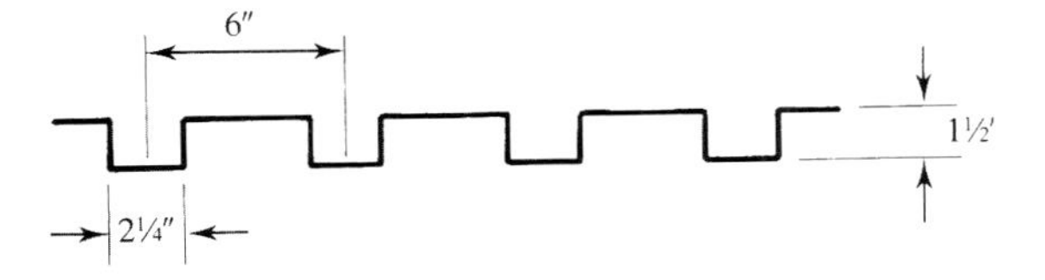

풀 이 하중(형강자중이 아닌)을 계산한다. 콘크리트 양생 전,

슬래브 무게 : 50(10) = 500 lb/ft

시공하중 : 20(10) = 200 lb/ft

콘크리트 양생 후,

분할하중 : $10(10) = 100 \text{ lb/ft}$

활하중 : $120(10) = 1200 \text{ lb/ft}$

LRFD 풀이 a. **보 설계:** 완전합성거동에 기초하여 시도할 형강을 선택한다.

$w_D =$ 슬래브 무게 $= 500 \text{ lb/ft}$

$w_L =$ 활하중+분할하중 $= 1200 + 100 = 1300 \text{ lb/ft}$

$$w_u = 1.2w_D + 1.6w_L = 1.2(0.500) + 1.6(1.300) = 2.68 \text{ kips/ft}$$

$$M_u = \frac{1}{8}w_u L^2 = \frac{1}{8}(2.68)(30)^2 = 301.5 \text{ ft-kips}$$

$d = 16 \text{ in.}$와 $a/2 = 0.5 \text{ in.}$를 가정하고, 식 9.4로부터 보의 자중을 추정한다.

$$w = \frac{3.4M_u}{\phi_b F_y(d/2 + t - a/2)} = \frac{3.4(301.5 \times 12)}{0.90(50)(16/2 + 4.75 - 0.5)} = 22.3 \text{ lb/ft}$$

$W16 \times 26$ 형강을 선택: 콘크리트 양생 전의 휨강도를 검토한다.

$$w_u = 1.2w_D + 1.6w_L = 1.2(0.500 + 0.026) + 1.6(0.200)$$

$$= 0.9512 \text{ kips/ft}$$

$$M_u = (1/8)(0.9512)(30)^2 = 107 \text{ ft-kips}$$

$W16 \times 26$은 $F_y = 50 \text{ ksi}$에 대해 조밀단면이고, 강바닥판은 충분한 횡지지를 제공하므로, 공칭강도 M_n은 소성 모멘트강도 M_p와 같다. Z_x 표로부터,

$$\phi_b M_p = 166 \text{ ft-kips} > 107 \text{ ft-kips} \quad \text{(OK)}$$

콘크리트 양생 후, 강형의 자중을 보정하여 합성보에 의해 지지되는 총 극한하중은,

$$w_u = 1.2w_D + 1.6w_L = 1.2(0.500 + 0.026) + 1.6(1.300) = 2.711 \text{ kips/ft}$$

$$M_u = \frac{1}{8}w_u L^2 = \frac{1}{8}(2.711)(30)^2 = 305 \text{ ft-kips}$$

합성단면의 슬래브 유효폭은 다음 중 작은 값을 취한다.

$$\frac{\text{경간장}}{4} = \frac{30(12)}{4} = 90 \text{ in.} \quad \text{또는 보간격} = 10(12) = 120 \text{ in.}$$

$b = 90 \text{ in.}$를 사용한다. 완전합성거동의 경우, 콘크리트의 압축력 C는 다음 값 중에서 작은 값을 취한다.

$$A_s F_y = 7.68(50) = 384.0 \text{ kips}$$

또는

$$0.85f_c' A_c = 0.85(4)[90(4.75 - 1.5)] = 994.5 \text{ kips}$$

그림 9.18

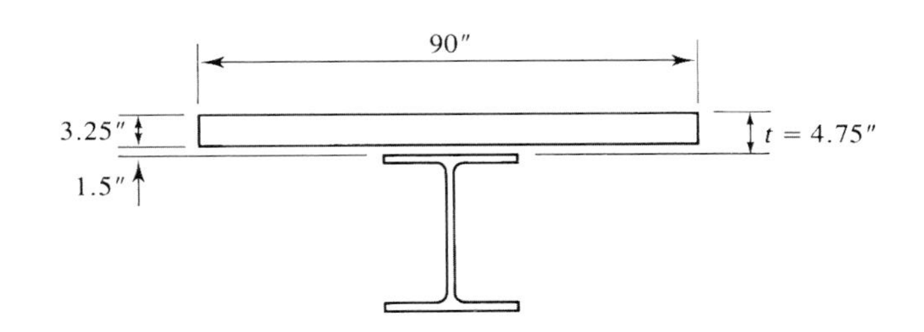

여기서 그림 9.18에서 보여주듯이 바닥판 상부의 콘크리트만 고려되었다. $C = 384.0$ kips일 때, 콘크리트의 압축응력분포의 깊이는,

$$a = \frac{C}{0.85 f_c' b} = \frac{384.0}{0.85(4)(90)} = 1.255 \text{ in.}$$

내부저항모멘트의 팔길이는,

$$y = \frac{d}{2} + t - \frac{a}{2} = \frac{15.7}{2} + 4.75 - \frac{1.255}{2} = 11.97 \text{ in.}$$

설계강도는,

$$\phi_b M_n = \frac{0.90(384.0)(11.97)}{12}$$

$$= 345 \text{ ft-kips} > 305 \text{ ft-kips} \quad \text{(OK)}$$

전단을 검토한다:

$$V_u = \frac{w_u L}{2} = \frac{2.711(30)}{2} = 40.7 \text{ kips}$$

Z_x 표로부터,

$$\phi_v V_n = 106 \text{ kips} > 40.7 \text{ kips} \quad \text{(OK)}$$

해 답 W 16×26 강재를 사용한다.

b. **전단연결재:** 이 보의 모멘트강도는 실제적으로 여유가 많으므로 부분합성거동에서 유리하다. 먼저, 완전합성거동을 위해 필요한 전단연결재 개수를 찾아야 하고, 그 개수를 줄여야 한다. 완전합성보의 경우, $C = V' = 384.0$ kips 이다.
스터드 최대직경 $= 2.5t_f = 2.5(0.345) = 0.8625$ in.
또는 $^3/_4$ in. (지배)

$^3/_4$ in.×3 in.의 스터드를 시도$(A_{sa} = 0.4418 \text{ in}^2)$, 각 단면에 하나씩:
$f_c' = 4$ ksi 대해, 콘크리트의 탄성계수는

$$E_c = w_c^{1.5}\sqrt{f_c'} = 145^{1.5}\sqrt{4} = 3492 \text{ ksi}$$

AISC 식 I3-3으로부터, 연결재 하나의 전단강도는

$$Q_n = 0.5A_{sa}\sqrt{f_c' E_c} \le R_g R_p A_{sa} F_u$$

$$= 0.5(0.4418)\sqrt{4(3492} = 26.11 \text{ kips}$$

$$R_g R_p A_{sa} F_u = 1.0(0.6)(0.4418)(65)$$

$$= 17.23 \text{ kips} < 26.11 \text{ kips} \quad \therefore \; Q_n = 17.23 \text{ kips}$$를 사용

보의 끝단과 경간장 중심 사이에 필요한 스터드의 개수는,

$$N_1 = \frac{V'}{Q_n} = \frac{384.0}{17.23} = 22.3$$

보의 반에 23개, 또는 전체보에 46개를 사용한다.

각 리브에 스터드 1개를 배치하면, 간격은 6 in.가 되고 조정할 수 있는 최대개수는 다음과 같다.

$$\frac{30(12)}{6} = 60 > 46$$

리브 2개당 하나의 스터드를 사용하면 30개가 배치될 것이고, 이것은 완전합성거동에 필요한 것보다 적다. 그러나 휨강도를 초과하므로 부분합성거동이 아마도 충분할 것이다.

보마다 30개의 스터드를 배치하면, 제공되는 $N_1 = 30/2 = 15$ 이다:

$$\Sigma Q_n = 15(17.23) = 258.5 \text{ kips} < 384.0 \text{ kips}$$

$$\therefore \; C = V' = 258.5 \text{ kips}$$

C가 $A_s F_y$보다 작기 때문에, 강재단면의 일부분은 압축상태이고, 소성중립축은 강재단면 내에 있게 된다.

이런 경우를 해석하기 위해, 먼저 소성중립축이 상부 플랜지 또는 복부에 있는지를 결정해야 한다. 이것은 다음과 같이 할 수 있다. 소성중립축이 플랜지 내에 있다고 가정하고, 정확한 위치에 대해 계산한다. 결과가 가정과 일치하면 소성중립축은 상부 플랜지 내에 있는 것이고 그림 9.19로부터, 힘의 평형관계로부터 다음 값을 얻을 수 있다.

$$C + C_s - T = 0$$

$$258.5 + F_y b_f t' - F_y(A_s - b_f t') = 0$$

$$258.5 + 50(5.50)t' - 50(7.68 - 5.50t') = 0$$

$$t' = 0.2282 \text{ in.}$$

그림 9.19

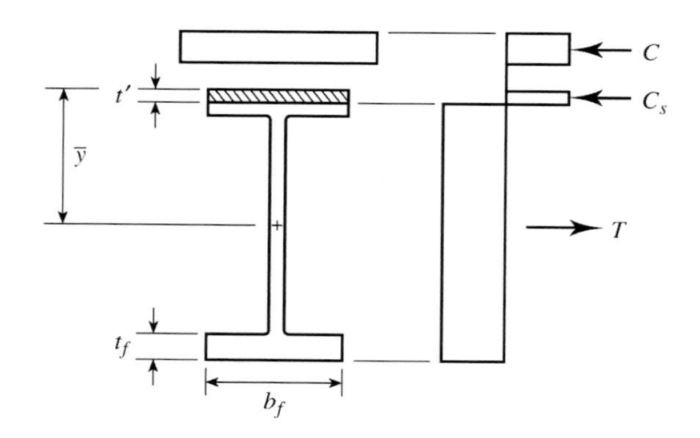

표 9.6

요소	A	y	Ay
W16×26	7.68	15.7/2=7.85	60.29
플랜지 segment	−0.2282(5.50)=−1.255	0.2282/2=0.1141	−0.14
합계	6.425		60.15

$$\bar{y}=\frac{\sum Ay}{\sum A}=\frac{60.15}{6.425}=9.362\text{ in.}$$

$b_f=0.345$ in.이므로 t'는 b_f보다 작고, 따라서 가정한 바와 같이 소성중립축은 플랜지 내에 있다.
임의 위치에 대한 힘에 의한 모멘트의 합으로 모멘트강도(내적저항 모멘트)를 산정할 수 있다(보통 인장력에 대한 모멘트를 취함). 인장력은 소성중립축 아래 면적의 중심에 작용한다. 강재의 상단으로부터의 거리 $\bar{y}$의 계산은 표 9.6에 주어져 있다.

콘크리트의 압축응력 블록의 깊이는,

$$a=\frac{C}{0.85f_c'b}=\frac{258.5}{0.85(4)(90)}=0.8448\text{ in.}$$

콘크리트의 압축력에 대한 모멘트 팔길이는,

$$\bar{y}+t-\frac{a}{2}=9.362+4.75-\frac{0.8448}{2}=13.69\text{ in.}$$

강재의 압축력에 대한 팔길이는,

$$\bar{y}-\frac{t'}{2}=9.362-\frac{0.2282}{2}=9.248\text{ in.}$$

인장력에 대한 모멘트를 취하고, 그림 9.19의 표기를 사용하여, 다음과 같은 공칭강도를 얻을 수 있다:

$$\begin{aligned}M_n&=C(13.69)+C_s(9.248)\\&=258.5(13.69)+[0.2282(5.50)(50)](9.248)\\&=4119\text{ in.-kips}=343.3\text{ ft-kips}\end{aligned}$$

설계강도는,

$$\phi_b M_n=0.90(343.3)=309\text{ ft-kips}>305\text{ ft-kips}\quad\text{(OK)}$$

바닥판은 12 in. 간격으로 보 플랜지에 붙어 있고, 반력에 저항하기 위해 스폿용접은 필요가 없다.

그림 9.20

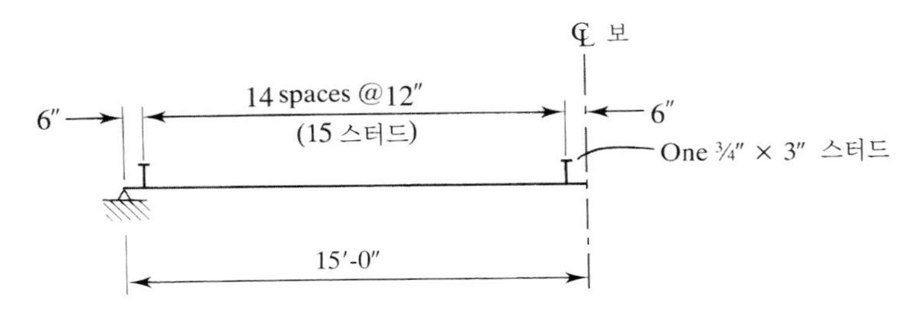

해 답 그림 9.20에 보여준 것과 같이 전단연결재를 설치한다.

c. **처짐:** 콘크리트 양생 전,

$$w_D = w_{slab} + w_{beam} = 0.500 + 0.026 = 0.0526 \text{ kips/ft}$$

$$\Delta_1 = \frac{5w_D L^4}{384EI_s} = \frac{5(0.526/12)(30\times 12)^4}{384(29{,}000)(301)} = 1.098 \text{ in.}$$

시공하중에 의한 처짐은

$$\Delta_2 = \frac{5w_{const} L^4}{384EI_s} = \frac{5(0.200/12)(30\times 12)^4}{384(29{,}000)(301)} = 0.418 \text{ in.}$$

콘크리트 양생 전의 총 처짐은,

$$\Delta_1 + \Delta_2 = 1.098 + 0.418 = 1.52 \text{ in.}$$

콘크리트 양생 후 발생하는 처짐은 환산단면의 하한값을 적용하여 구하고, 사용할 콘크리트 단면적은 다음과 같다.

$$A_c = \frac{C}{F_y} = \frac{258.5}{50} = 5.17 \text{ in.}^2$$

형강의 윗면으로부터 콘크리트 중심까지의 거리는 다음과 같다.

$$Y2 = t - \frac{a}{2} = 4.75 - \frac{0.8448}{2} = 4.328 \text{ in.}$$

그림 9.21은 상응하는 환산단면을 보여준다. 중립축 위치와 단면2차모멘트의 계산은 표 9.6에 요약되어 있다.

활하중에 의한 처짐은,

$$\triangle_3 = \frac{5w_L L^4}{384EI_{LB}} = \frac{5(1.200/12)(30\times 12)^4}{384(29{,}000)(759.4)} = 0.9931 \text{ in.}$$

그림 9.21

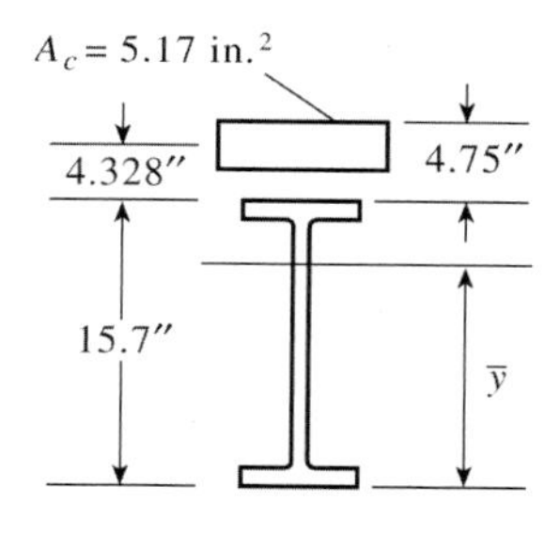

표 9.7

요소	A	y	Ay	$\bar{I}$	d	$\bar{I}+Ad^2$
콘크리트	5.17	20.03	103.6	–	7.28	274.0
W16×26	7.68	7.85	60.3	301	4.90	485.4
합계	12.85		163.9			759.4in.^{4}

$$\bar{y} = \frac{\sum Ay}{\sum A} = \frac{163.9}{12.85} = 12.75 \text{ in.}$$

최대허용 활하중 처짐은 다음과 같다.

$$\frac{L}{360}=\frac{30(12)}{360}=1\text{ in.}>0.9931\text{ in.}\qquad \text{(OK)}$$

분할하중에 의한 처짐은,

$$\Delta_4=\frac{5w_{part}L^4}{384EI_{LB}}=\frac{5(0.100/12)(30\times12)^4}{384(29{,}000)(759.4)}=0.0828\text{ in.}$$

총 처짐은,

$$\Delta_1+\Delta_3+\Delta_4=1.098+0.9931+0.0828=2.17\text{ in.}$$

해 답 활하중 처짐 조건을 만족한다.

ASD 풀 이 a. **보 설계:** 완전합성거동에 근거하여 시험형강을 선택한다.

$w_D=$ 슬래브 무게$=500$ lb/ft

$w_L=$ 활화중+분산하중$=1200+100=1300$ lb/ft

$$w_a=w_D+w_L=0.500+1.300=1.800\text{ kips/ft}$$

$$M_a=\frac{1}{8}w_aL^2=\frac{1}{8}(1.800)(30)^2=202.5\text{ ft-kips}$$

$d=16$ in.와 $a/2=0.5$ in.를 가정하고, 식 9.6으로부터 보의 자중을 추정한다:

$$w=\frac{3.4\Omega_bM_a}{F_y\left(\frac{d}{2}+t-\frac{a}{2}\right)}=\frac{3.4(1.67)(202.5\times12)}{50\left(\frac{16}{2}+4.75-0.5\right)}=22.53\text{ lb/ft}$$

$W16\times26$ 형강을 선택: 콘크리트 양생 전의 휨강도를 검토한다.

$$w_a=w_{slab}+w_{beam}+w_{const}=0.5000+0.026+0.200=0.7260\text{ lb/ft}$$

$$M_a=\frac{1}{8}w_aL^2=\frac{1}{8}(0.7260)(30)^2=81.7\text{ ft-kips}$$

Z_x 표로부터,

$$\frac{M_n}{\Omega_b}=\frac{M_p}{\Omega_b}=110\text{ ft-kips}>81.7\text{ ft-kips}\qquad \text{(OK)}$$

콘크리트가 양생되고 합성거동이 달성된 후, 하중과 모멘트는 다음과 같다.

$$w_a=w_{slab}+w_{beam}+w_L=0.500+0.026+1.300=1.826\text{ kips/ft}$$

$$M_a=\frac{1}{8}(1.826)(30)^2=205\text{ ft-kips}$$

합성단면의 슬래브 유효폭은 다음의 작은 값을 취한다.

$$\frac{\text{경간장}}{4}=\frac{30\times12}{4}=90\text{ in.}$$ 또는 보 간격 $=10\times12=120$ in.

$b=90$ in.를 사용한다. 완전합성거동의 경우, 최대일 때(콘크리트와 강재 사이의 접촉면에서의 수평전단력과 같은) 콘크리트의 극

한압축력은 다음 중 작은 값을 취한다.

$$A_sF_y = 7.68(50) = 384.0 \text{ kips}$$

또는

$$0.85f_c'A_c = 0.85(4)[90(4.75-1.5)] = 994.5 \text{ kips}$$

바닥판 상부의 콘크리트만 고려된다. $C = 384.0$ kips 일 때, 콘크리트의 압축응력분포의 깊이는

$$a = \frac{C}{0.85f_c'b} = \frac{384.0}{0.85(4)(90)} = 1.255 \text{ in.}$$

$$y = \frac{d}{2} + t - \frac{a}{2} = \frac{15.7}{2} + 4.75 - \frac{1.255}{2} = 11.97 \text{ in.}$$

허용 휨강도는,

$$\frac{M_n}{\Omega_b} = \frac{Cy}{\Omega_b} = \frac{384.0(11.97)}{1.67} = 2752 \text{ in.-kips}$$

$$= 229 \text{ ft-kips} > 205 \text{ ft-kips} \quad \text{(OK)}$$

전단을 검토한다:

$$V_a = \frac{w_aL}{2} = \frac{1.826(30)}{2} = 27.4 \text{ kips}$$

Z_x 표로부터,

$$\frac{V_n}{\Omega_v} = 70.5 \text{ kips} > 27.4 \text{ kips} \quad \text{(OK)}$$

해 답 W16 × 26 강재를 사용한다.

b. **전단연결재:** 전단연결재의 설계는 LRFD와 ASD 둘 다 같다. LRFD 해석으로부터, 리브 2개당 하나의 $^3/_4$-in. × 3-in.의 스터드에 대해,

$$M_n = 343.3 \text{ in.-kips}$$

허용모멘트강도는,

$$\frac{M_n}{\Omega_b} = \frac{343.3}{1.67} = 206 \text{ ft-kips} > 205 \text{ ft-kips} \quad \text{(OK)}$$

해 답 그림 9.20에 보여진 것과 같이 전단연결재를 설치한다.

c. **처짐:** 처짐 계산은 LRFD와 ASD가 같다. LRFD 풀이를 참조하라.

합성보의 연성

합성보의 연성(ductility)은 전단연결재의 파단 없이 강재보와 콘크리트 슬래브 사이의 미끄러짐을 허용하는 합성보의 특성을 나타내는 값이다. 완전합성보인 경우 관계가 없고, 부분합성보의 경우 이슈가 될 수 있다.

연성은 합성단면의 길이를 따라 고르게 하중전달이 이루어지는지에 관계된 값이며 경간장 및 합성 정도에 영향을 받는다. 최근의 연구(selden 등, 2015)에 따르면, 완전합성거동의 50%보다 작은 합성거동을 하면 충분한 연성을 갖추고 있지 않다고 본다. AISC의 해설 I3.2d에는 다음의 조건 중 *하나*라도 만족하면 연성요구조건을 만족한다고 기술하고 있다:

1. 보의 경간장의 30 ft보다 작거나 같다.
2. 보는 최소한 50% 이상 합성거동을 해야 하며, 이 값은 완전합성작용에 대한 힘(A_sF_s)과 경계면에 작용하는 힘(ΣQ_n)의 비이다.
3. 모멘트가 0인 점과 최대모멘트가 작용하는 점 사이의 길이(전단길이) 안의 전단연결재에 의한 평균전단강도가 최소 16 kips/ft 이상이여야 한다.

예제 9.11 **예제 9.10에서 설계된 부분합성보의 연성을 검토하라.**

풀 이 경간장이 30 ft이므로 해설에 나열된 조건 중 첫 번째 조건을 만족하므로 적절한 연성이 있다고 볼 수 있다. 그러나 다른 두 조건의 예를 보여주기 위해 다음과 같은 계산을 수행하였다. 합성 정도 %는 다음과 같다.

$$\frac{\Sigma Q_n}{A_s F_y} \times 100 = \frac{258.5}{384.0} \times 100 = 67.3\%$$

이 값은 50%보다 크므로 조건을 만족한다. 세 번째 조건인 평균전단강도는 다음과 같이 계산할 수 있다.

$$\frac{\Sigma Q_n}{\text{경간장}/2} = \frac{258.5}{30/2} = 17.2\ \text{kips/ft}$$

이 값 역시 16 kips/ft보다 크므로 연성 조건을 만족한다.

해 답 이 보는 충분한 연성을 갖고 있다.

9.8 합성보 해석 및 설계를 위한 표

소성중립축이 강재단면 안에 있는 경우 휨강도의 산정은 매우 귀찮고 어렵다. 이 계산을 빨리 하기 위한 공식이 개발되어 있으나(Hansell 등, 1978), 강구조편람의 3편에 나와 있는 표를 이용하면 더 편리하다.

세 개의 표가 주어져 있다. 형강과 슬래브들의 다양한 조합에 대한 강도; 단면2차모멘트 "하한치" 표; 그리고 스터드 크기, 콘크리트 강도, 덱폼 형상의 다양한 조합에 대한 전단스터드 강도 Q_n의 표가 그것이다.

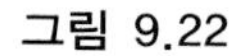

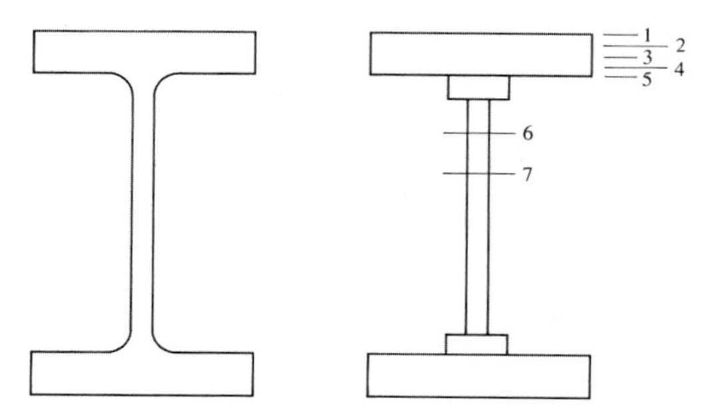

그림 9.22에 나타난 소성중립축의 7개 특정위치에 따른 휨강도가 지침서의 표 3-19에 주어져 있다. 플랜지의 상단(TFL), 상부 플랜지의 하단(BFL), 상부 플랜지 내에 등간격으로 분할된 3점, 그리고 복부에서의 두 개의 위치. 소성중립축 위치 1번(TFL)에 대한 강도는 슬래브 내의 소성중립축 위치에 대해서도 유효하다.

가장 밑에 있는 소성중립축 7번 위치는 $\Sigma Q_n = 0.25A_sF_y$에 상응하는 곳이다. 이 값이 과거 연구에 따른 하한값일지라도(Hansell 등, 1978), 최근 연구 결과는(selden 등, 2015) 연성을 보장하기 위해서는 하한값으로 $\Sigma Q_n = 0.50A_sF_y$를 적용하는 것을 권장하고 있다(표 3-19의 각주 d에 너무 작은 합성거동에 대비한 주의사항을 주고 있다). 소성중립축 6번 위치는 5번 위치에 대한 ΣQ_n와 7번 위치에 대한 ΣQ_n 사이의 중간점 ΣQ_n에 상응하는 것이다. 형강과 슬래브의 각 조합에 대해, 두 개의 강도가 표 3-19에 주어져 있다. LRFD의 경우, 설계강도 $\phi_b M_n$, ASD의 경우, 허용강도 M_n/Ω_b가 표에 주어져 있다.

합성보 해석 시 표를 이용하기 위해서는 우선 대상 형강에 상응하는 표의 해당 부분을 찾고 다음의 과정을 따른다.

1. **ΣQ_n을 선택.** 이 값은 A_sF_y, $0.85f_c'A_c$와 총 전단연결재 강도(지금까지 ΣQ_n으로 불려진) 중에서 최솟값으로 압축력, C에 대한 지침서상의 표기이다.
2. **$Y2$를 선택.** 형강의 상부로부터 콘크리트 압축력이 작용하는 위치까지의 거리로 다음과 같이 계산한다.

$$Y2 = t - \frac{a}{2}$$

이는 그림 9.23에 나타나 있고, 단면2차모멘트의 하한값을 계산하는 데 사용된 값과 같다.

3. 허용강도를 읽는다. 필요하다면 보간법을 사용하라.

설계 시 요구되는 강도를 고려해 표에서 형강과 ΣQ_n의 조합을 선택할 수 있다. $Y2$값이 필요하므로 콘크리트 압축응력분포 깊이를 가정할 필요가 있고 여러 번의 반복작업을 거쳐 수정하게 된다.

그림 9.23

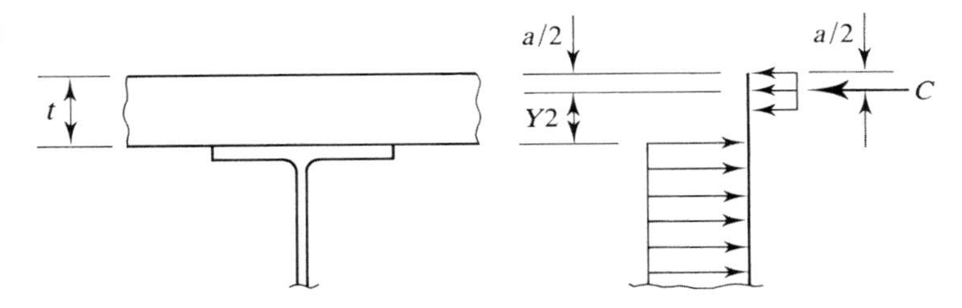

표는 콘크리트가 경화되는 동안 지주가 없는 보 검토를 위해 필요한 강재형상에 대한 $\phi_b M_p$ 와 M_p/Ω_b 를 제공할 뿐 아니라 형강의 상면으로부터 소성중립축까지의 거리 $Y1$ 도 주어져 있다.

예제 9.12 **예제 9.1과 9.2의 합성보에 대해 설계강도를 산정하라. 편람 3장에 있는 표를 사용하라.**

풀 이 예제 9.1로부터, A992 강재, W 16×36 으로 구성되고, 두께 $t = 5$ in.인 슬래브, 유효폭 $b = 87$ in.를 갖는 합성보가 있다. 콘크리트의 28일 압축강도는 $f_c' = 4$ ksi 이다.

콘크리트의 압축력은 다음 중 작은 값을 취한다.

$$A_s F_y = 10.6(50) = 530 \text{ kips}$$

또는

$$0.85 f_c' A_c = 0.85(4)(5 \times 87) = 1487 \text{ kips}$$

$C = 530$ kips 를 사용한다. 압축응력 블록의 깊이는

$$a = \frac{C}{0.85 f_c' b} = \frac{530}{0.85(4)(87)} = 1.792 \text{ in.}$$

강재 상단으로부터 압축력 C까지의 거리는,

$$Y2 = t - \frac{a}{2} = 5 - \frac{1.792}{2} = 4.104 \text{ in.}$$

LRFD 풀이 표에 $\Sigma Q_n = 530$ kips 와 $Y2 = 4.104$ in.를 넣는다. 소성중립축 위치 플랜지 상단(TFL)에 대한 ΣQ_n 값보다 530 kips 가 더 크기 때문에 소성중립축은 슬래브 안에 있고, 소성중립축 위치 TFL을 사용할 수 있다. 보간법에 의하여,

$$\phi_b M_n = 477 \text{ ft-kips}$$

예제 9.2의 결과와 비교되나 같은 수고가 필요하다. 표의 값은 소성중립축이 형강 내에 있을 때 명확하다.

해 답 설계강도 = 477 ft-kips.

ASD 풀 이 표에 $\Sigma Q_n = 530$ kips 와 $Y2 = 4.104$ 를 넣는다. 보간법에 의하여,

$$\frac{M_n}{\Omega_b} = 318 \text{ ft-kips}$$

예제 9.2의 결과와 비교된다.

해 답 허용강도 $= 318$ ft-kips.

예제 9.13 **강구조편람의 3장에 있는 표를 사용하여 다음 조건에 대하여 A992 강재의 W 형강과 전단연결재를 선택하라. 보의 간격은 5 ft 6 in.이고 경간장은 30 ft이다. 슬래브의 총 두께는 $4\,^1/_2$ in.이고 강재 덱폼에 의해 지지되어 있고, 슬래브의 횡단면은 그림 9.24에 나와 있다. 콘크리트의 28일 압축강도는 $f_c' = 4$ ksi 이다. 재하하중은 20 psf 의 시공하중, 20 psf 의 분할하중, 5 psf의 천장무게, 150 psf의 활하중으로 이루어져 있다. 활하중에 의한 최대처짐은 $L/240$ 을 초과할 수 없다.**

그림 9.24

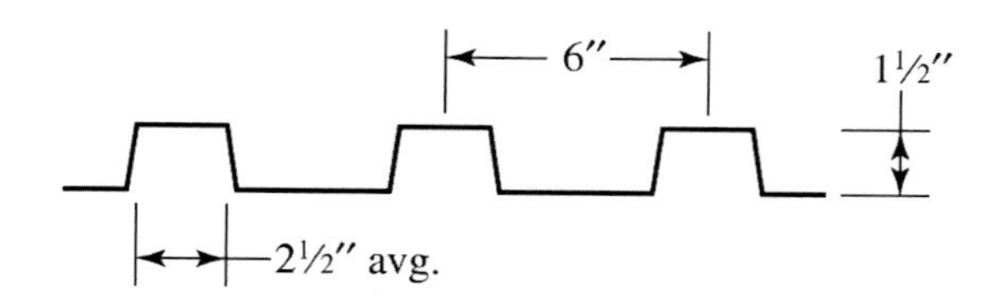

풀 이 콘크리트 양생 전에 지지되는 하중:

$$\text{슬래브 무게} = \frac{4.5}{12}(150) = 56.25 \text{ psf} \quad (\text{안전측으로})$$

$$w_{slab} = 56.25(5.5) = 309.4 \text{ lb/ft}$$

$$\text{시공하중} = 20(5.5) = 110.0 \text{ lb/ft}$$

보 자중은 나중에 고려한다.

콘크리트 양생 후,

$$\text{분할하중} = 20(5.5) = 110.0 \text{ lb/ft}$$

$$\text{활하중} = 150(5.5) = 825.0 \text{ lb/ft}$$

$$\text{천장} = 5(5.5) = 27.5 \text{ lb/ft}$$

LRFD 풀이 합성단면에 의해 전달되는 하중:

$$w_D = w_{slab} + w_{ceil} = 309.4 + 27.5 = 336.9 \text{ lb/ft}$$

$$w_L = 110 + 825 = 935 \text{ lb/ft}$$

$$w_u = 1.2w_D + 1.6w_L = 1.2(0.3369) + 1.6(0.935) = 1.900 \text{ kips/ft}$$

$$M_u = \frac{1}{8}w_u L^2 = \frac{1}{8}(1.900)(30)^2 = 214 \text{ ft-kips}$$

$a = 2$ in.로 가정한다:

$$Y2 = t - \frac{a}{2} = 4.5 - \frac{2}{2} = 3.5 \text{ in.}$$

편람의 표 3.19로부터, 214 ft-kips 이상의 설계강도를 제공하는 $\sum Q_n$, $Y2$를 갖는 형강의 어떤 조합도 시험보로써 적당할 것이다. 두 개의 가능한 단면이 표 9.8에 요약되어 있다.

W 14 × 22 단면이 더 가볍지만, $\sum Q_n$의 값이 크므로 전단연결재가 더 필요하게 된다. 이런 이유로, **W 14 × 26을 시도한다.**

표 9.8

형강	PNA 위치	$\sum Q_n$	$\phi_b M_n$
W14×26	6	135	230
W14×22	3	241	230

설계강도를 계산한다:

b = 보 간격 또는 경간장 ÷ 4

$= 5.5(12) = 66$ in. 또는 $30(12)/4 = 90$ in.

66 in. < 90 in.이므로, $b = 66$ in. 다음으로, $Y2$의 값을 재정리한다.

$C = \sum Q_n$로부터,

$$a = \frac{\sum Q_n}{0.85 f_c' b} = \frac{135}{0.85(4)(66)} = 0.6016 \text{ in.}$$

$$Y2 = t - \frac{a}{2} = 4.5 - \frac{0.6016}{2} = 4.199 \text{ in.}$$

편람의 표 3-19로부터, 보간법에 의해

$\phi_b M_n = 237$ ft-kips > 214 ft-kips (OK)

보 자중에 대해 M_u를 조정한다.

$$w_u = 1.900 + 1.2(0.026) = 1.931 \text{ kips/ft}$$

$$M_u = \frac{1}{8}w_u L^2 = \frac{1}{8}(1.931)(30)^2 = 217 \text{ ft-kips} < 237 \text{ ft-kips} \quad \text{(OK)}$$

전단을 검토한다: Z_x표로부터, $\phi_v V_n = 106$ kips

$$V_u = \frac{w_u L}{2} = \frac{1.931(30)}{2} = 29.0 \text{ kips} < 106 \text{ kips} \quad \text{(OK)}$$

콘크리트 양생 전,

$$w_D = 309.4 + 26 = 335.4 \text{ lb/ft}$$

$$w_L = 110 \text{ lb/ft}$$

$$w_u = 1.2w_D + 1.6w_L = 1.2(0.3354) + 1.6(0.110) = 0.5785 \text{ kips/ft}$$

$$M_u = \frac{1}{8} w_u L^2 = \frac{1}{8}(0.5785)(30)^2 = 65.1 \text{ ft-kips}$$

$$\phi_b M_n = \phi_b M_p = 151 \text{ ft-kips} > 65.1 \text{ ft-kips} \qquad \text{(OK)}$$

활하중에 의한 처짐은 소성중립축 위치가 변하게 되고 단면2차모멘트 하한값에 영향을 미치므로 전단연결재가 선택되고 난 이후에 검토할 것이다.

스터드 최대직경은 $2.5t_f = 2.5(0.420) = 1.05$ in.이지만, 강재 덱폼 고려 시 최대직경은 $^3/_4$ in.이다.

최소길이는 $4d = 4(^3/_4) = 3$ in. 또는 $h_r + 1.5 = 1.5 + 1.5 = 3$ in.

3 in.의 길이에 대해, 스터드 상부 위의 피복은,

$4.5 - 3 = 1.5$ in. > 0.5 in. (OK)

$^3/_4 \times 3$ 스터드를 선택:

$$A_{sc} = \pi(0.75)^2/4 = 0.4418 \text{ in.}^2$$

$$Q_n = 0.5 A_{sa}\sqrt{f_c' E_c} \le R_g R_p A_{sa} F_u$$

리브당 하나의 스터드에 대해, $R_g = 1.0$. 이 책에서는, 강재 덱폼에 대해 항상 안전측으로 $R_p = 0.6$을 사용한다.

$$Q_n = 0.5(0.4418)\sqrt{4(3492)} = 26.11 \text{ kips}$$

$$R_g R_p A_{sa} F_u = 1.0(0.6)(0.4418)(65) = 17.23 \text{ kips} < 26.11 \text{ kips}$$

$\therefore Q_n = 17.23$ kips를 사용한다.

(대신에, 스터드 전단강도는 편람 표 3-21에서 찾을 수 있다. "약한" 스터드로 간주하여 강재 덱폼에 대해 항상 $R_p = 0.6$을 사용하기로 한다. Q_n의 값은 17.2 kips임을 알 수 있다.)

스터드 개수:

$$N_1 = \frac{V'}{Q_n} = \frac{135}{17.23} = 7.84 \qquad \therefore 8 \text{ 개를 사용}$$

총 요구 개수 $= 2(8) = 16$

개략적 간격 $= \dfrac{30(12)}{16} = 22.5$ in.

종방향 최소간격 $= 4d = 4\left(\dfrac{3}{4}\right) = 3$ in.

종방향 최대간격 $= 8t \le 36$ in.

$8t = 8(4.5) = 36$ in.

리브 3개당 1개의 스터드 사용:

간격 $= 3(6) = 18$ in. < 36 in. (OK)

총 개수$= \dfrac{30(12)}{18} = 20$

$N_1 = 20/2 = 10$에 대해, $\Sigma Q_n = 10(17.23) = 172.3$ kips. $C = \Sigma Q_n$으로부터,

$$a = \frac{\Sigma Q_n}{0.85 f_c' b} = \frac{172.3}{0.85(4)(66)} = 0.7678$$

$$Y2 = t - \frac{a}{2} = 4.5 - \frac{0.7678}{2} = 4.116 \text{ in.}$$

편람 표 3-19로부터, $\Sigma Q_n = 172.3$ kips와 $Y2 = 4.116$ in.에 대해,

$\phi_b M_n = 250$ ft-kips (보간법에 의해) $>$ 217 ft-kips (OK)

활하중 처짐을 검토한다: $\Sigma Q_n = 172.3$ kips와 $Y2 = 4.116$ in.에 대해, 편람의 표 3-20으로부터 단면2차모멘트 하한값은,

$I_{LB} = 538 \text{ in.}^4$ (보간법에 의해)

그리고 활하중 처짐은,

$$\Delta_L = \frac{5 w_L L^4}{384 E I_{LB}} = \frac{5(0.935/12)(30 \times 12)^4}{384(29{,}000)538} = 1.09 \text{ in.}$$

활하중에 의한 최대허용 처짐은,

$$\frac{L}{240} = \frac{30(12)}{240} = 1.5 \text{ in.} > 1.09 \text{ in.} \quad \text{(OK)}$$

해 답 W 14 × 26과 20개의 스터드(리브 3개당 1개의 $^3/_4 \times 3$ 스터드)를 사용한다.

ASD 풀 이 합성단면에 의해 전달되는 하중:

$$w_D = w_{slab} + w_{ceil} = 309.4 + 27.5 = 336.9 \text{ lb/ft}$$

$$w_L = 110 + 825 = 935 \text{ lb/ft}$$

$$w_a = w_D + w_L = 0.3369 + 0.935 = 1.272 \text{ kips/ft}$$

$$M_a = \frac{1}{8} w_a L^2 = \frac{1}{8}(1.272)(30)^2 = 143 \text{ ft-kips}$$

$a = 2$ in.로 가정:

$$Y2 = t - \frac{a}{2} = 4.5 - \frac{2}{2} = 3.5 \text{ in.}$$

편람의 표 3-19로부터, 143 ft-kips 이상의 허용강도를 제공하는 ΣQ_n, $Y2$를 갖는 형강의 어떤 조합도 시험 보로써 적당할 것이다. 두 가지 단면에 대해 표 9.9에 요약한다.

표 9.9

형강	PNA 위치	ΣQ_n	M_n/ϕ_b
W14 × 26	6	135	153
W14 × 22	3	241	153

W 14 × 22 단면이 더 가볍지만, ΣQ_n의 값이 크므로 전단연결재가 더 필요하게 된다. 이런 이유로, **W 14 × 26을 선택한다**. 허용강도를 계산한다:

$b =$ 보간격 또는 경간장 길이 ÷ 4

$= 5.5(12) = 66$ in. 또는 $30(12)/4 = 90$ in.

66 in. < 90 in.이므로, $b = 66$ in. 다음으로, $Y2$의 값을 재정리한다. $C = \Sigma Q_n$으로부터,

$$a = \frac{\Sigma Q_n}{0.85 f_c' b} = \frac{135}{0.85(4)(66)} = 0.6016 \text{ in.}$$

$$Y2 = t - \frac{a}{2} = 4.5 - \frac{0.6016}{2} = 4.199 \text{ in.}$$

편람 표 3-19로부터, 보간법에 의해

$$\frac{M_n}{\Omega_b} = 158 \text{ ft-kips} > 143 \text{ ft-kips} \quad \text{(OK)}$$

보 자중에 대해 M_a를 조정한다.

$$w_a = 1.272 + 0.026 = 1.298 \text{ kips/ft}$$

$$M_a = \frac{1}{8} w_a L^2 = \frac{1}{8}(1.298)(30)^2 = 146 \text{ ft-kips} < 158 \text{ ft-kips} \quad \text{(OK)}$$

전단을 검토한다: Z_x 표로부터, $V_n / \Omega_v = 70.9$ kips

$$V_a = \frac{w_a L}{2} = \frac{1.298(30)}{2} = 19.5 \text{ kips} < 70.9 \text{ kips} \quad \text{(OK)}$$

콘크리트 양생 전,

$$w_D = 309.4 + 26 = 335.4 \text{ lb/ft}$$

$$w_L = 110 \text{ lb/ft}$$

$$w_a = w_D + w_L = 0.3354 + 0.110 = 0.4454 \text{ kips/ft}$$

$$M_a = \frac{1}{8} w_a L^2 = \frac{1}{8}(0.4454)(30)^2 = 50.1 \text{ ft-kips}$$

표 3-19로부터,

$$\frac{M_n}{\Omega_b} = \frac{M_p}{\Omega_b} = 100 \text{ ft-kips} > 50.1 \text{ ft-kips} \quad \text{(OK)}$$

전단연결재의 설계와 처짐 검토에 대해, LRFD 해석을 참조하라. 3개의 리브당 1개의 $^3/_4 \times 3$ 스터드가 사용될 것이다. 표 3-19로부터, 이 합성보에 대한 허용강도는

$$\frac{M_n}{\Omega_b} = 166 \text{ ft-kips} > 146 \text{ ft-kips} \quad \text{(OK)}$$

해 답 W 14 × 26과 20개의 스터드(리브 3개당 1개의 $^3/_4 \times 3$ 스터드)를 사용한다.

예제 9.12에서 보여 주듯이, 편람의 표는 소성중립축이 강재 내에 있을 때 부분합성보의 설계를 대단히 단순화시켜준다.

9.9 연속보

단순보에서 모멘트가 0인 점은 지점이다. 각 지점과 최대정모멘트 점 사이에 필요한 전단연결재 개수는 요구되는 전체 개수의 반이다. 연속보에서는 변곡점이 모멘트가 0인 점이고, 일반적으로 각 경간에 $2N_1$ 개수의 연결재가 필요하다. 그림 9.26(a)는 전형적인 연속보와 전단연결재가 필요한 위치를 보여준다. 부모멘트 영역에서는 콘크리트 슬래브는 인장 상태에 있게 되므로 무시된다. 이러한 영역에서는 지금까지 고려한 정상적인 의미의 합성거동이 없으며, 단지 구조강재 형강과 슬래브 안의 종방향 철근과의 합성거동만이 가능하다. 이때의 상응하는 합성단면은 그림 9.26(b)에 나타내었다. 이 개념을 사용하면, 형강과 철근 사이에 어느 정도의 연속성을 달성하기 위해 충분한 개수의 전단연결재가 설치되어야 한다.

AISC 시방서 I3-2b절은 부모멘트에 대해 두 가지 대안을 제시하고 있다.

1. 단지 형강의 강도만을 고려한다.

그림 9.25

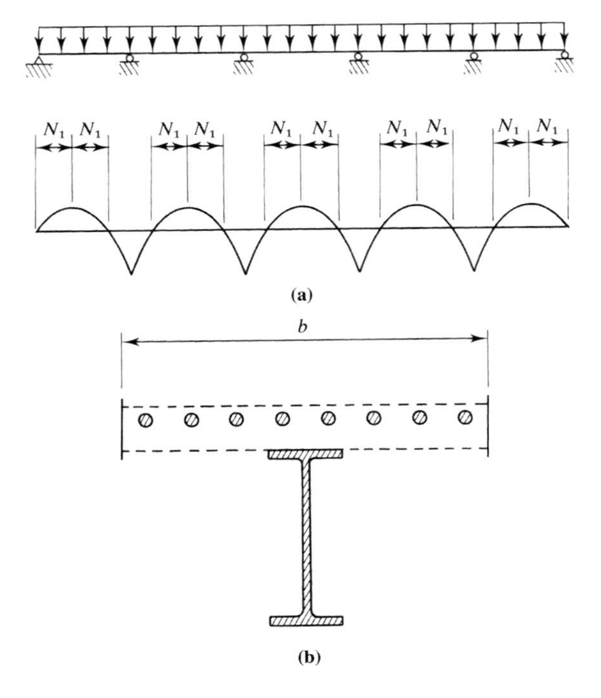

2. 다음의 조건하에서는 형강과 철근으로 구성된 합성단면을 사용한다.
   a. 형강은 충분한 횡지지와 함께 조밀해야 한다.
   b. 부모멘트 영역(모멘트가 0인 점과 최대 부모멘트점 사이)에서 전단연결재가 설치되어 있어야 한다.
   c. 유효폭 내의 빔에 평행한 방향의 철근은 적절히 배근되어 있어야 한다.

   합성단면의 강도는 소성응력분포에 근거하여야 하며, 강재 형강과 철근 사이에 전달되는 수평력은 $F_{yr}A_r$와 ΣQ_n 중 작은 값을 택하며, 여기서

   A_r = 슬래브 유효폭 내의 철근 면적

   F_{yr} = 철근의 항복응력

   만일 이 합성단면이 사용되면, LRFD에 대한 저항계수는 $\phi_b = 0.90$이고 ASD에 대한 안전율은 $\Omega_b = 1.67$이다.

해설 I3.2b절에 합성단면의 강도를 계산하는 방법이 자세히 기술되어 있다.

부모멘트에 대한 합성작용을 고려한 추가적인 강도는 상대적으로 작다. 형강만이 부모멘트에 저항한다고 고려하면 모멘트강도를 증가시키기 위해 보플랜지에 때때로 덮개판을 사용하기도 한다.

9.10 합성기둥

합성기둥은 다음의 두 가지 형태 중 하나이다. 콘크리트로 채운 관 또는 HSS, 철근콘크리트 기둥으로 수직철근과 타이나 나선형의 횡방향 철근으로 배근된 콘크리트에 매립된 압연형강. 그림 9.26은 이 두 가지 형태를 보여주고 있다.

강재가 매립된 합성기둥의 강도

AISC 시방서의 I2.1절에서 둘러싸인 합성기둥을 다룬다. 만일 좌굴이 문제시되지 않으면, 부재강도는 구성 재료의 압축강도의 합으로 취할 수 있다.

그림 9.26

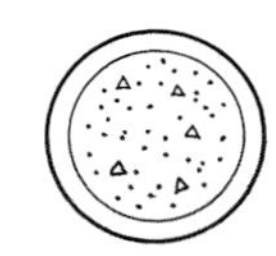
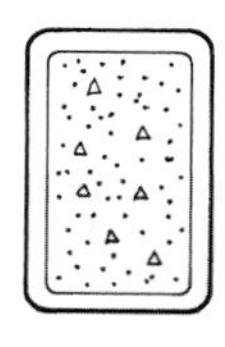
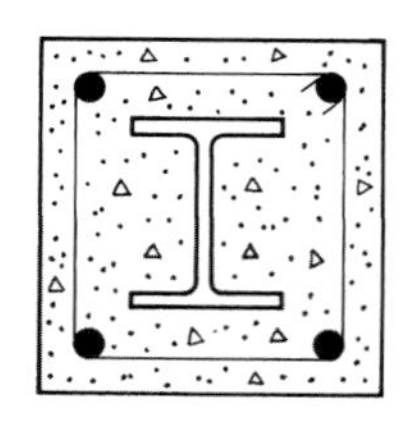

$$P_{no} = F_y A_s + F_{ysr} A_{sr} + 0.85 f_c' A_c \quad \text{(AISC 식 I2-4)}$$

여기서

F_y =압연형강의 항복응력

A_s =압연형강의 단면적

F_{ysr} =철근의 항복응력

A_{sr} =철근의 단면적

강도 P_{no}는 "파괴(squash)하중"이라 하며, 세장효과를 고려하지 않는 경우의 공칭강도이다.

현재 사용되는 철근은 이형철근이다. 즉, 철근이 콘크리트와의 부착이 용이하도록 철근 표면이 돌출부를 갖고 있다. 계산 시 사용되는 보의 단면적은 이형철근과 단위길이당 같은 무게를 갖는 일반철근 면적과 같은 크기의 공칭면적이다. 표 9.10에 ASTM(2010b)과 ACI(2014)에서 규정한 표준철근 사이즈에 대한 공칭직경과 면적이 나타나 있다.

세장효과 때문에, AISC 식 I2-4에 의해 예측되는 강도를 얻을 수가 없다. 세장 특성을 고려하기 위해 P_{no}와 P_e 사이의 관계가 사용되는데, 여기서 P_e는 오일러 좌굴하중이고, 다음과 같이 정의된다.

$$P_e = \frac{\pi^2 (EI)_{\text{eff}}}{(L_c)^2} \quad \text{(AISC 식 I2-5)}$$

여기서 $(EI)_{eff}$는 합성단면의 유효 휨강성이고 다음과 같이 주어진다.

$$(EI)_{\text{eff}} = E_s I_s + 0.5 E_s I_{sr} + C_1 E_c I_c \quad \text{(AISC 식 I2-6)}$$

여기서

I_s =좌굴축에 관한 형강의 단면2차모멘트

표 9.10

철근 번호	직경(in.)	면적(in.^{2})
3	0.375	0.11
4	0.500	0.20
5	0.625	0.31
6	0.750	0.44
7	0.875	0.60
8	1.000	0.79
9	1.128	1.00
10	1.270	1.27
11	1.410	1.56
14	1.693	2.25
18	2.257	4.00

I_{sr} = 좌굴축에 관한 종방향 철근의 단면2차모멘트

$$C_1 = 0.25 + 3\left(\frac{A_s + A_{sr}}{A_g}\right) \leq 0.7 \qquad \text{(AISC 식 I2-7)}$$

I_c = 합성단면의 탄성중립축에 대한 단면의 단면2차모멘트

공칭강도식은 비합성의 부재에 대한 식과 유사하다.

$\dfrac{P_{no}}{P_e} \leq 2.25$일 때,

$$P_n = P_{no}\left[0.658^{\left(\frac{P_{no}}{P_e}\right)}\right] \qquad \text{(AISC 식 I2-2)}$$

$\dfrac{P_{no}}{P_e} \geq 2.25$일 때,

$$P_n = 0.877\,P_e \qquad \text{(AISC 식 I2-3)}$$

AISC 식 I2-4와 I2-6에서 철근콘크리트 항이 생략되면 다음과 같다.

$$P_{no} = A_s F_y$$

$$(EI)_{\text{eff}} = E_s I_s$$

$$P_e = \frac{\pi^2 E_s I_s}{(KL)^2}$$

그리고

$$\frac{P_{no}}{P_e} = \frac{A_s F_y}{\pi^2 E_s I_s/(L_c)^2} = \frac{F_y}{\pi^2 E_s A_s r^2/A_s(L_c)^2} = \frac{F_y}{\pi^2 E_s/(L_c/r)^2} = \frac{F_y}{F_e}$$

여기서 F_e는 탄성좌굴응력으로써 AISC E장에서 정의된다.

AISC 식 I2-2는 다음과 같이 된다.

$$P_n = A_s\left[0.658^{\left(\frac{F_y}{F_e}\right)}\right]F_y \qquad (9.6)$$

그리고 AISC 식 I2-3은

$$P_n = A_s(0.877)F_e \qquad (9.7)$$

식 9.6과 9.7은 비합성 압축부재들에 대한 AISC E장의 식과 같은 강도를 나타낸다.

LRFD에 대해, 설계강도는 $\phi_c P_n$이고, 여기서 $\phi_c = 0.75$이다. ASD에 대해, 허용강도는 P_n/Ω_c이고, 여기서 $\Omega_c = 2.00$이다.

예제 9.14 **그림 9.27과 같이 $W\,12 \times 136$ 형강이 $20\,in. \times 22\,in.$콘크리트 기둥에 둘러싸인 합성 압축부재가 있다. 종방향으로 네 개의 #10 철근과 횡방향으로 중심간 간격이 $13\,in.$인 #3 타이가 사용되었다. 종방향 철근의 중심까지의 콘크리트 피복은 $2.5\,in.$로 가정한다. 강재의 항복응력은 $F_y = 50\,ksi$ 이고 등급 60의 철근이 사용되었다. 콘크리트의 강도는 $f_c = 5\,ksi$ 이다. 두 축에 대해 유효길이가 모두 $16\,ft$인 경우 설계강도를 산정하라.**

그림 9.27

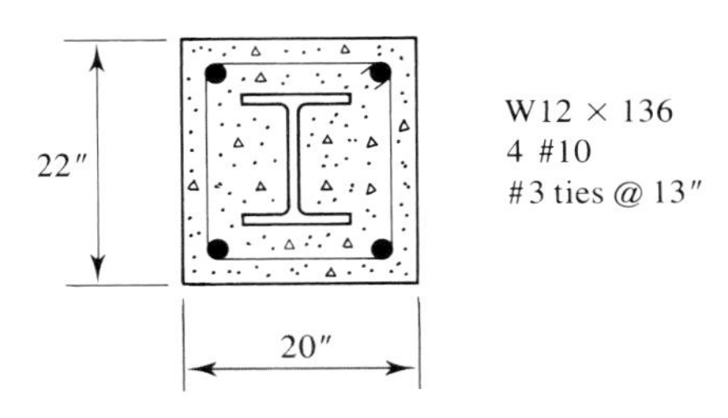

풀 이 AISC 강도식에 필요한 값은 다음과 같다. 단면 $W\,12 \times 136$의 경우, $A_s = 39.9\,in.^2$ 그리고 $I_s = I_y = 398\,in.^4$ 종방향 철근에 대해,

$$A_{sr} = 4(1.27) = 5.08\,in.^2$$

$$I_{sr} = \sum Ad^2 = 4 \times 1.27\left(\frac{20 - 2 \times 2.5}{2}\right)^2 = 285.8\,in.^4 \quad \text{(약축에 대해)}$$

콘크리트에 대해,

$$A_g = \text{콘크리트의 전단면} = 20(22) = 440\,in.^2$$

$$A_c = \text{콘크리트의 순단면} = A_g - A_s - A_{sr}$$
$$= 440 - 39.9 - 5.08 = 395.0\,in.^2$$

$$E_c = w^{1.5}\sqrt{f_c'} = (145)^{1.5}\sqrt{5} = 3904\,ksi$$

$$I_c = \frac{22(20)^3}{12} = 14{,}670\,in.^4 \quad \text{(약축에 대해)}$$

AISC 식 I2-4로부터,

$$P_{no} = A_sF_y + A_{sr}F_{ysr} + 0.85A_cf_c'$$
$$= 39.9(50) + 5.08(60) + 0.85(395.0)(5) = 3979\,kips$$

AISC 식 I2-7로부터,

$$C_1 = 0.25 + 3\left(\frac{A_s + A_{sr}}{A_g}\right) \leq 0.7$$
$$= 0.25 + 3\left(\frac{39.9 + 5.08}{440}\right) = 0.5567 < 0.7$$

AISC 식 I2-6으로부터,

$$(EI)_{eff} = E_sI_s + 0.5E_sI_{sr} + C_1E_cI_c$$

$$= 29{,}000(398) + 0.5(29{,}000)(285.8) + 0.5567(3904)(14{,}670)$$

$$= 4.757 \times 10^7 \text{ kip-in.}^2$$

AISC 식 I2-5로부터,

$$p_e = \frac{\pi^2 (EI)_{\text{eff}}}{(L_c)^2} = \frac{\pi^2 (4.757 \times 10^7)}{(16 \times 12)^2} = 12{,}740 \text{ kips}$$

따라서,

$$\frac{P_{no}}{P_e} = \frac{3979}{12{,}740} = 0.3123 < 2.25$$ ∴ AISC 식 I2-2를 사용한다.

$$P_n = P_{no}\left[0.658^{\left(\frac{P_{no}}{P_e}\right)}\right] = 3979\,(0.658)^{0.3123} = 3491 \text{ kips}$$

해 답 LRFD에 대해, 설계강도는 $\phi_c P_n = 0.75(3491) = 2620 \text{ kips}$이다.
ASD에 대해, 허용강도는 $P_n/\Omega_c = 3491/2.00 = 1750 \text{ kips}$이다.

강도 요구조건에 추가하여, AISC I2.1a "제한사항"과 I2.1e "상세 요구조건"의 요구조건을 주의 깊게 검토해야 한다. 둘러싸인 합성기둥에 대한 제한사항과 상세 요구조건은 다음과 같이 요약될 수 있다.

1. 형강의 단면적은 적어도 총면적의 1% 이상 차지해야 한다.
2. 콘크리트에는 연속적인 종방향 철근과 타이 또는 스파이럴 등으로 구성 된 횡방향 철근이 배치되어 있어야 한다.
3. 종방향 철근의 면적은 적어도 총면적의 0.4% 이상이어야 한다.
4. 타이로 횡방향 철근이 구성되어 있다면, #3 철근을 12 in. 이하의 간격으로 배치하거나, 더 큰 철근을 16 in. 이하로 배치해야 한다. 어떤 경우라도 작은 기둥 단면의 1/2을 초과해서는 안 된다.
5. 형강과 종방향 철근의 순간격은 철근 직경의 1.5배 이상이어야 하며, 15 in.보다 작아서는 안 된다.

위 요구조건과 함께 ACI 건물기준(ACI, 2014)의 조항도 따라야 한다.

강재와 콘크리트가 일체로 거동하기 위해서는 두 재료 사이에 하중을 분담하는 방법이 있어야 한다. AISC 시방서 16절 "하중전달(Load Transfer)"에 이를 설명하고 있다. 콘크리트와 철근 사이에 어느 정도의 화학적 부착이 있을지라도 하중 전체가 전달된다고 믿기는 어려우며, 시방서에서도 이를 허용하지 않고 있다.
하중전달은 직접적인 지압이나 강재 전단연결재에 의해 이루어질 수 있다. 전달되는 하중은 전단력이며, 그 크기는 외력을 부재에 어떻게 가하고 있는가에 달려있다. 강재 단면에 100%, 콘크리트 단면에 100%, 또는 일부분은 강재에 일부분은 콘크리트에 가해질 수 있다. 자세한 사항은 AISC I6에 나와 있으며, 여기서는 다루지 않는다.

콘크리트가 채워진 합성기둥의 강도

콘크리트가 채워진 중공단면의 압축강도는 강재가 매립된 기둥의 강도와 같이 휨좌굴의 한계상태에 근거한다. 중공단면이 조밀, 비조밀 또는 세장한가에 따라 P_{no}가 달라지지만, P_n에 대한 동일한 AISC식(I2-2와 I2-3)을 사용한다. 다시 말하면, 국부좌굴을 고려할 경우 휨좌굴강도가 줄어들 수도 있다는 것이다(AISC, I2.2b).

직사각형 단면의 경우 폭-두께비 λ는 폭(b)을 두께(t)로 나눈 b/t이며, 원형 단면의 경우 바깥직경(D)을 두께(t)로 나눈 D/t이다. 국부좌굴을 언급하는 다른 장에서와 같이, 형강은 조밀, 비조밀 또는 세장단면으로 분류한다:

- $\lambda \le \lambda_p$: 조밀
- $\lambda_p < \lambda \le \lambda_r$: 비조밀
- $\lambda > \lambda_r$: 세장

λ_p와 λ_r은 AISC 표 I1.1a에 주어져 있으며, 여기에서는 조금 다르게 표현하였다.

직사각형 단면:

$$\lambda_p = 2.26\sqrt{\frac{E}{F_y}}, \quad \lambda_r = 3.00\sqrt{\frac{E}{F_y}} \quad (\lambda\text{의 상한값은 } 5.00\sqrt{\frac{E}{F_y}})$$

원형 단면:

$$\lambda_p = \frac{0.15E}{F_y}, \quad \lambda_r = \frac{0.19E}{F_y} \quad (\lambda\text{의 상한값은 } \frac{0.31E}{F_y})$$

길이 효과가 고려된 공칭강도 P_n을 구하는 데 사용되는 P_{no}(길이효과 비포함)는 다음과 같이 결정한다.

$\lambda \le \lambda_p$ (조밀단면)인 경우,

$$P_{no} = P_p \qquad \text{(AISC 식 I2-9a)}$$

여기서,

$$P_p = F_y A_s + C_2 f_c'\left(A_c + A_{sr}\frac{E_s}{E_c}\right) \qquad \text{(AISC 식 I2-9b)}$$

$$C_2 = 0.85(\text{직사각형 단면})$$

$$= 0.95(\text{원형 단면})$$

$\lambda_p < \lambda < \lambda_r$ (비조밀단면)인 경우,

$$P_{no} = P_p - \frac{P_p - P_y}{(\lambda_r - \lambda_p)^2}(\lambda - \lambda_p)^2 \qquad \text{(AISC 식 I2-9c)}$$

여기서,

$$P_y = F_y A_s + 0.7 f_c' \left(A_c + A_{sr} \frac{E_s}{E_c} \right) \qquad \text{(AISC 식 I2-9d)}$$

$\lambda > \lambda_r$ (세장단면)인 경우,

$$P_{no} = F_y A_s + 0.7 f_c' \left(A_c + A_{sr} \frac{E_s}{E_c} \right) \qquad \text{(AISC 식 I2-9e)}$$

여기서,

$$F_{cr} = \frac{9E_s}{(b/t)^2} \qquad \text{(직사각형 단면)} \qquad \text{(AISC 식 I2-10)}$$

$$= \frac{0.72F_y}{\left[(D/t)\dfrac{F_y}{E_s}\right]^{0.2}} \qquad \text{(원형 단면)} \qquad \text{(AISC 식 I2-11)}$$

P_{no}를 한 번 구하면 강도를 계산하는 남은 과정은 강재가 매립된 경우와 같다.

1. P_e를 계산
2. $\dfrac{P_{no}}{P_e}$ 계산
3. AISC 식 I2-2 또는 I2-3으로부터 공칭강도 계산

P_e를 구하는 데 사용하중 탄성휨강도 $(EI)_{\text{eff}}$는 다음과 같다.

$$(EI)_{\text{eff}} = E_s I_s + E_s I_{sr} + C_3 E_c I_c \qquad \text{(AISC 식 I2-12)}$$

여기서,

$$C_3 = 0.45 + 3\left(\frac{A_s + A_{sr}}{A_g}\right) \le 0.9 \qquad \text{(AISC 식 I2-13)}$$

채워지지 않는 HSS의 강도보다 작은 강도가 산정되더라도 이 값을 적용해서는 안 된다.

예제 9.15 **유효길이가** 13 ft **인** HSS7×0.125**는 보통 콘크리트로 채워져 있고 기둥으로써 사용된다. 종방향 철근은 사용되지 않는다. 콘크리트의 강도는** $f_c' = 5$ ksi **이다. 압축강도를 계산하라.** $F_y = 42$ ksi

풀 이 편람의 1절로부터 다음의 치수와 단면값을 얻을 수 있다.

$A_s = 2.51$ in.^{2}, $D/t = 60.3$ in.^{4}, 설계 벽두께= 0.116 in., 그리고 $I_s = 14.9$ in.^{4} 다음의 값 또한 필요하다:

$$A_c = \frac{\pi d_{inside}^4}{4} = \frac{\pi(7.000 - 2 \times 0.116)^2}{4} = 35.98 \text{ in.}^2$$

$$E_c = w^{1.5}\sqrt{f_c'} = (145)^{1.5}\sqrt{5} = 3904 \text{ ksi}$$

$$I_c = \frac{\pi d_{inside}^4}{64} = \frac{\pi(7.000 - 2 \times 0.116)^4}{64} = 103.0 \text{ in.}^4$$

단면의 분류,

$$\lambda = D/t = 60.3$$

$$\lambda_p = \frac{0.15E}{F_y} = \frac{0.15 \times 29000}{42} = 103.6$$

$\lambda < \lambda_p$이므로 조밀단면이며 AISC 식 I2-9b를 적용,

$$P_{no} = P_p = F_y A_s + C_2 f_1'\left(A_c + A_{sr}\frac{E_s}{E_c}\right)$$

$$= 42(2.51) + 0.95(5)(35.98 + 0) = 276.3 \text{ kips}$$

다음은 $(EI)_{eff}$를 계산한다. AISC 식 I2-13으로부터

$$C_3 = 0.45 + 3\left(\frac{A_s + A_{sr}}{A_g}\right) \leq 0.9$$

$$= 0.45 + 3\left(\frac{2.51 + 0}{\pi(7)^2/4}\right) = 0.6457 < 0.9$$

AISC 식 I2-12로부터,

$$(EI)_{eff} = E_s I_s + E_s I_{sr} + C_3 E_c I_c$$

$$= 29{,}000(14.9) + 0 + 0.6457(3904)(103.0)$$

$$= 6.917 \times 10^5 \text{ kips-in.}^2$$

AISC 식 I2-5로부터,

$$P_e = \frac{\pi^2 (EI)_{eff}}{(L_c)^2} = \frac{\pi^2(6.917 \times 10^5)}{(13 \times 12)^2} = 280.5 \text{ kips}$$

따라서

$$\frac{P_{no}}{P_e} = \frac{276.3}{280.5} = 0.9850 < 2.25 \quad \therefore$$ AISC 식 I2-2를 사용한다.

$$P_n = P_{no}\left[0.658^{\left(\frac{P_{no}}{P_e}\right)}\right] = 276.3\left[0.658^{0.9850}\right] = 183.0 \text{ kips}$$

해 답 LRFD에 대해, 설계강도는 $\phi_c P_n = 0.75(183.0) = 137$ kips 이다.
ASD에 대해, 허용강도는 $P_n/\Omega_c = 183.0/2.00 = 91.5$ kips 이다.

중공관과 콘크리트 사이의 하중 전달은 일반적으로 부착, 직접지압, 전단연결재를 통해 이루어진다. 직접부착은 매립 합성부재에서는 적용되지 않는다. 부착강도에 대한 것은 AISC I6-3c에 식이 주어져 있다.

콘크리트를 채운 합성부재에 대한 추가적인 요구사항은 강재의 단면적이 전체 단면적의 1% 이상 되어야 한다는 조건이다.

연습문제

주의사항 특별히 지정하지 않는 한 모든 문제에 다음 조건이 적용된다.

1. 지주(shoring)는 사용되지 않는다.
2. 시공단계에서 슬래브 거푸집이나 바닥판은 보의 연속적인 횡지지점을 제공한다.
3. 보통 콘크리트를 사용한다.

서론: 합성보의 해석

9.1-1 W 18 × 40을 사용한 마루보가 유효폭 b가 81 in.이고 두께가 4 in.인 콘크리트 슬래브를 지지하고 있다. 보가 완전합성단면이 되도록 충분한 전단연결재가 설치되어 있다. 콘크리트의 28일 압축강도는 $f_c' = 4$ ksi이다.

a. 환산단면의 단면2차모멘트를 구하라.

b. 290 ft-kips의 공용하중 정모멘트에 대해, 강재 상단에서의 응력(인장 또는 압축인지를 표시), 강재하단에서의 응력, 콘크리트 상단에서의 응력을 구하라.

9.1-2 W 21 × 57을 사용한 마루보가 유효폭 b가 75 in.이고 두께가 5 in.의 콘크리트 슬래브를 지지하고 있다. 보가 완전합성단면이 되도록 충분한 전단연결재가 있고 콘크리트의 28일 압축강도는 $f_c' = 4$ ksi이다.

a. 환산단면의 단면2차모멘트를 구하라.

b. 300 ft-kips의 공용하중 정모멘트에 대해, 강재 상단에서의 응력(인장 또는 압축인지를 표시), 강재 하단에서의 응력, 콘크리트 상단에서의 응력을 구하라.

9.1-3 W 24 × 55를 사용한 마루보가 유효폭 b가 78 in.이고 두께가 $4^1/_2$ in.인 콘크리트 슬래브를 지지하고 있다. 보가 완전합성단면으로 되도록 충분한 전단연결재가 있고 콘크리트의 28일 압축강도는 $f_c' = 4$ ksi이다.

a. 환산단면의 단면2차모멘트를 구하라.

b. 450 ft-kips의 공용하중 정모멘트에 대해, 강재 상단에서의 응력(인장 또는 압축인지를 표시), 강재 하단에서의 응력, 콘크리트 상단에서의 응력을 구하라.

9.1-4 문제 9.1-1에서 합성보의 공칭휨강도를 구하라. $F_y = 50$ ksi를 사용하라.

9.1-5 문제 9.1-2에서 합성보의 공칭휨강도를 구하라. $F_y = 50\,\text{ksi}$를 사용하라.

9.1-6 문제 9.1-3에서 합성보의 공칭휨강도를 구하라. $F_y = 50\,\text{ksi}$를 사용하라.

지주로 지지되지 않은 합성보의 강도

9.2-1 $\text{W}\,14 \times 22$ 형강은 유효폭 b가 $90\,\text{in.}$이고 두께가 $4\,\text{in.}$인 바닥판과 합성형 단면을 이룬다. 보의 간격은 $7\,\text{ft}\;6\,\text{in}$이고, 경간장은 $30\,\text{ft}$이다. 지주는 사용되지 않고, 재하된 하중은 다음과 같다. 시공하중 $= 20\,\text{psf}$, 활하중 $= 60\,\text{psf}$, 분할하중 $= 10\,\text{psf}$, 천장 및 조명기구의 무게 $= 5\,\text{psf}$. A992 강재가 사용되고 $f_c' = 4\,\text{ksi}$이다. 휨강도가 적당한지 결정하라.

a. LRFD를 사용하라.
b. ASD를 사용하라.

9.2-2 $\text{W}\,18 \times 97$을 사용한 보와 $5\,\text{in.}$ 두께의 콘크리트 바닥판이 합성단면을 이루고 있다. 슬래브의 유효폭은 $84\,\text{in.}$이다. 경간장은 $30\,\text{ft}$이고 보의 간격은 $8\,\text{ft}$이다. 슬래브의 자중에 추가하여, 시공하중 $20\,\text{psf}$, 등분포 활하중 $800\,\text{psf}$가 작용한다. 다음과 같은 가정하에 휨강도가 적당한지 결정하라. 시공단계에서 횡지지점은 없고, A992 강재가 사용되고 $f_c' = 4\,\text{ksi}$이다.

a. LRFD를 사용하라.
b. ASD를 사용하라.

플랜지의 유효폭

9.3-1 두께 $4\,\text{in.}$의 콘크리트 바닥판을 지지하는 $\text{W}\,12 \times 16$인 마루보가 완전합성단면을 이루고 있다. 보의 간격은 $7\,\text{ft}$이고 경간장은 $25\,\text{ft}$이다. 시공하중 $= 20\,\text{psf}$, 분할하중 $= 15\,\text{psf}$, 활하중 $= 125\,\text{psf}$가 작용한다. 사용강재는 A992이고, $f_c' = 4\,\text{ksi}$이다. 이 보가 AISC 시방서의 규정을 만족하는지 결정하라.

a. LRFD를 사용하라.
b. ASD를 사용하라.

9.3-2 콘크리트 강도 $f_c' = 4\,\text{ksi}$, 두께 $4^1/_2$ in.의 콘크리트 바닥판을 지지하고 있는 A992 강재의 $W\,16 \times 50$인 마루보가 완전합성단면을 이루고 있다. 보의 간격은 10 ft이고 경간장은 35 ft이다. 작용하중은 시공하중 = 20 psf, 활하중 = 160 psf이 보가 AISC 시방서의 규정을 만족하는지 결정하라.
a. LRFD를 사용하라.
b. ASD를 사용하라.

Stell headed stud anchors

9.4-1 $W\,21 \times 57$ 강보의 중심간 간격은 9 ft이고 6 in.두께의 콘크리트 바닥판을 지지하는 40 ft의 마루보가 완전합성단면을 이루고 있다. 이 강재는 A992이고, 콘크리트 강도는 $f_c' = 4\,\text{ksi}$이다. 시공하중 = 20 psf, 활하중 = 250 psf가 작용하고 있다.
a. 이 보가 LRFD에 적절한지를 결정하라.
b. 이 보가 ASD에 적절한지를 결정하라.
c. 완전합성거동을 위하여 필요한 $^3/_4$-in. × 3-in. 전단연결재의 개수는?

9.4-2 $W\,14 \times 22$ 강보의 간격은 8 ft이고 4 in.두께의 콘크리트 바닥판을 지지하는 27 ft의 마루보가 완전합성단면을 이루고 있다. A572 등급 50 강재이고, 콘크리트 강도는 $f_c' = 4\,\text{ksi}$이다. 재하하중은 시공하중 = 20 psf, 분할하중 = 20 psf, 활하중 = 120 psf 이다.
a. 이 보가 LRFD에 적절한지를 결정하라.
b. 이 보가 ASD에 적절한지를 결정하라.
c. 완전합성거동을 위하여 필요한 $^3/_4$in. × 3in. 전단연결재의 개수는?

9.4-3 문제 9.1-1의 보에서 완전합성거동을 위해 필요한 $^3/_4$ in. × 3 in. 전단스터드의 개수를 구하라. $F_y = 50\,\text{ksi}$를 사용하라.

9.4-4 문제 9.1-2의 보에서 완전합성거동을 위해 필요한 $^7/_8$ in. × $3^1/_2$ in. 전단스터드의 개수를 구하라. $F_y = 50\,\text{ksi}$를 사용하라.

9.4-5 문제 9.3-1의 보에 대해 전단연결재를 설계하고, 결과를 그림 9.11과 유사하게 도시하라.

설계

9.5-1 두께 $4^{1}/_{2}$ in.의 콘크리트 바닥판을 지지하고 중심간 간격이 6 ft 6 in.인 경간장 36 ft의 강재보가 합성단면을 이루고 있다. 강재의 항복응력은 50 ksi이고 콘크리트의 강도는 $f_c' = 4$ ksi이다. 재하하중은 시공하중이 20 psf이고, 활하중이 175 psf이다. W 16 형상을 선택하라.

a. LRFD를 사용하라.

b. ASD를 사용하라.

c. 전단연결재를 선택하고 그림 9.13과 유사하게 도시하라.

9.5-2 바닥시스템은 다음과 같은 특징들을 가진다.

- 경간장 = 40 ft
- 보 간격 = 5 ft
- 슬래브 두께 = 4 in.

재하하중들은 시공하중 20 psf, 분할하중 20 psf와 활하중 125 psf으로 이루어져 있다. $F_y = 50$ ksi와 $f_c' = 4$ ksi를 사용하고 완전합성 바닥판시스템을 위한 W 형강을 선택하라.

a. LRFD를 사용하라.

b. ASD를 사용하라.

c. 전단연결재를 선택하고 그림 9.13의 것과 유사한 스케치에 배치도를 도시하라.

9.5-3 바닥시스템은 다음과 같은 특징들을 가진다.

- 경간장 = 30 ft
- 보 간격 = 7 ft
- 슬래브 두께 = 5 in.

재하하중들은 시공하중 20 psf, 활하중 800 psf으로 이루어져 있다. $F_y = 50$ ksi와 $f_c' = 4$ ksi를 사용하고 완전합성 바닥판시스템을 위한 W 형강을 선택하라.

a. LRFD를 사용하라.

b. ASD를 사용하라.

c. 전단연결재를 선택하고 그림 9.13의 것과 유사한 스케치에 배치도를 도시하라.

처짐

9.6-1 문제 9.2-1의 보에서 다음의 처짐을 계산하라.

a. 콘크리트 양생 전의 최대처짐

b. 합성단면의 처짐은 단면2차모멘트 하한값을 사용하며, 예제 9.7과 같이 합성거동 후의 최대총처짐을 산정하라.

9.6-2 문제 9.2-2의 보에서 다음의 처짐을 계산하라.

a. 콘크리트 양생전의 최대처짐

b. 합성단면의 처짐은 단면2차모멘트 하한값을 사용하며, 예제 9.7과 같이 합성거동 후의 최대 총처짐을 산정하라.

9.6-3 문제 9.3-1에서 보에 대해,

a. 합성단면의 처짐은 단면2차모멘트 하한값을 사용하며, 예제 9.7과 같이 콘크리트 양생 전·후의 처짐을 구하라.

b. 활하중 상태에서의 처짐이 $L/360$을 초과하면 LRFD 또는 ASD를 사용하여 다른 형강을 선택하라.

9.6-4 문제 9.4-1에서 설계한 보에 대해,

a. 합성단면의 처짐은 단면2차모멘트 하한값을 사용하며, 예제 9.7과 같이 콘크리트 양생 전·후의 처짐을 구하라.

b. 콘크리트 양생 후의 총 처짐이 $L/240$을 초과하면 LRFD 또는 ASD를 사용하여 다른 형강을 선택하라.

9.6-5 문제 9.4-2에서 설계한 보에 대해,

a. 합성단면의 처짐은 단면2차모멘트 하한값을 사용하며, 예제 9.7과 같이 콘크리트 양생 전·후의 처짐을 구하라.

b. 활하중 상태에서의 처짐이 $L/360$을 초과하면 LRFD 또는 ASD를 사용하여 다른 형강을 선택하라.

강재 덱폼이 있는 합성보

9.7–1 W18×35의 강재로 구성된 마루보가 완전합성단면을 이루고 있다. 보의 간격은 6 ft이고 경간장은 30 ft인 보를 강재 덱폼과 콘크리트 슬래브가 지지하고 있다. 슬래브의 총 두께는 $4^1/_2$ in.이고 데크는 2 in.의 높이를 가지고 있다. 강재와 콘크리트의 강도는 각각 $F_y = 50$ ksi와 $f_c' = 4$ ksi이다.

a. 환산단면2차모멘트와 공용하중 1 kip/ft에 대한 처짐을 구하라.

b. 합성단면의 공칭강도를 구하라.

9.7–2 합성마루 시스템은 그림 P9.7–2에서 나타난 강재 덱폼을 사용하고 있다. 보는 W 18 × 50이고 슬래브는 슬래브 상부부터 바닥 하부까지 총 $4^1/_2$ in. 두께를 가지고 있다. 슬래브 유효폭은 90 in.이고 경간장은 30 ft이다. 구조강재는 A992이고, 콘크리트 강도는 $f_c' = 4$ ksi이다. 리브당 2개의 $^3/_4$ in. × $3^1/_2$ in. 스터드에 대하여 공칭휨강도를 구하라.

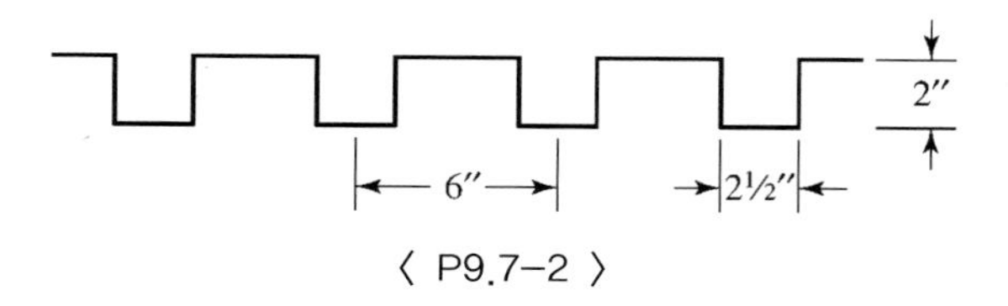

〈 P9.7–2 〉

9.7–3 다음의 합성보에 대하여 공칭강도를 계산하라.

- W14×26, $F_y = 50$ ksi
- $f_c' = 4$ ksi
- 슬래브 유효폭 = 66 in.
- 슬래브 총 두께 = $4^1/_2$ in.
- 경간장 = 30 ft
- 강재 덱폼 사용(그림 P9.7–3 참조)
- 스터드는 리브 1개당 한 개의 $^3/_4$ in. × 3 in.이다.

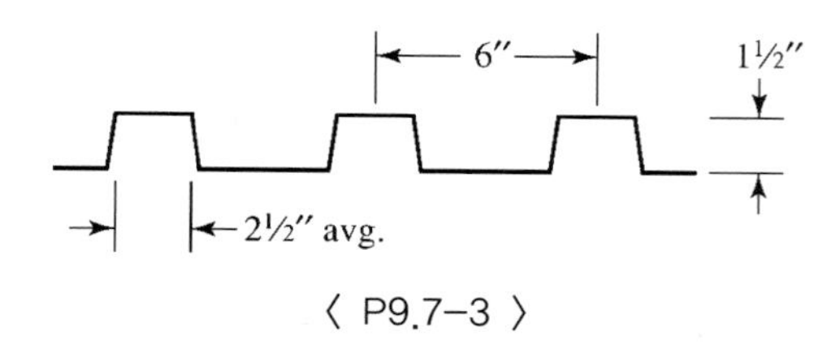

〈 P9.7–3 〉

9.7-4 강재 덱폼과 콘크리트 슬래브를 지지하는 $W18 \times 40$인 보가 합성마루 시스템을 이루고 있다. 덱폼은 $1^1/_2$ in. 깊이이고, 덱폼 하단에서 슬래브 상단까지의 총 깊이는 $4^1/_2$ in.이다. 28일 압축강도가 4 ksi인 경량 콘크리트가 사용된다(단위중량 = 115 psf). 이 보의 간격은 10 ft이고, 경간장은 40 ft이다. 재하하중은 시공하중 20 psf, 분할하중 20 psf, 천장하중 5 psf, 기계하중 5 psf, 그리고 활하중이 120 psf이다. 각 보에 34개의 $^3/_4$ in. × 3 in. 스터드가 사용된다. 이 시스템의 강도는 적절한가?

a. LRFD를 사용하라.

b. ASD를 사용하라.

합성보의 해석과 설계에 관한 표

9.8-1 합성보 표를 사용하여 문제 9.7-3을 풀어라.

9.8-2 단순지지되고, 등분포하중이 작용하는 합성보는 A992 강재, $W16 \times 36$인 보와 $f_c' = 4$ ksi인 콘크리트 슬래브로 이루어진다. 슬래브는 깊이 2 in. 높이의 강재 덱폼에 지지되고 총 슬래브 두께는 덱폼 하단부터 콘크리트 상부까지 5 in.이다. 슬래브 유효폭은 90 in.이다. 스터드들의 직경은 $^3/_4$ in.이다. 다음의 각 경우에 대해 강도(LRFD와 ASD에 대해)를 계산하라.

a. 보당 44개의 스터드.

b. 보당 24개의 스터드.

9.8-3 아래의 규정에 따라 보를 설계해야 한다.

- 경간장 = 35 ft
- 보간격 = 10 ft
- 총 깊이 $t = 5$ in.인, 2 in. 바닥판과 3 in.의 경량 콘크리트($w_c = 115$ pcf)로 채워짐. 바닥판과 슬래브의 총 중량은 51 psf
- 시공하중 = 20 psf
- 분할하중 = 20 psf
- 고정하중 = 10 psf
- 활하중 = 80 psf
- $F_y = 50$ ksi, $f_c' = 4$ ksi

연속횡지지되어 있다고 가정하고, LRFD를 사용한다.

a. 비합성보를 설계하라. 총 처짐을 구하라. (검토하는 한계는 없다.)

b. 합성보를 설계하고 필요한 전단 스터드들의 크기와 개수를 지정하라. 각 보에는 한 개의 스터드가 위치한다. 단면2차모멘트 하한값을 사용하여 총 처짐을 산정하라.

9.8-4 문제 9.8-3과 같으나, ASD를 사용하라.

9.8-5 합성마루 시스템의 보가 강재 덱폼과 콘크리트 슬래브를 지지한다. 콘크리트는 28일 압축강도가 4 ksi이고 총 슬래브 두께는 4 in.이다. 바닥판 리브의 높이는 2 in.이다. 보는 8 ft 간격으로 배치되어 있고, 경간장은 36 ft이다. 재하하중은 시공하중 20 psf, 분할하중 20 psf, 천장하중 8 psf 그리고 활하중은 100 psf이다.
LRFD를 사용하라.

a. $F_y = 50$ ksi인 W16형강을 선택하라. 부분합성거동을 사용하고, 합성보 표에서 보간하지 마라.

b. 요구되는 $^3/_4$ in. × $3^1/_2$ in. 스터드 총 개수를 계산하라. 스터드의 간격은 고려하지 마라.

9.8-6 문제 9.8-5와 같으나 ASD를 사용하라.

9.8-7 합성보 표를 사용하여 다음의 수정을 가지고 문제 9.5-3을 풀어라.

- 연속 횡지지가 제공된다.
- 시공중 부분합성작용을 사용하라.
- 활하중 처짐은 $L/360$을 초과할 수 없다. 단면2차모멘트 하한값을 사용하라.

9.8-8 합성마루 시스템은 보가 강재 덱폼을 지지하는 보와 콘크리트 슬래브로 구성되어 있다. 덱폼은 그림 P9.8-8에 나타나 있고, 덱폼 하단부터 슬래브상단까지 총 깊이는 $6^1/_2$ in.이다. 경량 콘크리트가 사용되고 (단위중량= 115 pcf) 28일 압축강도는 4 ksi이다. 덱폼과 슬래브의 조합무게는 53 psf이다. 보는 12 ft 간격으로 배치되어 있고, 경간장은 40 ft이다. 재하하중은 시공하중 20 psf, 분할하중 20 psf, 다른 고정하중은 10 psf, 그리고 활하중은 160 psf이다. 활하중에 최대 허용처짐은 $L/360$이다. 합성보 표를 사용하고 $F_y = 50$ ksi인 W형강을 선택하라. 전달연결재를 설계하라. 부분합성거동과 하한계 단면2차모멘트를 사용하라.

a. LRFD를 사용하라.

b. ASD를 사용하라.

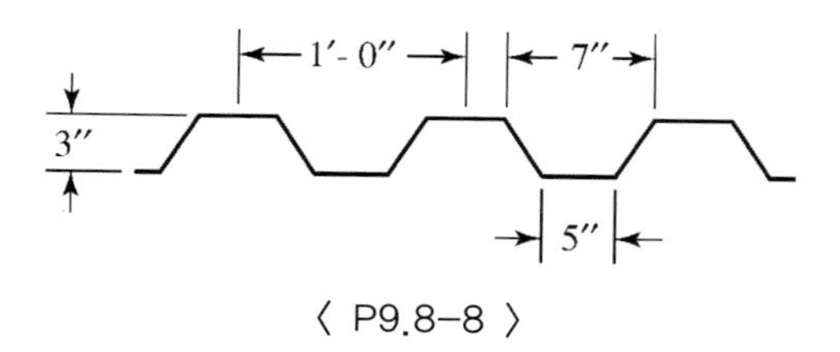

〈 P9.8-8 〉

9.8-9 합성보 표를 사용하여 다음 조건에 대해 W형강과 전단연결재를 선택하라.

- 경간장 = 18 ft-6 in.
- 보간격 = 9 ft
- 슬래브 총 두께 = $5^1/_2$ in. (슬래브와 덱폼의 조합 자중은 57 psf). 115 pcf의 단위하중을 가진 경량 콘크리트가 사용된다.
- 시공하중 = 20 psf
- 분할하중 = 20 psf
- 활하중 = 225 psf
- $F_y = 50$ ksi, $f_c' = 4$ ksi

강재 덱폼의 단면은 그림 P9.8-9에 나타나 있다. 최대 활하중 처짐은 $L/360$ 을 초과할 수 없다(하한계 단면2차모멘트를 사용한다).

a. LRFD를 사용하라.

b. ASD를 사용하라.

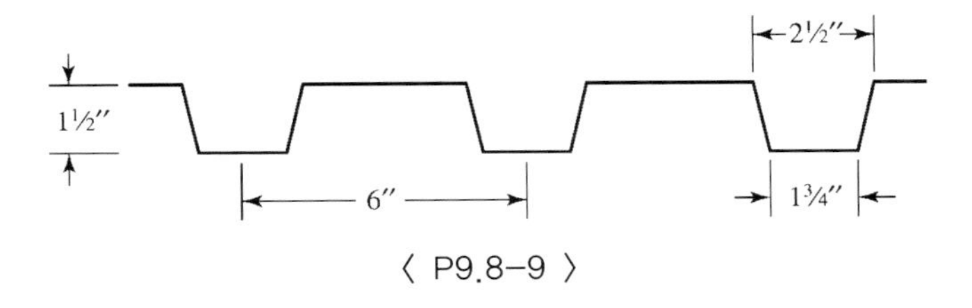

〈 P9.8-9 〉

9.8-10 합성보 표를 사용하여 다음 조건에 대해 W형강과 전단열결재를 선택하라.

- 경간장 = 35 ft
- 보간격 = 12 ft
- 강재 덱폼의 리브 간격 = 6 in., $h_r = 2$ in., $w_r = 2^1/_4$ in.
- 슬래브 총 두께 = $5^1/_2$ in.
- 분할하중 = 15 psf, 활하중 = 100 psf
- 최대 허용 활하중 처짐 = $L/360$ (하한계 단면2차모멘트를 사용하라.)

항복응력 $F_y = 50$ ksi인 강재와 $f_c' = 4$ ksi와 단위중량이 115 pcf인 경량콘크리트를 사용하라.

a. LRFD를 사용하라.

b. ASD를 사용하라.

합성기둥

9.10-1 그림 P9.10-1에서 보여준 것처럼 콘크리트로 채워진 HSS $9 \times 7 \times {}^3/_8$가 합성기둥으로 사용된다. 강재의 항복응력은 $F_y = 46$ ksi이고 콘크리트의 압축강도는 $f_c' = 4$ ksi이다. 기둥의 공칭강도를 구하고 편람 4장의 표를 사용하여 해답을 검토하라.

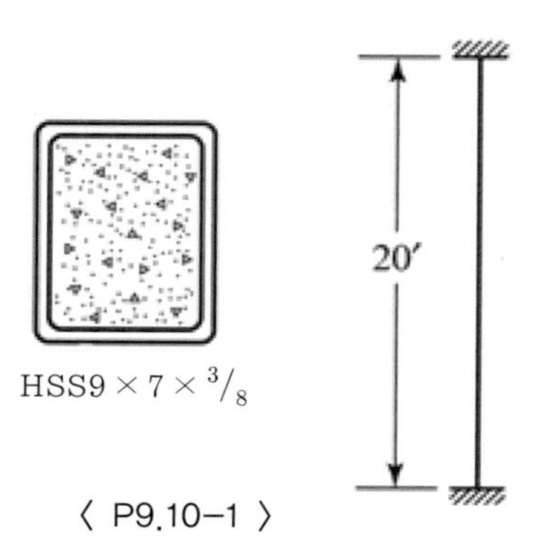

〈 P9.10-1 〉

9.10-2 그림 P9.10-2에서 보여준 합성 압축부재는 약축방향으로만 중앙점에 횡지지되어 있다. 공칭강도를 구하라. 강재의 항복응력은 50 ksi이고, 콘크리트의 압축강도는 $f_c' = 8$ ksi 이다. 등급 60철근이 사용된다. 종방향 철근 중심으로부터 콘크리트 덮개는 2.5 in.로 한다.

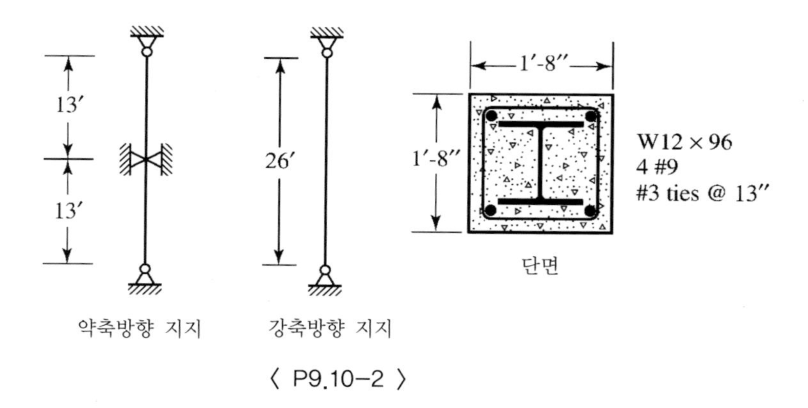

〈 P9.10-2 〉

STEEL DESIGN

10 플레이트거더

10.1 서 론

이번 장에서는 판요소로 구성된, 특별히 비조밀 또는 연약한 복부판을 가지는 휨부재를 고려한다. 5장 "보"에서 압연형강을 다루었으며 시방서의 모든 표준단면의 경우, 복부판은 조밀하다. 일부 단면은 비조밀한 플랜지를 가지지만 세장한 플랜지를 가지는 단면은 없다. 그러나 판으로 조립된 형상의 경우 플랜지와 복부판 모두 조밀, 비조밀 또는 연약할 수 있다. 보통 경간장이 긴 경우와 같이 표준압연형강이 저항할 수 있는 것보다 더 큰 휨모멘트가 작용할 경우 이러한 조립형강이 사용된다. 이러한 형강은 자연히 깊이가 깊게 되어 그 결과 비조밀 또는 연약한 복부판을 가지게 된다.

AISC 시방서는 세장한 복부판이 적용된 휨부재를 F5절, "Doubly Symmetric and Singly Symmetric I-Shaped Members with Slender Webs Bent About Their Major Axis."에서 다룬다. 이것이 보통 플레이트거더로 간주되는 범주이다. 비조밀 복부판을 가지는 휨부재는 F4절, "Other I-Shaped Members with Compact or Noncompact Webs Bent About Their Major Axis."에서 이축대칭과 일축대칭단면을 취급한다. 흥미롭게도 비조밀 복부판은 연약한 복부판보다 다루기가 난해하다. 시방서 F4절 사용자노트에서 시방서는 F4절에 포함된 부재를 F5절의 조항에 의하여 설계할 수 있도록 허용하고 있다. 본 교재에서는 이러한 조항에 따라 비조밀 혹은 연약한 복부를 가지는 보에 대하여 F5절을 사용한다. 두 형태 모두 플레이트거더로 본다. 모든 휨부재의 전단규정은 AISC G장, "Design of Members for Shear."에서 다루며 다른 요구사항은 AISC F13, "Proportions of Beams and Girders."에서 명시되어 있다.

플레이트거더 단면은 여러 형상을 취할 수 있으며, 그림 10.1에서 몇 가지 예를 보여주고 있다. 일반적인 형상은 단일 복부에 같은 크기의 플랜지가 있는 것이며 용접으로 연결한다. 두 개의 복부판과 상하부 플랜지로 구성된 박스 단면은 비틈저항이 뛰어나 비지지점의 길이가 긴 경우에 사용될 수 있다. 플랜지의 강도가 복부판 강도보다 고강재를 사용하는 혼성거더(hybrid girder)도 때때로 사용된다.

용접이 광범위하게 사용되기 전에는 단면 구성요소의 연결 방법이 플레이트거더 설계의 주요 관점이었다. 모든 연결에 리벳을 사용하였기 때문에 플랜지를 복부판에 직접 붙일 수 있는 방법이 없었고, 한 구성요소에서 다른 것으로 하중을 전달하기 위해 추가적인 단면 요소가 필요하였다. 일반적인 방법은 그림 10.1(b)에서와 같이 한 쌍의 L형강(angle)을 양쪽에 대어 플랜지와 복부판을 연결하는 것이었다. 보강재로 사용될 L형강과 플랜지 L형강 사이의 간섭을 피하기 위해 그림 10.1(c)에서와 같이 채움판을 복부판에 추가하여 사용하기도 하였다. 변단면이 요구되는 경우 하나 또는 그 이상의 서로 다른 길이의 덮개판을 플랜지에 리벳을 사용하여 연결하였다. (덮개판을 용접플레이트거더에 사용할 수도 있지만 서로 다른 두께의 플랜지 판을 거더 길이방향을 따라 다른 위치에서 맞대어 용접하여 사용하는 것이 더욱 단순한 방법일 것이다.) 따라서 단순성과 효율성에서 용접플레이트거더가 리벳이나 볼트를 사용한 플레이트거더보다 매우 유리함을 명백하게 알 수 있다. 이 장에서는 단지 I형 플레이트거더만을 다룬다.

AISC의 플레이트거더에 대한 요구조건을 살펴보기 전에 보통의 압연보와는 다른 플레이트거더의 특성을 아주 일반적인 방법으로 시험해볼 필요가 있다.

그림 10.1

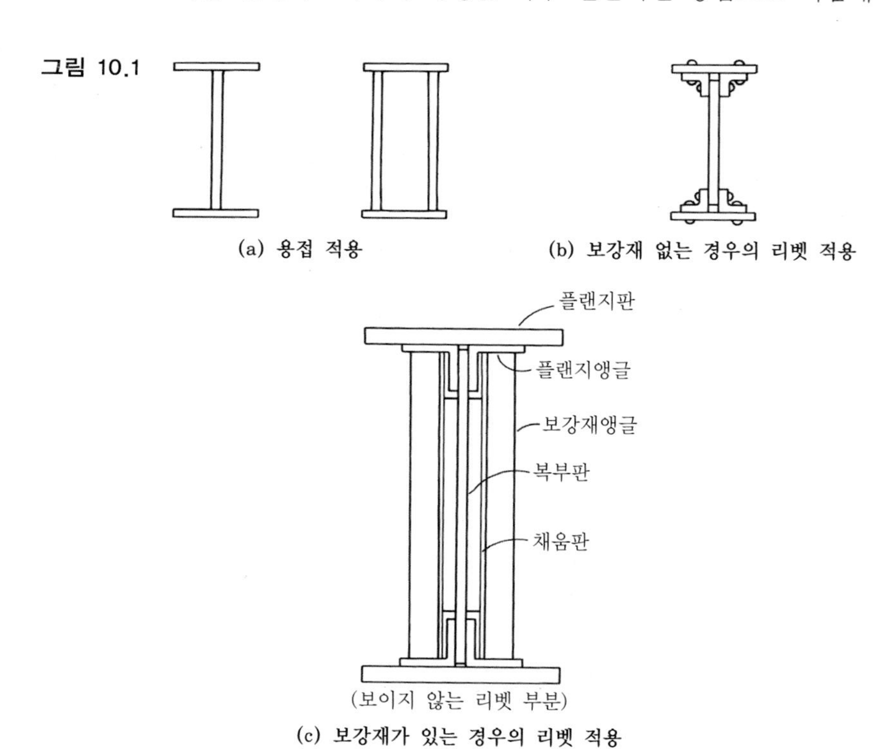

(a) 용접 적용

(b) 보강재 없는 경우의 리벳 적용

(c) 보강재가 있는 경우의 리벳 적용

10.2 일반사항

강구조 설계는 대부분 국부적 또는 전체적인 안정(stability)에 관한 문제이다. 대부분의 압연구조형강은 국부적인 안정문제를 제거하거나 최소화할 수 있도록 단면이 구성되어 있으나, 플레이트거더의 경우 설계자는 압연형강의 경우에는 대부분 문제가 되지 않던 여러 요인들을 고려해야 한다. 깊고 얇은 복부판이 사용되므로 국부좌굴 문제를 포함한 플레이트거더와 관련된 특별한 문제가 고려되어야 한다. 플레이트거더와 관련된 AISC 기준을 완전히 이해하기 위해서는 안정이론, 특히 판의 좌굴문제에 대한 지식이 있어야 한다. 그러나 이것은 이 책의 범위에서 벗어나므로 이 장에서는 지침서의 요구조건과 응용방안만을 주로 다룰 것이다. 더 깊이 연구하고자 하는 사람들은 "강구조물의 안정성에 대한 지침서"가 우선적으로 도움을 줄 수 있으며, "강구조물의 좌굴강도"와 "탄성안정론"이 안정이론에 대한 기본적인 지식을 제공해 줄 수 있다.

어떤 경우에는 플레이트거더는 복부판에 좌굴이 일어난 후의 가용한 강도에 의존하므로 대부분의 휨 강성은 플랜지로부터 얻게 된다. 고려되는 한계상태는 인장플랜지의 항복 및 압축플랜지의 좌굴이다. 압축플랜지의 좌굴은 복부판으로의 수직좌굴, 플랜지 국부좌굴(Flange Local Buckling : FLB) 형태로 발생하게 되며, 또는 횡-비틀림좌굴(Lateral-Torsional Buckling : LTB)을 유발할 수도 있다.

지점부 및 중립축 부근과 같이 복부판에 큰 전단이 발생하는 위치에서 주 평면은 부재의 종축의 사선 방향이며, 주응력은 사선방향의 인장 및 압축응력일 것이다. 사선방향 인장응력은 아무런 문제도 되지 않으나 사선 방향 압축응력은 복부판의 좌굴을 유발한다. 이 문제는 다음의 세 방법 중 하나를 선택해 처리할 수 있다; (1) 이러한 문제가 일어나지 않도록 복부판의 깊이-두께비를 충분히 작게 한다, (2) 전단 강도가 증가된 패널을 형성할 수 있도록 복부판 보강재를 사용한다. (3) 인장장 작용(tension-field action)을 통하여 사방향 압축력에 저항하는 패널을 형성할 수 있는 복부판 보강재를 사용한다. 그림 10.2는 인장장 작용의 개념을 보여주고 있다. 좌굴이 발생하는 시점에서 복부판은 사선방향 압축에 저항할 능력을 상실하게 되며 이 응력은 수직보강재와 플랜지로 전이된다. 보강재는 사방향 압축의 수직분력에 플랜지는 수평분력에 대해 저항하게 된다. 복부판은 단지 사방향 인장력에 대해서만 저항하면 되며, 따라서 인장장 작용이라 부르는 것이다. 이러한 거동은 그림 10.2(b)에 보는 바와 같이 수직 복부재는 압축력을, 사재는 인장을 받는 프래트 트러스(Pratt truss)와 유사하다. 복부판의 좌굴이 시작되기 전에는 인장장이 존재하지 않으므로, 복부판에 좌굴이 발생하기 전까지는 복부판의 전단강도에 기여하지 못할 것이다. 전체 강도는 좌굴 전의 강도와 인장장 작용에 의한 후좌굴 강도를 더한

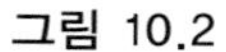
그림 10.2

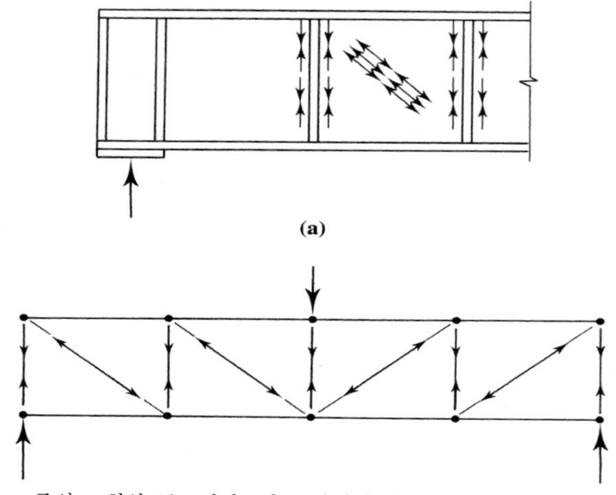

주의 : 화살표는 절점보다는 부재에 작용하는 힘을 나타낸다.

(b)

그림 10.3

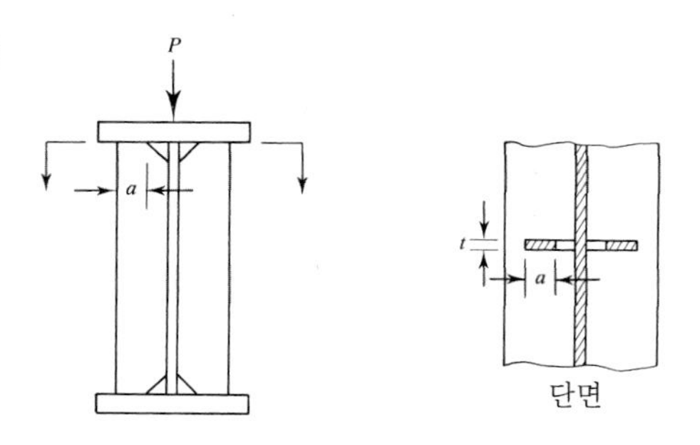

것이 된다.

복부판이 작용하는 전단에 저항할 수 없다면, 적절한 간격으로 보강재를 설치하여 인장장 작용을 유발할 수 있도록 하여야 한다. 중간 수직보강재(intermediate stiffener)라 불리어지는 이러한 보강재의 요구단면은 우선적인 목적이 강성(stiffness)을 제공하는 것이지 직접적인 하중에 저항하는 것이 아니므로 매우 작다.

복부판을 직접적인 압축력으로부터 보호하기 위해, 집중하중을 받는 위치에서 추가적인 수직보강재가 요구되기도 하는데, 이러한 부재를 지압보강재(bearing stiffener)라 하며 작용하중에 저항할 수 있도록 설계되어야 한다. 이것 또한 중간 수직보강재로서의 역할도 동시에 하게 된다.

그림 10.3은 거더 복부판 양쪽에 설치된 직사각형 판으로 구성된 지압보강재를 보여주고 있다. 플랜지와 복부 사이의 용접부를 피할 수 있도록 상하부 안쪽 구석에 노치가 있음을 볼 수 있다. 만약 보강재가 전체 작용하중 P에 저항하도록 안전측으로 가정한다면(이 가정은 복부판의 기여를 무시한 것이다), 접지면의 지압응력은 다음과 같다.

$$f_p = \frac{P}{A_{pb}}$$

여기서,

A_{pb} = 투영 지압면적 $= 2at$ (그림 10.3 참조)

또는 응력의 항으로 지압력을 표현하면 다음과 같다.

$$P = f_p A_{pb} \tag{10.1}$$

부가하여, 짧은 길이의 복부판에 설치된 한 쌍의 수직보강재는 복부판의 깊이보다 짧은 유효길이를 갖는 기둥으로 간주될 수 있으며, 다른 압축부재에서와 같이 시방서 규정과 연계해 단면을 정할 수 있을 것이다. 이러한 단면은 그림 10.4에서 나타나 있다. 다른 주축에 대한 불안정은 복부판 자체로 방지되어 있어 압축강도는 복부면 축에 대한 2차 회전반경(radius of gyration)에 따라 결정된다.

상부 플랜지에 작용하는 집중하중으로 인한 다른 한계상태는 복부판의 항복, 복부판의 국부좌굴(web clipping) 및 횡복부좌굴(sidesway web buckling)이다. 복부판의 횡좌굴은 복부판의 압축력이 인장플랜지가 횡방향으로 좌굴을 야기시킬 때 일어난다. 이 현상은 플랜지가 다른 보강재 또는 횡브레이싱에 의해 적절히 지지되어 있지 못할 때 발생할 수 있다.

플레이트거더 구성요소를 연결하기 위한 용접설계는 대부분의 다른 용접연결과 같다. 플랜지와 복부판 사이의 용접은 두 부재 사이의 수평전단력에 저항할 수 있어야 한다. 전단류(shear flow)로 불리는 이 작용 전단력은 일반적으로 용접에 의해 저항해야 할 단위 길이당의 힘으로 표현된다. 5장으로부터 탄성거동에 기초한 전단류는 다음과 같다.

$$f = \frac{VQ}{I_x}$$

여기서 Q는 전단응력을 구하고자 하는 단면과 단면외면 사이 면적의 중립축에

그림 10.4

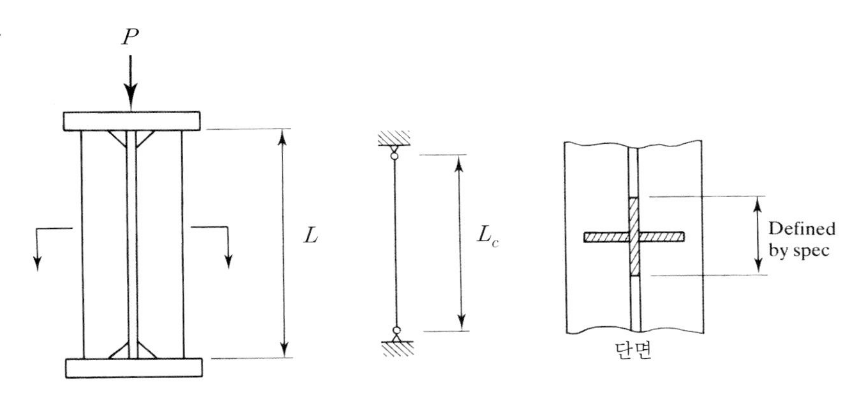

대한 1차 모멘트이다. 이 식은 전단응력을 구하는 식 5.3에 전단면(shear plane)의 폭을 곱한 것과 같다. 작용 전단력 V가 변하므로 단속용접이 적용될 경우 간격도 변할 수 있다.

10.3 플레이트거더 비율에 대한 AISC 요구조건

플레이트거더 복부판이 비조밀 또는 연약한 단면인지는 복부판의 폭-두께 비(width-thickness ratio), h/t_w의 함수이다. 여기서 h는 복부판의 순깊이이며, t_w는 복부판의 두께이다. AISC B4의 표 B4.1로부터, 이축대칭 I형 단면의 복부판이 다음과 같으면 비조밀단면이고

$$3.76\sqrt{\frac{E}{F_y}} < \frac{h}{t_w} \leq 5.70\sqrt{\frac{E}{F_y}}$$

복부판이 다음과 같으면 세장단면이다.

$$\frac{h}{t_w} > 5.70\sqrt{\frac{E}{F_y}}$$

일축대칭 I형 단면의 경우, 복부판이 다음과 같으면 비조밀단면이고

$$\frac{\frac{h_c}{h_p}\sqrt{\frac{E}{F_y}}}{\left(0.54\frac{M_p}{M_y}-0.09\right)^2} < \frac{h}{t_w} \leq 5.70\sqrt{\frac{E}{F_y}}$$

복부판이 다음과 같으면 세장단면이다.

$$\frac{h_c}{t_w} > 5.70\sqrt{\frac{E}{F_y}}$$

여기서

h_c = 탄성중립축(도심축)으로부터 압축플랜지 안쪽 면까지 거리의 두 배 ($h_c/2$는 탄성휨에 의한 복부판 압축 부분을 정의한다. 동일한 상, 하부 플랜지를 가진 거더의 경우, $h_c = h$). (그림 10.5 참조)

h_p = 소성중립축으로부터 압축플랜지 안쪽면까지 거리의 두 배 ($h_p/2$는 소성모멘트에 의한 복부판 압축부분을 정의한다. 동일한 상, 하부 플랜지를 가진 거더의 경우, $h_p = h$). (그림 10.5 참조)

M_p = 소성모멘트 = $F_y Z_x$

M_y = 항복모멘트 = $F_y S_x$

그림 10.5

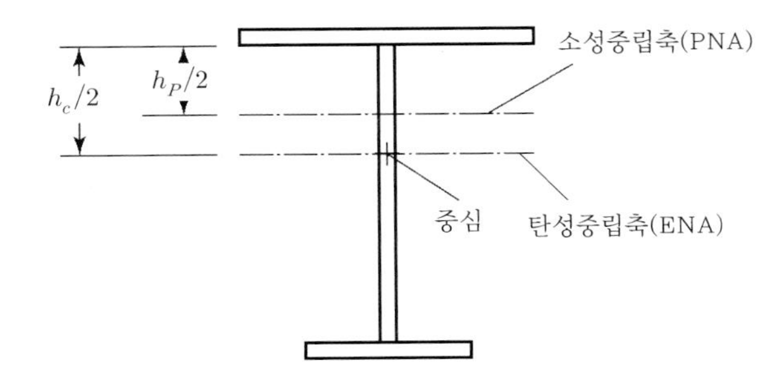

압축플랜지의 복부판 쪽으로의 수직좌굴을 방지하기 위해서 AISC F13.2에는 복부판의 세장비의 상한치가 제시되어 있다. h/t_w의 한계값은 중간 수직보강재의 간격과 복부판 깊이의 비인 거더 패널의 변장비, a/h의 함수이다(그림 10.6 참조).

$a/h \le 1.5$에 대해

$$\left(\frac{h}{t_w}\right)_{\max} \le 12\sqrt{\frac{E}{F_y}} \qquad \text{(AISC 식 F13-3)}$$

$a/h > 1.5$에 대해

$$\left(\frac{h}{t_w}\right)_{\max} \le \frac{0.40E}{F_y} \qquad \text{(AISC 식 F13-4)}$$

여기서, a는 보강재 사이의 순간격이다.

복부판 보강재가 없는 모든 거더의 경우 h/t_w가 260보다 커서는 안 되며 복부판 면적과 압축플랜지의 면적의 비가 10보다 커서는 안 된다는 AISC F13.2의 요구조건을 만족시켜야 한다.

일축대칭단면의 경우, 단면적의 비율은 다음 조건을 만족시켜야 한다.

$$0.1 \le \frac{I_{yc}}{I_y} \le 0.9 \qquad \text{(AISC 식 F13-2)}$$

여기서

I_{yc} = 압축플랜지의 y축에 대한 단면2차모멘트

I_y = 전체 단면의 y축에 대한 단면2차모멘트

그림 10.6

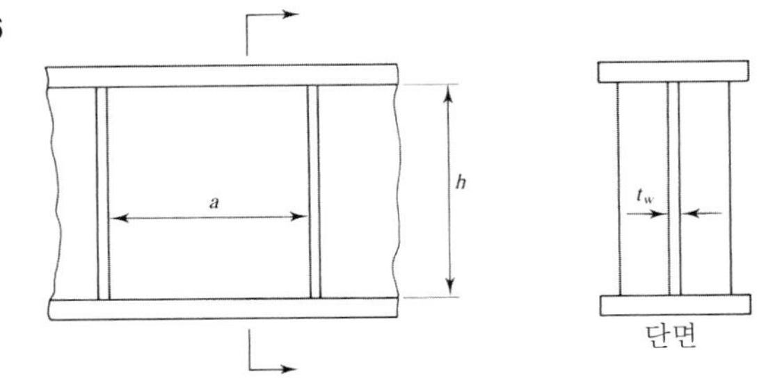

10.4 휨강도

플레이트거더의 공칭휨강도 M_n은 인장플랜지의 항복, 압축플랜지의 항복 또는 국부좌굴(FLB), 또는 횡-비틀림좌굴(LTB) 등의 한계 상태에 따라 결정된다.

인장플랜지 항복

5장으로부터 강축에 대한 휨부재의 최대휨응력은 다음과 같다.

$$f_b = \frac{M}{S_x}$$

여기서, S_x는 강축에 대한 탄성 단면계수이다. 단면계수와 응력의 함수로 휨모멘트를 표현하면 다음과 같다.

$$M = f_b S_x$$

AISC F5에는 인장플랜지 항복에 기초한 공칭휨강도가 다음과 같이 주어져 있다.

$$M_n = F_y S_{xt} \quad \text{(AISC 식 F5-10)}$$

여기서, S_{xt} = 인장면에 대한 탄성단면계수.

압축플랜지 좌굴

압축플랜지의 공칭강도는 다음과 같이 표현하고 있다.

$$M_n = R_{pg} F_{cr} S_{xc} \quad \text{(AISC 식 F5-7)}$$

여기서,

R_{pg} = 휨강도 감소계수

F_{cr} = 항복 또는 국부좌굴에 근거한 압축플랜지 한계응력

S_{xc} = 압축면에 대한 탄성탄면계수

휨강도 감소계수는 다음과 같다.

$$R_{pg} = 1 - \frac{a_w}{1200 + 300a_w}\left(\frac{h_c}{t_w} - 5.7\sqrt{\frac{E}{F_y}}\right) \leq 1.0 \quad \text{(AISC 식 F5-6)}$$

여기서,

$$a_w = \frac{h_c t_w}{b_{fc} t_{fc}} \leq 10 \quad \text{(AISC 식 F4-12)}$$

b_{fc} = 압축플랜지의 폭

t_{fc} = 압축플랜지의 두께

(식 F4-12의 상한값은 10이며 실제 AISC Equation의 부분이 아닌 AISC F5.2의 규정이다.)

플랜지의 임계응력 F_{cr}은 플랜지가 조밀한, 비조밀한, 혹은 세장한지에 근거한다. AISC 시방서는 플랜지의 폭-두께 비와 그 한계를 정의하기 위하여 일반적인 표기 λ, λ_p, λ_r를 사용한다. AISC 표 B4.1b로부터,

$$\lambda = \frac{b_f}{2t_f}$$

$$\lambda_p = 0.38\sqrt{\frac{E}{F_y}}$$

$$\lambda_r = 0.95\sqrt{\frac{k_c E}{F_L}}$$

$$k_c = \frac{4}{\sqrt{h/t_w}} \quad (0.35 \le k_c \le 0.76)$$

$F_L = 0.7F_y$ 세장한 복부판을 가진 플레이트거더의 경우(조밀 혹은 비조밀 복부판의 경우 AISC 표 B4.1b 참조).

$\lambda \le \lambda_p$인 경우, 플랜지는 조밀하다. 항복한계상태가 지배하고, $F_{cr} = F_y$이며 공칭휨강도는 다음과 같다.

$$M_n = R_{pg} F_y S_{xc} \qquad \text{(AISC 식 F5-1)}$$

$\lambda_p < \lambda \le \lambda_r$인 경우, 플랜지가 비조밀하며, 비탄성 FLB가 지배한다.

$$F_{cr} = \left[F_y - 0.3F_y\left(\frac{\lambda - \lambda_p}{\lambda_r - \lambda_p}\right)\right] \qquad \text{(AISC 식 F5-8)}$$

$\lambda > \lambda_r$인 경우, 플랜지는 세장하며 탄성 FLB가 지배하게 된다.

$$F_{cr} = \frac{0.9Ek_c}{\left(\dfrac{b_f}{2t_f}\right)^2} \qquad \text{(AISC 식 F5-9)}$$

횡-비틀림좌굴

공칭 휨-비틀림좌굴강도는 다음 식과 같다.

$$M_n = R_{pg} F_{cr} S_{xc} \qquad \text{(AISC 식 F5-2)}$$

횡-비틀림좌굴은 횡방향 지지의 정도, 즉 전체 개수에 따른 비지지길이 L_b에 따라 결정된다. 비지지길이가 충분히 짧으면 횡-비틀림좌굴 전에 항복 또는 플랜지 국부좌굴이 발생하게 될 것이다. 길이 인자는 L_p와 L_r이며 다음과 같다.

그림 10.7

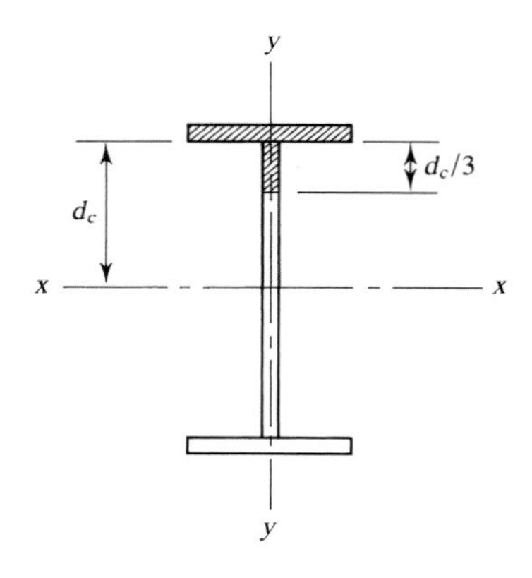

$$L_p = 1.1 r_t \sqrt{\frac{E}{F_y}} \qquad \text{(AISC 식 F4-7)}$$

$$L_r = \pi r_t \sqrt{\frac{E}{0.7F_y}} \qquad \text{(AISC 식 F5-5)}$$

여기서,

r_t = 압축플랜지와 복부판 압축부의 3분의 1 단면 부분의 약축회전반경. 2축 대칭의 경우 이 치수는 복부판 깊이의 6분의 1이다(그림 10.7 참조). 이는 r_t의 안전측 근사치이다(AISC F4.2의 사용자 노트 참조). 정확한 정의는 AISC 식 F4-11에 주어져 있다.

$L_b \le L_p$인 경우, 횡-비틀림좌굴은 발생하지 않는다.

$L_p < L_b \le L_r$인 경우, 비탄성 LTB에 의해 파괴가 일어나고,

$$F_{cr} = C_b\left[F_y - 0.3F_y\left(\frac{L_b - L_p}{L_r - L_p}\right)\right] \le F_y \qquad \text{(AISC 식 F5-3)}$$

$L_b > L_r$인 경우, 탄성 LTB에 의해 파괴가 일어나고,

$$F_{cr} = \frac{C_b \pi^2 E}{\left(\frac{L_b}{r_t}\right)^2} \le F_y \qquad \text{(AISC 식 F5-4)}$$

C_b는 AISC 식 F1-1에 주어져 있으며 이 책 5장에서 다루었다.

지침서 F장에서 다루는 모든 다른 휨부재와 마찬가지로 LRFD의 저항계수 $\phi_b = 0.90$이고 ASD의 안전율은 $\Omega_b = 1.67$이다. 예제 10.1의 a에 휨강도 계산과정이 예시되어 있다.

10.5 전단강도

플레이트거더의 전단강도는 복부판의 깊이-두께 비와 중간 수직보강재 간격의 함수이다. 전단강도는 좌굴 전 강도와 후좌굴강도 두 가지 구성요소로 구분된다. 후좌굴강도는 인장장작용으로 인한 것이며, 중간 수직보강재가 있어서 가능하다. 보강재가 없거나 간격이 매우 큰 경우, 인장장작용이 일어나지 않으며 전단저항력은 단지 좌굴 전 강도뿐이다. AISC 지침서는 G장 "Design of Members for Shear"에서 전단강도를 다루고 있다.

G2.1 후좌굴강도가 없는 경우(즉, 인장장 작용 없음)를 다룬다. 이 경우의 좌굴 전 강도는 다음과 같다.

$$V_n = 0.6F_yA_wC_{v1} \quad \text{(AISC 식 G2-1)}$$

여기서,

A_w = 웨브의 면적(dt_w)

d = 전체 깊이($h+2t_f$)

계수 C_{v1}은 다음과 같이 결정된다.

$\dfrac{h}{t_w} \le 1.10\sqrt{\dfrac{k_vE}{F_y}}$ 에 대해,

$$C_{v1} = 1.0 \quad \text{(AISC 식 G2-3)}$$

이는 웨브 전단항복에 대한 계수이다.

$\dfrac{h}{t_w} > 1.10\sqrt{\dfrac{k_vE}{F_y}}$ 에 대해,

$$C_{v1} = \frac{1.10\sqrt{k_vE/F_y}}{h/t_w} \quad \text{(AISC 식 G2-4)}$$

이는 웨브 전단좌굴에 대한 계수이다.

C_{v1}은 웨브 전단한계응력 대 웨브 전단항복응력의 비이다. 계수 k_v는 수직보강재 사용 유무에 따라 달라진다: 수직보강재가 없는 경우,

$$k_v = 5.34$$

수직보강재가 있는 경우는 다음과 같다.

$$k_v = 5 + \frac{5}{(a/h)^2} \quad \text{(AISC 식 G2-5)}$$

$$= 5.34 \quad \left(\frac{a}{h} > 3.0\text{인 경우}\right)$$

$\frac{a}{h} \le 3$이면, 내부 패널의 경우(단부 패널의 경우는 아님) 인장장 작용(tension-field action)을 고려하여야 한다.

인장장 작용이 있는 경우, V_n은 다음과 같다.

$\frac{h}{t_w} \le 1.10\sqrt{\frac{k_v E}{F_y}}$에 대해,

$$V_n = 0.6F_y A_w \qquad \text{(AISC 식 G2-6)}$$

$\frac{h}{t_w} \ge 1.10\sqrt{\frac{k_v E}{F_y}}$에 대해,

1. $\frac{2A_w}{(A_{fc}+A_{ft})} \le 2.5$, $\frac{h}{b_{fc}} \le 6.0$, $\frac{h}{b_{ft}} \le 6.0$인 경우

$$V_n = 0.6F_y A_w\left(C_{v2} + \frac{1-C_{v2}}{1.15\sqrt{1+(a/h)^2}}\right) \qquad \text{(AISC 식 G2-7)}$$

2. 그 외의 경우

$$V_n = 0.6F_y A_w\left(C_{v2} + \frac{1-C_{v2}}{1.15(a/h+\sqrt{1+(a/h)^2})}\right) \qquad \text{(AISC 식 G2-8)}$$

여기서,

A_{fc} : 압축플랜지의 면적

A_{ft} : 인장플랜지의 면적

b_{fc} : 압축플랜지의 폭

b_{ft} : 인장플랜지의 폭

상수 C_{v2}는 다음과 같이 결정한다.

$\frac{h}{t_w} \le 1.10\sqrt{\frac{k_v E}{F_y}}$에 대해,

$$C_{v2} = 1.0 \qquad \text{(AISC 식 G2-9)}$$

이 경우, AISC 식 G2-7과 G2-8은 $V_n = 0.6F_y A_w$와 같게 된다. 이는 AISC 식 G2-6과 같다.

$1.10\sqrt{\frac{k_v E}{F_y}} < \frac{h}{t_w} \le 1.37\sqrt{\frac{k_v E}{F_y}}$에 대해,

$$C_{v2} = \frac{1.10\sqrt{\frac{k_v E}{F_y}}}{(h/t_w)} \qquad \text{(AISC 식 G2-10)}$$

그림 10.8

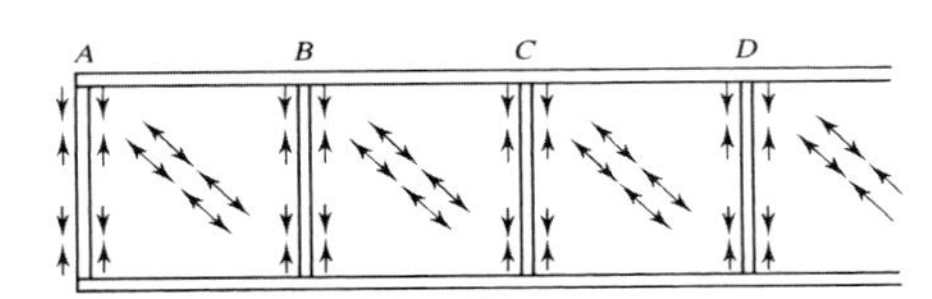

$\dfrac{h}{t_w} > 1.37\sqrt{\dfrac{k_v E}{F_y}}$ 에 대해,

$$C_{v2} = \frac{1.51 k_v E}{(h/t_w)^2 F_y} \qquad \text{(AISC 식 G2-11)}$$

어떤 경우에는 인장장 작용을 고려하지 않고 산정한 전단강도가 인장장 작용을 고려해 산정한 강도보다 클 수 있으며, AISC G2.2는 큰 값을 사용할 수 있도록 허용하고 있다.

AISC 식 G2-1(인장장작용이 없는 경우)와 G2-7 또는 G2-8(인장장 작용)의 해는 편람의 Part 3에 주어진 곡선을 이용해 쉽게 구할 수 있다. 표 3-16a와 3-16b, 3-16c는 항복응력이 36 ksi 강재에 대한 두 식의 변수에 관련된 곡선을 보여주고, 표 3-17a와 3-17b, 3-17c는 항복응력이 50 ksi 강재에 대한 곡선이 주어져 있다.

인장장이 일어나지 않는 조건은 무엇인가? 인장장은 보통 단부패널에서는 완전하게 일어나지 않는다. 이는 그림 10.8에 나타난 인장장의 수평분력을 생각해봄으로써 이해할 수 있다. (수직분력은 수직보강재가 저항한다.) 패널 CD 내의 인장장은 패널 BC 내의 인장장에 의해 왼쪽 면에서 균형을 맞추게 된다. 내부패널은 인접한 패널에 의해 지지되는 것이다. 그러나 패널 AB는 왼쪽 면에 그러한 지지구조가 없으며, 인장장에 의해 야기된 휨에 저항하도록 특별히 설계된 단부보강재에 의해 이러한 지지구조가 제공되더라도, 일반적으로 인장장이 완전히 형성되지 않는다. (인장장이 복부판의 전 깊이에 걸쳐 있는 것이 아니므로 내부 보강재는 인접한 패널에서의 인장장에 의해 어느 정도의 휨모멘트를 받게 되나, 이 양은 무시할 정도이다.) 따라서 패널 BC에 대해 왼쪽 면에 인장장 패널보다는 보-전단 패널에 의해 지지구조가 제공되어야 한다.

요약

공칭전단강도의 계산과정을 다음의 순서처럼 압축할 수 있다.

1. 웨브의 세장비, h/t_w를 계산한다.
2. 보강재 간격, a로 결정되는 주어진 패널에 대한 변장비, a/h를 계산한다.
3. k_v를 계산한다.
4. 인장장 작용이 없는 경우에 대한 C_{v1}과 V_n을 계산한다(이는 단부패널에 대해서는 마지막 과정이다).
5. $a/h \le 3$인 내부 패널에 대해서는 인장장 작용을 적용할 수 있고, 이 경우의

C_{v2}와 V_n을 계산한다. 인장장 작용을 고려한 경우 또는 고려하지 않은 경우의 V_n 중 큰 값을 선정한다.

이와 같은 과정은 중간수직보강재가 없는 복부판을 갖는 압연형강의 전단강도를 결정하는 경우에도 사용된다(5장 참조). 이러한 형상의 경우 a/h가 적용되지 않으며 $k_v = 5.34$이며, 인장장이 작용하지 않는다.

LRFD의 경우 저항계수는 $\phi_b = 0.90$이며, ASD의 경우 안전율은 $\Omega_b = 1.67$이다. 이러한 계수들은 일부 압연형강에 대하여 다르다는 것을 알 수 있다.

예제 10.1의 b에 전단강도 산정예가 예시되어 있다.

중간 수직보강재(Intermediate Stiffeners)

플레이트거더는 중간 수직보강재 없이 설계할 수 있다. 중간 수직보강재 없이 플레이트거더를 설계할 수는 있지만, 이 경우 보강재 재료와 제작비를 상쇄할 수 없는 정도의 추가적인 강재가 소요될 수 있다.

다음의 경우 수직보강재를 사용하지 않는다.

1. 인장장 작용이 부적절한 경우, 또는
2. $\dfrac{h}{t_w} \le 2.46\sqrt{\dfrac{E}{F_y}}$

위 조건은 t_w가 충분히 두꺼운 경우 만족한다.

보강재를 사용하는 경우, 다음과 같은 최대 폭-두께비 및 최소 단면2차모멘트 값 조건을 만족해야 한다.

$$\left(\frac{b}{t}\right)_{st} \le 0.56\sqrt{\frac{E}{F_{yst}}} \qquad \text{(AISC 식 G2-12)}$$

$$I_{st} \ge I_{st2} + (I_{st1} - I_{st2})\rho_w \qquad \text{(AISC 식 G2-13)}$$

(위 두 조건을 인장장 작용 유무에 관계없이 적용한다.)

I_{st} = 양면 보강재의 웨브 중심축에 대한 단면2차모멘트
= 일면 보강재의 웨브 표면에 대한 단면2차모멘트

I_{st2} = 인장장 작용이 없는 경우의 요구되는 단면2차모멘트

$$= \left[\frac{2.5}{(a/h)^2} - 2\right] b t_w^3 \ge 0.5 b t_w^3 \qquad \text{(AISC 식 G2-15)}$$

I_{st1} =인장장 작용이 있는 경우의 요구되는 단면2차모멘트

$$= \frac{h^4 \rho_{st}^{1.3}}{40}\left(\frac{F_{yw}}{E}\right)^{1.5} \qquad \text{(AISC 식 G2-14)}$$

여기서,

$$\rho_{st} = \max\left(\frac{F_{yw}}{F_{yst}}, 1\right)$$

F_{yw} =거더 웨브의 항복응력

ρ_w =보강재에 인접한 두 패널의 $\left(\dfrac{V_r - V_{c2}}{V_{c1} - V_{c2}}\right)$ 중 큰 값

(이 값은 0보다 커야 함)

V_r =고려 대상 패널의 요구되는 전단강도

V_{c2} =($V_n = 0.6F_yA_wC_{v2}$)와 함께 계산되는 전단좌굴강도

V_{c1} =인장장 작용을 고려하든 안하든 계산된 가용전단강도

AISC G2.3의 사용자가 각주에는 안전측으로 I_{st}를 I_{st1}으로 간주할 수 있다고 기술하고 있다.

중간 수직보강재는 축력보다는 주로 휨모멘트를 받으며, 따라서 최소면적보다는 최소단면2차모멘트를 규정하고 있다.

지압보강재로서의 역할을 하지 않는 경우, 중간 수직보강재는 인장플랜지에 닿아 있을 필요는 없으므로, 그 길이는 복부판의 깊이 h보다 어느 정도 작아도 되고, 꽉 맞춰서 제작하는 어려움을 피할 수 있다. 시방서 G2.3절에 따르면, 그 길이는 보강재를 복부판에 연결하기 위한 용접과 복부판을 인장플랜지에 연결하기 위한 용접사이의 거리에 의해 만들어지는 한계 이내에 있어야 한다. 그림 10.9에 c로 표시된 이 거리는 복부판 두께의 4～6배 사이에 있어야 한다.

AISC 규정에 의해 중간 수직보강재의 단면을 결정하기 위해서는 어떠한 힘도 산정할 필요가 없으나, 힘은 보강재로부터 복부판에 전달되어야 하며, 연결부는 이 힘에 대해 설계되어야 한다. Basler(1961)는 전단류의 값으로 다음과 같은 식을 제안하였다.

$$f = 0.045h\sqrt{\frac{F_y^3}{E}} \text{ kips/in.} \tag{10.2}$$

최소 단속필릿용접 정도가 적당할 것 같다(Salmon & Johnson, 1996). AISC G2.3은 단속필릿용접 사이의 순간격이 $16t_w$ 또는 10 in.를 넘지 않도록 규정하고 있다.

그림 10.9

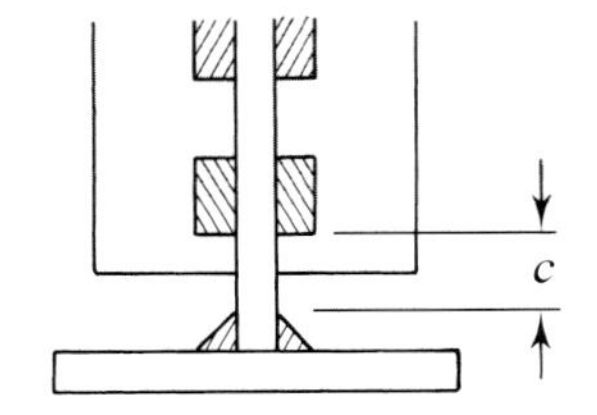

10.6 지압보강재

복부판이 복부항복, 국부좌굴 또는 면외 복부좌굴의 한계상태에 대한 충분한 강도를 갖고 있지 않다면, 지압보강재의 설치가 필요하다. 이러한 한계상태는 지침서의 J장 "연결부 설계"에서 다룬다. 복부판의 항복에 대해서 하중이 단부로부터 거더 깊이보다 먼 거리에 있으면, 공칭강도는 다음과 같으며,

$$R_n = (5k + \ell_b)F_{yw}t_w \quad \text{(AISC 식 J10-2)}$$

하중이 단부로부터 이 거리 내에 작용하면,

$$R_n = (2.5k + \ell_b)F_{yw}t_w \quad \text{(AISC 식 J10-3)}$$

여기서,

k = 플랜지의 바깥면으로부터 복부판의 필릿지단까지(압연보의 경우), 또는 용접지단까지(용접 제작된 거더의 경우)의 거리

ℓ_b =거더 종방향으로의 집중하중의 지압길이(단부 반력에 대해 k보다 작지 않음)

F_{yw} = 복부판의 항복응력

LRFD의 경우 저항계수는 $\phi = 1.00$이며, ASD의 경우 안전율은 $\Omega = 1.50$이다. (5장에서 이 한계상태에 대해 이미 다루었다.)

복부판 국부좌굴(web crippling)의 경우 하중이 적어도 단부로부터 거더 깊이의 적어도 절반에 있으면,

$$R_n = 0.80t_w^2\left[1 + 3\left(\frac{\ell_b}{d}\right)\left(\frac{t_w}{t_f}\right)^{1.5}\right]\sqrt{\frac{EF_{yw}t_f}{t_w}}\,Q_f \quad \text{(AISC 식 J10-4)}$$

하중이 단부로부터 이 거리 이내에 있으면,

$$R_n = 0.40t_w^2\left[1 + 3\left(\frac{\ell_b}{d}\right)\left(\frac{t_w}{t_f}\right)^{1.5}\right]\sqrt{\frac{EF_{yw}t_f}{t_w}}\,Q_f, \quad \frac{\ell_b}{d} \le 0.2 \quad \text{(AISC 식 J10-5a)}$$

$$R_n = 0.40t_w^2\left[1 + \left(\frac{4\ell_b}{d} - 0.2\right)\left(\frac{t_w}{t_f}\right)^{1.5}\right]\sqrt{\frac{EF_{yw}t_f}{t_w}}\,Q_f, \quad \frac{\ell_b}{d} > 0.2$$

(AISC 식 J10-5b)

여기서,

d = 거더의 총깊이

t_f = 거더플랜지 두께

$Q_f = 1.0$

LRFD의 경우 저항계수는 $\phi = 0.75$, ASD의 경우 안전율은 $\Omega = 2.00$. (이 한계상태는

5장에서 다루었다.)

제한된 상황에서만 복부판의 면외좌굴을 방지하기 위해 지압보강재가 필요하다. 압축플랜지가 인장플랜지에 대한 상대적인 움직임이 구속되어 있지 못한 경우 복부판의 면외좌굴이 검토되어야 한다. 압축플랜지가 회전에 구속되어 있는 경우, 공칭강도는 다음과 같다.

$$R_n = \frac{C_r t_w^3 t_f}{h^2}\left[1 + 0.4\left(\frac{h/t_w}{L_b/b_f}\right)^3\right] \qquad \text{(AISC 식 J10-6)}$$

[이 식은 $(h/t_w)/(l/b_f) > 2.3$이면, 검토할 필요가 없다.]

플랜지가 회전에 구속되어 있지 않은 경우,

$$R_n = \frac{C_r t_w^3 t_f}{h^2}\left[0.4\left(\frac{h/t_w}{L_b/b_f}\right)^3\right] \qquad \text{(AISC 식 J10-7)}$$

[이 식은 $(h/t_w)/(l/b_f) > 1.7$이면, 검토할 필요가 없다.]

여기서,

$C_r = 960{,}000$ ksi [$M_u < M_y$인 경우(LRFD) 또는 $1.5\,M_a < M_y$인 경우(ASD)]

$= 480{,}000$ ksi [$M_u \geq M_y$인 경우(LRFD) 또는 $1.5\,M_a \geq M_y$인 경우(ASD)]

(모든 모멘트는 하중작용점에서이다.)

$L_b =$ 각 플랜지의 최대 비지지 거리(하중작용점에서)

LRFD의 경우 $\phi = 0.85$; ASD의 경우 $\Omega = 1.76$.

복부판은 작용하는 집중하중에 직접 저항할 수 있도록 설계되지만, 지압보강재는 일반적으로 설치된다. 보강재가 전체의 집중하중에 저항하도록 사용된다면 복부판의 항복, 국부좌굴 및 면의좌굴에 관한 한계상태를 검토할 필요가 없다.*

보강재의 공칭지압강도는 AISC J7에 다음과 같이 주어져 있다.

$$R_n = 1.8 F_y A_{pb} \qquad \text{(AISC 식 J7-1)}$$

(이 식은 지압응력 $f_p = 1.8F_y$을 적용하면 식 10.1과 같다.)

LRFD에서의 저항계수는 $\phi = 0.75$, ASD에서 안전율은 $\Omega = 2.00$이다.

AISC J10.8은 전 깊이 지압보강재를 쌍으로 사용하도록 하고 있고, 다음의 지침에 따라 축방향 하중을 받는 기둥으로 해석하도록 요구하고 있다.

- 축하중을 받는 부재의 단면은 보강재 판과 같은 길이의 복부판으로 구성된다(그림 10.4 참조). 이 길이는 단부 보강재의 경우 복부판 두께의 12배보다 커서는 안되며, 내부 보강재의 경우 복부판 두께의 25배를 넘지 않아야 한다.

---

* 압축플랜지가 하중작용점에서 구속되지 않고 AISC 식 J10-7을 만족시키지 못하면, 하중작용점의 양쪽 플랜지에 수직브레이싱이 설치되어야 한다(AISC J10-4).

• 유효길이는 실제 길이의 0.75배이다.-즉, $L_c = KL = 0.75h$.

• 공칭압축강도는 AISC J4.4 "압축요소의 강도"의 규정에 근거하여 다음과 같다.

$\frac{L_c}{r} \le 25$인 경우,

$$P_n = F_y A_g \quad \text{(AISC 식 J4-6)}$$

이는 보강재에 대한 "파괴 하중" 즉, 좌굴이 발생하지 않는 압축항복을 야기시키는 하중이다. LRFD의 경우 이러한 한계상태에 대한 저항계수는 $\phi = 0.90$이며 ASD의 경우 안전율은 $\Omega = 1.67$이다.

$\frac{L_c}{r} > 25$인 경우, AISC E의 압축부재에 대한 일반적인 요구사항을 적용한다.

• 복부판에 용접 연결된 보강재는 불균형력을 전달할 수 있어야 한다. 안전측으로, 용접부는 전체 집중하중을 지지할 수 있도록 설계되어야 한다. 보강재가 압축플랜지와 맞닿아 있을 경우, 플랜지에 용접할 필요는 없다.

폭-두께비의 한계는 지압보강재에 관한 지침서 규정이 주어져 있지 않지만, 중간수직보강재에 대한 식 (10.3)의 요구조건을 지압보강재 설계를 위한 지침으로 사용할 수 있다:

$$\left(\frac{b}{t}\right)_{st} \le 0.56\sqrt{\frac{E}{F_{yst}}}$$

지압보강재 해석은 예제 10.1(c)에 예시되어 있다.

예제 10.1 그림 10.10에 보이는 플레이트거더가 AISC 규정에 맞는지 여부를 검토하도록 한다. 활하중 대 고정하중의 비가 3.0인 사용하중이 작용하고 있다. 4 kips/ft인 등분포하중에는 플레이트거더의 자중이 포함되어 있다. 압축플랜지의 선단과 집중하중의 작용점에 수평으로 지지되어 있고 이 지점들은 회전에 대해 구속되어 있다. 또한 이 지점들은 지압보강재(bearing stiffeners)로 보강되어 있다. 플랜지와 복부의 용접부분에 여유를 두기 위하여 플랜지의 상부와 하부 내측 가장자리를 1인치씩 깎아내었다. 거더 내부에는 중간보강재는 존재하지 않고 거더 전체를 A36강재를 이용하여 제작하였다. 모든 용접은 적절하다고 가정하고 다음을 검토하라:

a. 휨강도

b. 전단강도

c. 지압보강재

그림 10.10

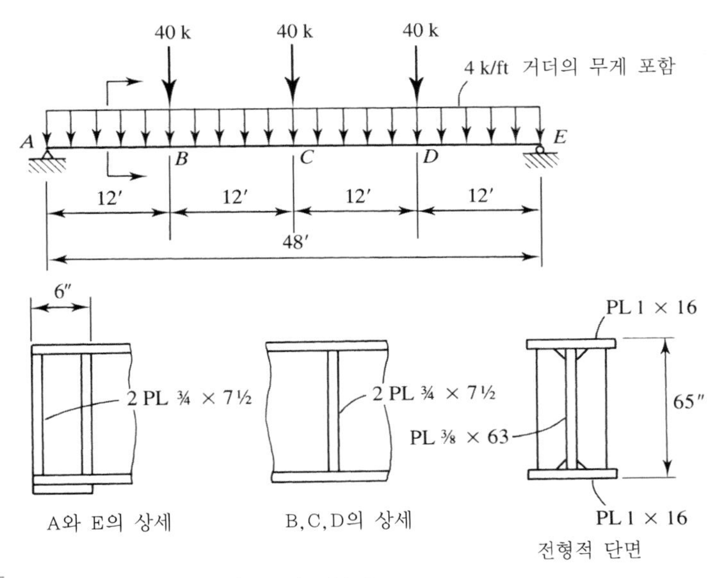

LRFD 해 법 복부판의 폭-두께비를 검토한다.

$$\frac{h}{t_w} = \frac{63}{3/8} = 168$$

$$5.70\sqrt{\frac{E}{F_y}} = 5.70\sqrt{\frac{29{,}000}{36}} = 161.8$$

$h/t_w > 5.70/\sqrt{E/F_y}$ 이므로, 복부판은 세장하고 AISC F5의 규정을 적용한다.

복부판은 AISC F13.2의 세장비 한계를 만족하여야 한다. h/t_w의 한계값은 a/h에 따라 결정된다. 본 플레이트거더의 경우 지압보강재들은 중간보강재의 역할을 담당하게 되고

$$\frac{a}{h} \approx \frac{12(12)}{63} = 2.286$$

(이 비율은 a가 정확히 12 ft가 아니기 때문에 근삿값이다. 내부패널에서는 12 ft는 순간격이라기 보다는 보강재의 중심간 거리이다. 단부패널에서는 지점에 있는 두 개의 보강재로 인하여 a는 12 ft 보다 간격이 좁다.)

a/h가 1.5보다 크기 때문에 AISC 식 F13-4를 적용한다:

$$\frac{0.40E}{F_y} = \frac{0.40(29{,}000)}{36} = 322 > \frac{h}{t_w} \qquad \text{(OK)}$$

표 10.1

요소	A	$\bar{I}$	d	$\bar{I} + Ad^2$
복부판	–	7814	–	7,814
플랜지	16	–	32	16,380
플랜지	16	–	32	16,380
				40,574

a. **휨강도:** 휨강도를 결정하기 위하여 탄성단면계수를 필요로 한다. 거더는 대칭을 이루고 있기 때문에

$$S_{xt} = S_{xc} = S_x$$

강축에 대한 단면2차모멘트 I_x의 산정은 표 10.1에 요약되어 있다. 도심에 대한 각 플랜지의 단면2차모멘트는 다른 항에 비해 상대적으로 작기 때문에 무시하였다. 탄성단면계수는

$$S_x = \frac{I_x}{c} = \frac{40{,}570}{32.5} = 1248 \text{ in.}^3$$

AISC 식 F5-10으로부터, 항복에 근거한 인장측 플랜지 강도는 다음과 같다.

$$M_n = F_y S_{xt} = 36(1248) = 44{,}930 \text{ in.-kips}$$

$$= 3744 \text{ ft-kips}$$

압축측 플랜지의 좌굴강도는 AISC 식 F5-7에 의해 주어진다:

$$M_n = R_{pg} F_{cr} S_{xc}$$

여기서 임계좌굴응력 F_{cr}은 플랜지 국부좌굴 또는 항복에 근거하고 있다. 플랜지 국부좌굴의 경우, 관련 세장비 변수는 다음과 같다.

$$\lambda = \frac{b_f}{2t_f} = \frac{16}{2(1.0)} = 8$$

$$\lambda_p = 0.38\sqrt{\frac{E}{F_y}} = 0.38\sqrt{\frac{29{,}000}{36}} = 10.79$$

$\lambda < \lambda_p$이므로 플랜지 국부좌굴이 발생하지 않는다. 압축플랜지 강도는 항복에 근거를 두며 $F_{cr} = F_{yf} = 36 \text{ ksi}$이다.

휨강도 강도감소계수 R_{pg}를 산정하기 위하여, a_w의 값이 필요하다.

$$a_w = \frac{h_c t_w}{b_{fc} t_{fc}} = \frac{63(3/8)}{16(1.0)} = 1.477 < 10$$

AISC 식 F5 - 6으로부터,

$$R_{pg} = 1 - \frac{a_w}{1200 + 300a_w}\left(\frac{h_c}{t_w} - 5.7\sqrt{\frac{E}{F_y}}\right) \le 1.0$$

$$= 1 - \frac{1.477}{1200 + 300(1.477)}\left(168 - 5.7\sqrt{\frac{29{,}000}{36}}\right) = 0.9945$$

AISC 식 F5-7로부터, 압축플랜지에 대한 공칭휨강도는 다음과 같다.

$$M_n = R_{pg} F_{cr} S_{xc} = 0.9945(36)(1248)$$

$$= 44{,}680 \text{ in.-kips} = 3723 \text{ ft-kips}$$

횡-비틀림강도를 검토하기 위해, 회전반지름 r_t가 필요하다. 그림 10.11로부터

그림 10.11

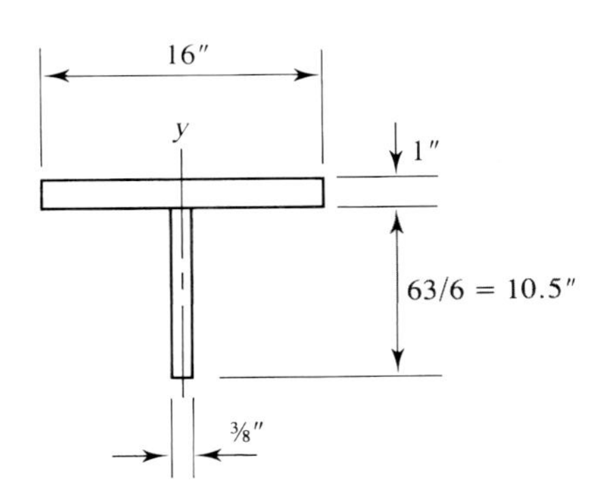

$$I_y = \frac{1}{12}(1)(16)^3 + \frac{1}{12}(10.5)(3/8)^3 = 341.4 \text{ in.}^4$$

$$A = 16(1) + 10.5(3/8) = 19.94 \text{ in.}^2$$

$$r_t = \sqrt{\frac{I_y}{A}} = \sqrt{\frac{341.4}{19.94}} = 4.138 \text{ in.}$$

비지지길이를 검토한다.

$$L_b = 12 \text{ ft}$$

$$L_p = 1.1 r_t \sqrt{\frac{E}{F_y}} = 1.1(4.138)\sqrt{\frac{29{,}000}{36}} = 129.2 \text{ in.} = 10.77 \text{ ft}$$

$$L_r = \pi r_t \sqrt{\frac{E}{0.7F_y}} = \pi(4.138)\sqrt{\frac{29{,}000}{0.7(36)}} = 441.0 \text{ in.} = 36.75 \text{ ft}$$

$L_p < L_b < L_r$이므로 보는 비탄성 횡-비틀림좌굴의 지배를 받는다. AISC 식 F5-3으로부터

$$F_{cr} = C_b\left[F_y - 0.3F_y\left(\frac{L_b - L_p}{L_r - L_p}\right)\right] \le F_y$$

C_b를 산정하기 위해 그림 10.12에 나타난 극한하중에 근거한 하중, 전단, 휨모멘트 그래프를 참조한다. (그림에 주어진 수치의 증명은 독자의 연습으로 남겨둔다.) 중앙경간과 근접한 12 ft의 비지지 구간의 C_b를 계산한다. 이 구간을 4개의 동일한 간격으로 나누면, 보의 단부로부터 15 ft, 18 ft, 21 ft에 위치한 점 A, B, C를 가지며 각 점의 휨모멘트는 다음과 같다.

$$M_A = 234(15) - 60(3) - 6(15)^2/2 = 2655 \text{ ft-kips}$$

$$M_B = 234(18) - 60(6) - 6(18)^2/2 = 2880 \text{ ft-kips}$$

$$M_C = 234(21) - 60(9) - 6(21)^2/2 = 3051 \text{ ft-kips}$$

AISC 식 F1-1로부터,

$$C_b = \frac{12.5M_{\max}}{2.5M_{\max} + 3M_A + 4M_B + 3M_c}$$

그림 10.12

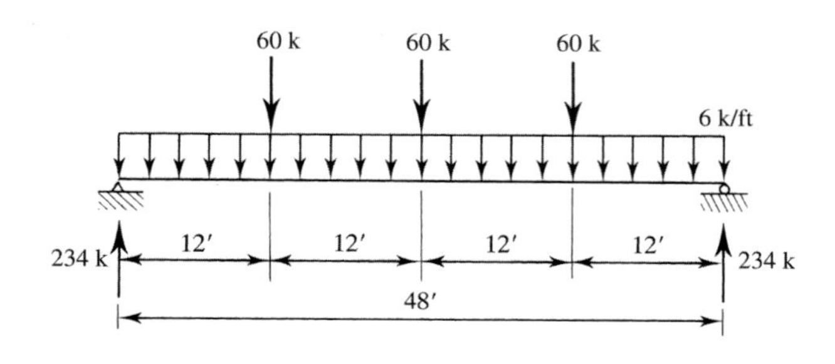

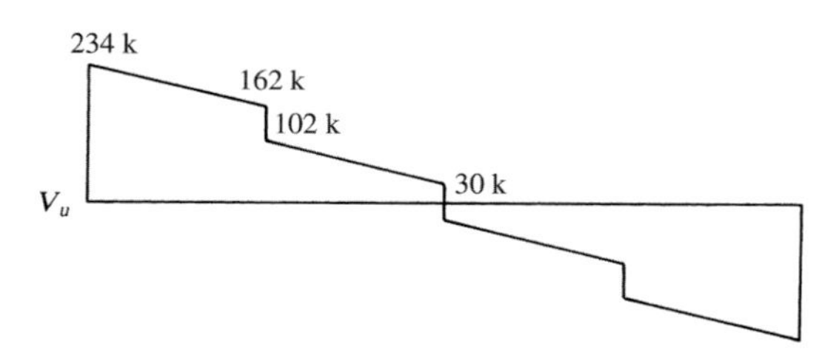

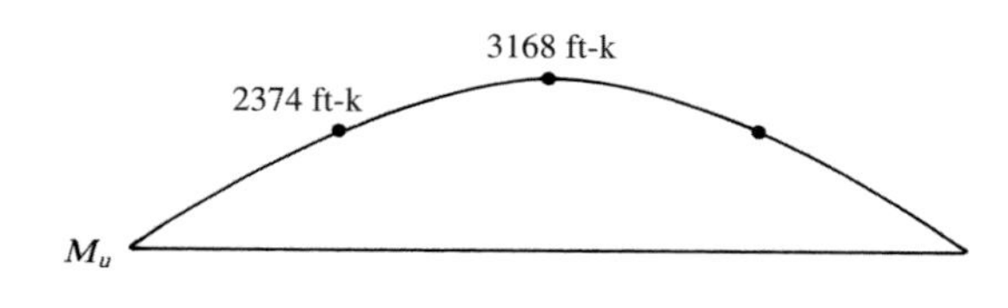

$$= \frac{12.5(3168)}{2.5(3168)+3(2655)+4(2880)+3(3051)} = 1.083$$

여기서 R_m은 모든 이축대칭단면의 경우 1.0의 값을 가진다.

$$F_{cr} = C_b\left[F_y - 0.3F_y\left(\frac{L_b - L_p}{L_r - L_p}\right)\right] \le F_y$$

$$= 1.083\left[36 - (0.3 \times 36)\left(\frac{12 - 10.77}{36.75 - 10.77}\right)\right] = 38.43\ \text{ksi}$$

$38.43\ \text{ksi} > F_y = 36\ \text{ksi}$이므로 $F_{cr} = 36\ \text{ksi}$를 사용한다(다른 한계상태의 경우도 동일함).

공칭휨강도는 압축플랜지의 항복에 근거하며 다음과 같다.

$$M_n = 3723\ \text{ft-kips}$$

설계강도는 $\phi_b M_n = 0.90(3723) = 3350\ \text{ft-kips}$이며 극한하중 최대모멘트는 M_u와 비교하여야 한다. 그림 10.12로부터, 극한하중 최대모멘트는

$$M_u = 3168\ \text{ft-kips} < 3350\ \text{ft-kips} \qquad \text{(OK)}$$

해 답 휨강도는 적절하다.

b. **전단강도:** 전단강도는 웨브의 세장비인 h/t_w와 변장비 a/h의 함수이다.

$$\frac{h}{t_w}=168$$

단부 및 내부 패널 모두에 대해,

$$\frac{a}{h}=2.286$$

인장장 작용이 없는 경우에 대해 강도를 결정한다. 중간 수직보강재를 사용하므로,

$$k_v=5+\frac{5}{(a/h)^2}=5+\frac{5}{(2.286)^2}=5.957$$

$$1.10\sqrt{\frac{k_vE}{F_y}}=1.10\sqrt{\frac{5.957(29{,}000)}{36}}=76.20$$

$168>76.20$이므로, AISC 식 G2-4를 사용해 C_{v1}을 구한다.

$$C_{v1}=\frac{1.10\sqrt{\frac{k_vE}{F_y}}}{h/t_w}=\frac{1.10\sqrt{\frac{5.957(29{,}000)}{36}}}{168}=0.4536$$

AISC 식 G2-1로부터,

$$V_n=0.6F_yA_wC_{v1}$$

$$A_w=dt_w=(h+2t_f)t_w=(63+2\times1)(3/8)=24.38\,\text{in}^2$$

$$V_n=0.6(36)(24.38)(0.4536)=238.9\text{ kips}$$(인장장 작용이 없는 경우)

단부 패널에 대한 설계전단강도, $\phi V_n=0.90(238.9)=215$ kips.

$a/h<3$이므로, 내부 패널에 대해 인장장 작용을 적용할 수 있다. C_{v2}를 계산한다:

$$1.10\sqrt{\frac{k_vE}{F_y}}=1.10\sqrt{\frac{5.957(29{,}000)}{36}}=76.20$$

$$1.37\sqrt{\frac{k_vE}{F_y}}=1.37\sqrt{\frac{5.957(29{,}000)}{36}}=94.90$$

$h/t_w=168>94.90$이므로, C_v는 AISC 식 G2-11을 적용한다:

$$C_{v2}=\frac{1.51k_vE}{(h/t_w)^2F_y}=\frac{1.51(5.957)(29{,}000)}{(168)^2(36)}=0.2567$$

어떤 강도식을 적용할 것인지 결정한다:

$$A_{fc}=A_{ft}=16(1)=16\,\text{in}^2$$

$$\frac{2A_w}{(A_{fc}+A_{ft})}=\frac{2(24.38)}{(16+16)}=1.524$$

$$\frac{h}{b_{fc}}=\frac{h}{b_{ft}}=\frac{63}{16}=3.938$$

$\dfrac{2A_w}{(A_{fc}+A_{ft})} < 2.5,\ \dfrac{h}{b_{fc}} < 6.0,\ \dfrac{h}{b_{fc}} < 6.0$이므로 AISC 식 G2-7을 적용한다:

$$V_n = 0.6F_yA_w\left(C_{v2} + \frac{1-C_{v2}}{1.15\sqrt{1+(a/h)^2}}\right)$$

$$= 0.6(36)(24.38)\left(0.2567 + \frac{1-0.2567}{1.15\sqrt{1+(2.286)^2}}\right)$$

$$= 271.6 \text{ kips}$$

내부 패널 강도로 인장장 작용을 고려한 경우와 고려하지 않고 계산한 경우의 값 중 큰 값을 사용한다. $= \max(271.6,\ 238.9) = 271.6$ kips

내부 패널에 대한 전단강도, $\phi V_n = 0.90(271.6) = 244$ kips.

그림 10.12에서의 거더 중앙부 최대전단력(하중계수 적용)은 102 kips이며, 전단강도 산정 시 인장장 작용을 허용할 수 있다.

단부 패널의 최대전단력(하중계수 적용)은 다음과 같다.

$V_u = 234 \text{ kips} > 215 \text{kips}$ (N.G.)

전단강도를 증가시키기 위해서는 두 가지 방법이 있다: 웨브의 세장비를 감소시키거나(웨브의 두께를 증가시킴), 또는 중간 수직보강재를 추가로 배치하여 각 단부 패널의 변장비를 감소시키는 방법이 있다. 이 예제에서는 보강재를 추가하기로 한다.

다음의 전략에 따라 첫 번째 중간보강재의 위치를 결정한다: 첫째, AISC식 G2-1의 전단강도식과 요구되는 전단강도를 등식으로 놓고 요구되는 C_{v1}을 구한다. 다음 식 G2-4를 이용하여 k_v를 구한 후 a/h를 결정한다.

요구되는 전단강도는 다음과 같다.

$$V_n = \frac{V_u}{\phi_v} = \frac{234}{0.90} = 260.0 \text{ kips}$$

AISC 식 G2-1로부터,

$$V_n = 0.6F_yA_wC_{v1}$$

$$C_{v1} = \frac{V_n}{0.6F_yA_w} = \frac{260}{0.6(36)(24.38)} = 0.4937$$

$$C_{v1} = \frac{1.10\sqrt{k_vE/F_y}}{h/t_w} \qquad \text{(AISC 식 G2-4)}$$

$$k_v = \frac{C_{v1}^2(h/t_w)^2F_y}{(1.10)^2E} = \frac{(0.4937)^2(168)^2(36)}{1.21(29{,}000)} = 7.058$$

$$k_v = 5 + \frac{5}{(a/h)^2}$$

$$\frac{a}{h} = \sqrt{\frac{5}{k_v-5}} = \sqrt{\frac{5}{7.058-5}} = 1.559$$

요구되는 보강재 간격은 다음과 같다

$$a = 1.559h = 1.559(63) = 98.22 \text{ in.}$$

비록 a를 순간격으로 정의하였지만 안전측으로 중심간 간격으로 간주하고 거더의 선단에서 54 in. 떨어진 위치에 첫 번째 중간보강재를 배열할 것이다. 이러한 중간보강재의 설치는 최대극한하중에 의한 전단력 234 kips와 거의 같은 설계강도를 얻을 수 있게 된다. 선단팬널 이외의 곳에서는 극한하중으로 인한 전단력이 설계강도인 237 kips보다 작기 때문에 추가적 보강재는 필요가 없게 된다.

지침서 3편의 설계곡선을 이용한다면 좀 더 용이하게 보강재 간격을 결정할 수 있을 것이다. 이러한 기법을 예제 10.2에서 소개한다.

해 답 전단강도가 부적절하다. 거더의 양 단부로부터 98 in. 떨어진 위치에 중간보강재 하나씩을 추가한다.

c. **지압보강재:** 각각의 집중하중이 작용하는 지점에 지압보강재가 설치되므로 복부 항복, 복부국부좌굴(clipping), 또는 면외 복부좌굴에 대한 AISC J장의 규정을 검토할 필요가 없다.

내부 지압보강재의 경우, 먼저 지압강도를 산정한다. 그림 10.13으로부터,

$$A_{pb} = 2at = 2(7.5-1)(0.75) = 9.750 \text{ in.}^2$$

AISC 식 J7-1로부터,

$$R_n = 1.8F_yA_{pb} = 1.8(36)(9.750) = 631.8 \text{ kips}$$

$$\phi R_n = 0.75(631.8) = 474 \text{ kips} > 60 \text{ kips} \qquad \text{(OK)}$$

보강재를 압축부재로 간주하고 강도를 산정한다. 그림 10.13을 참조하여 9.375 in.의 복부 길이를 사용할 수 있다. 결국 이는 다음과 같은 "기둥"에 대한 단면적이 된다.

$$A = 2(0.75)(7.5) + \left(\frac{3}{8}\right)(9.375) = 14.77 \text{ in.}^2$$

그림 10.13

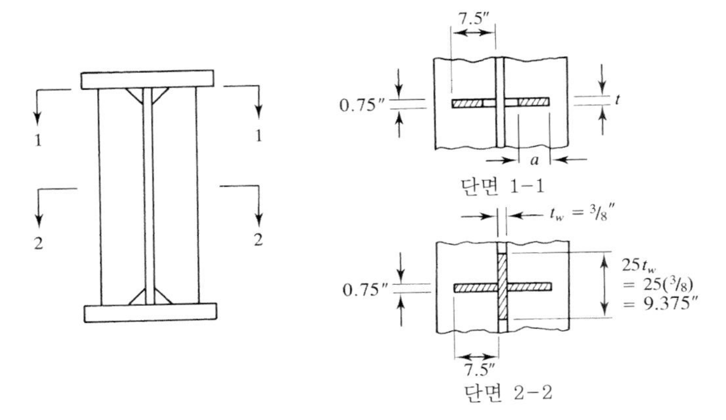

복부의 축에 대한 이 면적의 단면 2차모멘트는

$$I = \sum(\bar{I} + Ad^2)$$

$$= \frac{9.375(3/8)^3}{12} + 2\left[\frac{0.75(7.5)^3}{12} + 7.5(0.75)\left(\frac{7.5}{2} + \frac{3/8}{2}\right)^2\right]$$

$$= 227.2 \text{ in}^4$$

회전반경은 다음과 같다.

$$r = \sqrt{\frac{I}{A}} = \sqrt{\frac{227.2}{14.77}} = 3.922 \text{ in.}$$

세장비는 다음과 같다.

$$\frac{L_c}{r} = \frac{KL}{r} = \frac{Kh}{r} = \frac{0.75(63)}{3.922} = 12.05 < 25$$

$$\therefore\ P_n = F_y A_g = 36(14.77) = 531.7 \text{ kips}$$

$$\phi_c P_n = 0.90(531.7) = 479 \text{ kips} > 60 \text{ kips} \qquad \text{(OK)}$$

지점부 지압보강재의 경우, 그림 10.14로부터 공칭지압강도를 산정하면,

$$R_n = 1.8 F_y A_{pb} = 1.8(36)[4(6.5)(0.75)] = 1264 \text{ kips}$$

$$\phi R_n = 0.75(1264) = 948 \text{ kips} > 234 \text{ kips} \qquad \text{(OK)}$$

보강재-복부의 조립을 압축부재로 간주하고 검토한다. 그림 10.14를 참조하면 복부 평면축에 대한 단면2차모멘트는 다음과 같다.

$$I = \sum(\bar{I} + Ad^2)$$

$$= \frac{4.5(3/8)^3}{12} + 4\left[\frac{0.75(7.5)^3}{12} + 7.5(0.75)\left(\frac{7.5}{2} + \frac{3/8}{2}\right)^2\right]$$

$$= 454.3 \text{ in.}^4$$

면적과 회전반경을 산정하면,

$$A = 4.5\left(\frac{3}{8}\right) + 4(0.75)(7.5) = 24.19 \text{ in.}^2$$

$$r = \sqrt{\frac{I}{A}} = \sqrt{\frac{454.3}{24.19}} = 4.334 \text{ in.}$$

세장비는 다음과 같다.

$$\frac{Kh}{r} = \frac{0.75(63)}{4.334} = 10.90 < 25$$

$$\therefore\ P_n = F_y A_g = 36(24.19) = 870.8 \text{ kips}$$

$$\phi_c P_n = 0.90(870.8) = 784 \text{ kips} > 234 \text{ kips} \qquad \text{(OK)}$$

해 답 지압보강재는 적절하게 설계되었다.

그림 10.14

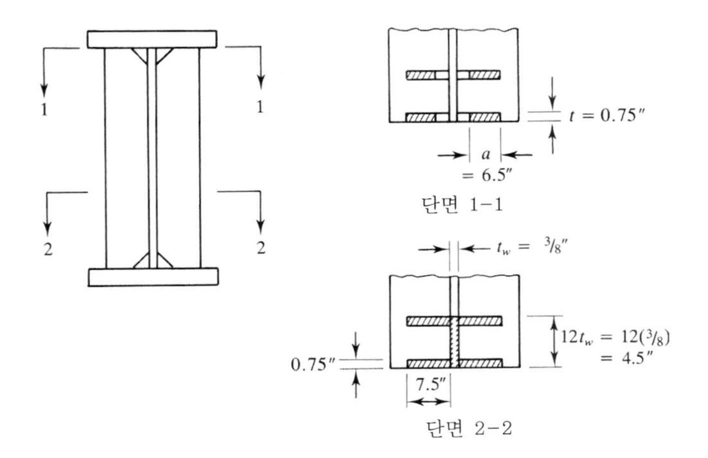

ASD 해법 이 예제에 대한 허용강도해석은 하중과 저항계수 또는 안전율을 사용하는지의 차이를 제외하고는 하중저항계수해석과 실제로 동일하다. 이런 이유로 본 예제에 대한 ASD 해석은 대부분의 LRFD 계산을 사용하게 되고 반복하지 않을 것이다. LRFD식으로부터 AISC F13.2의 복부판 세장비의 한계를 만족한다.

a. **휨강도:** C_b의 산정방법까지 LRFD 해석과 동일하다. C_b를 위하여 사용하중 모멘트가 필요하다. 그림 10.15는 사용하중에 의한 하중, 전단, 휨모멘트 그래프를 나타낸다. 중앙경간에 근접하여 12 ft의 비지지구간에 대한 C_b를 계산한다. 이 구간을 4개의 동일한 간격으로 분할하여 보의 단부로부터 거리가 각각 15 ft, 18 ft, 21 ft인 점 A, B, C로 나타낼 수 있으며 각 점에 대한 휨모멘트는 다음과 같다.

$$M_A = 156(15) - 40(3) - 4(15)^2/2 = 1770 \text{ ft-kips}$$

$$M_B = 156(18) - 40(6) - 4(18)^2/2 = 1920 \text{ ft-kips}$$

$$M_C = 156(21) - 40(9) - 4(21)^2/2 = 2034 \text{ ft-kips}$$

AISC 식 F1-1로부터,

$$C_b = \frac{12.5M_{\max}}{2.5M_{\max} + 3M_A + 4M_B + 3M_C}$$

$$= \frac{12.5(2112)}{2.5(2112) + 3(1770) + 4(1920) + 3(2034)} = 1.083$$

여기서 R_m은 모든 이축대칭단면의 경우 1.0의 값을 가진다. 위의 C_b값은 LRFD 해석에서 구한 값과 동일하므로(이것은 일반적인 경우이다) 횡-비틀림좌굴에 의한 임계응력은 LRFD 해석과 같은 값을 가진다. 따라서 공칭휨강도는 압축플랜지의 항복에 근거하며

$$M_n = 3723 \text{ ft-kips}$$

그림 10.15

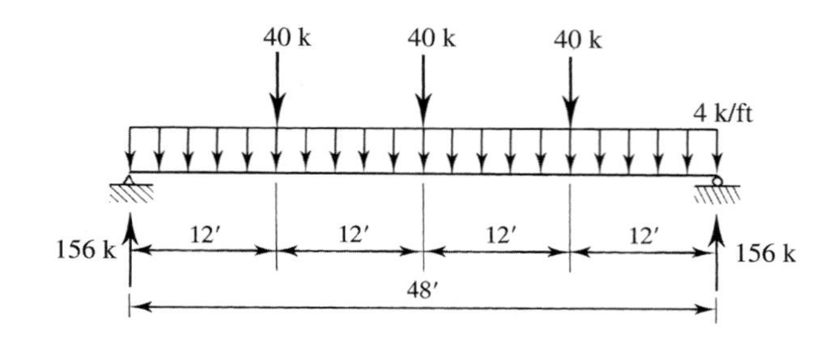

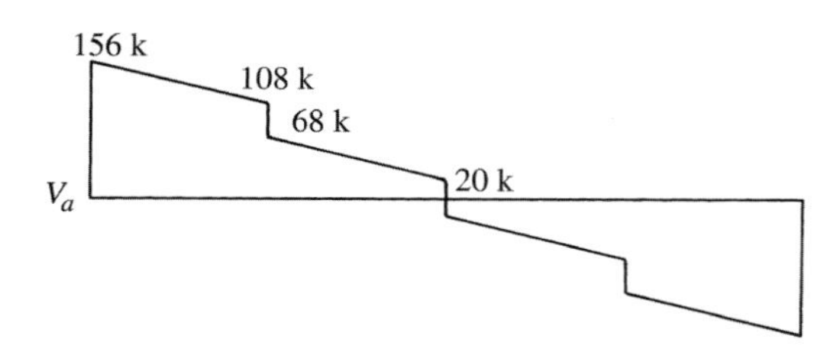

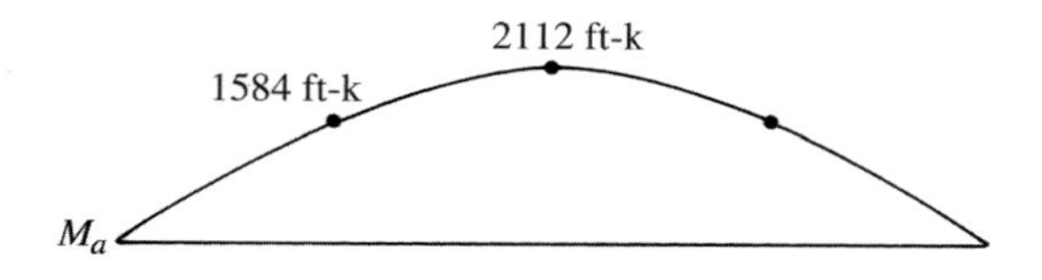

허용강도는 다음과 같다.

$$\frac{M_n}{\Omega_b} = \frac{3723}{1.67} = 2229 \text{ ft-kips}$$

그림 10.15로부터, 최대모멘트는 다음과 같다.

$$M_a = 2112 \text{ ft-kips} < 2229 \text{ ft-kips} \qquad \text{(OK)}$$

해 답 휨강도는 적절하다.

b. **전단강도:** LRFD 해석으로부터 공칭전단강도(단부패널 제외)는

$$V_n = 271.6 \text{ kips}$$

허용강도는 다음과 같다.

$$\frac{V_n}{\Omega_v} = \frac{271.6}{1.67} = 162.6 \text{ kips}$$

그림 10.15로부터, 거더의 $^1/_4$ 지점에서의 최대전단력은 68 kips 이므로 인장장이 허용되는 지점으로 전단강도는 충분하다.

LRFD 풀이로부터 단부패널의 공칭전단강도는

$$V_n = 238.9 \text{ kips}$$

허용강도는 다음과 같다.

$$\frac{V_n}{\Omega_v} = \frac{238.9}{1.67} = 143.1 \text{ kips}$$

선단팬널의 최대전단력은 다음과 같다.

$V_a = 156.0\,\text{kips} > 143.1\,\text{kips}$ (N.G.)

전단강도를 증가하는 데 두 가지 방안이 있다: 복부의 세장비를 감소시키거나 또는 중간보강재의 수를 증가시킨 각 선단팬널의 종횡비를 감소시킨다. 이 예제에서는 중간보강재의 수를 증가시킨다.

첫 번째 중간보강재의 위치를 다음의 계획에 따라 결정할 것이다. 먼저 AISC 식 G2-1의 전단강도를 요구되는 전단강도와 같다고 놓고 요구되는 C_v값을 구한다. 다음으로, 식 G2-5로부터 k_v를 산정한 뒤 a/h를 구한다.

요구되는 $V_n = \Omega_v V_a = 1.67(156) = 260.5\,\text{kips}$

이 값은 LRFD 풀이에서 요구되는 V_n과 동일하다. 약간의 차이는 안전율 Ω가 $^5/_3$에서 1.67으로 반올림에 의한 오차이다. 따라서 보통 LRFD풀이의 결과를 사용할 것이다:

요구되는 $a = 98\,\text{in.}$

비록 a를 순간격으로 정의하였지만 안전측으로 중심간 간격으로 간주하고 거더의 선단에서 98 in. 떨어진 위치에 첫 번째 중간보강재를 배열할 것이다. 이러한 중간보강재의 설치는 최대 극한하중에 의한 전단력 156 kips와 거의 같은 설계강도를 얻을 수 있게 된다. 거더 내부의 최대전단력이 설계강도인 162.6 kips보다 작기 때문에 추가적 보강재는 필요가 없다.

매뉴얼 3편의 설계곡선을 이용한다면 좀 더 용이하게 보강재 간격을 결정할 수 있을 것이다.

해 답 전단강도가 부적절하다. 거더의 양 선단으로부터 98 in. 떨어진 위치에 중간보강재 하나씩을 추가한다.

c. **지압보강재:** 각각의 집중하중이 작용하는 지점에 지압보강재가 설치되므로 복부항복, 복부국부좌굴(clipping) 또는 면외복부좌굴에 대해 검토할 필요가 없다.

내부 지압보강재의 경우 공칭지압강도(LRFD 해석 참조)는 다음과 같다.

$R_n = 631.8\,\text{kips}$

허용응력은 다음과 같다.

$$\frac{R_n}{\Omega} = \frac{631.8}{2.00} = 316\,\text{kips} > 40\,\text{kips} \quad \text{(OK)}$$

LRFD 해석으로부터 압축부재로써의 지압보강재 조합에 대한 공칭지압강도는

$P_n = 531.7\,\text{kips}$

허용강도는 다음과 같다.

$$\frac{P_n}{\Omega} = \frac{531.7}{1.67} = 318\ \text{kips} > 40\ \text{kips} \qquad \text{(OK)}$$

지점부 지압보강재의 경우 LRFD 해석으로부터 의한 공칭지압강도는

$$R_n = 1264\ \text{kips}$$

허용강도는 다음과 같다.

$$\frac{R_n}{\Omega} = \frac{1264}{2.00} = 632\ \text{kips} > 156\ \text{kips} \qquad \text{(OK)}$$

LRFD 해석으로부터, 압축부재로써의 지압보강재 조합에 대한 공칭강도는

$$P_u = 870.8\ \text{kips}$$

허용강도는

$$\frac{R_u}{\Omega} = \frac{870.8}{1.67} = 521\ \text{kips} > 156\ \text{kips} \qquad \text{(OK)}$$

해 답 지압보강재는 적절하게 설계되었다.

10.7 설 계

플레이트거더 설계의 우선 과제는 복부판과 플랜지의 크기를 결정하는 것이다. 단면2차모멘트의 변화가 필요한 경우 플랜지 크기를 변화시키는 방법, 즉 거더의 길이를 따라 서로 다른 위치에서 덮개판을 사용하던지 또는 서로 다른 두께의 플랜지 판을 사용할 것인지를 결정해야 한다. 복부판의 두께 결정에 영향을 미치게 되므로 중간보강재의 사용 유무가 이른 시기에 결정되어야 한다. 지압보강재가 필요하다면 이에 대해 설계를 해야 한다. 최종적으로 여러 부재들이 적절히 설계된 용접에 의해 연결되어야 한다. 다음의 단계별 절차를 따를 것을 추천한다.

1. **거더 높이의 선택.** 거더의 최적높이는 상항에 따라 다르나, 일부 학자들은 경간장의 $^1/_{10} \sim {}^1/_{12}$(Gaylord 등, 1992)를, 다른 사람은 $^1/_6 \sim {}^1/_{20}$ 범위의 높이(Galambos 등, 1980)를 제안하고 있다. Salmon 등(2009)과 Blodgett(1996)은 규정된 h/t_w비와 요구모멘트강도를 고려하여 거더 높이를 결정하는 과정을 제안하였다. 다른 보의 설계에서와 같이 최대 보 높이에 대한 제한이 있게 되고, 보 높이 대 경간장 비에 대한 건축설계기준의 규정 또한 이의 선택에 영향을 주게 된다. 이 책에서는 경간장의 $^1/_{10} \sim {}^1/_{12}$를 처음 설계 거더 높이로 시도할

것이다.

2. **복부판 크기의 선택.** 복부판의 깊이는 전 깊이에서 플랜지 두께의 두 배를 제거하여 산정한다. 물론 이 설계 단계에서 플랜지의 두께 또한 추정되어야 하나, 잘못된 추정의 결과는 미미하다. 복부판의 두께 t_w는 하나의 지침으로서 다음의 한계상태를 사용하여 결정할 수 있다.

$\frac{a}{h} \leq 1.5$에 대해,

$$\frac{h}{t_w} \leq 12.0\sqrt{\frac{E}{F_y}} \qquad \text{(AISC 식 F13-3)}$$

$\frac{a}{h} > 1.5$에 대해,

$$\frac{h}{t_w} \leq \frac{0.40E}{F_y} \qquad \text{(AISC 식 F13-4)}$$

h와 t_w가 선택되면 복부판의 폭-두께비를 산정하여 이 부재가 세장한 복부판을 갖는 휨부재로 평가될 것인지를 결정한다. 그렇다면, AISC F5 규정이 사용된다(만일 복부판이 비조밀하면, AISC F5 규정이 여전히 사용될 수는 있으나 안전측이 될 것이다).

3. **플랜지 크기 산정.** 요구되는 플랜지 면적은 다음과 같이 유도된 단순한 공식을 이용하여 추정할 수 있다.

$$I_x = I_{\text{web}} + I_{\text{flanges}}$$

$$\approx \frac{1}{12}t_w h^3 + 2A_f y^2 \approx \frac{1}{12}t_w h^3 + 2A_f(h/2)^2 \qquad (10.3)$$

여기서

A_f = 플랜지의 단면적

y = 탄성중립축으로부터 플랜지 도심까지의 거리

플랜지 자신의 도심축에 대한 단면2차모멘트는 식 10.6에서 무시되었으며, 단면계수는 다음과 같이 산정된다.

$$S_x = \frac{I_x}{c} \approx \frac{t_w h^3/12}{h/2} + \frac{2A_f(h/2)^2}{h/2} = \frac{t_w h^2}{6} + A_f h$$

압축플랜지의 좌굴이 설계를 지배한다고 가정하면, AISC 식 F5-7로부터 다음과 같이 요구되는 단면계수를 구할 수 있다:

$$M_n = R_{pg}F_{cr}S_{xc}$$

소요되는 $S_{xc} = \frac{M_{n\,req}}{R_{pg}F_{cr}}$

여기서 $M_{n\,req}$는 요구되는 공칭휨모멘트이다. 요구되는 단면계수와 추정된 근삿값을 같다고 놓으면 다음과 같다.

$$\frac{M_{n\,req}}{R_{pg}F_{cr}} = \frac{t_w h^2}{6} + A_f h$$

$$A_f = \frac{M_{n\,req}}{hR_{pg}F_{cr}} - \frac{t_w h}{6}$$

$R_{pg} = 1.0$과 $F_{cr} = F_y$라고 가정하면, 요구되는 플랜지 하나의 단면적은

$$A_f = \frac{M_{n\,req}}{h\,F_y} - \frac{A_w}{6} \tag{10.4}$$

여기서

$M_{n\,req}$ = 요구 공칭휨강도

$= M_u / \phi_b$(LRFD)

$= \Omega_b / M_a$(ASD)

A_w = 복부판 면적

요구되는 플랜지 면적이 결정된 후 폭과 두께를 선택한다. 복부판의 깊이 산정 시 사용된 두께를 그대로 사용하면, 복부판 깊이에 대한 새로운 조정이 필요 없다. 이때 거더 중량이 계산될 수 있고, $M_{n\,req}$과 A_f가 다시 계산되어져야 한다.

4. **시도 단면의 휨강도 검토.**
5. **전단 검토.** 전단강도, V_n은 h/t_w와 a/h의 함수이다. 표 3-16a, b와 c의 설계곡선은 $F_y = 36$ kis인 경우에 대한 이 변수들의 관계를 나타낸 것이며, 표 3-17a, b와 c는 $F_y = 50$ kis인 경우에 대한 것이다. 표 3-16a와 3-17a는 인장장 작용이 없는 경우이다. 표 3-16b와 3-17b는 다음의 조건을 만족할 때의 AISC 식 G2-7의 강도를 나타낸다.

$$\frac{2A_w}{A_{fc} + A_{ft}} \le 2.5 \text{ , } \frac{b}{b_{fc}} \le 6.0 \text{ 이고 } \frac{b}{b_{ft}} \le 6.0$$

표 3-16c와 3-17c는 다음의 조건을 만족할 때의 AISC 식 G2-8의 강도를 나타낸다.

$$\frac{2A_w}{A_{fc} + A_{ft}} > 2.5 \text{ 또는 } \frac{b}{b_{fc}} > 6.0 \text{ 또는 } \frac{b}{b_{ft}} > 6.0$$

AISC G2.3의 규정을 만족하도록 중간수직보강재를 배치한다.

6. **지압보강재 설계.** 지압보강재가 필요한지를 결정하기 위하여 집중하중에 대한 복부판의 저항력을 검토한다(복부판 항복, 복부판좌굴, 복부판면외좌굴). 대신 지압보강재가 집중하중 전체에 대하여 저항할 수 있도록 하고 복부판에 대한 검토는 필요 없다. 지압보강재가 사용되면 다음의 설계과정을 사용할 수 있다.
   a. 보강재의 단부와 플랜지 단부까지의 거리가 비슷한 폭과 AISC 식 G2-12를 만족하는 두께를 가정한다.

$$\left(\frac{b}{t}\right)_{st} \le 0.56\sqrt{\frac{E}{F_{yst}}}$$

   b. 지압강도에 필요한 단면적을 산정한다. 이 면적을 가정한 단면과 비교하고, 필요하다면 재조정한다.
   c. 보강재와 복부판 일부를 압축부재로 검토한다.
7. **플랜지와 복부판의 용접, 보강재와 복부판의 용접 및 다른 연결부의 설계** (플랜지 연결부, 복부판 연결판 등).

예제 10.2 **그림 10.16(a)에 보인 경간장이 60 ft이고, 사용하중을 지지하는 단순지지 플레이트거더를 설계하라. 최대 허용깊이는 65 in.이며, A36 강재와 E70XX 용접봉을 사용하고, 거더는 연속으로 수평지지되어 있다고 가정한다. 지점은 지압형태의 지점이고, 프레임은 없다. LRFD를 사용하라.**

해 답 거더의 자중을 제외한 극한하중은 그림 10.16(b)에 나타내었다.
보의 전 깊이를 결정한다.

$$\frac{\text{경간장}}{10} = \frac{60(12)}{10} = 72 \text{ in.}$$

$$\frac{\text{경간장}}{12} = \frac{60(12)}{12} = 60 \text{ in.}$$

최대 허용깊이인 65 in.를 사용한다.
플랜지 두께 $t_f = 1.5$ in.를 사용하고, 복부의 깊이는

$$h = 65 - 2(1.5) = 62 \text{ in.}$$

복부 두께를 결정하기 위해, 먼저 h/t_w의 한계값을 조사한다.
AISC 식 F13-3과 F13-4로부터,

$\frac{a}{h} \le 1.5$이면,

$$\left(\frac{h}{t_w}\right)_{\max} \le 12.0\sqrt{\frac{E}{F_y}} = 12.0\sqrt{\frac{29{,}000}{36}} = 340.6$$

$$t_w \ge \frac{62}{340.6} = 0.182 \text{ in.}$$

그림 10.16

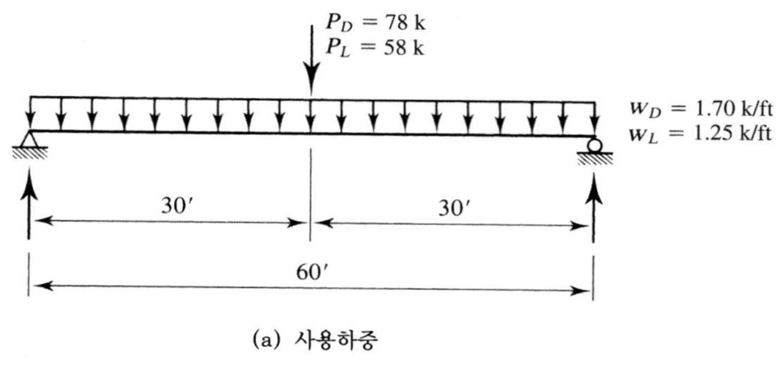

(a) 사용하중

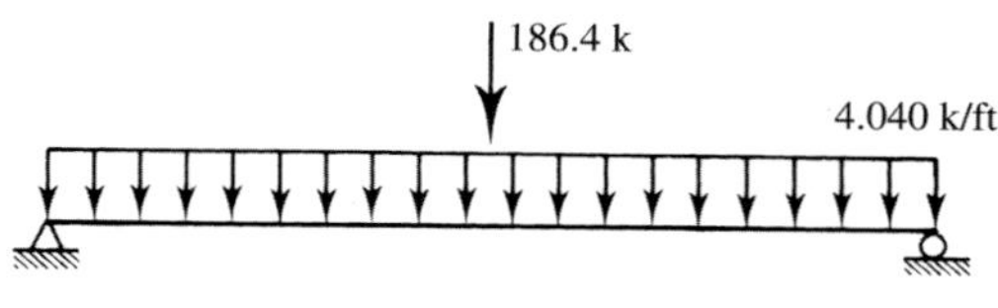

(b) 계수하중
(거더의 무게는 포함되지 않음)

$\dfrac{a}{h} > 1.5$이면,

$$\left(\frac{h}{t_w}\right)_{\max} \leq \frac{0.40E}{F_y} = \frac{0.40(29{,}000)}{36} = 322.2$$

$$t_w \geq \frac{62}{322.2} = 0.192 \text{ in.}$$

$^5/_{16}\times$62인 복부판을 선택: 복부판이 세장한지 결정한다.

$$\frac{h}{t_w} = \frac{62}{5/16} = 198.4$$

$$5.70\sqrt{\frac{E}{F_y}} = 5.70\sqrt{\frac{29{,}000}{36}} = 161.8 < 198.4$$

∴ 복부판은 세장하다.

요구되는 플랜지 크기를 결정한다. 그림 10.16(b)로부터 최대 극한하중 휨모멘트는,

$$M_u = \frac{186.4(60)}{4} + \frac{4.040(60)^2}{8} = 4614 \text{ ft-kips}$$

식 10.7로부터 요구되는 플랜지 단면적은,

$$A_f = \frac{M_{n\,\mathrm{req}}}{hF_y} - \frac{A_w}{6}$$

$$= \frac{M_u/\phi_b}{hF_y} - \frac{A_w}{6} = \frac{4614(12)/0.90}{62(36)} - \frac{62(5/16)}{6} = 24.33 \text{ in.}^2$$

플랜지 두께의 원래 추정값을 유지하면 요구되는 플랜지 폭은

$$b_f = \frac{A_f}{t_f} = \frac{24.33}{1.5} = 16.2 \text{ in.}$$

$1^1/_2 \times 18$**인 플랜지판을 선택:** 거더 자중은 다음과 같이 계산된다.

복부의 단면적: $62(5/16) = 19.38 \text{ in.}^2$

플랜지의 단면적: $2(1.5 \times 18) = \underline{54.00 \text{ in.}^2}$

전체 면적: 73.38 in.^2

$$\text{자중} = \frac{73.38}{144}(490) = 250 \text{ lb/ft}$$

조정된 휨모멘트는

$$M_u = 4614 + \frac{(1.2 \times 0.250)(60)^2}{8} = 4749 \text{ ft-kips}$$

그림 10.17은 시험 단면을 보여주고, 그림 10.18은 250 lb/ft의 거더 자중을 포함한 극한하중에 대한 전단력과 휨모멘트 선도를 나타내고 있다.

시험 단면의 휨강도를 검토한다. 그림 10.17로부터 휨 축에 대한 단면2차모멘트는

$$I_x = \frac{(^5/_{16})(62)^3}{12} + 2(1.5)(18)(31.75)^2 = 60{,}640 \text{ in.}^4$$

탄성단면계수는,

$$S_x = \frac{I_x}{c} = \frac{60{,}640}{32.5} = 1866 \text{ in.}^3$$

AISC 식 F5-7과 F5-10을 검토하면 대칭적인 단면을 가진 보의 경우 휨강도는 인장플랜지의 항복에 지배되지 않는다는 것을 알 수 있다. 그러므로 압축측 플랜지 좌굴만 검토할 것이다. 게다가, 이 거더는 연속적으로 횡지지되어 있기 때문에 횡-비틈 좌굴을 고려할 필요가 없다.
압축플랜지가 조밀, 비조밀, 또는 연약한지를 결정한다.

$$\lambda = \frac{b_f}{2t_f} = \frac{18}{2(1.5)} = 6.0$$

$$\lambda_p = 0.38\sqrt{\frac{E}{F_y}} = 0.38\sqrt{\frac{29{,}000}{36}} = 10.79$$

$\lambda < \lambda_p$이므로 플랜지 국부좌굴은 발생하지 않는다. 압축플랜지 강도는 항복에 의해 근거하여 $F_{cr} = F_y = 36 \text{ ksi}$이다.

플레이트거더 보의 강도감소계수 R_{pg}를 산정하기 위해 a_w값이 필요하게 된다.

$$a_w = \frac{h_c t_w}{b_{fc} t_{fc}} = \frac{62(^5/_{16})}{18(1.5)} = 0.7176 < 10$$

그림 10.17

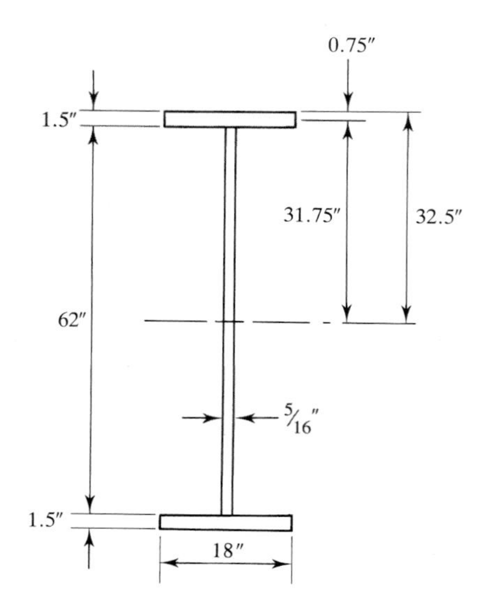

그림 10.18

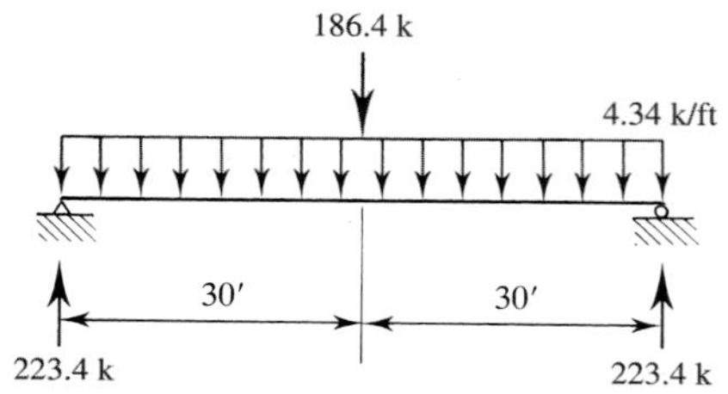

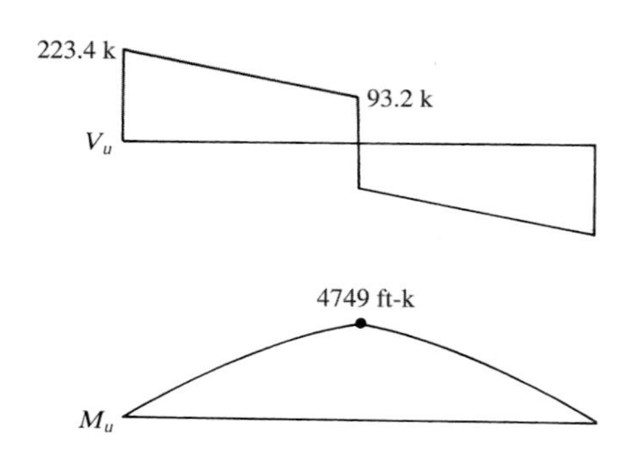

AISC 식 F5-6으로부터,

$$R_{pg} = 1 - \frac{a_w}{1200 + 300a_w}\left(\frac{h_c}{t_w} - 5.7\sqrt{\frac{E}{F_y}}\right) \leq 1.0$$

$$= 1 - \frac{0.7176}{1200 + 300(0.7176)}\left(198.4 - 5.7\sqrt{\frac{29{,}000}{36}}\right) = 0.9814$$

AISC 식 F5-7로부터, 압축플랜지의 공칭휨강도는,

$$M_n = R_{pg}F_{cr}S_{xc} = 0.9814(36)(1866) = 65{,}930 \text{ in.-kips}$$

$$= 5494 \text{ ft-kips}$$

설계강도는,

$$\phi_b M_n = 0.90(5494) = 4945 \text{ ft-kips} > 4749 \text{ ft-kips} \quad \text{(OK)}$$

이러한 설계강도가 설계요구치보다 조금 높게 나타나더라도 초과강도는 계산에서 고려되지 않은 보강재의 자중과 다른 부재들을 보상한다.

해 답 그림 10.17에서와 같이 $^5/_{16} \times 62$의 복부판과 $1^1/_2 \times 18$의 플랜지를 사용한다.

전단강도를 검토한다. 전단은 지점에서 최대이지만, 인장장 작용은 단부격간에서는 사용되지 않았다. 단부격간의 요구되는 단면을 얻기 위해 시방서 3편의 표 3-16a를 사용할 것이다. 곡선에서 h/t_w와 $\phi_v V_n/A_w$의 값을 사용하게 된다.

$$\frac{h}{t_w} = 198.4$$

$$d = h + 2t_f = 62 + 2(1.5) = 65 \text{ in.}$$

$$A_w = dt_w = 65\left(\frac{5}{16}\right) = 20.31 \text{ in.}^2$$

$$\frac{\phi_v V_n}{A_w} = \frac{V_u}{A_w} = \frac{223.4}{20.31} = 11.0 \text{ ksi}$$

$h/t_w = 198$과 $\phi_v V_n/A_w = 11$ ksi를 사용하여 a/h의 값이 대략 0.80을 가지게 된다.

$$a = 0.80h = 0.80(62) = 49.6 \text{ in.}$$

요구되는 보강재 간격은 순간격이지만, 중심간 간격을 사용함으로써 다소 단순해지고 다소 안전측이 된다. 단부의 지압보강재 중심으로부터 첫 번째 중간수직보강재 사이의 거리로 45 in.를 사용한다.

외측단부격간 전단강도에 필요한 중간보강재의 간격을 결정한다. 좌측 끝단으로부터 36 in. 떨어진 거리에서, 전단력은

$$V_u = 223.4 - 4.34\left(\frac{45}{12}\right) = 207.1 \text{ kips}$$

$$\frac{\phi V_n}{A_w} = \frac{207.1}{20.31} = 10.20 \text{ ksi}$$

인장장 작용은 단부격간의 외측에 사용될 수 있으므로 AISC 표 3-16b 또는 c의 곡선을 사용한다.

$$\frac{2A_w}{(A_{fc} + A_{ft})} = \frac{2(20.31)}{2(1.5 \times 18)} = 0.752 < 2.5$$

$$\frac{h}{b_{fc}} = \frac{h}{b_{ft}} = \frac{62}{18} = 3.444 < 6.0$$

그러므로 표 3-16b를 사용할 수 있는 조건을 만족한다. 다음 조건에 대해,

$h/t_w = 198$과 $\phi_v V_n/A_w = 11$ ksi,

그림 10.19

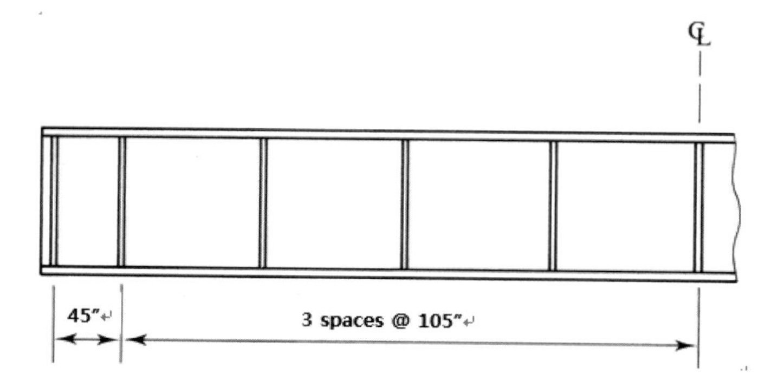

$a/h \approx 1.70$이고 요구되는 보강재 간격은 다음과 같다.

$$a = 1.70h = 1.70(65) = 111 \text{ in.}$$

이 간격은 보의 중앙까지 남은 거리에 적용될 것이며 이 거리는 다음과 같다.

$$30(12) - 45 = 315 \text{ in.}$$

111 in. 간격의 a에 대해 패널의 수는 $315/111 = 2.84$이므로, 3개의 패널을 적용하여 그림 10.19에 보는 바와 같이 105 in.(=315/3) 간격을 갖도록 한다.
내부보강재를 등간격으로 배치한다. 폭을 결정하기 위해 적용 가능한 공간을 고려해야 하며, 최대 가능한 간격은 다음과 같다.

$$\frac{b_f - t_w}{2} = \frac{18 - 5/16}{2} = 8.84 \text{ in.} \quad \therefore \text{ 시도 } b = 4 \text{ in.}$$

AISC 식 G2-12로부터,

$$\left(\frac{b}{t}\right)_{\text{st}} \le 0.56\sqrt{\frac{E}{F_{y\text{st}}}}$$

$$\left(\frac{4}{t}\right) \le 0.56\sqrt{\frac{29{,}000}{36}}$$

$$t \ge 0.252 \text{ in.}$$

요구되는 단면2차모멘트를 결정하기 위하여 AISC G2.3의 사용자 노트에 기술된 안전측의 근삿값을 적용한다:

$$I_{\text{st}} = I_{\text{st1}}$$

$$= \frac{h^4 \rho_{\text{st}}^{1.3}}{40}\left(\frac{F_{yw}}{E}\right)^{1.5}$$

$$\rho_{st} = \max\left(\frac{F_{yw}}{F_{yst}},\ 1\right) = \max\left(\frac{36}{36},\ 1\right) = 1$$

$$I_{st1} = \frac{(62)^4(1)^{1.3}}{40}\left(\frac{36}{29{,}000}\right)^{1.5}$$

$$= 16.16 \text{ in.}^4$$

그림 10.20

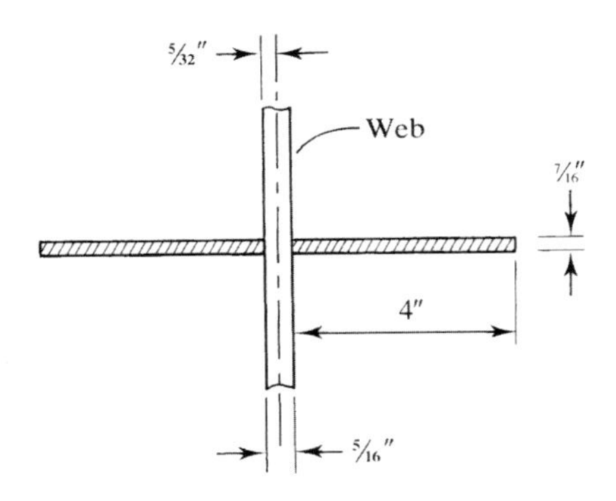

두 개의 7/16×4판을 선택: 그림 10.20과 평행축 이론에 의해서,

$$I_{st} = \sum(\bar{I} \times Ad^2)$$

$$= \left[\frac{(7/16)\cdot(4)^3}{12} + (7/16)\cdot(4)(2+5/32)^2\right] \times \text{두 개의 보강재}$$

$$= 20.9\ \text{in.}^4 > 19.3\ \text{in.}^4 \qquad \text{(OK)}$$

모든 중간수직보강재에 이 크기를 적용한다. 보강재의 길이를 결정하기 위해, 먼저 보강재-복부 사이의 용접부와 복부플랜지 사이의 용접부의 거리를 산정한다(그림 10.9 참조).

$$\text{최소거리} = 4t_w = 4\left(\frac{5}{16}\right) = 1.25\ \text{in.}$$

$$\text{최대거리} = 6t_w = 6\left(\frac{5}{16}\right) = 1.875\ \text{in.}$$

플랜지와 복부 사이의 용접부 크기를 $^5/_{16}$ in., 용접부 사이를 1.25 in.로 가정한다면, 보강재의 대략 길이는,

$$h - \text{용접크기} - 1.25 = 62 - 0.3125 - 1.25$$

$$= 60.44\ \text{in.} \qquad \therefore\ 60\ \text{in.를 사용한다.}$$

해 답 중간보강재에 사용되는 두 개의 판은 $^7/_{16} \times 4 \times 5'\text{-}0''$을 사용한다.

지압보강재는 지점부와 중간부에서 설치된다. 그 부분에서는 각 집중하중이 작용하는 곳에 보강재가 있으므로, 이런 하중에 대한 복부의 저항성을 검토할 필요가 없다. 보강재가 없는 경우는 복부의 항복과 국부좌굴로부터 보호되어야 한다. 그러기 위해서는 AISC 식 J10-2부터 J10-5에 의해 요구되는 충분한 지압길이, ℓ_b이 제공되어져야 한다. 거더는 연속적으로 수평지지되어 있기 때문에 복부판의 면외좌굴은 적용할 수 있는 임계상태가 아니다(비지지길이를 $l = 0$과 $(h/t_w)/(L_b/b_f) > 2.3$으로 만든다).

보강재 폭 $b = 8$ in.를 선택: 총 합산된 폭은 $2(8) + {}^5/_{16}$(복부 두께) $= 16.31$ in.이거나, 플랜지 폭인 18 in.보다 약간 작을 것이다. AISC 식 G2-12으로부터,

$$\frac{b}{t} \le 0.56\sqrt{\frac{E}{F_{yst}}}$$

$$t \ge \frac{b}{0.56}\sqrt{\frac{F_{yst}}{E}} = \frac{8}{0.56}\sqrt{\frac{36}{29{,}000}} = 0.503 \text{ in.}$$

두 개의 $^3/_4 \times 8$ 보강재 선택: 복부와 플랜지 사이 용접부 $^3/_{16}$-in.와 $^1/_2$-in.를 보강재에서 제외하는 것으로 가정한다. 지점의 보강재를 검토한다. 지압강도는

$$R_n = 1.8F_yA_{pb} = 1.8(36)(0.75)(8-0.5)\times 2 = 729.0 \text{ kips}$$

$$\phi R_n = 0.75(729.0) = 547 \text{ kips} > 223.4 \text{ kips}$$

보강재를 기둥으로 고려하여 검토한다. 보강판이 압축부재로 고려되기 위한 복부의 길이는 지점 보강재의 경우 복부 두께의 12배이다(AISC J10.8). 그림 10.21에 주어진 바와 같이 이 길이는 $12(^5/_{16}) = 3.75$ in.이다. 왜냐하면, 보강재를 이 길이의 중앙에 설치한다면 지지점(거더반력의 위치)은 거더의 단부로부터 근사적으로 $^{3.75}/_2 = 1.875$ in.이다. 그림 10.22에 주어진 바와 같이 3 in.를 사용한다. 그러나 복부의 총길이 3.75 in.에 기초하여 산정하면 다음과 같이 주어진다.

$$A = 2(8)\left(\frac{3}{4}\right) + \left(\frac{5}{16}\right)(3.75) = 13.17 \text{ in.}^2$$

$$I = \frac{3.75(5/16)^3}{12} + 2\left[\frac{0.75(8)^3}{12} + 8\left(\frac{3}{4}\right)\left(4+\frac{5}{32}\right)^2\right] = 271.3 \text{ in.}^4$$

$$r = \sqrt{\frac{I}{A}} = \sqrt{\frac{271.3}{13.17}} = 4.539 \text{ in.}$$

$$\frac{L_c}{r} = \frac{KL}{r} = \frac{Kh}{r} = \frac{0.75(62)}{4.539} = 10.24 < 25$$

$$\therefore\ P_n = F_yA_g = 36(13.17) = 474.1 \text{ kips}$$

$$\phi_c P_n = 0.90(474.1) = 427 \text{ kips} > 223.4 \text{ kips} \qquad \text{(OK)}$$

중간지점의 하중이 반력보다 작으므로, 같은 보강재를 중간지점에 사용한다.

그림 10.21

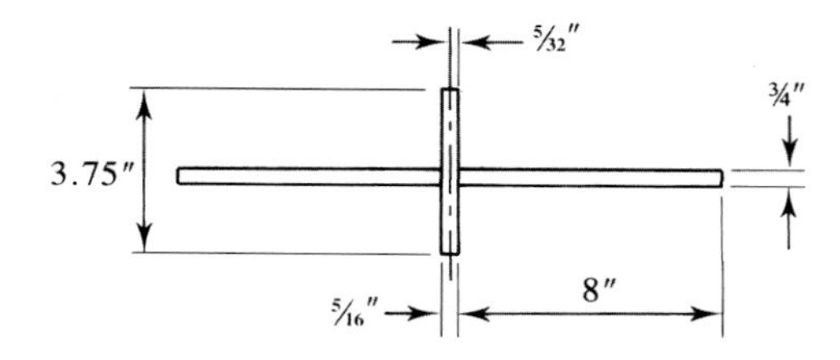

그림 10.22

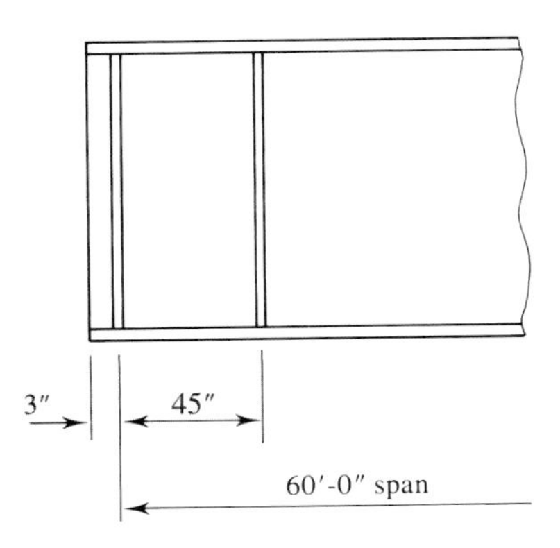

해 답 지압보강재에 두 개의 판 $^3/_4 \times 8 \times 5'\text{-}2''$ 단면을 사용한다.

현 시점에서 거더의 모든 요소에 대한 크기가 결정되었다. 이제부터는 이러한 요소의 연결부에 대하여 설계한다. $^1/_{16}$ in. 용접 크기에 대해 1.392 kips/in.의 설계강도를 가진 E70 용접봉을 모든 용접부에 사용한다.

플랜지와 복부 사이 용접에 대해, 플랜지와 복부의 연결부에서의 수평전단류를 계산한다.

최대 $V_u = 223.4 \text{ kips}$

$$Q = \text{플랜지 단면적} \times 31.75 (\text{그림 10.17 참조})$$

$$= 1.5(18)(31.75) = 857.2 \text{ in.}^3$$

$$I_x = 60{,}640 \text{ in}^4$$

$$\text{최대 } \frac{V_u Q}{I_x} = \frac{223.4(857.2)}{60{,}640} = 3.158 \text{ kips/in.}$$

판 두께가 용접되어 있을 때, 최소용접크기 w는 $^3/_{16}$ in.이다. 단속용접이 사용될 경우, 최소길이는

$$L_{\min} = 4 \times w \geq 1.5 \text{ in.}$$

$$= 4\left(\frac{3}{16}\right) = 0.75 \text{ in.} \qquad \therefore \text{ 1.5 in.를 사용한다.}$$

$^3/_{16} \times 1^1/_2$ in.의 필릿용접을 선택:

$$\text{인치당 용적} = 1.392 \times (3/16) \times 2 \text{ 용접부} = 8.352 \text{ kips/in.}$$

모재의 강도를 검토한다. 복부판은 연결부재에서 얇은 판이므로 지배된다. 식 7.35로부터 모재의 단위길이당 전단항복강도는

$$\phi R_n = 0.6 F_y t = 0.6(36)\left(\frac{5}{16}\right) = 6.750 \text{ kips/in.}$$

식 7.36으로부터 모재의 단위길이당 전단파괴강도는

$$\phi R_n = 0.45 F_u t = 0.45(58)\left(\frac{5}{16}\right) = 8.156 \text{ kips/in.}$$

따라서 모재의 전단강도는 $6.750\ \text{kips/in.} < 8.352\ \text{kips/in.}$
$6.075\ \text{kips/in.}$의 총 용접강도를 사용한다. 1.5-in.길이의 용접부 한 쌍의 강도는

$$6.750(1.5) = 10.13\ \text{kips}$$

간격을 결정하기 위해서,

$$\frac{10.13}{s} = \frac{V_u Q}{I_x}$$

여기서, s는 용접부의 중심과 중심간 간격이고

$$s = \frac{10.13}{V_u Q/I_x} = \frac{10.13}{3.158} = 3.21\ \text{in.}$$

중심과 중심 간의 간격을 3 in.로 할 때 순간격은 $3 - 1.5 = 1.5\ \text{in.}$가 된다. AISC 규정 F13절의 덮개판 밑의 '보와 거더의 크기'에 단속 필릿용접의 간격을 규정하고 있다. E6절만 관련되지만 AISC D4와 AISC E6의 규정이 사용된다. 이 조항으로부터 최대순간격은

$$d \leq 0.75\sqrt{\frac{E}{F_y}}\,t,\ 12\ \text{in.보다 커서는 안 된다.}$$

이러한 한계를 현 문제에 적용하면,

$$0.75\sqrt{\frac{E}{F_y}}\,t = 0.75\sqrt{\frac{29{,}000}{36}}(1.5) = 31.9\ \text{in.} > 12\ \text{in.}$$

그러므로 최대허용순간격은 12 in.이고, 요구되는 순간격은 1.5 in.를 만족한다.

시방서에 주어진 최소간격은 없으나 AISC "Detailing for Steel Construction"(AISC, 2009)에서 중심간 간격이 용접길이보다 긴 경우에만 단속용접은 연속용접보다 더 경제적이라고 언급하고 있다. 이 예제에서는 중심간격과 용접길이가 같으므로 어떠한 형태든 사용할 수 있다.

3-in.의 중심에서 중심간 간격을 거더의 전장에 대해 사용할 수 있지만, 전단력이 최대전단력 223.4 kips보다 작은 경우는 간격을 증가시킬 수 있다. 세 개의 다른 간격에 대해 검토한다:

1. 3 in.의 요구되는 가장 작은 간격
2. $12 + 1.5 = 13.5$ in.의 중심간 최대허용간격
3. 5 in.의 중간보강재 간격

5 in.의 간격은 다음의 경우에 사용할 수 있다:

$$\frac{V_u Q}{I_x} = \frac{10.13}{s} \quad \text{또는}$$

$$V_u = \frac{10.13 I_x}{Q_S} = \frac{10.13(60{,}640)}{857.2(5)} = 143.3\ \text{kips}$$

그림 10.18을 참조하여 왼쪽 지점으로부터 거리 x를 잡으면,

$$V_u = 223.4 - 4.34x = 143.3 \text{ kips}$$

$$x = 18.46 \text{ ft}$$

13.5-in.의 간격을 사용하면,

$$V_u = \frac{10.13 I_x}{Q_S} = \frac{10.13(60{,}640)}{857.2(13.5)} = 53.08 \text{ kips}$$

그림 10.18에서와 같이 전단력은 이렇게 작은 값을 가질 수 없으며, 최대간격에 의해 지배되지 않는다.

해 답 플랜지와 복부 사이는 $^3/_{16}$-in.$\times 1^1/_2$-in.의 필릿용접을 사용하고, 그림 10.23의 간격으로 한다.

중간보강재의 용접에 대해:

$$\text{최대용접크기} = \frac{3}{16} \text{ in.} \qquad \left(\frac{5}{16} \text{ in.의 보강재 두께에 기초한}\right)$$

$$\text{최소길이} = 4\left(\frac{3}{16}\right) = 0.75 \text{ in.} < 1.5 \text{ in.} \qquad \therefore \ 1.5 \text{ in.를 사용}$$

보강재당 두 개의 용접으로 총 4개의 용접을 사용한다. 보강재 판에 대해 두 개의 $^3/_{16}$ in. 필릿용접의 인치당 강도는

$$1.392 \times 3 \times 2 = 8.352 \text{ kips/in.}$$

보강재의 전단강도를 검토한다.(두 연결재의 얇은 판)
식 7.35로부터, 단위길이당 전단항복강도는

$$\phi R_n = 0.6 F_y t = 0.6(36)\left(\frac{1}{4}\right) = 5.400 \text{ kips/in.}$$

식 7.36으로부터 모재의 단위길이당 전단파괴강도는

$$\phi R_n = 0.45 F_u t = 0.45(58)\left(\frac{1}{4}\right) = 6.525 \text{ kips/in.}$$

따라서 모재의 전단강도는 보강재당 5.400 kips/in.이다. 이는 두 용접부의 전단강도보다 적으므로 5.400 kips/in.의 용접강도를 사용한다. 2개의 판(네 곳의 용접부)에 대해,

$$5.400 \times 2 = 10.80 \text{ kips/in.}$$

그림 10.23

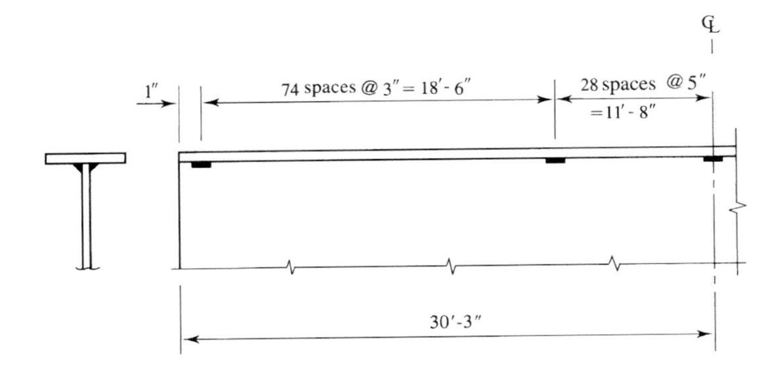

그림 10.24

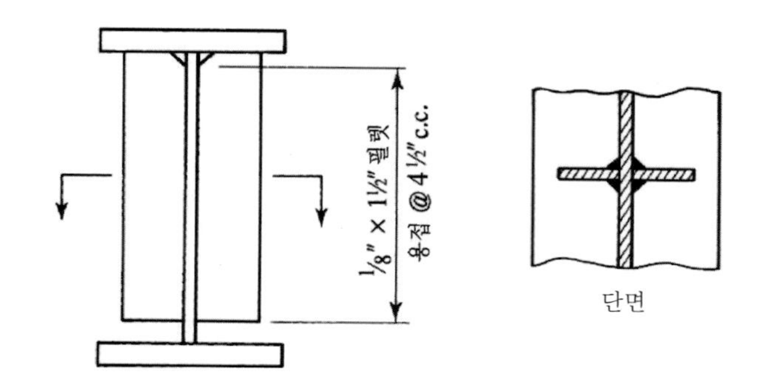

식 10.2로부터, 전달되는 전단력은

$$f = 0.045h\sqrt{\frac{F_y^3}{E}} = 0.045(62)\sqrt{\frac{(36)^3}{29{,}000}} = 3.539\ \text{kips/in.}$$

단속용접을 사용한다. 네 개의 용접부 1.5 in. 길이의 강도는

$$1.5(10.80) = 16.20\ \text{kips}$$

인치당 전단강도와 요구되는 강도가 같다고 놓고 풀면,

$$\frac{16.20}{s} = 3.539\ \text{kips/in.} \quad \text{또는} \quad s = 4.58\ \text{in.}$$

AISC G2.3(c)로부터, 최대순간격은 복부두께의 16배이고 10 in.보다는 커서는 안 된다. 또는,

$$16t_w = 16\left(\frac{5}{16}\right) = 5\ \text{in.}$$

중심 간 간격인 $4^1/_2$ in.를 사용하고 그 결과 순간격은

$$4.5 - 1.5 = 3\ \text{in.} < 5\ \text{in.} \qquad \text{(OK)}$$

해 답 중간보강재는 $^3/_{16}$ in.× $1^1/_2$ in. 필릿용접을 사용하고, 그림 10.24와 같은 간격으로 배치한다.

지압보강재 용접부에 대해:

$$\text{최소용접크기} = \frac{3}{16}\ \text{in.} \qquad \left(t_w = \frac{5}{16}\ \text{in.에 근거한}\right)$$

$$\text{최소길이} = 4\left(\frac{3}{16}\right) = 0.75\ \text{in.} < 1.5\ \text{in.} \qquad \therefore\ 1.5\ \text{in. 사용}$$

보강재 1개당 2번의 용접을 해서 총 4번의 용접을 사용한다. 보강재당 2개의 $^3/_{16}$ in.의 필릿용접부의 단위인치당 강도는,

$$1.392 \times 3 \times 2 = 8.352\ \text{kips/in.}$$

복부판의 전단강도를 검토한다. 플랜지와 복부판의 용접부 설계로부터 모재의 전단강도는 보강재당 6.750 kips/in.이다. 이는 2개의 용접부 전단강도보다 적은 값이므로(각 강판당 두 개의 용접부) 6.750 kips/in.의 용접강도를 사용한다. 두 강판(4개의 용접)에 대해,

그림 10.25

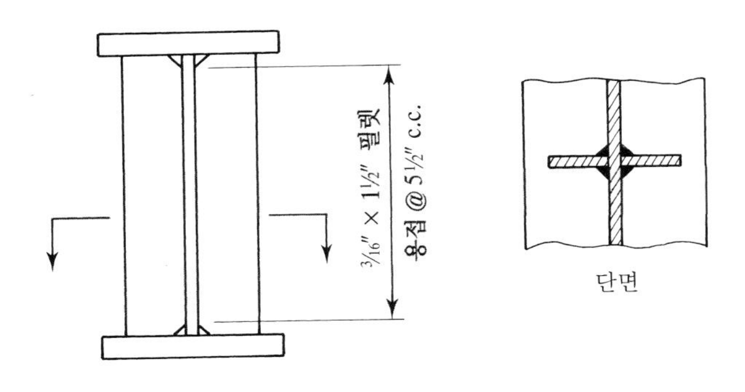

$$6.750 \times 2 = 13.50 \text{ kips/in.}$$

네 개의 용접부의 1.5-in. 길이의 강도는

$$1.5(13.50) = 20.25 \text{ kips}$$

단부 지압보강재에서, 인치당 작용하중은

$$\frac{\text{반력}}{\text{용접에 사용되는 길이}} = \frac{223.4}{62-2(0.5)} = 3.662 \text{ kips/in.}$$

$\frac{20.25}{s} = 3.662$로부터, $s = 5.53$ in.(중간보강재에 대해 더 짧은 용접간격이 요구된다)

해 답 모든 지압보강재는 $^3/_{16}$-in.$\times 1^1/_2$-in. 필릿용접을 사용하고, 그림 10.25와 같은 간격으로 배열한다.

이 예제에서 설계된 거더는 언제나 경제적인 것은 아니다. 또 다른 경우, 즉 좀 더 얇은 복부에 더 많은 중간보강재를 사용한 주형, 더 두꺼운 복부에 중간보강재가 없는 거더도 가능할 것이다. 경제성에 대한 다양한 변수에는 강재의 무게(필요한 강재의 부피)와 제작비용이 포함된다. 중간보강재가 있는 거더는 보통 강재가 적게 사용되지만, 추가적인 제작비용으로 이 절약된 비용이 상쇄될 수 있다. 또한 다양한 플랜지 두께가 고려될 수 있다. 이런 대안들은 분명히 사용 강대량을 줄인 것이나, 제작비용 또한 고려되어야 한다. 경제적인 설계를 위한 실용적인 접근법이라 함은 여러 가지 대안을 준비하고 사용 재료량과 제작비용을 평가하여 전체 비용을 비교하는 것이다. 『용접구조물의 설계(Design of Welded Structures)』(Blodgett, 1966)에 경제적인 용접 플레이트거더 설계에 대한 여러 유용한 사항이 담겨져 있다.

연습문제

휨강도

10.4-1 다음과 같이 용접으로 제작된 단면의 공칭휨강도를 산정하라: 플랜지는 1 in.× 10 in., 복부는 $^3/_8$ in.× 45 in.이며 부재는 단순지지되고 등분포하중이 작용하고 있고 연속적으로 전 구간에 걸쳐 수평으로 지지되어 있다. 강재는 A572 등급 50을 사용하였다.

10.4-2 다음 용접단면의 공칭휨강도를 산정하라. 플랜지는 3 in.× 22 in., 복부는 $^1/_2$ in. × 70 in.이며 부재는 단순지지되고 등분포하중이 작용하고 있고 연속적으로 전 구간에 걸쳐 수평으로 지지되어 있다. 강재는 A572 등급 50을 사용하였다.

10.4-3 다음과 같이 용접으로 제작된 단면의 공칭휨강도를 산정하라. 플랜지는 $^7/_8$ in.× 12 in., 복부는 $^3/_8$ in.× 60 in.인 부재는 단순지지되고 등분포하중이 작용하고 있고 경간장은 40 ft이다. 보의 양단과 중앙부에 수평으로 지지되어 있다. 강재는 A572 등급 50을 사용하였다.

10.4-4 다음과 같이 용접으로 제작된 단면의 공칭휨강도를 산정하라: 플랜지는 $^3/_4$ in.× 18 in., 복부는 $^1/_4$ in.× 52 in., 부재는 단순지지되고 등분포하중이 작용하고 있고 경간장은 50 ft이다. 보의 양단과 중앙부에 수평으로 지지되어 있다. 강재는 A572 등급 50을 사용하였다.

10.4-5 길이가 80 ft인 플레이트거더가 $^1/_2$ in.× 78 in.인 복부와 $2^1/_2$ in.× 22 in.의 두 개의 플랜지로 제작된다. 연속적으로 전 구간에 걸쳐 수평으로 지지되어 있으며 강재는 A572 등급 50을 사용하였다. 재하하중은 보의 자중을 포함하여 1.0 kip/ft의 등분포 사용고정하중, 2.0 kip/ft의 등분포 사용활하중, 그리고 중앙에 475 kips인 집중 사용활하중으로 이루어져 있다. 보강재는 양단과 양단에서 4 ft, 16 ft, 28 ft의 위치에 설치되어 있으며 중앙점에도 보강재가 배치되어 있다. 휨강도가 적절한지 결정하라.

a. LRFD를 사용하라.

b. ASD를 사용하라.

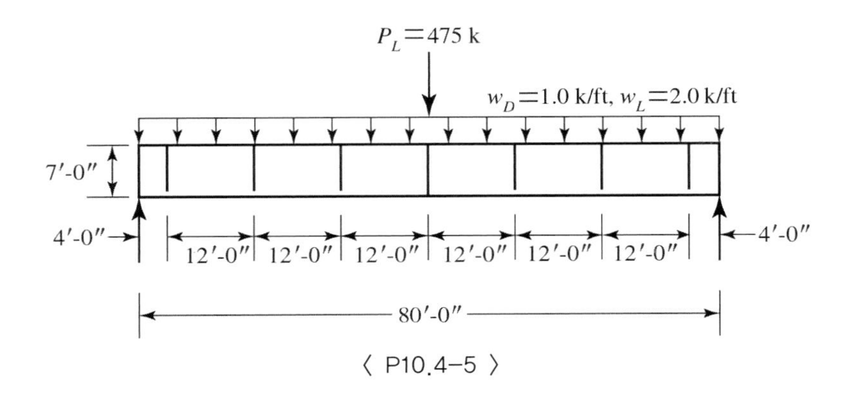

〈 P10.4-5 〉

전단강도

10.5-1 문제 10.4-2의 보에 대해:

a. 첫 번째 중간보강재가 단부로부터 70 in. 떨어진 곳에 위치한 경우 공칭전단강도를 산정하라.

b. 보강재의 간격이 200 in.인 내부패널의 공칭전단강도를 산정하라.

c. 내부보강재를 사용하지 않을 경우 공칭전단강도를 구하라.

10.5-2 용접 플레이트거더가 1 in.×30 in.의 플랜지와 $^9/_{16}$ in.×90 in.의 복부를 가지고 있다. 75 ft의 단순보로 보의 자중을 포함하여 4 kips/ft의 사용고정하중과 5 kips/ft의 사용활하중을 지지해야 한다. 강재의 항복응력은 36 ksi이다. 보강재가 보의 양단에 배치되었다면 다음 보강재가 설치되어야 할 거리는 얼마인가?

a. LRFD를 사용하라.

b. ASD를 사용하라.

10.5-3 플레이트거더 단면은 2개의 플랜지 $1^1/_2$ in.×15 in.와 $^5/_{16}$ in.×66 in.의 복부로 이루어져 있다. 강재는 A572 등급 50을 사용하였다. 경간장은 55 ft이며, 재하하중은 2.0 kips/ft의 사용활하중과 보의 자중을 포함한 0.225 kips/ft이다.
지압보강재는 보의 양단에 설치되어 있으며, 내부보강재는 양단으로부터 6′-2″와 12′-9″ 위치에 설치되어 있다. 이 보의 전단강도는 충분한가?

a. LRFD를 사용하라.

b. ASD를 사용하라.

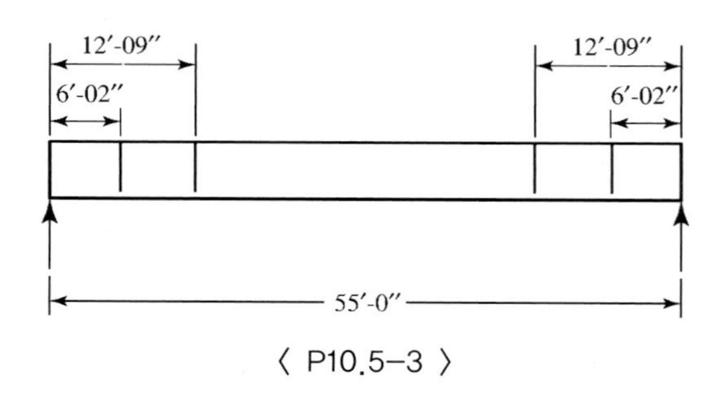

〈 P10.5-3 〉

10.5-4 문제 10.4-5의 보가 충분한 전단강도를 갖는지를 판단하라.

a. LRFD를 사용하라.

b. ASD를 사용하라.

지점보강재

10.6-1 $^1/_2$ in.×6 in.의 내부지압보강재가 $^5/_{16}$ in.×56 in.의 복부판 양쪽에 부착되어 있다. 플랜지-복부의 용접부분에 대한 여유를 두기 위해 보강재의 단부를 $^1/_2$ in. 깎아냈다. 모든 강재는 A36을 사용하였다.

a. LRFD를 사용하여 지지할 수 있는 최대계수 집중하중을 산정하라.

b. ASD를 사용하여 지지할 수 있는 최대사용 집중하중을 산정하라.

10.6-2 그림 P10.6-2은 선단 지점보강재의 상세도이다. 보강재판의 두께는 $^9/_{16}$ in.이고 복부판의 두께는 $^3/_{16}$ in.이다. 플랜지-복부의 용접 부분에 대한 여유를 두기 위해 보강재의 단부를 $^1/_2$ in. 깎아냈다. 모든 강재는 A572 등급50을 사용했다.

a. LRFD를 사용하여 지지할 수 있는 최대계수 집중하중을 산정하라.

b. ASD를 사용하여 지지할 수 있는 최대사용 집중하중을 산정하라.

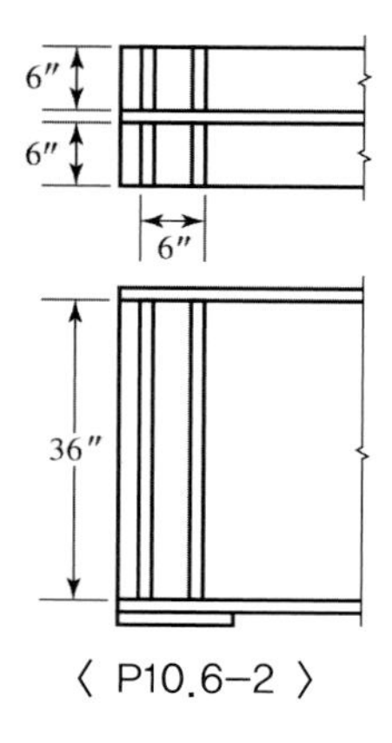

〈 P10.6-2 〉

설계

10.7-1 플레이트거더는 25%의 고정하중과 75%의 활하중으로 이루어진 사용하중 휨모멘트 12,000 ft-kips에 저항할 수 있도록 설계되어야 한다. 전체 형고는 101 in.이며 연속적으로 전 구간에 걸쳐 수평으로 지지되어 있다. $F_y = 50$ kips일 때, 시험단면을 선택하라. 모멘트에는 보의 자중에 대한 정확한 추정값이 포함되어 있다고 가정한다.

a. LRFD를 사용하라.

b. ASD를 사용하라.

10.7-2 플레이트거더는 3800 ft-kips의 고정하중 휨모멘트와 7800 ft-kips의 활하중 휨모멘트를 저항할 수 있도록 설계되어야 한다. 전체 형고는 78 in.이며 비지지길이는 25 ft이다. A572 등급 50 강재를 사용하여 시험단면을 선택하라. 모멘트에는 보의 자중에 대한 정확한 추정값이 포함되어 있다고 가정하며 $C_b = 1.67$을 사용한다.

a. LRFD를 사용하라.

b. ASD를 사용하라.

10.7-3 LRFD를 사용하여 아래 조건에 따라 그림 P10.7-3에서 보여준 플레이트거더에 대한 플랜지와 복부판의 치수를 결정하라.

- 경간장= 50 ft
- 보는 단순지지보이며 12 ft 6 in 간격으로 횡지지되어 있음
- 사용고정하중= 0.5 kips/ft(보 자중 제외)
- 집중사용 활하중= 130 kips(보 중앙에)
- 강재는 A572 등급 50

내부보강재가 필요하지 않도록 플랜지와 복부판 치수를 선택하라. 집중하중이 작용하는 위치에 지압보강재가 사용된다고 가정한다.

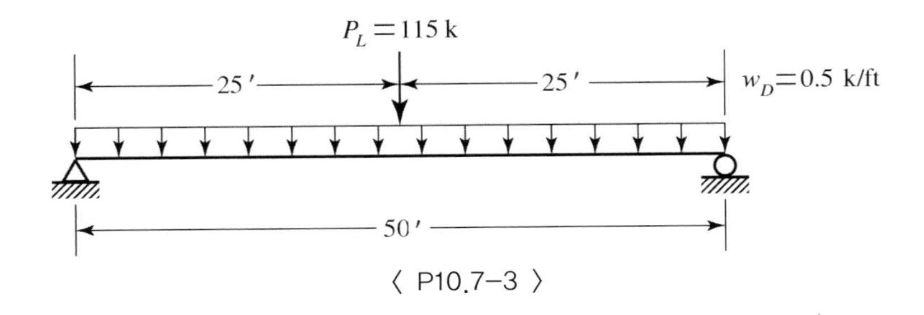

〈 P10.7-3 〉

10.7-4 그림 P10.7-4에서 나타난 조건에 대하여 플레이트거더는 설계하도록 한다. 주어진 하중은 하중계수를 적용한 것이고 등분포하중은 안전측 추정치로 보의 자중이 포함되었다. 보는 양단과 하중작용점에 수평방향으로 지지되어 있다. 다음에 대해 LRFD를 사용한다.

a. 내부보강재가 필요하게 될 플랜지와 복부판의 치수를 결정하라. $F_y = 50\ \mathrm{ksi}$를 사용하고 총 거더 높이는 $50\ \mathrm{in}$이다. 지압보강재가 보의 양단과 하중작용점에서 사용된다.

b. 내부보강재의 위치를 결정하라.

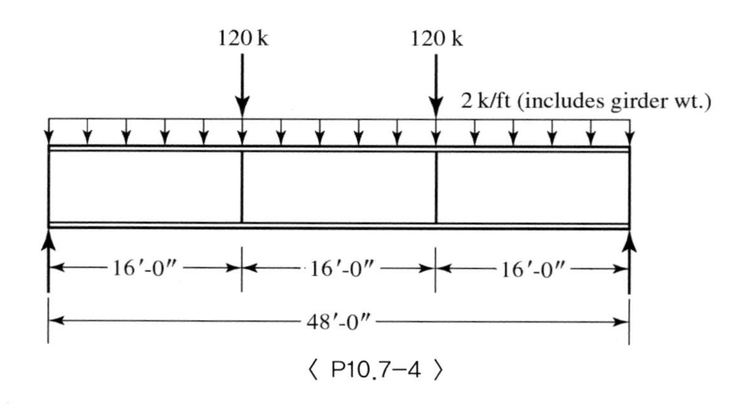

〈 P10.7-4 〉

10.7-5 LRFD를 사용하여 문제 10.7-4의 보에 대한 지압보강재를 설계하라. $F_y = 50\ \mathrm{ksi}$를 사용한다.

10.7-6 문제 10.4-5의 보에 대한 플랜지-복부판 용접부를 설계하라.

a. LRFD를 사용하라.

b. ASD를 사용하라.

10.7-7 길이가 $66\ \mathrm{ft}$인 플레이트거더가 등분포하중과 1/3 지점에서의 집중하중을 지지할 수 있어야 한다. $1.3\ \mathrm{kips/ft}$의 등분포 활하중과 $2.3\ \mathrm{kips/ft}$의 집중 활하중을 지지한다. 각 집중 하중은 28kip의 사하중과 $49\ \mathrm{kip}$의 활하중으로 구성되어 있다. 보는 단부와 1/3 지점에서 횡지지되어 있다. A572 등급 50 강재를 사용하며 총 형고는 $7\ \mathrm{ft}$이고 LRFD를 사용한다.

a. 보의 단면과 내부보강재의 요구간격을 선택하라.

b. 내부보강재와 지압보강재의 크기를 결정하라.

c. 모든 용접을 설계하라.

10.7-8 다음 조건에 대해 플레이트거더를 설계하라.

- 경간장= 100 ft
- 0.7 kips/ft의 활하중과 0.3 kips/ft의 추가적인 고정하중이 등분포 사용하중으로 작용한다.
- 50 kips의 고정하중과 150 kips의 활하중이 1/4 지점에 집중 사용하중으로 작용한다.
- 압축플랜지는 보의 양단과 1/4 지점에 횡방향으로 지지된다.

A572 등급 50강재를 사용한다.

a. 보의 단면과 내부보강재의 요구간격을 선택하라.

b. 내부보강재와 지압보강재의 크기를 결정하라.

c. 모든 용접을 설계하라.

10.7-9 플레이트거더 $ABCDE$는 그림 P10.7-9와 같이 기둥이 없는 공간을 제공하기 위하여 건물에 사용될 것이다. 거더에 작용하는 등분포하중은 1.9 kips/ft의 고정하중(거더의 자중을 포함하지 않은)과 2.8 kips/ft의 활하중으로 이루어져 있다. 추가하여 보는 B, C, D에서 기둥하중을 지탱하여야 한다. 이 하중은 각 점에서 112 kips의 고정하중과 168 kips의 활하중으로 이루어져 있다. 보는 단순지지되어 있고 기둥하중은 집중하중과 같이 작용한다고 가정한다. 이것은 보와 기둥이 연속되어 있지 않음을 의미한다. 압축플랜지가 A, B, C, D, E에서 횡지지되어 있다고 가정한다. LRFD를 적용하고, 모든 구성요소에 대해 $F_y = 50$ ksi인 강재를 사용한다.

a. 전체 형고를 10 ft로 하여 거더 단면을 설계하라.

b. 내부보강재의 위치와 크기를 결정하라.

c. B, C, D점에서의 지점보강재의 요구단면을 결정하라(거더의 양단에 골조연결되어 있다고 가정한다).

d. 모든 용접을 설계하라.

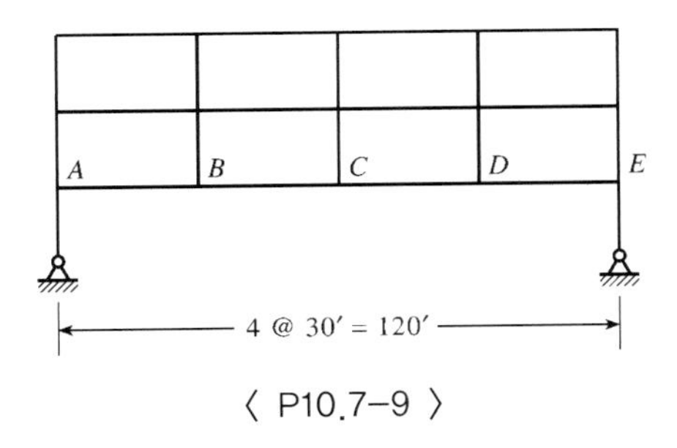

〈 P10.7-9 〉

A.1 서 론

5.2절 "휨응력과 소성모멘트"에서 소성붕괴의 개념을 소개했다. 구조물은 소성힌지(plastic hinge)가 형성될 때의 하중상태에서 파괴되는데, 소성힌지는 하중의 증가가 전혀 없는 상태에서 지속적인 변위가 일어나는 메커니즘(mechanism)을 발생시킨다. 정정 보의 경우에는 한 개의 소성힌지만 발생한다. 그림 A.1에서와 같이, 힌지는 모멘트가 최대인 지점(이 경우에는 보의 중앙점)에서 형성된다. 휨모멘트가 보의 전단면이 항복할 만큼 커지면, 이 모멘트는 더 이상 증가될 수 없으며, 소성힌지가 형성된다. 이러한 소성힌지는 녹슨 힌지와 같이 약간의 모멘트저항력을 갖고 있다는 것을 제외하고는 보통의 힌지와 유사하다.

소성모멘트 내력 M_P는 소성힌지가 형성되는 점에서의 휨모멘트이다. 그것은 그림 A.1c의 응력분포를 갖는 내부저항모멘트와 크기가 같고 방향은 정반대이다. 그림 A.2에 나타난 것과 같이, 소성모멘트는 주어진 항복응력과 단면형태에 대해 계산될 수 있다. 만일 완전소성상태에서의 응력분포가 크기가 같고 방향이 반대인 두 개의 정적으로 등가인 집중력에 의해 대치된다면, 우력(couple)이 생긴다. 이 힘들의 각각의 크기는 항복응력에 총단면적의 $1/2$을 곱한 것과 같다. 이러한 내부우력에 의해 발생되는 모멘트는 다음과 같이 쓸 수 있다.

$$M_p = F_y \frac{A}{2} a = F_y Z_x$$

여기서 A는 총단면적이고, a는 2등분된 면적의 도심 사이의 거리이며, Z_x는 소성단면계수이다. 최초의 항복과 완전소성상태 사이의 안전계수는 단면계수의 항으로 표현될 수 있다, 그림 A.1b로부터, 최초 항복으로 인한 모멘트는 다음과 같이 쓸 수 있다.

$$M_y = F_y S_x \quad \text{와} \quad \frac{M_p}{M_y} = \frac{F_y Z_x}{F_y S_x} = \frac{Z_x}{S_x}$$

이 비율은 주어진 단면형태에 대해 일정하며, "형상계수"(shape factor)라고 불린다. 허용응력이론에 의해 설계된 보에 대해, 형상계수는 여력(reserve capacity)에 대한 측정도구이며, W형강에 대해 이 값은 1.1과 1.2 사이이다.

부정정 보나 골조에서는 붕괴 메커니즘을 형성하는 데 두 개 이상의 소성힌지가 필요하다. 이러한 힌지들은 연속적으로 형성되는데, 그것들의 형성순서를 반드시 알 필요는 없다. 설계기준의 요구사항을 검토한 다음, 부정정 구조물의 소성해석을 고려한다.

그림 A.1

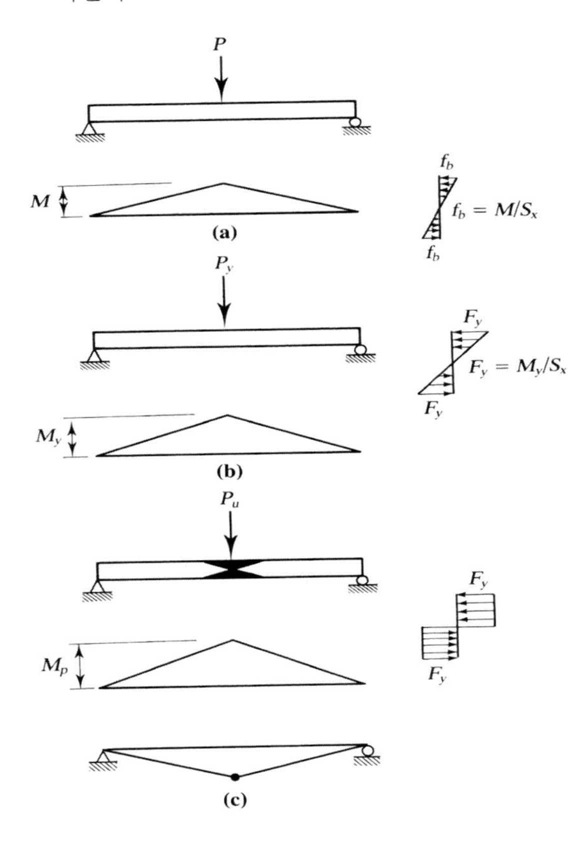

그림 A.2

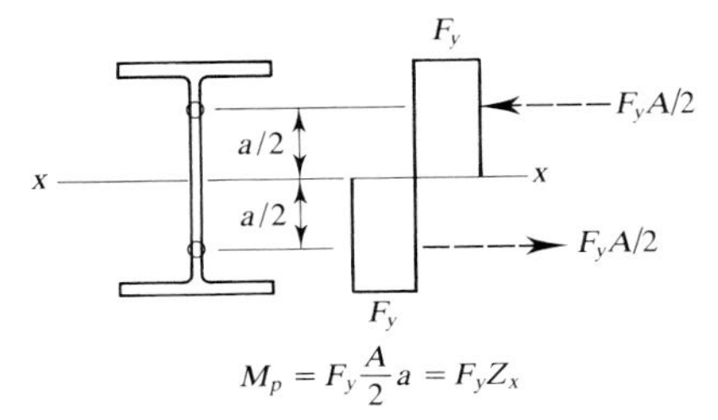

A.2 AISC 조항

소성해석과 설계는 AISC 설계기준 부록 1, "비탄성 해석과 설계"에 나와 있다. 소성해석은 극한하중상태에 기초를 두기 때문에, 하중저항계수설계법(허용강도설계법보다는)이 적절한 설계법이다. 이 책에서는 열연 I형강(hot-rolled I shapes)의 범주로 제한한다.

붕괴 메커니즘을 형성하려면, 구조물이 하중의 증가에 대해 안정되어야 하며, 일찍이 형성된 소성힌지들은 남아 있는 소성힌지들의 형성을 위해 충분한 회전능력(ductility)을 가지고 있어야 한다. 열연 I-형강 보들은, 항복응력이 65 ksi 보다 크지 않고, 단면이 조밀하다면, 위의 두 조건은 충족된다. 즉,

$$\frac{b_f}{2t_f} \leq 0.38\sqrt{\frac{E}{F_y}} \quad \text{그리고} \quad \frac{h}{t_w} \leq 3.76\sqrt{\frac{E}{F_y}}$$

횡좌굴을 방지하기 위해, 압축플랜지의 최대 비지지길이(unbraced length) L_b를 소성힌지의 위치에서 L_{pd}로 제한한다. I형강 부재에 대해 L_{pd}는 다음과 같다.

$$L_{pd} = \left[0.12 - 0.76\left(\frac{M_1'}{M_2}\right)\right]\left(\frac{E}{F_y}\right)r_y \qquad \text{(AISC 식 A-1-5)}$$

M_1'을 정의하기 위해서는, 먼저 변수 M_1, M_2, 그리고 M_{mid}를 정의하여야 한다.

M_1= 비지지길이의 더 작은 재단모멘트(M_2와 같은 플랜지에서 압축을 일으키면 양이고, 그렇지 않으면 음이다)

M_2= 비지지길이의 더 큰 재단모멘트(항상 양으로 취급)

M_{mid} = 비지지길이의 중심에서의 모멘트(M_2와 같은 플랜지에서 압축을 일으키면 양이고, 그렇지 않으면 음이다)

모멘트 M_1'은 M_1의 수정된 형태이고 다음과 같이 정의된다:

$$M_{mid} \leq \frac{M_1 + M_2}{2} \text{ 일 때, } M_1' = M_1 \qquad \text{(AISC 식 A-1-6b)}$$

$$M_{mid} > \frac{M_1 + M_2}{2} \text{ 일 때, } M_1' = (2M_{mid} - M_2) < M_2 \qquad \text{(AISC 식 A-1-6c)}$$

위의 정의에 대한 한 가지 예외는 비지지길이 내의 임의의 위치에서의 모멘트가 M_2보다 클 때이고,

$$\frac{M_1'}{M_2} = +1 \qquad \text{(AISC 식 A-1-6a)}$$

AISC 부록 1, 1.3절, "해석 조항"에서는 2차 소성해석을 수행할 것을 요구한다.

한 가지 예외는 축 압축력을 받지 않는 연속보의 경우이고, 이때에는 전통적인 1차 소성해석으로 해석하여도 무방하다. 이 부록에서는, 단지 연속보만을 고려한다.

A.3 해 석

만일 그림 A.3의 연속보에서와 같이 2개 이상의 메커니즘이 가능하다면, 소성해석의 세 가지 기본정리의 도움으로 올바른 메커니즘을 구해 해석할 수 있다. 여기서 이것을 증명 없이 보여준다.

1. **하계정리(정역학 정리):** 안전한 모멘트분포(모든 위치에서의 모멘트가 M_p보다 작거나 같은)를 찾아 낼 수 있다면, 그리고 정역학적으로 가능한 하중상태(평형이 만족됨)라면, 이 때의 하중은 붕괴하중보다 작거나 같다.
2. **상계정리(운동학 정리):** 가정된 메커니즘에서의 하중은 붕괴하중보다 크거나 같아야만 한다. 따라서 발생할 수 있는 모든 메커니즘이 검토된다면, 가장 작은 하중을 요구하는 메커니즘이 맞는 것이다.
3. **유일성의 정리:** 만일 붕괴 메커니즘을 발생시키기에 충분한 소성힌지가 형성되는, 안전하고 정역학적으로 가능한 모멘트분포가 존재한다면, 그때의 하중이 붕괴하중이다. 즉, 상계와 하계정리를 동시에 만족하는 메커니즘이라면, 그것은 맞는 메커니즘이다.

하계정리에 기초를 둔 해석은 평형법(equlibrium method)이라 불린다. 그리고 다음 예제 A.1에 설명되어 있다.

그림 A.3

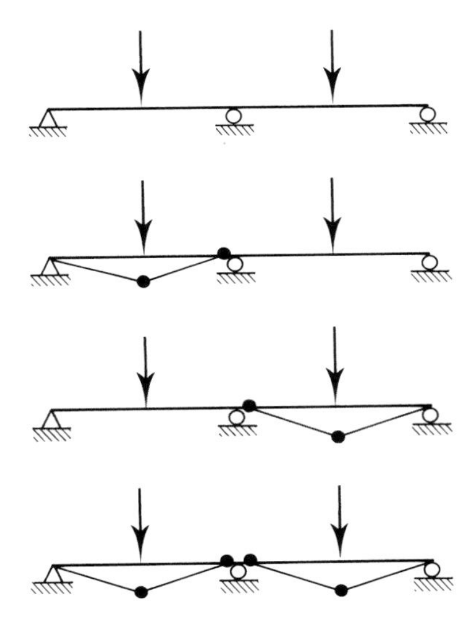

예제 A.1 **소성해석의 평형법을 이용해 그림 A.4(a)의 보에 대한 극한하중을 구하라. 횡지지가 연속적으로 되어 있다고 가정하고 $F_y = 50\ \mathrm{ksi}$를 사용하라.**

그림A.4

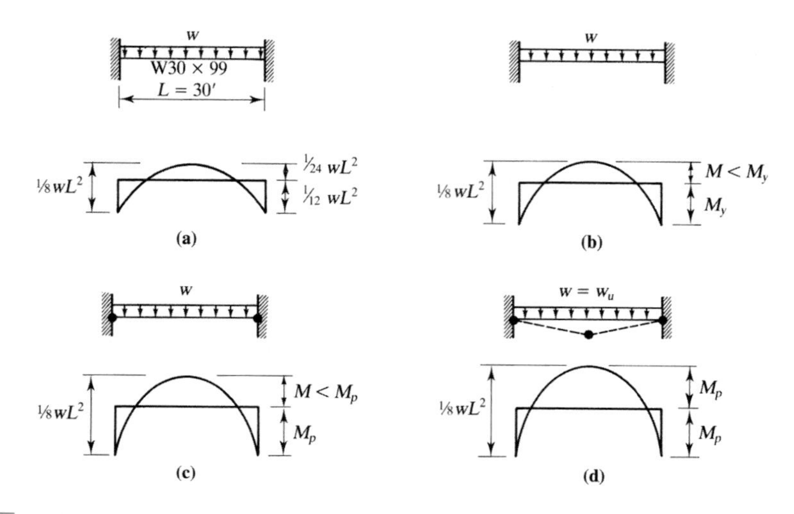

풀 이 $F_y = 50\ \mathrm{ksi}$인 W30×99는 조밀단면이며, 횡지지가 연속적으로 되어 있다면, 횡지지에 관한 요구조건이 만족되므로, 소성해석이 사용될 수 있다.

작용하중부터 붕괴하중까지의 보의 하중 이력이 그림 A.4a–d에 나와 있다. 어느 곳에서도 항복이 일어나기 전인 작용하중에서, 휨모멘트의 분포가, 고정단에서 발생하는 최대모멘트와 함께 그림 A.4a에 나타나 있다. 하중이 점차적으로 증가해 휨모멘트가 $M_y = F_y S_x$에 도달할 때, 지점에서 항복이 시작된다. 하중이 더욱 증가하면, $M_p = F_y Z_x$의 모멘트로 각 지점에서 소성한지가 동시에 발생한다. 이러한 크기의 하중에서 두 개의 소성힌지가 발생하더라도 구조물은 여전히 안정이면서 정정인 보로 간주된다. 세 번째 힌지가 형성되어야 비로소 하나의 새로운 메커니즘이 생긴다. 이것은 최대 양의(+) 모멘트가 M_p값이 될 때 일어난다. 유일성의 정리에 의해, 모멘트의 분포는 안전하고 정역학적으로 가능한 것이므로, 이에 대응하는 하중이 붕괴하중이다. 모든 하중 단계에서 최 대 음 모멘트와 양 모멘트의 절댓값의 합은 $wL^2/8$이다. 붕괴 시에, 이 합은 다음과 같이 된다.

$$M_p + M_p = \frac{1}{8} w_u L^2 \quad \text{또는} \quad w_u = \frac{16 M_p}{L^2}$$

계수하중은 계수강도와 비교되어야 하므로, 앞의 식에서 M_p 대신에 $\phi_b M_p$를 이용해야 한다. 그러나 식의 표현을 간단하게 유지하기 위해, 모든 예제에서 최종 단계까지 M_p를 사용하고, 마지막 단계에서 M_p에 $\phi_b M_p$를 대입한다. 이 예제의 정답은 다음과 같다.

$$w_u = \frac{16\phi_b M_p}{L^2}$$

W30×99에 대해,

$$M_p = F_y Z_x = \frac{50(312)}{12} = 1300 \text{ ft}-\text{ kips}$$ 이고

$$\phi_p M_p = 0.9(1300) = 1170 \text{ ft}-\text{ kips}$$

또한 $\phi_b M_p$값은 강구조편람 3부의 Z_x테이블에서 구할 수 있다.

해 답 $w_u = \frac{16(1170)}{(30)^2} = 20.8 \text{ kips/ft}$

예제 A.2 **예제 A.1의 보에서 횡지지가 연속적으로 되어 있지 않을 때, 브레이싱을 설치해야 하는 위치를 결정하라.**

풀 이 경간 중앙점에서 횡지지되어 있는 것으로 가정한다. 양단은 고정단이므로 이 점들 또한 횡지지점들이다. 따라서 비지지길이 L_b는 $30/2 = 15$ ft이다. 그림 A.4d를 보면, $M_2 = +M_p$이고, $M_1 = -M_p$임을 알 수 있다. 대칭성에 의해서, 좌측의 수직반력은

$$V_L = \frac{w_u L}{2} = \frac{20.8(30)}{2} = 312 \text{ kips}$$

비지지길의 중심은 좌측단으로부터 $15/2 = 7.5$ ft이다. 이 위치에서의 모멘트는

$$M_{\text{mid}} = -M_p + V_L(7.5) - w_u(7.5)^2/2$$

$$= -1170 + 312(7.5) - 20.8(7.5)^2/2 = 585 \text{ ft}-\text{kips}$$

이것은 양의 값이므로, M_{mid}는 M_2와 같은 플랜지에서 압축을 유발하고, M_{mid}는 이후의 계산에서 양으로 취급한다.

$$\frac{M_1 + M_2}{2} = \frac{-M_p + M_p}{2} = 0$$

$$M_{\text{mid}} > \frac{M_1 + M_2}{2} \quad \therefore \; M_1' = 2M_{\text{mid}} - M_2 = 2(585) - 1170 = 0$$

AISC 식 A-1-5에서, 최대허용 비지지길이는

$$L_{pd} = \left[0.12 + 0.076\left(\frac{M_1'}{M_2}\right)\right]\left(\frac{E}{F_y}\right) r_y$$

$$= [0.12 + 0.076(0)]\left(\frac{29{,}000}{50}\right)(2.10)$$

$$= 146.2 \text{ in.} = 12.2 \text{ ft}$$

$L_b > L_{pd}$(15 ft > 12.2 ft)이므로, 횡지지는 적절하지 않고, 추가적인 횡지지점이 필요하다.

해 답 7.5 ft 간격으로 횡방향 브레이싱을 설치한다.

메커니즘 방법은 하계정리에 근거를 두고 있으며, 발생 가능한 모든 붕괴 메커니즘을 분석하도록 요구하고 있다. 가장 작은 하중을 요구하는 메커니즘이 지배하며, 이에 일치하는 하중이 붕괴하중이다. 각 메커니즘의 해석은 가상일의 원리를 적용함으로써 이루어진다. 가정된 메커니즘은 발생 가능한 메커니즘과 일치하는 가상변위를 받으며, 외부일은 내부일과 같게 된다. 이때 하중과 소성모멘트 내력 M_p 사이에 하나의 관계가 구해질 수 있다. 이러한 방법이 예제 A.3에서 설명된다.

예제 A.3 **그림 A.5의 연속보가 1040 ft−kips의 설계강도($\phi_b M_p$)를 갖는 조밀단면을 갖고 있다. 메커니즘 방법을 이용해 붕괴하중 P_u를 구하라. 보에 횡지지가 연속적으로 되어 있다고 가정하라.**

풀 이 예제 A.1에서 채택한 표기법을 유지해, 풀이과정에서는 M_p를 사용하고 최종 단계에서 $\phi_b M_p$로 바꾼다.

이 보에 대해 두 개의 파괴 메커니즘이 가능하다. 그림 A.5에서와 같이, 그 메커니즘들은 유사하며, 강체운동을 받는 각 경간으로 구성된다.
경간 AB의 메커니즘을 분석하기 위해, A에서의 가상 회전각을 θ 로 놓자. 소성힌지에서의 회전각이 그림 A.5b에 나타나 있으며, 하중의 수직변위는 10θ가 될 것이다. 가상일의 원리로부터,

외부 일 = 내부 일

$$P_u(10\theta) = M_p(2\theta) + M_p\theta$$

(A에는 소성힌지가 발생하지 않았기 때문에 어떠한 내부일도 행해지지 않는다) 위의 식을 붕괴하중에 대하여 풀면, 다음과 같다.

$$P_u = \frac{3M_p}{10}$$

경간 BC에 대한 메커니즘은 다소 다르며, 세 곳의 힌지가 모두 소성힌지이다. 이 경우에 외적 가상일과 내적 가상일은 다음과 같이 나타낼 수 있다.

$$2P_u(15\theta) = M_p\theta + M_p(2\theta) + M_p\theta \quad \text{그리고} \quad P_u = \frac{2}{15}M_p$$

그림 A.5

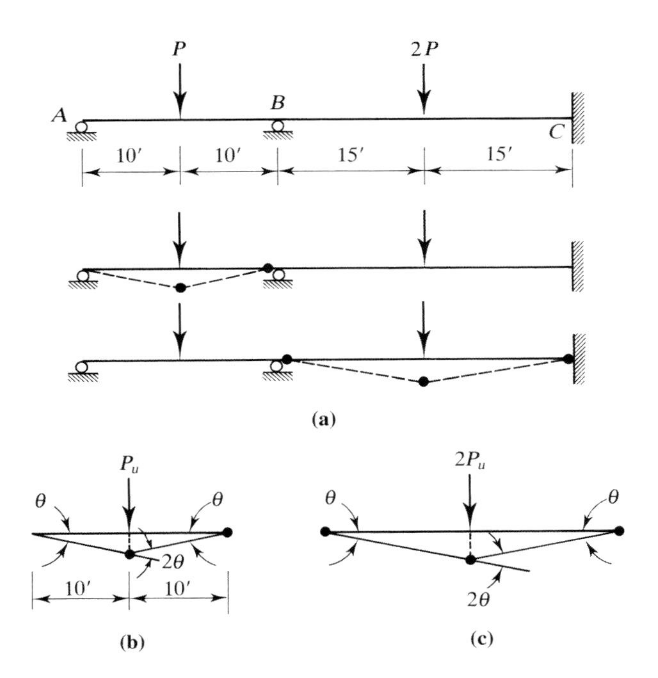

이 두 번째 메커니즘이 더 작은 하중이 소요되고, 따라서 이것이 올바른 메커니즘이다. 붕괴하중은 M_p 대신에 $\phi_b M_p$를 이용함으로써 구할 수 있다.

해 답 $P_u = \dfrac{2}{15}\phi_b M_p = \dfrac{2}{15}(1040) = 139 \text{ kips}$

A.4 설 계

설계과정은 구하고자 하는 미지수가 소요 소성모멘트 내력 M_p임을 제외하고는 해석과정과 유사하다. 붕괴하중은 사용하중에 하중계수를 곱해서 구할 수 있으며, 이것은 이미 알고 있는 값이다.

예제 A.4 **그림 A.6의 세 개의 경간을 갖는 연속보가 주어진 연직사용하중을 지지해야 한다. 각각의 하중은 25%의 고정하중과 75%의 활하중으로 구성된다. 표시된 상대적 모멘트강도를 얻기 위해 덮개판을 경간 *BC*와 *DC*에서 사용한다. 횡지지가 연속적으로 되어 있다고 가정하고, A992 강재의 단면을 결정하라.**

그림 A.6

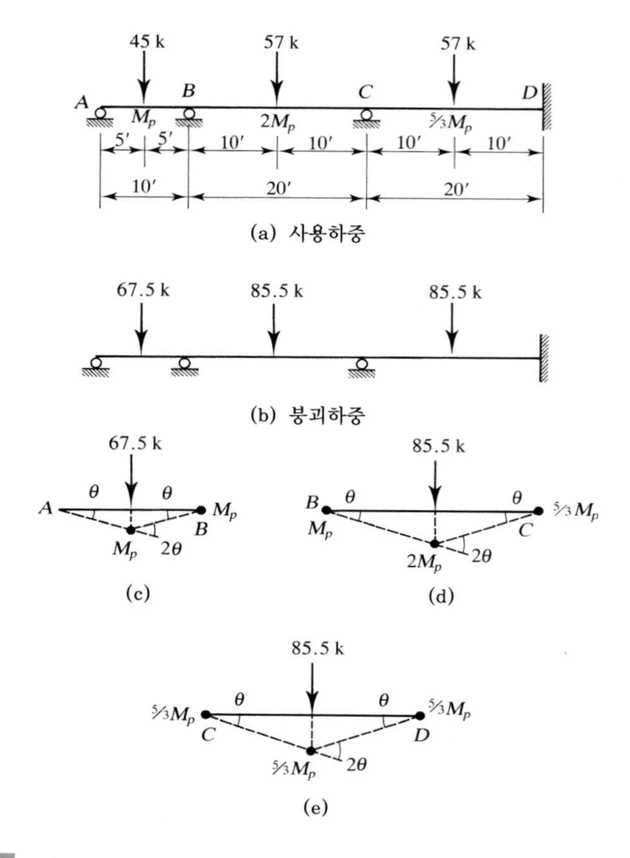

(a) 사용하중

(b) 붕괴하중

풀 이

붕괴하중은 적절한 하중계수를 사용하중에 곱하여 구해진다. 45 kips의 사용하중에 대한 붕괴하중은 다음과 같다.

$$P_u = 1.2(0.25 \times 45) + 1.6(0.75 \times 45) = 67.5 \text{ kips}$$

57 kips의 사용하중에 대한 붕괴하중은 다음과 같다.

$$P_u = 1.2(0.25 \times 57) + 1.6(0.75 \times 57) = 85.5 \text{ kips}$$

세 가지의 메커니즘을 각 경간에서 하나씩 분석해야 한다. 그림 A.6c-e는 가상변위를 받은 후의 각각의 메커니즘을 보여준다. 강도가 같지 않은 부재가 만나는 지점에서 소성힌지가 발생할 때, 휨모멘트가 약한 쪽 부재의 소성모멘트 내력과 같을 때 소성힌지가 발생할 것이다.

경간 AB

외부일 = 내부일

$$67.5(5\theta) = M_p(2\theta + \theta) \quad \text{또는} \quad M_p = 112.5 \text{ ft·kips}$$

경간 BC

$$85.5(10\theta) = M_p\theta + 2M_p(2\theta) + \frac{5}{3}M_p\theta \quad \text{또는} \quad M_p = 128.2 \text{ ft·kips}$$

경간 CD

$$85.5(10\theta)=\frac{5}{3}M_p(\theta+2\theta+\theta) \text{ 또는 } M_p=128.2 \text{ ft·kips}$$

상계정리의 의미는 다음과 같다: 가정한 메커니즘에 대응하는 소성모멘트 값은 붕괴하중에 대한 소성모멘트보다 작거나 같다. 그러므로 최대모멘트 내력을 요구하는 메커니즘이 올바른 것이 된다. 앞의 설계문제에서 산출된 마지막 두 메커니즘은 동등한 M_p 값을 요구하며, 따라서 동시에 일어날 것이다. 소요강도는 실제의 소요 설계강도이며, 따라서

소요 $\phi_b M_b=128.2$ ft·kips

단면을 선택하기에 앞서, 그 형강이 조밀단면인가를 검토해야 한다.

Z_x에 대한 표로부터, 최소 중량의 세 개의 형강이 모멘트 조건을 충족한다: W12×26, W14×26, W16×26. 모두가 조밀단면이다. 깊이에 대한 제한이 없으므로, 휨설계강도 166 ft-kips를 갖는 **W16×26을 검토한다.**

W14×26을 사용하고 전단을 검토하라(그림 A.7 참조).

그림 A.7

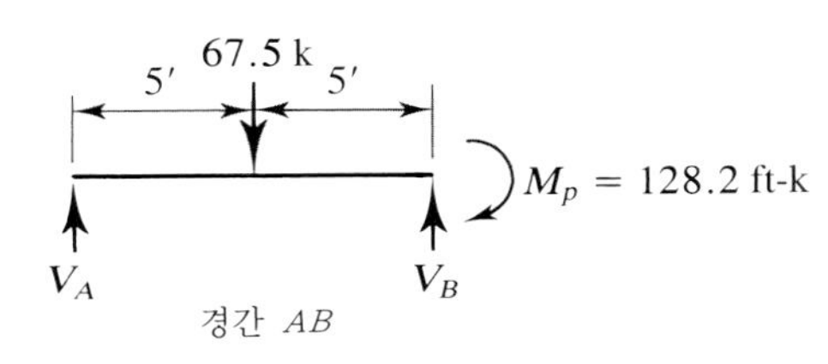

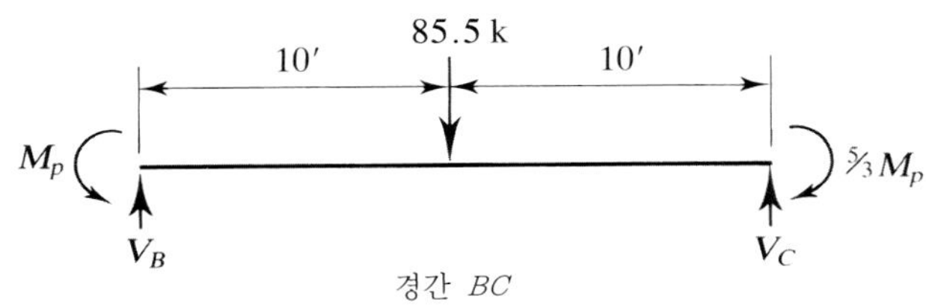

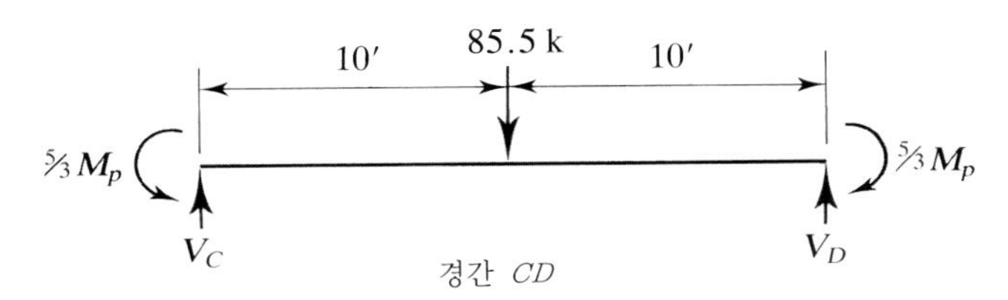

경간 AB

$$\sum M_B=V_A(10)-67.5(5)+128.2=0$$

$$V_A=20.93 \text{ kips}$$

$$V_B=20.93-67.5=-46.57 \text{ kips}$$

경간 BC

$$\Sigma M_B = -M_p + 85.5(10) + \left(\frac{5}{3}\right)M_p - V_C(20) = 0$$

$$V_C = \frac{85.5(10) + (2/3)M_p}{20}$$

$$= \frac{85.5(10) + (2/3)(128.2)}{20} = 47.02 \text{ kips}$$

$$V_B = 85.3 - 47.02 = 38.48 \text{ kips}$$

경간 CD

$$\Sigma M_C = -\frac{5}{3}M_p + \frac{5}{3}M_p + 85.5(10) - V_D(20) = 0$$

$$V_D = 42.75 \text{ kips} = V_C$$

그러므로 최대전단력은 경간 BC로부터의 V_C이며, 그 값은 47.02 kips이다. 강구조편람 3부에 있는 Z_x표로부터, W16×26의 전단설계강도는

$$\phi_v V_n = 84.9 \text{ kips} > 47.02 \text{ kips} \qquad \text{(OK)}$$

해 답 W16×26을 사용한다.

ABBREVIATIONS

AASHTO	American Association of State Highway and Transportation Officials
ACI	American Concrete Institute
AISC	American Institute of Steel Construction
AISI	American Iron and Steel Institute
AREMA	American Railway Engineering and Maintenance-of-Way Association
ASCE	American Society of Civil Engineers
ASTM	American Society for Testing and Materials
AWS	American Welding Society
BOCA	Building Officials and Code Administrators International
FEMA	Federal Emergency Management Agency
ICBO	International Conference of Building Officials
ICC	International Code Council
RCSC	Research Council on Structural Connections
SBCCI	Southern Building Code Congress International
SJI	Steel Joist Institute
SSRC	Structural Stability Research Council

Ad Hoc Committee on Serviceability. 1986. "Structural Serviceability: A Critical Appraisal and Research Needs." *Journal of Structural Engineering*, ASCE 112 (no. 12): 2646–2664.

American Association of State Highway and Transportation Officials. 2014. *AASHTO LRFD Bridge Design Specifications*. Washington, D.C.

American Concrete Institute. 2014. *Building Code Requirements for Structural Concrete* (ACI 318-14). Detroit.

American Institute of Steel Construction. 1989a. *Manual of Steel Construction: Allowable Stress*

Design. 9th ed. Chicago.

American Institute of Steel Construction. 1989b. *Specification for Structural Steel Buildings: Allowable Stress Design and Plastic Design.* Chicago.

American Institute of Steel Construction. 1994. *LRFD Manual of Steel Construction, Metric Conversion of the 2nd edition.* Chicago.

American Institute of Steel Construction, 1997a. *Designing Steel for Serviceability.* Seminar Series, Chicago.

American Institute of Steel Construction. 1997b. *Torsional Analysis of Steel Members.* Chicago.

American Institute of Steel Construction. 2000a. *LRFD Specification For Steel Hollow Structural Sections.* Chicago.

American Institute of Steel Construction. 2000b. *LRFD Specification For Single-Angle Members.* Chicago.

American Institute of Steel Construction. 2009. *Detailing for Steel Construction.* 3rd ed. Chicago.

American Institute of Steel Construction. 2016a. *Specification for Structural Steel Buildings.* ANSI/AISC 360-16, Chicago.

American Institute of Steel Construction. 2016b. *Code of Standard Practice For Steel Buildings And Bridges.* Chicago.

American Institute of Steel Construction. 2016c. *Shapes Database.* V.14.1. www.aisc.org.

American Institute of Steel Construction. 2017a. *Steel Construction Manual.* 15th ed. Chicago.

American Institute of Steel Construction. 2017b. *Design Examples.* V.14.2. www.aisc.org.

American Iron and Steel Institute. 2012. *North American Specification for the Design of Cold-Formed Steel Structural Members.* Washington, D.C.

American Railway Engineering and Maintenance-of-Way Association. 2016. *Manual for Railway Engineering.* Lanham, MD.

American Society for Testing and Materials. 2016a. *Annual Book of ASTM* Standards. Philadelphia.

American Society for Testing and Materials. 2016b. "Steel-Structural, Reinforcing, Pressure Vessel, Railway." *Annual Book of ASTM Standards*, Vol.1.04. Philadelphia.

American Society for Testing and Materials. 2016c. "Fasteners; Rolling Element Bearings." *Annual Book of ASTM Standards*, Vol. 1.08. Philadelphia.

American Society of Civil Engineers. 2016. *Minimum Design Loads for Buildings and Other Structures.* ASCE/SEI 7-16, Reston, VA.

American Welding Society. 2015. Structural *Welding Code-Steel* (AWS D1.1:2010). Miami.

Aminmansour, Abbas. 2009. "Optimum Flexural Design of Steel Members Utilizing Moment Gradient and Cb." *Engineering Journal*, AISC 46 (no. 1): 47-55.

Aminmansour, Abbas. 2016. Private communication.

Amrine, J. J. and Swanson, J. A. 2004. "Effects of Variable Pretension on the Behavior of Bolted Connections with Prying." *Engineering Journal*, AISC 41 (no. 3): 107-116.

Anderson, M., Carter, C. J., and Schlafly. T. J. 2015. "Are You Properly Specifying Materials?" *Modern Steel Construction*, AISC 50 (no. 2).

Basler, K. 1961. "Strength of Plate Girders in Shear." *Journal of the Structural Division*, ASCE

87 (no. ST7): 151–197.

Bethlehem Steel. 1969. *High-strength Bolting for Structural Joints*.

Bickford, John H. 1981. *An Introduction to The Design and Behavior of Bolted Joints*. New York: Marcel Dekker.

Birkemore, Peter C. and Gilmor, Michael I. 1978. "Behavior of Bearing Critical Double-Angle Beam Connections." *Engineering Journal,* AISC 15 (no. 4): 109–115.

Bjorhovde, R., Galambos, T. V., and Ravindra, M. K. 1978. "LRFD Criteria for Steel Beam-Columns." *Journal of the Structural Division*, ASCE 104 (no. ST9): 1371–87.

Bleich, Friedrich. 1952. *Buckling Strength of Metal Structures*. New York: McGraw-Hill.

Blodgett, O. W. 1966. *Design of Welded Structures*. Cleveland, OH: The James F. Lincoln Arc Welding Foundation.

Borello, D. J., Denavit, M. D., and Hajjar, J. F. 2009. *Behavior of Bolted Steel Slip-critical Connections with Fillers*. Report No. NSEL-017, Newmark Structural Engineering Laboratory, Department of Civil and Environmental Engineering, University of Illinois at Urbana-Champaign.

Building Officials and Code Administrators International Inc. 1999. *The BOCA National Building Code*. Chicago.

Burgett, Lewis B. 1973. "Selection of a 'Trial' Column Section." *Engineering Journal*, AISC 10 (no. 2): 54–59.

Butler, L. J., Pal, S., and Kulak, G. L. 1972. "Eccentrically loaded Welded Connections." *Journal of the Structural Division*, ASCE 98 (no. ST5): 989–1005.

Carter, Charles J. 1999. *Stiffening of Wide-Flange Columns at Moment Connections: Wind and Seismic Applications*. Steel Design Guide Series, No. 13, Chicago: AISC.

Chesson, Jr., Eugene, Faustino, Norberto L., and Munse, William H. 1965. "High-Strength Bolts Subjected to Tension and Shear." *Journal of the Structural Division*, ASCE 91 (no. ST5): 155–180.

Christopher, John E., and Bjorhovde, Reidar. 1999. "Semi-Rigid Frame Design Methods for Practicing Engineers." *Engineering Journal*, AISC 36 (no. 1): 12–28.

Cochrane, V. H. 1922. "Rules for Riveted Hole Deduction in Tension Members." *Engineering News Record* (Nov. 16).

Cooper, P. B., Galambos, T. V., and Ravindra, M. K.1978. "LRFD Criteria for Plate Girders." *Journal of the Structural Division*, ASCE 104 (no. ST9): 1389–1407.

Crawford, S. H., and Kulak, G. L. 1971. "Eccentrically Loaded Bolted Connections." *Journal of the Structural Division*, ASCE 97 (no. ST3): 765–83.

Darwin, D. 1990. *Design of Steel and Composite Beams with Web Openings*. AISC Steel Design Guide Series, No. 2. Chicago: AISC.

Disque, Robert O. 1973. "Inelastic K-factor for Column Design." *Engineering Journal*, AISC 10 (no. 2): 33–35.

Easterling, W. S. and Giroux, L. G. 1993. "Shear Lag Effects in Steel Tension Members." *Engineering Journal*, AISC 30 (no. 3): 77–89.

Federal Emergency Management Agency. 2000. *Recommended Specifications and Quality Assurance Guidelines for Steel Moment-Frame Construction for Seismic Applications*. FEMA-353, Washington, D. C.

Fisher, J. W., Galambos, T. V., Kulak, G. L., and Ravindra, M. K. 1978. "Load and Resistance Factor Design Criteria for Connectors." *Journal of the Structural Division*, ASCE 104 (no. ST9): 1427–41.

Galambos, T. V. and Ravindra, M. K. 1978. "Properties of Steel for Use in LRFD." *Journal of the Structural Division*, ASCE 104 (no. ST9): 1459–68.

Galambos, Theodore V., Lin, F. J. and Johnston, Bruce G. 1980. *Basic Steel Design with LRFD*. Englewood Cliffs, NJ: Prentice-Hall, Inc.

Gaylord, Edwin H., Gaylord, Charles N., and Stallmeyer, James E., 1992. *Design of Steel Structures*. 3rd ed. New York: McGraw-Hill.

Geschwindner, L. F. 2010. "A Case for a Single Stiffness Reduction Factor in the 2010 AISC Specification." *Engineering Journal*, AISC 47 (no. 1): 41–46.

Griffis, Lawrence G. 1992. *Load and Resistance Factor Design of W-Shapes Encased in Concrete*. Steel Design Guide Series, No. 6, Chicago: AISC.

Hansell, W. C., Galambos, T. V., Ravindra, M. K., and Viest, I. M. 1978. "Composite Beam Criteria in LRFD." *Journal of the Structural Division*, ASCE 104 (no. ST9): 1409–26.

Hendrick, A, and Murray, T. M. 1984. "Column Web Compression Strength at End-Plate Connections." *Engineering Journal*, AISC 21 (no. 3): 161–9.

Higdon, A., Ohlsen, E. H., and Stiles, W. B. 1960. *Mechanics of Materials*. New York: John Wiley and Sons.

International Code Council. 2015. *International Building Code*. Falls Church, VA.

International Conference of Building Officials. 1997. *Uniform Building Code*. Whittier, CA.

Johnston, Bruce G., ed. 1976. *Guide to Stability Design Criteria for Metal Structures*, 3rd. ed. Structural Stability Research Council. New York: Wiley-Interscience.

Joint ASCE-AASHO Committee on Flexural Members. 1968. "Design of Hybrid Steel Beams." *Journal of the Structural Division*, ASCE 94 (no. ST6): 1397–1426.

Krishnamurthy, N. 1978. "A Fresh Look at Bolted End-Plate Behavior and Design." *Engineering Journal*, AISC 15 (no. 2): 39–49.

Kulak and Timler. 1984. "Tests on Eccentrically Loaded Fillet Welds." Department of Civil Engineering, University of Alberta, Edmonton. (December).

Kulak, G. L., Fisher, J. W., and Struik, J. H. A. 1987. *Guide to Design Criteria for Bolted and Riveted Joints*. 2d ed. New York: John Wiley and Sons.

Larson, Jay W. and Huzzard, Robert K. 1990. "Economical Use of Cambered Steel Beams." *1990 National Steel Construction Conference Proceedings*. Chicago: AISC.

Lothars, J. E. 1972. *Design in Structural Steel*. 3d ed. Englewood Cliffs, NJ: Prentice-Hall, Inc.

McGuire, W. 1968. *Steel Structures*. Englewood

Cliffs, NJ: Prentice-Hall, Inc.

Munse, W. H. and Chesson, E. Jr. 1963. "Riveted and Bolted Joints: Net Section Design." *Journal of the Structural Division*, ASCE 89 (no. ST1): 107–126.

Murphy, G. 1957. *Properties of Engineering Materials*. 3d ed. Scranton, PA: International Textbook Co.

Murray, Thomas M. 1983. "Design of Lightly Loaded Steel Column Base Plates." *Engineering Journal,* AISC 20 (no. 4): 143–152.

Murray, Thomas M. 1990. *Extended End-Plate Moment Connections.* Steel Design Guide Series, No. 4. Chicago: AISC.

Murray, Thomas M. and Shoemaker. 2002. *Flush and Extended Multiple Row Moment End Plate Connections.* Steel Design Guide Series, No. 16. Chicago: AISC.

Murray, Thomas M, and Sumner. 2003. *Extended End-Plate Moment Connections—Seismic and Wind Applications.* Steel Design Guide Series, No. 4, 2nd edition. Chicago: AISC.

Nair, 2005. "Steelmail." *Modern Steel Construction*. AISC 45 (no. 11).

Neal, B. G. 1977. *The Plastic Methods of Structural Analysis*. 3d ed. London: Chapman and Hall Ltd.

Ollgaard, J. G., Slutter, R. G., and Fisher, J. W. 1971. "Shear Strength of Stud Connectors in Lightweight and Normal-Weight Concrete." *Engineering Journal*, AISC 8 (no. 2): 55–64.

Ravindra, M. K. and Galambos, T. V. 1978. "Load and Resistance Factor Design for Steel." *Journal of the Structural Division.* ASCE 104 (no. ST9): 1337–53.

Ravindra, M. K., Cornell, C. A., and Galambos, T. V. 1978. "Wind and Snow Load Factors for Use in LRFD." *Journal of the Structural Division*, ASCE 104 (no. ST9): 1443–57.

Research Council on Structural Connections. 2014. *Specification for Structural Joints Using High-Strength Bolts*. Chicago.

Ricker, David T. 1989. "Cambering Steel Beams." *Engineering Journal*, AISC 26, (no. 4): 136–142.

Ricles, J. M. and Yura, J. A. 1983. "Strength of Double-Row Bolted-Web Connections." *Journal of Structural Engineering*, ASCE 109(1): 126–142.

Ruddy, John L. 1986. "Ponding of Concrete Deck Floors." *Engineering Journ*al, AISC 23 (no. 3): 107–115.

Salmon, C. G. and Johnson, J. E. 1996. *Steel Structures, Design and Behavior*. 4th ed. New York: HarperCollins.

Salmon, C. G., Johnson, J. E., and Malhas, F. A. 2009. *Steel Structures, Design and Behavior.* 5th ed. Upper Saddle River, NJ: Pearson Prentice Hall.

Selden, K. L, Varma, A. H., and Mujagic, J. R. 2015. "Consideration of Shear Stud Slip in the Design of Partially Composite Beams". ASCE Structures Congress, 2015. pp. 888–899

Shanley, F. R. 1947. "Inelastic Column Theory." *Journal of Aeronautical Sciences,* 14 (no. 5): 261.

Sherman, D. R. 1997. "Designing with Structural Tubing." *Modern Steel Construction,* AISC 37 (no. 2): 36–45.

Southern Building Code Congress International. 1999. *Standard Building Code.* Birmingham, AL.

Steel Joist Institute. 2005. Standard *Specifications, Load Tables, and Weight Tables for Steel Joists and Joist Girders.* Myrtle Beach, SC.

Swanson, J. A. 2002. "Ultimate Strength Prying Models for Bolted T-stub Connections." *Engineering Journal,* AISC 39 (no. 3): 136–147.

Structural Stability Research Council, Task Group 20. 1979. "A Specification for the Design of Steel-Concrete Composite Columns." *Engineering Journal,* AISC 16 (no. 4): 101–115.

Tall, L., ed. 1964. *Structural Steel Design.* New York: Ronald Press Co.

Thornton, W. A. 1990a. "Design of Small Base Plates for Wide Flange Columns." *Engineering Journal*, AISC 27 (no. 3): 108–110.

Thornton, W. A. 1990b. "Design of Base Plates for Wide Flange Columns—A Concatenation of Methods." *Engineering Journal*, AISC 27 (no. 4): 173–4.

Thornton, W. A. 1992. "Strength and Serviceability of Hanger Connections." *Engineering Journal*, AISC 29 (no. 4): 145–9.

Tide, R. H. R. 2001. "A Technical Note: Derivation of the LRFD Column Design Equations." *Engineering Journal*, AISC 38 (no. 4): 137–9.

Timoshenko, Stephen P. 1953. *History of Strength of Materials.* New York: McGraw-Hill.

Timoshenko, Stephen P. and Gere, James M. 1961. *Theory of Elastic Stability.* 2nd ed. New York: McGraw-Hill.

Viest, I. M., Colaco, J. P., Furlong, R. W., Griffis, L. G., Leon, R. T., and Wyllie, Jr., L. A. 1997. *Composite Construction Design for Buildings.* New York: ASCE and McGraw-Hill.

West, M. A. and Fisher, J. M. 2003. *Serviceability Design Considerations for Low-Rise Buildings,* Design Guide 3, 2nd Edition. Chicago, AISC.

Yura, Joseph A. 1971. "The Effective Length of Columns in Unbraced Frames." *Engineering Journal*, AISC 8 (no. 2): 37–42.

Yura, Joseph A. 2001. "Fundamentals of Beam Bracing." *Engineering Journal*, AISC 38 (no. 1): 11–26.

Yura, J. A., Galambos, T. V., and Ravindra, M. K. 1978. "The Bending Resistance of Steel Beams." *Journal of the Structural Division*, ASCE 104 (no. ST9): 1355–70.

Zahn, C. J. 1987. "Plate Girder Design Using LRFD." *Engineering Journal*, AISC 24 (no. 1): 11–20.

Zahn, C. J. and Iwankiw, N. R. 1989. "Flexural-Torsional Buckling and its Implications for Steel Compression Member Design." *Engineering Journal*, AISC 26 (no. 4): 143–154.

Ziemian, R. D., ed. 2010. *Guide to Stability Design Criteria for Metal Structures, 6th ed.* Structural Stability Research Council, Hoboken, NJ: John Wiley and Sons.

STEEL DESIGN

연습문제 해답

주의

1. 해답은 아래 유형의 문제는 제외하고 모든 홀수 번호 문제에 주어졌다.
   a. 풀이과정에서 시행착오의 요소가 있거나 하나 이상의 수락할 만한 답이 있는 설계 문제
   b. 정답의 지식이 풀이와 직접 관련 있는 문제
2. 근사치를 제외한 모든 답은 세 자리 유효 숫자로 반올림한 것이다.

1장 : 서론

1.5-1 **a.** 120 ksi **b.** 13.3% **c.** 38.9%

1.5-3 **c.** 약 30,100 ksi

1.5-5 **c.** 약 30,000,000 psi **d.** 약 44,000 psi

2장 : 강구조설계의 개념

2-1 **a.** R_u = 26 kips (조합 3)
b. ϕR_n = 26 kips **c.** R_n = 28.9 kips,
d. R_a = 17.9 kips (조합 6)
e. R_n = 29.9 kips

2-3 **a.** R_u = 155 ft-kips (조합 2)
b. R_n = 172 ft-kips
c. R_a = 108 ft-kips (조합 2)
d. R_n = 180 ft-kips

2-5 **a.** R_u = 46.8 psf (조합 3)
b. R_a = 34.5 kips (조합 3)

3장 : 인장재

3.2-1 **a.** 85.1 kips b. 56.6 kips

3.2-3 **a.** 80.9 kips b. 81.0 kips

3.2-5 **a.** 만족스럽지 않다 : 102 kips > 96.0 kips
b. 만족스럽지 않다 : 70 kips > 64.0 kips

3.3-1 **a.** 4.17 in.^{2} **b.** 1.19 in.^{2} **c.** 3.13 in.^{2} **d.** 2.31 in.^{2}
e. 3.13 in.^{2}

3.3-3 130 kips

3.3-5 **a.** 적절하지 않다 : 220 kips > 169 kips
b. 적절하지 않다 : 145 kips > 112 kips

3.3-7 **a.** 341 kips **b.** 227 kips

3.4-1 222 kips

3.4-3 **a.** 97.2 kips **b.** 64.7 kips

3.4-5 **a.** 318 kips **b.** 212 kips

3.5-1 86.8 kips

3.5-3 **a.** 108 kips **b.** 71.7 kips

3.7-1 **a.** 소요 d = 1.57 in.
b. 소요 d = 1.71 in.

3.7-3 **a.** 소요 d = 0.792 in.
b. 소요 d = 1.10 in.

3.7-5 **a.** 소요 d = 2.06 in.
b. 소요 d = 2.00 in.

3.8-3 6.95 kips

3.8-5 **a.** 소요 d = 0.181 in.
b. 소요 d = 0.187 in.

4장 : 압축재

4.3-1 **a.** 1270 kips **b.** 400 kips

4.3-3 177 kips

4.3-5 **a.** $\phi_c P_n$ = 897 kips, P_n/Ω_c = 597 kips
b. $\phi_c P_n$ = 898 kips, P_n/Ω_c = 597 kips

4.3-7 **a.** 118 kips **b.** 115 kips

4.4-1 161 kips

4.7-1 1260 kips

4.7-3 **a.** 그렇다 : 728 kips < 885 kips
b. 그렇다 : 500 kips < 589 kips
4.7-9 **a.** 1.86 **b.** 1.86
4.7-11 AB에 대해 $K_x = 2.15$, BC에 대해 $K_x = 1.57$, DE에 대해 $K_x = 1.3$, EF에 대해 $K_x = 1.35$
4.7-13 **a.** 1.7 **b.** 197 kips
4.8-1 901 kips
4.9-3 $r_x = r_y = 5.07$ in.
4.9-5 23,500 kips
4.9-7 **a.** 808 kips **b.** 212%
4.9-9 **a.** 1060 kips **b.** 707 kips

5장 : 보

5.2-1 **a.** $Z = 92.7$ in.^{3}, $M_P = 386$ ft-kips
b. $S = 80.9$ in.^{3}, $M_y = 337$ ft-kips
5.4-3 168 ksi
5.5-1 **a.** 29.6 kips **b.** 31.3 kips
5.5-3 **a.** 적절하다 : 1280 ft-kips < 1300 ft-kips
b. 적절하지 않다 : 938 ft-kips > 864 ft-kips
5.5-5 **a.** 적절하지 않다 : 505 ft-kips > 461 ft-kips
b. 적절하지 않다 : 327 ft-kips > 307 ft-kips
5.5-7 290 ft-kips
5.5-9 **a.** 1.32 **b.** 1.32
5.5-11 **a.** 1.02 **b.** 1.02
5.5-13 **a.** 적절하다 : 169 ft-kips < 213 ft-kips
b. 적절하다 : 106 ft-kips < 142 ft-kips
5.5-15 **a.** 적절하지 않다 : 1100 ft-kips > 1080 ft-kips
b. 적절하지 않다 : 733 ft-kips > 721 ft-kips
5.6-1 **a.** 0.760 kips/ft **b.** 0.758 kips/ft
5.6-3 4480 ft-kips
5.8-1 33.8 kips
5.8-3 **a.** 전단강도는 적절하지 않다 : 144 kips > 131 kips
b. 전단강도는 적절하지 않다 : 90 kips > 87.5 kips
5.11-1 보의 모멘트강도는 충분하다 : 215 ft-kips < 234 ft-kips
5.12-1 **a.** 163 ft-kips b. 27.5%
5.12-3 **a.** 221 ft-kips b. 20.2%
5.15-1 **a.** 만족스럽지 않다 : 상관관계식 결과 = 1.11
b. 만족스럽지 않다 : 상관관계식 결과 = 1.19
5.15-3 **a.** 만족스럽지 않다 : 상관관계식 결과 = 1.31
b. 만족스럽지 않다 : 상관관계식 결과 = 1.23
5.15-5 **a.** 그림 5.15-5(a)의 하중에 대해 보는 만족스럽다 : 상관관계식 결과 = 0.570
그림 5.15-5(b)의 하중에 대해 보는 만족스럽지 않다 : 상관관계식 결과 = 1.05
b. 그림 5.15-5(a)의 하중에 대해 보는 만족스럽다 : 상관관계식 결과 = 0.535
그림 5.15-5(b)의 하중에 대해 보는 만족스럽다 : 상관관계식 결과 = 0.983

6장 : 보-기둥

6.2-1 **a.** 만족스럽다 : 상관관계식 결과 = 0.810
b. 만족스럽다 : 상관관계식 결과 = 0.868
6.6-1 **a.** 1.05 **b.** 1.06
6.6-3 **a.** 만족스럽다 : 상관관계식 결과 = 0.960
b. 만족스럽다 : 상관관계식 결과 = 0.985
6.6-5 **a.** 만족스럽다 : 상관관계식 결과 = 0.703
b. 만족스럽다 : 상관관계식 결과 = 0.753
6.6-7 **a.** 적절하지 않다 : 상관관계식 결과 = 1.06
b. 적절하지 않다 : 상관관계식 결과 = 1.08
6.6-9 **a.** 435 kips **b.** 420 kips
6.6-11 **a.** 적절하지 않다 : 상관관계식 결과 = 1.13
b. 적절하지 않다 : 상관관계식 결과 = 1.16
6.6-13 **a.** 36.7 kips **b.** 38.5 kips
6.7-1 만족스럽다 : 상관관계식 결과 = 0.748

7장 : 단순연결

7.3-1 **a.** 만족스럽다 : $s = 2.75$ in. > 2.33 in., $\ell_e = 1.5$ in. = min.ℓ_e
b. 연단 볼트에 대해 $R_n = 32.5$ kips, 나머지 볼트에 대해 $R_n = 55.1$ kips
7.4-1 **a.** 만족스럽다 : $s = 3$ in. > 2.33 in., $\ell_e = 2$ in. > 1.5 in.
b. 73.1 kips **c.** 48.7 kips
7.4-3 **a.** 1.93 볼트 : 2개 사용
b. 1.99 볼트 : 2개 사용
7.4-5 **a.** 73.1 kips **b.** 71.5 kips
7.6-1 **a.** 311 kips **b.** 260 kips
7.6-3 LRFD와 ASD 모두 : **a.** 18 **b.** 10 **c.** 8

7.6-5 **a.** 50.6 kips **b.** 50.6 kips

7.8-1 **a.** T형강과 볼트 모두 적절하다 :
소요 t_f = 0.888 in. < 0.985 in.
b. T형강과 볼트 모두 적절하다 :
소요 t_f = 0.889 in. < 0.985 in.

7.9-1 **a.** 적절하다 : 전단에 대해 : 12.9 kips < 24.4 kips
지압에 대해 : 12.9 kips < 57.3 kips
인장에 대해 : 22.3 kips < 31.3 kips
b. 적절하다 : 전단에 대해 : 9.38 kips < 16.2 kips
지압에 대해 : 9.38 kips < 38.2 kips
인장에 대해 : 16.2 kips < 19.6 kips

7.9-3 **a.** 4.40 소요 볼트
b. 4.40 소요 볼트

7.9-5 **a.** 소요 d = 0.822 in.
b. 소요 d = 0.825 in.

7.11-1 **a.** 73.1 kips **b.** 72.4 kips

7.11-3 **a.** 106 kips **b.** 104 kips

8장 : 편심연결

8.2-1 22.3 kips

8.2-3 31.8 kips

8.2-5 20.5 kips

8.2-7 **a.** 소요 d = 0.753 in.
b. 소요 d = 0.759 in.

8.2-9 **a.** 소요 d = 0.657 in.
b. 소요 d = 0.657 in.

8.2-11 **a.** 33.9 kips b. 22.6 kips

8.2-13 **a.** 수직열당 5볼트
b. 수직열당 6볼트

8.3-1 **a.** 적절하다 : 전단에 대해 : 25.4 kips < 31.8 kips
인장에 대해 : 10.9 kips < 26.6 kips
b. 적절하다 : 전단에 대해 : 17 kips < 21.2 kips
인장에 대해 : 7.29 kips < 17.6 kips

8.3-3 **a.** 적절하다 :
전단에 대해 : 15 kips < 24.4 kips (OK)
인장에 대해 : 25 kips < 27.8 kips (OK)
b. 적절하다 :
전단에 대해 : 10 kips < 16.2 kips (OK)
인장에 대해 : 16.7 kips < 18.5 kips (OK)

8.3-5 **a.** 적절하다 : 전단에 대해 : 9.69 kips < 24.4 kips
인장에 대해 : 29.1 kips < 36.6 kips
b. 적절하다 : 전단에 대해 : 6.6 kips < 16.2 kip
인장에 대해 : 19.8 kips < 24.2 kips

8.3-7 **a.** 94.9 kips **b.** 63.3 kips

8.4-1 4.50 kips/in.

8.4-3 13.5 kips/in.

8.4-5 **a.** 5.34 1/16 in.에 대해
b. 5.72 1/16 in.에 대해

8.4-7 4.26 kips/in.

8.4-11 **a.** 적절하다 : 소요 치수 = 1.83 1/16 in.에 대해
b. 적절하다 : 소요 치수 = 1.83 1/16 in.에 대해

8.4-13 **a.** 3.27 1/16 in.에 대해
b. 2.10 1/16 in.에 대해

8.5-1 1.18 kips/in.

8.5-3 **a.** R_u = 36.5 kips **b.** R_a = 24.3 kips

8.5-5 **a.** 90.5 kips **b.** 60.3 kips

8.6-1 **a.** 그렇다 : 180 kips < 195 kips
b. 그렇다 : 120 kips < 130 kips

8.6-3 **a.** 51.7 kips **b.** 122 ft-kips

8.7-1 **a.** 보강재가 요구된다.
b. 보강재가 요구된다.

8.8-1 **a.** 적절하다. 볼트인장 : 22.6 kips < 29.8 kips,
b. 적절하다. 볼트인장 : 15.0 kips < 19.9 kips,

9장 : 합성구조

9.1-1 **a.** 1760 in.^{4} **b.** f_{top} = 0.926 ksi (압축),
f_{bot} = 34.4 ksi, f_c = 1.10 ksi

9.1-3 **a.** 3760 in.^{4} **b.** f_{top} = 2.21 ksi (압축),
f_{bot} = 31.7 ksi, f_c = 1.08 ksi

9.1-5 968 ft-kips

9.2-1 **a.** 적절하다 : 153 ft-kips < 251 ft-kips
b. 적절하다 : 108 ft-kips < 167 ft-kips

9.3-1 **a.** 만족스럽다 : 콘크리트 양생 전,
M_u = 51.8 ft-kips < 75.4 ft-kips;
콘크리트 양생 후,
M_u = 157 ft-kips < 168 ft-kips,
V_u = 25.1 kips < 79.1 kips
b. 만족스럽다 : 콘크리트 양생 전,
M_a = 39.5 ft-kips < 50.1 ft-kips;
콘크리트 양생 후,
M_a = 105 ft-kips < 112 ft-kips,
V_a = 16.8 kips < 52.8 kips

9.4-1 **a.** 적절하다 : 콘크리트 양생 전,
M_u = 233 ft-kips < 484 ft-kips;
콘크리트 양생 후,
M_u = 896 ft-kips < 966 ft-kips,
V_u = 89.6 kips < 256 kips
b. 적절하다 : 콘크리트 양생 전,
M_a = 182 ft-kips < 322 ft-kips;
콘크리트 양생 후,
M_a = 596 ft-kips < 643 ft-kips,
V_a = 59.6 kips < 171 kips
c. 98

9.4-3 46

9.6-1 **a.** 1.73 in. **b.** 1.90 in.

9.6-3 **a.** 1.49 in., 2.01 in. (총 처짐)
b. Δ_L = 0.836 in. > $L/360$ (다른 보 선택)

9.6-5 **a.** 1.21 in., 1.73 in. (총 처짐)
b. Δ_L = 0.732 in. < $L/360$ (OK)

9.7-1 **a.** 0.488 in. **b.** 528 ft-kips

9.7-3 306 ft-kips

9.8-1 306 ft-kips

9.10-1 518 kips

10장 : 플레이트거더

10.4-1 2380 ft-kips

10.4-3 3340 ft-kips

10.4-5 **a.** 적절하지 않다 :
M_u = 18,700 ft-kips > $\phi_b M_n$ = 17,700 ft-kips
b. 적절하지 않다 :
M_a = 11,900 ft-kips > M_n/Ω_b = 11,800 ft-kips

10.5-1 **a.** 682 kips **b.** 531 kips **c.** 499 kips

10.5-3 **a.** 충분하다 : 최종 패널에 대해,
V_u = 95.4 kips < $\phi_v V_n$ = 219 kips;
두 번째 패널에 대해,
V_u = 74.0 kips < $\phi_v V_n$ = 368 kips;
중간 패널에 대해,
V_u = 51.2 kips < $\phi_v V_n$ = 169 kips
b. 충분하다 : 최종 패널에 대해,
V_a= 61.2 kips < V_n/Ω_v = 146 kips;
두 번째 패널에 대해,
V_a = 47.5 kips < V_n/Ω_v = 245 kips;
중간 패널에 대해,
V_a = 32.8 kips < V_n/Ω_v = 112 kips

10.6-1 **a.** 267 kips, **b.** 178 kips

ㄱ

ㄴ

ㄷ

ㄹ

ㅁ

ㅂ

ㅅ

ㅇ

ㅈ

ㅊ

ㅋ

A

B

C

H

I

J

K

L

M

Theory of Elastic Stability • 190
T형강 • 13, 121, 144

STEEL DESIGN

기 호

a 소성모멘트 내적 짝힘의 모멘트 팔 길이. 조립 압축부재 연결재의 종방향 간격, 지점부터 하중점까지의 거리, 극한하중에서 콘크리트의 등가 압축응력 분포깊이, 플레이트거더에서 중간 복부보 강재의 순간격

a_w 강도감소계수를 산정하는 데 사용되는 계수

A 면적

A_1 지압판 또는 기초판의 지압면적

A_2 지압판 또는 기초판에 대한 지점부의 총 면적

A_b 볼트의 나사산이 없는 부분의 단면적

A_c 합성보의 콘크리트 플랜지 면적, 합성기둥의 콘크리트 면적

A_e 유효 순단면적

A_{eff} 세장보강 압축요소가 있는 단면의 축소면적

A_f 플랜지 면적

A_{fg} 플랜지의 전단면적

A_{fn} 플랜지의 순단면적

A_g 전단면적

A_{gv} 블록전단 계산을 위한 전단저항 전단면적

A_n 순단면적

A_{nt} 블록전단 계산을 위한 인장저항 순단면적

A_{nv} 블록전단 계산을 위한 전단저항 순단면적

A_{pb} 플레이트거더 보강재의 지압면적

A_r 합성보 슬래브의 유효폭 이내의 철근 단면적

A_s 강재 단면적

A_{sc} 스터드 전단연결재 단면적

A_{st} 복부보강재 단면적

A_w 복부면적

b 판의 폭, 폭-두께비에 사용되는 단면 요소의 폭, 합성보의 유효 플랜지 폭

b_b 보 플랜지 또는 플랜지 판의 폭

b_e 세장보강 압축요소의 유효폭

b_f 플랜지 폭

b_x 보-기둥 설계를 위한 x축 휨강도 계수

b_y 보-기둥 설계를 위한 y축 휨강도 계수

B 지압판 또는 기초판의 폭, 복-L형과 T형강의 휨강도를 계산하는 데 사용되는 계수, HSS의 폭

B_1, B_2 보-기둥의 확대계수

B_c (지레력 효과를 포함한)볼트 인장력

c 휨부재의 탄성중립축으로부터 연단까지의 거리, 횡-비틀림 응력식 안의 상수

C 내적 저항 짝힘에서 압축력

C_1 매립 합성기둥의 유효 휨강성 산정식에 적용된 계수

C_2 채운 합성기둥의 압축항복하중 P_o 산정식에 적용된 계수

C_3 채운 합성기둥의 유효 휨강성 산정식에 적용된 계수

C_b 횡-비틀림 좌굴강도에 대한 모멘트 경사 계수

C_m 보-기둥의 휨계수

C_v 플레이트 거더에서 복부판의 전단 항복응력 대 한계응력의 비

C_w 뒴 상수

d 압연형강의 총 깊이, 축 사이의 거리(평행축 이론에 사용 시), 볼트직경

d' 엇모배치 볼트의 직경

d_b 보 깊이, 볼트직경

d_c 기둥 깊이

D 하중 조합시의 공용 고정하중 효과, 중공원형강관의 최외측 직경, 필릿용접크기(1/16인치 단위)

D_s 플레이트거더의 소요 중간보강재 면적을 구하기 위한 상수

D_u 볼트의 규정된 최소인장력과 실제 도입된 평균 인장력의 비

e 연결에서 하중 편심거리

E 탄성계수(구조용 강재의 경우 29,000 ksi), 하중조합 시의 공용지진하중 효과

E_c 콘크리트의 탄성계수

E_s 구조용 강재의 탄성계수 29,000 ksi

E_t 접선탄성계수

f 응력

f_1 편심용접 전단연결부의 직접전단응력

f_2 편심용접 전단연결부의 비틂전단응력

f_a 축압축응력

f_b 휨응력

f_c 콘크리트의 휨응력

f_c' 콘크리트의 28일 압축강도

f_p 지압응력

f_{sb} 형강하부의 휨응력

f_{st} 형강상부의 휨응력

f_t 인장응력

f_v 전단응력

F_{nt}' 전단력을 받는 볼트의 공칭인장강도(응력)

F_a 허용축압축응력

F_{BM} 용접연결부 모재의 전단강도(응력)

F_{cr} 공칭강도를 결정하기 위한 한계 압축 또는 휨응력

F_{cry} 구조용 T형 또는 복-L형 압축부재의 대칭축에 대한 휨좌굴강도

F_{crz} 구조용 T형 또는 복-L형 압축부재의 비틂 또는 휨-비틀림 좌굴강도를 계산하는 데 사용되는 응력

F_e 오일러 좌굴하중, 비대칭 압축부재의임계탄성 좌굴응력(비틀림 또는 휨-비틀림 좌굴응력)

F_{ex} 비틂 또는 휨-비틀림 좌굴강도를 계산하는 데 사용되는 응력

F_{ey} 비틂 또한 휨-비틀림 좌굴강도를 계산하는 데 사용되는 응력

F_{ez} 비틂 또한 휨-비틀림 좌굴강도를 계산하는 데 사용되는 응력

F_n 볼트의 공칭 전단 또는 인장강도(응력)

F_{nt} 볼트의 공칭인장강도(응력)

F_{nv} 볼트의 공칭전단강도(응력)

F_{pl} 비례한도응력

F_t 부재의 허용인장응력, 볼트의 인장강도, 볼트의 허용인장응력

F_u 구조용 강재의 극한인장응력

F_v 부재의 허용전단응력

F_w 용접전극의 극한인장응력

F_y 항복응력

F_{yf}, F_{yw} 플랜지와 복부의 항복응력

F_{yr} 합성기둥에서 철근의 항복응력

F_{yst} 보강재의 항복응력

F_{yt} 인장 플랜지의 항복강도

g 볼트의 횡방향(하중방향에 수직)간격

G 전단탄성계수=구조용 강재의 경우 11,200 ksi

G_A, G_B 유효길이 계수 K에 대한 도표에 사용되는 계수들

h 압연형강에서 플랜지 필렛 지단부사이 복부의 깊이, 용접된 형강에서 플랜지 내부 사이 복부의 깊이, 볼트구멍 직경

h_c 플레이트거더에서 탄성중립축으로부터 압축플랜지 내부 면까지 거리의 두 배(아래위 플랜지가 같은 거더에 대해서는 h와 같음)

h_o W-형강 플랜지 도심사이의 거리

h_p 플레이트거더에서 소성중립축으로부터 압축플랜지 내부면까지 거리의 두 배(아래위 플랜지가 같은 거더에 대해서는 h와 같음)

h_{sc} 마찰이음 볼트의 구멍계수

H HSS의 깊이 압축부재의 휨-비틀림 좌굴강도 산정을 위한 계수, 건물 수평하중, 모멘트 접합시 플랜지에 작용하는 힘

I 단면2차모멘트

$\bar{I}$ 중심축에 대한 구성요소 면적의 단면2차모멘트

I_c 기둥 단면의 단면2차모멘트

I_{eff} 부분 합성보의 유효 환산단면 2차모멘트

I_g 거더단면의 단면2차모멘트

I_{LB} 합성보의 단면2차모멘트 하한값

I_s 강재단면의 단면2차모멘트

I_{st} 보강재단면의 단면2차모멘트

I_{tr} 환산단면의 단면2차모멘트

I_x, I_y x축과 y축에 대한 단면2차모멘트

j 플레이트거더 보강재의 소요 단면2차모멘트 산정을 위한 상수

J 비틀림 상수, 극관성모멘트

k 압연형강 복부판에서 플랜지 바깥면으로부터 필렛 지단부까지의 거리

k_c 플레이트거더 휨강도 계산을 위한 계수

k_s 인장을 받는 볼트의 마찰강도를 감소시키는 계수

k_v 전단강도 계산을 위한 계수

K 압축부재의 유효길이계수

K_x, K_y, K_z x, y, z축 좌굴에 대한 각각의 유효길이 계수

K_xL, K_yL, K_zL x, y, z축 좌굴에 대한 각각의 유효길이

l 접합부 길이, 끝용접 길이, 기둥기초판 두께 산정을 위한 계수, 판형 플랜지의 최대 비지지길이

L 계수하중 산정시 공용 활하중 효과, 부재길이, 층간높이, 용접길이

L_b 보의 비지지길이, 가새의 소요강성 산정을 위한 기둥의 비지지 길이

L_c 기둥 길이, 볼트구멍 가장자리로부터 연결부 가장자리 또는 인접 구멍 가장자리까지의 거리

L_g 거더의 길이

L_p 횡-비틀림 좌굴이 발생하지 않을 보의 최대 비지지길이

L_{pd} 소성해석을 적용할 수 있는 보의 최대 비지지길이

L_r 탄성 횡-비틀림 좌굴이 일어나는 보의 비지지길이, 계수하중조합의 계산을 위한 지붕의 사용 적재하중

m 휨을 받는 단위폭 판의 길이(보의 지압판과 기둥의 기초판에 대한)

M 휨모멘트

M_1, M_2 보-기둥 단부에서의 휨모멘트

M_a 최대 사용하중모멘트=ASD의 소요 모멘트강도

M_{ax}, M_{ay} x, y축에 대한 사용하중모멘트

M_c 유용 모멘트강도

M_{cx}, M_{cy} x, y축에 대한 유용 모멘트강도

M_{cr} 횡-비틀림 좌굴에 대한 임계모멘트

M_{lt} 보-기둥의 수평변위(횡변위)로 인한 최대 모멘트

M_{nt} 수평변위에 대해 구속된 보-기둥의 최대 모멘트

M_{nx}, M_{ny} x와 y축에 대한 공칭 휨강도

M_p 소성모멘트

M_{px}, M_{py} x와 y축에 대한 소성모멘트

M_r 잔류응력을 고려한 항복모멘트 = $0.7F_yS$, 소요 모멘트강도

M_{rx}, M_{ry} x와 y축에 대한 계수하중모멘트

M_u 계수하중모멘트

M_{ux}, M_{uy} x와 y축에 대한 계수하중모멘트

M_x 단면의 x축에 대한 모멘트

M_y 단면의 y축에 대한 모멘트, 항복 모멘트(잔류응력을 고려하지 않은) = F_yS

M_{yy} y축에 대한 항복모멘트

n 휨을 받는 단위폭 판의 길이(보의 지압판과 기둥의 바닥(기초)판 설계에 관한), 탄성계수 비= E_s/E_c

n' 기둥의 바닥판 설계에 이용되는 계수

N 집중하중의 지압길이

N_1 합성보에서 모멘트가 0인 지점과 최대인 지점 사이에서 소요되는 전단연결재의 수

N_2 합성보에서 모멘트가 0인 지점과 집중하중 사이에서 소요되는 전단연결의 수

N_b 연결부에 적용된 볼트의 개수

N_s 연결부 전단면의 개수

p 보-기둥 설계 시 축강도 계수, 편심 전단연결의 볼트 하중(탄성해석 시)

p_c 편심전단연결부 볼트하중의 동심성분(탄성해석 시)

p_m 편심전단연결의 볼트하중의 편심성분(탄성해석 시)

P 집중하중, 축력

P_a 작용 축사용하중 = ASD의 소요강도

P_{bf} 보 또는 거더 플랜지에 의해 전달되는 집중하중

P_{br} 안정가새 부재의 소요 횡강도

P_c 유용 축강도

P_{cr} 압축재의 임계좌굴하중(Euler 좌굴하중)

P_D, P_L 집중하중으로 작용하는 사용 고정하중과 활하중

P_e Euler 좌굴하중

P_{e1} 보-기둥의 휨축에 대한 Euler 좌굴하중(브레이스된 상태의 모멘트 확대계수를 계산하는 데 사용됨)

P_{e2} 보-기둥의 휨축에 대한 Euler좌굴하중(횡변위로 인한 모멘트의 확대계수를 계산하는 데 사용됨)

P_{lt} 비지지 보-기둥에 대한 축하중

P_n 인장 또는 압축에서의 공칭강도

P_{nt} 지지된 보-기둥에 대한 축하중

P_o 합성기둥에서 압축 항복하중(squash load)

P_p 기둥을 지지하는 재료의 공칭지압강도

P_r 소요 축강도, 안정가새에 의해 안정을 유지하는 수직하중

P_u 계수 집중하중, 계수 축력

P_y 축방향 압축 항복강도 = AF_y

Q 세장 단면요소를 갖는 압축재의 감소계수(= $Q_s\theta_\alpha$), 전단응력 또는 전단흐름을 계산하는 데 이용되는 단면1차모멘트, 지레력

Q_a 세장 보강 압축요소에 대한 감소계수

Q_n 전단연결재의 전단강도

Q_s 세장 비보강 압축요소에 대한 감소계수

r 회전반경, 편심볼트 전단연결부의 순간중심으로부터 각 볼트까지의 거리

r_i 조립 압축재 한 요소의 최소 회전반경

r_{ib} 좌굴에 대한 조립재 축에 평행한 축에 대한 조립 압축한 요소의 최소 회전반경

r_o 편심볼트 전단연결부의 순간중심으로부터 도심까지의 거리

$\overline{r_o}$ 압축재의 휨-비틀림 좌굴강도의 계산에 이용되는 계수

r_t 편심연결부 볼트의 인장하중

r_{ts} 압축 플랜지와 복부의 압축부 1/3을 포함하는 단면의 일부를 위한 휨부재의 약축에 대한 회전

반경

r_x, r_y, r_z x, y, z축에 대한 회전반경

R 계수하중 조합의 계산에 이용되는 비(rain)의 사용하중효과, 편심전단연결부의 볼트하중(극한강도 해석)

R_a 허용강도 = ASD의 소요강도, 사용하중 반력

R_g, R_p 전단스터드 강도식에 적용된 계수

R_m C_b를 구하는 식에 사용되는 계수

R_M 비지지 보-기둥의 확대계수 산정 시 사용되는 ΣP_{e2}를 위한 계수

R_n 공칭저항(강도)

R_{PG} 플레이트거더의 감소계수

R_u 계수하중 조합의 합 = LRFD의 소요강도, 계수하중반력

R_{ult} 편심전단연결부 파단 시 볼트의 전단력

R_{wl} 측면과 전면 용접이 있는 연결부의 측면용접강도

R_{wt} 측면과 전면 용접이 있는 연결부의 전면용접강도

s 바닥 또는 지붕 시스템의 보 간격, 볼트의 간격, 단속용접의 간격

S 탄성단면계수, 계수하중 조합의 계산에 이용되는 사용설하중 효과

S_x, S_y x와 y축에 관한 탄성단면계수

S_{xc} 플레이트거더 단면의 압축 측의 탄성단면계수

S_{xt} 플레이트거더 단면의 인장 측의 탄성단면계수

t 폭-두께비에 이용되는 단면요소의 두께, 판두께

t_b 보 또는 플레이트거더 플랜지의 두께

t_f 플랜지의 두께

t_{st} 보강재의 두께

t_w 복부판의 두께

T 볼트 인장력, 내부저항 짝힘에서의 인장력

T_a 연결부 또는 볼트의 사용 인장하중

T_b 고장력 볼트에서의 최소인장력(AISC 식 J3.1)

T_u 연결부 또는 볼트의 계수인장하중

U 전단지연(shear lag)을 고려하기 위해 인장재의 순 면적에 적용되는 감소계수

U_{bs} 인장응력의 변화를 고려하기 위한 블록전단강도식에 사용되는 계수

V 전단력

V' 합성보에서 콘크리트와 강재 사이에 전달되는 수평전단력

V_a 최대사용하중 전단력=ASD의 소요 전단강도

V_c 유용전단강도

V_n 공칭전단강도

V_r 요구전단강도

V_u 계수하중에 의한 전단력

w 분포하중의 세기(단위 길이당 힘), 부재의 끝단 종방향 용접 사이의 횡방향 거리, 용접치수

w_a 등분포 사용하중

w_c 콘크리트의 단위무게(보통 콘크리트의 단위무게는 145 pcf임)

w_D, w_L 분포하중으로 작용하는 사용 사용고정하중과 활하중

w_g 판 또는 봉의 총폭

w_n 판 또는 봉의 순폭

w_u 계수 등분포하중의 세기(강도)

W 계수하중조합의 계산에서 사용되는 풍하중효과, 부재의 끝단에서 세로 용접들 사이의 횡거리

$\bar{x}$ 도심의 x좌표, 전단지연계수 U의 계산에 이용되는 연결의 편심

x_o, y_o 도심에 관한 단면의 전단중심의 좌표

y 단면의 중립축으로부터 휨응력이 계산되는 점까지의 거리, 합성보에서 내부 저항짝힘의 모멘트 팔거리

y_b, y_t 단면의 중립축으로부터 하단과 상단까지의 거리

$\bar{y}$ 도심의 y 좌표

$Y1$ 합성보에서 소성 중립축으로부터 강재의 상단까지 거리(강구조편람의 표에서 사용됨)

$Y2$ 합성보에서 강재의 상단으로부터 콘크리트의 압축합력이 작용하는 위치까지의 거리(강구조 편람의 표에서 사용됨)

Y_b 보 플랜지의 구멍이 고려되어야 할지를 결정하는 데 사용되는 계수

Z 소성단면계수

Z_x, Z_y x와 y축에 관한 소성단면계수

α 조립압축재의 분리비 = $h/(2r_{ib})$, 모멘트 확대계수식에 사용된 계수, 인장 연결부 지레력 산정식에 사용된 계수

β 필렛용접의 최대 유효길이를 결정하는 데 사용되는 계수

β_{br} 안정가새 부재의 소요 횡강성

δ 축변형, 처짐

Δ 처짐, 볼트가 적용된 편심전단연결부 파단 시의 볼트의 변형

Δ_H 층간 변위(횡변위)

ϵ 변형률

ϵ_c 합성단면에서 콘크리트의 변형률

ϵ_s 합성단면에 대한 강재의 변형률

λ 폭-두께비, 기둥에 기초판 설계 시 사용되는 계수

λ_p 국부좌굴이 생기지 않는 경우의 폭-두께 비=비조밀단면에 대한 상한 값

λ_r 탄성국부좌굴 발생 시 폭-두께비 = 비조밀 범주 상한 값

μ 마찰연결 시의 평균 미끄럼계수(정적 마찰계수)

Ω 안전율

ϕ 저항계수

τ_a 기둥의 강성 감소계수

역/자/소/개

백성용

부산대학교 공과대학 토목공학과(공학사)
Georgia Institute of Technology 토목공학과(공학석사)
Georgia Institute of Technology 토목공학과(공학박사)

현) 인제대학교 토목·도시공학부 교수

권영봉

서울대학교 공과대학 토목공학과(공학사)
서울대학교 공과대학 토목공학과(공학석사)
Sydney University 토목공학과(공학박사)

영남대학교 건설시스템공학과 명예교수

배두병

서울대학교 공과대학 토목공학과(공학사)
서울대학교 공과대학 토목공학과(공학석사)
Lehigh University 토목공학과(공학박사)

현) 국민대학교 건설시스템공학부 교수

최광규

서울대학교 공과대학 토목공학과(공학사)
서울대학교 공과대학 토목공학과(공학석사)
서울대학교 공과대학 토목공학과(공학박사)

현) 동아대학교 건설시스템공학과 교수

저자와의
협의하에
인지생략

6th EDITION

강구조설계
STEEL DESIGN

초판발행 2018년 2월 26일
초판 2쇄 2021년 3월 26일

저　　자 William T. Segui
역　　자 백성용, 권영봉, 배두병, 최광규
펴 낸 이 김성배
펴 낸 곳 도서출판 씨아이알

편 집 장 박영지
책임편집 최장미
디 자 인 송성용, 윤미경
제작책임 김문갑

등록번호 제2-3285호
등 록 일 2001년 3월 19일
주　　소 (04626) 서울특별시 중구 필동로8길 43(예장동 1-151)
전화번호 02-2275-8603(대표)
팩스번호 02-2265-9394
홈페이지 www.circom.co.kr

I S B N 979-11-5610-363-9 (93530)
정　　가 32,000원